Design and Manufacture for Optical Fiber and Fiber optic Cable

光纤光缆的设计和制造

（第四版）

陈炳炎 著

ZHEJIANG UNIVERSITY PRESS
浙江大学出版社

图书在版编目（CIP）数据

光纤光缆的设计和制造 / 陈炳炎著. —4 版. —杭州：浙江大学出版社，2020.6(2024.7 重印)

ISBN 978-7-308-20172-8

Ⅰ.①光… Ⅱ.①陈… Ⅲ.①光学纤维—设计②光学纤维—制造③光缆—设计④光缆—制造 Ⅳ.①TN252 ②TN818

中国版本图书馆 CIP 数据核字（2020）第 068978 号

光纤光缆的设计和制造(第四版)

陈炳炎 著

责任编辑 杜希武
责任校对 汪淑芳 汪志强
封面设计 刘依群 蒋蕴颖
出版发行 浙江大学出版社
（杭州市天目山路 148 号 邮政编码 310007）
（网址：http://www.zjupress.com）
排 版 浙江大千时代文化传媒有限公司
印 刷 广东虎彩云印刷有限公司绍兴分公司
开 本 787mm×1092mm 1/16
印 张 37.25
字 数 816 千
版 印 次 2020 年 6 月第 4 版 2024 年 7 月第 4 次印刷
书 号 ISBN 978-7-308-20172-8
定 价 100.00 元

浙江大学出版社发行中心联系方式：(0571)88925591；http://zjdxcbs@tmall.com

序　言

受陈炳炎先生之邀，为其专著《光纤光缆的设计和制造》第四版加印作序，本人倍感荣幸！

光纤光缆技术专家陈炳炎先生，是我国首批赴美访问学者，我国最早从事光纤传输理论研究的学者之一。初见陈先生，对其实际年龄就颇感意外，他着装整洁、精神矍铄，相貌看上去比实际年龄要年轻十多岁；及至攀谈，更惊讶于其才思敏捷、谈吐得体。请教其养生之道，只有两点：一是，心无旁骛，一心只读"圣贤"书，两耳不闻窗外事，只埋头于光纤技术的研究；二是，由于兴趣和热爱，一生闲不得，勤于思考、笔耕不辍。陈先生这个年龄，绝大多数人会享受诗酒田园、含饴弄孙的美好时光，而他仍然醉心于光纤光缆的理论研究和实践总结。很有可能，他的专注、勤思助益其健康，而其健康，也大有裨益于专注思考，二者互为因果、相辅相成。这就难怪，陈炳炎先生能够在我国光纤光缆事业上取得如此卓著的成就，将历年来发表的有关光纤、光缆的文章汇纂成这一皇皇巨著。

本书第四版，结合时下最新的技术进展，与时俱进地进行了增补、修订与重新编排。全书包括光纤理论篇、光纤篇及光缆篇三篇，共三十章，内容涵盖了光纤、光缆的原理、规范、测量、设计和制造，既有深入的理论分析，又有明确的使用结论，对于理论研究者具有参考价值，对于从事光纤光缆生产和制造的工程技术人员也极具指导意义。

此外，陈炳炎先生行文严谨、用语精准简练，全书体例清晰、图文并茂，给人非常舒适的阅读体验。

虽然遗憾于十年前与陈先生的失之交臂，今天能够有幸重续前缘，邀请到陈炳炎先生担任上海天诚通信技术股份有限公司总工程师，我们还是非常高兴。作为光纤通信泰斗级的专家，他将引领天诚通信在MPO光产品、PLC光产品、光模块、数据中心光连接、5G光产品、光纤光缆等产品上更上一个新台阶，为中国信息通信技术的发展再做贡献。

天诚智能集团董事长

二零二一年六月一日

前　言

1966 年，世人誉称为“光纤之父”的高锟先生在人类通信史上第一次揭示了“光纤通信”的概念与原理，由此开启了现代通信的新纪元。光纤通信信息高速公路的建设、以及光纤到户的实施，将人类带进令人神往的 21 世纪的信息世界。随着 5G 移动通信的发展，世界将进入万物互联的时代，作为 5G 网络基石的光纤在人类社会生活中的作用亦将发挥到极致。

笔者有幸在国内、外从事光纤技术和光纤通信的研究、教学，以及光纤光缆的制造工作，凡 40 余载。在中国电子元件协会光电线缆分会的举荐下，将历年来发表的有关光纤光缆的文章，汇编成集，始于 2003 年出版本书，并于 2011 年发行第二版，2016 年发行第三版。

本书从初版至今，已历时 18 年。有关章节中某些内容的论述和数据业已过时，光纤光缆行业的新技术也不断涌现。本书第四版将有关章节予以全面修订和增补、并重新整理编排，将全书分为三篇：第一篇 光纤理论篇；第二篇 光纤篇；第三篇 光缆篇。本书第四版是笔者多年来从事光纤传输理论研究和光纤光缆生产实践的总结，限于笔者学术水平，文中错误和不当之处在所难免，敬请读者不吝指正。

高锟先生与笔者亦师亦友，为敬贺高锟先生荣获 2009 年诺贝尔物理学奖，笔者曾于 2010 年撰写“高锟——一位以”光纤通信“创造历史的科学家”一文。特将此文作为本书代序，谨表对高锟先生历史功绩的敬仰。

本书初版原序为张煦老师所作，实乃恩师对吾辈之鼓励。惜恩师于 2015 年 9 月驾鹤西去，给笔者留下永恒的怀念。

承蒙上海天诚通信技术股份有限公司徐立平先生、雍竣华先生、黎镜锋先生的大力支持，使本书得以顺利出版，笔者不胜感谢。

在本书成文过程中，得到不少业内同仁的帮助，特别是陈宏达、龚成、黄俊华、王瑞春、沈江波的全力相助，还有王跃、王寿泰、华纪平、韩庆荣、黄小明、张波、张海军等，全书的编排工作由龚成协助完成。在此向他们表示衷心谢意。

陈炳炎

2021 年 5 月 1 日

初版序

我国光纤光缆产业自 20 世纪 90 年代以来得到了长足发展，这中间蕴含了一批科技工作者的工作成果。他们凭借着自己的学识和专长，努力实践，不断总结提高，推动了技术的进步、产业的发展。光纤光缆技术专家陈炳炎便是他们中的代表之一。

陈炳炎同志是我国较早从事光纤传输理论的研究者之一。20 世纪 80 年代初，陈炳炎先后在美国 Delaware 州立大学和 GTE Laboratories 从事光纤技术和光纤通信的讲学和研究工作，成绩卓著。近十年来，他先后主持了多家光纤、光缆企业的创建工作，均获成功。他结合自己的实践，发表了不少论文，内容涉及光纤光缆的各个方面，既有深入的理论分析，又有明确实用的结论，对于正在从事光纤光缆生产和研究的工程技术人员极有指导意义。正因如此，这些文章一经发表，即引起广泛关注。据此，中国电子元件协会光电线缆分会建议陈炳炎将近年发表的论文内容作适当增补后整理成书正式出版。

本书内容紧扣光纤光缆的设计、制造、重要性能及其测量。理论分析深入、严谨，结论明确、实用。相信对从事光纤光缆设计、制造的工程技术人员，从事研究开发的科技人员，光纤通信运营系统的设计和工程技术人员，以及对从事教学工作的教师和研究生都极有参考价值。

我一向十分赞赏陈炳炎孜孜不倦的治学精神，欣然为之作序，郑重地把这本书推荐给广大读者。

中国科学院院士 张煦

2002 年 4 月 15 日

高锟——一位以“光纤通信”创造历史的科学家

（代　序）

瑞典皇家科学院2009年10月6日宣布，将2009年诺贝尔物理学奖授予包括英国华裔科学家高锟在内的3位科学家。高锟先生，1933年生于中国上海，1957年和1965年分别取得英国伦敦大学电机工程学学士和博士学位，曾任香港中文大学校长。高锟为光纤通信、电机工程专家，世称“光纤之父”。

信息传输自古至今都是人们生活不可缺少的一部分，从古代社会的烽火台到邮驿，再到19世纪人们发明了电报、电话等通过电子媒介进行信息传输。随着人们对信息需求的不断提高，人们越来越迫切需要寻找到一种高速、便捷、传输距离长，同时还兼具制造成本低廉的信息传输媒介。1935年，美国纽约和费城之间敷设了第一根用于长途通信的同轴电缆。在20世纪五六十年代，为了进一步探索未来大容量通信的传输线路，业界曾致力于毫米波 H_{01} 型模的金属圆波导管及超导同轴电缆的探索与开发，但均未获得突破。

1966年，高锟在英国ITT Standard Telecommunications Laboratories工作期间，发表了一篇题为《光频率介质纤维表面波导》的论文，开创性地提出了光导纤维在通信上应用的基本原理，描述了长途及高信息量光通信所需介质纤维的结构和材料特性。当时，主流学者的共识是玻璃中光损耗太高，光纤虽然可用在短短的胃镜导管上，但用于长距离通信根本不可能。高锟先生却不信其邪。他对通信系统详细分析后指出：当光损耗下降到20dB/km时，玻璃纤维就有实用价值。他对光在玻璃纤维中吸收、散射和弯曲损耗的机理深入分析后得出结论：只要解决好玻璃纯度和成分等问题，用熔石英制作的光学纤维可以成为实用的光通信传输媒质。这一设想提出之后，有人认为匪夷所思，也有人对此大加褒扬。但在争论中，高锟的原创性工作在全世界掀起了一场光纤通信的革命。

高锟的这篇具有历史意义的论文于1966年发表时，人们还无法制造出可以达到高锟要求的那种“超纯净玻璃”，所以高锟提出利用高纯度的玻璃——光纤来传送讯息，人们认为这简直是天方夜谭。试想如果当年他因此而放弃的话，便没有今日的光纤技术，更没有能给我们的生活带来如此巨大变化的互联网了。科学的价值，往往就在于揭示出某种技术的极限，如果这种极限是可以实现的，那就意味着为新技术开启了一扇通向成功的大门。

在高锟原创性理论的推动下,4 年后,美国康宁公司的工程天才 Robert D. Maurer 于 1970 年设计和制成世界上第一根低损耗石英光纤(损耗为 20dB/km,波长为 0.63μm)。他采用的方法是在一根芯棒上气相沉积石英玻璃,随后抽去芯棒,将玻璃管烧缩成光棒后拉成光纤。气相沉积时通过改变玻璃组分,形成高折射率的纤芯和低折射率的包层的光纤波导结构,此光纤波导结构被一直沿用至今。

1974 年美国贝尔实验室的 John MacChesney 开发出 MCVD(改良的化学气相沉积)工艺,成为世界上第一个商用制棒技术,迅速被世界各国采用,及时地推动了光纤通信的实用化。

鉴于高锟、Robert D. Maurer 和 John MacChesney 在光纤技术方面的奠基性工作和巨大成就,1999 年他们三人成为工程界最高奖项的 NAE Charles Stark Draper 奖的共同得主。

他们的获奖词反映了他们对光纤技术发展的历史性贡献,摘录如下:

"For the conception and invention of optical fiber for communications and for the development of manufacturing processes that made the communications revolution possible."

在高锟原创性理论的推动下,光纤波导传输理论在 20 世纪 70 年代也得到长足的发展,从而为光纤技术的发展和实用化奠定了理论基础。光纤波导理论源起于 20 世纪 20 年代初 Debye(1921)的介质波导理论,但由于光在光纤中的损耗机理、光纤波导的弱导性、微小的光纤截面尺寸,以及其他传输特性均与微波介质波导不相同,故光纤波导理论是一门独立的理论。一大批学者为此做出了原创性的贡献,有关文献浩如烟海。这里仅撷数例,以窥一斑:Snyder A. W. (1969) 和 Gloge D. (1971) 基于光纤波导的弱导性,即(n_1-n_2)$\ll n_1$(n_1 和 n_2 分别为光纤纤芯和包层的折射率),将经典的模式(两重和四重)简并为线性偏振 (LP) 模,从而大大简化了光纤波导的理论分析;KecK D. B.,Olshansky R. 和 Petermann K. 等学者对光在光纤中各种损耗机理的理论研究为制造低损耗光纤提供了理论依据; Jeunhomme L.,Marcuse D. 和 Gambling W. A. 等学者对光纤波导的色散性能的研究则为 G. 655, G. 656 等色散位移光纤的开发奠定了理论基础。

光纤制造技术也在 20 世纪 70 年代得到长足的发展,继美国贝尔实验室的 MCVD 制棒技术后,美国康宁公司的 OVD(管外气相沉积)、日本 NTT 公司的 VAD(轴向气相沉积)以及荷兰菲利浦公司的 PCVD(等离子化学气相沉积)制棒技术相继开发成功。光纤损耗在 1979 年已降低到 0.2dB/km(波长为 1550nm 时),这已接近由瑞利散射损耗所决定的极限值了。现在,高效率的单模光纤的制棒技术均采用 PCVD/OVD,OVD/OVD,VAD/OVD,VAD/套管等复合的纤芯/包层光棒工艺。而 MCVD 工艺主要用于多模光纤、保偏光纤、光敏(传感)光纤和其他特种光纤的制作。

在华盛顿和波士顿之间的世界上第一条商用光纤通信系统于 1981 年建成。短短几十年间,光纤网络已遍布全球,至今已在全球敷设了数亿公里,成为互联网、全球信息通信的基础。光纤的发明不但解决了信息长距离传输的问题,而且极大地提高了效率并降低了成本。今天,二氧化硅光纤已成为通信系统的基石,就如同硅集成电路是计算机的基石一样。

因高锟的理论而催生的产业庞大得无法估计:从光纤光缆的制造到光纤网络通信系统,从通信网、电视网到互联网,光纤已成为整个人类信息社会的基础。诺贝尔奖评委会如此描述神奇的光纤:“光波流动在纤细的光纤中,它携带着各种信息数据传递向每一个方向,文本、音乐、图片和视频因此能在瞬间传遍全球。”

这次高锟先生以“光通信领域涉及光纤传输的突破性成就”荣获诺贝尔物理学奖。众所周知,诺贝尔奖向来只颁给基础科学,而非应用科学。而高锟凭借应用科学成果,且是43年前的成果获奖,其中固然有诺贝尔奖自身谋求改革的原因,恐怕更重要的是光纤支撑起的通信产业,已经在人类社会中扮演起极其重要、不可替代的角色。正是在这样的背景下,高锟先生43年前的智慧,在今天看来依然熠熠生辉。

◆　　　　◆　　　　◆

光纤的发明改变了我们的生活,带动了整个通信业的大发展,光纤通信发展至今已有几十年的时间。高锟先生以其在光纤通信领域开创性的成就,终于获得了2009年诺贝尔物理学奖的殊荣,这是对高锟先生杰出贡献的最高褒奖。然而,这个奖来得太迟了。高锟先生在获得如此巨大荣誉之际,却不幸身陷疾病之痛。回忆起高锟先生长期来对笔者的提携和帮助,令人不胜唏嘘。

1979年当笔者获得第一批公派赴美访问学者的资格时,远在英国的高锟先生的父亲,高君湘老先生得知在亲属中竟然也有从事光纤行业的人,十分欣慰,来信建议笔者去高锟所在的ITT,EOPD(ITT电光产品部)(Roanoke,Virginia)做研究工作。但因ITT,EOPD从事光纤的军事应用研究,笔者无法成行。赴美后,笔者应邀去ITT,EOPD参访,从此开始了与高锟先生的交往。1981年,笔者结束了在美国Delaware州立大学的研究项目后,高锟先生举荐笔者去纽约的SIT(史蒂芬森理工学院)参加一个由ITT,EOPD资助的“光纤模式复用”研究项目。后因上海交通大学张煦老师来信,推荐笔者去了GTE Laboratories做研究项目,SIT未能成行。

高锟先生对我国光纤事业十分关心。1996年他以香港生产力促进会名义向我国国家科委提出了发展我国光纤事业的建议书。同时,高锟先生不顾年事已高,还身体力行,在1996年退任香港中文大学校长职务后,创立高科技公司“高科桥”,其宗旨是作为高科技公司的桥梁。他初时以顾问工作为主,为世界各地科技公司提供专业意见,包括国内的光纤制造公司,进而以香港为基地,合资开设了一家光纤制造公司,其初衷并不在于谋求商业利益,而是为了取得光纤预制棒的实际制作经验,使香港成为科技转移中心,来助推内地光纤制造事业的发展。这充分反映了他关心祖国发展的赤子之心。

◆　　　　◆　　　　◆

光纤技术正在向两个方向发展:第一是光纤通信技术,第二则是随之而来的光纤传感技术。光纤通信技术历经30余年的发展,日臻成熟;光纤传感技术则是方兴未艾。后者也正在借助光纤通信技术的成果而处于迅速发展中。

光纤通信技术的发展令人目不暇接,笔者也感同身受。20世纪80年代初,欧美、日本等国兴起光纤相干通信技术的研发热潮，旨在扩展光纤通信系统的距离和带宽。笔者也有幸躬逢其盛，1981－1982 年，在美国 GTE Laboratories 做光纤相干通信研究项目，项目名称为“Binary ASK，FSK，PSK Coherent Transmission and Heterodyne Detection for Optical Fiber Broad-band Communications”。相干系统与 IM-DD 系统相比有两大优点：(1)它有更高的接收的灵敏度，这是因为相干系统只受限于被接收信号的光的量子噪声，在外差相干系统中采用二进制 PSK 调制，达到 10^{-9} 误码率，每比特只要 18 个光子；而 IM-DD 系统中接收机灵敏度受限于 APD 倍增噪声和负载电阻的热噪声，达到 10^{-9} 误码率，每比特光子数要几百，甚至几千个。(2)相干系统可增加接收机的选择性。工作在 FDM 方式时，可利用置于外差后的微波滤波器用电的方式进行通道选择，这就允许在频域中更密集安排通道，旨在开发光纤的巨大带宽潜力。进入 20 世纪 90 年代后，由于光纤放大器及光纤波分复用技术的迅速发展，相干系统的优点黯然失色，光相干系统的开发只能期待新的技术突破，否则难以与光纤放大器及光纤波分复用技术相匹敌。波分复用技术的迅速发展，也使 G. 653 光纤迅速被 G. 655，G. 656 光纤所取代。目前，单一波长的传输容量已从 2. 5Gbit/s，10Gbit/s，发展到 40Gbit/s。从 2006 年起，已开始 120Gbit/s 的研究，这类超大速率的传输系统的技术瓶颈在于研究解决色散补偿和偏振的时变效应(如一阶和二阶 PMD、PDL 等)。DWDM 的波长间隔已从 1. 6nm，0. 8nm，减小到 0. 4nm(50GHz)，0. 2nm(25GHz)，未来甚至还可能到 0. 1nm(12. 5GHz)。在 C 波段(1530～1565nm)上，采用 10Gbit/s 速率及 25GHz 的波长间隔，已可实现 1. 6Tbit/s (160 路光通道×10Gbit/s)容量的商用长途通信线路。通信波段还在向短波段 S 波段(1460～1530nm)及长波段 L 波段(1565～1625nm)扩展，拉曼放大技术在 S、C、L 三个波段均能使用。全波光纤的技术突破，使 1385nm 波长的水峰损耗消失，遂令第五波段(1360～1530nm)“天堑变通途”，使单模光纤的有效使用波段扩展到从 1280～1625nm 的石英光纤低损耗区的全部波段。可以想见，在一根光纤上同时传送千万路电话已不再是人类的梦想了。

与传统的传感技术相比，光纤传感器的优势是本身的物理特性而不是功能特性。光波在光纤中传播时，表征光波的特征参量——振幅、相位、偏振态、波长等，因外界因素如温度、压力、位移、电场、磁场、转动等的作用而直接或间接地发生变化，因而可将光纤用作敏感组件来探测各种物理量，此即光纤传感器的基本原理。而光纤本身又是光波的传输媒质，这种“传”“感”合一的特征所带来的优势，堪称无可匹敌。基于瑞利散射、布里渊散射和拉曼散射原理的 OTDR，BOTDR 及 ROTDR 一类的分布式光纤传感器以及基于双光束干涉的光纤传感干涉仪，如马赫－曾德尔(Mach-Zehnder)干涉仪、迈克尔逊(Michelson)干涉仪、萨格奈克(Sagnac)干涉仪等，其光纤传感臂上的每一点既是敏感点又是传输介质。即使对于基于多光束干涉的准分布式光纤法布里－珀罗(Fabry-Perot)传感器，以及近年来发展最为迅速的光纤光栅传感器而言，前者的工作原理是通过两个光纤端面作为反射面之间的距离变化来测量被测量物理量的变化；后者则是利用光纤材料的光敏性，即外界入射光子和光纤纤芯内锗离子相互作用引起折射率的永久性变化，从而在光纤纤芯内形成空间相位光栅，因此光纤光栅是在光纤纤芯中形成。两者均是光纤本身的一个集成部分。与光纤的可熔接形成低插入损耗的连接，此类光纤传感器的在线(in line)特征，使其与光纤传输有天然的兼容性，可以替代传统的分立和薄膜型光无源器件，从而为全光通信系统和光纤传感网络提供巨大的设计灵活性。

以互联网为代表的计算机网络技术是20世纪计算机科学的一项伟大成果，它给人们的生活带来了深刻的变化，然而在目前，网络功能再强大，网络世界再丰富，也终究是虚拟的，它与人们所生活的现实世界还是相隔的，在网络世界中，很难感知现实世界，很多事情还是不可能的，时代呼唤着新的网络技术。光纤的这种神奇的、在线的传感、传输特性以及与以光纤为高速信道的互联网的结合，正迎合时代的需求，可以构成全新的物感网技术。光纤传感网络，就是把光纤传感器嵌入和装备到电网、铁路、桥梁、隧道、公路、建筑、供水系统、大坝、油气管道等各种重大工程设施中，通过光缆连接，形成所谓的“光纤传感网络”，然后将此与现有的互联网整合起来，构成“光纤物感网”，即“光纤(有线)物联网”。它与无线物联网组合在一起，实现人类社会与物理系统的整合——“物联网”(the Internet of Things)。在这个整合的网络当中，存在功能强大的中心计算机群，采集和存储着物理的与虚拟的海量信息，通过分析处理与决策，完成从信息到知识，再到控制指挥的智能演化，进而实现整合网络内的人员、机器、设备和基础设施，实施实时的管理和控制。在此基础上，人类可以以更加精细和动态的方式管理生产和生活，达到“智慧”状态，从而提高资源利用率和生产力水平，改善人与自然间的关系。在这“智慧地球”的建设过程中，这种三纤合一的、新的光纤传感网络将为之做出革命性的贡献，从而使光纤技术的发展再一次迈向新的高峰。

◆ ◆ ◆

高锟先生曾接受过香港《文汇报》的采访，在回答记者的问题“现在您经常谈及新时代中新生活的新工具，您预计在多长的时间内，光纤会被另一种新工具取代?”时，向来不以高姿态说话的高锟，充满自信地回答说“我相信一千年内不会”。这绝不是哗众取宠的说辞，而是一个精辟的科学论断。我们知道，一个通信线路最主要的两个性能是损耗及带宽。光纤的低损耗，加上光纤放大器和波分复用等技术的进一步发展，将使光纤通信线路的这两项性能的优势发挥到极致。即使未来常温超导材料出现，也无法撼动光纤的地位，因为电的频率比光的频率小好几个数量级，任何电传输介质的通信容量根本无法比肩于光传输介质。更有甚者，与传统的导电材料铜不同，铜是不可再生资源，再过几十年，地球上铜矿必将开采殆尽。自从西门子公司开发出第一根铜质通信电缆至今，已逾一百年，再也没有另外一百年的铜资源可资利用了。而光纤的材料:二氧化硅及其掺杂材料，均是地球上取之不尽、用之不竭的物质，是大自然恩赐于人类的无穷的财富。光纤的价格之低廉也是任何其他传输媒质无法比拟的。每公里G.652光纤价格已从初期的上千元下降到目前的70多元人民币，光纤的材料价格在光纤生产成本中所占比例很低，光纤生产成本主要由原材料提纯、生产设备折旧和工艺成本所决定。因此，随着光纤制造工艺水平的进一步发展和提高，生产规模不断地扩展，光纤价格还有相当的下降空间。高锟先生“一千年内光纤不会被取代”的精辟论断向我们指出，光纤产业在一个相当长的时期内是一个朝阳产业,它将"独领风骚一千年"。

高锟先生开创的光纤时代发展之迅速,涉及领域之广泛,对人类社会生活影响之深远,实在是无人能预料。今天,应用最广泛的G.652光纤,其结构(阶跃射率剖面,匹配型包层)之简单,传输性能之优越,价格之低廉已无有能望其项背者。G.657光纤的出现,也将原先人们对光纤"脆弱易折"的观感一扫而空。光纤到户(FTTH)正在走进千家万户。我国光纤光缆技术和产业历经三十多年的成长和发展,已经步入世界光纤制造大国,以前,光纤制造中最关键的制棒技术被美国和日本所垄断,近年来,我国光纤技术的不断发展与突破,促使日本各大光纤制棒龙头企业纷纷与国内光纤厂商合资光棒产业,这将大大加速我国光纤制造事业的发展。我们务必顺应其势,加大研发投入、持续技术创新,努力使我国早日成为光纤制造、光纤通信、光纤传感技术和产业发展的强国,让高锟先生开拓的光纤事业在其祖国不断发展壮大,为人类做出更大贡献。

(本文撰写于2010年2月)

目　录

第1篇　光纤理论

第2篇 光 纤

第3篇 光 缆

第1篇　光纤理论

第1章 光纤波导中的场和模

1.1 柱面电磁波,场的模式展开和正交性

本节概括与光纤波导分析有关的若干基本概念,作为全章的预备知识。

1.1.1 光纤波导中的柱面电磁波

具有圆柱界面的光纤波导中的电磁场,通常在柱面坐标系中求解。矢量场的场分量或标量场满足亥姆霍兹方程:

$$\frac{1}{r}\frac{\partial}{\partial r}\left(r\frac{\partial \psi}{\partial r}\right)+\frac{1}{r^2}\frac{\partial^2 \psi}{\partial \varphi^2}+\frac{\partial^2 \psi}{\partial z^2}+k^2\psi=0 \tag{1-1}$$

式(1-1)中,$k=nk_0=2\pi n/\lambda$;r,φ,z 为圆柱坐标。

在以后的分析中,场的传播因子为:

$$\exp[\mathrm{j}(\omega t-\beta z)]$$

其中,$\exp(\mathrm{j}\beta z)$表示波沿 z 轴向传播,假定介质无损,β 即为轴向传播常数。场的时间变化为 $\exp(\mathrm{j}\omega t)$,表示按正弦变化的场,况且任何一般的周期变化的场均可用傅里叶级数展开,如呈非周期变化的场则可用傅里叶积分展开,最后均可归结为正弦变化场之和。

省去传播因子,式(1-1)可化为

$$\frac{1}{r}\frac{\partial}{\partial r}\left(r\frac{\partial \psi}{\partial r}\right)+\frac{1}{r^2}\frac{\partial^2 \psi}{\partial \varphi^2}=-K^2\psi \tag{1-2}$$

式中,$K^2=n^2k_o^2-\beta^2$。

用分离变量法将偏微分方程式(1-2)化为常微分方程。

设 $\psi=R(r)\cdot F(\varphi)$,式(1-2)化为

$$\frac{\partial^2 R}{\partial r^2}F+\frac{1}{r}\frac{\partial R}{\partial r}F+\frac{R}{r^2}\frac{\partial^2 F}{\partial \varphi^2}=-K^2R\cdot F \tag{1-3}$$

将式(1-3)两边乘以 r^2/RF,式(1-3)化为

$$\frac{r^2}{R}\frac{\partial^2 R}{\partial r^2}+\frac{r}{R}\frac{\partial R}{\partial r}+K^2r^2=-\frac{1}{F}\frac{\partial^2 F}{\partial \varphi^2}=m^2(const.) \tag{1-4}$$

式(1-4)可化为两个常微分方程:

$$\frac{\partial^2 R}{\partial r^2}+\frac{1}{R}\frac{\partial R}{\partial r}+\left(K^2-\frac{m^2}{r^2}\right)R=0 \tag{1-5}$$

$$\frac{\partial^2 F}{\partial \varphi^2}+m^2 F=0 \tag{1-6}$$

式(1-6)为谐方程，其解为谐函数 $h(m\varphi)$。

式(1-5)为贝塞尔方程，其解为 $B_m(Kr)$。根据物理条件 $B_m(Kr)$ 可选为 $J_m(Kr)$，$N_m(Kr)$，$H_m^{(1)}(Kr)$，$H_m^{(2)}(Kr)$，等。因此，亥姆霍兹方程式(1-2)之解为：$\psi_{km}=B_m(Kr)\cdot h(m\varphi)$。

ψ_{km} 称为基本波函数，基本波函数的线性组合也是亥姆霍兹方程之解，在 m 和 K 的各种可能值的基础上，可求得基本波函数之和：

$$\Psi=\sum_m a_m \psi_{km} \tag{1-7}$$

式(1-7)以及下面式(1-8)中，常数 a_m，b_m 由边界条件确定。任何一个具体的波函数是由所属的 K，m，β 值来确定的，这些值称为本征值。相应于各特定本征值的基本波函数称为本征函数，每个本征函数相应于光纤波导中一种电磁场分布，或称模式。本征值则是由从边界条件构成的本征方程所确定的。

光纤波导中的模式是指一种电磁场分布：它在沿波导轴向的每一截面上均保持相同的横向电磁场分布和偏振态，只是幅度沿轴向呈周期性变化。

在式(1-7)中本征值为离散谱，当本征值为连续谱时，则亥姆霍兹方程的另一个可能解是

$$\psi=\sum_m \int_K b_m \psi_{km}\,\mathrm{d}K \tag{1-8}$$

式(1-7)与或(1-8)一起构成一个完整的本征函数组，这是波导系统中场的全解。从以后的讨论可知，在光纤波导中式(1-7)表示传导模，式(1-8)则表示辐射模。

1.1.2 场的本征模式展开和正交性

在波导中传播的任何波都可表示为各种模式的组合，最普遍的表示式如式(1-7)和式(1-8)之和。在光纤波导中，场的本征模式展开式为

$$\begin{cases}\vec{E}_t=\sum_{m=1}^{N} a_m \vec{E}_{mt}+\sum\int_0^{\infty} a_\rho \vec{E}_{\rho t}\,\mathrm{d}\rho \\ \vec{H}_t=\sum_{m=1}^{N} b_m \vec{H}_{mt}+\sum\int_0^{\infty} b_\rho \vec{H}_{\rho t}\,\mathrm{d}\rho\end{cases} \tag{1-9}$$

式(1-9)中，t 标记指场的横向分量，等式右边第一项为具有离散本征值的传导模，第二项为具有连续本征值的辐射模，两者一起构成场的全解。

任何两个属于不同本征值的模式相乘，在无限截面的积分为零，这就称为场的正交性。在光纤波导中，场的正交性可表示为

$$\iint_{-\infty}^{+\infty} \vec{e}_z(\vec{E}_{mt}\cdot \vec{H}_{nt}^{*})\,\mathrm{d}x\mathrm{d}y=2P\delta_{mn} \tag{1-10}$$

式(1-10)中，对于传导模离散的 m，n 值，δ_{mn} 为克劳内克尔 δ 函数；对于辐射模，δ_{mn} 为狄

拉克 δ 函数。如 m,n 中一为传导模，一为辐射模，δ_{mn} 为零。P 为轴向传输功率。

模式正交性的物理意义：在纵向均匀无损的光纤波导中，模式是相互独立传输的，各模式之间不发生能量的交换和耦合。正交性存在于任意两个不同模式之间，包括：正反向传输的同一模式相互正交；传导模与辐射模相互正交；任意两个具有不同 β 值的辐射模相互正交。波导中总的光功率等于各模式光功率之和。当光纤波导的均匀性受到破坏时，正交性不再存在，各模式之间发生能量的交换和耦合，此时各模式的传输性能在原光纤波导中传输的行波方程求解将变为耦合模方程求解。

1.1.3　电磁场的纵、横场矢量的分解

任何矢量场可分解为纵、横两部分，

$$\vec{V}=\vec{V}_T+\vec{V}_z=\vec{V}_T+V_z\vec{e}_z \tag{1-11}$$

两者是正交的，即有 $\vec{V}_T\cdot\vec{V}_z=0$

并满足下列两个关系式：

$$\vec{V}_T=\vec{e}_z\times\vec{V}\times\vec{e}_z \tag{1-12}$$

$$V_z\vec{e}_z=\vec{e}_z\cdot\vec{V}\cdot\vec{e}_z \tag{1-13}$$

据此，麦克斯韦方程中的哈密顿算子∇(nabla operator)可作下列分解

$$\nabla=\left(\frac{\partial}{\partial x},\frac{\partial}{\partial y},\frac{\partial}{\partial z}\right)=\nabla_T+\nabla_z=\left(\frac{\partial}{\partial x},\frac{\partial}{\partial y},0\right)+\left(0,0,\frac{\partial}{\partial z}\right) \tag{1-14}$$

梯度 grad.　$$\nabla s=\nabla_T s+\vec{e}_z\cdot\frac{\partial}{\partial z}s \tag{1-15}$$

散度 div.　$$\nabla\cdot\vec{v}=\nabla_T\cdot\vec{v}_T+\frac{\partial}{\partial z}v_z \tag{1-16}$$

旋度 curl　$$\nabla\times\vec{v}=[\nabla_T\cdot(\vec{v}_T\times\vec{e}_z)]\cdot\vec{e}_z+\left(\nabla_T v_Z-\frac{\partial}{\partial z}\vec{v}_T\right)\times\vec{e}_z \tag{1-17}$$

麦克斯韦方程中电场的旋度方程按式(1-17)可化为

$$\nabla\times\vec{E}=[\nabla_T\cdot(\vec{E}_T\times\vec{e}_z)]\cdot\vec{e}_z+\left(\nabla_t E_z-\frac{\partial}{\partial z}\vec{E}_T\right)\times\vec{e}_z=-\mathrm{j}\omega\mu\vec{H}=-\mathrm{j}\omega\mu(\vec{H}_z+\vec{H}_T) \tag{1-18}$$

将上式分为横向场和纵向场两部分：

横向场　$$\left(\nabla_T E_z-\frac{\partial}{\partial z}\vec{E}_T\right)\times\vec{e}_z=-\mathrm{j}\omega\mu\vec{H}_T \tag{1-19}$$

纵向场　$$\nabla_T\cdot(\vec{E}_T\times\vec{e}_z)=-\mathrm{j}\omega\mu H_z \tag{1-20}$$

将 $\vec{e}_z\times$ 式(1-19)，并利用恒等式 $\vec{e}_z\times\vec{v}_T\times\vec{e}_z=\vec{v}_T$ 以及 $\partial/\partial z=-\mathrm{j}\beta$ 可得：

$$\beta\vec{E}_T-\mathrm{j}\nabla_T E_z=-\omega\mu(\vec{e}_z\times\vec{H}_T) \tag{1-21}$$

从式(1-20)，并用关系式 $\vec{v}_T\times\vec{e}_z=-\vec{e}_z\times\vec{v}_T$，可得：

$$\nabla_T\cdot(\vec{e}_z\times\vec{E}_T)=\mathrm{j}\omega\mu H_z \tag{1-22}$$

对磁场 H 可作相同运算，遂可得下列四个方程：

$$\beta\vec{E}_T-\mathrm{j}\nabla_T E_z=-\omega\mu(\vec{e}_z\times\vec{H}_T) \tag{1-23}$$

$$\beta\vec{H}_T-\mathrm{j}\nabla_T H_z=\omega\mu(\vec{e}_z\times\vec{E}_T) \tag{1-24}$$

$$\nabla_T \cdot (\vec{e}_z \times \vec{E}_T) = \mathrm{j}\omega\mu H_z \tag{1-25}$$

$$\nabla_T \cdot (\vec{e}_z \times \vec{H}_T) = -\mathrm{j}\omega\mu E_z \tag{1-26}$$

因此，通常可选取 E_z，H_z 作为两个独立场分量，再由上式四个方程求出作为 E_z，H_z 函数的另外四个横向分量：E_x，E_y. H_x，H_y（直角坐标）或 E_r，E_φ，H_r，H_φ（圆柱坐标）。

1.1.4 波函数的平面波展开

任意波函数都能分解为平面波分量,平面波的波函数为

$$\psi = \mathrm{e}^{\mathrm{j}\Phi} = \mathrm{e}^{-\mathrm{j}\vec{k}_c \cdot \vec{r}} \tag{1-27}$$

式(1-27)中，Φ 为波函数的相位,$\vec{k}_c$ 为平面波波矢，$\vec{r}$ 为矢径(位置矢量)。

所有那些其位置矢量 $\vec{r}$ 满足 $\vec{K}_C \cdot \vec{r} = const.$ 的点都位于一个垂直于 $\vec{k}$ 的平面中,有相同的相位,这一平面即为等相面。如 $|\vec{k}_c|$ 为实数,可求得平面波波矢的相位常数为:

$$\beta = |-\mathrm{grad}\Phi| = |-\nabla(-\vec{k}_c \cdot \vec{r})| = |k_x \vec{a}_x + k_y \vec{a}_y + k_z \vec{a}_z| = |\vec{k}_c| \tag{1-28}$$

即平面波波矢的大小等于其相位常数,波矢的方向指向传播方向。波矢的各坐标分量分别称为该方向的相位常数。

在光纤波导中,本地平面波波矢为

$$\vec{k}(r) = [K^2 - (m/r)^2]^{1/2}\hat{r} + (m/r)\hat{\varphi} + \beta\hat{z} \tag{1-29}$$

$\vec{k}(r)$ 的轴向分量为该模(m,n)的传播常数 β，圆周方向呈 $\sin m\varphi$ 或 $\cos m\varphi$ 变化,故 φ 向分量为 m/r，而径向分量为

$$\hat{k} = [K^2 - (m/r)^2]^{1/2} = [k^2(r) - \beta^2 - (m/r)^2]^{1/2} \tag{1-30}$$

1.2 光纤波导中的本征模

1.2.1 光纤波导中的本征模

普通圆形截面的光纤结构相对比较简单,由折射率为 n_1 的纤芯和折射率为 n_2 的包层构成,且 $n_1 > n_2$。光纤中模式的全解应当包含导模、漏泄模和辐射模。在研究光纤波导中传播的相关模式时,主要关注的应当是其中的导模。

根据无源介质中的麦克斯韦方程：

$$\begin{cases} \nabla \times \vec{E} = -\dfrac{\partial \vec{B}}{\partial t} \\ \nabla \times \vec{H} = \dfrac{\partial \vec{D}}{\partial t} \\ \nabla \cdot \vec{B} = 0 \\ \nabla \cdot \vec{D} = 0 \end{cases} \tag{1-31}$$

以及电磁场的本构关系：

$$\begin{cases}\vec{D}=\varepsilon_0\vec{E}+\vec{P}\\\vec{B}=\mu_0\vec{H}+\vec{M}\end{cases}\tag{1-32}$$

电磁场矢量的本构关系(Constitutive relation)反映了不同电磁特性的介质对电磁场有着不同的反映。电磁场的本构关系作为一组辅助方程与麦克斯韦方程组构成一组自洽性(Self-consistent)方程组。

式(1-32)中 $\vec{P}$ 为介质的极化强度矢量，$\vec{M}$ 为磁化强度矢量，对于非磁性介质 $\vec{M}=0$，故有

$$\vec{B}=\mu_0\vec{H}\tag{1-33}$$

极化强度矢量 $\vec{P}$ 是指电介质极化强度和极化方向的物理量，它等于单位体积内分子电偶极矩 $\vec{p}$ 的矢量和：

$$\vec{P}=\frac{\sum_{i=1}^{N}\vec{p}_i}{\Delta V}\tag{1-34}$$

在各向同性的线性介质中极化强度与外电场成正比

$$\overleftarrow{P}=\varepsilon_0\chi\vec{E}\tag{1-35}$$

式中 χ 为介质的电极化率，故有

$$\vec{D}=\varepsilon_0(1+\chi)\vec{E}=\varepsilon_0\varepsilon_r\vec{E}\tag{1-36}$$

式中

$$\varepsilon_r=(1+\chi)\tag{1-37}$$

我们利用相对介电常数的复数形式：

$$\varepsilon_r=(n+\mathrm{j}\alpha c/2\omega)^2\tag{1-38}$$

式中

$$n=(1+\mathrm{Re}\,\chi)^{1/2}\tag{1-39}$$

$$\alpha=(\omega/nc)\mathrm{lm}\,\chi\tag{1-40}$$

复介电常数的虚部是由介质内部的各种转向极化跟不上外界高频电场的变化而引起的各种弛豫极化所致，它代表介质的损耗项。

从麦克斯韦方程推导亥姆霍兹方程：

(1)对于光纤波导，介质损耗很小，所以式(1-38)可化为

$$\varepsilon_r\approx n^2\tag{1-41}$$

(2)从两个旋度方程消去 H，再利用下列矢量恒等式：

$$\nabla\times\nabla\times\vec{E}=\nabla(\nabla\cdot\vec{E})-\nabla^2\vec{E}=-\nabla^2\vec{E}$$

可得各向同性介质条件下，矢量场的波动方程即亥姆霍兹方程：

$$\begin{cases}\nabla^2\vec{E}+k^2\vec{E}=0\\\nabla^2\vec{H}+k^2\vec{H}=0\end{cases}\tag{1-42}$$

其中，

$$k=nk_0=2\pi n/\lambda$$

式中 k_0 为真空波数。

在直角坐标中，各场分量也满足同样形式的标量波动方程或亥姆霍兹方程。对于理想的阶跃型光纤，在柱坐标中的电磁场可表示为

$$\vec{E} = \vec{E}(r,\varphi)\exp(\mathrm{j}\omega t - \mathrm{j}\beta z)$$
$$\vec{H} = \vec{H}(r \cdot \Phi)\exp(\mathrm{j}\omega t - \mathrm{j}\beta z) \tag{1-43}$$

选取纵向电场 E_z 和纵向磁场 H_z 作为独立分量，光纤中的各横向场分量均可用纵向场分量 E_z 和 H_z 来表达。在柱坐标系下的 E_z 满足下列亥姆霍兹方程：

$$\frac{\partial^2 E_z}{\partial r^2} + \frac{1}{r}\frac{\partial E_z}{\partial r} + \frac{1}{r^2}\frac{\partial^2 E_z}{\partial \phi^2} + \frac{\partial^2 E_z}{\partial z^2} + n^2 k_0^2 E_z = 0 \tag{1-44}$$

H_z 满足同样方程。利用分离变量法，

$$E_z(r,\varphi,z) = R(r)\phi(\varphi)Z(z)$$

可将上式(1-44)分解为三个常微分方程：

$$\begin{cases} \mathrm{d}^2 Z/\mathrm{d}z^2 + \beta^2 Z = 0 \\ \mathrm{d}^2 \varphi/\mathrm{d}\phi^2 + m^2 \varphi = 0 \\ \dfrac{\mathrm{d}^2 R}{\mathrm{d}r^2} + \dfrac{1}{r}\dfrac{\mathrm{d}R}{\mathrm{d}r} + \left(n^2 k_0^2 - \beta^2 - \dfrac{m^2}{r^2}\right)R = 0 \end{cases} \tag{1-45}$$

公式(1-45)中，前两个方程之解分别为

$$Z(z) = \exp\ (\mathrm{j}\beta z) \tag{1-46}$$

$$\Phi(\phi) = \exp(\mathrm{j}m\phi) \tag{1-47}$$

而 $R(r)$ 满足贝塞尔方程，$R(r)$ 在纤芯中，根据光场的物理条件，可选取振荡型的第一类贝塞尔函数 $J_m(r)$ 的形式，而在包层中可取衰减型的第二类修正贝塞尔函数 $K_m(r)$ 的形式，其中 m 为贝塞尔函数的阶数。为了运算方便，可以定义 U、W 为

$$U = a\sqrt{k_0^2 n_1^2 - \beta^2} \tag{1-48a}$$

$$W = a\sqrt{\beta^2 - k_0^2 n_2^2} \tag{1-48b}$$

式(1-48)中 U 、W 分别为纤芯和包层的归一化横向传播常数，β 为纵向传播常数。在代入电场和磁场在传播方向的方程后，可得出电场和磁场的表达式，如公式(1-49)和公式(1-50)所示，式中，a 为纤芯半径。

$$\begin{cases} E_z = A\exp(-\mathrm{j}\beta z)\sin(m\varphi)\dfrac{J_m(Ur)}{J_m(U)}, r \leqslant \alpha \\ E_z = A\exp(-\mathrm{j}\beta z)\sin(m\varphi)\dfrac{K_m(Wr)}{K_m(W)}, r \geqslant \alpha \end{cases} \tag{1-49}$$

$$\begin{cases} H_z = B\exp(-\mathrm{j}\beta z)\cos(m\varphi)\dfrac{J_m(Ur)}{J_m(U)}, r \leqslant \alpha \\ H_z = B\exp(-\mathrm{j}\beta z)\cos(m\varphi)\dfrac{K_m(Wr)}{K_m(W)}, r \geqslant \alpha \end{cases} \tag{1-50}$$

从公式(1-49)和公式(1-50)中可以看出：当 $m = 0$ 时，光纤传播方向上的电场或磁场才可能为0，即存在横电场(TE)模式或横磁场(TM)模式；而当 $m \neq 0$ 时，光纤传播方向上既存在电场也存在磁场，即存在混合模式。当纵向电场的比重大时为 EH 模式，而当纵向磁场的比重大时为 HE 模式。故而，在弱导条件($n_1 - n_2 \ll 1$)下，利用切向场连续的边界条件，可以得出 TE、TM、EH 和 HE 模式的本征方程，如式(1-51)所示：

$$
\begin{aligned}
&TE \text{ 和 } TM \text{ 模：} \quad \frac{J_1(U)}{UJ_0(U)}+\frac{K_1(W)}{WK_0(W)}=0 \\
&EH \text{ 模：} \quad \frac{J_{m+1}(U)}{UJ_m(U)}+\frac{K_{m+1}(W)}{WK_m(W)}=0 \\
&HE \text{ 模：} \quad \frac{J_{m-1}(U)}{UJ_m(U)}-\frac{K_{m-1}(W)}{WK_m(W)}=0
\end{aligned}
\tag{1-51}
$$

通过求解本征方程，可得到各阶模式的纵向传播常数 β 和横向电磁场分布。其中，对于每个特定的 m 值确定后，贝塞尔方程会有一系列的解 n，其中每一个解对应了一个模式。故混合模可以记作 HE_{mn} 和 EH_{mn} 。几个低阶本征模在光纤中的电磁场分布如图1-1所示。

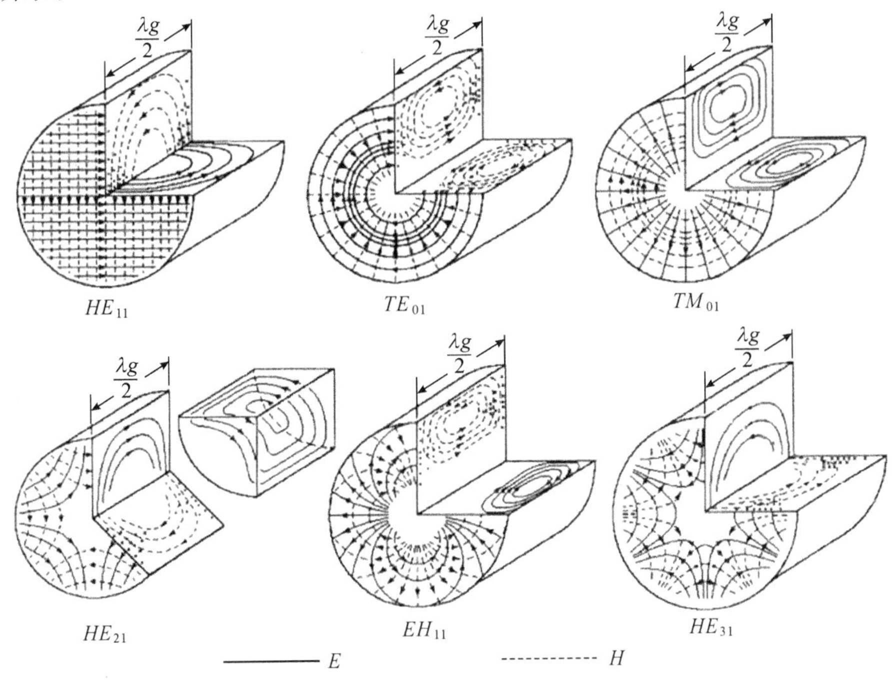

图1-1 几个低阶本征模在光纤中的电磁场分布

1.2.2 单模光纤

定义归一化频率 $v=\sqrt{U^2+W^2}=\frac{2\pi a}{\lambda}\sqrt{n_1^2-n_2^2}$，图1-2表示光纤波导中若干本征模的色散曲线 $n_{eff}(v)=\beta(v)/k_0$，当 $v<2.405$ 时，光纤工作在单模状态，运行模式为基模 HE_{11} 模。HE_{11} 模的本征方程为

$$
\frac{J_0(U)}{UJ_1(U)}-\frac{K_0(W)}{WK_1(W)}=0 \tag{1-52}
$$

对于低阶圆偏振模 TE_{01} 和 TM_{01}，当其传播常数 $\beta=n_2k_0$，即 $W=0$，归一化频率 $v=U$时，这两个模式截止，归一化频率的截止值 $v_c=2.4048$，即为贝塞尔函数 J_0 的第一个零点。

HE_{11}模是近乎线性偏振模，其纵向场远小于横向场($|E_z|^2 \ll |E_x|^2$)。

$$E_x(r,\varphi,z)=\begin{cases}A[J_0(Ur/a)/J_0(U)]\mathrm{e}^{\mathrm{j}\beta z};r\leqslant a\\A[K_0(Wr/a)/K_0(W)]\mathrm{e}^{\mathrm{j}\beta z};r>a\end{cases} \tag{1-53}$$

HE_{11}模场的空间分布可近似用高斯分布来表示(当 v 在 1 到 2.5 区间时)。

$$E_x(r,\varphi,z)\approx A\exp(-r^2/w^2)\mathrm{e}^{\mathrm{j}\beta z} \tag{1-54}$$

式中 $2w$ 称为单模光纤的模场直径，当 $r=w$ 时，场强下降至中心轴处的 1/e。模场半径与 v 的函数关系可用下式表示：

$$w/a\approx 0.65+1.619v^{-3/2}+2.879v^{-6} \tag{1-55}$$

场的集中度(confinement)可用下式表示：

$$\Gamma=\frac{P_{\mathrm{ccra}}}{P_{\mathrm{total}}}=\frac{\int_0^a|E_x|^2p\mathrm{d}p}{\int_0^\infty|E_x|^2p\mathrm{d}p}=1-\exp\left(-\frac{2a^2}{w^2}\right) \tag{1-56}$$

当 $v=2$ 时，$\Gamma\approx 0.8$；当 $v=1$ 时，Γ 下降为 0.2。

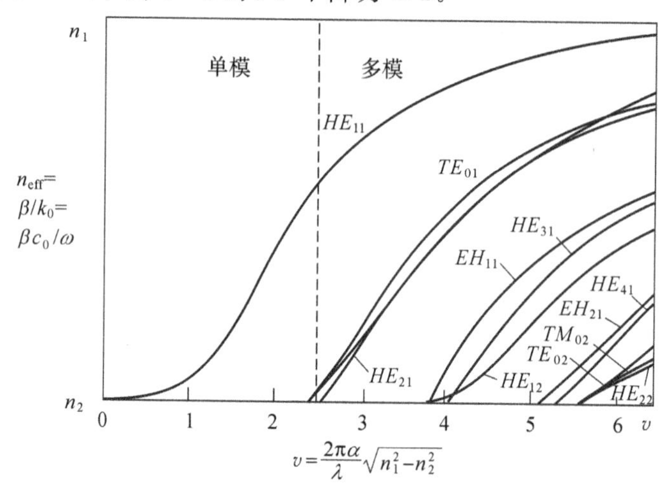

图 1-2　光纤波导中本征模的色散曲线

单模光纤的主要传输特性为截止波长、波长色散及偏振模色散，这些特性将在本篇第二、三、四章中分别阐述。

1.2.3　单模光纤的损耗机理

单模光纤的损耗包括三个部分：吸收损耗、光纤波导不规则性引起的损耗以及光纤的内禀损耗。这里不涉及光纤使用中由宏弯和微弯引起的损耗。

(1) 光纤的吸收损耗主要是由作为杂质的过渡金属离子产生的吸收损耗以及由于水分和水汽的存在而产生的 OH 离子的吸收损耗。现代光纤中前者已不复存在。OH 吸收的基峰在 2.7μm，一次谐波在 1.38μm，在光纤传输通带之内，会造成光纤传输损耗，但通过现代光纤制造工艺的发展，此项损耗也可忽略不计了。

(2) 光纤波导不规则性引起的损耗通过现代光纤工艺的不断完善，此项损耗已可忽略不计了。

(3) 光纤的内禀损耗包括三个部分：瑞利散射、红外吸收及紫外吸收。如图 1-3 所示。

瑞利散射包括分子密度起伏产生的散射损耗以及分子组分起伏产生的散射损耗。在常规的 G.652.D 光纤中，纤芯掺杂二氧化锗，故瑞利散射包括密度起伏和组分起伏两部分产生的散射损耗；而在 G.654.E 纯硅芯光纤中，瑞利散射只是由二氧化硅分子密度起伏产生的散射损耗，因而 G.652.D 光纤在 1550nm 波长损耗为 0.19～0.20dB/km；而 G.654.E 纯硅芯光纤在 1550nm 波长损耗为 0.16～0.17dB/km。单模光纤损耗谱如图 1-3 所示。

紫外吸收是源于紫外线波段的电子吸收带，电子吸收带是与光纤中非晶体材料的带隙相关的，当一个电子与一个光子发生相互作用并被激励到更高能级时，能量被电子吸收，从而造成吸收损耗。因为光子的能量与波长成反比，故而紫外吸收随波长的增大而减小。

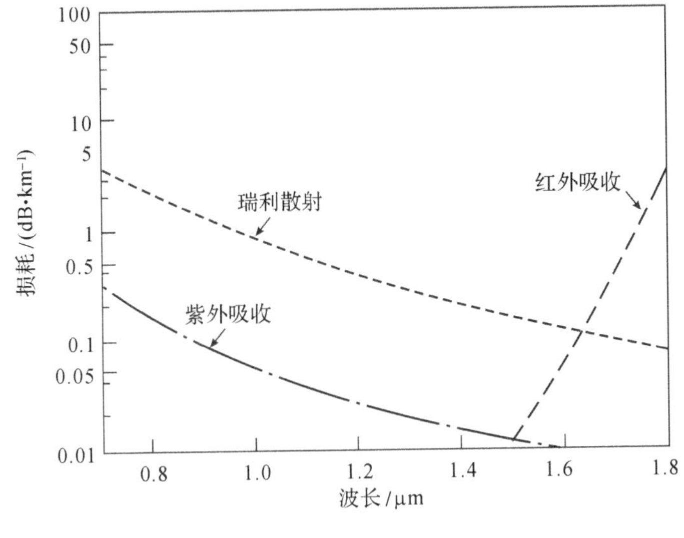

图 1-3　单模光纤损耗谱

红外吸收是源于材料本身对红外线的固有吸收。光纤的 SiO_2 分子结构是由原子之间有相互作用的化学键联系在一起的，热能将它们维持成处于随机运动的稳态结构，而化学键则处于连续的振动状态之中。对红外线的固有吸收与化学键的固有振动频率相关。振动的化学键与光信号的电磁场之间的相互作用，使部分能量从电磁场转移到了化学键上，这就造成了红外吸收损耗。

因为瑞利散射与波长的四次方成反比，上述三个因素累加的结果，形成了一个楔形的损耗曲线，在 1550nm 波长处可得到损耗的最小值为 0.154dB/km，M. Ohashi 等人在 1992 年的实测结果证明了此结论。

多模光纤的损耗与单模光纤的损耗机理相同，只因多模光纤纤芯面积远大于单模光纤，因而光波在多模光纤中传输时有较大的瑞利散射以及由红外吸收和紫外吸收引起的损耗，故多模光纤的损耗大于单模光纤的损耗。

1.3 光纤波导中的线性偏振模

1.3.1 光纤波导中的线性偏振(*LP*)模

光纤中的本征模式分圆对称模 $TE_{0,n}$,$TM_{0,n}$ 和混合模 $HE_{m,n}$,$EH_{m,n}$ 两类(m 为模的阶数,即贝塞尔函数阶数,亦是纤芯中场沿周向圆谐函数周期变化数;n 为第 m 阶贝塞尔函数的根的序数,即模的序数,亦是纤芯中场沿径向变化的贝塞尔函数半周期数),在光纤的弱导条件下,即 $n_1-n_2\ll 1$ 时, $HE_{m+1,n}$ 和 $EH_{m-1,n}$ 的传播常数十分接近,称为简并模(Degenerated Mode)。用线性偏振(LP)模来表示简并模的组合,LP_{mn} 模表示 $HE_{m+1,n}$ 和 $EH_{m-1,n}$ 两个简并模。由于每个模具有两个偏振方向,故一个 LP 模包括四个本征模式。此外,LP_{01} 只包括基模 HE_{11} 的两个偏振方向的两个模式。

研究本征模的场分量,可以发现 $HE_{m,n}$ 模和 $EH_{m,n}$ 模都是圆偏振模,而且两者旋向相反。我们知道两个幅度相等、旋向相反,以相同相速度传播的同频率偏振波合成一个线偏振波,因而线性偏振(LP)模具有线性偏振的横向场分量,其纵向场很小,故可近似视为横向模式。由于光纤波导中本征模的简并特性,无法将简并的本征模式分离。因而在少模光纤的模式复用中,每个模式作为一个信息的独立传输通道,即是指 LP 模的模分复用。线性偏振(LP)模是在光纤波导中实际存在的模式。

本征模:$TE_{0,n}$,$TM_{0,n}$,$HE_{m,n}$,$EH_{m,n}$

LP 模:$LP_{0,n}=HE_{1,n}$

$$LP_{1,n}=TE_{0,n}+TM_{0,n}+HE_{2,n}$$

$$LP_{m,n}=HE_{m+1,n}+EH_{m-1,n}(m\geqslant 2)$$

光纤波导中六个低阶 LP 模式的光强分布如图 1-4 所示。

1.3.2 *LP* 模的截止频率

LP 模的本征方程可以下式表示:

$$\frac{UJ_{l-1}(U)}{J_l(U)}=-\frac{WK_{l-1}(W)}{K_l(W)} \tag{1-57}$$

上式中,$l=1$ 时,为 TE 和 TM 模;$l=m-1$ 时为 HE 模;$l=m+1$ 时为 EH 模。

归一化频率 $v=(U^2+W^2)^{1/2}=k_0an_1(2\Delta)^{1/2}$,当某一模式的有效传播常数 $\beta=n_2k$ 时,$W=0$,该模式截止,归一化频率 $v=v_c=U$。

当 $x\ll 1$ 时,有下列关系式:

$$K_0(x)\approx-\ln\left(\varsigma\frac{x}{2}\right),\varsigma=1.781671$$

$$K_l(x)\approx\frac{(l-1)!}{2}\left(\frac{x}{2}\right)^{-l},l>0$$

因而,模式截止时,式(1-57)的右边收敛为零,所以 $LP_{l,n}$ 的归一化频率的截止值

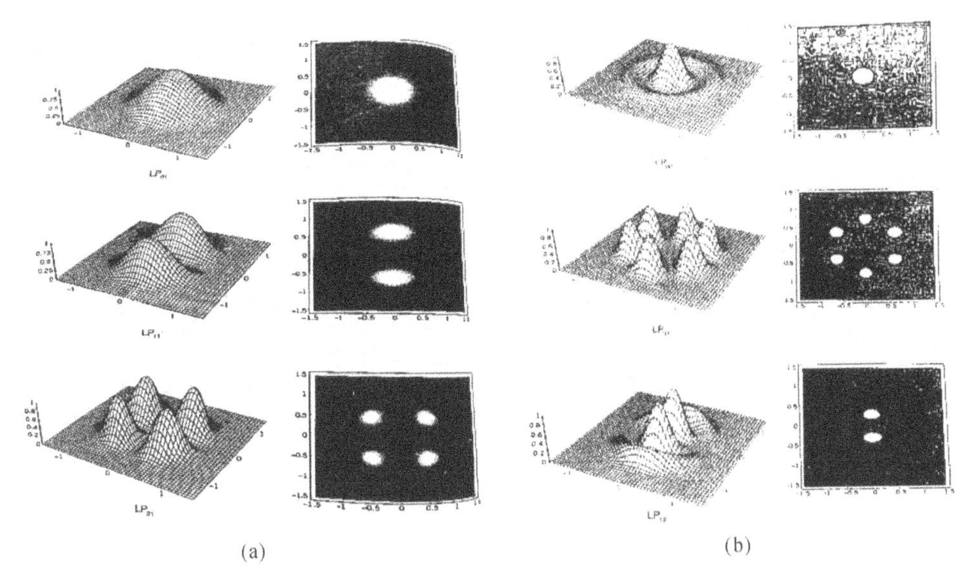

(a)　　　　(b)

图 1-4　六个低阶 LP 模式的光强分布

v_c 为 J_{l-1} 的第 n 个根：

$$J_1(v_c, 0_n),\ l = 0$$

$$J_{l-1}(v_c, l_n) = 0, l \geqslant 1$$

若干低阶 LP 模的截止频率 v_c 如表 1-1 所示。

表 1-1　若干低阶 LP 模的截止频率 v_c

l/n	1	2	3	4	5
0	0.0000	3.8317	7.0156	10.1735	13.3237
1	2.4048	5.5201	8.6537	11.7915	14.9309
2	3.8317	7.0156	10.1735	13.3237	16.4706
3	5.1356	8.4172	11.6198	14.7960	17.9598
4	6.3802	9.7610	13.0152	16.2235	19.4194

由此即可求得各阶本征模的截止频率 v_c 。

1.3.3　LP 模的功率分布

光波在光纤中传播时，纤芯和包层中都有电磁场存在，因而电磁功率不仅在纤芯中，同时也在包层中沿光纤轴向传播。包层中的电磁功率易受光纤微弯、变形等因素影响而损耗掉，因此研究光波在光纤中的传播性能时讨论光功率在纤芯中的集中度是有意义的。

各模式在纤芯中传播的功率 P_i 和在包层中传播的功率 P_o 分别为：

$$P_i = \int_0^a \int_0^{2\pi} -\frac{1}{2} E_y H_x^* r \mathrm{d}\varphi \mathrm{d}r \tag{1-58}$$

$$P_o = \int_a^\infty \int_0^{2\pi} -\frac{1}{2} E_y H_x^* r \mathrm{d}\varphi \mathrm{d}r \tag{1-59}$$

光纤纤芯中传播的功率 P_i 与总的传播的功率 P_T 之比称为场的集中度，即 LP_{mn} 模在纤芯中传播的功率占模式总功率的比值，以下式表示：

$$\Gamma_{mn}=\frac{P_i}{P_i+P_o}=\frac{W^2}{V^2}\left[1+\frac{U^2}{W^2}\frac{K_m^2(W)}{K_{m+1}(W)K_{m-1}(W)}\right]=\frac{W^2}{V^2}\left[1-\frac{J_m^2(U)}{J_{m+1}(U)J_{m-1}(U)}\right] \tag{1-60}$$

在推导式(1-60)时，用了 LP 模的本征方程式(1-57)。

由式(1-60)得出的若干 LP_{mn} 模的场的集中度如图 1-5 所示：

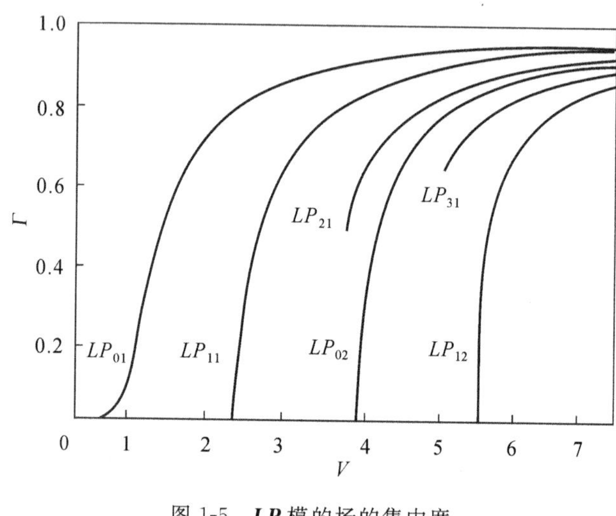

图 1-5 **LP** 模的场的集中度

1.4 光纤波导中的轨道角动量模式

1.4.1 光子轨道角动量(OAM)的概念和应用

少模光纤中轨道角动量模分复用是又一个全新自由度，可成倍提高光纤的传输容量。较之少模光纤中 LP 模分复用，虽然轨道角动量模分复用目前仍处于理论研究和初步研发的阶段，但是由于其特有的轨道角动量模式，其仍存在较为显著的优点和使用前景。本节主要阐述轨道角动量模分复用的原理及其进展。轨道角动量(Orbital Angular Momentum)是经典力学和量子力学中极为重要的基本物理量，其是螺旋相位射线束的自然特性。现已证明，无论是电子束还是电磁波均存在螺旋的相位特征，及归属于电磁波的光波同样存在螺旋的相位特性。在 1992 年 Allen 等人首次通过实验证明了拉盖尔—高斯(Laguerre—Gaussian，LG)模的每个光子除了拥有线动量、自旋角动量(SAM)外，还存在轨道角动量(OAM)。

在单粒子条件下，沿传播方向的 OAM 态对应的量子算符可以写成：

$$\hat{L}_z=-\mathrm{i}\hbar\frac{\partial}{\partial\varphi} \tag{1-61}$$

其本征值的方程可写为

$$\hat{L}_z \, |L\rangle = L \mid M\rangle \tag{1-62}$$

而其中在|m〉极坐标方位角表象下可以写作

$$\langle \phi \, |m\rangle = \frac{1}{\sqrt{2\pi}}\exp(\mathrm{j}m\varphi) \tag{1-63}$$

其表示了具有 m 重螺旋相位的波束。

在轨道角动量模式中，拓扑荷 m 的取值可以从负无穷到正无穷。如图 1-6 所示，从图中(a) 至(e) 分别表征了 m 从 -1 至 3 的光束 OAM 的螺旋波面。

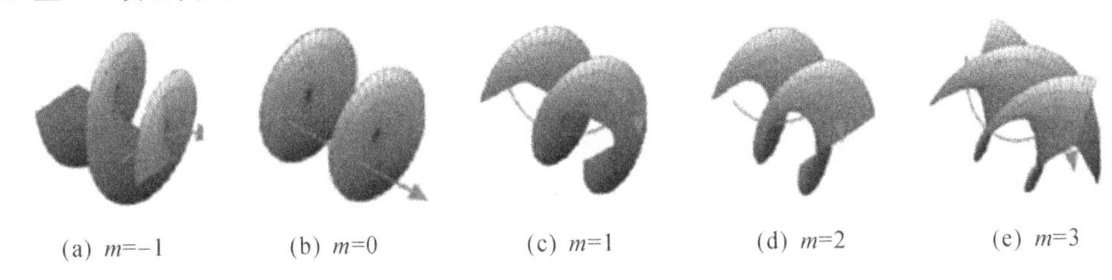

(a) $m=-1$　(b) $m=0$　(c) $m=1$　(d) $m=2$　(e) $m=3$

图 1-6　光束 OAM 的螺旋波面

当 $m=0$ 时，无螺旋波产生；

当 $m=\pm 1$ 时，波阵面为单螺旋，周长为波长，旋向由 m 的正负号确定；

当 $m\geqslant 2$ 时，波阵面为 m 个个别的但相互缠结的螺旋组成，每个螺旋表面的周长为 $m\lambda$，旋向由 m 的正负号确定。

这种具有螺旋模式的光束载有非零的 OAM。

光子轨道角动量的本征态相位因子是 $\mathrm{e}^{\mathrm{j}m\varphi}$，$m$ 称为拓扑荷数 (topological charge)，表示绕光束闭合环路一周线积分为 2π 的整数 m 倍。每个光子的 OAM 为 $m\hbar$，式中$\hbar = h/2\pi$，h 为普朗克常数。m 在理论上的取值可以从 0 到无穷，各阶 OAM 光束彼此正交，这也是光纤 OAM 模分复用的基础。

1.4.2　光纤波导中的 OAM 模式

LP 模是光纤中简并本征模的线性组合，而 OAM 模也是光纤中本征模的另一种线性组合。将光纤中相位差为 $\pi/2$ 的同阶本征模的奇模和偶模进行叠加后，则可以形成相对应的 OAM 模式，其关系如式(1-64)所示：

$$\begin{aligned} HE^{\pm}_{mn} &= HE^{e}_{mn} \pm \mathrm{j}HE^{0}_{mn} \approx F_{m-1,n}(\hat{x} \pm \mathrm{j}\hat{y})\mathrm{e}^{\pm\mathrm{j}(m-1)\varphi} \\ EH^{\pm}_{mn} &= EH^{e}_{mn} \pm \mathrm{j}EH^{0}_{mn} \approx F_{m+1,n}(\hat{x} \pm \mathrm{j}\hat{y})\mathrm{e}^{\pm\mathrm{j}(m+1)\varphi} \\ V^{\pm}_{on} &= TM_{on} \pm \mathrm{j}TE_{on} \approx F_{1n}(\hat{x} \pm \mathrm{j}\hat{y})\mathrm{e}^{\pm\mathrm{j}\varphi},(m > 1) \end{aligned} \tag{1-64}$$

式中，HE^{0}_{mn} 和 EH^{e}_{mn} 分别代表 HE_{mn} 和 EH_{mn} 模式中的奇模式和偶模式，而 F_{mn} 则为相应的标量模式的径向场分布。在公式(1-64)中可以看出，进行奇偶叠加后，HE_{mn} 和 EH_{mn} 中均含有 $\mathrm{e}^{\mathrm{j}m\varphi}$ 部分，即均为 OAM 模式。其中 HE 模的拓扑荷为 $m-1$，而 EH 模的拓扑荷为 $m+1$，其分别可以记录为 $\mathrm{OAM}^{\pm}_{HE_{mn}}$ 和 $\mathrm{OAM}^{\pm}_{EH_{mn}}$。此外，OAM 模式也可表示为公式(1-65)：

$$
\begin{aligned}
\mathrm{OAM}_{m,n}^{\pm} &= HE_{m+1,n}^{even} \pm jHE_{m+1,n}^{odd} \\
\mathrm{OAM}_{m,n}^{\pm} &= EH_{m-1,n}^{even} \pm jEH_{m-1,n}^{odd}
\end{aligned}
\tag{1-65}
$$

1.4.3 用以传输 OAM 模式的光纤结构

在少模光纤的模分复用(LP 或 OAM 复用)中，复用的各模式间有效折射率差愈大，模间耦合就愈小，反之亦然。在常规的阶跃型折射率剖面分布的光纤中，模式之间的有效折射率差值小于 10^{-4} 时，模式就会简并为 LP 模，如图 1-7(a) 所示，其中 TE_{01}，TM_{01} 和 HE_{21} 有效折射率相同，故可形成 LP_{11} 模，但无法将 HE_{21} 组成的 OAM_{11} 模与 TM_{01} 和 TE_{01} 模的有效折射率分开，故 OAM_{11} 模无法正常传输。所以在常规的阶跃型折射率剖面分布的光纤中，OAM 模无法正常传输，必须特殊设计光纤的折射率剖面分布使各 OAM 模与其他模式的有效折射率差增大，如图 1-7(b)所示。

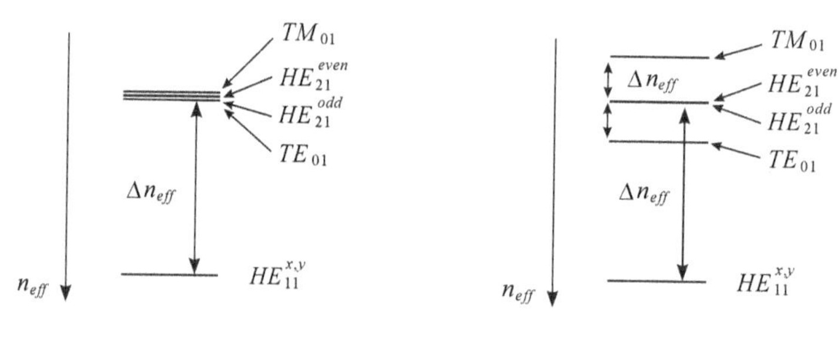

(a) 阶跃型折射率分布　　(b) 特殊设计的折射率分布

HE_{21}	HE_{31}	HE_{41}	HE_{51}	HE_{61}	TM_{01}
1.478884	1.477999	1.4769190	1.475652	1.474206	1.478885
TE_{01}	EH_{11}	EH_{21}	EH_{31}	EH_{41}	
1.478883	1.478000	1.476921	1.475656	1.474213	

图 1-7　多模光纤中各模式的有效折射率

因为普通类型的多模光纤无法稳定长距离传输 OAM 模式，所以需要针对 OAM 模式的传输特性单独设计适合 OAM 模式传输的光导结构。所以如何提高在光纤中传播模式之间的有效折射率之差成为设计 OAM 传输用光纤的核心问题。

目前为止，此类结构的研究重点集中在环状折射率光纤上。

1.4.4 环状折射率分布的 OAM 光纤

典型的环状折射率分布的 OAM 光纤是美国波士顿大学的 Ramachandran 等提出的 Vortex fiber(称为涡旋光纤)，如图 1-8 所示。

在环状折射率分布光纤方面，其结构设计是通过设计合适的环状高折射率区域，增大不同 OAM 模式之间的有效折射率之差，从而减少各个 OAM 模式之间的简并情况。

在该结构中，芯层与包层的折射率基本一致，而传输层的折射率则需要较高。在该结构中，通过传输层折射率的调整和径向尺寸的设计增大模式之间的有效折射率之差，在这种单环形折射率剖面的光纤中，径向保持单模状态，因此只能传输 $OAM_{m,1}$ 模。

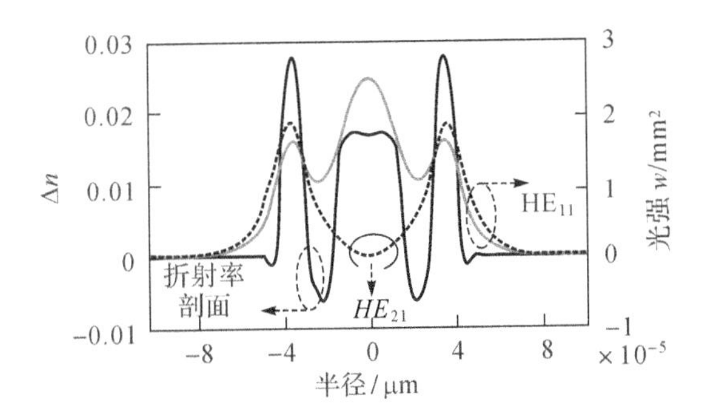

图 1-8　环状 OAM 光纤的折射率剖面

环光纤中各模式的有效折射率由图 1-9 所示。

HE_{21}	HE_{31}	HE_{41}	HE_{51}	HE_{61}	TM_{01}
1.460114	1.456768	1.451443	1.444370	1.444370	1.460595
TE_{01}	EH_{11}	EH_{21}	EH_{31}	EH_{41}	
1.459516	1.456652	1.451392	1.444412	1.451461	

图 1-9　环光纤中各模式的有效折射率

比较图 1-7 和图 1-9 中各模式的有效折射率，可见环状 OAM 光纤中各模式的有效折射率差明显增大。

1.5　光纤波导中的辐射模

从前几节的分析可知，在一定的光纤波导结构中存在着有限数的传导模，显然，这有限数的传导模不能代表一个完整的本征函数组。一个任意的场源，应由完整的本征函数组构成，这个完整的本征函数组除了有限个传导模外，还包括无限个辐射模，两者都是满足边界条件的麦克斯韦方程之解。

从场的横向分量来考虑，光纤波导中场的全解应为：

$$
\begin{cases}
\vec{E}_t = \sum_{\nu=1}^{N} a_\nu E_{\nu t} + \sum \int_0^\infty a_\rho E_{\rho t}\,\mathrm{d}\rho \\
\vec{H}_t = \sum_{\nu=1}^{N} b_\rho H_{\nu t} + \sum \int_0^\infty b_\rho H_{\rho t}\,\mathrm{d}\rho
\end{cases}
\tag{1-66}
$$

式中右边第一项为传导模，第二项为辐射模，积分符号表示辐射模的传播常数是连续值，积分前的“和”号表示不同的模式。

我们在讨论传导模式时，没有考虑到两个重要的实际问题：

(一)激发起波导中电磁场的源；

(二)实际波导中不可避免的各种不规则性。

辐射模就是由场源发出从外部射到光纤波导，而在波导周围形成的电磁场，波导中的各种不规则性所等效的辐射源也有相同的作用。

由场源或波导不规则性产生的辐射模和光纤波导中的传导模组成了光纤波导完整的本征函数组。但两者有下列特性相区别：

(1)传导模的横向场从界面起沿径向以指数规律衰减，其传播常数取离散值，为相应本征方程之解，传播常数范围为 $n_2k < \beta < n_1k$ 。

(2)辐射模的横向场分量从界面起沿径向呈振荡(驻波)形式，在无限远处不消失。其传播常数为连续值，从而无相应的本征方程，其模数为无限。传播常数区间为：

$$-n_2k \leqslant \beta \leqslant n_2k \quad 及 -\mathrm{j}\infty < \beta < \mathrm{j}\infty$$

下面先用一个简单的波导结构来说明辐射模的物理特征。例如一接地介质板波导如图 1-10 所示。

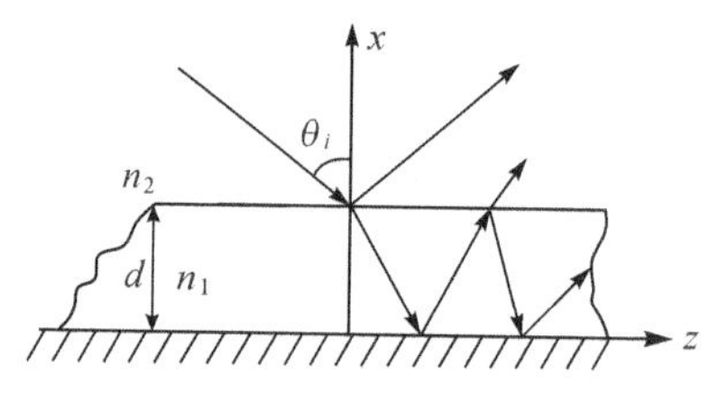

图 1-10　接地介质板波导

我们摹想一个平面波从外部场源射到介质表面，在界面产生反射和折射。因为有 $n_1 > n_2$ ，所以按照斯奈尔定律，折射进介质芯内的波总是超过全内反射的临界补角，因而永远不能在介质芯内全部反射而形成传导模。它们在沿介质波导传输时很快衰减掉，与此相对照，传导模的场源可看成在波导芯内沿轴向负无穷远处，该场源产生的波即可由全内反射沿波导传播。

辐射模的场在介质的上部，由于入射波和反射波的叠加而形成沿 X 方向的驻波分布。介质芯内部由于导波面的反射也形成径向驻波分布。

当入射角 θ_i 为在 $0 \leqslant \theta_i \leqslant \pi/2$ 区间的任意实数值时，相应的传播常数区间为 $-n_2k \leqslant \beta \leqslant n_2k$ ，这一区间的辐射模称为传播辐射模，它能有衰减地沿轴向短途传播。

为了使注入介质的平面波能在全内反射角范围内进行传播，按照斯奈尔定律，要求入射角 θ_i 是一个虚角，而一个虚角相对应的介质区内的场是雕落场，此时的传播常数为 $-\mathrm{j}\infty < \beta < \mathrm{j}\infty$ ，这一区间的辐射模称为雕落辐射模。上述在介质区内外形成的辐射场都能满足麦克斯韦方程，也满足边界条件。场的传播因子也为 $\exp[\mathrm{j}(\omega t - \beta z)]$ ，综上分析：辐射场就各方面而言仍然是一个模式，只是它并不限在波导芯内，而是减小地到达径向无穷远处，我们称这种模为辐射模。它的传播常数不是离散值。我们知道传播常数 β 的大小与平面波的入射角相关，而这个角度这里是可以任意选取的，因而传播常数形成连续值，所以这种模又称为连续模。显然这种模式没有相应的本征方程。辐射模无物理意义，它不能单独沿线传输，但它与传导模一起形成完整的本征函数组。在实际的光纤波导中，不可避免存在由于结构或材料的不规则性引起的模式耦合，当从传导模耦合为辐射模时产生辐射损耗，从而使传导功率变为辐射功率逸出纤芯。在研究这种特性的耦合模理论时，辐射模将是十分有用的。

下面我们分析光纤波导中辐射模的场分量，与上述讨论相似，光纤波导中辐射模的传播常数为

$$-n_2k \leqslant \beta \leqslant n_2k \tag{1-67}$$

以及一个雕落场相应的传播常数区间：

$$-\mathrm{j}\infty < \beta < \mathrm{j}\infty \tag{1-68}$$

两者都满足辐射模在包层中的横向相位常数 ρ 的下列数值范围：

$$\rho = (n_2^2k^2 - \beta^2)^{1/2} \tag{1-69}$$

ρ 的区域为

$$0 \leqslant \rho < \infty \tag{1-70}$$

我们可以区分包层横向相位常数的几个区域：

(一) $0 \leqslant \rho \leqslant n_2k$　即 $-n_2k \leqslant \beta \leqslant n_2k$

此为传播辐射模区，

(二) $\rho \geqslant n_2k$　即 $-\mathrm{j}\infty < \beta < \mathrm{j}\infty$

此为雕落辐射模区。上述两项表明：

ρ 为正实数时，相应于辐射模区，

ρ 为纯虚数时，即 $\rho = \mathrm{j}\gamma$，$n_2k \leqslant \beta \leqslant n_1k$，$\gamma = (\beta^2 - n_2^2k^2)^{1/2} \geqslant 0$ 此为传导模区 。

γ 为传导模在包层中的横向传播常数。

图 1-11 画出上述三个区域的关系。

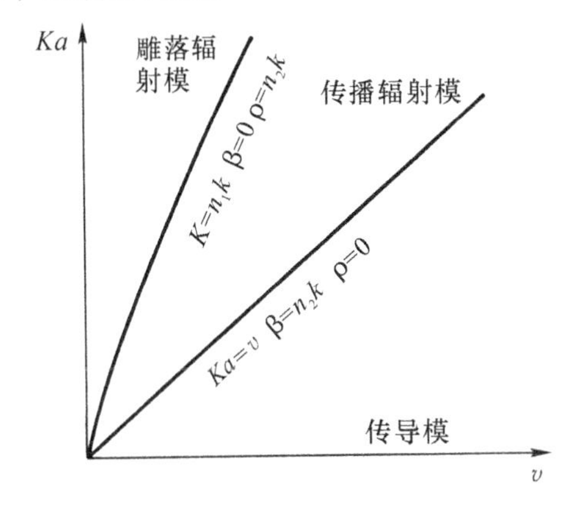

图 1-11　传播辐射模，凋落辐射模和传导模三个区域的关系

图 1-12 表示 $\mathrm{Re}\beta \sim v$ 坐标面上，传导模和辐射模的分布。相应于 $\mathrm{Im}\beta$ 的雕落辐射模未能标示出来。

下面，我们讨论传播辐射模的两个极端情况，将式(1-67) 改写为

$$0 \leqslant |\beta| \leqslant n_2k$$

第一种情况：$\beta \approx 0$，在弱导条件 $\Delta = (n_1 - n_2)/n_1 \ll 1$ 时，$K \approx \rho$，式中 K 为纤芯横向传播常数，参见式(1-90)。

这相当于平面波以近垂直于 Z 轴的方向传播，对于纤芯和包层的折射率相近的光纤波导来说，这种波的传播受波导结构影响甚微，可近似相当于在均匀介质中的平面波

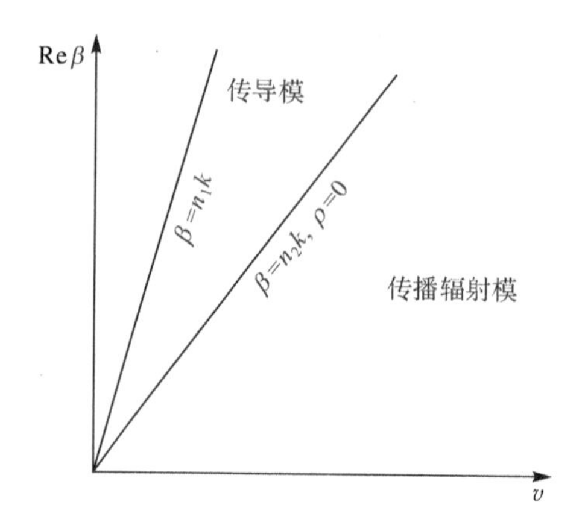

图 1-12　Reβ～v 坐标面上,传导模和传播辐射模的分布

的传播,故称为"自由空间模"。

第二种情况:$\beta \approx n_2 k, \rho \approx o$(当然也有弱导 $\Delta = (n_1 - n_2)/n_1 < 1$ 的前提)。

这相当于平面波沿 Z 轴向(即 θ_c 方向)的传播,从图 1-12 可见,这是在传导模截止区附近的辐射模,其场结构与传导模相近,在研究模式耦合理论中发现,这种辐射模与传导模的耦合最为有效,即传导模主要是与这种辐射模进行耦合。

这类模式场分量的表示与传导模十分相似,同样假定 $n_1 \approx n_2 \approx n$,因而 $\beta = nk$,选择 E_z 和 H_z 的通解形式使横向分量一个为零,另一个接近为零,剩下四个场分量。与传导模的差异在于:现在包层区是入射波和反射波的叠加而成的驻波分布,因而多了一个幅度系数,从而无法使系数行列式为零,因此 β 的本征方程不存在。

1.6　光纤波导中的漏泄模

我们先从几何光学原理来讨论光在光纤中的传播。从图 1-13 可见,全内反射的临界角 θ_N 及其补角 θ_c 按斯奈尔定律分别有下列公式:

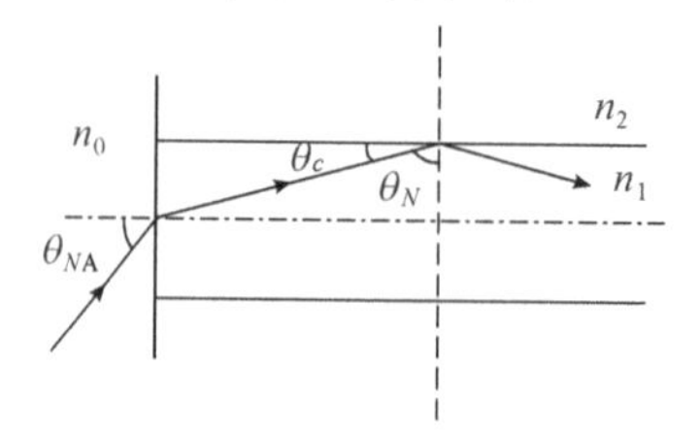

图 1-13　光的全内反射

$$\theta_N \approx \sin\theta_N = n_2/n_1 \tag{1-71}$$

$$\cos\theta_c = n_2/n_1 \tag{1-72}$$

$$\theta_c \approx \sin\theta_c = (2\Delta)^{1/2} \tag{1-73}$$

式中 $\Delta = 1 - n_2/n_1 << 1$。

数值孔径角为

$$\theta_{NA} \approx \sin\theta_{NA} = n_1(2\Delta)^{1/2} = (n_1^2 - n_2^2)^{1/2} \tag{1-74}$$

当入射角 $\theta > \theta_N$ 时，光由全内反射在光纤波导中无损地传播（假设介质是无损的）。如 $\theta < \theta_N$，则产生部分折射，从而失去全内反射条件。因此光纤波导中传导模的截止条件为入射角等于全内反射角的临界角。这一结论对于两维的板波导是正确的，而对于圆柱体介质的光纤波导来说，对子午面内光的传播（即传播的光线处于通过光纤轴线的平面内）这个结论是正确的，但在一般情况下，在光纤波导中，光可以斜射到纤芯一包层界面，在这种情况下，上述结论不再有效。

光纤波导中每个传导模式可分解为若干平面波的叠加，每个平面波的波矢以相同特征角在波导中传播。我们引用下列传导模的场分量表示式：

$$E_y = AJ_\nu(Kr)\cos\nu\varphi\exp[j(\omega t - \beta z)] \tag{1-75}$$

当 $Kr \gg 1$，$\nu < Kr$ 时，可将贝塞尔函数展开成德拜近似式：

$$J_\nu(Kr) \approx \frac{e^{j\psi} + e^{-j\psi}}{(2\pi)^{1/2}[(Kr)^2 - \nu^2]^{1/4}} \tag{1-76}$$

式中相位因子

$$\psi = [(Kr)^2 - \nu^2]^{1/2}\arccos(\nu/Kr) - (\pi/4) \tag{1-77}$$

我们将 ψ 展开成在界面 $r = a$ 邻区的泰勒级数，并取其第一、二项

$$\psi(r) \approx \psi(a) + [K^2 - (\nu/a)^2]^{1/2} \cdot r + \text{const.} \tag{1-78}$$

取 $\psi(r)$ 与 r 有关的乘积项：

$$\psi(r) \propto [K^2 - (\nu/a)^2]^{1/2} \cdot r \tag{1-79}$$

将式(1-76)代入式(1-75)可得：

$$E_y \approx \frac{1}{2}\frac{(e^{j\psi} + e^{-j\psi})(e^{j\nu\varphi} + e^{-j\nu\varphi})e^{-j\beta z}e^{j\omega t}}{(2\pi)^{1/2}[(Kr)^2 - \nu^2]^{1/4}} \tag{1-80}$$

上式表示，场分量 E_y 可看成是四个准平面波的叠加，这些平面波螺旋地绕 Z 轴行进，因而称为斜射光。四个准平面波分左旋和右旋两组，每组又分射向和背向界面的两个平面波。我们现取一个射向界面的平面波来分析：

该平面波为

$$\begin{aligned}
&\exp\{-j[\psi(r) + \nu\varphi + \beta z]\} \\
&= \exp\{-j\{[K^2 - (\nu/a)^2]^{1/2} \cdot r + (\nu/a)(a\varphi) + \beta z\}\} \\
&= \exp[-j(\vec{k}_c \cdot \vec{r})]
\end{aligned} \tag{1-81}$$

式中 $\vec{k}_c$ 为平面波波矢

$$\vec{k}_c = [K^2 - (\nu/a)^2]^{1/2} \cdot \hat{r} + (\nu/a)\hat{\varphi} + \beta\hat{z} \tag{1-82}$$

$\vec{r}$ 为位置矢量

$$\vec{r} = r\hat{r} + (a\varphi)\hat{\varphi} + z\hat{z} \tag{1-83}$$

$\hat{r}, \hat{\varphi}, \hat{z}$ 分别为圆柱坐标 r, φ, z 方向的单位矢量。波矢 $\vec{k}_c$ 与界面法线的夹角余弦为

$$\begin{aligned}
\cos\theta_N &= \frac{\vec{k}_c \cdot \vec{r}}{|\vec{k}_c|} = \frac{[K^2 - (\nu/a)^2]^{1/2}}{\sqrt{[K^2 - (\nu/a)^2] + (\nu/a)^2 + \beta^2}} \\
&= \frac{[K^2 - (\nu/a)^2]^{1/2}}{(K^2 + \beta^2)^{1/2}} = \frac{[K^2 - (\nu/a)^2]^{1/2}}{n_1 k}
\end{aligned} \tag{1-84}$$

从关系式 $K^2 = n_1^2k^2 - \beta^2$，K 为纤芯中的横向相位常数，故有：

$$\sin\theta_N = \sqrt{1-\cos^2\theta_N} = \left[1 - \frac{K^2 - (\nu/a)^2}{n_1^2k^2}\right]^{1/2} = \frac{[\beta^2 + (\nu/a)^2]^{1/2}}{n_1 k} \tag{1-85}$$

从而可得：

$$n_1\sin\theta_N = [\beta^2 + (\nu/a)^2]^{1/2}/k \tag{1-86}$$

光纤波导中传导模的截止条件为

$$\gamma = 0,\ 即\ \beta = n_2 k$$

截止时，式(1-86)化为

$$n_1\sin\theta_N = n_2[1 + (\nu/n_2ka)^2]^{1/2} \tag{1-87}$$

即有

$$n_1\sin\theta_N > n_2(当\ \nu \neq 0\ 时) \tag{1-88}$$

式(1-88)表明，在截止时，由传导模分解的光线仍以大于全内反射临界角入射。从几何光学观点来看，截止时，全内反射条件仍满足，只有当 $\nu=0$ 的低阶模式，截止条件才与全内反射的临界角相符。那么，对于 $\nu\geqslant0$ 的模式，在截止区外，仍能满足全内反射条件的光，究竟有什么性质呢？这就是本节要分析的光纤波导中的漏泄模。

从电磁场和模的角度来看，漏泄模是本征方程在截止区外的解。第 ν 阶漏泄模就是第 ν 阶传导模在截止区外的解析连续。它们的场是相同的，但其本征值或传播常数是本征方程的复数解，因而漏泄模沿 Z 轴方向的传播是有衰减的。

从上节的讨论中我们知道，光纤波导中场的全解包括传导模和辐射模之和，它们又称为正常本征值谱。而漏泄模相应的横向场沿径向是指数增长振荡分布的，因而在无穷远处场有非零解，所以属于非正常本征值谱，鉴于它们的有耗传播特性，故漏泄模不满足功率正交条件。

漏泄模的传播常数也属辐射模区

$$-n_2k < \beta < n_2k \tag{1-89}$$

但其为离散的复数值。

漏泄模的本征值和归一化频率分别为

$$K^2 = (n_1k)^2 - \beta^2 \tag{1-90}$$

$$\rho^2 = (n_2k)^2 - \beta^2 \tag{1-91}$$

$$v^2 = (kan_1)^2\sin^2\theta_c = (Ka)^2 - (\rho a)^2 \tag{1-92}$$

下面分别列出传导模和漏泄模的参数范围：

（一）传导模

K 是实数，$\rho = \mathrm{j}\gamma$ 是虚数

$$0 \leqslant Ka \leqslant v \tag{1-93}$$

$$0 \leqslant |\rho a| \leqslant v \tag{1-94}$$

（二）漏泄模

K，ρ 都是复数

$$v \leqslant \mathrm{Re}\,(Ka) \leqslant n_1ka \tag{1-95}$$

$$0 \leqslant \mathrm{Re}\,(\rho a) \leqslant n_2ka \tag{1-96}$$

式中 K 和 ρ 分别为纤芯和包层的横向传播常数。

图 1-14 表示了 Ka 对 v 坐标中模式的分布区域（HE_{l1}）。

（Ⅰ）区域，传导模

（Ⅱ）区域，漏泄光

（Ⅲ）区域，折射光

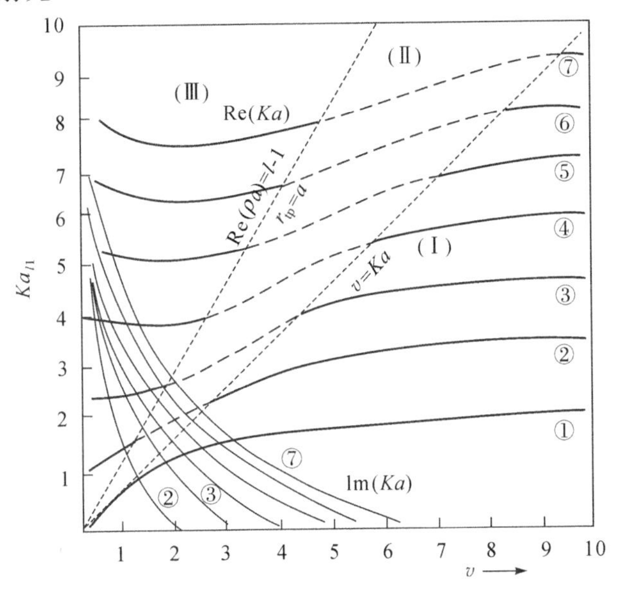

图 1-14　Ka 对 v 坐标中模式的分布区域（HE_{l1}）

为了方便分析，这里按照 A. W. Snyder(1974)，将 LP 的模标设为 l,m，表示 $HE_{l,m}$ 和 $EH_{l-2,m}$ 为简并模，而 TM_{0m} 和 TE_{0m} 与 HE_{2m} 为简并模。简化的本征方程为

$$\frac{(Ka)J_l(Ka)}{J_{l-1}(Ka)}=\frac{(\rho a)H_l(\rho a)}{H_{l-1}(\rho a)} \tag{1-97}$$

式中，Ka，ρa 指实部。

以 $H_{l-1}(\rho a)$ 表征的包层漏泄模的场，其平面波分量的波矢为（$r>a$）

$$\vec{k}=\left[\rho^2-\left(\frac{l-1}{r}\right)^2\right]^{1/2}\cdot\hat{r}+\left(\frac{l-1}{r}\right)\cdot\hat{\varphi}+\beta\cdot\hat{z} \tag{1-98}$$

在散焦面(caustic)上，即 $r_{tp}=(l-1)/\rho$，波矢的径向分量为零，波矢变为

$$\vec{k}=\rho\cdot\hat{\varphi}+\beta\cdot\hat{z} \tag{1-99}$$

因而，漏泄模的包层区可分为漏泄光（或称弱漏泄模）区域和折射光（或称强漏泄模）区域。漏泄模的场区分布如图 1-15 所示。

从图 1-15 可见，漏泄模的横向场分量分为两个区域：

（一）当 $r\rho>l-1$，即 $r>r_{tp}=(l-1)/\rho(l\geqslant 2)$ 时，称辐射场区，横向场呈指数增长振荡的分布，因辐射区的场不断沿线向外辐射能量，所以在图 1-14 中位置①的场强大于位置②的场强，故呈增长分布规律；

（二）当 $r\rho<l-1$，即 $r<r_{tp}=(l-1)\rho,(l\geqslant 2)$ 时，称指数衰减区，该区内的场可以像传导模一样沿 Z 轴传播，但因为 β 是复数，故沿传播方向有较小衰减。

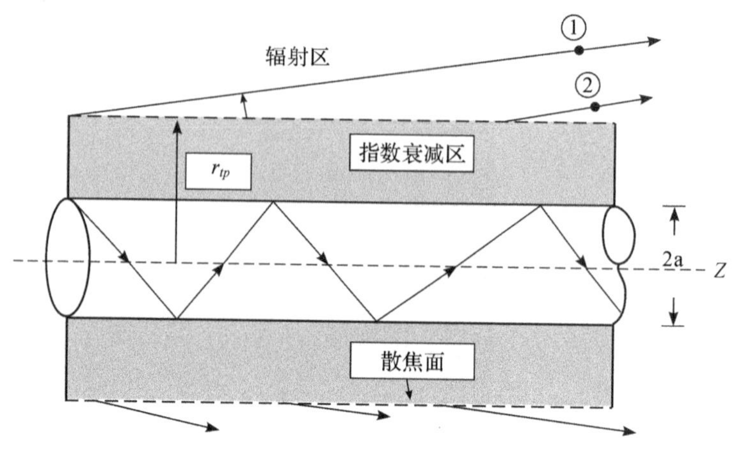

图 1-15　漏泄模的场区

$r = r_{tp}$ 为辐射场区和指数衰减场区的分界面,称为散焦面。它等效于一个辐射源,因为能量由此向外逸散。

对于 $l = 1$ 的低阶模,即 HE_{1m} 模,$r_{tp} = a$,故在纤芯－包层界面就产生折射,而无漏泄光区。这和式(1-87) 当 $\nu = 0$ 时,$\sin\theta_N = n_2/n_1$ 的结论相符。

综上所述:漏泄模的场可分为辐射部分(折射光) 和传导部分 (漏泄光),折射光在 $r > r_{tp}$ 区间,相当于失去全内反射条件而产生折射从而使能量逸出波导,散向外部空间。在 $r < r_{tp}$ 区间,其传播常数在传导模的截止区外,但仍满足全内反射条件,能沿线传播,与传导模的差别在于传播常数有虚部,故沿 Z 轴传播时有衰减。

漏泄模的衰减系数为

$$\alpha_{lm} = -2I_m(\beta_{lm}) \tag{1-100}$$

式中,$I_m(\beta_{lm})$ 为传播常数的虚部。

漏泄光的 Z 向传输功率为:

$$P(z) = P(0)\exp(-\alpha_{lm}z/a) \tag{1-101}$$

$P(0)$为光纤波导始端的漏泄光功率。

我们可以将模在光纤波导纤芯部分的传导功率与总传导功率之比定义为:

$$\eta_{lm} = \frac{\int_{A_a}(\vec{e}_{lm} \times \vec{h}_{lm}^*)\cdot \hat{z}\mathrm{d}A}{\int_{A_{tp}}(\vec{e}_{lm} \times \vec{h}_{lm}^*)\cdot \hat{z}\mathrm{d}A} \tag{1-102}$$

式中,积分截面 A_a 为纤芯截面,A_{tp} 为 $0 < r < r_{tp}^{lm}$ 截面。

图 1-16 画出若干对模的 $\eta_{lm} \sim v$ 曲线,从图 1-16 可见,在 $\mathrm{Re}(\rho a) = l-1$,即 $r = r_{tp}$ 相对应的 v 值时,此时为折射光区和漏泄光区交界点(见图 1-14),按定义有:$\eta_{l1} = 1$ 。

下面进一步用几何光学原理来讨论漏泄模的性质:如图 1-17 所示为波矢 $\vec{k}_c$ 斜射时的各坐标角。

如图 1-17 所示,光纤波导中模场分解的平面波波矢 $\vec{k}_c$,与 Z 轴倾斜入射时,$\vec{k}_{ct}$ 为波矢在截面上的投影,θ_N 为界面法线与入射方向的夹角,各角间有下列关系:

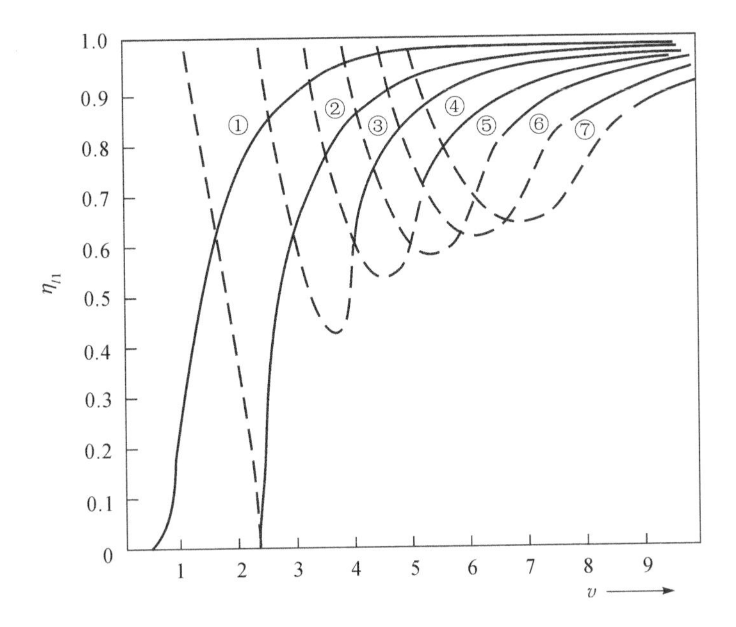

图 1-16　若干 HE_{l1} 模的 $\eta_{lm} \sim v$ 曲线

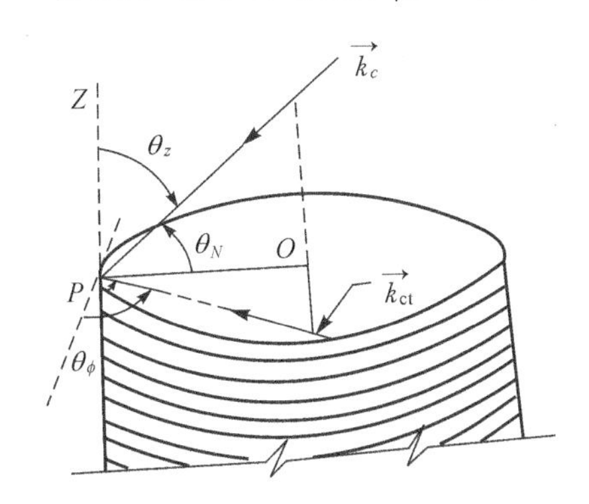

图 1-17　波矢斜射时的各坐标角

$$\cos\theta_N = \sin\theta_z \cdot \sin\theta_\varphi \tag{1-103}$$

波矢与界面法线夹角的余弦按式(1-84)有下列关系：

$$\cos\theta_N = \frac{\vec{k}_c \cdot \hat{r}}{|\vec{k}_c|} = \frac{[K^2 - (\nu/a)^2]^{1/2}}{n_1 k} \tag{1-104}$$

同理有：

$$\cos\theta_\varphi = \frac{\vec{k}_{ct} \cdot \hat{\varphi}}{|\vec{k}_{ct}|} = \frac{\nu}{Ka} \tag{1-105}$$

$$\cos\theta_z = \frac{\vec{k}_c \cdot \hat{z}}{|\vec{k}_c|} = \frac{\beta}{n_1 k} \tag{1-106}$$

从上列三式可得式(1-103)的关系。从式(1-90)、式(1-92)和式(1-106)可得：

$$Ka = v\left(\frac{\sin\theta_z}{\sin\theta_c}\right) \tag{1-107}$$

从式(1-91)、式(1-92)和式(1-106)可得：

$$\rho a = v\left[\left(\frac{\sin\theta_z}{\sin\theta_c}\right)^2 - 1\right]^{1/2} \tag{1-108}$$

由此可从几何光角将模式区分为：

(一)传导模

$$0 < \theta_z < \theta_c \tag{1-109}$$

即在全内反射范围内。

(二)漏泄光

$$\pi/2 \geqslant \theta_z > \theta_c \tag{1-110}$$

$$\pi/2 \geqslant \theta_N > \pi/2 - \theta_c \tag{1-111}$$

此时入射角 θ_N 大于全内反射临界入射角($\pi/2 - \theta_c$)，因而仍满足全内反射条件，但入射角的补角也大于临界补角，这种情况下产生沿传播方向有衰减的传导光即漏泄光。

(三)折射光

$$\theta_N < (\pi/2 - \theta_c) \tag{1-112}$$

入射角小于临界入射角，故失去全内反射条件，产生折射光，不能沿线传输。

漏泄光和折射光的分界线在 $\theta_N = (\pi/2 - \theta_c)$处，此时式(1-103)变为

$$\cos\theta_c = \sin\theta_z \cdot \sin\theta_\varphi \tag{1-113}$$

图 1-18 画出上述三个区间的空间分布，从图可见，传导模区在半角为 θ_c 的半角锥内，折射光在半角为 $\pi/2 - \theta_c$的半角锥内，漏泄光则占有上述两个区域外的两个对称区域。在包含 z 轴，r 轴，因而也包含两半角锥交线 PR 的平面(即子午面)内不存在漏泄光区。

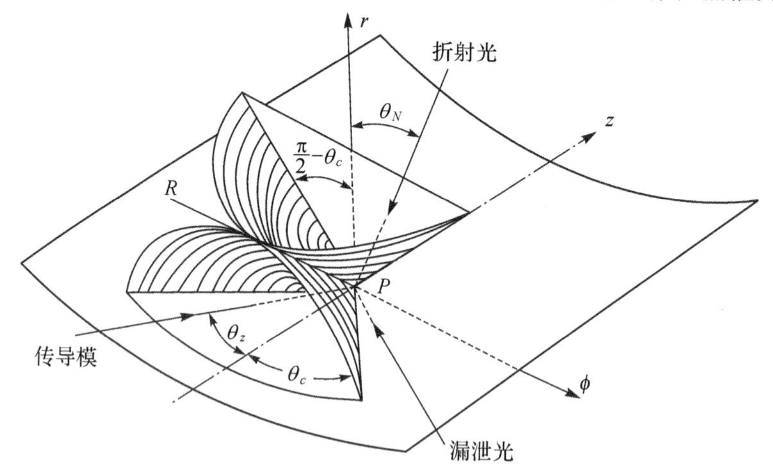

图 1-18　三个模式的空间分布

参考文献

[1] Marcuse D. Light transmission optics. Van Nostrand Reinhold, Prencedon, N. J. 1972.

[2] Marcuse D. Theory of dielectric optical waveguides. New York: Academic Press 1974.

[3]Lorrain P, Corson D. Electromagnetic fields and waves. (2 nd ed.), Freeman, San Francisco 1970

[4]Midwinter J. E. Optical fibers for transmission. Wiley, New York, 1979

[5]Snitzer E. Cylindrical Dielectric waveguide modes. J. Opt. Soc. Am. 51, 491—498, 1961

[6]Jeunhomme L. B. Single—mode fiber optics—principles and application. New York and Base: Marcel DekkerInc. 1983.

[7]Adams M. J. An introduction to optical waveguides. Chichester /New york/ Brisbane/Toronto : John Wiley & Sons 1981.

[8]Owyang G. H. Foundations of optical waveguides. Edward Arnold, London, 1981

[9]Snyder A . W,Love J. D. Optical waveguide theory. Chapman&Hall 1983.

[10]Snyder A . W. Asymptotic expressions for eigenfunctions and eigenvalues of a dielectric or optical waveguide. IEEE Trans. Microwave Theory and Techniques. MTT—17, 1130—1138. 1969

[11]Gloge D. Weakly guiding fibers. Applied Optics. 10, 2252—2258. 1971

[12]Bozinovic N, et al. Control of orbital angular momentum of light with optical fiber. Opt. Lett. 37, 2451—2453. 2012

[13]Bozinovic N, et al. Orbital angular momentum (OAM) based mode division multiplexing(MDM) over a km—length fiber. in European Conference and Exhibition on Optical Communication. 2012 OSA paper Th. 3. C. 6

[14]Ramachandran S, et al. Optical vortices in fiber: a new degree of freedom for mode multiplexing. in European Conference and Exhibition on Optical Communication. OSA 2012 Technical Digest paper Tu. 3. F. 3

[15]Whitmer R. M. Radiation form a dielectric waveguide. J. Appl. Phys. 23, 924—953, 1952

[16]Snyder A . W,Mitchell D. J. Leaky rays on circular optical fibers. J. Opt. Soc. Am., 64,599—607. 1974

[17]Adams M. J, et al. Leaky rays on optical fibers of arbitrary(circularly symmetric) index profiles. Electron. Lett., 11, 238—240. 1975

[18]Olshansky R. Leaky modes in graded index optical fibers. Applied Optics. 15,2773—2777. 1976

[19]陈炳炎,光纤波导传输理论。电子部第二十三研究所出版,上海,1977.

第2章 单模光纤成缆前后的截止波长

单模光纤的主要传输特性之一是截止波长，它对于光纤光缆制造厂商以及光缆的用户设计和使用光纤传输系统均有很大的意义。本章从光纤的模场理论出发，探讨单模光纤在成缆前后截止波长的定义、含义和相互关系，及其测量原理。

2.1 单模光纤的截止波长

单模光纤的正常传输模式是线性偏振模 LP_{01}（包括 HE_{11} 的两个正交模式）。所谓截止波长是指高阶模式 LP_{11}（包括 TE_{01}、TM_{01} 两个圆偏振模及 HE_{21} 的两个正交模式所组成的四个简并模式）的截止波长。单模光纤传输系统的工作波长必须大于截止波长，否则，光纤将工作在双模区。由于 LP_{11} 模式的存在，将产生模式噪声和多模色散，从而导致传输性能的恶化和带宽的降低。图 2-1 表示单模光纤的本征函数 $\beta-\upsilon$ 及 $Ka-\upsilon$ 曲线，以及折射率剖面分布。由图可见，单模光纤的工作区域是

$$0\leqslant\upsilon<2.4048 \tag{2-1}$$

这里 2.4048 是零阶贝塞尔函数 J_0 的第一个根值。

υ 为归一化频率

$$\upsilon=2\pi a(n_1^2-n_2^2)^{1/2}/\lambda \tag{2-2}$$

式中，a 为纤芯半径；n_1，n_2 分别为纤芯和包层折射率；λ 为工作波长。

$\upsilon=2.4048$ 是 LP_{11} 模式的截止值。当光纤的结构参数已定时，该光纤的截止波长为

$$\lambda_{cf}=2\pi a(n_1^2-n_2^2)^{1/2}/2.4048 \tag{2-3}$$

当工作波长大于截止波长时，只有 LP_{01} 模能正常传输，高阶模式 LP_{11} 进入截止区，LP_{11} 模式从传导模变成漏泄模。漏泄模是本征方程在截止区外的解，LP_{11} 的漏泄模就是 LP_{11} 的传导模在截止区外的解析连续。它们的场是相同的，但其本征值或传输常数是本征方程的复数解，因而漏泄模在传输中有固有衰减而无法正常传输。比较传导模和漏泄模可见，传导模的传播常数为

$$n_2k<\beta<n_1k \tag{2-4}$$

而漏泄模的传播常数属辐射模区，但仍为离散的复数值。

$$-n_2k<\beta<n_2k \tag{2-5}$$

式中，k 为真空波数，$k=2\pi/\lambda$。

漏泄模的本征值和归一化频率分别为

$$K^2=(n_1k)^2-\beta^2 \tag{2-6}$$

$$\rho^2=(n_2k)^2-\beta^2 \tag{2-7}$$

$$\upsilon^2=(Ka)^2-(\rho a)^2 \tag{2-8}$$

式中，K 和 ρ 分别为纤芯和包层的横向相位常数。比较传导模和漏泄模的参数范围，可以进一步了解两者的区别。

(1)传导模：K 是实数，$\rho=j\gamma$ 是虚数

$$0\leqslant Ka<\upsilon$$

$$0\leqslant|\rho a|\leqslant\upsilon$$

(2)漏泄模：K,ρ 都是复数

$$\upsilon\leqslant\mathrm{Re}(Ka)\leqslant n_1ka$$

$$0\leqslant\mathrm{Re}(\rho a)<n_2ka$$

图 2-1 中画出了 LP_{11} 模在截止区外的 Ka 的实部 $\mathrm{Re}(Ka)$ 及虚部 $\mathrm{Im}(Ka)$ 的曲线。

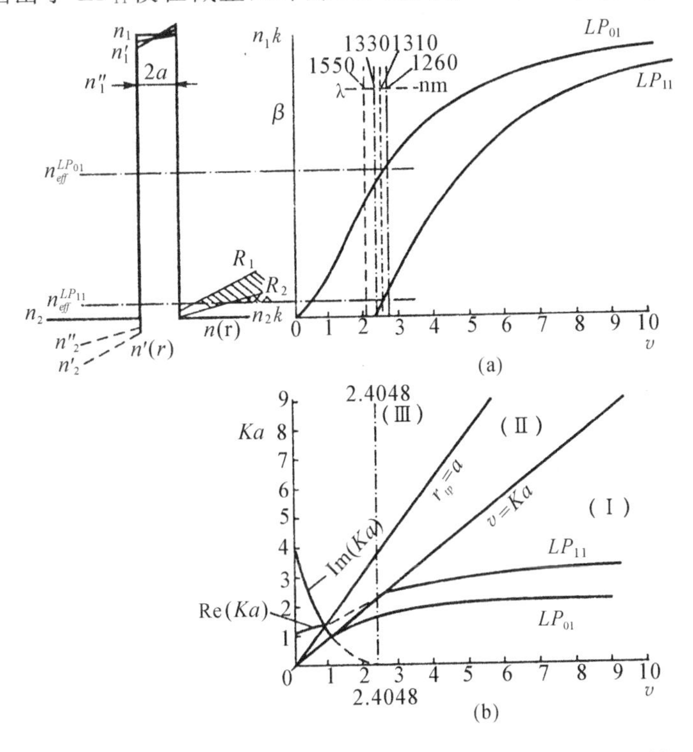

图 2-1　(a)光纤的本征函数 $\beta-\upsilon$ 及 $Ka-\upsilon$ 曲线；(b)光纤的折射率剖面分布

图 2-1 中还画出了截止区，又把它分两个区域。其中，Ⅱ区为漏泄光(弱漏泄模)区域，Ⅲ区为折射光(强漏泄模)区域，其分界线为 $r_{tp}=a$，r_{tp} 为漏泄模隧道场分布的散焦面半径。Ⅰ区即为传导光区域。

综上所述，单模光纤的工作波长必须大于 LP_{11} 模的截止波长(亦即 υ 值必须小于 2.4048)，但工作波长不宜偏离截止波长太远(即 υ 值太小)，因 υ 值愈小，LP_{01} 模式的有效传播常数愈小，有更多的光功率分布在包层中，影响传输性能，这一点从图 2-2 的功率分配曲线中看得很清楚，当 $\upsilon=2.4048$ 时，基模 LP_{01} 有 83% 的光功率分布在纤芯区，

17%在包层区。υ 值愈小,将有更多的光功率分布在包层区内,光场的约束性(Confinement)愈差。据此,在1993年3月通过的ITU的G.652文件中规定零色散在1310nm波长的常规单模光纤的截止波长 λ_{cf} 在1100～1280nm范围内,因工作波长为1310nm,稍大于截止波长,能正常地工作在单模状态。

2.2 成缆光纤的截止波长

光纤的截止波长是指理想的、平直的、一次涂覆后的光纤的截止波长,当光纤的结构尺寸确定后可按公式(2-3)计算出来,但实际的光纤传输系统中,光纤需成缆后敷设使用。多年的光纤传输系统的使用实践表明,当光纤传输系统的工作波长适当小于光纤的截止波长,或者说是工作 υ 值适当大于2.4048时,光纤仍能工作在单模运行状态。其原因如下:从图2-1可见,当工作波长略小于截止波长时,在光纤系统中,LP_{01} 基模和 LP_{11} 高阶模同时出现。但此时,高阶模 LP_{11} 接近截止区,因而 LP_{11} 的有效传播常数:

$$\beta^{LP_{11}} \approx n_2 k \tag{2-9}$$

从图2-2也可见,此时 LP_{11} 模式的光功率,绝大部分分布在包层中,光场的约束性(Confinement)极差。这样的模场分布其传输性能极不稳定,由于在光缆结构中以及光缆敷设状态下,光纤不可避免处于弯曲、微弯,加上光纤本身由于工艺造成的几何尺寸的偏差,均能使此类 LP_{11} 模式经过很短距离(通常是几米)的传输后,转换为辐射模,光功率逸出光纤而无法正常传输。因此,光纤实际上还是处于单模运行状态。这一图景可从图2-1左边光纤折射率剖面的变化来加以说明:图中表明了高阶模 LP_{11} 的有效折射率 $n_{eff}^{LP_{11}}$ 的位置非常靠近光纤包层折射率 n_2,当光纤有弯曲时,折射率剖面发生倾斜。图中画出两种情况:当弯曲半径分别为 R_1 及 R_2 时,n_2 分别倾斜为 n'_2 及 n''_2,而 $R_1 < R_2$,即 R_1 弯曲得更严重。由图可见,在光纤平直时,高阶模 LP_{11} 还是传导模 $n_{eff}^{LP_{11}} > n_2$,即 $\beta_{eff}^{LP_{11}} > n_2 k$,而在光纤稍有弯曲时,高阶模 LP_{11} 就转化为漏泄模 $n_{eff}^{LP_{11}} < n''_2$,即 $\beta_{eff}^{LP_{11}} < n''_2 k$。比较 R_1 及 R_2 两种情况,还可见光纤弯曲得愈严重,这种模式的转化愈快。

鉴于这一缘由,可以引入一个成缆光纤的截止波长,或称有效截止波长 λ_{cc} 的概念,显然成缆光纤的截止波长 λ_{cc} 小于光纤的理论截止波长 λ_{cf}。这样,单模光纤的工作波长可以小于光纤截止波长 λ_{cf},但需在大于成缆光纤的截止波长 λ_{cc} 的条件下正常工作。图2-1中给出一个示例,设光纤的截止波长 $\lambda_{cf}=1330$nm($\upsilon=2.4048$),成缆光纤的截止波长 $\lambda_{cc}=1260$nm,工作波长 $\lambda=1310$nm。三者的相对位置以图2-1示明。有鉴于此,现在国内外所有光纤生产厂商无一例外地都将光纤产品的截止波长上限定在高于1310nm的数值上,典型的光纤截止波长数值范围为1260±70nm,即上限为1330nm,有的甚至将上限定到1350nm。提高光纤截止波长的上限,使单模光纤工作在 $\upsilon>2.4048$ 区域时,还有一个好处是提高了 LP_{01} 模的有效传播常数,可以使更多的光功率集中在纤芯内,光场的约束性(Confinement)更佳,从而改善单模光纤的抗微弯性能,有利于减少1550nm波长的微弯损耗。考虑到这一因素,1993年的ITU的G.652文件中对截止波长作了可选

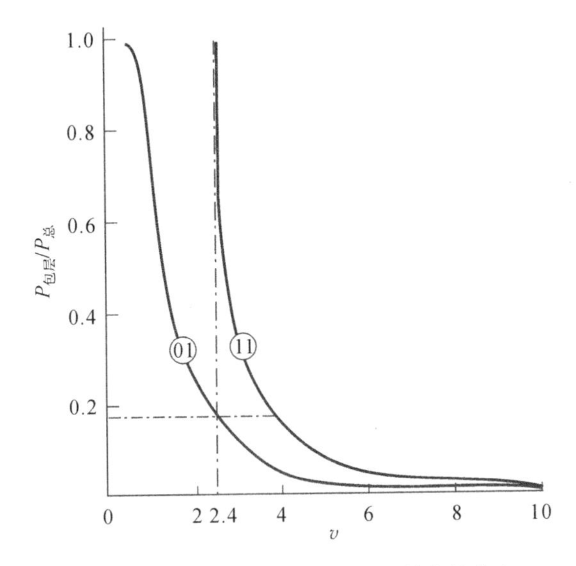

图 2-2　LP_{01}及LP_{11}光功率在光纤中的分布

用的两种规定：

(1)光纤的截止波长 λ_{cf} 的范围为 1100～1280nm；

(2)成缆光纤的截止波长 λ_{cc} 的最大值为 1260nm 或 1270nm。

该文件对此有两个附注：

(1)当选用 λ_{cc} 的规定时，其相应的 λ_{cf} 可能大于 1280nm；

(2)当选用 λ_{cf} 的规定时，对 λ_{cc} 不作规定。

我国 1997 年发布的通信行业标准《YD/T 901－1997 层绞式通信用室外光缆》等均沿用了 1993 年 ITU 的 G. 652 文件对光纤和成缆光纤的截止波长的规定。而在美国 Bellcore 1994 年的文件 GR-20-CORE"Generic Requirements of Optical Fiber and Fiber Optic Cable"中，干脆不提光纤的截止波长，只规定了成缆光纤的截止波长 λ_{cc} 应小于 1260nm。Bellcore 认为，成缆光纤的截止波长反映了在典型敷设条件下的光缆中光纤的实际截止波长，是一个具有可操作性的截止波长数值。鉴于对光纤和成缆光纤截止波长认识的深化，1997 年新版的 ITU-T G. 652 文件对截止波长的规定也作了相应修改，该文件提出了三个截止波长的定义：

(1)成缆光纤截止波长 λ_{cc}；

(2)光纤的截止波长 λ_{cf}；

(3)路线光纤波长 λ_{cj}。

显然，三者的关系有：$\lambda_{cc}<\lambda_{cj}<\lambda_{cf}$，文件规定成缆光纤的截止波长应小于 1260nm 或 1270nm，但对光纤的截止波长 λ_{cf} 不再作规定。

上述内容叙述了光纤、光缆截止波长的历史演变。今天，所有的光纤规范均只提出成缆光纤的截止波长或称光缆截止波长 λ_{cc}，如 G. 652 光纤的 λ_{cc} 为 1260nm，G. 655 光纤的 λ_{cc} 为 1450nm，等。ITU 的光纤规范中甚至将光缆截止波长 λ_{cc} 列为光纤属性而非光缆属性了。

光纤截止波长 λ_{cf} 和成缆光纤的截止波长 λ_{cc} 之间没有一个精确的定性关系。λ_{cf} 是可以严格计算的,但 λ_{cc} 的数值取决于光纤在光缆中及光缆在现场的敷设状态,这两者均是随机的,因而 λ_{cc} 的数值难以找到严格的数学表达式。但若将光纤和成缆光纤的截止波长规定统一的测试条件,将两者的测量值用统计方法还是可以找到一定的相互联系的规律的。例如日本藤仓光纤就用此方法得到一个表示光纤截止波长和成缆光纤截止波长之间相关性的公式(如图 2-3 所示),为

$$\lambda_{cc}=0.8\lambda_{cf}+190 \tag{2-10}$$

按此公式估算,当 λ_{cf} 为 1330nm 时,相应的 λ_{cc} =1254nm,应当说是十分符合实际情况的。

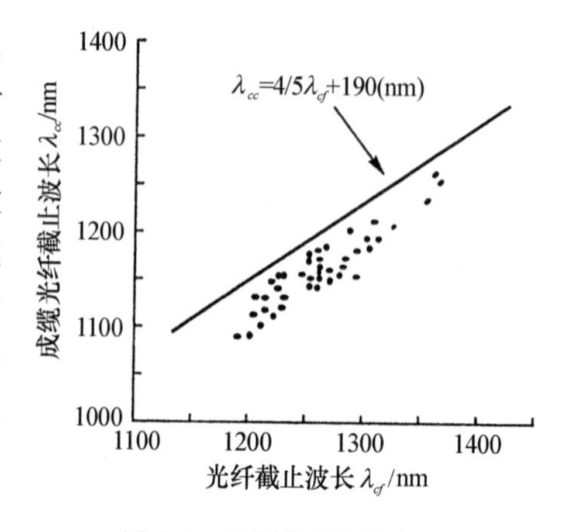

图 2-3 光纤截止波长和成缆光纤截止波长之间的相关性

2.3 截止波长的测量原理

光纤截止波长是用传输功率法进行测量的,其原理则是基于光纤中模场分布的理论。图 2-4 给出了一根 2m 长的光纤样品在不同的弯曲半径下的传输功率谱曲线。

从图可见,在相当于 $\upsilon<2.4048$ 的波长范围内为单模工作区,光纤中只有基模 LP_{01} 的传输;而在相当于 $2.4048<\upsilon<3.8317$ 的波长范围内,有基模 LP_{01} 及高阶模 LP_{11} 同时传输;而在相当于 $\upsilon>3.8317$ 的波长范围内,除了 LP_{01} 及 LP_{11} 外又增加了高阶模 LP_{02} 及 LP_{21},其中 LP_{02} 包括 HE_{12} 的两个正交模式,而 LP_{21} 则包括 HE_{11} 两个正交模式和 HE_{31} 的两个正交模式,共四个简并模式。图中 λ_{cf1} 表示 LP_{11} 模的截止波长,而 λ_{cf2} 则表示 LP_{02} 和 LP_{21} 模的截止波长。此图是在光纤中各模式均匀激励的条件下测量的结果。在理想情况下,当测量波长超过单模光纤截止波长 λ_{cf1} 时,由于 LP_{11} 模进入漏泄模区,光纤中只有基模 LP_{01} 存在,因而其分界线的功率曲线应垂直下降,其功率值跌幅应为 4.8dB (从 $LP_{01}+LP_{11}$ 的六个模式减少为 LP_{01} 的两个模式,传输功率减为三分之一)。而实测曲线 1 是在光纤以一定的弯曲半径($R=90$mm)下的测量结果,因此,有部分 LP_{11} 模的功率因弯曲而逸出光纤。图中的交点 A 相应的波长似乎可等效于成缆光纤的截止波长的概念。从图 2-4 中不同弯曲半径的光纤传输功率的变化还可见,在小于光纤截止波长 λ_{cf1} 的附近区域,当弯曲半径小到一定值时(例如 $R=30$mm),LP_{11} 模的功率在光纤中已所剩无几,几乎接近 LP_{01} 的单模传输的状态了。

图 2-4 中各高阶模式在被测样品不同弯曲半径的情况下有不同的功率损耗。对这种由光纤的纯弯曲引起的传导模的损耗机理可作如下解释:一段弯曲的光纤的传输特性可用一段折射率剖面倾斜的平直光纤来等效。

倾斜的折射率剖面分布可以用下式表示:

$$n'(r)=n(r)(1+r\cos\phi/R) \tag{2-11}$$

这里设 x,y 为光纤横截面坐标，z 轴与光纤轴线重合，并为光功率传输方向，$n(r)$为平直光纤折射率剖面分布，R 为光纤在 yoz 面的弯曲半径，ϕ 为矢径 r 与 y 轴的夹角。由于光纤弯曲造成的等效折射率剖面分布 $n'(r)$ 如图 2-1 左上图所示。图中，$n(r)$ 为平直光纤的折射率剖面分布。$n'(r)$，n'_1，n'_2 分别是弯曲半径为 R_1 的光纤的折射率剖面分布、纤芯和包层折射率的倾斜变化情况；$n''(r)$，n''_1，n''_2 分别是弯曲半径为 R_2 的光纤的折射率剖面分布、纤芯和包层折射率的倾斜变化情况，弯曲半径 $R_1<R_2$。图 2-4 表明，由于折射率剖面的倾斜，高阶 LP_{11} 模的有效折射率 $n_{eff}^{LP_{11}}=\beta_{eff}^{LP_{11}}/k$ 在某些区域出现小于包层折射率 n_2 的情况(图示阴影区)，即

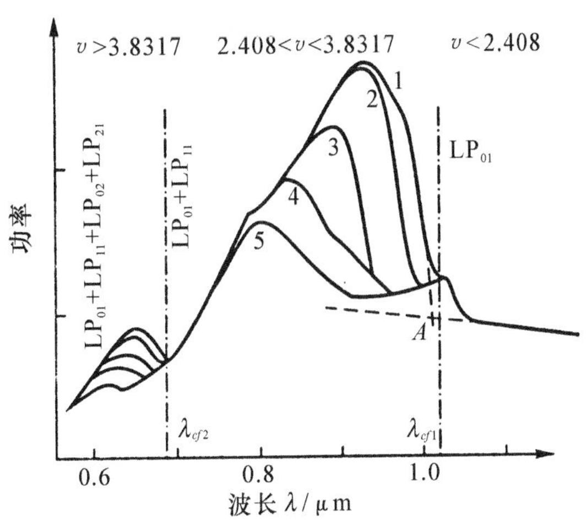

1，R=90mm；2，R=75mm

3，R=50mm；4，R=40mm；5，R=30mm

图 2-4　一根 2m 长光纤在不同弯曲半径下的传输功率谱

$$\beta_{eff}^{LP_{11}}<n_2k$$

此即模式截止变成辐射模的条件，因而此部分光功率从传导模转化为辐射模逸出光纤，造成传输功率的损失。从图 2-4 还可见，弯曲半径愈小，由阴影区表示的辐射模区愈大，弯曲损耗愈大。从图还可见，基模 LP_{01} 的有效折射率 $n_{eff}^{LP_{01}}=\beta_{eff}^{LP_{01}}/k$ 大。因而即使在弯曲半径小到 30mm 时，也不会造成传输功率的损耗。

下面简单说明一下光纤的传导模耦合为辐射模从而造成传输功率损失的基本原理。

在光纤波导介质区外形成的辐射场，本质上仍是一种模式，只是它并不限在波导芯内，而是无减小地到达径向无限远处，故称为辐射模，辐射模和传导模都是满足边界条件的麦克斯韦方程的解，两者一起构成完整的本征函数组。在实际的光纤波导中，不可避免存在多种结构或材料的不规整性，引起模式耦合，当从传导模耦合为辐射模时，产生辐射损耗，从而使传导功率变成辐射功率，逸出纤芯。

光纤波导中的辐射模的传播常数 β 为连续谱(因辐射场可以任意取向)，它可分为两个区域：

$$-n_2k\leqslant\beta\leqslant n_2k \tag{2-12}$$

称为传播辐射模，以及

$$-\mathrm{j}\infty<\beta<\mathrm{j}\infty \tag{2-13}$$

相应于一个雕落场的辐射模。两者都满足辐射模在包层中的横向相位常数 ρ 的数值范围：

$$\rho=(n_2^2k^2-\beta^2)^{1/2} \tag{2-14}$$

ρ 的区域为

$$0 \leqslant \rho < \infty \tag{2-15}$$

我们可以区分包层横向相位常数的几个区域：

(1) $0 \leqslant \rho \leqslant n_2 k$，即 $-n_2 k \leqslant \beta \leqslant n_2 k$。此为传播辐射模区。

(2) $\rho \geqslant n_2 k$，即 $-j\infty < \beta < j\infty$。此为雕落辐射模区。

上述两项表明：当 ρ 为正实数时，相应辐射模区。

(3)当 ρ 为纯虚数时，$\rho = j\gamma$，即 $n_2 k \leqslant \beta \leqslant n_1 k$，$\gamma = (\beta^2 - n_1^2 k^2)^{1/2} \geqslant 0$。此为传导模区。

图 2-5 画出上述三个区域的关系。

传播辐射模又分两个极端情况：

把式(2-12)改写为

$$0 \leqslant |\beta| \leqslant n_2 k \tag{2-16}$$

第一种情况：$\beta \approx 0$，在弱导光纤的条件下 $K \approx \rho$，这相当于平面波以近垂直于 Z 轴方向传播的辐射场。

第二种情况：$\beta \approx n_2 k$，在弱导光纤的条件下 $\rho \approx 0$，这相当于平面波近 Z 轴方向的传播，从图 2-5 可见，这是在传导模截止区附近的辐射模，其场结构与传导模相近，在研究耦合模理论时发现，这种辐射模与传导模之间的耦合最为有效，即传导模在光纤不规则处主要是与这类辐射模进行耦合。上述光纤在弯曲情况下造成 LP_{11} 模的传输功率损耗即属于此。

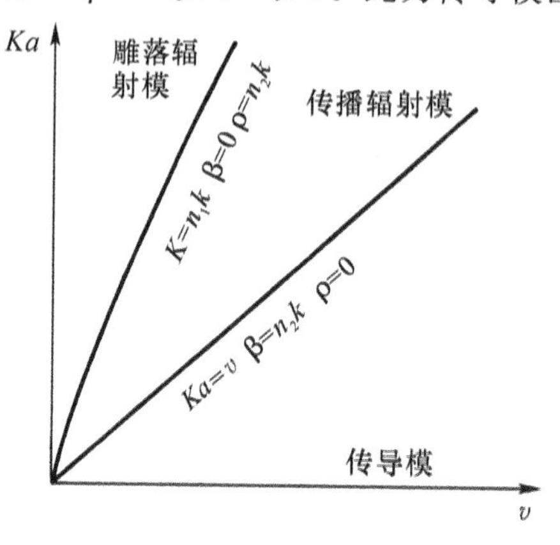

图 2-5 辐射模的本征值分布

ITU-T G.652 建议的用传输功率法测量光纤的截止波长方法，即是根据前述原理提出的。该方法是将 2 米长的被测光纤样品分别在弯成半径为 140mm 及 30mm 的圆环的条件下，分别测得传输功率谱为 $P_1(\lambda)$ 及 $P_2(\lambda)$，然后计算其对数比值 $R(\lambda)$：

$$R(\lambda) = 10\lg[P_1(\lambda)/P_2(\lambda)] \tag{2-17}$$

作出 $R(\lambda)$ 的拟合曲线，如图 2-6 所示，定义将 $R(\lambda) = 0.1$dB 处的最大值作为光纤截止波长的测量值，根据此定义，在截止波长上，被测光纤样品的 LP_{11} 模损耗为 19.3dB。应当指出的是，上述光纤截止波长不完全等同于光纤的理论截止波长，而后者似乎没有什么实际意义。

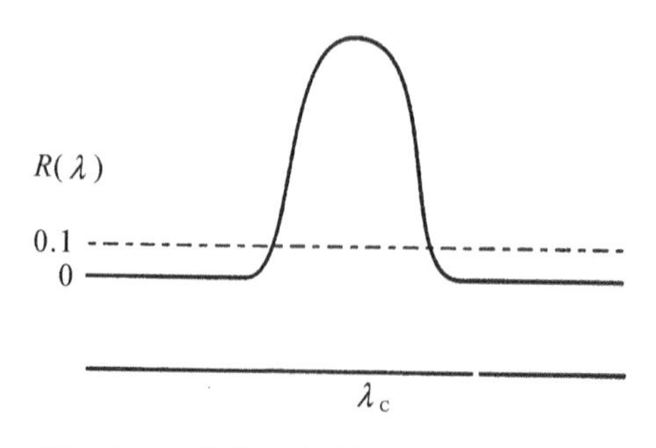

图 2-6 光纤截止波长测量中的 $R(\lambda)$ 曲线

成缆光纤的截止波长 λ_{cc} 的测量方法在 G.652 文件及 Bellcore 的 GR-20-CORE 文件

中均作了阐述。它们也是用传输功率法作为基准测量方法，而被测样品的配置有两种等效的方式：

(1)用光缆样品，如图 2-7 所示。

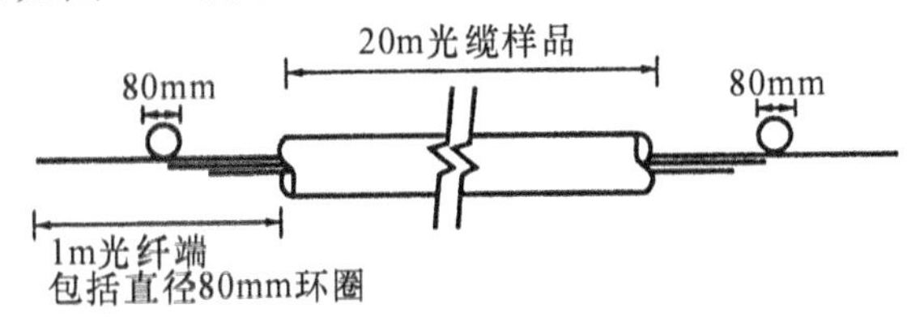

图 2-7　成缆光纤截止波长测试样品

光缆样品为 22m，两端各剥出光纤 1.0m，并绕成一个直径为 80mm 的圆环，以此来模拟在敷设条件下的接头盒效果的情况。

(2)用光纤样品，如图 2-8 所示。

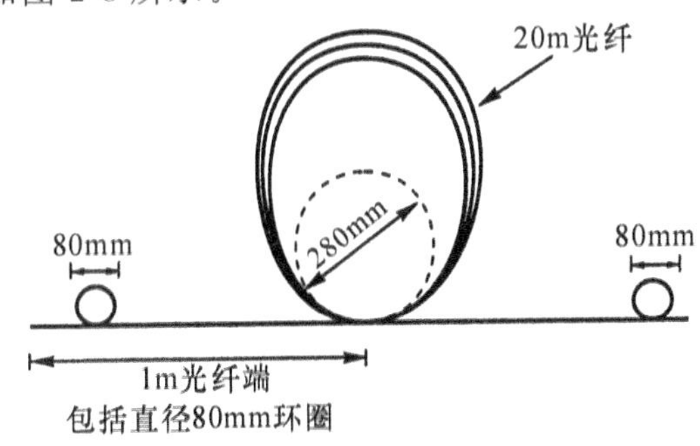

图 2-8　成缆光纤截止波长测试等效样品

这里用 20m 长的未成缆的光纤代替光缆，该 20m 光纤被绕成圈，其中包括一个直径为 280mm 的最小的圈，两端的配置同前。

该 20m 被测光纤的绕圈配置是用来模拟光纤在光缆中的弯曲情况，从而测得等效的成缆光纤的截止波长 λ_{cc}，此法特别适用于光纤制造厂商。

光纤和成缆光纤的截止波长的测量规范分别按美国 TLA/EIA 的光纤测量规范进行：

FOTP-80，Measuring Cutoff Wavelength of Uncabled Single-mode Fiber by Transmitted Power。

FOTP-170 Cable Cutoff Wavelength of Single-Mode Fiber by Transmitted Power。

常用的测量仪器有美国 PK 公司的 2200 型以及 EG&G 公司的 WS400 型光纤综合特性测量仪。

2.4　短光缆的截止波长

在 ITU G.650 及 G.652 文件中对短段光缆的截止波长还做出如下规定：

(1)为避免模式噪声及附加的色散，对于短段光缆(包括维修用光缆)，其成缆光纤的

截止波长 λ_{cc} 应小于光纤系统最低允许的工作波长 λ_s，即 $\lambda_{cc} < \lambda_s$，以保证每个单段光缆均处于单模运行状态。

(2)用于连接光源和光检测的短段光纤以及光纤跳线(长度小于 2m)，应选用光纤截止波长 λ_{cf} 低的光纤，例如 $\lambda_{cf} <$ 1250nm，并在装配时采用较小的弯曲半径以滤去高阶模式。

(3)对于长度在 2～20m 的尾纤和光纤跳线，其截止波长应符合 $\lambda_{cj} <$1260nm 的条件。

(4)光纤连接点连接质量不完善时，都会激励出某些高阶 LP_{11} 模功率，而常规单模光纤根据不同的敷设形式，可以在几米的长度上维持 LP_{11} 模功率的传输。因此，相邻的光纤连接点必须有足够的距离让 LP_{11} 模的光功率衰减掉，以确保光纤系统的单模运行。

参考文献

[1] Luc B Jeunhomme. Single-Mode Fiber Optics: Principles and Applications. New York and Base: Marcel Dekker Inc. , 1983.

[2] ITU-T G. 650. Definition and Test Methods for the Relevant Parameters of Single-Mode Fiber. 1997.

[3] ITU-T G. 652. Characteristics of a Single-Mode Optical Fiber Cable . 1997.

[4] Bellcore GR-20-CORE 1998. Generic Requirements for Optical Fiber and Fiber .

[5] 陈炳炎. 光纤波导传输理论. 上海:四机部第二十三研究所，1977.

第3章 单模光纤的波长色散及其补偿原理

波长色散(Chromatic dispersion)是单模光纤的一个主要性能指标。从G.652到G.656，各单模光纤的一个最主要的区别特征就在于它们独特的波长色散特性。本章就单模光纤的波长色散及其补偿原理进行分析和阐述。

3.1 光纤的折射率、群折射率、群延时和色散

单模光纤的一个主要性能是波长色散(Chromatic dispersion)，波长色散是指光源波谱中不同波长的分量在光纤中的不同的群速而导致光脉冲的展宽。群延时是光脉冲通过单位长度光纤所需时间。群延时是波长的函数，表示为$\tau_g(\lambda)$，单位为ps/km。波长色散系数(Chromatic dispersion coefficient)是指行经单位长度的光脉冲由单位波长变化导致的群延时的变化，其表示式为$D(\lambda)=\frac{d\tau}{d\lambda}$，单位为ps/(nm·km)。波长色散斜率是波长色散系数对波长的曲线的斜率，其表示式为$S(\lambda)=\frac{dD}{d\lambda}$，单位为ps/(nm^2·km)。

在单模光纤中，波长色散是由材料色散和波导色散两部分组成。我们知道，介质有两个重要参数，即介电常数ε和光折射率n，前者反映介质的电特性，后者反映介质的光特性，两者的数值关系为$\varepsilon=n^2$。在无线电的电磁波段中，介电常数ε与频率无关，即ε为常数。但进入红外波段后，介电常数ε亦即光折射率n不再为常数，而是波长λ的函数。因此，材料色散是由于光纤材料(二氧化硅)的折射率在红外波段是波长的函数，即$n=n(\lambda)$，而光波在介质中的传播速度为$v=c/n(\lambda)$，c为光速，这样，光波的传播速度因随波长而变化，从而产生材料色散；波导色散是不同的光波导结构(即折射率剖面)，造成光功率在纤芯和包层中的不同的加权分布，形成光波导不同的有效折射率，而此有效折射率与波长的函数关系[$n_{eff}=n_{eff}(\lambda)$]则形成了波导色散。

下面分析光纤介质的折射率、群折射率、群延时和色散的概念及它们之间的关系。一个平面波在无限扩展的均匀介质中传播时，其传播常数为

$$\beta=kn(\lambda)=\frac{2\pi}{\lambda}n(\lambda) \tag{3-1}$$

当光波为严格单频时，单色光以相速在介质中传播，相延时为

$$\tau_p=\beta/\omega=n/c \tag{3-2}$$

相速为

$$V_p=c/n \tag{3-3}$$

其物理意义可作如下解释:介质材料的介电常数 ε 或折射率 n 相对于宏观的空间坐标可以看成常数,或者随介质组分的变化看成为缓变函数。这时完全忽略了介质材料的原子、分子结构特征,而看成宏观的连续体。但在微观的分子尺度上看来,当电磁波沿介质传播时,可以从单个分子产生散射(瑞利散射),这种散射使波的传播受到阻碍,从而使速度减慢,产生相位滞后。偏离出原来波的传播方向的散射光有随机的相位,这些随机相位的散射子波大部分能相互抵消,而沿传播方向的散射光则相干叠加继续向前行进。这种相干叠加的纯效应可以精确地由材料的表观参量介电常数 ε 或折射率 n 来描述。电磁波与介质相互作用的结果会使波速滞后,即从真空中的光速 c 变为介质中的波速,$V_p=c/\sqrt{\varepsilon}$或 $V_p=c/n$。而当光波为非单色光的信号或能量时,必以群速传播。群延时为

$$\tau_g=\frac{\mathrm{d}\beta}{\mathrm{d}\omega}=\frac{1}{c}\left(n-\lambda\frac{\mathrm{d}n}{\mathrm{d}\lambda}\right) \tag{3-4}$$

定义群折射率为 N,有

$$N=n-\lambda\frac{\mathrm{d}n}{\mathrm{d}\lambda} \tag{3-5}$$

则有

$$\tau_g=\frac{\mathrm{d}\beta}{\mathrm{d}\omega}=N/c \tag{3-6}$$

群速即为

$$V_g=c/N \tag{3-7}$$

这里有必要解释一下群折射率的概念:已如上述,当光波为严格单频时,单色光以相速在介质中传播,即 $V=c/n$;而光波为非单色光的信号或能量时,必以群速传播,即 $V_g=c/N$。考虑到实际的光源总是非单色光,在某个波长处,除了折射率,还需加上这个波长处的色散率作为介质本身的属性才能完全描写介质在这个波长处的光学性质,二者缺一不可。群速和相速既与波(光源)有关又和介质有关,而折射率和色散则是介质本身的内禀性质,与光源无关。从式(3-5)可见,群折射率 N 的物理意义不仅包含了折射率 n 的含义,而且还体现了折射率的色散性质 $\mathrm{d}n/\mathrm{d}\lambda$,它同样能作为材料本身的(与光源的单色性无关)参量,以表征材料的光学性质。在一定光谱范围内的折射率与群折射率通过式(3-5)建立了变换关系,除了真空之外,其他色散介质中群折射率与折射率在任何波长处不可能相等,通常是 $N>n$,它们是两个完全不同的参数。

如果群折射率 $N=N(\lambda)$已知,可以通过求解式(3-5)得到折射率及其色散关系 $n=n(\lambda)$。式(3-5)实际上是一阶非齐次线性微分方程,其通解可以写为

$$n(\lambda)=\lambda\left[A-\int\lambda^{-2}N(\lambda)\mathrm{d}\lambda\right] \tag{3-8}$$

式中,A 为实常数。

式(3-5)和式(3-8)是群折射率与折射率的变换与反变换关系,二者通过色散关系一一对应。考虑到实际的光谱范围都是一个有限区间,取为$[\lambda_1,\lambda_2]$,则式(3-8)可以改写为

$$n(\lambda)=\lambda\left[A-\int_{\lambda_1}^{\lambda_2}\lambda^{-2}N(\lambda)\mathrm{d}\lambda\right] \tag{3-9}$$

当某个波长 λ_0 处的折射率 $n(\lambda_0)$ 已知时,由式(3-9)可得参数 A

$$A=\lambda_0^{-1}n(\lambda_0)+\int_{\lambda_1}^{\lambda_0}\lambda^{-2}N(\lambda)\mathrm{d}\lambda \tag{3-10}$$

在 $\lambda_0=\lambda_1$ 的特殊情况下,$A=n(\lambda_0)/\lambda_0$。

单模光纤中的二氧化硅的折射率 n（略去纤芯和包层材料的差异），群折射率 N，群延时 τ_g 和材料色散 D_m 之间的关系如下：

$$D_m=\frac{d\tau_g}{d\lambda}=\frac{1}{c}\frac{dN}{d\lambda}=-\frac{\lambda}{c}\frac{d^2 n}{d\lambda^2} \tag{3-11}$$

从式(3-11)可见，群延时 τ_g 和群折射率 N 都反映了介质的色散性质，它们与波长的函数关系是一致的。

二氧化硅的折射率 n，群折射率 N，在光纤传输波长窗口的数值列于表 3-1。

表 3-1　融石英玻璃的折射率和群折射率

波长 λ/nm	折射率 n	群折射率 N
600	1.4580	1.4780
700	1.4553	1.4712
800	1.4533	1.4671
900	1.4518	1.4646
1000	1.4504	1.4630
1100	1.4492	1.4621
1200	1.4481	1.4617
1300	1.4469	1.4616
1400	1.4458	1.4618
1500	1.4446	1.4623
1600	1.4434	1.4629
1700	1.4422	1.4638
1800	1.4409	1.4648

二氧化硅的折射率 n，群折射率 N，群延时 τ_g 和材料色散 D_m 之间的关系如图 3-1 所示：折射率 n 随波长的增大而单调下降，群折射率 N，群延时 τ_g 在 1300nm 波长处有最小值，因而其导数，即材料色散 D_m 在 1300nm 处有零点。

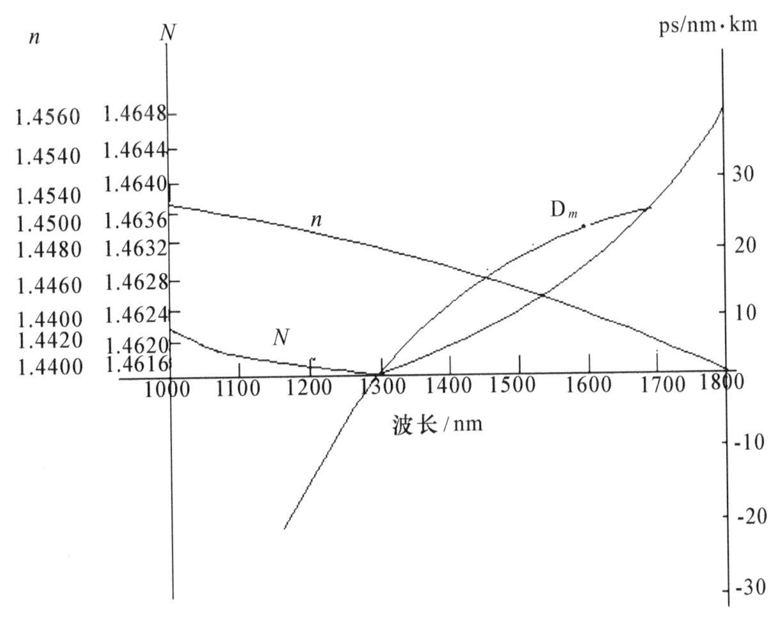

图 3-1　二氧化硅的折射率 n，群折射率 N 和材料色散 D_m

在单模光纤中,总波长色散是由材料色散和波导色散两部分组成,即

$$D = D_M + D_W$$

参见图 3-2。由于波导色散的影响,总波长色散的零值移至 1310nm。

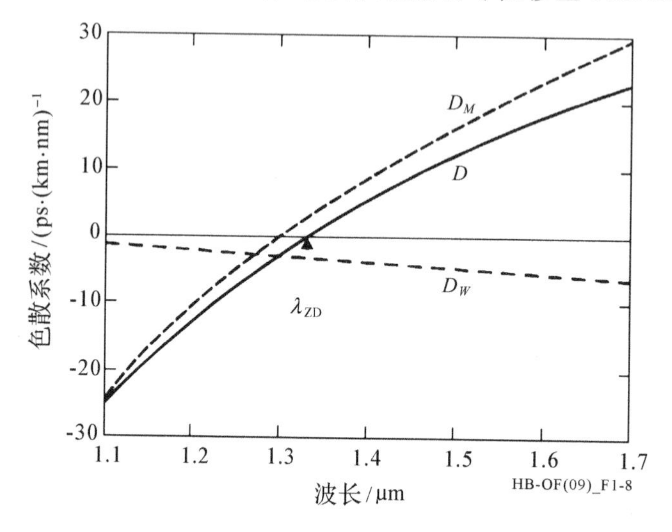

图 3-2　单模光纤波长色散由材料色散和波导色散的合成

单模光纤的波长色散会使脉冲展宽,使数字信号畸变。从信号传输角度来看,这是由两个原因造成的:①是指光源波谱中不同波长的分量在光纤中的不同的相延时和群延时而导致光脉冲在时域上的畸变。②是由于光源的调制,这又可分为两种效应,一是被调制信号的傅里叶频率分量,当比特速率增加时,信号的调制频宽也相应增加到可与光源的频宽相比,甚至可能超过光源频宽。另一个效应是光源波谱在脉冲中变化所产生的啁啾噪声(详见下节)。

我们可以通过计算来求出在几个无啁啾窄带光源、NRZ 的比特速率下,不同的功率代价时的最大允许波长色散的理论值,如表 3-2 所示。

表 3-2　最大允许波长色散的理论值

无啁啾、NRZ 的比特速率/($Gbit \cdot s^{-1}$)	最大允许波长色散/($ps \cdot nm^{-1}$)	
	1dB 功率代价	2dB 功率代价
2.5	18820	30110
10	1175	1880
40	73.5	118

根据表 3-2 的数据,对于几类 ITU 光纤所规范的波长色散系数,可求得在几个无啁啾窄带光源、NRZ 的比特速率下,1dB 的功率代价时的最大允许传输距离的理论值,如表 3-3 所示。

表 3-3　由色散所限最大允许传输距离

光纤类型		G.652	G.653	G.655
在1565nm时的色散系数/(ps/(nm·km))		19	3.5	10
由色散所限传输距离/km	NRZ　10G	61	333	116
	NRZ　40G	3.8	20.8	7.3

我们可以将表3-3的数据与ITU-T建议中的系统应用规范相比较，可得出下列结论。系统应用规范为：在1550nm波长区间，局间通信系统为I(≤25km)，短程通信系统为S(≤40km)，长程通信系统为L(≤80km)，超长程通信系统为V(≤120km)。

(1)NRZ 10G速率的信号采用ITU G.653光纤应用于I,S,L,V系统，或采用ITU-T G.655光纤应用于I,S,L系统，均不受波长色散的限制。

(2)NRZ 10G速率的信号采用ITU G.652光纤应用于L,V系统，将受限于波长色散而需波长色散调节措施。

(3)NRZ 40G速率的信号采用所有类型光纤应用于I,S,L,V系统，均需波长色散调节措施。对于G.652光纤，NRZ 40G速率的信号在几公里长度上就会受限。

在长距离的光纤通信线路中，光放大器解决了衰减问题但却恶化了色散问题。与电增音器不同，光放大后的光脉冲不能回到其原来的脉冲形状。由波长色散引起的脉冲畸变反而会经多级放大而累积。而色散引起的信号畸变将严重影响传输距离。虽然从理论上讲，采用窄带光源或工作在接近光纤的零色散波长可减少波长色散的影响，但因顾及非线性效应的影响，接近在光纤的零色散波长工作不总是可行的。为了解决由波长色散引起的脉冲畸变，通常在传输系统中采用色散调节(Dispersion accommodation)措施来抵消波长色散引起的脉冲展宽，使接收到的信号能回复到输入信号的形状。

色散调节分有源(在发射或接收端实施)和无源(在光纤链路上来用色散补偿光纤元件)两种方法：有源方法如在发射端采用预啁啾来进行脉冲压缩技术；无源方法通常采用色散光纤延迟线或光纤光栅等色散补偿元件对上述光纤的色散进行均衡。预啁啾技术简述如下：在光纤传输系统中，光脉冲信号受到群速的色散的影响，其高频成分将逐渐集中到脉冲前沿，低频成分则逐渐集中于脉冲后沿，两者之间的时差逐渐增大，脉冲也就被展宽。预啁啾技术是在IM－DD系统中对光源加一个正弦调制，使得光脉冲前、后沿频率交换，经过一段距离的传输后，脉冲的频率分布基本恢复到初始状况，这就在一定程度上补偿了色散的影响。预啁啾技术补偿色散的特点是无须变动线路配置，只需在发送激光器上加一个额外的正弦调制即可。但它要求激光器的调频特性较好，但补偿能力有限，适用于短距离低速率的传输系统。

以下就光纤的波长色散及其无源补偿原理进行分析。

3.2 单模光纤的波长色散

一个脉冲的场函数可用一个实时函数 $g(t)$ 来表示：

$$g(t) = \frac{1}{2\pi}\int_{-\infty}^{+\infty} G(\omega)e^{j\omega t\,dt}dt \tag{3-12}$$

式中，$G(w)$ 是 $g(t)$ 的频谱函数。该信号脉冲调制到光频 w_0 上去后，可得到单模光纤的输入光场为

$$g(t)e^{jwR_0 t} = \frac{1}{2\pi}\int_{-\infty}^{+\infty} G(\omega-\omega_0)e^{j\omega t}d\omega \tag{3-13}$$

相应的输入光功率为

$$P_{in} = |g(t)e^{j\omega_0 t}|^2 \tag{3-14}$$

为简化分析，这里假设光载波为单色光源(相当于锁模激光的情况)。

光脉冲经过长度为 L 的单模光纤的传输后，其输出光场为

$$g(t,L) = \frac{1}{2\pi}\int_{-\infty}^{+\infty} G(\omega-\omega_0)H(\omega)e^{j\omega t}d\omega \tag{3-15}$$

相应的输出光功率为

$$P_{out}(t,L) = |g(t,L)|^2 \tag{3-16}$$

式(3-15)中 $H(w)$ 为单模光纤的传输函数，由下式给出

$$H(\omega) = \exp[-\alpha(\omega)-j\beta(\omega)]L \tag{3-17}$$

为简单起见，我们略去损耗项，并将相位函数 $\beta(\omega)$ 在光频 ω_0 上按泰勒级数展开。

$$\begin{aligned}\beta(\omega) &= \sum_n \frac{1}{n!}\cdot\frac{d^n}{d\omega^n}\beta(\omega)\,|_{\omega_0}(\omega-\omega_0)^n \\ &= \beta(\omega_0)+\dot\beta(\omega_0)(\omega-\omega_0)+\frac{1}{2}\ddot\beta(\omega_0)(\omega-\omega_0)^2+\frac{1}{6}\dddot\beta(\omega_0)(\omega-\omega_0)^3+\cdots \\ &= T_{p_0}\omega+T_{g_0}(\omega-\omega_0)+\frac{1}{2}\dot T(\omega-\omega_0)^2+\frac{1}{6}\ddot T_{g_0}(\omega-\omega_0)^3+\cdots\end{aligned} \tag{3-18}$$

式中，$\beta = T_{p_0}\omega$，T_{p_0} 为相延时；

$\dot\beta = T_{g_0}$，T_{g_0} 为群延时；

$\ddot\beta = \dot T_{g_0}$，$\dot T_{g_0}$ 为一阶色散；

$\dddot\beta = \ddot T_{g_0}$，$\ddot T_{g_0}$ 为二阶色散。

单模光纤的群延时色散可表示为

$$\dot T_g = \frac{\lambda}{c}\frac{d^2 n_e}{d\lambda^2} = M_{wd}+M_{cmd}+M_{cpd} \tag{3-19}$$

式中，n_e 为模式(HE_{11})的有效折射率，M_{wd}，M_{cmd}，M_{cpd} 分别为波导色散(Waveguide Dispersion)，复合材料色散(Composite Material Dispersion)和复合折射率剖面色散(Composite Profile Dispersion)，分别如下式表示：

波导色散：

$$M_{wd}=\frac{N_1^2\Delta}{c\lambda}V\frac{\mathrm{d}^2(bV)}{\mathrm{d}V^2}\cong\frac{n_1\Delta}{c\lambda}\left(\frac{N_1}{n_1}\right)^2V\frac{\mathrm{d}^2(bV)}{\mathrm{d}V^2} \tag{3-20}$$

复合材料色散：

$$M_{cmd}=\frac{c}{\lambda}\left[\frac{n_1}{n}\Gamma\frac{\mathrm{d}^2n_1}{\mathrm{d}\lambda^2}+\frac{n_2}{n}(1-\Gamma)\frac{\mathrm{d}^2n_2}{\mathrm{d}\lambda^2}\right]$$

$$\cong\frac{c}{\lambda}\left[\Gamma\frac{\mathrm{d}^2n_1}{\mathrm{d}\lambda^2}+(1-\Gamma)\frac{\mathrm{d}^2n_2}{\mathrm{d}\lambda^2}\right] \tag{3-21}$$

复合折射率剖面色散：

$$M_{cpd}=\frac{n_1^2\Delta'}{cn}\left(\frac{\lambda\Delta'}{4\Delta}-\frac{N}{n_1}\right)\left[2(\Gamma-b)+V\frac{\mathrm{d}^2(bV)}{\mathrm{d}V^2}\right]$$

$$\cong\frac{n_1\Delta'}{c}\left(\frac{\lambda\Delta'}{4}-\frac{N}{n_1}\right)\left[2(\Gamma-b)+V\frac{\mathrm{d}^2(bV)}{\mathrm{d}V^2}\right] \tag{3-22}$$

上列式中，n_1、n_2 分别为纤芯和包层的折射率。

纤芯的群折射率为

$$N_1=\frac{\mathrm{d}n_1k}{\mathrm{d}k}$$

λ 为波长，b 为归一化传播常数，ν 为归一化频率，c 为光速，Γ 为光场功率在纤芯中所占的百分比，它反映了场的集中度(Power Confinement Factor)。

$$\Gamma=\frac{P_{core}}{P_{core}+P_{clad}}=1-\frac{u^2}{\nu^2}(1-\zeta_0(w)) \tag{3-23}$$

$$\zeta_0(w)=\frac{K_0^2(w)}{K_1^2(w)}$$

式中，P_{core}，P_{clad} 分别为纤芯和包层的功率，u，w 分别为纤芯和包层的横向的传播常数，K 为第二类变质贝塞尔函数。

式中材料色散可由 Sellmeir 公式给出

$$\frac{\mathrm{d}^2n_{1,2}}{\mathrm{d}\lambda^2}=\frac{1}{n_{1,2}}\sum_{j=1}^{N}\frac{\lambda_j^2(3\lambda^2+\lambda_j^2)\beta_j}{(\lambda^2-\lambda_j^2)^3}-\frac{1}{n_{1,2}}\left(\frac{\mathrm{d}n_{1,2}}{\mathrm{d}\lambda}\right)^2 \tag{3-24}$$

而
$$\frac{\mathrm{d}n_{1,2}}{\mathrm{d}\lambda}=-\frac{\lambda}{n_{1,2}}\sum_{j=1}^{N}\frac{\lambda_j^2\beta_j}{(\lambda^2-\lambda_j^2)^2}$$

$$n_{1,2}^2=\beta_0+\sum_{j=1}^{N}\frac{\lambda_j^2\beta_j}{\lambda^2-\lambda_j^2}$$

式中，β_j，λ_j 均为材料参数。

将式(3-17)代入式(3-15)中，输出脉冲的光场分布为

$$g(t,L)=\frac{1}{2\pi}\int_{-\infty}^{+\infty}G(\omega-\omega_0)\mathrm{e}^{-\mathrm{j}T_{p_0}L\omega_0}\mathrm{e}^{-\mathrm{j}T_{g_0}L(\omega-\omega_0)}\mathrm{e}^{-\mathrm{j}\frac{1}{2}\dot{T}_{g_0}L(\omega-\omega_0)^2}\mathrm{e}^{\mathrm{j}\omega t}\mathrm{d}\omega$$

$$=\mathrm{e}^{\mathrm{j}\omega_0(t-T_{p_0}L)}\cdot\frac{1}{2\pi}\int_{-\infty}^{+\infty}[G(\omega)\mathrm{e}^{-\frac{1}{2}\dot{T}_{g_0}L\omega^2}]\mathrm{e}^{\mathrm{j}\omega(t-T_{g_0}L)}\mathrm{d}\omega$$

$$=g'(t-T_{g_0}L)\mathrm{e}^{\mathrm{j}\omega_0(t-T_{p_0}L)} \tag{3-25}$$

式(3-25)表示：一个光脉冲信号经过单模光纤的传输后，其输出脉冲中的光载波有

一个相延时,而包络信号脉冲有一个群延时,且受到群延时色散所带来的畸变。

3.3 啁啾脉冲(Chirp Pulse)的基本概念

一个光脉冲信号经过单模光纤的传输后,光脉冲信号还产生了相位调制,这种相位调制引起瞬时频率(注意不是频率分量)的频移,称之为啁啾(Chirp)。即 $\delta\omega=\partial\varphi/\partial t$。啁啾 $\delta\omega$ 的符号取决于$\dot{T}_{g_0}$的符号。在正常色散区($\dot{T}_{g_0}>0$),脉冲前沿的频移向低端线性变化,而在反常色散区($\dot{T}_{g_0}<0$),脉冲前沿的频移向高端线性变化。由于啁啾,光载频的频谱加宽,另一方面,则有包络信号展宽,而包络的频谱变窄,所以总的频谱不变。

可以证明输出的光脉冲 $g(t,L)$及其包络信号脉冲 $g'(t-T_{g0}L)$均为线性扫频的啁啾脉冲。下面从频域和时域两方面来讨论。

1. 频域分析

光脉冲和包络信号脉冲的傅里叶偶对分别可表示为

$$\left.\begin{aligned} g(t,L) &\longleftrightarrow G(\omega-\omega_0)\mathrm{e}^{-\mathrm{j}\dot{T}_{g_0}L(\omega-\omega_0)^2} \\ g'(t,L) &\longleftrightarrow G(\omega-\omega_0)\mathrm{e}^{-\mathrm{j}\frac{1}{2}\dot{T}_{g_0}L(\omega-\omega_0)^2} \end{aligned}\right\} \tag{3-26}$$

两者的相位和群延时为

$$\begin{cases} \theta(\omega-\omega_0)=\dfrac{1}{2}\dot{T}_{g_0}L(\omega-\omega_0)^2 \\ T_{g_0}L=\dfrac{\mathrm{d}\theta(\omega-\omega_0)}{\mathrm{d}\omega}=\dot{T}_{g_0}L(\omega-\omega_0) \end{cases} \tag{3-27}$$

$$\begin{cases} \theta(\omega)=\dfrac{1}{2}\dot{T}_{g_0}L\omega^2 \\ T_{g_0}L=\dfrac{\mathrm{d}\theta(\omega)}{\mathrm{d}\omega}=\dot{T}_{g_0}L(\omega) \end{cases} \tag{3-28}$$

式(3-27),式(3-28)明确表示:群延时是频率的线性函数,此即为啁啾脉冲。

2. 时域分析

设 $t'=t-T_{g_0}L$,并假设光纤很长($L\rightarrow\infty$)时,我们可以将式(3-25)中的包络信号改写为

$$\begin{aligned} g'(t') &= \frac{1}{2\pi}\int_{-\infty}^{+\infty}G(\omega)\mathrm{e}^{-\mathrm{j}\frac{1}{2}\dot{T}_{g_0}L\omega^2}\mathrm{e}^{\mathrm{j}\omega t'}\mathrm{d}\omega \\ &= \frac{1}{2\pi}2\mathrm{Re}\left\{\int_0^{\infty}G(\omega)\mathrm{e}^{\mathrm{j}L\left(\frac{\omega t'}{L}-\frac{1}{2}\dot{T}_{g_0}\omega^2\right)}\mathrm{d}\omega\right\} \end{aligned} \tag{3-29}$$

式(3-29) 中的积分可以用渐近展开方法求解:

设

$$\psi(\omega)=\frac{\omega t'}{L}-\frac{1}{2}\dot{T}_{g_0}\omega^2 \tag{3-30}$$

将 $\psi(\omega)$ 对 ω 求导

$$\frac{\mathrm{d}\psi(\omega)}{\mathrm{d}\omega}=\frac{t'}{L}-\dot{T}_{g_0}\omega$$

设 $\frac{\mathrm{d}\psi(\omega)}{\mathrm{d}\omega}=0$，可得到稳相点，为

$$\omega_s=\frac{t'}{\dot{T}_{g_0}L}$$

并有

$$\frac{\mathrm{d}^2\psi(\omega)}{\mathrm{d}\omega^2}=-\dot{T}_{g_0}$$

通过渐近展开，可以得到（详见附录）

$$\begin{aligned}g'(t')&=\frac{1}{\sqrt{2\pi\dot{T}_{g_0}L}}\mathrm{Re}\{G(\omega_s)\mathrm{e}^{\mathrm{j}(\omega_s t'-\frac{1}{2}\dot{T}_{g_0}L\omega_s^2-\frac{1}{4}\pi)}\}\\&=\frac{1}{\sqrt{2\pi\dot{T}_{g_0}L}}\mathrm{Re}\left\{G\left(\frac{t'}{\dot{T}_{g_0}L}\right)\mathrm{e}^{\mathrm{j}\left(\frac{1}{2}\frac{t'^2}{\dot{T}_{g_0}L}-\frac{1}{4}\pi\right)}\right\}\end{aligned}\tag{3-31}$$

可以求得包络信号的瞬时频率为

$$\omega(t')=\frac{\mathrm{d}\theta(t')}{\mathrm{d}t}=\frac{t'}{\dot{T}_{g_0}L}=\omega_s\tag{3-32}$$

它等于稳相点，且是时间 t 的线性函数，因而包络信号 $g'(t')$ 是个啁啾脉冲。对于光脉冲

$$g(t,L)=\frac{1}{\sqrt{2\pi\dot{T}_{g_0}L}}\mathrm{Re}\left\{G\left(\frac{t'}{\dot{T}_{g_0}L}\right)\mathrm{e}^{\mathrm{j}\left(\frac{1}{2}\frac{t'^2}{\dot{T}_{g_0}L}-\frac{1}{4}\pi\right)}\right\}\mathrm{e}^{\mathrm{j}\omega_0 t'}\tag{3-33}$$

其相位函数为

$$\theta(t')=\begin{cases}\omega_0 t'+\dfrac{1}{2}\dfrac{t'^2}{\dot{T}_{g_0}L}-\varphi & (\omega>0)\\[2ex]\omega_0 t'-\dfrac{1}{2}\dfrac{t'^2}{\dot{T}_{g_0}L}+\varphi & (\omega<0)\end{cases}\tag{3-34}$$

则瞬时频率为

$$\omega(t')=\frac{\mathrm{d}\theta(t')}{\mathrm{d}t'}=\begin{cases}\omega_0+\dfrac{t'^2}{\dot{T}_{g_0}L}=\omega_0+\omega_s=\omega'_s & (\omega>0)\\[2ex]\omega_0-\dfrac{t'^2}{\dot{T}_{g_0}L}=\omega_0-\omega_s=\omega'_s & (\omega<0)\end{cases}\tag{3-35}$$

式(3-35)表示，输出光脉冲的瞬时频率仍为时间的线性函数，故其仍为啁啾脉冲，输入光啁啾脉冲的宽度为

$$\begin{aligned}\tau&=\int_{-t'_m}^{t'_m}\mathrm{d}t'=\int_{\omega_0+\omega_m}^{\omega_0-\omega_m}\frac{\mathrm{d}t'}{\mathrm{d}\omega'_s}\mathrm{d}\omega'_s=\int_{\omega_0+\omega_m}^{\omega_0-\omega_m}L\dot{T}_{g_0}\mathrm{d}\omega\\&=\int_{\omega_0+\omega_m}^{\omega_0-\omega_m}L\frac{\mathrm{d}T_{g_0}}{\mathrm{d}\omega}\mathrm{d}\omega=L[T_{g_0}(\omega_0-\omega_m)-T_{g_0}(\omega_0+\omega_m)]\end{aligned}\tag{3-36}$$

式中，$0 < \omega < \omega_m$。

3.4 单模光纤波长色散的补偿

3.4.1 单模光纤波长色散的补偿原理

如果单模光纤的输出光脉冲通过一段光纤色散延迟线(为了表达式的简洁，略去光纤色散延迟线的相延时和群延时的影响)，色散线的传输函数为

$$e^{-j\theta(\omega)} = e^{-j\frac{1}{2}\dot{T}_{g_{01}} L_1 (\omega-\omega_0)^2} \tag{3-37}$$

则通过光纤色散延迟线的光信号的表达式可以从式(3-25)，(3-37)得出

$$g(t,L) = e^{j\omega_0(t-T_{p_0}L)} \frac{1}{2\pi}\int_{-\infty}^{+\infty} G(\omega) e^{-j\frac{1}{2}(\dot{T}_{g_0}L+\dot{T}_{g_{01}}L_1)\omega^2} \cdot e^{j\omega(t-T_{g_0}L)} d\omega \tag{3-38}$$

如下列色散补偿条件满足：

$$\dot{T}_{g_0} L = - \dot{T}_{g_{01}} L_1 \tag{3-39}$$

式中，$\dot{T}_{g_0}$ 和 L 分别为传输光纤的色散和长度；$\dot{T}_{g_{01}}$ 和 L_1 分别为色散补偿光纤(光纤色散延迟线)的色散和长度。

则经光纤色散延迟线后的输入光脉冲变为

$$\begin{aligned} g(t,L) &= e^{j\omega_0(t-T_{p_0}L)} \frac{1}{2\pi}\int_{-\infty}^{+\infty} G(\omega) e^{j\omega(t-T_{g_0}L)} d\omega \\ &= g(t-T_{g_0}L) e^{j\omega_0(t-T_{p_0}L)} \end{aligned} \tag{3-40}$$

此式表明，通过色散补偿后的光脉冲信号与输入信号 $g(t)$ 相同，从而消除了由于光纤群延时色散造成的信号畸变。

3.4.2 色散补偿光纤

通过调节单模光纤的波导色散，可以得到在 1550nm 波长上有较大负色散的光纤，用来补偿在该波长上的传输光纤的正色散，这就是色散补偿光纤，或称光纤色散延迟线。色散补偿光纤除了具有大的负色散值以外，光纤损耗应尽量小，因为色散补偿光纤通常是绕在盘上作为元件工作，因而还必须有很小的弯曲损耗。实用的光纤色散补偿器是由一根光纤色散延迟线和一个光纤放大器组成的。光纤放大器用来补偿光纤延迟线的插入损耗。图 3-3 是用色散补偿光纤来补偿 G.652光纤在 1550nm 波段上的色散的原理图。

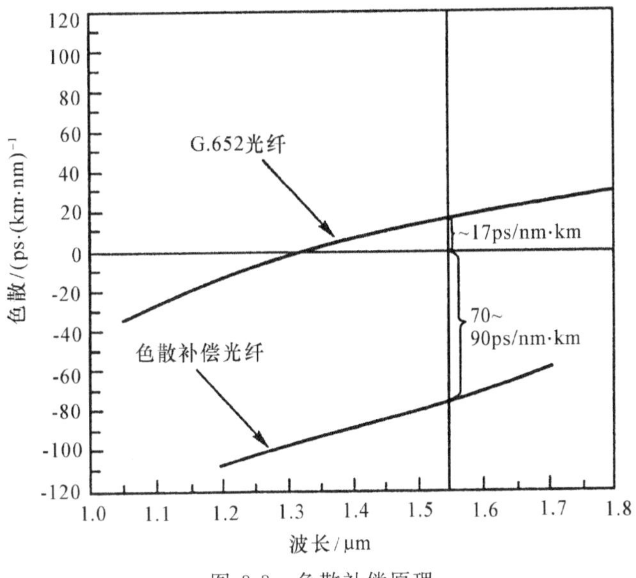

图 3-3　色散补偿原理

在 1550nm 波段上具有负色散特性的非零色散位移光纤，可用普通的 G. 652光纤作为色散补偿，后者在 1550nm 波段有约 17ps/nm · km 的正色散。此时用作色散补偿 G. 652光纤本身也作为一段传输线。

在光纤链路中插入色散补偿光纤(Dispersion compensating fibers,DCF)来进行色散补偿时，会带来两个问题：一是色散补偿光纤本身的衰减需得到补偿，二是色散补偿光纤的小模场直径将使非线性效应增加。为了解决这两个问题，通常可将色散补偿光纤插在两级光纤放大器(EDFA)之间，前者为前置放大器(pre-amplifier)，后者为辅助放大器(booster amplifier)，如图 3-4 所示。

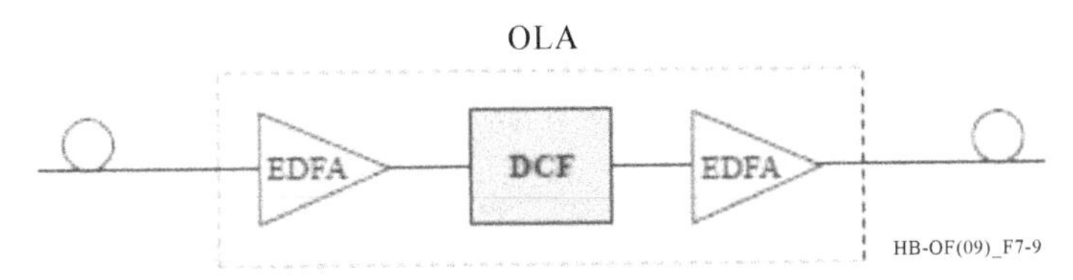

图 3-4　光纤链路的无源色散补偿

作为波长色散补偿的典型例子是康宁公司近年来开发的 Vascade 光纤系列产品，主要用于大长度海底光缆通信。其性能设计上有两大考量：一是低损耗，二是波长色散补偿。Vascade 光纤系列产品在 1550nm 波长的主要性能如表 3-4 所示。

表 3-4　Vascade 光纤系列产品在 1550nm 波长的主要性能

	Vascade L1000	Vascade LS+	Vascade LEAF EP	Vascade S1000	Vascade EX1000	Vascade EX2000
衰减系数/(dB/km)	0.187	0.201	0.200	0.235	≤0.174	0.162
色散系数/(ps/nm · km)	+18.5	−3.0	−4.0	−38.0	+18.5	+20.4

续表

	Vascade L1000	Vascade LS+	Vascade LEAF EP	Vascade S1000	Vascade EX1000	Vascade EX2000
色散斜率/(ps/(nm^2 · km))	+0.06	+0.05	+0.12	−0.12	+0.06	+0.06
有效面积/μm^2	100	48	65	27	76	112
PMD_Q/(ps/km$^{1/2}$)	≤0.05	≤0.05	≤0.05	≤0.05	≤0.05	≤0.05

在上列 Vascade 光纤系列产品中，最值得一提的是 S1000 光纤，它恐怕是迄今为止唯一的一种兼有大负色散和负色散斜率(在 C 波段)的光纤品种。光纤的色散斜率为负，其波导色散(负值)必然很大，以致在 1550nm 波段上远远超过材料色散(18ps/nm · km)，S1000 光纤的有效面积很小，这是因为减小纤芯直径是增大波导色散的有效途径之一，所以负色散光纤的有效面积一般都无法做大。

将 Vascade 光纤系列产品进行组合应用，可构成色散协调光纤(Dispersion managed fiber，DMF)传输系统。例如 R1000 DMF 系统是将 L1000 光纤加 S1000 光纤组合应用，使 S1000 光纤的负色散和负色散斜率与 L1000 光纤的正色散和正色散斜率相补偿，可得到系统的总色散斜率≤0.005ps/(nm^2 · km)，而总色散可完全补偿为零。又如 R2000 DMF 系统是将 EX2000 光纤和 S1000 光纤组合应用，在将 S1000 光纤的负色散和负色散斜率与 EX2000 光纤的正色散和正色散斜率相补偿的同时，还充分发挥了 EX2000 光纤大有效面积(112μm^2)和超低损耗(0.162dB/km)的优势，该系统传输速率可达 40Gbit/s 或更高。

3.4.3 线性啁啾光纤光栅及色散补偿

光纤光栅(Bragg grating)又称布拉格光栅，是利用光纤材料的光敏性，即外界入射光子和光纤纤芯内锗离子相互作用引起折射率的永久性变化，从而在光纤纤芯内形成空间相位光栅。因此光纤光栅是在光纤纤芯中形成的，它是光纤本身的一个集成部分。光纤光栅的布拉格条件是

$$2\Lambda n_{eff}=\lambda_B \tag{3-41}$$

式中，Λ 是光纤光栅中相邻两个周期性分布的折射率最大值之间的距离；n_{eff} 是纤芯有效折射率；λ_B 是布拉格中心波长。当光脉冲输入光栅时，脉冲傅里叶分量中的 λ_B 分量被反射回来，其他波长则向前传输。在线性啁啾光纤光栅(Linear chirped-fiber Bragg gratings)中，Λn_{eff} 不是常数，而是随光栅的长度而变化，如图 3-5 所示。线性啁啾光纤光栅的折射率调制方程为

$$\delta n_{eff}(z)=\delta n_{eff}\left\{1+\cos\left[\frac{2\pi}{\Lambda}z+\Phi(z)\right]\right\} \tag{3-42}$$

由于不同栅格周期对应不同的反射波长，因此线性啁啾光纤光栅反射的不是一个波长分量，而是一组波长分量。如图所示，脉冲进入光栅最先反射回来的是对应于长周期光栅的长波长分量，较短波长的波长分量进入较深的光栅，故较后反射回来。在常规光纤中，当工作波长大于零色散波长后，色散 $D>0$，光纤处于正色散区，短波长分量(蓝移

分量 B)比长波长分量(红移分量 R)传播得快,色散补偿就是要长波长分量追上短波长分量。而在线性啁啾光纤光栅中,长波长分量在始端反射,短波长分量在终端反射,即光脉冲经过光栅后,短波长分量较长波长分量有较大的时延,从而对展宽脉冲实现了压缩补偿。

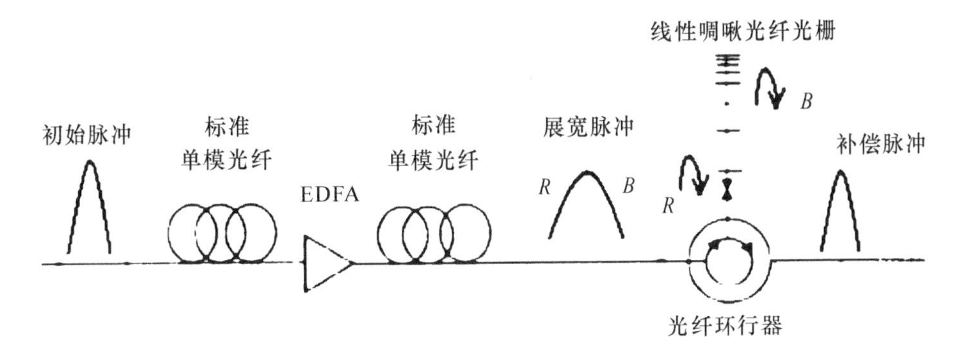

图 3-5　啁啾光纤光栅色散补偿原理

啁啾光纤光栅可以具有很大的色散值,10cm 的啁啾光纤光栅可以补偿 100km 光纤的色散,因而可实现器件的小型化,且因长度很短,故附加损耗很小,并且几乎不受光纤非线性的影响。啁啾光纤光栅可用于对信道分别进行补偿,通过合理设计,还可在补偿色散的同时实现色散斜率的补偿。因而啁啾光纤光栅无疑是实现光纤色散补偿最重要的方法之一。

色散补偿光纤(DCF)和光纤光栅色散补偿相比较有不同特点:色散补偿光纤可用于宽波段传输系统的色散补偿,而光纤光栅色散补偿仅适用于窄波段传输系统的色散补偿。

附录:单模光纤传输响应的近似表达式

设一输入信号为

$$f(t)=\frac{1}{2\pi}\int_{-\infty}^{\infty}F(\omega)\mathrm{e}^{\mathrm{j}\omega t}\,\mathrm{d}\omega \tag{A-1}$$

通过单模光纤传输后的输出信号为

$$g(t,L)=\frac{1}{2\pi}\int_{-\infty}^{\infty}F(\omega)H(\omega)\mathrm{e}^{\mathrm{j}\omega t}\,\mathrm{d}\omega \tag{A-2}$$

单模光纤的传输函数

$$H(\omega)=\mathrm{e}^{-[\alpha(\omega)+\mathrm{j}\beta(\omega)]L} \tag{A-3}$$

式中,$\alpha(\omega)$ 和 $\beta(\omega)$ 分别为单模光纤的衰减常数和相位常数;L 为光纤长度。将式(A-3)代入式(A-2),可得

$$g(t,L)=\frac{1}{2\pi}\int_{-\infty}^{\infty}F(\omega)\mathrm{e}^{[S(\omega)L]}\,\mathrm{d}\omega \tag{A-4}$$

式中,

$$S(\omega)=\frac{\mathrm{j}\omega t}{L}-\mathrm{j}\beta(\omega)-\alpha(\omega) \tag{A-5}$$

假定光纤的长度很长时,式(A-4)积分的主要贡献来自该积分的幂指数的鞍点(Saddle Point),如图 3-6 所示,而鞍点 ω_s 是下列方程的根:

$$\frac{\mathrm{d}}{\mathrm{d}\omega}S(\omega)=0 \tag{A-6}$$

因而,可得下列近似式

$$S(\omega)\cong S(\omega_s)+\frac{1}{2}S''(\omega_s)(\omega-\omega_s)^2$$

$$F(\omega)\cong F(\omega_s) \tag{A-7}$$

将式(A-7)代入式(A-4),遂得

$$g(t,L)\cong\frac{1}{2\pi}F(\omega_s)\mathrm{e}^{LS(\omega_s)}\int_c \mathrm{e}^{\frac{L}{2}S''(\omega_s)(\omega-\omega_s)^2}\mathrm{d}\omega \tag{A-8}$$

式(A-8)积分将沿最速沉降路径 C 进行,在路径 C 上,$S(\omega)$ 的虚部为常数,即有

$$\mathrm{Im}S(\omega)=\mathrm{Const}$$

因为$\frac{1}{2}S''(\omega_s)(\omega-\omega_s)^2$ 项不是常数,故它必须是纯实数,即

$$\frac{L}{2}S''(\omega_s)(\omega-\omega_s)^2=-\frac{L}{2}|S''(\omega_s)|\rho^2 \tag{A-9}$$

式中,$\rho=|\omega-\omega_s|$,$\omega-\omega_s=\rho\mathrm{e}^{\mathrm{j}\theta}$。式(A-9)右边的负号是由于最速沉降的结果

$$S''(\omega_s)<0,\text{即 } S''(\omega_s)=-|S''(\omega_s)|$$

于是,我们得到

$$g(t,L)\cong\frac{1}{2\pi}F(\omega_s)\mathrm{e}^{LS(\omega_s)}\int_{-\infty}^{\infty}\mathrm{e}^{-\frac{L}{2}|S''(\omega_s)|\rho^2}\mathrm{e}^{\mathrm{j}\theta}\mathrm{d}\rho \tag{A-10}$$

设$\sqrt{\frac{L}{2}|S''(\omega_s)|}\cdot\rho=\tau$,上式可化为

$$g(t,L)\cong\frac{1}{2\pi}F(\omega_s)\mathrm{e}^{LS(\omega_s)+\mathrm{j}\theta}\int_{-\infty}^{\infty}\mathrm{e}^{-\tau^2}\frac{\mathrm{d}\tau}{\sqrt{\frac{L}{2}|S''(\omega_s)|}} \tag{A-11}$$

引用关系式

$$\int_{-\infty}^{\infty}\mathrm{e}^{-\tau^2}\mathrm{d}\tau=2\int_0^{\infty}\mathrm{e}^{-\tau^2}\mathrm{d}t=\Gamma(\frac{1}{2})=\sqrt{\pi}$$

式(A-11)可化为

$$g(t,L)\cong\frac{F(\omega_s)}{\sqrt{2\pi L|S''(\omega_s)|}}\mathrm{e}^{LS(\omega_s)+j\theta}$$

$$\cong\frac{1}{\sqrt{2\pi L|S''(\omega_s)|}}F(\omega_s)\mathrm{e}^{\mathrm{j}\omega t-\mathrm{j}\beta(\omega_s)L-\alpha(\omega_s)L+\mathrm{j}\theta} \tag{A-12}$$

其中

$$\theta=\tan^{-1}(-v_x/v_y) \tag{A-14}$$

式(A-14)来自:

$$S(\omega)=u(x,y)+jv(x,y)$$

$$\mathrm{d}v = \frac{\mathrm{d}v}{\mathrm{d}x}\mathrm{d}x + \frac{\mathrm{d}v}{\mathrm{d}y}\mathrm{d}y$$

$$\tan\theta = \frac{\mathrm{d}y}{\mathrm{d}x} = -\frac{v_x}{v_y}$$

在通常的分析中，忽略光纤的损耗项，则单模光纤的传输函数简化为

$$H(\omega) = \mathrm{e}^{-\mathrm{j}\beta(\omega)L} \tag{A-15}$$

光纤的输出信号则可表示为

$$g(t,L) = \frac{1}{2\pi}\int_{-\infty}^{\infty} F(\omega)\mathrm{e}^{-\mathrm{j}\beta(\omega)L}\mathrm{e}^{\mathrm{j}\omega t}\,\mathrm{d}\omega = \frac{1}{2\pi}2\mathrm{Re}\int_{0}^{\infty} F(\omega)\mathrm{e}^{\mathrm{j}\psi(\omega)L}\,\mathrm{d}\omega \tag{A-16}$$

式中，
$$\psi(\omega) = \frac{\omega t}{L} - \beta(\omega)$$

当光纤很长时式(A-16)的积分的主要贡献来自稳相点 ω_s，它是下列方程的根：

$$\frac{\mathrm{d}}{\mathrm{d}\omega}\psi(\omega) = 0 \tag{A-17}$$

式(A-16)中的积分可化为

$$\int_{-\infty}^{\infty} F(\omega_s)\mathrm{e}^{\mathrm{j}L\psi(\omega)}\,\mathrm{d}\omega \underset{L\to\infty}{\cong} \int_{-\infty}^{\infty} F(\omega_s)\mathrm{e}^{-jL\left[\psi(\omega_s)+\frac{1}{n!}\psi^{(n)}(\omega_s)(\omega-\omega_s)^n\right]}\mathrm{d}\omega$$

$$= F(\omega_s)\mathrm{e}^{\mathrm{j}L\psi(\omega_s)}\cdot\mathrm{e}^{\mathrm{j}\frac{\pi}{2n}}\left[\frac{n!}{L\left|\psi^{(n)}(\omega_s)\right|}\right]^{\frac{1}{n}}\frac{\Gamma(1/n)}{n} \tag{A-18}$$

式中，$\psi'(\omega_s) = \cdots = \psi^{(n-1)}(\omega_s) = 0, \psi^{n}(\omega_s) \neq 0$，对于 $n = 2$，可得

$$\int_{0}^{\infty} F(\omega_s)\mathrm{e}^{\mathrm{j}L\psi(\omega)}\,\mathrm{d}\omega = \left[\frac{\pi}{2L\left|\psi''(\omega_s)\right|}\right]^{\frac{1}{2}} F(\omega_s)\mathrm{e}^{\mathrm{j}\left(L\psi(\omega_s)-\frac{\pi}{4}\right)} \tag{A-19}$$

于是我们得到了单模光纤输出信号的表达式有

$$g(t,L) = \left[\frac{\pi}{2L\left|\psi''(\omega_s)\right|}\right]^{\frac{1}{2}}\mathrm{Re}\left[F(\omega_s)\mathrm{e}^{\mathrm{j}\left(L\psi(\omega_s)-\frac{\pi}{4}\right)}\right] \tag{A-20}$$

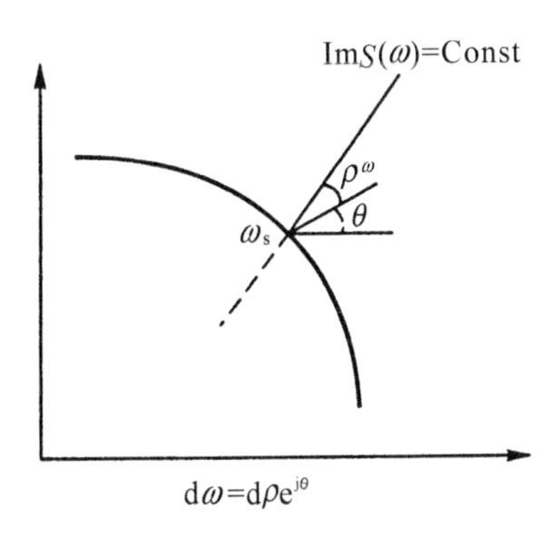

图 3-6 在 ω 复平面上的鞍点

参考文献

[1] Marcuse D. Pulse Distortion in Single Mode Fiber. Applied Optics, 1980, 19: 1653-1660.

[2] Bender C M. Orszag S A. Advanced Mathematical Methods for Scientists and Engineers. New York et al : Mcgraw-hillbook company,1978.

[3]ITU-THandbook on Optical Fibers,Cables,Systems. 2009.

[4] Marcuse D. H M Presby. Fiber bandwidth-spectrum studies. Applied Optics, 1979, 18:3242-3248.

[5] Bing-Yan Chen. Binary ASK FSK PSK Coherent Transmission System for Optical Fiber Wideband Communication. Research Report GTE Labs,Waltham,MA. USA. 1982.

第4章　单模光纤的偏振模色散及其测量原理

在理想的圆对称纤芯的单模光纤中，两个正交偏振模 HE_{11}^{X} 和 HE_{11}^{Y} 是完全简并(degeneracy)的，两者的传播常数相等，故不存在偏振模色散。但在实际的光纤中，由于光纤制造工艺造成纤芯截面一定程度的椭圆度，或是由于材料的热胀系数的不均匀性造成光纤截面上各向异性的应力而导致光纤折射率的各向异性，这两者均能造成两个偏振模传播常数的差异，从而产生群延时的不同，因此形成了偏振模色散(PMD)。

HE_{11}^{X} 和 HE_{11}^{Y} 的两个正交偏振模的传播常数之差 $\delta\beta=\beta_x-\beta_y$ 称为双折射(Birefringence)，上述光纤结构本身存在的双折射称为本征双折射(Intrinsic Birefringence)。此外，光纤在弯曲、扭绞、横向压力等机械外力的作用下也会产生附加的双折射(Extrinsic Birefringence)。当光纤截面的圆对称性受到破坏，由双折射形成的两个不同传播常数的正交偏振模之间会产生相互耦合，由于两个偏振模的传播常数相差很小，因而模式耦合很强。光纤的本征双折射及其受到的外力在实际的光纤线路上均是随机的，因而偏振模之间的耦合也是随机的。从而产生的偏振模色散是个随机量，它无法像波长色散那样可以补偿，后者是确定量，因而在高速大容量长途光纤通信线路中，偏振模色散对于系统的影响变得突出起来，从而成为制约高速大容量长途光纤通信系统性能却又难以解决的主要因素。它在数字系统中使脉冲展宽，在模拟系统中造成信号畸变。因此，从20世纪80年代后期开始，对单模光纤的偏振模色散课题进行了大量的理论和实际研究，以及相应的标准化制定工作。

本章介绍光纤偏振模色散有关的基本概念、光纤的本征偏振模、主偏振态，从动态方程导出PMD与光纤长度的关系式以及偏振模色散的频域测量原理。

4.1　单模光纤的本征偏振模及模式耦合

当单模光纤的圆对称被破坏后，会产生双折射。在一个具有均匀双折射的单模光纤的横截面中，有两个相互正交的轴线，当光纤中 HE_{11} 的两个正交模的电场分量分别沿着这两个特定轴线偏振时，将分别得到最大和最小的传播常数，通常就将这两个轴称为本征双折射轴。正交偏振沿着本征双折射轴的 HE_{11}^{X}、HE_{11}^{Y} 模称为本征偏振模(Polarization Eigenmode)。现以均匀的椭圆纤芯的单模光纤为例，阐述本征偏振模的概念。

如图4-1所示，长轴和短轴即为其本征双折射轴。a_x，a_y 分别为长半轴和短半轴，

椭圆度 $e=[1-(a_y/a_x)^2]^{1/2}$，q 为半焦距。椭圆纤芯光纤的标量波方程在椭圆坐标(ξ,η)中为马蒂厄方程(Mathieu Equations)，其场解为马蒂厄函数(Mathieu functions)。利用切向场连续的边界条件，可得到沿 x 和 y 方向两个本征偏振模 oHE_{11} 和 eHE_{11} 的本征方程。当椭圆度很小，即 $e\to 0$ 时，可将马蒂厄函数以贝塞尔函数展开，并略去折射率差 Δ 和 e^2 以上的高次项，从而可从上述本征方程得到 oHE_{11} 和 eHE_{11} 模的传播常数 β_0 和 β_e 的简化本征方程：

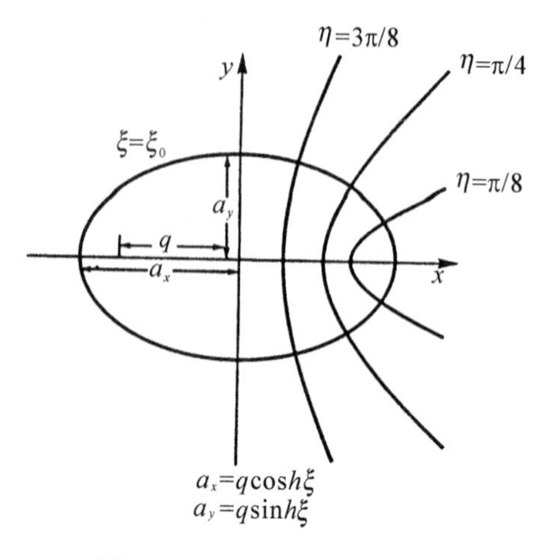

图 4-1　椭圆纤芯单模光纤

$$F(\beta_e)+e^2 2\Delta G_e(\beta_e)=0$$
$$F(\beta_0)+e^2 2\Delta G_0(\beta_0)=0 \tag{4-1}$$

函数 F 和 G 在略写贝塞尔函数的宗量后，由下式表示：

$$F=\left(\frac{J_0}{uJ_1}-\frac{K_0}{wK_1}\right)\frac{2v^2u^2}{w^2}$$

$$G_e=\frac{u^2v^2}{32w}\frac{K'_3K_1-K'_1K_3}{K_1^2}$$
$$+\frac{u^2}{w}\left(\frac{K_0}{K_1}+\frac{1}{w}\right)\left(\frac{2v^2}{w^2}+\frac{3u^3}{32}\cdot\frac{J'_3J_1-J'_1J_3}{J_1^2}+\frac{3u^2w}{32}\cdot\frac{K'_3K_1-K'_1K_3}{K_1^2}\right)$$

$$G_0=\frac{3u^2v^2}{32w}\frac{K'_3K_1-K'_1K_3}{K_1^2}$$
$$+\frac{u^2}{w}\left(\frac{K_0}{K_1}+\frac{1}{w}\right)\left(\frac{v^2}{w^2}+\frac{u^3}{32}\cdot\frac{J'_3J_1-J'_1J_3}{J_1^2}+\frac{u^2w}{32}\cdot\frac{K'_3K_1-K'_1K_3}{K_1^2}+\frac{u^2v^2}{w^4}\right)$$

在 $e\to 0$ 的条件下，可将式(4-1)围绕弱导圆光纤的 HE_{11} 的本征方程 $uJ_1/J_0=wK_1/K_0$ 进行泰勒级数展开，从而得到椭圆光纤的本征双折射 $\delta\beta$：

$$\delta\beta=\beta_e-\beta_0=\{[e^2(2\Delta)^{3/2}]/a\}f(v) \tag{4-2}$$

式中，

$$f(v)=\frac{u^2w^2}{8v^3}\left\{1+\frac{u^2-w^2}{u^2}\cdot\frac{J_0(u)}{J_1(u)}+\frac{w^2}{u}\cdot\left[\frac{J_0(u)^3}{J_1(u)^3}\right]\right\}$$

进而可得本征偏振模之间的差分群延时：

$$\delta\tau=\frac{1}{c}\cdot\frac{\mathrm{d}(\delta\beta)}{\mathrm{d}k}=\frac{n_1}{c}\cdot e^2(2\Delta)^2\Phi \tag{4-3}$$

式中，

$$\Phi=\frac{\mathrm{d}}{\mathrm{d}v}\left\{\frac{u^2w^2}{8v^2}[1+(u^2-w^2)H^2+(u^2w^2H^3)]\right\}$$

而

$$H=\frac{J_0(u)}{uJ_1(u)}=\frac{K_0(w)}{wK_1(w)}$$

上列各式中，u，w 分别为光纤纤芯和包层中的横向传播常数；v 为归一化频率；J，K

分别为贝塞尔函数和变态贝塞尔函数。

当本征偏振模沿光纤传输时，其模式会相互耦合，信号能量从一个偏振模转移到与其正交的另一偏振模，反之亦然。在均匀光纤中这种耦合呈周期性规律。光纤中的模式耦合可有不同的描述方式，这里将椭圆截面光纤的电磁场按理想波导(Idea Waveguide)即弱导圆光纤的模式进行展开，展开系数是传输方向 z 的函数，从而构成耦合模方程。耦合模方程的一般形式为

$$da_\mu/dz = -j\beta_\mu a_\mu + K_{\mu\nu} a_\nu \tag{4-4}$$

式中，a_μ，a_ν 分别为相互耦合的模式幅度。此式的物理意义在于：

μ 模在传输 dz 距离上，其幅度 a_μ，因而功率的变化包括两部分，第一部分是本身传播过程发生的变化，由传播常数 β_μ 决定，第二部分是在距离 dz 内，由于 ν 模的功率耦合到 μ 模，而使 μ 模发生的变化，两项之和为 μ 模总的变化。

式(4-4)中的耦合系数为

$$K_{\mu\nu} = \omega \frac{\varepsilon_0}{4jp}\int_{-\infty}^{\infty}\int_{-\infty}^{\infty}(n^2 - n_0^2)\left(\dot{E}_{\mu t}^{*} \cdot \dot{E}_{\nu t} + \frac{n_0^2}{n^2}\dot{E}_{\mu z} \cdot \dot{E}_{\nu z}^{*}\right)dxdy \tag{4-5}$$

式中，n，n_0 分别为变形光纤(这里是椭圆光纤)和理想圆光纤的折射率分布；$\dot{E}_{\mu t}$，$\dot{E}_{\nu t}$ 和 $\dot{E}_{\mu z}$，$\dot{E}_{\nu z}$ 分别为电场的横向和纵向分量；p 为模式功率。从式(4-5)可见，模式耦合系数包括横向场之间的耦合($\dot{E}_{\mu t}^{*} \cdot \dot{E}_{\nu t}$)和纵向场之间的耦合($\dot{E}_{\mu z}^{*} \cdot \dot{E}_{\nu z}$) 两部分的贡献结果。我们知道，在弱导光纤($\Delta \ll 1$)中的线性偏振模 $LP_{\mu\nu}$ 是一种准横向模，也就是说，它们的横向场远大于纵向场。因而在讨论多模光纤的模式耦合时，通常只需考虑横向场之间的耦合。然而在均匀的椭圆纤芯单模光纤中，HE_{11} 的两个偏振模 HE_{11}^{x} 和 HE_{11}^{y} 横向电场总是正交的，因而其标积为零，即$\dot{E}_{\mu t}^{*} \cdot \dot{E}_{\nu t} = 0$，所以从式(4-5)可见，单模光纤中两个正交偏振模之间的耦合只能通过它们的纵向场之间的耦合来实现，于是式(4-5)变为

$$K_{00} = \frac{\omega\varepsilon_0 n_0^2}{4jp}\int_{-\infty}^{\infty}\int_{-\infty}^{\infty}\frac{n^2 - n_0^2}{n^2}\dot{E}_{xz}^{*} \cdot \dot{E}_{yz}\,dxdy \tag{4-6}$$

单模光纤中 HE_{11} 的一对正交电场分量(纤芯内)为

$$\begin{cases} E_x = E_0 \dfrac{J_0\left(\dfrac{ur}{a}\right)}{J_0(u)} \\ E_{xz} = -j\dfrac{E_0}{kan_2}\cos\varphi \cdot \dfrac{uJ_1\left(\dfrac{ur}{a}\right)}{J_0(u)} \end{cases}$$

$$\begin{cases} E_y = E_0 \dfrac{J_0\left(\dfrac{ur}{a}\right)}{J_0(u)} \\ E_{yz} = -j\dfrac{E_0}{kan_2}\sin\varphi \cdot \dfrac{uJ_1\left(\dfrac{ur}{a}\right)}{J_0(u)} \end{cases} \tag{4-7}$$

下面讨论均匀椭圆光纤的两个偏振模耦合而引起的功率变换。

光纤界面变形函数的通式可由式(4-8) 给出：

$$r(x,y,z)=a+\sum_{m=0}^{\infty}f(z)\cos(m\varphi+\psi) \tag{4-8}$$

式(4-8)的傅里叶级数展开式中,$m=2$ 的分量即为椭圆变形界面:

$$r(x,y,z)=a+f(z)\cos(2\varphi+\frac{\pi}{2}) \tag{4-9}$$

式中,a 为理想的圆光纤的纤芯半径;$f(z)$ 对均匀光纤来说是表示椭圆度的常数。

$$e^2=1-(\frac{a-f}{a+f})^2 \tag{4-10}$$

椭圆纤芯单模光纤两个正交偏振模之间的耦合系数为

$$K_{00}=\frac{\omega\varepsilon_0 af}{4\mathrm{j}p}(n_1^2-n_2^2)\int_0^{2\pi}\dot{E}_{xz}^*\cdot\dot{E}_{yz}\cdot\cos(2\varphi+\frac{\pi}{2})\mathrm{d}\varphi \tag{4-11}$$

将式(4-7)中理想光纤的 E_{xz}, E_{yz} 的表达式代入式(4-11),可得

$$K_{00}=\frac{u^2\omega^2 f}{2\mathrm{j}\pi a^5 nk\beta^2}\int_0^{2\pi}\sin\varphi\cos\varphi\sin(2\varphi+\frac{\pi}{2})\mathrm{d}\varphi=\frac{u^2\omega^2 f}{4\mathrm{j}a^5 nk\beta^2} \tag{4-12}$$

式中,n 为光纤纤芯和包层的平均折射率;k 为真空波数;β 为传播常数。

单模光纤中从一个偏振模式的功率全部转换到另一正交偏振模所需的光纤长度为

$$L=\frac{\pi}{2}\left|K_{00}\right|=\frac{2\pi a^5 k\beta^2 n}{u^2 w^2 f} \tag{4-13}$$

由此可见,椭圆光纤中偏振态沿长度方向周期的变化(拍长),是由两个偏振模之间因耦合而产生功率转换的结果。

4.2 单模光纤的主偏振态(PSP,Principal States of Polarization)

像上述这种均匀变形的光纤在实际上是不存在的。在实际的单模光纤中,由于光纤的变形是沿线随机变化的,加上偏振模之间的耦合也是完全随机的,这就导致上述本征偏振模的概念在实际的单模光纤中变得非常模糊不清。像实验观察均匀椭圆光纤中其偏振态的周期变化(拍长)的情况也不复可能。这样就给偏振态的研究带来很大困难。1986 年贝尔实验室的 C. D. Poole 等提出了单模光纤中主偏振态的概念,成为研究单模光纤偏振和偏振模色散的有力工具,它使得在实际的单模光纤中偏振模色散的严格定义和实际测量成为可能。主偏振态的定义是:在单模光纤中对于每一频率均存在一对输入正交的偏振态,其相应的输出也是一对正交的偏振态,假定光纤中的损耗与偏振态无关时,当输入偏振态的频率变化时,在一定的频率变化范围内,输出的正交偏振态不变,亦即输出偏振态对频率的一阶色散(一阶导数)为零。具有这一特性的偏振态称为光纤的主偏振态。主偏振态和本征偏振模之间的基本差别在于:光纤的本征偏振模是与光纤沿线每个截面上的本地双折射紧密相关的,而光纤的主偏振态与光纤沿线的本地双折射没有对应关系,它反映了整个光纤线路双折射的“集合”效应。我们可以只研究光纤的输入和输出偏振态之间的关系,就像一个四端网络一样,引入一个代表光纤双折射

“集合”效应的网络（矩阵）参数来将主偏振态的输入和输出偏振态联系起来，并可以用主偏振态来描述和表征任意长度和耦合情况的光纤的偏振模色散。应当指出：在单模光纤中，尽管两个本征偏振模之间微扰双折射引起的强耦合是随机的，但这种随机过程可以作为一种稳态过程来处理，而正是这种随机的模式耦合创造了这样一对新的正交（通常是椭圆的）主偏振态。主偏振态虽然和单模光纤中原来的本征偏振模无任何联系，但理论和实验研究表明，它在准单色光源激励下是真实存在的，在一个小的波长和温度范围内是稳定的。主偏振态是光纤中本征偏振模随机耦合的结果，因此，对于不存在偏振模耦合的单模光纤（例如保偏光纤），其本征偏振模即为主偏振态，两者变得一致了。下面对单模光纤中主偏振态的基本原理进行分析和说明。

单模光纤的输入、输出偏振态可以用一个传输函数联系起来：

$$\dot{E}_b = T(\omega)\dot{E}_a = e^{j\beta(\omega)}U(\omega)\dot{E}_a \tag{4-14}$$

其中，

$$U(\omega)=\begin{bmatrix} u_1(\omega) & u_2(\omega) \\ -u_2^*(\omega) & u_1^*(\omega) \end{bmatrix} \tag{4-15}$$

式中，$*$ 表示共轭复数；$T(\omega)$为复传输矩阵；$\beta(\omega)$为相位系数；$U(\omega)$为单元矩阵。且有归一化条件成立：

$$|u_1(\omega)|^2 + |u_2(\omega)|^2 = 1 \tag{4-16}$$

$\dot{E}_a$，$\dot{E}_b$ 分别为输入和输出光场，它们均包括两个正交偏振场：

$$\dot{E}_{a,b}=\begin{bmatrix} E_{a,b}^x \\ E_{a,b}^y \end{bmatrix} = E_{a,b}e^{j\varphi_{a,b}}\dot{e}_{a,b} \tag{4-17}$$

式中，$E_{a,b}$和 $\varphi_{a,b}$分别为场幅度和相位；$\dot{e}_{a,b}$为表征光场的偏振态的复单位矢量。对于无损光波导，有 $E_a = E_b$，而且令 $\varphi_a = 0$ 不会影响分析结果，式(4-14)简化为

$$e^{j\varphi_b}\dot{e}_b = e^{j\beta}U\dot{e}_a \tag{4-18}$$

将式(4-18)对 ω 求导，因输出偏振态对频率的一阶导数为零，有$\frac{\partial \dot{e}_b}{\partial \omega}=0$，遂得下式：

$$\left[\frac{dU}{d\omega}+j\left(\frac{\partial\beta}{\partial\omega}-\frac{\partial\varphi_b}{\partial\omega}\right)U\right]\dot{e}_a = 0 \tag{4-19}$$

若要$\dot{e}_a$ 存在，必须有式(4-19)中矩阵的行列式为零：

$$\left|\frac{dU}{d\omega}+j\left(\frac{\partial\beta}{\partial\omega}-\frac{\partial\varphi_b}{\partial\omega}\right)U\right| = 0 \tag{4-20}$$

记 $K=\frac{\partial\varphi_b}{\partial\omega}-\frac{\partial\beta}{\partial\omega}$，并利用式(4-14)可求得

$$K_\pm = \sqrt{|u'_1|^2 + |u'_2|^2} \tag{4-21}$$

将两个本征值代入式(4-19)，可求得输入偏振的本征矢量：

$$\dot{e}_{a\pm} = e^{j\rho}\begin{bmatrix} (u'_2 - jK_\pm u_2)/D_\pm \\ -(u'_1 - jK_\pm u_1)/D_\pm \end{bmatrix} \tag{4-22}$$

式中，ρ 为任意相位，且

$$D_{\pm}=\sqrt{2K_{\pm}-\mathrm{Im}\ (u_1^* u'_1+u_2^* u'_2)} \tag{4-23}$$

对$\dot{e}_{a+}$及$\dot{e}_{a-}$两个偏振矢量,因可求得其内积为零:$\dot{e}_{a+}\cdot\dot{e}_{a-}=0$,故其为一对正交偏振矢量,即为光纤的输入主偏振态。其相应的输出偏振态(满足$\partial\varphi_b/\partial\omega=0$的条件),将式(4-22)的解代入式(4-14)后即可求得,并可证明其内积为零$\dot{e}_{b+}\cdot\dot{e}_{b-}=0$,故输出主偏振态也是一对正交的偏振态。进一步可求得两个输出主偏振态之间的差分群延时:

$$\Delta\tau=\frac{\mathrm{d}\varphi_{b+}}{\mathrm{d}\omega}-\frac{\mathrm{d}\varphi_{b-}}{\mathrm{d}\omega} \tag{4-24}$$

因为

$$\frac{\mathrm{d}\varphi_b}{\mathrm{d}\omega}=K+\frac{\partial\beta}{\partial\omega}=\pm\sqrt{|u'_1|^2+|u'_2|^2}+\frac{\partial\beta}{\partial\omega} \tag{4-25}$$

故有

$$\Delta\tau=\tau_{b+}-\tau_{b-}=2\sqrt{|u'_1|^2+|u'_2|^2} \tag{4-26}$$

由式(4-25)可见,传输矩阵的相位常数对频率的导数是两个输出主偏振态的群延时项的公共项,因此在输出主偏振态的差分群延时表达式中消失。由此可见,传输矩阵$T(\omega)$中的相位项$\exp[\mathrm{j}\beta(\omega)]$在求取偏振模色散的过程中不起作用,因而可为运算的简化而略去。又因为$U(\omega)$是一个酉矩阵,即有$U^{-1}(\omega)U(\omega)=1$,这里$U^{-1}(\omega)$为$U(\omega)$的逆矩阵。有鉴于此,式(4-14)可简化为

$$\dot{E}_b=U\dot{E}_a \tag{4-27}$$

$$\dot{E}_a=U^{-1}\dot{E}_b \tag{4-28}$$

将$\dot{E}_b$对频率求导,可得

$$\frac{\mathrm{d}\dot{E}_b}{\mathrm{d}\omega}=\frac{\mathrm{d}U}{\mathrm{d}\omega}\dot{E}_a=U'U^{-1}\dot{E}_b \tag{4-29}$$

从前述关系式,可得

$$[U'U^{-1}-\mathrm{j}\tau_b]\dot{e}_b=0 \tag{4-30}$$

由此可见,矩阵$M=U'U^{-1}$的本征值的虚部是光纤的输出偏振态的延时,其差值$\Delta\tau=\tau_{b+}-\tau_{b-}$即为输出主偏振态的差分群延时。

通常,对实际的光纤来说,其传输矩阵是未知的,但如下文所述可通过实验来求得。前面说过,对于不存在偏振模之间耦合的单模光纤而言,其本征偏振模和主偏振态合二为一。保偏光纤PMF(Polarization Maintaining Fiber)即属于此,保偏光纤是一种均匀光纤,其传输矩阵是已知的,故可用以求得其偏振模色散。作为例子,用三段保偏光纤级连成一条光纤线路,将每段保偏光纤的快轴顺次旋转$\pi/4$弧度而熔接起来,每段保偏光纤的差分群延时分别为τ_1,τ_2和τ_3。每段保偏光纤的传输矩阵分别为$U_1(\omega)$,$U_2(\omega)$和$U_3(\omega)$,总的传输矩阵为三者之积:

$$U(\omega)=U_1(\omega)U_2(\omega)U_3(\omega) \tag{4-31}$$

整根光纤的PMD可由矩阵$M=U'U^{-1}$本征值的虚部之差给出,矩阵元素可分别求得如下:

$$U=\begin{bmatrix}u_{11} & u_{12}\\ u_{21} & u_{22}\end{bmatrix} \tag{4-32}$$

$$u_{11}=\cos(\omega\tau_2/2)\exp[\mathrm{j}(\omega/2)(\tau_1-\tau_3)]$$
$$u_{12}=\mathrm{j}\sin(\omega\tau_2/2)\exp[-\mathrm{j}(\omega/2)(\tau_1+\tau_3)]$$
$$u_{21}=-u_{12}^*$$
$$u_{22}=u_{11}^*$$

$$M=\begin{bmatrix} m_{11} & m_{12} \\ m_{21} & m_{22} \end{bmatrix} \tag{4-33}$$

其中，$m_{11}=\dfrac{\mathrm{j}}{2}[-\tau_3+\tau_1\cos(\omega\tau_2)]$

$$m_{12}=[\exp(-\mathrm{j}\omega\tau^3/2)][\mathrm{j}\tau_2+\tau_1\sin(\omega\tau_2)]$$
$$m_{21}=-m_{12}^*$$
$$m_{22}=m_{11}^*$$

矩阵 M 的本征值 ρ_1，ρ_2 从下列 M 的行列式为零的本征方程

$$\begin{bmatrix} \rho-m_{11} & -m_{12} \\ -m_{21} & \rho-m_{22} \end{bmatrix}=0$$

求得

$$\rho_{\pm}=\pm\frac{\mathrm{j}}{2}[(\tau_1-\tau_3)^2+\tau_2^2+4\tau_1\tau_3\sin^2(\omega\tau_2/2)]^{1/2} \tag{4-34}$$

整条光纤的偏振模色散即为

$$\Delta\tau=\mathrm{lm}(\rho_+)-\mathrm{lm}(\rho_-)=[(\tau_1-\tau_3)^2+\tau_2^2+\tau_1\tau_3\sin^2(\omega\tau_2/2)]^{1/2} \tag{4-35}$$

4.3　偏振模色散和光纤长度的关系

单模光纤中光场的偏振态均能在波因卡球面上表示。球的两极表示圆偏振，北极为右向圆偏振，南极为左向圆偏振，赤道为线性偏振，球面的其他部分均为椭圆偏振，偏振态在球面上的位置，用斯托克斯参量(Stokes Parameters)空间的三个坐标分量来表示，即有 $S(S_1,S_2,S_3)$。在波因卡球的几何表示中，一个任意但固定的输入偏振态 $S(\omega,0)$的频率变化时，其输出偏振矢量 $S(\omega,z)$在球上的轨迹会产生旋转。所以输入和输出偏振态可用一个 3×3 的实数旋转矩阵 $R(\omega,z)$联系起来：

$$\dot{S}(\omega,z)=R(\omega,z)\dot{S}(\omega,0) \tag{4-36}$$

当输入偏振固定时，输出偏振随频率的变化为

$$\partial\dot{S}(\omega,z)/\partial\omega=[\partial R(\omega,z)/\partial\omega]\dot{S}(\omega,0)=R'R^{-1}\dot{S}(\omega,z) \tag{4-37}$$

式中，R^{-1}为 R 的逆矩阵。因为$\partial\dot{S}/\partial\omega$ 与$\dot{S}$垂直，所以式(4-37)可以改写为下列形式：

$$\partial\dot{S}/\partial\omega=\dot{\Omega}(\omega,z)\times\dot{S} \tag{4-38}$$

这里用矢量$\dot{\Omega}$和矢积$\dot{\Omega}\times$代替了旋转矩阵 $R'R^{-1}$，式(4-38)即为输出偏振色散矢量(Polarization Dispersion Vector)的定义式。矢量描述了当固定输入偏振的频率变化时，因光纤 PMD 的存在而产生输出偏振态的旋转变化率和方向，按定义，频域中的偏振色散矢量$\dot{\Omega}$是与时域中的输出主偏振态的差分群延时 $\Delta\tau$ 直接相关，即有

$$\Delta\tau = |\dot{\Omega}| \tag{4-39}$$

式(4-39)是用主偏振态测量 PMD 的基础。由此,偏振色散矢量还可表示为

$$\dot{\Omega} = \Delta\tau \dot{\varepsilon}_b \tag{4-40}$$

这里,$\dot{\varepsilon}_b$ 是表示 $\dot{\Omega}$ 方向的单位矢量。

宏观的偏振色散矢量$\dot{\Omega}$可以和微观的光纤的双折射联系起来。这种联系可以通过偏振色散矢量$\dot{\Omega}$的动态方程来描述。为求得动态方程,先定义矢量方程:

$$\frac{\partial \dot{S}}{\partial z} = \dot{W}(\omega, z) \times \dot{S} \tag{4-41}$$

式(4-41)表示:在固定光频的情况下,输出偏振态沿光纤长度 z 方向的空间变化规律。矢量 $S(\omega,z)$表示光纤的本地双折射(Local Birefringence),它是光纤 z 点上所有本征双折射和非本征双折射的矢量和。显然,双折射矢量$\dot{W}$仅取决于光纤 z 点的性状,而偏振色散矢量$\dot{\Omega}$则取决于整个光纤的性状。将式(4-38)对 z 求导,将式(4-41)对 ω 求导,使求导后两式右边相等,并利用矢量恒等式,最后可得

$$\frac{\partial \dot{\Omega}(\omega, z)}{\partial z} = \frac{\partial \dot{W}(\omega, z)}{\partial \omega} + \dot{W}(\omega, z) \times \dot{\Omega}(\omega, z) \tag{4-42}$$

此式就是偏振色散的动态方程,它描述了偏振色散矢量$\dot{\Omega}$和光纤双折射矢量$\dot{W}$的相互关系。式中,$\partial\dot{W}/\partial\omega$ 为光纤 z 点上的本征模色散。在实际的光纤中,双折射矢量及本征模色散$\partial\dot{W}/\partial\omega$ 均为位置 z 的随机函数。

下面从动态方程(4-42)出发,来推导单模光纤的偏振模色散与长度的函数关系的表达式。为简化分析,引入一个简化了的光纤的双折射模型,即假设双折射是围绕着一个固定值而随机起伏,即有

$$\dot{W}(\omega, z) = \dot{W}_0(\omega) + \dot{v}(z) \tag{4-43}$$

式中,$\dot{W}_0(\omega)$是一个与光纤长度无关的双折射分量;$\dot{v}(z)$是一个与长度有关的随机起伏分量。并假设 $\dot{W}_0 = (\delta\beta, 0, 0)$,而 $\delta\beta = \beta_x - \beta_y$ 为线性双折射。双折射的随机起伏部分 $\dot{v}(z) = (v_1(z), v_2(z), v_3(z))$是高斯白噪声,其方差为 σ^2,期望值为零。$\dot{W}$与频率呈线性关系,并因扰动项 $\dot{v}(z)$比 W_0 小得多,可忽略其与频率的一阶关系,故有

$$\frac{\partial \dot{W}(\omega, z)}{\partial \omega} = \frac{\partial \dot{W}_0(\omega)}{\partial \omega} = \begin{bmatrix} \delta\beta' \\ 0 \\ 0 \end{bmatrix} \tag{4-44}$$

式中,$\delta\beta' = \mathrm{d}(\beta_x - \beta_y)/\mathrm{d}\omega$ 为光纤的本征模色散。

在上列假设条件下,动态方程式(4-42)可化为

$$\frac{\partial \dot{\Omega}(\omega, z)}{\partial z} = \begin{bmatrix} \delta\beta' \\ 0 \\ 0 \end{bmatrix} - \sigma \begin{bmatrix} 0 & -\Omega_3 & \Omega_2 \\ \Omega_3 & 0 & -\Omega_1 \\ \Omega_2 & \Omega_1 & 0 \end{bmatrix} \dot{\nu} - \begin{bmatrix} \sigma^2 & 0 & 0 \\ 0 & \sigma^2 & -\delta\beta \\ 0 & \delta\beta & \sigma^2 \end{bmatrix} \dot{\Omega} \tag{4-45}$$

式中,$\Omega_1, \Omega_2, \Omega_3$ 为偏振色散矢量$\vec{\Omega}$的三个分量。从式(4-39)可知,主偏振态的差分群延时可表达为

$$\Delta\tau = |\dot{\Omega}| = [\Omega_1^2(z) + \Omega_2^2(z) + \Omega_3^2(z)]^{1/2} \tag{4-46}$$

式(4-45)是一个随机微分方程(Stochastic Differential Equation),其生成元(Generator)为

$$G=\frac{\sigma^2}{2}\left[(\Omega_2^2+\Omega_3^2)\frac{\partial^2}{\partial\Omega_1^2}+(\Omega_1^2+\Omega_3^2)\frac{\partial^2}{\partial\Omega_2^2}+(\Omega_1^2+\Omega_2^2)\frac{\partial^2}{\partial\Omega_3^2}-2\Omega_1\Omega_2\frac{\partial^2}{2\Omega_1\Omega_2}\right.$$
$$\left.-2\Omega_1\Omega_3\frac{\partial^2}{\partial\Omega_1\Omega_3}-2\Omega_2\Omega_3\frac{\partial^2}{\partial\Omega_2\Omega_3}\right]-\sigma^2\left(\Omega_1\frac{\partial}{\partial\Omega_1}+\Omega_2\frac{\partial}{\partial\Omega_2}+\Omega_3\frac{\partial}{\partial\Omega_3}\right)$$
$$+\delta\beta\left(\Omega_3\frac{\partial}{\partial\Omega_2}-\Omega_2\frac{\partial}{\partial\Omega_3}\right)+\delta\beta'\frac{\partial}{\partial\Omega_1} \tag{4-47}$$

显然,G 是一个偏微分算子。

可以证明,$\partial\dot{\Omega}/\partial z$ 是一个随机旋转的三维布朗运动(Brownian Motion),又称维纳过程(Wiener Process)。而布朗运动过程是鞅(Martingale)的一种,鞅是一类特殊的随机过程。描述鞅过程的鞅微分方程(Martingale Differential Equation)是一个在统计数学理论中求解期望值的有效工具,对于 $\Delta\tau^2$, 利用鞅微分方程的递推公式,可得

$$\frac{\partial\langle\Delta\tau^2\rangle}{\partial z}=\langle G\Delta\tau^2\rangle \tag{4-48}$$

将式(4-47)的偏微分算子 G 及式(4-46)代入式(4-48),得到

$$\frac{\partial\langle\Delta\tau^2\rangle}{\partial z}=\langle G(\Omega_1^2+\Omega_2^2+\Omega_3^2)\rangle=2\delta\beta'\langle\Omega_1\rangle \tag{4-49}$$

对于 Ω_1,再次利用鞅微分方程的递推公式, 可得

$$\frac{\partial\langle\Omega_1\rangle}{\partial Z}=\langle G\Omega_1\rangle=-\sigma^2\langle\Omega_1\rangle+\delta\beta' \tag{4-50}$$

式(4-50)的解为

$$\langle\Omega_1\rangle=\frac{\delta\beta'}{\sigma^2}(1-e^{-\sigma^2 z}) \tag{4-51}$$

将式(4-49)积分,并将式(4-51)代入其右部,就可求得光纤的偏振模色散 $\langle\Delta\tau\rangle=\langle\Delta\tau^2\rangle^{1/2}$ 与光纤长度 z 之间的函数关系:

$$\langle\Delta\tau\rangle=\sqrt{2}(\delta\beta'/\sigma^2)(\sigma^2 z+e^{-\sigma^2 z}-1)^{1/2} \tag{4-52}$$

现在可分两种情况进行讨论:

(1)当光纤长度很短时,偏振模之间的耦合可以忽略不计,故有偏振模色散的涨落幅度(σ^2)和光纤长度(z)的乘积 $\sigma^2 z\ll 1$,则式(4-52)简化为

$$\langle\Delta\tau\rangle=\delta\beta' z \tag{4-53}$$

(2)当光纤长度很长时,偏振模之间有强耦合,偏振模色散的涨落幅度(σ^2)和光纤长度(z)的乘积 $\sigma^2 z\gg 1$,式(4-52)则简化为

$$\langle\Delta\tau\rangle=\sqrt{2}\frac{\delta\beta'}{\sigma}\sqrt{z} \tag{4-54}$$

式中,$\delta\beta'=d(\beta_x-\beta_y)/d\omega$ 为光纤的本征模色散, 即有 $\Delta\tau_p=\delta\beta'$。故上两式可分别表示为

$$\langle\Delta\tau\rangle=\Delta\tau_p z \tag{4-55}$$

$$\langle\Delta\tau\rangle=\sqrt{2}\frac{\Delta\tau_p}{\sigma}\sqrt{z} \tag{4-56}$$

由此可见,当光纤长度很短时,忽略偏振模之间的耦合,此时光纤可以近似为均匀且无耦合的光纤,单模光纤的偏振模色散与光纤长度成正比,此时光纤的本征偏振模即为其主偏振态,光纤的偏振模色散系数等于其平均本征偏振模色散。当光纤长度很长时(通常在大于1公里时),由于偏振模之间的耦合,导致各偏振态的能量在传输过程中有一种平均化的趋势(类似在多模光纤中模式耦合的情况),从而使因PMD而产生的输出脉冲的展宽有减弱的性状。此时,偏振模色散与光纤长度的平方根成正比。

鉴于上列论述,一段长度为 L 的光纤的PMD值是与长度 L 的平方根成正比,而比例系数则称为PMD系数(PMD coefficient,简写为PMDc),其单位为 $ps/km^{1/2}$,而PMD的单位为ps。此关系式可表示为

$$PMD=\langle\Delta\tau\rangle=PMD_c\sqrt{L} \tag{4-57}$$

从式(4-56)可见,这里 $PMD_c=\sqrt{2}\Delta\tau_p/\sigma$。

4.4 用实验方法求主偏振态的PMD(琼斯矩阵本征分析法,Jones Matrix Eigenanalysis Method)

如前所述,实际的单模光纤的传输矩阵参量是未知的,但可以通过实验方法求得。R. C. Jones于1947年提出在实验测量的基础上,用数学方法来描述一个未知的、线性时不变的光学系统的正向琼斯矩阵的表达式。琼斯矢量可用一个幅度、绝对相位和一个在波因卡球上表示偏振态的单位矢量来表征。为得到被测光纤的琼斯矩阵,需将线性偏振的激励光场以0°(沿 x 轴)、45°及90°(沿 y 轴)三个偏振方向分别注入被测光纤,输入偏振在波因卡球上的斯托克斯参量空间(S_0,S_1,S_2,S_3)的矩阵分别为

$$0°方向:\quad x_a=\begin{bmatrix}1\\1\\0\\0\end{bmatrix}\qquad 45°方向:\quad x_b=\begin{bmatrix}1\\0\\1\\0\end{bmatrix}\qquad 90°方向:\quad x_c=\begin{bmatrix}1\\-1\\0\\0\end{bmatrix} \tag{4-58}$$

设输入场为单位功率 $S_0=1$,被测光纤的三个相应的输出偏振态的斯托克斯矢量空间矩阵由实验测定,分别为

$$y_a=\begin{bmatrix}1\\S_{1a}\\S_{2a}\\S_{3a}\end{bmatrix}\qquad y_b=\begin{bmatrix}1\\S_{1b}\\S_{2b}\\S_{3b}\end{bmatrix}\qquad y_c=\begin{bmatrix}1\\S_{1c}\\S_{2c}\\S_{3c}\end{bmatrix} \tag{4-59}$$

一个光场的斯托克斯单位矢量的三个分量 S_1,S_2,S_3 是与该光场的电场分量 E_x,E_y 相互联系的,其关系式为

$$\left.\begin{aligned}S_1&=(|E_x|^2-|E_y|^2)/(|E_x|^2+|E_y|^2)\\S_2&=(2\mathrm{Re}|E_xE_y^*|)/(|E_x|^2+|E_y|^2)\\S_3&=(2\mathrm{lm}\,|E_xE_y^*|)/(|E_x|^2+|E_y|^2)\end{aligned}\right\} \tag{4-60}$$

S_1,S_2,S_3 是单位斯托克斯矢量的分量，故有

$$S_1^2+S_2^2+S_3^2=1 \tag{4-61}$$

通过式(4-59)和(4-60)可从斯托克斯参量求得三个输入光场的电场分量 E_x 和 E_y，并构成与输入光强无关的三个琼斯矢量：

$$v_a=\begin{bmatrix}E_{xa}\\E_{ya}\end{bmatrix}\qquad v_b=\begin{bmatrix}E_{xb}\\E_{yb}\end{bmatrix}\qquad v_c=\begin{bmatrix}E_{xc}\\E_{yc}\end{bmatrix} \tag{4-62}$$

通过三个琼斯矢量构成下列四个用以构成琼斯矩阵的复比值：

$$k_1=\frac{E_{xa}}{E_{ya}}\qquad k_2=\frac{E_{xb}}{E_{yb}}\qquad k_3=\frac{E_{xc}}{E_{yc}}\qquad k_4=(k_3-k_2)/(k_1-k_3) \tag{4-63}$$

由此可得，从实验数据构成的被测光纤的琼斯矩阵为

$$U=\begin{bmatrix}k_1k_4 & k_2\\k_4 & 1\end{bmatrix} \tag{4-64}$$

如前所述，式(4-64)中略去了复常数的传播常数因子。

被测光纤的输入和输出主偏振态通过琼斯矩阵联系起来：

$$\dot{E}_b=U(\omega)\dot{E}_a=\varepsilon_b(\omega)\exp[\mathrm{j}\varphi_b(\omega)]\dot{\varepsilon}_b \tag{4-65}$$

将式(4-65)对频率求导：

$$\frac{\mathrm{d}\dot{E}_b}{\mathrm{d}\omega}=U'\dot{E}_a=U'U^{-1}\dot{E}_b=(\frac{\varepsilon'_b}{\varepsilon_b}+\mathrm{j}\varphi'_b)\dot{E}_b+\varepsilon_b\exp(\mathrm{j}\varphi_b)\cdot\frac{\mathrm{d}\dot{\varepsilon}_b}{\mathrm{d}\omega} \tag{4-66}$$

$$\varepsilon_b\exp(\mathrm{j}\varphi_b)\cdot\frac{\mathrm{d}\dot{\varepsilon}_b}{\mathrm{d}\omega}=\left[U'U^{-1}-\left(\frac{\varepsilon'_b}{\varepsilon_b}+\mathrm{j}\tau_b\right)\right]\dot{E}_b \tag{4-67}$$

因输出主偏振态对频率的一阶色散为零，即 $\mathrm{d}\dot{\varepsilon}_b/\mathrm{d}\omega=0$，故有

$$[U'U^{-1}-(\varepsilon'_b/\varepsilon_b+\mathrm{j}\tau_b)]\dot{\varepsilon}_b=0 \tag{4-68}$$

对于一个较小的频率间隔 $\Delta\omega$，可以采用下列近似式：

$$U'(\omega)\approx[U(\omega+\Delta\omega)-U(\omega)]/\Delta\omega \tag{4-69}$$

并可以认为：因 $\Delta\omega$ 足够小(例如相应的波长间隔为 10～20nm)，每一个输出主偏振态在 ω 和 $\omega+\Delta\omega$ 范围内的损耗基本相同，从而有 $\varepsilon_b(\omega)=\text{const}$，故有

$$\varepsilon'_b(\omega)=0 \tag{4-70}$$

将式(4-69)、式(4-70)代入式(4-68)，遂得

$$[U(\omega+\Delta\omega)U^{-1}(\omega)-(1+\mathrm{j}\Delta\omega)]\dot{\varepsilon}_b=0 \tag{4-71}$$

矩阵 $U(\omega+\Delta\omega)U^{-1}(\omega)$ 的本征值可从其本征方程求得为 ρ_1 和 ρ_2，从式(4-71)可见，本征值有下列近似式：

$$\rho_k=1+\mathrm{j}\tau_{bk}\Delta\omega=\exp(\mathrm{j}\tau_{bk}\Delta\omega)\quad(k=1,2) \tag{4-72}$$

输出主偏振态的差分群延时可表示为：

$$\Delta\tau_b=|\tau_{b1}-\tau_{b2}|=|[\mathrm{Arg}(\rho_1/\rho_2)]/\Delta\omega| \tag{4-73}$$

式中，$\mathrm{Arg}(\alpha e^{\mathrm{j}\phi})=\varphi$ 为复数的幅角表示式，$\alpha e^{\mathrm{j}\phi}$ 是 ρ_1/ρ_2 的指数表达式。

如上所述，通过实验测量被测光纤的斯托克斯参量，用数学方法计算出在较高频率下的琼斯矩阵 $U(\omega+\Delta\omega)$，以及在较低频率下的琼斯逆矩阵 $U^{-1}(\omega)$，再求解矩阵 $U(\omega+\Delta\omega)U^{-1}(\omega)$ 的本征值 ρ_1、ρ_2，就可用式(4-73)从本征值的幅角求得被测光纤相应

于测量波长间隔中点的主偏振模差分群延时 $\Delta\tau(\omega)$，琼斯矩阵本征分析法的测量线路如图 4-2 所示。

在 ITU-T G.650 文件(1997 年版)中，规定了单模光纤的偏振模色散延时的三个等效定义式，其中之一为偏振模色散可用在光频范围(v_1, v_2)内，主偏振模的差分群延时的平均值来计算：

$$p_m = \frac{\int_{v_1}^{v_2} \Delta\tau(v)\mathrm{d}v}{v_2 - v_1} \tag{4-74}$$

这里 $\omega = 2\pi v$，因而，在光频范围(v_1, v_2)内，多次测量并计算琼斯矩阵所得到的 $\Delta\tau(v)$ 按式(4-74)计算可得到被测光纤的偏振模色散值。

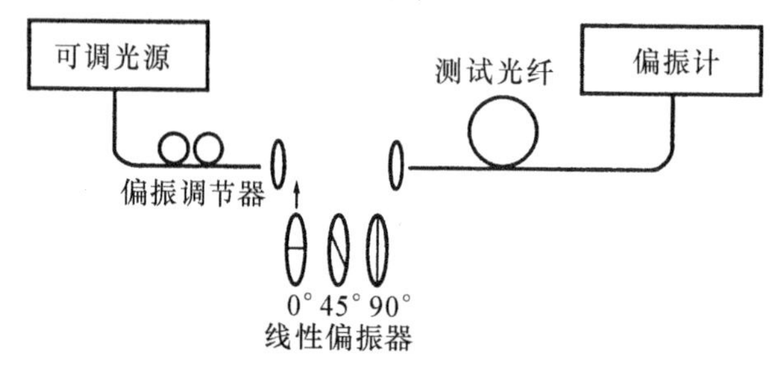

图 4-2　琼斯矩阵本征分析法(JMF)测量线路

4.5　用固定分析器方法测量偏振模色散(极值计算法)

极值计算法也是 ITU-T G.650 规定的单模光纤偏振模色散测量方法之一。测量线路如图 4-3 所示。

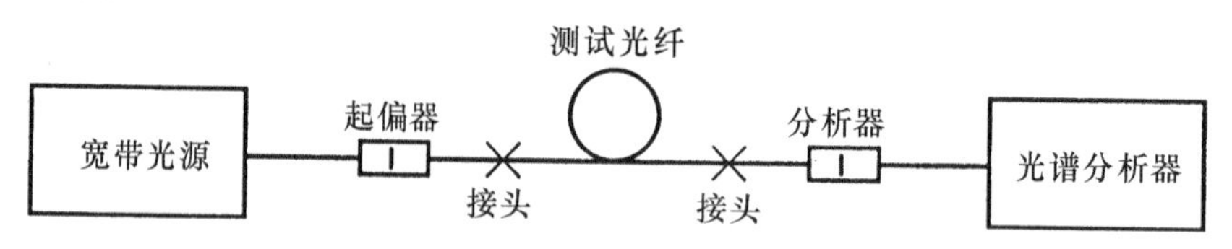

图 4-3　极值计算法(WSEC)测量线路

在被测光纤输出端有一个分析器(实际上是一个检偏器)，分析器的归一化传输函数等于其输出光功率和输入光功率之比：

$$T = P_{\text{out}}/P_{\text{in}} \tag{4-75}$$

此式等同 ITU-T G.650 文件中的光功率比值

$$R(\lambda) = P_A(\lambda)/P_{TOT}(\lambda) \tag{4-76}$$

一个光场通过一个任意椭圆偏振的分析器的传输函数为

$$\begin{bmatrix} E_x^{\text{out}} \\ E_y^{\text{out}} \end{bmatrix} = \begin{bmatrix} |m|^2 & mn^* \\ m^* n & |n|^2 \end{bmatrix} \begin{bmatrix} E_x^{\text{in}} \\ E_y^{\text{in}} \end{bmatrix} \tag{4-77}$$

式中，右边的矩阵为分析器的琼斯矩阵，m，n 为复数并满足下列归一化条件

$$|m|^2+|n|^2=1 \tag{4-78}$$

相应于最大和最小值传输的输入态是分析器琼斯矩阵的本征矢量为

$$\dot{e}_{\max}=\begin{bmatrix} m \\ n \end{bmatrix} \qquad \dot{e}_{\min}=\begin{bmatrix} -n^* \\ -m^* \end{bmatrix} \tag{4-79}$$

将$\dot{e}_{\max}$，$\dot{e}_{\min}$代入式(4-75)，分别得到最大和最小传输为

$$T_{\max}=1 \qquad T_{\min}=0 \tag{4-80}$$

分析器相应于最大传输的方向称为“通轴”(Pass Axis)，它由复本征矢量$\dot{e}_{\max}$表征。

假设一任意偏振的输入光场由单位矢量$\dot{e}_{\text{in}}$表示：

$$\dot{e}_{\text{in}}=\begin{bmatrix} \cos\alpha e^{j\varphi_1} \\ \sin\alpha e^{j\varphi_2} \end{bmatrix} \tag{4-81}$$

将式(4-81)代入式(4-77)，可得分析器的传输函数为

$$T=|E_{\text{out}}|^2/|E_{\text{in}}|^2=|m|^2\cos^2\alpha+|n|^2\sin^2\alpha$$
$$+2\text{Re}\{m^* n\cos\alpha\sin\alpha\exp[j(\varphi_1-\varphi_2)]\} \tag{4-82}$$

为了用斯托克斯参量去表示式(4-82)，首先将式(4-79)，(4-81)代入式(4-60)，可分别得到分析器的输入偏振的斯托克斯矢量：

$$\dot{S}=\begin{bmatrix} S_1 \\ S_2 \\ S_3 \end{bmatrix}=\begin{bmatrix} \cos^2\alpha-\sin^2\alpha \\ 2\sin\alpha\cos\alpha\cos(\varphi_1-\varphi_2) \\ 2\sin\alpha\cos\alpha\sin(\varphi_1-\varphi_2) \end{bmatrix} \tag{4-83}$$

和通轴矢量：

$$\dot{p}=\begin{bmatrix} |m|^2-|n|^2 \\ 2\text{Re}|mn^*| \\ 2\text{lm}\ |mn^*| \end{bmatrix} \tag{4-84}$$

然后将式(4-83)、式(4-84)代入式(4-82)可得

$$T(\omega)=P_{\text{out}}/P_{\text{in}}=[1+\dot{S}(\omega)\cdot\dot{p}]/2 \tag{4-85}$$

当输入偏振的光场的频率变化时，输出偏振态会相应变化。因而分析器的传输函数$T(\omega)$对频率的函数曲线(即$R(\lambda)-\lambda$)呈周期性波动，如图4-4所示。传输函数$T(\omega)$的极值(极大和极小值)将出现在$T(w)$对w的导数为零时。传输函数$T(\omega)$对频率的导数为

$$T'(\omega)=\frac{dT}{d\omega}=\left[\frac{d\dot{S}(\omega)}{d\omega}\cdot\dot{p}\right]/2 \tag{4-86}$$

利用式(4-38)，可以将式(4-86)改写为

$$T'(\omega)=(\dot{\Omega}\times\dot{S})\cdot\dot{p}/2=|\dot{\Omega}\times\dot{S}|\eta\cdot\dot{p}/2 \tag{4-87}$$

式中，η是描述矢积$\dot{\Omega}\times\dot{S}$的方向的单位矢量，也就是表示$d\dot{S}/d\omega$方向的单位矢量。

图4-5表示各矢量在波因卡球上的几何关系，$\dot{p}$是分析器通轴的单位矢量，所有与$\dot{p}$矢量正交的矢量在波因卡球上的轨迹为C_1圆。$\dot{\eta}$画出的弧的轨迹为C_2圆。极值$T'(\omega)=0$发生的条件从式(4-87)可见是$\dot{\eta}$和$\dot{p}$的标积为零，$\eta\cdot\dot{p}=0$，即$d\dot{S}/d\omega$与$\dot{p}$正交时。从图可见，这就是C_1和C_2圆的交点。在一个小的频率间隔中，偏振色散矢量在波

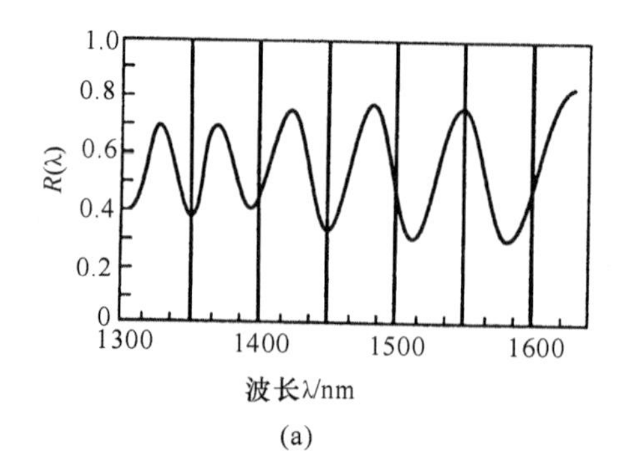

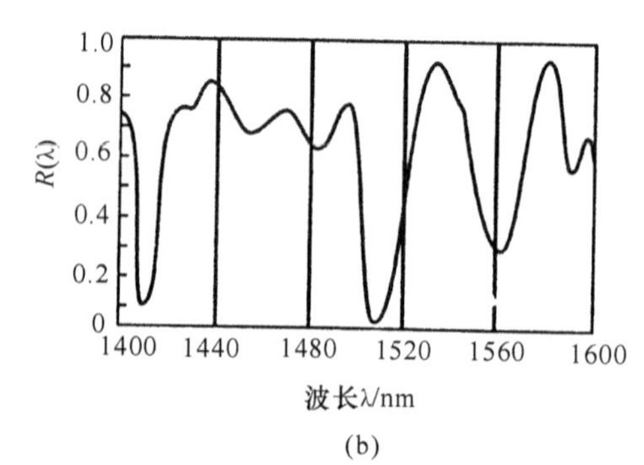

图 4-4 极值计算法测量函数曲线

因卡球面上画出的弧长为

$$\Delta L=|\Delta\dot{\eta}|=|\mathrm{d}\dot{\eta}/\mathrm{d}\omega|\Delta\omega \tag{4-88}$$

式中，$|\mathrm{d}\dot{\eta}/\mathrm{d}\omega|$是在单位球面上描绘弧长的本地“速度”。因为 C_2 每圈与 C_1 相交两次，因而在 $\Delta\omega$ 的频率范围内，极值出现的可能性为

$$\mathrm{Prob(Extrema)}=2\times\Delta L/2\pi=|\mathrm{d}\dot{\eta}/\mathrm{d}\omega|\Delta\omega/\pi \tag{4-89}$$

在 $\Delta\omega$ 的频率间隔内的极值密度为

$$\gamma_e=\langle N_e\rangle/\Delta\omega=\langle\mathrm{Prob(Extrema)}\rangle/\Delta\omega=\langle\mathrm{d}\dot{\eta}/\mathrm{d}\omega\rangle/\pi \tag{4-90}$$

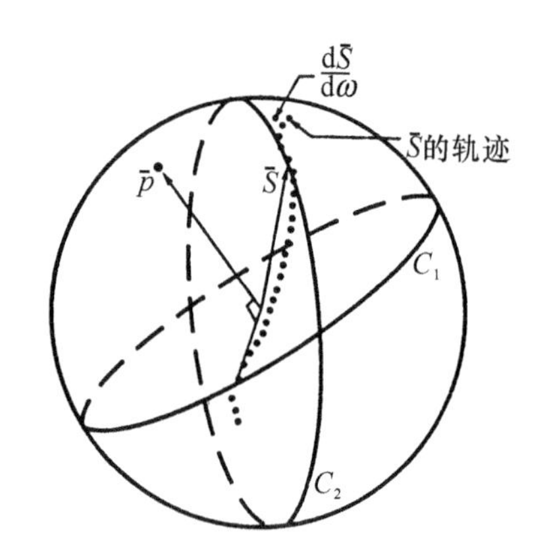

图 4-5 在波因卡球上表示的矢量函数

符号〈 〉表示平均值，N_e 为极值数。

从定义式有

$$\left|\frac{\mathrm{d}\dot{\eta}}{\mathrm{d}\omega}\right|=\left|\frac{\mathrm{d}(\dot{\Omega}\cdot\dot{S})}{\mathrm{d}\omega(\dot{\Omega}\cdot\dot{S})}\right| \tag{4-91}$$

上式无法得到解析解，但是可以通过数值实验处理的蒙特卡罗(Monte Carlo)模拟方法求其结果，C. D. Poole 等人用差分群延时为 1ps 的波片(Waveplate)100 片随机(双折射)定向级连来模拟一条光纤，总量为 100000 条光纤被模拟。对于每条模拟光纤，通过每个波片的变换矩阵相乘来求得其色散矢量，假设输入线性偏振固定时，通过将式(4-38)积分求其输出偏振矢量，取两个相邻的频率进行计算。全部数值处理均用高速计算机进行。

通过这样的模拟，得到$|\mathrm{d}\dot{\eta}/\mathrm{d}\omega|$值为

$$|\mathrm{d}\dot{\eta}/\mathrm{d}\omega|=1.21\langle\Delta\tau\rangle \tag{4-92}$$

从而可得平均 PMD 为

$$\langle\Delta\tau\rangle=0.826\pi\langle N_e\rangle/\Delta\omega \quad 当\ l/l_0\to\infty时 \tag{4-93}$$

利用关系式

$$\Delta\omega=2\pi\Delta v=2\pi c\Delta(1/\lambda)=2\pi c\Delta(\lambda_2-\lambda_1)/\lambda_1\lambda_2 \tag{4-94}$$

可得平均偏振模色散为

$$\langle\Delta\tau\rangle=\frac{0.826\langle N_e\rangle\lambda_1\lambda_2}{2(\lambda_2-\lambda_1)c} \tag{4-95}$$

当被测光纤长度很短时，$l \leqslant l_0$，偏振模之间的耦合可忽略，上式简化为

$$\langle \Delta\tau \rangle = \frac{\langle N_e \rangle \lambda_1 \lambda_2}{2(\lambda_2 - \lambda_1)c} \tag{4-96}$$

式中，c 为真空中的光速。

4.6　用主偏振态(PSP)方法测量偏振模色散

按照主偏振态定义：一个任意但固定的输入偏振态 $\dot{S}(\omega,o)$ 的频率(波长)变化时，其输出偏振矢量 $\dot{S}(\omega,z)$ 在波因卡球上的轨迹会产生旋转。这一定义的数学表示如下：

$$\frac{\partial \dot{S}}{\partial \omega} = \dot{\Omega}(\omega,z) \times \dot{S}$$

式中，$\dot{\Omega}$为偏振色散矢量，它描述了当固定输入偏振态的频率变化时，因光纤 PMD 的存在而产生输出偏振态的旋转变化率的大小和方向。而频域中的偏振色散矢量$\dot{\Omega}$是与时域中输出主偏振态的差分群延时$\langle \Delta\tau \rangle$直接相关，即有

$$\langle \Delta\tau \rangle = |\dot{\Omega}|$$

将这种关系在波因卡球上表示时，可以得到一种简单而直接的偏振模色散的测量方法：对于一个固定的输入偏振态，当注入光的光频率(波长)变化时，在以斯托克斯参量空间所描述的波因卡球上所表示的被测光纤输出光的偏振态将环绕与主偏振态方向重合的轴旋转。旋转速率取决于 PMD 延时，延时愈大，旋转愈快。通过测量相应角频率变化时在波因卡球上代表偏振态点的旋转角度，可按下式求出 PMD 延时：

$$\delta\tau = \left| \frac{\Delta\theta}{\Delta\omega} \right| \tag{4-97}$$

应当指出的是，当在光纤输入端，激励某一固定的输入偏振态时，如光纤的输出偏振态在注入光频变化时保持不变，在波因卡球上检测不到偏振态的旋转。那么，按照定义，这一特定的输入偏振态即为主偏振态。

这种方法直接给出了被测光纤的正交输出主偏振态之间的差分群延时与波长或时间的函数关系，然后再通过在时间或波长范围内取平均值，即可得到偏振模色散值。

测量线路如图 4-6 所示。

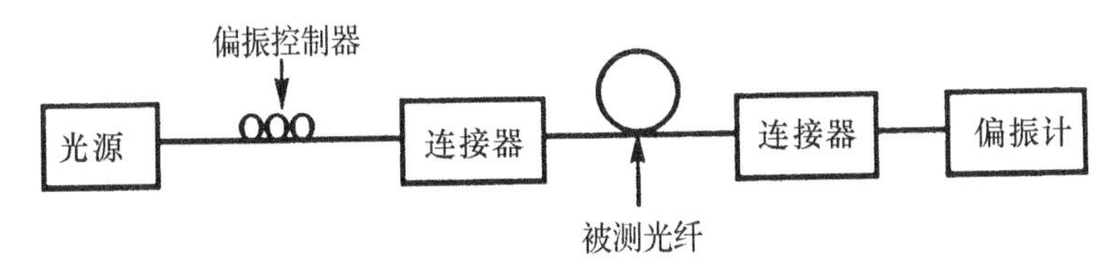

图 4-6　通过偏振态的分析来测量 PMD

4.6.1　波因卡球方法

用偏振计测出为波长函数的斯托克斯参量(S_0，S_1，S_2，S_3)，在波因卡球上得到其轨

迹，其中 S_0，S_1，S_2，S_3 分别与总的光功率，$\theta=0°$的线性偏振态，$\theta=45°$的线性偏振态以及右旋圆偏振态相联系。图 4-7 给出了偏振保持光纤和 G.652 单模光纤两个实测例子，以作此法的说明。图中点 O 和点 X 表示由于 PMD 是波长的函数而测得的偏振态弧段，(点 O 和点 X 分别表示前球面和后球面上的测量点)。$P_{a-a'}$ 是主偏振态。

在波因卡球上描述偏振态随波长演变的轨迹，应以一定的波长间隔(可包括两个以上的波长步长)，进行逐段分析，以保证确定的主偏振态存在的假设成立。再以简单的几何关系来确定波因卡球上的本地主偏振态和由波长变化引起的旋转角度 $\Delta\varphi$。一个可行的方法是将波因卡球上的轨迹，每三个测量点为一弧段，逐段分析，并找出每两个弧段的轴线的交点。由此出发，用三角关系可以计算出 $\Delta\varphi$ 值。

差分群延时 DGD 和偏振模色散 PMD 可由下式给出：

$$\delta\tau=\frac{\Delta\varphi}{\Delta\omega}=\frac{\Delta\varphi}{2\pi\Delta f}=\frac{\Delta\varphi\lambda_1\lambda_n}{2\pi c\Delta\lambda} \tag{4-98}$$

式中，$\Delta\varphi$ 为相位差(波因卡球上斯托克斯矢量弧角宽，即旋转角度)；

Δf 为频率差；

$\Delta\lambda$ 为波长间隔；

λ_1，λ_n 分别为 $\Delta\lambda$ 的起始和终止波长；

c 为真空中的光速。

若在光纤输入端，激励的是主偏振态，当其光频率变化时，输出偏振态不变，相应输出主偏振态在波因卡球上表示的点即为主偏振态轴与球面赤道焦点的线性偏振态。

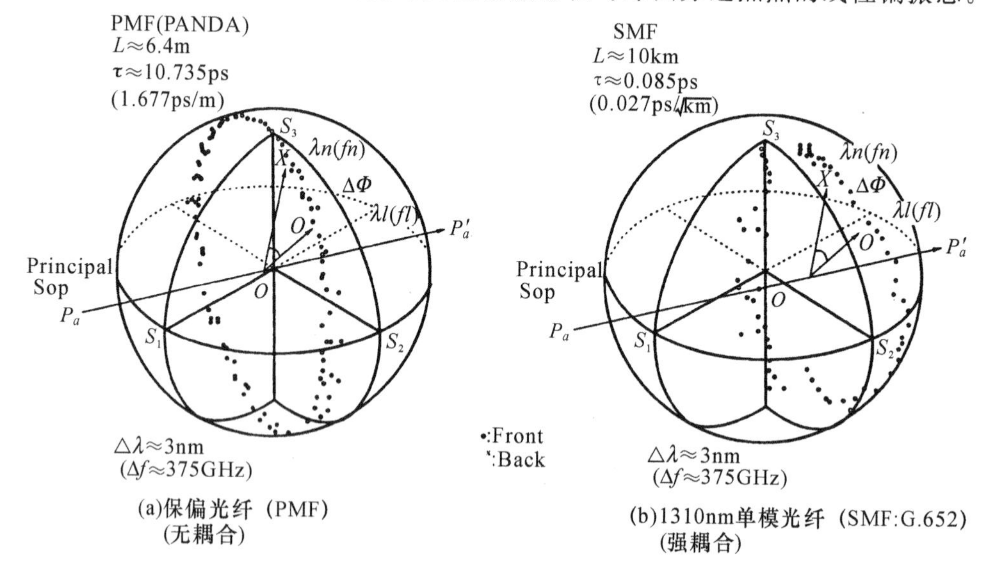

图 4-7 波因卡球测量两种光纤 PMD 的实例

4.6.2 偏振态(SOP)方法

用斯托克斯分析器(或旋转分析器)测出偏振波动，可将其转化为偏振态与波长关系的曲线，图 4-8 给出了偏振保持光纤和 G.652 单模光纤的两个测量实例。

偏振态 SOP 由下式给出

$$SOP=\frac{1+\xi^2}{1-\xi^2} \tag{4-99}$$

式中,

$$\xi=\tan\left\{0.5\arctan\left[\frac{S_3}{\sqrt{S_1^2+S_2^2}}\right]\right\} \tag{4-100}$$

这里 ξ 表示偏振椭圆度,S_1,S_2,S_3 为实测的斯托克斯参量。在图 4-8 中,SOP 曲线中相邻峰值(或极值)之间的相位差为 π,故 DGD 和 PMD 可由下式给出

$$\delta\tau=\frac{N}{2\Delta f}=\frac{N\lambda_1\lambda_2}{2c\Delta\lambda} \tag{4-101}$$

式中,N 表示 SOP 曲线上极值间隔数;

Δf 为频率范围;

$\Delta\lambda$ 为波长范围;

λ_1,λ_2 分别为上下限波长;

c 为真空中的光速。

结语:单模光纤的偏振模色散的理论和实验研究对于下列项目均有很大的实际意义,即:控制和改善光纤和光缆的工艺技术;确定单模光纤偏振模色散特性的技术规范;评估光纤的偏振模色散对光纤传输系统性能的影响;以及探索偏振模色散的有效均衡技术。

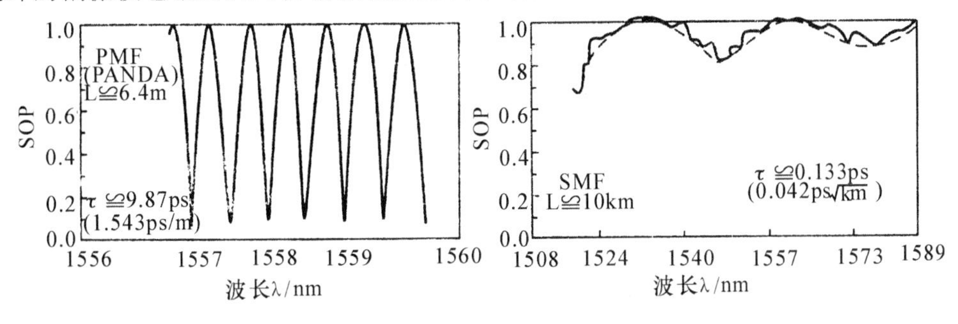

图 4-8　偏振态方法测量 PMD 的两个实例

附录 Ⅰ　偏振模色散的有关定义

(摘自 ITU-T G.650 文件)

1. 偏振模色散(PMD)

偏振模色散是指单模光纤中两个正交偏振模之间的差分群延时,它在数字系统中引起脉冲展宽,在模拟系统中引起信号畸变。

(这是偏振模色散的一般学术定义。在实际的单模光纤中,偏振模色散的严格定义应为:偏振模色散是指单模光纤中两个正交的输出主偏振态之间的差分群延时(DGD)的(统计)平均值$\langle\Delta\tau\rangle$。——笔者注)

2. 主偏振态(PSP)

对于一个在给定时间和光频上应用的单模光纤,总存在着两个称之为主偏振态的

正交偏振态。

在一准单色光源激励下,光纤输出的主偏振态(PSP)是两个正交的偏振态,当激励光频稍微变化时,输出偏振并不改变,相应的输入正交偏振态则为输入主偏振态。

当一准单色光源在单模光纤中仅激励一个主偏振态时,不发生由于偏振模色散引起的脉冲展宽;而当同时激励两个主偏振态时,将发生由于偏振模色散引起的相当于两个主偏振态的群延时差的最大脉冲展宽。

3. 差分群延时(DGD) ($[\delta_\tau(v)]=ps$)

差分群延时是两个主偏振态之间群延时的时间差。

4. 偏振模色散延时(PMD delay)

下列三种偏振模色散延时的定义,对于所有实际情况,在可能达到的测量重复性之内是等效的。

(1)二阶矩 PMD 延时 P_s

二阶矩 PMD 延时 P_s 定义为:当一准单色光窄脉冲注入光纤,经传输后,忽略波长色散的影响,在光纤输出端的时变光强分布 $I(t)$ 的均方差的两倍,即有

$$P_s = 2(\langle t^2\rangle - \langle t\rangle^2)^{1/2} = 2\left\{\frac{\int I(t)t^2\mathrm{d}t}{\int I(t)\mathrm{d}t} - \left[\frac{\int I(t)t\mathrm{d}t}{\int I(t)\mathrm{d}t}\right]^2\right\}^{1/2} \tag{4-102}$$

式中,t 为光到达光纤输出端所需时间。

(2) 平均差分群延时 P_m

平均差分群延时是在光频范围($v_1 \sim v_2$)内,两个主偏振态之间差分群延时 $\delta\tau$ 的平均值,即有

$$P_m = \frac{\int_{v_1}^{v_2}\delta\tau(v)\mathrm{d}v}{v_2 - v_1} \tag{4-103}$$

式中,v 为光频率;

v_1,v_2 分别为光频率的下限和上限。

(3) 均方根差分群延时 P_r

均方根差分群延时是在光频范围($v_1 \sim v_2$)内,主偏振态差分群延时 $\delta\tau(v)$的均方根值,即有

$$P_r = \left[\frac{\int_{v_1}^{v_2}\delta\tau(v)^2\mathrm{d}v}{v_2 - v_1}\right]^{\frac{1}{2}} \tag{4-104}$$

式中,v 为光频率;

v_1,v_2 分别为光频率的下限和上限。

5. 偏振模色散系数(PMD 系数)

偏振模色散系数用 PMDc 表示,应区分两种情况:

弱偏振模耦合(短光纤)

$$\mathrm{PMDc} = \frac{P_S}{L}, \frac{P_m}{L} \text{或} \frac{P_r}{L} \qquad [\mathrm{ps/km}] \tag{4-105}$$

强偏振模耦合(长光纤)

$$\mathrm{PMDc} = \frac{P_S}{\sqrt{L}}, \frac{P_m}{\sqrt{L}} \text{或} \frac{P_r}{\sqrt{L}} \quad [\mathrm{ps}/\sqrt{\mathrm{km}}] \tag{4-106}$$

附录Ⅱ　二阶偏振模色散

两个正交的主偏振态之间的差分群延时(DGD)随波长的变化而变化，称为二阶偏振模色散，简称为 PMD2。由于 DGD 随波长的变化很快，如果激光光源频率变化(或被调制，或为扫频)时，DGD 同样也被调制，因而它对系统所造成的影响与波长色散(Chromatic Dispersion)是一样的。二阶偏振模色散与输入偏振态无关。PMD2 与光纤长度呈线性关系，并正比于光源谱宽，因此，它的计量单位也和波长色散一样为 ps/(nm・km)。所不同的是，二阶偏振模是个统计量，其平均值为零，其瞬时值可为正，可为负。因为 PMD2 与波长色散一样会影响系统带宽，因而，当波长色散系数很小时，在系统设计中，需同时计及波长色散和 PMD2 的影响。

对于大长度强偏振模耦合的光纤，其二阶偏振模色散和一阶偏振模色散可简单地以下式直接联系起来：

$$\mathrm{PMD2}(\mathrm{ps}/(\mathrm{nm} \cdot \mathrm{km})) = \frac{[\mathrm{PMD}(\mathrm{ps}/\sqrt{\mathrm{km}})]^2}{\sqrt{3}} \tag{4-107}$$

由此可见，常用光纤规范中 0.5ps/$\sqrt{\mathrm{km}}$的 PMD 值将附加有约 0.1PS/(nm・km)的 PMD2；而具有 0.1ps/$\sqrt{\mathrm{km}}$PMD 值的光纤将附加有小于 0.01ps/(nm・km)的 PMD2。这些附加的 PMD2 值可直接加到光纤的波长色散值上去。

二阶偏振模色散和一阶偏振模色散之间的关系如图 4-9 所示。

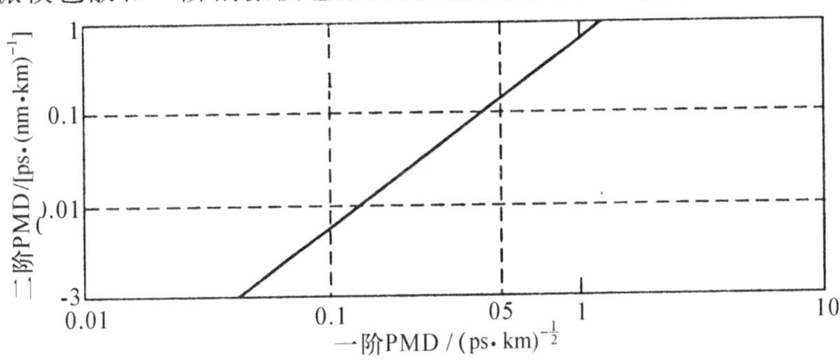

图 4-9　二阶和一阶 PMD 之间的关系

参考文献

[1] ITU-T G. 650(04/97), Definition and test methods for the relevant parameters of single-mode fibers.

[2] IEC 86A/460/CDV, IEC 61 941 1998—08—07, Polarization mode dispersion measurement techniques for single-mode optical fibers.

[3] Adams MJ. An introduction to Optical waveguides. New York, Toronto : John

Wiley&Sons, 1981.

[4] Marcuse D. Theory of dielectric optical waveguide. New York, London: Academic Press,1974.

[5] LeunhommeL B. Single-mode fiber optics; principles and applications. New York ; Marcel Dekkerlnc, 1983.

[6] Poole C D, Wagner R E. Phenomenological approach to polarization dispersion in long single-mode fibers. Electron lett. 1986, 22(19):1029-1030.

[7] Jones R C. A new calculus for the treatment of optical systems. VI. experimental determination of the matrix. J. Optical Soc. Am. ,1947,37:110-1122.

[8] Poole CD. and DLFavin. Polarization mode dispersion measurement based on transmission spectra through a polarizer. J. Lightwave Tech. ,1994, 612(6):917.

[9] SakaiJI. Kamura T. Birefringence and polarization characteristics of single-mode optical fibers. IEEE J. Quantum Electron. 1981,17(6).

[10] Kaminowl. Polarization in optical fiber. IEEE. J. Quantum Electron. 1981,17(1).

[11] Hakki B W. Polarization mode dispersion in a single modefiber. LightwaveTechnol. 1996,14(10):2202-2208.

[12] Foschini GJ. Poole C D. Statistical theory of polarization dispersion in single mode fiber. J. Lightwave Techno1. 1991,9 1439-1466.

[13] Poole C D. Wenters J H. Nagel JA. Dynamical equation for polarization dispersion. Optics Lett, Mar. 1991,16: 372-374.

[14] PooleC D. Statistical treatment of polarization dispersion in single-mode fiber. Optics Lett. 1998,13:687-689.

[15] Poole C D. Measurement of polarization mode dispersion in single-mode fiber with random mode coupling. Optics Lett. 1989,14:523.

第 5 章　偏振模色散对系统性能的影响

如前所述，偏振模色散是一个随机变量。通常所说的 PMD 的值，指的是两个正交的输出主偏振态之间的差分群延时(DGD)的(统计)平均值$\langle \Delta\tau \rangle$。差分群延时的统计分布取决于偏振模的平均耦合长度 h、平均模式双折射和光源的相干度。在长度为 L 的标准的光纤光缆中，通常有 $L \gg h$，此时，偏振模之间有强耦合，差分群延时($\Delta\tau$)呈麦克斯韦(Maxwellian)概率密度分布(见图 5-1)。

$$f(\Delta\tau)=\frac{32}{\pi^2}\frac{\Delta\tau^2}{\langle \Delta\pi \rangle^3}\exp\left(\frac{-4\Delta\tau^2}{\pi\langle \Delta\tau \rangle^2}\right) \tag{5-1}$$

式中，$\Delta\tau$ 为 DGD；

$\langle \Delta\tau \rangle$为 PMD，即差分群延时(DGD)的(统计)平均值。

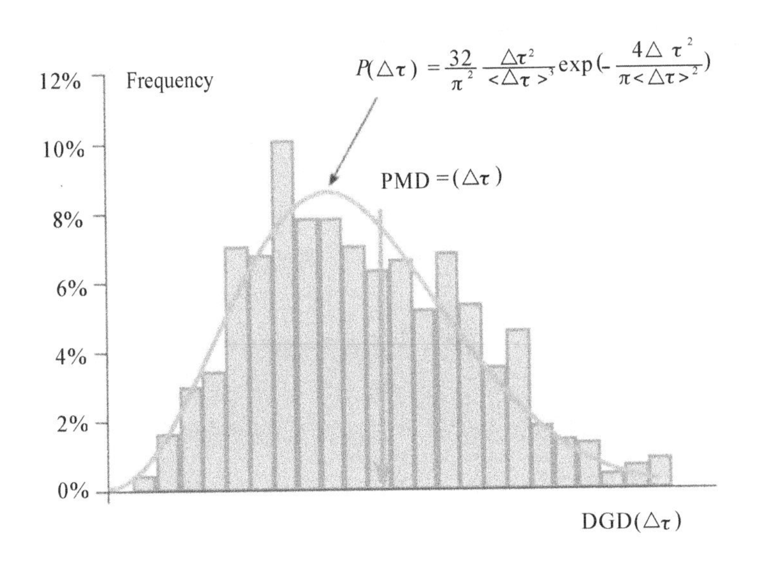

图 5-1　差分群延时($\Delta\tau$)呈麦克斯韦(Maxwellian)概率密度分布

将式 (5-1)所示的概率密度从 $\Delta\tau_1$ 到$+\infty$积分，可得 $\Delta\tau \geqslant \Delta\tau_1$ 的概率 P：

$$P(\Delta\tau \geqslant \Delta\tau_1)=\int_{\Delta\tau_1}^{\infty} f(\Delta\tau)\mathrm{d}(\Delta\tau) \tag{5-2}$$

概率函数如图 5-2 所示。

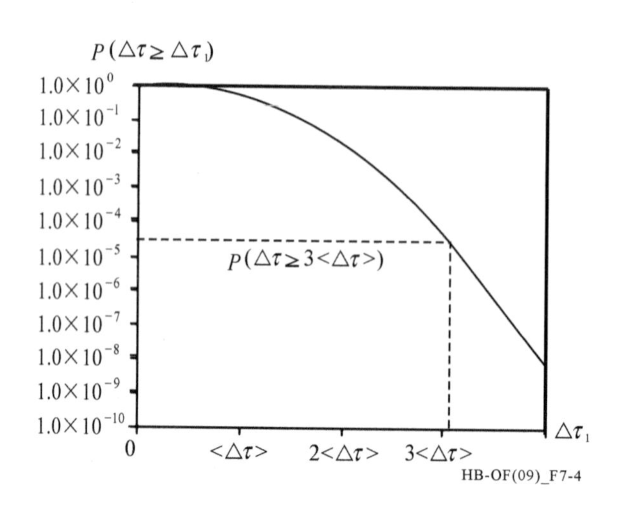

图 5-2 概率函数 $P(\Delta\tau \geqslant \Delta\tau_1)$

从图可见,如 DGD 大于 3 倍平均 DGD,即 $\Delta\tau_1 = 3\langle\Delta\tau\rangle$,那么,从图可得其概率 $P(\Delta\tau \geqslant 3\langle\Delta\tau_1\rangle) \approx 4\times10^{-5}$。

PMD 和波长色散对系统性能具有相同的影响,即会引起脉冲展宽,从而限制传输速率。然而,PMD 比波长色散小得多,对低速率光传输的影响可忽略不计,甚至没有列入早期的光纤性能指标之中。但是随着系统传输速率的提升,偏振模色散的影响逐渐显现出来,成为继衰减、波长色散之后限制传输速度和距离的又一个重要因素。如何减少 PMD 的影响,是业界多年来研究的热点之一。PMD 是一个随机变量,其瞬时值随波长、时间、温度和敷设条件的变化而变化,导致光脉冲展宽量不确定,其影响相当于随机的色散。它与波长色散发生的机制虽然不同,但是对系统性能具有同样的影响,因此也可将偏振模色散称作单模光纤中的“多模色散”。单模光纤的 PMD 值主要由光纤制作工艺决定。多年来,由于制棒工艺的不断改善,光纤的几何尺寸和应力的均匀性不断提高,PMD 值也不断降低。在光纤拉丝工艺中,采用扭转工艺可有效地减小光纤的应力和椭圆双折射,如将光纤围绕中心轴扭转,则双折射主轴亦随之进动,快慢轴每 1/4 周期交替变化方向一次,每一元段内的双折射为下一元段内的双折射所抵消,其结果是,总的双折射引起的相移沿中心轴将在两个很小的正值和负值之间振荡。扭转的方法有两种:(1)在光纤拉丝工序中旋转坯棒(预制棒);(2)在光纤拉丝工序中,对拉成的光纤在牵引过程中施加机械扭力。前者称为旋光纤(spun fiber),其原理是通过一定的角速度旋转预制棒,给光纤加入可控制的双折射,达到优化 PMD 的目的。此方法中没有剪切应力,对环境的变化(如温度)不敏感,基本上可消除椭圆双折射,原美国朗讯公司首创此法。后者称为扭光纤(twisted fiber),在光纤拉丝塔中安装一个光纤扭转装置 FSU(fiber spin unit),此装置可以直接地扭转光纤,这种方法的灵活性较大,可以控制不同的拉丝方法及拉丝速度。有两种直接扭转光纤的扭转装置(FSU 装置):一种是将滑轮和光纤相接触,轮子在水平位置基础上倾斜一定的角度,按照一定扭矩旋转光纤;另外一种是用两个滑轮水平安装,光纤从两个轮子间通过,两个滑轮以相反的方向来回运动达到扭转光纤的效果。这两种装置的效果基本相当，此种方法得到了较普遍的运用。在现在实际运用中的拉丝扭转技术模式有：恒定或单向、正弦曲线、频率调制和幅度调制四种。正弦技术是来回旋转光纤，有两个参数，即幅度与周期可调节，可以更优化光纤 PMD 性能。

光纤制作工艺的发展和提高，使光纤几何尺寸指标提高及 PMD 系数减小，具体见表 5-1。

表 5-1　光纤制作工艺的发展和提高，使光纤几何尺寸及 PMD 系数指标的改善

光纤参数	早期指标	当今指标
包层直径/μm	125±1	125±0.7
同心度误差/μm	≤0.8	≤0.5（≤0.2 典型值）
包层不圆度/%	≤2.0	≤0.7
PMD 系数链路设计值 PMD_Q/(ps/km$^{1/2}$)	≤0.5	≤0.04

光纤的成缆工艺对其 PMD 值的影响不大，特别是在室外通信光缆中，通常采用松套管结构，光纤处在松套管内，在纤膏的保护下，不会受到较大附加应力的影响。成品光缆的 PMD 系数的实测值表明：成缆工艺通常不会引起光纤 PMD 较大的增加。

5.1　偏振模色散对于光传输系统性能的影响

PMD 对光传输系统性能的影响可用信号功率代价（power penalty）来表示，如系统受到 1dB 的功率代价的影响，是指系统中存在一个信号畸变的因素，它将等效于接收功率减少 1dB，换言之，也可解释为此畸变对系统的影响可通过增加 1dB 的发射功率来加以补偿。DGD 越大，引起的功率代价也越大，反之亦然。图 5-3 表示当 DGD 超过速率周期 T_B 的 1/3 时，就会引起 1dB 的功率代价。系统设计时会设定一个允许的由 PMD 引起的功率代价，而最大的功率代价是由 DGD 的最大值 DGD_{max} 所决定的。DGD 是个随机变量，其概率分布曲线如图 5-2 所示。由于 DGD 的随机特性，其瞬时值有可能会超过预先设定的相应于最大允许功率代价的 DGD 的最大值 DGD_{max}。当然，这类事件出现的可能性很低，并取决于 DGD 的平均值（PMD）比 DGD_{max} 低多少。通常可将 DGD_{max} 与 PMD 的比值定义为安全系数，系统设计者如希望减小光纤链路的 DGD 达到甚至超过 DGD_{max} 的概率的话，则需增大安全系数。

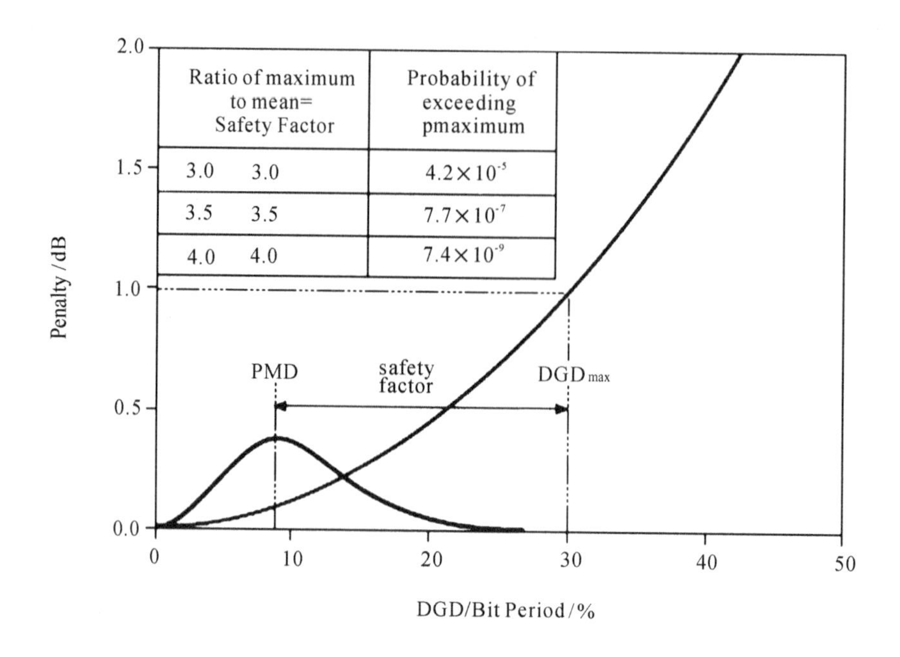

图 5-3 PMD 对光传输系统性能的影响用信号功率代价表示

5.2 偏振模色散对于光传输距离的影响

不同时期敷设的光纤,PMD 值差别很大。十多年前应用的光缆受当时光纤工艺水平所限,PMD 通常大于 $2ps/km^{1/2}$,有的高达 5～6 $ps/km^{1/2}$;后来敷设的光缆,PMD 不大于 $0.5ps/km^{1/2}$,不会对 10Gbit/s 速率系统造成限制;近年来敷设的光缆,多为 0.2 $ps/km^{1/2}$甚至更小。最优秀的光纤,PMD 已经控制到 $0.001ps/km^{1/2}$的水平。当两个正交的偏振模之间的时延差 $\Delta\tau$ 达到系统速率一个脉冲时隙 T_B 的三分之一时,将会付出 1dB 的信号功率代价。由于 PMD 的随机统计特性,PMD 的瞬时值有可能达到平均值的 3 倍。因此,为了保证信号功率代价低于 1dB,PMD 的平均值必须小于系统速率一个脉冲时隙 T_B 的十分之一。

$$\text{PMD} \leqslant 0.3 \times \frac{1}{3} T_B = \frac{1}{10} T_B \tag{5-3}$$

因为

$$\text{PMD}_c = \frac{\text{PMD}}{\sqrt{L}} \text{ ps/km} \tag{5-4}$$

现要求 PMD=(1/10) T_B,设速率为 B 的系统受 PMD 限制的最大传输距离为 Lkm,则有

$$L = \left(\frac{\text{PMD}}{\text{PMD}_c}\right)^2 = \left(\frac{T_B}{10 \times \text{PMD}_c}\right)^2 \text{km} \tag{5-5}$$

根据式(5-4)可列出不同传输速率和传输距离时,允许的 PMD 数值,如表 5-2 所示。

表 5-2　PMD 系数分别为 0.02ps/km$^{1/2}$ 和 0.1ps/km$^{1/2}$ 时，不同传输速率和传输距离时，允许的 PMD 数值

传输速率/(Gbit. S^{-1})	T_B /ps	PMD /ps	L/km (PMD_c=0.02ps/km$^{1/2}$)	L/km (PMD_c=0.1ps/km$^{1/2}$)
2.5	400	40	4×10^6	1.6×10^5
10	100	10	2.5×10^5	10000
40	25	2.5	16×10^5	625

5.3　光纤光缆标准规范中偏振模色散的表示方式

在 ITU 的光纤标准规范中，在光缆属性中对偏振模色散的表示方式如表 5-3 所示。

表 5-3　光缆属性中对偏振模色散的表示方式

PMD 系数	光缆段数 M	20
	概率 Q	0.01%
	链路设计最大值 PMD_Q	0.2 ps/km$^{1/2}$

其意义解释如下：通常光缆厂出厂光缆在光缆盘上的长度约为 2～6km，并给出每盘光缆的 PMD 系数的实测值。光缆用户则将若干盘(段)光缆级连成所需长度的光缆链路投入运行。一个由 M 段光缆级连组成的光缆链路的 PMD 系数 X_M 可由每段光缆的 PMD 系数的实测值 X_i 按下式求得，为简化起见，假设各段光缆长度相等。

$$X_M = \left[\left(\sum_{i=1}^{M} X_i^2\right)/M\right]^{1/2} \tag{5-6}$$

如前所述，成缆光纤的 PMD 系数取决于光纤本身的本征双折射，也与其在光缆中所处的状态有关。对于一个特定的光纤光缆厂商，由于光纤和光缆生产工艺过程中的不确定性，影响偏振模色散的因素均在一定程度上随机起伏，因而成缆光纤的 PMD 系数有一个概率分布。我们可以以成缆光纤 PMD 系数的实测值为基础，通过计算得到光缆链路 PMD 系数的概率密度函数，并由此求得光缆链路 PMD 设计值。对于一个由 M 段光缆级连组成的链路，其 PMD 的设计值 PMD_Q 定义为：链路的 PMD 系数超过 PMD_Q 的概率为 Q，即

$$P\{X_M > PMD_Q\} = Q \tag{5-7}$$

我们可以形象地解释上述概率条款的概念：假想某光缆用户从某光缆厂商购买了 1000000 个由每 20 盘光缆级连而成的光缆链路，然后测量出所有链路的 PMD 系数。用户发现，其中有 K 个链路的 PMD 系数高于规定的阈值 PMD_Q=0.2ps/km$^{1/2}$，如果 $K/1000000<0.01\%$，即如 $K<100$，则符合上述规范；如 $K>100$，则这批光缆的 PMD 指标不符合上述规范。

式(5-7)的几何意义还可在 PMD 的概率密度曲线(麦克斯韦概率密度分布)上表示，参见图 5-4。

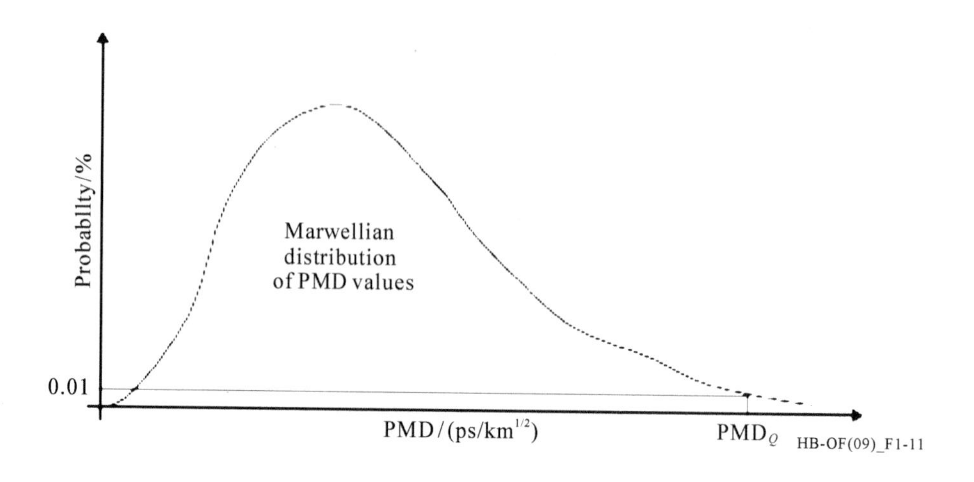

图 5-4 PMD_Q 的意义

在 IEC 61282-3 文件中给出了三种方法来估算光缆链路 PMD 的概率分布,即蒙特卡罗数值法(Monte Carlo Numeric Method)、Gamma 分布分析法(Gamma Distribution Analytic)和模式独立分析法(Mode-Independent Analytic Method)。ITU SG15 采用最容易描述的蒙特卡罗数值法,说明如下:将每段光缆的 PMD 实测值表示为 X_i,i 为测量值序数,其范围从 1 到 N,从 N 个测量数据群中随机抽样,按式(5-6)计算出 100000 个链路的 PMD 系数,每个链路由 20 段光缆组成。(注:当 $N=100$ 时,可构成 5.3×10^{20} 个可能的链路值)由此可得链路的 PMD 系数为

$$Y=\left(\frac{1}{20}\sum_{k=1}^{20}X_k^2\right)^{1/2} \tag{5-8}$$

收集 100000 个 Y 值来构成链路 PMD 系数分布的直方图(密度高达 $0.001\text{ps/km}^{1/2}$)。根据中心极限定理,此直方图最终是收敛的,故可用一个归纳概率水平的参量方程来拟合,由此得到概率密度函数,并找出与 99.99% 概率相应的 PMD 值取作为 PMD_Q 值。如果此计算所得的 PMD_Q 值小于规定值 $0.2\text{ps/km}^{1/2}$,则视为符合规范之规定。在光缆的结构设计和生产工艺稳定,成缆前后光纤的 PMD 系数之间的关系能基本确定的前提下,可以将未成缆光纤的 PMD 系数的测量值用作成缆光纤的 PMD 系数的统计样本。而光缆厂商则可据此来规定未成缆光纤的 PMD 系数的最大值。

由于 PMD 与比特率成平方关系,40Gbit/s 的相应代价是 10Gbit/s 的 16 倍,从表 5-2可见,在一定的 PMD 系数值时,40Gbit/s 系统的传输距离只是 10Gbit/s 系统的 1/16。加上 PMD 是一个随机变量,因而它已经成为高速率光纤通信的最终制约瓶颈。业界对 PMD 给予了巨大关注,进行了大量研究工作。有关 PMD 的研究大体可分三个阶段:1994 年前,重点研究了 PMD 产生的机理、统计特性和测量方法,1986 年贝尔实验室的 C. D. Poole 等提出单模光纤中主偏振态的概念,无疑是这一阶段的标志性事件,PMD 的测量方法现已发展到至少有七种之多。1994 年后,研究集中在 PMD 对光纤通信系统传输性能影响。当前则是主要开展对 40Gbit/s 系统 PMD 补偿技术的研究,以

及对高阶 PMD 补偿方法的研究等。前面提到，主偏振态 PSPs 是一个与时间和光频有关的随机复矢量，根据定义，在一个称之为 PSPs 带宽的小的频率范围内，PSPs 可视为常量，而当信号带宽超过 PSPs 带宽时，将产生高阶 PMD 效应。随着光纤通信系统传输速率的提高，使信号带宽增加，一阶 PMD 近似将不再有效，故需考虑高阶 PMD 的补偿技术。除光纤通信系统外，近年来在日益发展的干涉型分布式光纤传感器中，PMD 及其补偿技术也是一个关注热点。因此，PMD 对于光纤光缆行业、光纤通信及光纤传感行业都是一个值得探讨的重要的课题。

参考文献

[1] Sergey Ten. Merrion Edwards. An Introduction to the Fundamentals of PMD in Fibers. Corning Document，2006.

[2] ITU-T Handbook on Optical Fibers，Cables，Systems . 2009.

第6章 多模光纤的进展、带宽测量及其规范

本章主要叙述多模光纤从以LED为光源的OM1,OM2光纤到激光优化的OM3,OM4,OM5光纤的发展;介绍用于10Gbit/s以太网,波长为850nm的VCSEL激光优化的OM3,OM4光纤带宽测量方法;以及多模光纤的技术规范。

6.1 多模光纤的进展

1976年由康宁公司开发的50/125μm渐变折射率多模光纤和1983年由朗讯Bell实验室开发的62.5/125μm渐变折射率多模光纤,是两种用量较大的多模光纤。这两种光纤的包层直径和机械性能相同,但传输特性不同。它们都能提供如以太网、令牌网和FDDI协议在标准规定的距离内所需的带宽,而且都能升级到Gbit/s的速率。

ISO/IEC 11801所颁布的新的多模光纤标准等级中,将多模光纤分为OM1,OM2,OM3,OM4四类。其中OM1,OM2是指传统的62.5/125μm和50/125μm多模光纤;OM3和OM4是指新型的50/125μm万兆位多模光纤。

6.1.1 62.5/125μm渐变折射率多模光纤(OM1,OM2)

常用的62.5/125μm渐变折射率多模光纤是指IEC-60793-2光纤产品规范中的Alb类型。由于62.5/125μm光纤的芯径和数值孔径较大,因而具有较强的聚光能力和抗弯曲特性。特别是在20世纪90年代中期以前,局域网的速率较低,对光纤带宽的要求不高,因而使这种光纤获得了最广泛的应用,成为20世纪80年代中期至90年代中期在大多数国家中数据通信光纤市场中的主流产品。分属OM1和OM2的Alb类型光纤的满注入功率(OFL)带宽分别为200/500 MHz·km (850/1300nm)和500/500 MHz·km (850/1300nm)。

6.1.2 50/125μm渐变折射率多模光纤(OM1,OM2)

普通的50/125μm渐变折射率多模光纤是指IEC-60793-2光纤产品规范中的Ala类型。历史上,为了尽可能地降低局域网的系统成本,普遍采用价格低廉的LED作光源,而不用价格昂贵的LD。由于LED输出功率低,发散角比LD大很多,而50/125μm多模光纤的芯径和数值孔径都比较小,不利于与LED的高效耦合,不如芯径和数值孔径大的

62.5/125μm(Alb 类)光纤能使较多的光功率耦合到光纤链路中去。因此,在 20 世纪 90 年代中期以前 50/125μm 渐变折射率多模光纤不如 62.5/125μm(Alb 类)光纤那样得到广泛的应用。

自 20 世纪末以来,局域网向 1Gbit/s 速率以上发展,以 LED 作光源的 62.5/125μm 多模光纤的带宽已经不能满足要求。与 62.5/125μm 多模光纤相比,50/125μm 多模光纤数值孔径和芯径较小,50/125μm 渐变折射率多模光纤中传导模的数目大约是 62.5/125μm多模光纤中传导模的 1/2.5,因而有效地降低了多模光纤的模式色散,使得带宽得到了显著的增加。50/125μm 多模光纤的制作成本也降低了约 1/3。因此,使它重新得到了广泛的应用。IEEE 802.3z 千兆位以太网标准中规定 50/125μm 多模和 62.5/125μm 多模光纤都可以作为千兆位以太网的传输介质使用。但对新建网络,一般首选 50/125μm 多模光纤。分属 OM1 和 OM2 的 Ala.1 类型光纤的满注入功率(OFL)带宽分别为 200/500 MHz×km (850/1300nm)和 500/500 MHz×km (850/1300nm)。

6.1.3　OM3 光纤

传统的 OM1 和 OM2 多模光纤从标准上和设计上均以 LED 方式为基础,随着工作波长为 850 nm,低价格 VCSEL(垂直腔体表面发射激光器)的出现和广泛应用,850nm 窗口重要性增加了。VCSEL 能以比长波长激光器低的价格给用户提高网络速率。50/125μm多模光纤在 850nm 窗口具有较高的带宽,使用低价格 VCSEL 能支持较长距离的传输,适合于千兆位以太网和高速率的协议,支持较长的距离。随着网络速率提高和规模的增大,调制速率达到 10Gbit/s 的短波长,VCSEL 激光光源成为高速网络的光源之一。由于两种发光器件的不同,必须对光纤本身进行改造,以适应光源的变化。为了满足10Gbit/s传输速率的需要,国际标准化组织/国际电工委员会(ISO/IEC)和美国电信工业联盟(TIA)联合起草了新一代纤芯为 50μm 的多模光纤的标准。ISO/IEC 在其制定的新的多模光纤等级中将新一代多模光纤划为 OM3 类别(IEC 标准为 A1a.2)。

6.1.4　OM4 光纤

OM4 光纤是一种激光优化型纤芯为 50μm 的多模光纤,目前 OM4(IEC 标准为 A1a.3)标准确定的指标实际是一种 OM3 多模光纤的升级版。OM4 标准与 OM3 光纤相比,只是在光纤带宽指标上做了提升。即相比 OM3,OM4 标准仅在 850nm 波长的有效模式带宽(EMB)和满注入带宽(OFL)光纤上做了提高。

IEC 60793-2-10 中多模光纤的最新分类方法与 ISO/IEC 11801 的对应关系如表6-1所示。

表 6-1　IEC 60793-2-10 与 ISO/IEC 11801 多模光纤分类的对应关系

项目	Gbit/T 12357.1　IEC 60793-2-10				ISO/IEC 11801					
分类名称	A1b	A1a.1	A1a.2	A1a.3	OM1		OM2		OM3	OM4
芯径	62.5	50	50	50	50	62.5	50	62.5	50	50
IEC 分类对应关系					A1a.1	A1b	A1a.1	A1b	A1a.2	A1a.3

续表

项目	Gbit/T 12357.1　IEC 60793-2-10				ISO/IEC 11801			
满注入条件下最小模式带宽 850nm(MHz×km)	100～800	200～800	1500	3500	200	500	1500	3500
满注入条件下最小模式带宽 1300nm(MHz×km)	200～1000	200～1200	500	500	500	500	500	500
最小有效模式带宽 850nm(MHz×km)	未定义	未定义	2000	4700	未定义	未定义	2000	4700

10G 以太网使用 LD(Laser Diode)作为光源和多模光纤为传输媒介。为了在 850nm 波长窗口使多模光纤上达到 300 米以上的传输距离，标准 TIA/EIA-455-203 和 TIA/EIA-4Array2AAAC 分别对注入条件和光纤的性能进行了定义。其中，要求入纤光功率分布符合 FOTP－203 标准。标准 TIA/EIA－4Array2AAAC 规定了在 850nm 波长，激光优化的 50/125μm 梯度折射率多模光纤的具体指标。对光纤带宽的要求为：在满注入 OFL(Over-Filled Launch)条件下(TIA/EIA-455-204)，850nm 的 OFL 带宽大于等于 1500MHz・km，1300nm 的 OFL 带宽大于等于 500MHz・km。同时对纤芯的微分模延迟 DMD (Differential Mode Delay) 测试(TIA/EIA-455-220)必须在所给出的模板范围内。多模光纤的满注入 OFL(Over-filled Launch)带宽反映的是对光纤在 LED 光源环境下的带宽性能指标。

测试时，多模光纤的所有传导模式均被激发。而激光优化多模光纤的 DMD 测试必须遵从 TIA/EIA-455-220 标准。该标准定义了 DMD 测试的整个过程，包括光源、定位装置、接收系统以及测试程序。标准要求注入待测光纤的光斑必须是单模的，在 850nm 波长，其模场直径约在 5μm，而且对光脉冲的时域脉宽和谱宽也做了详细的规定。总之，单模的，足够短，以及窄谱宽的光脉冲是好的。同时对定位系统的精度，注入脉冲的耦合条件，以及接收系统的线性和响应也给出了各自的要求。需要专门的 DMD 测试装置。

根据 IEEE 802.3ae 标准，当光源的功率分布符合 TIA/EIA-455-203 标准，同时多模光纤的性能符合 TIA/EIA-4Array2AAAC 标准时，在 850nm 波长，保证光纤的有效带宽 EBW(Effective Bandwidth)大于 2000MHz・km，在 10Gbit/s 的网络系统中达到 300 米以上的传输距离。

6.2　多模光纤的带宽测量

传统的多模光纤以 LED 为光源，多模光纤的满注入 OFL(Over-filled Launch)带宽反映的是对光纤在 LED 光源环境下的带宽性能指标，通常可用时域(脉冲展宽)和频域(扫频)方法测量其带宽，并可通过傅里叶变换进行相互转换。随着网络速率的提高和规模的增大，调制速率达到 10Gbit/s 的短波长 850nm 的 VCSEL 激光光源成为高速网络的光源之一，因而 OM3 光纤的注入条件与 LED 光源完全不同，故需开发出 VCSEL 激光优化光纤带宽的新的测量技术和方法。

TIA FO 4.2.1 使用了 DMD 测试程序以确保 2000 MHz・km 的有效模式带宽

(EMB)的需要。基于 DMD 测试的方法有两种：DMD 模板法和有效模式带宽计算法，分别介绍如下。

6.2.1　DMD 模板（DMD Mask）法

如图 6-1 所示：模斑尺寸为 5μm 的高功率的单模激光光源发射的短脉冲以最大不超过 2μm 的增量扫描通过 50/125μm 的激光优化多模光纤的纤芯，相应于每个径向偏移位置 r 的输出脉冲响应为 $U(r,t)$，得到的数据可以用微分模式延迟来表达。因此，DMD 技术可以得到被测光纤的模式延迟结构的详细信息。然后将输出脉冲响应 $U(r,t)$ 通过计算分析，归一化到电平脉冲最大幅度的 25%，此电平定义了每个脉冲起始和终止位置，以便用于模板试验。若此归一化时延输出响应能完全落入标准化组织制定的几种标准模板之一的模板框中，即能通过 DMD 模板测试。根据标准，被测光纤具有 2000 MHz · km 的有效模式带宽，即可判定属 OM3 光纤，否则将退属为 OM2 光纤。DMD 模板的方式只能提供"通过"或"失败"的判定。每组模板(mask)规定了每个径向偏移位置上的快慢时延的界限条件。图 6-2，图 6-3，图 6-4 分别为 IEC 60793-2-10:2011 规定的用于 A1a.2(OM3)光纤的 DMD 模板数据及模板，以及用于 A1a.2(OM3)光纤的 DMD 间距模板数据。

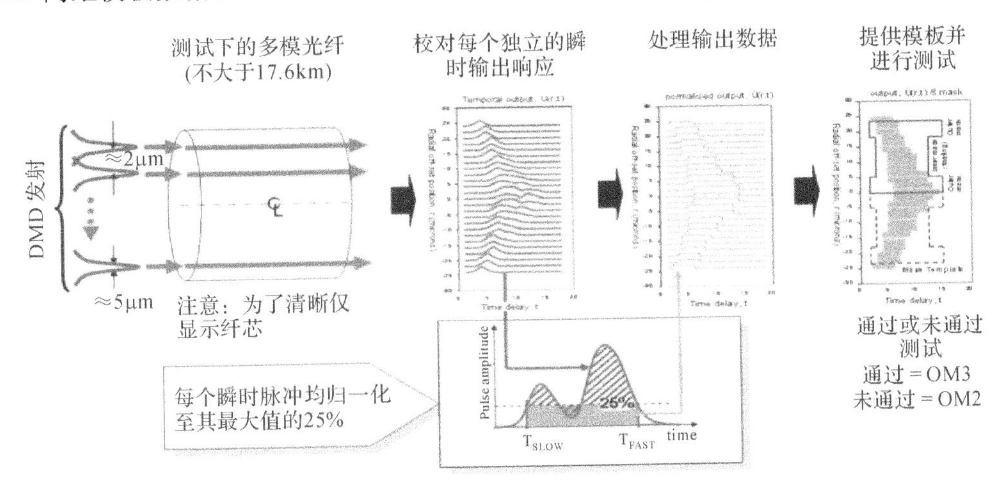

图 6-1　DMD 模板测试原理

区间数	Inner mask DMD(ps/m)for R_{INNER}=5μm to R_{OUTER}=18μm	Outer mask DMD(ps/m)for R_{INNER}=0μm to R_{OUTER}=23μm
1	≤0,23	≤0,70
2	≤0,24	≤0,60
3	≤0,25	≤0,50
4	≤0,26	≤0,40
5	≤0,27	≤0,35
6	≤0,33	≤0,33

图 6-2　用于 A1a.2(OM3)光纤的 DMD 模板数据

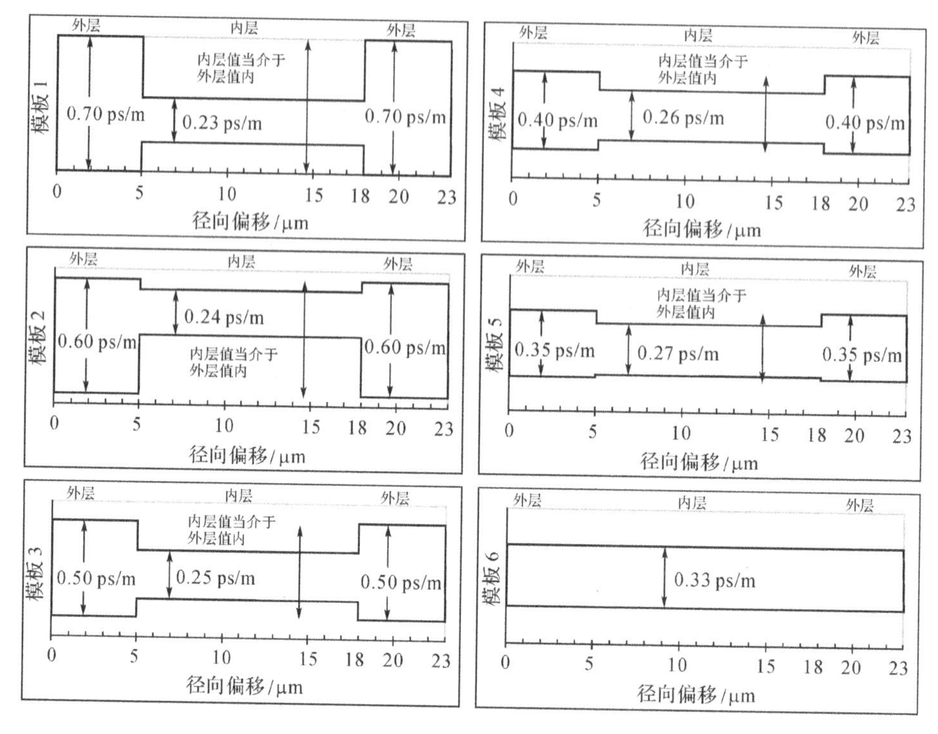

图 6-3　用于 A1a.2(OM3)光纤的 DMD 模板

区间数	R_{INNER} /μm	R_{OUTER} /μm
1	7	13
2	9	15
3	11	17
4	13	19

图 6-4　用于 A1a.2(OM3)光纤的 DMD 间距模板数据

通过此要求是防止在短的径向间距上有太大的 DMD 的变化,以保证系统有较小的码间干扰。

6.2.2　有效模式带宽计算(Calculated Effective Mode Bandwidth) EMBc 方法

多模光纤的有效模式带宽计算 EMBc 方法,是将上述光纤的实测 DMD 输出时延响应 $U(r,t)$ 与工作在 850nm 波长的 VCSEL 激光器的光强分布特性相结合,通过计算方法得到的 VCSEL－光纤系统的带宽,用以确定光纤在 10Gbit/s 以太网的使用性能。VCSEL 激光器发射输出的圆形光束,其沿光纤传播的近场光强呈面包圈形的环状,光纤纤芯中心光强近似为零,如图 6-5 所示。对于 VCSEL 激光器发射输出的特征,称之为环型光通量(Encircled Flux,简称 EF),IEEE 还提出了 EF 模板(见图 6-6),规定了以光纤轴线为中心的同心圆环中光强的最大和最小值。对于 10Gbit/s 系统而言,小于 30%的光功率在直径 9μm 的圆圈内,大于 86%的光功率在直径 38μm 的圆圈内。

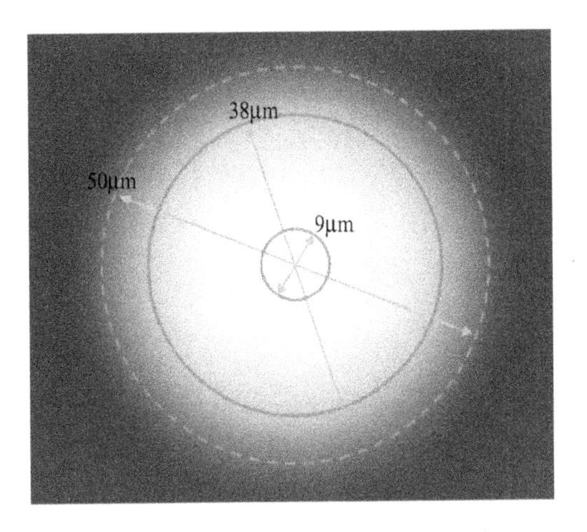

图 6-5　VCSEL 光源的近场光强分布

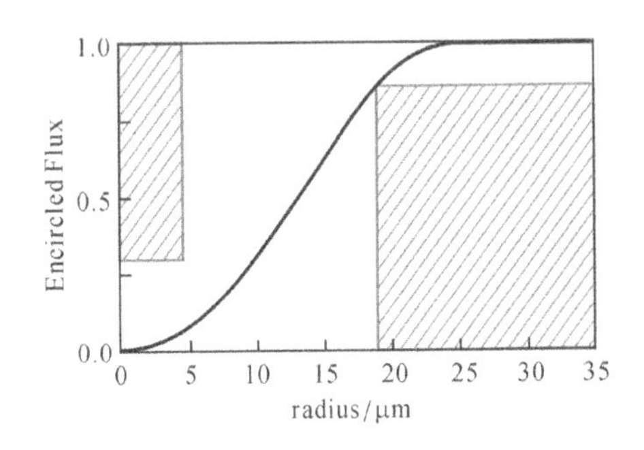

图 6-6　VCSEL 光源的 EF 模板

图 6-7(a)表示 VCSEL 的光功率输出与光纤径向偏移的函数关系 $S(\rho)$，即近场光强分布，图 6-7(b)表示"环型"VCSEL 的光功率输出函数，称为径向光强分布，或称"环型光通量(Encircled Flux)"，它是将各径向偏移点上的光功率乘以在该偏移点的圆环面积，即 $2\pi\rho S(\rho)$，并以累积功率的百分数表示的对径向偏移点的函数。VCSEL 的径向光强分布，即"环型光通量"，是在多模系统中数学模拟 VCSEL 特性的最精确的方法。

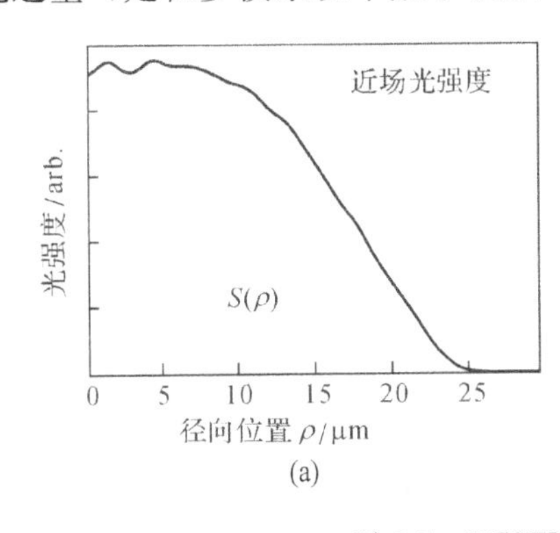

(a)

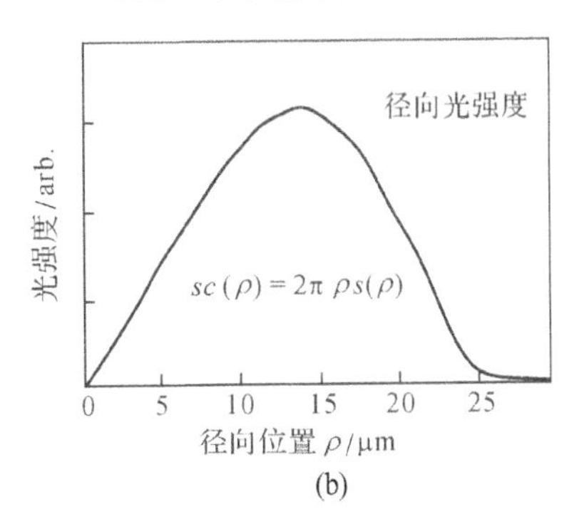

(b)

图 6-7　VCSEL 的径向光强特性

EMBc 测量过程原理如图 6-8 所示，步骤如下：

(a) 测出光纤的 DMD，即探测激光光源输出脉冲幅度对时间 t 和径向偏移 r 的分布

函数 $U(r,t)$；

(b)将从 VCSEL 的径向强度分布函数(环型通量)数据导出的加权函数 $W(r)$，与 DMD 数据相结合，得到光纤加权 DMD 函数；

(c)光纤加权 DMD 函数 $W(r)U(r,t)$，它反映了 VCSEL 的光功率分布特性；

(d) 将各径向偏移点 r 的 DMD 脉冲求和，从而得到合成的光纤的输出脉冲响应：

$$P_0(t) = \sum_r W(r)U(r,t) \tag{6-1}$$

(e)通过傅里叶变换(Fourier transform (FT))可求得 VCSEL－光纤组合系统的传输函数(频率响应)，并由此得到有效模式带宽的计算值(EMBc)：

$$H_{fiber}(f) = \frac{FT[P_0(t)]}{FT[R(t)]} \tag{6-2}$$

式中，$R(t)$为由 DMD 注入所产生的参考输入脉冲。

由此求得的光纤有效模式带宽既反映了光纤的带宽特性，又与 VCSEL 光源的 EF 注入条件有关。这种通过计算方法得到的 EMBc，可模拟为 VCSEL 光源本身注入光纤得到的光纤传输性能，如表 6-2 所示。

表 6-2 VCSEL 光源输入光纤的传输性能

	输入脉冲	光纤链路传输特性	输出脉冲
时域	$R(t)$	$h_{fiber}(t)$	$P_0(t)$
频域	$FT[R(t)]$	$H_{fiber}(f)$	$FT[P_0(t)]$

表中 $h_{fiber}(t)$为光纤链路的脉冲响应(Impulse Response)，$H_{fiber}(f)$为 $h_{fiber}(t)$的傅里叶变换，即光纤链路的带宽特性。$P_0(t)$为 $R(t)$和 $h_{fiber}(t)$的卷积。

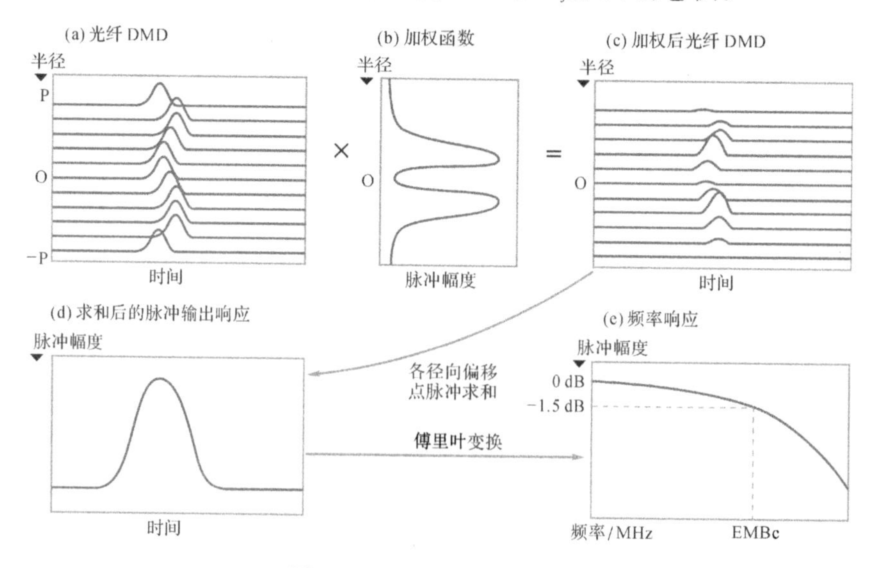

图 6-8 EMBc 测量过程原理

图 6-9 表示光纤 DMD 的径向强度分布函数 $U(r,t)$的 EF 加权过程。这里，“加权

(weighting)”这个术语是指在每个径向位置 r 上，由加权函数 $W(r)$ 确定的一个小于1的比例系数，光纤加权DMD函数即是将DMD测量数据乘以这个比例系数，从而得到 $W(r)U(r,t)$，求和后即为合成的光纤的输出脉冲响应 $P_0(t)$。

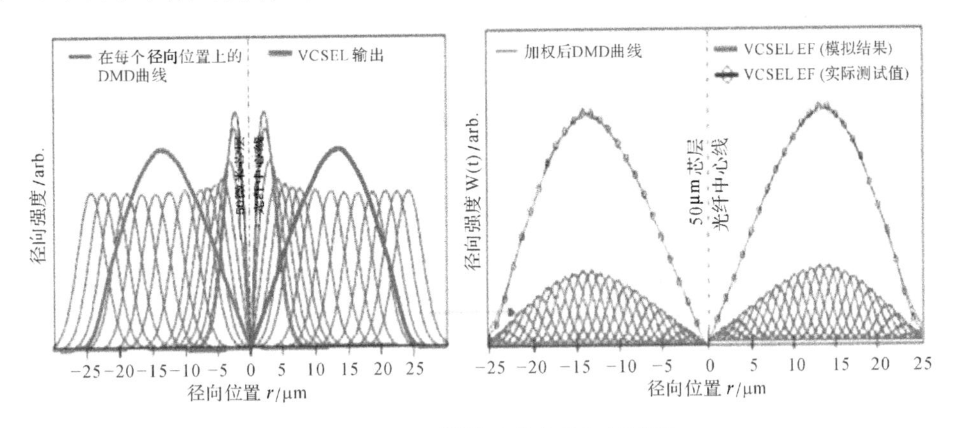

图6-9 EMBc测量过程中的加权原理

图6-10表示min EMBc的测量原理。

采用10个VCSEL光源的不同的输出特性，重复10次上述EMBc的测量(为简洁起见，图中仅表示出3个VCSEL光源的图形)，得到10个相应的EMBc的测量值，选取其中最小值即为min EMBc的数值。

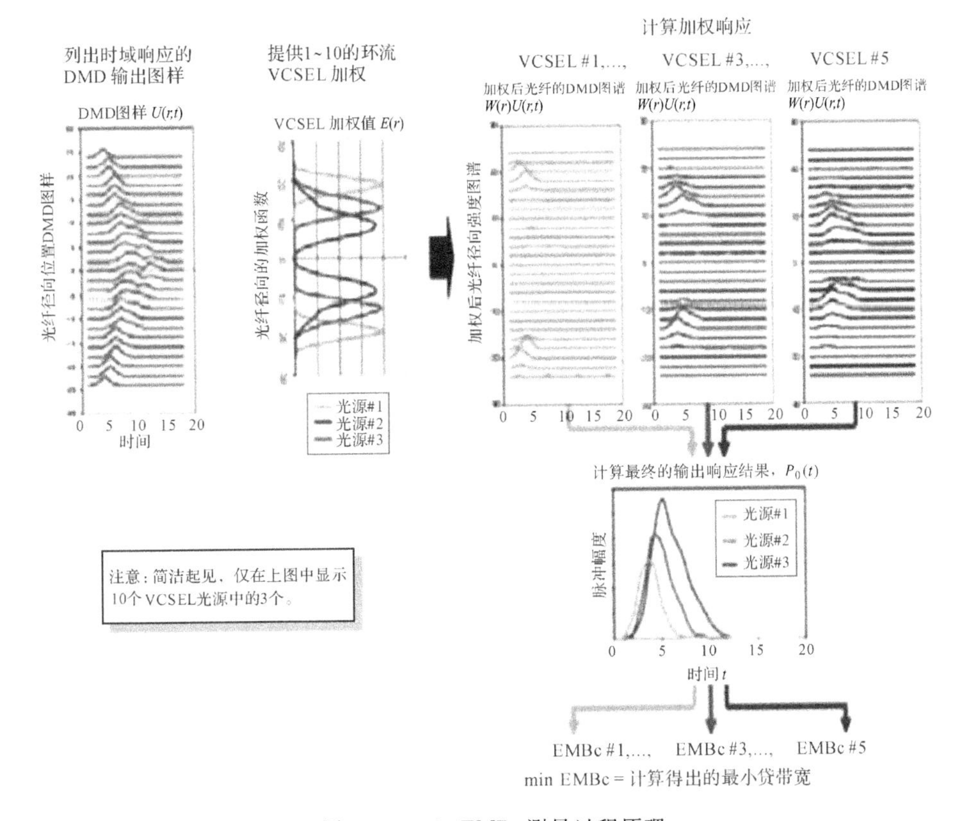

图6-10 min EMBc测量过程原理

为保证实际应用的性能,EMB 也需计算出符合标准的全部 VCSEL 的对应值。TIA FO 4.2.1任务组注意到在符合他们所定义的环型光通量的要求下,10G 以太网 VCSEL 光源的厂家所提供的范围会有潜在的更宽广的功率密度的分布。TIA 的建模工作如图 6-11 所示,在理论上作出的 10000 个 10Gbit/sVCSEL 激光光源的光功率分布:浅黑点代表每个独立的 VCSEL 模型,大黑点代表实际的在康宁光纤测试中心(CFT)的 VCSEL 光源,小黑点代表两者最相近的匹配。光源#1 与#5 代表两种最极端的激光光源,分别为功率集中在纤芯中心和功率集中在纤芯的边缘。

EMBc 计算的主要目的是确保光纤的有效模式带宽符合 10Gbit/s 要求的 2000 MHz·km带宽适用于任何激光器。此外,这种方式提供以 MHz·km 为单位的带宽值能够被用于设计支持基于 300 米距离的 10Gbit/s 系统。

由于综合考虑了激光器与光纤的性能(更重要的是考虑了其相互作用),因此相对于其他用于保证系统性能的带宽参数而言,EMBc 具备更多的优势:它基于可靠的理论基础以及实验验证。EMBc 程序综合了光源的基本性能、模式功率分布以及多模光纤的模式结构,采用光纤 DMD 扫描和 DMD 脉冲的 EF 加权。所采用的物理分析真实反映了系统性能的主要因素,得出了准确的分析结果。通过实验,成功支持且验证了该方法的有效性。

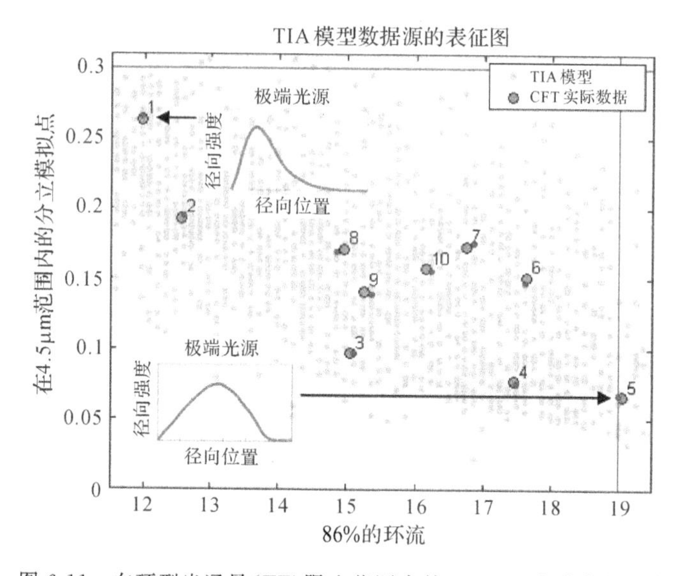

图 6-11 在环型光通量(EF)限止范围内的 VCSEL 光功率的分布

考虑了最坏的情况,采用最小 EMBc 参数规定光纤的性能参数,从而保证此测量方法适用于几乎所有种类的合格光源,包括极端的光能聚集在纤芯中心或边缘的激光器。因此成为一个稳妥可靠的系统性能度量参数。

对不同速率及连接距离的灵活性和适应性,EMBc 方法最初是为 10Gbit/s 以太网开发的,但它也适合其他速率和连接长度的应用,比如用于数据中心的光纤通道。只要针对光源在所选数据速率下的性能确定输入参数,就能用同样的计算方法可靠地预测系统性能。

PK(Photon Kinetics)公司积极参与了 TIA 和 IEC 的制定光纤测量标准的活动,并开发出两款相关仪器：2500 Optical Fiber Analysis System，用于多模光纤带宽和DMD测量以及2440 Launch Analyzer，用于encicled-flux特性的测量。

6.3　弯曲不敏感多模光纤 (Bend Insensitive Multimode Fiber)

多模光纤的传输性能主要是受限于多模光纤的DMD现象。多模光纤在传送光脉冲过程中，光脉冲会发散展宽，当这种发散状况严重到一定程度后，前后脉冲之间会相互叠加，使得接收端无法准确分辨每一个光脉冲信号，这种现象我们称为DMD(Differential Mode Delay)。其主要原因：一是纤芯折射率分布的不完美。多模光纤的DMD是在不同径向位置的入射脉冲的传播时间和光纤模间色散特性的组合效应，对于指数型折射率剖面的多模光纤，可以设计出很好的DMD特性。但DMD对折射率剖面的微小偏差十分敏感，因此在多模光纤的制作中必须十分精确地控制，实现完美的折射率剖面分布的设计值。二是光纤的中心凹陷。光纤的中心凹陷是指在纤芯中心的折射率明显下降的现象。这种凹陷和光纤的制造过程有关。这种中心凹陷将影响光纤的传输特性，降低光纤的性能。

因此精确控制光纤的折射率分布和消除中心凹陷是10Gbit/s以太网多模光纤(OM3光纤)研发和制作的主要任务。MCVD和PCVD工艺较适合生产OM3光纤预制棒。PCVD更是制造多模光纤的首选方法，具有沉积层数多，剖面控制精确的特点，其几千层的沉积过程能够有效地控制沉积层的掺杂量以获得与理论要求符合的折射率分布。同时在烧缩过程中，通过控制腐蚀量和中心孔的大小可以避免中心凹陷的出现。

10Gbit/s以太网标准IEEE802.3ae的通过，将一个10Gbit/s以太网市场真实地呈现出来。开发符合万兆以太网标准的通信产品已是当务之急。长飞、Draka、Corning、OFS都已经成功地开发出了符合TIA/EIA-4Array2AAAC标准，激光优化的50/125μm梯度折射率分布多模光纤产品。满注入带宽和DMD测试结果表明，在850nm波长，该光纤可以支持10G bit网络系统300米以上的传输距离。同时，该光纤同样支持10G bit的Fibre Channel和10G bit的OIF(Optical Internetworking Forum)标准，并兼容低速率LED光源的网络传输。

随着FTTx的快速发展，大量多模光纤走进了室内，在室内及狭窄环境下的布线，光纤经受较高的弯曲应力，特别是在应用中过长的光纤通常缠绕在越来越小型化的存储盒中，光纤将承受很大的弯曲应力。同此，对光缆的衰减和机械抗弯曲性能提出了更高要求。为了解决这些问题，弯曲不敏感多模光纤应运而生了，类似于弯曲不敏感单模光纤(G.657)一样，成为多模光纤领域的一大研究热点。近年来，长飞、Draka、Corning、OFS都发布了弯曲不敏感OM3/OM4多模光纤产品。该光纤与目前常规的OM3/OM4多模光纤兼容，并通过优化光纤折射率剖面设计，大大降低了光纤的宏弯附加衰减，最小弯曲半径一般可达7.5mm。采用弯曲不敏感OM3/OM4多模光纤的室内光缆在某种程度上可以简化安装，从而减少安装成本，并降低了系统中断或失效的风险。由于弯曲不敏感OM3/OM4多模光纤具有诸多优势，一经推出就受到了市场的青睐。

我们知道，不论单模还是多模光纤，数值孔径(NA)愈大者，其抗弯曲性能愈好。这是因为，数值孔径(NA)愈大者其纤芯和包层折射率差也愈大，光纤的波导能力也愈强。在多模光纤中，纤芯62.5μm的光纤的折射率差是纤芯50μm的光纤的两倍，因而后者抗弯曲性能较差，因纤芯50μm的光纤的基本模式设计是固定的，我们无法通过增大其折射率差来改善其抗弯曲性能。在光纤设计制作中，适当降低内层涂层材料的杨氏模量，增大外层涂层材料的杨氏模量可有效改善其抗弯曲性能。另外，适当降低内层涂层材料的玻璃化转化温度 T_g 则可改善光纤在低温下的抗弯曲性能。然而，为更有效地改善纤芯50μm的多模光纤的抗弯曲性能，必须从光纤的结构(折射率剖面)设计上寻找出路。

弯曲不敏感OM3/OM4多模光纤的结构基本与标准的多模光纤相似，弯曲不敏感多模光纤(bend insensitive multimode fiber，BIMMF)的折射率剖面如图6-12所示。其中实线为常规的50μm的多模光纤的梯度型折射率分布，点虚线和虚线为弯曲不敏感光纤的两种设计方案，此三种多模光纤的截面如图6-13所示。BIMMF的折射率剖面分布，在纤芯区与常规的50μm的多模光纤相同，只是在近纤芯的包层区设置环沟型折射率下陷区(可称为Trench-assisted multimode fiber)。在常规的多模光纤中，当光纤弯曲半径太小时，传导模的光强会逸出纤芯，造成信号畸变。而在弯曲不敏感多模光纤中，环沟型折射率下陷区会形成一个阻碍光强尾场逸出纤芯的壁垒，从而有效地降低了光纤的宏弯损耗。

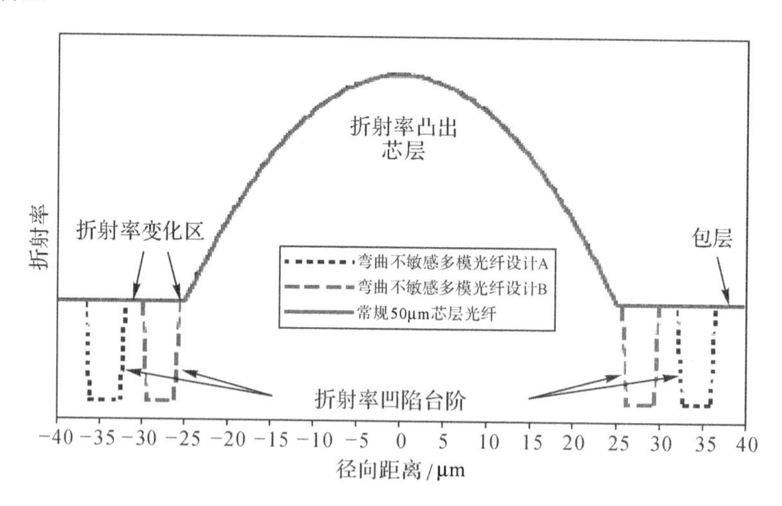

图6-12　50μm多模光纤的折射率剖面

弯曲不敏感光纤BIMMF的模场如图6-14所示：在常规的多模光纤MMF中，低价导模处于强导状态，而在靠近纤芯一包层界面传播的高阶导模，因其有效折射率 n_{eff} 接近包层折射率 n_2，故处于弱导状态(当导模的有效折射率 n_{eff} 等于包层折射率 n_2 时，模式截止)。处于弱导状态的高阶导模在光纤弯曲半径太小时，其光强会逸出纤芯，造成信号畸变。而在弯曲不敏感光纤BIMMF中，下陷的环沟型折射率分布区有两个导光界面，其内界面折射率从大到小，形成导光界面。由于此界面的存在，增强了光纤纤芯中导

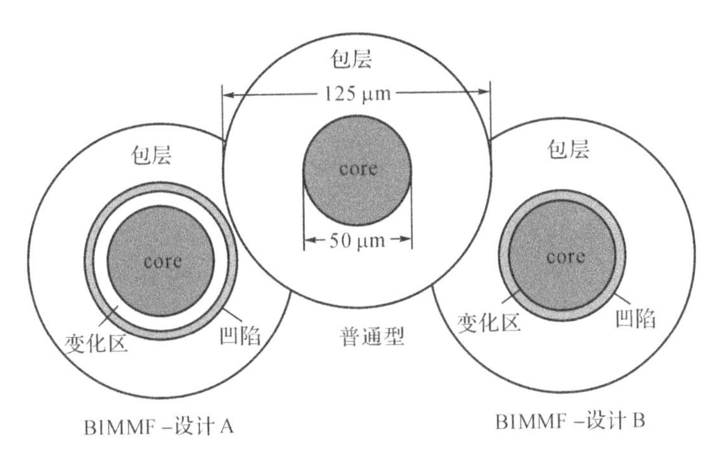

图 6-13　常规的 50μm 多模光纤 MMF 和两种弯曲不敏感 BIMMF 的截面图

模的传导性，从而使原为弱导状态的高阶导模转化为强导状态，如图 6-14 所示。另外，下陷的环沟型折射率分布区的外界面折射率从小到大，形成折光界面。由于这一特殊的折射率剖面结构，在 BIMMF 光纤中存在着传导性的漏泄模(leaky mode)。漏泄模是本征方程在截止区外的解，漏泄模是导模在截止区外的解析连续，他们的场是相同的，但其本征值或传播常数是本征方程的复数解，因而漏泄模在传播中有固有衰减而无法正常传播。漏泄模的有效折射率 n_{eff} 小于包层折射率 n_2。在常规多模光纤中，漏泄模耗衰得很快，因为常规光纤中没有折射率结构可支持其在光纤中传播。而正是 BIMMF 光纤中，这一特殊的折射率剖面结构形式，强势地维持着在靠近纤芯一包层界面传播的高阶导模的传导性，从而有效地改善了光纤的抗弯曲性能。

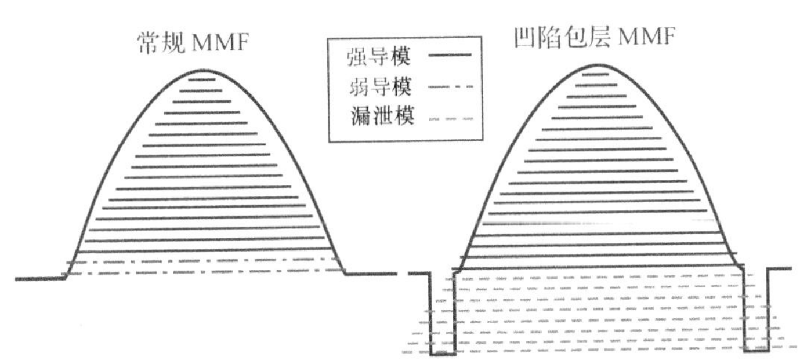

图 6-14　常规的多模光纤 MMF 和弯曲不敏感光纤 BIMMF 的模场

表 6-3 为 IEC SC86A WG1 在 2011 年 4 月提出的 BIMMF 多模光纤弯曲损耗的建议规范。作为类比，弯曲不敏感单模光纤在 FTTH 中的广泛应用，光纤进入家庭居室，会像电话线那样敷设和使用，故考虑的弯曲半径可小到 5mm(G. 657. B3)。而多模光纤通常并不进入家庭居室，主要用于企业和单位的局域网(LANs)或数据中心，并有良好的敷设和使用条件，因而其抗弯曲要求低于单模光纤。

表 6-3　弯曲损耗的建议规范

多模光纤的宏弯损耗，max，(dB)						
弯曲半径/mm	圈数	常规 50μm 光纤		50μm BIMMF		
		850nm	1300nm	850nm	1300nm	
37.5	100	0.5	0.5	未定义	未定义	
15	2	1.0	1.0	0.1	0.3	
7.5	2	未定义	未定义	0.2	0.5	

弯曲不敏感 OM3/OM4 多模光纤有望在近几年内制定相关标准。

6.4　多模光纤的技术规范

现将长飞公司、康宁公司和 Draka 公司的 OM2/OM3/OM4(50/125μm)多模光纤的技术规范列示如下供参考。

长飞公司超贝 OM2^{+}/OM3/OM4 多模光纤

特性	条件	数据	单位
几何特性			
芯直径		50±2.5	μm
芯不圆度		≤5.0	%
包层直径		125.0±1.0	μm
包层不圆度		≤1.0	%
芯/包层同心度误差		≤1.0	μm
涂层直径		245±7	μm
涂层/包层同心度误差		≤12.0	μm
涂层不圆度		≤6.0	%
交货长度		最大至 8.8	km/盘
光学特性			
衰减	850nm 1300nm	≤2.3 ≤0.6	dB/km dB/km
		超贝 OM2^{+}/OM3/OM4	
满注入带宽(OFL)	850nm 1300nm	≥700/≥1500/≥3500 ≥500/≥500/≥500	MHz·km MHz·km
有效模式带宽@850nm		≥950/≥2000/≥4700	MHz·km
支持千兆以太网			
10Gigabit Ethernet SX850nm		150/300/550	m
Gigabit Ethernet SX 850nm		750/1000/1100	m
Gigabit Ethernet LX 1300nm		600/600/600	m
40&100 Gigabit Ethernet 850nm		—/100/150	m
DMD 标准		参见注释 1	
数值孔径		0.200±0.015	
有效群折射率	850nm 1300nm	1.482 1.477	

续表

特性	条件	数据	单位
零色散波长		1295－1320	nm
零色散斜率	1295～1300nm 1300～1320nm	≤0.001×(λ_0－1190) ≤0.11	ps/(nm^2·km) ps/(nm^2·km)
宏弯损耗 100 圈，半径 30mm	850nm 1300nm	≤0.50 ≤0.50	dB dB
背向散射特性	1300nm		
台阶(双向测量的平均值)		≤0.10dB	
长度方向的不规律性和点不连续性		≤0.10dB	
衰减均匀性		≤0.08	dB/km
环境特性	850nm & 1300nm		
温度附加衰减	－60℃到 85℃	≤0.10	dB/km
温度一湿度循环附加衰减	10℃到 85℃，98%相对湿度	≤0.10	dB/km
浸水附加衰减	23℃，30 天	≤0.10	dB/km
湿热附加衰减	85℃和 85%相对湿度，30 天	≤0.10	dB/km
干热附加衰减	85℃，30 天	≤0.10	dB/km
机械特性			
筛选张力		≥9.0 ≥1.0 ≥100	N % kpsi
涂层剥离力	典型平均剥离力 峰值力	1.5 ≥1.3　≤8.9	N N
动态疲劳参数(n_d，典型值)		27	

1. DMD 标准满足并更严格于 IEC60793-2-10 要求(A1a.2 类即 OM3)以及 TIA-492AAAC(OM3)和 492AAAD(OM4)要求。

长飞公司超贝　OM2$^+$/OM3/OM4 弯曲不敏感多模光纤

特性	条件	数据	单位
几何特性			
芯直径		50±2.5	μm
芯不圆度		≤5.0	%
包层直径		125.0±1.0	μm
包层不圆度		≤1.0	%
芯/包层同心度误差		≤1.0	μm
涂层直径		245±7	μm
涂层/包层同心度误差		≤12.0	μm
涂层不圆度		≤6.0	%
交货长度		最大至 8.8	km/盘
光学特性			
衰减	850nm 1300nm	≤2.3 ≤0.6	dB/km dB/km
		超贝　OM2$^+$/OM3/OM4	
满注入带宽(OFL)	850nm 1300nm	≥700/≥1500/≥3500 ≥500/≥500/≥500	MHz·km MHz·km

续表

特性	条件	数据	单位
有效模式带宽@850nm		≥950/≥2000/≥4700	MHz·km
支持千兆以太网			
10 Gigabit Ethernet SX 850nm		150/300/550	m
Gigabit Ethernet SX 850nm		750/1000/1100	m
Gigabit Ethernet LX 1300nm		600/600/600	m
40&100 Gigabit Ethernet 850nm		—/100/150	m
DMD 标准		参见注释 1	
数值孔径		0.200±0.015	
有效群折射率	850nm 1300nm	1.482 1.477	
零色散波长		1295—1320	nm
零色散斜率	1295～1300nm 1300～1320nm	≤0.001×(λ_0—1190) ≤0.11	ps/(nm^2·km) ps/(nm^2·km)
宏弯损耗			
2 圈,半径 15mm	850nm 1300nm	≤0.1 ≤0.3	dB dB
2 圈,半径 7.5mm	850nm 130nm	≤0.2 ≤0.5	dB dB
背向散射特性	1300nm		
台阶(双向测量的平均值)		≤0.10	dB
长度方向的不规律性和点不连续性		≤0.10	dB
衰减均匀性		≤0.08	dB/km
环境特性	850nm & 1300nm		
温度附加衰减	—60℃到 85℃	≤0.10	dB/km
温度—湿度循环附加衰减	10℃到 85℃,98%相对湿度	≤0.10	dB/km
浸水附加衰减	23℃,30 天	≤0.10	dB/km
湿热附加衰减	85℃和 85%相对湿度,30 天	≤0.10	dB/km
干热附加衰减	85℃,30 天	≤0.10	dB/km
机械特性			
筛选张力		≥9.0 ≥1.0 ≥100	N % kpsi
涂层剥离力	典型平均剥离力 峰值力	1.5≥1.3 ≤8.9[N][N]	
动态疲劳参数(n_d,典型值)		27	

1. DMD 标准满足并更严格于 IEC60793-2-10 要求(A1a.2 类即 OM3)以及 TIA-492AAAC(OM3)和 492AAAD(OM4)要求。

康宁公司 ClearCurve 弯曲不敏感多模光纤

特性	条件	数据	单位
几何特性			
芯直径		50±2.5	μm

续表

特性	条件	数据	单位
芯不圆度		≤5.0	%
包层直径		125.0±1.0	μm
包层不圆度		≤1.0	%
芯/包层同心度误差		≤1.5	μm
涂层直径		242±5	μm
涂层/包层同心度误差		≤12.0	μm
交货长度		最大至 17.6	km/盘
光学特性			
衰减	850nm 1300nm	≤2.3 ≤0.6	dB/km dB/km
		OM2/OM3/OM4	
满注入带宽(OFL)	850nm 1300nm	≥700/≥1500/≥3500 ≥500/≥500/≥500	MHz · km MHz · km
有效模式带宽@850nm		≥950/≥2000/≥4700	MHz · km
支持千兆以太网			
1Gbit/s		750/1000/1100	m
10Gbit/s		150/300/550	m
40&100Gbit/s		—/140/170	m
数值孔径	0.200±0.015		
折射率差		1%	
有效群折射率	850nm 1300nm	1.480 1.479	
零色散波长(λ_0)		1315	nm
零色散斜率(S_0)		≤0.11	ps/(nm^2 · km)
宏弯损耗			
100 圈,半径 37.5mm	850nm 1300nm	≤0.05 ≤0.15	dB dB
2 圈,半径 15mm 2 圈,半径 7.5mm	850nm 1300nm 850nm 130nm	≤0.1 ≤0.3 ≤0.2 ≤0.5	dB dB dB dB
环境特性	850nm&1300nm		
温度附加衰减	−60℃到 85℃	≤0.10	dB/km
温度—湿度循环附加衰减	−10℃～85℃,4%～98%RH	≤0.10	dB/km
浸水附加衰减	23℃±2℃	≤0.20	dB/km
湿热附加衰减	85℃和 85%相对湿度	≤0.20	dB/km
热老化	85℃±2℃	≤0.20	dB/km
机械特性			
筛选张力		≥0.7 ≥100	GN/m^2 kpsi
涂层剥离力	干 湿:14 天,23℃浸泡	0.6lbs(2.7N) 0.6lbs(2.7N)	
动态疲劳参数(nd)		20	

Draka公司 MaxCap-BB-OMx 弯曲不敏感多模光纤

特性	条件	数据	单位
几何特性			
芯直径		50±2.5	μm
芯不圆度		≤5.0	%
包层直径		125.0±1.0	μm
包层不圆度		≤0.7	%
芯/包层同心度误差		≤1.0	μm
涂层直径		242±5	μm
涂层不圆度		≤5.0	μm
涂层/包层同心度误差		≤6.0	%
交货长度		8.8	km/盘
光学特性			
衰减	850nm 1300nm	≤2.3　≤2.4 ≤0.5　≤0.6	dB/km dB/km
动态疲劳参数(n_d)		OM2/OM2+/OM3/OM4	
满注入带宽(OFL)	850nm 1300nm	≥500/≥700/≥1500/≥3500 ≥500/≥500/≥500/≥500	MHz·km MHz·km
有效模式带宽@850nm		—/≥950/≥2000/≥4700	MHz·km
支持千兆以太网			
10Gbit/s		≤83/≤150/≤300/≤550	m
数值孔径		0.200±0.015	
群折射率	850nm 1300nm	1.482 1.477	
零色散波长(λ_0)		1295≤λ_0≤1340	nm
零色散斜率(S_0)	1295≤λ_0≤1310 1310≤λ_0≤1340	≤0.105 ≤0.000375(1590−λ_0)	ps/(nm^2·km) ps/(nm^2·km)
宏弯损耗			
2圈,半径15mm 2圈,半径7.5mm	850nm 1300nm 850nm 130nm	≤0.1 ≤0.3 ≤0.2 ≤0.5	dB dB dB dB
环境特性	850nm & 1300nm		
温度附加衰减	−60~85℃	≤0.1	dB/km
温度一湿度循环附加衰减	−10~85℃,4%~98%RH	≤0.1	dB/km
浸水附加衰减	23℃,30天	≤0.1	dB/km
湿热附加衰减	85℃和85%相对湿度,30天	≤0.1	dB/km
热老化	85℃,30天	≤0.1	dB/km
机械特性			
筛选张力		>0.7(100)	[GPa][kpsi]
动态抗张强度(平均值)	0.5m标准长度 未老化和老化后	>3.8　(550)	[GPa][kpsi]
涂层剥离力	干 湿:14天,23℃浸泡	0.6lbs(2.7N) 0.6lbs(2.7N)	
动态疲劳参数(n_d)		>25	

6.5　OM5宽带多模光纤

6.5.1　OM5宽带多模光纤

OM5宽带多模光纤是采用VCSEL光源，为短波长的波分复用设计的梯度型折射率分布、50/125μm多模光纤，与常规OM4光纤只是在850nm波长附近有高带宽不同，OM5宽带多模光纤在850～950nm波长范围内都具有高带宽，适用于数据中心网络，为未来100Gb/s和200Gb/s多波长系统提供了光纤解决方案。

OM5宽带多模光纤是早在2014年10月，为建立VCSEL激光优化另一个维度的系统，由TIA提出建议、称之为宽带OM4的多模光纤，于2016年10月正式定名为OM5宽带多模光纤。

OM5宽带多模光纤的标准依据如下：

ISO/IEC11801	OM5光纤
IEC60793－2－10	A1a.4光纤
TIA/EIA	492AAAE

OM5宽带多模光纤可在850nm到953nm波长范围内实现四波长波分复用，如图6-15所示。波长λ_c分别为853,883,914,946nm；通带宽约为14nm，防护带宽约为16nm。

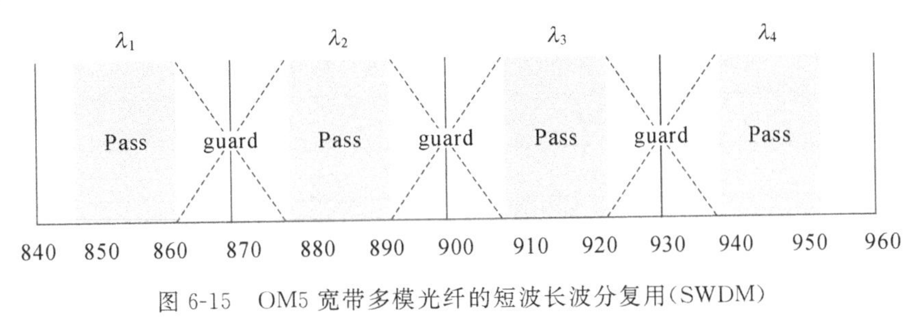

图6-15　OM5宽带多模光纤的短波长波分复用(SWDM)

OM5宽带多模光纤采用凹陷型内包层折射率分布，因而是一种弯曲不敏感多模光纤，支持在小弯曲半径下使用和安装的光缆。

6.5.2　多模光纤的波长色散

多模光纤的色散包括模间色散(intermodal dispersion)和模内色散(intramodal dispersion)两部分，在光纤数字信号传输中，输入光脉冲在多模光纤中分成从基模到最高阶模的各阶模式，每阶模式分别承载一部分脉冲功率，在输出端重新组合成输出光脉冲，但各模式因在光纤中的传输时间不同，故而到达输出端的时间不同，造成输出脉冲展宽，此即模间色散。阶跃型折射率剖面的多模光纤模间色散很大，严重制约了光纤的传输速率，故采用梯度型折射率剖面的多模光纤，使各阶模式在光纤中有基本相同的传输时间，从而可显著减小模间色散，以增大传输速率。作为比较，阶跃型折射率剖面和梯度型折射率剖面的多模光纤的模间色散分别为 84.76ns/km 和 0.18ns/km（NA＝0.275，n_1＝1.487）。模内色散是指：单一模式的脉冲是包含不同波长分量所组成的，不同波长分量因在光纤中传输时间不同，造成输出脉冲展宽，故模内色散又可称为波长色散(chromatic dispersion)。波长色散包括材料色散和波导色散两部分，波导色散在单模光纤中起着重要作用，但在多模光纤中可忽略不计，因此多模光纤的模内色散，或称波长色散主要就是指材料色散。材料色散是由材料的色散特性造成的脉冲展宽：由于光纤材料(二氧化硅)的折射率在红外波段是波长的函数，即 $n=n(\lambda)$，而光波在介质中的传播速度为 $v=c/n(\lambda)$，c 为光速，这样，光波的传播速度因随波长而变化，从而产生材料色散(详见第一篇第三章)。在 1300nm 波长上材料色散为零，加上处于光纤的低损耗窗口，故而多模光纤的工作波长为 850nm 和 1300nm。在波长为 850nm 处的波长色散系数可从多模光纤的零色散波长 λ_0 和零色散斜率 S_0 计算得到为 0.105ns/nm · km（λ_0 1343nm；S_0＝0.097ps/nm^2 · km）。由此可见，当光源谱宽(nm)较大时，梯度型折射率剖面的多模光纤的波长色散会大于模间色散。因而在梯度型折射率剖面的多模光纤的技术规范中均会列出零色散波长 λ_0 和零色散斜率 S_0 的数值。采用 VCSEL 激光器作为光源的激光优化的光纤为 50/125μm 的梯度型折射率剖面的多模光纤，工作波长为 850nm。

6.5.3 OM5 宽带多模光纤的技术规范

OM5 宽带多模光纤康宁公司型号为：Corning ClearCurve OM5 Wide Band Multimode Optical Fiber；长飞公司型号为：超贝 宽带 OM5 弯曲不敏感多模光纤。

现将长飞公司和康宁公司的 OM5 宽带多模光纤的技术规范列示于下供参考。

长飞公司超贝 宽带 OM5 弯曲不敏感多模光纤(2017 年)

特性	条件	数据	单位
几何参数			
芯直径		50±2.5	μm
芯不圆度		≤5.0	%
包层直径		125.0±0.8	μm
包层不圆度		≤0.6	%
涂层直径		245±7	μm
涂层/包层同心度		≤10	μm
涂层不圆度		≤6.0	%
芯层/包层同心度		≤1	μm
光纤长度		最长到 8.8	km/盘

续表

特性	条件	数据	单位
光学特性			
衰减系数	850nm	≤2.4	dB/km
	953nm	≤1.7	dB/km
	1300nm	≤0.6	dB/km
满注入带宽	850nm	≥3500	MHz·km
	953nm	≥1850	MHz·km
	1300nm	≥500	MHz·km
有效模式带宽	850nm	≥4700	MHz·km
	953nm	≥2470	MHz·km
链路长度			
40 & 100Gb/s 以太网	850nm	200	m
10GBASE－SR	850nm	600	m
1000BASE－SX	850nm	1100	m
数值孔径		0.2±0.015	
群折射率	850nm	1.482	
	1300nm	1.477	
零色散波长		1297－1328	nm
零色散斜率	$\leqslant 4(-103)/(840(1-(\lambda_0/840)^4)$		$ps/(nm^2 \cdot km)$
宏弯损耗	850nm(2圈,半径15mm)	≤0.1	dB
	1300nm(2圈,半径15mm)	≤0.3	dB
	850nm(2圈,半径7.5mm)	≤0.2	dB
	1300nm(2圈,半径7.5mm)	≤0.5	dB
背向散射特性(850nm & 1300nm)			
台阶(双向测量的平均值)		≤0.10	dB
长度方向的不规律性和点不连续性		≤0.10	dB
衰减不均匀性		≤0.08	dB/km
环境特性(850nm & 1300nm)			
温度循环附加衰减	－60℃到85℃	≤0.1	dB/km
温度—湿度循环附加衰减	－10℃到85℃,4%到98%相对湿度	≤0.1	dB/km
浸水附加衰减	23℃,30天	≤0.1	dB/km

续表

特性	条件	数据	单位
干热附加衰减	85℃,30天	≤0.1	dB/km
湿热附加衰减	85℃和85%相对湿度,30天	≤0.1	dB/km
机械特性			
筛选张力		≥9.0	N
		≥1.0	%
		≥100	kpsi
涂层剥离力	典型平均剥离力	1.5	N
	峰值力	≥1.3≤8.9	N
动态疲劳参数			
(N_d 典型值)		27	

注:宏弯损耗测试的注入条件需满足IEC 61280－4－1标准

康宁公司 Corning ClearCurve OM5 Wide Band Mulyimode Optical Fiber(2017年)

特性	条件	数据	单位
几何参数			
芯直径		50±2.5	μm
芯不圆度		≤5.0	%
包层直径		125.0±1.0	μm
包层不圆度		≤1.0	%
涂层直径		242±5	μm
涂层/包层同心度		≤12	μm
涂层不圆度		≤6.0	%
芯层/包层同心度		≤1.5	μm
光纤长度		最长到17.6	km/盘
光学特性			
衰减系数	850nm	≤2.3	dB/km
	953nm	≤1.7	dB/km
	1300nm	≤0.6	dB/km
满注入带宽	850nm	≥3500	MHz·km
	953nm	≥1850	MHz·km
	1300nm	≥500	MHz·km
有效模式带宽	850nm	≥4700	MHz·km
	953nm	≥2470	MHz·km

续表

特性	条件	数据	单位
群折射率	850nm	1.482	
	1300nm	1.477	
零色散波长		1297—1328	nm
零色散斜率	≤4(−103)/(840(1−(λ_0/840)^4)		ps/(nm^2 · km)
宏弯损耗	850nm (2 圈,半径 15mm)	≤0.1	dB
	953nm (2 圈,半径 15mm)	≤0.1	dB
	1300nm (2 圈,半径 15mm)	≤0.3	dB
	850nm (2 圈,半径 7.5mm)	≤0.2	dB
	953m (2 圈,半径 7.5mm)	≤0.2	dB
	1300nm (2 圈,半径 7.5mm)	≤0.5	dB
环境特性(850nm & 1300nm)			
温度循环附加衰减	−60℃到 85℃	≤0.1	dB/km
温度—湿度循环附加衰减	−10℃到 85℃,4%到 98%相对湿度	≤0.1	dB/km
浸水附加衰减	23℃±2℃	≤0.2	dB/km
干热附加衰减	85℃±2℃	≤0.2	dB/km
湿热附加衰减	85℃和 85%相对湿度,	≤0.2	dB/km
工作温度范围:−60℃到+85℃			
机械特性			
筛选张力		≥100	kpsi
		≥0.69	GPa
涂层剥离力	干态	2.7	N
	湿态:23℃,14 天吸水	2.7	N
动态疲劳参数(N_d)		20	

光谱衰减典型值:

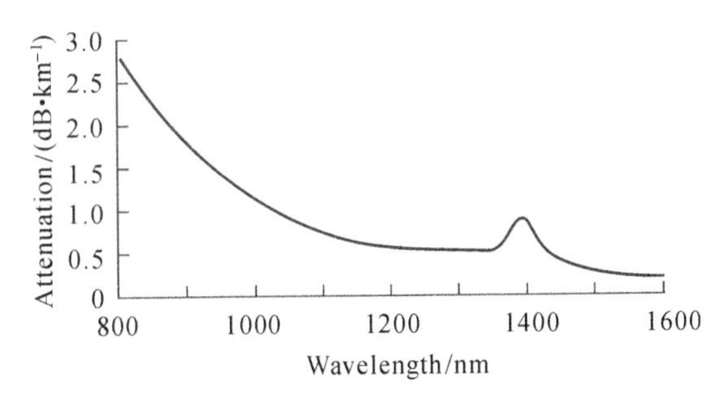

多模光纤主要用于数据通信,有 50/125μm 和 62.5/125μm 两种规格。由于 VCSEL 激光器(850nm)(Vertical Cavity Surface Emission Laser)的出现,发展了激光优化的万兆位多模光纤:OM3,OM4。2016 年又发展了可用 850nm 波段波分复用的 OM5 光纤(WB MMF SWDM)。近年来由于 1060nmVCSEL 收发模块的开发成功,有望出现长波长多模光纤(波长从 850nm 到 1060nm:损耗从 2.3dB/km 下降为 0.95dB/km;波长色散从 −90.42ps/nm·km 下降到 −34.2ps/nm·km)。

6.6 VCSEL 激光器

工作在 850nm 波段,激光优化的万兆级多模光纤的发展是得益于垂直腔面发射激光器(Vertical-Cavity Surface-Emitting Laser,简称 VCSEL)的出现和发展。VCSEL 是一种 GaAs/AlGaAs 系半导体激光器,与一般激光由边缘射出的边射型激光器(如 FP,DFB)有所不同,其激光垂直于顶面射出。1977 年日本东京工学院的 Iga 教授首先提出了面发射半导体激光器的设想,并且在 1978 年应用物理学会的年会上发表了第一篇关于面发射激光器的论文。随着分子束外延(MBE)及金属有机物化学气相沉积(MOCVD)出现,1986 年 Iga 教授的科研小组制备出了 6mA 的面发射激光器,并且在 1987 年应用 MOCVD 技术在 GaAs 衬底上研制出了第一只室温连续发射的 VCSEL。从 20 世纪 90 年代初期开始,VCSEL 的研究得到了飞速发展,取得了很多成果。

VCSEL 是光纤通信所采用的光源之一。有别于 LED(发光二极管)和 LD(Laser Diode,激光二极管)等其他光源,VCSEL 光源可调变频率达数 GHz,传输速率自然也有 Gbps 等级。VCSEL 所需的驱动电压和电流很小,使用寿命有千万小时以上,为其他光源的 100 倍以上。VCSEL 垂直腔面发射激光器是一种垂直表面出光的新型激光器。与传统边发射激光器不同的结构带来了许多优势:小的发散角和圆形对称的远、近场分布使其与光纤的耦合效率大大提高,而不需要复杂昂贵的光束整形系统,它与多模光纤的耦合效率大于 90%;光腔长度极短,导致其纵模间距拉大,可在较宽的温度范围内实现单纵模工作,动态调制频率高;腔体积减小使得其自发辐射因子较普通端面发射激光器高几个数量级,这导致许多物理特性大为改善;由于出光方向垂直衬底,可以很容易地实现高密度二维面阵的集成,实现更高功率输出,并且因为在垂直于衬底的方向上可并行排列着多个激光器,所以非常适合应用在并行光传输以及并行光互连等领域,它以空前的速度成功地应用于单通道和并行光互联,以它很高的性能价格比,在宽带以太网、高速数据通信网中得到了大量的应用;再者,它的制造工艺与发光二极管(LED)兼容,大规模制造的成本很低。

6.6.1 垂直腔面发射激光器(VCSEL)的结构

VCSEL 主要由三部分组成(见图 6-16),即激光工作物质、泵浦源和光学谐振腔。工作物质是发出激光的物质,但不是任何时刻都能发出激光,必须通过泵浦源对其进行激励,形成粒子数反转，发出激光。但这样得到的激光寿命很短，强度也不会太高，并且光波模式多，方向性很差。所以，还必须经过顶部反射镜(Top Mirror)和底部反射镜(Bottom Mirror)组成的谐振腔，在激光腔(Laser Cavity)内放大与振荡，并由顶部反射镜输出，而且输出的光线只集中在中间不带有氧化层(Oxide Layer)的部分输出。这样就形成了垂直腔面的激光发射，从而得到稳定、持续、有一定功率的高质量激光。

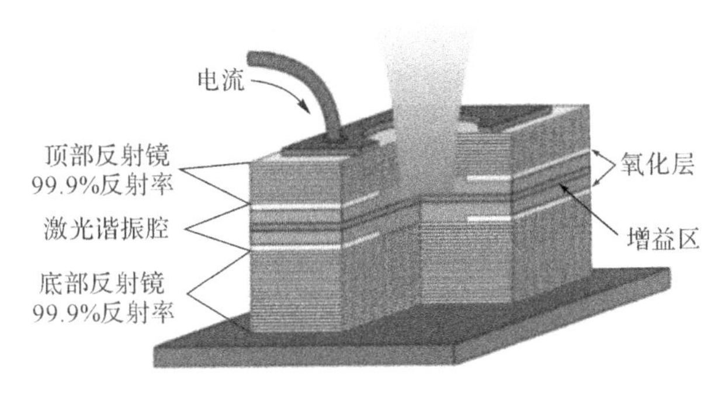

图 6-16　VCSEL 激光器的结构示意图

6.6.2　VCSEL 激光器的特点

由于 VCSEL 与边发射激光器有着不同的结构，这就决定了两者之间有不同的特点和性能，下表中列出了两种激光器的基本参数。

参数	VCSEL	边发射激光器
有源层厚度	80Å－0.5μm	100Å－0.1μm
有源区面积	5×5 μm^2	3×300μm^2
有源区体积	0.07μm^3	60μm^3
腔体长度	≈1μm	300μm
反射率	0.99～0.999	0.3
光学限制因子	≈4%	≈3%
光学限制因子(横向)	50～80%	3－5%
光学限制因子(纵向)	2×1%×3(3QWs)	50%
光子寿命	≈1ps	≈1ps
弛豫振荡频率(低电流注入)	＞10GHz	＜5GHz

从表中可以看出，VCSEL 有源区的体积小、腔短，这就决定了它容易实现单纵模、低阈值(亚毫安级)电流工作，但是为了得到足够高的增益，其腔镜的反射率必须达到 99%。VCSEL 具有较高的弛豫振荡频率，从而在高速数据传输以及光通信中，有着广泛的应用。VCSEL 出光方向与衬底表面垂直，可以实现很好的横向光场限制，进行整片测试，得到圆形光束，易于制作二维阵列，外延晶片可以在整个工艺完成前，节约了生产成本。VCSEL 的优点主要有：

1. 出射光束为圆形,发散角小,很容易与光纤耦合且效率高。

2. 可以实现高速调制,适用于长距离、高速率的光纤通信系统。

3. 有源区体积小,容易实现单纵模、低阈值的工作。

4. 电光转换效率可大于 50%,可期待得到较长的器件寿命。

5. 容易实现二维阵列,应用于平行光学逻辑处理系统,实现高速、大容量数据处理,并可应用于高功率器件。

6. 器件在封装前就可以对芯片进行检测,进行产品筛选,极大降低了产品的成本。

6.6.3 结言

从 1960 年人类首次制造出激光器开始,人们认识到了激光的重要特性和激光器的广泛应用前景。从此,激光器的研究受到世界各国科学家的青睐。并且在短短的 50 年内研制出气体激光器、固体激光器、液体激光器、半导体激光器等。由于信息技术的高速发展,人们对信息传输速率和可靠性的要求越来越高,于是光纤通信应运而生。1970 年美国康宁公司制成世界上第一根低损耗石英光纤,同年,美国贝尔实验室制成第一个室温连续振荡的双异质(DH)半导体激光器,从而掀开了光纤通信实用化的历史篇章。光纤通信系统的存在与发展离不开半导体激光器的关键支撑,所以半导体激光器得到了充分的研究和发展。目前用于光纤通信和光信息处理的半导体激光器中最具应用价值之一的便是本节介绍的垂直腔面发射激光器(VCSEL)。VCSEL 自问世以来,成为许多应用领域特别诱人的光源,如在光通信,光计算,光互联,激光打印及光存储等方面。

参考文献

[1]IEC 60793-2-10:2011-03 Optical Fiber Product Specification for Category A1 Multimode Fibers.

[2] ANSI/TIA/EIA FOTP-204 and IEC 60793-1-41 Measurement of Bandwidth on Multimode Fiber.

[3] ANSI/TIA FOTP-203 and IEC 60793-1-4 (Dec. 2000). Light SourceEncircled Flux Measurement Method.

[4] TIA FOTP-220 and IEC 60793-1-49 (Jan. 2003). Differential Mode Delay Measurement of Multimode Fiber in Time Domain.

[5] TIA/EIA 455-220 and IEC 60793-1-10. DMD Normalized-mask Test Method for 10Gigabit Ethernet.

[6] TIA/EIA 455-220A and IEC 60793-1-49 minEMBc High-performance Laser Bandwidth Measurement.

[7] TIA FOTP 203 and IEC 61280-1-4Encicled Flux Measurement for Laser Source.

第7章　平面光波导技术及其发展

7.1　平面光波导概述

近年来，FTTH 开始大规模建设。在 FTTH 部署过程中，全光网络架构 ODN 网络的重要性相比在 FTTB 建设模式时更加突出，而且其造价成本也占据了 FTTH 整体造价的 50% 以上。

ODN(Optical Distribution Network)光配线网络是基于 PON 设备的 FTTH 光缆网络。其作用是为 OLT (Optical Line Terminal) 和 ONU(Optical Network Unit)之间提供光传输的物理通道。ODN 的主要组成部分是光纤光缆、光纤连接器、光分路器及其配套设备。从功能上分，ODN 从局端到用户端可分为馈线光缆子系统、配线光缆子系统、入户线光缆子系统和光纤终端子系统四个部分。

在 ODN 中大量应用的光分路器，传统的熔融拉锥型(Fused Biconical Taper，FBT)光纤分路器已被分路比更大、性能更稳定的平面光波导(Planar Lightwave Circuit，PLC)光分路器所取代。而正是因为在 FTTH 的 ODN 中 PLC 光分路器的巨大需求，促进了 PLC 技术的迅速发展。图 7-1 表示一个光分路器在 GPON 网络中的配置图。

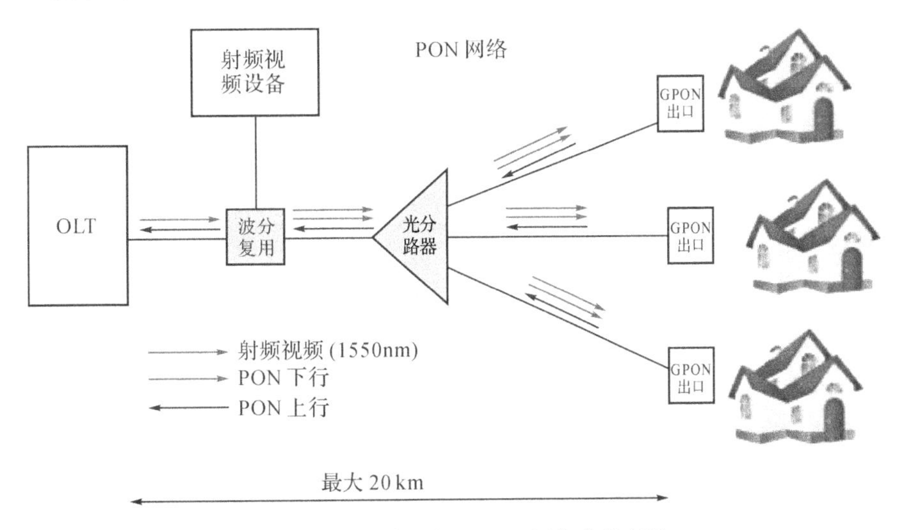

图 7-1　光分路器在 GPON 网络中的配置

图 7-1 中，OLT 汇聚语音、宽带、ITV 等各种业务，并送入上层业务网；ONT (Optical Network Terminal)负责语音、宽带、ITV 等各种业务的复用和解复用。光分路器可与 OLT 一起安装在局端机房内,也可安装在靠近用户端的场外光分路箱内,或安装在多住宅楼宇(Multi-Dwelling Unit,MDU)的地下室内。

平面光波导(PLC)是未来集成光路 PIC(Photonic Integrated Circuit)的基础性部件,它能将光波束缚在光波长量级尺寸的平面介质波导中,稳定且无辐射地传输。平面波导型光器件,又称为光子集成器件。其技术核心是采用集成光学工艺,根据功能要求制成各种平面光波导,有的还要在一定的位置上沉积电极,然后光波导再与光纤或光纤阵列耦合,组成各类光器件。

从平面光波导(PLC)发展到集成光路(PIC)大约需经三个阶段:

(1) 发展 PLC 技术,研制出各类平面光波导型的光无源器件:包括光分路器、平面波导阵列光栅(AWG)、光梳(Interleaver)以及利用材料的热光效应制成的光开关和阵列型可变光衰减器(VOA);利用材料的电光效应制成的可调谐光滤波器(OTF)和电光调制器(EOM);等。目前,这类工作处于迅速发展之中。

(2) PLC 混合集成模块:这是在以无源器件平面光波导为平台,将激光器、光电检测器、光放大器等有源光器件组合成 PLC 混合集成模块。在这种模块中,激光器的发光面可与平面波导的输入端直接耦合(butt-coupled),PLC 也可设计成阻抗匹配的电子回路,将转移阻抗放大器(Transimpedance Amplifier,TIA)和馈线一起用在光检测器的接口,从而提供了最优高带宽性能。目前制成用于 FTTH 网络的光收发模块是一种典型的 PLC 混合集成模块。

(3) 在未来的单片集成光路(Monolithic Integration Chip)中,在同一芯片上将集成所有的光有源和无源器件,就好像大规模集成电路(IC)中将大量的晶体管、电阻、电容集成在一块芯片上一样。这将为未来的量子信息处理技术(量子通信和量子计算机)奠定基础。

PLC 的技术种类:

PLC 按材料可分为四种基本类型:铌酸锂镀钛光波导、硅基沉积二氧化硅光波导、InGaAsP/InP 光波导和聚合物(Polymer)光波导。

$LiNbO_3$ 晶体是一种比较成熟的材料,它有良好的压电、电光和波导性质,除了不能做光源和探测器外,适合制作光的各种控制、耦合和传输元件。铌酸锂镀钛光波导开发较早,其主要工艺过程是:首先在铌酸锂基体上用蒸发沉积或溅射沉积的方法镀上钛膜,然后进行光刻,形成所需要的光波导图形,再进行扩散,可以采用外扩散、内扩散、质子交换和离子注入等方法来实现。最后沉积上二氧化硅保护层,制成平面光波导。该波导的损耗一般为 0.2~0.5dB/cm。调制器和开关的驱动电压一般为 10V 左右。一般的调制器带宽为几个 GHz,采用行波电极的 $LiNbO_3$ 光波导调制器,带宽可达 50GHz 以上。

硅基沉积二氧化硅光波导是 20 世纪 90 年代发展起来的新技术,主要有氮氧化硅和掺锗的硅材料,国外已比较成熟。其制造工艺有:火焰水解法(FHD)、化学气相淀积法(CVD,日本 NEC 公司开发)、等离子增强 CVD 法(美国 Lucent 公司开发)、反应离子蚀刻技术 RIE、多孔硅氧化法和熔胶一凝胶法(Sol-gel)。该波导的损耗很小,约为 0.02dB/cm。

基于磷化铟(InP)的InGaAsP/InP光波导的研究也比较成熟,它可与InP基的有源与无源光器件及InP基微电子回路集成在同一基片上,但其与光纤的耦合损耗较大。

聚合物光波导是近年来研究的热点。该波导的热光系数和电光系数都比较大,很适合于研制高速光波导开关、AWG等。其采用极化聚合物作为工作物质,突出优点是材料配置方便、成本很低。同时由于有机聚合物具有与半导体相容的制备工艺而使得样品的制备非常简单。聚合物通过外场极化的方法可以获得高于铌酸锂等无机晶体的电光系数。几乎任何材料都可以作为聚合物的衬底。成本低廉,发展前景看好。

此外,为了得到更好的光波导性能,业界正在探索在新型材料上的波导制造方法。目前,有机无机混合纳米材料的平面光波导已研制成功,兼具有机与无机材料的优点,如性能稳定可靠、加工容易、能依需求调控光学性能等。由于新材料具有感光特性,在制造工艺上以显影方式直接做出的导光线路,将能进一步应用简单的工艺,更可大幅减少器件的制造成本。

在上述平面光波导的基本类型中,基于下列原因,硅基沉积二氧化硅光波导得到了优先的发展:

(1) 此类平面光波导具有低的传输损耗;

(2) 与单模光纤相同的折射率分布和模场直径,因而与光纤连接时,有低的耦合损耗和反射损耗;

(3) 优良的物理和化学稳定性;

(4) 用廉价的大尺寸的硅晶圆作为基体;

(5) 通过热光效应,可用薄膜加热器实现相位控制。

硅基沉积二氧化硅光波导的制作工艺如图7-2所示:(1)采用火焰水解法(FHD)或化学气相沉积工艺(CVD),在硅片上形成一层由$SiCl_4$和O_2反应生成的SiO_2玻璃粉尘的沉积层(silica soot);(2)在高温中,上述二氧化硅玻璃粉尘的沉积层形成透明的二氧

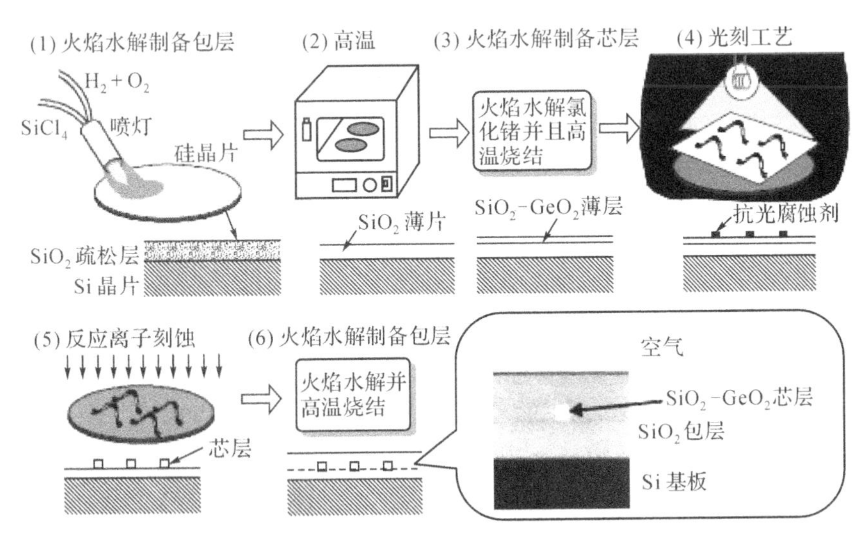

图7-2　硅基沉积二氧化硅光波导制作工艺

化硅玻璃薄膜,此为平面波导下包层;(3)采用火焰水解法(FHD)或化学气相沉积工艺,在硅片上形成一层由 $SiCl_4$ 和 O_2 反应生成的 SiO_2 时,掺杂 GeO_2 玻璃粉尘的沉积层(silica soot),并在高温中,形成透明的二氧化硅玻璃薄膜,此为平面波导的芯层;(4)在芯层上进行光刻,并将光刻图形用光刻胶保护起来;(5)用反应离子蚀刻(RIE)技术除去芯层的非波导区域;(6)用与(1)同样的工艺形成 SiO_2 上包层。

在 PLC 光分路器和相关的 PLC 器件中,可将光纤通过 V 型槽与波导芯层直接对接(butt-coupled),并以 UV 固化树脂黏合固定。

7.2 平面光波导传输原理

7.2.1 三层介质平板波导(见图 7-3)

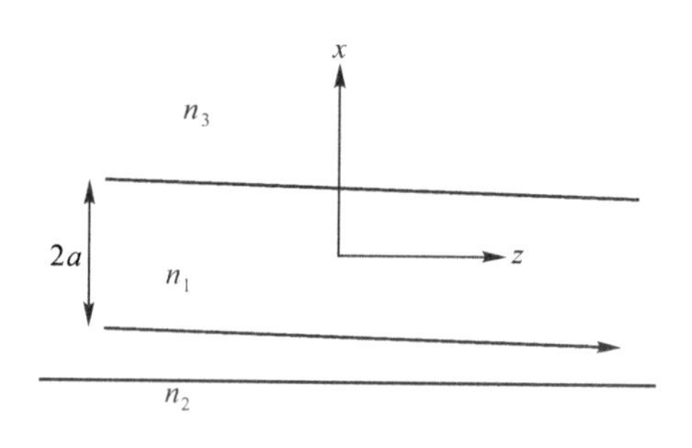

图 7-3 三层介质平板波导

导模的传播常数 β 的区间为

$$n_1 k \geqslant \beta \geqslant n_2 k \geqslant n_3 k \tag{7-1}$$

波动方程为

$$\nabla^2 E + k^2 n_j^2 E = 0 \tag{7-2}$$

式中,$E \propto \exp(-j\omega t)$,$k = 2\pi/\lambda$。

式(7-2)在三个区域的表达式分别为

上包层(区域 n_3) $$\frac{\partial^2 E_3}{\partial x^2} - r^2 E_3 = 0 \tag{7-3a}$$

芯层(区域 n_1) $$\frac{\partial^2 E_1}{\partial x^2} + q^2 E_1 = 0 \tag{7-3b}$$

下包层(区域 n_2) $$\frac{\partial^2 E_2}{\partial x^2} - p^2 E_2 = 0 \tag{7-3c}$$

式中,$q^2 = n_1^2 k^2 - \beta^2$;

$p^2 = \beta^2 - n_2^2 k^2$;

$r^2 = \beta^2 - n_3^2 k^2$;

q, p, r 分别为区域 n_1, n_2, n_3 中的横向传播常数。

波导中模式可分为 TE 模和 TM 模:

1. TE 模

TE 模的非零场分量为 E_y, H_x, H_z。

利用切向场连续的边界条件,可得 TE 模的本征方程为

$$\tan(2aq) = \frac{q(p+r)}{q^2 - pr} \tag{7-4}$$

2. TM 模

TM 模的非零场分量为:H_y, E_x, E_z。

$$E_x = \frac{\beta}{\omega n_j^2 \varepsilon_0} H_y \qquad (j = 1,2,3) \tag{7-5a}$$

$$E_E = \frac{\mathrm{j}}{\omega n_j^2 \varepsilon_0} \frac{\partial H_y}{\partial x} \qquad (j = 1,2,3) \tag{7-5b}$$

利用切向场连续的边界条件,可得 TM 模的本征方程为

$$\tan(2aq) = \frac{(n_3^2 p + n_2^2 r) n_1^2 q}{n_2^2 n_3^2 q^2 - n_1^4 pr} \tag{7-6}$$

7.2.2　弱导对称平板波导

即 $n_2 = n_3, n_1 - n_2 \ll n_1$。

在此条件下,方程(7-4)和(7-6)退化为

$$\tan(2aq) = \frac{2pq}{q^2 - p^2} \tag{7-7}$$

定义与光纤波导相同的参数:

芯层模向传播常数 u:

$$u^2 = a^2(k^2 n_1^2 - \beta^2) = a^2 q^2 \tag{7-8}$$

归一化传播常数 b:

$$b = 1 - \frac{u^2}{v^2} = \frac{\beta^2 - k^2 n_2^2}{k^2(n_1^2 - n_2^2)} = \frac{a^2 p^2}{v^2} \tag{7-9}$$

归一化频率 v:

$$v = ka(n_1^2 - n_2^2)^{1/2} \tag{7-10}$$

在不对称(三层介质)平板波导中,TE_0 为基模(最低阶模);而在对称介质平板波导中,TE_0 和 TM_0 同为基模(最低阶模)。图 7-4 为平面光波导中的光线路径和光波的传播模式。由图 7-4 可见,波导中的传导模和辐射模组成了波导完整的本征函数组,但两者有下列特征相区别:

(1)传导模的横向场从界面起,沿径向以指数规律衰减,其传播常数为离散值,为相应本征方程之解。传导模的传播常数 β 的区间为:$n_1 k \geqslant \beta \geqslant n_2 k \geqslant n_3 k$,$TE_0$ 为基模(0 阶模),TE_1 为 1 阶模。

(2)辐射模的横向场从界面起沿径向呈振荡(驻波)形式,其传播常数为连续值,无相应本征方程。辐射模的传播常数 β 的区间为:$n_2 k \geqslant \beta > n_3 k$(衬底辐射模),及 $n_3 k > \beta \geqslant 0$(包层辐射模)。

图 7-4 上方为平面光波导中光传播的几何光学表示法:当光线在波导芯层中同时

满足全内反射和相位一致条件时,形成传导光;当光线在波导芯层中不满足全内反射条件时,将分别在衬底和包层产生折射光,光波无法在波导中正常传播。

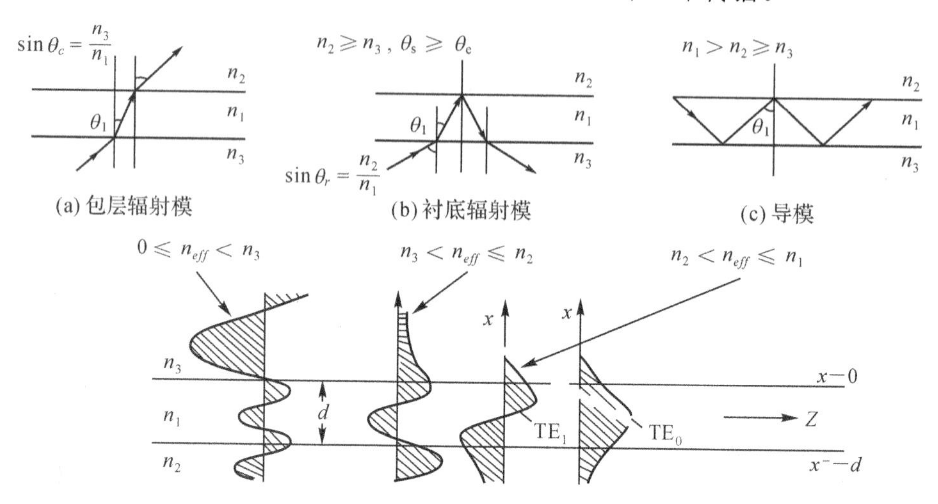

图 7-4 平面光波导中的光线路径和光波的传播模式

7.2.3 矩形平板波导

在实际的 PLC 器件中,光波导通常为如图 7-5 所示的矩形截面的平板波导,现对其作基本分析。

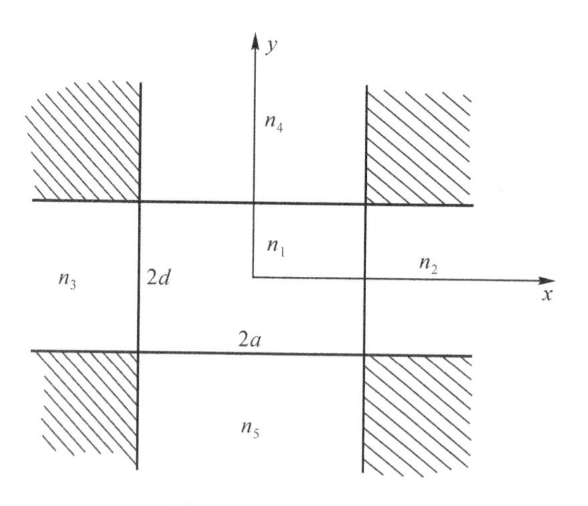

图 7-5 矩形平板波导

矩形平板波导中的模式为 E_{nm}^{x} 及 E_{nm}^{y}。

非零场分量分别为

$$E_{nm}^{x}:E_x,H_y,E_z,H_z$$

$$E_{nm}^{y}:E_y,H_x,E_z,H_z$$

下标 n,m 分别为在 x 和 y 方向场的零点数,矩形波导有 9 个区域、12 个界面,边界条件太复杂,因而只能用数值法求解。

通常采用下列两个近似条件:

(1)边角场(阴影区)可忽略不计；

(2)弱导。

这可使问题得以简化,并可用近似的解析法求解。常用的方法有 Marcatili 法,有限元法和有效折射率法(Effective Index Method)三种。有效折射率法是 Knox 和 Toulios 在 1970 年提出的,现已在平面光波导的设计和分析中被广泛采用。其方法是:将矩形波导分解为 x 和 y 两个方向的平板波导(a)和(b),如图 7-6 所示。先求解(a)平板波导,将其结果用来产生另一(b)波导芯层的有效折射率 n_{eff},然后再求解(b)波导,得到的解即为矩形波导的解,因为两个平板波导的解已通过有效折射率 n_{eff} 耦合起来了。

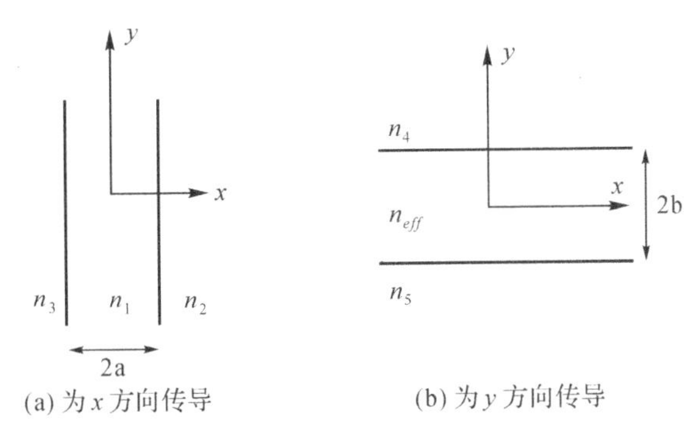

图 7-6　用有效折射率法求解矩形平板波导

有效折射率法的求解过程如下。

(1)求解 E^x_{mn} 模

步骤一,求解 E^x_{mn} 模在(a)波导中相当于 TM 模,本征方程为

$$\tan(2k_x a) = \frac{n_1^2 k_x(\gamma_2 n_3^2 + \gamma_3 n_2^2)}{(n_2^2 n_3^2 k_x^2 - n_1^4 \gamma_2 \gamma_3)} \tag{7-11}$$

式中,

$$\gamma_2^2 = (n_1^2 - n_2^2)k^2 - k_x^2$$

$$\gamma_3^2 = (n_1^2 - n_3^2)k^2 - k_x^2$$

步骤二,从式(7-11)中解得 k_x 值,并定义有效折射率

$$n_{eff}^2 = n_1^2 - (k_x/k)^2 \tag{7-12}$$

步骤三,E^x_{mn} 在(b)波导中相当于 TE 模,本征方程为

$$\tan(2k_y d) = \frac{k_y(\gamma_{4e}^2 + \gamma_{5e}^2)}{k_y^2 - \gamma_{4e} \cdot \gamma_{5e}} \tag{7-13}$$

式中,

$$\gamma_{4e}^2 = (n_{eff}^2 - n_4^2)k^2 - k_y^2$$

$$\gamma_{5e}^2 = (n_{eff}^2 - n_5^2)k^2 - k_y^2$$

步骤四,最后可求得传播常数 β

$$\beta^2 = k^2 n_{eff}^2 - k_y^2 \tag{7-14}$$

(2) 同理可求解 E^y_{mn} 模

E^y_{mn} 的(b)波导的本征方程为

$$\tan(2k_y d) = \frac{n_{eff}^2 k_y(\gamma_{4e} n_5^2 + \gamma_{5e} n_4^2)}{(n_4^2 n_5^2 k_y^2 - n_{eff}^4 \gamma_{4e} \gamma_{5e})} \tag{7-15}$$

β 则由式(7-14)给出。

7.2.4 对称矩形平板波导

即 $n_2 = n_3 = n_4 = n_5$，且有弱导条件：$n_1 - n_2 \ll n_1$。

u_x 和 u_y 的本征方程分别为

$$\tan 2u_x = \frac{2u_x w_y}{u_x^2 - w_y^2} \tag{7-16}$$

$$\tan 2u_y = \frac{2u_y w_{ye}}{u_y^2 - w_{ye}^2} \tag{7-17}$$

式中，$u_x^2 = a^2 k_x^2$；

$u_y^2 = d^2 k_y^2$；

$w_x^2 = a^2 \gamma_2^2 = a^2 \gamma_3^2 = v_x^2 - u_x^2$；

$w_y^2 = d^2 \gamma_\Delta^2 = d^2 \gamma_5^2 = v_y^2 - u_y^2$；

$v_x^2 = a^2 k^2 (n_1^2 - n_2^2)$；

$v_y^2 = d^2 k^2 (n_1^2 - n_2^2) = v_x^2 (d/a)^2$；

$v_{ye}^2 = d^2 k^2 (n_{eff}^2 - n_2^2) = W_x^2 (d/a)^2$；

$w_{ye}^2 = d^2 \gamma_{4e}^2 = d^2 \gamma_{5e}^2 = v_{ye}^2 - u_y^2$。

7.3 PLC 产品开发情况简介

目前，光通信应用最多的平面光波导器件主要包括有：各类光耦合器(Coupler、Splitter)、平面波导阵列光栅(AWG)、interleaver、大端口数矩阵光开关(Switch)、阵列型可变光衰减器(VOA)、可调谐光滤波器(OTF)、EDWA 及可调谐增益均衡器等。

7.3.1 光分路器

硅基 SiO_2 光波导技术制作的 1×N 分支光功率分配器(Splitter)是平面波导结构的一种基本形式，它具有传统光纤耦合器所无法相比的小尺寸与高集成度，而且带宽宽、通道均匀性好。在 FTTH 的 ODN 中得到广泛的应用。

PLC 光分路器是一个 Y 型分支结构的平面波导。主要有下列三种基本形式，如图 7-7 所示：(a)定向耦合器型(Directional Coupler，DC)；(b)无间距定向耦合器型(Zero-Gap Directional Coupler，ZGDC)，这是一种多模干涉型波导结构(Multi-Mode Interference，MMI)；(c)模斑转换器型(Spot Size Converter，SSC)。

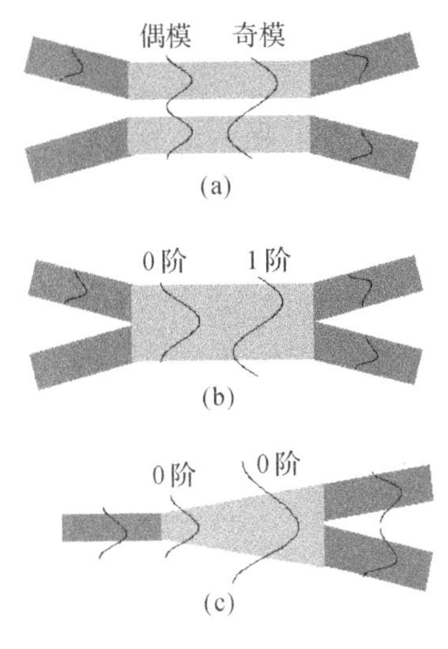

图 7-7　PLC 光分路器

1. 定向耦合器型(Directional Coupler,DC)

如图 7-8 所示,当两个波导靠得很近时,波场可近似为两个无扰动波场之和:

$$E_y = A(z)E_y^{(a)}(x)\exp(-\mathrm{j}\beta_a z) + B(z)E_y^{(b)}(x)\exp(-\mathrm{j}\beta_b z) \tag{7-18}$$

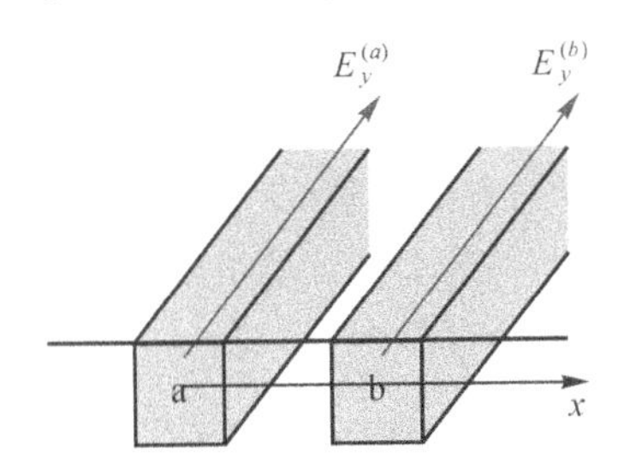

图 7-8　双通道波导耦合器

这个双波导系统可作为一个整体求解,但其边界条件很复杂,求解困难,故可用耦合模理论来处理。在这个双波导系统中,耦合模方程为

$$\begin{cases} \dfrac{\mathrm{d}a_B(z)}{\mathrm{d}z} = -\mathrm{j}K_{BA}\exp(\mathrm{j}\Delta\beta z)a_A(z) \\ \dfrac{\mathrm{d}a_A(z)}{\mathrm{d}z} = -\mathrm{j}K_{AB}\exp(\mathrm{j}\Delta\beta z)a_B(z) \end{cases} \tag{7-19}$$

式中,a_A,a_B 分别为 A 波导和 B 波导的场的幅度,K 为耦合系数,$\Delta\beta$ 为相位差,当两个波导完全相同时,$\Delta\beta = 0$,上式可简化为

$$\begin{cases} \dfrac{\mathrm{d}a_B(z)}{\mathrm{d}z} = -\mathrm{j}K_{BA}a_A(z) \\ \dfrac{\mathrm{d}a_A(z)}{\mathrm{d}z} = -\mathrm{j}K_{AB}a_B(z) \end{cases} \tag{7-20}$$

上式之解为

$$\begin{bmatrix} a_B(z) \\ a_A(z) \end{bmatrix} = \begin{bmatrix} \cos Kz & -\mathrm{j}\sin Kz \\ -\mathrm{j}\sin Kz & \cos Kz \end{bmatrix} \begin{bmatrix} a_B(0) \\ a_A(0) \end{bmatrix} \tag{7-21}$$

式中,$a_A(0)$和$a_B(0)$分别为A,B波导的输入场幅度。

这个双波导系统中,两个波导叠加的场分布光功率,在相邻两波导中呈周期性二次正(余)弦函数,不断地交替变换,两个波导中光功率随长度的函数为

$$\begin{cases} P_B(z) = a_B a_B^* = P_B(0)\cos^2 Kz \\ P_A(z) = a_A a_A^* = P_A(0)\sin^2 Kz \end{cases} \tag{7-22}$$

式中,$P_A(0)$和$P_B(0)$分别为A,B波导的输入光功率。

在图7-7(a)所示的一定的波导长度时,可得到half=3dB的1×2的分路比。

2. 无间距定向耦合器型(Zero-Gap Directional Coupler,ZGDC)

入射光在入射波导中只存在一种模式,即为基模(零阶模)。当入射光到达两入射波导交叉点时,波导宽度突然增大一倍,在波导中激励出一个零阶模和一个1阶模,这两个模式在波导中的分布就是这两个模式的干涉场分布。在图7-7(b)所示的分路器一定的波导长度时,可得到half=3dB的1×2的分路比。

3. 模斑转换器型(Spot Size Converter,SSC)

如图7-7(c)所示,这是一个典型的PLC 1×2的Y型分支分路器,入射单模波导中的基模(零阶模)到达锥形区时,波导结构无变化,因而仍保持零阶模状态。当该零阶模继续在SSC中传播时,虽然波导宽度不断增大,但每一点均满足场的连续性条件,因而不会激励出高阶模(1阶模)。只是该零阶模的宽度(即模斑尺寸)随波导宽度的增大而不断增大,最后在输出单模波导中等分(half=3dB)输出光强。

图7-9为PLC光分路器封装外形实例。

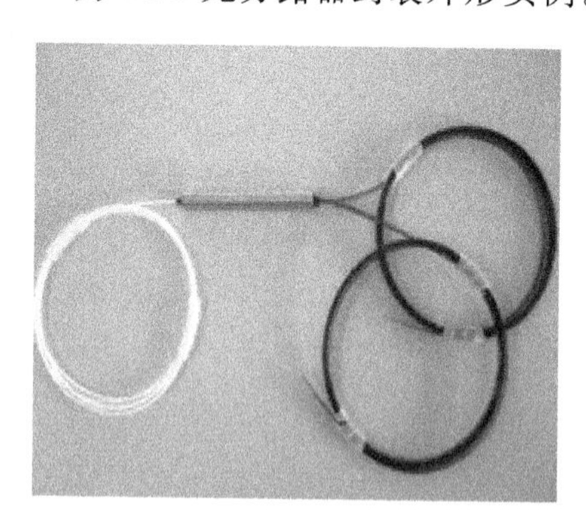

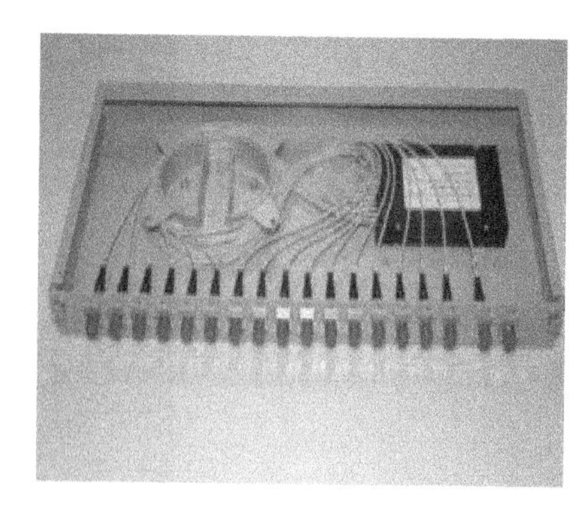

图7-9 PLC光分路器封装外形实例

7.3.2 量子哈达玛(Hadamard)门

Y分支平面波导还将在量子信息处理技术中得到应用。在量子计算的量子逻辑门中有一个非常重要的单位子矩阵,即哈达玛(Hadamard)矩阵。其表述为

$$H = \frac{1}{\sqrt{2}} \begin{bmatrix} 1 & 1 \\ 1 & -1 \end{bmatrix} \tag{7-23}$$

易得出
$$H|0\rangle=\frac{|0\rangle+|1\rangle}{\sqrt{2}}$$
$$H|1\rangle=\frac{|0\rangle-|1\rangle}{\sqrt{2}}$$
式中，$|0\rangle$，$|1\rangle$分别为逻辑0和逻辑1。当输入是一位量子位时，哈达玛门可产生两个基态的线性组合，而每个基态的能量是均分的。对于两个量子位，哈达玛门的逻辑变换功能可表述为

$$\begin{bmatrix}\Psi_1\\ \Psi_2\end{bmatrix}_{\text{out}}=\frac{1}{\sqrt{2}}\begin{bmatrix}1 & 1\\ 1 & -1\end{bmatrix}\begin{bmatrix}|0\rangle\\ |1\rangle\end{bmatrix}_{\text{in}} \tag{7-24}$$

式中，输出为
$$\begin{cases}\Psi_1=\dfrac{1}{\sqrt{2}}(|0\rangle+|1\rangle)\\ \Psi_2=\dfrac{1}{\sqrt{2}}(|0\rangle-|1\rangle)\end{cases} \tag{7-25}$$

哈达玛门的逻辑变换功能正好可以用一个简单的Y型分支平面波导来实现，用平面光波导中的基模(TE_0)和1阶模(TE_1)分别表示逻辑0和逻辑1(即$|0\rangle$和$|1\rangle$)，如图7-10所示，一个简单的Y分支平面波导完成了式(7-24)的哈达玛门的逻辑变换功能。

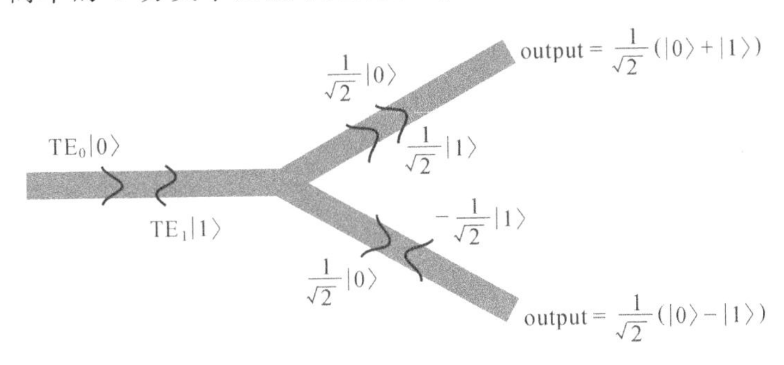

图7-10　用Y分支平面光波导实现哈达玛门的逻辑变换功能

7.3.3　平面波导阵列光栅(AWG)

阵列波导光栅是基于干涉原理形成的波分复用器件，其基本结构如图7-11所示。它由3部分组成：输入/输出光波导阵列、输入/输出自由传播区平板波导和弯曲波导阵列。三者集成在一块基片上。输入/输出光波导的位置和弯曲波导阵列的位置满足罗兰圆(Rowland)规则，即输入/输出光波导的端口设置在半径为f的罗兰圆上(其波导间距为D)，并对称地分布在聚焦平板波导的入口处，弯曲阵列波导的端口则以等间距d分布在半径为f的光栅圆周上，光栅圆周的圆心在中心输入/输出光波导的端部，并使阵列波导的中心位于光栅圆与罗兰圆的切点处，相邻弯曲阵列波导长度差为一常数ΔL。当含有$\lambda_1,\lambda_2,\cdots,\lambda_N$波长的复用光信号经光纤耦合到其中一个输入波导，经平板波导衍射后，耦合进阵列波导区，因阵列波导端面位于光栅圆周上，所以衍射光以相同相位到达阵列波导端面。相同相位的衍射光经过长度差为ΔL的阵列波导后，产生了相位差，且相位差与波长有关。于是不同波长的光波经输出平板波导以不同的波前倾斜聚焦到不

同的输出波导位置,完成了解复用功能。反之,可将不同输入波导中具有不同波长的光信号汇集到同一根输出波导中去,完成复用功能。

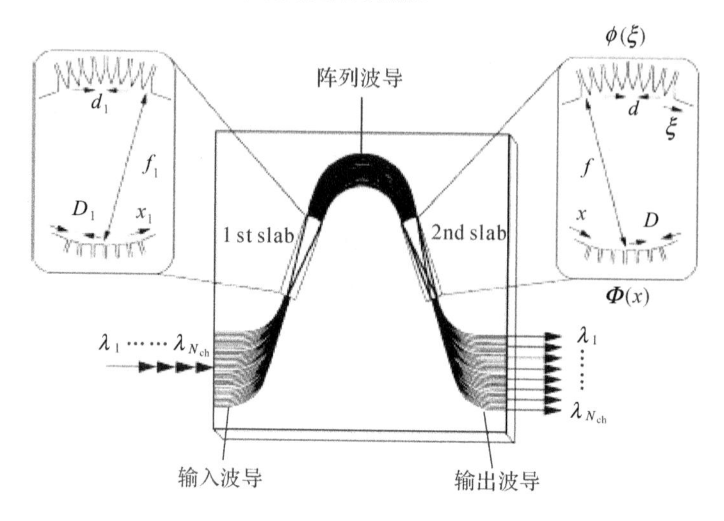

图 7-11 平面波导 AWG 器件

现将 AWG 的基本原理分析如下:

如图 7-11 所示,输入、输出光波导的间距分别为 D_1 和 D,弯曲阵列波导间距分别为 d_1 和 d,弯曲半径分别为 f_1 和 f。当含有 $\lambda_1,\lambda_2,\cdots,\lambda_N$ 波长的复用光信号经光纤耦合,从 x_1 位置进入到其中一个输入波导,经平板波导衍射后,耦合进阵列波导区,在每一个弯曲阵列波导中激励的电场幅度为 a_i($i=1,2,\cdots,N$,N 为弯曲阵列波导总数)a_i 的分布剖面为高斯型。光波通过弯曲阵列波导后,在输出平板波导中经相长干涉(constructive interference)聚焦到 x 点。x 点的位置取决于光信号的波长,因为每个波导的相对相延时为 $\Delta L/\lambda$。光波通过弯曲阵列的两个相邻波导的相延时差必须为 2π 的整数倍,方能经相长干涉会聚于 x 点。此干涉条件如下式所示:

$$\beta_s(\lambda_0)\frac{d_1x_1}{f_1}-\beta_s(\lambda_0)\frac{\mathrm{d}x}{f}+\beta_c(\lambda_0)\Delta L=2m\pi \tag{7-26}$$

式中,β_s,β_c 分别为光波在平板波导和弯曲阵列波导中的传播常数;m 为整数;λ_0 为 WDM 信号的中心波长。当满足条件 $\beta_c\lambda_0\Delta L=2m\pi$ 或 $\lambda_0=\dfrac{n_c\Delta L}{m}$ 时,光的输入位置 x_1 和输出位置 x 之间有下列关系:

$$\frac{d_1x_1}{f_1}=\frac{dx}{f}$$

式中,n_c 为弯曲阵列波导的有效折射率($2\pi n_c=\beta_c/k$),k 为真空波数,m 为衍射序数。通常,输入和输出平板波导结构相同,则 $d_1=d$,$f_1=f$,故有 $x_1=x$。将式(7-26)微分,可得到输入位置 x_1 固定时,输出光聚焦位置 x 相对于波长的空间离散 Δx 为

$$\frac{\Delta x}{\Delta\lambda}=-\frac{N_cf\Delta L}{n_sd\lambda_0} \tag{7-27}$$

式中,n_s 是平板波导的有效折射率,N_c 是弯曲阵列波导的有效群折射率:

$$N_c = n_c - \lambda \frac{dn_c}{d\lambda}$$

当输出位置 x 固定时，输入光聚焦位置 x_1 相对于波长的空间离散 Δx_1 为

$$\frac{\Delta x_1}{\Delta\lambda} = \frac{N_c f_1 \Delta L}{n_s d_1 \lambda_0} \tag{7-28}$$

输入、输出光波导的间距分别为 $|\Delta x_1| = D_1$，$|\Delta x| = D$，$\Delta\lambda$ 为 WDM 的信道间隔。

将上列关系式代入式(7-27)和(7-28)，在固定的光输入点 x_1 时，输出端的波长间隔为

$$\Delta\lambda_{out} = \frac{n_s d D \lambda_0}{N_c f \Delta L} \tag{7-29}$$

而当固定的光输出点为 x 时，输入端的波长间隔为

$$\Delta\lambda_{in} = \frac{n_s d_1 D_1 \lambda_0}{N_c f_1 \Delta L} \tag{7-30}$$

通常，输入和输出平板波导的波导参数相同，即 $D_1 = D$，$d_1 = d$ 及 $f_1 = f$，则信道间隔相同，$\Delta\lambda_{in} = \Delta\lambda_{out} = \Delta\lambda$。弯曲波导的长度差可从式(7-29)或(7-30)求得

$$\Delta L = \frac{n_s d D \lambda_0}{N_c f \Delta\lambda}$$

对于相同波长，第 m 和第 $m+1$ 阶聚焦光束的空间间距可从式(7-26)求得

$$X_{FSR} = x_m - x_{m+1} = \frac{\lambda_0 f}{n_s d}$$

X_{FSR} 称为 AWG 的自由空间范围。由此可得波导信道数 N_{ch}

$$N_{ch} = \frac{X_{ESR}}{D} = \frac{\lambda_0 f}{n_s d D}$$

目前平面波导型 WDM 器件有各种实现方案，其中比较典型的为龙骨型的平面波导 AWG 器件。该类器件通路数大、紧凑、易于批量生产，但带内频响尚不够平坦。

AWG 是第一个将平面波导技术应用于商品化的元件。其做法为在硅晶圆上沉积二氧化硅膜层，再利用光刻法(Photolithography)及反应离子蚀刻法(RIE)定义出阵列波导及分光元件等，然后在最上层覆以保护层即可完成。AWG 的制作材料除 SiO2/Si 外，InGaAsP/InP 和 Polymer/Si 也常被采用。InGaAsP/InP 系的 AWG 被看好的原因在于它尺寸小并能与 InP 基有源与无源光子器件及 InP 基微电子回路集成在同一基片上。

AWG 光波导的通道数由最初的 16 通道已发展到 400 个通道，最高纪录为 NTT 利用两种类型的 AWG 的串联连接法(宽分波带宽的前级＋窄通道间隔的后级)首次实现了 1000 个通道。目前商用的仍以 40 通道为主流。

7.3.4　光开关

热光开关是利用硅波导的热感应折射率变化的性能制作的，平面波导光开关是以马赫—泽德干涉仪(Mach-Zehnder interferometer，MZI)的结构形式构成。其 M－Z 腔由二个 3dB 耦合器和二个波导臂组成，其中一臂上加有热光相移薄膜加热器，通过受热和非受热实现开关功能。图 7-12 表示一个 2×2 光开关单元。一个薄膜加热器装在两

个定向耦合器之间的两个波导臂中的一个上。薄膜加热器用来作为相移器。当加热器不工作时,MZI 处于直通通导状态,即从#1 到#3,#2 到#4。当加热器工作时,产生 π 相移,于是 MZI 处于交叉通导状态,即从#1 到#4,#2 到#3。MZI 的通导率(transmittance)为 T:

当 MZI 处于直通通导状态,即从#1 到#3,#2 到#4 时,$T=1-2K(1-K)(1+\cos\theta)$;

当 MZI 处于交叉通导状态,即从#1 到#4,#2 到#3 时,$T=2K(1-K)(1+\cos\theta)$。

式中,K 为功率耦合率,θ 为相移。当 MZI 处于交叉通导状态时,$\theta=\pi$,$T=0$。

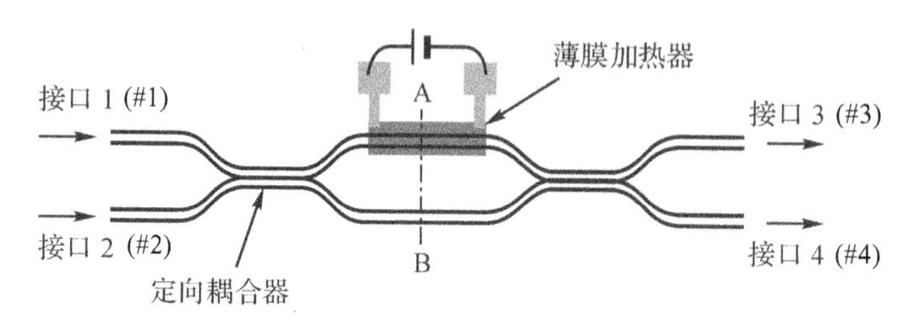

图 7-12　PLC 光开关

图 7-13 左边表示一个 $N\times N$ 矩阵开关($N=4$)的逻辑连接图,由 N^2 个 2×2 开关单元组成。每个 2×2 开关单元有一个双门结构(如图上方框所示),可达到双倍的消光比。图 7-13 右边是一个 16×16 矩阵开关模块的照片,它将 512 个 MZI 单元集成在一个 10cm×10cm 的一块 PLC 芯片上,从输入到输出的波导长度为 66cm。

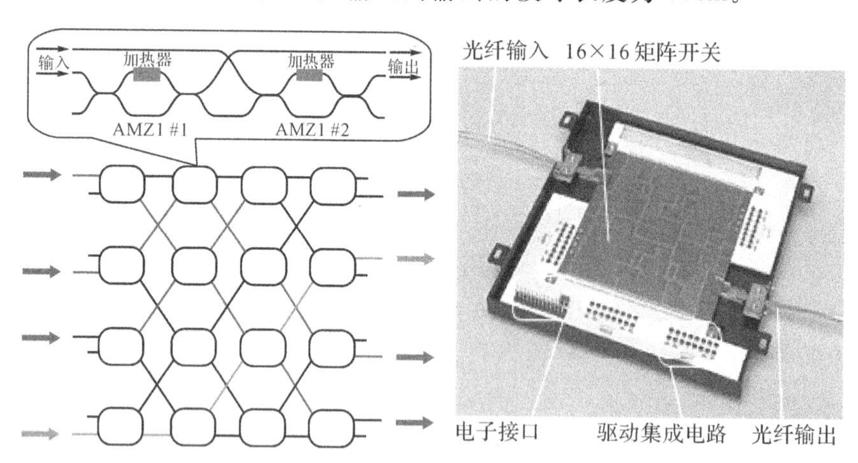

图 7-13　$N\times N$ 矩阵开关($N=4$)的逻辑连接图及 16×16 矩阵开关模块的照片

7.3.5　可变光衰减器

一个单级 MZI,如果适当控制其加热器的电功率,使其相移小于 π,则可用作为可变衰减器。响应时间小于 1ms 的可变光衰减器可用来稳定光放大器的输出功率而无须变化其泵浦功率;也可用来均衡几个激光器之间的输出功率而无须变化其注入电流。

IBM 苏黎世实验室在 SiON 波导上制作非对称 MZI,用作可调谐增益均衡器。采用加热一个波导臂的方法可动态控制 EDFA 光放大器的增益,采用 7 个这样的结构级联,可实现增益平坦度小于 0.5dB。

7.3.6　光梳 Interleaver

光梳的基本组成单元是一个非对称 M－Z 干涉仪，如图 7-14 所示。它作为波长/频率的函数呈正弦形光谱响应。其周期或自由光谱范围（FSR）由下式给出：

$$\mathrm{FSR} = \frac{c}{n_g \cdot \Delta L} \quad (\mathrm{Hz}) \tag{7-31}$$

式中，$n_g = n_{c0} + f_0 \cdot \frac{\mathrm{d}n_c}{\mathrm{d}f}$，$c$ 为光速，ΔL 为非对称 M－Z 干涉仪两个波导臂的长度差，n_c 为波导中传播模的有效折射率，f_0 为信号频率范围的中心光频，n_{c0} 为 f_0 时的 n_c，n_g 为群折射率。两路输出的光谱响应有半个周期的偏移，从而使 DWDM 的光信号解复用为两个（奇数和偶数）信道群。将几个非对称 M－Z 干涉仪级连而成的光梳滤波器（如图 7-15 所示）具有比单级非对称 MZI 更宽、更平坦的带宽特性。这里，耦合器的耦合率和延时线长度（ΔL 和 $2\Delta L$）必须与设计值精确符合，并采用由小长度差的非对称 MZI 组成的稳定耦合器，其耦合率由 δL 决定，且不受单个耦合器的耦合率 K 的变化的影响。

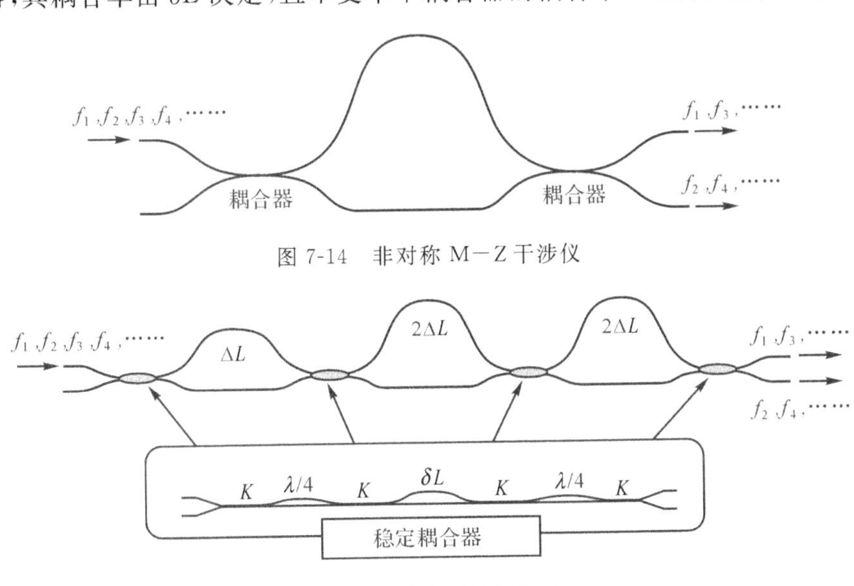

图 7-14　非对称 M－Z 干涉仪

图 7-15　光梳的波导设置

荷兰 Twente 大学的研究人员在 SiON 波导上采用非对称 MZI 和环行共振腔技术实现了 Interleaver 功能，可将 50GHz 间隔的波长交错分离，信道隔离度可达 30dB。

将非对称 MZI 以适当方式级连，还可用来构成可调色散补偿器和 PMD 补偿器，以及光纤放大器的增益谱均衡器等。

7.3.7　PLC 电光调制器

图 7-16 是一种基于电光效应制成的、共面波导电极 MZ 光强调制器，它是光纤传输系统中最基本、最重要的元器件之一。在高速率的数字通信系统中，系统性能受限于光纤的色散。采用外调制方式可获得高带宽和减小色散效应的影响，并可避免激光器直

接调制产生的啁啾噪声。PLC 电光调制器是利用 $LiNbO_3$ 基体的电光效应,扩散 Ti 形成 MZ 平面光波导,并采用共面波导电极构成。从线性电光效应(又称 Pockels 效应)可以看出,光场可被调制为电场的函数:当光波进入到加有外电场(RF 信号)的电光材料上时,由于介质的折射率的变化导致 MZ 干涉仪波导臂上光波的相位变化,并在 MZI 输出端转化为强度变化,从而使光强得到调制。采用共面波导(Co-Planar Waveguide, CPW)电极时,信号电极和接地电极位于同一平面,光波导位于两电极之间。在 $LiNbO_3$ 基片中,分为 x 切和 y 切两种结构,当 x 切 $LiNbO_3$ 时,调制信号从左向右传播,与光波方向一致,光波导的 TE 模将被调制。

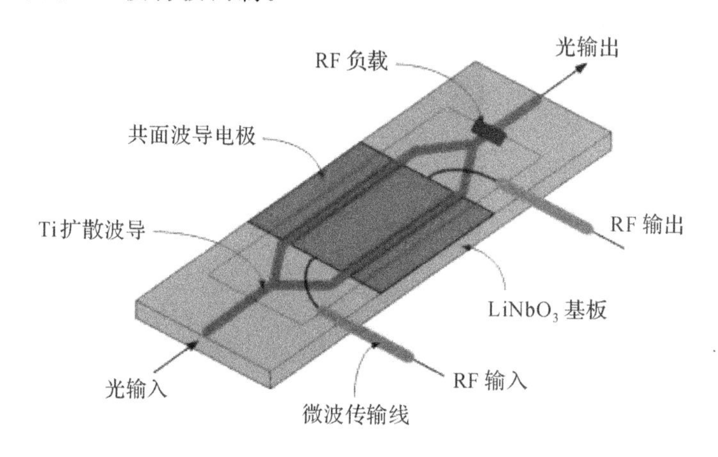

图 7-16 PLC 电光调制器

图 7-17 表示一个有共面波导(CPW)射频电极的 x 切 $LiNbO_3$ M－Z 电光调制器剖面图,在 $LiNbO_3$ 基片中扩散 Ti 形成 M－Z 平面光波导。RF 电极在光透明的隔离层(buffer layer)上形成,是为了减小由于金属负荷造成波导中的附加光损耗。电极的制作工序是:先在缓冲层上真空沉积一层 Ti 作为黏合层(adhesion layer),然后沉积金属层(金或铂),再通过光刻工艺形成电极图纹。由图 7-17 所示,信号电极在中间,接地电极在两侧。

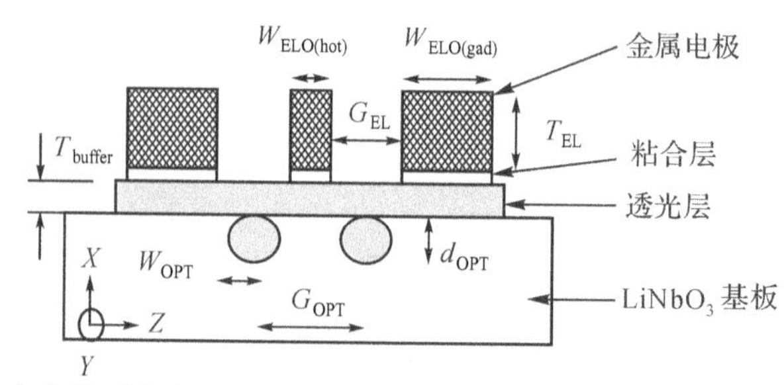

图 7-17 一个有共面波导(CPW)射频电极的 x 切 $LiNbO_3$ M－Z 电光调制器剖面图

7.3.8 掺铒波导放大器(Erbium Doped Waveguide Amplifier ,EDWA)

EDWA 是借鉴了 EDFA 的技术,结合集成光电路技术设计而成的,EDWA 是由嵌入掺铒玻璃基片上的波导组成的,选用合适的波导材料,只需使用数厘米长高浓度的掺铒增益介质,就可以得到常规掺铒光纤几十倍的单位长度光增益。由于单纯增加铒离子浓度会降低铒离子的转换效率,因此,在制造过程中必须要精确地微调并保持平衡才能制造出所需增益的光波导放大器。研究表明,每厘米获得2～3dB的增益是较好的平衡点,根据不同的波导材料,一般采用5～10cm长的掺铒波导,就可以获得可靠、高效的EDWA。

生产掺铒玻璃波导主要是基于20世纪90年代发展起来的硅基沉积二氧化硅光波导技术,其方法主要有:火焰水解法(FHD)、化学气相淀积法(CVD)、离子注入法、离子交换法、溅射法和熔胶一凝胶法(Sol-gel)。

目前,制作波导放大器最先进的两种方法是法国Teem光子公司开发的离子交换法和朗讯公司开发的溅射法。离子交换法是在氧化物玻璃基片上制作出的波导并掩埋于玻璃表面下,这样可以保证波导稳定并使其性能得到优化。这种波导具有更低的传输损耗和偏振相关性,可以支持限定的模式,且能够更好地与光纤兼容。溅射法是通过离子束的照射,将块状溅射靶玻璃上的离子溅射出来并在硅片上形成一层掺铒玻璃薄膜,再经过刻蚀工艺形成增益介质波导。波导在覆盖层的保护下,可以在适当的传输损耗下支持高度约束的模式。在这两种制作EDWA的方法中,相对来说离子交换法工艺简单、成本低,应用最多也最成熟。

EDWA不仅可以提供单波长而且可以提供多波长的光放大,并且可采用双源双向泵浦的方式以提高各信道的增益;可在同一个基片上集成多个EDWA,形成阵列型的光放大器,大大缩小体积,并可方便地实现DWDM系统中多波长增益的动态调节;在Er波导中共掺Yb或Eu可提高增益性能并提高增益谱的平坦性;根据实际应用需要,可将AWG与EDWA阵列集成在一起,以实现光信道的动态增益均衡;波导型分路器与EDWA集成在一起则可应用于接入网。

7.4　PLC混合集成模块

混合集成可以将一系列非常复杂的功能集成进智能PLC模块。图7-18所示为一PLC混合集成光收发模块(PLC-based transceiver module),它是以平面波导型光器件为平台,将分立式有源光器件组合在一起构成的混合集成光收发模块。其中包括一个激光器,一个波分复用滤波器,几个光检测器,一个放大器和相应的结构元件,并以一根尾纤和一个光纤连接器结合而成。

在典型的FTTH网络中,通常使用三个波长:1490nm和1550nm下行到用户,1310nm为上行波长,也有采用双波长,上、下行各一个波长。这样,在每个用户家中,需有一个三向或双向的收发器来实现这一功能。PLC混合集成光收发模块的出现,有效地降低了设备价格,提高了系统效率和可靠性。光收发模块的芯片是在晶圆上规模化制作而成,一块6英寸的硅晶圆(silicon wafer)上可包含500个以上的收发模块的芯片。

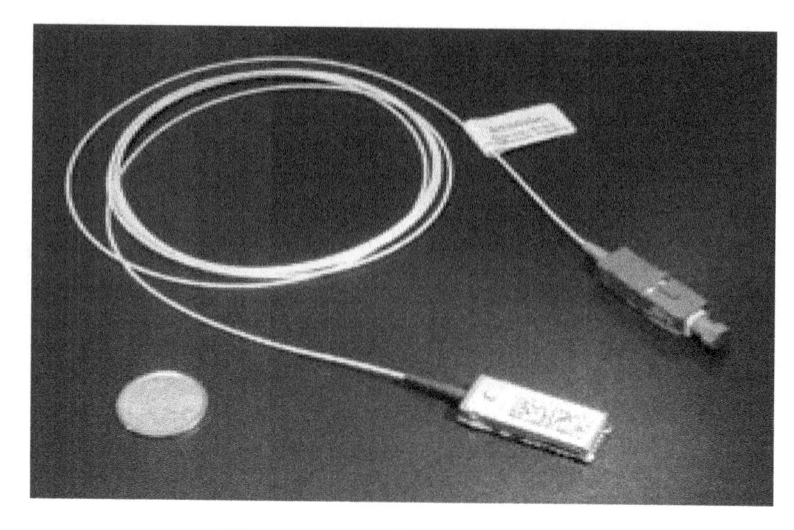

图 7-18 PLC 混合集成光收发模块

7.5 单片集成光路 (Monolithic Integration chip)

虽然大规模光系统的集成尚需时日,而以 InP 为基体的单片集成光路技术正在蓬勃发展之中,这类成果将成为构成未来大规模光系统集成的基石。目前有代表性的单片集成光路成果有:电吸收调制激光器(electro-absorption modulated laser)、可调谐电吸收调制激光器(turnable electro-absorption modulated laser)以及单片集成光收发器(optical transceiver)等。

集成光路(PIC)的核心,是有源光波导和无源光波导的集成技术,它是在基片上各种光有源和无源器件的集成平台。图 7-19 表示目前较为成熟的四种有源－无源光波导集成平台,它们是:(a) 对接波导耦合;(b) 选择区域生长;(c) 偏置式量子阱;(d) 量子阱混杂。分别说明如下:(a) 对接波导耦合(butt-joint waveguide coupling)方法是有源和无源光波导集成的最基本方法,它能使同一芯片上不同器件结构最佳化,有源和无源区域彼此独立,只需在再生长的耦合区严格准直;(b) 选择区域生长(selective area growth,SAG)方法,可以一步生长具有不同能带隙跃迁波长的有源和无源元件的 InGaAsP 多量子阱(MQW)层;(c) 偏置式量子阱集成 (off-set quantum-well waveguide integration) 方法采用一个块状无源层作为芯层波导用于光连接,不同区域的有源元件的薄 MQW 层生长在芯层波导顶部,这样,在集成的有源和无源波导之间不会产生较大的耦合损耗;(d) 量子阱混杂(quantum-well intermixing)方法是在量子阱上进行离子注入,再进行高温退火来迁移量子阱能带隙跃迁能量,这样,由一步法生长的相同量子阱层能分别转换成有源和无源的波导区域。

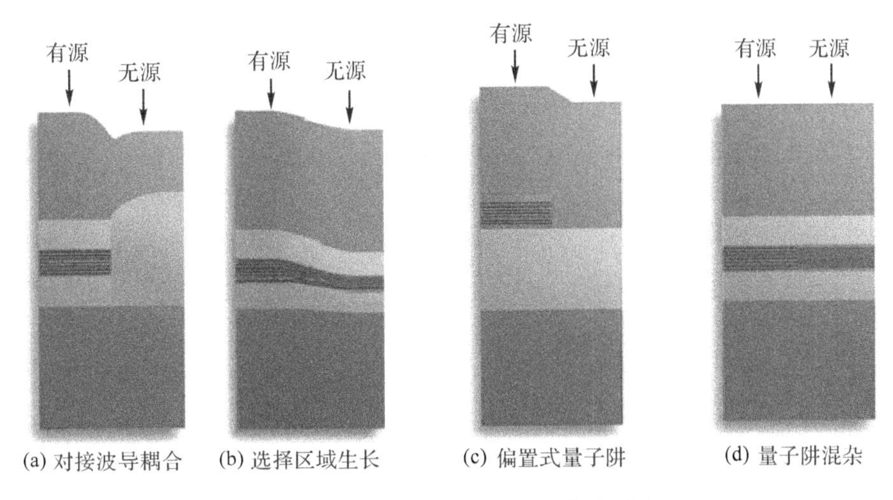

图 7-19　四种有源一无源光波导集成平台

作为单片集成光路器件的一个例子是图 7-20 所示的电吸收调制激光器(EML)。EML 是由一个 InP 基材的单片集成的 DFB(分布反馈)激光器和一个电吸收调制器所组成。DFB 激光器有一个生长在 DFB 光栅顶部的多量子阱有源区,而这个多量子阱有源区也通过量子限制斯塔克效应(quantum confined Stark effect)来提高电吸收(EA)调制器的调制效率。光栅层则通过标准的器件工艺技术从调制器区域除去。激光器和调制器的 MWQ 的有源区是采用选择区域生长(SAG)方法通过 MOCVD(金属有机化合物化学气相沉积工艺)一步形成。量子阱的能带跃迁能量取决于阱的厚度,采用 SAG 方法可在激光器中形成较厚的量子阱,而在调制器中形成较薄的量子阱,从而使在无偏压时,调制器的吸收波长偏离 DFB 激光器的波长约 30nm。

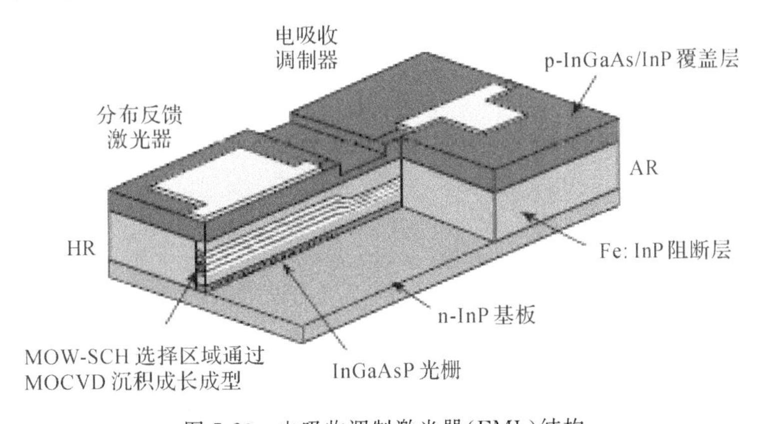

图 7-20　电吸收调制激光器(EML)结构

7.6　本章小结

建立在平面光波导(Planar Lightwave Circuit,PLC)技术之上的光器件,具有成本低、体积小、便于批量生产、稳定性好及易于与其他器件集成等优点。目前,PLC 元件在芯片制作工艺、光纤耦合连接、封装和可靠性方面均已成熟,多种元件已在实际的通信系统中得到应用。下一步的发展目标是开发具有新功能的新型光路元器件,并将不同功能的光单元集成在一起,以实现更高性能、更新功能的集成光学组件。

在我国,在 FTTH 的巨大市场需求的激励下,投入 PLC 技术和产品领域的单位愈来愈多。但大多还处在引进芯片进行封装,或引进晶圆进行激光切割成芯片,再行封装成产品的低级层面。近年来,已有不少单位也建立了晶圆生产线,从事多种 PLC 产品的研发和生产。有的科技公司完成了 PLC 产品的技术开发,却找不到资金的合作而难以实现向产业化的过渡。在单片集成光路的开发方面也处在初级和分散的局面,与国际水平有很大差距。因而有关方面应当组织力量、集中人才、投入巨资在理论研究、结构设计,特别是在 PLC 和 PIC 的基础工艺上取得突破,建立起能应用同样工艺,适应各种光集成元器件研制和开发的技术平台。这类工艺包括平面光波导成形的各种化学气相沉积,扩散,采用 MOCVD 的外延生长,有源层的掺杂,自定位的反应离子蚀刻,离子注入,金属化工艺,等等。

PLC 和 PIC 的技术和产品在光纤通信和光纤传感系统中必将成为无可替代的硬件设施,并将最终成为未来量子信息处理技术的基石。基于 PLC 和 PIC 的技术和产品具有体积小、性能稳定,并在极端工作条件下仍可保证高可靠性等突出优点,已经并必将在未来的军事应用中发挥无可比拟的优势作用。

参考文献

[1] RScarmozzio,et al. Numerical Techniques for Modeling Guided-Wave Photonic Devices. IEEE Journal of Selected Topics in Quantum Electronics, 2000, 6(1): 150-162.

[2] D Gahan. Integration Technology Advances with an All-Silicon Platform. Lightwave, 2000.

[3] K Okamoto. Fundamentals of Optical Waveguides. San Diego: Academic Press,2000.

[4] R Gardner,IAndonovic,D K Hunter,et al. PHONAV-A photonic WDM architecture for next generation avionics systems. Proc. of IEEE Aerospace Conf. 1999.

[5] S Bidnyk,MPearson,ABalakrishnan,et al. Bi-directional fiber optic transceivers for avionics applications. Avionics, Fiber-Optics and Photonics Conference 2007, Paper ThB 2, Victoria, BC, Canada (October 2-4, 2007).

[6] C A Brackett. Dense wavelength division multiplexing networks: principles and applications. IEEE J. Select. Areas Commun. ,1990, 8:948-964.

[7] S Bidnyk. D Feng. A Balakrishnan et al. Silicon-on-insulator-based planar circuit for passive optical network applications. Photon. Technol. Lett. 2006, 18 (22): 2392-2394.

[8] S Bidnyk. M Pearson. ABalakrishnan. et al. Silicon-on-insulator platform for building fiber-to-the-home transceivers. OFC/NFOEC 2007, Paper PTuM4, Anaheim, CA (March 25－29, 2007).

第8章　光纤通信和光纤技术进展50年

本章将光纤通信及光纤技术迄今的50年及其后的进展分成五个阶段予以阐述：

序号	光纤通信发展阶段	年份	通信系统	通信速率	光纤
1	第一阶段	1966－1976(10年)			
2	第二阶段	1977－1992(16年)	IM/DD；中继	2.5G(1991)	50/125　多模(1976) 62.5/125 多模(1983) G.652(1983) G.653(1985)
3	第三阶段	1993－2009(16年)	DWDM，EDFA； 无中继； 色散调节	10G(1993) －40G	G.655(1993) G.656(1999) OM3 多模(2002) G.657 (2006)
4	第四阶段	2010－20XX	高阶调制，相干通信 PDM－QPSK；相干接收；DSP；FEC Supper Channel	100G－400G (1T)	G.654E(2016) OM4 多模(2010) OM5 多模(2016)
5	第五阶段	20XX－	SDM（空分复用）	超400G	多芯光纤 MCF 少模光纤 FMF (LP复用，OAM复用)

8.1　第一阶段　光纤的诞生(1966－1976)

• 1966年，在英国ITT Standard Telecommunications Laboratories工作期间，高锟发表了一篇题为《光频率介质纤维表面波导》(Dielectric－fibre surface waveguides for optical frequencies)的论文，开创性地提出光导纤维在通信上应用的基本原理，描述了长途及高信息量光通信所需介质纤维的结构和材料特性。他对通信系统详细分析后指出：当光损耗下降到20dB/km时，玻璃纤维就有实用价值。他通过对光在玻璃纤维中吸收、散射和弯曲损耗机理的深入分析后得出结论：只要解决好玻璃纯度和成分等问题，用熔石英制作的光学纤维可以成为实用的光通信传输媒质。高锟的原创性工作在全世界掀起了一场光纤通信的革命。

43年后，高锟先生以“光通信领域涉及光纤传输的突破性成就”荣获2009年诺贝尔物理学奖。

• 在高锟原创性理论的推动下，4年后，美国康宁公司的工程天才 Robert D. Maurer 于1970年设计和制成世界上第一根低损耗石英光纤损耗为20dB/km，波长为0.63 他采用的方法，是在一根芯棒上气相沉积石英玻璃，随后抽去芯棒，将玻璃管烧缩成光棒后拉成光纤。气相沉积时通过改变玻璃组分，形成掺钛的高折射率的纤芯和低折射率的纯二氧化硅包层的光纤波导结构，此光纤波导结构被一直沿用至今。

• 1974年美国贝尔实验室的 John MacChesney 开发出 MCVD(改良的化学气相沉积)工艺，成为世界上第一个商用制棒技术，并迅速被世界各国采用，及时地推动了光纤通信的实用化。

8.2　第二阶段 IM/DD 中继通信系统(1977—1992)

• 1977年在美国芝加哥进行了第一次光纤场地试验，几个月内 GTE 和 ATT 分别完成电话信号通过多模光纤传送(6Mb/s 及 45Mb/s)，开创了光纤通信新纪元。

• 1976年 50/125 多模光纤(康宁公司)；

• 1983年 62.5/125 多模光纤(BellLab.)；

• 1978年 CCITT (1993年改名为 ITU-T) 及 IEC 分别成立光纤标准化委员会，从事光纤国际标准的制定；

• 1983年 G.652；

• 1982年 British Telecom 单模光纤场地试验；

• 1985年 G.653；

• 1991年 2.5Gb/s；

• 20世纪80年代末 EDFA 及90年代初 WDM 开发成功，但当时 G.653 光纤由于非线性 FWM 的影响，无法在1550nm 波段实现 WDM。因此，这个阶段仍是停留在单波长、IM/DD 需中继的光纤通信时代。

光纤与其应用领域的发展已经开始加速。

8.3　第三阶段 DWDM，EDFA 无中继通信系统 (1993—2009)

• 1993年贝尔实验室. 开发了 True Wave 光纤(G.655 光纤 1530—1625，C+L 波段)，从而在非零色散位移光纤上克服了在 G.653 光纤上 WDM 系统四波混频的损害，开创了无中继 DWDM EDFA 新纪元，实现了 10Gb/s 通信；

四波混频FWM(Four Wave Mixing)效应则是非线性效应中对信号传输危害最大的因素。在WDM系统中,高功率的光信号与光纤非线性的相互作用,两个或多个正在传输的波长相互混合产生出新的不需要的信号(波长)。如果这个新波长与在传输的某个工作波长一致,就产生了干扰。四波混频因此而得名。四波混频的杂波噪声强度可用下式近似估算:

$$\eta \approx \left[\frac{n_2 \alpha}{A_{eff} D(\Delta\lambda)^2}\right]^2 \tag{8-1}$$

式中,$\Delta\lambda$ 为波分复用波长间隔;

D 为光纤工作波段色散;

A_{eff} 为光纤有效受光面积。

从上式可见:

(1) $\Delta\lambda$ 愈小,四波混频效应愈甚,因而在密集波分复用中信号传输质量的影响将更大。

(2) 当光纤色散 D 较大时,可有效抑制四波混频,这是因为在波分复用波段内,引入适量的色散,以破坏相互作用的各个波长信号之间的相位匹配,消除干扰信号和工作信号的重叠,从而可以大大减轻四波混频对信号传输的影响。有鉴于此,在光纤放大器的使用波长(1530~1565nm)上,采用波分复用的光纤系统中,考虑到四波频的影响,不宜采用G.653零色散位移光纤,将零色散波长移到小于1530nm波长区域或大于1565nm波长区域。而在1530~1565nm的波段中,引入一定的色散值,当引入的色散大到足以抑制在高密度波分复用(DWDM)时的四波混频,同时小到再不需要色散补偿时,允许每一路信号的传输速率高达10Gb/s以上。更高的速率可能需一定的色散补偿。这一考虑就促使了G.655非零色散位移光纤从1993年以来的开发和不断地发展。

(3) 当光纤有效受光面积 A_{eff} 增大时,也有利于抑制四波混频。这是因为四波混频是由光纤的非线性效应所造成的,而非线性强度比例于光纤中的光强密度(P/A_{eff})。显而易见,增大光纤的有效受光面积,以降低光纤中的光强密度,可以降低所有非线性效应的影响,当然也必降低了四波混频的影响。

在1986年,英国南安普顿大学的David Payne发明了一种光信号可以直接在光纤中完成放大,而不需要外部电路的方法。Payne在光纤内芯中掺入一些稀土元素铒,用泵浦激光照射铒原子使其进入激发态的,可以放大1550nm波长的入射光,恰好是光纤所用的透射率最高的波段。到了90年代中期,掺铒光纤放大器(EDFA)已经被应用于长距离光纤通信。每隔一段距离设置一个放大器(具体间隔取决于通信距离),可以实现500到数千千米距离间的光纤信号传送。

掺铒光纤放大器在波长1530nm至1565nm波长范围内放大倍数非常均匀, EDFA与DWDM的结合, 实现了多波段无中继的长途通信, 为提高通信容量开拓了广阔途径。

- 1993年开发了色散补偿光纤;
- 1999年G.656光纤1460-1625, S+C+L波段;
- 90年代末实现了80波长×40Gb/s的DWDM通信。

第三阶段单通道TDM系统和WDM系统的实验线路容量,如图8-1所示:图中,圆点为单波长 TDM 系统通信容量，方块为 WDM 系统通信容量。由图可见 WDM 系统对通信容量的巨大提升能力。

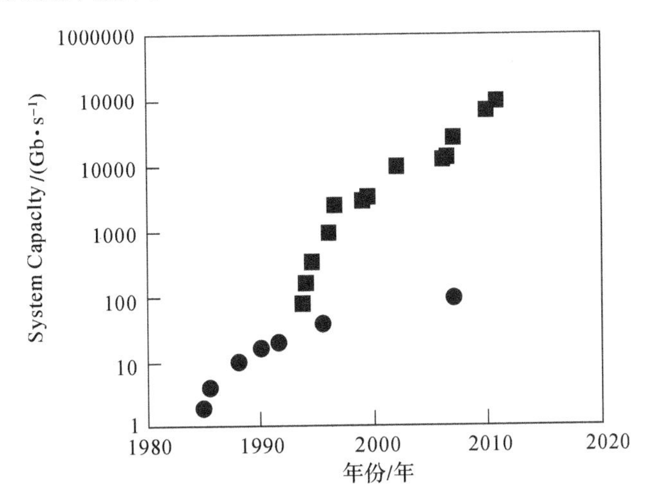

图 8-1　第三阶段单通道 TDM 系统和 WDM 系统的实验线路容量

第三阶段光纤及其应用系统的发展主要围绕着色散这一参数展开，下面简单阐述光纤色散调节的历史演变。

(a)单模光纤

波长色散(Chromatic Dispersion)

$$v=c/n(\lambda) \qquad \varepsilon=n^2 \tag{8-2}$$

(b)单模光纤的材料色散

$$\tau_g=\frac{\mathrm{d}\beta}{\mathrm{d}\omega}=k\frac{\mathrm{d}n}{\mathrm{d}\omega}+n\frac{\mathrm{d}k}{\mathrm{d}\omega}=\frac{1}{c}\left(n-\lambda\frac{\mathrm{d}n}{\mathrm{d}\lambda}\right)=\frac{N}{c} \tag{8-3}$$

$$N=n-\lambda\frac{\mathrm{d}n}{\mathrm{d}\lambda} \tag{8-4}$$

$$D_m=\frac{\mathrm{d}\tau_g}{\mathrm{d}\lambda}=\frac{1}{c}\frac{\mathrm{d}N}{\mathrm{d}\lambda}=-\frac{\lambda}{c}\frac{\mathrm{d}^2n}{\mathrm{d}\lambda^2} \tag{8-5}$$

式中 τ_g,N,D_m 分别为光纤的群延时，群折射率和材料色散

由图 8-2 可见，群折射率 N 在 1300nm 波长上有极小值，故其导数，材料色散 D_m 在 1300nm 波长上为零。

(c)单模光纤中的波导色散 D_w

不同波长的光波有不同的 V 值和传播常数，它们在纤芯和包层中能量分布是不同的，光波在纤芯和包层的相速是不同的(因 n 值不同)，光波传输的群速是光波在纤芯和包层中按能量(光强)分布的速度加权平均值，因此不同波长在光纤中的群速是不同的，这即构成了波导色散，如图 8-3 所示。

(d)单模光纤 G.652 的色散

单模光纤 G.652 的色散为材料色散和波导色散之和，由图 8-4 可见，其零色散点移到 1310nm 波长处。

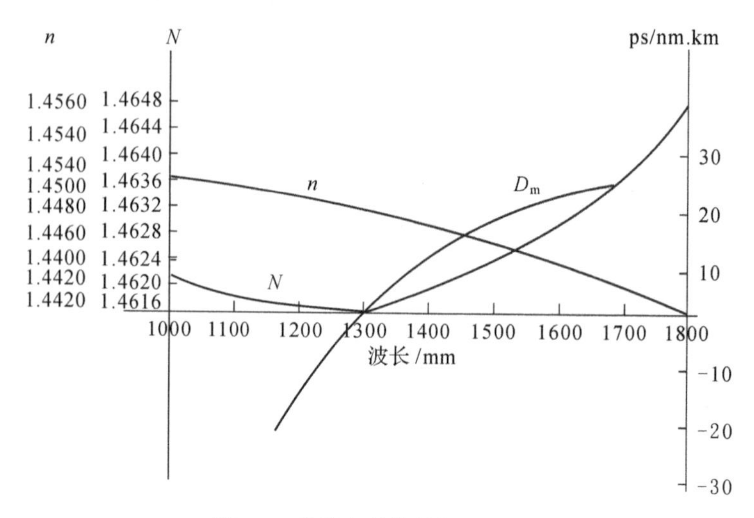

图 8-2 单模光纤的材料色散 D_m

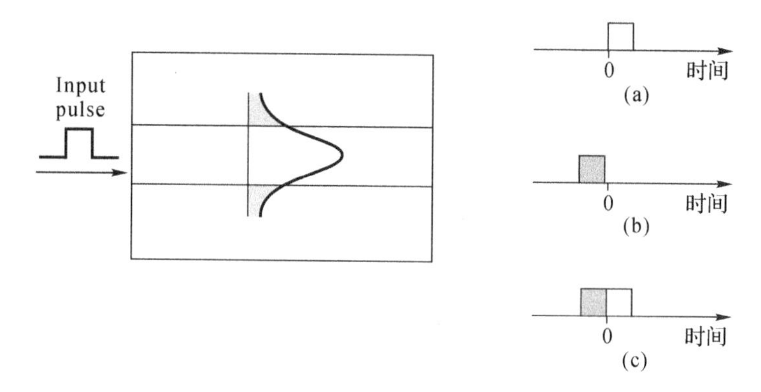

图 8-3 单模光纤中的波导色散 D_w

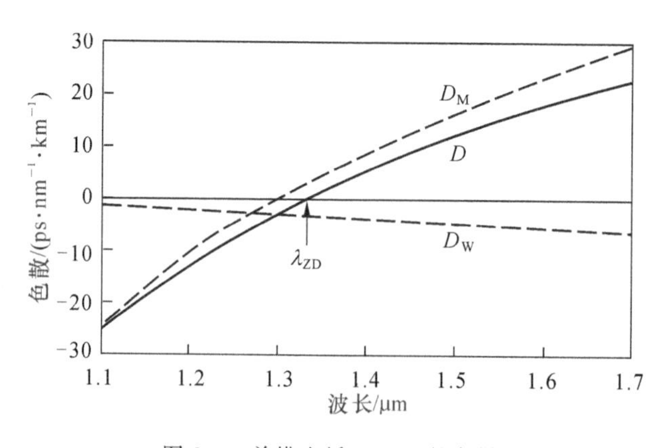

图 8-4 单模光纤 G.652 的色散

(e)从 G.652 到 G.653 单模光纤的色散位移

由第 2 篇第 1 章图 1-1 可见,单模光纤在 1310nm 处色散为零,损耗为 0.33dB/km;而在 1550nm 处有最低损耗 0.20dB/km,但色散较大为 17ps/(nm.km^{-1})。

为在 1550nm 处得到零色散,通过光纤折射率剖面的设计来改变波导色散,使光纤色散在 1550nm 处为零，如图 8-5 所示，从而使 G. 653 光纤在 1550nm 波长上同时具有最小损耗和零色散。

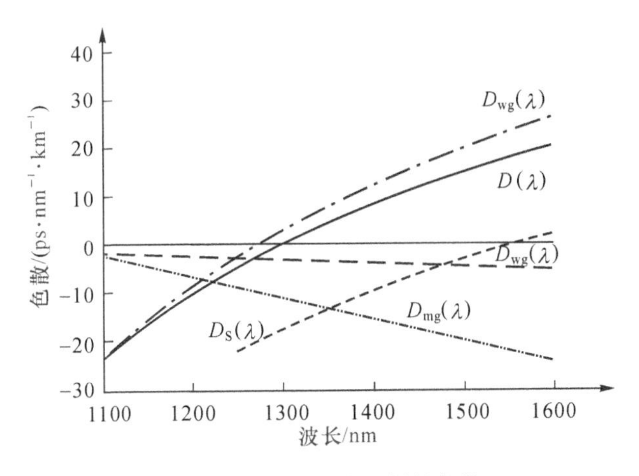

图 8-5　G. 653 单模光纤的色散

(f)从 G. 652 到 G. 656 单模光纤的色散位移

G. 653 光纤虽在 1550nm 波段有最小损耗和色散，但在 WDM 系统中受四波混频损害，为避免此损害，需在 1550nm 波段引入一定色散值，这就开发了非零色散位移光纤 G. 655 及低斜率非零色散位移光纤 G. 656，如图 8-6 所示。

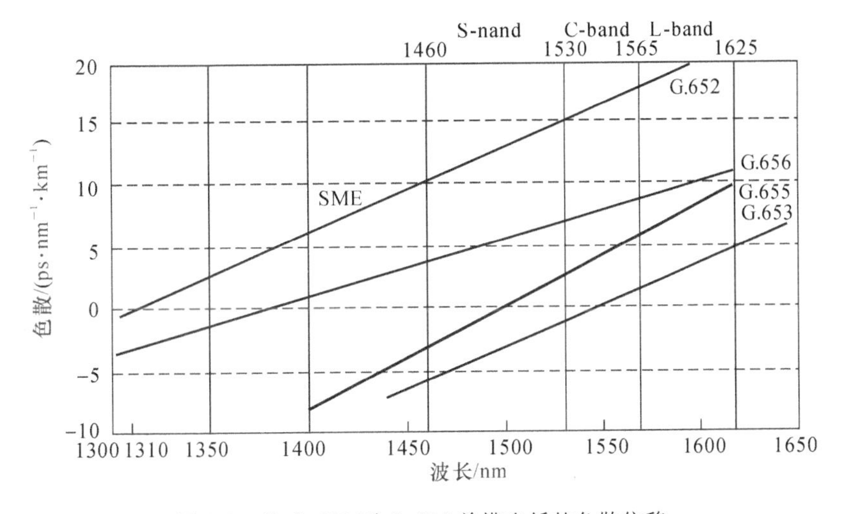

图 8-6　从 G. 652 到 G. 656 单模光纤的色散位移

8. 4　第四阶段 高阶调制，相干接收/DSP 通信系统（2010—）

2010 年实现了 100G WDM PDM-QPSK 相干接收，DSP 系统，传输距离为 2000—2500km，开创了超 100G 新纪元。利用 G. 652 光纤，50GHz DWDM，EDFA，容忍 30ps PMD 和 50000ps/nm CD。在这一相干传输系统中，光纤的波长色散和 PMD 的线

性损害均可在DSP电域中得以解决。

这样,由于相干接收和DSP技术的发展,使光纤的波长色散和PMD不再是长距离通信的主要限制因素,而光纤的衰减和非线性成为主要问题。

新一代长距离通信要求400G通信系统,采用高阶调制格式的相干通信系统及G.654E光纤(2016)。

8.4.1 相干通信的历史回顾

20世纪80年代初,欧美、日本等国兴起光纤相干通信技术的研发热潮,旨在扩展光纤通信系统的距离和带宽。相干系统与IM-DD系统相比有两大优点:(一)是它有更高的接收灵敏度,这是因为相干系统只受限于被接收信号的光的量子噪声,在外差相干系统中采用二进制PSK调制,达到10^{-9}误码率,每比特只要有18个光子;而IM-DD系统中接收机灵敏度受限于APD倍增噪声和负载电阻的热噪声,达到10^{-9}误码率,每比特光子数要有几百,甚至几千个。(二)是相干系统可增加接收机的选择性。工作在FDM方式时,可利用置于外差后的微波滤波器用电的方式进行通道选择,这就允许在频域中更密集安排通道,旨在开发光纤的巨大带宽潜力。

进入90年代后,由于光纤放大器及光纤波分复用技术的迅速发展,相干系统的优点黯然失色,光相干系统的开发只能期待新的技术突破,否则难以与光纤放大器及光纤波分复用技术相匹敌。

然而,直接检测的WDM系统经过二十年的发展和广泛应用后,新的征兆开始出现,标志着相干光传输技术的应用将再次受到重视。21世纪第一个10年的中后期,硅基CMOS电芯片技术的迅猛发展,信号处理技术的成熟,使得重新拾起的相干接收焕发了应有的技术魅力,成为这一阶段的核心。原有的色散补偿、偏振模复用和色散、载波频率和相位的恢复以及时钟同步等,都在基于数字信号处理(DSP)的相干接收端的芯片里找到了解决答案,让光信号的频谱效率提升到2 b/s/Hz,光传输也进入了四维正交信号(X和Y偏振的I和Q路信号)的数字相干传输阶段。

1980—1990这十年是光纤相干通信技术发展的第一阶段;沉寂了二十年后,从2010年起又进入了新的发展阶段。

8.4.2 PDM—QPSK调制;相干接收+DSP

发射端(Transmitter):

PDM(偏分复用)Polarization Division Multiplexing

QPSK(正交相移键控)Quadrature Phase Shift Keying

接收端(Receiver):

Coherent Receiving(相干接收)

DSP(数字信号处理)Digital Signal Processing

(a)偏分复用PDM

将激光光源通过偏振分束器,分成X,Y两个垂直方向的光载波,分别由两路信号进行调制。

(b)四相位调制(Four Phase Modulation)

四相相位调制是利用载波的四种不同相位差来输入的数字信息,是四进制移相键控,QPSK 是指 M=4 时的调相技术;它规定了四种载波相位,分别为 45°、135°、225°、315°,调制器的输入是二进制数字序列,为了和四进制载波相位配合起来,则需要把二进制数据变换为四进制数据,需要把二进制数字序列中每两个比特分成一组,共有四种组合,即 00,01,10,11,其中每一组称为双比特码元,每一个双比特码元是由两位二进制信息比特组成,分别代表四进制四个符号中的一个符号,QPSK 中每次调制可得 2 个信息比特,这些信息比特是通过载波的四种相位来传递的。解调制根据星座图及接收到的载波信号的相位来判断发送端的信息比特。

图 8-7 给出了二进制,四进制和 16 进制的不同调制格式的星座图。(a)为传统的单比特二进制编码,(b)为四进制 QPSK 编码,(c)为 16 进制 16-QAM 编码,它可以在一个信号中包括 4bit 的所有 16 种情况,从 0000 到 1111。后两者均需采用相干检测方式来实施。

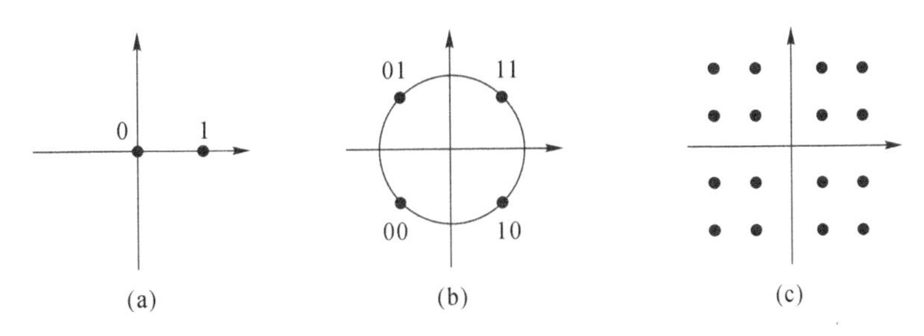

图 8-7　不同的调制格式的星座图

(c)正交相移键控(QPSK)调制原理

如图 8-8 所示,四进制数据分为两组:

同相分量(In-phase) I,相位为 0,π 两种取值。

正交分量(Quadrature) Q,相位为 π/2,3π/2 两种取值。

I,Q 两个分量分别调制到 X,Y 两个偏振方向的光载波后相加,得到 QPSK 的输出信号:

$$S(t) = I * \cos\omega t - Q * \sin\omega t = \sqrt{2}\cos(\omega t + \theta) \tag{8-6}$$

θ 的取值为 $\pi/4$,$3\pi/4$,$5\pi/4$,$7\pi/4$。

(d)QPSK 信号的相干接收和 DSP 处理

如图 8-9 所示,接收到的 X 和 Y 偏振方向的光信号:

$$S(t) = I * \cos\omega t - Q * \sin\omega t \tag{8-7}$$

分别与本地激光器的 X 和 Y 偏振方向的光波 cosωt 及移相后的 sinωt 混频后的信号经 ADC(去除干扰,噪声)和 DSP 积分处理后,得到发送来的 $I(t)$ 和 $Q(t)$信号:

$$\frac{2}{T}\int_{-T/2}^{T/2} S(t)\cos\omega t\,\mathrm{d}t = I \tag{8-8}$$

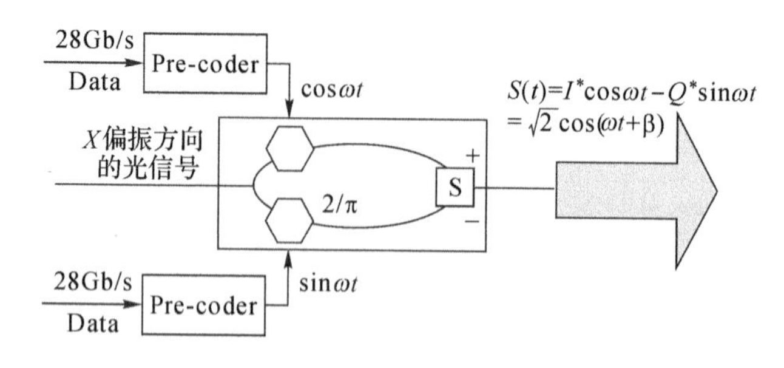

输入信号 I	Q	输出信号相位
0	0	π/4
0	1	3π/4
1	1	5π/4
1	0	7π/4

图 8-8　QPSK 调制

$$\frac{2}{T}\int_{-T/2}^{T/2} S(t)\sin\omega t\,\mathrm{d}t = -Q \tag{8-9}$$

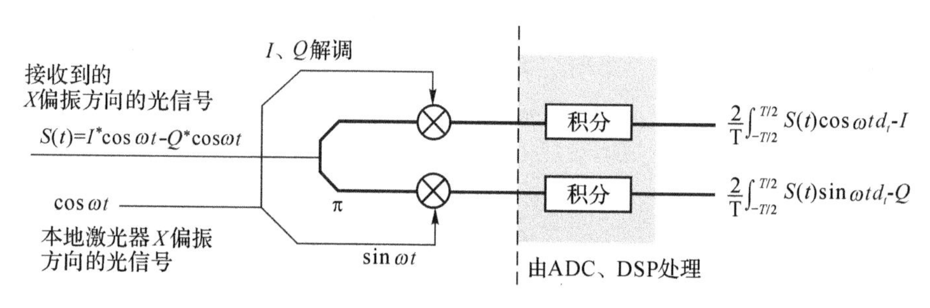

图 8-9　QPSK 调制数据的恢复

(e)PDM 和 QPSK 可以降低波特率：

PDM，把 1 个光信号分离成 2 个偏振方向，再把信号调制到这两个偏振方向上。相当于对数据做了“1 分为 2”的处理，速率降低一半；

QPSK，一个偏振方向每个波特周期就表示 2 个数字 bit，也相当于对数据做了“1 分为 2”的处理，速率降低一半；

因此，100G(112Gbit/s)的信号，实际上，处理时数据波特率仅为 112÷2÷2＝28GBaud。

未来光纤通信又将如何继续提升，其中一个想法是，采用更先进的信号编码技术，如今广泛使用的正交相移技术在单位信号间隔内可编码 2bit，而 WiFi 和其他无线系统采用了更复杂的编码方式。比如说，得到广泛使用的 16－QAM 编码，可以在一个信号中包括 4bit 的所有 16 种情况，从 0000 到 1111。有些有线电视还采用 256－QAM。

这样的先进编码方式的确可以在光纤中使用，但是这是有代价的。编码的方式越复杂，信息就需要被更紧密的打包在一起进行传输。一个信号包含的数据越多，它所能承受的外部扰动就越少，否则其中的一部分数据就会出错。提高信号发射功率可以改善这一情况，但是这样又会增加非线性畸变，这种畸变随距离增长而不断增加。因此，16－QAM编码技术只能应用于相对较短，约几百千米距离的信号传输。

(f)前向纠错编码 (Forward error correction)技术

在远程通信、信息论、编码理论中，前向纠错码(FEC)和信道编码是在不可靠或噪声干扰的信道中传输数据时用来控制错误的一项技术，前向纠错编码技术具有引入级联信道编码等增益编码技术的特点，可以自动纠正传输误码的优点。它的核心思想是发送方通过使用纠错码(ECC)对信息进行冗余编码。当传输中出现错误时，将允许接收器再建数据。

8.4.3　G.654.E 光纤

伴随着社会对通信系统信息容量要求的大幅度增长，光纤发展第三阶段的技术已经渐渐无法满足社会发展的需要。

伴随着相干接收和 DSP 技术的发展，在第三阶段中困扰光纤应用系统性能提升的色散和偏振模色散不再成为问题。在高速大容量长距离传输系统中，光纤性能中衰减和非线性效应逐渐凸显出来。

面对传输提出的高 OSNR、高频谱效率、高 FOM、低非线性效应的新的要求，决定了下一阶段光纤的性能应着重于光纤衰减系数的继续降低和光纤有效面积的合理增大这两个方面上。而针对这种新型的应用要求，G.654.E 光纤逐渐登上历史的舞台。

(a) G.654.E 光纤的特点和参数

结构：

采用纯二氧化硅纤芯，以减小 G.652.D 光纤中纤芯掺锗引起的瑞利散射损耗；

掺氟包层形成低于纯硅纤芯的折射率，以形成波导结构。

性能：

- 截止波长位移光纤：$\lambda_{cc} \leqslant 1530$nm
- 低损耗：$\beta \leqslant 0.165$dB/km
- 大有效截面 $A_{eff} = 110\mu m^2$

(b)G.654.E 光纤的低损耗与大有效面积的设计

图 8-10 为光纤衰减分解模型。

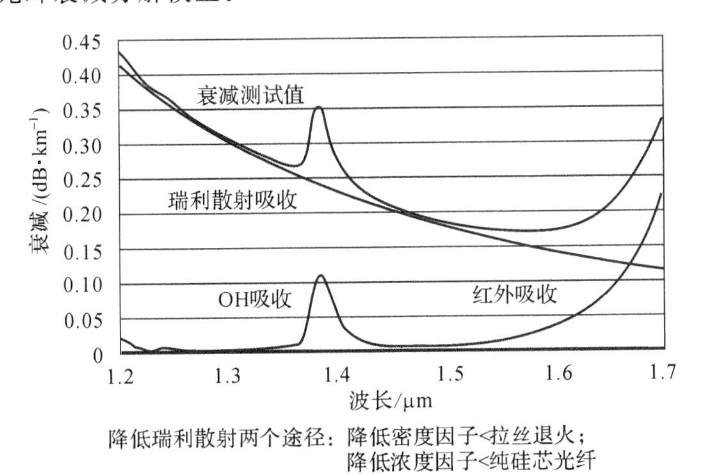

图 8-10　光纤衰减的降低方法

虽然在系统中要求 G.654E 光纤应尽量增大有效面积以降低光纤传输中的非线性效应。但是，考虑到完整系统中，G.654E 光纤仍只是作为大容量长距离传输的载体，当进入下级的网络时,仍需要使用目前常见的 G.652 单模光纤。故在 G.654.E 光纤在设计时仍需要考虑其与 G.652 光纤对接时产生的熔接损耗问题。

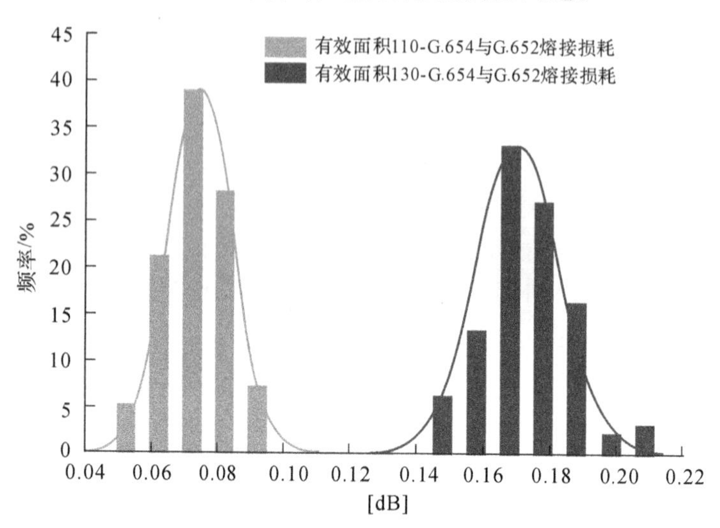

图 8-11 不同有效面积的 G.654 光纤与 G652 光纤的熔接损耗

由图 8-11 可见,在 G.654E 干线光纤与 G.652D 支线光纤相连接时,为降低熔接损耗,G.654.E 的有效面积以 110μm^2 为宜。

8.4.4 超级信道(Supper Channel)

目前的长距离光纤中的 DWDM 包含几十个频段,相邻频段之间留有一定间隔以防止串扰。如果这些缓冲频段可以缩短甚至省略,那么一根光纤中就可以容纳更多的频段,实现所谓的超级信道(Supper Channel)系统,这一系统中,信号在光纤中的全频段上传输。这样的方案可以将数据传输速率在现有基础上约可提高 30%。

通过发射端频谱整形,在频域或者时域中理想情况下引入零代价的子信道间干扰(ICI)或者(ISI),可以更接近香农的极限。其实现的两种技术分别称作光 OFDM 和 Nyquist WDM。两者的频谱如图 8-12 所示。光 OFDM 是指在时域内传输矩形脉冲,其理想的符号间干扰(ISI)为零;而其频谱是矩形脉冲的傅里叶变换为 Sinc 函数,频域内 Sinc 函数形状的多个子载波虽然重叠,因其正交性,可以无损伤分解各个信号。Nyquist WDM 则频域内为矩形,其理想的信道间干扰(ICI)为零;而时域各个载波通道则为 Sinc 函数信号。这两种技术成为目前组建超级信道(Supper Channel)的首选。

8.4.5 香农极限理论(Shannon Limit Theorem)

一个信道系统容量的概念最早由信息论先驱,贝尔实验室的克劳德·香农(Claude E. Shannon) 于 1948 年提出:在一个加性高斯白噪声(AWGN)的通道中,能够可靠传送信息的信号速率上限,换句话讲就是指在信息速率小于香农的理论极限时,可以通过复杂有效的调制和信道编码实现可靠传输,其适用的前提是有限的输入功率且噪声方差不为零。其基本的关系由下面的公式给出:

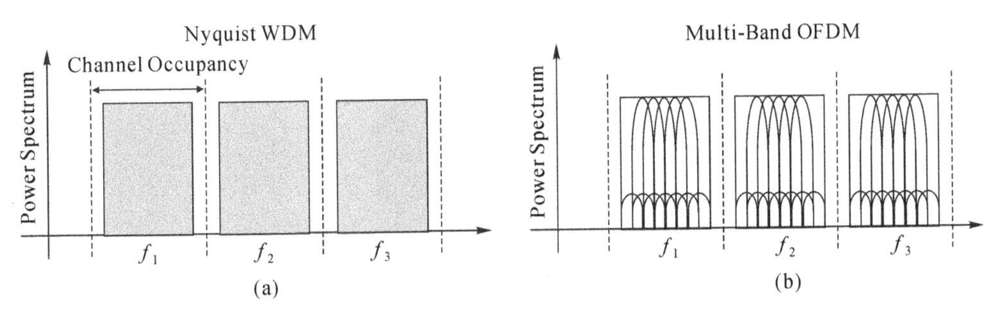

图 8-12　光 OFDM 和 Nyquist WDM 频谱图

$$C = B\ \mathrm{Log}_2(1+S/N) \tag{8-10}$$

这里的 C(bit/s)代表系统容量，B(Hz)代表信道带宽，S/N 为信号功率与噪声功率之比。S 和 N 单位为 W。

该公式也可改写为：

$$\frac{C}{B} = \log_2\left[1+\frac{S}{N}\right] \tag{8-11}$$

其中 C/B 为频谱效率 (Spectral efficiency) SE，它表示了单位带宽的系统容量，单位为(bits/s/Hz)。

$$SNR(\text{信噪比,dB}) = 10\lg(S/N) \tag{8-12}$$

频谱效率的两种情况：

(一)线性情况 (Linear Regime)

(二)非线性情况 (Nonlinear Regime)

需考虑：波长色散，自相位调制，互相位调制，四波混频，偏振模色散。

(a) 非线性香农极限(Nonlinear Shanon Limit)

在理想的线性介质中传输信息，增加信号功率可无限提高频谱效率，即可无限提高传输容量。联立式(8-10)和(8-11)，即可得图 8-13 中黑色曲线所示的线性香农极限曲线。

但光纤是非线性介质，非线性损害随着传输长度和功率密度的增加而增加，因此，在光纤中，在低功率时，频谱效率随着信号强度增加而增加(与线性极限同步)，会到达一最大值，然后会因非线性效应的损害，频谱效率在高信号功率时下降。此最大值随着传输距离的增加而下降(如图 8-13 所示)，因传输距离愈长，传输功率也愈大，非线性损害也愈甚。由图可见，通信系统容量受制于非线性香农极限的严重程度。

(b)光纤的非线性折射率

光纤的折射率由下式所示：

$$n = n_0 + n_2\frac{P}{A_{eff}} \tag{8-13}$$

式中 n_0，n_2 分别为线性和非线性折射率，由式(8-13)可见，光纤的非线性效应正比于 P/A_{eff}，功率愈大，有效面积愈小，非线性损害愈大。

(c) 光纤的非线性效应(Nonlinear Optical Effects)

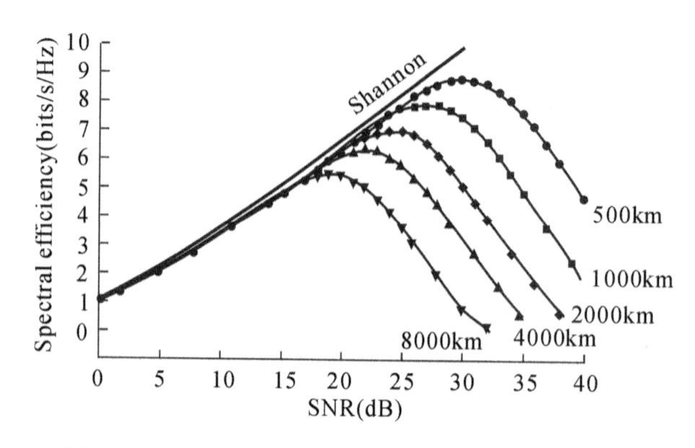

图 8-13　非线性容量极限(Nonlinear capacity limit)

光纤的非线性效应分两类：

(1)非线性散射：

受激拉曼散射 (Stimulated Raman Scattering)

受激布里渊散射 (Stimulated Brillouin Scattering)

(2)非线性折射率：

四波混频 FWM(Four Wave Mixing)

自相位调制 SPM (Self Phase Modulation)

互相位调制 CPM(Cross Phase Modulation)

在相干传输技术的基础上，采用高阶调制格式，光纤的传输容量已经逼近信道的香农极限，如果进一步增加频谱效率(信息速率/带宽)意味着更高的信噪比要求，直接导致 400G 系统的技术实现难度大大增加和成本快速上升。

8.4.6　探求新的传输途径增加光纤系统的通信容量

自 1996 年以来，互联网业务年增长率在 50%～60%之间。近十年来，随着 IPTV，高清电视，移动多媒体，视频流媒体等新业务的不断出现，2014 年以来，随着智慧城市概念的提出以及海量视频，大数据，云计算，移动互联网的高速发展，数据业务以 300%的速度爆炸式增长。现有的光纤传输资源正在被快速消耗，光传输技术的变革必须满足上层网络业务不断发展的需求。

香农极限制约了单一传输通道的频谱效率，虽然可以通过扩展波段，从 C 波段(1530nm～1565nm)扩展到 L 波段(1565nm～1625nm)来增加通信容量，但频谱效率仍受香农极限限制。所以，必须通过平行的多路传输通道的途径来突破香农极限的制约。

8.4.7　光通信技术的五个物理维度(Five Physical Dimensions)

光通信技术的五个物理维度：

(一)时分复用(TDM)

(二)波分复用(WDM)

(三)偏振复用(PDM)

(四)高阶调制格式(Quadrature Modulation)

(五)空分复用(模式复用)(SDM)

在光纤通信进展的前四个阶段中,应用了前四个维度,但通信容量仍无法突破香农极限的瓶颈,必须通过平行的多路传输通道的途径来突破香农极限的制约。这就是第五维度的空分复用(SDM,Spatial Multiplexing 或 Space Division Multiplexing)。

8.5 第五阶段 空分复用系统(SDM)

目前空分复用中重点开发的是多芯光纤 (MCF,Multi－Core Fiber)和模分复用(MDM, Mode Division Multiplexing)两类。模分复用又分少模光纤 (FMF,Few Mode Fiber)中的线性偏振模(LP, Linear－polarized mode)模分复用和轨道角动量(OAM, Orbital Angular Momentum)模分复用两类。

其中,多芯光纤和少模光纤结构见图 8-14 所示。

图 8-14 光纤束、多芯光纤(MCF)、少模光纤(FMF)等空分复用类型

8.5.1 多芯光纤(MCF)

在一根光纤中可以容纳多个光波导内芯的光纤。多芯光纤的外径为 125μm。可分两种类型;一是芯数较少,芯间距离较大,芯间光场耦合较小。芯间串音干扰较小,此类 MCF 称为弱耦合 MFC。另一类是芯数较多, 芯间距离较小,芯间光场耦合较强。芯间串音干扰较大,此类 MCF 称为强耦合 MFC, 强耦合 MFC 需采用类似模式复用中方式来消除芯间串音干扰。应当指出,多芯光纤中的每一芯本身也可作为一根少模光纤实现模分复用。也就是说,可将两者组合起来实现 M 芯 MCF 和 N 模 FMF 结合的 $N\times M$ 个平行的传输通道。

8.5.2 少模光纤的模分复用

在少模光纤中应用几个低阶 LP 模式进行模分复用,也即将每个模式作为独立通道进行信息传输,在 FMF 模式复用中,相邻模式之间的传播常数 β 相差愈大,或有效折射率 n_{eff} 相差($\beta=n_{eff}k$)愈大,模间干扰愈小,反之亦然。低阶模式之间的传播常数 β 相差较大,高阶模式之间的传播常数 β 相差较小,因而在 FMF 模式复用中,主要采用几个低阶 LP 模式。图 8-15 表示六个 LP 低阶模式的光强分布。

SDM 实现了多通道平行传输,因而其 SE 可远超非线性香农极限, 近年中一些公司

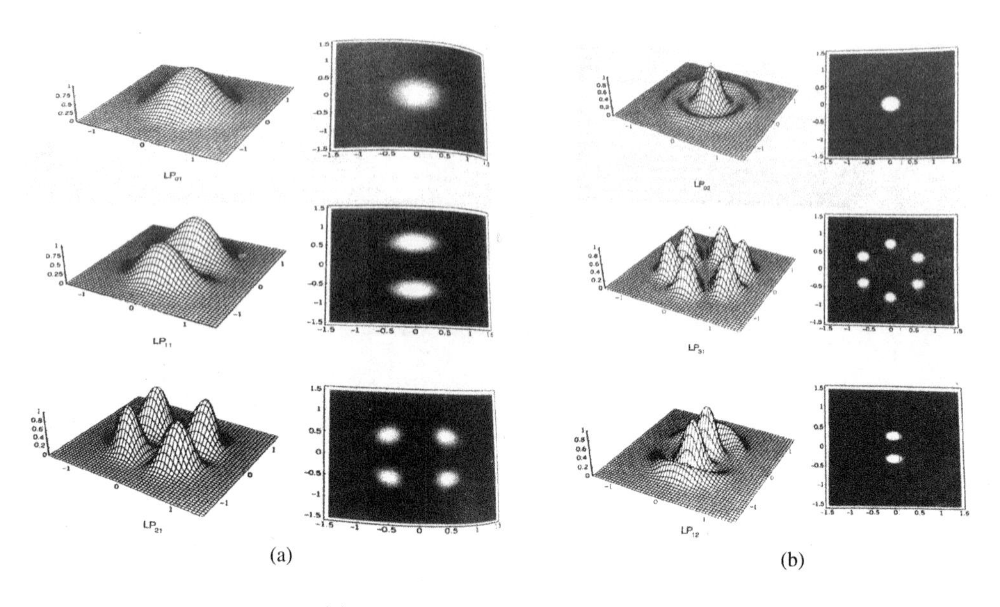

图 8-15　六个 LP 模式的光强分布

R&D 的 SDM 英雄实验数据如图 8-16 所示。图中星号为 FMF 的模分复用，圆点为多芯光纤的实验数据。由图可见 SDM 的通信容量的扩展潜力之巨大。

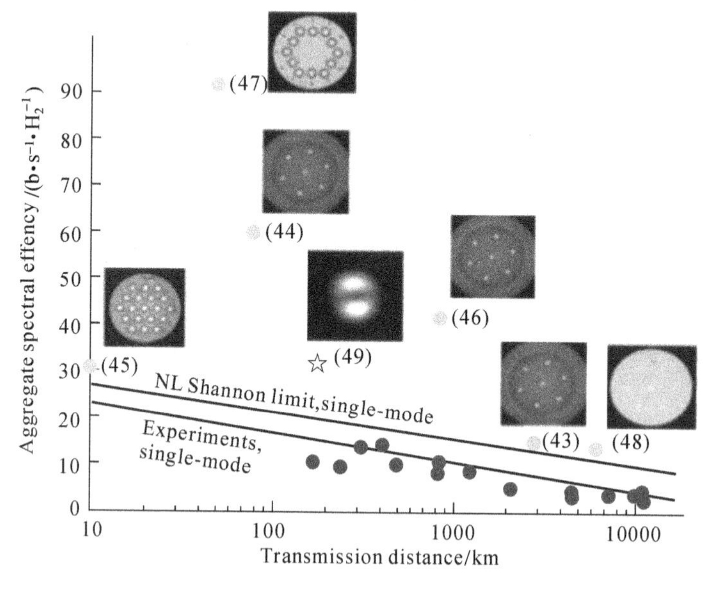

图 8-16　近年中一些公司 R&D 的 SDM 英雄实验数据

8.5.3　光纤波导中的本征模，LP 模以及 OAM 模

8.5.3.1　光纤波导中的本征模式

普通圆形截面的光纤结构相对比较简单，由折射率为 n_1 的纤芯和折射率为 n_2 的包层构成，且其中 $n_1>n_2$。光纤中模式的全解应当包含导模、漏泄模和辐射模。在研究光纤波导中传播的相关模式时，主要关注的应当是其中的导模。

根据无源介质中的麦克斯韦方程：

$$\begin{cases} \nabla\times \vec{E} = -\dfrac{\partial \vec{B}}{\partial t} \\ \nabla\times \vec{H} = \dfrac{\partial \vec{D}}{\partial t} \\ \nabla\cdot \vec{B} = 0 \\ \nabla\cdot \vec{D} = 0 \end{cases} \tag{8-14}$$

由于满足各向同性介质条件，简化后的矢量场的波动方程形式满足亥姆霍兹方程：

$$\begin{cases} \nabla^2 \vec{E} + k^2 \vec{E} = 0 \\ \nabla^2 \vec{H} + k^2 \vec{H} = 0 \end{cases} \tag{8-15}$$

式中，$k = nk_0 = 2\pi n/\lambda$，$k_0$ 为真空波数。

在直角坐标中，各场分量也满足同样形式的标量波动方程或亥姆霍兹方程。

对于理想的阶跃型光纤，在柱坐标中的电磁场可表示为：

$$\begin{aligned} \vec{E} &= \vec{E}(r,\varphi)\exp(\mathrm{i}\omega t - i\beta z) \\ \vec{H} &= \vec{H}(r.\ \varphi)\exp(\mathrm{i}\omega t - i\beta z) \end{aligned} \tag{8-16}$$

选取纵向电场 E_z 和纵向磁场 H_z 作为独立分量，光纤中的各横向场分量均可用纵向场分量 E_z 和 H_z 来表达。在柱坐标系下的 E_z 满足下列亥姆霍兹方程：

$$\frac{\partial^2 E_z}{\partial r^2} + \frac{1}{r}\frac{\partial E_z}{\partial r} + \frac{1}{r^2}\frac{\partial^2 E_z}{\partial \phi^2} + \frac{\partial^2 E_z}{\partial z^2} + n^2 k_0^2 E_z = 0 \tag{8-17}$$

H_z 满足同样方程。利用分离变量法

$$E_z(r,\phi,z) = R(r)\Phi(\phi)Z(z)$$

可将式(8-17)分解为三个常微分方程：

$$\begin{cases} \dfrac{\mathrm{d}^2 Z}{\mathrm{d}z^2} + \beta^2 Z = 0 \\ \dfrac{\mathrm{d}^2 \Phi}{\mathrm{d}\varphi^2} + m^2 \Phi = 0 \\ \dfrac{\mathrm{d}^2 R}{\mathrm{d}r^2} + \dfrac{1}{r}\dfrac{\mathrm{d}R}{\mathrm{d}r} + \left(n^2 k_0^2 - \beta^2 - \dfrac{m^2}{r^2}\right)R = 0 \end{cases} \tag{8-18}$$

公式(8-18)中，前两个方程之解分别为：

$Z(z) = \exp(\mathrm{j}\beta z)$，　　$\Phi(\varphi) = \exp(\mathrm{j}m\varphi)$

而 $R(r)$ 满足贝塞尔方程，$R(r)$ 在纤芯中，根据光场的物理条件，可选取振荡型的第一类贝塞尔函数 $J_m(r)$ 的形式，而在包层中可取衰减型的第二类修正贝塞尔函数 $K_m(r)$的形式，其中 m 为贝塞尔函数的阶数。为了运算方便，可以定义 U、W 为：

$$\begin{aligned} U &= a\sqrt{k_0^2 n_1^2 - \beta^2} \\ W &= a\sqrt{\beta^2 - k_0^2 n_2^2} \end{aligned} \tag{8-19}$$

式中U、W分别为纤芯和包层的归一化横向传播常数，β为纵向传播常数。在代入电场和磁场在传播方向的方程后，可得出纵向电场和磁场的表达式，如公式(8-20)和公式(8-21)所示，式中，a为纤芯半径。

$$\begin{cases} E_z = A\exp(-j\beta z)\sin(m\varphi)\dfrac{J_m(Ur)}{J_m(U)}, r \leqslant \alpha \\ E_z = A\exp(-j\beta z)\sin(m\varphi)\dfrac{K_m(Wr)}{K_m(W)}, r \geqslant \alpha \end{cases} \tag{8-20}$$

$$\begin{cases} H_z = B\exp(-j\beta z)\cos(m\varphi)\dfrac{J_m(Ur)}{J_m(U)}, r \leqslant \alpha \\ H_z = B\exp(-j\beta z)\cos(m\varphi)\dfrac{K_m(Wr)}{K_m(W)}, r \geqslant \alpha \end{cases} \tag{8-21}$$

从公式(8-20)和公式(8-21)中可以看出：当$m=0$时，光纤中传播方向上的电场或磁场才可能为0，即存在横电场(TE)模式或横磁场(TM)模式；而当$m\neq 0$时，光纤传播方向上既存在电场也存在磁场，即存在混合模式。当纵向电场的比重大时为EH模式，而当纵向磁场的比重大时为HE模式。故而，在弱导条件($n_1-n_2\leqslant 1$)下，利用切向场连续的边界条件，可以得出TE、TM、EH和HE模式的本征方程，如式8-22所示：

$$\begin{aligned} &\text{TE和TM模：} \quad \frac{J_1(U)}{UJ_0(U)}+\frac{K_1(W)}{WK_0(W)}=0 \\ &\text{EH模：} \quad \frac{J_{m+1}(U)}{UJ_m(U)}+\frac{K_{m+1}(W)}{WK_m(W)}=0 \\ &\text{HE模：} \quad \frac{J_{m-1}(U)}{UJ_m(U)}-\frac{K_{m-1}(W)}{WK_m(W)}=0 \end{aligned} \tag{8-22}$$

通过求解本征方程，可得到各阶模式的纵向传播常数β和横向电磁场分布。其中，对于每个特定的m值确定后，贝塞尔方程会有一系列的解n，其中每一个解对应了一个模式。故混合模可以记作$HE_{m,n}$和$EH_{m,n}$。几个低阶本征模在光纤中的电磁场分布如图8-17所示。

8.5.3.2 光纤波导中的线性偏振(LP)模

光纤中的本征模式分圆对称模$TE_{0,n}$，$TM_{0,n}$和混合模$HE_{m,n}$，$EH_{m,n}$两类(m为模的阶数，即贝塞尔函数阶数，亦是纤芯中场沿周向圆谐函数周期变化数；n为第m阶贝塞尔函数的根的序数，即模的序数，亦是纤芯中场沿径向变化的贝塞尔函数半周期数)，在光纤的弱导条件下，即$n_1-n_2\ll 1$时，$HE_{m+1,n}$和$EH_{m-1,n}$的传播常数十分接近，称为简并模(Degenerated Mode)。用线性偏振(LP)模来表示简并模的组合，$LP_{m,n}$模来表示$HE_{m+1,n}$和$EH_{m-1,n}$两个简并模。由于每个模具有两个偏振方向，故一个$LP_{m,n}$模包括四个本征模式。此外，LP_{01}只包括基模HE_{11}的两个偏振方向的两个模式。线性偏振(LP)模具有线性偏振的横向场分量，其纵向场很小，故可近似视为横向模式。线性偏振(LP)模是在光纤波导中实际存在的模式，故少模光纤的模分复用即是指LP模的模分复用。

本征模：$TE_{0,n}$，$TM_{0,n}$，$HE_{m,n}$，$EH_{m,n}$

LP模：$LP_{0,n}=HE_{1,n}$

$LP_{1,n}=TE_{0,n}+TM_{0,n}+HE_{2,n}$

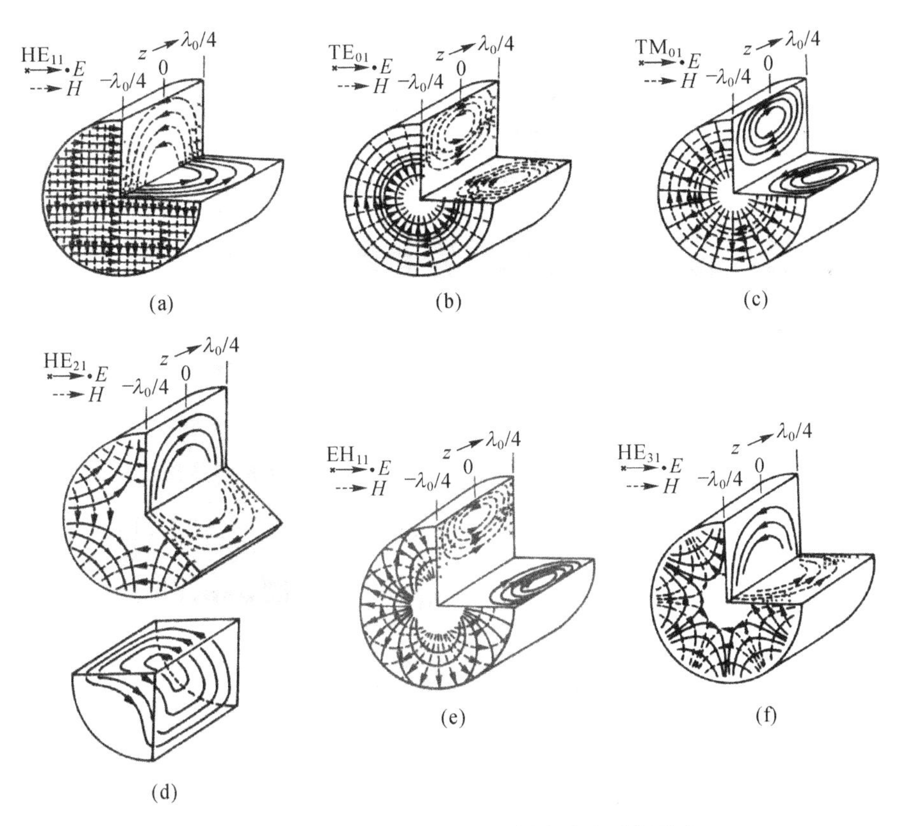

图 8-17　几个低阶本征模在光纤中的电磁场分布

$$LP_{m,n}=HE_{m+1,n}+EH_{m-1,n}\quad(m\geqslant2)$$

光纤波导中六个低阶 LP 模式的光强分布如图 8-15 所示。

8.5.3.3　光纤波导中的 OAM 模式

LP 模是光纤中简并本征模的线性组合，而 OAM 模也是光纤中本征模的另一种线性组合。将光纤中相位差为 π/2 的同阶本征模的奇模和偶模进行叠加后，则可以形成相对应的 OAM 模式，其关系如式(8-23)所示：

$$\begin{aligned}HE_{mn}^{\pm}&=HE_{mn}^{e}\pm jHE_{mn}^{0}\approx F_{m-1,n}(\hat{x}\pm j\hat{y})e^{\pm j(m-1)\varphi}\\EH_{mn}^{\pm}&=EH_{mn}^{e}\pm jEH_{mn}^{0}\approx F_{m+1,n}(\hat{x}\pm j\hat{y})e^{\pm j(m+1)\varphi}\\V_{0,n}^{\pm}&=TM_{0,n}\pm jTE_{0,n}\approx F_{1,n}(\hat{x}\pm j\hat{y})e^{\pm j\varphi},(m>1)\end{aligned}\tag{8-23}$$

该公式中，$HE^{0}_{m,n}$ 和 $EH^{e}_{m,n}$ 分别代表 $HE_{m,n}$ 和 $EH_{m,n}$ 模式中的奇模式和偶模式，而 $F_{m,n}$ 则为相应的标量模式的径向场分布。在公式(8-23)中可以看出，进行奇偶叠加后，$HE_{m,n}$ 和 $EH_{m,n}$ 中均含有 $e^{jm\varphi}$ 部分，即均为 OAM 模式。其中 HE 模的拓扑荷为 $m-1$，而 EH 模的拓扑荷为 $m+1$，其分别可以记录为 $OAM^{\pm}_{HE_{mn}}$ 和 $OAM^{\pm}_{EH_{mn}}$。此外，OAM 模式也可表示为如公式(8-24)：

$$\begin{aligned}OAM_{m,n}^{\pm}&=HE_{m+1,n}^{even}\pm jHE_{m+1,n}^{odd}\\OAM_{m,n}^{\pm}&=EH_{m-1,n}^{even}\pm jEH_{m-1,n}^{odd}\end{aligned}\tag{8-24}$$

8.5.4 用以传输 OAM 模式的光纤结构

在少模光纤的模分复用(LP 或 OAM 复用)中，复用的各模式间有效折射率差愈大，模间耦合就愈小，反之亦然。在常规的阶跃型折射率剖面分布的光纤中，模式之间的有效折射率差值小于 10^{-4} 时，模式就会简并为 LP 模，如图 8-18 左上图所示，其中 TE_{01}，TM_{01} 和 HE_{21} 有效折射率相同，故可形成 LP_{11} 模，但无法将 HE_{21} 组成的 OAM_{11} 模与 TM_{01} 和 TE_{01} 模的有效折射率分开，故 OAM_{11} 模无法正常传输。所以在常规的阶跃型折射率剖面分布的光纤中，OAM 模无法正常传输，必须特殊设计光纤的折射率剖面分布使各 OAM 模与其他模式的有效折射率差增大，如图 8-18 右上图所示。

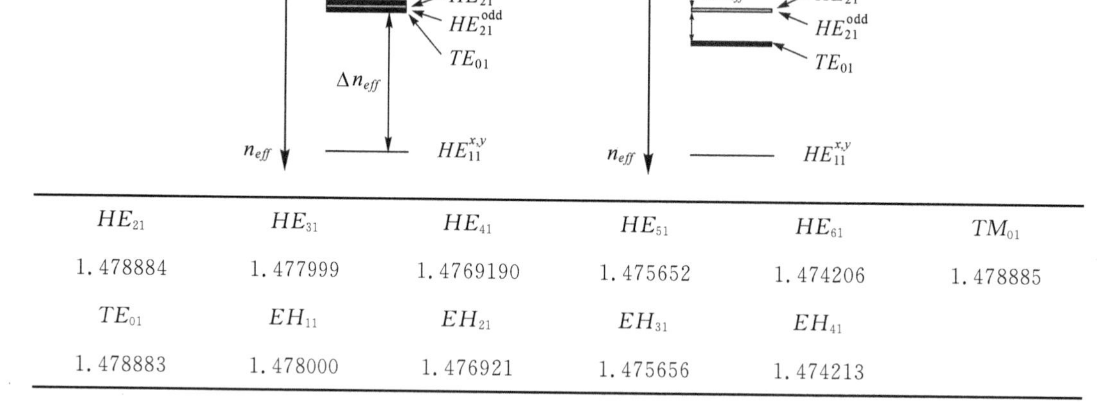

HE_{21}	HE_{31}	HE_{41}	HE_{51}	HE_{61}	TM_{01}
1.478884	1.477999	1.4769190	1.475652	1.474206	1.478885
TE_{01}	EH_{11}	EH_{21}	EH_{31}	EH_{41}	
1.478883	1.478000	1.476921	1.475656	1.474213	

图 8-18　多模光纤中各模式的有效折射率

因为普通类型的多模光纤无法稳定长距离传输 OAM 模式，所以需要针对 OAM 模式的传输特性单独设计适合 OAM 模式传输的光导结构。所以如何提高在光纤之中传播的模式之间的有效折射率之差成为设计 OAM 传输用光纤的核心问题。到目前为止，此类结构的研究重点集中在环状折射率光纤上。

8.5.4.1　环状折射率分布的 OAM 光纤

典型的环状折射率分布的 OAM 光纤是美国波士顿大学的 Ramachandran 等提出的 Vortex fiber(称为涡旋光纤)，如图 8-19 所示。

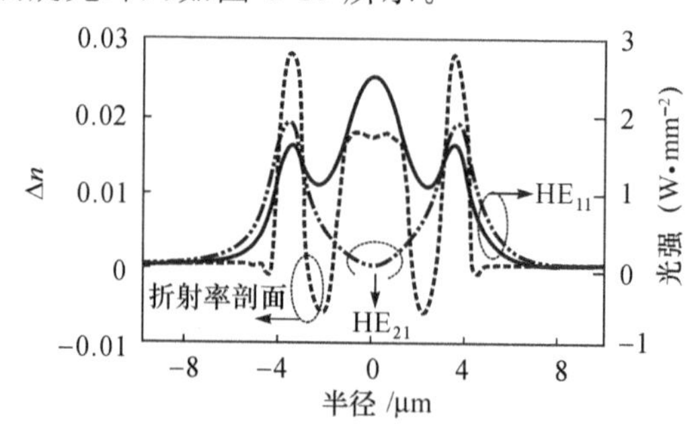

图 8-19　环状 OAM 光纤的折射率剖面

在环状折射率分布光纤方面，其结构设计是通过设计合适的环状高折射率区域，增大不同 OAM 模式之间的有效折射率之差，从而减少各个 OAM 模式之间的简并情况。

在该结构中，芯层与包层的折射率基本一致，而传输层的折射率则需要较高。在该结构中，通过传输层折射率的调整和径向尺寸的设计增大模式之间的有效折射率之差，在这种单环形折射率剖面的光纤中，径向保持单模状态，因此只能传输 $OAM_{m,1}$ 模。

环光纤中各模式的有效折射率由图 8-20 所示。

HE_{21}	HE_{31}	HE_{41}	HE_{51}	HE_{61}	TM_{01}
1.460114	1.456768	1.451443	1.444370	1.444370	1.460595
TE_{01}	EH_{11}	EH_{21}	EH_{31}	EH_{41}	
1.459516	1.456652	1.451392	1.444412	1.451461	

图 8-20　环光纤中各模式的有效折射率

比较图 8-18 和图 8-20 中各模式的有效折射率，可见环状 OAM 光纤中各模式的有效折射率差明显增大。

2013 年，美国波士顿大学 Bozinovic，的研究小组利用 Vortex 光纤中 4 个 OAM 模分复用成功进行了传输距离为 1.1km 的、容量为 1.6Tbit/s 的传输实验。同时也展示了 2 个 OAM 和 WDM 的模分复用。但是在该实验中，由于传输层较高浓度掺杂的问题，使得 OAM 传输的衰减较大，衰减达到了 1.3dB/km 和 1.6dB/km。这个问题严重制约了环状光纤的传输距离。

8.5.4.2　环状折射率光纤中 OAM 的模式容量

以上设计均是为了保障在光纤中的轨道角动量模式的稳定传输，但是，若要提高轨道角动量光纤的容量，同样需要重视的是如何提高光纤中轨道角动量模式的容纳数量。

在环状折射率光纤中，高折射率环的外径 r_2 和环/包层的折射率之差越大，则光纤中能够承载的 OAM 模式也会越多，其环外径和容纳的 OAM 模式数量的关系如图8-21所示。

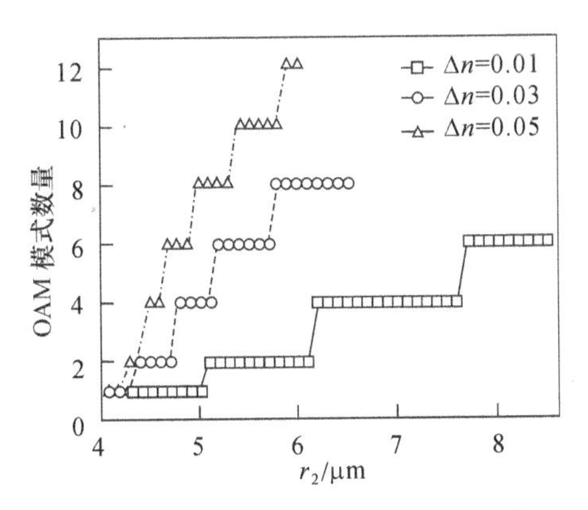

图 8-21　环外径 r_2、环/包折射率之差 Δn 和光纤中 OAM 模式数量的关系

但是，由于环、包折射率之差越大代表了环区域的掺杂也需要继续加大，使得 OAM 光纤的衰减会变得更大，传输距离会被大大限制。所以，也有一些设计提出在光纤内做出两个甚至多个高折射率环以增加 OAM 模式的容纳量。这样的设计虽然能够有效提

高光纤中 OAM 模式的容纳数量,但是也大大增加了光纤的设计和制造难度。

武汉光电国家实验室王健、李树辉提出将 OAM 光纤与多芯光纤结合设计,大大提高了 OAM 光纤的模式容纳能力(如图 8-22 所示)。该设计中,为了减少芯间 OAM 模式耦合,采用了 G.657 光纤中,在包层中设置下陷折射率沟槽结构以限制光场尾场外泄,提高光场在纤芯的集中度(confinement)的方法,在各环形结构外边沿设计了下陷折射率沟槽结构。

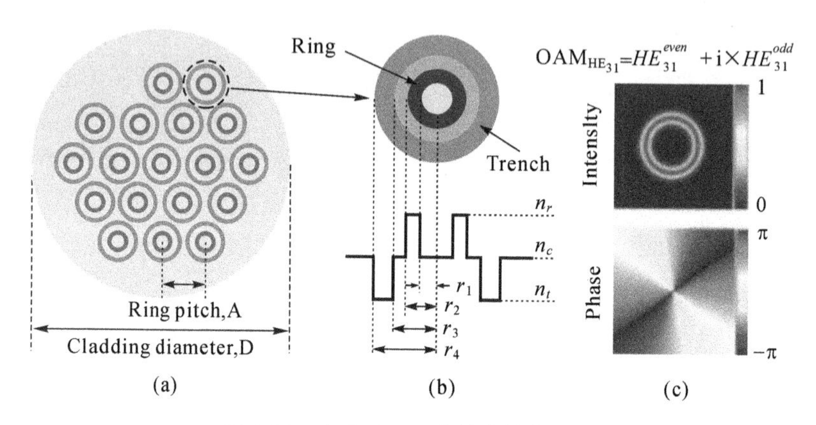

图 8-22 多芯 OAM 光纤的结构设计

关于此结构,设计者也提出了在运用各种复用技术下理论上能够达到的传输容量。在该系统中,综合运用了 OAM、MCF、DWDM、16－QAM 的复用技术。

但是该系统仍只是理论上的分析,且传输距离仅能够在 1km 以内。然而,这一系统还是展现了 OAM 模式复用所具有的巨大潜力。

8.5.5 OAM 模式复用技术小结

光子轨道角动量自 1992 年提出至今已经经历 28 年,依据其优良的模式间的正交性使得轨道角动量模式的复用成为光通信模式复用中的重要发展方向。在目前单模光纤技术成熟乃至逐渐逼近容量的理论极限情况下,结合光纤优良的长距离传输特性,轨道角动量复用技术或可成为光纤应用技术中极具潜力的一环。

但是,OAM 模式复用技术仍也存在着较多的限制:

(1)损耗大:环形折射率光纤的折射率差在 0.02 左右,比常规单模光纤大一个数量级,故光纤掺杂损耗大以及在纤芯—包层界面由拉丝工艺中产生的缺陷导致有较大散射损耗(与 Δ^2 成正比)。

(2) OAM 模式的有效激励:空间光学系统不适用于光纤集成,与光纤耦合效率低;几项模式激励技术依赖光纤中谐振耦合,无法在同一波长中实现多个 OAM 调制。

(3) 理论上 m 有无穷取值的可能,且有 OAM 模的正交性,但当光纤弯曲及受到应力时,正交性破坏,加上高阶本征模式简并关系,OAM 的模间耦合引起的串扰,仍是严峻的挑战。

(4) OAM 模式的稳定性:尚未见 OAM 模式在大长度光纤上传输的实证。

故从 2012 年 OAM－MDM 开始研发至今仍未见有较长光纤长度上实现的英雄实

验的报导，也未见在 OAM－MDM 实验系统中有 SE 突破非线性香农极限的结果。OAM－MDM 的发展任重而道远。

8.5.6　SDM 的研究课题

近年来，在国内、外多家单位在开展 SDM 的实验研究工作，但 SDM 在投入实际应用前，还有很长的路要走，还有大量的理论和实际问题需解决。下面列出若干重要课题以窥一斑：

(1)系统集成：包括采用高阶调制，相干接收技术的发射机和接收机的阵列集成，光放大器等系统器件的集成；

(2)采用 MIMO－DSP 技术来解决 SDM 中线性和非线性对信号的损害问题：在少模光纤(FMF) 的模分复用中，几个复用模式之间的随机耦合以及模间色散导致复用信道之间的搅模引起的干扰，使信号无法正常传输，必须采用电域的 DSP 技术来分离和重组复用模式的信号，这类似于在 SMF 的相干接收系统中消除 PMD 的方式，来实现模分复用；

(3) SDM 波导的非线性传播物理：包括每个模式的功率限制，传输容量分析和先进的 SDM 波导设计；

(4)SDM 传输介质与光纤熔接，联接和阵列组件的有效接口方式；

(5)适用于 SDM 系统的波长选择开关和光交接技术；

(6)SDM 系统的资本性投资和运营成本分析。

8.6　光纤技术的历史演变

光纤技术的历史演变：

多模光纤—单模光纤—多模(少模)光纤；

单模光纤：G. 652—G. 653—G. 655—G. 656—G. 657—G. 654. E。

通信光纤发展早期是从多模光纤开始的，因为单模光纤的芯径很小，光源和光纤的耦合以及光纤之间的连接技术还不成熟，加上当时的传输速率要求不高。20 世纪 80 年代中期，开发了单模光纤，后定名为 G. 652 光纤，为了在光纤损耗最低的 1550nm 波长处达到零色散，开发了 G. 653 光纤，而后为了实现波分复用，相继开发了 G. 655、G. 656 光纤。2010 年以后，由于相干通信的发展，光纤的色散和 PMD 已经不是长距离通信的主要限制因素，光纤的损耗和大有效面积成为主要考虑因素，于是出现了 G. 654. E 光纤(2016 年)，从此，继 G. 653 以后，G. 655 和 G. 656 光纤也将相继退出历史舞台。现单模光纤主要有 G. 652. D 及用于 FTTH 的抗弯曲光纤 G. 657 以及用于长途通信的 G. 654. E 光纤，这三者基本结构相同，都是阶跃型折射率剖面，因而有相同的色散特性，为了具有抗弯曲特性，G. 657 光纤设置了凹陷型包层结构，而 G. 654. E 采用纯硅芯和掺氟包层结构以得到最小的光纤损耗。由于 SDM 技术的长远发展，用于平行通道传输的少模光纤(FMF)和多芯光纤将期待有巨大的发展前景。

8.7 光纤在量子加密通信系统中的应用

量子信息处理是用量子物理原理来存储和处理信息，量子物理两个最基本的原理是线性叠加原理和量子纠缠(Quantum Entanglement)。线性叠加原理是指任一量子系统都可表示为描述量子系统的不同状态的线性组合，表现为若输入是多个可能状态的线性组合时，则输出态也将是所有输入态对应的输出态的线性组合。这是量子计算机并行计算的核心。量子物理的另一特性是量子纠缠，这在现实(或称经典)世界中没有相应的概念和描述。

8.7.1 量子通信

目前所谓的量子通信系统，按所传输的信息是经典还是量子态而分为两类：前者主要用于量子密钥分发(Quantum Key Distribution)，后者则可用于量子隐形传态(Quantum Teleportation)和量子纠缠的分发(Quantum Entanglement Distribution)。量子密钥分发是利用量子物理特性(即量子不可克隆原理)实现无条件安全的密钥分发，目前主要是在光纤或者自由空间利用光子的偏振或者相位特性来实现，同时还需要传统互联网信道完成数据传输。这其实只能算是量子加密通信，而非真正意义上的量子通信。因而在量子通信方面，量子加密通信是目前唯一完成实践应用的技术，并已投入了商业应用。

量子通信是试图使用量子纠缠理论进行信息的传输，量子纠缠态在数学上定义为："如果一个二粒子复合体系的量子态无法分解为各子体系量子态之张量积，这个态称为纠缠态"。真正的量子通信是利用量子纠缠理论不依赖时空的通信："当测量一个粒子时，另一个与之关联的粒子会瞬时改变状态，无论它们相距多远"。那样我们跟火星之间通信也不会有严重延迟，更不会有中间物体比如天气等的影响。但是，科学地看，绝不可能有无需载体、无需时间、无论多远、无任何东西能够阻挡的信息传输通道，脱离载体的信息传递是不可思议的。近年来确有在多粒子纠缠态的制备以及终端开放的量子态隐形传态的实验成果见诸于报导，也有人将量子纠缠的实验证实誉为近代科学史上最重要的发现之一。然而，量子隐形传态和量子纠缠的分发无论在理论或实验上，几代物理学界均存在分歧。

量子密钥分发是利用海森堡测不准原理，在通信双方原先不共享秘密的情况下产生一个随机安全密钥的过程，这一性质将使通信双方无须事先交换密钥即可绝密通信，它是量子密码的基础。量子密钥分配的基本结构包含一个用于量子通信的量子通道，以及用于测试量子信息在量子通道中传输是否失真的公开信道。量子密钥分配协议有基于非正交极化量子态不可克隆原理的单粒子量子密钥分配协议，常见的有基于四个量子态的 BB84 协议，基于两个量子态的 B92 协议和六个量子态的 6 态协议。

8.7.2 软件加密通信

当前信息传输的安全问题受到全球性的高度关注。电缆和光纤通信存在两个问题:一是窃听手段简单;二是窃听者无法被察觉。虽然可通过软件加密,如1977年由Rivest, Shamir和Adelman三人发明的RSA公钥加密算法,该法是基于一个简单的数论原理:将两个大质数相乘十分容易,但要对其乘积进行因式分解却极其困难,因而可将其乘积公开作为加密密钥。但随着超级计算机尤其是量子计算机的出现,使软件加密的破译变得可能。2017年11月11日IBM宣布已成功研制出50量子比特的量子计算机原理样机,它一步就能完成一千万亿次计算。要破解一个现在常用的RSA密码系统,用当前最好的超级计算机需花60万年,但用一个有相当储存功能的量子计算机只需花上不到3小时。

然而,软件加密技术也在不断发展之中,近期日本信息通信研究机构开发出了一种新型加密技术,连新一代超高速量子计算机也难以破解。该技术的原理是将需要保密的信息转换为特殊的数学问题,可代替通信网中现有加密技术使用。此项技术已入选新一代加密技术的国际标准候选方案,将成为物联网的基础技术,为保护网上交易等机密性发挥重要作用。传统加密技术是通过计算机分解质因数需要花费一定时间的原理来确保安全性。此次开发的新型加密技术可按照一定规律将密码及信用卡等需要保护的数字转换成其他数字。此项加密技术可确保足够的安全性来防范量子计算机的破解。现有通信系统只需更换软件即可直接使用此项技术。这种通过数学处理解决保密问题的方式与量子加密通信相比更具成本优势。

8.7.3 光纤在量子加密通信中的应用

与软件加密相比较,量子加密通信是基于量子不确定性原理,量子不可克隆原理,量子不可分割原理,确保量子密钥分发的绝对安全,再配合由Vernam提出并经Shannon证明了的一次一密的加密策略,可实现通信过程的无条件安全,保证通过量子密钥加密的信息即使被窃取也无法被破解。因此量子加密通信无疑是目前能解决信息传输的安全问题的最佳选择,其重要意义不言而喻。

从根本上说,量子密钥通信对于数据传输的速度和容量并无太大的贡献。或者说,量子密钥通信技术只是提供了一种更为安全的通信方式。但是,这项技术可以为广大的互联网用户提供一个更为安全的信息交流环境。

从上面的表述可见,量子保密通信本质上是传统的光纤通信+量子密钥分发,并没有颠覆传统通信原理。量子保密通信改变的主要是信息交流中的加密方式和协议方式。除了用于对光量子进行加密和解密的设备外,我们通信使用的主要通道并未改变。换言之,作为信息载体的光量子经过的通道仍是光纤。当然,基于量子保密通信的要求,也对光纤的性能提出了一定新的要求。

量子保密通信中量子密钥分发协议的工作原理决定了必须牺牲部分传输位来用于验证,这些位不能用作密钥,导致量子密码学的传输效率相对较低。这也代表了量子保密通信对于通信速度和容量有着更高的要求。有鉴于此,要达到和我们目前使用的光通信效率,波分复用技术,高阶调制、相干接收/DSP技术仍是不可或缺的传输技术。因而为减小光纤非线性的影响以及量子加密通信对光纤的衰减和中继距离提出的较高要求,综合以上两项要求,拥有纯硅纤芯产生的超低损耗和独特设计的大有效面积的G. 654E单模光纤仍会成为量子保密通信中的首选的光纤类别。

参考文献

[1] Erik Agrell et al. Roadmap of optical communication. Journal of optics, 2016 Vol. 18 No. 6

[2] K C Kao and A Hockham. Dielectric-fibre surface waveguides for optical frequencies. Proc. IEEE 1966 113 1151

[3] R J Mears, I M Reekieand, D N Payne . Low—noise erbium-doped fiber amplifier operating at 1. 54 &mgr;m. Electron Lett. 1987 23 1026

[4] K Igarashi et al. 114 Space-division-mutiplexed transmission over 9. 8km weakly coupled-6-mode uncoupled-19-core fibers. Proc. OFC (Los Angeles,) 2015 Th5C. 4

[5] J Zhang, et al. Transmission of 20×440-Gb/s super-Nyquist-filtered signals over 3600km based on single-carrier 110 GBuad PDM QPSK with 1100-GHz grid. in Optical Fiber Communication Conference-OFC 2014 Postdeadline Papers, paperTh5B. 3

[6] K Wang et al. Dual-carrier 400G field trial submarine transmission over 6577 km using 60-GBaud digital faster-than-Nyquist shaping PDM-QPSK modulation format. in Optical Fiber Communication Conference-OFC 2015 paper W3E. 2233

[7] N Bozinovic, et al. Control of orbital angular momentum of light with optical fiber. 2012 Opt. Lett. 37, 2451-2453

[8] N Bozinovic, et al. Orbital angular momentum (OAM) based mode division multiplexing(MDM) over a km-length fiber. in European Conference and Exhibition on Optical Communication. 2012 OSA paper Th. 3. C. 6

[9] S Ramachandran, et al. Optical vortices in fiber: a new degree of freedom for mode multiplexing. in European Conference and Exhibition on Optical Communication. OSA 2012 Technical Digest paper Tu. 3. F. 3

[10] C E Shannon. A mathematical theory of communication. Bell System Technical Journal, 1948 Vol. 27, pp379-423, pp623-656

[11] R J Essiambre. Capacity limits of fiber optics communication systems. Proc OFC 2009 San Diego , ISA, paper OThL1

[12] M J Adams. An introduction to optical waveguides. New york/chichester/Brisbane/Toronto: Wiley & Sons 1981.

(本文撰写于2017年3月)

第2篇　光纤

第1章　通信光纤的进展和规范：从 G.652 到 G.656

通信光纤均指单模光纤。相对而言，多模光纤则作为数据光纤使用。本文对单模通信光纤的发展与种类、单模光纤的主要特性予以介绍。通信单模光纤按国际电信联盟(ITU)的分类分为 G.652、G.653、G.654、G.655 和 G.656 光纤。

1.1　G.652 非色散位移单模光纤 (Dispersion Un-shifted Single-mode Optical Fiber)

从 20 世纪 80 年代到 90 年代，最主要的单模光纤是常规的非色散位移光纤(即 ITU G.652 光纤)。单模光纤在 1310nm 和 1550nm 波段上有两个低损耗波长窗口，商用单模光纤在 1310nm 波长上的最低损耗为 0.33dB/km，而在 1550nm 波长上的最低损耗为 0.19dB/km。此类光纤在 1310nm 波段上的色散系数为零，因而在该波段上兼有低损耗和大通信容量的特点。基于此，多年来 G.652 光纤在 1310nm 波段上得到广泛应用。在 1550nm 波段上，G.652 光纤约有 17ps/(nm·km)的色散值，这限制了带宽。但因为在 1550nm 波段上 G.652 光纤有更低的损耗，所以当通信容量不太大，传输距离不太长的情况下，也可将 G.652 光纤在 1550nm 波段上使用(如模拟电视信号的传输)。在此波段上如需以较高速率、较长距离传输信号时，可以用色散补偿器对光纤在 1550nm 波段上的色散进行补偿。G.652 光纤的谱损和色散特性如图 1-1 所示。

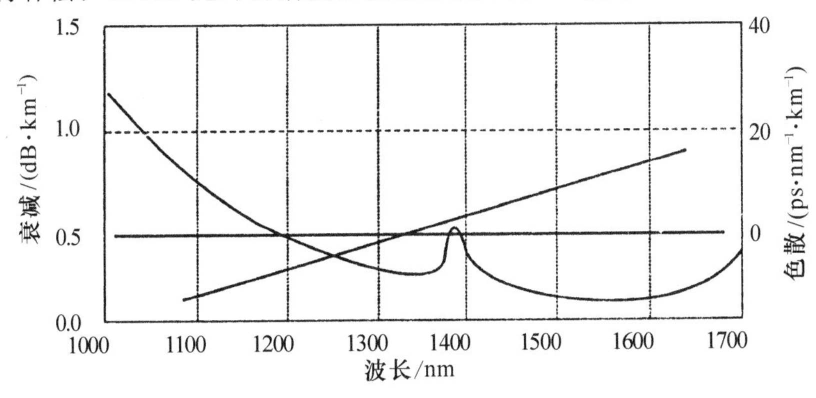

图 1-1　G.652 光纤的谱损和色散特性

G.652 光纤通常采用阶跃型折射率剖面结构。在 20 世纪 90 年代上半期以前，有匹配型包层(Matched Cladding)和凹陷型包层(Depressed Cladding)两种结构。前者以美国康宁公司的产品为代表,后者以美国AT&T公司的产品为代表。从20世纪90年代下半期以来,国际上统一采用匹配型包层结构形式,如图1-2所示。

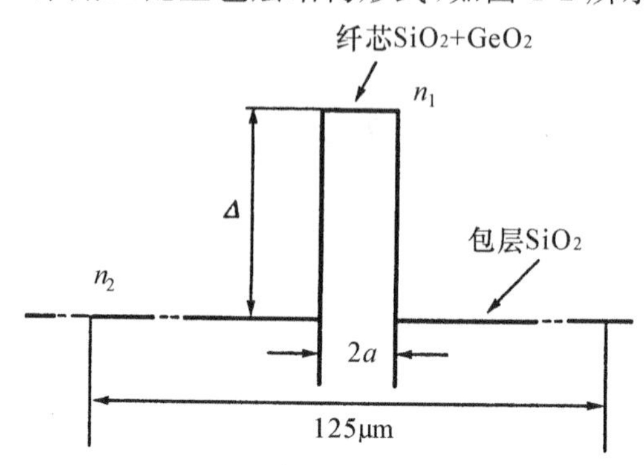

图1-2 匹配型包层单模光纤结构

1978年,国际电话电报咨询委员会CCITT(即ITU-T前身)和国际电工委员会IEC分别成立了专门的分技术委员会,负责光纤国际标准的制定工作。1979年,CCITT和IEC各与会代表经过协商,一致通过的第一个光纤标准是:将光纤直径定为125μm。这为日后世界各国光纤厂商设计、开发、制作光纤及用于光纤连接的光纤插芯等提供了一个共同遵循的光纤直径标准,从而保证了全世界的光纤及其接插件的通用性(Commonality)和互换性(Interchangeability)。这对光纤技术和产业的发展起着巨大的推动作用。笔者当年作为中国代表出席在加拿大渥太华举行的IEC Subcommittee 46E(光纤分技术委员会)会议,有幸见证了这一历史时刻。

对于单模光纤,根据单模运行的条件,即归一化频率$\upsilon<2.405$,而

$$\upsilon=\frac{2\pi}{\lambda}an_2(2\Delta)^{1/2} \tag{1-1}$$

将波长$\lambda=1.31\mu m$,融石英折射率$n_2=1.447$代入上式,可求得匹配型包层单模光纤典型的结构参数:纤芯直径$2a=8.3\mu m$,相对折射率差Δ为0.33%~0.36%,包层外径为125μm。

匹配型包层单模光纤是一种最简单的折射率剖面结构的光纤,其传输特性包括色散、模场直径和截止波长之间可用十分简单的近似公式相联系。

单模光纤的一个主要性能是波长色散(Chromatic dispersion),波长色散是指光源波谱中不同波长的分量在光纤中的不同的群速而导致光脉冲的展宽不同。群延时是光脉冲通过单位长度光纤所需的时间。群延时是波长的函数,表示为$\tau(\lambda)$,单位为ps/km。波长色散系数(Chromatic dispersion coefficient)是指行经单位长度的光脉冲由于单位波长变化导致的群延时的变化,其表示式为$D(\lambda)=\mathrm{d}\tau/\mathrm{d}\lambda$,单位为ps/(nm·km)。波长色散斜率是波长色散系数对波长的曲线的斜率,其表示式为$S(\lambda)=\mathrm{d}D/\mathrm{d}\lambda$,单位为ps/(nm^2·km)。由此,光纤波长色散(系数)可写为

$$D=\frac{\mathrm{d}\tau}{\mathrm{d}\lambda}=\frac{\mathrm{d}^2\beta}{\mathrm{d}\omega^2}=-\frac{1}{2\pi c}\left(2\lambda\frac{\mathrm{d}\beta}{\mathrm{d}\lambda}+\lambda^2\frac{\mathrm{d}^2\beta}{\mathrm{d}\lambda^2}\right) \tag{1-2}$$

式中,τ为群延时。

考虑到光纤的弱导条件$\Delta \ll 1$,可忽略纤芯和包层之间色散特性的差别。单模光纤色散可简化为材料色散D_M和波导色散D_W之和,即

$$D = D_M + D_W \tag{1-3}$$

材料色散

$$D_M = -\frac{\lambda}{c} \cdot \frac{\mathrm{d}^2 n_2}{\mathrm{d}\lambda^2} \tag{1-4}$$

波导色散

$$D_W = \frac{n_2 \Delta}{c} \lambda \upsilon \frac{\mathrm{d}^2(\upsilon b)}{\mathrm{d}\upsilon^2} \tag{1-5}$$

式中,b为归一化传播常数;$b = \frac{\beta^2 - k^2 n_2^2}{k^2 n_1^2 - k^2 n_2^2}$;$\beta$为传播常数。　(1-6)

单模光纤的材料色散是纤芯和包层材料色散的加权平均:

$$D_M = -\frac{\lambda}{c}\left[\Gamma \frac{\mathrm{d}^2 n_1}{\mathrm{d}\lambda^2} + (1-\Gamma)\frac{\mathrm{d}^2 n_2}{\mathrm{d}\lambda^2}\right] \tag{1-7}$$

式中,Γ为光强在光纤中的分布函数(Confinement factor):

$$\Gamma = P_{纤芯}/(P_{纤芯} + P_{包层}) = 1 - \frac{u^2}{\upsilon^2}[1 - \xi_0(w)] \tag{1-8}$$

式中,$\xi_0(w) = \frac{K_0^2(w)}{K_1^2(w)}$;

u,w为光纤纤芯和包层的横向传播常数;

$K(w)$为第二类变质贝塞尔函数。

作为工程计算可以略去纤芯和包层材料色散特性的差别,故式(1-7)可简化为式(1-4)。因此,可以用包层纯二氧化硅的材料色散来近似光纤的材料色散。

此项色散可通过修正的Sellmeier公式来计算:

$$n = C_0 + C_1\lambda^2 + C_2\lambda^4 + \frac{C_3}{\lambda^2 - l} + \frac{C_4}{(\lambda^2 - l)^2} + \frac{C_5}{(\lambda^2 - l)^3}$$

$$\frac{\mathrm{d}^2 n_2}{\mathrm{d}\lambda^2} = 2C_1 + 12C_2\lambda^2 - \frac{2C_3}{(\lambda^2 - l)^2} - \frac{4C_4 - 8C_3\lambda^2}{(\lambda^2 - l)^3} - \frac{6C_5 - 24C_4\lambda^2}{(\lambda^2 - l)^4} + \frac{48C_5\lambda^2}{(\lambda^2 - l)^5}$$

式中,$l = 0.035$;

$C_0 = 1.4508554$;

$C_1 = -0.0031268$;

$C_2 = -0.0000381$;

$C_3 = 0.003027$;

$C_4 = -0.0000779$;

$C_5 = 0.0000018$。

在光纤波导中,光波是在由纤芯和包层的界面所限定的空间中进行传输的。因此,光纤的色散特性除了由介质的特性所决定的材料色散(当光纤材料确定后,此项为常数)外,还受制于光纤的波导结构所形成的波导色散。

单模光纤中光场主要分布在光纤纤芯中,也有部分光场分布在包层中。因为纤芯和包层的折射率有所不同,因而光波在纤芯和包层中的相速度是不一样的,光波传输的

群速度则是光波在纤芯和包层中按能量(光强)分布的速度的加权平均值。不同波长的光波有不同的 υ 值(归一化频率)和不同的传播常数,加上其在光纤纤芯和包层的能量分布的不同,因此不同波长的光波在光纤中的群速度也是不同的,这就构成了波导色散。

单模光纤的波导色散仅取决于波导结构,而波导结构则由折射率剖面分布所确定。它包括纤芯直径,折射率差 Δ 的大小和折射率剖面的形状(如阶跃型、三角型、梯度型、W 型及其他多层型等)。

单模光纤可以通过改变其折射率剖面结构来改变其波导色散值,从而得到各种所需的光纤总色散特性。

对 G. 652 光纤而言,其波导色散可用模场直径 w_0 的函数来表示:

$$D_W = -\frac{1}{\pi^2 n_2 c} \cdot \frac{\lambda}{w_0^2} \cdot \left(\frac{\lambda}{w_0} \cdot \frac{\mathrm{d}w_0}{\mathrm{d}\lambda} - \frac{1}{2}\right) \tag{1-9}$$

而模场直径又可通过近似表达式,用截止波长 λ_c 的函数来表示:

$$\frac{w_0}{a} = 0.65 + 0.434\left(\frac{\lambda}{\lambda_c}\right)^{3/2} + 0.0149\left(\frac{\lambda}{\lambda_c}\right)^6 = 0.65 + 1.619\upsilon^{-\frac{3}{2}} + 2.879\upsilon^{-6} \tag{1-10}$$

因而,我们可以在模场直径和截止波长的坐标图上画出色散特性曲线,来表达三者之间的关系。

将式(1-10)对波长求导:

$$\frac{\mathrm{d}w_0}{\mathrm{d}\lambda} = \frac{a}{\lambda}\left(\frac{2.4285}{\upsilon^{3/2}} + \frac{17.274}{\upsilon^6}\right) \tag{1-11}$$

将式(1-10)、式(1-11)代入式(1-9),并定义:

$$w_0 = a f_1(\upsilon)$$

$$\frac{\mathrm{d}w_0}{\mathrm{d}\lambda} = \frac{a}{\lambda} f_2(\upsilon)$$

式中,$f_1(\upsilon) = 0.65 + \dfrac{1.619}{\upsilon^{3/2}} + \dfrac{2.879}{\upsilon^6}$

$$f_2(\upsilon) = \frac{2.4285}{\upsilon^{3/2}} + \frac{12.274}{\upsilon^6}$$

遂可得波导色散为

$$D_W = -\frac{8 n_2 \Delta}{\lambda_c} \cdot \frac{1}{\upsilon^2 f_1(\upsilon)}\left(\frac{f_2(\upsilon)}{f_1(\upsilon)} - \frac{1}{2}\right) \tag{1-12}$$

这是一个可用计算器手工计算的简单表达式,将式(1-12)与式(1-4)相加,即得单模光纤总色散:

$$D = D_M + D_W$$

利用上述关系式,可得如图 1-3 所示的单模光纤特性图表。图中标示的方框部分即为 G. 652 光纤的最佳技术规范:

模场直径　　(9.3±0.5)μm;

光纤截止波长　　λ_c =(1260±70)nm;

成缆光纤截止波长　　λ_{cc} ≤1260nm;

零色散波长　　λ_0 为 1300~1324nm;

色散斜率　　$S=0.093ps/(nm^2 \cdot km)$；

色散值　　$D(\lambda)=S_0(\lambda/4)(1-\lambda_0^4/\lambda^4)ps/(nm \cdot km)$，

（λ 为 1200～1600nm）；

1550nm 色散值　　≤17ps/(nm・km)。

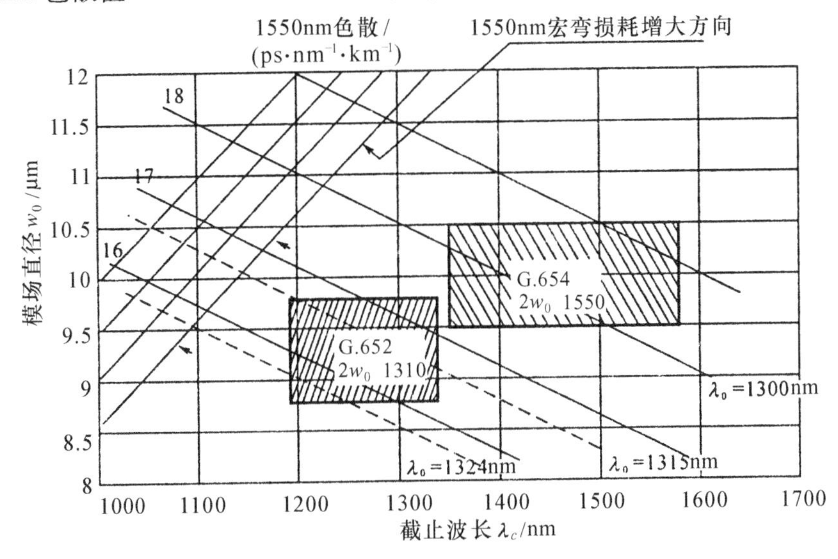

图 1-3　G.652 和 G.654 技术规范

从图 1-3 可见，光纤在 1550nm 波长上的宏弯损耗的变化情况：模场直径愈大，截止波长愈小，宏弯损耗则愈大。

这是因为模场直径愈大，截止波长愈小时，光纤中场的集中度愈差，弯曲时，光波易逸出光纤造成辐射损耗。G.652 光纤的宏弯指标是在半径为 30mm 时绕 100 圈，附加损耗≤0.5dB，在通常情况下，这个要求是容易做到的。

单模光纤的几何指标和筛选应力则由工艺水平而定，ITU G.652 的规范如下：

包层外径　　(125±1)μm；

纤芯同心度误差　　≤0.6μm；

包层不圆度　　≤1.0%。

国内外一些主要光纤厂商的光纤产品的指标均优于上述规范。

光纤的筛选应力≥100kpsi(0.69GPa)。

ITU　G.652 光纤的规范

G.652 光纤分为四个子类，这些类别主要的区别在于 PMD 要求和在 1383nm 的衰耗要求(表 1-1)。

G.652.A 光纤是有支持某些应用所需的建议属性和参数值。例如在最高 STM-16 以及从 10Gbit/s 到 40km(以太网)的 ITU-T G.957 和 G.691 建议书建议的应用和在 STM-256 的 ITU-T G.693 建议书中的应用。

G.652.B 光纤是有支持最高 STM-64 的更高比特率应用所需的建议属性和参数值(表 1-2)。例如在 ITU-T G.691 和 G.692 建议书中的某些应用，以及用于 ITU-T

G.693和G.959.1建议书某些应用的STM-256。

G.652.C光纤的属性，类似于G.652.A，允许在1360nm到1530nm的扩展波长范围内的部分传输。

G.652.D光纤的属性，类似于G.652.B，允许在1360nm到1530nm的扩展波长范围内的部分传输(表1-3)。

表1-1　ITU G.652.A/C光纤技术规范(2016年版)

<table>
<tr><td colspan="4">光纤属性</td></tr>
<tr><td rowspan="2">参数</td><td rowspan="2">表述</td><td colspan="2">数值</td></tr>
<tr><td>G.652.A</td><td>G.652.C</td></tr>
<tr><td rowspan="3">模场直径</td><td>波长</td><td colspan="2">1310nm</td></tr>
<tr><td>标称值范围</td><td colspan="2">8.6～9.5μm</td></tr>
<tr><td>容差</td><td colspan="2">±0.6μm</td></tr>
<tr><td rowspan="2">包层直径</td><td>d</td><td colspan="2">125.0μm</td></tr>
<tr><td>容差</td><td colspan="2">±1μm</td></tr>
<tr><td>纤芯包层同心度误差</td><td>最大值</td><td colspan="2">0.6μm</td></tr>
<tr><td>包层不圆度</td><td>最大值</td><td colspan="2">1%</td></tr>
<tr><td>光缆截止波长</td><td>最大值</td><td colspan="2">1260nm</td></tr>
<tr><td rowspan="4">宏弯损耗</td><td>半径</td><td colspan="2">30mm</td></tr>
<tr><td>圈数</td><td colspan="2">100</td></tr>
<tr><td>在1550nm处最大值</td><td>0.1dB</td><td></td></tr>
<tr><td>在1625nm处最大值</td><td></td><td>0.1dB</td></tr>
<tr><td>筛选应力</td><td>最小值</td><td colspan="2">0.69GPa</td></tr>
<tr><td rowspan="3">波长色散系数</td><td>λ_{0min}</td><td colspan="2">1300nm</td></tr>
<tr><td>λ_{0max}</td><td colspan="2">1324nm</td></tr>
<tr><td>S_{0max}</td><td colspan="2">0.09ps/(nm^2·km)</td></tr>
<tr><td colspan="4">光缆属性</td></tr>
<tr><td>参数</td><td>表述</td><td colspan="2">数值</td></tr>
<tr><td rowspan="4">衰减系数</td><td>1310nm～1625nm区域的最大值</td><td></td><td>0.4dB/km</td></tr>
<tr><td>在1310nm最大值</td><td>0.5 dB/km</td><td></td></tr>
<tr><td>在1383±3nm最大值</td><td></td><td>0.4dB/km</td></tr>
<tr><td>在1550nm最大值</td><td>0.4 dB/km</td><td>0.3dB/km</td></tr>
<tr><td rowspan="3">PMD系数</td><td>M</td><td colspan="2">20段光缆</td></tr>
<tr><td>Q</td><td colspan="2">0.01%</td></tr>
<tr><td>PMD_Q最大值</td><td>0.5ps/km$^{1/2}$</td><td>0.5ps/km$^{1/2}$</td></tr>
</table>

表 1-2　ITU G. 652 B 光纤技术规范(2016 年版)

光纤属性		
参数	表述	数值
		G. 652. B
模场直径	波长	1310nm
	标称值范围	8. 6～9. 5μm
	容差	±0. 6μm
包层直径	d	125. 0μm
	容差	±1μm
纤芯包层同心度误差	最大值	0. 6μm
包层不圆度	最大值	1%
光缆截止波长	最大值	1260nm
宏弯损耗	半径	30mm
	圈数	100
	在 1625 nm 处最大值	0. 1dB
筛选应力	最小值	0. 69GPa
波长色散系数	λ_{0min}	1300nm
	λ_{0max}	1324nm
	S_{0max}	0. 092 ps/(nm^2 · km)
光缆属性		
参数	表述	数值
衰减系数	在 1310 nm 最大值	0. 4dB/km
	在 1550 nm 最大值	0. 35dB/km
	在 1625 nm 最大值	0. 4dB/km
PMD 系数	M	20 段光缆
	Q	0. 01%
	PMD_Q 最大值	0. 2ps/km$^{1/2}$

表 1-3　ITU G.652.D 光纤技术规范(2016 年版)

光纤属性		
参数	表述	数值
		G.652.D
模场直径	波长	1310nm
	标称值范围	8.6～9.2μm
	容差	±0.4μm
包层直径	*d*	125.0μm
	容差	±0.7μm
纤芯包层同心度误差	最大值	0.6μm
包层不圆度	最大值	1%
光缆截止波长	最大值	1260nm
宏弯损耗	半径	30mm
	圈数	100
	在 1625 nm 处最大值	0.1dB
筛选应力	最小值	0.69GPa
色散参数 3 项 Sellmeier 拟合(1260nm～1460nm)	λ_{0min}	1300nm
	λ_{0max}	1324nm
	S_{0min}	0.073ps/(nm^2 · km)
	S_{0max}	0.092ps/(nm^2 · km)
线性拟合(1460nm－1625nm)	在 1550 nm 最小值	13.3(ps/nm · km)
	在 1550 nm 最大值	18.6(ps/nm · km)
	在 1625 nm 最小值	17.2(ps/nm · km)
	在 1625 nm 最大值	23.7(ps/nm · km)
光纤属性		
参数	表述	数值
衰减系数	1310nm～1625nm 区域的最大值	0.4dB/km
	氢老化后在 1383±3nm 最大值	0.4dB/km
	1530nm～1565nm 区域的最大值	0.3dB/km
PMD 系数	*M*	20 段光缆
	Q	0.01%
	PMD_Q 最大值	0.2ps/km$^{1/2}$

G.652光纤中A,B,C,D四个子类的主要区别如表1-4所示。

表1-4 G.652光纤中A,B,C,D四个子类主要区别

类别	最大 PMD_Q(ps/km$^{1/2}$)	水峰
A	0.5	未规定
B	0.2	未规定
C	0.5	低水峰
D	0.2	低水峰

1.1.1 光纤规范中的光纤属性和光缆属性

(1)光纤属性(Fiber Attributes)中的有关指标,均为光纤的内禀特性,如光纤的几何参数、模场直径、色散系数、宏弯损耗等。这些性能完全是由光纤的几何结构和光学结构,即折射率剖面分布所决定,不受光缆结构和敷设状态的影响。关于截止波长,光纤的理论截止波长也是光纤的内禀特性,现在通用的成缆光纤的截止波长,又称有效截止波长,虽然与光缆结构和敷设状态有关,但无论是数值上的对应关系,或是等效的测量方法的建立,都使成缆光纤的截止波长和光纤的理论截止波长之间有很好的相关性。因此也归类于光纤属性之列。详见本书第二篇第12章"单模光纤成缆前后的截止波长"。

(2)光缆属性(Cable Attributes)中的有关指标首先是由光纤的内禀特性所定,但受光缆结构和敷设状态的影响较大。如光纤衰耗指标,由于光缆结构中宏弯,尤其是微弯的影响,会使光纤产生附加损耗。光纤着色层不均匀、光纤在松套管中的余长控制不当等,均会导致光纤的微弯损耗。在光缆敷设后的长期使用过程中,PMD(Physical Media Dependent)也会由于光纤油膏的变质、氢损等因素导致光纤损耗的增加。

光纤偏振模色散的情况更为复杂。PMD的形成首先是由于光纤本身几何或光学结构的各向异性所产生的本征双折射的结果,还与光纤在光缆中所受到的弯曲、扭绞、横向压力等机械外力所产生的附加双折射有关。不仅如此,光缆在敷设使用过程中,还会受环境条件,如温度的变化而变化,而且这些外界因素均是随机变化的。因此,光纤的PMD指标,在成缆前后,以及光缆敷设前后均不相同。所以PMD系数在光纤属性中规定的最大值,是对于一定的光缆结构必须支持其在光缆链路使用时 PMD_Q 的基本要求。有鉴于此,PMD指标在光纤属性、光缆属性中分别表示,并应有统计相关性。PMD原理可参见本书第一篇第四章"单模光纤的偏振模色散及其测量原理"。

1.1.2 偏振模色散(PMD)的统计计算

偏振模色散(PMD)是一个统计属性,它也可用差分群延时(DGD)来描述。DGD是一个光信号的两个主偏振态(PSP)之间的时间差。对于一根给定的光纤,PMD则是在一定的波长范围内DGD实测值的平均值。在特定的时间和波长范围内,PMD对通信系统造成的损害取决于这段时间和波长上的DGD。因此,为与光缆的PMD系数统计分布相关的DGD的统计分布建立一个有用的限制条件是十分必要的,这种限制条件已经确立并成文于IEC 61282-3文件中。一个由M段光缆组成的链路的PMD系数X_M可由每段光缆的PMD系数的实测值X_i按下式求得,为简化起见,假设各段光缆长度相同:

$$X_M=\frac{\left(\sum_{i=1}^{M}X_i^2\right)^{1/2}}{M^{1/2}} \tag{1-13}$$

如前所述,成缆光纤的PMD主要取决于光纤本身的本征双折射,也与其在所处的光缆结构中的状态有关。对于特定的一个光纤光缆厂商,由于光纤和光缆生产工艺过程中的不确定性,影响偏振模色散的因素均在一定程度上随机波动,因而成缆光纤的PMD系数有一个概率分布。我们可以以成缆光纤PMD的实测值为基础,通过计算得到光缆链路PMD系数的概率密度函数,并由此求得光缆链路PMD设计值。对于一个由M段光缆级连组成的链路,其PMD的设计值PMD_Q定义为链路的PMD系数超过PMD_Q的概率为Q,即

$$P\{X_M>PMD_Q\}=Q \tag{1-14}$$

而当$K>M$时,则有

$$P\{X_K>PMD_Q\}<Q \tag{1-15}$$

在IEC 61282-3文件中给出了三种方法来估算光缆链路PMD的概率分布,即蒙特卡罗数值法(Monte Carlo Numeric Method),Gamma分布分析法(Gamma Distribution Analytic)和模式独立分析法(Mode-Independent Analytic Method)。ITU SG15采用最容易描述的蒙特卡罗数值法,说明如下。

将每段光缆的PMD实测值表示为X_i,i为测量值序数,其范围从1到N,从N个测量数据群中随机抽样,按式(1-13)计算出100000个链路的PMD系数,每个链路由20段光缆组成(注:当$N=100$时,可构成5.3×10^{20}个可能的链路值)。由此可得链路的PMD系数为

$$Y=\left(\frac{1}{20}\sum_{K=1}^{20}X_K^2\right)^{1/2} \tag{1-16}$$

收集100000个Y值来构成链路PMD系数分布的直方图(密度高达0.001 $ps/km^{1/2}$)。根据中心极限定理,此直方图最终是收敛的,故可用一个归纳概率水平的参量方程来拟合,由此得到概率密度函数,并找出与概率99.99%相应的PMD值取作PMD_Q值。如果此计算得到的PMD_Q值小于规定值($0.5ps/km^{1/2}$)则视为符合规范之规定。

在光缆的结构设计和生产工艺稳定,成缆前后光纤的PMD系数之间的关系能基本确定的前提下,可以将未成缆光纤的PMD系数的测量值用做成缆光纤的PMD系数的统计样本。而光缆厂商则可据此来规定未成缆光纤的PMD系数的最大值。在上述PMD_Q计算的基础上,还可计算最大DGD值(DGD_{max})。这里,DGD_{max}的值是预先设定为25ps,再计算最大概率P_F。如果计算的最大概率P_F小于规定值6.5×10^{-8},则视为符合规范之规定。

在应用蒙特卡罗法计算以前,先计算PMD系数的最大值P_{max}。对于一个具有特定PMD系数的光缆链路,其DGD随时间和波长的随机变化可用一个单参数的麦克斯韦

(Maxwell)概率分布来描述,该参数为链路 PMD 系数和链路长度平方根的乘积,据此,可求得 P_{max} 为

$$P_{max}=\frac{DGD_{max}}{L_{ref}^{1/2}}=\frac{25}{20}=1.25 \tag{1-17}$$

式中,$L_{ref}=400km$ 为参考链路长度。

然后用每一组两个相邻的由 20 段光缆组成的链路的 PMD 值 Y_{2j-1} 和 Y_{2j},可求出由 40 段光缆组成的链路的 PMD 值 Z_j,如式(1-18)所示:

$$Z_j=\left[\frac{(Y_{2j-1}^2+Y_{2j}^2)}{2}\right]^{1/2} \tag{1-18}$$

(注:在上述数据群中能得到可接受的 50000 个 Z_j 值。)

计算在第 j 个由 40 段光缆组成的链路上超过 DGD_{max} 的概率 P_j 为

$$P_j=1-\int_0^{P_{max}/2j}2(4/\pi)^{3/2}\left[\frac{t^2}{\Gamma(3/2)}\right]\exp\left[-(4/\pi)t^2\right]dt \tag{1-19}$$

遂可得超过 DGD_{max} 的概率 P_F 为

$$P_F=\frac{1}{50000}\sum_j P_j \tag{1-20}$$

综上所述,求取 PMD_Q 的方法是建立在直接测量值基础上的,因而它在商贸场合作中为一个规范要求来使用似乎更直观些;而用以规范 PMD 分布的 DGD_{max} 方法则是建立在推算的基础上,可包含更多系统设计的信息。

1.1.3 ITU 光纤规范中关于波长色散系数的表示方法

ITU 光纤规范中关于波长色散系数的表示方法有两种:

(一)传统的方法(俗称 box-like 方法)是规定在一定波长范围内的波长色散系数 D 的数值范围。即

$$D_{min}\leqslant|D(\lambda)|\leqslant D_{max}$$

式中,$\lambda_{min}\leqslant\lambda\leqslant\lambda_{max}$

对每一类型的光纤均规定其相应的 D_{min},D_{max},λ_{min},λ_{max} 及色散系数的正负号。

一般来说,光纤中的材料色散是由于石英材料的折射率与光波长存在关联而造成的。具体材料色散系数可以表述为以下形式:

$$D_m(\lambda)=\frac{\partial\tau_g}{\partial\lambda}=-\left(\frac{\lambda}{c}\right)\left(\frac{\partial^2 n}{\partial\lambda^2}\right) \tag{1-21}$$

而石英材料的折射率与波长的关系则需要通过实验获得。一般使用 Sellmeier 方程用于描述该关系。1310nm 波长附近可使用三项 Sellmeier 方程用以近似计算。则群延时可表述为:

$$\tau_g=A+B\lambda^2-C\lambda^{-2} \tag{1-22}$$

所以,材料色散可以表示为:

$$D_m(\lambda)=2B\lambda-2C\lambda^{-3} \tag{1-23}$$

由于零色散波长时色散为零,所以可以得到 $\lambda_0^4 = C/B$,将色散公式再次对波长求取偏导,可以得到色散斜率的公式,定义零色散波长处的斜率为零色散斜率 S_0,则最终可以得到 $S_0 = 8B$。所以材料色散的公式最终变化为:

$$D_m(\lambda) = S_0/4[\lambda - (\lambda_0^4/\lambda^3)] \tag{1-24}$$

通过三项 Sellmeier 方程进行近似运算,只需要知道零色散波长和零色散斜率就可以估算出各个波长的色散情况。但是,值得关注的是,这种估算方法是以零色散位置为参考的,所以越接近零色散的区域其计算的误差越小。距离 1300nm 愈远近似精度就愈差,所以在 1550nm 处需用 5 项 Sellmeier 方程进行计算以增加精确度,但是由于有更多系数的引入,会使得计算更加复杂,需要的实际参数也无法仅限于零色散位置的零色散波长和斜率。

此外,上述通过三项 Sellmeier 方程的计算是基于对材料色散的推导。由于在 1310nm 波段波导色散值相对较小,故直接将实际的零色散波长和零色散斜率代入上述公式,在 1310nm 附近可以得到与实际符合度较好的结果。但是,当使用类似方法计算 1550nm 波段的色散时,由于波导色散的增加,即便使用更复杂的五项 Sellmeier 方程,也无法高精度地符合实际色散的情况。故也可用其他方法去计算 1550nm 区域的色散。

ITU 标准在 2016 年之前(即 2009 年及之前的标准)G. 652 光纤关于色散的计算方法和参数均是统一的,即通过上面的公式,仅需提供零色散斜率的最大值 $S_{0\max}$、零色散波长的最大值 $\lambda_{0\max}$、零色散波长的最小值 $\lambda_{0\min}$,就可根据下述不等式得出对应波长的色散系数范围:

$$\frac{\lambda S_{0\max}}{4}\left[1-\left(\frac{\lambda_{0\max}}{\lambda}\right)^4\right] \leqslant D(\lambda) \leqslant \frac{\lambda S_{0\max}}{4}\left[1-\left(\frac{\lambda_{0\min}}{\lambda}\right)^4\right] \tag{1-25}$$

但是,由于系统设计对色散的精度要求越来越高,且在去除水峰而导致全波适用的情况下,针对 G. 652. D 光纤,2016 年更新的 ITU 标准中对 1310nm 波段附近(1260nm 至 1460nm)和 1550nm 波段附近(1460nm 至 1625nm)的色散范围运算方法作出了新的要求。

在 1260nm 至 1460nm 区间内,采用 3 项 Sellmeier 拟合,色散系数的范围被详细划分为三个区域,由下列三个不等式来描述:

$$\frac{\lambda S_{0\max}}{4}\left[1-\left(\frac{\lambda_{0\max}}{\lambda}\right)^4\right] \leqslant D(\lambda) \leqslant \frac{\lambda S_{0\min}}{4}\left[1-\left(\frac{\lambda_{0\min}}{\lambda}\right)^4\right](\lambda \leqslant \lambda_{0\min}) \tag{1-26}$$

$$\frac{\lambda S_{0\max}}{4}\left[1-\left(\frac{\lambda_{0\max}}{\lambda}\right)^4\right] \leqslant D(\lambda) \leqslant \frac{\lambda S_{0\max}}{4}\left[1-\left(\frac{\lambda_{0\min}}{\lambda}\right)^4\right](\lambda_{0\min} \leqslant \lambda \leqslant \lambda_{0\max}) \tag{1-27}$$

$$\frac{\lambda S_{0\min}}{4}\left[1-\left(\frac{\lambda_{0\max}}{\lambda}\right)^4\right] \leqslant D(\lambda) \leqslant \frac{\lambda S_{0\max}}{4}\left[1-\left(\frac{\lambda_{0\min}}{\lambda}\right)^4\right](\lambda \geqslant \lambda_{0\max}) \tag{1-28}$$

所以在光纤参数中需要增加最小零色散斜率 $S_{0\max}$的具体限值。

而在 1460nm 至 1625nm 区间内,根据大量光纤测试结果,ITU 标准研究得出了新的色散系数—波长的线性拟合关系,并在标准中以下不等式表现:

$$8.652 + 0.052(\lambda - 1460) \leqslant D(\lambda) \leqslant 12.472 + 0.068(\lambda - 1460) \tag{1-29}$$

根据以上的不等式,ITU 标准在 2016 版中分别明确给出了 G. 652. D 光纤在

1550nm 和 1625nm 处的色散系数的最大值与最小值。

（二）第二种方法是一种新方法，它将每一波长上的波长色散系数 $D(\lambda)$ 限定在一对上、下限色散系数曲线之间，即 $D_{min}(\lambda) \leqslant D(\lambda) \leqslant D_{max}(\lambda)$，并规定其波长范围：$\lambda_{min} \leqslant \lambda \leqslant \lambda_{max}$。上、下限色散系数曲线的斜率在不同波长范围会有所变化。ITU G.655.D 和 E 光纤的波长色散系数是用第二种方式来规范的，详见本章图 1-17 和图 1-18 所示 ITU G.655.D 和 E 光纤的色散系数一波长特性曲线。

1.1.4 G.652.C/D 光纤的氢老化试验

对于石英光纤，当氢气扩散到光纤波导中，衰减谱测试表明在 1080nm，1130nm，1170nm，1200nm，1240nm，1590nm 和 1630nm 波长处出现衰减峰，这些都是由氢分子的高次振动模引起的，其中以 1240nm 波长上的衰减峰最大，同时损耗增加的边缘可延伸到 1500nm 以外。这种长波长损耗边缘实际上是由很多损耗峰叠加而成的，所有这些峰都与氢气有关。这种损耗机理是可逆的，因为氢气在光纤中不是通过化学键结合，当解除光纤周围的氢气气氛，随着氢气分子从光纤中向外扩散，损耗将逐渐减小。

G.652.C/D 光纤规范中，光纤在(1383±3)nm 波长上的衰减值是指在做氢老化试验后的数值。氢老化试验应按下述 IEC 60793-2-50 Ed 3.0 规定的方法进行。氢老化试验是一种型式试验，每半年取 10 个光纤样品进行试验。

试验方法：取不小于 1km 长的光纤样品，试样的卷绕状态应不导致其在 1310nm 产生附加损耗。试验前先分别测出试样在 1240nm 波长和 1383nm 波长上的衰减值，以此为光纤样品的基准衰减值。然后将试样放在室温且气压为 0.01Pa 的氢气气氛试验装置中(参考试验条件)，为了缩短试验时间，可将氢气浓度提高(例如 1atm)，氢老化试验最好是在能产生代表现场条件的结果的氢气浓度中进行，提高氢气浓度可减少试验时间，但会产生较高的附加损耗。因而气压为 0.01Pa 的氢气气氛试验条件乃是在不实际的试验时间和过高附加试验损耗之间的一个折中。测量处在氢气中光纤样品在 1240nm 的损耗。此波长上的衰减变化乃是样品中氢分子存在的标志。当测量的衰减超过基准值 0.03dB/km 时，可认为光纤样品在 1383nm 波长上的衰减增加已达饱和，即可将样品从氢气气氛中移出。在正常环境中存放不少于 14 天后，测量其在 1383nm 波长上的衰减系数。

1.2 全波单模光纤(All-wave Single-mode Optical Fiber)

多年来，在传统的 G.652 光纤的谱损曲线上，总是有一个损耗峰，将光纤的损耗曲线割裂成传统的第二窗口(1280～1325nm)和第三窗口(1530～1665nm)。这一损耗峰是由于 OH 的存在，而形成 2.7μm 左右的波长上的吸收峰，水峰(1385±3nm)则是其中一次谐峰。多年来，人们一直在努力探索消除这一水峰的途径。实际上有的光纤厂商已通过改进光纤预制棒工艺，可以做到在制成的光纤中基本上消除水峰，但经过一段时间的使用后，水峰又会出现，这是因为在光纤的使用过程中，氢气与光纤中不可避免的缺陷的作用:结合产生的Si-OH将在1385nm波长上导致谐波损耗增加,而结合产生的Ge-OH则在1420nm波长上引起吸收损耗。因此消除水峰的难题一直无法彻底解决。1998年美国朗讯公司开发了一种新工艺,完全消除了光纤玻璃中的OH,从1280~1665nm的全部波长范围内可以开通光路,这类光纤称为全波光纤。如图1-4所示。

全波光纤的出现,使利用单一光纤实现多种通信业务有了更大的灵活性。从图1-4可见,传统的G.652光纤的传输系统主要用于第二波段(1280~1325nm)以及第三波段(1530~1565nm)两个低损耗窗口。其间的第五波段(1325~1530nm)由于水峰损耗的存在,一直未能开拓利用。在全波光纤中,由于水峰损耗的消失,遂令第五波段"天堑变通途",使这一广阔波段的损耗小于第二波段,而其色散又低于第三波段,从而使这一波段成为多种通信应用的理想选择。例如,可以在一根光纤上同时开通用于第二波段的波分复用(WDM)模拟视频;在1350~1450nm波段上的高比特(10Gbit/s)的密集波分复用(DWDM)的数据传输(该段波上光纤色散很小);以及在高于1450nm的全波段上的2.5Gbit/s的密集波分复用(DWDM)的数据传输;或可在1280~1625nm的全波段上采用粗波分复用(CMDM)进行各种信息的传输。粗波分复用的通道波长间隔约20nm,因此可使用无须制冷的激光器和廉价的分插复用器,从而可以得到在城域网和接入网最低的比特造价。

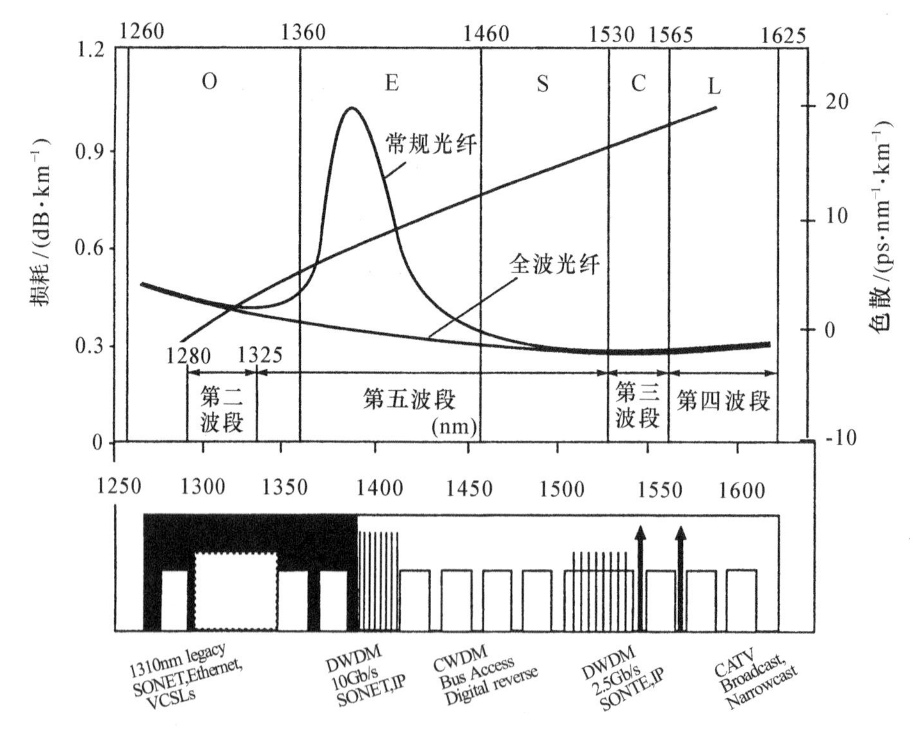

图1-4 全波光纤的传输特性

全波光纤的结构参数和色散特性与传统的G.652光纤完全一样,因此ITU将全波光纤也归类于G.652.C/D光纤,并专门规定了其特有的损耗特性,以资与一般的G.652光纤相区别。另外ITU还规范了老化试验条件,全波光纤经老化试验后,其水峰损耗应不大于在 1310nm 波长上的损耗。

全波光纤技术的突破，是光纤技术发展史上又一个里程碑。它使单模光纤的有效使用波段扩展为从 1280～1625nm 的石英光纤低损耗区域的全部波段。包括第二波段（1280～1325nm），第三波段（1530～1565nm），第四波段（1565～1625nm）以及第五波段（1325～1530nm），全波光纤技术的突破必将大大推动各个波段上相关光器件的发展，如激光光源、光放大器、OTDR 等，从而使全波段的光通信逐步成为可能。

朗讯公司全波光纤的折射率剖面（实测值）如图 1-5 所示。

继朗讯公司之后，康宁公司也推出了全波光纤 SMF-28e，藤仓公司则推出了全波光纤 Ultra Wave-OF，它们均归属于 G.652.C 系列光纤。

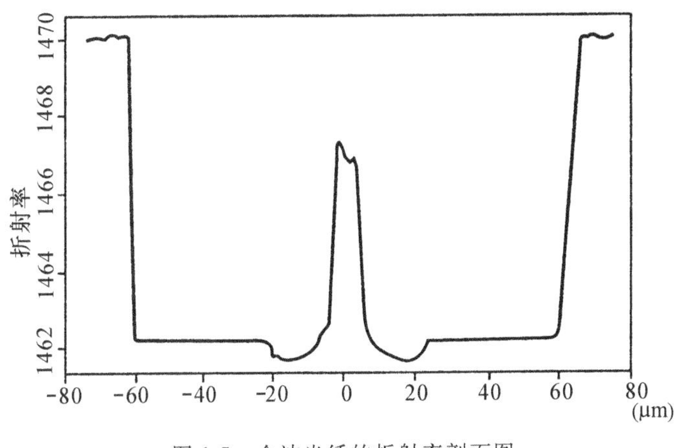

图 1-5　全波光纤的折射率剖面图

此外，康宁公司还推出了一种适用于城域网（Metropolitan Area Network，MAN）的光纤，称为 Metro CoreTM Fiber。这种光纤也消除了 1310～1550nm 的水峰损耗，因而也是一类全波光纤。所不同的是其零色散波长并不在 1310nm，而是移到 1625nm 以上，因而整个工作波段中是负色散。其他特性基本上与 G.652 相同，但因有色散位移，所以并不属于 G.652.C/D 系列之内。

1.2.1　全波光纤的制造工艺

众所周知，全波光纤的主要特征在于解决了在 1385nm 波长上的水峰损耗的问题。测量表明，光纤中导光部分的 OH 的含量为 1ppm 时，1385nm 波长上的损耗高达 65dB/km。在全波光纤中，OH 的浓度低达 0.8ppb，在 1385nm 产生的 OH 损耗仅为 0.05dB/km，加上该波长上的瑞利散射损耗，其总损耗不会超过 0.33dB/km。

全波光纤的前期开发始于 20 世纪 80 年代，鉴于多年来光纤制造工艺技术的发展和积累，在 1998 年实现了商用全波光纤的突破。主要贡献者当属朗讯公司贝尔实验室的 Kai Chang，David Kalish，Tom Miller 和 Mike Pearsall。

全波光纤的典型工艺流程如下：

1. 用 VAD 工艺制作芯棒（内包层/纤芯比值，$D/d<7.5$）；

2. 芯棒在氯气气氛中充分脱水（1200℃）；

3. 芯棒在氦气气氛中烧结(1500℃);

4. 芯棒拉伸(用氢氧焰作热源);

5. 拉伸后的芯棒用等离子蚀洗(Plasma Etching),除去表面 OH 污染层;

6. 在芯棒外套上低 OH 含量的合成石英管作外包层;

7. 将石英管外套管和芯棒烧成一体,形成光纤预制棒;

8. 光纤拉丝。

现将各工序分别介绍如下:

1. 用 VAD 工艺制作芯棒,如图 1-6 所示。在旋转的芯棒端部同时用火焰水解沉积纤芯和内包层,制成芯棒的多孔玻璃母体。内包层和纤芯的直径比例约为 7.5,即 $D/d \approx 7.5$。因为纤芯和内包层均为光纤的导光部分,因而要求脱水后 OH 含量低达 0.8ppb。关于 D/d 值的确定,要考虑到性能和成本的因素。D/d 值愈大,光传输损耗愈低,但 VAD 工艺是一个生产成本较高的工艺,VAD 的沉积量比例等于 $(D/d)^2$,因此 D/d 值愈大,生产成本愈高。所以,在商业化生产中,D/d 比值应控制在 4.4~7.5。鉴于降低 OH 损耗的理由,D/d 愈小,作为外包层套管的合成石英管的 OH 含量应愈低。

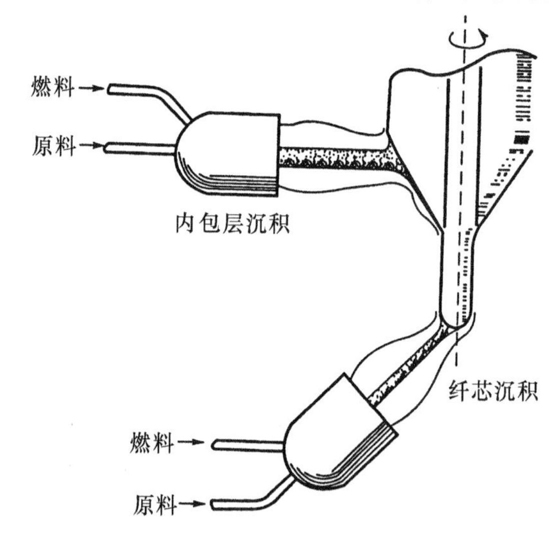

图 1-6 用 VAD 工艺制作芯棒

2. 沉积后的芯棒放在马弗炉中,在约 1200℃的温度下,通氯气脱水。氯气脱水的原理是将多孔体内的 OH 置换出来,产生的 Si-Cl 键的基本吸收波长在 25μm 附近,使之远离石英光纤的工作波段 0.8~2μm。充分脱水的条件是:温度尽量高(但不能高于玻璃的烧结温度);氯气流量要大些;脱水时间要长些(但需考虑生产成本)。脱水处理后,使芯棒的 OH 含量降低到 0.8ppb 及以下,以保证较低的水峰损耗。

3. 脱水后的芯棒继续在炉中升温,通氦气进行烧缩成玻璃实体。通氦气的作用是使氦气渗透到多孔的玻璃质点内,排除芯棒在火焰水解反应时残留在多孔体内的气体,如 HCl,H_2O,O_2,H_2 以及 Si 和 Ge 的化合物,等。由于氦气是除氢气以外的分子体积最小的气体,又是惰性气体,因此,氦气是完成这一功能的最佳选择。但氦气的价格较贵且在工艺过程中不参与反应。在商业生产中,通常采用氦气回收再生利用技术,以降低生产成本。这种氦气的循环再生系统装置(Helium Recovery-Reclaimation-Recycle Systems),已在市场上有商品出售。

4. 为了提高生产率,现代的光纤制造技术需制成大直径、大长度的预制棒,然后再直接或切断后拉丝。一次成型的 VAD(或 MCVD,OVD)芯棒都不可能做得太长。因此,需将一定直径的芯棒进行拉细伸长后,再进入外包层工序。拉伸工艺通常在竖直型的玻璃车床上进行。将芯棒夹持在同步旋转的上(头)架和下(尾)架之间,氢氧焰火炬则沿芯棒轴线,从下向上恒速移动。而下(尾)架则同步向下移动,芯棒遂被拉伸长。

5. 芯棒在氢氧气焰加热下拉伸时,火焰中的 OH 离子会沉积到芯棒表面。OH 离子活动性强,会迁移到芯棒内部,特别在最后的拉丝熔解状态中,OH 离子会迅速扩散到纤芯,引起光纤损耗,特别是水峰损耗的增加。更有甚者,OH 离子会分解出氢气,氢气的活动性更强,在拉丝过程中,会扩散到纤芯,与纤芯部分原子缺陷反应生成 OH 离子留驻下来。为此,采用等离子蚀洗(Plasma Etching)以除去拉伸芯棒表面残留的 OH 离子。

首先介绍一下由贝尔实验室开发的等温等离子火炬的结构。如图 1-7 所示,其外罩①由熔石英材料制成,通过管子分别与气源②,③相连。气源②供给等离子放电所需的工作气体,如 O_2 或 O_2/Ar,它们被高频线圈④所激励而在腔体内形成等离子火球⑤。气源③则提供高电离阈值气体,如 N_2 或 Ne。它们处于内罩壳⑥的外部,即等离子体的上端,这里需要高的射频能量耦合到气体,以形成等离子体,从而将腔体内的等离子火球推出腔体,形成等离子火炬。

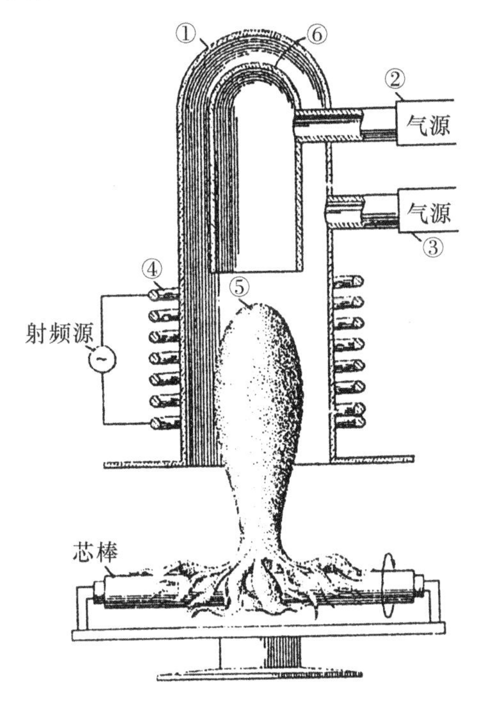

图 1-7　等离子火炬蚀洗

图 1-7 中所示的等温等离子蚀洗的原理是:当等离子火焰加到光纤芯棒上时,由于等离子火焰极高的温度(火球中心温度可达 9000℃),电导火球与芯棒接触,使芯棒表面

温度急剧升高，超过表面物质的汽化温度而使其直接升华挥发。这样，芯棒表面就被刮去一层，从而将残留在其上的 OH 离子清除殆尽。

等离子火炬也可代替氢氧焰火炬作为热源用于芯棒拉伸工艺，由于等离子火炬是无 OH 的热源，拉伸芯棒的表面就不会有 OH 污染。这样就不必再进行等离子蚀洗工序了。

6. 在拉伸芯棒上套上用作外包层的低 OH 含量的高纯合成石英管。如前所述，石英管 OH 含量大小取决于芯棒 D/d 值的大小。D/d 值愈小，要求石英 OH 含量愈小，反之亦然。具体关系如表 1-5 所示。

表 1-5　芯棒 D/d 值与外套管 OH 含量的关系

芯棒 D/d 值	外套管 OH 含量/ppm
7.5	<200
5.2	<1.0
4.4	<0.5

7. 将外套管和芯棒烧结成一体的设备和工艺如图 1-8所示。外套管①夹持在竖直型玻璃车床的下(尾)架上，芯棒②悬挂在上(头)架上，调节上、下床臂③，④的相对位置，即可将芯棒置于套管内。芯棒和套管之间应有均匀且适当的间隙。例如，芯棒直径为 20mm，套管内的内径为 21.5mm，即应有 0.75mm 的间隔。当套管和芯棒绕中心轴同步旋转时，环形氢氧焰火炬⑤沿轴线从上向下移动，同时在下端抽去管内空气，从而使套管烧结至芯棒上，形成一体的预制棒。

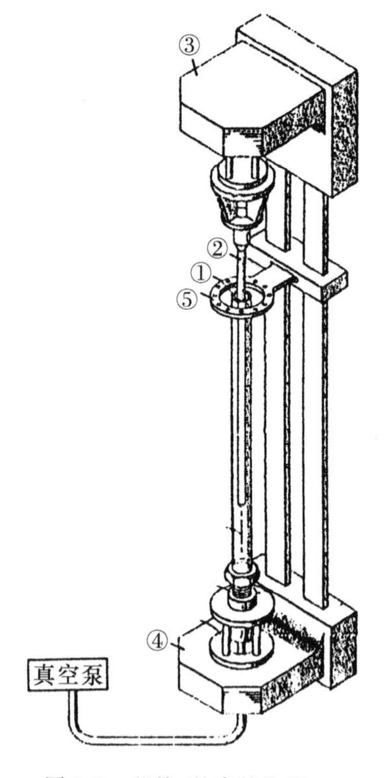

图 1-8　芯棒/外套管烧结

8. 光纤拉丝采用传统的拉丝工艺，在拉丝塔上进行，这里不详述。

从以上叙述可见，全波光纤工艺的关键是第 2，第 5 两步，充分地脱水和除去芯棒表层的 OH 污染，是降低水峰损耗的关键所在。实际上采用其他预制棒工艺，采取类似措施也可制成全波光纤。商用光纤的预制棒通常采用 OVD/OVD，VAD/OVD，MCVD/OVD，等工艺，并均可用作全波光纤的制作，但在采用 MCVD 制作芯棒时，一是需采用高纯石英基管，二是需采用无 OH 的等离子火炬代替氢氧火炬作为热源。OVD 外包层的纯度要求与外套管相同。

1.2.2　光纤的氘气处理

氢气导致光纤损耗增加的类型可分为两大类：一类是由于氢气导致的损耗，另一类是由于氢与光纤波导部分缺陷反应形成的。当氢气扩散到光纤波导中，衰减谱测试表明：在若干波长处会出现衰减峰，这些都是由氢分子的高次振动模引起的，其中以

1240nm波长上的衰减最大。这种损耗机理是可逆的,因为氢气在光纤中不是通过化学键结合,当解除光纤周围的氢气气氛,随着氢气分子从光纤中向外扩散,损耗将逐渐减小。光纤的氢损主要是指第二类,即氢气扩散进入光纤波导部分,和玻璃中的缺陷发生反应,在一些特征波长上造成光纤衰减增加的过程,这种过程包括物理过程和化学过程两个方面。物理过程主要是指氢气在光纤玻璃中的扩散过程。氢分子在光纤中的扩散过程,可以简单地表述为

$$\frac{\partial C}{\partial t}=\frac{1}{r}\frac{\partial}{\partial r}\left(rD\frac{\partial C}{\partial r}\right) \tag{1-30}$$

式中,C是光纤中氢气的浓度(mol%);t是扩散时间(s);D是氢气在光纤中的扩散系数(cm^2/s);r是扩散距离(cm)。其中,氢气在石英玻璃中的扩散系数D可用下式计算:

$$D=D_0\exp\left(-\frac{E_a}{RT}\right) \tag{1-31}$$

式中,T为环境温度(K),$D_0=5.65\times10^{-4}\,cm^2/s$;$E_a$为扩散过程活化能,$E_a=43.54$kJ/mol。光纤波导部分氢气的浓度可以通过测量氢气在1240nm的吸收峰后按以下公式进行计算:

$$C_{H_2}\approx0.33\times\alpha_{1.24} \tag{1-32}$$

式中,C_{H_2}为H_2的浓度(mol%);$\alpha_{1.24}$为光纤在1240nm波长上的吸收峰(dB/m)。通过计算光纤波导部分所含氢气的浓度也可以估算光纤所处环境中H_2的浓度。

氢损的化学过程为:氢分子在玻璃中扩散的同时,氢将和玻璃中存在的缺陷发生反应,形成某些特定的化学键,这些化学键的本征振动或高次振动模会在其特征波长上造成衰减增加。由于H_2在光纤波导缺陷中发生反应而引起的氢损有很多种。研究表明,氢损的主要反应过程为:

$$\equiv Si—O\cdot\ \cdot O-Si\equiv+H_2\rightarrow\equiv Si—OH+HO-Si\equiv \tag{1-33}$$

$$\equiv Si—O—O\cdot\ \cdot Si\equiv+H_2\leftrightarrow\equiv Si—O—O—H+H-Si\equiv \tag{1-34}$$

上述反应涉及光纤中两种主要的结构缺陷,即Si—O· ·O－Si和Si—O—O· ·Si,分别被称为非桥氧空心缺陷(NBOHCs)和Si—E'心缺陷。这两种缺陷在富氧沉积反应中有增加的趋势。反应(1-33)和(1-34)所生成的Si—OH和Si－H所对应的特征吸收峰在1383nm和1530nm波长上。也就是说,上述氢损过程将使1383nm和1530nm的衰减增加。这两个波长分别位于E波段和L波段,对光纤的传输应用可能会造成影响。反应(1-33)是单向的,永久性的。在含GeO_2的光纤中也会形成永久的Ge—OH键,将会在1410nm附近形成吸收峰,Si—OH和Ge—OH两种OH会同时发生,从而形成由两个峰叠加的谐波损耗。而反应(1-34)是双向的,可能发生自愈反应,即Si—O—O—H和H-Si反应析出氢,同时原有的缺陷消失。

1.2.3　氘气处理对降低光纤氢损的作用

氘气D_2可用来置换石英玻璃中的H以降低预制棒中的OH含量。同样的,早期也有研究表明,基于同样的反应,用氘气直接处理光纤预制棒可降低光纤的水峰,即用O—D键来取代O—H键,由于OH的基波波长在2.73μm,一次谐波波长在1.38μm,而OD的基波波长在3.75μm,一次谐波波长在1.90μm,二次谐波在1.26μm(表1-6),基本

都在传输波段范围以外(1265～1625nm)。如果 OH 全被 OD 取代,则可以开放所有的传输窗口,实现全波传输。但这些研究主要集中在早期的 MCVD 工艺上,当时的光纤水峰衰减在几个 dB/km 以上,因此这种置换作用非常明显。现代光纤的衰减尤其是水峰衰减已经达到非常低的水平,普通单模光纤的水峰值也在 0.4～0.6dB/km,在此条件下,光纤预制棒中的氢氘置换反应变得不明显。要用氘气处理光纤预制棒以进一步降低光纤的水峰值效果已不明显。

表 1-6　Si—OH 和 Si—OD 吸收峰的比较

Si—OH		Si—OD	
2.7μm	基峰	3.7μm	基峰
1.37μm	一次谐波	1.87μm	一次谐波
1.27μm	混合波	～1.67μm	混合波
0.95μm	二次谐波	1.26μm	二次谐波
0.66μm	三次谐波		

但是,用氘气 D_2 处理成品光纤,可让 D_2 和石英光纤中的缺陷结合生成 OD,这种结合可以阻止后续 H_2 与光纤缺陷的结合,从而达到降低光纤氢敏感性的目的。氘与光纤缺陷的反应机理与氢的类似:

$$\text{Si—O}\cdot\ \cdot\text{O—Si}+D_2\rightarrow 2\text{Si—O—D} \tag{1-35}$$

O—D 的键能为 466kJ/mol,O—H 的键能为 460kJ/mol,因此 O—D 键比 O—H 键更稳定,从而保证经过氘气处理后的光纤具有抗氢老化能力,因而用氘气处理光纤能有效降低光纤的氢敏感性。

用氘气处理成品光纤能有效地降低光纤的氢敏感性可以在下列实验中表明。在室温下,将 2km 长光纤置于含氘的混合气(1%D_2+99%He)中 4 天,然后对光纤进行氢老化实验,得到试验光纤在 1383nm 处几乎没有任何附加损耗。为了进一步考察光纤的稳定性,将氘气处理后的光纤在常温条件((23±3)℃,40%～60%RH,一个大气压)下放置 3 个月,再进行氢老化实验,结果显示,光纤仍具有良好的抗氢老化性能。由此可见,氘气处理可以有效地降低光纤的氢敏感性。

目前现实中用得最多的 G.652 光纤是 G.652.D 光纤,现列举康宁和长飞公司的 G.652.D 光纤的技术指标,以供参考。如表 1-7 所示。

表 1-7　商用 G.652.D 单模光纤示例

参数	表述	数值	
		康宁 SMF28e (G.652.A/B/C/D)	长飞全贝 (G.652.D)
模场直径	1310nm	(9.2±0.4)μm	(8.8～9.6)μm
	1550nm	(10.4±0.5)μm	(9.9～10.9)μm
包层直径		(125±0.7)μm	(125±1.0)μm
芯包同心度误差		≤0.5μm	≤0.6μm
包层不圆度		≤0.7%	≤1.0%
涂层直径		(242±5)μm	(245±7)μm

续表

参数	表述	数值	
		康宁 SMF28e (G.652.A/B/C/D)	长飞全贝 (G.652.D)
光缆截止波长		≤1260nm	≤1260nm
衰减系数	1310nm	(0.33～0.35)dB/km	≤0.34 dB/km
	(1383±3)nm	(0.3～0.35)dB/km	≤0.34dB/km
	1490nmn	(0.21～0.24)dB/km	
	1550nm	(0.19～0.20)dB/km	≤0.20dB/km
	1625nm	(0.20～0.23)dB/km	0.24dB/km
筛选应力		≥100kpsi	≥100kpsi
波长色散系数 (ps/(nm·km))	1285～1340nm		≤−3.4　≥3.4
	1550nm	≤18	≤18
	1625nm	≤22	≤22
零色散波长		(1310～1324)nm	(1312±12)nm
零色散斜率	$(ps/(nm^2 \cdot km))$	≤0.092	≤0.091
零色散斜率典型值	$(ps/(nm^2 \cdot km))$		0.086
宏弯损耗	1圈 ϕ32mm(1550nm)	≤0.03dB	≤0.05dB
	100圈 ϕ50mm(1310和1550nm)	≤0.03dB	≤0.05dB
	100圈 ϕ60mm(1625nm)	≤0.03dB	≤0.05dB
PMD系数 $(ps/km^{1/2})$	链路值	≤0.06	≤0.1
	单盘光纤最大值	≤0.1	≤0.2
翘曲度(半径)		≥4m	≥4m

1.3　G.653色散位移单模光纤
(Dispersion-shifted Single-mode Optical Fiber)

单模光纤在1550nm波长上有最低损耗，可是G.652光纤在1550nm波段上色散较大。但如前所述，可以通过改变光纤的折射率剖面分布来改变波导色散，从而使光纤的总色散在1550nm波长上为零，这样在1550nm波长上兼有最低损耗(0.19dB/km)及最大带宽(零色散)，这就是G.653色散位移光纤。如图1-9所示。

对前述的匹配包层阶跃型折射率剖面的光纤，也可通过改变纤芯直径2a和相对折射率差Δ来实现零色散位移。这只要将式(1-1)所表示的光纤总色散令其在λ=1550nm时为零，即有

$$D|_{\lambda=1500\mathrm{nm}}=0 \tag{1-36}$$

用数值计算法求解此方程，即可求得所需光纤结构参数。例如当纤芯直径$2a=3.63\mu m$，相对折射率差$\Delta=2.15\%$时，可将匹配型包层阶跃光纤的零色散移到1550nm波长上。不难看出，此时纤芯直径太小，不利于激光光束的注入，相对折射率如此之大，意味着需更多的GeO_2的掺杂量，这样会引起较大的瑞利散射损耗。这样的结构不实用，所以必须改变折射率剖面的形状。例如将纤芯折射率分布由阶跃型改成三角型、梯

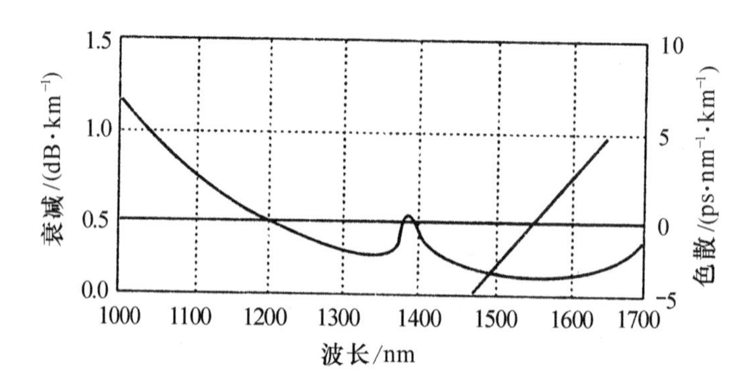

图 1-9　G. 653 色散位移光纤

度型,将单包层改成多包层,并将两者加以不同的组合,可以在保持一定的纤芯直径和折射率差的前提下,得到色散特性的不同变化,可设计制造出实用的色散位移光纤、非零色散位移光纤及色散补偿光纤等。计算光纤的色散系数,需从求解一定折射率剖面分布的光纤的色散方程,得到传播常数 β 或归一化传播常数 b,再求其导数,然后根据前述色散的定义式求得其色散特性。这种计算,通常都难以得到解析解,而是通过各种近似分析方法,用数值计算来求解。

作为例子,可参见日本住友公司的色散位移光纤的折射率剖面,如图 1-10 所示。

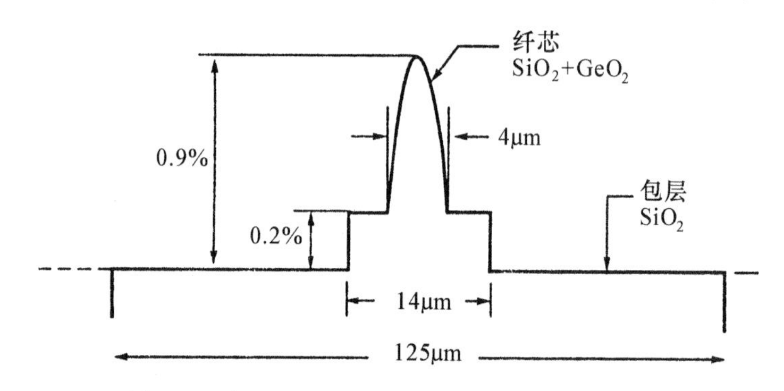

图 1-10　住友公司的色散位移光纤折射率剖面分布

ITU G. 653 光纤的规范如下:

G. 653 光纤分为两个子类,它们是根据 PMD 要求和色散规范划分的。

G. 653. A 属性列出了色散位移单模光纤和光缆的基本类型,并保留了色散系数“现成”规范。这一类型适用于 G. 691,G. 692,G. 693,G. 957 和 G. 977 涉及的在 1550nm 波长区域内具有不等信道间隔的系统。很多海底应用会利用这一类型光纤。对于海底应用,完全优化会导致选择这里没有的其他限值。一个例子是允许光缆截止波长值高达 1500nm。如表 1-8 所示。

G. 653. B 的特性部分与 G. 653. A 特性相同,但更严格的(PMD 要求使 STM-64 系统的长度超过了 400km 和 G. 959. 1 STM-256 的应用)。G. 653. B 将色散系数要求定义为 1460～1625nm 波长范围内一对边缘曲线与波长的比率。这一类型可支持 CWDM 和 G. 653. A 中提及的应用。如表 1-9 所示。

表 1-8 ITU G. 653. A 光纤技术规范(2010年版)

光纤属性		
参数	表述	数值
模场直径	波长	1550nm
	标称值范围	7.8~8.5μm
	容差	±0.8μm
包层直径	标称	125μm
	容差	±1μm
纤芯/包层同心度误差	最大值	0.8μm
包层不圆度	最大值	2.0%
光缆截止波长	最大值	1270nm
宏弯曲损耗	半径	30mm
	圈数	100
	1550nm 处的最大值	0.5dB
筛选应力	最小值	0.69GPa
波长色散系数	λ_{min}	1525nm
	λ_{max}	1575nm
	D_{max}	3.5ps/(nm·km)
	λ_{0min}	1500nm
	λ_{0max}	1600nm
	S_{0max}	0.085ps/(nm^2·km)
光缆属性		
参数	表述	数值
衰减系数	1550nm 处的最大值	0.35dB/km
PMD 系数	M	20 段光缆
	Q	0.01%
	最大值 PMD_Q	0.5ps/km$^{1/2}$

表 1-9 ITU G. 653. B 光纤技术规范(2010年版)

光纤属性		
参数	表述	数值
模场直径	波长	1550nm
	标称值范围	7.8~8.5μm
	容差	± 0.6μm
包层直径	标称	125μm
	容差	±1μm
纤芯/包层同心度误差	最大值	0.6μm
包层不圆度	最大值	1.0%
光缆截止波长	最大值	1 270nm
宏弯曲损耗	半径	30mm
	圈数	100
	1550nm 处的最大值	0.1dB
筛选应力	最小值	0.69GPa

续表

参数	表述	数值
光纤属性		
波长色散系数 /(ps/(nm·km))	$D_{min}(\lambda)$:1460～1525nm	0.085*(λ－1525)－3.5
	$D_{min}(\lambda)$:1525～1625nm	3.5/75*(λ－1600)
	$D_{max}(\lambda)$:1460～1575nm	3.5/75*(λ－1500)
	$D_{max}(\lambda)$:1575～1625nm	0.085*(λ－1575)＋3.5
光缆属性		
参数	表述	数值
衰减系数	1550nm 处的最大值	0.35dB/km
PMD 系数	M	20 段光缆
	Q	0.01%
	最大值 PMD_Q	0.20ps/km$^{1/2}$

1.4 G.654 截止波长位移单模光纤 (Cut-off Wavelength Shifted Single-mode Optical Fiber)

G.654 光纤是一种专门用于 1550nm 波段,取其最小损耗之长,因其色散特性与 G.652相同,零色散在 1310nm 波长上,在 1550nm 波长上有近 20ps/(nm·km)的色散值。因而开发 G.654 光纤的初衷是为了适用于低速率、大长度的光纤通信线路(如海底光缆),又因专用于 1550nm 波段,故其截止波长应大于 1310nm,通常在 1350～1580nm 之间。G.654 光纤的技术参数区域详见图 1-3。

G.654 光纤的折射率剖面结构与 G.652 光纤相同,也是匹配型包层阶跃折射率分布。但为了进一步降低 1550nm 波长上的损耗,故采用纯二氧化硅纤芯及掺氟包层的结构,由于纤芯材料是纯二氧化硅,避免了掺杂造成瑞利散射损耗的增加,光纤导光部分的损耗为二氧化硅的本征损耗。同时也减小了掺杂所造成的纤芯玻璃的晶格的缺陷而导致 OH 与玻璃结合而引起的水峰损耗。这样的光纤在 1550nm 波长上的损耗可低于 0.18dB/km。掺氟包层是为了降低包层折射率,以达到导光结构所需的芯/包相对折射率差 Δ。

1.4.1 G.654 光纤的截止波长

单模光纤的正常传输模式是线性偏振模 LP_{01}(包括 HE_{11}的两个正交模式)。所谓截止波长是指高阶模式 LP_{11}(包括 TE_{01}、TM_{01}两个圆偏振模及 HE_{21}的两个正交模式所组成的四个简并模式)的截止波长。单模光纤传输系统的工作波长必须大于截止波长,否则,光纤将工作在双模区。由于 LP_{11}模式的存在,将产生模式噪声和多模色散,从而导致传输性能的恶化和带宽的降低。对于单模光纤,根据单模运行的条件;即归一化频率 V=2.405,根据式(1-1),$V=\frac{2\pi}{\lambda}an_2(2\Delta)^{1/2}$可得单模光纤的截止波长为:$\lambda_c=2\pi an_2\Delta)^{1/2}/$

V，而V值在0到2.405之间。从上式可见，若需改变截止波长，可通过改变纤芯半径a或折射率差Δ，以及归一化频率V值来实现。但因纤芯半径a和折射率差Δ是由光纤的弯曲性能和色散补偿特性所决定，不能任意变动。因此只能通过改变归一化频率V值来改变截止波长，而V值决定光纤中光功率的分布（参见第一篇第2章图2-2），V值太小，光场逸出纤芯，光场集中度差，其吸收和弯曲损耗都会增加，故通常V的取值在1.8到2.2之间。另外，从图1-3也可见：G.652光纤的光缆截止波长为1260nm，而G.654光纤的光缆截止波长为1530nm，由于G.654光纤有接近工作波长1550nm的较大的截止波长，所以其宏弯损耗也较小，故有利于减小成缆损耗，其成缆损耗可小于0.005dB/km。

1.4.2　ITU G.654光纤的规范

ITU G.654光纤的规范（表1-10）如下：

G.654光纤分为五个子类，这些类别主要根据模场直径、色散系数和PMD的要求加以区别。

G.654.A属性，是截止波长位移单模光缆的基本类别。本类别适用于ITU-T G.691，G.692，G.957和G.977建议书在1550nm波长区域内的系统。

G.654.B属性，适用于ITU-T G.691，G.692，G.957，G.977和G.959.1建议书中所述的在1550 nm波长区域内的远程应用系统。此类别也适用于较长距离和大容量WDM传输系统，例如，ITU-T G.973建议书的带有远程激励光放大器的无中继器海缆系统和带有ITU-T G.977建议书的光放大器的海缆系统。

G.654.C属性类似于G.654.A，但低的PMD值支持ITU-T G.959.1建议书中的更高比特率和远程应用。

G.654.D属性类似于G.654.B，但在规范中增加了相当于1550nm波长的宏弯损耗要求，且有较低的损耗和较大的模场直径以改善OSNR特性。本类别适用于ITU-T G.973，G.973.1，G.973.2和G.977所描述的高比特率的海缆系统。

G.654.E属性类似于G.654.B，但在规范中增加了相当于G.654.D的较低的宏弯损耗要求、较窄的MFD容差范围以及在1530nm到1625nm范围中的最小/最大的波长色散，为了适用于具有高OSNR的远程陆上光缆中，支持高比特率的相干传输，例如100Gbit/s系统。

表1-10　ITU G.654.A/B/C/D/E光纤技术规范（2016年版）

光纤属性						
参数	表述	数值				
		G.654.A	G.654.B	G.654.C	G.654.D	G.654.E
模场直径	波长	1550nm	1550nm	1550nm	1550nm	1550nm
	标称值范围	9.5～10.5μm	9.5～13.0μm	9.5～10.5μm	11.5～15μm	11.5～12.5μm
	容差	±0.7μm	±0.7μm	±0.7μm	±0.7μm	±0.7μm

续表

光纤属性						
参数	表述	数值				
		G.654.A	G.654.B	G.654.C	G.654.D	G.654.E
包层直径	标称值	125μm	125μm	125μm	125μm	125μm
	容差	±1μm	±1μm	±1μm	±1μm	±1μm
模场同心度误差	最大值	0.8μm	0.8μm	0.8μm	0.8μm	0.8μm
包层不圆度	最大值	2.0%	2.0%	2.0%	2.0%	2.0%
光缆截止波长	最大值	1530nm	1530nm	1530nm	1530nm	1530nm
宏弯损耗	半径				待定	
	圈数				待定	
	在1550nm区域的最大值				待定	
	半径	30mm	30mm	30mm	30mm	30mm
	圈数	100	100	100	100	100
	在1625nm区域的最大值	0.50dB	0.50dB	0.50dB	2.0dB	0.1dB
筛选应力	最小值	0.69GPa	0.69GPa	0.69GPa	0.69GPa	0.69GPa
波长色散系数	$D_{1550max}$	20 ps/(nm·km)	22 ps/(nm·km)	20 ps/(nm·km)	23 ps/(nm·km)	23 ps/(nm·km)
	$D_{1550min}$					17ps/(nm·km)
	$S_{1550\ max}$	0.070 ps/(nm²·km)	0.070 ps/(nm²·km)	0.070 ps/(nm²·km)	0.070 ps/(nm²·km)	0.070 ps/nm²·km)
	$S_{1550\ min}$					0.050 ps/(nm²·km)
未成缆光纤PMD系数	最大值	见注	见注	见注	见注	见注
光缆属性						
参数	表述	数值				
衰减系数	在1550nm区域的最大值	0.22dB/km	0.22dB/km	0.22dB/km	0.20dB/km	0.23dB/km
PMD系数	M	20段光缆	20根光缆	20段光缆	20段光缆	20段光缆
	Q	0.01%	0.01%	0.01%	0.01%	0.01%
	PMD_Q的最大值	0.50/(ps√km)	0.20ps/(√km)	0.20ps/(√km)	0.20ps/(√km)	0.20ps/(√km)

注:未成缆光纤的PMD系数的规范值必须保证满足成缆光纤的PMD系数的规范值,成缆光纤的PMD系数是通过统计计算所得到。未成缆光纤的PMD系数的规范值必须小于或等于成缆光纤的PMD系数的规范值。未成缆光纤的PMD系数与成缆光纤

的 PMD 系数的比值取决于光缆的结构型式和工艺，也与未成缆光纤的模式耦合条件有关。在光缆的结构设计和生产工艺基本稳定、成缆前后光纤的 PMD 系数之间的关系能基本确定的前提下，可以将未成缆光纤的 PMD 系数的测量值用作成缆光纤的 PMD 系数的统计样本。而光缆厂商则可据此来规定未成缆光纤的 PMD 系数的最大值。

美国康宁公司 Vascade EX1000 光纤属 ITU-T G. 654 光纤，其特点在于超低衰减的设计以增加传输距离和降低网络的复杂性，此类光纤适用于长距离无中继的海底光缆系统。

其主要性能指标如表 1-11 所示。

表 1-11　Vascade EX1000 光纤在 1550nm 波长上的性能指标

参数	单位	数值
衰减	dB/km	≤0.174
波长色散系数	ps/(nm · km)	+18.5
色散斜率	ps/(nm^2 · km)	+0.06
有效面积	m^2	76
PMD_Q	ps/$km^{1/2}$	≤0.05

1.4.3　G. 654 光纤的进展

伴随着社会对通信系统信息容量要求的大幅度增长，光纤发展的前期技术已经逐渐无法满足社会发展的需要。2010 年实现了 100G WDM PDM—QPSK 调制、相干接收、DSP 系统，传输距离为 2000～2500km，开创了超 100G 新纪元。由于高阶调制方式、相干接收和 DSP 技术的发展，在这一相干传输系统中，光纤的波长色散和 PMD 的线性损害均可在 DSP 电域中得以解决，因而长期来困扰光纤应用系统性能提升的波长色散和偏振模色散将不再成为问题。在高速大容量长距离传输系统中，光纤性能中的衰减和非线性效应逐渐凸显出来。

面对传输提出的高 OSNR、高频谱效率、高 FOM、低非线性效应的新的要求，决定了下一阶段光纤的性能应着重于光纤衰减系数的继续降低和光纤有效面积的合理增大这两个方面上。而针对这种新型的应用要求，G. 654. E 光纤逐渐登上历史的舞台，为此，ITU 于 2016 年 9 月正式制定了 G. 654. E 的标准规范。

由上可见，G. 654 光纤已由初期主要适用于低速率、大长度的光纤通信线路，如海底光缆，发展到如今的 G. 654. E 光纤，逐步成为高速率、大容量、大长度陆上或海底光缆干线的主要选项。

1.4.3.1 单模光纤的有效面积

单模光纤的有效面积(A_{eff})是一个与光纤的非线性紧密相关的参数，光纤的非线性则是会影响光纤通信系统、特别是长距离、光放大系统的传输质量。在高斯形光场分布时，有效面积(A_{eff})可近似等于 $\pi MFD^2/4$。

1.4.3.2　G. 654. E 光纤示例

长飞远贝　超强超低衰减大有效面积光纤属 ITU-T G. 654. E 光纤，其主要性能指标如表 1-12 所示。

表 1-12　长飞远贝　超强超低衰减大有效面积光纤

特性	条件	单位	数据	
光学特性			远贝　超强 110	远贝　超强 130
有效面积典型值	1550nm	μm^2	110	130
模场直径	1550nm	μm	11.4～12.2	12.3～13.1
衰减	1550nm 1625nm	dB/km dB/km	≤0.17 ≤0.20	
相对于波长的衰减变化	1525～1575nm 1550～1625nm	dB/km dB/km	≤0.02 ≤0.03	
色散系数	1550nm 1625nm	ps/nm·km ps/nm·km	17－23 ≤ 27	
色散斜率	1550nm	ps/nm²·km	0.050～0.070	
偏振模色散(PMD) 单根光纤最大值 光纤链路值(M=20,Q=0.01%) 典型值		ps/(√km) ps/(√km) ps/(√km)	≤0.1 ≤0.06 0.04	
光缆截止波长(λ_{cc})		nm	<1530	
有效群折射率	1550nm		1.464	
点不连续性	1550nm	dB	≤ 0.05	
几何特性				
包层直径		μm	125.0±1.0	
包层不圆度		%	≤ 1.0	
涂层直径		μm	245±7	
涂层/包层同心度误差		μm	≤12	
涂层不圆度		%	≤6	
芯/包层同心度误差		μm	≤0.6	
翘曲度(半径)		m	≥4	
交货长度		km/盘	2.1 至 25.2	
环境特性				
温度附加衰减	－60℃到＋85℃	dB/km	≤0.05	
温度—湿度循环附加衰减	－10℃到＋85℃,98%相对湿度	dB/km	≤0.05	
浸水附加衰减	23℃,30 天	dB/km	≤0.05	
湿热附加衰减	85℃,85℃相对湿度,30 天	dB/km	≤0.05	
干热老化	85℃,30 天	dB/km	≤0.05	

续表

特性	条件	单位	数据
机械特性			
筛选张力		N % kpsi	≥9.0 ≥1.0 ≥100
宏弯附加损耗100圈,半径30mm	1550nm 1625nm	dB dB	≤0.03 ≤0.10
涂层层剥离力	典型平均值 峰值	N N	1.5 1.3~8.9
动态疲劳参数(Nd)			≥20

长飞远贝　超强超低衰减大有效面积光纤有两个规格品种:远贝　超强110和远贝　超强130,他们的有效面积分别为110μm^2及130μm^2。虽然在系统中要求G.654.E光纤应尽量增大有效面积以降低光纤传输中的非线性效应。但是,考虑到完整系统中,G.654.E光纤仍只是作为大容量长距离传输的载体,当进入下级的网络时,仍需要使用目前常见的G.652单模光纤。故G.654.E光纤在设计时仍需要考虑其与G.652光纤对接时产生的熔接损耗问题。所以130μm^2有效面积光纤有助于降低光纤传输中的非线性效应。而110μm^2有效面积光纤有助于降低与G.652光纤对接时产生的熔接损耗。110μm^2有效面积光纤与G.652光纤对接时的熔接损耗平均值约为0.07dB;130μm^2有效面积光纤与G.652光纤对接时的熔接损耗平均值约为0.17dB。

1.5　G.655非零色散位移单模光纤(Non-zero Dispersion-shifted Single-mode Optical Fiber)

1.5.1　G.655非零色散位移光纤简介

G.652光纤定型于1983年,G.653光纤定型于1985年。从1986年起,光纤放大器特别是掺铒光纤放大器EDFA(Erbium Doped Optical-Fiber Amplifier)得到了迅速的发展。EDFA的工作波长在1520~1570nm波段,正好与光纤在1550nm波段平坦的低损耗区相配,因而传统的波分复用(WDM)与光纤放大器(EDFA)在1550nm波段上的结合应用理所当然地成为大容量、长距离通信线路的主要发展方向。

首先简单地介绍EDFA的基本原理。EDFA的基本结构如图1-11所示;在EDFA中光放大的工作介质是掺铒光纤(EDF),其结构如图1-12所示。

在EDF中铒粒子的能带图,如图1-13所示。

在铒粒子的能带结构中,E_1为基态,E_2为受激辐射的高能级。受激辐射跃迁产生的光子频率为$f_s=(E_2-E_1)/h$(h为普朗克常数),相应波长为1520~1570nm,即为放大器工作波段,E_3为泵浦的高能级,泵浦频率为$f_p=(E_3-E_1)/h$。当激光泵浦的波长

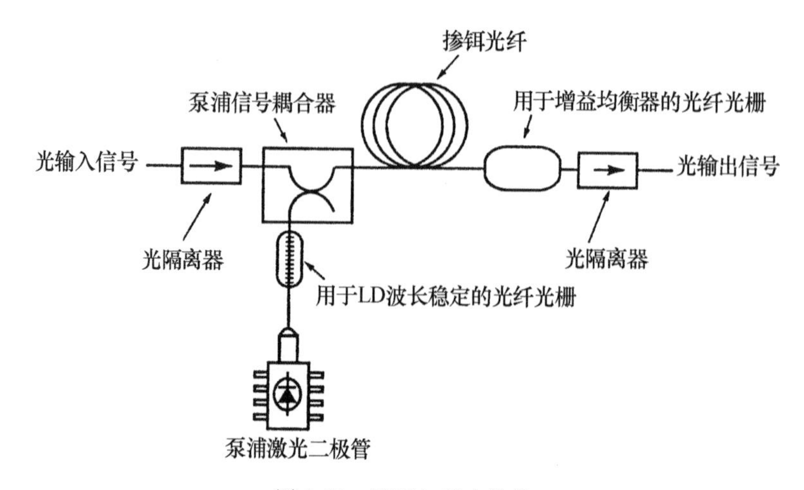

图 1-11 EDFA 基本结构

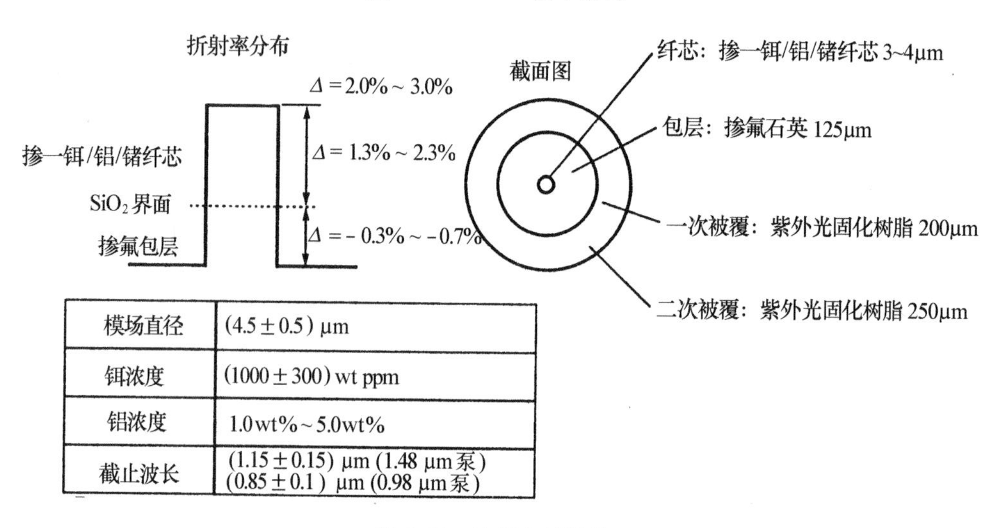

模场直径	(4.5±0.5) μm
铒浓度	(1000±300) wt ppm
铝浓度	1.0wt%~5.0wt%
截止波长	(1.15±0.15) μm (1.48 μm泵) (0.85±0.1) μm (0.98 μm泵)

图 1-12 掺铒光纤结构

为 980nm 时，基态上 E_1 上的粒子吸收泵源能量而跃迁到 E_3 能级，E_3 能级上的粒子通过无辐射跃迁形式，迅速转移到 E_2 能级，E_2 能级属亚稳态，易聚集粒子。当泵源足够强时，在 E_2 能级上聚集足够的粒子，而在 E_2 和 E_1 能级之间形成粒子反转，从而对信号光产生放大作用。当激光泵浦的波长为 1480nm 时，E_1 上的粒子吸收泵源能量，跃迁到 E_2 能级，也能造成粒子反转的光放大条件。当工作频带范围内的光信号输入时，在掺铒光纤工作介质中产生受激辐射而使光信号得到放大。EDFA 的工作介质的细长纤形结构使有源区能量密度很高，而光与物质作用区间又很长，这就有利于降低对泵源功率的要求。

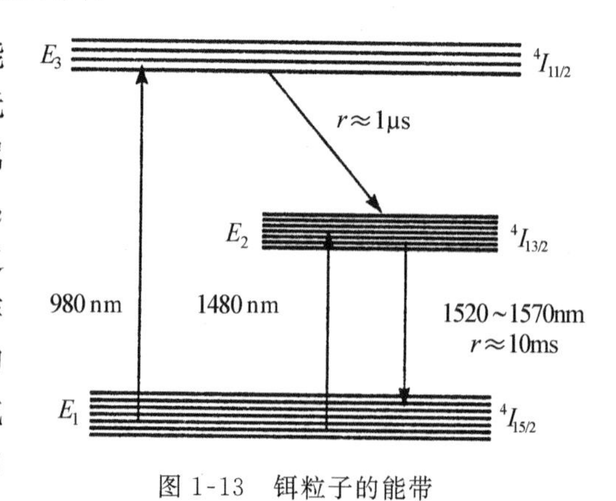

图 1-13 铒粒子的能带

EDFA 结构中各部分的功能，以及 EDF 的光纤结构已分别在图 1-11 和图 1-12 中详细表明，不再赘述。在用EDFA和WDM，甚至密集波分复用DWDM相结合的大容量、长距离光纤通信线路中，高输出功率的激光光源和超低损耗单模光纤的使用，使束缚在很细的光纤纤芯内的光强密度很高，低损耗又使高光强可以维持很长的距离。这样，光场和光纤介质相互作用产生的非线性效应会愈来愈显著。光纤的非线性效应会严重损害信号的传输质量。光纤的非线性效应分为两类：一是非线性散射（受激拉曼散射和受激布里渊散射），二是折射率的非线性，光纤的折射率可表示为

$$n=n_0+n_1 P/A_{eff} \tag{1-37}$$

式中，n_0 为折射率的线性项，右边第二项是折射率的非线性项。n_1 为非线性折射率，P 为光功率，A_{eff} 为光纤有效面积，显然折射率的非线性与光纤有效受光面积上的功率，即功率密度有关。

非线性散射的阈值较高，在通常的通信光纤的光强下影响不大，当光强高到一定程度时（高于非线性散射的阈值）才会对光纤传输起限制作用。

光纤的非线性折射率则可能造成三种效应，即自相位调制、互相位调制和四波混频。

自相位调制SPM(Self Phase Modulation)，是由折射率的非线性项使光脉冲本身在传输中产生附加相移。光脉冲包络的前沿和后沿的光强是随时间而变化的，这种时变光强造成折射率随时间变化。这种时变的折射率对传输信号的各个波长进行调制，从而展宽了信号光脉冲的波谱。当情况变得更严重时，在DWDM系统中，展宽的波谱甚至会叠加到邻近的信号通道中去。在具有低的或零色散的光纤中，SPM对系统的影响可以减到最小。在某种条件下，自相位调制还是有用的，当自相位调制与激光啁啾(Laser Chirp)和光纤的正波长色散相互作用时，可以产生脉冲压缩作用，这就是光孤粒子形成的基础。

互相位调制CPM(Cross Phase Modulation)的本质与自相位调制相同，但自相位调制是脉冲对自身的作用，因而它可在单通道传输系统中起作用。而互相位调制则是脉冲对另一通道中的脉冲相位的作用。所以自相位调制发生在单通道和多通道的传输系统中，而互相位调制则只发生在多通道的传输系统中。

互相位调制的基本过程如下：干扰脉冲与另一通道中的工作脉冲相互作用时，首先由于干扰脉冲的前沿碰撞工作脉冲，因干扰脉冲前沿强度增加，由于光纤的折射率的非线性引起工作脉冲光频的降低，即向长波长方向移动 $\Delta\lambda_1$，接着干扰脉冲的后沿碰撞工作脉冲，由于后沿强度的下降，从而使工作脉冲频率增加，即向短波长方向移动 $\Delta\lambda_2$，这过程与前者正好相反。但在实际的有损光纤中，这种补偿是不完全的，因而造成工作脉冲波谱的不对称展宽。在互相位调制中，光纤的色散起着两方面的作用：一方面色散减弱了脉冲相互作用的强度，因为它们的群速不同；另一方面，当脉冲相互作用时，波长色散又使光脉冲的波谱瞬时展宽，从而影响了脉冲传输质量。因此互相位调制的过程是比较复杂的。

四波混频FWM(Four Wave Mixing)效应则是非线性效应中对信号传输危害最大的因素。高功率的光信号与光纤非线性的相互作用，两个或多个正在传输的波长相互混合产生出新的不需要的信号（波长）。如果这个新波长与在传输的某个工作波长一致，

就产生了干扰。在多(波分复用)通道传输系统中,由于信号与非线性折射率的相互作用,会产生若干个新的波长分量。新出现的波长信号的频率为 $f=f_1+f_2-f_3$,式中 f_1,f_2 和 f_3 为原始光信号频率。这种由三个原始波长混合而产生了第四个新的干扰波长信号,即为四波混频。在两个通道的传输系统中,信号频率分别为 f_1 和 f_2,在拍频处存在一个强度调制,它通过对光纤折射率的调制而对差频进行相位调制,产生两个新的边频 $2f_1-f_2$ 和 $2f_2-f_1$,从而变成四个波长的传输。在波分复用系统中,由于四波混频产生的新的干扰波长的数目为 $N^2(N-1)/2$,式中 N 为原始波长数。如原始信号波长数分别为 2, 4, 8 和 16 个时,由四波混频产生的新的干扰波长数分别为 2, 24, 224 和 1920 个。在 DWDM 系统中,各信号波长以相同间隔分布,由四波混频产生的新的干扰波长很可能会直接叠加在原始信号波长上,从而造成对信号的严重干扰。四波混频的杂波噪声强度可用下式近似估算:

$$\eta \approx \left[\frac{n_2 \alpha}{A_{eff} D(\Delta\lambda)^2}\right]^2 \tag{1-38}$$

式中,$\Delta\lambda$ 为波分复用波长间隔;

D 为光纤工作波段色散;

A_{eff} 为光纤有效受光面积。

从式(1-38)可见:

(1) $\Delta\lambda$ 愈小,四波混频效应愈甚,因而在密集波分复用中对信号传输质量的影响将更大。

(2)当光纤色散 D 较大时,可有效抑制四波混频,这是因为在波分复用波段内,引入适量的色散,以破坏相互作用的各个波长信号之间的相位匹配,消除干扰信号和工作信号的重叠,从而可以大大减轻四波混频对信号传输的影响。有鉴于此,在光纤放大器的使用波长(1530～1565nm)上,采用波分复用的光纤系统中,考虑到四波混频的影响,不宜采用 G. 653 零色散位移光纤将零色散波长移到小于 1530nm 波长区域或大于 1565nm 波长区域,而应在 1530～1565nm 的波段中引入一定的色散值。引入的色散应大到足以抑制在高密度波分复用(DWDM)时的四波混频,同时小到在不需要色散补偿时,允许每一路信号的传输速率高于 10Gbit/s。更高的速率可能需一定的色散补偿。这一考虑就促使了 1993 年以来 G. 655 非零色散位移光纤的不断发展。

(3)当光纤有效受光面积 A_{eff} 增大时,也有利于抑制四波混频。这是因为四波混频是由光纤的非线性效应所造成的,而非线性强度与光纤中的光强密度(P/A_{eff})成比例。显而易见,增大光纤的有效受光面积,以降低光纤中的光强密度,可以降低所有非线性效应的影响,当然也必降低了四波混频的影响。

按照 Peterman 第一定义式的模场直径 MFD,可得到模场面积 MFA 为

$$\mathrm{MFA}=\frac{2\pi\int_0^{\infty} F^2(r)\,r\mathrm{d}r}{\int_0^{\infty}\left[\frac{\partial F(r)}{\partial r}\right]^2 r\mathrm{d}r} \tag{1-39}$$

相应的有效传输面积 A_{eff} 定义为

$$A_{eff}=\frac{2\pi\left[\int_0^{\infty}F^2(r)r\mathrm{d}r\right]^2}{\int_0^{\infty}F^4(r)r\mathrm{d}r} \tag{1-40}$$

上述非零色散位移光纤已可与光纤放大器相结合在1530～1565nm波长区间实现波分复用，其无中继传输距离达140km左右，鉴于光纤损耗已达0.2dB/km，这已经是接近光纤损耗的理论极限了。如果要在非零色散位移光纤的基础上，继续增加无中继传输距离直到500km，那么另一个途径就是增加光纤中传输的光信号的功率。而光纤中的光功率是受非线性效应所限制的。如果光功率过大会产生受激拉曼散射和受激布里渊散射。受激布里渊散射(SBS)是入射光波与光纤中的声波相互作用，产生后散射波，即所谓斯托克斯波，因能量守恒而使反射波的波长大于入射波。所谓声波是指非线性的折射率在入射光功率的作用下，产生一个周期性的高折射率区域，形成一个周期性的光栅，此光栅以声波的速度向前传播。这个以声波行进中的光栅会使入射光发生反射，产生与入射光，也即与光栅行进方向相反的反射光。由于多普勒效应使反射光的波长向长波长方向移动，由于光纤的色散特性，不同的波长具有不同的传播速度，从而引起脉冲展宽。受激布里渊散射在所有非线性效应中具有最低的阈值，这便是传输功率的主要限制因素。

SBS的阈值功率可表示为

$$P_T=21KA_{eff}/[4\times10^{-9}L_{eff}]\cdot(1+\Delta\sigma_{光源}/\Delta\sigma_{布里渊}) \tag{1-41}$$

式中，K为与光纤的偏振态有关的系数，对于非保偏光纤$K=2$；A_{eff}为光纤的有效面积；L_{eff}是光纤损耗为零时的非线性等效长度，当$\lambda=1550$nm时，L_{eff}约为20km；$\Delta\sigma_{光源}$为光源谱宽；$\Delta\sigma_{布里渊}$为布里渊带宽；当$\lambda=1550$nm时，$\Delta\sigma_{布里渊}\approx44$MHz。

由式(1-41)可见，光源谱宽愈大，阈值功率愈高。根据这一特点，可采用一个小的低频正弦信号去调制激光光源，以增加光源谱宽来提高阈值功率。

受激拉曼散射(SRS)与受激布里渊散射相类似，是入射光波与光纤中的分子振动的相互作用，其结果是产生正反两个方向的散射光，反向散射光可用光隔离器进行隔离，正向散射光进入接收机会产生噪声，造成误码。散射光向长波长方向的偏移比SBS大。拉曼带宽$\Delta\sigma_{拉曼}$约7THz。SRS的阈值功率与光纤、通道数目、通道间隔、每通道的平均功率以及中继距离等有关。对于单通道系统，SRS的阈值功率约1W，这比SBS的阈值功率高得多。因此在一般情况下，不会成为系统功率的限制因素。

从式(1-41)可见，非线性散射的阈值功率是正比于光纤的有效传输面积，反比于非线性作用的有效长度，即

$$P_t\propto A_{eff}/L_{eff} \tag{1-42}$$

所以，增加光纤的有效传输面积A_{eff}，就可以提高阈值功率，即在较高的传输功率下，不致产生明显的非线性效应，从而可以进一步增大传输距离，实现超长距离的大容量传输。对于长途的海底光缆系统，这一点尤其重要。

在G.655非零色散位移光纤家族中，最早被推出的是1993年美国AT&T公司的真波光纤(True Wave Fiber)，以及美国康宁玻璃公司的非零色散位移光纤(NZ-DSF)。

1995年康宁公司又推出用于1530～1565nm波段非零色散位移的大有效截面光纤，称为LEAF(Large Effective Area Fiber)光纤，通常的非零色散位移光纤的有效传输面积为50～60μm^2，而LEAF光纤的有效传输面积为85μm^2。1998年美国朗讯公司又推出低色散斜率真波光纤(Reduced Slope True Wave Fiber)，从而将使用波段从C波段(1530～1565nm)扩展到L波段(1565～1625nm)。20世纪90年代中期，业已商品化的掺铒光纤放大器的使用波段为C波段。因而，同期的非零色散位移光纤也设计使用在该波段。1998年朗讯公司的贝尔实验室宣告用于L波段(1565～1625nm)的新型光放大器试制成功，推动了新一代的非零色散位移光纤的发展，其设计必须为适应新技术的进展而作相应改进。RS真波光纤的色散斜率小于0.05ps/(nm^2·km)，这就使从1530～1625nm的波段范围内，波分复用的各个通道只需一个色散补偿模块来实现色散补偿。与此同时，康宁公司也推出了新一代的LEAF光纤，其使用波段涵盖了C和L两个波段。

1998年朗讯公司又推出了大有效面积负色散海缆用光纤(True Wave XL Fiber)。通常，正色散的真波光纤适用于陆上传输线路；负色散真波光纤则适用于海底光缆系统中。这是因为：一是海底光缆的中继距离特别长，在光纤呈正色散时，会出现调制不稳定的非线性效应，而负色散则有利于减轻此效应，大有效面积有利于注入更高的光功率而不致引起非线性畸变；二是，海缆很长，很可能要引入色散补偿，因为是负色散，所以可用普通的G.652光纤来作为色散补偿光纤使用，因它在1550nm波长上有近18ps/(nm·km)的正色散可以补偿真波光纤的负色散，而不必使用专门的色散补偿模块。况且，G.652光纤在进行补偿的同时，本身也是传输光纤，故具一举两得之效。

1999年日本住友公司推出新的G.655光纤——纯导光纤(Pure Guide^{TM} P-65 NZ-DSF)，不仅可使用在C,L波段，还可扩展到更短的S波段(1460～1530nm)，它在S,C,L波段上的色散均为正值。G.655光纤要扩展到S,C,L三个波段，不仅需有低的色散斜率，而且必须降低水峰损耗，因而纯导光纤在这方面也是一个突破。同年，法国阿尔卡特公司也推出了可用于S,C,L波段的G.655光纤——特锐光纤(TERALIGHT)。意大利比雷利公司推出FREELIGHT,DEEPLIGHT G.655光纤。日本藤仓公司则推出了Future Guide-LA以及Future Guide-SS两种G.655光纤，前者相当于康宁公司的LEAF光纤，而后者相当于朗讯公司的True Wave RS光纤。值得指出的是，长飞公司推出的保实和大保实G.655光纤是迄今为止我国唯一能从自行制造预制棒开始就有自主知识产权的非零色散位移的光纤产品。

各光纤厂商还推出各自的、用于海底光缆通信的非零色散位移光纤，如康宁公司的Vascade L1000光纤、藤仓公司的Ultra Wave-Sub光纤等等。

值得注意的是，日本藤仓公司随后又推出两种适用于S,C,L波段的非零色散位移光纤，它们是Future Guide-ULA和Future Guide-USS光纤，前者的特征是有超大有效截面95μm^2(相比于康宁的LEAF光纤，有效截面为72μm^2)，兼有适中的色散值和色散斜率。后者有超低的色散斜率0.02ps/(nm^2·km)，$\lambda=1550$nm(相比于True Wave RS光纤的色散斜率为0.05ps/(nm^2·km))，如此低的色散斜率，使之在广阔的波段中稍加色散补偿即可获得几近色散平坦的传输特性。

毫无疑问，在不断发展中的 TDM-DWDM-EDFA 大容量长途通信系统中，G. 655 光纤具有无可替代的位置。G. 655 光纤正处于不断发展之中。除了传统的 G. 652 光纤以外，在长途干线及宽带接入网中 G. 655 将得到愈来愈广泛的应用，相比之下，G. 653，G. 654光纤的应用会愈来愈少。为了拓展应用，用新的 G. 655 光纤来部分取代业已敷设使用的 G. 652 光纤看来也是不可避免的了。G. 655 光纤的迅速发展，也为 ITU 的 G. 655标准的制定带来了一定困惑。因为 G. 655 光纤的品种繁多，又处于高速的更新发展之中，所以一方面 ITU 等国际标准化组织应及时将 G. 655 光纤进行规范，以指导 G. 655光纤的制造及应用；另一方面，已经或即将开发成功的各种新型G. 655光纤，也将不断地推动 G. 655 光纤规范的更新与完善。

图 1-14 为几个有代表性的 G. 655 光纤的色散特性。

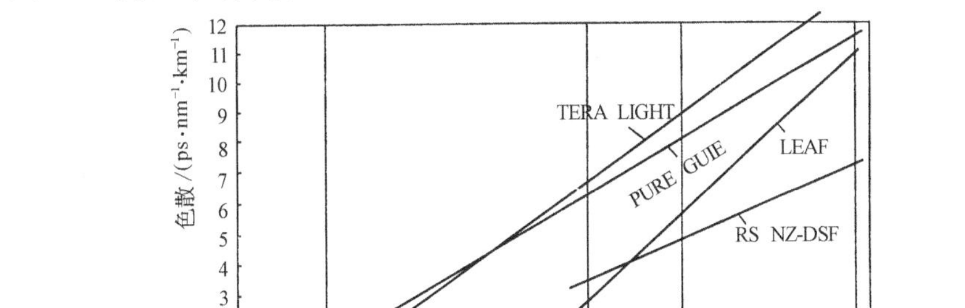

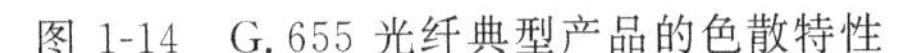
图 1-14　G. 655 光纤典型产品的色散特性

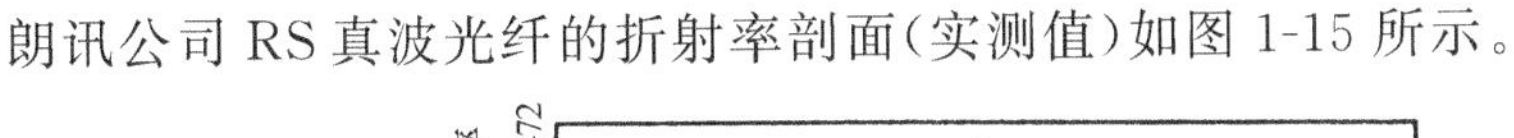
朗讯公司 RS 真波光纤的折射率剖面(实测值)如图 1-15 所示。

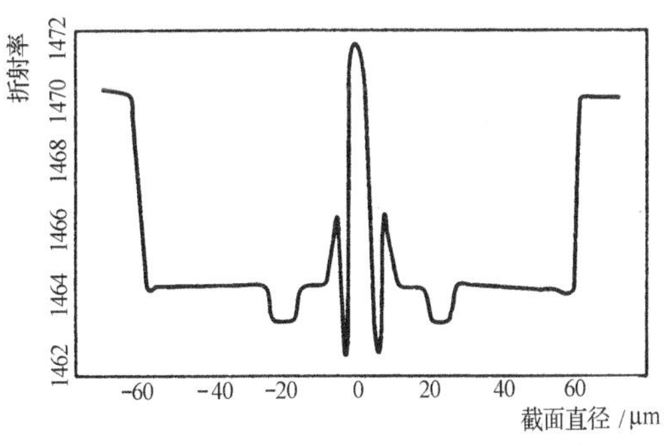

图 1-15　RS 真波光纤的折射率剖面

1.5.2　G. 655 光纤的设计原理

通信光纤的结构形式均为弱导(Δ≤1)、圆对称的光介质波导。通过光纤折射率剖面的设计来得到相应的波导色散，与石英玻璃固定的材料色散综合而实现所需的 1550nm 波段的非零色散位移光纤的色散特性。

结构设计的方法是对于给出的光纤折射率剖面,求解非磁性、无源介质中的矢量波动方程,在弱导条件下,简化为标量波动方程,可得到本征值,包括场的横向分布参数和纵向传输参数:传播常数、色散系数、截止波长和模场直径等。

关于已知传输特性求解相应光波导结构的逆问题(通常是多值的),目前尚无系统而完备的理论。

非零色散位移光纤的设计通常从两方面着手:一是选用各种函数形式的梯度型折射率分布的纤芯来调节其色散特性;二是采取多包层的折射率分布。研究表明,多包层剖面对单模光纤的波导色散和截止波长有明显的调节作用。两者的综合可在广阔的范围内得到所需的色散特性。下面以梯度型纤芯加多包层的折射率剖面分布的一般光波导结构形式为例,来说明如何求解其色散特性。光纤的折射率剖面分布如图 1-16 所示。

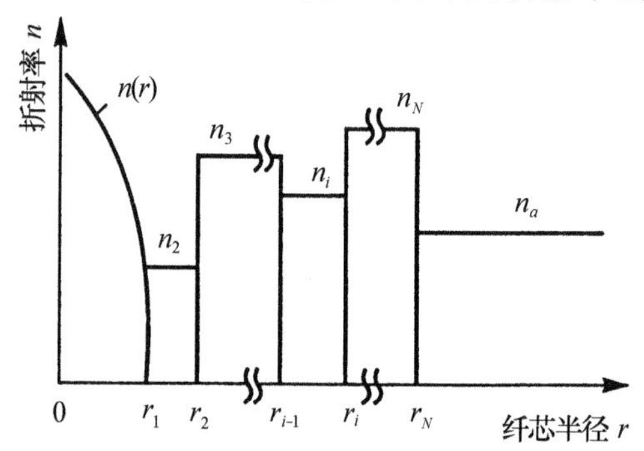

图 1-16　一般光波导结构折射率分布剖面

在弱导和圆对称条件下,模场可以从下列标量波动方程求得。

纤芯中($r<r_1$)

$$\frac{\mathrm{d}^2 e_y}{\mathrm{d}r^2}+\frac{1}{r}\cdot\frac{\mathrm{d}e_y}{\mathrm{d}r}+\left[n^2(r)k-\beta^2-\frac{m^2}{r^2}\right]e_y=0 \tag{1-43}$$

包层中($r>r_1$)

$$\frac{\mathrm{d}^2 e_y}{\mathrm{d}r^2}+\frac{1}{r}\cdot\frac{\mathrm{d}e_y}{\mathrm{d}r}+\left[n_i^2 k-\beta^2-\frac{m^2}{r^2}\right]e_y=0 \tag{1-44}$$

在包层中,$n_i(i=2,3,\cdots,N)$为常数,故式(1-44)为贝塞尔方程,根据场的物理条件,式(1-44)的解为

$$e_y=\begin{cases}a_iJ_m(U_ir/a)+b_iN_m(U_ir/a), & kn_i>\beta\\ a_iI_m(W_ir/a)+b_iK_m(W_ir/a), & kn_i<\beta\end{cases} \tag{1-45}$$

利用纵向场和横向场的关系式

$$e_z=\frac{j}{\beta}\cdot\frac{\partial e_y}{\partial y}$$

可求得纵向场 e_z,由此可得中间层包层的场分量的表达式:

$$\begin{bmatrix}e_y\\ e_z\end{bmatrix}_{r\in\text{第}i\text{层}}=M_i(r_i)\begin{bmatrix}a_i\\ b_i\end{bmatrix} \tag{1-46}$$

式中,$M_i(r_i)$是一个 2×2 的矩阵。当 $kn_i>\beta$ 时,矩阵元素包含 J_m, J_m', N_m, N_m' 等函数;

当$kn_i<\beta$时，矩阵元素包含I_m, I_m', K_m, K_m'等函数。这里，J, N分别为第一类和第二类贝塞尔函数，I, K分别为第一类和第二类变质贝塞尔函数。

同一层中外边界的场可用内边界的场来表示：

$$\begin{bmatrix} e_y \\ e_z \end{bmatrix}_{r=r_i} = M_i(r_i)\begin{bmatrix} a_i \\ b_i \end{bmatrix} \tag{1-47}$$

$$\begin{bmatrix} e_y \\ e_z \end{bmatrix}_{r=r_{i-1}} = M_i(r_{i-1})\begin{bmatrix} a_i \\ b_i \end{bmatrix} \tag{1-48}$$

故有

$$\begin{bmatrix} e_y \\ e_z \end{bmatrix}_{r=r_i} = M_i(r_i)M_i^{-1}(r_{i-1})\begin{bmatrix} e_y \\ e_z \end{bmatrix}_{r=r_{i-1}} = S_i(r_i, r_{i-1})\begin{bmatrix} e_y \\ e_z \end{bmatrix}_{r=r_{i-1}} \tag{1-49}$$

式中，矩阵S_i为矩阵$M_i(r_i)$和逆矩阵$M_i^{-1}(r_{i-1})$之积，故可得关系式：

$$\begin{bmatrix} e_y \\ e_z \end{bmatrix}_{r=r_N} = S_N S_{N-1}\cdots S_2\begin{bmatrix} e_y \\ e_z \end{bmatrix}_{r=r_1} \tag{1-50}$$

在纤芯中，折射率$n(r)$为梯度型分布，场函数可从波动方程式(1-43)求得。对于非均匀折射率分布的光纤波导，通常用数值方法和近似方法求解。常用的方法有级数展开法、有限元/变分法、积分方程法等。现以级数展开法为例说明如何来求解梯度型分布的光纤波导中的模场。

先将波动方程式(1-43)中的场函数归一化为y，并将此波动方程简化表示为

$$F(y'', y', y) = 0 \tag{1-51}$$

选用一组正交基级函数$\varphi(x)$组成的级数来逼近模场y，即令

$$y = \sum_{n=1}^{N} A_n \varphi_n(x) \tag{1-52}$$

函数$\varphi(x)$满足正交关系：

$$\int_0^\infty \varphi_k(x)\varphi_n(x)\mathrm{d}x = \delta_{kn} \tag{1-53}$$

式中，δ_{kn}为克劳内克尔δ函数。

应用Galerkin方程式求解，将以级数展开式(1-52)表示模场的波动方程式(1-45)乘以$\varphi_k(x)$并在区间$(0, +\infty)$内积分，遂有

$$\int_0^\infty F(y'', y', y)\varphi_k(x)\mathrm{d}x = 0 \tag{1-54}$$

利用函数的正交关系式(1-53)，从式(1-54)可求得级数展开系数A_n，进而得到模场的表达式：

$$\begin{bmatrix} e_y \\ e_z \end{bmatrix}_{r<r_1} = A(r) \tag{1-55}$$

$A(r)$为表示纤芯中模场的矩阵，在纤芯界面上有

$$\begin{bmatrix} e_y \\ e_z \end{bmatrix}_{r=r_1} = A(r_1) \tag{1-56}$$

联立式(1-50)、式(1-56)得到

$$\begin{bmatrix} e_y \\ e_z \end{bmatrix}_{r=r_N} = S_N S_{N-1} \cdots S_2 A = P \tag{1-57}$$

在外包层 $r>r_N(n=n_a)$ 中，根据 $r\to\infty$，场值为零的物理条件可知模场只能以 K 函数的形式存在，故有

$$\begin{bmatrix} e_y \\ e_z \end{bmatrix}_{r=r_N} = K(r_N)b_N \tag{1-58}$$

本征方程则可从界面模场连续的条件(联立式(1-57)，式(1-58))，得

$$Kb_N - P = 0 \tag{1-59}$$

求得

$$|P, K| = 0 \tag{1-60}$$

式(1-60)即为线性偏振模(LP模)的本征方程。求解基模 $LP_{01}(HE_{11})$ 的本征值时，令 $m=0$，方程大为简化。从而可求得 HE_{11} 模的传播常数，进而得到单模光纤的色散特性。

实践表明：单模光纤的折射率剖面不能太复杂。光纤的折射率剖面参数愈多，光纤的结构愈不稳定。因为任一结构参数在实际制作中的变化(即制造尺寸的误差)均会使光纤的传输性能发生变化。因此非零色散位移光纤的设计原则在于设计出尽可能简单的折射率剖面来达到所需的色散特性，我们期盼在所需的工作波长范围内，具有一定色散值的色散平坦光纤，但达到这一要求的光纤所需的折射率剖面均很复杂。例如采用四包层折射率剖面的波导结构可以实现比较平坦的色散特性。但因折射率剖面参数太多，难以生产出性能稳定的实际光纤来。相比之下，匹配型单模 G.652 光纤折射率剖面最为简单，因而性能(随尺寸变化)也相当稳定。G.655 光纤的使用波段从初期的EDFA/DWDM的 C 波段(1530～1565nm)，扩展到 L 波段(1565～1625nm)，以及向 S 波段(1460～1530nm)的延伸，可以看出其扩展使用波段的发展趋势。事实上，虽然 ITU G.655 规范中将成缆光纤的截止波长定为 1480nm，但朗讯公司的 RS 真波光纤的成缆截止波长却为 1260nm，也就是说，在 1550nm 波段工作外，还可以开通 1310nm 的波段(色散为负值)。当然，当 G.655 光纤的工作波段向 S 波段(1460～1530nm)延伸时，光纤的成缆截止波长也必然要向短波长方向移动。从这一点来看，实际上 G.655 和 G.652 的差别似乎在逐步缩小。通信光纤从 G.652 到 G.653 再到 G.655 是一个历史的、自然的发展过程，但这一发展过程远未终结。可以预见随着光纤工艺中水峰损耗的消除，以及用在不同波段的新型光放大器的开发，加上色散补偿技术的发展，实现全波段使用的、色散分布合理的、性能稳定的、优化设计的新型光纤，想必为期不会太远了。当然，不同规范的光纤中的大部分也将继续存在和不断发展，它们各有用武之地。因为超长距离、超大容量传输的光纤不可能也没有必要与城域网或接入网用光纤是同一类型的光纤。

1.5.3 ITU G.655 光纤规范(表 1-13 至表 1-16)

G.655.A 光纤支持 ITU G.691，G.692，G.693 应用推荐的使用值。关于 G.692 应

用,根据特定光纤通路波长和色散特性的不同,总发射功率的最大值可能会受到限制,它适用于通道间隔为200GHz及以上的DWDM系统在C波段的应用。同时也支持速率为10Gbit/s的DWDM系统的应用。

G.655.B光纤支持通道间隔为100GHz及以上的DWDM系统在C波段的应用。关于G.692应用,根据特定光纤通路波长和色散特性的不同,总发射功率的最大值可能大于G.655.A光纤。G.655.B光纤的PMD_Q为$0.5ps/km^{1/2}$,可以保证速率为10Gbit/s的DWDM系统的传输距离为400km。

G.655.C光纤的性能与G.655.B光纤基本相同,只是其PMD_Q为$0.2ps/km^{1/2}$。其色散特性保留了最初针对色散系数采用的"框架类"规范,它能使用在$N\times$10Gbit/s的DWDM系统传输300km以上,或者支持在$N\times$40Gbit/s的DWDM系统传输80km以上。

G.655.D光纤将1460nm至1625nm波长范围内的色散系数要求,定义为对波长的一对限制性曲线(图1-17)。对大于1530nm的波长而言,色散为正且幅度足以抑制多数非线性损害。对这些波长而言,上述G.655.C光纤的应用将得以支持。对小于1530nm的波长而言,色散系数为负值,但光纤在高于1470nm的信道可用于支持CWDM应用。

G.655.E光纤采用与G.655.D光纤相同的方式定义色散特性(图1-18),但其取值更高,这对一些系统(如那些通道间隔最小的系统)而言可能较为重要。G.655.C光纤上述应用可以得到支持。在1460nm以上的波长,其光纤的色散系数为正。

表1-13　G.655.A/B光纤规范(2009年版)

光纤属性			
参数	表述	数值	
		G.655.A	G.655.B
模场直径	波长	1310nm	1 550nm
	标称值范围	8.6～9.5μm	8～11μm
	容差	±0.7μm	± 0.7μm
包层直径	标称值μm	125μm	125μm
	容差	±1μm	± 1μm
纤芯包层同心度误差	最大值	0.8μm	0.8μm
包层不圆度	最大值	2.0%	2.0%
光缆截止波长	最大值	1450nm	1450nm
宏弯损耗	半径	30mm	30mm
	圈数	100	100
	在1550nm处最大值	0.50dB	0.50dB
筛选应力	最小值	0.69MPa	0.69GPa

续表

光纤属性			
参数	表述	数值	
波长色散系数 波长范围为 1530～1565nm	λ_{0min}和λ_{0max}	1530nm 和 1565nm	1530nm 和 1565nm
	D_{min}的最小值	0.1ps/(nm·km)	1.0ps/(nm·km)
	D_{max}的最大值	6.0ps/(nm·km)	10.0ps/(nm·km)
	正负号	正或负	正或负
	$D_{max}-D_{min}$	—	≤5.0 ps/(nm·km)
波长色散系数 波长范围为 1565～1625nm	λ_{0min}和λ_{0max}	—	待定
	D_{min}的最小值	—	待定
	D_{max}的最大值	—	待定
	正负号	—	正或负
光缆属性			
参数	表述	数值	
衰减系数	在 1550nm 区域的最大值	0.35dB/km	0.35dB/km
	在 1625nm 区域的最大值	—	0.4dB/km
PMD 系数	M	20 段光缆	20 段光缆
	Q	0.01%	0.01%
	PMD_Q 最大值	0.50ps/km$^{1/2}$	0.50ps/km$^{1/2}$

表 1-14 ITU G.655.C 光纤技术规范(2009 年版)

光纤属性		
参数	表述	数值
模场直径	波长	1550nm
	标称值范围	8～11μm
	容差	± 0.7μm
包层直径	标称值	125μm
	容差	±1μm
模场同心度误差	最大值	0.8μm
包层不圆度	最大值	2.0%
光缆截止波长	最大值	1450nm
宏弯损耗	半径	30mm
	圈数	100
	在 1625nm 区域的最大值	0.50dB
筛选应力	最小值	0.69GPa

续表

光纤属性		
波长色散系数 波长范围 1530～1625nm	λ_{min} 和 λ_{max}	1530nm 和 1565nm
	D_{min} 最小值	1.0ps/(nm · km)
	D_{max} 最大值	10.0ps/(nm · km)
	正负号	正或负
	$D_{max}-D_{min}$	≤5.0ps/(nm · km)
色散系数 波长范围 1565～1625nm	λ_{min} 和 λ_{max}	待定
	D_{min} 最小值	待定
	D_{max} 最大值	待定
	正负号	正或负
光缆属性		
参数	表述	数值
衰减系数	在 1550nm 区域的最大值	0.35dB/km
	在 1625nm 区域的最大值	0.4dB/km
PMD 系数	M	20 段光缆
	Q	0.01%
	PMD_Q 最大值	$0.20ps/km^{1/2}$

表 1-15 ITU G.655.D 光纤技术规范(2009 年版)

光纤属性		
参数	表述	数值
模场直径	波长	1550nm
	标称值范围	8～11μm
	容差	±0.6μm
包层直径	标称值	125μm
	容差	±1μm
模场同心度误差	最大值	0.6μm
包层不圆度	最大值	1.0%
光缆截止波长	最大值	1450nm
宏弯损耗	半径	30mm
	圈数	100
	在 1625nm 区域的最大值	0.1dB
筛选应力	最小值	0.69GPa

续表

光纤属性		
参数	表述	数值
波长色散系数/(ps・nm^{-1}・km^{-1})	$D_{min}(\lambda)$：1460～1550nm	$\frac{7.00}{90}(\lambda-1460)-4.20$
	$D_{min}(\lambda)$：1550～1625nm	$\frac{2.97}{75}(\lambda-1550)+2.80$
	$D_{max}(\lambda)$：1460～1550nm	$\frac{2.91}{90}(\lambda-1460)+3.29$
	$D_{max}(\lambda)$：1550～1625nm	$\frac{5.06}{75}(\lambda-1550)+6.20$
光缆属性		
参数	表述	数值
衰减系数	在1550nm区域的最大值	0.35dB/km
	在1625nm区域的最大值	0.4dB/km
PMD系数	M	20段光缆
	Q	0.01%
	PMD_Q最大值	0.20ps/$km^{1/2}$

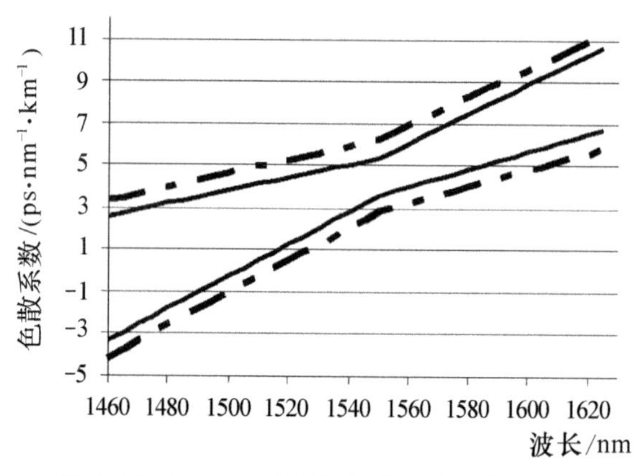

图1-17 G.655D光纤的色散—波长特性曲线

表1-16 ITU G.655.E 光纤技术规范(2009年版)

光纤属性		
参数	表述	数值
模场直径	波长	1550nm
	标称值范围	8～11μm
	容差	±0.6μm
包层直径	标称值	125μm
	容差	±1μm
模场同心度误差	最大值	0.6μm
包层不圆度	最大值	1.0%
光缆截止波长	最大值	1450nm

续表

光纤属性		
参数	表述	数值
宏弯损耗	半径	30mm
	圈数	100
	在 1625nm 区域的最大值	0.1dB
筛选应力	最小值	0.69GPa
波长色散系数/(ps · nm^{-1} · km^{-1})	$D_{min}(\lambda)$：1460～1550nm	$\frac{5.42}{90}(\lambda-1460)+0.64$
	$D_{min}(\lambda)$：1550～1625nm	$\frac{3.30}{75}(\lambda-1550)+6.06$
	$D_{max}(\lambda)$：1460～1550nm	$\frac{4.65}{90}(\lambda-1460)+4.66$
	$D_{max}(\lambda)$：1550～1625nm	$\frac{4.12}{75}(\lambda-1550)+9.31$
光缆属性		
参数	表述	数值
衰减系数	在 1550nm 区域的最大值	0.35dB/km
	在 1625nm 区域的最大值	0.4dB/km
PMD 系数	M	20 段光缆
	Q	0.01%
	PMD_Q 最大值	0.20ps/km$^{1/2}$

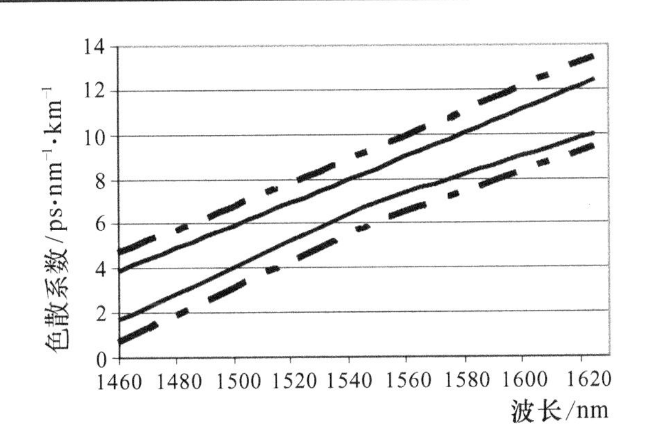

图 1-18　G. 655. E 光纤的色散—波长特性曲线

康宁公司的 LEAF 光纤和 OFS 公司(原美国朗讯公司，后被日本古河公司收购）的 TrueWave RS 光纤兼容了 ITU G. 655. A，B，C，D 光纤规范，适用于城域网、地域网和长途干线中 DWDM 通信系统。现将两者的性能指标对比如表 1-17 所示。

表 1-17　LEAF 和 TrueWave RS 光纤的主要性能

	康宁公司 LEAF Large Effective Area Fiber 大有效面积光纤 G. 655. A，B，C，D，(B4)	OFS 公司 TrueWave RS LWP (Low Water Peak) 真波光纤 G. 655. C，D，(B4)
用波段	C(1530～1565nm)＋L(1565～1625nm)	C(1530～1565nm)＋L(1565～1625nm)

续表

	康宁公司 LEAF Large Effective Area Fiber 大有效面积光纤 G.655.A,B,C,D,(B4)	OFS 公司 TrueWave RS LWP (Low Water Peak) 真波光纤 G.655.C,D,(B4)
包层直径 纤芯包层同心度 包层不圆度 涂层直径 涂层包层同心度	125±0.7μm ≤0.5μm ≤0.7% 242±5μm <12μm	125±0.7μm ≤0.5μm ≤ 0.7% 245±5μm ≤10μm
模场直径	9.6±0.4μm(1550nm)有效面积 $72\mu m^2$(大有效面积光纤提升了 SBS(受激布里渊散射)阈值，使发射端可输入更大的光功率，可增长传输距离。SBS 阈值是模拟视频传输等应用中的关键指标)	8.4±0.6μm(1550nm)有效面积 $52\mu m^2$
损耗	1383nm≤0.40dB/km 1410nm≤0.32dB/km 1450nm≤0.26dB/km 1550nm≤0.20dB/km 1625nm≤0.21dB/km	1310nm≤0.35dB/km 1383nm≤0.35dB/km 1550nm≤0.20dB/km 1625nm ≤0.21dB/km
截止波长	≤1450nm 不可用于 1310nm 波段	≤1260nm 可用于 1310nm 波段
宏弯损耗	1 圈 16mm 心轴半径 附加损耗≤0.5dB (1550&1625nm) 100 圈 30mm 心轴半径 附加损耗≤0.05dB(1550&1625nm)	1 圈 16mm 心轴半径 附加损耗≤0.5dB(1550&1625nm) 100 圈 30mm 心轴半径 附加损耗≤0.05dB(1550&1625nm)
波长色散/ $(ps \cdot nm^{-1} \cdot km^{-1})$	C,L 波段色散曲线斜率较大 DWDM 色散补偿要求较高 (详见色散曲线) 1530nm　　2.0～5.5 1565nm　　4.5～6.0 1625nm　　8.5～11.2	C,L 波段色散曲线斜率较平坦 DWDM 色散补偿要求低 (详见色散曲线) 1530～1565nm(C 波段)　2.6～6.0 1565～1625nm(L 波段)　4.0～8.9 1460～1625nm(S,C,L 波段) −1.0～8.9 色散斜率(1550nm) 0.05ps/$(nm^2 \cdot km)$
偏振模色散 (PMD)	链路值≤0.04ps/km 单根光纤最大值≤0.1ps/km	链路值≤0.04ps/km 单根光纤最大值≤ 0.1ps/km
光纤翘曲度	曲率半径≥4.0m	曲率半径≥4.0m
动态疲劳参数 *N*	≥20	≥20
筛选应力	≥100kpsi(0.7GPa)	≥100kpsi (0.7GPa)

1.6　G. 656 宽带非零色散位移单模光纤 (Widwband Non-zero Dispersion-shifted Single-mode Optical Fiber)

G. 656 光纤本质上仍属于非零色散位移光纤。G. 656 光纤与 G. 655 光纤的不同点在于：(1)G. 656 光纤具有更宽的工作带宽，G. 655 光纤工作在 1530～1625nm(C+L 波段)，而 G. 656 光纤工作在 1460～1625nm(S+C+L 波段)，将来还可以拓宽，甚至超过 1460～1625nm，可以充分发挥石英玻璃的巨大带宽潜力。(2) 色散斜率更小，能够显著降低 DWDM 系统色散补偿成本，G. 656 光纤是色散斜率平坦，工作波长覆盖 S+C+L 波段的宽带光传输的非零色散位移光纤。(3) G. 656 光纤的 PMD_Q 为 0. 1ps/km$^{1/2}$，使得 G. 656 光纤在 $N\times$10Gbit/s 系统传输 4000km 以上，或者支持 $N\times$40Gbit/s 系统传输 400km 以上的应用。G. 656 光纤特别适合作为通道间隔为 100GHz，传输速率为 40Gbit/s，传输距离为 400km 的 DWDM 系统或 CWDM 系统的光传输介质。如表 1-18、表 1-19 所示。

表 1-18　ITU G. 656 光纤技术规范(2010 年版)

光纤属性		
参数	表述	数值
模场直径	波长	1550nm
	标称值范围	7. 0～11. 0μm
	容差	± 0. 7μm
包层直径	标称值	125. 0μm
	容差	±1μm
纤芯/包层同心度误差	最大值	0. 8μm
包层不圆度	最大值	2. 0%
光缆截止波长	最大值	1450nm
宏弯损耗	半径	30mm
	圈数	100
	在 1625nm 区域的最大值	0. 50dB
筛选应力	最小值	0. 69GPa
波长色散系数	$D_{min}(\lambda)$：1460～1550nm	$\frac{2.60}{90}(\lambda-1460)+1.00$
	$D_{min}(\lambda)$：1550～1625nm	$\frac{0.98}{75}(\lambda-1550)+3.60$
	$D_{max}(\lambda)$：1460～1550nm	$\frac{4.68}{90}(\lambda-1460)+4.60$
	$D_{max}(\lambda)$：1550～1625nm	$\frac{4.72}{75}(\lambda-1550)+9.28$

续表

光纤属性		
参数	表述	数值
衰减系数	在 1460nm 区域的最大值	0.4dB/km
	在 1550nm 区域的最大值	0.35dB/km
	在 1625nm 区域的最大值	0.4dB/km
PMD 系数	M	20 段光缆
	Q	0.01%
	PMD_Q 最大值	0.20ps/km$^{1/2}$

表 1-19 ITU-T G.656 光纤例示(Samsung 公司 UltraPass™和 OFS 公司 TrueWave REACH)

	Samsung 公司 UltraPass™光纤 ITU-T G.656 光纤	OFS 公司 TrueWave REACH 光纤 ITU-T G.656 光纤
使用波段	S+C+L (1460~1625nm)	S+C+L (1460~1625nm)
包层直径 纤芯包层同心度 包层不圆度 涂层直径 涂层包层同心度	125±1.0μm ≤0.6μm ≤1.0% 242±5μm <10μm	125±0.7μm ≤0.5μm ≤0.7% 245±5μm ≤10μm
模场直径	1550nm 8.7~9.7μm	1550nm 8.6±0.4μm
损耗	1310nm≤0.36dB/km 1550nm≤0.22dB/km 1625nm≤0.25dB/km	1310nm≤0.35dB/km 1383nm≤0.35dB/km 1450nm≤0.25dB/km 1550nm≤0.20dB/km 1625nm≤0.21dB/km
截止波长	≤1450nm	≤1330nm
宏弯损耗	1 圈 16mm 心轴半径 附加损耗≤0.5dB(1550nm) 100 圈 30mm 心轴半径 附加损耗≤0.05dB (1550nm)	1 圈 16mm 心轴半径 附加损耗≤0.5dB(1550&1625nm) 100 圈 30mm 心轴半径 附加损耗≤0.05dB (1550&1625nm)
波长色散/ (ps · nm^{-1} · km^{-1})	1530~1565nm 6.0~10.0 1565~1625nm 8.0~13.8 零色散波长 ≤1440nm	1530~565nm(C 波段) 5.5~8.9 1565~1625nm(L 波段) 6.9~11.4 1460~1625nm(S,C,L 波段)−2.0−~1.4 色散斜率(1550nm) ≤0.045ps/(nm^2 · km) 零色散波长 ≤1405nm 1310nm 色散 −5
偏振模色散(PMD)	单根光纤最大值(1550nm) ≤0.1ps/km	链路值(M=20,Q=0.01%) ≤0.04 ps/km 单根光纤最大值 ≤0.1ps/km
光纤翘曲度	曲率半径≥4.0m	曲率半径≥4.0m
动态疲劳参数 N	≥ 20	≥ 20
筛选应力	≥100kpsi (0.7GPa)	≥100kpsi (0.7GPa)

ITU G. 652，G. 655，G. 656 三种单模光纤的性能的主要差别之一，在于他们的色散特性。现将三者的色散特性放在一起以作比较。

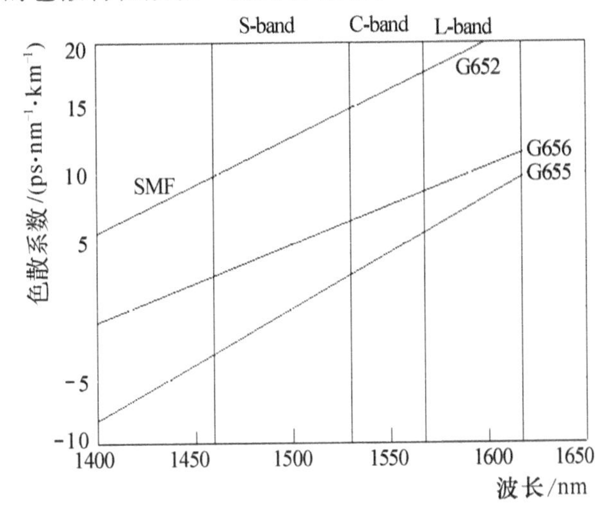

图 1-19　G. 652，G. 655 和 G. 656 光纤的色散特性比较

IEC 和 ITU 光纤分类型号并不相同，但有一一对应关系，其相互对照如表 1-20 所示。

表 1-20　IEC 和 ITU 光纤分类对照

IEC	ITU
B1. 1	G. 652. A/B
B1. 2 a	G. 654. A
B1. 2b	G. 654. B
B1. 2c	G. 654. C
B1. 3	G. 652. C/D
B2	G. 653. A/B
B4a	G. 655. A
B4b	G. 655. B
B4c	G. 655. C
B4d	G. 655. D
B4e	G. 655. E
B5	G. 656
B6a	G. 657. A
B6b	G. 657. B

最后介绍通信用单模光纤的国家标准。通过对国标 GB/T 9771—88“通信用单模光纤系列”标准的修订，参照国际标准的发展，提出了 GB/T 9771—2008“通信用单模光纤系列”新的国标。将单模光纤分为七个部分：

1. GB/T 9771.1—2008“非色散位移单模光纤特性”
2. GB/T 9771.2—2008“截止波长位移单模光纤特性”
3. GB/T 9771.3—2008“波长段扩展的非色散位移单模光纤特性”
4. GB/T 9771.4—2008“色散位移单模光纤特性”
5. GB/T 9771.5—2008“非零色散位移单模光纤特性”
6. GB/T 9771.6—2008“宽波长段光传输用非零色散位移单模光纤特性”
7. GB/T 9771.7—2012“接入网用弯曲损耗不敏感单模光纤特性”

第一部分相应于 G.652.A/B(B1.1)光纤；第二部分相应于 G.654(B1.2)光纤；第三部分相应于 G.652.C/D(B1.3)光纤；第四部分相应于 G.653(B2)光纤；第五部分相应于 G.655(B4)光纤；第六部分相应于 G.656(B5)光纤。第七部分相应于 G.657(B6)光纤。

附录：单模光纤的折射率剖面分布及其测量方法

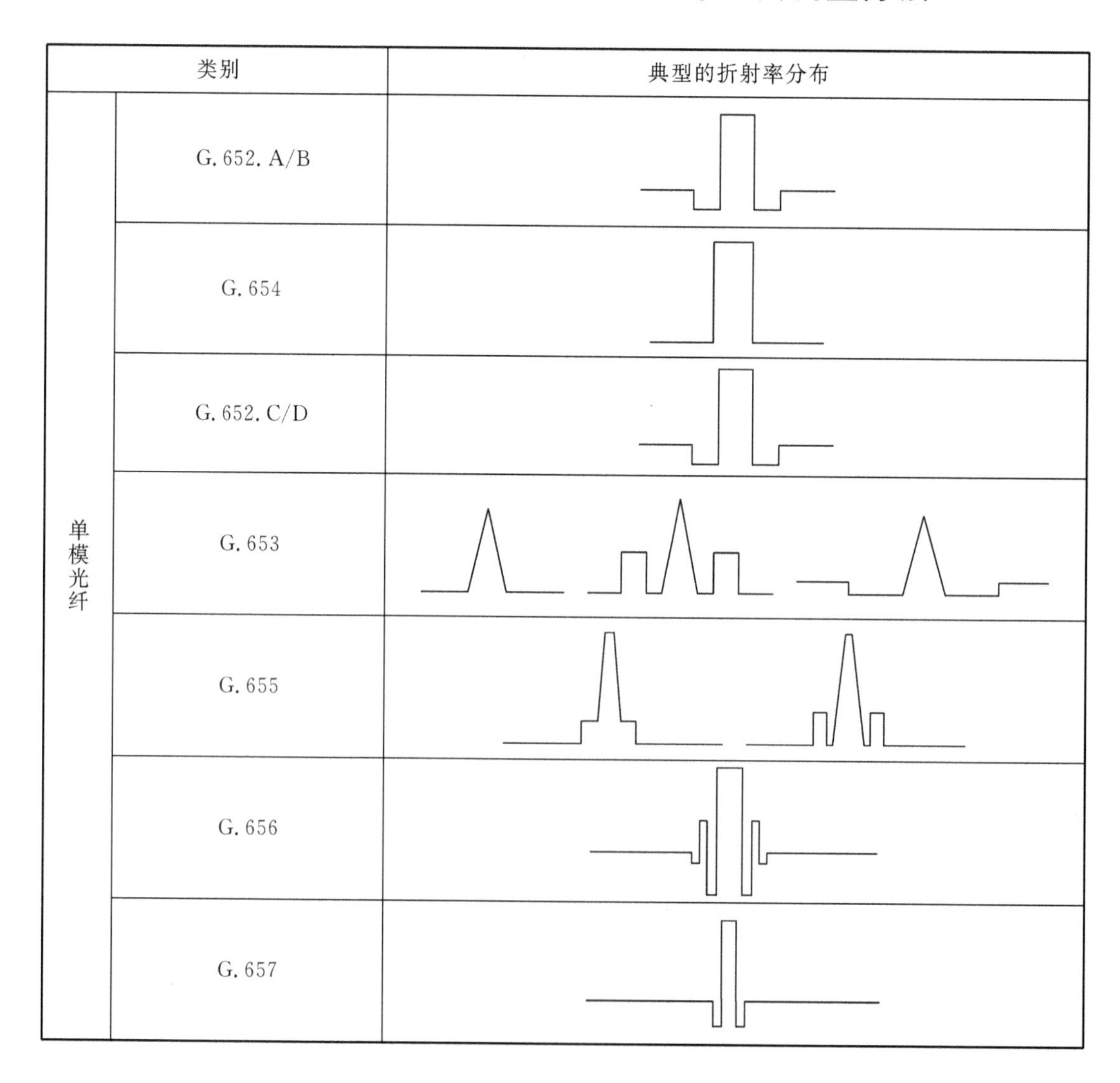

类别		典型的折射率分布
单模光纤	G.652.A/B	
	G.654	
	G.652.C/D	
	G.653	
	G.655	
	G.656	
	G.657	

(一)单模光纤的折射率剖面分布

(摘自“GB/T 32385.1—2015 光纤预制棒 第 1 部分:总规范”中各种类单模光纤预制棒的典型折射率分布)

注:表中所示为典型折射率分布,由于各个光纤厂商光纤设计的不同可能导致光纤预制棒折射率分布存在差异。通信光纤的结构形式均为弱导、圆对称的光介质波导。通过光纤折射率剖面的设计来得到相应的波导色散,与石英玻璃固定的材料色散综合而实现所需的 1550nm 波段的色散位移光纤的色散特性。

结构设计的方法是对于给出的光纤折射率剖面,求解无源介质中的矢量波动方程,在弱导条件下,简化为标量波动方程,利用切向场连续的边界条件,可得到本征方程,求解本征方程,得到本征值,从中取其基模 HE_{11} 的传播常数,进而可得所需的单模光纤的色散特性。

色散位移光纤的设计通常从两方面着手:一是选用各种函数形式的梯度型折射率分布的纤芯来调节其色散特性;二是采取多包层的折射率分布。两者的综合可在广阔的范围内得到所需的色散特性。因此各个光纤厂商可采用不同的光纤折射率剖面设计可得到相同的色散特性。而从已知光纤的色散特性求解相应光纤折射率剖面的逆问题(通常是多值的),目前尚无系统而完备的理论。

(二)光纤/光纤预制棒折射率剖面分布测量方法

不同种类光纤产品的设计和优化的核心是对光纤的光导结构的设计,即对光纤剖面的折射率分布进行设计。由于光纤的光学设计必须在光纤预制棒的制造阶段完成,所以对于光纤预制棒生产者来说,对光纤预制棒的半成品(芯棒)、成品和最终拉丝完成的光纤进行折射率剖面分布情况进行精准的测量和反馈是光纤产品研发和常规质量控制流程中至关重要的一环。

下面分别介绍光纤和光纤预制棒折射率剖面分布测量方法

(a)光纤折射率剖面分布测量方法

目前,用以进行光纤折射率分布测试分析的设备采用的测试方法为“折射近场法”(Refracted Near Field Technique)。该种测试方法能够普遍适用于单模和多模光纤。“折射近场法”测量的基本结构如图 1-20 所示:

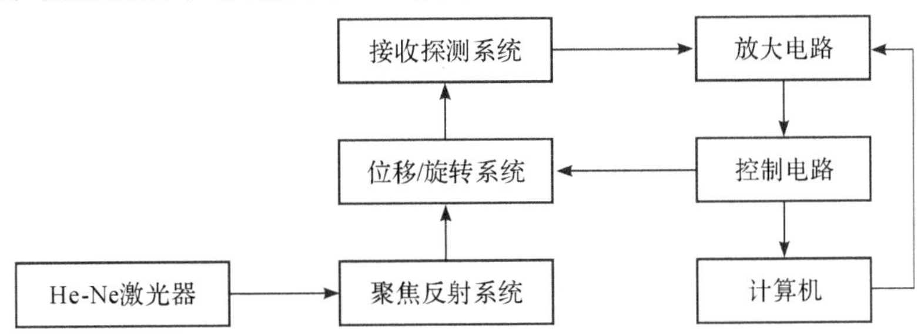

图 1-20　“折射近场法”测量系统的基本结构图

在光纤折射率剖面分布测量时,需将待测光纤端面切割处理后浸泡在匹配液中,作为测量光源的波长为633nm的He-Ne激光器发射出的单横模激光,经光学聚焦,反射系统会聚成扫描激光光斑,控制电路驱动微位移台,激光光斑沿一维或二维扫描光纤被测端面。折射近场法不测量光纤的导模,而是测量光纤的折射光(辐射模),端面注入时,测试点折射率与匹配液折射率之差 $\Delta n(r)$ 与折射光功率 $P(r)$ 成正比。结果如下式所示。

$$\Delta n(r) = \frac{n(l)}{2\pi I_0} \cdot [P_0 - P(r)]$$

其中,为匹配液折射率,I_0 为光源辐射功率,P_0 为无光纤时监测到的光功率,$P(r)$ 为置入光纤后对应位置测得的光功率。

"折射近场法"可测量常规的单模和多模光纤、也可测量特殊光纤,如 panda 或 bowtie 型偏振维持光纤的折射率剖面分布。利用折射近场技术可得到完整的光纤折射率剖面分布的二维像素扫描,由此可通过计算得出光纤的几何参数,如纤芯和包层直径,包层不圆度,芯包同心度,等,甚至还能得出光纤折射率结构的三维图像。

(b)光纤预制棒折射率剖面分布测量方法

光纤预制棒折射率剖面分布测量方法采用"偏转函数技术"(Deflection Function Technique)。一般采用侧向投射的方式,使用波长为632.8nm的He-Ne激光器发出的单模激光光束投射向浸润在匹配液中的光纤预制棒,光束通过预制棒时,因匹配液、预制棒包层、预制棒芯层存在折射率的差异,使得投射的光束产生折射偏转,并在预制棒另一侧的探测器采集偏转后的光束,通过接收射出的偏转光谱计算出光棒测量位置剖面的折射率分布。同时,亦能通过旋转光纤预制棒,测得该预制棒在测量区域周向上折射率分布的偏差情况。此外,也能够通过移动光纤预制棒的位置,测得光纤预制棒在纵向不同区域上折射率的分布情况。

偏转函数是将探测光的出射角作为其入射位置 y 函数,见图1-21。折射率剖面为:

$$n(r) = n_0 - \frac{n_0}{\pi}\int_r^a \frac{\psi(y)\mathrm{d}y}{\sqrt{y^2 - r^2}}$$

式中 a 为光纤预制棒半径,n_0 为匹配液的折射率。

偏转函数 $\psi(y)$ 有多种测量方法:干涉法(interferometric)测量每个光束穿越光纤预制棒截面时的相位函数 $\phi(y)$;聚焦法(focusing)测量跨过光纤预制棒像平面的光强分布 $P(y)$;全息法(holographic)和直接显示法(direct display)则可直接测量偏转函数 $\psi(y)$。各函数间有下列关系:

$$\psi(y) = K\frac{\mathrm{d}\phi(y)}{\mathrm{d}y}$$

$$\psi(y) = B\int_0^y P(y)\mathrm{d}y$$

式中 K 和 B 为比例常数。

在光纤预制棒折射率剖面分布测量系统中,还可利用其软件所包含的等效阶跃型折射率 Equivalent Step Index (ESI)的算法程序去预估单模光纤的模场直径和截止波长以及多模光纤折射率剖面的 α 值。

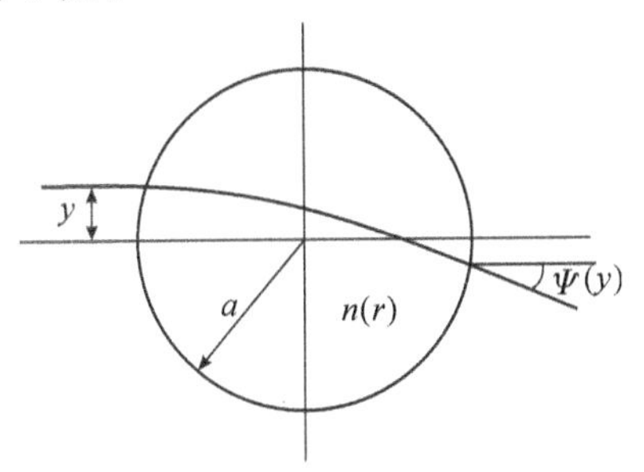

图 1-21 偏转函数示意图

浸润光纤预制棒的匹配液的折射率与光纤预制棒折射率的差异需控制在一定的范围内。虽然偏转函数技术并无对该折射率的要求，但是为提高测量的效率，一般希望光束经过折射后在预制棒内经过较多的区域以得到更准确的测试结果，故测量时宜选择折射率较石英玻璃略高的匹配液，以便于光束向预制棒截面中心偏折（如图 1-21 所示）。

图 1-22 为使用“折射近场法”对光纤及使用“偏转函数法”对光纤预制棒折射率分布进行测量的测试设备的结构简图。

根据测得的光纤/光纤预制棒的剖面折射率分布情况，可以探查不同设备、不同拉丝工艺在光纤拉丝过程中对光纤预制棒光学结构的影响并提供预制棒制造工艺上的优化指导。

光纤/光纤预制棒折射率剖面分布测量仪表的主要生产商是美国 PK 公司，其产品 S14（Fiber Refractive Index Profiler）用于光纤折射率剖面分布测量，P104（Preform Analyzer）和 PK2600（Preform Analyzer），则是用于光纤预制棒折射率剖面分布测量，前者适用于光纤产品研发部门应用，后者自动化程度较高，适用于光棒制造部门应用。PK26000 的最大可测光棒直径为 120mm。

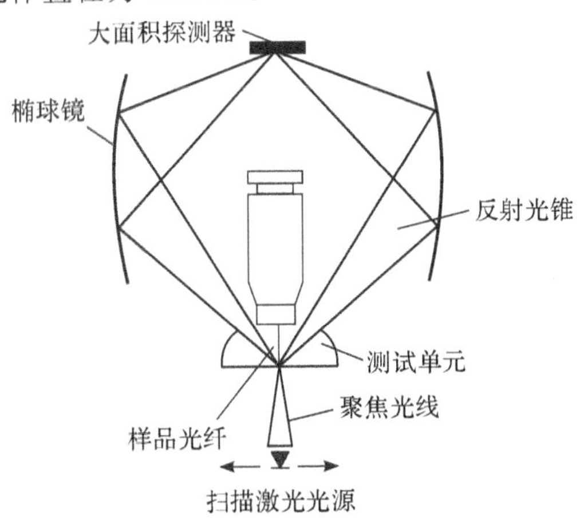

图 1-22 (a)“折射近场法”测试光纤的原理图

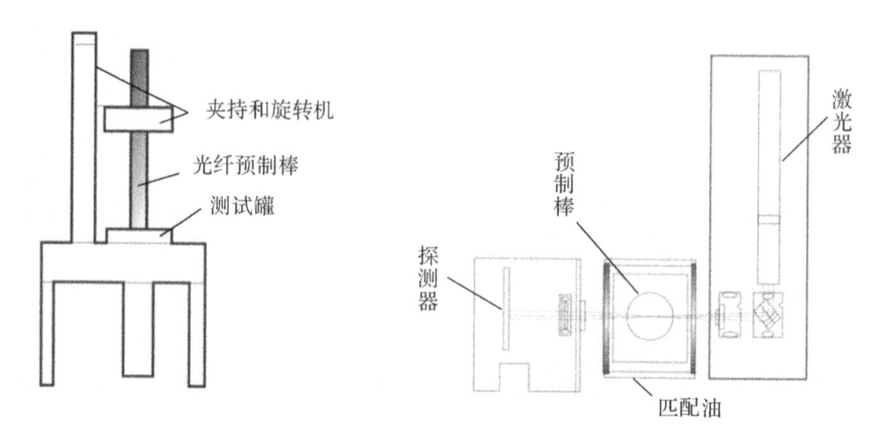

图 1-22 (b)"偏转函数法"测试光纤预制棒的结构简图

参考文献

[1] ITU-T G. 650(04/97),Definition and Test Methods for the Relevant Parameters of Single-mode Fibers.

[2] ITU-T G. 652(03/93),Characteristics of single-mode Optical Fiber Cable.

[3] ITU-T G. 653(03/93),Characteristics of Dispersion-shifted Single-mode Optical Fiber Cable.

[4] ITU-T G. 654(03/93),Characteristics of 1550nm Wavelength Loss-minimized Single-mode Optical Fiber Cable.

[5] ITU-T G. 655(10/96),Characteristics of Non-zero Dispersion-shifted Single-mode Optical Fiber Cable.

[6] ITU StudyGroup15-Contributions171 (02/2000),Proposed RevisionsofRecommendations G. 652 and G. 655.

[7] ITU Study Group 15(02/2000),Proposal of Revised Draft Recommendation G. 653.

[8] ITU StudyGroup15(04/2000),Draft of Revised Recommendation G. 654 for Determination.

[9] ITU-T G. 652(11/2016),Characteristics of Single-mode Optical Fiber and Cable.

[10] ITU-T G. 653(07/2010),Characteristics of Dispersion-shifted Single-mode Optical Fiber and Cable.

[11] ITU-T G. 654(10/2016),Characteristics of Cut-off Shifted Single-mode Optical FiberandCable.

[12] ITU-T G. 655(11/2009),Characteristics of Non-zero Dispersio-shifted Single-mode Optical Fiber and Cable.

[13] ITU-T G. 656(07/2010),Characteristics of Non-zero Dispersion-shifted Single-mode Optical Fiber and Cable for Wideband Optical Transport.

[14] IEC 61282-3:(07/1998),Technical report Type 3-Guidelines for Calculation of

PMD in Fiber Optic Systems.
[15] IEC 60793-2-50 Ed 3.0 optical fibres - Part 2-50: Product Specifications - Sectional Specification for Class B Single-mode fibres.
[16] John E Midwinter. Optical fibers for transmission. New york / Chichester / Brisbane / Toronto: John Wiley & sons,1979.
[17] Namihira Y. Horiuchi Y. Wakabayashi H. Optimum fiber parameters of Loss optical fibers for use in 1.55 um wavelength region. Electronic Letters,1987,23(18): 963—964.
[18] Namihira Y. Horiuchi Y. Wakabashi H. Design considerations for 1.55 um Loss Minimized 1.3um zero-dispersion single-mode optical fibersubmarine cable. Journal of Optical Communications,1992,13(2):42—51.
[19] Chang K. Kalish D. Miller T. et al. Method of making a fiber having lowloss at 1385 nm by cladding a VAD preform with a D/d<7.5. US Patent 6131415,2000-10-17.
[20] Technical Documents. Lucent Technologies.
[21] Technical Documents. Corning Inc.
[22] Technical Documents. Sumitomo Electric Industries LTD.
[23] Technical Documents. Alcatel Telecommunications.
[24] Jeunhomme LB. Single-mode fiber optics-principles and application. New York and Base: Marcel DekkerInc,1983.
[25] Chiang K S. Review of numerical and approximate methods for the modal analysis of general optical dielectric waveguides. Optical and Quantum Electronics,1994, 26:113-134.
[26] Adams M J. An introduction to optical waveguides. New york / Chichester / Brisbane / Toronto: John Wiley & sons,1981.
[27] James C Daly. Fiber Optics. Boca Raton,Florida: CRC Press,1884.
[28] Joseph A. Timothy L. Hunt et al. Optical Fiber Resistant to Hydrogen-induced Attenuation. U. S. Patent 6,128,928,2000.
[29] Naoya Uchida. NaoshiUesugi. Infrared Optical Loss Increase in Silica Fibers due to Hydrogen. J. Lightwave Tech. ,1986:1132-1138.
[30] J Stone. Interaction of Hydrogen and Deuterium with Silica Optical Fiber. A review. J. Lightwave Tech. ,1987,LT-5(5):712-733.
[31] 陈炳炎.单模光纤成缆前后的截止波长.光纤和电缆,1999,(6):22-27.
[32] 陈炳炎.单模光纤的偏振模色散及其测量原理.光纤和电缆,2000,(1):3-14.

第2章　G. 657 弯曲损耗不敏感单模光纤

随着接入网和 FTTH(Fiber To The Home)不断发展，对于光纤也提出新的要求，这时候传统的、大量使用的 G. 652 光纤在某些场合已经不能完全满足使用需求，所以在 2006 年的 12 月，ITU 推出了新的 G. 657 弯曲损耗不敏感单模光纤(bending loss insensitive single mode optical fiber)的标准，G. 657 光纤分为 G. 657. A 和 G. 657. B 两类。G. 657. A 需与常规的 G. 652. D 光纤完全兼容，弯曲半径可以小到 10mm；G. 657. B 光纤并不强求与 G. 652. D 光纤完全兼容，但在弯曲性能上有更高的要求，弯曲半径可以小到 7. 5mm。

随着 G. 657 光纤应用的不断发展，对弯曲损耗的指标提出越来越高的要求，特别是在 FTTH 的多住户单元(Multi-Dwelling Unit，MDU)和室内布线(In-Home Wiring)系统中，制造商和客户已经考虑到了弯曲半径需要降到 5mm 的要求。为了适应新的市场发展，2009 年 10 月，ITU 在 G. 657 标准中增加了适用于弯曲半径为 5mm 的新规范。这样，G. 657 光纤包含了三种最小弯曲半径的品种，如下表所示。

A 类：(需与 G. 652 兼容)

弯曲半径	G. 657. A1	G. 657. A2
10mm	0. 75dB/圈	
7. 5mm		0. 5dB/圈

B 类：(无需与 G. 652 兼容)

弯曲半径	G. 657. B2	G. 657. B3
7. 5mm	0. 5dB/圈	
5mm		0. 15dB/圈

2.1　G. 657 光纤规范

ITU G. 657. A 类和 B 类光纤的技术规范(2016 年版)见表 2-1 和表 2-2：

表 2-1 ITU G. 657. A 类光纤技术规范(2016 年版)

光纤属性						
参数	表述	数值				
模场直径	波长	1310nm				
	标称值范围	8. 6～9. 2μm				
	容差	±0. 4μm				
包层直径	标称值	125. 0μm				
	容差	±0. 7μm				
纤芯同心度误差	最大值	0. 5μm				
包层不圆度	最大值	1. 0%				
光缆截止波长	最大值	1260nm				
未成缆光纤宏弯损耗		ITU-T G. 657. A1		ITU-T G. 657. A2		
	半径/mm	15	10	15	10	7. 5
	圈数	10	1	10	1	1
	1550nm 处最大值	0. 25	0. 75	0. 03	0. 1	0. 5
	1625nm 处最大值	1. 0	1. 5	0. 1	0. 2	1. 0
筛选应力	最小值	0. 69GPa				
色散参数 3 项 Sellmeier 拟合(1260nm～1460nm)	λ_{0min}	1300nm				
	λ_{0max}	1324nm				
	S_{0min}	0. 073 ps/(nm^2 · km)				
	S_{0max}	0. 092 ps/(nm^2 · km)				
线性拟合(1460nm～1625nm)	1550 处最小值	13. 3 ps/nm · km				
	1550 处最大值	18. 6 ps/nm · km				
	1625 处最小值	17. 2 ps/nm · km				
	1625 处最大值	23. 7 ps/nm · km				
光缆属性						
衰减系数	1310 nm 到 1625 nm 之间最大值	0. 4 dB/km				
	氢老化后 1383 nm±3 nm 时最大值	0. 4 dB/km				
	1530 nm 到 1565 nm 之间最大值	0. 3 dB/km				
PMD 系数	M	20 段光缆				
	Q	0. 01%				
	PMD_Q 最大值	0. 2ps/km$^{1/2}$				

表 2-2　ITU G. 657. B 类光纤技术规范(2016 年版)

光纤属性							
参数	表述	数值					
模场直径	波长	1310nm					
	标称值范围	8.6～9.2μm					
	容差	±0.4μm					
包层直径	标称值	125.0μm					
	容差	±0.7μm					
纤芯同心度误差	最大值	0.5μm					
包层不圆度	最大值	1.0%					
光缆截止波长	最大值	1260nm					
未成缆光纤宏弯损耗		ITU-T G. 657. B2			ITU-T G. 657. B3		
	半径/mm	15	10	7.5	10	7.5	5
	圈数	10	1	1	1	1	1
	1550nm 处最大值	0.03	0.1	0.5	0.03	0.08	0.15
	1625nm 处最大值	0.1	0.2	1.0	0.1	0.25	0.45
筛选应力	最小值	0.69GPa					
色散参数	λ_{0min}	1250 nm					
	λ_{0max}	1350 nm					
	S_{0max}	0.11 ps/nm²·km					

光缆属性		
衰减系数	1310 nm 到 1625 nm 之间最大值	0.4dB/km
	氢老化后 1383 nm ±3 nm 时最大值	0.4dB/km
	1530 nm 到 1565 nm 之间最大值	0.3dB/km
PMD 系数	*M*	20 段光缆
	Q	0.01%
	PMD_Q 最大值	0.5ps/km$^{1/2}$

上列规范中 G. 657 光纤各子类的弯曲损耗特性可综合如图 2-1 和图 2-2 所示。

新标准又推动了各光纤制造厂商如美国康宁公司、日本住友公司等大力开发G. 657 的新产品，以满足新规范 G. 657. B3 的要求。而用户则可根据他们的使用要求，选用相应弯曲等级的光纤类型。

考虑光纤抗弯曲性能时，必须要考虑两点：一是低的弯曲附加损耗，二是很小的弯曲半径下的机械可靠性。总之无论是光学性能还是机械性能方面，都要能够抗弯曲。本章将就 G. 657 光纤在这两方面的问题进行分析和探讨。

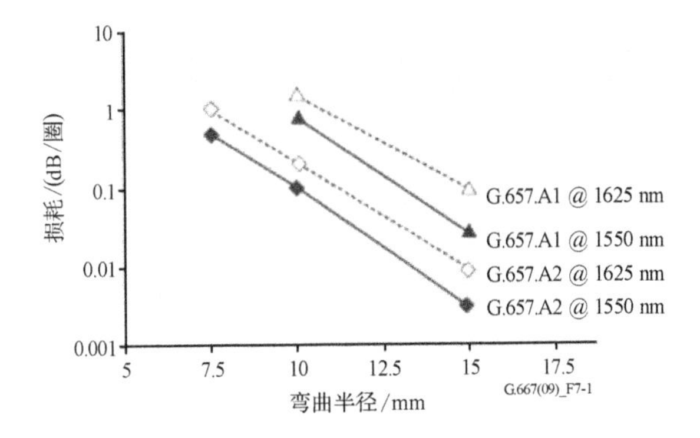

图 2-1　G. 657. A 类光纤的弯曲损耗特性

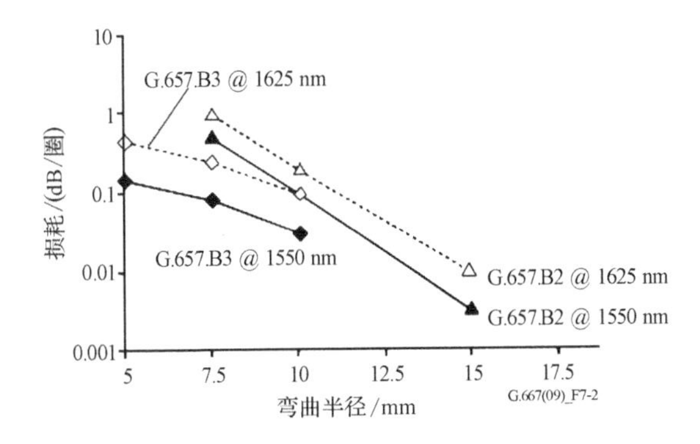

图 2-2　G. 657. B 类光纤的弯曲损耗特性

2.2　G. 657 光纤的弯曲损耗特性

首先来描述一下单模光纤弯曲（宏弯）损耗的物理图景：单模光纤中传输的 HE_{11} 模在直光纤中的光场呈以轴线为中心的对称的高斯分布。当光纤弯曲时，光场的中心线向外侧包层方向迁移，光场不再呈高斯分布，而在包层外侧形成较长的尾部。当光波行进时，外侧的尾场比中心场行进的路径要长，为了同步整个模场，尾场须以较高的速度行进，愈是外侧的尾场速度愈高。这样，当最外侧尾场的速度超过光速时，这部分尾场就损耗掉，造成弯曲损耗。单模光纤的弯曲损耗很大程度上与光场的集中度（confinement）有关。场的集中度定义为光纤纤芯部分光强与光纤整个截面上光强的比值。由此可见，模场直径（MFD）愈小，场的集中度就愈高，弯曲损耗将愈小。因此，各种新型 G. 657 光纤的设计无不以提高场的集中度为着眼点。各光纤制造厂商，开发新型抗弯曲光纤，通常有两个目标：一是千方百计将光场尽可能地限制在纤芯区。光的工作波长愈大，模场直径也愈大，弯曲损耗就愈大；另外，工作波长愈接近截止波长，弯曲损耗就愈小，所以，可用 $MAC=MFD/\lambda_c$ 值来表征光纤的弯曲性能，式中 λ_c 是光纤截止波长。MAC 值低则弯曲性能好。二是当光纤弯曲时，要设法防止尾场向外侧扩散，在光纤结构（折射率剖面）上设置壁垒，截留尾场,减小弯曲损耗。

目前,G.657 光纤的结构大致可分五类,如图 2-3 所示。

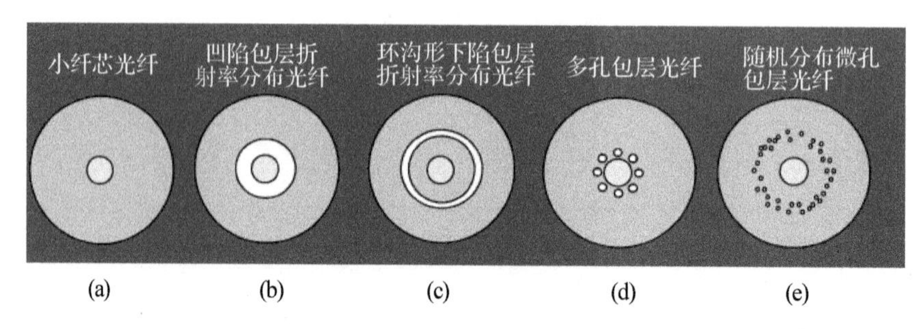

图 2-3 G.657 光纤结构类型

图 2-3 中,(a)为小纤芯光纤(Small Core Fiber);(b)为凹陷包层折射率分布光纤(Depressed Cladding Fiber,或称 Protected Core Fiber);(c)为环沟形下陷包层折射率分布光纤(Trench-assisted Fiber);(d)为多孔包层光纤(Hole-assisted Fiber);(e)为随机分布微孔包层光纤(Random Void Fiber,或称 Nano Structures Fiber)。其中,前三类是全玻璃光纤结构,后两类是空气包层结构。

下面分别加以分析:

(1) 小纤芯光纤(Small Core Fiber)。在常规的 G.652 光纤中,减小纤芯直径,以减小模场直径来改善弯曲性能。模场直径可从常规 G.652 光纤的 9.2μm 减小为 8.6μm。其折射率剖面及弯曲损耗的改善如图 2-4 所示。

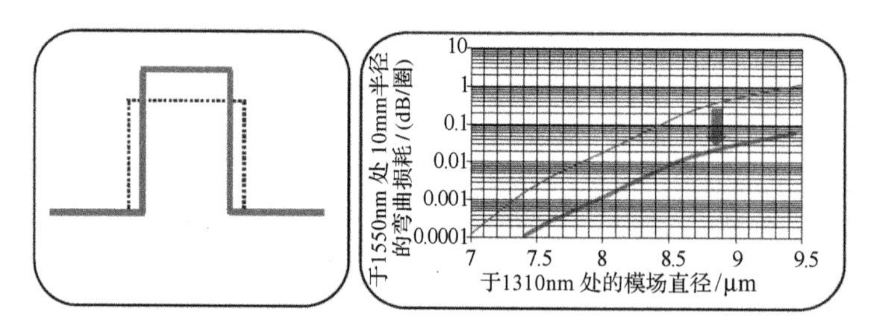

图 2-4 小纤芯光纤的折射率剖面及弯曲损耗的改善

但小纤芯光纤存在两个问题:一是在与 G.652 光纤熔接时,因模场直径失配会产生附加熔接损耗;二是为了保证一定的 v 值(归一化频率),必须增大纤芯－包层折射率差,即需增加纤芯 GeO_2 的掺杂量。这就会增加纤芯的瑞利散射损耗。注意到纤芯半径 a 是与折射率差 Δ 的平方根成反比,因此 a 的减小将带来 GeO_2 的掺杂量的平方增量。

(2)凹陷包层折射率分布光纤(Depressed Cladding Fiber)。它和环沟形下陷包层折射率分布光纤(Trench-assisted Fiber)一样,均是通过在 SiO_2 包层中掺氟形成凹陷型折射率包层,如图 2-5 所示。

典型的凹陷包层折射率分布光纤可以 OFS 公司的 AllWave FLEX 光纤为代表。这种光纤又称 W 光纤,因为其折射率分布剖面呈 W 形。W 光纤最早是日本东北大学的 Kawakami(川上彰二郎)在 1974 年提出的。笔者曾主持 1979 年 Kawakami 来

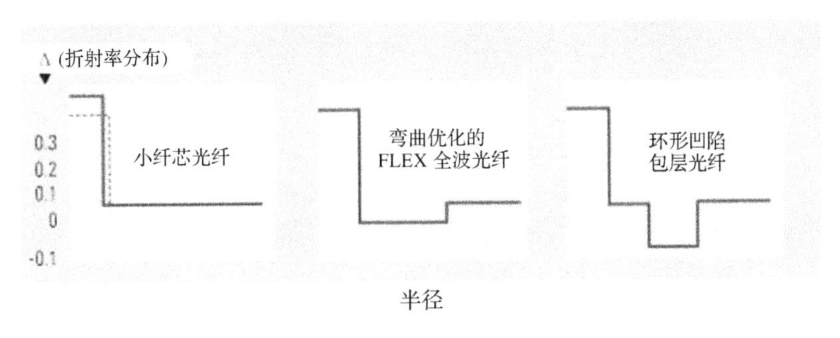

图 2-5　不同包层折射率剖面的抗弯曲光纤

华的学术交流活动，颇有得益。W 光纤有很多特点，它独特的波导色散特性可用来补偿材料色散，对色散位移光纤的开发起到理论奠基的作用。在抗弯曲光纤方面，由于凹陷包层的存在，可以在不增加纤芯掺杂的情况下，不减小纤芯直径而得到光场的高集中度(confinement)。从而在减小弯曲损耗的同时，不增加因模场失配引起的附加熔接损耗。因而 W 光纤与 G.652 光纤有良好的兼容性。正因如此，原美国朗讯公司曾在 20 世纪 90 年代中期推出凹陷包层折射率单模光纤(Depressed Cladding Fiber)，与康宁公司的匹配包层折射率单模光纤(Matched Clading Fiber)一度并立为两大单模光纤品种。但因当时 FTTH 尚未问世，常规通信光纤对弯曲损耗要求并不高，所以朗讯公司的抗弯曲性能较好的凹陷包层折射率单模光纤的优点未得到充分发挥，不久即退出了市场。而匹配包层折射率单模光纤因其结构简单，性能全面而独领风骚，成为现今的 G.652 光纤。现在，随着 G.657 光纤的推出，抗弯曲性能较好的凹陷包层折射率单模光纤又有了用武之地，对于凹陷包层折射率单模光纤有深厚历史底蕴的 OFS 公司(日本古河收购美国朗讯后的公司)率先推出凹陷包层折射率分布的 AllWave FLEX 光纤也就顺理成章了。

在凹陷包层折射率分布光纤中，除了纤芯和凹陷内包层之间的导光界面外，凹陷内包层与 SiO_2 包层之间还有一个界面。折射率由小到大，因此这是一个折光界面，基模的尾场在此会有漏泄损耗，为减小此项损耗，需适当增大凹陷内包层直径。现以一个典型设计的 W 光纤来计算一下此项漏泄损耗的大小。设纤芯直径为 8.3μm，凹陷内包层直径为 24.9μm，基模的高斯型光强分布为 $I(r)=I(0)\exp(-2r^2/\omega_0^2)$，当波长为 1550nm 时，MFD 为 10.3μm。即模场半径为 $\omega_0=5.15\mu m$，在界面 $r=12.45\mu m$ 处的功率比为 $I(r)/I(0)=8.39\times10^{-6}$，如假设这部分功率全部损耗掉(实际上其中部分功率这是反射回来的)，则损耗为 36.44×10^{-6}dB。

(3)环沟形下陷包层折射率分布光纤(Trench-assisted Fiber)。这类光纤在包层区设置的与包层折射率差较大的环沟形折射率下陷区，可以提高光场在纤芯的集中度，如图 2-6 所示。从其折射率剖面可见，这里有两个导光界面：一个是纤芯－包层界面，纤芯折射率大于包层折射率，构成可实现全内反射的导光界面，由于单模光纤中的基模光强呈高斯型分布，故而此界面为光纤的主要导光界面，将光场的绝大部分光功率限制在纤芯内。另一个是环沟形下陷包层与包层的内界面，包层折射率大于掺氟的环沟形下陷包层折射率,构成了第二个可实现全内反射的导光界面。这个界面有效地限制单模光纤中 HE_{11} 基模的光场尾场,减小模场直径。尤其是在光纤弯曲时,环沟形下陷包层形成了一个阻碍尾场逸出光纤的壁垒,它能有效地阻碍尾场逸出光纤包层,从而大大地减小弯曲损耗。另外,在环沟形下陷包层与包层的外界面,环沟形下陷包层折射率小于包层折射率,从而构成了折光界面。这一情况在上述 W 光纤中也存在。在这一界面上,一部分光被反射回来,一部分光则被折射出去,造成损耗。但从图 2-6 中可见,到达这一界面的光功率只有总功率的十万分之几,影响甚微。Draka 公司的 BendBright^{XS}光纤即采用此种结构。但因环沟形折射率下陷区包层折射率差较大,在与G. 652光纤熔接时,需调整熔接机的工艺参数。

上述三类光纤均可用传统的光棒气相沉积工艺制作,规模化生产工艺已相当成熟。

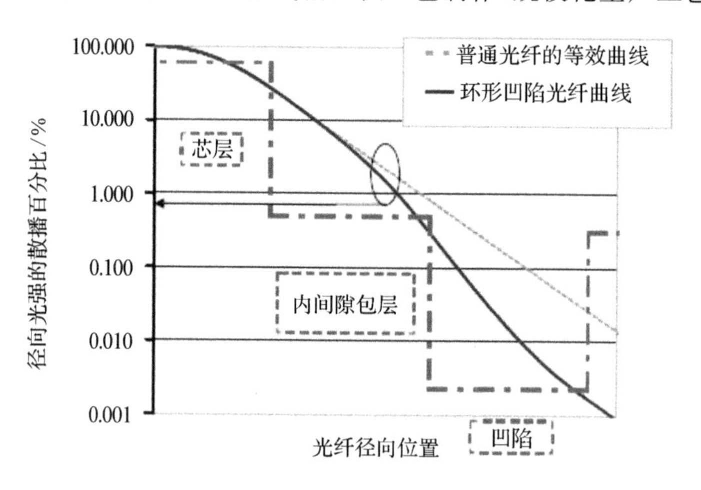

图 2-6　环沟形下陷包层折射率分布光纤中的光场分布

(4)多孔包层光纤(Hole-assisted Fiber,HAF)。这类光纤实际上是从光子晶体光纤(Photonic Crystal Fiber,PCF) 转化而来。PCF 根据导光机理的不同,可分为两大类:全反射导光型(Total Internal Reflection,TID)和光子带隙导光型(Photonic Band Gap,PBG)。多孔包层光纤是由全反射导光型光子晶体光纤脱胎而来。PCF 有极好的弯曲性能,在弯曲时,不仅损耗低,而且弯曲应力也比实心光纤小得多。但 PCF 无法与标准光纤兼容,也不能与标准光纤相互熔接,规模化生产也颇困难。日本日立公司曾开发出用作光纤跳线的光子晶体光纤,具有良好的弯曲光学性能和机械性能,制成的跳线可直角弯曲。因光纤跳线是通过光纤连接器与设备连接的,并不与标准光纤熔接,故无须与标准光纤兼容。多孔包层光纤由掺锗纤芯和含规则气孔的 SiO_2 包层所组成,具有优越的光学和机械弯曲性能,但其制作工艺非常复杂,并与 G. 652 光纤无法兼容,故笔者至今未见其有实用化产品。

(5)随机分布微孔包层光纤,由美国康宁公司开发,其商品名为 ClearCurve™光纤。此种光纤是由掺锗的纤芯和设置有环形随机分布的纳米级空气微孔的包层所组成。从光学效果而言,它与环沟形下陷包层折射率分布光纤(Trench-assisted Fiber)一样,都是在包层中设置一个环形下陷包层折射率分布区,如图 2-7 所示,只是采用的物理方式不同，一个是通过掺氟来实现折射率下陷，一个是采用空气微孔来降低平均折射率(空气折射率为 1)。微孔尺寸在几纳米到几百纳米之间。正因如此，上述环沟形下陷包层折射率分布光纤的导光原理的分析对这种微孔包层光纤完全适用。但因物理结构不同，这类光纤有几个与众不同的导光性能，从而使这类光纤呈现独特的优点。首先，随机分布微孔折射率下陷包层与 SiO_2 包层的相对折射率差可高达百分之几，而掺氟层与包层的相对折射率差为千分之几。因而这里的第二导光界面已不是传统意义上的“弱导”性了。这与环沟形下陷包层折射率分布光纤相比，它对光场尾场的壁垒效应要强得多。其次，这类光纤的随机分布微孔包层的平均折射率与波长有强烈的依存性，波长愈大，平均折射率愈大(这是由光场和这种随机分布微孔包层的物质相互作用的结果)。这种特性即产生这样的效果：光纤在长波长 1550nm 窗口具有相当好的弯曲性能的同时，其截止波长则可小于 1260nm。对于传统光纤波长愈大，模场直径也愈大，弯曲损耗也愈大；工作波长愈接近截止波长，弯曲损耗愈小。这个原理在随机分布微孔包层光纤领域被颠覆了。对于随机分布微孔包层光纤，波长愈大，微孔包层折射率下陷层的壁垒效应愈显著，从而呈现优越的抗弯曲性能。该光纤与其他光纤弯曲性能的比较如图 2-8 所示。另外，微孔包层折射率下陷层对光的瑞利散射效应也与波长有很大依存关系，波长愈短，散射损耗愈大。这一特性能使光纤中的高阶模的模场在通过微孔玻璃区时产生隧道效应而快速衰耗。

随机分布微孔包层光纤(Nano Structures Fiber)的制作工艺和上述 HAF 和 PCF 的制作工艺完全不同，它是用传统的气相沉积工艺和微气泡的成型工艺相结合来制作光纤预制棒。近年来，已开发出多种微气泡成型工艺，如溶胶一凝胶玻璃工艺、微泡工艺、二氧化硅粉末工艺、二氧化硅粉末和发泡剂混合工艺等。微气泡的成型工艺中需小心平衡微结构内部的表面张力和内压。另外，与上述 HAF 和 PCF 不同，这种随机分布的微孔无须在光纤长度方向连续。

康宁公司的 ClearCurve™光纤，在具有优越的弯曲性能的同时，还与 G. 652 光纤有良好的兼容性，并能用传统的 OVD 工艺实现规模化生产。康宁公司宣称：ClearCurve™光纤是光纤史上划时代的突破。

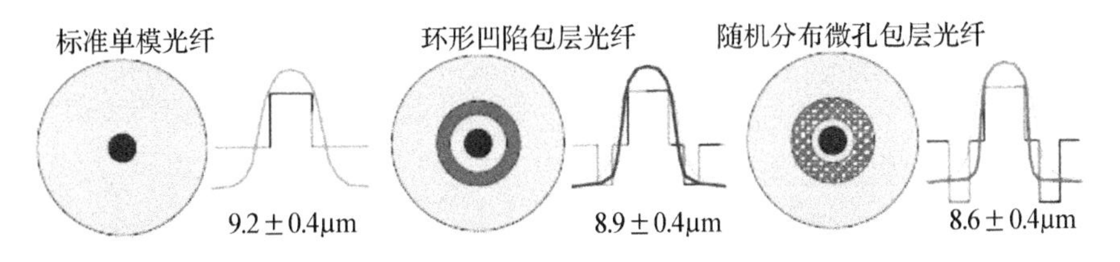

图 2-7　三种光纤折射率分布剖面的比较

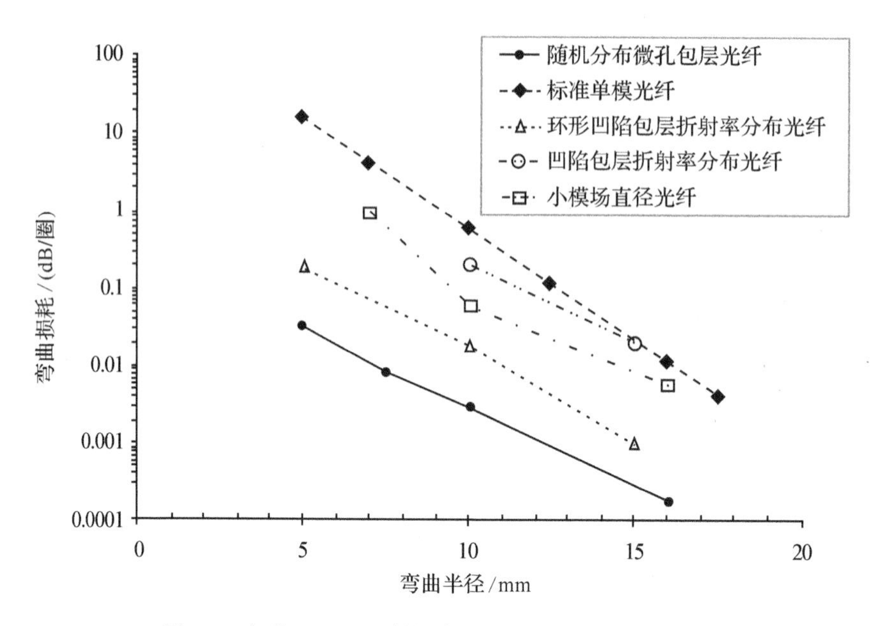

图 2-8 各类 G.657 光纤的弯曲性能的比较(仅供参考)

表 2-3 列出上述几类光纤与 G.657 标准的比较。

表 2-3 各种 G.657 光纤性能比较

参数		ITU G.657.A2	ITU G.657.B3	Corning ClearCurve ZBL	Drala BendBright^{XS}	OFS AllWave FLEX
1 圈×5mm 半径,1550nm			≤0.15dB	≤0.1dB		
1 圈×5mm 半径,1625nm			≤0.45dB	≤0.3dB		
1 圈×7.5mm 半径,1550nm		≤0.5dB	≤0.08dB		≤0.5dB	
1 圈×7.5mm 半径,1625nm		≤1.0dB	≤0.25dB		≤1.0dB	
1 圈×10mm 半径,1550nm		≤0.1dB	≤0.03dB		≤0.1dB	≤0.2dB
1 圈×10mm 半径,1625nm		≤0.2dB	≤0.1dB		≤0.2dB	≤0.5dB
10 圈×15mm 半径,1550nm		≤0.03dB			≤0.03dB	≤0.2dB
10 圈×15mm 半径,1625nm		≤0.1dB			≤0.1dB	≤0.5dB
MFD	1310nm/mm	8.6~9.5	6.3~9.5	8.6±0.4	8.5~9.3	8.5~9.3
	1550nm/mm			9.65±0.5	9.4~10.4	9.5~10.5
包层直径/mm		125±0.7	125±0.7	125±0.7	125±0.7	125±0.7
芯包同心度/mm		≤0.5	≤0.5	≤0.5	≤0.5	≤0.5
包层不圆度/%		≤1.0	≤1.0	≤0.7	≤0.7	≤1.0
零色散斜率/(ps·nm^{-2}·km^{-1})		≤0.092	TBD	≤0.092	≤0.090	≤0.092
零色散波长/nm		1300~1324	TBD	1300~1324	1300~1322	1302~1322
光缆截止波长/nm		≤1260	≤1260	≤1260	≤1260	≤1260
PMD_Q/(ps·km^{-1}) [M=20,Q=0.01%]		≤0.2	TBD	≤0.06	≤0.06	≤0.06
筛选应力/kpsi		100	100	100	100	100

综上所述,可以对 G.657 光纤做下列描述:

(1)G.657 光纤的纤芯均为阶跃型折射率分布,因而基模 HE_{11} 的场分布均为高斯分布，只是模场直径大小稍有不同。各类 G. 657 光纤均在包层上做文章，采用折射率凹陷包层来减小模场直径及限制光纤弯曲时尾场的漏泄。

(2)G. 657 光纤的纤芯和内包层结构相同，故各类 G. 657 光纤的损耗和色散特性均与 G. 652 光纤基本相同。

(3)各类 G. 657 光纤的截止波长均为 1260nm，与 G. 652 光纤相同，故可在 1280nm 至 1625nm 石英光纤低损耗区域的全波段上使用。

因此，各类 G. 657 光纤与 G. 652 光纤在光学传输性能上是基本兼容的，只是由于不同的包层结构，相互间的熔接性能会有较大差异。

2.3　G. 657 光纤的机械可靠性

石英玻璃的理论断裂强度由原子间的键能决定，可高达 1mpsi (7GPa)。但实际玻璃中的裂纹大大地降低了玻璃的强度，玻璃的强度仅约 7kpsi(50MPa)，光纤的断裂强度在 100kpsi 至 800kpsi(0. 7GPa 至 5. 6GPa) 之间。光纤的强度之所以较高是由于光纤的几何尺寸限制了裂纹的尺寸和频度，以及现代光纤工艺技术(材料纯度和工艺净化条件) 的改善，大大提高了光纤强度。光纤中随机分布的裂纹，特别是在制棒和拉丝过程中形成的表面微裂纹是影响其强度的根本原因。光纤中裂纹的分布是随机的，通常用韦伯(Weibull)统计分布来描述光纤的断裂特性。图 2-9 是 1km 长的光纤样本的韦伯分布曲线。曲线显示有两个不同斜率的区域：大斜率高密度分布的高强度断裂归因于二氧化硅原子键的结合，称为本征裂纹；低斜率的低强度断裂归因于光纤制造工艺中材料和工艺原因造成的裂纹，称为非本征裂纹。通过光纤的筛选(0. 7GPa)来截去曲线尾端，剔除强度低于规定值的光纤，以保证光纤能在筛选强度以下的受力状态下安全使用。

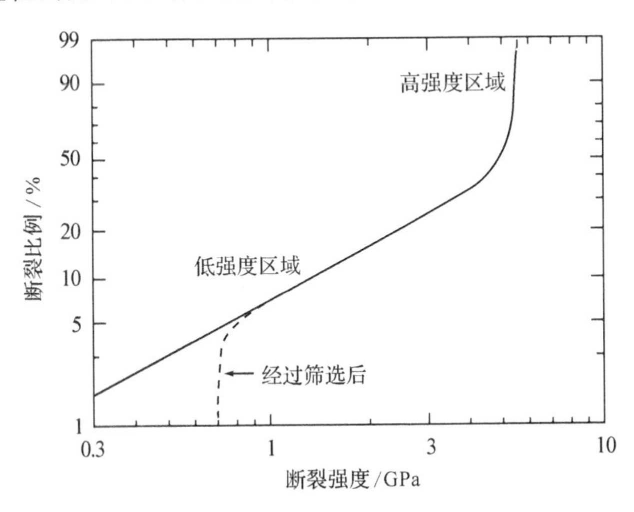

图 2-9　1km 长的光纤样本的韦伯分布曲线

光缆在敷设和使用过程中，光纤表面裂纹在应力和潮气作用下会继续扩展，从而使光纤强度下降,最后导致断裂,这就是光纤的静态疲劳过程。Michalske 和 Freman 将静态疲劳过程解释为"光纤裂纹尖端受应力作用的硅键和水发生特殊的化学反应而导致裂纹缓慢地扩展的过程"。因此,光纤中尤其是光纤表面的裂纹是光纤断裂的内在因素,而应力和潮气是促进裂纹扩展最后导致光纤断裂的外因。对于陶瓷、玻璃一类的脆性材料,考虑材料缺陷对强度的影响,引入裂纹尺寸作为一个主要参数,通过对裂纹尖端局部区域的应力与变形分析,提出裂纹与外应力之间的关系,并决定带裂纹构件承载应力的能力,此即为经典的"断裂力学"的分析方法。光纤的强度分析即基于此方法。描述裂纹尖端区域应力场的主要参数为应力强度因子 K_I。

$$K_I=Y\sigma/a$$

式中,Y 为反映光纤受力和裂纹几何条件的修正系数;σ 为外加应力;a 为裂纹深度。

光纤的静态疲劳特性,即光缆在敷设和使用过程中,光纤表面裂纹在应力和潮气作用下,随时间而不断扩展,从而使光纤强度下降,最后导致断裂的过程,可以用下列指数函数来表示:

$$V=\mathrm{d}a/\mathrm{d}t=AK_I^n$$

式中,A 为归一化材料常数;n 为静态疲劳参数。

将上列两式联立,即可推导出光纤所受到的应力及其使用寿命之间的关系。在推导此关系时,美国康宁玻璃公司主持光纤强度和寿命研究的 GS. Glaesemann 假设的初始条件是将光纤的裂纹扩展到其原始裂纹深度的1%作为寿命终结,这是一个十分保守的条件。最后用 100kpsi 的光纤筛选应力作为参数代入后,即可得光纤所受到的应力及其使用寿命之间的关系曲线,并由此得出上述光纤在一定的寿命期内,在拉力状态下允许的应变大小是与光纤的筛选应变相联系的结论。

在这一节中,我们要特别指出的是,对于用于不同使用场合的光纤,光纤的机械可靠性,即其承受拉伸应力的能力及其使用寿命是不同的。具体来说,对于室外通信用的大长度光纤(G.652,G.655,G.656)和用于室内的短长度光纤(G.657)所能承受拉伸应力的能力及其使用寿命的考量,是完全不同的,尽管它们的寿命机理是一样的。不同长度下使用的光纤的机械可靠性考量分为两种情况:

(1) 对用于室外通信的大长度光纤应在一定的使用寿命期内,保证零断裂概率的原则来确定其允许的受力条件;

(2) 对用 FTTH 的室内短长度光纤,应在一定的使用寿命期内,保证低断裂概率的原则下来确定其允许的受力条件。

分别说明如下:

(1)对用于室外通信的大长度光纤,应在一定的使用寿命期内,保证零断裂概率的原则来确定其允许的受力条件。这是因为各级长途通信干线的重要性是不言而喻的。一旦损坏,其影响大,后果严重。美国康宁公司历经 30 余年,对光纤的强度和使用寿命进行了系统的理论和试验研究。这里引用康宁公司 GS. Glaesemann 等提供的设计图来说明问题。

图 2-10 给出大长度室外通信光纤在一定的筛选应力下相应允许承受的应力情况。由图 2-10 可见,经 100kpsi 筛选后的商用光纤,可安全地承受 1/5 的筛选应力,即

20kpsi，或在 0.2%应变下，工作寿命为 25 年到 40 年。由图还可见，经 100kpsi 筛选后的光纤在短期内（相当于光缆敷设过程中）允许受力的大小，持续时间 4 小时，允许承受应力为 1/3 的筛选应力，即约 30kpsi 或 0.3%应变。当持续时间为 1 秒时（相当于光缆敷设时，拉过滑轮时的瞬间受力情况），可承受 1/2 的筛选应力，即 50kpsi 或 0.5%应变。光纤受力时间愈短，可受力愈大，是因为其产生的疲劳时间愈短。应当指出的是，这个设计图给出的数据是极为保守的。因为在推导此曲线的前提是假设整个光纤的最高强度只相当于筛选应力。对于用于海底光缆中的光纤，任何非零断裂概率的设计都是绝对不允许的。因为海底光缆中，每根光纤的通信容量极大，造价昂贵，敷设工程复杂，维护和修理极为困难，因此光纤断裂成本不堪承受。为此，需将此类光纤的筛选应力提高到 200kpsi。从图 2-10 可见，这样的光纤短期及长期受力均可提高一倍，以大大提高海底光缆运行的机械可靠性。与此同理，用于战术导弹和鱼雷有线制导的制导光纤和某些重要的光纤器件中成圈安装的光纤也需采用 200kpsi 筛选应变的光纤。

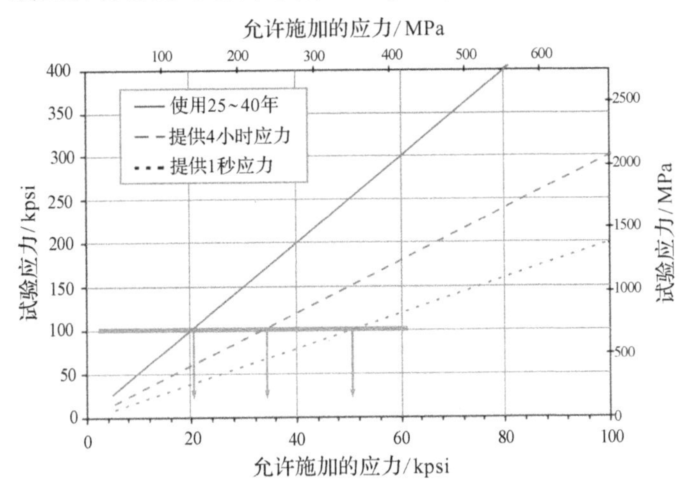

图 2-10　光纤在不同筛选应力下所允许承受的安全应力设计图

（2）对用于 FTTH 的短长度光纤，进行机械可靠性考量的原则是完全不同的。在 FTTH 工程中，室内光缆经常会遇到严酷的弯曲条件，如图 2-11 所示。光缆会有 90°的弯曲以及在固定销钉处的变形的敷设使用环境。

光纤在弯曲时，外侧受到拉伸应力，内侧受到压缩应力，压缩应力对光纤强度无不利影响。光纤弯曲时，外侧受到拉伸应力为

$$\sigma = E_f(d_f/2R)$$

式中，E_f 为光纤的杨氏模量，$E_f = 72900\text{MPa}$；d_f 为光纤直径（0.125mm）；R 为光纤弯曲半径。

图 2-11 中的光缆有 90°的弯曲，当弯曲半径为 5mm 时，其外侧将受到约 130kpsi 的拉伸应力（相当于 1.25%的拉伸应变）。如果按照上述光纤长期承受的安全应力是筛选应力的 1/5 的话，那么这样的光纤的筛选应力应为 650kpsi，这显然是不现实也不可能的。因此上述原则在这里显然是不适合的。问题的关键在于大长度室外通信光纤和短段室内光纤的使用条件有两个很大的不同点：大长度室外通信光纤不仅使用长度长，而

且光纤在光缆中需考虑到全长度上是均匀受力的。而室内光纤不仅使用长度短，而且通常为局部弯曲受力。光纤的强度与其使用长度有很大的依存性，我们引用康宁公司的光纤在弯曲条件强度的设计图(图 2-12)来说明问题。图 2-12 中，下横轴表示三个不同受力持续期所允许的弯曲半径，上横轴为相应的弯曲应力，纵轴为断裂概率。图中光纤均为经 100kpsi 筛选应力的数据。由图可见，不同长度光纤在同一弯曲半径(承受相同应力)下，其断裂概率是完全不同的。在同一弯曲半径(承受相应应力)下，长度愈短，其断裂概率愈低。这是因为，光纤愈短，光纤中缺陷愈少，其强度也就愈高。在图2-11中光缆有 90°的弯曲，当弯曲半径为 5mm 时，光纤的受力长度不到 8mm。显然，这样短段长度的光纤在承受很大的应力时仍有极低的断裂概率。

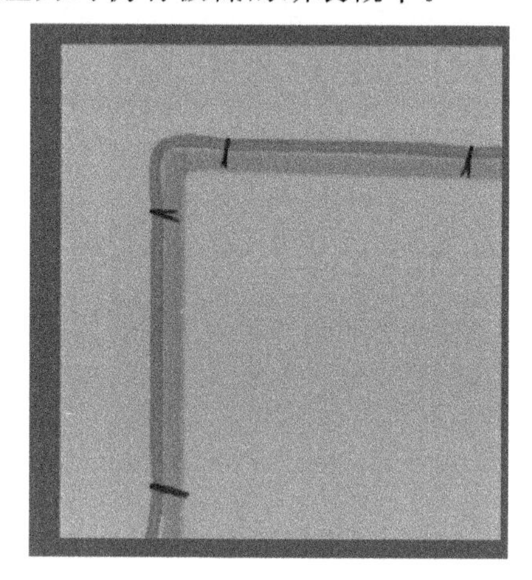

图 2-11　室内光缆的安装示例

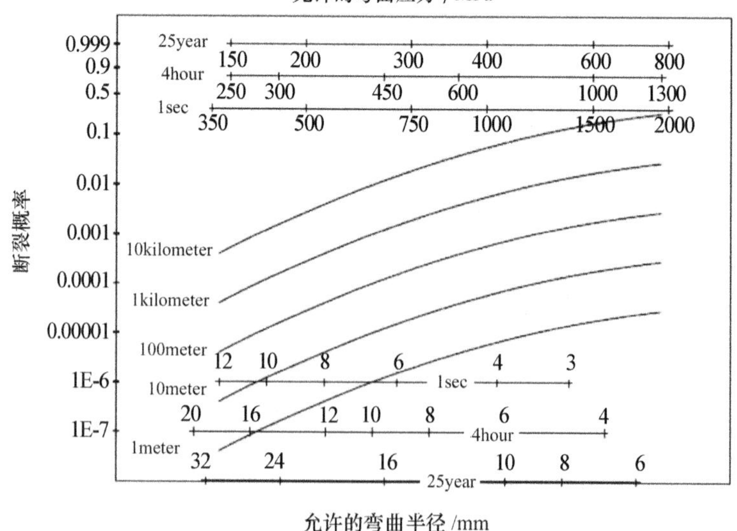

图 2-12　光纤在弯曲条件下的强度设计

鉴于上述原理，对于用于 FTTH 的 G.657 光纤在弯曲工作状态下的机械可靠性，可以“圈”为基本单位来评估由静态疲劳所产生的断裂概率，每圈为 360°。图 2-11 中的 90°

弯曲相当于 1/4 圈，而在固定销钉处的变形相当于 15°。表 2-4 给出筛选应力为 100kpsi 的光纤，在不同弯曲半径下，在 25 年寿命期内，每圈光纤的断裂概率。

表 2-4　在 25 年寿命期内，每圈光纤的断裂概率

弯曲半径/mm	每圈的断裂概率/ppm
5.0	3
7.5	1
10	0.5
15	0.1

现举例计算如下：

(1)室内敷设的光纤，有 20 个转角敷设情况，转角处光纤弯曲半径为 5mm。20 个转角相当于 5 圈，由表 2-4 可计算得到，光纤在 25 年的使用寿命期内的断裂概率为 15ppm。

(2)光纤在敷设中，留有以弯曲半径为 15mm 打圈的 20 圈的备用光纤。由表 2-4 可计算得到，光纤在 25 年的使用寿命期内的断裂概率为 2ppm(20×0.1ppm)。

(3)光纤在敷设中，有 70 个光缆固定销钉的安装点，约相当于弯曲半径为 5mm 的 3 个整圈，故光纤在 25 年的使用寿命期内的断裂概率为 9ppm(3×3ppm)。

包括上列三种敷设条件的一根室内光纤在 25 年的使用寿命期内的断裂概率小于 30ppm，这样低的断裂概率是完全可以接受的。

计算表明，如将光纤的筛选应力从 100kpsi 提高到 200kpsi 时，当弯曲半径为 5mm 时，25 年寿命期内的每圈断裂概率将从 3ppm 变为 2.5ppm。这并无多大实际意义的改善。据此，各公司的 G. 657 光纤产品仍将筛选应力保持在 100kpsi（见表 2-3）。但也有例外者，如日本住友公司的商品名为 PureAccess-R5 的 G. 657 光纤将筛选应力定为 200kpsi。住友公司的光纤产品的筛选指标向来独树一帜，该公司的标准光纤的筛选应力就定为 120kpsi。当然，这无疑是有利无弊之举。

光纤在存放盒中的性状：不考虑光纤固有强度特性和光纤所处环境，确定每个存放盒故障率的主要参数是所存放光纤的长度和存放的弯曲半径 R。缩短存放光纤长度有正的效应，而减小存放弯曲半径有负的效应。对具有标准设定的筛选应力和常规筛选测试性能的现行光纤，按[b－IEC/TR 62048]设计的寿命模型，得出 20 年寿命的最大存放长度是光纤弯曲半径的函数，如图 2-13 所示。根据[b－IEC 60793-2-50]所述，$n_d=18$ 的值是最小值。

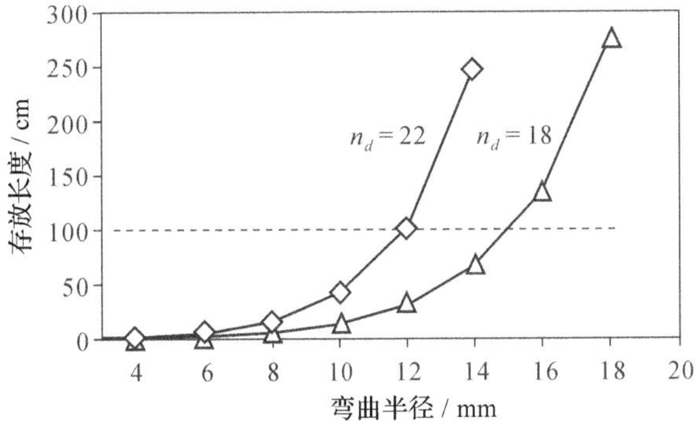

图 2-13　对各种疲劳参数 n_d，弯曲光纤的最大存放长度

从光纤弯曲损耗考虑,G.657光纤可存放在比常用的半径为30mm更小的存放盒中。例如,每个存放盒的存放长度是100cm,即每一条单个光纤为2×50cm,按照保证的n_d值,弯曲半径能够从现行的30mm降低到15mm甚至更小,而不会破坏20年内每个存放盒0.001%的故障率。

第二个存放事项是在光纤运行系统的入口和出口。光纤接入网部件所要求的小容积不仅与存放面积有关,也与入口和出口的最小弯曲半径有关。这种影响可从几个方面考虑:假定为了将光纤引入和导出存放区,每个存放盒需要有4个附加的90°弯曲。还假定这些附加弯曲引起的附加故障率应限制在每个存放盒可接受的0.001%故障率的10%以下。表2-5的中间列指明了由此产生的最小弯曲半径。

表2-5 非存放弯曲半径的最小值

n_d值	4个90°弯曲	单个180°弯曲
18	R_{min}=15.0mm	R_{min}=12.6mm
22	R_{min}=11.1mm	R_{min}=9.2mm

表2-5中的右边一列,给出单个180°不正确的弯曲的最小半径。再者,对于这种情况,假定每个单独存放盒的最大附加故障率为0.1×0.001%。所有的数值与单个光纤运行相关,并给出了对应两种不同疲劳参数n_d之值。

随着接入网和FTTH网络的发展,室内光纤愈益面临在小弯曲半径的敷设条件下使用的场景。深入理解光纤在小弯曲场合下的机械可靠性性状,光纤的强度和疲劳机理,建立与之相联系的光纤使用寿命模型,正确评估室内光纤的正确使用和试验条件,日益成为业界共同研究探讨的迫切事宜。康宁公司有着30余年的经验和研究成果,是值得业界学习和吸取的。笔者曾多次撰文论及国家通信光缆行业标准关于光纤拉伸的有关条款。现在看来,我们有关室内光缆和接入网用蝶形光缆(皮线光缆)的行业标准中,有关光纤拉伸的条款更应当随着我们对光纤机械可靠性认识的深化而与日俱进。

参考文献

[1] ITU-T G.657 (10/2016),Characteristics of bending—insensitive single mode optical fiber for Access Networks.

[2] Glaesemman G S,DaineseP,Edwards M,et al. The Mechanical Reliability of Corning Optical Fiber in Small bend Scenarios. Corning White Paper WP 1282, ISO 9001 Registered, Oct., 2007.

[3] Castilone R J,Glaesemann G S,Hanson T A. Extrinsic Strength Measurements and Associated Mechanical Reliability Modeling of Optical Fiber. *National Fiber Optics Engineers Conference*, 2000,16:1-9.

第3章　OTDR的测量原理和应用

光时域反射计(Optical Time Domain Reflectometer)简称OTDR,是光纤测量技术中的一个重要工具。OTDR技术的基础是瑞利散射和菲涅耳反射。早在光纤技术以前,在高频同轴线测量技术中曾有TDR(时域反射计)技术,如果说TDR就是一台电雷达,那么OTDR是一台光雷达。它们共同的原理都是发射一个电脉冲或光脉冲到传输线(同轴线或光纤)的一端,利用同一端的反射波来检测被测传输线的有关性能。因此,可以说OTDR是TDR的继承与发展。但一个是电领域,一个是光领域,因而它们的物理基础是完全不一样的,本章介绍从TDR到OTDR的发展,分析OTDR的测量原理和应用。

3.1　高频同轴线的TDR测量技术

TDR是由一台有快速上升时间的脉冲发生器和一台有快速上升时间的取样示波器组成,前者发送脉冲输入到被测线路的一端,后者则显示反射波形,它不需要复杂的定向耦合器来分别入射波和反射波,因为它们已经在时间上分开了,因此只需用一个高阻抗探头来检出信号即可。TDR系统如图3-1所示。

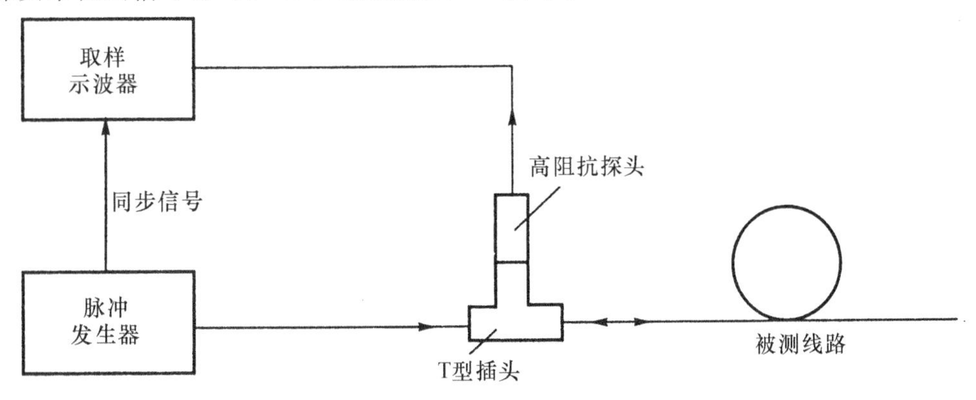

图3-1　典型的时域反射计线路

测量信号可以采用脉冲或阶跃函数。对于线性系统来说,脉冲响应则是阶跃响应的导数,因而两者是等效的。但是,阶跃响应看起来更简单,解释起来更容易,显示图像更清晰,因而通常均采用阶跃测量信号。

如果被测系统是一个简单终端阻抗 $Z(p)$(p 为频率),反射系数将为 $\rho(p)=\dfrac{Z-Z_0}{Z+Z_0}$。这里假设被测同轴线为无耗,则其阻抗为实数。阶跃函数的反射波为 $f(x)$,其频谱为 $F(p)=\rho(p)/p$,在入射单位阶跃脉冲通过探头后的 $2l/v$ 时间后,反射波回来了,在 $t>2l/v$ 时,总的响应 $h(t)$ 为入射单位阶跃和反射波之和,即有

$$h(t)=1+f(t) \tag{3-1}$$

现分析图 3-2 所示的三个终端的简单例子。

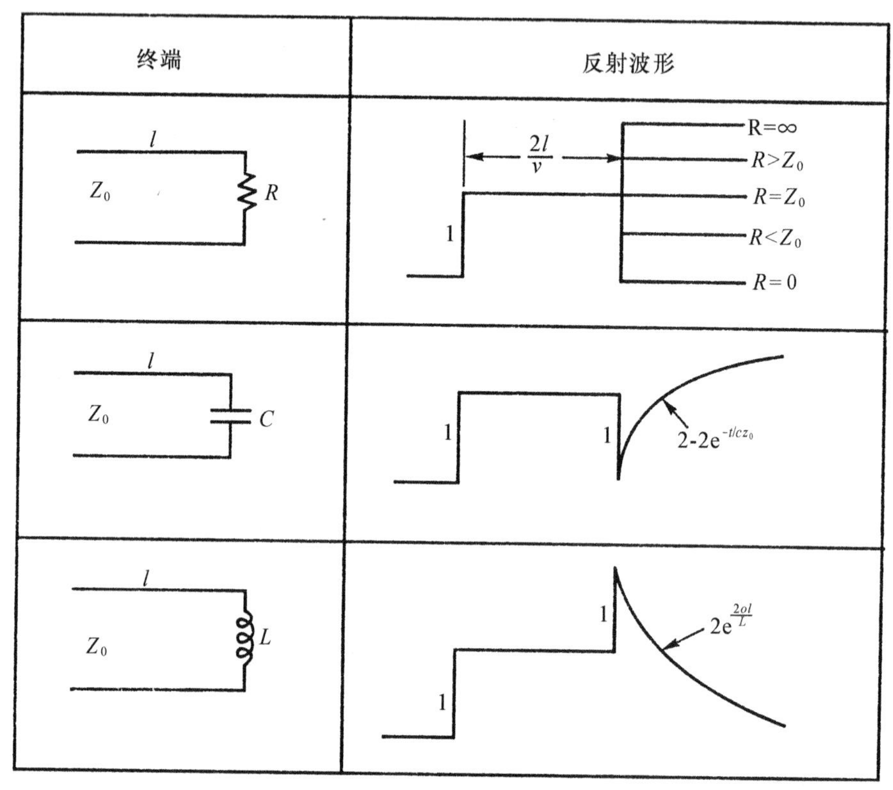

图 3-2 简单电阻和电抗终端及其反射波形

(1)Z 为纯电阻,反射波 ρ 与频率无关,则反射信号也是一个大小为 $\dfrac{R-Z_0}{R+Z_0}$ 的阶跃函数,即

$$h(t)=1+\rho=\frac{2R}{R+Z_0} \qquad \text{当 } t>0 \tag{3-2}$$

(2)如 Z 为纯电容,$Z=1/pc$,$\rho(p)=\dfrac{1-pcZ_0}{1+pcZ_0}$

$F(p)=\rho(p)/p$,经过拉普拉斯反变换,可求出反射波时域函数为

$$f(t)=1-2\exp(-t/cz_0) \tag{3-3}$$

故

$$h(t)=1+f(t)=2-2\exp(-t/cz_0) \tag{3-4}$$

(3)如 Z 为纯电感,$Z=pL$,$\rho(p)=\dfrac{pL-Z_0}{pL+Z_0}$,可求得

$$f(t)=2\exp(-Z_0t/L)-1 \tag{3-5}$$

故有

$$h(t)=2\exp(-Z_0t/L) \tag{3-6}$$

当同轴线路上有图 3-3 所示的简单不连续点时，会面临一个串联阻抗 Z_d 或并联导纳 Y_d，因而线路上的反射波面临的阻抗为 $Z=Z_d+Z_o$ 或面临导纳为 $Y=Y_d+Y_o$，因而反射系数为

$$\rho=\frac{Z_d}{Z_d+2Z_0} \text{或} \rho=\frac{Y_d}{Y_d+2Y_o}$$

各种简单不连续点相应的 TDR 波形，详见图 3-3。

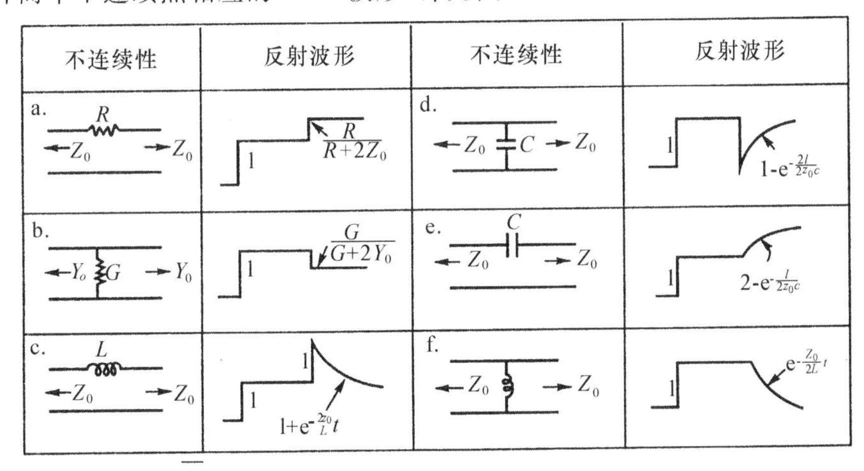

图 3-3　简单不连续点产生的反射波形

图 3-3 中的前两个例子发生在接触不良、绝缘差或线路加载的情况；中间两个例子反映电缆的缺陷、插头的公差或设计中尺寸有误差的情况；最后两个例子反映了偶然的开路或短路，此时时间常数很短或者对于高通结构的设计元件来说其时间常数很大的情况。

上述波形为理想情况，它假定了 TDR 系统的上升时间为零，这意味着系统带宽为无限大，实际上这是不可能的。实际所观察到的波形相当于理想波形通过一个滤波器以后的波形，这一滤波器的阶跃响应等效于脉冲发生器和示波器的组合系统的阶跃响应。这个等效滤波器的脉冲输出是输入信号与滤波器的脉冲响应的卷积。如输入波形为 $h(t)$，滤波器的脉冲响应为 $g(t)$，则 TDR 示波器上观察到的输出波形为

$$h(t)*g(t)=\int_0^t h(t)g(t-\tau)\mathrm{d}\tau \tag{3-7}$$

图 3-4 表示：典型的小串联电抗和小并联电容的反射波形，当脉冲发生器和示波器的组合系统等效滤波器的脉冲响应(a)，扫描理想 TDR 曲线(b)时，乘积的积分(阴影面积)，即卷积所产生的实际响应。图中(c)，(d)，(e)分别表示：阶跃信号、串联电抗和并联电容的反射波经滤波器的扫描后的实际波形。

在实际的高频同轴线系统的 TDR 测量中，主要可测量沿线的阻抗不均匀性以及各种线路故障，因而 TDR 是一种十分有用的时域测量方法。

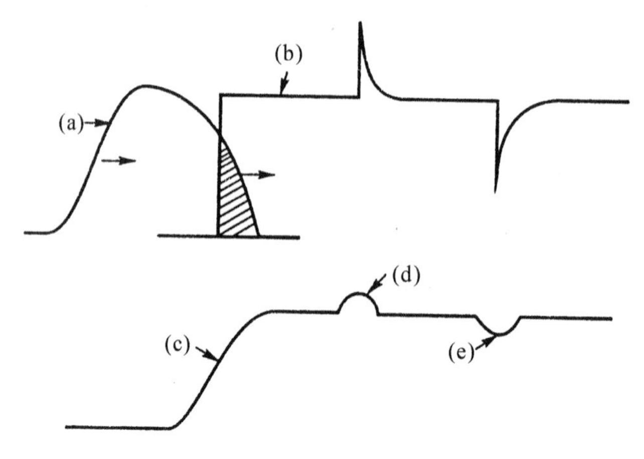

图 3-4　系统等效滤波器的脉冲响应

笔者在 20 世纪 60 年代曾用高速脉冲发生器和 1000MHZ 的取样示波器配置了 TDR 系统，用来测量超导同轴延迟线的高频传输特性。该同轴线是用铌线为内导体，铅管为外导体，聚四氟乙烯为绝缘体，在液氦温度(4.2K)下，铌和铅呈超导性。该小型超导同轴线用作毫微秒级的高频延迟线。

3.2　光纤中的菲涅耳反射及瑞利散射

在光纤线路的 OTDR 测量技术中，其物理基础是光的菲涅耳反射及瑞利散射，现分别叙述这两个基本物理现象。

3.2.1　菲涅耳反射 (Fresnel Reflection)

光纤线路上的连接点，如遇到不同的介质材料，入射光功率在界面上会产生反射。如入射功率为 P_{in}，则反射光功率为

$$P_{ref}=P_{in}\left(\frac{n_1-n_2}{n_1+n_2}\right)^2 \tag{3-8}$$

反射率为

$$R=\frac{P_{ref}}{P_{in}}=\left(\frac{n_1-n_2}{n_1+n_2}\right)^2 \tag{3-9}$$

或用 dB 表示：

$$反射率(dB)=10\lg R \tag{3-10}$$

例如光纤纤芯 $n_1=1.46$，如遇到气隙 $n_2=1.0$，则反射率为 0.035，或−14.6dB。

3.2.2　光纤介质的瑞利散射

光纤波导介质材料的瑞利散射和本征吸收是最基本的材料损耗，它们是光纤介质损耗值的下限。

瑞利散射是由介质材料的随机分子结构相联系的本地介质常数(因而也是折射率)分布的微观不均匀性所引起的电磁波的散射损耗。这种材料分子的密度起伏在尺度上比光波长小得多,且与光强无关。

介质材料的介电常数或折射率相对于宏观的空间坐标可以看成常数,或者随介质组分的变化看成为缓变函数。这时完全忽略了介质材料的原子、分子结构特征,而看成宏观的连续体。但在微观的分子尺度上来看,当电磁波沿介质传播时,可以从单个分子产生散射,这种散射使波的传播受到阻碍,从而使速度减慢,产生相位滞后。偏离出原来波的传播方向的散射光有随机的相位,这些随机相位的散射子波大部分能相互抵消,而沿传播方向的散射光则相干叠加继续向前行进。这种相干叠加的纯效应可以精确地由材料的表观参量介电常数或折射率来描述。电磁波与介质相互作用的结果,使波速滞后。即从真空中的光速 c 变为介质中的波速,$c/\sqrt{\varepsilon}$或 c/n。与此同时,尚有少量由分子散射的不相干光没有完全抵消,这些子波逸出传输光束从而形成瑞利散射损耗,其中部分散射功率朝反向传播,此后向散射光功率即为 OTDR 的物理基础。

在光纤波导中可以通过材料的高度提纯来消除由杂质离子或 OH 基引起的吸收损耗以及米耶散射损耗,也可通过限制光强以避免受激喇曼散射和受激布里渊散射。但是瑞利散射损耗不受材料工艺影响,它是介质材料最基本的散射损耗,只能通过选择瑞利散射本身较小的材料或采用较长的光波长来减小。

电磁场理论可以通过介质参数折射率来分析电磁波与材料的相互作用。

这里用耦合模理论来分析平面波在介质材料中的瑞利散射。假定折射率呈随机起伏。为分析方便,假定折射率起伏 $n(x,y,z)$限于一个 $V=L^3$ 的很大的立方体内,其外部 n_0 是完全均匀的。

这一传输系统中的模式为无限扩展的均匀介质中(n_0)的平面波,其电场和磁场分别为(略去传输因子 $\exp(\mathrm{j}\omega t-\beta z)$

$$\dot{E}_v=\left(\frac{1}{2\pi}\right)(2\omega\mu_0 P/|\beta_v|)^{1/2}\,\dot{a}_v\cdot\exp[-\mathrm{j}(kx+\sigma y)] \tag{3-11}$$

$$\dot{H}_v=\left(\frac{1}{2\pi}\right)(2\omega\mu_0 P/|\beta_v|)^{1/2}\,\frac{\dot{k}_v\times\dot{a}_v}{\omega\mu_0}\cdot\exp[-\mathrm{j}(kx+\sigma y)] \tag{3-12}$$

式中,$\dot{a}$ 为电场$\dot{E}_v$ 的偏振方向的单位矢量,$\dot{k}_v$ 指向平面波传播方向,$\dot{k}_v$ 的幅值为 $n_0 k$,而$k=2\pi/\lambda$。

当 $n(x,y,z)$ 与 n_o 相差甚微时,可采用简化的耦合系数表示式:

$$K_{\mu v}=\frac{\omega\varepsilon_0}{4\mathrm{j}P}\int_{-\infty}^{\infty}\int_{-\infty}^{\infty}(n^2-n_0^2)\dot{E}_\mu*\dot{E}_v\mathrm{d}x\mathrm{d}y \tag{3-13}$$

将式(3-11) 代入上式得

$$\begin{aligned}K_{\mu v}=&[k^2/8\pi^2(|\beta_v\beta_\mu|)^{1/2}](\dot{a}_\mu\cdot\dot{a}_v)\int_{-\infty}^{\infty}\int_{-\infty}^{\infty}(n^2-n_0^2)\\&\cdot\exp\{\mathrm{j}[(\kappa_\mu-\kappa_v)x]+(\sigma_\mu-\sigma_v)y]\}\mathrm{d}x\mathrm{d}y\cdots\end{aligned} \tag{3-14}$$

现设入射平面波沿 Z 轴传播,其波矢为

$$\dot{k}_0=n_0 k\dot{a}_z=\beta\dot{a}_z \tag{3-15}$$

其电场为

$$E_0 = \frac{1}{L}(2\omega\mu_0 P/n_0 k)^{1/2}\,\dot{a}_0 \tag{3-16}$$

$$\dot{a}_0 \perp \dot{a}_z$$

此入射平面波携带功率 P 通过截面 L^2,其幅度为

$$c_0 = \frac{2\pi}{L} \tag{3-17}$$

应用一阶微扰理论可得散射波的幅度为(设 $L \to \infty$)

$$\begin{aligned} c_v &= c_0 \int_{L/-2}^{L/2} k_{v0} \cdot \exp\left[\mathrm{j}(\beta_v - n_0 k)z\right]\mathrm{d}z \\ &= \frac{k^2(\dot{a}_v \cdot \dot{a}_0)}{4\pi L(n_0 k|\beta_v|)^{1/2}} \cdot \iiint_{-\infty}^{\infty} (n^2 - n_0^2)\exp[\mathrm{j}(\dot{k}_v - \dot{k}_0)\cdot \dot{r}]\mathrm{d}x\mathrm{d}y\mathrm{d}z \end{aligned} \tag{3-18}$$

总的散射功率可求得为

$$P_{散} = P\int_{-\infty}^{\infty}\int_{-\infty}^{\infty} |c_v|^2 \mathrm{d}k\mathrm{d}\sigma \tag{3-19}$$

引入球面坐标,有下列关系式:

$$\left.\begin{aligned} \kappa &= n_0 k\sin\theta\cos\varphi \\ \sigma &= n_0 k\sin\theta\sin\varphi \\ \beta_v &= n_0 k\cos\theta \end{aligned}\right\} \tag{3-20}$$

$$\mathrm{d}\kappa\mathrm{d}\sigma = \begin{vmatrix} \frac{\partial\kappa}{\partial\theta} & \frac{\partial\kappa}{\partial\varphi} \\ \frac{\partial\sigma}{\partial\theta} & \frac{\partial\sigma}{\partial\varphi} \end{vmatrix} \mathrm{d}\theta\mathrm{d}\varphi = (n_0 k)^2\cos\theta\sin\theta\mathrm{d}\theta\mathrm{d}\varphi = n_0 k\beta_v \mathrm{d}\Omega \tag{3-21}$$

定义单位立体角为

$$\mathrm{d}\Omega = \sin\theta\mathrm{d}\theta\mathrm{d}\varphi \tag{3-22}$$

式(3-19)可化为

$$P_{散} = P\int_{-\infty}^{\infty}\int_{-\infty}^{\infty} n_0 k\beta_v |c_v|^2 \mathrm{d}\Omega = P\int W\mathrm{d}\Omega \tag{3-23}$$

散射进单位立体角的那部分功率为

$$\begin{aligned} W &= n_0 k\beta_v |c_v|^2 \\ &= (k^4/16\pi^2 L^2)(\dot{a}_v \cdot \dot{a}_0)^2 \left|\iiint_{-\infty}^{\infty} (n^2 - n_0^2)\cdot \exp[\mathrm{j}(\dot{k}_v - \dot{k}_0)\cdot \dot{r}]\mathrm{d}x\mathrm{d}y\mathrm{d}z\right|^2 \end{aligned} \tag{3-24}$$

由于在体积 $V = L^3$ 内,折射率 $n(x,y,z)$ 的随机分布,故要取式(3-23),因而也有式(3-24)的统计平均,可得

$$\left\langle \left|\iiint_{-\infty}^{\infty} (n^2 - n_0^2)\cdot \exp[\mathrm{j}(\dot{k}_v - \dot{k}_0)\cdot \dot{r}]\mathrm{d}x\mathrm{d}y\mathrm{d}z\right|^2 \right\rangle$$

$$= L^3 \iiint_{-\infty}^{\infty} R(u,v,\omega) \cdot \exp[\mathrm{j}(\dot{k}_v - \dot{k}_0) \cdot \dot{u}] \mathrm{d}u\mathrm{d}v\mathrm{d}\omega \tag{3-25}$$

矢量 u 的分量为 u,v,w。自相关函数根据定义为

$$R(u,v,\omega) = \langle [n^2(x,y,z) - n_0^2] \cdot [n^2(x+u,y+v,z+\omega) - n_0^2] \rangle \tag{3-26}$$

引起瑞利散射的折射率 $n(x,y,z)$ 的起伏相对光波长来说是变化很快的。自相关函数的形式的精确性是无关紧要的。我们可以采用下列形式的自相关函数的统计模式

$$R(u,v,\omega) = \begin{cases} \langle (n^2 - n_0^2)^2 \rangle^2 & \text{在 } D^3 \text{ 的体积内} \\ 0 & \text{在 } D^3 \text{ 的体积外} \end{cases} \tag{3-27}$$

D 为相关长度。假定 D 比散射波的波长小得多，因而从式(3-24)到式(3-27)可得：

$$L^{-1}W = (k^4/16\pi)D^3 \langle (n^2 - n_0^2)^2 \rangle [(\dot{a}_{v1} \cdot \dot{a}_0)^2 + (\dot{a}_{v2} \cdot \dot{a}_0)^2] \tag{3-28}$$

此式即著名的瑞利散射公式，它表示单位长度的平面波散射出而进入单元立体角的功率。$\dot{a}_{v1}$ 和 $\dot{a}_{v2}$ 表示两个可能的正交的散射波。式中 $\langle (n^2 - n_0^2)^2 \rangle$ 表示体积内折射率平方的方差。

瑞利散射的功率损耗系数 2α 定义为

$$2\alpha = L^{-1} \int W \mathrm{d}\Omega \tag{3-29}$$

因

$$\int [(\dot{a}_{v1} \cdot \dot{a}_0)^2 + (\dot{a}_{v2} \cdot \dot{a}_0)^2] \mathrm{d}\Omega = 8\pi/3 \tag{3-30}$$

故有

$$2\alpha = (k^4/6\pi) D^3 \langle (n^2 - n_0^2)^2 \rangle \tag{3-31}$$

根据不同材料的分子密度的统计规律，从式(3-31) 出发，可求得相应的瑞利散射损耗。从式(3-31) 可见，瑞利散射损耗与波长的四次方成反比，波长增加，损耗迅速下降，在近红外波段，此项损耗甚微。

3.3　OTDR 测量原理

与 TDR 相类似，OTDR 的配置如图 3-5 所示。激光源周期性地发送可变宽度的脉冲进入被测光纤的一端，在同一端的后向散射光在经分波器后被光电检测器接收，放大后在示波器上显示。为了防止 OTDR 连结器处初始反射对测量结果的影响，通常应在 OTDR 输出连接器和被测光纤之间加一段盲区光纤。

通过对后向散射波形的分析，可测量光纤的各种性能，后向散射的典型波形如图3-6所示。波形给出了下列信息：

①和⑤分别为光纤输入端和远端的菲涅耳反射。

②为光纤熔接点、光纤缺陷、光纤宏弯的非反射型损耗。

④尖峰表示光纤在相应长度点上有损伤的裂纹所产生的菲涅耳反射，也包括光纤内部缺陷和纤/包界面上的杂质，或纤芯内气泡产生的菲涅耳反射，但不增加光纤损耗。

③为光纤在相应长度上的光功率的下降，可得到该长度上的平均衰减(dB/km)，说明如下。

如前所述，在整个光纤长度上均有瑞利散射所产生的在各个方向的光的散射。此乃光纤中该波段中的终极损耗的机理。而其中沿光纤后向散射的光功率，尽管功率甚微却可用以确定光纤的衰减特性。

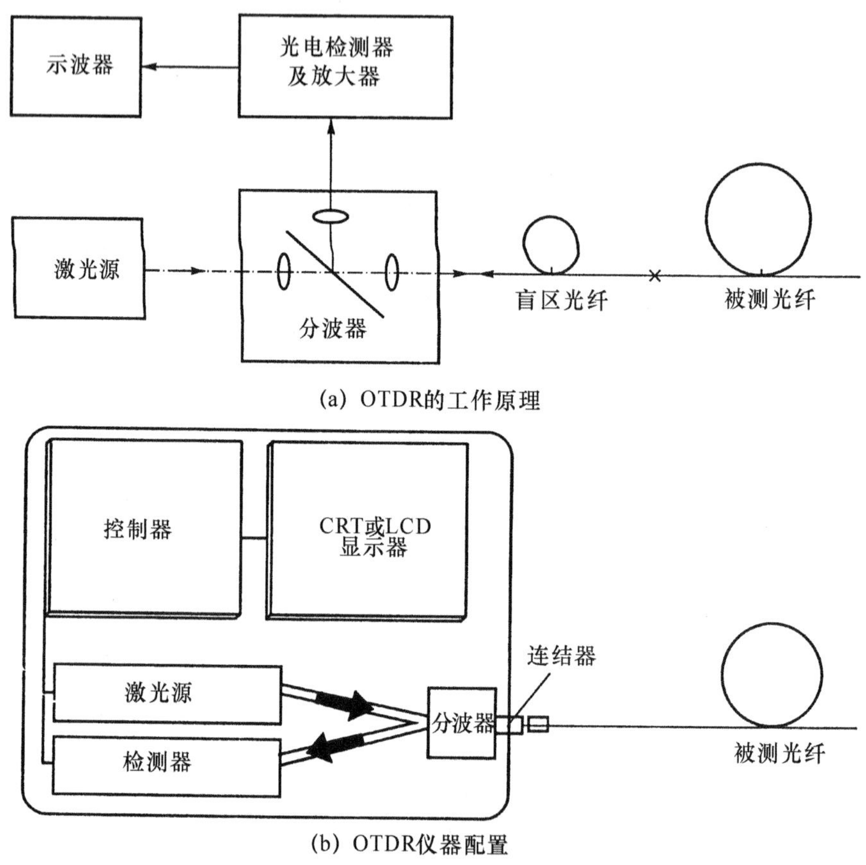

(a) OTDR的工作原理

(b) OTDR仪器配置

图 3-5　OTDR 的工作原理

在距光纤始端 x 距离上的光功率为

$$P(x) = P(o) \cdot \exp\left[-\int_0^x \beta(y)\mathrm{d}y\right] \tag{3-32}$$

式中，$P(o)$ 为光纤输入功率；$\beta(y)$ 为光纤损耗系数，它是光纤位置的函数。这就是说，光纤沿线的损耗可能是不均匀的。$\beta(y)$ 的单位为奈培，它可通过下式换算为以分贝为单位的光纤损耗系数 $\alpha(y)$：

$$\beta(y) = \frac{\alpha(y)}{10\lg e} \tag{3-33}$$

在 x 点上的后向散射功率为

$$P_R(x) = SP(x) \tag{3-34}$$

这里 S 是后向散射系数，这样，被光电检测测器所感知的 z 点上的后向散射功率为

$$P_D(x) = P_R(x)\exp\left[-\int_0^x \beta(y)\mathrm{d}y\right] \tag{3-35}$$

将式(3-32)、式(3-34) 代入式(3-35)，可得

$$P_D(x) = SP(o)\exp\left[\frac{-2\bar{\alpha}(x)x}{10\lg e}\right] \tag{3-36}$$

利用这一方程，如图 3-6 所示，当光功率为对数坐标时，可直接从曲线的斜率得到任意一段光纤上的平均衰减系数。例如在 x_1 和 x_2 之间(当 $x_2 > x_1$ 时) 的光纤的平均衰减系数为

$$\bar{\alpha} = \frac{-10[\lg P_D(x_2) - \lg P_D(x_1)]}{2(x_2 - x_1)} \quad (\text{dB/km}) \tag{3-37}$$

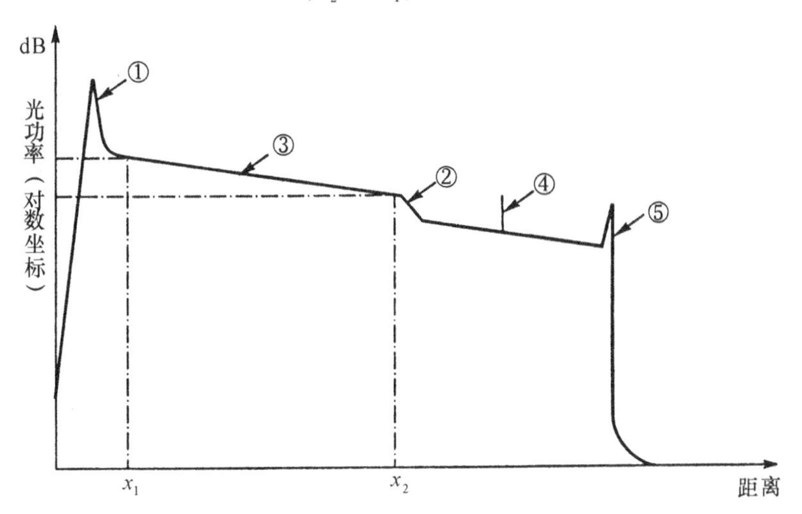

图 3-6　后向散射曲线示例

OTDR 的衰减曲线由于光纤线路本身的不均匀性或噪声的影响不是绝对平滑的，OTDR 的光纤衰减的测量值可用两点法给出，也可用最小二乘法(LSA)拟合曲线给出，两者的测量结果可能会有所差别，但 LSA 法的重复性较好。从式(3-36)可见，被光电检测器所检测到的后向散射功率 $P_D(x)$与光纤输入功率 $P(o)$ 及后向散射系数(即瑞利散射系数)S 成正比，光纤在 1310nm 的瑞利散射大于在 1550nm 的瑞利散射，故而 OTDR 在 1310nm 时的反射轨迹要大于在 1550nm 的反射轨迹。

关于 OTDR 功能的几个要点，分别说明如下：

(1)动态范围：测量不同长度的光纤线路，需用不同脉宽的测量脉冲，脉宽愈大，测量距离愈长，动态范围也愈大。例如脉宽为 100ns 时，可测光纤长度小于 8km；而脉宽为 500ns 时，可测 50.4km 的单模光纤。但脉宽愈小，分辨率愈高，反之亦然。现代 OTDR 的动态范围可达 30～40dB。可测距离在 200 公里以上。OTDR 的测量动态范围是后向散射的近端与噪声峰值电平(Bellcore 标准则为 98%噪声电平)之差值，如图 3-7 所示。

(2)用 OTDR 测量光纤长度时，需将测量脉冲在光纤中往返的时间化为光纤长度，即 $L = tc/2n_{eff}$，因光脉冲在光纤中传播的速度为 $v = c/n_{eff}$，n_{eff} 为光纤在被测波长上的有效折射率。故在测量时，需设定被测光纤在测量波长上的有效折射率。

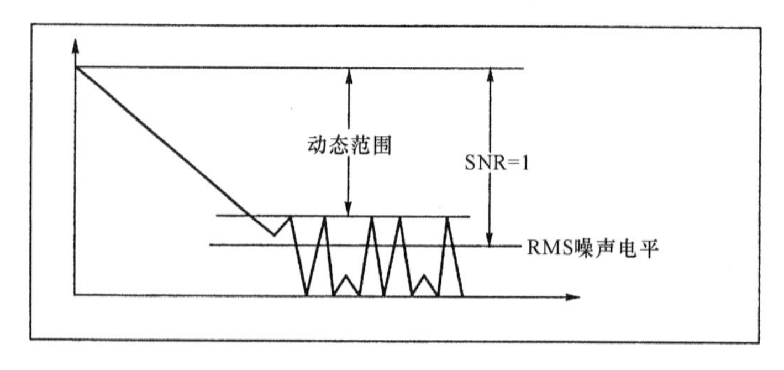

图 3-7　OTDR 的动态范围

(3)近端盲区:OTDR 面板上输出连接器的初始反射会影响光纤衰减测量精度和事件反射点的分辨率。这一区域分别被称为衰减测量盲区和事件测量盲区,如图 3-8 所示。为了减小盲区对测量值的影响,需在 OTDR 输出连接器(尾纤)和被测光纤之间加一段盲区光纤。

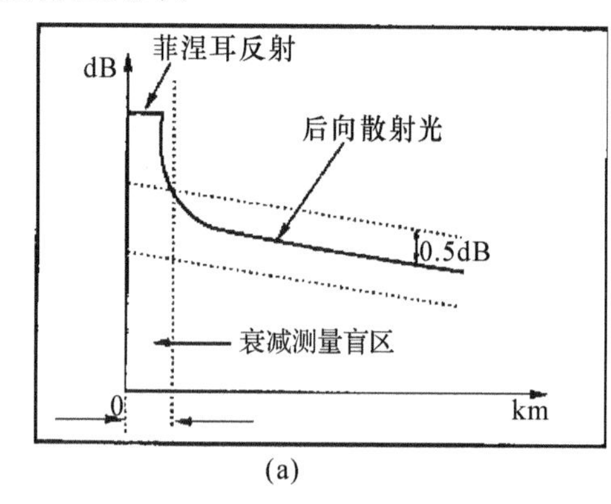

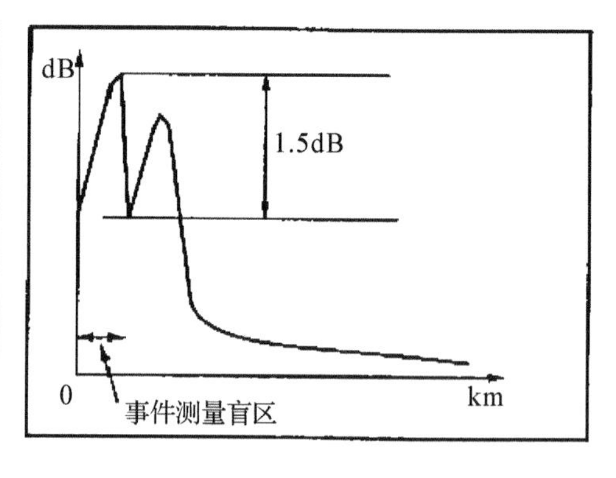

图 3-8　OTDR 的测量盲区

(4)空间分辨率:菲涅耳反射的分辨率为小于峰值 1.5dB 的宽度;后向散射的分辨率为熔接点等间断点的起始和终止电平值的 0.1dB 以内的起始和终止电平之间的距离,如图 3-9 所示。

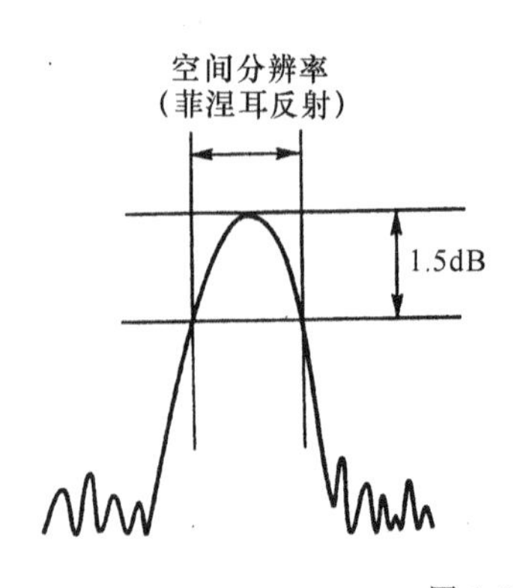

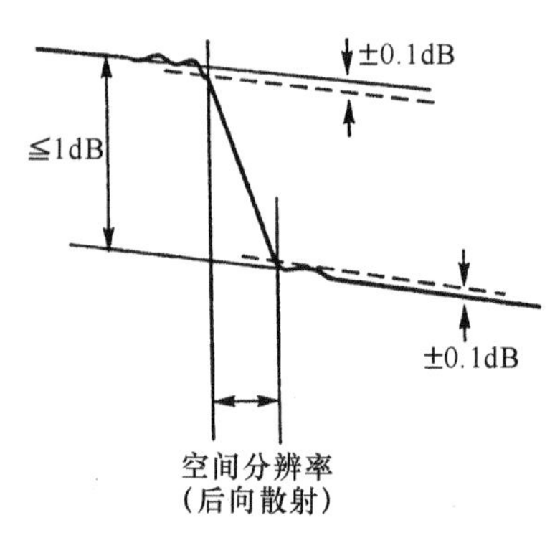

图 3-9　OTDR 的空间分辨率

(5)接收器的饱和盲区:当 OTDR 用于测量反射点的损耗时,反射点的高菲涅耳反射的功率可能使接收器瞬间饱和，接收器需经一段时间才能恢复。这段时间内将使被测的后向散射信号产生畸变从而造成测量误差。这可采用电子屏蔽功能(Masking Feature)来防止信号功率快速变化带来的影响。

综上所述，OTDR是一种非破坏性的试验技术，并只需从光纤的一端进行测量，即可获得光纤线路上的多种信息，而且还是一种唯一可以测量沿线光纤衰减系数的测量技术。这一独特优点使OTDR在光纤光缆生产过程中，在光纤通信线路施工中都成为不可或缺的测量工具。特别在光缆生产过程中，每道工序需用OTDR进行光纤衰减和长度检验。在光缆的规模性生产中，OTDR应与计算机结合，构成自动测试系统，华尔公司开发有关软件的一个系统如图3-10所示。

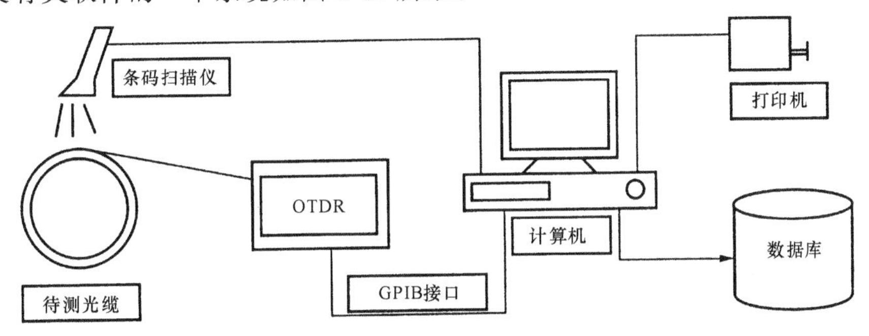

图3-10　OTDR的自动测试系统

该系统的中心部分是测试处理计算机系统，由它控制OTDR进行光纤光缆的测试，并将测试所得数据取回，进行分析，存储在数据库中，最后生成报表，通过打印机输出。

现将PK公司8000i OTDR系列产品规范列示于表3-1，以资参考。

表3-1　PK公司8000i OTDR系列产品规范

光学规范							
单模		多模					
光源特性							
额定波长/nm		1310	1383	1550	1625	850	1300
容差/nm		±20	±3	±20	±10	±20	±20
标准光缆检测	动态范围(dB)						
	8000i-M2-SXLX					29.0	26.0
	8000i-C1-OC	25.5		23.5			
	8000i-C1-OCL	25.0		23.0	20.0		
	8000i-C1-OECL	25.0	20.5	23.0	20.0		
	盲区/m						
	衰减盲区/m	<50					
	事件盲区/m	<25					
	距离精度/m	2.5±0.01%					
	线性度(dB/dB)	0.025					

续表

通用目的检测	动态范围(dB)						
	8000i-G3-OC	39.0		40.0			
	8000i-G3-OCL	39.0		40.0	37.0		
	8000i-G3-OECL	39.0	31.0	40.0	37.0		
	盲区(m)						
	衰减盲区(m)	＜25					
	事件盲区(m)	＜5					
	距离精度(m)	0.8±0.01%					
	线性度(dB/dB)	0.025					

通用规范	
测量项目	衰减系数,长度,事件损耗,定位和反射,衰减均匀性(可调窗口及 LSA 偏差)
测试脉冲宽度(m)	单模:5,10,20,50,100,200,500,1000 多模:5,10,20,50
数据点间距(m)	0.0625,0.125,0.25,0.5,1,2,4
数据检测范围(km)	4,8,16,32,64,128,256(或按用户要求)
群折射率范围	1.4000～1.7000
显示范围	0.040～320km;0.3～48dB(满屏)
工作温度	5～45℃
规范温度	25℃
激光器安全规程	IEC 60825-1 Class 1M
工作电压	90～132 VAC 或 175～264 VAC;频率 47～63Hz

3.4 用 OTDR 测量单模光纤的模场直径和截止波长

OTDR 主要用于光纤衰减和故障点的测量,但根据光纤传输原理,还可将 OTDR 用于单模光纤的模场直径和截止波长的测量,其方法如下:将已知模场直径的参考光纤和被测光纤熔接在一起,用 OTDR 进行双向测量。从熔接点损耗的双向测量之差值以及参考光纤的已知的模场直径值可计算出被测光纤的模场直径;上述测量在 1310nm 和 1550nm 两个波长上进行,得到两个波长上被测光纤的模场直径计算值,再从这两个波长的模场直径的比值求得被测光纤的截止波长。

这一方法的原理如下:对于通常的 G.652 光纤,模场直径和截止波长之间的关系有下列近似表达式:

$$\frac{\omega(\lambda)}{a}=0.65+0.434\left(\frac{\lambda}{\lambda_c}\right)^{3/2}+0.0149\left(\frac{\lambda}{\lambda_c}\right)^6 \tag{3-38}$$

当按上列方法得到双波长的模场直径值后,即有

$$\frac{\omega(\lambda_1)}{\omega(\lambda_2)}=\frac{0.65+0.434\left(\frac{\lambda_1}{\lambda_c}\right)^{3/2}+0.0149\left(\frac{\lambda_1}{\lambda_c}\right)^6}{0.65+0.434\left(\frac{\lambda_2}{\lambda_c}\right)^{3/2}+0.0149\left(\frac{\lambda_2}{\lambda_c}\right)^6} \tag{3-39}$$

上式可改写为

$$\frac{\omega(\lambda_1)}{\omega(\lambda_2)}=R(\lambda;\lambda_1;\lambda_2) \tag{3-40}$$

或用反函数表示：

$$\lambda_c=R^{-1}(\frac{\omega(\lambda_1)}{\omega(\lambda_2)};\lambda_1,\lambda_2) \tag{3-41}$$

此式可进一步用多项式来逼近：

$$\lambda_c=R^{-1}(\frac{\omega(\lambda_1)}{\omega(\lambda_2)};\lambda_1,\lambda_2)\cong a+bR+cR^2 \tag{3-42}$$

对于 G.652 光纤的实际情况，设 $\lambda_1=1310\text{nm}$，$\lambda_2=1550\text{nm}$，以及 $1200\text{nm}\leqslant\lambda_c\leqslant 1400\text{nm}$，利用式(3-39)，可计算出多项式的系数为 $a=50.7614$，$b=-120.2355$，$c=72.7784$，从而可得下列截止波长和模场直径比值之间的函数曲线，如图 3-11 所示。测量线路如图 3-12 所示。利用光开关可对被测光纤进行双向测量，即从参考光纤 A 及从参考光纤 B 分别进行测量，测量结果为图 3-13 所示。

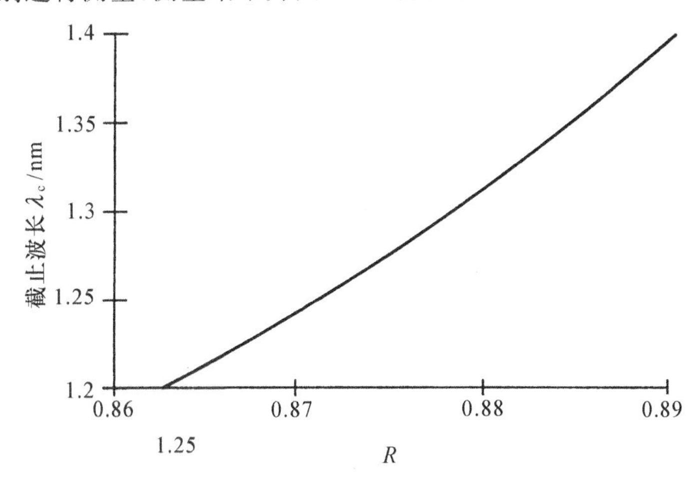

图 3-11　λ_c-R 函数曲线

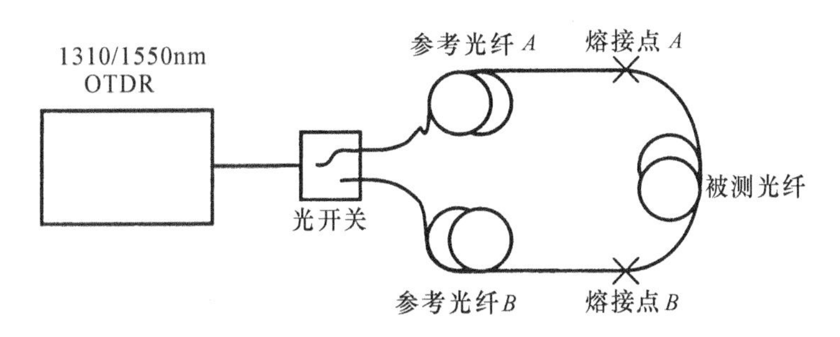

图 3-12　模场直径测量线路

在上述测量中，熔接点 A 的损耗，其双向测量值是不一样的，从参考光纤 A 端的测量值为 $L_A(\lambda_j)$；从参数光纤 B 端的测量值为 $L_B(\lambda_j)$，其差值为

$$\Delta L(\lambda_j)=L_A(\lambda_j)-L_B(\lambda_j) \tag{3-43}$$

被测光纤在该测量波长时的模场直径则可按下式计算出来：

$$\omega_s(\lambda_j)=\omega_A(\lambda_j)10^{[g_j\Delta L(\lambda_j)+f_j]/20} \tag{3-44}$$

式中，g_j 和 f_j 两个系数对于给定的光纤结构，可由实验求出，以得到 $\omega_s(\lambda_j)$ 值的最佳精度。

也可设 $g_j=1, f_j=0$ 来估算 $\omega_s(\lambda_j)$ 值。

同理，因为参考光纤 A 的截止波长 λ_{cA} 也是已知的，则可从图 3-11 的函数关系求得相应的参考光纤 A 的 R_A 值，即

$$R_A=R(\lambda_{cA};\lambda_1,\lambda_2) \tag{3-45}$$

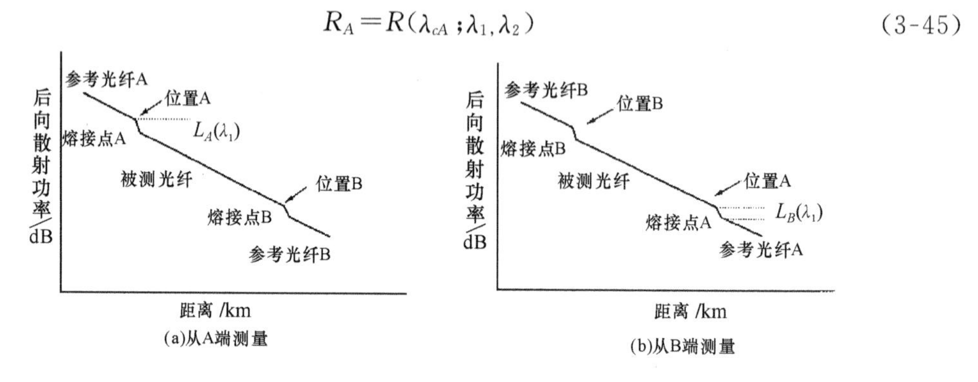

图 3-13　OTDR 测量结果

再从已知的 R_A 值，以及测得的 $\Delta L(\lambda_1)$ 和 $\Delta L(\lambda_2)$ 值，按下式计算出被测光纤的 R_s 值：

$$R_s=R_A10^{[g_1\Delta L(\lambda_1)-g_2\Delta L(\lambda_2)+f_1-f_2]/20} \tag{3-46}$$

最后从图 3-11 的函数关系，可求得被测量光纤的截止波长 λ_{cs}

$$\lambda_{cs}=R^{-1}(R;\lambda_1,\lambda_2) \tag{3-47}$$

在组成的 OTDR 测量线路中，参考光纤 A 和 B 应和被测光纤为同一种光纤结构，以免引起测量误差。

3.5　光纤模场直径的变化在 OTDR 测量上的反映

在 OTDR 的测量中，某些类型的光纤不均匀性可归结为光纤不同模场直径的反映。后向散射光的电平与光纤的模场直径成反比，因为光纤的模场直径小意味着其纤芯中有较大的光功率密度，这样，OTDR 的检测器将接收到比从大模场直径部分更多的后向散射光，故有下列关系成立：

$$\text{后向散射电平}\ P_R \propto \frac{P(0)}{\mathrm{MFD}}$$

式中，$P(0)$为入射功率；MFD 为被测光纤模场直径。

现以图 3-14 为例，用三段不同模场直径连在一起的光纤，其 OTDR 测量所得之后向散射电平是台阶型曲线。将上节中式(3-44)改写成分贝表示形式，可得不同模场直径联结处的后向散射电平差为

$$后向散射电平差(dB)=10\log\left(\frac{\omega_1}{\omega_2}\right)^2 \tag{3-48}$$

式中，ω_1 为反射点前光纤的模场直径；

ω_2 为反射点后光纤的模场直径。

从式(3-48)可见，顺着大模场直径到小模场直径联结处的后向散射呈正台阶，反之亦然，如图 3-14 所示。

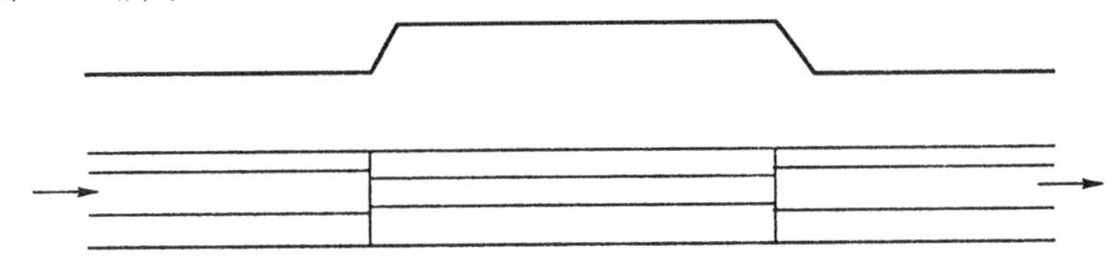

图 3-14　不同模场直径光纤的后向散射波形

基于上述原理，当光纤制造中出现外径不均匀(相应于模场直径变化)时，其OTDR 测量曲线将呈现相应的起伏变化。图 3-15 定性地表示三种典型的情况。

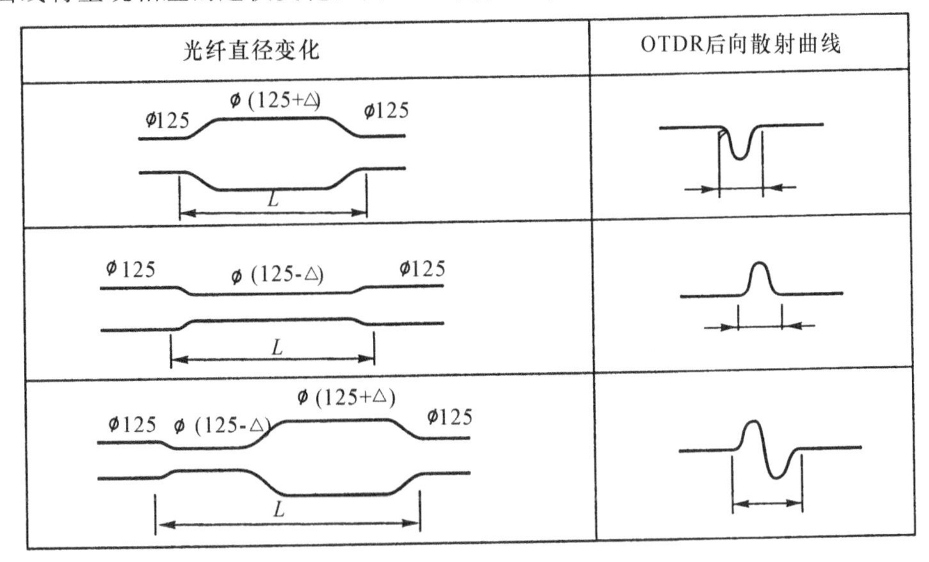

图 3-15　光纤外径变化引起 OTDR 后向散射曲线的起伏

关于光纤损耗端差的分析：

在用 OTDR 对短段光纤(几公里)的损耗测量中，有时会发现光纤的两端测得的损耗值有差异，这就是所谓的“端差”。严重时，端差会超过 0.05dB/km 。

端差的原因，实际上也是由于光纤沿线模场直径的变化，造成两端测量时 OTDR 的后向散射电平的变化所致。因而光纤的真正损耗值应取两端测量值之算术平均值。这一情况与下节所述光纤的熔接损耗的情况本质相似。光纤损耗的端差并不影响光纤的使用，但影响了光纤损耗值的标定。光纤端差通常在短长度光纤上能测出，在长光纤(几十公里)中，由于反射电平的沿线衰耗故通常不会反映出来。

要检查长光纤(如 25.2km)中某一段(如 2km)的光纤是否有端差，可用诸如 PK8000 型 OTDR 从长光纤两端去测量该短段光纤的损耗，如两端的测量值有差异，即为该短段光纤的端差。

有端差的光纤通常是用预制棒端部拉制而成的光纤，预制棒端部由于本身截面的变化以及与拉丝时夹持棒(Handle)的熔接部可能造成拉成的光纤的芯径(亦即模场直径)的变化。

3.6 如何正确使用OTDR测量光纤的熔接点损耗

光纤熔接点的损耗主要源于下列因素：

(1)两根熔接光纤的模场直径的误差(亦即截止波长的误差)，按照光纤规范，光纤的模场直径允许一定的误差范围，而两根有不同模场直径的光纤(均在允许误差范围内)会因此而引起的熔接附加损耗为

$$\alpha(\mathrm{dB})=-20\lg\left(\frac{2\omega_1\omega_2}{\omega_1^2+\omega_2^2}\right) \tag{3-49}$$

式中，ω_1 和 ω_2 分别为两根熔接光纤的模场直径。

(2)熔接光纤之间的轴向偏移，这一误差可能是由熔接机对准不好引起或光纤不同的模场/包层同心度误差造成。

(3)在熔接点处的光纤截面不平整造成光纤的轴的距离和角向偏移，从而形成熔接点的附加损耗。

现代光纤熔接点损耗在1550nm波长上的平均值约为0.02dB，最大值约为0.05dB。

鉴于上节所述理由，用OTDR仪器来测量两个光纤的熔接点损耗通常会出现误差，这种误差是由于两根光纤的后向散射电平的差异所造成的，而这种后向散射电平的差异正是两根熔接光纤的模场直径的差异所产生的。用OTDR测量熔接点损耗时，一般情况下，测量值为

$$M(\mathrm{dB})=T+E \tag{3-50}$$

式中，T 是真正的熔接损耗，E为OTDR的测量误差。这个误差的大小取决于光纤在熔接前后两根光纤后向散射电平的比值：

$$E(\mathrm{dB})=5\lg\frac{S_{前}}{S_{后}} \tag{3-51}$$

1的对数为零，当两根光纤的模场直径完全相同时(或两根熔接光纤是同一光纤切断时)，两者的后向散射相同，$S_{前}=S_{后}$，误差 $E=0$，如图3-16(a)所示 $S_1=S_2$，此时OTDR的测量值 $M(\mathrm{dB})=T$，为真正的熔接损耗。

当熔接点后光纤的后向散射大于熔接点前的光纤后向散射($S_{前}<S_{后}$ 或 $S_1<S_2$)时，对数值为负，即误差 E 为负值，此时，从式(3-50)可见，测量值 $M=T-E$，也就是说OTDR测得的熔接损耗比实际损耗小。

在大多数场合下，负的误差值的幅度小于真正的损耗值即 $|E|<T$，因此熔接损耗测量值小于真正的损耗值。但有时还会出现这种情况，即误差值的幅度大于真实熔接损耗，$|E|>T$，此时测量损耗值 M 为负值，即测量值反映的不是熔接点的损耗，而是熔接

点的增益了，见图3-16(b)。显然这在物理上是不可能的，但这确实是由于两根光纤因参数的偏差所造成的。

当我们从另一端再测量这个熔接点的损耗时，由于$S_{前}$和$S_{后}$换了位置，也即S_1和S_2换了位置，见图3-16(c)。此时误差值E变为正值，并加到真正的熔接损耗上去($T+E$)，这样测量值M就变得比实际损耗值大。

为克服上述测量误差，唯一的方法是从两个方向测量熔接损耗，再取其平均值，这样就能消除两根光纤参数不同所造成的测量误差，从而得到真正的熔接损耗。

因为：$M_{1-2}(\mathrm{dB})=T+5\lg\frac{S_1}{S_2}$

$$M_{2-1}(\mathrm{dB})=T+5\lg\frac{S_2}{S_1}=T-5\lg\frac{S_1}{S_2}$$

故得

$$M=\frac{M_{1-2}+M_{2-1}}{2}=\frac{(T+5\lg\frac{S_1}{S_2})+(T-5\lg\frac{S_1}{S_2})}{2}=T \tag{3-52}$$

所以$M=T$。

在实际的测量中有时由于熔接点损耗的远端测量因受限于OTDR的动态范围或其他原因，无法进行双向测量。这种情况下，必须充分估计熔接点损耗的单向测量值可能引起的误差，使之在工程设计的允许范围内。

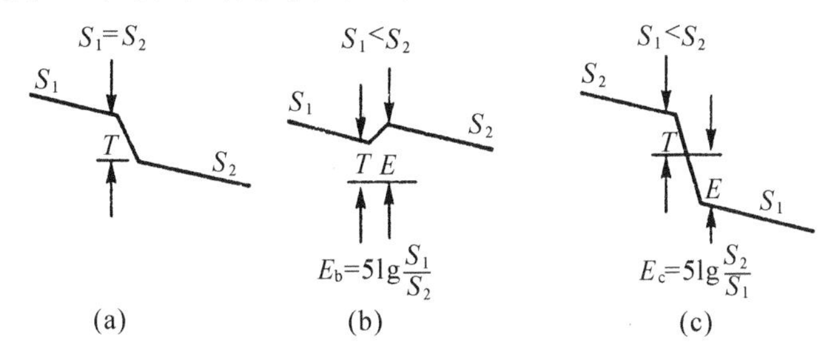

图3-16　光纤熔接点损耗

关于光纤熔接点的损耗问题，经常会是引起光纤运营商和光缆制造商之间争议的话题。从上述分析可见：由于两根熔接光纤模场直径的差异会造成单向测量光纤熔接点损耗的误差，换言之，由两根模场直径有差异的光纤单向测得的熔接点损耗，只是一种表观值，并不等同于光纤链路中光纤熔接点的真实损耗。而只有其双向测量值的算术平均值才是光纤链路中光纤熔接点所产生的真实损耗值。另外，在对光纤熔接点的损耗要求较严的光纤干线链路中，应当采用同一光纤厂商的同一品牌的光纤，因其模场直径偏差较小，故其光纤熔接点的损耗测量值误差也较小。

参考文献

[1] TSA/ELA Telecommunication Systems Bulletin ITM-6. Characterization of Mode Field Diameter and Cutoff Wavelength of Single-Mode Optical Fiber by OTDR.

[2] D. Marcuse. Theory of Dielectric Optical Waveguides. New York and London;Academic Press,1974:167-172.
[3] D. Marcuse. Loss Analysis of Single Mode Fiber Splices. Bell system Technical Journal, May-June 1977, 56:703-718.
[4] JamesJRefi. Fiber Optic Cable-A Lightguide. AbcTeleTraining Inc. , 1991:157-158.

第4章　光纤制造工艺原理(一)

——光纤预制棒制作工艺

光纤的制造工艺通常分两步进行，即光纤预制棒的制作和光纤拉丝。光纤拉丝在拉丝机上完成，技术路线比较单一。光纤预制棒工艺是光纤制作中最主要，也是难度最大的工艺。从20世纪70年代起曾平行地发展了多种预制棒制作工艺技术。经过40多年的发展，目前最为成熟的有四种技术：美国康宁公司开发的管外气相沉积法(Outside Vapor Deposition)，简称OVD法；美国AT&T公司(Bell Labs.)开发的管内化学气相沉积法(Modified Chemical Vapor Deposition)，简称MCVD法；日本NTT开发的轴向气相沉积法(Vapor Axial Deposition)，简称VAD法；以及荷兰菲利浦公司开发的等离子化学气相沉积法(Plasma Chemical Vapor Deposition)，简称PCVD法。这四种方法各有其优缺点，但都能制作出高质量的光纤产品，它们在光纤市场上各占一定份额。这四种方法在发展过程中相互取长补短，相互结合，目前主要的光纤厂商都采用两步法来实现光纤预制棒的规模化生产，如以VAD法制作预制棒芯棒(包括纤芯和内包层)，再以OVD法制作预制棒外包层，称为VAD/OVD法，以及与之相似的MCVD/OVD法等。下面就光纤制造工艺中各主要方面，分别叙述其工艺原理。

4.1　原材料提纯

光纤制造中主要的原材料是$SiCl_4$和$GeCl_4$，其纯度均要求在99.9999%以上。原材料中的微量杂质将会引起制成光纤的显著损耗。因此$SiCl_4$和$GeCl_4$在用作预制棒工艺原料前，需进行提纯，以达到所需纯度。

这里以$SiCl_4$为例来讨论提纯工艺，类似工艺也适用于$GeCl_4$。在外延级的$SiCl_4$原材料中最主要的杂质是三氯硅烷($SiHCl_3$)，其含量约为7000ppm；还有含氢杂质，如含C—H键化合物(烃类，特别是氯化烃)，含量约为300ppm；另有甲硅烷醇约为40ppm，以及含铁杂质约200ppb。

若三氯硅烷残留在制成光纤中，将在0.9～2.5μm的波段引起显著损耗。通过常规的蒸馏法，可除去$SiCl_4$中$SiHCl_3$及其他各种杂质。这里介绍采用光氯化，配合蒸馏技术来清除$SiCl_4$中三氯硅烷及其他各种杂质，以达到高度提纯$SiCl_4$的目的。

该系统如图4-1所示。

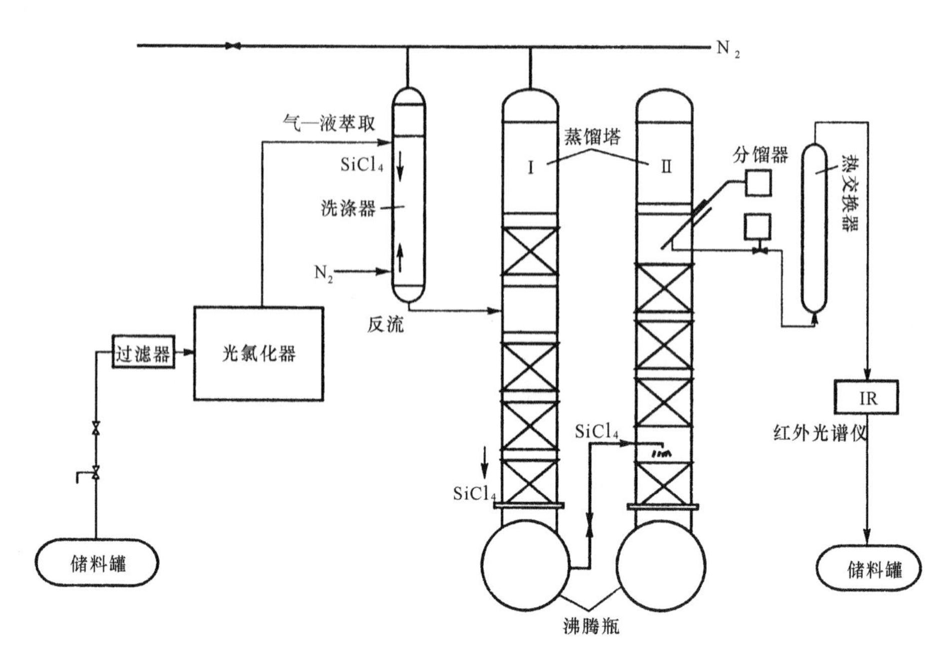

图 4-1 原材料提纯

原料 $SiCl_4$ 通过过滤器进入光氯化器。光氯化的原理是利用 Si－H 键与卤素元素很强的反应能力，使 Si－H 键转化为 Si－Cl 键。在光氯化器中，通入氯气，并在波长为 240～400nm 的紫外线照射下，产生氯原子，遂有下列反应：

$$SiHCl_3 + Cl_2 \longrightarrow SiCl_4 + HCl$$

光氯化器产生的 $SiCl_4$ 和 HCl 进入洗涤器，通过气(氮气)—液萃取，使 HCl 或残余 Cl_2 被 N_2 从洗涤器顶部带走排出。$SiCl_4$ 则反流从洗涤器底部流向蒸馏塔中继续纯化。在蒸馏塔中，除了残存的 HCl 和 Cl_2 会继续从顶部排除外，在底部电热沸腾瓶的加热下，$SiCl_4$ 和其他杂质可利用其不同的沸点而分离。$SiCl_4$ 的沸点最低(57℃)，因此很容易与杂质分离开来。特别是在甲硅烷醇中的羟基氢和类似的羟基杂质在低 HCl 含量的环境中易从 $SiCl_4$ 中通过分馏予以清除，而蒸馏塔前的洗涤器除去了大量的 HCl，正好创造了这个条件。在该系统中，除了 $SiCl_4$ 的提纯(去除杂质)，还伴随有钝化作用，例如，使有害的杂质甲硅烷醇转化为无害的杂质硅氧烷，后者残留在制成光纤中不会在工作波段中引起光吸收。从蒸馏塔Ⅰ中分离出来的 $SiCl_4$ 进入蒸馏塔Ⅱ，进一步分馏提纯。由蒸馏塔Ⅰ、Ⅱ组合的系统，还能除去难挥发的含 C—Cl 的杂质。此类杂质是由多 C—H 键杂质在光氯化过程中所产生的，因为含多 C—H 键的化合物只能部分光氯化，因而残留了 C—Cl 键化合物。与此同时，含铁(包括可溶性铁和固态铁)杂质也被除去。在蒸馏塔和洗涤器顶部均有冷却器(5℃)，用以回收 $SiCl_4$ 原料，提高回收率。该系统 $SiCl_4$ 的回收率为 99%，而要求 $GeCl_4$ 的回收率达 99.99%。因后者价格昂贵，且有腐蚀性，不宜排放。从蒸馏塔Ⅱ排出的 $SiCl_4$ 经热交换器冷却后，进入储存桶备用。红外光谱仪则用来检测 $SiCl_4$ 的纯度。经该系统纯化后的 $SiCl_4$ 中杂质含量为：含 C—H 基团杂质＜20ppm，最佳可达 5ppm；含 OH 基团含量＜20ppm，最佳可达 5ppm；含铁杂质＜20ppb，最佳可达 2ppb。

4.2　预制棒原料输送系统的蒸馏提纯原理

在光纤中要求金属离子杂质含量<1ppb,OH离子含量<10ppb,而在全波光纤中则要求OH离子含量<0.8ppb。由此可见,上述提纯后的$SiCl_4$,$GeCl_4$原料尚不能直接用于光纤预制棒制作。因而,必须在光纤预制棒工艺中,进一步对$SiCl_4$,$GeCl_4$提纯。在通用的光纤预制棒MCVD,PCVD,VAD,OVD,等工艺中,都采用“气相沉积”方法。而材料纯度的进一步提高则通过蒸气压原理来实现。现以MCVD工艺为例:如图4-2所示,在盛有$SiCl_4$和$GeCl_4$原料的容器(称为鼓泡瓶)中,在一定温度下,液态原料会部分蒸发为气相原料,气相原料的蒸气压为P_v,而液面上空气的气压为P,如$P=P_v$则维持平衡状态,称为饱和蒸气压。

如$P<P_v$,则更多液相分子蒸发为气相;如$P>P_v$,则气相分子会浓缩回液相。为调节到所需饱和蒸气压,可将鼓泡瓶加热,使P_v高于P,从而有更多液相材料汽化,以提高气相浓度。

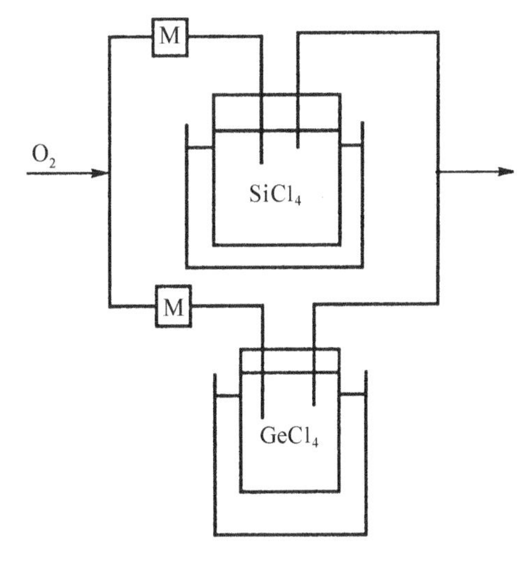

图4-2　原料气体输送系统

$SiCl_4$的沸点为57.6℃,$GeCl_4$的沸点为83.1℃,通常将鼓泡瓶加热到略低于材料的沸点。而在$SiCl_4$,$GeCl_4$中杂质的沸点均比$SiCl_4$,$GeCl_4$的沸点高,因而在鼓泡瓶的运行温度下,杂质不会被汽化,从而使进入预制棒的$SiCl_4$,$GeCl_4$进一步得到提纯。例如可使含铁等金属离子的杂质浓度从20ppb下降到1ppb。

在MCVD工艺中,高纯氧气经质量流量控制器(MFC),通入鼓泡瓶,作为载气,将原料的饱和蒸气带到石英基管内,进行化学气相反应并沉积到石英管内壁上去。

在OVD,VAD工艺中,各种气体(O_2,H_2,Ar)和原料蒸气($SiCl_4$,$GeCl_4$)是由火炬的不同喷口分别喷出。因而$SiCl_4$,$GeCl_4$在各自的容器中被加热到高于各自的沸点,形成气流喷出,但由于加热温度低于杂质沸点,因而同样有蒸馏提纯作用,使预制棒粉尘中的$SiCl_4$,$GeCl_4$的纯度达到所需的要求。

4.3　石英玻璃的物态

石英光纤基体是SiO_2玻璃,石英玻璃是SiO_2熔体过冷而得到的非晶态固体,如图4-3所示。

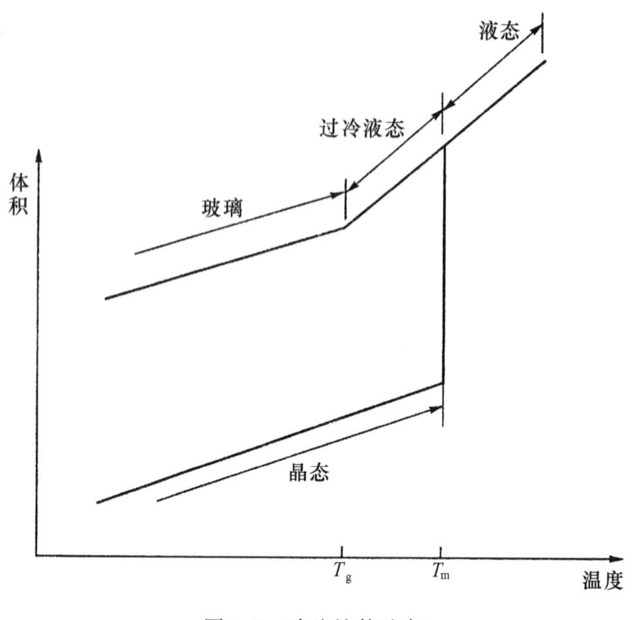

图 4-3　玻璃熔体冷却

当玻璃熔体冷却时，其体积迅速减小。当到达熔点 T_m 时，在不同的工艺条件下，可能有两种结果。一是到达熔点时，熔体体积急剧下降，呈结晶化，其组成原子或分子排列成重复对称、精确有序的晶态结构。这一过程中随着热量的减小，结晶度增大，但温度维持不变。当完全变成固态后，温度下降，体积也随之缓慢下降。此即石英晶体的成形过程。二是到达熔点(T_m)时，不产生结晶化，热量下降引起组成原子或分子的收缩。从而形成过冷液态，温度继续下降到玻璃化温度(T_g)时，其体积—温度曲线有一个突变。温度再下降时，体积变化很小，其变化率即为热胀系数。这一过程即为形成玻璃的玻璃化过程。玻璃是一种非晶态固体，体内无长序的晶格结构，只有形成高黏性的短序结构。组成原子或分子的热扰动很弱，将原子或分子结合在一起的吸引力范围仅为数倍之原子直径。

在光纤制造中，通常在 SiO_2 玻璃中掺杂 GeO_2 和 F 物质。这类物质与 SiO_2 形成固相溶液，它们置换了 SiO_2 分子而均匀散置在 SiO_2 结构中，如同在半导体或其他晶相固体中的掺杂结构。掺杂只是略微改变 SiO_2 的折射率，以形成导波结构，石英玻璃的基本性能不变。

4.4　MCVD 工艺原理

MCVD 法是 1974 年 AT&T 公司贝尔实验室开发的经典光纤预制棒制造方法，其过程如下：将一根石英基管放在玻璃车床上旋转，用超纯氧气作为载气通过存有 $SiCl_4$，$GeCl_4$ 等纯化学原料的鼓泡瓶(bubble)，O_2 载气将 $SiCl_4$，$GeCl_4$ 的饱和蒸气一起带进石英基管，当用温度为 1400～1600℃的氢氧焰加热石英基管的外壁时，通过热传导，管内

的气相材料在高温下发生氧化反应，反应式为

$$SiCl_4 + O_2 \longrightarrow SiO_2 + 2Cl_2 \uparrow$$

$$GeCl_4 + O_2 \longrightarrow GeO_2 + 2Cl_2 \uparrow$$

生成的 SiO_2，GeO_2 等氧化物在高温区气流下游的管内壁上形成多孔玻璃粉尘的沉积层，当氢氧焰的高温区经过此处时，玻璃粉尘被烧结沉积在内壁上，成为均匀透明的玻璃层(如图 4-4 所示)，氢氧火炬从左到右缓慢移动一次形成一层相应的沉积层，然后快速退回到原处，进行第二次沉积，如此往复直到完成所规定的沉积为止。

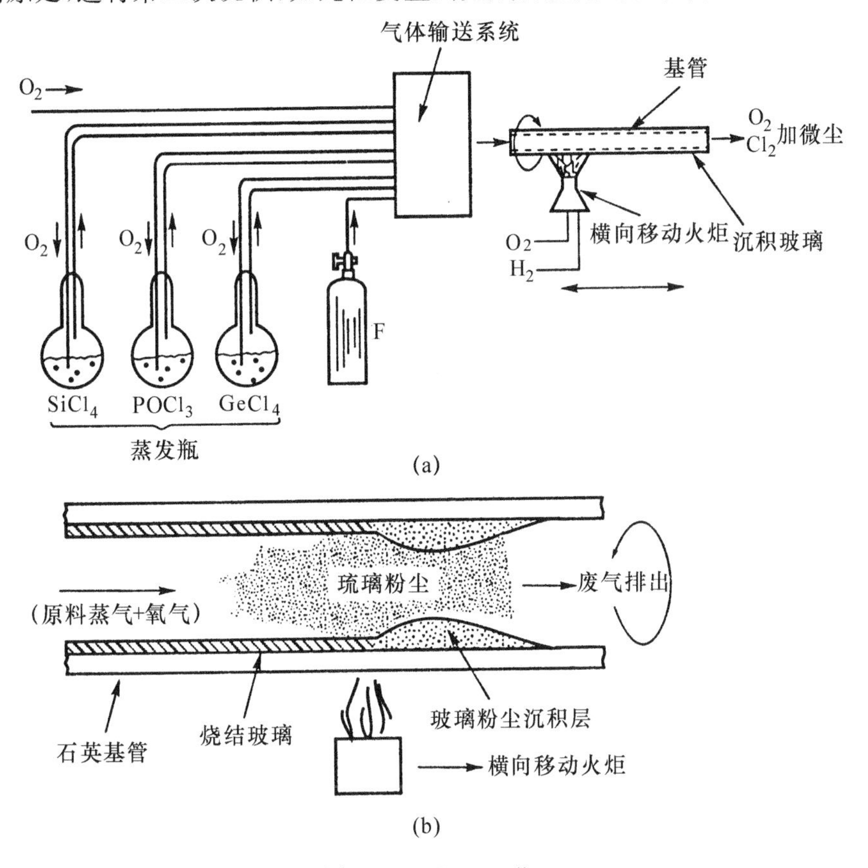

图 4-4　MCVD 工艺

反应产生的氯气和没有反应完的气相材料则从石英基管的出口排出，进行废气中和处理，石英基管将作为外包层部分，沉积层从包层向纤芯逐层沉积，折射率剖面则通过用质量流量控制器(MFC)调节各原料组成的载气的流量来控制。

在二氧化硅的基体中，通过少量掺杂可改变其折射率。图 4-5 表示掺杂二氧化硅的折射率随掺杂量的变化函数。

由图可见，掺杂 GeO_2 及 P_2O_5 有助于折射率的增加，而掺氟则使折射率下降。

例如作为包层的纯二氧化硅的折射率为 1.458，掺杂三个百分摩尔的 GeO_2 作为纤芯，折射率则增加到 1.463，即 G.652 匹配型单模光纤的折射率剖面组成。掺杂 P_2O_5 通常会引起损耗增加，但少量掺杂时，可降低气相沉积温度，从而减小预制棒的变形。掺氟则可使 SiO_2 的折射率下降，因而通过不同的掺杂可得到各种折射率剖面的光纤预制棒。

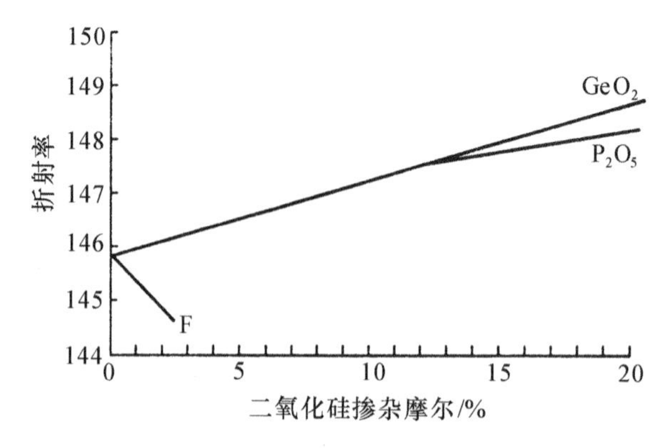

图 4-5　掺杂对 SiO_2 折射率的变化曲线

氟并不能生成氧化物,而是以不同的反应方式结合到二氧化硅晶格阵列中去。

当沉积完成后,中心还留有小孔,然后进入预制棒的烧缩阶段,即停止原料气流进入,火焰温度升高到 1800℃左右,将石英管烧缩形成实心的光纤预制棒,整个过程由计算机控制。

在 MCVD 工艺中,有三个组成部分:气相反应、沉积和烧结。在 MCVD 工艺中,由于在管外加热,管内沉积,因而热效率较低,与 OVD,VAD 工艺相比沉积速率也较低。经过对 MCVD 的多年实践,在改进工艺,提高气相反应效率和沉积速率,改善沉积体质量,等方面做了大量工作。MCVD 沉积的基本机理是热泳(Thermophoresis),在气相反应气流中形成的质点总是从高温区迁移到低温区,这是由于在高温区(管内中心火焰区)的高能量质点与气流中悬浮质点的碰撞,而使这些质点迁移到低温区(气流下游管壁区)。因而在管内沉积区的温度分布梯度是支配沉积过程的关键因素。沉积效率 ε 与温度梯度的关系如下式所示:

$$\varepsilon \propto 1-\left(\frac{T_e}{T_r}\right)$$

式中,T_r 为气相反应的热区温度;T_e 为气流下游管壁的平衡温度。

沉积则发生于长度为 L 的区间,$L \propto F/\alpha$,F 为气相材料的流率,α 为热扩散率。由此可见,要提高沉积率,必须提高材料流量,以便能在较长的区间进行沉积。

在 MCVD 工艺中,纤芯部分的沉积和烧结的质量控制最为关键,纤芯部分是光纤中主要传输通道,这部分是在 SiO_2 的基体中掺杂 GeO_2 所形成的,由于两者的物理性能有一定差异,GeO_2 的挥发性(Volatility)比 SiO_2 大,亦即 GeO_2 在常压下升华温度低,或在常温下蒸气压高。所以必须调整好工艺条件使少量掺杂的 GeO_2 能均匀分布在 SiO_2 基体中,而无任何气孔产生。

在纤芯部分沉积时,气泡的形成是与 Ge 相联系的。气泡的平衡尺寸与两个相反作用的驱动力有关:当 GeO_2 气化时,其蒸气压使气泡膨胀,而 GeO_2 的蒸气压比例于气孔表面蒸气化的 GeO_2 的浓度。另一方面气泡的膨胀又受到烧结力的限制,烧结力趋向于减小表面能,且反比于气泡半径。因而为了减小和消除气泡,应使烧结的驱动力 F_s 大于 GeO_2 气化的膨胀力 F_v:

$$F_s=(2\gamma)/r > F_v=KZP_0\exp(-\Delta G/RT)$$

式中，γ 为玻璃的表面张力；

r 为孔隙半径；

K 为在 SiO_2 中 GeO_2 的化学活性系数；

Z 为气泡附近 GeO_2 的局部浓度；

P_0 为 GeO_2 蒸气压的预指数项；

ΔG 为 GeO_2 气化活化能；

R 为理想有气体常数；

T 为绝对温度。

从上式可见，存在着一个临界气孔半径：小于临界半径的气泡将收缩或消失；大于临界值的气孔将不能烧实而在预制棒中残留气泡。临界半径可从上式求得，即当 $F_s = F_v$ 时，可得

$$r_c = (2\gamma)/(KZP_0 \exp(-\Delta G/RT))$$

那么，如何在粉尘沉积过程中，防止大气孔的形成呢？在MCVD工艺中形成的玻璃粉尘(soot)是非常小的质点(亚微米级)，由于表面力(如静电吸附、范德华力)的作用，这些微小质点会形成相当大的凝聚体。这些凝聚体沉积在火炬下游管壁处，而在堆积的凝聚体之间形成较大孔隙，孔隙尺寸比例于粉尘凝聚体的尺寸。此时，上述蒸气压较高的 GeO_2 质点周围特别容易形成无法烧实的气泡，影响预制棒的质量，为了减小和消除粉尘的凝聚体，从而防止它们堆积时形成较大的气隙，这就要求粉尘质点有较大尺寸，从而使每单位重量的玻璃粉尘有较小的表面力，从而减少质点的凝聚。

粉尘质点尺寸的增加是由于在高温反应气流中的布朗碰撞(Brownian Collision)形成的黏结作用，而布朗碰撞的频度正比于时间和温度。因而纤芯沉积时，应使粉尘质点在较高的温度中有较长的存留时间。另外，在反应气流中较高的 O_2 分压，可增加 $GeCl_4$ 和 $SiCl_4$ 的氧化率，而 $GeCl_4$ 和 $SiCl_4$ 的充分氧化则可消除在小的尘粒中的弱化学键(范德华键)，可减少凝聚的形成。

基于上述分析，可调整相应工艺条件，适当提高热区温度；增长质点在热区中的存留时间(气流率慢些或热区范围宽些)；适当提高氧分压。

在MCVD工艺中，$SiCl_4$，$GeCl_4$ 的氧化反应通常出现在化学物质到达基管中最高温度区以前，氧化反应是放热反应，因而在氧化反应的气相中产生显著的温度增高。这样在火炬上游某些点，管子中心线区的温度会超过管壁，在这样的温度梯度作用下，由于热泳，部分粉尘质点会在火炬上游管壁沉积，而这些粉尘质点会被陷埋于下一次火炬下游沉积的粉尘之中。由于这两者的堆积密度的失配，就会产生较大的，甚至超过临界半径的大孔隙，从而无法烧实而形成气泡。为减少上述上游沉积，可采取下列方法：降低气流中 $SiCl_4$，$GeCl_4$ 的浓度，以减小氧化反应增加的温度；热区宽一些，使氧化过程分布在较宽的空间，避免温度局部过高。

此外还可以采用在上游预热基管的方法，以避免上游沉积，如图4-6所示。

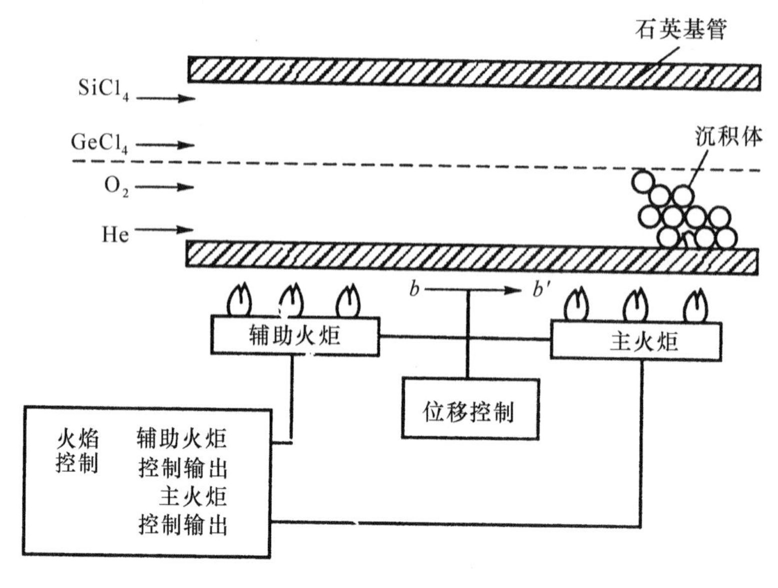

图 4-6　在 MCVD 工艺中设置辅助火炬

通常采用的是在环形主火炬前(左侧)增加辅助加热火炬。当主火炬向右移动过程中,火炬上游(左侧)的基管由于有辅助火炬的加热,该区管壁仍维持在高温之中,此区域的基管中心线高温区的质点粉尘因无温度梯度,而不会沉积到主火炬上游管壁处。增设辅助火炬的另一个好处是:由于 GeO_2 的蒸气压高于 SiO_2 的蒸气压,因而在主火炬热区前,在辅助火炬加热区,GeO_2 已先于 SiO_2 而形成,GeO_2 质点将提供 SiO_2 的成核中心(Nucleation Sites),SiO_2 质点在较高温度下形成(因其蒸气压低于 GeO_2),这样,GeO_2 质点被 SiO_2 质点所包覆,GeO_2 就好像均匀"溶解"于 SiO_2 中,从而使掺 GeO_2 的 SiO_2 有较低的蒸气压,从而防止了因 GeO_2 蒸发而形成气泡。

4.5　PCVD 工艺原理

PCVD 工艺是 1975 年由荷兰 Philips 公司的 Koenings 等发明的,PCVD 法是在 MCVD 法基础上发展起来的一种光纤预制棒制作工艺。PCVD 与 MCVD 的工艺相似之处是:它们都是在高纯石英基管内进行气相沉积和高温氧化反应。PCVD 与 MCVD 的主要不同之处是在反应加热系统和反应机理方面。在 MCVD 工艺中,通过管外氢氧焰的加热,反应气体 $SiCl_4$ 和 $GeCl_4$ 在管内气相反应生成 SiO_2 和 GeO_2 粉尘,通过热泳沉积在基管内壁,在下一波氢氧焰的加热过程中熔化成玻璃。在 PCVD 工艺中,不用氢氧焰加热,热源是微波。其反应机理是:微波谐振腔中原料气体被微波能激发电离产生等离子体,等离子体含有大量的高能量电子,这些电子可以提供化学气相沉积过程中所需要的激活能,从而改变了反应体系的能量供给方式。由于等离子体中的电子温度很高,电子与气相分子的碰撞可以促进反应气体分子的化学键断裂和重新组合,形成气相反应生成物 SiO_2 和 GeO_2,带电离子重新结合时释放出来的热能熔化气态反应生成物形成透明的石英玻璃沉积在基管内壁 。

沉积过程借助低压等离子体使流进高纯度石英玻璃沉积管内的气态卤化物和氧气在1000℃以上的高温条件下直接沉积成设计要求的光纤芯中玻璃的组成成分。同时由于电子温度对中性气体温度之比非常高,整个反应体系却保持较低的温度。通过对PCVD沉积反应室结构的调整,可以在沉积腔中产生大面积而又稳定的等离子体球,而对腔壁无侵蚀作用。沉积不用氢氧焰加热,因而沉积温度低于相应的热反应温度。反应管不易变形,易于控制,制作的光纤几何特性和光学特性重复性好,质量高。特别是PCVD工艺中原料的沉积效率高:SiO_2的沉积效率接近100%;GeO_2达到85%,优于任何其他工艺。

在PCVD工艺中,由于气体电离不受反应管的热容量限制,反应器可以沿反应管作快速往复沉积,每层厚度可小于1μm,在制备多模梯度光纤时,芯层可多达数千层,因而可以制造出精确的折射率分布剖面的光纤,以获得大带宽,所以在VCSEL激光优化的万兆位光纤(OM3,OM4,OM5)以及弯曲不敏感多模光纤(BIMMF)的制作中,PCVD工艺独具优势;而且PCVD工艺也适于制作各种折射率剖面复杂的单模光纤。由此而论,PCVD工艺可定位于万能石英光纤制作工艺也不为过。

MCVD法和PCVD法的原理如图4-7所示(4-7(a)为MCVD法,(b)为PCVD法)。

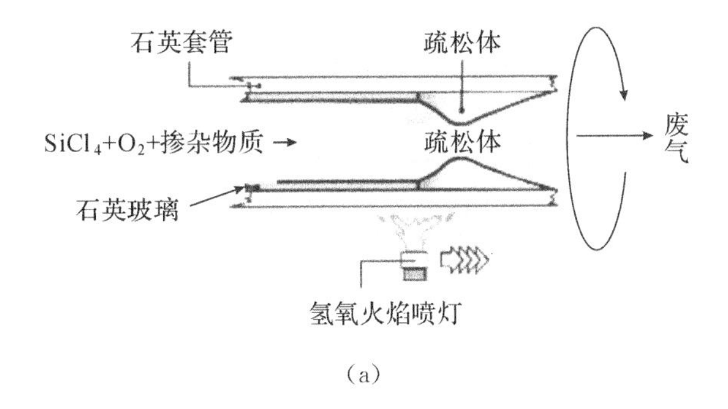

(a)

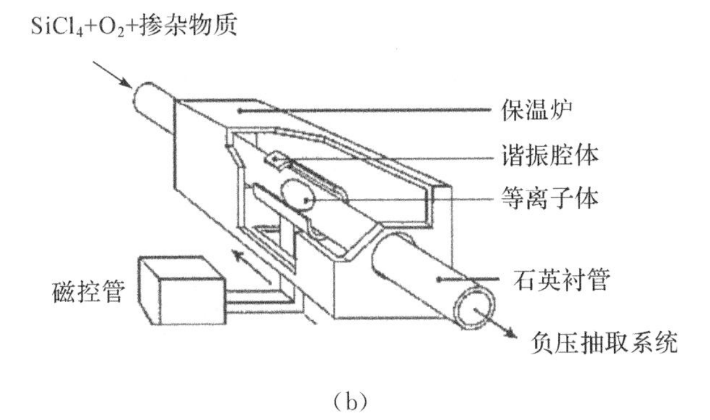

(b)

图4-7 MCVD法和PCVD法的原理

a. PCVD单模光纤制作工艺

单模光纤预制棒制作通常采用两步法。PCVD单模光纤的制作是用PCVD制造芯棒(包括纤芯和内包层),它最终决定了光纤的性能。对于外包层,可采用VAD、OVD和

APVD等工艺直接在芯棒表面沉积,也可采用套管法(RIC)。这里以长飞公司采用的套管法为例说明PCVD/RIC制作单模光纤预制棒的过程,其工艺包括PCVD沉积、熔缩、套管和拉丝等过程,如图4-8所示。其中,PCVD芯棒工艺包括PCVD沉积和沉积管熔缩两部分:

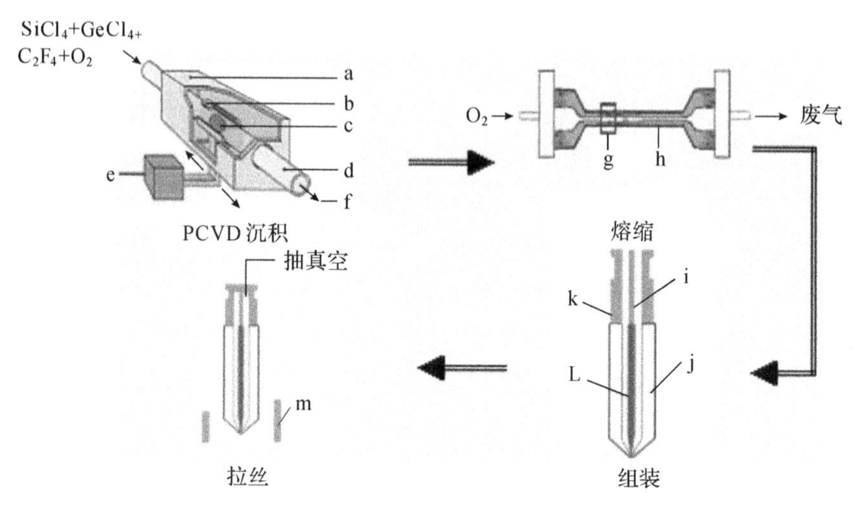

图4-8 PCVD单模光纤生产工艺

a保温炉;b谐振腔体;c等离子体;d石英衬管;e磁控管;f负压抽取系统;g电加热炉;h沉积管;i芯棒尾柄;j包层套柱;k尾管;L芯棒;m拉丝炉。

1. PCVD沉积

各种原料气体($SiCl_4$,$GeCl_4$,F,等)和氧气通过质量流量控制器(MFC)进入反应器中的石英基管,石英基管和环绕它的微波谐振腔以及加热炉组成反应器。谐振腔连接到频率为2.45 GHz、功率为几百或几千瓦的连续波磁控管振荡器,反应管中的压力维持在1.3KPa左右,吸气泵用分子筛吸附泵或旋转机械泵,加热炉的温度约在1000℃~1250℃之间,其随原料组分不同而不同,它的作用是为了保证石英基管内壁与沉积层之间的温度匹配,以避免沉积层产生裂纹。反应器的运动速度在3~8m/min之间,往复速度相同,而且是连续沉积 。往返移动的谐振腔包围着部分石英基管,通过波导将微波能量耦合至谐振腔中的气体混合物。微波在谐振腔内产生出一个局部非等温、低压的等离子体。等离子体内气体相互作用,发生高效的化学反应,由离子直接结合形成的SiO_2和GeO_2玻璃体沉积在基管内壁。由于反应和成玻是在极短的时间内完成的,谐振腔可以作高速往返运动,因而每层的沉积厚度可以很小,从而确保了波导结构和材料结构的精确控制,通过这种方法可灵活地改变光纤折射率,实现既定的光纤结构设计。在谐振腔内形成负压状态的电离空间,借由微波场的高动能将气体分子外层的电子击出,结果电子已不再束缚于原子核,电子加速从原子中分离,从而成为高位能高动能的自由电子。负电子和带正电的原子(核)不稳定的混杂在一起,形成总带电量仍是中性的低温等离子体(Plasma)。这里只加速电子,不加速离子,因而等离子体中虽然电子温度很高,但重粒子温度很低,整个体系呈现低温状态,所以称为低温等离子体,也叫非平衡态等离子体。

微波等离子体对气体的电离和离解程度比其他类型的等离子体(如电弧等离子体)

可高10倍以上,因此微波等离子体更能增强气体分子的反应活性,另外微波等离子体反应区内没有电极,消除了放电电极自身造成的污染,因而适合高纯度物质的制备和处理,而且工艺效率高。微波等离子体中,自由电子的温度高于离子的温度,其中的化学反应可有更高的反应平衡常数,效率高。因而微波等离子体在CVD的材料合成应用中极占优势。

随着PCVD工艺的不断发展,其沉积速率在不断地提高(目前已达到5.0g/min以上),加上其高的沉积效率和工艺的多功能性使其在大规模工业化生产高性价比的光纤方面,其技术和工艺优势也日益突现。当前,采用PCVD工艺可制造与直径150mm以上预制棒相匹配的芯棒;目前新一代PCVD也正在开发之中,届时可用外径大于40mm的石英衬管,新一代PCVD将可用于直径大于200mm光纤预制棒的生产。

2.沉积管的熔缩

MCVD和PCVD均属于管内法,沉积后得到的是中心带孔的沉积管,其下一道工序就是沿沉积管方向用往返移动的氢氧焰或加热炉对不断旋转的管子加热,在表面张力的作用下,分阶段将沉积好的石英管熔缩成实心棒,即光纤预制棒。加热炉相对于氢氧焰而言,其优点是一方面可消除氢氧焰所引起的羟基污染,另一方面有利于熔缩大尺寸沉积管和缩短熔缩时间。

沿管子方向往返移动的石墨电阻炉对不断旋转的管子加热到大约2200℃,将沉积好的石英管熔缩成实心棒。为了防止熔缩工艺中羟基的污染,开发了电熔缩新技术和相关工艺来代替传统的氢氧喷灯技术,不仅提高了原材料利用率,并有利于大尺寸预制棒的生产。

3.套棒(RIC)

将熔缩后的石英棒套入截面积经过精心挑选的高纯石英套管中,使光纤芯层与包层材料具有适当比例,通过使用与芯棒预先熔接在一起的小尾柄来固定芯棒,这样装配成光纤预制棒即可在拉丝塔上进行在线拉丝。例示尺寸为:芯棒直径35~40mm;套管内外径分别为40~45mm和200~210mm;芯棒与套管内径间隙约3mm。由于在线预制棒需要经过上述的组装过程,如何减少和避免组装过程中对芯棒和包层套管内壁造成的污染是整个在线棒生产过程中至关重要的课题。一般在线棒组装过程需要在专门设立的洁净度为百级以上的组装间内进行。

4.拉丝

预制棒的在线拉丝工艺是将包层套管和芯棒组装成的棒体直接悬挂在拉丝塔的送棒机构上进行拉丝。

在线光棒的拉丝本质上是将预制棒芯棒、套管的融缩和光棒熔融拉伸为光纤的过程结合在一起。比起离线棒来说减少了融缩延伸这一工序,降低了成本。但是这也对拉丝设备提出了更高的要求。一方面,需要在拉丝设备上增设在线棒的真空抽取设备,自尾管末端对在线棒的芯棒和包层套管的间隙进行真空抽取。真空度应该达到-95kPa或更高。另一方面,对拉丝炉的温场均匀度也提出更高的要求,因为同时需要满足融缩和拉伸两个要求,故而温场在横向上必须保持相对的一致,否则极易导致芯棒与套柱的融合界面在周向上产生不均匀的情况，从而导致生产成的光纤在该界面上产生较大的应力和微弯，会引起1550窗口及后续波长段的衰减变大，而当该问题严重化后，甚至会引起1310窗口的衰减变化。

光纤预制棒置于拉丝塔的顶部，下端置入拉丝炉中。底端软化后被拉成所需包层直径的光纤，并进行在线双层涂覆和紫外固化。在拉丝过程中对光纤进行在线搓扭，可将光纤的偏振模色散(PMD)控制在很低的水平。

拉出的光纤还需经过各种测试，以确定光纤的几何、光学、机械性能和环境性能。

b. PCVD多模光纤预制棒的制作

ISO/IEC 11801所颁布的多模光纤标准等级中，将多模光纤分为OM1，OM2，OM3，OM4四类。其中OM1，OM2是指传统的62.5/125μm和50/125μm多模光纤；OM3和OM4是指VCSEL激光优化的50/125μm万兆位多模光纤。OM5则是VCSEL激光优化的用于短波长波分复用的梯度型折射率分布，50/125μm万兆位宽带多模光纤。

MCVD和PCVD工艺都能适合生产多模光纤预制棒。PCVD制作多模光纤预制棒工艺包括PCVD沉积和沉积管的熔缩两部分，具体工艺与前节所述相似，这里不再重复。

多模光纤的传输性能主要是受限于多模光纤的DMD现象：多模光纤在传送光脉冲过程中，光脉冲会发散展宽，当这种发散状况严重到一定程度后，前后脉冲之间会相互叠加，使得接收端无法准确分辨每一个光脉冲信号，这种现象称为微分模延迟DMD(Differential Mode Delay)。微分模延迟的主要原因在于：1)纤芯折射率分布的不完美。多模光纤的DMD是在不同径向位置的入射脉冲的传播时间和光纤模间色散特性的组合效应，对于抛物线型折射率剖面的多模光纤，可以设计出很好的DMD特性。但DMD对折射率剖面的微小偏差十分敏感，因此在多模光纤的制作中必须十分精确地控制，实现完美的折射率剖面分布的设计值。2)光纤的中心凹陷。光纤的中心凹陷是指在纤芯中心的折射率明显下降的现象。这种凹陷和光纤的制造过程有关。这种中心凹陷将影响光纤的传输特性，降低光纤的性能。

因此精确控制光纤的折射率分布和消除中心凹陷是10Gbit/s以太网多模光纤(OM系列光纤)设计和制作的主要任务。虽然MCVD和PCVD工艺都可用来生产多模光纤预制棒，但PCVD更是制作多模光纤预制棒的首选方法。在PCVD工艺中，由于气体电离不受反应管的热容量限制，反应器可以沿反应管作快速往复沉积，每层厚度可小于1μm，在制备多模梯度光纤时，芯层可多达数千层，辅以精密的流量控制，可以制造出折射率分布十分理想的剖面。而由MCVD工艺所制造的多模光纤预制棒，因沉积层数少，材料的均匀性较差，甚至可以在显微镜下观察到每层沉积层间的界面。对于通过PCVD工艺制得的光纤，由于每层沉积层很薄，所沉积玻璃的均匀性可与Soot工艺相媲美，其几千层的沉积过程能够有效地控制沉积层的掺杂量以获得与理论要求符合的折射率分布。同时在烧缩过程中，通过控制腐蚀量和中心孔的大小可以避免中心凹陷的出现。

4.6　OVD工艺原理

OVD法是由美国康宁玻璃公司在1974年开发成功，在1980年全面投入应用的一种预制棒制作工艺技术，OVD法首先将高纯度的原料化合物，如$SiCl_4$、$GeCl_4$等通过氢、氧(或甲烷、氧)焰火炬，在火焰中气相反应生成SiO_2、GeO_2玻璃粉尘，从火焰方向喷射到一根正在旋转的靶棒(靶棒通常用氧化铝棒)上，使之沉积在靶棒上，形成多孔质母材，而不像MCVD工艺中直接形成玻璃体。然后将此多孔质母材在电炉中脱水，烧结成透明玻璃体。

在MCVD工艺中，基管固定旋转，而火炬来回移动，进行逐层沉积。而在OVD工艺中，火炬固定而靶棒边旋转边来回往复移动进行逐层沉积，以提高场的集中度来改善弯曲性能。如图4-9所示。

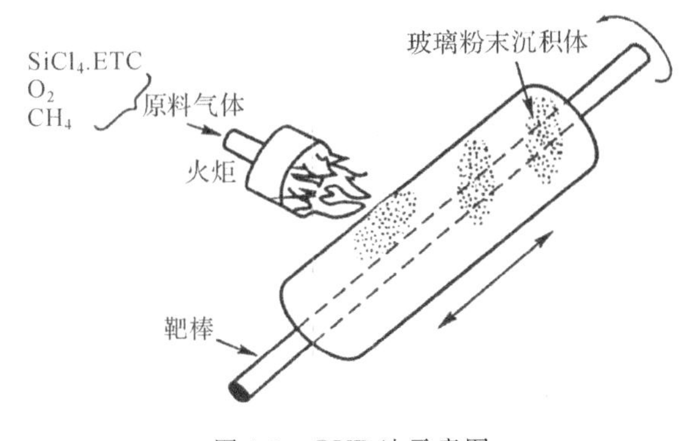

图4-9　OVD法示意图

预制棒的折射率剖面也是通过计算机操作，用质量流量控制器(MFC)来控制不同掺杂量来实现的。同时，因为是外沉积，所以是先沉积纤芯，再沉积包层。与MCVD管内气相氧化反应不同，在OVD工艺中，原料气体和氢氧燃料气体一起从火炬喷口中喷出，气相原料气体及载气($SiCl_4$，$GeCl_4$，O_2)在火炬的火焰中反应生成玻璃粉尘(SiO_2，GeO_2)，与此同时，由燃料燃烧产生的水也成为反应的副产品，而化学气相物质则处于燃烧体中间，水分进入了玻璃体，故称为火焰水解反应，反应式如下：

$$2H_2+O_2 \rightarrow 2H_2O$$

$$SiCl_4+O_2+2H_2 \rightarrow SiO_2+4HCl\uparrow$$

$$GeCl_4+O_2+2H_2 \rightarrow GeO_2+4HCl\uparrow$$

在OVD工艺中，火炬的设计是至关重要的。图4-10是其中的一个例子，在图中，火炬有几组喷口，中心孔1为原料化合物及氧气的喷口($SiCl_4$，$GeCl_4$，O_2)，环形喷口2为内屏蔽环，是氧气喷口，中间环孔3为燃料气体(氢氧或甲烷、氧气的混合气体)的喷口，外环孔4为外屏蔽环，也是氧气喷口。

这里，中间环孔3喷出的燃料气体形成火焰。中心孔1喷出的气相原料化合物和氧气则在火焰的高温下产生氧化反应。而内屏蔽环2喷出的氧气，目的在于将火焰与原料

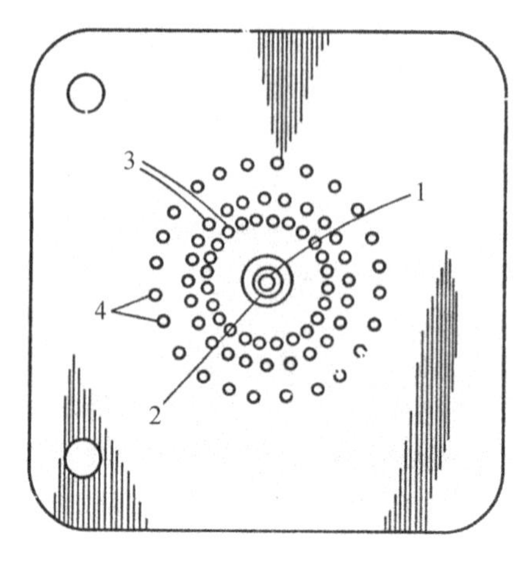

图 4-10　火炬设计示意图

反应区分开来。附加的氧气也有助于化学原料的氧化反应更为完全。外屏蔽环孔 4 喷出的氧气则是为了限制火焰的成形区。

火焰喷向旋转的沉积体时,在燃烧体中形成的玻璃粉尘喷射沉积在沉积体上,也加热了沉积体,而沉积体的温度对预制棒特别是纤芯部分的折射率有很大影响。纤芯部分通常用 GeO_2 掺杂。而 GeO_2 在 SiO_2-GeO_2 系统中的浓度与基体的温度有关,如图 4-11 所示。

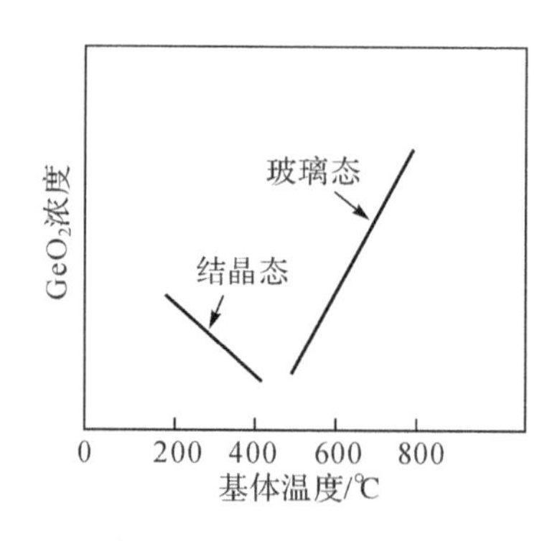

4-11　基体温度对 GeO_2 浓度的关系曲线

当基体的温度低于 400°C 时,气相反应生成的 GeO_2 在沉积体形成的不是玻璃态,而是结晶态,这种晶态 GeO_2 不能融合到 SiO_2 玻璃态中,而在烧结过程的高温中将直接升华,从而使纤芯的折射率发生变化。当沉积基体的温度高于 500°C 时,GeO_2 才能以玻璃态沉积,其浓度则与温度成比例,即温度愈高,玻璃态的 GeO_2 的浓度愈高。因而控制沉积基体的温度以达到纤芯的正确折射率是十分重要的工艺因素。

在 OVD 沉积的工艺条件和温度下,锗可以三种形式存在:一是 $GeCl_4$ 系原材料;二是生成 GeO_2 时所需的二氧化物;以及 GeO 是一氧化物。

显然 $GeCl_4$ 和 GeO 均是在沉积体中不希望存在的物质,它们的存在意味着沉积过程中 GeO_2 成形率的减小,这将增加产品成本。而 $GeCl_4$ 和 GeO 还会在沉积和烧结工艺过程中迁移,从而影响预制棒折射率剖面的纵向均匀性。因此必须正确调节工艺参数,

尽量增加 GeO_2 的形成率,减小 $GeCl_4$ 和 GeO 的残留量。首先我们来讨论一下在 OVD 工艺中,在一定氧分压下,锗在不同化合物中的比例与温度之间的关系,如图 4-12 所示。

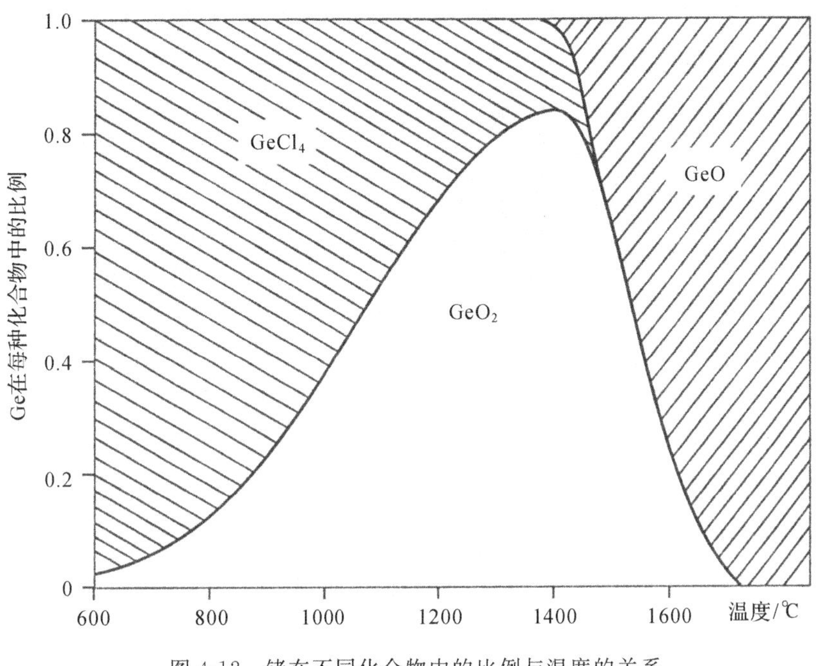

图 4-12 锗在不同化合物中的比例与温度的关系

从图中可见,随着反应温度的增加,GeO_2 的含量增加,在 1400℃左右有一个峰值,随后,当温度进一步增加时,GeO_2 的含量下降,而 GeO 的含量增加。从此图来看,最佳的工艺温度应选择在峰值偏左的区域。这时,不仅 GeO_2 的含量最高,而且 GeO_2 含量随温度的变化比较不灵敏,亦即工艺稳定性好。在图示的曲线中可见,这里是在一定氧分压下,仅以温度为独立变量的情况,在实际的工艺中,温度并不是影响工艺的唯一变量。另外的工艺变量还有通过沉积火炬各种气体的流量。通过各个工艺变量的调节以达到三个目的:

(1)是增加 GeO_2 的形成率,(2)是减小锗化合物的迁移率,(3)是得到最佳的工艺条件,类比于图中的平坦区域,即各种流量的波动对沉积工艺的影响最小。

注意到 GeO_2 和 GeO 之间变换的化学方程为:

$$2GeO_2 = 2GeO + O_2$$

图 4-12 的曲线表明,这个反应的温度关系是十分灵敏的。在 OVD 沉积过程中,沉积体中 GeO_2 的含量的变化取决于下列因素:一是在沉积到沉积基体前,火焰水解反应时 GeO 和 GeO_2 的相对含量的变化。二是反应生成的粉尘沉积到基体后,在粉尘质点表面迁移的 GeO 的量的变化。换句话说:GeO 既可能在粉尘沉积前在粉尘流中形成,也可能在沉积后的 GeO_2 粉尘质点分解所产生,例如在沉积体中,在火炬往复移动的再加热时产生 GeO_2 分解。反过来在粉尘流中的 GeO 也会凝聚成温度较低(不直接在火焰区)的 GeO_2 粉尘沉积到基体上去。

为了得到最大 GeO_2 的生成率,减小 GeO 的迁移率,重要的工艺因素是增加氧分压,以提高氧化态。这可以通过增加火炬中原料氧,内屏蔽氧和燃料混合氧的流量来实现,尤其是以提高前两者最为有效。从上列方程式和图4-12可见,在火焰水解反应中的粉尘流中GeO的形成量是氧化态和温度的函数,而粉尘中的氧化态则主要由原料氧和内屏蔽氧来确定的,换言之,增加原料氧和内屏蔽氧的流量将提高氧化态,反之,增加化学原料($SiCl_4$,$GeCl_4$)的流量则降低氧化态。而火炬中的温度分布则主要由氢(或甲烷)燃料中的混合氧和内屏蔽氧的流量所决定。增加混合氧,内屏蔽氧对氢(或甲烷)的流量比值,则降低火焰温度,增加内屏蔽氧的流量将特别能减低化学原料流的温度,这是因为它抑制了料流边缘氢(或甲烷)的氧化。

鉴于上述分析,增加原料氧,内屏蔽氧,适当增加燃料氧流量都会使粉尘流中以及沉积体中的GeO的量减少,另一方面减小氢(或甲烷)和原料流的流量将增加原料流的有效氧化态,从而减少GeO的成形。

4.7 VAD工艺原理

VAD法是日本NTT Lab.在1997年为了避免与康宁公司的专利纠纷而发展起来的一种光纤预制棒制作技术。其原理与OVD法相同,也是为火焰水解生成氧化物玻璃。但与OVD法有两个主要区别:一是起始靶棒垂直提升,氧化物玻璃沉积在靶棒下端;二是纤芯和包层材料同时沉积在棒上,预制棒的折射率剖面的形成是通过沉积部的温度分布,氢氧焰火炬的位置和角度,原料气体的气流密度的控制,等来实现的。

从原理上而言,VAD法沉积形成的预制棒多孔母材向上提升后即可实现脱水、烧结,甚至进而直接拉丝成纤,这样的制造长度不受限制的连续光纤成形工艺是潜在可能的,但在实际上,通常仍像OVD法一样,在分立的工序中将多孔质母材进行脱水,烧结而制成光纤预制棒。

VAD法的成型工艺如图4-13所示,沉积起始后的石英棒向上提升,使沉积面始终保持在一定的位置。整个反应在容器中进行。通过排气的恒定来保证火焰的稳定。在制作单模光纤预制棒时,由于包层很厚,故如图所示,可用三个火炬,其一用于沉积纤芯,另两个则用于沉积包层,最后将制成的多孔质母材在分立的工序中类似于OVD法进行脱水,烧结成透明的石英预制棒。

VAD和OVD的工艺原理相同,只是将OVD的横向侧面沉积改成轴向端面的沉积,因此,上述OVD的一些工艺原理也是基本适用于VAD法,但由于VAD端面沉积的特点,其工艺控制要比OVD法更严格,VAD法的关键在于必须严格控制工艺条件,包括精确控制原料流量,排出废气的流量,火焰温度,沉积体表面温度和旋转速度,以及沉积体端部的位置,这样才能制作出均匀稳定的预制棒母体。沉积体沉积端部位置的微小波动将引起母体外径和折射率剖面的变化,因此,沉积端部的位置偏差应控制在50μm的精度以内。这可通过视频摄像机给出的定位信号来加以控制。火炬的结构设计也是VAD工艺中的关键之一。

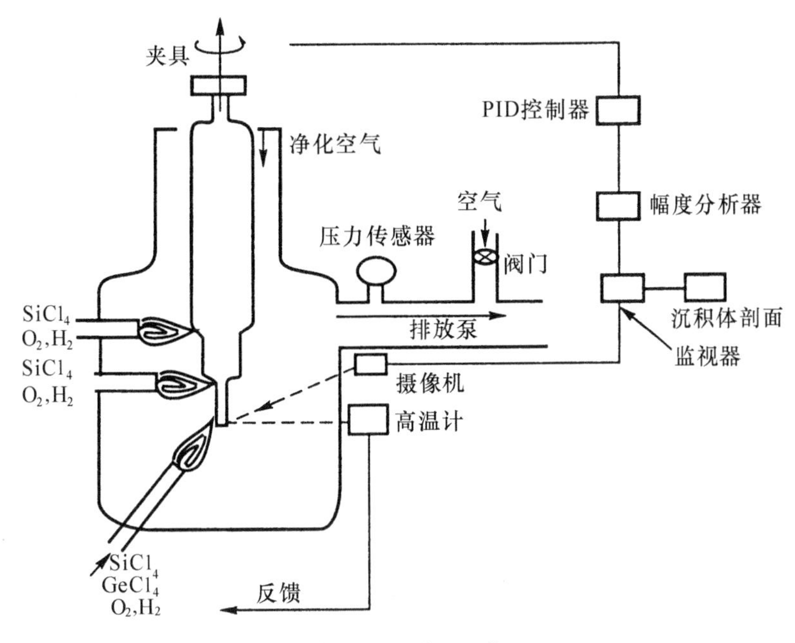

图 4-13　VAD 工艺

火炬中多种料流的流量、火焰及水解反应在空间分布的稳定状态对最终成形的预制棒有举足轻重的关系，沉积体表面温度关系到预制棒纤芯部分折射率分布的精度，即 GeO_2 的掺杂量的变化，这在上节 OVD 工艺中已详细讨论，这里不再重复了。

4.8　用 OVD 工艺制作预制棒外包层

先用 MCVD 法或 VAD 法制成的芯棒(包括纤芯和内包层)外缘，再用 OVD 工艺制作外包层，是现代光纤预制棒工艺中的主要方法之一。它有助于提高制作效率，增大预制棒尺寸，降低生产成本。在 MCVD 法或 VAD 法制成的芯棒中纤芯/包层之比大于最终光纤的芯/层比，然后，再用 OVD 法制作外包层，以达到最终所需纤芯/包层的比值。由于外包层主要沉积 SiO_2，组分单一，对原材料的纯度要求也比芯棒低，所以工艺比较容易控制。市场上也有专用设备供应，如美国 ASI/Silica Machinery 公司专门制造并销售制作 SiO_2 外包层 OVD 沉积和烧结设备。

OVD 外包层的沉积工艺如图 4-14 所示。

将芯棒夹持在玻璃车床上旋转，由火炬喷出的 $SiCl_4$ 和 O_2 在火焰中水解反应生成 SiO_2 粉尘喷射到芯棒表面。火炬则横向往复移动，以达到所需的多孔母体的尺寸。

这一工艺的主要困难在于，芯棒是已烧结成的玻璃实体，而沉积层是由粉尘堆积成的多孔母体，在下一道干燥烧结过程中，如何能保持两者界面的均匀有效的吻合。解决问题的关键是要控制粉尘沉积层的密度以利于界面的接合。提高粉尘沉积层的密度，有利于减小多孔母体中孔隙的总容量，孔隙将在烧结过程中除去，孔隙量愈小，粉尘烧结时的收缩愈小，因而在烧缩的粉尘与芯棒之间的相对移动也较小。但高密度的粉尘

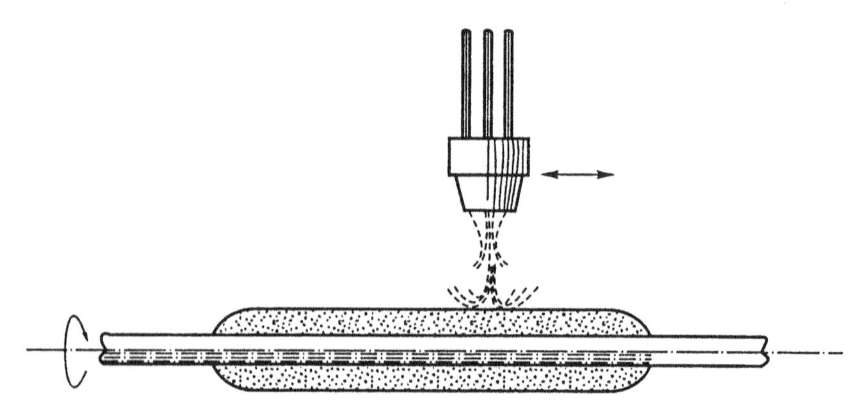

图 4-14　OVD 外包层的沉积工艺

沉积层的缺点在于与芯棒的黏结力较大,这将阻碍烧结时粉尘的移动能力,增加在芯棒上施加的轴向收缩应力。芯棒和粉尘沉积层之间的粘合强度影响在烧结过程中芯棒的轴向收缩。沉积层的烧结会在芯棒上加上一个轴向压缩应力,从而引起芯棒的收缩。这个压缩应力与芯棒在烧结温度下的黏度相抗衡。而纯的轴向收缩将取决于:(1)粉尘密度(高密度=低收缩应力),(2)芯棒/粉尘沉积层之间的粘结力(高的粘结力=高收缩应力),(3)烧结温度下芯棒的黏度(高黏度=较大的对轴向收缩应力的抵抗力)。因此通过调节温度及流量来控制粉尘沉积体的密度,以减小芯棒的轴向收缩,从而减小界面应力是工艺控制的关键所在。也有采用多种特殊工艺来改善界面性能的方法。例如,可在芯棒上先沉积一层可气化挥发的材料,如图 4-15 所示在芯棒上沉积一薄层碳的火焰沉积层(<1mm),再在其上沉积 SiO_2 外包层。多孔母体制成后,在干燥烧结炉中,先在较低的温度(<500℃)中,在干燥烧结气流(氧气和氦气)中加入少量氧气或空气,碳层即氧化:$C+O_2 \longrightarrow CO_2$,生成的二氧化碳气体挥发,并被烧结气流 He 从多孔体中带出。从而大大减小了在 SiO_2 粉层烧结时对芯棒的粘结力,消除了界面的收缩应力。

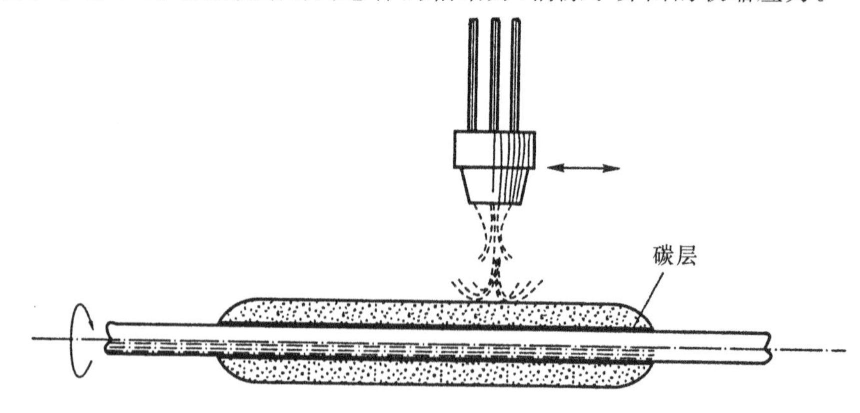

图 4-15　在芯棒表面沉积薄层碳层

另外在沉积体的两端,容易产生气泡,如图 4-16(a)所示。这是因为在预制棒端部热容量较小,沉积时过热而产生不应有的气泡。这可通过在端部沉积时,改变火焰气流流量或火炬与沉积体相对位置的方法来避免,如图 4-16(b)、(c)所示。

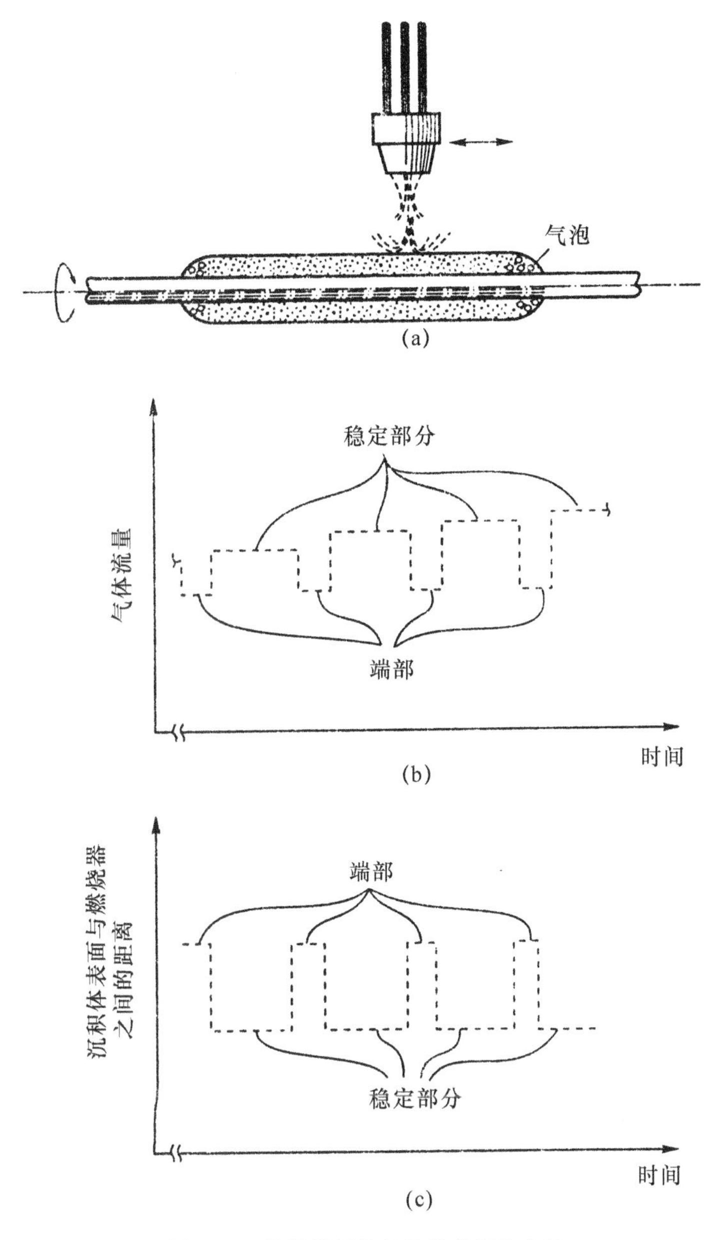

图 4-16 芯棒端部的气泡及其解决方法

4.9 预制棒脱水、烧结工艺

在OVD和VAD工艺中，当沉积完成后，将形成的多孔母体放在马弗炉中在1200～1600℃的系统中进行脱水、烧缩。在此过程中，通以氧气、氦气和氮气组成的干燥气体。氦气的作用是渗透到多孔的玻璃质点内部排除在水解反应过程中残留在预制棒中的气体，由于氦气是除氢气以外原子体积最小的物质，加上又是惰性气体，因而是担当此功能的最佳选择。而氯气则用以脱水,除去预制棒中残留的水分。氯气脱水的实质是将多孔体中的OH置换出来,使产生的Si—Cl键的基本吸收峰在25μm波长处,从而使之远离石英光纤的工作波长0.8～2μm。经脱水处理后,可使石英玻璃中OH的含量降到1ppb左右,以保证光纤的低损耗性能。

脱水后,在高温下,疏松的多孔玻璃沉积体烧结成密实、透明的玻璃预制棒,以OVD工艺形成的预制棒,抽出靶棒遗留的中心孔也被烧实了。

预制棒脱水、烧结工艺中,温度设置极为重要。通常脱水、烧结需历经三个阶段,如图4-17所示。

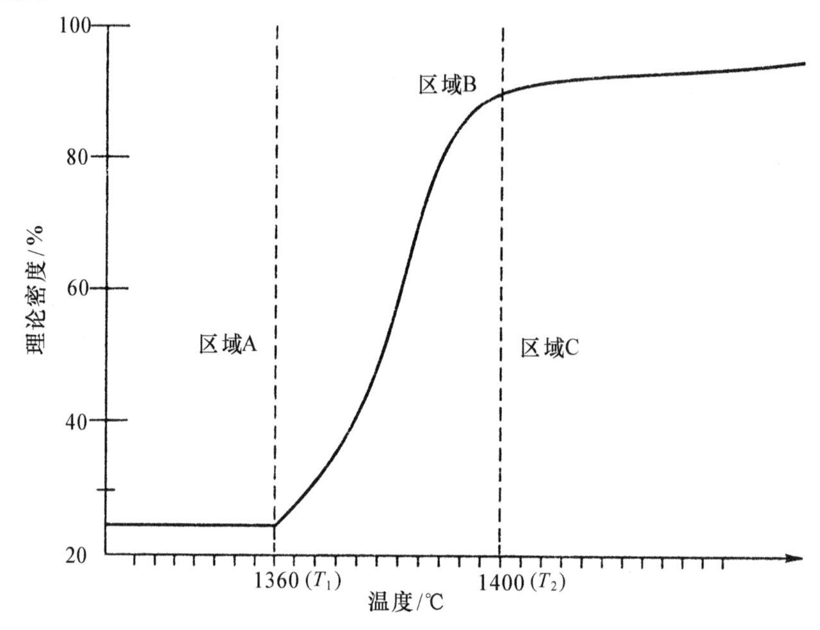

图4-17 脱水、烧结的温度区间

区域A为干燥脱水阶段,区域B为预烧结阶段,区域C为烧结阶段。在区域A干燥脱水的最佳温度为1100～1250℃,此温度能有效促进干燥气体的活动,又能将预制棒的质点间玻璃化的增长减到最小,质点间玻璃化的增长将降低多孔性、阻碍干燥进程。在区域B,在1360～1400℃,此时玻璃密度迅速增大,但可使预制棒辐向温度分布趋于均匀,以保证第三阶段均匀烧结的工艺过程。区域C,温度高于1400℃时,多孔体孔隙闭合,坯料变成透明清晰。在图中,转换点温度T_1,T_2并不是恒定的,它是取决于预制棒的结构、外径、初始密度、质量以及区域经历的时间,需根据具体工艺进行调整。干燥脱水的速率取决于温度和气氛的组合:干燥剂(Cl_2,He)浓度愈大,干燥愈快。

4.10 用套管(RIC)工艺制作光纤预制棒

MCVD方法的优点是工艺比较简单,对环境要求不太高,可以制造一切已知折射率剖面的光纤预制棒。但是由于反应的热量是通过传导进入基管内部,热效率低,沉积速率低。又因为受限于基管的尺寸,预制棒尺寸不易做大,每根预制棒只能拉几十公里光纤。因此在生产效率,因而也是生产成本上难以与 OVD 和 VAD 竞争。为了克服 MCVD 法的上述缺点,可以采用套管的方法,即在光纤预制棒外部套一根大的石英管,然后烧成一个整体,石英基管和外套管一起形成光纤外包层的部分,这样制成大棒预制件,可以提高生产效率,增加拉丝长度。但是传统使用的石英基管及套管是用天然石英材料制成的天然熔石英管,天然石英管比起化学沉积层来说损耗相对较大,因此在制作单模光纤预制棒时,包层的大部分还必须采用沉积层来获得低损耗的光纤,加上天然石英管的尺寸本身在制造上也受到限制,因而采用大棒技术的 MCVD 法还是无法与 OVD、VAD 法抗衡,以至有些原来采用 MCVD 法的厂商也不得不转向 VAD 等效率较高的技术发展道路。然而,近年来 MCVD 法又有了新的突破性发展,这是得益于合成石英管的开发成功。通过 $SiCl_4$ 火焰水解制成的低损耗熔炼石英管称为合成石英管,它的工艺方法与 OVD、VAD 的水解沉积类似,可以高效率(高沉积速率)地制成低损耗、大尺寸的用作 MCVD 法的石英基管和大棒套管。由于合成石英套管的损耗很低,在用 MCVD 法制作单模光纤预制棒时,只需沉积比例很小的纤芯部分,包层部分可以直接利用石英基管和大棒套管。这样一来,即使 MCVD 法本身速率很低,但是通过大棒技术可以得到生产成本低、尺寸大、拉丝长度达几百公里的光纤预制棒。合成石英管技术在德国取得很大发展,朗讯公司与德国 Heraeus 公司合作开拓了新一代的 MCVD 法光纤预制棒。

合成石英管和天然熔石英管相比较有许多优点(详见表 4-1)。由于合成石英管在质量上与沉积 SiO_2 玻璃相当,因而合成石英管用于 MCVD 套管大棒法制作法后,完全能与 OVD 和 VAD 法相匹敌。但在传统的套管大棒法中,最大的问题在于必须保证 MCVD 预制棒和套管的轴线一致,因而对合成石英管的壁厚、同心度、圆整度以及表面平整度提出相当高的要求,有时还必须连续套几根管子,保持它们的轴线一致更显重要。因为光纤的几何参数中,包层外径的误差($125\pm1\mu m$)取决于拉丝工艺,而模场/包层同心度误差及包层不圆度则是由预制棒的制作质量而定。美国朗讯公司和德国 Heraeus 公司合作,通过引入复杂的自动控制系统,大大改善了工艺质量的控制。随着计算机能力的增强,专门针对拉管过程,研制开发用于过程控制的具有特殊算法的新软件,并于 1993 年投入生产使用,又进一步提高了石英管的尺寸精度,由此制成的单模光纤的几何参数及其他光学参数现均已达到国际顶尖水平。

表 4-1　合成石英管和天然熔石英管比较

	天然石英管	合成石英管
杂质含量	500ppb	0.5～5ppb
OH 含量	150～200ppm	0.1～0.15ppm
导热率(K)	71×10^{-6}	81.4×10^{-6}
强度	低	高
价格	低	高

MCVD 套管大棒技术的另一个问题是经济问题，一则合成石英管价格很高，二则在光纤截面中，基管及套管材料占绝大部分，这当然减小了相对沉积量，大大提高了制作效率，但另一方面，光纤预制棒的成本中基管和套管的材料费用占用了大部分，光纤预制棒制造商的利润中相当部分转移到合成石英管制造商身上去了，因此，正如朗讯公司与德国合资兴建的合成石英管制造厂作为其光纤厂的一个组成部分，形成石英－预制棒－光纤拉丝一体化时，才能彻底解决此问题。

目前主要的光纤厂商都采用两步法来实现单模光纤预制棒的规模化生产；1. 先加工制作预制棒芯棒(包括纤芯和内包层)；2. 再在芯棒外制作预制棒外包层。在光纤中传送的光信号，其光功率主要分布在纤芯内，也有部分光功率分布在内包层中，因此预制棒芯棒制作要求高，原料的纯度要求也最高。外包层中基本上无光功率分布，因而对原料的纯度要求相对较低。通常可用 PCVD 法，VAD 法或 OVD 法制作预制棒芯棒，而用 OVD 法制作预制棒外包层，称为 PCVD/OVD 法，VAD/OVD 以及 OVD/OVD 法。而在 MCVD 套管大棒技术上发展起来的套管工艺(Rod in Cylinder，RIC)在单模光纤预制棒的规模化生产中被广泛应用：即用 PCVD 法，VAD 法或 OVD 法制作预制棒芯棒，而用套管法制作预制棒外包层，称之为 PCVD/RIC 法，VAD/RIC 以及 OVD/RIC 法。例如 PCVD/RIC 法为长飞公司采用；VAD/RIC 法则为亨通公司所采用。

采用套管法制作的单模光纤预制棒，可将芯棒和套管套在一起，然后烧成一个整体，也可将芯棒和套管套在一起不经烧融直接在拉丝机上进行在线拉丝，从而可减缩工艺流程，节约光纤制作成本。

4.11 光纤预制棒的掺氟工艺

在弯曲不敏感的单模或多模光纤中，需通过掺氟来形成折射率凹陷的内包层，尤其是 G.654.E 光纤，纤芯为纯二氧化硅，包层则由二氧化硅掺氟降低折射率而形成导波结构。掺氟的氟化物原料有 CCl_2F_2，C_2F_2，SiF_4，SF_6，CF_4，等。如以 CCl_2F_2(氟利昂)为原料，在化学气相反应中有下列反应式：

$$3CCl_2F_2+2SiCl_4+3O_2=2SiO_{1.5}F+7Cl_2\uparrow+3CO\uparrow+2F_2\uparrow$$

从反应式可见，氟在石英玻璃中是以 Si－F 键的形式存在于二氧化硅的分子晶格阵列中的。但是，与该反应同时也会产生以下的平衡反应：

$$4SiO_{1.5}F\longrightarrow SiF_4\uparrow+3SiO_2$$

这也代表在掺杂氟的过程中，氟在石英内部是不稳定的情况，在高温情况下易损失或扩散。同时，这也说明效果较好的掺氟剂应当是 SiF_4。

目前常见的氟掺杂工艺主要存在两种：

其一是在气相沉积过程中同时进行氟原料气体的供给，生成掺杂氟的沉积疏松体后进行烧结。

其二是在沉积完成后，在疏松体脱水烧结环节中对其进行氟掺杂，从而得到掺氟的石英玻璃。

也有为了保证掺杂质量在两个环节中都进行氟掺杂的例子。

而在疏松体情况下掺氟的原理存在区别。由于沉积获得的疏松体石英中存在大量的缺陷,有些作为悬挂键存在,有些则和OH基团结合。正常脱水烧结过程可视为将悬挂键结合和OH基团脱水缩合的过程。而当存在氟掺杂剂时,其中氟会以氟离子的形式进入二氧化硅的网格中,与部分悬挂键结合,同时也会与OH基团中的氢原子结合生成氟化氢排出。此外,由于氟离子与氧离子在大小上相近(氟离子半径136pm,氧离子138pm),所以替代氧位置的氟离子并不会造成较大的晶格失配,亦是说不会产生大的内应力。

通过对掺氟石英玻璃进行红外光谱分析,可以发现Si-F的吸收峰在波数为$935cm^{-1}$处,且与氟掺杂浓度相关,如图4-18所示。

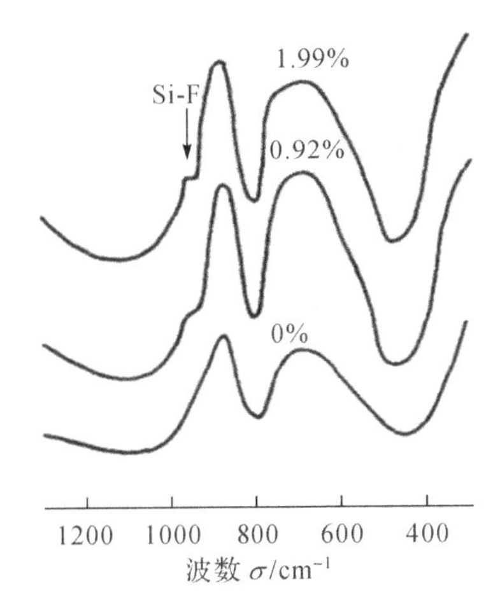

图4-18 不同掺氟浓度石英的红外光谱分析

不论是在各种气相沉积工艺中或是在高温炉中,在玻璃疏松体烧结工艺中掺氟,基本反应均是氟化物分解与二氧化硅结合,最终氟以Si-F键的形式存在于石英分子结构中,产生降低折射率的效果。掺氟石英中的Si-F键在石英晶格中是以硅原子为中心,连接三个氧原子与一个氟原子的形态存在,晶格结构为$[SiO_3F]$形式,用化学式表达则为$SiO_{1.5}F$。另外掺氟石英玻璃的折射率与氟的含量成线性关系,如图4-19所示。

石英玻璃中氟是以$SiO_{1.5}F$的形式存在的,且该形态在高温情况下并不稳定。常见的沉积制备工艺都是在高温环境下制备的,更有甚者需要经过二次加热烧结。所以沉积法制造掺氟石英的氟掺杂浓度很难进行提升。因此,通过溶胶一凝胶法制备高氟掺杂的石英玻璃工艺得到了重视和发展。

溶胶凝胶法是以无机物或金属醇盐等高活性组分的化合物作前驱体,在液相下均匀混合,通过水解、缩聚等化学反应,在液相中形成稳定的透明溶胶体系,再经陈化、胶粒聚集,形成失去流动性、具有三维空间网络结构的凝胶。凝胶再经过一系列处理,最终制备出相应的材料。

目前,溶胶凝胶法制备掺氟石英玻璃使用的无机醇盐为正硅酸乙酯,常用的掺氟剂

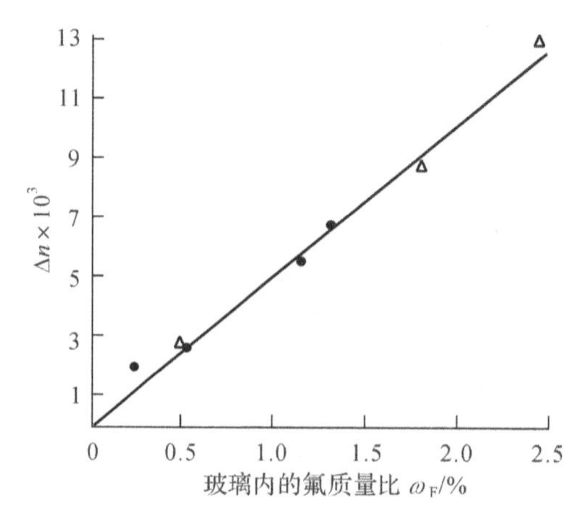

图 4-19 掺氟石英玻璃的折射率与氟的含量关系

有 HF、NH_4F 和 $Si(OC_2H_5)F$ 等。烧结时通入的常用气体掺氟剂有 CCl_2F_2 和 SiF_4。溶胶一凝胶法制备掺氟玻璃的流程如图 4-20 所示。

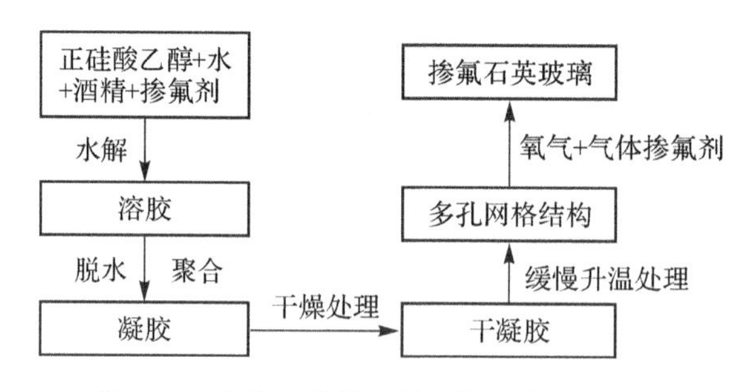

图 4-20 溶胶一凝胶法制备掺氟玻璃流程图

对比常用的沉积工艺,溶胶一凝胶法主要有两个优势:其一,低温反应,在多孔网络结构之前都能得到掺杂浓度较高的中间产物。其二,多孔网络结构在烧结过程中便于气体掺杂剂进入继续反应,能够保持较好的掺杂浓度和均匀度。

但是,由于溶胶一凝胶法在制备过程中需要有水的介入,故而制备成的石英玻璃中的 OH 含量会相对偏高。虽然在烧结过程中氟掺杂剂同样有助于降低 OH 的浓度,但是同样会消耗掉很大一部分掺入的氟。所以,溶胶一凝胶法虽然有其优势,但是也需要进一步地进行研究和改良。

随着 G.654.E 光纤的发展,光纤预制棒的掺氟工艺也得到快速的进展。2018 年有关方面制订了"掺氟石英玻璃管用作光纤预制棒包层"的标准草案。

4.12 氦气的回收和再生利用

氦气在光纤制造工艺中被广泛应用:在预制棒沉积工艺中可用作载气;在预制棒脱水烧结工艺中,用氦气清除多孔体中残留杂质;在光纤拉丝工艺中用作热转移气体;等。一方面,由于氦气在自然界中是稀有气体,价格昂贵,因而是光纤制造成本中主要考虑因素之一;另一方面,氦气在光纤制造工艺中并不参与反应,它不是光纤构成材料之一,因此,可以通过氦气的回收再生系统的处理,重新投入使用,这可大大提高氦气的利用率,降低光纤制造成本。氦气的这种回收再生处理系统,已有商品出售。图4-21是氦气的回收再生利用示意图。

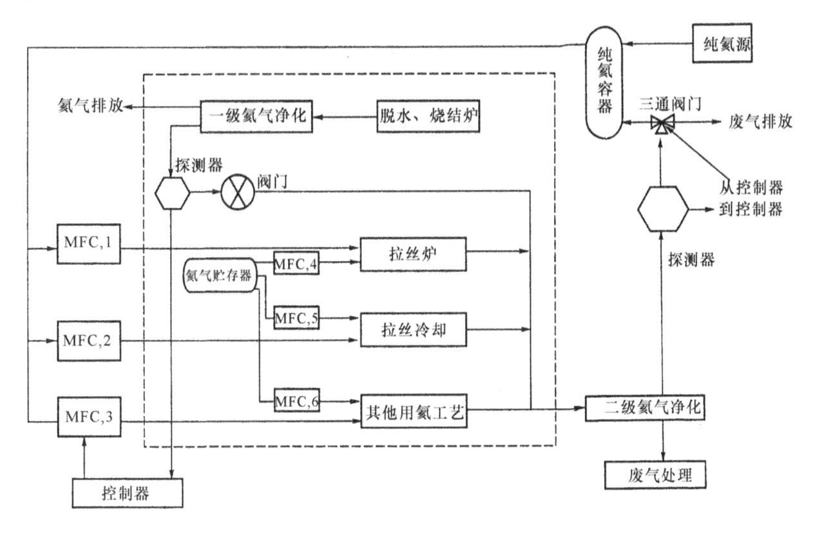

图4-21 氦气回收再生利用

来自纯氦源的高纯氦气(纯度为99.9999%或99.995%),可直接用于预制棒的脱水烧结工序,从烧结炉排出的氦气含有多种杂质,如Cl_2,HCl,CH_4,H_2以及Si和Ge的化合物,等。氦气经一级净化处理后,排除杂质,纯度可达95%左右,经红外探测器(或气相色谱仪)探测后的次纯氦气或经二级氦气净化装置净化(纯度可达99.995%以上),经检测合格后,经三通阀门回到纯氦容器备用,或可直接通过MFC.4.5.6(质量流量计)在拉丝塔、拉丝冷却管或其他对氦气纯度要求不太高的工序中使用。纯氮容器中的高纯氮气也可通过MFC.1.2.3补充用于拉丝工艺中。整个系统由控制器进行自动控制。氦气净化过程产生的各种杂质由废气处理装置进行处理。氦气净化可通过多种传统技术进行,如固液分离系统、低温液体浓集系统、化学吸收系统、催化反应系统、薄膜分离系统、压力或热回旋吸收系统等。具体方法的选用根据氦气中杂质的性质和类别来确定。

4.13 特种光纤制作工艺示例

4.13.1 掺铒光纤的制作

用VAD法制作掺铒光纤,包括下列几个工艺过程:(1)用VAD法制作多孔芯棒;(2)掺杂浸渍工艺;(3)预制棒成型工艺;(4)套管工艺;(5)光纤拉丝。

1. VAD法制作多孔芯棒

用常规的VAD工艺如图4-22(a)所示,在直径为20mm的二氧化硅靶棒端部开始沉积,火炬喷口供应每分钟 450～550$_{cc}$的 $SiCl_4$,每分钟 15 升的氧气和每分钟 10 升的氢气,在火焰水解和热氧化反应中通过高温分解形成微粒粉尘沉积在靶棒上,形成直径为 60mm 的 SiO_2 多孔芯棒,靶棒以每小时 55～60mm 的速度向上提升。

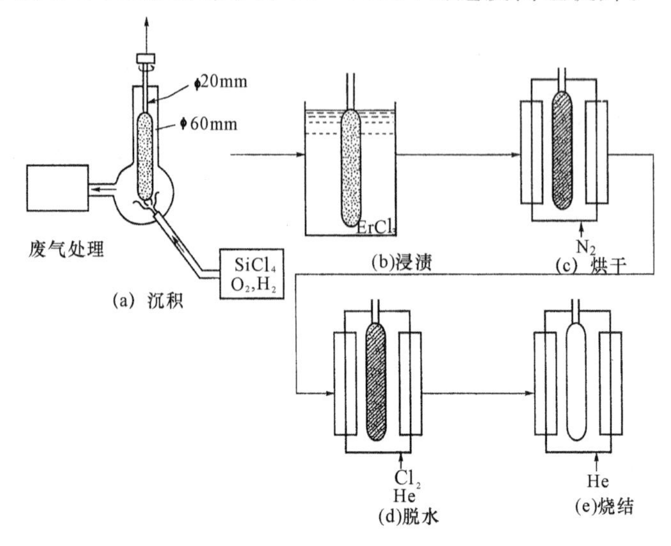

图 4-22　掺铒光纤芯棒制作工艺

2. 掺杂浸渍工艺

将 SiO_2 多孔芯棒放入室温下的掺杂溶液的容器中,见图 4-22(b),掺杂溶液由溶剂乙醇和掺杂料 $ErCl_3$ 所组成。$ErCl_3$ 在乙醇中的最高浓度为 0.54%(重量比),此法同样适用于掺杂料 $AlCl_3$ 等,由此得到浸润有掺杂溶液的 SiO_2 的多孔芯棒。

3. 预制棒成型工艺

将上述浸润有掺杂溶液的 SiO_2 多孔芯棒,放在加热炉中进行烘干、脱水和烧结,最后形成透明的玻璃芯棒(见图 4-22(c),(d),(e)),首先在氮气氛中加热到 60～70℃,经 24～240 小时烘干,除去乙醇溶剂。然后在氦气(含 0.25%～0.35%氯气) 中加热到 950～1050℃,经 2.5～3.5 小时脱水,最后在氦气气氛中,1400～1600℃,经 3～5 小时烧结成玻璃芯棒。

4. 套管工艺

将制成的芯棒插入预先制备的包层管中,见图 4-23,然后再烧成一体,形成整体预制棒。

5. 光纤拉丝

在拉丝塔上,按常规拉丝工艺,拉制成所需光纤。

4.13.2　多包层光纤的制作

在各种色散位移光纤和色散补偿光纤中,折射率剖面比较复杂,通常采用多包层折射率剖面结构,如图 4-24 所示。

一个具有凹陷型包层的光纤(如图 4-24(a)所示),可由下列工艺过程制作:

(1)用 OVD 法制作掺氟内包层。

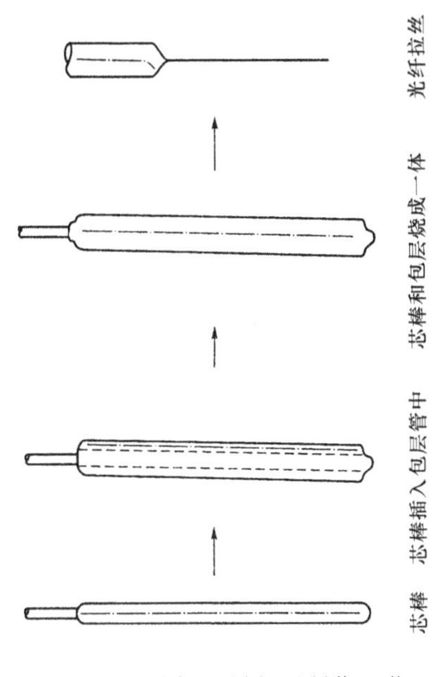

图 4-23 掺铒光纤包层制作工艺

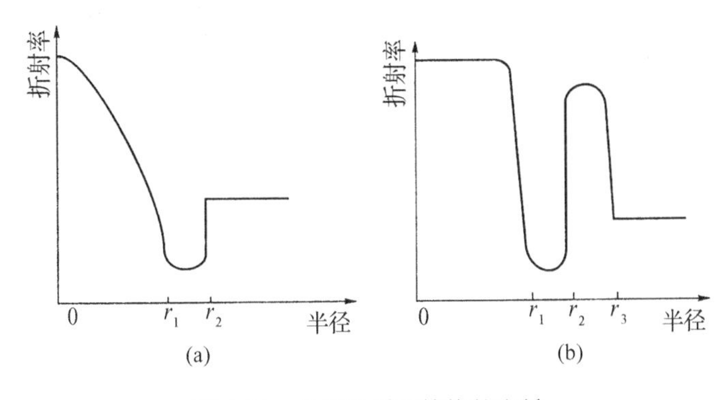

图 4-24 多包层剖面结构的光纤

(2)在掺氟内包层管外沉积 SiO_2 外包层。

(3)在掺氟内包层管内插入预先制作好的掺锗的 SiO_2 芯棒，烧成一体。

(4)光纤拉丝。分别说明如下。

1. 用 OVD 法制作掺氟内包层管

首先用 OVD 法制作 SiO_2 管(见图 4-25)，在大直径靶棒上，沉积纯 SiO_2 的多孔体，然后将制成的 SiO_2 的多孔管放入加热炉内通含氟气体，如 SiF_4，CF_4，C_2F_6，等(见图 4-26)。在多孔体中心通含氟气体，使含氟气体从管的中心向 SiO_2 多孔体辐向渗透，在多孔体外通含氟气体，伴随氦气和适量的氯气用作干燥脱水气体。最后烧结或含氟的透明 SiO_2 玻璃管。此管可被拉伸，切断形成所需尺寸的管子进入下道工序。

2. 在掺氟内包层管外沉积 SiO_2 外包层

将上述含氟 SiO_2 玻璃管作为芯棒，用 OVD 法在其外沉积 SiO_2 外包层(见图 4-27)，从而制成在内包层玻璃管外的外包层多孔体。

3. 在掺氟内包层管内插入预先制作好的掺锗的 SiO_2 芯棒，烧成一体

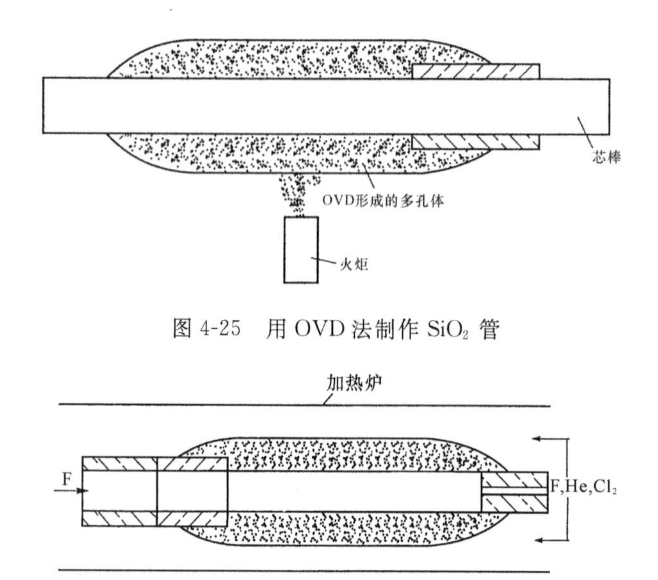

图 4-25　用 OVD 法制作 SiO_2 管

图 4-26　SiO_2 管掺氟工艺

将上述多孔体外包层的管子移到加热炉中(见图 4-28),将一根预先制作好的玻璃芯棒(预制棒的纤芯部分)插入管内,玻璃芯棒可用 MCVD,OVD 或 VAD 工艺制作,并按纤芯折射率剖面的要求进行掺杂(GeO_2)。在加热炉内通以氦气和氯气进行干燥脱水。在高温烧结阶段,多孔体外包层在烧结成致密的玻璃的过程中,有一股辐向向内的力加到掺氟内包层玻璃管上,此力进一步使内包层玻璃管向内辐向压在芯棒上,从而使三者熔接成一个整体预制棒。

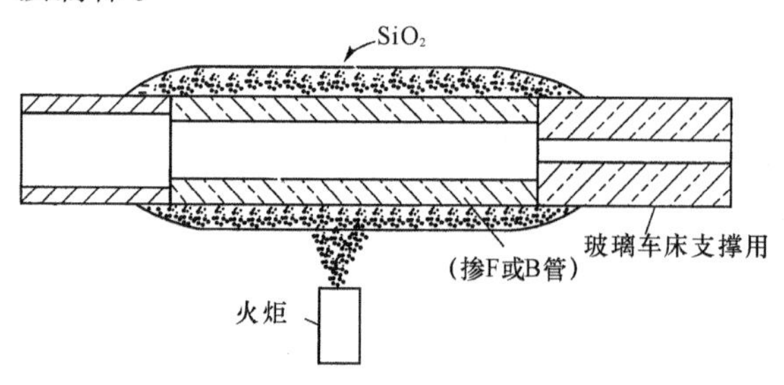

图 4-27　沉积外包层工艺

4. 光纤拉丝

将上述制成的预制棒,在拉出塔上拉制成光纤。

4.13.3　全波光纤的制作

详见第二篇第一章。

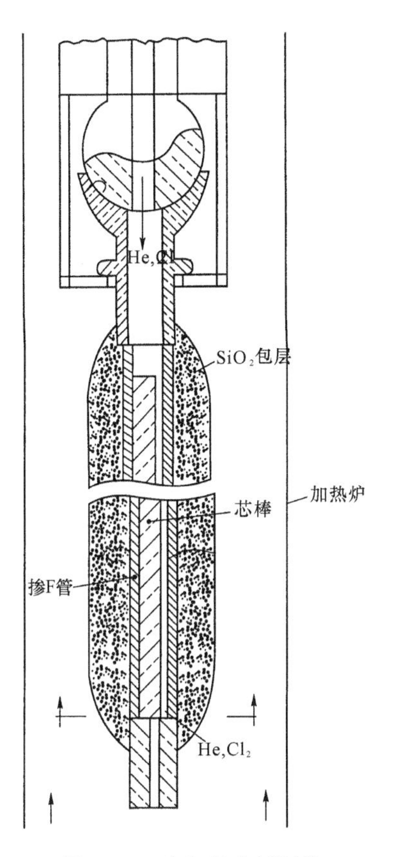

图 4-28 多包层光纤制作

4.14 光纤制造工艺的技术要点

1. 光纤的质量在很大程度上取决于原材料的纯度,用作原材料的化学试剂($SiCl_4$,$GeCl_4$ 等)需经严格提纯,其金属杂质含量应小于几个 ppb(10^{-9}级),含氢化合物的含量应小于 1ppb,参与反应的氧气和其他工作气体的纯度应为 6 个 9(99.9999%)以上,干燥度应达−80℃露点。

2. 光纤制造应在净化恒温的环境中进行,光纤预制棒、拉丝、测量等工序均应在 10000 级以上的净化车间中进行。在光纤拉丝炉光纤成形部位应达 100 级以上。光纤预制棒的沉积区当然应在密封环境中进行。光纤制造设备上所有气体管道在工作间歇期间,均应充氮气保护,以免空气中潮气进入管道,影响光纤性能。

3. 光纤质量的稳定取决于加工工艺参数的稳定。光纤的制作不仅需要上述的一整套精密的生产设备和控制系统,尤其重要的是要长期保持加工工艺参数的稳定,因而需要有一整套的用来检测和校正光纤加工设备各部件的运行参数的设施和装置。以 MCVD 工艺为例:要对用来控制反应气体流量的质量流量控制器(MFC)定期进行在线或不在线的检验校正,以保证其控制流量的精度;需对测量反应温度的红外高温测量仪定期用黑体辐射系统进行检验校正,以保证其测量温度的精度;要对玻璃车床的每一个运转部件进行定期校验,保证其运行参数的稳定;甚至要对用来控制工艺过程的计算机本身的运行参数要定期校验;等等。只有保持稳定的工艺参数,才有可能持续生产出质量稳定的光纤产品。

光纤制造厂商必须将购置的光纤生产设备,根据光纤制造的工艺要求进行不断调整、充实、完善,积累几年、十几年甚至几十年的经验,使生产工艺趋于尽善尽美,真正将光纤的制作技术融会贯通,才能生产出一流的光纤产品。

参考文献

[1] George Edward Berkey. Method of Making Optical Fiber Having Depressed Index Core Region. EP0718244A2. 1996-6-26.

[2] Daiichirou Tanaka. Akira Wada. Tetsuya Sakai. et al. Erbium-Doped Silica Optical Fiber Preform. USP 5526459. 1996-6-11.

[3] Paul Andrew Chludzinski. Helium Recycling for Optical Fiber Manufacturing. USP 5890376. 1999-4-6.

[4] Kai Huei Chang. David Kalish. Thomas John Miller. et al. Method of Making a Fiber Having Low loss at 1385 nm by Cladding a VAD Preform with a D/d<7. 5. USP 6131415. 2000-10-17.

[5] Seung-Hun Oh. Ki-Un Namkoong. Man—seokSeo. et al. Apparatus and Method for Overcladding Optical Fiber Preform Rod and Optical Fiber Drawing Method. USP 605301 3. 2000-4-25.

[6] Gillian L Brown. Richard M Fiacco. John C Walker. Method for Drying and Sintering an Optical Fiber preform. USP 5656057. 1997-8-12.

[7] WenchangJi. Arthur I Shirley. Roger Meagher. Optical Fiber Cooling Process. USP 6125638. 2000-10-3

[8] AtsushiSuzuki. NobuhiroAkasaka. Yasuo Matsuda. Coated Optical Fiber and its Manufacturing Method. USP 6173102. 2001-1-9.

[9] Stanley F Marszalek. Katherine Theresa Nelson. Kenneth Lee Walker. etal. Modified Chemical Vapor Deposition using Independently Controlled Thermal Sources. USP 6145345. 2000-11-14.

[10] SoichiroKenmochi. Hideo Hirasawa. Tadakatsu Shimada. et al. Method of Stretching an Optical Fiber with Monitoring the Diameter atTwo Locations. USP 6178778. 2001-1-30.

[11] Dale R Powers. Kenneth H Sandhage. Michael J Stalker. Method for Making a Preform Doped With a Metal Oxide. USP 5203897. 1993-4-20.

[12] George E Berkey. Devitrification Resistant Flame Hydrolysis Process. USP 4486212. 1984-12-4.

[13] Thomas J. Miller. David A Nicol. Fabrication of a LightguidePreform by the Outside Vapor Deposition Process. USP 4708726. 1987-11-24.

[14] Paul Francis Glodis. Charles Francis Gridley. Donald Paul Jablonowski. et al. Method of Making a large MCVD Single Mode Fiber Preform by Varying Internal Pressure to Control Preform Straightness. USP 6105396. 2000-8-22.

[15] James W Fleming Jr. Fred P Partus. Method for Manufacturing an Article Comprising a Refractory Dielectric Body. USP 5000771. 1991-3-19.

[16] Paul Francis Glodis. Katherine Theresa Nelson. Kim Willard Womack. et al. High Rate Method of Making an MCVD Optical Fiber Preform. USP 4372834. 2000-9-26.

[17] Robert L Barns. Edwin A Chandross. Daniel LFlamm. et al. Purification Process for Compounds useful in Optical Fiber Manufacture. USP 6122935. 1983-2-8.

[18] James W. Fleming Jr. Adolph H. Moesle Jr. Method for making Optical Fiber Preforms by Collapsing a Hollow Glass Tube Upon a Glass Rod. USP 5578106. 1996-11-26.

第5章　光纤制造工艺原理(二)

——光纤拉丝中的光纤成型、冷却和涂覆技术

光纤拉丝技术历经40余年的发展，已达到相当成熟的阶段。现代拉丝工艺采用的光纤预制棒尺寸：直径/长度为Φ150～200mm/3m；拉丝速度为1800～2400m/min；光纤直径公差为125±0.5μm；涂层直径公差为245±5μm，拉丝塔高度约30m。本章探讨光纤拉丝技术中光纤成型、冷却和涂覆的三个热点课题。

光纤拉丝塔如图5-1所示。主要分三个区段：加热区，冷却区和涂覆区。在加热区中，将光纤预制棒一端夹持，垂直放置。预制棒下端在加热炉中加热到2000℃到2300℃之间，使端部熔融，然后被拉成光纤。光纤预制棒连续缓慢地下降到加热区，牵引轮将光纤送到收线盘上。光纤的直径则由下式确定：

$$(\text{光纤拉线速度})=(\text{预制棒馈送速度})(D^2/d^2) \tag{5-1}$$

式中，D和d分别为预制棒和光纤的直径。

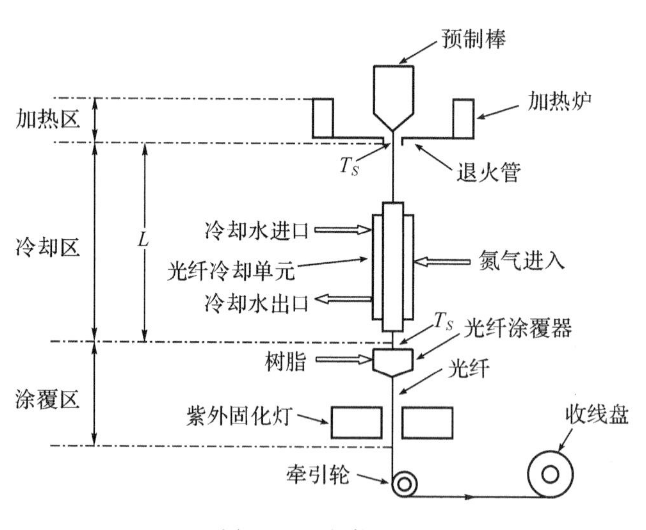

图5-1　光纤拉丝塔

二氧化硅玻璃是一种非晶态高温材料，其软化温度范围从1400℃到2300℃，在1935℃到2322℃温度范围中，其粘度变化从105.86到104.63泊。

光纤拉丝塔上的加热炉，由于2000℃的高温已超过一般材料的熔点，因而加热炉的设计是拉丝技术的一大关键。通常用石墨电阻炉，石墨电阻炉加工比较简单，但由于在高温下要氧化，所以在工作时，要通惰性气体（如氩气和氦气）进行保护，高温下石墨的通电联接也较困难，因而也可采用石墨感应电阻加热炉来解决。石墨电阻炉和石墨感应

电阻加热炉如图5-2所示。氧化锆感应炉不需要保护气体，本身既可作炉管又是加热体，因为氧化锆在1000℃以上时变成导体，可在高频感应场中加热。但石墨炉价格低廉，升温迅速；氧化锆升温需几个小时，价格昂贵，且易受热辐射力的破坏而产生断裂，因而石墨炉的使用较为广泛。

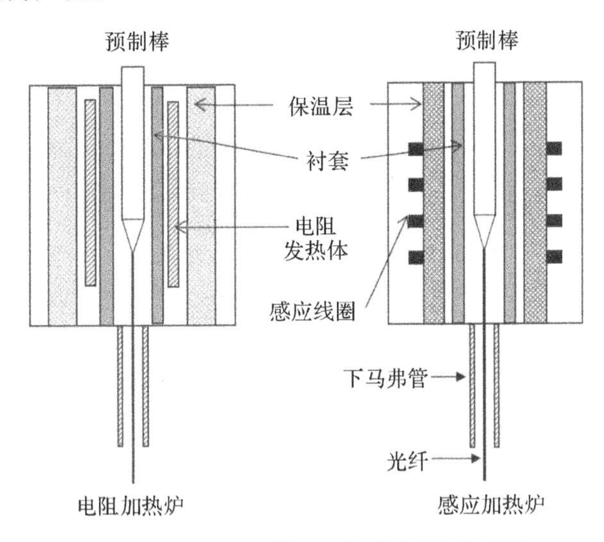

图5-2　石墨电阻炉和石墨感应电阻加热炉

光纤的退火：在加热炉中，预制棒变形为光纤的颈缩区(neck-down)的光纤成形时会产生不均匀的内应力，光纤从加热炉出来，在空气中经辐射急骤冷却时，此内应力留在固化成形的光纤中时，会使光纤的平直度受到影响，甚至使光纤的翘曲度(曲率半径≥4.0m)不能达标。因此，当光纤从加热炉出来前，令其在退火管内高温中进行退火，以消除成形变形时可能产生的内应力，再行进入冷却阶段。

光纤从退火管出来温度约为1700℃，进入涂覆器时需降为50℃，在高速拉丝时，需有极高的冷却速率。

光纤拉丝过程中，要进行一次涂覆塑料树脂对光纤予以保护。为了减小光纤的微弯损耗，通常分两层涂覆。第一层的树脂模量低，第二层树脂模量较高。一般采用紫外固化丙烯酸树脂作为涂层材料。

本章旨在探讨光纤拉丝技术中光纤拉丝成型、光纤冷却和涂覆的三个区段的性状和技术进展。

5.1　光纤的拉制

5.1.1　光纤的拉制成型

预制棒下端在加热炉中熔融而在重力作用下被拉成光纤的一段被称为熔融段，如图5-3所示，它由两个部分组成，一是预制棒从原始直径迅速变小的颈缩段；一是继而直径缓慢减小到光纤外径的拉伸段。显然,光纤拉丝过程的稳定性就在于熔融段的稳定,从而可以保证光纤外径的均匀性。而熔融段的稳定取决于加热炉的结构(如热区长度)和工艺条件(如炉中气流,熔融段的冷却,等)。熔融段的外径变化的数学描述可近似地用 s 曲线函数来表示:

$$\delta_p(\zeta)=\frac{1}{1+\exp\left(\frac{\zeta}{\alpha_p}\right)} \tag{5-2}$$

$$\delta_f(\zeta)=\frac{1}{1+\exp\left(\frac{\zeta}{\alpha_f}\right)} \tag{5-3}$$

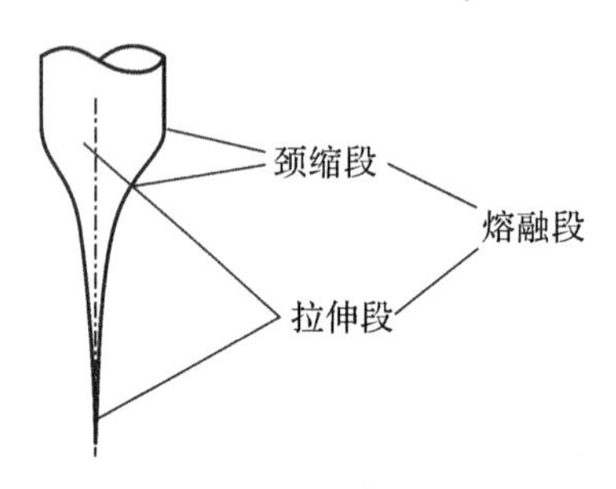

图 5-3　光纤拉丝的熔融段

式中,δ 表示外径的变化,ζ 为拉丝塔长度方向的距离,α 为特征距离。p 和 f 下标分别表示颈缩段和拉伸段的参数。在整个熔融段上的外径变化可用 ChurChill-USagi 插入近似式表示:

$$\delta(\zeta)=\{[\delta_p(\zeta)]^{1/p_0}+[\delta_f(\zeta)]^{1/p_0}\}^{p_0} \tag{5-4}$$

式(5-4)中 p_0 为颈缩段到拉伸段两段曲线的过渡指数,如两段曲线形状相同时,$p_0=0$,这样,熔融段就可以通过三个参数(α_p,α_f,p_0)完整地描述。而这三个参数则是加热炉结构和工艺参数的函数,它们包括拉丝速度,加热炉的加热区长度,炉中气流和拉丝张力。

其他结构和工艺参数的变化均会相应地引起熔融段变形曲线的变化,研究这种变化的规律有助于寻求最佳工艺条件。光纤拉丝工艺中几个参数之间的关系可用下式表示:

$$\eta\propto\frac{\sigma L}{DV} \tag{5-5}$$

式中,η 为光纤玻璃黏度;

σ 为拉丝张力;

L 为加热炉热区长度;

D 为热区中预制棒直径;

V 为拉丝速度。

现代拉丝工艺朝着高速度和大直径预制棒方向发展,从式(5-5)可见,光纤粘度应恒定为二氧化硅的黏度 $\eta=10^5\sim10^7$ Poise,拉丝张力应低而恒定,$\sigma=20\sim60g$,因而为了增加预制棒直径 D 和拉丝速度 V,主要应增加热区长度 L。当拉丝速度进一步提高时,应保持拉丝的稳定性，即尽量减小外径的波动，其要点在于光纤成形前的对流和辐射冷却。现分别分析如下：

1. 对流冷却

对流冷却对工艺的稳定性可以用斯坦登(Stanton)数 S_t 来描述：

$$S_t = \frac{0.4kL}{V_a \rho C_p V_0^{2/3} a_0^{5/3}} \tag{5-6}$$

式中，k 为气体热导；

L 为拉伸段长度；

V_a 为气体相对于光纤速度；

ρ 为气体密度；

C_p 为气体热容；

V_0 为光纤在拉伸段起始点的速度；

a_0 为光纤在拉伸段起始点的直径。

拉丝工艺实践表明，拉丝工艺的稳定性在两个条件下能实现：一是高的斯坦登数(>0.017)；二是低拉伸比$(a_0/a)^2<20$时，式中 a 为成形光纤直径(125μm)。对于大直径的预制棒，$(a_0/a)^2>100$，后者的条件显然不能实现。

要得到高的斯坦登值，以使拉丝工艺稳定，必须(Ⅰ)使光纤冷却缓慢，即增大拉伸段长度 L(详见后述)，(Ⅱ)使相对光纤的气流速度 V 要低，工艺要求有下沉气流，但下沉气流会将炉中挥发的石墨尘埃黏附到光纤表面，从而影响光纤的强度。日本神户制钢公司的石墨电阻炉采用上升气流，可避免此缺点。(Ⅲ)气体的热导 k 要大，宜用氦气作为冷却气体。

2. 辐射冷却

当考虑辐射冷却时，辐射热转移愈小，工艺愈稳定，辐射热转移量 q 可表示如下：

$$q \propto H(\varphi_\infty^4 - \varphi^4) \tag{5-7}$$

$$H = \frac{2L\varepsilon\sigma T_0^3}{V_0 \rho C_p a_0} \tag{5-8}$$

式中，H 为辐射热转移系数；

ε 为光纤表面辐射率；

ρ 为系统黑度；

T_0 为辐射体温度；

φ_∞ 和 φ 分别为有效远场温度和有效光纤温度。

从式(5-7)(5-8)可见，要求辐射热转移小，必须使：

(1)H 小，即拉伸段长度 L 小，这一点正好与前述对流冷却要求 L 大相反，故不宜考虑。

(2)$(\varphi_\infty^4 - \varphi^4)$ 值小，即要求远场温度 φ_∞ 接近光纤有效温度 φ，这可通过下列两种方法来实现：

(a)安装延伸加热管，使其有与光纤相似的温度梯度场。

(b)安装反射管，使大部分热量反射回光纤，使辐射热转移减到最小。

5.1.2 光纤拉制成型中的应力

光纤拉制成型中应尽量减小光纤中的应力,以及由此产生的应变。光纤成型中的应力与熔融段的形状有关。在图 5-4(a)中,熔融段较长,直径变化率较小,沿预制棒直径方向温度梯度平缓,此时光纤拉丝张力较小。成型光纤内不会有较大应力及由此产生的应变。而在图 5-4(b)中,熔融段较短,直径变化率大,沿预制棒直径方向温度变化率大,此时光纤拉丝张力大,成型光纤内会有较大应力及由此产生的应变。这将带来一系列问题:首先,在大的拉丝张力下,由于疲劳效应,光纤强度下降,光纤呈脆性。即使通过筛选工序,在其后的成缆工艺中,在光纤着色和二次套塑工序中,会产生脆性断纤现象。严重的也可能在拉丝过程中造成断纤。再者,由于材料的热胀系数的不均匀性造成光纤截面上各向异性的应力而导致光纤折射率的各向异性,这将形成光纤中的应力双折射,造成 HE_{11} 模的两个偏振模传播常数的差异,从而产生群延时的不同,因此形成了偏振模色散(PMD)。三者,光纤内较大应力及应变会造成光纤结构中分子键的断裂,形成结构缺陷,特别是现代光纤拉丝中,预制棒直径愈来愈大,拉丝速度愈来愈高,光纤熔融段变形愈来愈大,光纤内较大应力及应变会造成光纤中分子结构的破坏愈甚。因此,在光纤拉制中,在一定的预制棒直径和拉丝速度下,应适当加长预制棒熔融段长度,减小光纤拉制成型中的内应力,这可通过适当增加加热炉热区长度,正确调节炉温及预制棒送棒速度,适当减缓光纤开始拉制时的牵引升速梯度,在加热炉中加装延伸管,使拉制成型的光纤在延伸管中退火,进一步消除内应力。

实践证明,光纤拉制成型中减小光纤中的内应力是如此之重要,这可以带来诸多的好处:

(1)光纤拉制成型中减小光纤中的内应力将减小光纤中的应力双折射,如光纤能保证足够的圆度(如纤芯不圆度小于 0.2%),则光纤中的本征双折射很小。光纤在光纤盘上的 PMD 将很低(低于 $0.05\text{ps/km}^{1/2}$)。光纤在成缆及敷设后,如光纤能基本上不受弯曲、扭绞、横向压力等机械外力的作用,即无附加的双折射时,即使不经光纤拉丝中的搓扭工艺,光缆盘上及工程敷设后的光纤的 PMD 也均可达标。

(2)光纤拉制成型中减小光纤中的内应力将减小光纤中的结构缺陷,这样,即使不经过氘气处理,光纤经氢老化试验(1%氢气氛,4 天)后,水峰(1383nm)的衰减也可能不会超过 1310nm 的衰减。

5.1.3 光纤拉丝炉中温度场、气流场及其沉积物关系

5.1.3.1 光纤拉丝炉中的温度场和气流场关系

目前光纤拉丝炉根据加热方式可以分为石墨电阻炉和石墨感应炉两大类,而根据拉丝炉中主要工艺保护气体的流动方向则可以分为上行气流拉丝炉和下行气流拉丝炉两大类。目前光纤生产厂商主要使用的有以欧美技术为代表的下行气感应加热炉和以日本技术为代表的上行气电阻加热炉。

两种加热结构由于其加热和传导的结构相差较大,故拉丝炉的电源结构和配件结

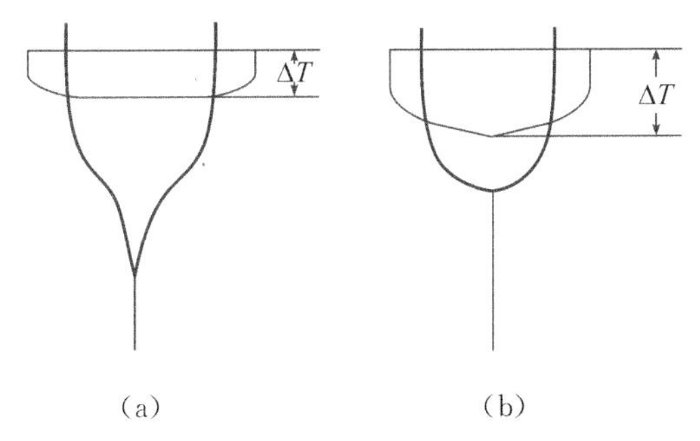

图5-4 预制棒熔融段形变图

构复杂程度也有很大的区别。电阻加热炉一般使用石墨加热器为发热元件,电源为直流电源;感应加热炉则使用铜合金的金属线圈通交流电,于石墨中心管内产生涡流进行加热,电源为中频交流电源。亦可以认为,两者对预制棒的加热形式是存在着区别的,电阻炉通过加热器发热后将热量传导至中心管,而感应炉则直接使中心管发热,两者中心管的热量通过热辐射和工艺气体的热传导,给预制棒加热。

虽然两种拉丝炉的加热形式有较大的区别,但是拉丝炉中的基础温场仍可认为是基本一致的。即自加热器的加热板或感应线圈的纵向中心作为最高温区向两端逐步下降。基础温度场的有效长度可近似认为为加热器加热板或感应线圈的长度。但是基于两者发热结构的差别,基础温场在纵向上对于中心的集中度还是存在一定差距的。一般来说,电阻加热炉的加热器能够在整块加热板上相对均匀地发热,且在其向中心管传导热量时也能有效地将温度均匀化。而感应炉的感应线圈产生的交变电磁场强度会在线圈的两端产生明显的衰减,换言之,感应炉线圈两端的温度会有比较明显的降低。因此若要得到近似效果和长度的基础温度场,感应线圈的长度应当比加热器加热板的长度稍长。

以上讨论的均为拉丝炉中由加热部件产生的基础温度场的情况。但是,拉丝炉中的实际温度场还会受到拉丝炉中的一些其他因素影响,其中比较重要的是拉丝炉中的气流情况。

拉丝炉中的保护工艺气不但起着防止氧气进入拉丝炉使石墨件氧化的作用,更是用于“运输”拉丝炉内热量的重要载体。拉丝炉根据主要工艺气流的流动方向可以分为上吹气拉丝炉和下吹气拉丝炉,此外仍存在有在上吹气结构上修改优化得到的上吹气为主、下吹气为辅的拉丝炉结构(详见图5-5)。

拉丝炉中的工艺保护气体作为热量的重要载体从很大程度上决定了拉丝炉中温度场是否能够符合拉丝的工艺要求。光纤的光学性能是由预制棒折射率剖面结构所决定的。因此,在预制棒熔融拉丝过程中,应当尽量保持预制棒结构的完整。在这一过程中,预制棒熔融拉伸产生的各向应力则会成为保持这种结构完整的关键因素。一方面,拉丝炉的中心温度必须能够达到石英玻璃充分软化并克服其表面张力的温度;另一方面,在中心温区的两端,尤其是在熔融段拉伸区域,应当有足够长的温度缓变区域。而这样有一定长度且缓慢变化的温度场只通过石墨加热器或者感应线圈是很难实现的。这样的温度场需要依靠拉丝炉中的气体进行导热延展而形成。这也对拉丝炉中的气流在圆

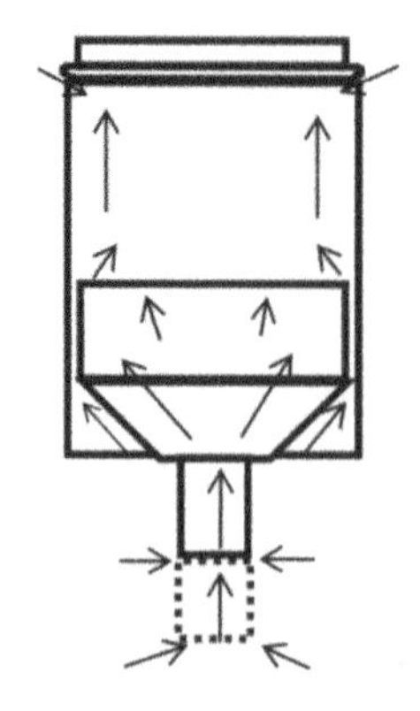

(a) 上吹气拉丝炉基本结构

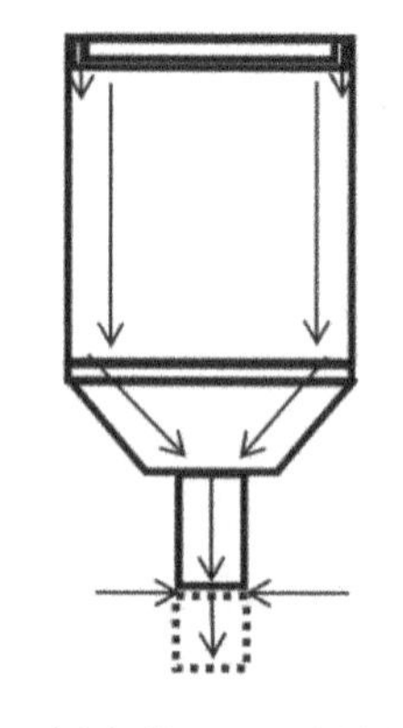

(b) 下吹气拉丝炉基本结构

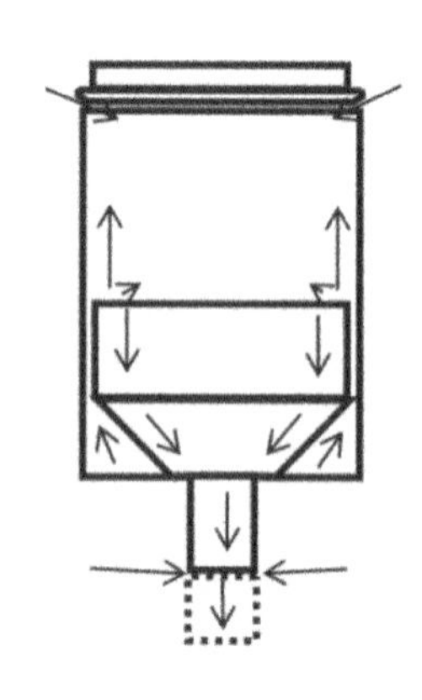

(c) 改进的上吹气拉丝炉

图 5-5　上吹气和下吹气拉丝炉的基本结构

周上的均匀度和轴向流速的稳定都提出了极高的要求。同时,也对拉丝炉中气体的导热能力也提出了一定的要求。目前,在拉丝炉内使用的常见工艺气体主要为高纯氩气和高纯氦气。为节约生产成本,减少氦气用量,也可只用氩气作为工艺气体。

为了保证拉丝炉中自中心温区向下有足够长的保温退火区域,结合图 5-5 中的三种气流结构可以看出,(b)类和(c)类都是符合这一要求的,也代表这两种拉丝炉对于气流的导热能力要求不高。而(a)类由于只有向上气流,温度场向上延伸会强于向下延伸,故若非使用较大比例导热性能较好的氦气,则只有继续加长加热器或线圈长度方可满足光纤拉丝的退火要求。(c)类则为(a)类拉丝炉为适应纯氩气作为工艺气体进行生产的改进,通过改变中心温区以下气流的方向以形成较为合理的退火保温温场。

当然,上述分析也不代表拉丝炉中温场的向上延伸并不重要,由于向上延伸的温场主要用于确保预制棒熔融的充分程度,故若向上延伸的温场长度不够,在拉丝过程中极易引起因预制棒熔融区域过短及不充分而导致的起皱现象。故当在下部延伸温场设计合理的情况下,上行气流能够保证预制棒的充分熔融和表面张力的克服,从而得到包层不圆度更好的光纤产品。

5.1.3.2　光纤拉丝炉中沉积物的形成机理和变化情况

虽然预制棒加热拉伸为光纤是一个物理变化过程,但是由于石英玻璃的熔融拉伸需要相对较高的温度,且伴随着预制棒沉积工艺的改进和成熟,预制棒的直径也在逐渐增大。目前拉丝炉的温度已经达到 2100℃甚至以上,在该温度下,拉丝炉内的石墨件、预制棒的石英蒸汽和其他杂质成分会进行各类型的反应,并且在不同温度和气流条件下产生多种类型的沉积物。由于目前光纤行业使用的石墨材质一般为高纯的等静压石墨,故其中含有的杂质和油分是相对较少的,拉丝炉中主要的沉积物是二氧化硅与石墨的挥发物在高温无氧环境下反应的产物。

由于拉丝炉中存在有较为明显温度缓变区域,二氧化硅与石墨的反应也有着明显逐渐变化的情况,一般从拉丝上最高温区向逐渐低温区会依次产生黄绿色晶体碳化硅、黑色含硅杂质的碳化硅、土黄色不定型粉末状的一氧化硅和白色的粉末状二氧化硅沉积物。以上自高温区向低温区产生沉积物的反应方程如下:

$$SiO_2 + 3C \xrightarrow{\text{高温、无氧}} SiC + 2CO \uparrow \tag{5-9}$$

$$SiO_2 + 2C \xrightarrow{\text{高温、无氧}} Si + 2CO \uparrow \tag{5-10}$$

$$SiO_2 + C \xrightarrow{\text{高温、无氧}} SiO + CO \uparrow \tag{5-11}$$

在接近出气口的位置，一氧化硅得以与空气中的氧气接触，会逐渐氧化为二氧化硅：

$$2SiO + O_2 \longrightarrow 2SiO_2 \tag{5-12}$$

以上反应中，碳化硅的生成并产生沉积的温度约在 1600℃至 2000℃之间，单质硅的生成和沉积的温度则约在 1500℃至 1900℃之间，而一氧化硅的生成和沉积温度则约在 1600℃以下。由于拉丝炉内的温度变化相对缓和，且处于无氧环境下，故一氧化硅能够在炉内稳定存在。

这些沉积物的产生位置和数量不但会受到拉丝炉内温度的影响，同时也会受到气流结构的影响。只有在气流经过高温区，带入反应物的蒸汽之后，才会在相对应的区域产生一定量的沉积现象。由于拉丝炉中温度场的变化是以中部为高温区同时向上和向下降低的，故而，若气流的行进方向不同，则会在拉丝炉上部或者下部对应的温度位置产生逐层的沉积现象。结合图 5-5 中的三种拉丝炉气流结构可知：(a)类拉丝炉出现沉积的主要位置应当在中心管上部至炉口，自下而上出现碳化硅、硅和碳化硅混合物、一氧化硅和少量二氧化硅，在中心管的下部至马弗管及退火管产生的沉积物量会相对少许多；(b)类拉丝炉出现沉积物的主要位置则在中心管下部直至退火管出口，依次为碳化硅、硅和碳化硅混合物、一氧化硅和少量二氧化硅；(c)类拉丝炉由于同时具有上行和下行气流，会同时在中心管上部至炉口、中心管下部经马弗管至退火管出口依次形成碳化硅、硅和碳化硅混合物、一氧化硅和少量二氧化硅的沉积现象。

这些沉积物中，一氧化硅和少量的二氧化硅均为颗粒细小轻薄的沉积形态，只要沉积过程中不出现塌陷而碰触光纤表面，一般不会对光纤的强度产生比较严重的影响。而纯碳化硅以及硅和碳化硅混合物这两种沉积物则有较强的硬度，尤其是沉积层靠近中心高温区的边沿处，由于温度较高，会产生数量较多的大颗粒碳化硅，若在拉丝过程中产生剥离现象，则会对光纤的强度产生比较大的影响。

由此可见，由于预制棒在加丝炉中呈自上而下逐渐变细的状态，碳化硅颗粒不可避免地会与预制棒或光纤产生一定的碰撞，那么在同等大小的碳化硅颗粒情况下，会更希望其与直径较大的预制棒碰撞而非光纤碰撞，以避免对成品光纤的强度造成影响。从而可知，就气流的行进方向而言，上行气流应当能够更好地保障光纤的强度。

由于光纤拉丝炉在生产过程中是一个密闭、高温且不透明的空间，同时为了保障拉丝炉的气密程度和保温效果，应当尽量减少炉体横向穿透结构的出现，故很难通过监测装置直接去测量和观察拉丝炉中温度场和气流场的变化情况。除去较为复杂和与实际存在一定偏差的计算机模拟温场和气流场的方法，通过观察拉丝炉中沉积物的变化情况是推测拉丝炉中气流场和温度场较为直接和简单的办法。由于拉丝炉中的基础温场直接由加热器和感应线圈决定，故能够直接通过沉积物的情况推测拉丝炉内气流的变化情况。

此外,虽然沉积物中一氧化硅、二氧化硅和大颗粒碳化硅能够被彻底清洁,但是小颗粒的碳化硅和单质硅会与石墨件紧密地生长在一起。由于沉积物的热膨胀能力、导热能力和导电能力与石墨存在一定的区别,当沉积物厚度达到一定程度时,会对拉丝炉中的温场产生一定的影响,甚至可能因其与石墨的热膨胀能力的差异引起翘壳的现象,故制定合理的石墨件更换周期对于保障拉丝状态的稳定起着至关重要的作用。

5.1.4 加热炉炉温的影响

加热炉的炉温应设定在适当的区间，炉温过高或过低均会引起预制棒拉制时的速度滞后现象。速度滞后定义为：

$$V_{\text{lag}} = (V_s - V_o)/V_o \tag{5-13}$$

式中 Vs 为预制棒表面拉伸速度,Vo 为预制棒轴心拉伸速度。

拉丝工艺中要保持预制棒原有的折射率剖面分布，就必须使速度滞后保持一个适当的梯度，使预制棒每一截面各点在拉丝时均以质点流动路径成正比的速度梯度沿轴向被拉伸，否则预制棒原有的折射率剖面分布在拉伸过程中会产生畸变，从而导致光纤性能恶化。炉温过高时，预制棒表面粘度偏低，由于石英玻璃是热的不良导体，热传导滞后，预制棒中心温度偏低，导致速度滞后增大。当炉温偏低时，石英玻璃的粘度随温度变化的斜率增大，使预制棒表面和轴心的粘度差增大，也导致速度滞后增大。速度滞后也是导致光纤内较大应力及应变，从而造成光纤结构中分子键的断裂,形成结构缺陷的原因之一。

5.1.5 在线预制棒组装及拉丝工艺

在线预制棒的拉丝工艺是将包层套柱和芯棒组装成的棒体直接悬挂在拉丝塔的送棒机构上进行拉丝。芯棒通过沉积工艺制作,而包层一般向专业的高纯石英玻璃套柱供应商采购。所谓的芯棒其实包含光学上的芯层和内包层,各层的直径需要根据套柱的外径和内孔直径决定,以生产出符合性能要求的光纤。

5.1.5.1 在线预制棒包层套柱的处理工艺

套管的主要生产流程包含以下几个工序:研磨、水洗、焊接、拉锥、焊接尾管、酸洗、水洗、封口。

经过以上处理后,在组装之前,需要在套柱外侧包裹上具有防静电和隔尘作用的 PP 塑料包装袋。

5.1.5.2 在线预制棒结构和组装要求

目前常见的组装棒结构有两种,如图 5-6 所示:(a)结构通过使用安装于尾管内石英填充柱固定芯棒,而(b)结构则通过使用与芯棒预先熔接在一起的小尾柄来固定芯棒。(a)结构的优势在于并非必须使用与套柱长度匹配的单根芯棒,而可以使用多节芯棒的组合来匹配包层套柱。而(b)结构对于芯棒要求较高,必须使用与套柱匹配的单根芯棒或将总长度与套柱匹配的多根芯棒熔接而成的一根芯棒。

结构(a)安装多根芯棒时,必须横向将芯棒依次装入套柱内,该过程中芯棒不可避免地会与套柱内壁产生摩擦，该过程中产生的石英碎屑和芯棒表面的划痕会对衰减产生一定的影响。而结构(b)则能够立起套柱后将芯棒自上而下通过机械结构送入，该过程中若将芯棒和套柱都进行竖直校准，能够有效减少甚至避免芯棒与套柱内壁的摩擦和磕碰。此外，由于(a)结构的芯棒接点无须预熔接，故在拉丝过程中，至接点处易产生拉丝断纤。而且，(a)类结构由于无法有效避免芯棒在横向上的晃动，故而对于芯棒的运输过程也提出了相对较高的要求。

由于在线预制棒需要经过上述的组装过程，如何减少和避免该组装过程中对芯棒和包层套柱内壁造成的污染是整个在线棒生产过程中至关重要的课题。一般在线棒需要在专门设立的洁净度为百级以上的组装间内进行组装。

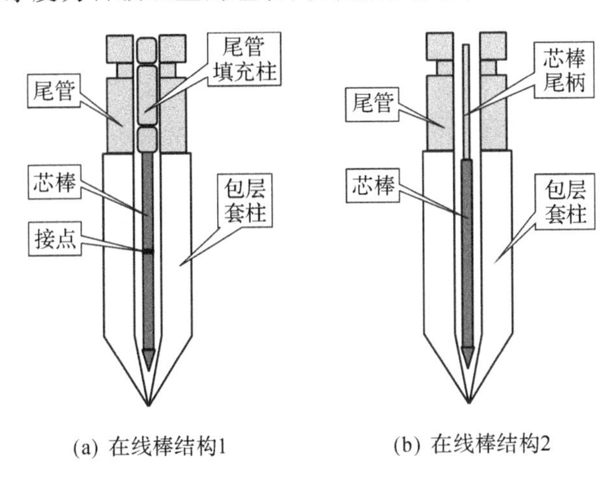

(a) 在线棒结构1　　(b) 在线棒结构2

图5-6　在线棒的主要结构

5.1.5.3　在线预制棒拉丝工艺要求

在线光棒的拉丝本质上是将预制棒芯棒、套柱的融缩和光棒熔融拉伸为细丝的过程结合在一起。比起离线棒来说减少了融缩延伸这一工序，降低了成本。

但是这也对拉丝设备提出了更高的要求。一方面，需要在拉丝设备上增设在线棒的真空抽取设备，自尾管末端对在线棒的芯棒、包层套柱间的间隙进行真空抽取。真空度应该达到-95kPa或更高。另一方面，对拉丝炉的温场均匀度也提出更高的要求，因为同时需要满足融缩和拉伸两个要求，故而温场在横向上必须保持相对的一致，否则极易导致芯棒与套柱的融合界面在周向上产生不均匀的情况，从而导致生产成的光纤在该界面上产生较大的应力和微弯，会引起1550窗口及后续长波长段的衰减变大，而当该问题严重化后，甚至会引起1310窗口的衰减变化。

此外，在线预制棒也对拉丝设备的操作提出了更高的要求。其一，在线预制棒在运输过程中应尽量保持平稳，以减少运输过程中芯棒和包层套柱之间的磕碰。该过程中，采用无级变速的行车进行吊装是比较合适的选择。其二，组装光棒在完成组装推出组装间前需要使用防尘的PP塑料袋对预制棒进行封装，以避免在线预制棒的污染。其三，在线预制棒在升温后进行掉头操作时，由于锥头前部存在一块空腔区域，故需要对预制棒进行剪锥操作。该过程比较依赖员工的操作经验，因为每根预制棒拉锥时产生的空腔大小都有一定的差别,故工艺上只能提供参考的剪锥时间或重量,仍需要员工根据现场情况进行调整。

5.1.6 光纤拉丝塔的准直

5.1.6.1 光纤拉丝塔准直对光纤拉丝过程的影响

光纤拉丝塔准直是影响光纤拉丝过程和结果的重要因素。其主要影响因素如下:

一、光纤拉丝塔上加热炉、紫外固化炉等通入气体的部件无法达到与重力方向上的一致性,导致气体吹动方向因重力的影响与拉丝中的光纤运动方向不一致,对温度场和光纤位置产生扰动;

二、光纤拉丝塔上各部件的拉丝通道位置产生偏移,使得部件与拉丝时的光纤产生碰触或者驱使光纤碰触部件,从而影响光纤强度;

三、光纤拉丝塔上各具有定位作用的轮系位置违反"两点一线"原则,使得光纤拉丝过程中光纤位置改变或因压迫影响张力使得拉丝时部分光纤的震动频率与轮系的震动频率或气流吹扫频率接近而产生不同程度的共振情况。

以上所描述的情况主要会对光纤的几何参数、衰减情况和光纤强度产生影响。其中,当拉丝炉的中线位置与重力方向产生较大角度的偏差时,加热炉中的气体自出气口吹出后,会因重力的影响与光纤的运动方向和拉丝炉中石墨件的内壁产生角度差。这种角度差一方面会使得拉丝炉中的气流的周向均匀度产生变化,影响温度场和沉积物情况,另一方面会使得气流的横向运动加强,从而加大气流对于光纤的横向扰动。进而,温度场的偏移会引起成品光纤的不圆度、翘曲度和衰减问题,沉积物的混乱则会引起光纤的强度问题,而气流的横向运动则会引起光纤丝径不稳定的现象。

当紫外固化炉的中心位置与重力方向偏差过大时,同样会引起类似的问题。因氮气气流受重力的影响,使气流在管内的流动方向与光纤行进方向产生偏差,从而引起光纤震动和氮气使用效率低的问题。

其他部件的准直情况则主要是对光纤的强度产生较为明显的影响,主要表现为裸光纤外表面的擦伤问题。而若在涂覆后出现准直问题,严重时会影响强度,轻微时则会体现为光纤涂层表面的擦伤等,一则影响强度,二则会影响外观和后道的着色工艺。

最后,轮系的问题主要体现为光纤的振动问题。一方面,振动可能会导致裸光纤碰擦部件影响强度;另一方面,振动会影响光纤在涂覆模具中的位置和涂覆模具中涂料压力的稳定性,从而影响涂覆质量。

5.1.6.2 光纤拉丝塔准直校准原则及方法

根据上述的分析可知,光纤拉丝塔和其上各部件的准直调整是整个光纤生产工艺上相对重要的控制环节。

由于拉丝生产设备处于长时间不间断地高速生产状态,传动机构的高速运转、加热炉和光棒的长期高温运行无时无刻不在考验着拉丝塔上各个部件的状态。不同于拉丝塔上组成部件的基本性能,拉丝塔和部件准直的问题会一直伴随着生产过程中不断产生。故拉丝塔和其部件的准直不但在初次搭建设备时需要进行校准,在后续的生产过程中也需要定期对拉丝塔准直进行检查和校准。以下根据上述两种情况进行简单表述。

一、初次搭建拉丝塔的要求

初次搭建拉丝塔时,需要对拉丝塔架等全体部件进行校准,该过程至关重要。本次校准往往决定了整个生产设备的后续运行状态。

对塔架的校准需要遵循"垂线至上"原则,即拉丝塔架的准直需要按照重力方向进行校准,该次的垂线校准应当尽量保证在拉丝塔部件均已安装完毕的前提下进行,要避免后续安装部件时配件重量附加对拉丝塔产生的影响。

目前拉丝塔结构以一塔双线为主,故放置垂线时一般于塔架两侧的生产线安置位置同时进行放线。放线位置从加热炉上口的上部(进棒机构的底部),直至拉丝塔架底部。同时于塔架两侧放线,下垂圆锥重锤,浸泡于一定粘性的油膏中,待重锤于油膏中稳定后进行位置测量。采用"两点一线"原则,将上部位置调整至塔架准直板左右方向的中心点,前后位置的参考点,再至底部进行测量,计算偏差距离。随后抬起塔架底部加塞垫片,最终将上下误差控制在要求范围内。值得注意的是,该项调整需要塔架两侧的准直线同时达到要求方可。

在塔架调整完成后,方可根据垂线位置于拉丝塔底部安装定位轮,安装完成后便可将准直线绕于定位轮上进行塔架上其他部件的校准。

此外,预制棒进棒机构在拉丝塔架校准完成后需要独立进行校准,要求同样为"垂线至上",因该机构需要架设预制棒,中间的丝杆必须尽可能地与重力方向一致,以避免长期使用过程中对精密丝杆的伤害。

在塔架与进棒机构完成校准后,方可对拉丝塔上的配件逐一进行矫正,一般要求为由主到次,因不同设备校准的要求和方法存在差异,以下列出一般的校准顺序以作参考:

收线机—主牵引—拉丝炉—冷却管—测径仪—模座—紫外固化炉—搓扭及定位轮系。

二、生产过程中定期校准的要求

一般来说,在初次校正完成后,拉丝塔架和挂棒机构不需再次进行校准。但是基于加工精度等方面的区别,某些拉丝塔考虑到稳固的要求会与建筑物进行连接。在此情况下,由于建筑物存在沉降变形的问题,一般建议该种连接方式的拉丝塔需要在构建前期进行定期检查(一般为一至两年)。在超过五年之后,建筑物变形沉降逐渐稳定之后可逐渐降低检查频率。

而拉丝塔上其他的部件因其使用频率、固定方式的差异性,需要进行检查的频率往往也会存在一定的区别。这些部件的检查一般基于塔架准直无误前提下,只需要放置固定至定位轮的准直线即可。

一般来说,有关部件的校准检查周期取决于固定方式、受力情况和使用频次,需根据实际情况制订出拉丝塔上常规部件的校准周期。

5.1.7 光纤拉丝中的丝径控制

光纤的包层直径行业标准要求为 $125 \pm 1\mu m$。随着光纤生产设备和工艺水平的发展,光纤拉丝的速度逐步提升,预制棒的直径也在不断提高。这种情况下,成品光纤的丝径控制难度变得更高。

另一方面,伴随着光纤应用端技术的发展,陶瓷插芯工艺、光纤熔接和光纤并带工艺的精度越来越高,这也对光纤直径的波动变化提出了更高的要求。如何在保证高速、大直径预制棒拉丝的前提下,继续减小光纤的包层直径波动也已成为光纤拉丝工艺中的重要课题。

光纤拉丝中的丝径控制分两部分:一是通过测径仪来实现对光纤直径的拉丝速度反馈调整;二是通过拉丝炉内气流场和温度场的稳定来保证光纤丝径的稳定。分别阐述如下:

5.1.7.1 拉丝速度对光纤丝径的反馈调整

由于光纤的直径控制极为严格,拉丝的速度极快,光纤直径必须经过测径仪在线检测后立即反馈给主牵引进行拉丝速度反馈调整。该反馈调整过程在正常高速拉丝过程中必须通过计算机自动运算进行。因此,光纤直径的自动控制算法往往是光纤生产设备中至关重要的核心算法。以下,对此算法进行分析。

在光纤拉丝过程中,速度根据丝径的调整频率相当高,调整时间极短,故在调整过程中可以认为预制棒是在以固定速度匀速进棒。即是说,该过程中,光纤拉丝而成的单位时间内的体积是不变的。以此可以得出以下公式:

$$\frac{V_{现在}}{t}=\frac{\pi\cdot u_{现在}\cdot d_{现在}^{2}}{4} \tag{5-14}$$

$$\frac{V_{调整后}}{t}=\frac{\pi\cdot u_{目标}\cdot d_{目标}^{2}}{4} \tag{5-15}$$

$$\frac{V_{现在}}{t}=\frac{V_{调整后}}{t} \tag{5-16}$$

其中,$V_{现在}$ 为目前的石英总体积,$V_{调整后}$ 为调整后石英的总体积,$u_{现在}$ 为目前的拉丝速度,$u_{目标}$ 为调整后的牵引目标速度,$d_{现在}$ 为目前测得的光纤直径,$d_{目标}$ 为设置的目标直径。

故可以得出以下等式:

$$\frac{\pi\cdot u_{现在}\cdot d_{现在}^{2}}{4}=\frac{\pi\cdot u_{目标}\cdot d_{目标}^{2}}{4} \tag{5-17}$$

则目标拉丝速度可以表述为:

$$u_{目标}=\frac{d_{现在}^{2}}{d_{目标}^{2}}\cdot u_{现在} \tag{5-18}$$

在丝径控制系统中,为了便于系统控制,常使用对目标直径的偏移量来进行运算。故上式可以更改为:

$$u_{目标}=\frac{(d_{目标}+d_{偏差})^{2}}{d^{2}{}_{目标}}\cdot u_{现在}=(1+2\cdot\frac{d_{偏差}}{d_{目标}}+\frac{d_{偏差}^{2}}{d_{目标}^{2}})\cdot u_{现在} \tag{5-19}$$

故而,其速度的变化值 Δu 可以写为:

$$\Delta u=u_{目标}-u_{现在}=\left(2\cdot\frac{d_{偏差}}{d_{目标}}+\frac{d_{偏差}^{2}}{d_{目标}^{2}}\right)\cdot u_{现在} \tag{5-20}$$

从上式可知，速度的变化量会受到目标丝径 $d_{目标}$，直径偏差 $d_{偏差}$ 和目前的拉丝速度 $u_{现在}$ 影响。

由于在拉丝过程中裸光纤的直径偏差一般是较小的，而为了简化自动控制系统的运算复杂度，一般要求直径在接近目标直径后方可开启自动控制系统。而目前的光纤拉丝速度一般不会超过 3000m/min。主牵引的速度调整步长常常受设备的设计影响，常见步长为 1m/min。在这种情况下，上述公式中的二次项值往往比调整步长要小得多，故而可以将公式中的二次项忽略。将速度变量的调整公式简化为以下形式：

$$\Delta u = u_{目标} - u_{现在} = \left(2 \cdot \frac{d_{偏差}}{d_{目标}}\right) \cdot u_{现在} \tag{5-21}$$

此式表示，光纤直径控制系统中，速度的变化量会同时与偏差值与目前拉丝速度成正比，与目标直径成反比。

此外，由于拉丝设备中速度的变化是存在步长的，故上述公式亦可以表述为以下形式：

$$n \cdot u_{步长} = u_{目标} - u_{现在} = \left(2 \cdot \frac{d_{偏差}}{d_{目标}}\right) \cdot u_{现在} \tag{5-22}$$

伴随着目前对光纤产品直径波动的要求越加严格，也存在部分设备为了将光纤的直径的变化控制得更低，将主牵引的调整能力继续优化，速度的调整步长可能降低到 0.1m/min。在这种情况下，若进行高速拉丝，二次项的影响便有可能会凸显出来。故需要进行一定的参数修正。

此外，由于测径仪的位置并非在光纤成型的最初位置，且不同的设备其测径仪的位置也有所区别。因为裸光纤的测量仪器必须为非接触式的测量仪器，一般使用激光为测量手段。由于光纤在拉丝过程中自延伸管口出来后温度较高(几百度)，故存在较为明显的热辐射干扰。出口和光纤周边的高温气流也会给测量带来不确定性。故而某些品牌的测径仪只能监控经过冷却管冷却后的光纤直径。自光纤直径成型位置至测径仪的距离同样会影响反馈系统的效果。由于该位置在同一设备上是固定的，所以这种测量的延时在低速过程中体现会比较明显，而当达到较高的速度后，其影响会逐步降低。随着目前拉丝速度的提高，测径仪的位置对控制效果的影响也越来越小。

5.1.7.2　拉丝炉对光纤丝径的影响

光纤拉丝炉同样会对成品光纤的丝径产生一定的影响。其影响主要来源自上文中所述的气流场和温度场的稳定度。由于炉内气流场的波动造成光纤预制棒温度场的波动，这是因为气流场的波动造成其与光纤预制棒之间热传导量的变化，从而导致光棒熔融段温度及与其相关的粘度的变化，这就造成丝径的变化。

气流场的均匀性主要受到拉丝炉的结构设计影响。一方面，应当设计合适的进气结构以保证气流自气板出口流出时有较好的均匀度。常见的进气结构有孔型进气和槽型进气。若要得到均匀度良好的出气气流，常见的设计便是在出气口前设计缓冲空间。此外，进气气管的分流和排布形式也相当重要。

另一方面，拉丝炉的工艺气体在保证出气均匀的前提下，影响光纤丝径波动的气流不均匀度一般位于拉丝炉的中下部。因自中部开始预制棒逐渐熔融变细，空腔逐渐增大,气流的横向流动和乱流逐渐凸显,气流从层流变为湍流,形成气流场的不稳定性,从而对光纤的直径产生影响。故而,若想要减小气流对成品光纤的直径扰动,可以通过调整延伸管的尺寸,增大下部空腔对于气流的收束能力,从而改善光纤的丝径波动。

延伸管的调整主要集中在两个方面:其一,减小延伸管的内径;其二,增加延伸管的长度。相对而言,减小延伸管的内径效果更为明显,但是,对于下吹气的拉丝炉(或延伸管中有下行气流的拉丝炉),沉积物会沉积在延伸管的内壁上,减小延伸管的内径同时也就增大了沉积物塌陷碰撞光纤的可能性。这就可能会导致成品光纤的强度变差或连续拉丝的长度变短,这样得不偿失。而加长延伸管能够有效降低光纤的丝径波动。增长延伸管目的是稳定炉内气流,在保证炉内气压的同时增大延伸管内部气流阻力来舒缓气流对光纤的扰动,最终达到减小裸纤丝径波动效果。

但是,增长延伸管同时也减少了光纤的自然冷却的长度,为此,需要相应地增大冷却管内氦气的使用量。对此,质量与成本的平衡也是值得考量的重要因素。

试验证明,增大冷却管内氦气的使用量可有效减小光纤直径波动的标准差,效果十分显著。

拉丝炉中温度场对光纤丝径波动的影响主要取决于温度对预制棒软化后表面粘度的影响。拉丝炉的温度场一般是预先设计过的,当石墨加热器或者感应线圈选定后,能够用来调控温场均匀度的仅为拉丝炉内工艺气体的导热能力。目前拉丝炉内常用的工艺气体为氩气和氦气,均为惰性气体。其中,氦气具有较好的导热能力,可以通过增加拉丝炉内的氦气比例来改善拉丝炉内的温场均匀度,并以此改善成品光纤的丝径波动。

图 5-7 为笔者所在公司拉丝炉内增大氦气用量之后的丝径波动(标准差)变化情况:

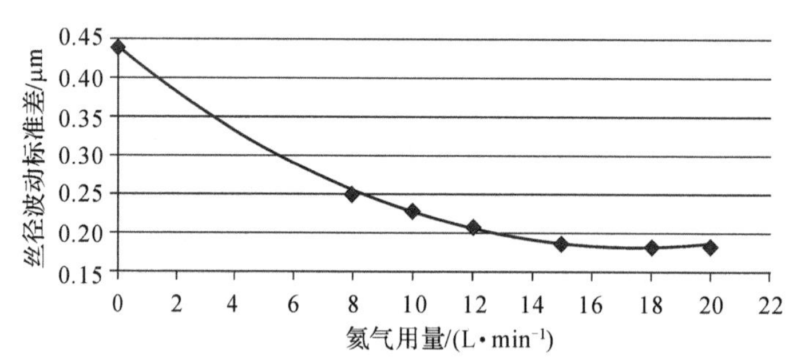

图 5-7　拉丝炉内氦气用量对丝径波动的影响

从上图可以看出,当拉丝炉内增加氦气后,光纤直径的标准差存在明显的降低。但是,伴随着氦气用量的持续增大,标准差的减少效果会逐渐降低,直至基本不再变化。在这种情况下,便也可认为,该种拉丝炉的温度场几乎已经均匀化至极限。由于氦气的价格比氩气高昂很多,故这种参数上的优化与成本之间也应当考虑其平衡。

光纤拉丝炉对光纤直径的影响是最直接的。伴随着拉丝炉和预制棒直径的增大,如何设计和改良拉丝炉也是光纤拉丝工艺中的重要课题。丝径波动的改良往往会与成本的降低产生矛盾。如何在控制成本的前提下将光纤的直径波动尽可能地降低也是十分重要的课题。

5.2　光纤的冷却

5.2.1　热传导方程

在光纤冷却速率的计算中，将加热炉出口处设为坐标原点 $z=0$(参见图5-1)，此时光纤温度即为光纤软化点温度 T_s(约1700℃)。考虑到光纤直径很小，故可忽略光纤幅向冷却的分布，即可忽略光纤横向的温度梯度。因而根据能量平衡原理可得到一维稳态热传导方程，据此可求得光纤拉丝过程中的光纤冷却速率。应用热传导方程也可从实测温度，计算出冷却系统的换热系数(heat transfer coefficient)h。热传导方程如下式所示：

$$V\frac{\mathrm{d}T}{\mathrm{d}z}=\kappa\frac{\mathrm{d}^2T}{\mathrm{d}z^2}-\frac{4h(T-T_0)}{\rho C_p d_0} \tag{5-23}$$

式中，κ 为二氧化硅玻璃的热扩散率，ρ 和 C_p 分别为二氧化硅玻璃的密度和定压比热容。热扩散率 k 可表示为：

$$\kappa=\frac{K_c}{\rho C_p} \tag{5-24}$$

式中，K_c 为热导率。二氧化硅玻璃的材料参数如表5-1所示。V 为光纤拉丝速度，d_0 为光纤直径(125μm)，在光纤拉丝过程中，光纤需冷却到环境温度 T_0，故有边界条件为：

$T=T_s$　　当 $z=0$ 时；

$T=T_0$　　当 $z=\infty$ 时。

现引入下列无量纲变量和参数，来简化方程的运算：

$T^*=(T-T_0)/(T_s-T_0)$，　$z^*=z/d_0$

$\Lambda=Vd_0/k$，　$H=4hd_0/K_c$

利用这些无量纲变量和参数，方程(5-23)可改写为：

$$\frac{\mathrm{d}^2T^*}{\mathrm{d}z^{*2}}-\Lambda\frac{\mathrm{d}T^*}{\mathrm{d}z^*}-HT^*=0, \tag{5-25}$$

$$\begin{cases}T^*=1 & \text{当 } z^*=0 \text{ 时；}\\ T^*=0 & \text{当 } z^*=\infty \text{ 时，}\end{cases}$$

在光纤拉丝过程中，上述材料参数均为常数时，则方程(5-25)之解为：

$$T^*=\exp\left\{-\frac{1}{2}(\sqrt{\Lambda^2+4H}-\Lambda)z^*\right\} \tag{5-26}$$

考虑到光纤拉丝速度远大于热扩散速度，即有：

$\{\Lambda^2\gg 4H$

或　$$\left(V\frac{d_0}{\kappa}\right)^2\gg\frac{16hd_0}{K_c}$$

式(5-26)可简化为：

$$\frac{T - T_0}{T_s - T_0} = \exp\left(-\frac{4hz}{\rho C_p d_0 V}\right) \tag{5-27}$$

光纤拉丝速度 V 可表示为 $V = z/t$，t 为冷却时间，则式(5-27)也可表示为：

$$\frac{T - T_0}{T_s - T_0} = \exp\left(-\frac{4ht}{\rho C_p d_0}\right) \tag{5-28}$$

在实际使用中，可以通过测量出光纤冷却途中两点位置 L_1 和 L_2 上的温度 T_1 和 T_2，利用上式可求得换热系数 h：

$$\frac{T_1 - T_0}{T_2 - T_0} = \exp\left\{-\frac{4h}{\rho C_p d_0 V}(L_1 - L_2)\right\} \tag{5-29}$$

拉丝塔中冷却区长度为 L，光纤经冷却后进涂覆器时的温度为 T_c，即 $z = L$ 处的温度。T_c 为 50～60℃左右。将 $T = T_c$，$z = L$ 代入式(5-27)，可得下列关系式：

$$L = \left(\frac{\rho C_p d_0 \Omega}{4h}\right) V \tag{5-30}$$

式中，

$$\Omega = \ln\left(\frac{T_s - T_0}{T_c - T_0}\right) \tag{5-31}$$

从式(5-30)可见，拉丝塔中冷却区长度 L 线性比例于拉丝速度 V，换言之，拉丝塔的高度将随拉丝速度的增加而线性增高。

表 5-1　二氧化硅的材料特性

参数	单位	数值
热导率 K_c	Cal/s cm ℃	0.0064
密度 ρ	g/cm^3	2.2
比热 C_p	Cal/g ℃	0.25
热扩散率 κ	cm^2/s	0.01164
弹性模量 E	kg/cm^2	8.25×10^5
线膨胀系数 αe	1/℃	5.5×10^{-7}
表面张力 A(2000 ℃时)	Dyne/cm	310

下面以图 5-1 所示光纤拉丝塔为例加以说明：拉丝速度 V=1700m/min，冷却区长度 L 为 10m，其中，从加热炉退火管出来的光纤为 1700℃，在空气中经辐射冷却段长度为 3.4m，光纤温度降到 1370℃，再进入光纤优化强制冷却单元，冷却单元长度为 6.6m，它是由铜铝等导热性好的金属制成的双层同心管，外层通以循环冷却水，水温为 15℃，内管通氦气，通过对流传热将从内管中心通过的光纤进行冷却。对流传热是指流体与温度不同于该流体的固体壁面直接接触时相互之间的热量传递，实际上也是对流传热和热传导两种基本传热方式共同作用的传热过程，因而必须采用热导率高的气体才能取得高效的冷却效果。而氦气是热导率仅次于氢气的气体，由于氢气是易燃气体，而氦气是惰性气体，故是最佳的冷却气体。几种气体的性能比较如表 5-2 所示：

表 5-2 几种气体的性能比较

	热导率 K_c /(W/m.℃)	比热容 C_p /(J/g·℃)	密度 ρ /(g/cm³)
氢	0.17	14.445	0.0899×10^{-3}
氦	0.139	5.234	0.1785×10^{-3}
氩	0.017	0.523	1.784×10^{-3}
氮	0.0251	1.034	1.25×10^{-3}
空气	0.0233	1.004	1.205×10^{-3}

上述光纤冷却系统的实测结果如图5-8所示，光纤进入6.6m的冷却单元后，采用氦气的优化强制冷却时，光纤温度下降到52℃，这是一个适宜进入涂覆工序的温度。作为比较，光纤进入6.6m的冷却单元，经不采用氦气的自然冷却后，光纤温度为470℃，两者的冷却速率相差甚远。利用两点的实测温度，代入式(5-29)，可分别求得，采用氦气的优化强制冷却时的换热系数 h 为1172W/m²·℃，不采用氦气的自然冷却时的换热系数 h 为293W/m²·℃。由此可见，氦气的强制冷却的冷却速率比空气或氮气的冷却速率要提高四倍，这是因为氦气的热导率是空气或氮气热导率的六倍。

现代光纤制作工艺中，不仅在拉丝工艺中，而且在预制棒制作工艺中，氦气已成为不可或缺的工作气体，但氦气价格昂贵，特别是我国是氦气资源十分贫乏的国家，基本上依赖进口，这严重制约着我国光纤产业的发展。图5-9表示了全球氦气资源的分布情况。由图可见：美国占有全球56%的氦气资源；欧洲占21%；日本占9%；亚洲(除日本外)占10%；世界其他地区仅占4%。因此基于光纤产业的长期发展的战略考量，必须采取措施，一是节约氦气用量，二是寻求替代物质，三是氦气的回收和再生利用。节约氦气用量在于改进冷却单元的结构，优化氦气进口位置及管内氦气流向，冷却单元中光纤进出口的氮气密封技术，等，多年来，已有不少文献和专利进行了报道。利用氢气和氦气混合气体代替氦气以节约氦气资源，但需保证混合气体遇到高温空气时不会闪火。

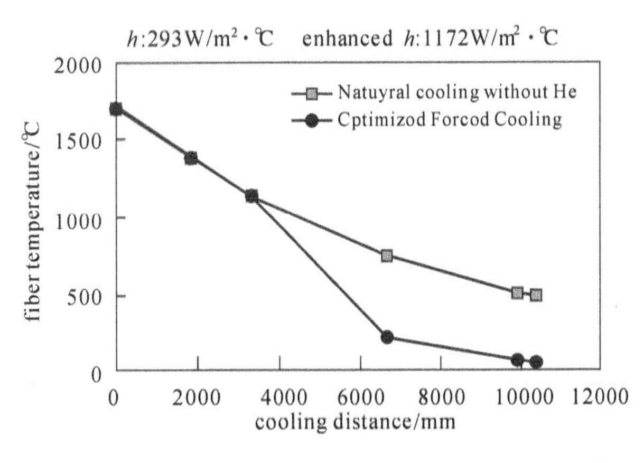

图5-8 采用氦气的优化强制冷却和不采用氦气的自然冷却的冷却速率的比较

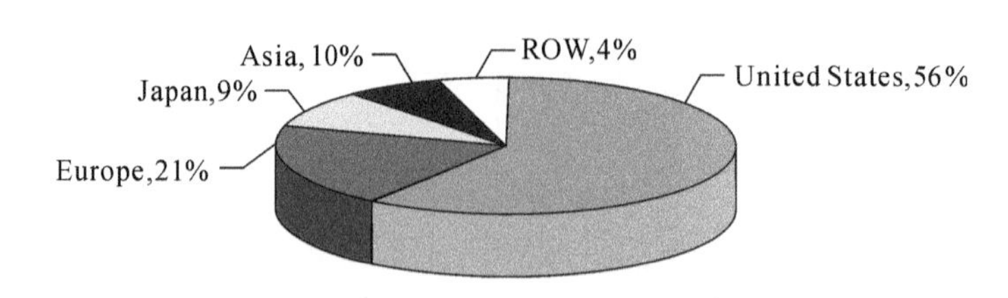

图 5-9　全球氦气资源分布图

5.2.2　光纤拉丝工艺中氦气的回收和再生利用

在光纤拉丝工艺中，将从光纤冷却管排出的氦气进行回收，经净化处理后，重复应用，可大大节约氦气的消耗量和减小光纤拉丝的制作成本，作为例子，这里介绍液化空气集团(AIR LIQUIDE)开发的光纤拉丝工艺中氦气的回收和再生系统，如图 5-10，5-11，5-12 所示，将从光纤冷却管中排出的氦气和空气混合气体进行回收，经净化处理(包括除湿气、除粉尘、通过薄膜分离系统进行气体净化)，得到纯度大于 99%的氦气，然后重新注入光纤冷却管用于光纤冷却。氦气回收率可达 60%。气体的回收和注入应保证不引起光纤的颤动，不影响光纤拉丝的工艺条件。

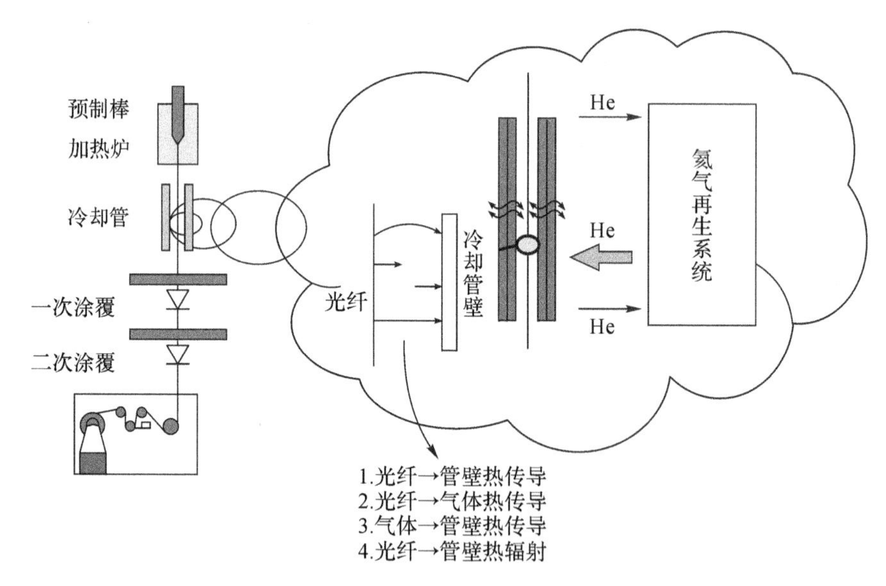

图 5-10　光纤拉丝工艺中氦气的回收和再生系统

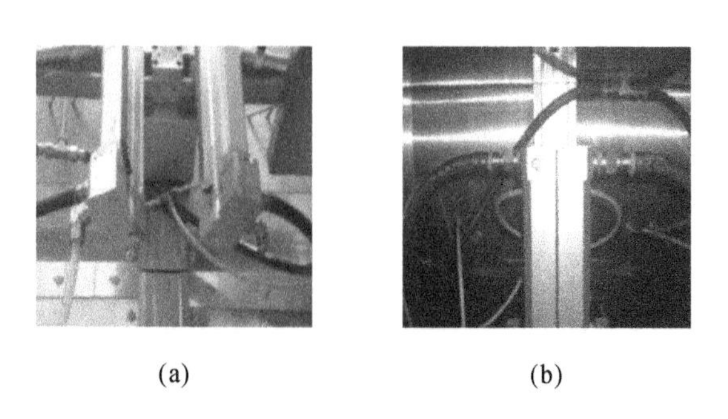

(a)　　(b)

图 5-11　光纤拉丝工艺中氦气的回收(a)及注入装置(b)

图 5-12　光纤拉丝工艺中氦气的净化再生装置

5.3　光纤的涂覆

5.3.1　涂覆机理

光纤压力涂覆器如图 5-13 所示，压力涂覆模长度为 d，涂料沿 z 向的速度 u 可由下式表示：

$$\frac{\partial^2 u}{\partial r^2}+\frac{1}{r}\frac{\partial u}{\partial r}=\frac{1}{\mu}\frac{\partial p}{\partial z} \tag{5-32}$$

式中，μ 为涂覆材料的粘度，p 为涂覆模中的料压。涂料沿 z 向的速度 u 在光纤界面处等于光纤拉丝速度，而在模壁处为零，故有边界条件为：

$u=V$，　　在 $r=R_0$ 处

$u=0$，　　在 $r=R_d$ 处

式中，$2R_0$ 和 $2R_d$ 分别为光纤直径和模具直径。

从式(5-32)之解，可得下列压力梯度的表示式：

$$\frac{\partial p}{\partial z}=\frac{4\mu V}{R_0^2-R_d^2-2R_0^2\ln\dfrac{R_0}{R_d}} \tag{5-33}$$

涂覆模承线长度为 d，涂料的压力梯度可以 $\Delta p/d$ 表示，从式(5-33)可见，压力梯度正比于涂料的黏度和光纤拉丝速度。通过温度设定来调节涂料的黏度，使在额定的拉丝速度下有最佳的涂料的压力梯度。

在光纤涂覆时，有两个弯月面形成，一个在光纤进入涂覆模处(M_1)，另一个在涂覆模光纤出口处(M_2)。当光纤拉丝速度超过一定值时，由于进入涂覆模处的光纤温度

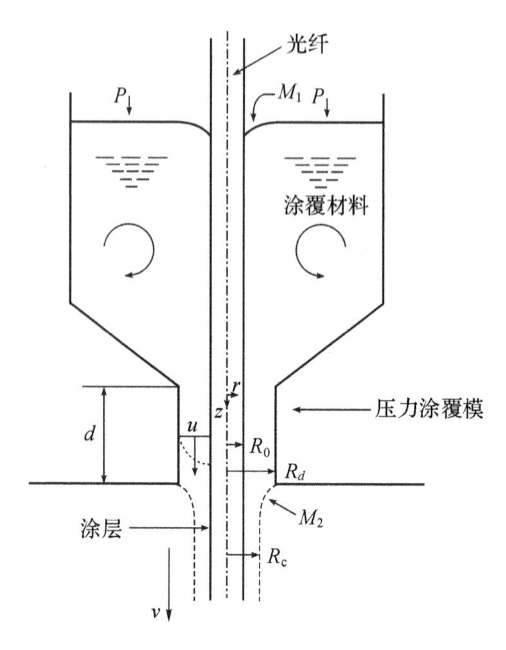

图 5-13　光纤的压力涂覆

T_c 太高而导致弯月面 M_1 的塌陷，涂料在光纤入口无法浸润光纤而妨碍了光纤的正常涂覆。弯月面 M_2 能很好控制涂层的均匀性，弯月面 M_2 的稳定性是由涂覆模中的切变力来保证的。定义一个无量纲参数 $\zeta=(r-R_0)/(R_d-R_0)$，以及归一化速度 $u^*=u/V$，这里 r 为辐向距离。作用在光纤表面的切变速率可表示为：

$$\dot{\gamma}=\left.\frac{\partial u}{\partial r}\right|_{R_0}=\left.\frac{\partial u^*}{\partial \zeta}\right|_0\frac{V}{(R_d-R_0)} \tag{5-34}$$

令 $B(p)=\left.\frac{\partial u^*}{\partial \zeta}\right|_0$，当压力 p 固定时，此值为常数。从式(5-34)可见：在高速涂覆中产生的切变速率也是正比于光纤拉丝速度 V。而切变应力可表示为：

$$\tau_{rz}=\mu\dot{\gamma} \tag{5-35}$$

这样，在涂层中的拉伸张力 F_c 可通过将切变应力 τ_{rz} 沿涂覆模承线中的光纤表面 $(2\pi R_0 d)$ 积分来求得：

$$F_c=\frac{2\pi R_0\mu B(p)Vd}{(R_d-R_0)} \tag{5-36}$$

式(5-36) 表示了涂层中的拉伸张力 F_c 与各参数和变量之间的函数关系，包括涂覆速度，光纤直径，涂料黏度，模具承线长度。涂层中的拉伸张力 F_c 和光纤拉丝张力 F (20～60g)一样，都是正比于光纤拉丝速度 V，而涂覆光纤中的总拉伸张力 F_T 则为 F 和 F_c 之和。在高速涂覆工艺中，为得到高质量的涂层，必须尽量减小拉伸张力 F_c，从式(5-36)可见，有两种方法可减小拉伸张力 F_c，最简单的方法是减小模具承线长度 d，另一个方法是通过提高涂料的加热温度来降低其黏度。但涂料的加热温度不宜超过60℃，否则会产生凝胶(gelation)现象。当料温在 50℃时，其黏度为 9 泊，而当料温在 25℃时，其黏度则为 60 泊。

在涂覆过程中，光纤在涂覆模入口与涂料接触，在接触前，光纤表面附着的空气必须先除去，否则空气将被带入涂料中，会使光纤表面涂覆不均匀，影响涂覆质量，降低涂层剥离力。目前除去光纤表面空气的方法中，常用的是冲洗法。即以黏度较小的气体如 CO_2 作为冲洗气体，在光纤接触涂料前对光纤表面进行冲洗，除去表面附着的空气。除去光纤表面空气的冲洗装置如图 5-14 所示。

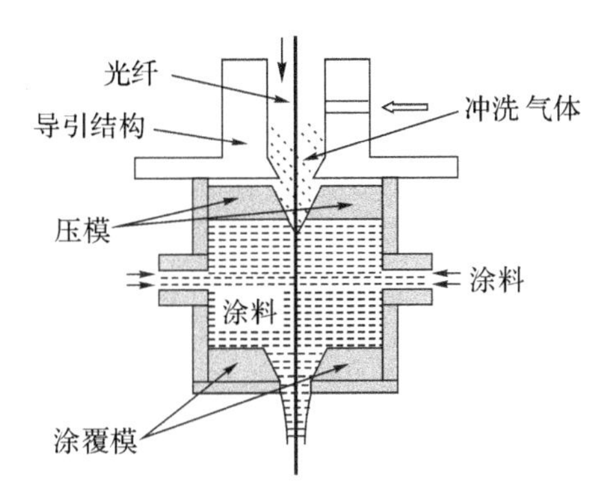

图 5-14　除去光纤表面空气的冲洗装置

5.3.2　涂层的紫外固化

现代高速光纤拉丝使用的涂覆材料均为紫外固化的丙烯酸酯，通常由光引发剂，预聚物，活性稀释单体和其他助剂组成，作为涂料主体的预聚物有聚氨脂丙烯酸酯，硅酮丙烯酸酯和改性环氧丙烯酸酯三大类。光纤涂层在紫外光作用下的固化过程分三步：

链的引发：光引发剂($\overline{S}$)吸收光子($h\upsilon$)，使分子化学键激变和分裂产生自由基 $\overline{R}$：

$$\overline{S} + h\upsilon \to \overline{S}^{*}\ ,\quad \overline{S}^{*} \to 2\overline{R}\ \cdot \tag{5-37}$$

链的增长：自由基和单体 $\overline{M}$ 快速反应，引发材料中不饱和双键物质间的化学反应，主要是各类聚合反应，从而形成固化了的交联体型结构：

$$\overline{M} + \overline{R}\ \cdot \to \overline{RM}\ \cdot\ ,\qquad \overline{RM}\ \cdot + \overline{M} \to \overline{RMM}\ \cdot \tag{5-38}$$

链的终止：在吸氢，氧的清除或阻聚导致链的终止。

紫外固化所需的紫外功率主要由第一步，式(5-37)的过程所决定。如光引发剂的活化能为 ΔE_c(千卡/摩尔)，分子浓度为$[c]$，则涂层固化所需的紫外光功率为：

$$P_c = \pi \Delta E_c \cdot [c] \cdot (R_c^2 - R_0^2) \cdot V \tag{5-39}$$

式中，$2R_c$ 为光纤涂层直径。从式(5-39) 可见，涂层固化所需的紫外光功率也是正比于光纤拉丝速度 V。

光纤拉丝成形后，直接在拉丝塔上进行涂覆塑料树脂对光纤予以保护，为了减小光纤的微弯损耗，通常分两层涂覆，第一层的树脂模量较低，作为缓冲层。第二层模量较高，作为保护层。一般采用紫外固化丙烯酸树脂作为涂层材料。涂覆层的固化有两种方法：一是内外两层涂覆层分别在涂覆后固化，称为 wet to dry 法；另一种是内外两层涂层连续涂覆后一次固化，称为 wet to wet 法。前者有利于改善光纤/涂层的同心度。

紫外光固化的光波长在 310～340nm 范围内。在 wet to wet 工艺中，两层涂覆必须得到充分的固化，这就必须对内外两层涂层材料的光吸收度(absorbance)有合理规定。光吸收度 A 的定义为：

$$A = \log_{10}\left(\frac{I_0}{I}\right) \tag{5-40}$$

式中，I_0 为入射光强；I 为透射光强。

如外层树脂的光吸收度太大，紫外光透过外层树脂时，受到强烈衰减，进入内层树脂的光强太弱而不足以使内层树脂充分固化，这样在内层树脂和光纤之间界面变得不稳定，从而引起化学和传输性能的变化，损害了光纤的可靠性。因此外层树脂的光吸收度应较低，以便让更多的光强进入内层树脂，以确保内层树脂的充分固化，图 5-15 是内外层树脂光吸收度的合理配置示意图。由图可见，外层树脂吸收度最大值为 $A_s(\max)=0.3$，内外层树脂吸收度之差的最小值为 $(A_p-A_s)\min=0.2$。

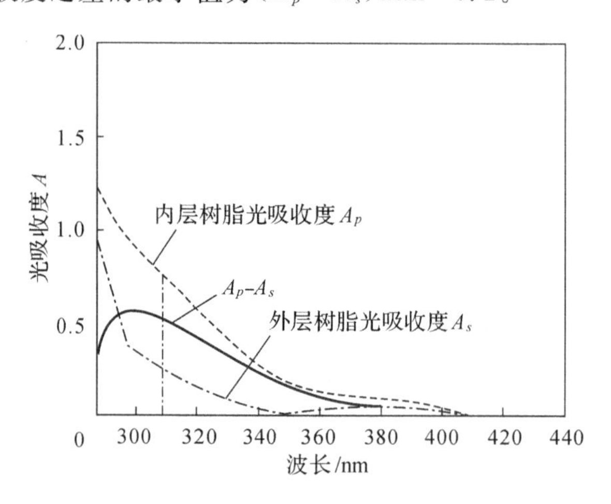

图 5-15 光纤涂复层的光吸收度

5.3.3 光纤涂层的 UV-LED 固化工艺

使用 UV-LED 光源固化光纤的涂层是光纤拉丝工艺方面近几年发展出的新技术。光纤涂层的 UV-LED 固化工艺相比传统工艺，主要区别在两个方面。其一，为固化工艺中 UV 光源的改变，从传统的汞灯变更为 LED 光源；其二，为光纤涂料，需要针对 LED 光源调整光引发剂等配方，使得涂料能够适应 LED 光源，达成与传统工艺一致甚至更好的固化速度和质量。

5.3.3.1 LED 光源与传统光源的对比

UV-LED 光源与目前大范围使用的传统微波中压汞灯存在着多项明显的优势，可以主要归纳如下：高效节能、降低成本、超长寿命、方便维护、瞬时开关、即开即用、热效应小、安全性高、半面出光、光利用高、无汞危害、绿色环保、设计灵活、结构可变。传统微波中压汞灯与 UV-LED 的对比的例示数据如表 5-3 所示。

表 5-3　光源对比

对比项	微波中压汞灯	UV-LED
有效光谱	分散	集中
辐射效率	28%	>50%
出光角	360°,利用率低	30°,利用率高
10 英寸光源功率/kW	6.4,不可调	1.2,可调
光源寿命/kh	6	50
冷却方式	风冷	风冷或水冷
污染物	臭氧,汞	无
反射罩	椭圆柱型,体积大,镂空	圆柱型,体积小,镜面
应用情况	前期市场应用	升级换代光源

UV-LED 的结构和技术发展目前有三个阶段,分别为单颗封装、COB 封装和高功率密度封装。发展至今,用于光纤涂层 LED 固化的主要为高功率密度封装结构,其优势主要为:光功率密度高、线性光源易聚光、串联少可靠性高。

微波中压汞灯的光谱很宽,且有不同谱线,其中紫外线(25%—30%),可见光(5%—10%),红外线(60%—65%)。用于固化的能量只是来自长波长的紫外线,而红外辐射产生大量热量和消耗大量功率。UV-LED 的光谱则是较为集中的紫外波谱,因而 UV-LED 灯的灯箱结构不再需要设计成如使用微波中压汞灯时、为了将红外辐射热排除所需的庞大的风冷却设备和管路,转而使用小型的内置风冷设备或水冷设备,大大简化了系统、降低了能耗。此外,由于微波中压汞灯 360°的出光特点,需用椭圆反射屏进行聚焦,而得益于 UV-LED 的半面出光的特性,一方面反射罩的结构得以大大缩小和简化,另一方面也不需要再在反射罩上添加孔洞用以通风冷却。此外,在结构上还需要增加透镜,故而能够得到更高的辐照度。这也代表了 UV-LED 设备更适用与高速拉丝设备。

微波中压汞灯和 UV-LED 灯的反射罩存在着较为明显的区别,其结构特征如图 5-16 所示。

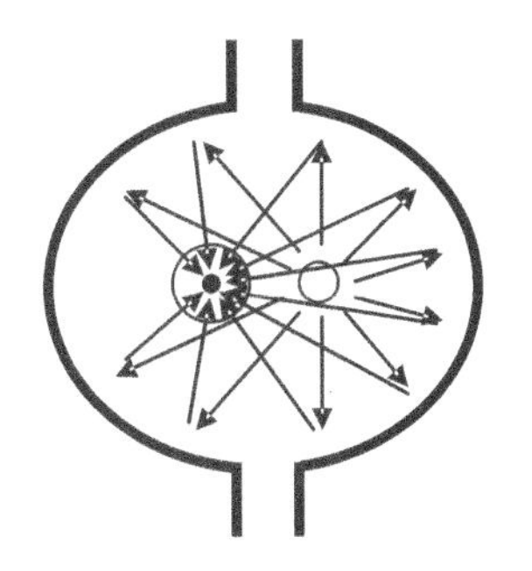
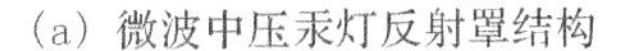

(a) 微波中压汞灯反射罩结构

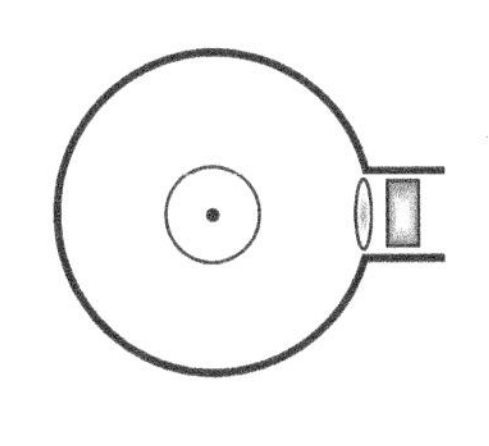

(b) UV-LED灯反射罩结构

图 5-16　微波中压汞灯反射罩与 UV-LED 反射罩结构对比

光纤固化炉的光学系统对比的例示数据如表 5-4 所示。

表 5-4 光纤固化炉的光学系统对比

对比项	微波中压汞灯	UV-LED
反射器形状	椭圆柱	圆柱
镂空	20%,漏光	无,镜面
长度/cm	26.8	24
直径(长/短轴, cm)	长轴 14,短轴 11	2.7
面积/cm^2	1087	204
面积比	1	0.2
透镜聚焦	无	有,聚焦到轴心
轴心相对辐照度	1	2

5.3.3.2 UV-LED 对应的光纤涂料

由于光源的发光机理产生了根本的变化,微波中压汞灯和 UV-LED 所发出的光源的光谱存在明显的差异,微波中压汞灯和 UV-LED 光源的光谱见图 5-17。

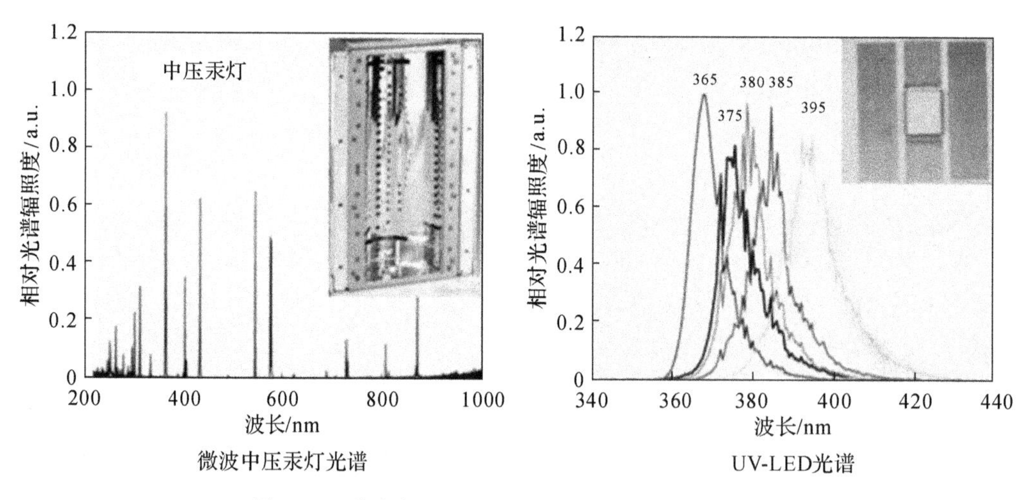

图 5-17 微波中压汞灯和 UV-LED 光源的光谱对比

从图 5-17 中可知,对比微波中压汞灯,UV-LED 有着更为集中的光谱,其主要光谱在 395±10nm。值得一提的是,UV-LED 的光谱中不含有短波紫外线(UVC)射线,这也使得 UV-LED 系统中不会产生臭氧。但是,UV-LED 的优异单色性能对于光纤涂料来说却是一个巨大的挑战。

在过去的 40 年中,绝大多数紫外线化学过程已经公式化为与宽频汞光谱发生反应,并依赖较短波长进行表面固化,较长波长进行彻底固化。这也代表若要使用 UV-LED 系统,则需要对应开发能够适用于 UV-LED 光源光谱的光纤涂料。这种新型光纤涂料需要在保证在固化后的性能不改变的前提下,针对性地调整其光引发剂和其他协助成分,使得其能够适用于固定的高功率、窄光谱的紫外辐射。由于经典的化学过程中使用了不同波长对应不同深度和程度的固化,所以,UV-LED 专用的涂料在固化后需要对涂覆材料进行全面的固化度检查和各项性能的试验检查，以保证涂覆层的性能。

目前为止，大部分国际和国内的光纤涂料供应商都已经进行了UV-LED专用涂料的配方开发，且部分供应商已经成功开发出适应UV-LED光谱的涂料(例如395±10nm)。

由于若对已有的光纤拉丝设备进行UV-LED工艺改造需要替换整个紫外固化系统，废弃大量的现存设备，且需要针对性地购买UV-LED专用涂料，故而国内的光纤生产厂家并未进行大规模的改造。但是，对于新建项目和扩产项目上，UV-LED固化工艺还是十分值得关注的应用方向，它将助推光纤拉丝中光纤UV涂料固化领域的技术革新和产业升级。

UV-LED固化工艺同样也可应用于光缆制作工序中、光纤着色工艺中光纤油墨的固化以及并带工艺中并带树脂的固化。

5.3.4　光纤涂覆系统的构成

光纤的光学参数、几何参数和机械性能参数都与光纤的涂覆质量息息相关。故光纤涂覆系统是光纤拉丝设备中极为重要的组成部分。整个光纤涂覆系统一般包含供料及控制系统(包含气压比例阀等)、过滤系统、管路及循环水加热系统、模座、模具等。各个部件会因为设计思路和工艺要求的差异而存在区别，以下对上述的各个系统部件进行说明分析。

5.3.4.1　供料及控制系统

涂覆系统中，供料及控制系统是相当重要的部分，其主要实现两个目标：一，实现稳定、准确的压力控制，且压力应当能够伴随拉丝速度按照参数表进行缓变调整；二，能够在更换涂料的过程中进行不间断地供料，且换料过程中应当尽量减少压力的变化。

为满足上述两个要求，目前的供料系统主要可以分为两大类型，即集中供料系统和独立式供料系统。

集中式供料系统的基本结构如图5-18所示。

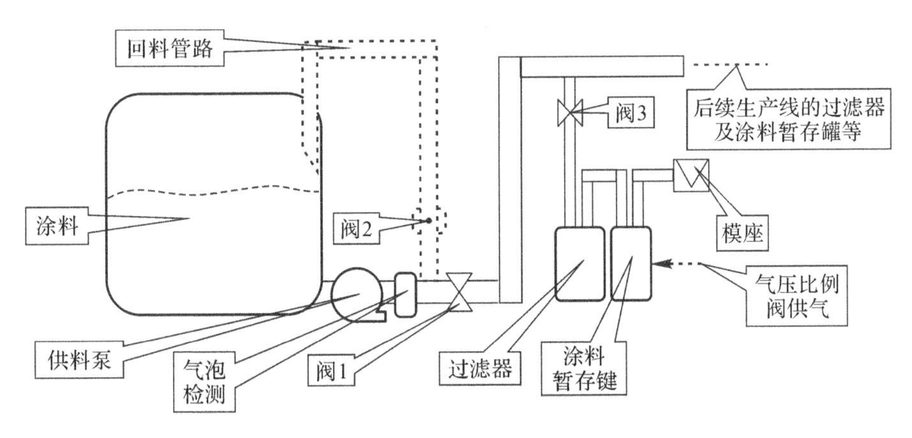

图5-18　集中供料系统的基础结构

集中供料系统一般需要同时满足多条生产线的涂料供给。由于涂料最初的储存罐较大,故涂料在运输过程中晃动产生的气泡较难上浮排出。此外,由于需要供料的单位时间的体积较大,只能采取泵式供料,同样也较为容易带来气泡。故需要在供料泵后进行气泡检测,若存在过多的气泡,则需要通过回料管路将带有大量气泡的涂料回料至大罐涂料的上层。为了便于涂料中的气泡排出,一方面可将回料气泡沿着罐体内壁回流,另一方面也可以对大罐进行水浴加热和保温促使气泡上浮。集中供料系统由于需要向多条生产线进行供料,故需要存在一个整体的统筹控制程序。该程序需要对每一条生产线暂存罐中的涂料余量进行监控,并制定合理的供料优先顺序。伴随着生产线数量的增多,该程序设计的复杂度也会逐步上升,故程序上的设计是该系统的重要难点之一。

独立式供料系统一般可以直接使用涂料供应厂商提供的10kg容量桶。其结构则存在两种常见的结构,即"单罐—暂存罐"结构和"双罐切换"结构,两者的结构如图5-19所示:

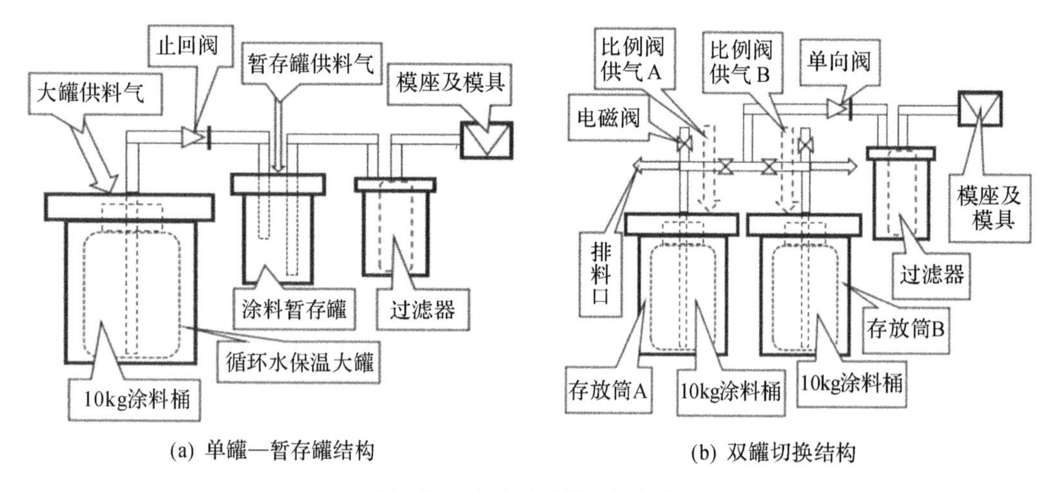

(a) 单罐—暂存罐结构

(b) 双罐切换结构

图5-19 独立式供料系统结构

"单罐—暂存罐"结构的主要原理为:在暂存罐内放置一个液位传感装置或者在底部放置重量传感装置,设置上、下两个限位。当罐内涂料少于下限位后会对大罐进行加压,使得大罐内涂料压入暂存罐内,直至到达上限位停止供压。止回阀能够在大罐不供料时保证暂存罐涂料不会回流。涂料的正常供料压力由比例阀向暂存罐提供压力,在大罐供料时则由大罐处的气压为压力源,比例阀进行放气调控。当大罐涂料用完后,暂存罐仍能维持一定时间,该时间内可以更换大罐内的10kg涂料桶。

"双罐切换"结构的主要原理为:假定上图中A罐为正在使用的涂料罐,B罐为备用的涂料罐,A罐用料至下限位后进行向B罐的切换,流程如下:

A罐下限位报警→B罐比例阀向B罐供气→B罐排料阀门开启→B罐排料至废料搜集桶并维持一段时间(使得管路中空气排净并保持管路充满涂料)→B罐排料阀门关闭→A罐排料比例阀打开并将废料排放至废料筒→A罐通向过滤器的供料阀门关闭→B罐通向过滤器的供料阀门打开→A罐比例阀停止向A罐供气→A罐排料阀门关闭→完成切换。

对比独立式供料系统的两种结构,"单罐—暂存罐"由于每次少量进行供料,且供料口处于暂存罐液位的上层,使得气泡充分得到上浮。但是,虽然比例阀能够自动调整压力,在大罐向暂存罐频繁供料时仍会对涂覆压力产生扰动,会对涂覆质量产生一定的影响。而"双罐切换"结构虽然能够保证正常使用过程中的压力稳定。但是,一方面,切换过程中会产生一定量的废料,涂料利用率较低;另一方面,切换的瞬间存在无压力状态,仅依靠止回阀维持压力,对涂覆会有一定影响。

最后,对比集中式供料系统和独立式供料系统:前者大大降低工人更换涂料的频率,同时降低了涂料桶的使用量,降低涂料桶处理成本。但是,集中式供料系统也存在一定的问题。集中供料系统由于管路长,初级供料压力大,故系统产生气泡的概率更高。此外,当大原料桶出现问题时(比如静置时间不足气泡过多、原料用错或者需要更换不同原料)会引起多条生产线的停产。与此相比较,独立式供料系统虽然较为灵活,出现问题时损失也较小。但是由于经常需要打开罐体更换涂料,一方面员工的劳动强度更大,杂质引入和凝胶产生的概率也较高。使用何种系统需要根据实际的生产环境和要求进行选择。

5.3.4.2　过滤系统

光纤涂覆系统中的过滤系统便是上文结构图中表明的过滤器。过滤器的使用主要是为了将拉丝涂料中的凝胶和杂质进行滤除,避免这些凝胶和杂质对光纤的强度和涂覆产生影响。目前一般使用囊式过滤器进行光纤涂料的过滤,常见的过滤精度为1微米或者3微米。具体使用何种规格需根据涂料性能和质量决定。过滤器需要定期进行更换,更换周期由过滤器的大小和涂料质量决定,一般可向涂料供应商进行咨询。也可在过滤器两端加装两个管路压力监控,跟踪过滤器压差变化决定更换周期。

5.3.4.3　管路及循环水加热系统

由于涂覆系统应当尽量减少气泡的产生和杂质的带入,且正常工作时涂覆管路需要长期承受3～7bar的压力,故一般涂覆管路会选择金属拔管和高质量的塑料软管。连接采用金属卡套接头,不建议使用易松动的卡箍固定。

由于涂覆系统需要根据实际要求对涂料及模座进行加热,故涂覆系统中也会带有两个或者数个自动反馈控制的循环加热水箱,水箱的温度可以根据设定值自动调整。一般来说,水箱会分别控制内、外涂覆存料罐和过滤器的温度。在"湿对干"工艺中,内外涂加热水箱一般也同时控制相对应的内外涂模座。而在"湿对湿"工艺中,会再增加一台水箱单独控制模座。而涂覆管路可以通过加设保温层进行保温,亦可以使用内通涂料外通循环水的双层管路进行加热恒温。

5.3.4.4　模座

光纤生产设备的模座需要与模具完全匹配,常见的模座结构如图5-20所示。

"湿对干"结构需要两个模座,两个结构是一致的。从上面的结构可知,"湿对干"和"湿对湿"模座的区别主要在于内部有一个供料口或两个供料口,其他结构基本是一样的。在进入模座的涂料管路上会安装一个温度传感器和压力传感器。压力传感器的信号可以到主控界面上显示,也可以反馈给供料的比例阀进行压力的反馈控制。温度传感器的信号则会反馈给对应的水浴加热箱,以进行稳定有效的温度控制。

5.3.4.5　模具

模具是光纤涂覆系统中最重要的组成部分。由于石英的硬度较大且光纤拉丝的速

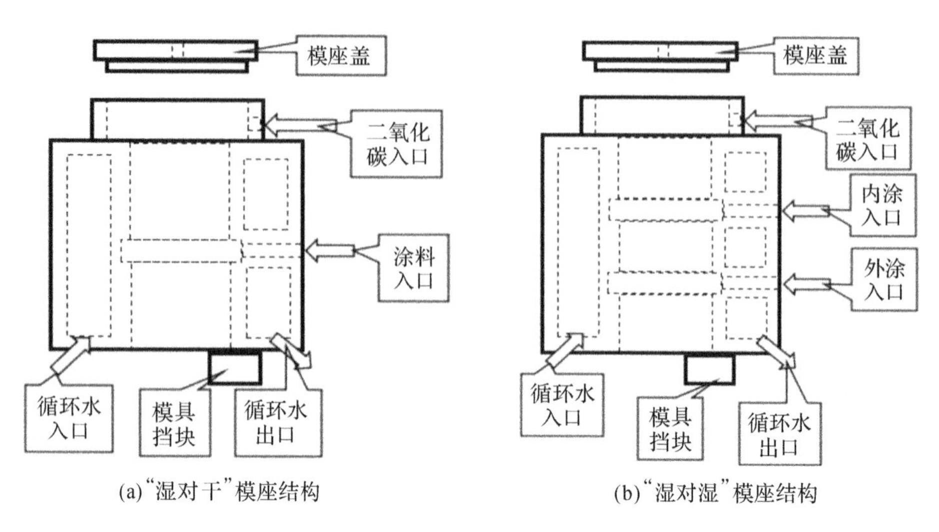

(a)"湿对干"模座结构　(b)"湿对湿"模座结构

图 5-20　模座的基本结构

度较快,故模具的模孔附近需要选用较硬的材料制作,目前使用比较广泛的是钨钢。光纤的涂覆圆度、纵向均匀度、同心度都会受到模孔的制造精度影响,钨钢的材质又相对脆而硬,故制造难度也是非常大的。

根据涂覆工艺的不同,模具也一般分为"湿对干"模具和"湿对湿"模具。两者的具体结构如图 5-21 所示。

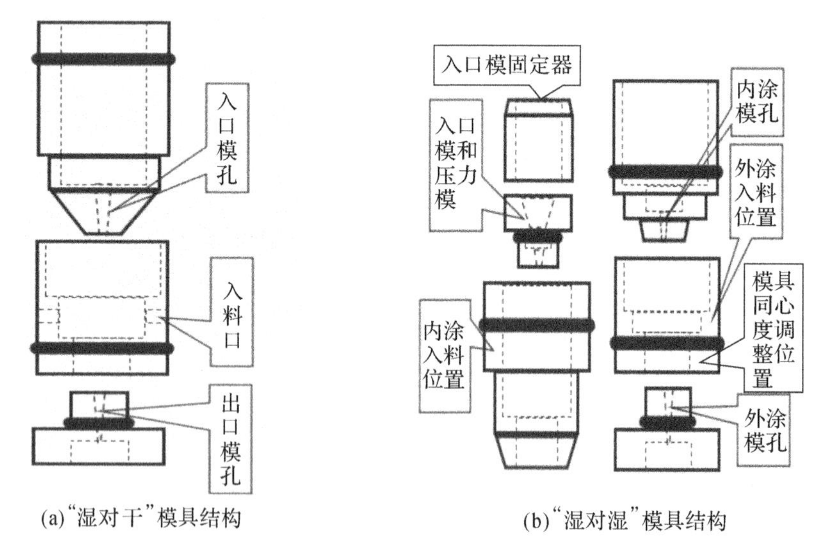

(a)"湿对干"模具结构　(b)"湿对湿"模具结构

图 5-21　光纤涂覆模具结构

从上述的结构可知,"湿对干"模具的结构相对简单,入口模孔和压力模孔为同一个孔,且出口模孔无须设计同心度调整机构。"湿对湿"模具的结构则相对复杂。一方面,"湿对湿"模具由于使用的工作压力偏高、线程短,故需要单独设计入口模具和压力模具,降低冒胶的风险;另一方面,不像"湿对干"涂覆有两套独立的模具,涂覆同心度可依靠涂料压力的对中效果自动修正,"湿对湿"模具在内涂涂覆后立即进行外涂涂覆,同心度完全由模具中内、外模孔的同心度决定,故在第三节模具周围设有四个外涂模孔横向调整的螺孔,利用顶丝调整内、外涂模孔之间的同心度误差。

从工艺上分析,“湿对湿”模具和“湿对干”模具模孔尺寸的选择存在着一定的差异性。模具的模孔尺寸一般需要与生产线的拉丝速度和冷却管的冷却能力相关。两种涂覆工艺在相同的拉丝速度和一致的冷却管冷却能力条件下,内涂模孔的尺寸选择基本上是一致的。而“湿对湿”涂覆的外涂模孔尺寸需比“湿对干”模具的大。

5.3.5 光纤拉丝过程中涂覆质量控制

目前光纤拉丝有“湿对干”和“湿对湿”两种涂覆方式,实际生产过程两种涂覆方式都会遇到以下几种异常:

1.光纤涂层固化不良

固化不良问题是光纤涂覆中比较常见的问题,伴随着涂覆固化度的降低,光纤逐渐会体现出发彩、发白暗淡、发粘的情况。涂层出现固化不良后,会导致涂层无法达到预期的机械强度和表面光滑度。易发生强度差、筛选后台阶偏多的问题。究其原因,主要是受到紫外固化炉的状态影响。由于目前光纤主要使用的是紫外光固化的丙烯酸树脂。丙烯酸树脂的固化第一需要处于无氧环境,第二需要足够的紫外光功率(也存在一定比例的热固化)。紫外固化炉中一般采用高纯氮气作为氧气的去除气体。而紫外光功率则需要通过反射屏将紫外光聚集在光纤上。所以,光纤固化不良可以归纳为以下几个方面。

氧含量过高的原因:氮气出气口堵塞、石英玻璃管密封圈破损老化、抽废气负压过大等。

紫外光功率不足的原因:紫外灯管或反射罩寿命到期或者状态不良、抽风量过小导致挥发烟气黏附于石英玻璃管内壁、紫外固化炉焦点调整偏差过大等。

2.光纤表面有异物

光纤表面有异物直接观察的情况与擦伤类似,都是光纤表面有发白亮线。但是表面有异物的亮线情况一般表现为模糊的、不连续的。表面异物的引入主要有两个:一是紫外固化炉抽废气量不足;二是过线导轮的轮系清洁不彻底。

3.光纤涂层气泡

光纤涂层气泡在直接肉眼观察下也为光纤表面存在白色亮线。外涂气泡为比较清晰的间断亮线,内涂气泡则比较隐约。在显微镜下观察可以得到很明确的结论,

涂层气泡的来源主要是三个方面:一,涂料烘烤静置时间不足,导致涂料中存在大量气泡;二,涂料管路密封状态存在问题;三,模座上部的二氧化碳用量不足。

此外,当外涂气泡的气泡大小大到一定程度后会形成严重的气泡鼓包,这种光纤会在后续着色工序中引发断纤、着色不均等问题。

4.光纤涂覆不均匀

光纤涂覆不均匀也是光纤涂覆问题中较为常见的问题。涂覆不均匀的光纤在外观上表现为强光下有隐约的小点光斑。

涂覆不均匀的引起原因主要有以下三个方面:一、光纤涂覆工艺配方不合理(主要

表现为涂覆温度过高,黏度过低);二、涂覆压力不稳定;三、过滤器过滤等级不够或出现破损后有小凝胶混杂在涂料之中。

5.光纤涂覆擦伤和压伤

光纤涂覆擦伤可在显微镜下明显看到外涂层表面出现破损。

光纤涂覆擦伤一般由轮系产生,主要问题有以下几点:一、导轮表面存在破损;二、导轮轴承损坏;三、准直不良导致涂覆后光纤碰擦部件,等。当光纤出现较为严重的固化不良时也较容易伴随着出现光纤擦伤的问题。

6.光纤内涂螺纹现象

"湿对干"工艺由于需要单独进行内涂层的固化。由于内涂层需要较低的模量,故内涂层中添加较高比例的单体添加剂,这种添加剂在高温下会产生比较明显的挥发情况。在高速拉丝过程中,若未设计排烟管或气体吹扫等结构,挥发物会带入外涂模具中,当挥发物堆积超过一定限度后,在搓扭的影响下会在内外涂界限之间出现波浪的情况。这种情况会影响光纤的微弯特性,对光纤长波长的衰减产生明显的影响。此外,当外涂模具清洁不彻底的情况下也会产生类似的问题。

7.光纤涂覆分层现象

光纤涂覆分层的现象主要出现在"湿对湿"涂覆工艺中。其原因主要是由于涂覆模具中存在有颗粒状杂质,且该杂质无法从模具中排出。在高速拉丝过程中产生了涂层内部的切线。这种情况一般不会影响光纤的筛选强度,但是会对光纤的动态疲劳参数产生很大的影响。而该问题的主要引起原因有以下几项:一、模具清洁不充分;二、穿模操作时带入杂质;三、拉丝过程光纤带入杂质;四、涂料中带入杂质;等。

5.3.6 光纤的涂层

光纤的涂层技术是与光纤技术同步发展起来的,光纤表面微裂纹在潮气和应力的作用下扩展,造成光纤强度的下降,此即光纤的静态疲劳,因而光纤必须有涂层的保护,没有优质涂层的保护,光纤永远不可能投入实际应用。光纤的涂层是用来保护光纤不受微弯应力及防止光纤的静态疲劳,以保持光纤机械及传输性能的长期稳定性。光纤涂层材料通常采用紫外光固化的丙烯酸树脂,此涂层技术最早是贝尔实验室的H. N. Vazirani于1974年提出的。光纤涂层由内涂层和外涂层两部分组成。内涂层质软,其杨氏模量约为1MPa,分子交联密度很低,用以缓冲外界机械应力对光纤的影响,防止光纤承受弯曲应力,降低微弯损耗。内涂层还需有良好的低温特性,通常光纤会在低温的环境中工作,涂层杨氏模量会增大,从而丧失柔软性,必须在材料组成中加以考虑。光纤内涂层还必须与光纤玻璃表面有良好的黏附力,以保证涂层的剥离力和提高光纤的动态疲劳参数Nd,这需通过在内涂材料中添加偶联剂来保证此性能。外涂层质硬,其杨氏模量在600～800MPa之间,分子交联密度很高,它让光纤披上一层盔甲,用以防止光纤受到外力的损伤和潮气的侵蚀。

光纤涂层材料的折射率需略大于光纤包层的折射率,以避免在光纤包层和光纤涂层之间形成导波界面,从而产生不需要的模式的传播,造成附加的吸收损耗。

在光纤拉丝工艺中，必须保证光纤内涂层与外涂层的同心度。若同心度不好，涂层在固化时会对光纤产生不均匀应力，导致光纤强度下降及产生微弯损耗，并在光纤受到热胀冷缩时产生附加损耗。按国家标准规定，包层/涂覆层的同芯度误差应≤12.5μm。

光纤外涂层直径国标为245±10μm，现在多数光纤企业均能将外涂层直径公差控制在±5μm，在光缆生产的着色工艺中，着色模具的孔径是根据光纤外涂层直径及其公差确定的。光纤内涂层直径未有标准可循，它是一个工艺控制参数，通常应控制在185～195μm之间。内涂层直径偏小，会影响光纤的弯曲性能，如宏弯、微弯及湿冻性能。光纤涂层材料参数对光纤工艺和性能的影响如表5-5所示。

表5-5　光纤涂层材料参数对光纤工艺和性能的影响

	涂层材料参数	光纤性能
内涂层	组分	光纤强度、静态疲劳，长期性能的稳定性，与光缆中光纤油膏的相容性
	活化性	拉丝速度
	折射率	直径及同心度测量
	粘度	拉丝工艺
	Tg	低温微弯特性
	模量	抗微弯、可剥离性
	与光纤玻璃粘附力	涂层剥离力，Nd，可剥离性
外涂层	组分	长期性能的稳定性
	模量	防止光纤受到外力的损伤和潮气的侵蚀，耐磨性，可剥离性，较高模量有利于提高光纤的拉伸强度
	表面性能	抗摩擦性，光纤着色粘附力
	分子交联密度	抗化学性

光纤在成缆过程中使用的着色油墨(fiber color ink)和并带树脂(fiber ribbon matrix material)与光纤涂层材料一致，均为紫外光固化的丙烯酸树脂。光纤着色是为了光纤的识别，着色层厚度为3～5μm，光纤着色层应有硬质而光滑的表面，并需有与光纤外涂层有良好的黏附力以及与光纤油膏有良好的相容性。着色油墨的模量与光纤外涂层的模量相当。

光纤并带树脂用于制作光纤带，光纤带的剥离性是光纤带的一个要点，光纤带的剥离性是指光纤并带树脂和光纤着色层应能一次剥离而不损伤光纤。所以并带用光纤的着色层必须充分固化，也可以在并带树脂中加入含硅脱剂来提高光纤带的剥离性。光纤带的剥离性主要受树脂特性的影响：首先并带树脂对光纤着色层应有适中的附着力，如果附着力太强，则不利于并带树脂的剥离，如果附着力较小，则在光纤带的叠带或成缆时容易发生光纤带的离散；其次并带树脂的弹性模量应满足光纤带剥离性的要求，如果并带树脂模量太小，则并带树脂不能对带中的光纤起到保护作用，容易造成光纤的微弯损耗，如果并带树脂模量过高则树脂太硬，不利于光纤带剥离。并带树脂的模量与光纤外涂层的模量相当。

5.3.7　涂层材料的组分

光纤涂层材料由四部分组成：齐聚物(低聚物)、稀释剂(单体)、光引发剂及助剂。

5.3.7.1　齐聚物(低聚物)

齐聚物主要有聚氨酯丙烯酸酯(Urethane acrylate)、聚硅氧烷丙烯酸酯、环氧丙烯酸酯三类。最常用的聚氨酯丙烯酸酯的组分为 A-DIC-polyol-DIC-A,其中:DIC 为双异氰酸酯(di-isocyanates);Polyol(聚多元醇)如 PPG(聚醚聚丙烯乙二醇甘醇)、PTMEG(聚醚聚四甲基乙二醇甘醇)、聚酯、聚碳酸酯等;A 为含有 UV 反应物的羟基功能端基。用于 UV 固化光纤涂层的聚氨酯丙烯酸酯的平均分子量在 1000 到 10000 之间，因而粘度很高，需用稀释剂(单体)来稀释，用于光纤涂层的黏度应在 2000 以下。环氧丙烯酸酯质硬,固化快,抗化学性好,适于用作外涂层材料。通常高分子量的聚氨酯丙烯酸酯齐聚物用于软质、低模量的涂层，而低分子量的齐聚物用于硬质、高模量的涂层。

5.3.7.2　稀释剂(单体)

稀释剂(单体)分单官能端基单体和多官能端基单体两类。单官能端基单体有很好稀释作用，但其只能线性反应，不能加到聚合物交联网络中去，故主要用作内涂稀释剂。单官能端基单体有:脂肪族如异癸基丙烯酸酯(ISODA)、芳香族如苯氧基乙基丙烯酸酯(PEOA)、脂环族如异冰片基丙烯酸酯(IBOA)等。多官能端基单体用作外涂稀释剂,可加速固化,增加交联密度,提高强度。单体除了用作稀释剂外，它还可调节涂层的各种性能，用以优化涂料的配方设计，它可用来改变涂料的黏度、固化速度、张力性能、玻璃化转化温度、疏油/疏水平衡、黏附性以及在不同环境条件下的长期稳定性。

5.3.7.3　光引发剂

光引发剂是用来吸收紫外光引发的光聚合过程。涂层的紫外固化机理如上节所述。光固化的要点是要让光引发剂的吸收光谱与固化装置中紫外灯的发射光谱相匹配。光引发剂有苯偶姻(二苯乙醇酮)或其衍生物、TPO(2,4,6－三甲基苯甲酰基－二苯基氧化膦)、184(1－羟基环己基苯基甲酮)等。

5.3.7.4　助剂

助剂有:一,内涂层材料中粘附力促进剂(偶联剂),以保证光纤内涂层与光纤玻璃表面有良好的粘附力。常用的偶联剂有烷氧基硅烷(Alkoxy silane)等,但偶联剂不能与丙烯酸酯分子兼容,故含量不能过大。二,抗氧剂和稳定剂,防止涂层经受光和氧化的降解。光纤涂层的抗氧剂常用的有受阻酚等。三,爽滑剂如硅酮用以改善涂层的表面性状。

典型的光纤涂层组成如表 5-6 所示。

表 5-6　典型的光纤涂层组成

组分	作用	配比(百分浓度%)
丙烯酸酯齐聚物	控制涂层性能,弹塑性,抗化学性	30～60
活性稀释剂(单体)	降低黏度,提高固化速度	20～40
光引发剂	吸收紫外光引发光聚合	＜5
添加剂:抗氧剂,稳定剂,黏附力促进剂,爽滑剂,等	涂层稳定性,光纤涂层与光纤玻璃表面黏附力,降低表面摩擦力	＜2

5.3.8 涂层对光纤力学性能的影响

本节讨论光纤涂层对光纤三项力学性能的影响：涂层的剥离力、光纤动态疲劳参数 Nd 以及光纤拉伸强度。

5.3.8.1 涂层的剥离力

光纤涂层需满足剥离力要求。关于光纤涂层剥离力要求，国内有两个标准，一是行业标准：典型平均值为 1.7N；峰值为≥1.3N，≤8.9N。二是国家标准：典型平均值为 1.0～5.0N；峰值为 1.0～8.9N。另外按 IEC 60793-2-60 标准：典型平均值为 1.0～5.0N；峰值为≤8.9N。光纤涂层通常分两层涂覆，内层的树脂模量较低(1.00MPa)，作为缓冲层，用以改善光纤的抗弯曲性。外层模量较高(600MPa)，作为保护层，用以增强光纤的机械性能。通常光纤涂层剥离力是由高模量的外层树脂来保证的，当外涂层截面积大于 18000μm^2 时，可满足剥离力要求。据此，如光纤涂层直径为 245±5μm 时，内涂层直径应小于 190μm。光纤在成缆工艺中经着色工序后，因着色树脂的高模量(400MPa)，尽管着色层厚度仅 3～5μm，涂层剥离力也会明显增加(可提高 0.5～0.8N)。内层的树脂因模量较低，故对剥离力无多大贡献，但可通过配方调整，使内层树脂与玻璃的黏结力增加，也可使剥离力提高(贡献度约 0.5N)。涂层的固化度对剥离力影响不大。

5.3.8.2 涂层对光纤动态疲劳参数 Nd 的影响

改善 Nd 的一个比较关键的影响因素是光纤涂料的选择和涂覆工艺。光纤高模量的外涂层由于其特殊的化学结构，能够阻止水分子进入光纤玻璃表面，因此在防止光纤强度的下降方面起着重要作用。但从保护光纤玻璃的微裂纹生长这一角度来分析，光纤的内涂层的特性和 Nd 无疑会有更大的关系。涂层与光纤的黏结力常常被认为是保障光纤强度的一个先决条件。与光纤玻璃表面直接接触的内层涂覆涂料需要包含某些种类的黏结促进偶联剂。烷氧基硅烷(Alkoxy Silane)是一种常用的偶联剂，这种硅烷分子在分子的一端包含有三个烷氧基硅烷基团，而在另一端则有一个有机官能团，后者与涂料中的低聚物或其他经紫外光固化的成分以共价键的形式连接起来。而烷氧基硅烷基团则可通过水解和凝聚作用与玻璃表面键合。硅烷偶联剂使得涂层与光纤的黏结力无论在干燥还是湿润的环境下都得到了提升，从而提高 Nd 值。但偶联剂与玻璃表面的结合是个化学反应过程，需要一定时间，因而 Nd 值在光纤拉丝后一段时间内会逐步变大。

5.3.8.3 涂层对光纤拉伸强度的影响

光纤拉伸强度主要由光纤本身的强度决定，拉伸强度试验是用短段光纤(2 米)作为试样，可避开较大表面微裂纹对光纤强度的影响，能测得接近光纤内禀强度的数值。15%的测量值需≥3050MPa，50%的测量值需≥3720MPa。光纤涂层对光纤强度的影响主要是外涂层，当外涂层杨氏模量增大时，光纤拉伸强度有所提高。例如外涂层杨氏模量从 800MPa 增大到 1300MPa 时，光纤拉伸强度可从 4800MPa 增大到 5100MPa。

5.3.9 光纤涂料规范

光纤涂料规范如表5-7所示(摘自国标 SJ/T 11475－2014)。

表 5-7 光纤涂料规范

序号	特性	单位	要求	
			内层涂料	外层涂料
固化前				
1	外观		透明、无色差、无杂质、无凝固	透明、无色差、无杂质、无凝固
2	黏度,25℃	mPa. s	3000～8500	3000～10000
3	密度,23℃	G/cm^3	1.00～1.20	1.00～1.20
4	折射率,25℃	1.46～1.55	1.46～1.55	
5	表面张力,23 ℃	mN/m	≤50	≤50
固化后				
6	玻璃化转变温度	℃	≤－20	≥50
7	特定模量 2.5%应变	MPa	0.5～2.5	≥500
8	断裂伸长率	%	≥70	≥5
9	抗张强度	MPa	0.5－2.0	≥20
10	固化速率,达到95%最大模量时的辐射剂量	J/cm^2	≤0.6	≤0.4
11	水萃取率,150μm薄膜	%	≤4	≤4
12	最大吸水率,150μm薄膜	%	≤4	≤4
13	折射率,25℃		1.47－1.55	1.46－1.57
14	析氢,24h,80℃,惰性气体保护	μL/g	≤1	≤1
15	固化收缩率	%	≤8	≤8
16	线膨胀系数 玻璃态 高弹态	10^{-6}/℃	≤300 ≤800	≤100 ≤800
17	剥离强度,涂料/玻璃,180^{0}拉伸 50%R. H. 95%R. H.	N×10^{-2}	10－150 10－150	
18	摩擦系数(不锈钢对薄膜—动态摩擦系数)			≤1.0
19	热重变化,老化56d 85℃ 85℃,85% R. H.	%	≤8 ≤8	≤8 ≤8

注:固化后是指一定涂覆厚度的液体涂料在紫外光下曝光到模量达到最大模量的95%时得到的固化膜。除非特别注明,涂层的厚度为150±10μm。

涂料的黏度随温度升高而下降，涂料的黏度—温度曲线如第三篇第二章图2-3所示。在拉丝涂覆工艺中可用改变温度来调节涂料的黏度，以达到最佳的工艺要求。

5.3.10 涂覆光纤的试验项目

涂覆光纤的试验项目如表5-8所示。其中8—12项为环境老化试验项目，旨在模拟涂覆光纤在光缆使用中遇到的极端环境条件。

表5-8 涂覆光纤的试验项目

序号	试验项目	要求	试验标准
1	涂层几何尺寸	按产品技术规范	GB15972.21—2008—T_光纤试验方法规范_第21部分涂层几何参数
2	衰减	按产品技术规范	GB15972.40—2008—T_光纤试验方法规范_第40部分：衰减
3	拉伸强度	$M\geqslant50$,F50%≥3.80GPa	GB15972.31—2008—T_光纤试验方法规范_第31部分：机械性能的测量方法和试验程序_抗张强度
4	涂层剥离力	$1.0N\leqslant F_{avg}\leqslant5.0N$, $1.0N\leqslant Fpeak\leqslant8.9N$	GB15972.32—2008—T_光纤试验方法规范_第32部分：机械性能的测量方法和试验程序_涂覆层可剥性
5	动态疲劳参数Nd	Nd≥20	GB15972.33—2008—T_光纤试验方法规范_第33部分应力腐蚀敏感参数
6	宏弯试验	@1625≤0.1dB	GB15972.47—2008—T_光纤试验方法规范_第47部分：宏弯损耗
7	微弯试验	@1700nm≤8dB/km	IEC TR 62221—2012 (Optical Fiber Measurement Methods—Microbending Sensitivity)
8	温度循环试验	Δatt@1310nm≤0.05 Δatt@1550nm≤0.05 Δatt@1620nm≤0.05	GB15972.52—2008—T光纤试验方法规范_第52部分：环境性能的测量方法和试验程序_温度循环
9	湿冻试验	Δatt@1310nm≤0.05 Δatt@1550nm≤0.05 Δatt@1620nm≤0.05	FOTP—72 TIA—455—72—1997(R2001) Procedure for Assessing Temperature and Humidity Cycling Exposure Effects on Optical Characteristicts of Optical Fiber
10	干热试验	Δatt@1310nm≤0.05 Δatt@1550nm≤0.05 Δatt@1620nm≤0.05	GB15972.51—2008—T_光纤试验方法规范：干热

续表

序号	试验项目	要求	试验标准
11	湿热试验	Δatt@1310nm≤0.05 Δatt@1550nm≤0.05 Δatt@1620nm≤0.05 F15%≥2.76GPa F50%≥3.03GPa 1.0N≤F_{avg}≤5.0N, 1.0N≤$Fpeak$≤8.9N Nd≥20	GB15972.50—2008—T 光纤试验方法规范_第 50 部分:环境性能的测量方法和试验程序_恒定湿热
12	浸水试验	Δatt@1310nm≤0.05 Δatt@1550nm≤0.05 Δatt@1620nm≤0.05 1.0N≤F_{avg}≤5.0N, 1.0N≤$Fpeak$≤8.9N	GB15972.53—2008—T 光纤试验方法规范_第 53 部分:环境性能的测量方法和试验程序_浸水
13	光纤油膏相容性试验	1.0N≤F_{avg}≤5.0N, 1.0N≤$Fpeak$≤8.9N	1. GR—20 core 1998 6.3.4 2. ICEA 640 7.19.2 3. ASTM 4568 Standard test methods for evaluating compatibility between cable filling and flooding compounds and polyolefin wire and cable materials

注:微弯试验,湿冻试验,光纤油膏相容性试验目前尚无国家标准,可参照国际有关标准。

5.4 光纤的氘气处理

5.4.1 光纤的氘气处理

氘气处理(Deuterium Gas Treatment)是低水峰光纤生产过程中保持光纤水峰(1383nm)衰减稳定的重要方法。玻璃光纤在其生产过程中,由于掺杂物和内部应力的作用,使得玻璃内部将产生一些结构上的缺陷。这些缺陷在氢气存在的条件下,将会与氢气发生化学反应,形成氢氧根(OH)和其他产物,从而在一些特定波长的位置引起衰减上升。这种由于氢的存在而随时间变化的衰减增加现象被称作氢老化损耗(氢损)。由于光纤在成缆后的使用过程中,光缆中的金属结构材料容易和环境中的水分发生化学反应生成氢气,或因光纤油膏的氧化析氢,从而使氢气渗入纤芯后将引起 1383nm 波长衰减增长。氢损产生的原因包括两个方面。一方面是由于氢气分子扩散进入光纤造成的衰减增加,其造成的吸收峰分布在 1080nm、1130nm、1170nm、1240nm、1590nm 和 1630nm 等波长位置。由于氢气分子扩散进入光纤的衰减增加是暂时的和可逆的。此时氢气分子和石英玻璃结构之间没有形成牢固的化学键结合。当周围环境中氢气的浓度降低时,光纤内部的氢气分子就会通过扩散从光纤内逸出,所造成的附加衰减也就随之消失。

对光纤性能有重要影响的氢损是:氢分子在玻璃中扩散的同时,氢将和玻璃中存在的缺陷发生反应,形成某些特定的化学键,这些化学键的本征振动或高次振动模会在其特征波长上造成衰减增加。由于氢分子在光纤波导缺陷中发生反应而引起的氢损有很多种。研究表明,氢损的主要反应过程为:

$$\equiv Si-O\cdot\ \cdot O-Si\equiv + H_2 \rightarrow \equiv Si-OH + HO-Si\equiv \tag{5-41}$$

$$\equiv Si-O-O\cdot\ \cdot Si\equiv + H_2 \leftrightarrow \equiv Si-O-O-H + H-Si\equiv \tag{5-42}$$

上述反应涉及光纤中两种主要的结构缺陷,即 Si－O・ ・O－Si 和 Si－O－O・ ・Si,分别被称为非桥氧空心缺陷(NBOHCs)和 Si－E'心缺陷。这两种缺陷在富氧沉积反应中有增加的趋势。反应(5-41)和(5-42)所生成的 Si－OH 和 Si－H 所对应的特征吸收峰在 1383nm 和 1530nm 波长。也就是说,上述氢损过程将使 1383nm 和 1530nm 波长的衰减增加。这两个波长分别位于 E 波段和 L 波段,对光纤的传输应用可能造成影响。反应(5-41)是单向的,永久性的。在含 GeO_2 的光纤纤芯中,也会形成永久的 Ge－OH 键,将会在 1410nm 附近形成吸收峰,Si－OH 和 Ge－OH 两种 OH 会同时发生,从而形成由两个峰叠加的谐波损耗。而反应(5-42)是双向的,可能发生自愈反应,即 Si－O－O－H 和 H－Si 反应析出氢,同时原有的缺陷消失。

为使光纤在使用过程中具有良好的抗氢老化性能,确保光纤的衰减稳定性,常用的方法是对拉丝后的成品光纤进行氘气处理。

氘气处理的原理包括两个方面:

(1)利用氘气分子与光纤中的缺陷进行反应,生成 OD 基团,阻止 OH 基团的形成;

(2)通过氘与氢之间的同位素置换使得光纤内的 OH 转化为 OD。OD 基团吸收峰的基波在 3700nm,一次谐振波在 1870nm,都在光纤通信常用的 1260－1625nm 波段之外。二次谐振波虽然在 1260nm,但强度很弱,因而 OD 基团的形成对单模光纤通信没有多大的影响。由于低水峰光纤中的 OH 含量很低,因而对光纤进行氘气处理的主要目的是通过氘与光纤内缺陷之间产生化学反应生成 OD,以阻止成缆后的光纤在后续的使用过程中形成 OH。

氘气分子与玻璃中的 SiO_2 结构之间只有结合强度很弱的物理吸附,因而当光纤中缺陷浓度不高时,绝大多数进入光纤内的氘气分子在自然环境中会在短时间内(实验中发现约为 48～72 小时)从光纤中扩散出来,不会造成光纤的衰减变化。但当光纤内的缺陷浓度达到一定程度后,氘气分子与缺陷之间会产生相对牢固的结合,这时就有部分氘气分子留在光纤之内,只有经长时间或在加热的条件下才能从光纤中扩散逸出来。此外,还有部分永久留在光纤中的附加衰减,应当是由光纤中缺陷与氘气分子发生化学反应形成的 OD 所造成。这部分衰减的产生为不可逆过程。

光纤的氘气处理装置如图 5-22 所示。

氘气处理是将一定浓度的氘气从气瓶中释放出来,与氮气按一定比例混合后进入氘气处理柜。拉丝后的光纤在经参数测试之后,12 小时之内进入氘气处理室,在室内停留一定的时间,让氘气能够充分扩散进入光纤内部并与光纤内的缺陷反应。氘气处理

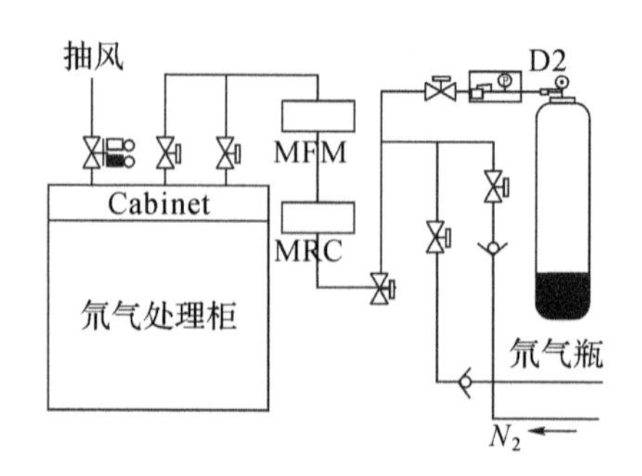

图 5-22　氘气处理装置

期间发生的化学反应如下：

$$Si-O\cdot \quad \cdot O-Si+2D \rightarrow Si-O-D+D-O-Si \tag{5-43}$$

$$Si-O-H+2D \rightarrow Si-O-D+HD\uparrow \tag{5-44}$$

$$2Si-O-H+2D \rightarrow 2Si-O-D+\uparrow 2H \tag{5-45}$$

在上述化学反应中，反应(5-43)用于消除拉丝过程中玻璃内部产生的 NBOHC 缺陷，使之与氘气结合形成吸收波长在 1870nm 的 OD 基团。而另外两个反应则是通过氘与氢之间的同位素置换消除光纤内的氢氧根。氘气处理不但能够消除 NBOHC 缺陷，而且能够通过化学反应消除光纤内存在的低浓度 E'中心缺陷。其反应过程为：

$$2Si\cdot +2D \rightarrow 2SiD \tag{5-46}$$

在氘气处理过程中，最重要的是氘气浓度和处理时间的确定：

通常采用氘气浓度在 0.8%～2.0%之间，以 40 小时的处理时间对光纤进行氘气处理。

下面给出笔者主导建成的光纤企业中两个未经氘气处理和经过氘气处理后的光纤氢损试验的实例：

图 5-23 是未经氘气处理的光纤氢损试验的实例。

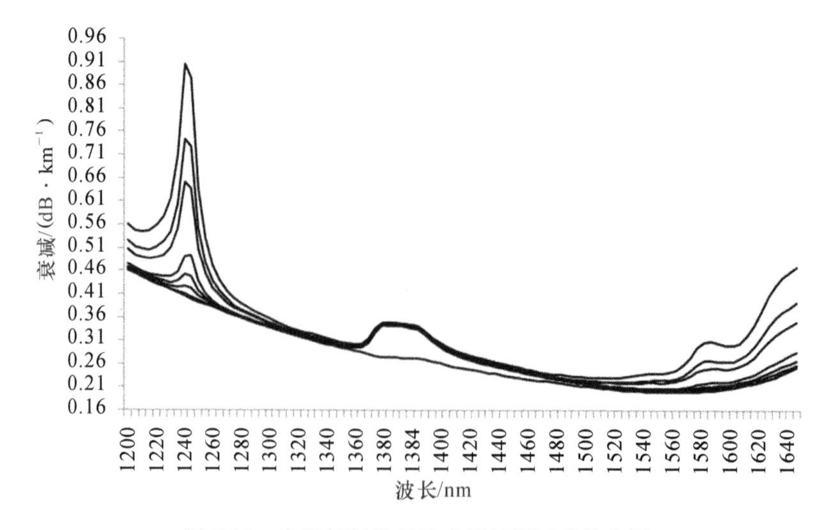

图 5-23　未经氘气处理的光纤氢损试验的实例

将成品光纤放在1%氢气气氛的氢气罐内四天，进行氢损试验：光纤经氢损试验后，出现1383nm附近的水峰，氢损试验后经19天后，水峰损耗不变，系OH基团所致；而在1240nm，1590nm，1630nm的吸收峰是由于氢气分子扩散进入光纤造成的衰减增加，19天后，随着氢气分子逸出光纤，吸收峰消失，衰减增加是暂时的和可逆的。

图5-24是经氘气处理的光纤氢损试验的实例。

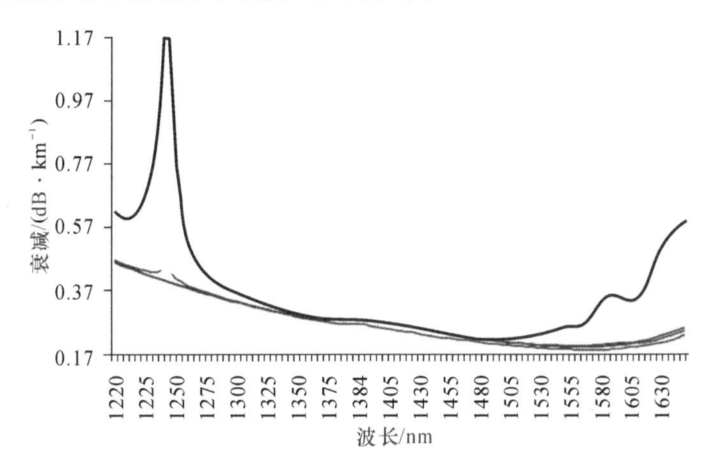

图5-24　经氘气处理后的光纤氢损试验的实例

由图可见：经氘气处理后，OH基团被OD基所取代，故未出现1383nm水峰损耗。而由于氢气分子扩散进入光纤造成的在1240nm，1590nm，1630nm的吸收峰是暂时的和可逆的，OD基团在1260nm的二次谐波吸收峰幅度很小，对光纤传输无甚影响。

上述试验的成品光纤是在直径为150mm的光纤预制棒，拉丝速度为1800m/min的工艺下制成的。从图5-23可见：即使在未经氘气处理的条件下，光纤在1383nm波长的水峰损耗为0.34dB/km，基本上与光纤在1310nm波长时的损耗相当。故仍能满足G.652D光纤定义的损耗谱要求，即G.652.D光纤在1310nm到1625nm波长范围内任一处的损耗不大于其在1310nm处的损耗值。由此可见，光纤预制棒直径愈小，拉丝速度愈低，光纤拉丝过程中产生的结构缺陷(Drawing Induced Defects，DID)愈小，当光纤预制棒的直径小于或等于150mm，拉丝速度低于或等于1800m/min的工艺下制成的G.652.D光纤或可不必进行氘气处理。

5.4.2　过氘处理

在光纤拉丝工艺中，当光纤预制棒的直径较大，如大于或等于180mm，拉丝速度较高，如大于或等于2000m/min的工艺下，加上预制棒拉制时，熔融段较短，直径变化率大，沿预制棒直径方向温度变化率大，光纤拉丝张力较大时，成型光纤内会有较大应力及由此产生较大的光纤拉丝引入的结构缺陷(Drawing Induced Defects，DID)，在经氘气处理后，尽管可消除氢损引起的水峰(1383nm)损耗，但因较多结构缺陷产生过多的OD基团，其吸收峰的二次谐波在1260nm处较大，从而殃及其相邻的1310nm波长上的损耗增大，通常可达0.36dB/km或以上。这种现象称为过氘处理(Over Deuterium Treatment)，也是极需避免的。

5.5 光纤性能的测量项目(G.652.D)

光纤性能的测量项目(G.652.D)如表5-9所示。

表5-9 光纤性能的测量项目(G.652.D)

序号	性能	要求	测量仪表	测量标准
几何性能				
1	包层直径	125±1μm	光纤几何参数测试仪	GB T9771.3—2008
2	包层不圆度	≤1%	光纤几何参数测试仪	GB T9771.3—2008
3	芯/包同心度误差	≤0.6μm	光纤几何参数测试仪	GB T9771.3—2008
4	涂覆层直径(未着色)	245±10μm	光纤涂层测试仪	GB T9771.3—2008
5	涂层不圆度	未规定	光纤涂层测试仪	GB T9771.3—2008
6	包层/涂覆层同心度误差	≤12μm	光纤涂层测试仪	GB T9771.3—2008
7	翘曲度(曲率半径)	≥4m	光纤翘曲度测试仪	GB T9771.3—2008
光学性能和传输特性				
8	1310nm衰减系数最大值	≤0.38dB/km	光时域反射仪	GB T9771.3—2008
9	1550nm衰减系数最大值	≤0.24dB/km	光时域反射仪	GB T9771.3—2008
10	1383nm衰减系数最大值	未规定	光时域反射仪	GB T9771.3—2008
11	1625nm衰减系数最大值	≤0.28dB/km	光时域反射仪	GB T9771.3—2008
12	1310nm衰减点不连续性	≤0.1dB	光时域反射仪	GB T9771.3—2008
13	1550nm衰减点不连续性	≤0.1dB	光时域反射仪	GB T9771.3—2008
14	1285～1330nm范围内最大衰减与1310nm相比	≤0.04dB/km	光纤综合参数测试仪	GB T9771.3—2008
15	1525～1575nm范围内最大衰减与1550nm相比	≤0.03dB/km	光纤综合参数测试仪	GB T9771.3—2008
16	1310nm模场直径	(9.2—9.5)±0.6μm	光纤模场直径测试仪	GB T9771.3—2008
17	光缆截止波长	≤1260nm	光纤综合参数测试仪	GB T9771.3—2008
18	偏振模色散系数(PMD)	≤0.2ps/√km	偏振模色散测试仪	GB T9771.3—2008
19	零色散波长	1312±12nm	光纤色散测试仪	GB T9771.3—2008
20	零色散斜率	≤0.092ps/(nm²·km)	光纤色散测试仪	GB T9771.3—2008
21	1285～1339nm色散	≤3.5ps/(nm·km)	光纤色散测试仪	GB T9771.3—2008
22	1271～1360nm色散	≤5.3ps/(nm·km)	光纤色散测试仪	GB T9771.3—2008
23	1550nm色散	≤18ps/(nm·km)	光纤色散测试仪	GB T9771.3—2008
24	宏弯(1625nm)	≤0.1dB	光纤色散测试仪	GB T9771.3—2008
力学性能				
25	涂层剥离力峰值	1.0～5.0N	万能试验机	GB T9771.3—2008
26	涂层剥离力均值	1.0～8.9N	万能试验机	GB T9771.3—2008
27	拉伸强度15%(0.5米光纤)	≥3.14GPa	万能试验机	GB T9771.3—2008
28	拉伸强度50%(0.5米光纤)	≥3.8GPa	万能试验机	GB T9771.3—2008

续表

序号	性能	要求	测量仪表	测量标准
29	动态疲劳参数 Nd	≥20	动态疲劳参数测试仪	GB T9771.3—2008
环境性能				
详见表 5-8 涂覆光纤的试验项目				

注:GB T9771.3—2008 通信用单模光纤第 3 部分:波长段扩展的非色散位移单模光纤特性

附录:拉丝生产中的工艺气体及其流量控制

光纤拉丝设备中常用的气体分别为压缩空气、氮气、氩气、氧气、氢气、二氧化碳、氦气和氘气。其中氮气、氩气、氧气与二氧化碳一般以液态形式贮存在低温贮槽中,使用过程中通过汽化器转为气态后使用;氢气可采用现场制氢或气体储罐;压缩空气直接通过空气压缩机增压后稳压供给;氦气以气态压缩储罐贮存,减压稳压后供给拉丝设备;氘气可用高纯气态储罐供给,也可使用供应商预混配的氘氮混合气。在拉丝塔内设有多级过滤器,用于过滤储罐内壁、管道和阀门内的杂质。氦气和进拉丝炉的气体最终过滤器的精度可达 0.01μm。

(一)拉丝生产中的工艺气体

1. 工艺气体的纯度

气体	纯度	含氧量	露点
氮气	99.999%	≤2ppm	≤−68°C
氩气	99.999%	≤2ppm	≤−65°C
氦气	99.999%	≤3ppm	≤−65°C
氘气	99.999%	≤2ppm	≤−65°C
氢气	99.99%	≤5ppm	≤−50°C
氧气	99.5%		≤−45°C
二氧化碳	99.9%	≤2ppm	≤−60°C
压缩空气			≤−50°C

2. 工艺气体的性质

	密度 (20°C)g/cm3	热导率 (20°C)W/m.°C	比热容 (20°C)J/g.°C
氮气	$1.25\text{x}10^{-3}$	0.0251	1.034
氩气	$1.784\text{x}10^{-3}$	0.017	0.523
氦气	$0.1785\text{x}10^{-3}$	0.139	5.234
氢气	$0.0899\text{x}10^{-3}$	0.17	14.445
氧气	$1.429\text{x}10^{-3}$	0.0025	0.913

气体在不同压强和温度下的体积变化情况可以通过理想气体公式得出,即

$$PV = nRT$$

式中,P 为气体压强(Pa),V 为气体体积(m^3),n 为物质的量(mol),R 为理想气体常数(J/mol·K),T 为绝对温度(K)。

故当温度恒定、气体质量不变的情况下,气体的体积与其使用压力成反比。

而当计算液态气体向气态转换时,则需要先知道对应气体液态时的摩尔质量和密度,随后求得其在对应工作压力下的体积。换算公式为:

$$P_g V_g = (P_l \cdot V_l) RT/M$$

式中 P_g 为气态工作压力(atm),V_g 为气态体积(m^3),P_l 为液态密度(kg/m^3),V_l 为液态体积(m^3),R 为理想气体常数($0.082 atm \cdot m^3/kmol \cdot K$),$T$ 为绝对温度(℃+273.15),M 为摩尔质量(kg/kmol)。

3. 工艺气体的液化

分子式	摩尔质量 /g/mol	密度 /g/cm³	沸点 /°C	临界温度/°C	临界压力/MPa	气/液体积比(0°C,1atm)
N_2(液氮)	28	0.808	−195.8	−147	3.3942	646.35
Ar(液氩)	40	1.4	−185.7	−122.4	4.8734	783.94
CO_2(液态二氧化碳)	44	1.101	−78.5	31	7.4	560.46
O_2(液氧)	32	1.141	−182.97	−118.4	5.079	798.64

(二)工艺气体的流量控制

在核算气体用量时,需要关注对应气体在使用过程中的压力和温度的具体情况和流量计量和控制设备,以确保气体用量核算的准确性。

拉丝设备中常用的气体流量计量和控制设备主要分为两大类,即浮子流量计(亦称转子流量计、变面积流量计或面积流量计)与质量流量计。

拉丝设备中常用的流量计量和控制设备对比

	适用范围	优点	缺点
浮子流量计(Float Flow Meter)	拉丝炉气封气、固化炉工艺氮气或混合气、冷却管气封气等位置的流量监视	结构简单,价格相对便宜,可替换性强	测量精度低,读数误差较大,需配合流量控制阀使用,无自动数据记录和通讯
浮子流量控制器(Float Flow Controller)	拉丝炉气封气、固化炉工艺氮气或混合气、冷却管气封气、模具气封气等位置的流量调整及监视	结构简单,价格相对便宜,可替换性强,无须配合流量控制阀	流量控制精度低,读数误差较大,需手动调整流量,无自动数据记录和通讯

续表

	适用范围	优点	缺点
质量流量计(Mass Flow Meter)	拉丝炉气封气、固化炉工艺氮气或混合气、冷却管气封气、模具气封气等位置的流量监视	测量精度高,价格适中,环境影响因素小,断电保护能力强,一般有实时数据的通讯功能	需配合流量控制阀使用,使用环境要求高
质量流量控制器(Mass Flow Controller)	拉丝炉内工艺气流、冷却管内氦气流量、模具气封气等流量的控制和监视	控制精度高,环境影响因素小,断电保护能力强,有实时的数据通讯功能	价格昂贵,使用环境要求高

浮子流量计的测量原理为:气流流过锥管和浮子之间的间隙时,浮子上下产生压差,以此产生浮子的上升力。流量不变时,当上升力和流体阻力大于重力时,浮子上升,锥管与浮子间间隙增大,压差逐渐减小,上升力降低,直至上升力和流体阻力等于重力,浮子平衡;反之亦然。流量变化时,浮子上下压差随之变化,流量越高,压差越大,使得浮子的平衡位置越高,故可按浮子于锥管内的平衡位置标定对应的流量。根据浮子的平衡公式,最终可以得到流体的体积流量与流体和流量计中浮子和锥形管各参数的关系如下式:

$$q_v = \pi\alpha h D_0 \tan\varphi \sqrt{\frac{2V_f(\rho_f - \rho)g}{A_f\rho}}$$

其中,q_v 为经过浮子和锥形管间隙的体积流量;α 为浮子的流量系数,与浮子的形状设计有关;h 为浮子处于平衡处在锥形管处的高度;D_0 为标尺零位的锥管直径;φ 为锥形管的锥半角;V_f 为浮子体积;ρ_f 为浮子密度;ρ 为流体密度;A_f 为浮子最大截面积;g 为重力常数。

从上述关系亦可看出,体积流量与高度是成正比关系的。但是,该正比关系的系数会受到流体的密度影响。因气体在不同温度和工作压力下密度会发生改变,故浮子流量计在使用过程中需关注工作环境的状态以保证计量的准确性。

正因气体存在以上问题,为精确计量用气量,一般采用对气体的质量流进行测量以保证精度,即使用质量流量计。测试质量流的方法有多种,目前最精确和成熟的方法是基于科氏力的测量方法。在弯管中通过流体时,由于流体在弯管中作曲线运动,因惯性影响,会对管道的一侧产生压力,即科氏力。由于这种力是基于旋转运动系中惯性带来的,故与质量流的流速直接相关,因而无须关注管道中流体的压力和温度的影响。

质量流量计一般虽显示体积流量,但其直接测量所得的却是质量流量。其体积流量是通过质量流量根据对应流体在一定标准环境下的密度换算而来的。对于气体来说,一般是以标准状态下(0°C,1atm)的气体密度进行换算的。值得关注的是,由于科氏力质量流量计采用弯曲细管测量科氏力,故其一般不能适用于主管路等大管径区域的气体流量测量和控制。若需要测试或者控制较高流量的气体时,为保证设备的测量能力和精度满足要求,可能需要采用通过分为几路气体分别测量或控制后再汇合为一处的办法。

另外,对于质量流量控制器,各厂家的控制精度有较大的区别,价格也存在差异。光纤拉丝炉的设计者亦可通过优化工艺气体的进气方式和缓冲结构以降低对高精度质量流量控制器的依赖。

参考文献

[1] "Method of Making Optical Fiber Having Depressed Index Core Region". USP 5917109.

[2] "Erbium-Doped Silica Optical Fiber Preform". USP 5526459.

[3] "Helium Recyeling for Optical Fiber Manufacturing". USP 5890376.

[4] "Method of Making a Fiber Having Low loss at 1385 nm by Cladding a VAD Preform with a D/d<7. 5". USP 6131415.

[5] "Apparatus and Method for Overcladding Optical Fiber Preform Rod and Optical Fiber Draw Method". USP 605301 3.

[6] "Method for Drying and Sintering an Optical Fiber preform". USP 5656057.

[7] "Optical Fiber Cooling Process". USP 6125638.

[8] "Coated Optical Fiber and its Manufacturing Method". USP 6173102.

[9] "Modified Chemical Vapor Deposition using Independently Controlled Thermal Sources". USP 6145345.

[10] "Method of Stretching an Optical Fiber with Monitoring the Diameter atTwo Locations". USP 6178778.

[11] "Method for Making a Preform Doped With a Metal Oxide". USP 5203897.

[12] "Devitrification Resistant Flame Hydrolysis Process". USP 4486212.

[13] "Fabrication of a Lightguide Preform by the Outside Vapor Deposition Process". USP 4708726.

[14] "Method of Making a large MCVD Single Mode Fiber Preform by Varying Internal Pressure to Control Preform Straightness". USP 6105396.

[15] "Method for Manufacturing an Article Comprising a Refractory Dielectric Body". USP 5000771.

[16] "High Rate Method of Making an Optical Fiber Preform". USP 4372834.

[17] "Purification Process for Compounds useful in Optical Fiber Manufacture". USP 6122935.

[18] "Method for making Optical Fiber Preforms by Collapsing a Hollow Glass Tube Upon a Glass Rod". USP 5578106.

[19] Durgesh S. Vaidya and George D. MihaIaCopOuloS. "Characterization of Meltdown Profile During Fiber Draw". IWCS Proceedings 1998. 73－80.

[20] M. Rajala, K. Asikkala, M. Makinen, T. Tuurnala, E. Peltoluhta. "Combination Furnace for Drawing Large Optical Fiber Preform at High Speed 99. IWCS Proceedings 1998. 483－488.

[21] Maric-Gabarielle Gossiaux, Jean-Francois Bourhis, Gerard Orcel. "Numerical Simulation of Optical Fiber cooling During the Drawing Process". IWCS Proceedings 1998. 81—84.

[22] K. Mariura, M. Nagal, H. Kuzushita, K. Tsuji, T. Kinoshita. "Study on Cure Behavior of UV Curable Resins for High Speed Drawing". IWCS proceedings 1998, 85—90.

第6章 降低PMD的光纤拉丝搓扭技术

随着光纤光缆产业的发展，国内不少光纤光缆企业正在扩建或新建光纤拉丝项目。由于高速大容量长途光纤通信系统对单模光纤PMD性能的日益重视，为了减轻单模光纤的PMD对通信系统性能的影响，可以在通信系统中对单模光纤的PMD进行补偿，但因光纤的PMD是个随机变量，这就大大提高了补偿器技术的复杂性及其成本。另一种方法则是采用在线光纤搓扭技术来降低单模光纤的PMD值。而这种在线光纤搓扭技术是降低单模光纤的PMD值的最简便、最有效、最实用的方式。本章旨在探讨光纤搓扭技术的实施方法及其原理分析。

6.1 用光纤搓扭技术来降低光纤的PMD

在理想的圆对称纤芯的单模光纤中，两个正交偏振模 HE_{11}^{X} 和 HE_{11}^{Y} 是完全简并(degeneracy)的，两者的传播常数相等，故不存在偏振模色散。但在实际的光纤中，由于光纤制造工艺造成纤芯截面一定程度的椭圆度，或是由于材料的热胀系数的不均匀性造成光纤截面上各向异性的应力而导致光纤折射率的各向异性，这两者均能造成两个偏振模传播常数的差异，从而产生群延时的不同，因此形成了偏振模色散(PMD)。HE_{11}^{X} 和 HE_{11}^{Y} 的两个正交偏振模的传播常数之差 $\Delta\beta=\beta_1-\beta_2$ 称为双折射(Birefringence)，上述光纤结构本身存在的双折射称为本征双折射(Intrinsic Birefringence)。此外，光纤在弯曲、扭绞、横向压力等机械外力的作用下也会产生附加的双折射(Extrinsic Birefringence)。当光纤截面的圆对称性受到破坏，由双折射形成的两个不同传播常数的正交偏振模之间会产生相互耦合，由于两个偏振模的传播常数相差很小，因而模式耦合很强。光纤的本征双折射及其受到的外力在实际的光纤线路上均是随机的，因而偏振模之间的耦合也是随机的。从而产生的偏振模色散是个随机量，它无法像波长色散那样可以补偿，后者是确定量，因而在高速大容量长途光纤通信线路中，偏振模色散对于系统的影响变得凸出起来，从而成为高速大容量长途光纤通信系统性能受到制约而又难以解决的主要因素。它在数字系统中使脉冲展宽，在模拟系统中造成信号畸变。因此，从20世纪80年代后期开始，对单模光纤的偏振模色散课题进行了大量的理论和实际研究。

为了减轻或解决单模光纤的PMD对通信系统性能的影响，有两个途径：一是在建成的通信系统中对单模光纤的PMD进行补偿，但因光纤的PMD是一个随时间起伏波动的随机变量，故而其补偿器必须是有源的，这就大大提高了补偿器技术的复杂性及其成本。商用 PMD 补偿器在 10Gbit/s 系统中业已成熟，用于 40Gbit/s 及以上系统中的 PMD 补偿器正在开发之中。另一途径则是直接设计和制造出低 PMD 的单模光纤，这是最直接有效且简单可行的途径。

单模光纤的 PMD 值主要由光纤制作工艺决定。对于 PMD 的改善主要有两种方法，第一种是提高光纤的折射率及应力的对称性，这种方法的关键是要控制现有的光纤生产工艺，保证生产出的光纤具有较好的几何对称性及减少光纤所受到的应力。多年来，由于预制棒工艺的不断改善，光纤的几何尺寸和应力的均匀性不断提高，PMD 值也不断降低。第二种方法就是在光纤拉丝工艺中，采用搓扭工艺可有效地减小光纤的应力和椭圆双折射，如将光纤围绕中心轴扭转，则双折射主轴亦随之进动，快慢轴每 1/4 周期交替变化方向一次，每一元段内的双折射为下一元段内的双折射所抵消，其结果是，总的双折射引起的相移沿中心轴将在两个很小的正值和负值之间振荡，从而有效地降低了其 PMD 值。搓扭的方法有两种：(1)在光纤拉丝工序中旋转坯棒（预制棒）；(2)在光纤拉丝工序中，对拉成的光纤在牵引过程中施加机械扭力。前者称为旋光纤：旋转预制棒的概念是在 1981 年由 Barlow 在他发表的 Birefringence and polarization mode dispersion in spun single-mode fibers 论文中提出来的，其原理是通过一定的角速度旋转预制棒，给光纤加入可控制的双折射，达到优化 PMD 的目的。此方法中没有剪切应力，对环境的变化（如温度）不敏感，基本上可消除椭圆双折射，原美国朗讯公司曾用此法。但是这种方法只能适用于拉丝速度较低的拉丝技术，对于高速拉丝则很难实施。后者称为扭光纤：直接搓扭光纤是由 Hart 在 1994 年 3 月 29 日发表的 Method of making a fiber having low polarization mode dispersion due to a permanent spin 论文中提出来的，此种方法日益得到了普遍的运用。

直接搓扭光纤是现在高速拉丝的首选，也是可行、可操作的一种思路。另外，这种思路的灵活性较大，可以控制不同的拉丝方法及拉丝速度。图 6-1 中展示了两种直接扭转光纤的搓扭装置：一种如图 6-1(a)所示，滑轮和光纤相接触，轮子在水平位置基础上倾斜一定的角度，按照一定扭矩旋转光纤；另外一种如图 6-1(b)所示，两个滑轮水平安装，光纤从两个轮子间通过，两个滑轮以相反的方向来回运动达到搓扭光纤的效果。这两种装置的效果相当，各个厂家根据不同的拉丝塔结构选用适合自己的装置。

现在实际运用中的拉丝搓扭技术有：恒定或单向、正弦曲线、频率调制和幅度调制四种。恒定技术只有一个参数——拉丝幅度，因此是最简单、最直接的一种方法，但是效果不是很好；正弦技术是来回旋转光纤，有两个参数——幅度与周期，可以更好地优化光纤 PMD 性能；另外频率或幅度调制技术对 PMD 性能的改善效果也不错。四种不同扭转模式及其 PMD 减小因子 PMDRF（详见后述）如图 6-2 所示。

光纤在光纤搓扭装置 FSU(Fiber Spin Unit)处产生的弹性扭转应变将沿着光纤向上传递到预制棒端部熔融区(neck-down region)，即光纤成形区，在这里，熔融玻璃绕轴线来回扭转，形成塑性扭转形变，当光纤冷却下来时，这种扭转变形将固化(frozen)在光纤中，形成内置式(built-in)永久性扭转变形，从而引入可控的偏振模之间的耦合，以实现光纤 PMD 的降低。另一方面,在光纤搓扭装置 FSU 处产生的弹性扭转应变,应达到正向和反向弹性扭转应变的相互抵消,以保证在光纤收线盘上的光纤无任何残余弹性扭转应变。

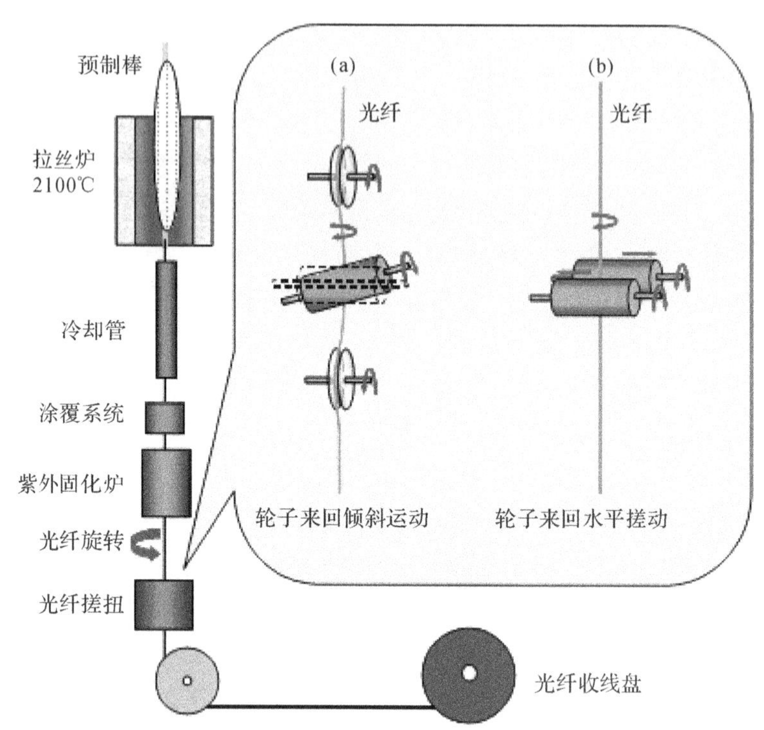

图 6-1 光纤拉丝生产线上的光纤扭转装置

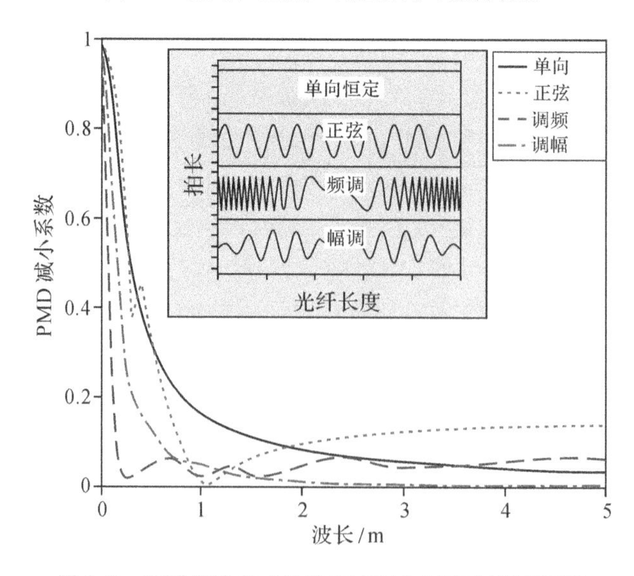

图 6-2 不同扭转方式及其 PMD 减小因子(PMDRF)

在光纤拉丝塔上通过搓扭工艺形成的单模光纤,尽管在光纤的每一个截面上,其纤芯和包层仍然不是完全理想圆整和同心的,但通过光纤的扭转,尤其在达到相位匹配的条件下(详见后述),整段长度的光纤可以等效于一根在每一个截面上纤芯和包层都是完全圆整和同心的理想光纤,从而可得到非常低的PMD值。

选用合适的装置和拉丝搓扭技术是优化光纤PMD性能的第一步,想要真正做得好,关键是要对工艺的摸索和调整,选定最佳的搓扭工艺参数,以达到预期的PMD降低的目标。当前先进的扭转工艺可以把光纤的PMD值降到0.02ps/km$^{1/2}$以下。

6.2 光纤扭转原理

6.2.1 光纤的双折射及PMD

在单模光纤中传播的模HE_{11}分为两个相互正交的两个偏振模,两个偏振模以不同的传播常数β_1和β_2在光纤中传播,两者之差可以用来定义光纤的双折射$\Delta\beta$:

$$\Delta\beta=\beta_1-\beta_2 \tag{6-1}$$

光纤的双折射也可以用拍长(Beat Length)L_B来描述:

$$L_B=\frac{2\pi}{\Delta\beta} \tag{6-2}$$

拍长的意义可以从上列定义式理解为:拍长L_B就是HE_{11}模的两个正交偏振模在光纤中传播时产生2π的相位差的长度。换言之,光的偏振态在传播了距离为L_B后会重现原来的状态。显然,拍长愈长,光纤的双折射愈弱;拍长愈短,光纤的双折射愈强。各类商用光纤拍长变化范围很大,可以从2~3mm(高双折射光纤)到10~100m(低双折射光纤)。由于光纤双折射的存在,两个偏振态会以不同的群速度传播,这就会产生差分群延时(Differential Group Delay,DGD),某一段光纤在z点的偏振模色散PMDγ_ω可定义为在单位长度上光纤的两个偏振模之间的差分群延时DGD:

$$\gamma_\omega=\frac{\mathrm{d}\Delta\beta}{\mathrm{d}\omega} \tag{6-3}$$

ω是光波的角速率,对于一根没有随机模耦合的、有着均匀双折射的光纤,光传播过程中产生的DGD与光纤长度成正比:

$$\tau=\gamma_\omega L \tag{6-4}$$

但此公式只适用于短光纤,对于长光纤来说,由于存在着随机的模耦合,其DGD不能简单地通过此公式算出。所以,一般对长光纤要运用耦合模方程及统计工具来求得其总的DGD。经过理论论证,长光纤或有模随机耦合的光纤的DGD值与长度的平方根成比例:

$$\tau=\gamma_\omega\sqrt{h\cdot L} \tag{6-5}$$

h是模耦合长度,可以理解为在光纤中耦合发生的频度。由于用于通信系统的单模光纤的双折射是比较小的,所以,基于微扰理论的耦合模方程可以用来描述光纤中各种不同形式的双折射机理。

为了描述通过光纤扭转来减小PMD,可引入一个称作PMD减小因子的参数ζ,英文称为PMDRF即PMD reduction factor,其定义为

$$\zeta = \tau/\tau_0 \tag{6-6}$$

式中,τ 为扭转光纤的 DGD;τ_0 为非扭转光纤的 DGD。

6.2.2 光纤扭转的理论模型

光纤扭转的理论模型有两种。一种是基于单模光纤中主偏振态的概念(参见文献3,4,5),定义偏振色散矢量$\vec{\Omega}$,矢量描述了当固定输入偏振态的频率变化时,因光纤PMD的存在而产生输出偏振态的旋转变化率和方向。按定义,频域中的偏振色散矢量$\vec{\Omega}$是与时域中的输出偏振态的差分群延时 τ 直接相关,即有

$$\tau = |\vec{\Omega}| \tag{6-7}$$

故而,偏振色散矢量也可表示为

$$\vec{\Omega} = \tau\vec{\varepsilon} \tag{6-8}$$

式中,$\vec{\varepsilon}$是表示方向的单位矢量。

宏观的偏振色散矢量可以和微观的光纤的双折射联系起来,这种联系可以通过偏振色散矢量的动态方程来描述。通过求解动态方程,可得到偏振色散矢量,从式(6-8)可见,其模值即为差分群延时 τ。偏振色散矢量的动态方程由下式给出:

$$\frac{\partial\vec{\Omega}(\omega,z)}{\partial z} = \frac{\partial\vec{W}(\omega,z)}{\partial\omega} + \vec{W}(\omega,z)\times\vec{\Omega}(\omega,z) \tag{6-9}$$

它描述了偏振色散矢量$\vec{\Omega}$和光纤双折射矢量$\vec{W}$的相互关系。式中,$\partial\vec{W}/\partial\omega$ 即为光纤 z 点上的本征模色散。在实际的光纤中,双折射矢量及本征模色散$\partial\vec{W}/\partial\omega$ 均为位置 z 的随机函数。

另一种理论模型是基于琼斯矩阵的耦合模理论(参见文献 6,7,8),分析如下:

实际的单模光纤的形状和电磁参数与理想光纤之间的差异很小,实际传播的光波场与理想光纤中的传播模式的差异也很小,因而单模光纤的比较小的双折射可视为对原先各向同性材料的一种各向异性的微扰,从而可用微扰法来求解实际的(受微扰)光纤(参见文献 9)。在弱导条件下,电场$\vec{E}$可用下列波动方程来描述(参见文献 10):

$$\Delta\vec{E} - \mu_0\varepsilon_0\varepsilon\vec{E} = \mu_0\vec{P} \tag{6-10}$$

式中,ε 是均匀光纤的相对介电常数,$\vec{P}$是微扰项

$$\vec{P} = \varepsilon\Delta\varepsilon\vec{E} \tag{6-11}$$

式中,$\Delta\varepsilon$ 是描述介质各向异性的介电张量。在无微扰的情况下,式(6-10)的模场解为

$$\vec{E}_n(x,y,z) = \vec{e}_n(x,y)\exp(-\mathrm{j}\beta_0 z) \qquad n=1,2 \tag{6-12}$$

式中,$e_n(x,y)$ 为电场分布;$n=1,2$ 表示单模光纤中两个偏振模。

在均匀光纤(无微扰)的情况下,两个偏振模简并,具有相同的传播常数 β_0,在有微扰的情况下,电场 $\vec{E}(x,y,z)$可表示为两个无微扰场的线性叠加:

$$\vec{E}(x,y,z) = \sum_n A_n(z)\,\vec{e}_n(x,y)\exp(-\mathrm{j}\beta_0 z) \tag{6-13}$$

式中,$A_n(z)$ 是描述两个模场$\vec{E}_n$ 的幅度和相位的复数系数。利用下列两个公式分别表示的偏振模的正交性和弱耦合性两个条件:

$$\int \vec{e}_m(x,y)\cdot\vec{e}_n(x,y)\,\mathrm{d}x\mathrm{d}y = N_n\delta_{mn} \tag{6-14}$$

式中，N_n 为 n 模功率，δ_{mn} 为克劳内克尔 δ 函数。

$$\frac{1}{\beta_0}\left|\frac{\mathrm{d}^2 A_n}{\mathrm{d}z^2}\right| \ll \left|\frac{\mathrm{d}A_n}{\mathrm{d}z}\right| \tag{6-15}$$

将式(6-13) 代入式(6-10) 和式(6-11)，即可得到复数幅度 $A_n(z)$ 的耦合模方程：

$$\frac{\mathrm{d}\vec{A}}{\mathrm{d}z} = j\kappa \cdot \vec{A} \tag{6-16}$$

式中，$\vec{A}$ 是复数幅度矢量

$$\vec{A} = (A_1 \quad A_2) \tag{6-17}$$

κ 是耦合系数矩阵

$$\kappa = \begin{pmatrix} \kappa_{11} & \kappa_{12} \\ \kappa_{21} & \kappa_{22} \end{pmatrix} \tag{6-18}$$

耦合系数矩阵 κ 是与光纤的双折射、光纤的扭转参数和其他扰动因素相关的。

沿着双折射光纤的本地偏振的变化由耦合模方程来描述，而沿光纤传播的光场在一定位置的总的偏振变化可由一个称为琼斯矩阵的转换矩阵来描述。忽略光纤损耗，琼斯矩阵为下列形式的单元矩阵

$$T = \begin{pmatrix} u_1 & -u_2^* \\ u_2 & u_1^* \end{pmatrix} \tag{6-19}$$

且有归一化条件

$$|u_1|^2 + |u_2|^2 = 1 \tag{6-20}$$

琼斯矩阵的四个复数元素可通过在一定初始条件下，求解耦合模方程来得到，而当琼斯矩阵确定后，则可从矩阵元素求得差分群延时 τ：

$$\tau = 2\sqrt{\left|\frac{\mathrm{d}u_1}{\mathrm{d}\omega}\right|^2 + \left|\frac{\mathrm{d}u_2}{\mathrm{d}\omega}\right|^2} \tag{6-21}$$

6.2.3　耦合模方程之解

1. 耦合系数

(1) 这里我们将讨论范围限于线性双折射光纤，因为在通信单模光纤中，圆双折射通常是可以略而不计的(参见文献 11)。线性双折射可由纤芯变形、不对称的横向应力及弯曲等因素产生。线性双折射光纤的耦合系数由下式给出：

$$\kappa = \frac{1}{2}\begin{pmatrix} 0 & \Delta\beta\, \mathrm{e}^{\mathrm{j}2\varphi} \\ \Delta\beta\, \mathrm{e}^{-\mathrm{j}2\varphi} & 0 \end{pmatrix} \tag{6-22}$$

式中，$\Delta\beta$ 是线性双折射；φ 是双折射相对于 x 轴的方向。

(2) 扭转光纤的耦合系数

在扭转光纤中，双折射方向相对于 x 轴旋转，累积的旋转角 φ 是光纤长度 z 的函数，且由扭转率 $\alpha(z)$ 所确定，即有

$$\varphi = \int_0^z \alpha(z)\mathrm{d}z \tag{6-23}$$

将式(6-23) 代入式(6-22)，即可得到扭转光纤的耦合系数矩阵：

$$\kappa = \frac{1}{2}\begin{pmatrix} 0 & \Delta\beta\, \mathrm{e}^{\mathrm{j}2\int_0^z \alpha(z)\mathrm{d}z} \\ \Delta\beta\, \mathrm{e}^{-\mathrm{j}2\int_0^z \alpha(z)\mathrm{d}z} & 0 \end{pmatrix} \tag{6-24}$$

2. 耦合模方程之解

耦合模方程式(6-16),在一般情况下不存在解析解,而只能用数字方法求解。但对于恒定或单向扭转光纤和周期性扭转(如正弦扭转)光纤两种特殊情况,可得到解析解。分析如下:

(1) 恒定(单向)扭转光纤耦合模方程之解

对于恒定(单向)扭转光纤,扭转函数为常数:

$$\alpha = \alpha_0 \tag{6-25}$$

从式(6-23),可求得耦合模方程为

$$\frac{\mathrm{d}A_1}{\mathrm{d}z} = \frac{1}{2}\mathrm{j}\Delta\beta\, \mathrm{e}^{\mathrm{j}2\alpha_0 z}A_2 \tag{6-26}$$

$$\frac{\mathrm{d}A_2}{\mathrm{d}z} = \frac{1}{2}\mathrm{j}\Delta\beta\, \mathrm{e}^{-\mathrm{j}2\alpha_0 z}A_1 \tag{6-27}$$

利用初始条件:$A_1(0) = 1, A_2(0) = 0$,可得方程(6-26),(6-27) 之解为

$$A_1 = -\frac{\alpha_0 - \upsilon}{2\upsilon}\mathrm{e}^{\mathrm{j}(\alpha_0+\upsilon)z} + \frac{\alpha_0 + \upsilon}{2\upsilon}\mathrm{e}^{\mathrm{j}(\alpha_0-\upsilon)z} \tag{6-28}$$

$$A_1 = \frac{\Delta\beta}{4\upsilon}\mathrm{e}^{\mathrm{j}(-\alpha_0+\upsilon)z} - \frac{\Delta\beta}{4\upsilon}\mathrm{e}^{-\mathrm{j}(\alpha_0-\upsilon)z} \tag{6-29}$$

式中,$\upsilon = \sqrt{\alpha_0 + \frac{1}{4}\Delta\beta^2}$ 。

利用式(6-19)、式(6-21),可求得恒定(单向)扭转光纤的 DGD,当光纤足够长时,略去 DGD 表示式中的正弦项,可简化为

$$\tau(z) = \frac{\gamma_\omega \cdot \Delta\beta \cdot z}{2\upsilon} \tag{6-30}$$

故有 PMDRF

$$\zeta = \frac{\Delta\beta}{2\upsilon} \tag{6-31}$$

由此可见,恒定(单向)扭转光纤的 PMDRF 取决于光纤的双折射和扭转率。

(2)周期扭转(如正弦扭转)光纤耦合模方程之解

对于周期扭转光纤的耦合模方程,可用微扰理论,求得具体解析解。利用上节的初始条件,$A_1(z)$和 $A_2(z)$的微扰解为

$$A_1(z) = 1 \tag{6-32}$$

$$A_2(z) = (\mathrm{j}/2)\Delta\beta\int_0^z \exp[-2\mathrm{j}\Theta(z')]\mathrm{d}z \tag{6-33}$$

式中,$\Theta(z) = \int_0^z \alpha(z')\mathrm{d}z'$。从式(6-21) 即可求得 DGD

$$\tau(z) = \gamma_\omega\left|\int_0^z \exp[-2\mathrm{j}\Theta(z')]\mathrm{d}z'\right| \tag{6-34}$$

对于正弦扭转光纤，扭转函数为

$$\alpha(z)=\alpha_0\cos(\eta z) \tag{6-35}$$

式中，α_0 为扭转幅度；η 为空间调制的角频率。如扭转周期为 Λ，则有 $\eta=2\pi/\Lambda$。扭转函数的积分为 $\Theta(z)=\alpha_0\sin(\eta z)/\eta$，从式(6-34) 可得 DGD 为

$$\tau(z)=\gamma_\omega\left|\int_0^z \exp\left[-\mathrm{j}\,\frac{2\alpha_0\sin(\eta z')}{\eta}\right]\mathrm{d}z'\right| \tag{6-36}$$

利用贝塞尔函数的恒等式，上式可化为

$$\tau(z)=\gamma_\omega\sqrt{R^2(z)+I^2(z)} \tag{6-37}$$

式中，

$$R(z)=J_0(2\alpha/\eta)z+\sum_{n=1}^{\infty}\frac{J_{2n}(2\alpha/\eta)}{\eta n}\sin(2n\eta z) \tag{6-38}$$

$$I(z)=\sum_{n=0}^{\infty}\frac{J_{2n+1}(2\alpha/\eta)}{\eta(2n+1)}\cos(2(n+1)\eta z) \tag{6-39}$$

DGD 主要由上列方程中线性项所决定，此时可略去上列方程中的振荡项，DGD 则可表示为

$$\tau(z)\approx\gamma_\omega\left|J_0(2\alpha_0/\eta)\right|z \tag{6-40}$$

故 PMDRF 可表示为下列简单形式：

$$\zeta=\tau/\tau_0=\left|J_0(2\alpha_0/\eta)\right| \tag{6-41}$$

此式表示 PMDRF 与光纤扭转参数的函数关系，并可从中得到相位匹配条件：相位匹配条件是与零阶贝塞尔函数的零点相联系的。相位匹配现象可用模式耦合机理来描述：光纤单向扭转可降低双折射，但不会引起模式耦合。在正弦扭转时，扭转率的变化会引起两个偏振模彼此耦合，从而使 PMD 得到补偿。在一定的扭转函数和双折射条件下，相位匹配条件得到满足将产生最大的能量交换，因而得到最佳的 PMDRF 值。

图 6-3 表示在一定的扭转周期和拍长时，PMDRF 与扭转幅度的函数关系。由图可见相位匹配条件与零阶贝塞尔函数的零点的关系。根据物理条件，扭转幅度不能太大，否则会造成光纤过大的扭矩。图 6-3 还表示了按式(6-41)求得的解析解和式(6-16)求得的数值积分解的比较。

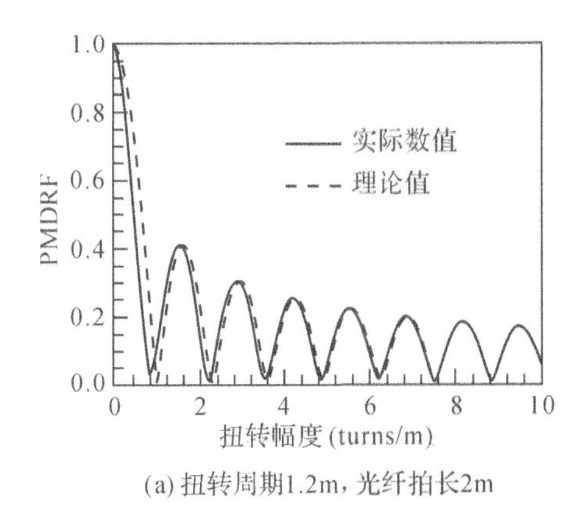

(a) 扭转周期1.2m，光纤拍长2m

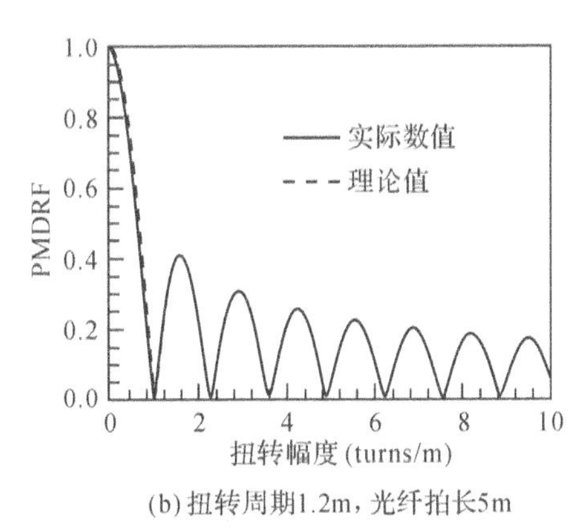

(b) 扭转周期1.2m，光纤拍长5m

图 6-3　PMDRF 与扭转幅度的函数关系

6.2.4 不同扭转模式的比较

在实际运用中的拉丝扭转模式有:恒定或单向、正弦曲线、频率调制和幅度调制四种。

频率调制(FM)的扭转函数为

$$\alpha(z)=\alpha_0\sin\left\{2\pi\left[f_0 z+f_m\sin\left(\frac{2\pi z}{\Lambda}\right)\right]\right\} \tag{6-42}$$

式中,α_0 为扭转幅度;f_0 为中心频率;f_m 为调制频率;Λ 为扭转周期。

幅度调制(AM)的扭转函数为

$$\alpha(z)=\alpha_0\sin(2\pi fz)\sin\left(\frac{2\pi z}{\Lambda}\right) \tag{6-43}$$

下面分析和比较四种拉丝扭转模式的特点:

(1)恒定或单向扭转模式是最简单的一种,其 PMDRF 与光纤拍长有关。从图 6-2 可见,光纤拍长愈长,PMD 减小愈有效,而对于短拍长和低扭转率则效果较差。另外,单向扭转方式会使光纤在收线盘上的扭绞累积起来,因此要实现此扭转模式,必须采用一种有退扭功能的特殊结构设计的光纤收线盘。因而单向扭转模式在实际的光纤拉丝塔中很难实施。(2)正弦曲线扭转模式中,光纤来回扭转,在光纤扭转装置 FSU 处产生的弹性扭转应变,达到正向和反向弹性扭转应变的相互抵消,可保证在光纤收线盘上的光纤无任何残余弹性扭转应变。所以正弦曲线扭转模式是一种实际生产中最常用的光纤扭转模式。而且当相位匹配条件得到满足时,可得到最佳的 PMDRF 值。相位匹配条件取决于扭转幅度和扭转周期,值得注意的是要达到相位匹配条件,必须将扭转参数严格地控制在一定范围内。再者由于相位匹配条件与光纤拍长有关,因此当光纤拍长有变化时,其 PMD 减小性能会有较大变化。因为在正弦扭转模式中,只有一个空间频率,尽管可以通过调节扭转幅度来使在给定的拍长下,得到相应的低 PMDRF,但这种低 PMDRF 无法在宽的拍长范围内维持(如从 0.5 米到几米)。而在(3)频率调制和(4)幅度调制的扭转模式中,因为他们有多个富里埃空间频率分量的存在,不同的富里埃空间频率分量可对应不同的拍长,因而能在宽的拍长范围内维持低的 PMDRF。但对于短拍长,如拍长小于 0.5 米的光纤,频率调制和幅度调制的扭转模式对 PMDRF 的改善效果并不显著。图 6-4 为正弦,FM 和 AM 三种扭转模式的 PMDRF 和光纤拍长的函数曲线,即反映了上述结论。

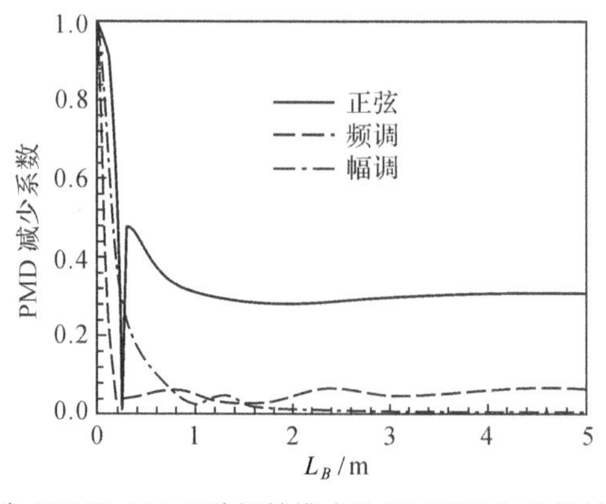

图 6-4 正弦,FM 和 AM 三种扭转模式的 PMDRF 和光纤拍长的函数曲线

光纤拉丝扭转模型和随机耦合模理论的结合，使我们对扭转光纤的性能有了更深的了解。扭转光纤在最佳扭转条件和非最佳扭转条件下的性状有很大的不同。对于非最佳扭转条件下的短长度光纤，无随机扰动，其 DGD 随光纤长度线性增加，这和非扭转光纤的情况相同。对于最佳扭转条件下的短长度光纤，其 DGD 不随光纤长度增加，而是在一个固定范围内振荡。对于大长度有模式耦合的光纤，最佳和非最佳扭转的光纤都遵循平方根规律，这与非扭转光纤的情况一样，但两者有不同的比例系数，它取决于光纤的扭转参数。

对于非最佳扭转光纤，其 DGD 将随模式耦合的增大而减小，这和非扭转光纤的情况相同。另一方面，对于最佳扭转光纤，其 DGD 将随模式耦合的增大而增大，这和非扭转光纤和非最佳扭转光纤相比较，直觉上是相反的。此外，光纤的扭转会影响光纤的偏振变化，光纤偏振变化的空间周期与 PMD 减小因子成反比。

6.3　光纤拉丝工艺中光纤搓扭装置与实践

1. 光纤搓扭装置

光纤拉丝工艺中的光纤搓扭装置（FSU）大致有两种类型：一种以芬兰 Nextrom 产品为代表的双轮搓扭装置；二是以法国 Delachaux 产品为代表的单轮搓扭装置。两者的搓扭装置各有优势。

双轮型的搓扭主要结构如图 6-5 所示：

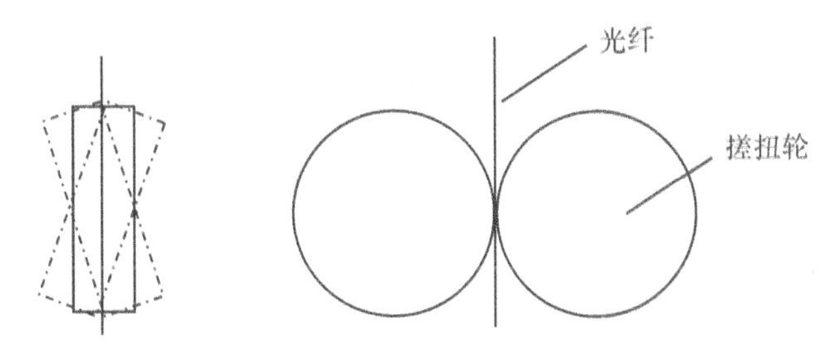

图 6-5　双轮搓扭结构

双轮型搓扭一般使用两个平面轮夹持中间的光纤，通过两个平面轮的反向倾斜搓动光纤旋转。

由于双轮搓扭需要使用两个轮子夹持光纤，故两个轮子的夹紧力的调整至关重要。夹紧力过大，极易对光纤涂层造成压伤破损，严重时甚至会压断光纤；夹紧力过小，在高速拉丝时由于轮子高速转动，极易产生搓扭轮跳动的情况，同样会造成光纤损伤。此外，为了尽可能地避免光纤受伤，搓扭轮的表面一般会使用质地较软的合金制作，这也使得搓扭轮极易受损，更换频率较高。

虽然双轮搓扭在调试和维护上存在难点，但是得益于双向夹持的结构，双轮搓扭能够得到优良的扭转效果。甚至在拉丝塔轮系自身引入单向扭转较大的情况下，也能够简单通过参数调整，得到相对完美的搓扭结果。

单轮型搓扭则一般仅使用一个搓扭轮,通过搓扭轮上、下的定位轮增大光纤在搓扭轮上的接触面积,从而通过轮面摆动或移动引起光纤转动。其结构如图 6-6 所示。

单轮搓扭有效避免了双轮搓扭易压伤、压断光纤,搓扭轮更换频率高的问题。但是,更改为单轮后搓扭的搓动效果则有所削弱。所以为了得到更为明显的搓动效果,往往需要增加中间搓扭轮压过光纤的距离,以此增大光纤在搓扭轮上的接触面积,提高转动效果。这样的调整也代表光纤在整个拉丝过程中都承受了比较大的瞬间应力。故而使用单轮搓扭后,光纤生产过程中在搓扭处塔断的概率会上升。

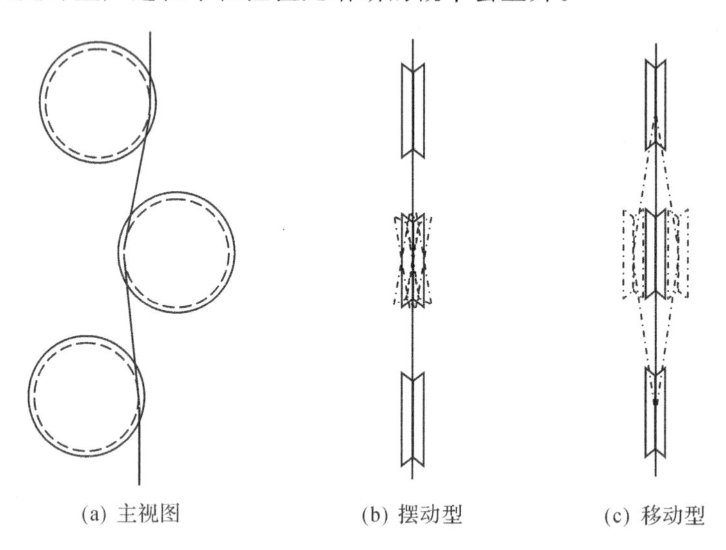

图 6-6　常见单轮搓扭结构

此外,即便增大了接触面积,单轮搓扭的使用效果仍难以达到双轮的稳定性。这也代表若拉丝塔轮系本身引入较大的扭转时,通过调整单轮搓扭的工艺参数得到的修正效果较小。这也要求技术人员在拉丝塔自带扭转的维持保养上加以更多关注。

2. 搓扭工艺控制

线长控制:由于搓扭是在拉丝过程中人为引入可控扭转的设备系统,但是在拉丝过程中,拉丝的速度是在不断变化的,为了保障在不同速度下引入扭转的一致性,搓扭的工艺配方一般以"线长"来界定,而非往常认为的时间或者速度。换言之,搓扭在配方固定的情况下,伴随着拉丝速度的上升,为了保障线长配方的一致性,搓扭的转速会相对应地提高,周期缩短。

搓扭的常见配方形式:搓扭系统的完整配方可以归纳如图 6-7 所示。

图中,各字母代表如下:

(A)旋转线长(正向):搓扭自垂直位置旋转至正向最大角度所经过光纤的长度,反之亦然;

(B)最大转角线长(正向):搓扭维持在正向最大角度所经过光纤的长度;

(C)摆直线长:搓扭维持在垂直位置所经过光纤的长度;

(D)旋转线长(负向):搓扭自垂直位置旋转至负向最大角度所经过光纤的长度,反之亦然;

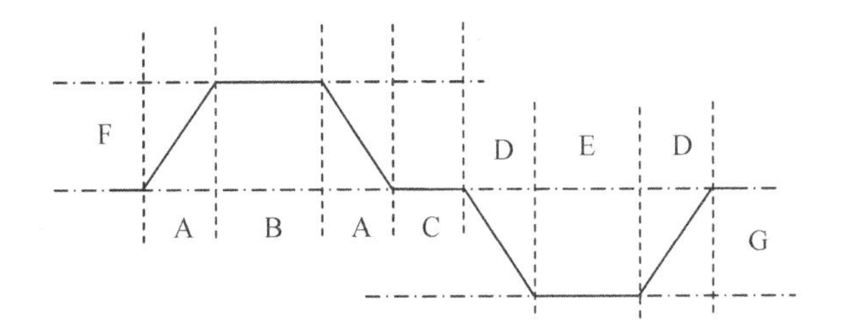

图 6-7　搓扭的完整配方结构

(E)最大转角线长(负向)：搓扭维持在负向最大角度所经过光纤的长度；

(F)每米转角(正向)：搓扭自垂直位置向正向最大角度位置转动过程每经过 1 米光纤转过的角度，该参数决定了正向最大角度的大小，亦可以使用“最大转角(正向)”表征；

(G)每米转角(负向)：搓扭自垂直位置向负向最大角度位置转动过程每经过 1 米光纤转过的角度，该参数决定了负向最大角度的大小，亦可以使用“最大转角(负向)”表征。

以上配方为搓扭系统中的完整配方结构，在具体使用过程中，部分设备可以通过设置一些参数为 0 来简化配方结构。

生产线零扭转调试方法：生产线的自带扭转主要来自于拉丝塔底部的定位轮。光纤由于在该轮上的接触面积较大，当该轮的准直偏差较大或动态平衡不良时，就会引入较大的扭转。生产线上其他轮系同样也会引入一定的扭转，但是比之主定位轮，其他轮子引入的扭转几乎可以忽略不计。

所以，校准生产线的零扭转的方法主要有两步：第一步，拉丝塔做准直时需要使用水平仪校准定位轮的垂直度，尽可能将自带扭转降到最低；第二步，进行不使用搓扭的验证拉丝，并在线进行定位轮倾斜度的微调。一般来说，当拉丝塔在不使用搓扭情况下的扭转能够低于每米 90°时，拉丝塔的零扭转基本可视为调试完成。

3. 搓扭结果的验证方法

光纤的扭转情况可以通过记录在收线大盘中光纤的扭转进行检查。扭转的检测方法一般为每米测量法。常见的扭转检测方法有垂直放线法和双端检测法两种，如图 6-8 所示。

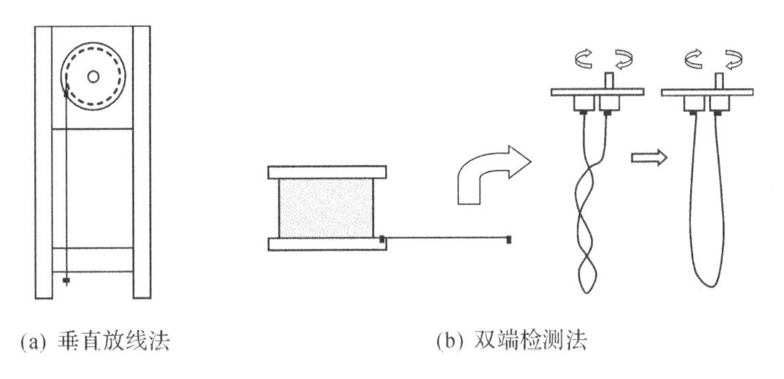

(a) 垂直放线法　　(b) 双端检测法

图 6-8　光纤扭转的常见检测方法

垂直放线法是将带有标记的粘纸粘贴在光纤的端头 A，使其保持一定方向不变垂直放下 1 米长度，然后使用粘纸 B 使光纤黏结在光纤盘边，随后观察 A 处粘纸的转动角度。以此类推,重复进行测量直至一个周期线长后,其相对应的数据曲线呈现图 6-7 效果为最佳状态。

双端检测法则是将光纤拉出 1 米后,一端夹持在固定夹子 C 上,另一端夹持在可以旋转的夹子 D 上,整个过程中光纤不允许旋转。随后,旋转夹子 D 直至光纤完全松弛(如图所示),记录下夹子 D 旋转的角度。重复进行测量,直至一个周期线长后,分别记录顺时针和逆时针总角度。一般情况下,建议单向扭转总度数不低于 1800°,顺时针和逆时针扭转之差不大于 720°为最佳状态。

未经搓扭的光纤因为光纤结构本身产生本征双折射,在保证光纤圆度,芯包同心度以及应力均衡的条件下,在光纤盘上光纤的 PMD 值能达到 0.02～0.04 ps/km$^{1/2}$ 范围内。光纤在拉丝塔上经搓扭后,在本征双折射外加上光纤由外力加上的椭圆双折射,为下一元段内的双折射所抵消,从而有效地降低并稳定了其 PMD 值。在光纤盘上光纤的 PMD 值基本上也在 0.02～0.04ps/km$^{1/2}$ 范围内。光纤在光纤盘上的 PMD 值尚未见在国际和行业标准中有所规定。在有关光纤产品规范中,规定为小于或者等于0.1ps/km$^{1/2}$ 或 0.2ps/km$^{1/2}$。

在拉丝塔上未经搓扭后的光纤,在成缆后,因在成缆工艺过程中受到弯曲、扭绞、横向压力等机械外力的作用,产生了附加的双折射,从而会使光缆盘上的光纤的 PMD 呈现不稳定状态,PMD 值增大,且呈离散性,从而无法保证光纤链路的 PMD 值达标。在拉丝塔上经过搓扭的光纤,在成缆后,因在成缆工艺过程中受到弯曲、扭绞、横向压力等机械外力的作用后,仍能保持光缆盘上的光纤的 PMD 值在稳定的范围内,PMD 值约在 0.04～0.06ps/km$^{1/2}$ 区间,从而可以保证光纤链路的 PMD 值达标。

在拉丝塔上光纤的搓扭工艺,应设计合理的配方,单位长度上搓扭角度不宜太大,以免光纤受太大扭曲应力,而应调节到图 6-3 中贝塞尔函数第一个零点附近为宜。在拉丝塔上光纤的搓扭的实际效果可通过逐段光纤的扭转角度测数据,画出如图 6-7 所示扭角/光纤长度的函数曲线,以得到正弦曲线为准。也可将 2 到 3 公里光纤无张力地复绕在光缆盘上,模拟光纤在光缆中的状态,测得相应的成缆光纤的 PMD 值,来检测搓扭效果。

参考文献

[1] A J Barlow, J JRamskov-Hansen, D N Payne. Birefringence and polarization mode dispersion in spun singe-mode fibers, Appl. Opt. 1981, 20: 2963.

[2] A C Hart, Jr. R G Huff, K L Walker. Method of making a fiber having low polarization mode dispersion due to permanent spin. U. S. Patent 5, 298, 047, March, 29 1994.

[3] R E Schuh, X Shan, A SSiddiqui. Polarization mode dispersion in spun fibers with different linear birefringence and spinning parameters. J. Lightwave Technol. 1998, 16: 1583.

[4] A Galtarossa, Luca Palmieri, Anna Pizzinat. Optimized spinning design for low PMD

fibers: an analytical approach. J. Lightwave Technol. 2001,19:1502.

[5] A Galtarossa,Luca Palmier,Anna Pizzinat,et al. An analytical formula for the mean differential group delay of randomly birefringent spun fibers . J. Lightwave Technol. 2003,21:1635.

[6] X Chen,MJ Li,D A Nolan. Polarization mode dispersion of spun fibers: An analytical solution. Opt. Lett. 2002,27:294-296.

[7] X Chen, M J Li,D A Nolan. Fibers with low polarization mode dispersion. J. Lightwave Technol. 2004, Vol. 22(4). 1066-1077.

[8] M J Li,D A Nolan. Fiber spin-profile designs for producing fiber with low polarization mode dispersion. Opt. Lett. 1998,23:1659-1661.

[9] R Dandliker. Rotational effects of polarization in optical fibers. Anisotropic and Nonlinear Optical Waveguides. New York: 1992:39-76.

[10] D Marcuse. Theory of dielectric optical waveguides. Boston, MA: Academic, 1991.

[11] A Galtarossa, Luca Palmieri. Measure of twist-induced circular birefringence in long single-mode fibers. J. Lightwave Technol. 2002,20:1149-1159.

[12] Ming-Jun Li,Xin Chen, Daniel A Nolan. Ultra low PMD fibers by fiber spin. Optical Fiber Communication Conference (OFC), Los Angeles, California, 2004, 22:FA1-FA3.

[13] A J Barlow,J JRamskov-Hansen. D N Payne. Birefringence and polarization mode-dispersion in spun single-mode fibers. Appl. Opt. , 1981, 20:2962-2968.

[14] Ming-jun Li. Fiber spinning for reducing polarization mode dispersion in single mode fibers: Theory and applications. Proceedings of SPIE, 2003, 5247: 97-110.

第7章　用 VAD/OVD 法制作 G.652.D 光纤预制棒

近年来愈来愈多的光纤光缆产业从光缆产业向光纤拉丝产业发展延伸，并进一步向光纤预制棒产业发展延伸。这不仅是产业链不断向上游延伸，也是为了不断追求更高的生产利润。

光纤的制造工艺通常分两步进行，即光纤预制棒的制作和光纤拉丝。光纤拉丝在拉丝机上完成，技术路线比较单一。光纤预制棒工艺是光纤制作中最主要，也是难度最大的工艺。从 20 世纪 70 年代起曾平行地发展了多种预制棒制作工艺技术。经过近 40 年的发展，目前最为成熟的有四种技术：美国康宁公司开发的管外气相沉积法（Outside Vapor Deposition），简称 OVD 法；美国 AT&T 公司（Bell Labs.）开发的管内化学气相沉积法（Modified Chemical Vapor Deposition），简称 MCVD 法；日本 NTT 开发的轴向气相沉积法（Vapor Axial Deposition），简称 VAD 法；以及荷兰菲利浦公司开发的等离子化学气相沉积法（Plasma Chemical Vapor Deposition），简称 PCVD 法。这四种方法各有其优缺点，但都能制作出高质量的光纤产品，它们在光纤市场上各占一定份额。这四种方法在发展过程中相互取长补短，相互结合，愈趋成熟。

四种光纤预制棒制作技术如图 7-1 所示：(a)MCVD 法；(b)PCVD 法；(c)OVD 法；(d)VAD 法。

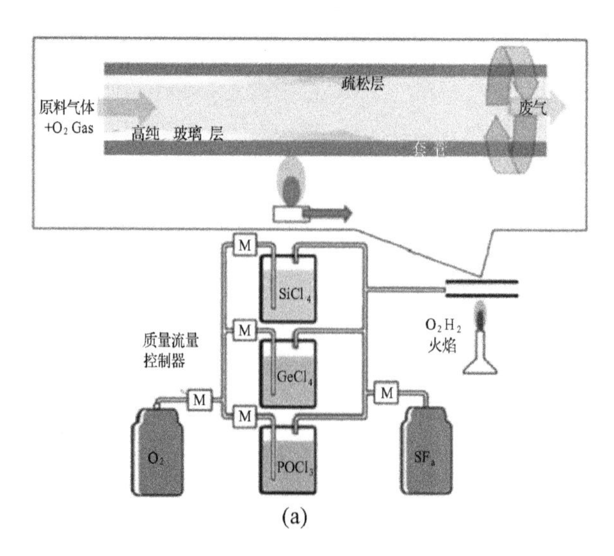

(a)

图 7-1　四种光纤预制棒制作技术

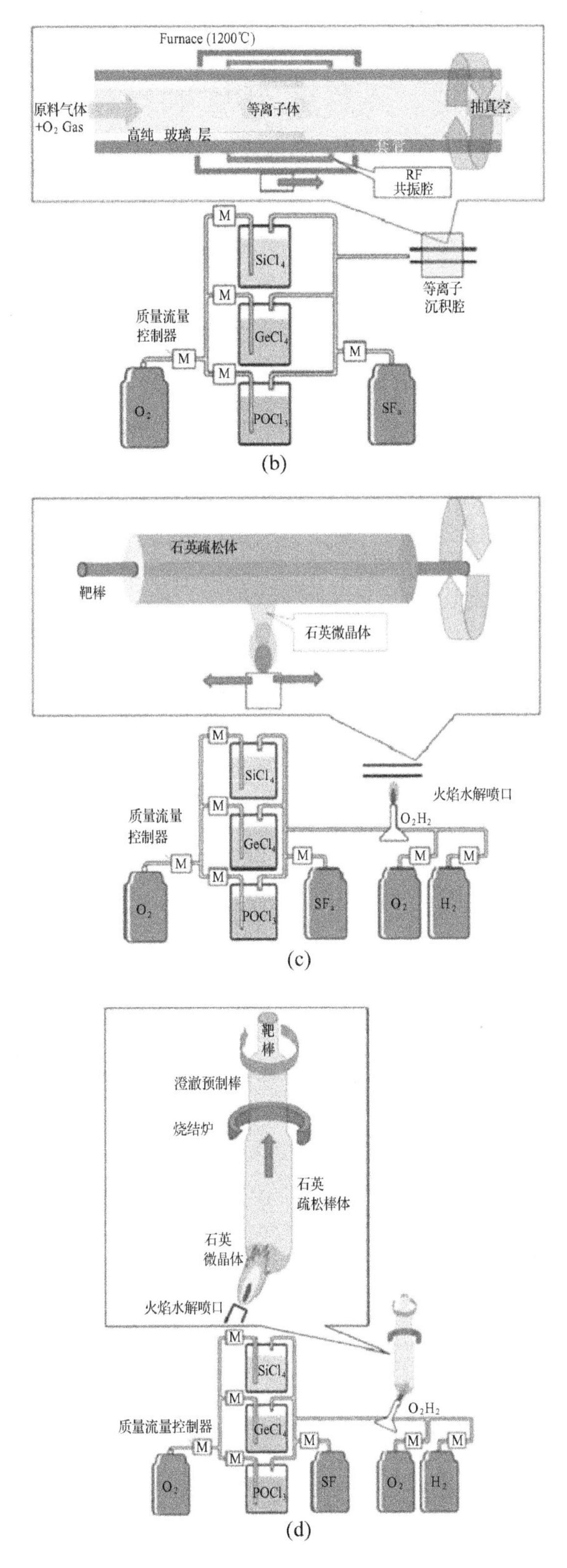

图 7-1　四种光纤预制棒制作技术(续)

7.1 光纤预制棒的制作

目前主要的光纤厂商都采用两步法来实现光纤预制棒的规模化生产:(1)先加工制作预制棒芯棒(包括纤芯和内包层);(2)再在芯棒外制作预制棒外包层。

在光纤中传送的光信号,其光功率主要分布在纤芯内,也有部分光功率分布在内包层中,因此预制棒芯棒制作要求高,原料的纯度要求也最高。外包层中基本上无光功率分布,因而对原料的纯度要求较低。下面就光纤制造工艺中各主要方面,分别叙述其工艺原理。预制棒芯棒(包括纤芯和内包层)和外包层如图 7-2(a)所示。G.652D 预制棒芯棒(包括纤芯和内包层)和外包层的体积比如图 7-2(b)所示。如用 VAD 法制作预制棒芯棒,而用 OVD 法制作预制棒外包层,称为 VAD/OVD 法,以及与之相似的 PCVD/OVD,VAD/RIC 法,等。下面分别叙述芯棒技术和包层技术方案的比较和选择。

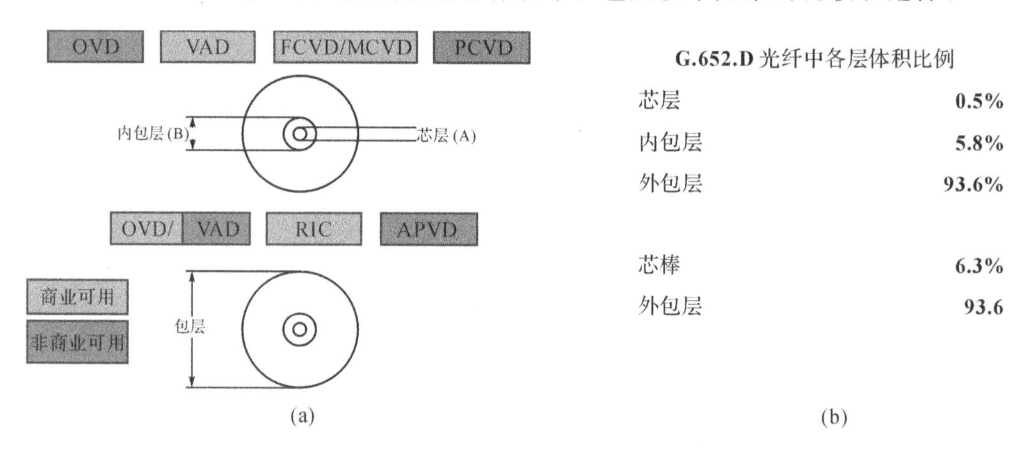

图 7-2 预制棒芯棒(包括纤芯和内包层)和外包层

7.1.1 芯棒技术

芯棒技术有四种:VAD 法,OVD 法,MCVD 法和 PCVD 法。

VAD 法的优点:管外沉积,沉积速率高、芯棒的尺寸较大、有脱水工序,因此比较适合做 G.652.D 低水峰光纤预制棒。VAD 法的缺点:一次沉积,比较难得到复杂的折射率剖面。

OVD 法也是管外沉积,其具备 VAD 法的所有优点,沉积速率高,同时由于其多次沉积,制作稍微复杂的折射率剖面与 VAD 法相比较为方便。OVD 法的缺点是由于在芯棒的中心有支撑棒,在脱水前要将其取出,其工艺复杂,技术难度较高,原材料利用率低。另外,使用 OVD 法做 G.652.D 的预制棒芯棒是康宁的专利。尽管康宁公司最早申请的相关专利已经到期,但是其于 2002 年又成功地获得了新的专利,这些专利目前在中国依然有效。

MCVD 法的优点是由于其为管内沉积,且为多次沉积,比较方便得到复杂折射率剖面，设备简单，原材料的利用率较高。MCVD 法的缺点是沉积速度低，比较难得到低水峰光纤预制棒，预制棒尺寸小。

PCVD 与 MCVD 的优点基本一致，同时由于其热源为等离子，在沉积速度上比 MCVD 稍高，收集率高；PCVD 的缺点与 MCVD 的缺点一致。

从以上几种预制棒芯棒的优缺点比较可以明显看出，OVD 法及 VAD 法是预制棒芯棒的较为理想的技术方案，但由于 OVD 芯棒是康宁的专利，因此 VAD 技术应是优先选择的预制棒芯棒的技术方案。图 7-3 为 2011 年国际上采用不同技术制作光纤芯棒的比例。

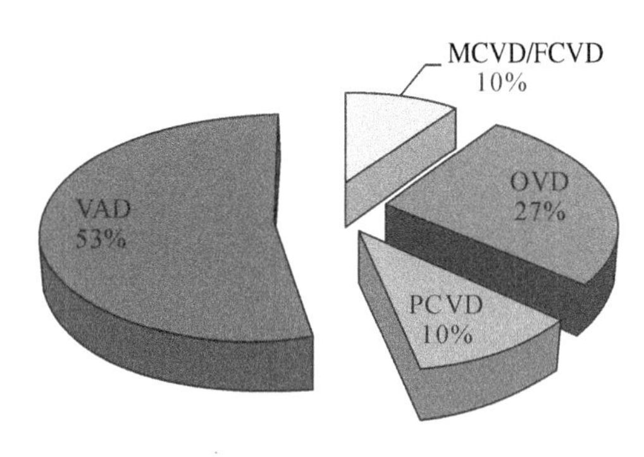

数据来自于 CRU 2012

图 7-3　2011 年国际上采用不同技术制作光纤芯棒的比例

7.1.2　包层技术方案的选择

预制棒包层的技术方案有三种：OVD 法，VAD 法，RIC 法，其优缺点分别是：

OVD 法的优点：沉积速率高，预制棒尺寸大；OVD 法的缺点：原材料利用率不高，设备复杂。

VAD 法的优点：原材料利用率较高；VAD 法的缺点：沉积速率较 OVD 低，预制棒尺寸较小。

RIC 法的优点：设备投资小，只要解决预制棒的芯棒技术就可实现预制棒的生产；RIC 法的缺点：石英套管只有德国的 HERAEUS 公司可以提供，比较难以得到供应，且利润被石英套管生产企业控制。

由以上包层技术的优缺点比较可以得出，OVD 法做包层是较为理想的选择方案，图 7-4 为 2011 年国际上采用不同技术制作光纤包层的比例。

各种气相沉积工艺沉积速率的比较见表 7-1。

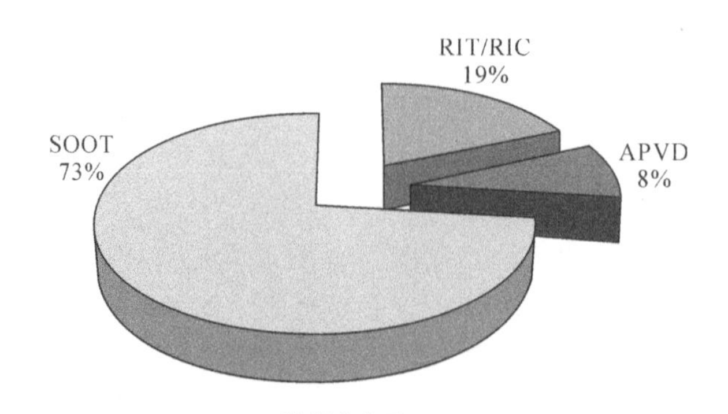

数据来自于CRU 2012

图 7-4　2011 年国际上采用不同技术制作光纤包层的比例

表 7-1　各种气相沉积工艺的沉积速率

芯棒制作工艺				包层制作工艺
MCVD	PCVD	VAD	OVD	OVD
1.0～3.0 g/min	2.0～5.0 g/min	10～15 g/min	10～20 g/min	50～100 g/min

因此，本章拟讨论采用 VAD 法做芯棒，OVD 法做包层的 G.652.D 光纤预制棒制作的工艺路线。

7.2　光纤预制棒制作工艺中物料的分馏提纯

在 G.652.D 光纤中要求金属离子杂质含量＜1ppb，OH 离子含量＜0.8ppb。由此可见，高纯度的 $SiCl_4$，$GeCl_4$ 原料尚不能直接用作光纤预制棒制作的原料。因而，必须在光纤预制棒工艺中，进一步对 $SiCl_4$，$GeCl_4$ 提纯。在通用的光纤预制棒 MCVD，PCVD，VAD，OVD 等工艺中，都采用“气相沉积”方法。而材料的纯度的进一步提高则通过蒸气压原理来实现。通常有两种方式，(1)鼓泡瓶(Bubbler)法，(2)蒸发汽化器(Flash evaporator)法。

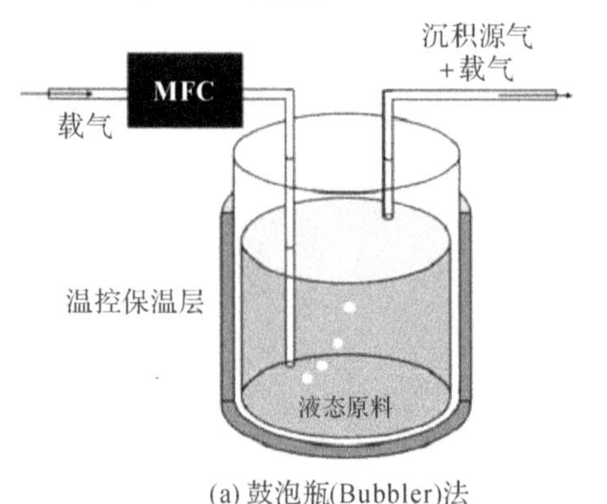

(a) 鼓泡瓶(Bubbler)法

压力测量与控制　沉积源气　MFC　温控保温层　液态原料

(b) 蒸发汽化器(Flash evaporator)法

图 7-5　鼓泡瓶(Bubbler)法和蒸发汽化器(Flash evaporator)法

如图 7-5 所示，(a)鼓泡瓶(Bubbler)法：在一定温度下，盛有 $SiCl_4$ 和 $GeCl_4$ 原料的容器(称为鼓泡瓶)中，液态原料会部分蒸发为气相原料。气相原料的蒸气压为 P_v，而液面上空气的气压为 P；如 $P=P_v$ 则维持平衡状态，称为饱和蒸气压。如 $P<P_v$，则更多液相分子蒸发为气相；如 $P>P_v$，则气相分子会浓缩回液相。为调节到所需饱和蒸气压，可将鼓泡瓶加热，使 P_v 高于 P，从而有更多液相材料气化，以提高气相浓度。$SiCl_4$ 的沸点为 57.6℃，$GeCl_4$ 的沸点为 83.1℃，通常将鼓泡瓶加热到略低于材料的沸点。因为在 $SiCl_4$，$GeCl_4$ 中其他过渡金属杂质的沸点均比 $SiCl_4$，$GeCl_4$ 的高。如图 7-6 所示，在鼓泡瓶的运行温度下，不会汽化，而仍处于固相或液相状态，从而使进入预制棒的 $SiCl_4$，$GeCl_4$ 进一步得到提纯。例如使含铁等金属离子的杂质浓度从 20ppb 可下降到 1ppb。将高纯氧气经质量流量控制器(MFC)，通入鼓泡瓶，作为载气，将原料的饱和蒸气带出，进行化学气相反应并沉积到沉积基体上去。气相原料的质量输送率取决于：(1)鼓泡瓶温度，(2)鼓泡瓶气压，(3)载气流量。

(b)蒸发汽化器(Flash evaporator)法：与鼓泡瓶法不同，这里不需利用载气，它是通过在原料容器输出端的高温 MFC 直接控制原料气压，使原料容器内的气压保持在高于工艺所需的气压之上。气相原料的质量输送率取决于：(1)汽化器的热容量，(2)蒸气 MFC 的流率。

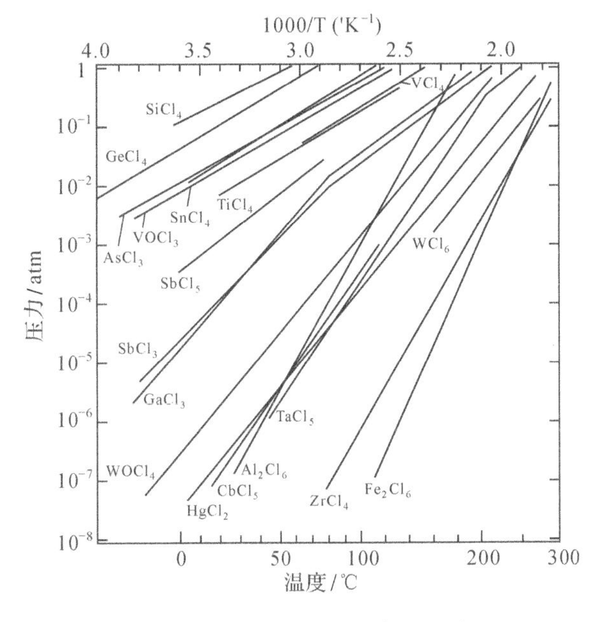

图 7-6　各种氯化物的蒸气压曲线

7.3　火焰水解反应的物理机理

7.3.1　火焰水解反应的物理机理

在 VAD 和 OVD 工艺中，原料气体和氢、氧燃料气体一起从火炬喷口中喷出、气相原料气体及载气($SiCl_4$,$GeCl_4$,O_2)在火炬的火焰中反应生成玻璃粉尘(SiO_2,GeO_2),与此同时,由燃料燃烧产生的水也成为反应的副产品,而化学气相物质则处于燃烧体中间,水分进入了玻璃体,故称为火焰水解反应,反应式如下:

$$2H_2 + O_2 \rightarrow 2H_2O \tag{7-1}$$

$$SiCl_4 + O_2 + 2H_2 \rightarrow SiO_2 + 4HCl\uparrow \tag{7-2}$$

$$GeCl_4 + O_2 + 2H_2 \rightarrow GeO_2 + 4HCl\uparrow \tag{7-3}$$

火焰喷向旋转的沉积体时,在燃烧体中形成的玻璃粉尘喷射沉积在沉积体上,也加热了沉积体。如图7-7所示,在火焰中由气相反应形成的玻璃粉尘单体,进而通过聚集(aggregation),气相捕集(vapor scavenging)作用,聚积成不断增大尺寸的分子团,继而通过传导、布朗扩散和热泳作用,沉积到靶棒上去,形成玻璃粉尘沉积层。在火焰中不同位置的局部粒子数密度和粒子尺寸的分布可通过求解本地粒数平衡方程(local population balance equation)来得到。在稳态条件下,它即为分子聚集、传导、扩散和核化作用在各点上的局部平衡。在靠近火炬处,由于快速的核化(nucleation)作用,玻璃粉尘质点的粒子数密度快速增长,继而通过分子碰撞,聚集成不断增大尺寸的分子团,在火焰前端,质点的粒子数密度减小,平均粒子尺寸迅速增大,进而在基体上形成沉积层。

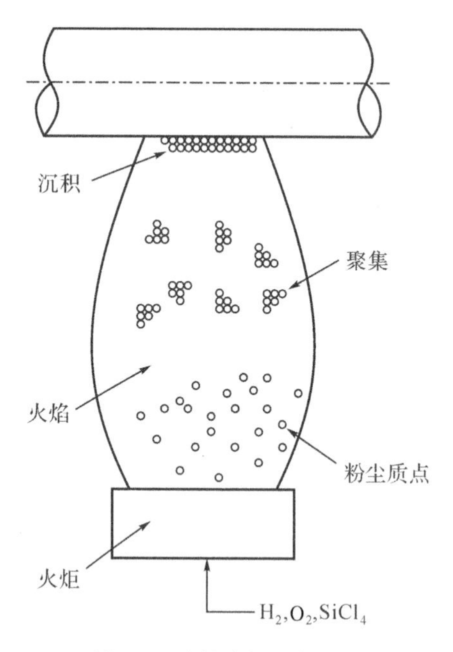

图7-7 火焰水解反应机理

沉积的基本机理是热泳(Thermophoresis)。在气相反应气流中形成的质点总是从高温区迁移到低温区,这是由于在高温区(中心火焰区)的高能量质点与气流中悬浮质点的碰撞,而使这些质点迁移到低温区(气流下游靶棒区)。利用热泳定律,二氧化硅玻璃粉尘在芯棒上的沉积厚度 $h(t)$ 可由下式给出:

$$h(t) = \left[\frac{(\alpha_T D_P)_e \Phi_{P,e} \rho_P}{T_g k_{g,e} \rho_d}\right]\int_0^t g''_w(t)\mathrm{d}t \tag{7-4}$$

式中,$(\alpha_T D_P)_e$ 为质点热泳扩散率;$\Phi_{P,e}$ 为火焰中玻璃粉尘的体积比例;ρ_P 为玻璃粉尘密度，T_g 为火焰温度，$k_{g,e}$ 为火焰气体热导率，ρ_d 为沉积密度，$g''_w(t)$ 为沉积表面的瞬时热通量。由式(7-4)可见，沉积厚度 $h(t)$ 是与热通量的积分项成正比的。这正反映了热泳是玻璃粉尘在芯棒上沉积的主要机理。

由化学气相反应沉积在基体上的沉积体的物态取决于基体的温度，当基体温度高于 1800℃时，沉积在基体上的玻璃粉尘会同时通过黏性烧结形成无气泡的、表面光滑的玻璃。例如在 MCVD 和 PCVD 工艺中，化学气相反应生成的 SiO_2，GeO_2，等氧化物在高温区气流下游的管内壁上形成多孔玻璃粉尘的沉积层，当氢氧焰或等离子体的高温区经过此处时，玻璃粉尘被烧结成沉积在内壁上的均匀透明的玻璃层。而当基体温度低于 1500℃时，沉积体为多孔的，部分烧结的玻璃粉尘(soot)。它将在下道工序中完成脱水、烧结(固化)，形成无气泡的、表面光滑的玻璃。这是 VAD 和 OVD 的典型工艺。二氧化硅粉尘(soot)的尺寸约为 100nm，总表面积大于 $20m^2/mg$。多孔二氧化硅粉尘(soot)中的孔隙均为内部互连相通，且向表面开放。

7.3.2　二氧化硅的掺杂

在 G. 652. D 芯棒制作中，在纤芯部分通常用 GeO_2 掺杂，来提高折射率以形成光纤的波导结构。在 SiO_2-GeO_2 系统中，锗的沉积剖面取决多个参数，如火焰中 H_2/O_2 比率，SiO_2/GeO_2 反应比率，火炬的几何结构、沉积温度，等。在火炬火焰中料流方向上，形成了 SiO_2 的固态质点，而生成的 GeO_2 仍为气相状态，GeO_2 在到达沉积基体表面时才形成固态化。

当沉积基体的温度低于 400℃时，气相反应生成的 GeO_2 在沉积体形成的不是玻璃态，而是结晶态，这种晶态 GeO_2 不能融合到 SiO_2 玻璃态中，而在烧结过程的高温中将直接升华，从而使纤芯的折射率发生变化。当沉积基体的温度高于 500℃时，GeO_2 才能以玻璃态沉积，其浓度与温度成比例。即温度愈高，玻璃态的 GeO_2 的浓度愈高，如图 7-8 所示。当沉积基体的温度约为 840℃时，玻璃态沉积的浓度最高。因而控制沉积基体的温度以达到纤芯的正确折射率是十分重要的工艺因素。

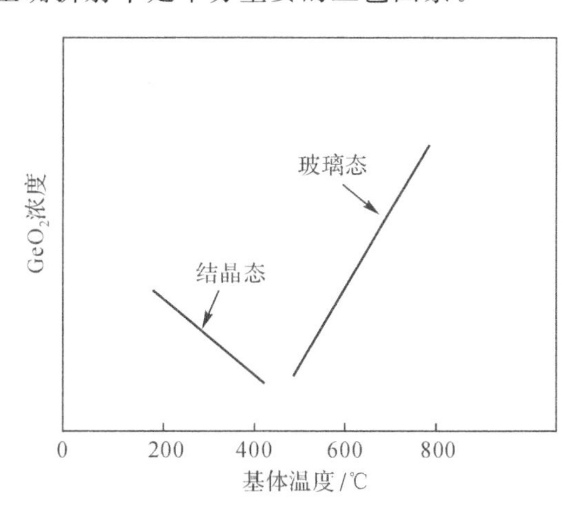

图 7-8　沉积体温度与 GeO_2 物态和浓度的关系

在 VAD 和 OVD 沉积的工艺条件和温度下，锗可以以三种形式存在：一是 $GeCl_4$，系原材料;二是 GeO_2,为所需的二氧化物;三是 GeO,为一氧化物。

显然 $GeCl_4$ 和 GeO 均是不希望存在于沉积体中的物质,它们的存在意味着沉积过程中 GeO_2 成形率的减小,这将增加产品成本。而 $GeCl_4$ 和 GeO 还会在沉积和烧结工艺过程中迁移,从而影响预制棒折射率剖面的纵向均匀性。因此必须正确调节工艺参数,尽量增加 GeO_2 的成形率,减小 $GeCl_4$ 和 GeO 的残留量。首先我们来讨论一下在 VAD 和 OVD 工艺中,在一定氧分压下,锗在不同化合物中的比例与温度之间的关系,如图 7-9 所示。

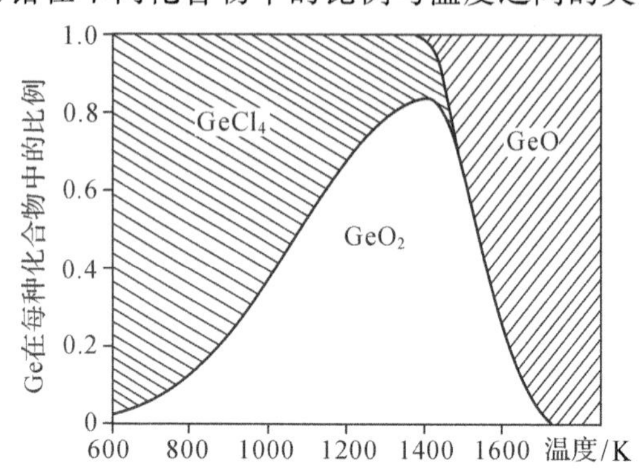

图 7-9　锗在不同化合物中的比例与温度的关系

从图 7-9 可见,随着反应温度的增加,G_eO_2 的含量增加,在 1100℃左右有一个峰值,随后,当温度进一步增加时,GeO_2 的含量下降,而 GeO 的含量增加。从此图来看,最佳的工艺温度应选择在峰值偏左的区域。这时,不仅 GeO_2 的含量最高,而且 GeO_2 含量随温度的变化比较不灵敏,亦即工艺稳定性好。图 7-9 所示的曲线,是在一定氧分压下,仅以温度为独立变量的情况,在实际的工艺中,温度并不是影响工艺的唯一变量。另外的工艺变量还有通过沉积火炬各种气体的流量。通过各个工艺变量的调节以达到三个目的:

(1)增加 GeO_2 的形成率,(2)减小锗化合物的迁移率,(3)得到最佳的工艺条件,类比于图中的平坦区域,即各种流量的波动对沉积工艺的影响最小。

注意到 GeO_2 和 GeO 之间变换的化学方程为

$$2GeO_2 \leftrightarrow 2GeO + O_2 \tag{7-5}$$

图 7-9 的曲线表明,这个反应对温度的变化是十分灵敏的。在 VAD 和 OVD 沉积过程中,沉积体中 GeO_2 的含量的变化取决于下列因素:一是在沉积到沉积基体前,火焰水解反应时 GeO 和 GeO_2 的相对含量的变化;二是反应生成的粉尘沉积到基体后,在粉尘质点表面迁移的 GeO 的量的变化。换句话说:GeO 既可能在粉尘沉积前在粉尘流中形成,也可能在沉积后的 GeO_2 粉尘质点分解所产生,例如在沉积体中,在火炬往复移动的再加热时产生 GeO_2 分解。反过来在粉尘流中的 GeO 也会凝聚成温度较低(不直接在火焰区)的 GeO_2 粉尘沉积到基体上去。

为了得到最大 GeO_2 的生成率,并减小 GeO 的迁移率的一个重要的工艺因素,是增加氧分压,以提高氧化态。这可以通过增加火炬中原料氧和燃料混合氧的流量来实现,尤其是以提高前者最为有效。从上列方程式和图 7-9 可见,在火焰水解反应中的粉尘流中 GeO 的形成量是氧化态和温度的函数,而粉尘中的氧化态则主要由原料氧来确定的,换言之，增加原料氧的流量将提高氧化态，反之，增加化学原料（$SiCl_4$，$GeCl_4$）的流量则降低氧化态。而火炬中的温度分布则主要由氢（或甲烷）燃料中的混合氧的流量所决定。增加混合氧对氢（或甲烷）的流量比值，则降低火焰温度，这是因为它抑制了料流边缘氢（或甲烷）的氧化。

鉴于上述分析，增加原料氧，适当增加燃料氧流量都会使粉尘流中以及沉积体中的 GeO 的量减少，另一方面减小氢（或甲烷）和原料流的流量将增加原料流的有效氧化态，从而减少 GeO 的成形。

在二氧化硅中掺氟可降低其折射率，氟在长波长范围内吸收很小，故特别适用于单模光纤的掺杂。与掺锗不同，氟不能生成氧化物，而是以不同的反应方式结合到二氧化硅晶格阵列中去。在 G. 652. D 光纤制作中，可在 VAD 芯棒工艺中，以 C_2F_6（六氟乙烷）作为氟源，加到内包层中去，降低内包层折射率，形成凹陷型包层，从而提高光纤的抗弯曲性能。另外在二氧化硅中掺氟，会改变其热化学性能，降低二氧化硅的玻璃态转化温度以及在高温下的黏度，可提高黏度匹配，降低光纤拉丝温度。

7.4　用 VAD/OVD 法制作 G. 652. D 光纤预制棒

7.4.1　VAD/OVD 法工艺流程

工艺流程如图 7-10 所示。

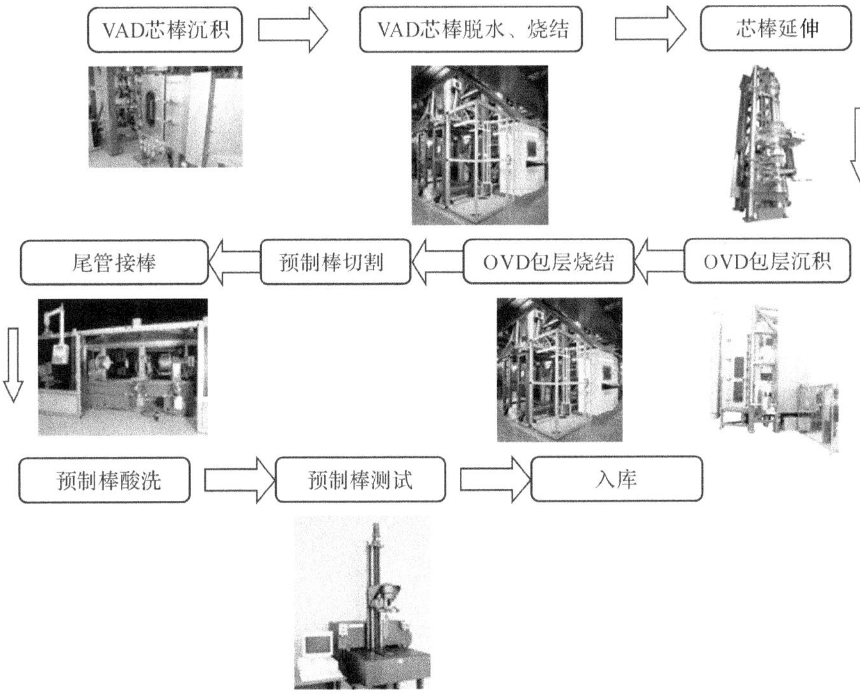

VAD芯棒沉积
VAD芯棒脱水、烧结
芯棒延伸
OVD包层沉积
OVD包层烧结
预制棒切割
尾管接棒
预制棒酸洗
预制棒测试
入库

图 7-10　VAD/OVD 法工艺流程

7.4.2 VAD 芯棒沉积

VAD 是日本 NTT Lab. 为了避免与康宁公司的专利纠纷而发展起来的一种光纤预制棒制作技术。其原理与 OVD 法相同，也是火焰水解生成氧化物玻璃。但与 OVD 有两个主要区别：一是起始靶棒垂直提升，氧化物玻璃沉积在靶棒下端；二是纤芯和包层材料同时沉积在棒上，预制棒的折射率剖面的形成是通过沉积部的温度分布、氢氧焰火炬的位置和角度、原料气体的气流密度的控制，等来实现的。

从原理上而言，VAD 法沉积形成的预制棒多孔母材向上提升后即可实现脱水，烧结，甚至进而直接拉丝成纤，这样的制造长度不受限制的连续光纤成形工艺是潜在可行的。但在实际上，通常仍像 OVD 法一样，在分立的工序中将多孔质母材进行脱水、烧结而制成光纤预制棒。

VAD 法的成型工艺如图 7-11 所示，沉积起始后的石英棒向上提升，使沉积面始终保持在一定的位置。整个反应在容器中进行。通过排气的恒定来保证火焰的稳定。最后将制成的多孔质母材在分立的工序中类似于 OVD 法进行脱水、烧结成透明的石英预制棒。

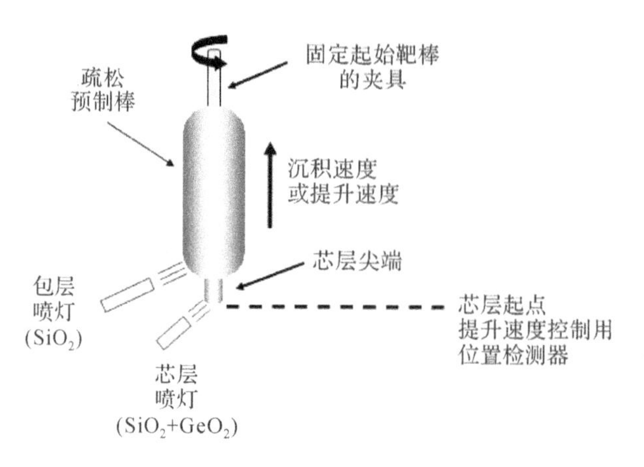

图 7-11 VAD 工艺

VAD 法和 OVD 法的工艺原理相同，只是将 OVD 法的横向侧面沉积改成轴向端面的沉积，因此，OVD 的一些工艺原理也是基本适用于 VAD 法，但由于 VAD 端面沉积的特点，其工艺控制要比 OVD 法更严格，VAD 法的关键在于必须严格控制工艺条件，包括精确控制原料流量，排出废气的流量，火焰温度，沉积体表面温度和旋转速度，以及沉积体端部的位置，这样才能制作出均匀稳定的预制棒母体。沉积体沉积端部位置的微小波动将引起母体外径和折射率剖面的变化，因此，沉积端部的位置偏差应控制在 50μm 的精度以内。这可通过视频摄像机给出的定位信号来加以控制。火炬的结构设计也是 VAD 工艺中的关键之一。

火炬中多种料流的流量、火焰及水解反应在空间分布的稳定状态对最终成形的预制棒有举足轻重的关系，沉积体表面温度关系到预制棒纤芯部分折射率分布的精度，即 GeO_2 的掺杂量的变化。

如图7-12所示，沉积体顶端（纤芯部分）的长度为 L_{core}，纤芯部分沉积体的温度为 T_{core}，内包层部份沉积体的温度为 T_{clad}，二氧化硅的热导率为 k_{TH}，假设包层火炬在包层部份沉积体上产生恒定的温度（T_{clad}）和热通量（Q_{clad}），由此可得下列热导方程：

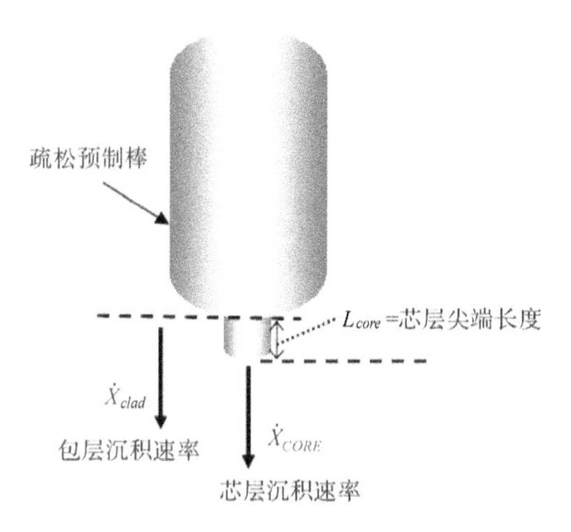

图7-12 纤芯和内包层的增长速率

$$\frac{Q_{clad}}{A}=k_{TH}\left[\frac{T_{clad}-T_{core}}{L_{core}}\right]=\beta\approx\text{constant} \tag{7-6}$$

沉积体顶端的长度 L_{core} 是可变的，它可让包层沉积速率 $\dot{X}_{clad}$ 保持不变，而通过增加或减小纤芯沉积速率 $\dot{X}_{core}$ 来加以控制，而沉积速率则可以通过调节火炬中的氢气流量来控制，即有

$$L_{core}=L_0+\Delta L=L_0+\int\dot{X}_{core}\,dt-\int\dot{X}_{clad}\,dt \tag{7-7}$$

将式(7-6)代入式(7-7)，可得

$$T_{core}=T_{clad}-\frac{\beta(L_0+\Delta L)}{k_{TH}} \tag{7-8}$$

从上述分析可见：纤芯部分沉积体的温度 T_{core} 是热通量、包层温度、纤芯火炬中氢气流量及沉积体顶端长度的函数。

7.4.3 光纤水峰损耗的消除

多年来在传统的G.652光纤的谱损曲线上，总是有一个损耗峰，将光纤的损耗曲线割裂成传统的第二窗口（1280～1325nm）和第三窗口（1530～1665nm）。这一损耗峰是由于OH的存在，而形成2.7μm左右的波长上的吸收峰，水峰（1385±3）nm则是其一次谐峰。多年来，人们一直在努力探索消除这一水峰的途径。光纤厂商已通过改进光纤预制棒工艺，可以做到在制成的光纤中基本上消除了水峰，但经一段时间的使用后，水峰又会出现，这是因为在光纤的使用过程中，氢气与光纤中不可避免的缺陷的作用：氢与硅结合将在1385nm波长上导致谐波损耗增加，而结合产生的Ge-OH则在1420nm波长上引起吸收损耗。经多年的探索，在现代光纤制作工艺中，可通过两种方法来消除水峰损耗：一是在芯棒沉积后，在脱水、烧结工序中，经充分的脱水工艺，彻底消除OH离子,二是在芯棒制作中,适当提高内包层直径 D 和纤芯直径 d 的比值(D/d),使外包层中残留的 OH 离子不能扩散到纤芯中去。对于光纤的使用过程中,氢气与光纤中不可避免的缺陷的作用而入侵问题,则可在光纤拉丝后,将成品光纤经氘气处理来解决。用氘气 D_2 处理成品光纤,可让 D_2 和石英光纤中的缺陷结合生成 OD,这种结合可以阻止后续 H_2 与光纤缺陷的结合,从而达到降低光纤氢敏感性的目的。氘与光纤缺陷的反应机理与氢的类似:

$$\text{Si—O}\cdot\ \cdot\text{O—Si}+D_2\rightarrow 2\text{Si—O—D} \tag{7-9}$$

O—D 的键能为 466kJ/mol,O—H 的键能为 460kJ/mol,因此 O—D 键比 O—H 键更稳定,从而保证经过氘气处理后的光纤具有抗氢老化能力,因而用氘气处理光纤能有效降低光纤的氢敏感性。

7.4.4 预制棒脱水、烧结工艺

在 OVD 和 VAD 工艺中,当沉积完成后,将形成的多孔母体放在马弗炉中在 1200～1600℃的系统中进行脱水、烧缩。在此过程中,通以氯气和氦气组成的干燥气体。氦气的作用是渗透到多孔的玻璃质点内部排除在水解反应过程中残留在预制棒中的气体,由于氦气是除氢气以外原子体积最小的物质,加上又是惰性气体。因而是担当此功能的最佳选择。而氯气则用以脱水,除去预制棒中残留的水分。氯气脱水的实质是将多孔体中的 OH 置换出来,使产生的 Si－Cl 键的基本吸收峰在 25μm 波长处,从而使之远离石英光纤的工作波长 0.8～2μm 。经脱水处理后,可使石英玻璃中 OH 的含量降到 0.8 ppb 左右,以保证光纤的低损耗性能。脱水后,在高温下,松疏的多孔玻璃沉积体烧结成密实、透明的玻璃预制棒。

预制棒脱水、烧结工艺中,温度设置极为重要,通常需历经三个阶段,如图 7-13 所示。

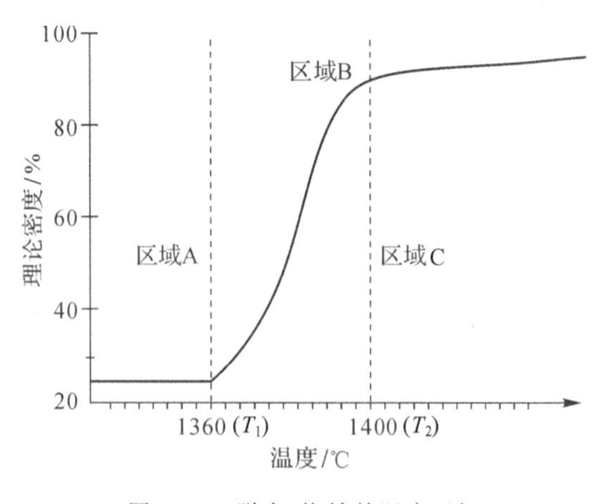

图 7-13　脱水、烧结的温度区间

图 7-13 中,区域 A 为干燥脱水阶段,区域 B 为预烧结阶段,区域 C 为烧结阶段。在区域 A 干燥脱水的最佳温度约为 1100～1250℃,此温度能有效促进干燥气体的活动,又能将预制棒的质点间玻璃化的增长减到最小,质点间玻璃化的增长将降低多孔性、阻碍干燥进程。在区域 B,约为 1360～1400℃,此时玻璃密度迅速增大,但可使预制棒辐向温度分

布趋于均匀，以保证第三阶段均匀烧结的工艺过程。区域C温度高于1400℃时，多孔体孔隙闭合，坯料变成透明清晰。在图中，转换点温度 T_1，T_2 并不是恒定的，它是取决于预制棒的结构、外径、初始密度、质量以及区域经历的时间，需根据具体工艺进行调整。干燥脱水的速率取决于温度和气氛的组合：干燥剂 Cl_2，He浓度愈大，干燥愈快。

7.4.5　芯棒的延伸和表面蚀洗

为了提高生产率，现代的光纤制造技术需制成大直径、大长度的预制棒，然后再直接或切断后拉丝。一次成型的VAD芯棒都不可能做得太长。因此，需将一定直径的芯棒进行拉细伸长后，再进入外包层工序。拉伸工艺通常在竖直型的玻璃车床上进行。将芯棒夹持在同步旋转的上(头)架和下(尾)架之间，氢氧焰火炬则沿芯棒轴线，从下向上恒速移动。而下(尾)架则同步向下移动，芯棒遂被拉伸伸长，延伸的芯棒需达到规定的直径及其公差，并应有更好的对称度。

芯棒在氢氧气焰加热下拉伸时，火焰中的OH离子会沉积到芯棒表面。OH离子活动性强，会迁移到芯棒内部，特别在最后的拉丝熔解状态中，OH离子会迅速扩散到纤芯，引起光纤损耗，特别是水峰损耗的增加。更有甚者，OH离子会分解出氢气，氢气的活动性更强，在拉丝过程中，会扩散到纤芯，与纤芯部分原子缺陷反应生成OH留驻下来。为此，需对延伸的芯棒表面进行蚀洗，将残留其上的OH离子清除掉。

多年前，美国朗讯公司曾用Bell Lab.开发的等离子火炬对芯棒进行蚀洗以除去拉伸芯棒表面残留的OH离子。如图7-14所示的等温等离子蚀洗(Plasma Etching)的原理是：当等离子火焰加到光纤芯棒上时，由于等离子火焰极高的温度(火球中心温度可

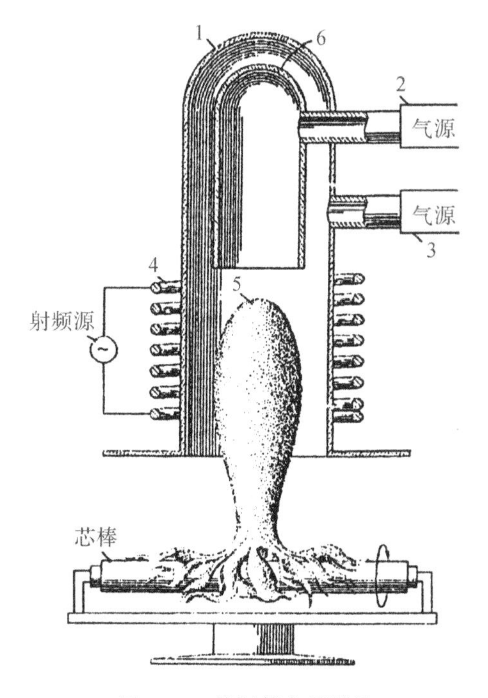

图7-14　等温等离子蚀洗

达 9000℃),电导火球与芯棒接触,使芯棒表面温度急剧升高,超过表面物质的汽化温度而使其直接升华挥发。这样,芯棒表面就被刮去一层,从而将残留其上的 OH 离子清除掉。另一种方法是采用喷淋氢氟酸来对芯棒表面进行蚀洗,以除去拉伸芯棒表面残留的 OH 离子。氢氟酸是极少数能融化石英玻璃的化学物质之一。

7.4.6 用 OVD 工艺制作预制棒外包层

先用 VAD 制成的芯棒(包括纤芯和内包层)外缘,再用 OVD 工艺制作外包层,是现代光纤预制棒工艺中的主要方法之一,它有助于提高制作效率,增大预制棒尺寸,降低生产成本。由于外包层主要沉积 SiO_2,组分单一,对原材料的纯度要求也比芯棒低,所以工艺比较容易控制。市场上也有专用设备供应,如美国 ASI/Silica Machinery 公司专门制造并销售制作 SiO_2 外包层 OVD 沉积和烧结设备。

OVD 外包层的沉积工艺如图 7-15 所示。

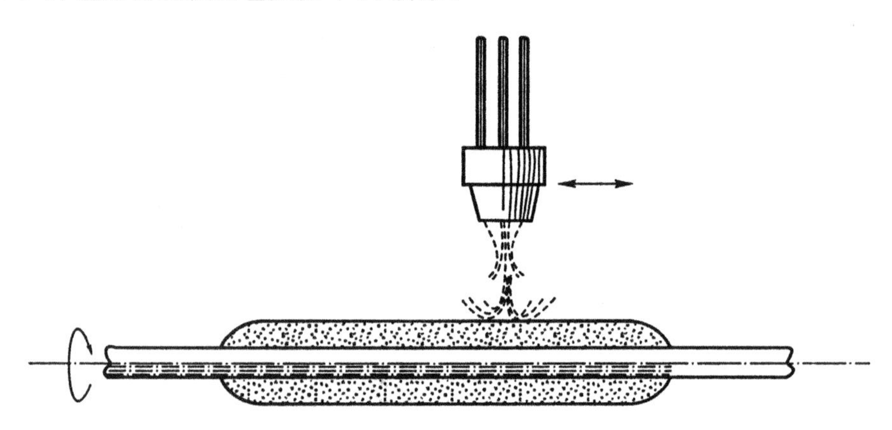

图 7-15 OVD 外包层的沉积工艺

将芯棒夹持在玻璃车床上旋转,由火炬喷出的 $SiCl_4$ 和 O_2 在火焰中水解反应生成 SiO_2 粉尘喷射到芯棒表面。火炬则横向往复移动,以达到所需的多孔母体的尺寸。

这一工艺的主要困难在于,芯棒是已烧结成的玻璃实体,而沉积层是由粉尘堆积成的多孔母体,在下道干燥烧结过程中,如何保持两者界面的均匀有效的吻合,关键是控制粉尘沉积层的密度以利于界面的接合。提高粉尘沉积层的密度,有利于减小多孔母体中孔隙的总容量,孔隙将在烧结过程中除去,孔隙量愈小,粉尘烧结时的收缩愈小,因而在烧缩的粉尘与芯棒之间的相对移动也较小。但高密度的粉尘沉积层的缺点在于与芯棒的黏结力较大,这将阻碍烧结时粉尘的移动能力,增加在芯棒上施加的轴向收缩应力。芯棒和粉尘沉积层之间的黏合强度影响在烧结过程中芯棒的轴向收缩。沉积层的烧结会在芯棒上加上一个轴向压缩应力,从而引起芯棒的收缩。这个压缩应力被芯棒在烧结温度下的黏度相抗衡。而纯的轴向收缩将取决于:(1)粉尘密度(高密度=低收缩应力),(2)芯棒/粉尘沉积层之间的黏结力(高的黏结力=高收缩应力),(3)烧结温度下芯棒的黏度(高黏度=较大的对轴向收缩应力的抵抗力)。因此通过调节温度及流量来控制粉尘沉积体的密度,以减小芯棒的轴向收缩,从而减小界面应力是工艺控制的关键所在。也有采用多种特殊工艺来改善界面性能的方法。例如，可在芯棒上先沉积一层可气化挥发的材料，如图 7-16 所示在芯棒上沉积一薄层碳的火焰沉积层(<1mm)，再在其上沉积 SiO_2 外包层。多孔母体制成后，在干燥烧结炉中，先在较低的温度(<500℃中)，在干燥烧结气流(氯气和氦气)中加入少量氧气或空气，碳层即氧化：$C+O_2 \rightarrow CO_2$，生成的二氧化碳气体挥发，并被烧结气流 He，从多孔体中带出。从而大大减小了在 SiO_2 粉层烧结时对芯棒的粘结力，消除了界面的收缩应力。

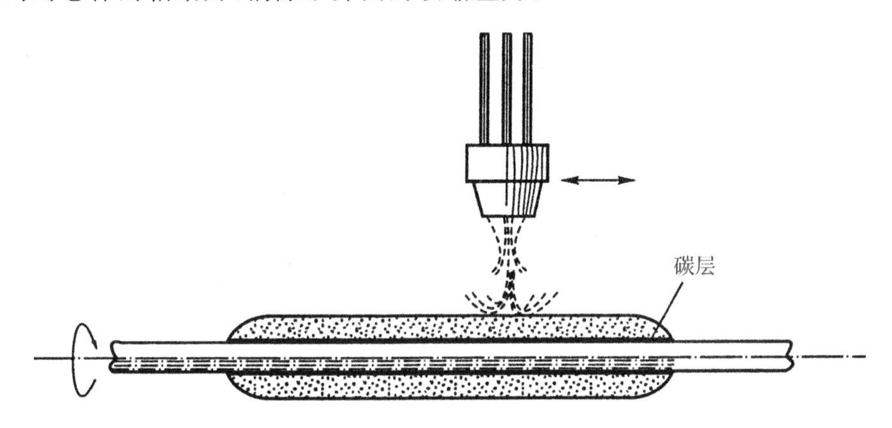

图 7-16 在芯棒表面沉积薄层碳层

另外在沉积体的两端，容易产生气泡，这是因为在预制棒端部热容量较小，沉积时过热产生不应有的气泡，这可通过在端部沉积时，改变火焰气流流量或火炬与沉积体相对位置的方法来避免。

7.5 化学气相沉积的经济性考量

四种光纤预制棒制作技术，其过程本质均为化学气相沉积(Chemical Vapor Deposition ,CVD)，通过原材料输送系统的分馏提纯，某些残留杂质含量可从 ppm 级降至 ppb 级，再经高温下的气相沉积、脱水、烧结制成的石英光纤，经多年的工艺改进与发展，其光学损耗已接近由光纤介质的瑞利散射和本征吸收所决定的极限了。因而迄今为止，从高性能光纤制作而言，化学气相沉积无疑是最佳的选择了。但从经济性考量，CVD 的经济性很差。这表现在两方面：一是原材料的利用率很低，一个例示性的用 VAD/CVD 法制作 G.652.D 光纤预制棒的材料消耗量如表 7-2 所示。从表 7-2 可见，$SiCl_4$ 的有效利用率还不到 40%。二是由氢、氧气燃烧产生的热能，通过有效能(当热力学系统的状态与给定的环境状态不平衡时，系统所具有的在理论上能够转换为化学能的那部分能量)分析可知，浪费的热能也很可观。任何与理想热转换的偏差即为损耗功(lost work)，CVD 工艺中的损耗功和低的材料利用率，与传统的化学和金属材料制造工业相比，差距甚大。所以，为了进一步降低光纤预制棒制作成本，提高材料利用率，必须从热动力学着手，进一步改进 CVD 工艺设备，改进 CVD 工艺流程设计，提高 CVD 工艺操作技能。经过近年来的发展，某些光纤企业已将 $SiCl_4$ 的有效利用率提高到 50%～70%。另一方面则可探讨氦气的回收、净化和再生使用,排放物(主要为 SiO_2 粉尘)的有效收集和利用,以及剩余热能在下游工序中的应用,等等。

表 7-2　用 VAD/CVD 法制作 G.652D 光纤预制棒的材料消耗量

每公斤光棒材料用量				
材料	单位	VAD 芯棒	OVD 包层	总计
$GeCl_4$	kg	0.004	0	0.004
$SiCl_4$	kg	0.582	6.686	7.268
Cl_2(纯)	m^3	0.005	0.005	0.010
He	m^3	0.361	0.298	0.659
H_2	m^3	3.720	21.736	25.456
N_2	m^3	0.374	2.501	2.875
N_2(纯)	m^3	0.285	0.101	0.386
O_2	m^3	2.064	9.807	11.871
O_2(纯)	m^3	0.070	0.601	0.671

传统的 OVD 包层工艺中,主要原材料是 $SiCl_4$,近年来,由康宁公司率先开发了一种用链式或环式硅氧烷来代替 $SiCl_4$ 作为生成 SiO_2 的原材料,即八甲基环四硅氧烷(OMCTS,octamethylcyclotetrasiloxane),又称 D4,OMCTS 是一种无卤含硅化合物,用其作为原料化合物生成 SiO_2 时产生的排放物是 CO_2 和 H_2O,这些是环境友好的无害物质,而 $SiCl_4$ 排放的 Cl_2 和 HCl 是导致环境污染严重的有害物质。因此前者无须像后者一样必须采用复杂而昂贵的废气处理采统。另外等量的 OMCTS 和 $SiCl_4$ 生成的 SiO_2,前者是后者的两倍,故能大大提高原材料的利用率。用硅氧烷作为原料化合物生成 SiO_2 时,会产生强烈的氧化放热反应,它提供了火焰中几乎所有的热量。采用 OMCTS 作为原料的 OVD 工艺,基本上可沿用传统的 OVD 设备。但因 $SiCl_4$ 的沸点为 57.6℃,而 OMCTS 的沸点为 175℃,故 OMCTS 的气相原料输送系统处于高温易燃状态下,不能用氧气作为载气,而需改用氮气作为载气。用于 OVD 包层工艺中的 OMCTS 的纯度需不低于 99.9%。OMCTS 的分子式如图 7-17 所示。

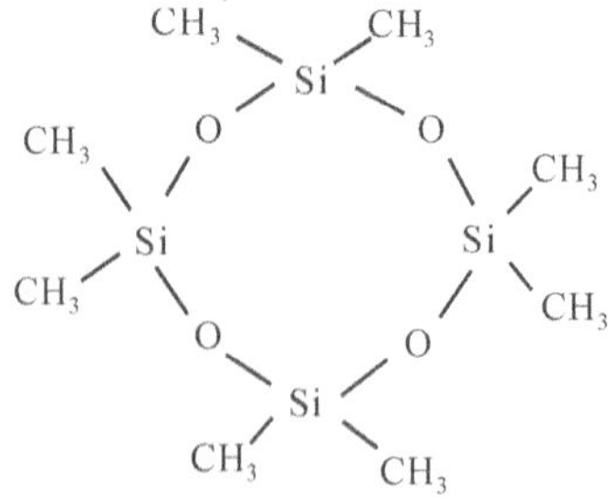

图 7-17　OMCTS 的分子式

OMCTS 和 $SiCl_4$ 的性能比较如表 7-3 所示。

表7-3　OMCTS和$SiCl_4$的性能比较

	OMCTS[$(C)_8H_{24}O_4Si_4$]	$SiCl_4$
分子量	296.62	169.9
比重	0.9958	1.52
熔点	17～18℃	−70℃
沸点	175～176℃	57.6℃

参考文献

[1] PTandon. Fundamental Understanding of Processes Involved in Optical Fiber Manufacturing Using Outside Vapor Deposition Method. Int. J. Appl. Caram. Technol. 2005, 2 (6): 504-513.

[2] PTandon . H Bock. Experimental and Theoretical Studies of Flame Hydrolysis Deposition Process for Making Glasses for Optical Planar Devices. J. Non-Cryst. Solids, 2003,317:275-289.

[3] A Shirley,RPotthoff. High-Efficiency Optical Fiber Deposition-Part 1: soot Deposition. Proceedings of the 54th IWCS/Focus, 388-390.

[4] H E Jenkins,M LNagurka. Axial Deposition Control in Vapor-Phase Axial Deposition. Proceedings of 2008 ISFA 23-26.

[5] Kai Huei Chang,David Kalish. Thomas John Miller. et al. Method of Making a Fiber Having Low loss at 1385 nm by Cladding a VAD Preform with a D/d<7.5. USP 6131415. 2000-10-17.

[6] Seung-Hun Oh,Ki-Un Namkoong,Man-seokSeo,et al. Apparatus and Method for Overcladding Optical Fiber Preform Rod and Optical Fiber Drawing Method. USP 605301 3. 2000-4-25.

[7] Gillian L Brown,Richard M Fiacco,John C Walker. Method for Drying and Sintering an Optical Fiber preform. USP 5656057. 1997-8-12.

第8章 用OMCTS制作光纤预制棒OVD包层

现代光纤厂商都采用两步法来实现光纤预制棒的规模化生产：1. 先加工制作预制棒芯棒（包括纤芯和内包层）；2. 再在芯棒外制作预制棒外包层。

在光纤中传送的光信号，其光功率主要分布在纤芯内，也有部分光功率分布在内包层中，因此预制棒芯棒制作要求高，原料的纯度要求也最高。外包层中基本上无光功率分布，因而对原料的纯度要求较低。在G.652.D光纤预制棒中，芯棒和外包层所占光纤玻璃体的体积比分别为6.3%和93.7%，外包层所占的工艺量远大于芯棒。因而在目前大规模光纤预制棒生产过程中，芯棒制造决定光纤性能，外包层制造决定光纤成本。光纤预制棒的外包层沉积工艺均采用OVD工艺方案。

在外包层沉积OVD技术中，传统上采用四氯化硅（$SiCl_4$）作为火焰水解的原材料。$SiCl_4$ 的特点是汽化温度低（57.6 ℃），容易汽化。有较高的蒸汽压，供料可被精确控制，在鼓泡瓶（Bubbler）法供料系统中，通过汽化分馏，材料的纯度可进一步得到提高。但在高温热解中，产生的 SiO_2 粉尘一部分沉积在芯棒上，形成 SiO_2 疏松体，最终经烧结形成玻璃预制棒。但剩余的粉尘和未反应或反应不全的产物会被排出，同时反应会产生大量的 Cl_2 和HCl气体。这些都是有毒、高腐蚀性物质，对环境会造成严重污染。所以光纤预制棒生产企业不得不投入大量设备和费用进行尾气处理，增加了生产成本。随着各国更严格的环保法规开始实施，今后环保处理门槛会越来越高。另外，由于大量的 Cl_2 和HCl气体的产生，也会使设备本身受到损害而影响使用寿命、增加维护成本。因此寻求更环保的原材料是光纤预制棒制造的必然趋势，也是光纤预制棒业界经年累月、苦苦探求的目标。从理论上讲，只要含硅的化合物都可作为制造光纤预制棒的原料。在众多可选材料中，无卤含硅的有机硅烷，最受业界重视。有机硅化合物主要结构有R−Si−R（有机硅烷，R指烷基）、R−Si−O−Si−R（有机硅氧烷）、−Si−N−Si−（有机硅氮烷）、−Si−N−Si−O−Si−（有机硅氮氧烷）等。此类物质有下列特性：一，在气态时，Si−R键的离解能低于Si−O键的离解能（Si−O键的离解能为191.1±3.2kcal/mole）；二，从安全角度考虑，沸点低于250℃；三，热解或水解后，除 SiO_2 外，不会产生对环境有影响的副产物。

最早提出采用上述有机硅烷通过高温裂解来制造光纤预制棒方法的是康宁公司的M. S. Dobbins，R. E. Mclay（U. S. Patent 5043002，1991）和Thermal Syndicate公司的L. G. Sayce，A. Smithson，P. J. Wells（British Patent 2245553，1992）。其中八甲基环四硅氧烷（octamethylcyclotetrasiloxane，D4，OMCTS）作为OVD外沉积的首选材料在上世

纪90年代就被康宁公司应用在实际生产中，迄今为止已有Corning，Heraeus，Prysmian-Draka，Fujikura，Sumitomo Electric，等国际著名光纤公司采用此技术，国内一些主要的光纤光缆企业也在进行此项目的研发工作。本文将从光纤预制棒外包层应用基本要求出发，分析研究八甲基环四硅氧烷的基本性能及其在OVD包层工艺中的应用，以期这种新型环保材料能在我国光纤预制棒制造中得到推广应用。

8.1 OMCTS(八甲基环四硅氧烷)的特性

八甲基环四硅氧烷(octamethylcyclotetrasiloxane，OMCTS)具有环状结构，如图8-1所示。有类似结构的还有聚甲基环硅氧烷(polymethylcyclosiloxan)，六甲基环三硅氧烷(hexamethylcyclotrisiloxane，D3)，十甲基环戊硅氧烷(decamethylcyclopentasiloxane，D5)，等。这些聚烷基环硅氧烷及其混合物都可作为产生SiO_2的原料，本文重点研究D4特性和应用方式。

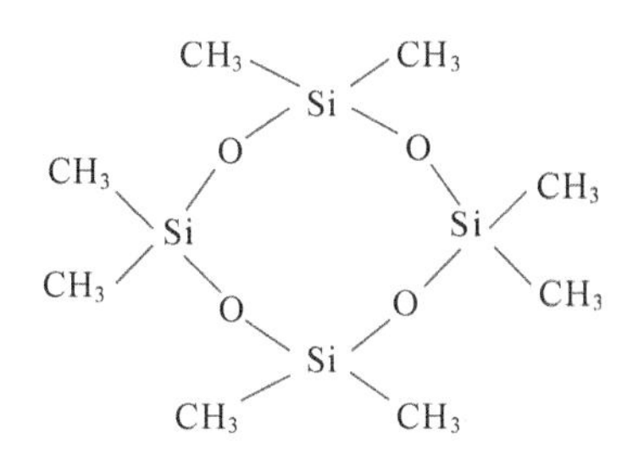

图8-1 OMCTS的分子式

OMCTS和$SiCl_4$的性能比较如表8-1所示。

表8-1 OMCTS和$SiCl_4$的性能比较

性能	指标		备注
	D4	$SiCl_4$	
分子量	296.6	169.9	
密度/(g/cm^3)	0.95	1.48	相对水
熔点/℃	17—18	−70	
沸点/℃	175	57.6	在760mmHg气压下
闪点/℃	63.2	−9	
蒸汽压/mmHg	1.57(25℃)	55.99(37.8℃)	
外观	无色无味液体	无色透明重液体，有窒息性气味	
毒性	无毒、无腐蚀性	具有强腐蚀性、强刺激性，可致人体灼伤	

D4化学式为$((CH_3)_2SiO)_4$，从表1可知，和$SiCl_4$相比，D4的分子量大，沸点高，需要在更高的温度汽化。同时D4本身无色无味无毒无腐蚀性，且分子式中无卤素(如Cl)

元素,高温热解产生 SiO_2、CO_2 和水(见式(8-1)),不产生有毒有害有腐蚀性物质,处理方便,有利于环境保护。

$$(CH_3)_8O_4Si_4 + 16O_2 \rightarrow 4SiO_2 + 8CO_2 + 12H_2O \tag{8-1}$$

8.2 OMCTS的提纯

由于含有杂质,工业生产的D4还不能直接作为光纤预制棒外沉积的原料。表8-2是Dow Corning公司销售的工业级D4(商品名为D-244)主要成分分析。

表8-2 典型商品D4杂质含量

成分	单位	含量
D4	%	99.52
D3	%	0.15
D5	%	0.20
H_2O	ppm	28
非挥发物	%	<0.15

为确保D4能在光纤预制棒外包层沉积中应用,必须对市售的工业D4进行提纯处理,这里介绍康宁公司D. L. Henderson等人提出的OMCTS提纯处理工艺,如图8-2所示(康宁公司U. S. Patent 5879649,1999)。

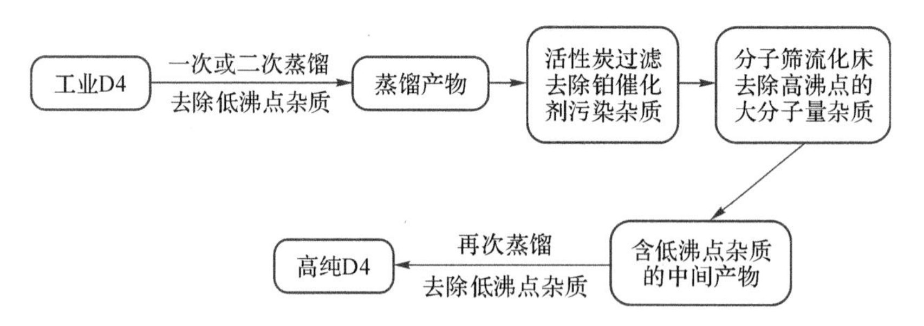

图8-2 OMCTS的提纯工艺示意图

在传统的聚烷基硅氧烷的合成工艺中,烷基卤代硅烷化合物的水解反应会生成聚烷基硅氧烷和硅烷醇的混合物。因而,需要从聚烷基硅氧烷和硅烷醇的混合物中通过蒸馏分离去除大部分的硅烷醇。该分离过程可以通过一次蒸馏或几次连续的蒸馏来完成。随后,分离后的产物需要依次通过一个活性炭过滤器和分子筛流化床。通过该工序可以去除聚烷基硅氧烷原材料中的高沸点杂质,以便于进行后续的纯化操作。通过使用活性炭和分子筛将硅烷和硅氧烷连接后去除铂催化剂污染杂质的方法在Ashby等人的U. S. Patent 4156689的专利中有详细的描述。但是在经过活性炭过滤和分子筛处理后,却会在聚烷基硅氧烷中生成至少一部分的高沸点杂质。这是该处理存在的副作用。这些高沸点杂质的增加应当是由于原材料中的低沸点混合物、甚至可能包含硅烷醇进行缩合反应后产生的线性或环状的高沸点混合物。分子筛流化床则可除去这类具有大分子尺寸的高沸点混合物。中间产物经再蒸馏后，其馏出物（distillate）即为可用于OVD包层工艺的高纯OMCTS。

OMCTS提纯工艺中压力控制很重要，在蒸馏过程中OMCTS的蒸汽压P(Pa)应大于exp(20.4534－3128.52/(T－98.093))，其中T为蒸馏温度(K)。

低沸点的杂质，如D3和分子量小于250g/mol的硅氧醇，易挥发热解，在输料管道内和喷灯处形成SiO_2，影响进料速度，使沉积的疏松棒不均匀，并影响进料系统和喷灯的寿命。

其中高沸点杂质可能主要为硅氧烷和含端羟基基团的硅氧烷。这些硅氧烷杂质可能会包含有环状分子结构的聚甲基硅氧烷。其在常规大气压下的沸点会高于250℃。此外，虽然十二甲基环己硅氧烷(D6)的沸点是低于250℃，但是，十四甲基环庚硅氧烷(D7)的沸点超过了250℃，均须视为杂质。且当存在水时，环状聚甲基硅氧烷可能会发生开环反应并生成含端羟基基团的硅氧烷。其反应式如式(8-2)所示：

$$[R'R''-SiO]_x + H_2O \rightarrow HO-[R'R''SiO]_x-H \quad (8\text{-}2)$$

上式中R'和R"是烷基。其中，D4或D5(当上述公式中的X为4或者5时)为主的环状聚甲基硅氧烷会优先进行水解开环反应生成线性的含端羟基基团的硅氧烷化合物。其与后续的化合物相比，会在很大程度上降低整体的挥发度，并因此在二氧化硅玻璃沉积反应装置的气相反应管路或喷灯处产生有害的凝胶。更有甚者，这些在上述反应中生成的硅氧烷化合物会积极地与其反应前物质，环状硅氧烷进行缩聚反应并生成高沸点的凝胶产物。其反应式如式(8-3)所示：

$$HO-[R'R''SiO]_x-H + [R'R''SiO]_x \rightarrow HO-[R'R''SiO]_{2x}-H \quad (8\text{-}3)$$

这些高沸点，低挥发性的物质，在结构上可能是环状或非环状的。但是，无论如何，其都极可能在生产设备中产生凝胶的沉积。联系整个工艺过程，可以知道，应当尽可能地减少原材料中即便含量很低的该类高沸点杂质以保障沉积的生产效率。

表8-3为OMCTS－OVD光纤预制棒外包层用高纯D4技术要求。图8-3为Dow Corning公司OMCTS (XIAMETER PMX－0244)的蒸气压与温度的关系。

表8-3 光纤预制棒外包层用高纯D4技术要求

成分	单位	含量
D4	%	99.9
D3	%	＜0.1
D5	%	＜0.1
环状硅氧烷总量	%	＞99.9
水份	mg/kg	＜20

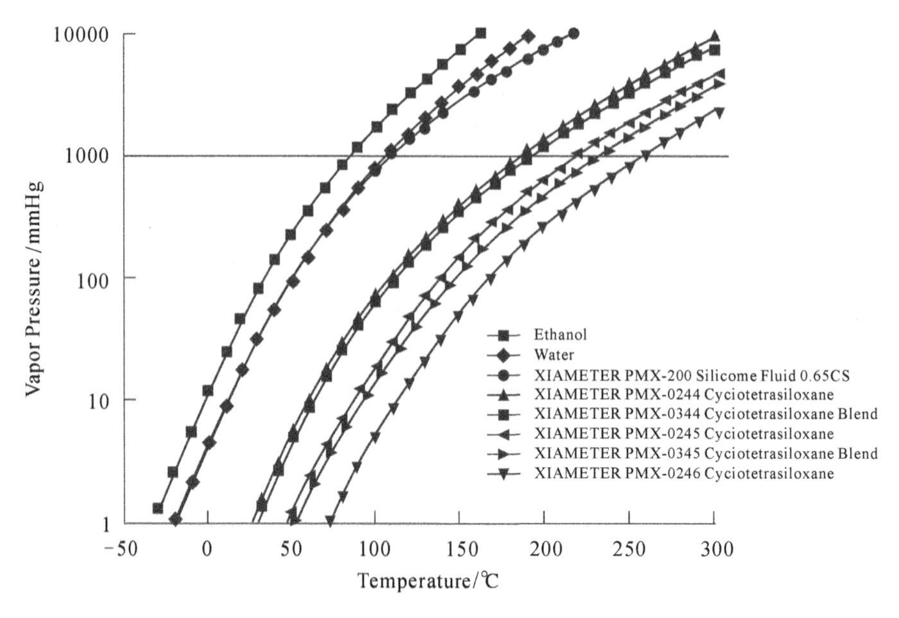

图 8-3　Dow Corning 公司 OMCTS(XIAMETER PMX－0244)的蒸气压与温度的关系

8.3　OMCTS 的供料系统和喷灯

和 SiCl4 相似，OMCTS 供料系统示意图见图 8-4。系统中 OMCTS 通过汽化被载气如 N_2 带到喷灯，CH_4 或 H_2 作为喷灯燃料，O_2 既作助燃材料，也作为反应物，反应气体从喷灯中心喷出，在火焰高温区进行氧化裂解，产生的 SiO_2 粉尘逐渐堆积在芯棒上，形成疏松体。疏松体经后续烧结工艺在 He 和 Cl_2 气氛下烧结而成透明光纤预制棒。D4 常温下是液体，不能直接进入供料系统，需要采用特殊的蒸发器将 D4 汽化。

由于 D4 的高沸点，因而供料系统的管道以及喷灯的结构均需有专门的设计。这里介绍住友电工 Takashi Yamazaki，Tomohiro Ishihara，（US 0338400A1 2014）提出的一种专门用于 OMCTS－OVD 包层沉积系统的供料系统管道以及喷灯的结构设计：供料系统管道的温度控制在 OMCTS 的沸点 175℃＋30℃，以保证物料在供料系统管道中不会液化(liquefaction)，如低于此温度，物料会因聚合反应生成凝胶质点堵塞管道。而喷灯温度则控制在 OMCTS 的沸点 175℃ ±30℃，以保证汽相 OMCTS 可顺利从喷口喷出。若喷灯温度低于 175℃－30℃，物料会液化，影响正常的沉积工艺。为使供料系统管道和喷灯的温度得到严格控制，在供料管道上包有加热保温套；在喷灯的中心物料喷口周围设置了加热元件和热电偶测温控温装置。

对 D4 和 $SiCl_4$ 的沉积效率研究表明，采用合适的供料系统和沉积工艺，D4 的沉积效率比 $SiCl_4$ 高出 10％～25％（图 8-5，引自 USP5043002)。

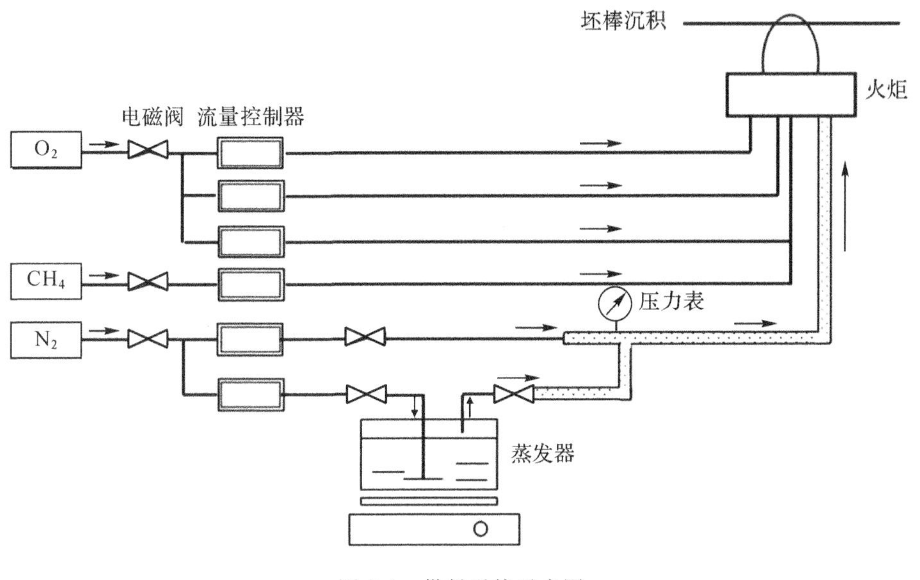

图8-4 供料系统示意图

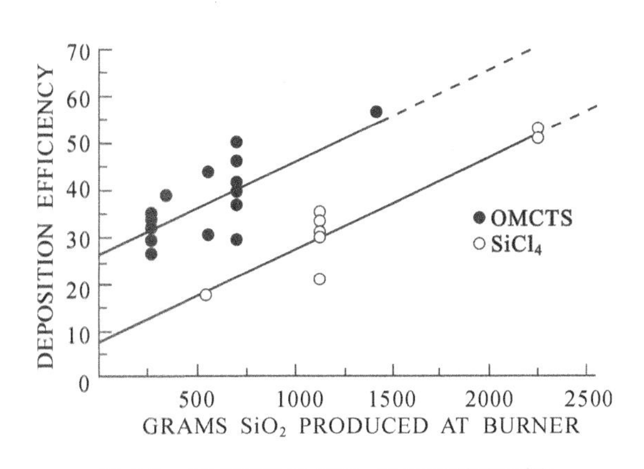

图8-5 OMCTS和$SiCl_4$的沉积效率比较

8.4 供料系统中OMCTS的汽化

OMCTS的高沸点(175℃)会带来不少工艺中的困难：一，它不能如同$SiCl_4$(沸点57.6℃)供料系统一样采用鼓泡瓶(Bubbler)法来实现液相原料的汽化，而必须研发出专用的汽化装置；二,为避免在高温供料管道中OMCTS的氧化分解，必须用氮气代替氧气作为载气，如用氧气作为载气，在硅烷硅氧烷的气态料流中，氧气会催化聚合产生高分子高沸点杂质，容易在汽化器或喷灯进料口积聚成凝胶，这些凝胶一旦被气流带到坯棒的沉积体上，会在预制棒上造成缺陷，从而从影响预制棒质量；三，OMCTS在通过高温供料管道时,温度控制稍有不当，会因热分解而产生不挥发的聚合物残留物，积聚并堵塞管道，这种残留物还会进一步影响制成的光纤预制棒的质量。

在OMCTS应用初期,OMCTS这种高沸点液态原料的汽化装置就成为重点开发的课题,不少学者提出不同方案,诸如U.S. Patent 5078092,1992提出的闪蒸器(flash vaporizer);U.S. Patent 5707415,1998提出了薄膜蒸发器(film evaporator);U.S. Patent 5879649,1999以及U.S. Patent 5356451,1994等提出的各类方案,不一而足。

近年来,美国Brooks instrument等公司开发了一系列专门用于采用OMCTS这类高沸点液态原料的CVD工艺的汽化供料装置,有效地解决了OMCTS在OVD包层工艺中的汽化问题。这类设备称为直接液体喷射蒸发器(Direct Liquid Injection Vaporizer DLI Vaporizer)。

Brooks instrument公司(2017年)的DLI Vaporizer是一个集成系统,它整合了该公司独特的雾化技术和非接触式换热技术。它在一个公司专利产品的特制的雾化器(atomizer)中,利用由载气气流通过小孔快速膨胀而产生的超声冲击波将进入的液态原料分散成无数的几微米大小的微滴,成倍成倍地增加注入液体的比表面积,从而大大改善了热交换效率。液态原料汽化的加热方式是采用特殊的加热气体来加热。当被载气气流雾化了的液态OMCTS进入加热气体腔体后,雾化了的液态原料一接触加热气体,立即气化使液态原料转变为化学纯的蒸汽,无分解的副产品以及残留液体的产生。通过精确的温度控制以及精确的液态和气体流量控制,汽化器可保证OMCTS汽化后进入沉积腔前不分解不凝结。

OMCTS的OVD供料汽化系统如图8-6所示。

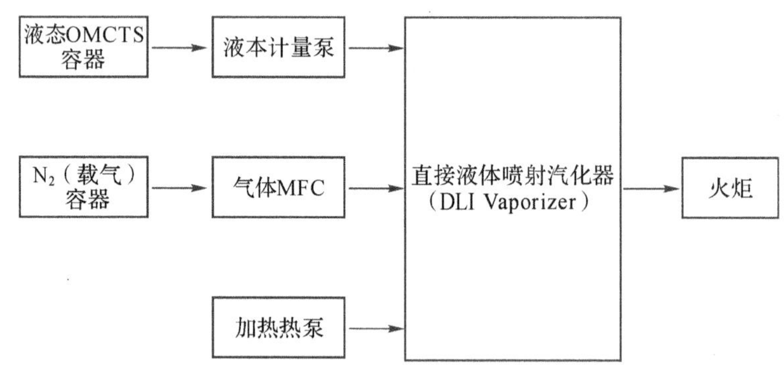

图8-6　OMCTS供料汽化系统

8.5　OMCTS—OVD包层技术的经济分析

OVD包层采用D4工艺技术目前有四种方案:1)采用$SiCl_4$、H_2、O_2,运营成本OPEX高,投资成本CAPEX高;2)采用$SiCl_4$、CH_4、O_2,运营成本OPEX高,投资成本CAPEX高,只是CH_4比H_2节约了些成本;3)采用D4、H_2、O_2、N_2,运营成本OPEX较高,投资成本CAPEX较高,因为采用D4不需废气处理系统投资,不需运营处理成本;4)采用D4、CH_4、O_2、N_2,可获得最佳的运营成本OPEX和投资成本CAPEX,因为采用D4

不需废气处理系统投资，而 CH_4 又比 H_2 节约了些成本。

反应原料（D4 和 $SiCl_4$）

二氧化硅含量：

100g of D4 可产生 81.0g SiO_2

100g of $SiCl_4$ 可产生 35.4g SiO_2

比较一下 D4－$SiCl_4$ 和 H_2－CH_4 的 OVD 投资成本和运营成本：如果假定 $SiCl_4$－H_2 的成本为 100%，则 $SiCl_4$－CH_4 的成本为 95%，D4－H_2 的成本为 81%，D4－CH_4 的成本为 76%。

以下（见表 8-4）是引述 Rosendahl-Nextrom 的卧式双柱（Horizontal dual spindle），12 头喷灯 OMCTS－OVD 沉积设备的沉积速率和沉积效率的数据（每头喷灯的沉积速率约为 10g/min）。

表 8-4　OMCTS－OVD 设备的沉积速率和沉积效率

	目前水平
沉积速率	240g/min
沉积效率	55%

该公司 OMCTS－OVD 设备的一些特点：a）一机双轴，即一台 OVD 设备同时可以沉积两根母棒。b）多头金属喷灯，一轴可以容纳 10/12/16 个喷灯。10 个喷灯成品棒为 150×1500mm；12 个喷灯成品棒为 150×1800mm；16 个喷灯成品棒为 180×2500mm。金属喷灯最大优势是精密车床加工，所有喷灯完全一样，更换喷灯不需要再像石英喷灯调整工艺参数；c）沉积时预制棒摇摆式移动，可以增加沉积速度，减少母棒两端锥头；d）有自动称重系统，一根棒沉积够重量后该轴自动停车，不影响另外一根沉积轴运行。

图 8-7 和图 8-8 分别为该公司 OMCTS－OVD 卧式双柱沉积设备以及 12 头喷灯照片。

图 8-7　OMCTS－OVD 沉积设备：卧式双柱 OVD 沉积设备（Horizontal dual spindle）

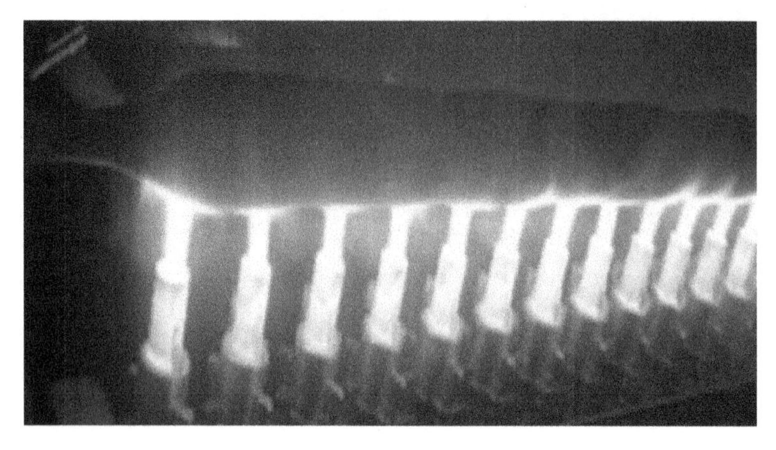

图 8-8 OMCTS－OVD 沉积设备中 12 头喷灯

8.6 本章小结

本章在分析研究八甲基环四硅氧烷特点的基础上,从光纤预制棒沉积材料应用的实践角度出发,得到结论如下:

1. 工业级 D4 通过提纯工艺,可以得到满足光纤预制棒外包层沉积用高纯 D4 材料;

2. OMCTS 为无卤含硅材料,高温热解产生 SiO_2、CO_2 和水,不产生有毒有害有腐蚀性物质,为环境友好材料,有利于环境保护,是新一代环保型光纤外包层沉积用材料;

3. 由于 OMCTS 的高沸点,供料系统的管道和喷灯均需专门设计,以保证气态物料的正常输送;

4. OMCTS 用于 OVD 包层沉积工艺中重点应解决 OMCTS 的汽化技术,汽化器的核心技术是在 OMCTS 汽化后进入沉积腔前要保证其不分解不凝结;

5. 从经济成本和环保的角度分析,采用新型 D4 材料制作光纤预制棒,不仅环保,综合成本上更具优势;

6. OMCTS 目前仅用于 OVD 包层工艺中,尚未能在芯棒工艺中得到应用,这是因为还没有找到与 OMCTS 相配合的 Ge 的掺杂材料;

7. OMCTS 用作光纤预制棒 OVD 包层材料,用以取代 $SiCl_4$,解决世界各国愈益重视的环保问题,已被国际上各主要光纤制造厂商所采用。国内几个主要光纤企业也在从事此项目的开发工作,令人高兴的是,据笔者所知,其中有国内领先的光纤公司经多年的努力,已将此项目推进到了产业化阶段。但相比之下,国内对此项目的重视程度还不够,笔者撰写此文,旨在期待这种新型环保材料能在我国光纤预制棒制造中得到进一步推广应用。

附录：用于 OMCTS—OVD 包层工艺中有关气体的技术规范

表 8-5　光纤预制棒外包层用氮气(载气)技术要求

成分	单位	含量
N_2	%	99.999
水分	ppb	< 1
H_2 和 THC	ppb	< 1
O_2	ppb	< 1
$CO+CO_2$	ppb	< 2
杂质质点		无

表 8-6　光纤预制棒外包层用有关气体的技术要求

气体	成分	单位	含量
高纯氧气	O_2	%	99.999
	H_2O	ppb	<1
	H_2 和 THC	ppm	<0.1
	N_2	ppm	<5
	$CO+CO_2$	ppm	<0.1
	杂质质点		无
	KOH 汽体或 K+	ppb	<10
燃料氧气	O_2	%	99.90
	H_2O	ppm	<100
	杂质质点		无
	KOH 汽体或 K+	ppb	<10
燃料氢气	O_2	%	99.90
	H_2O	ppm	<100
	杂质质点		无
燃料甲烷	甲烷	%	>93
	乙烷	%	<3
	丙烷	%	<1
	丁烷	%	<0.5
	CO_2	%	<1

参考文献

[1] 魏忠诚，何方容，环保型光纤预制棒外包层用沉积材料，光电通信网，2015

[2] Michael S. Dobbins，Robert E. Mclay，Method of Making Fused Silica by Decomposing Siloxanes[P]，US5043002，1991.

[3] L. G. Sayce，A. Smithson，P. J. Wells，British Patent 2245553，1991，

[4] Giacomo Stefano Roba，Marco Airmondi，Process for Producing Silica by Decomposition of an Organosilane[P]，US6336347，2002.

[5] Jeffery L. Blackwell，Michael S. Dobbins，Robert E. Mclay，Carlton M. Truesdale，

Method of Making Fused Silica[P],US5152819,1992.

[6] Danny L. Henderson,Dale R. Powers,Method of Purifying Polyalkylsiloxanes and the Resulting Products[P], US5879649,1999.

[7]A. Jpseph, Antos, et al. , Flash Vaporizer System for Use in Manufacturing Op8] MichaelB. Cain,Michael S. Dobbins,Method and Apparatus for Vaporization of Liquid Reactants[P], US5356451,1994.

[9] MichaelB. Cain,Method of Vaporizing Reactant in a Packed-bad , Coiumn,Film evaporator, US5707415, 1998.

[10] MichaelB. Cain,et al. ,Precision Burners for Oxidizing Halide-free Silicon-containing Compounds, US5922100, 1999.

[11]Takashi Yamazaki, Tomohiro Ishihara, Method for Manufacturing Soot Glass Deposit Body and Burner or Manufacturing Soot Glass Deposit Body , US 0338400A1 2014

第9章　G.654.E光纤的设计探讨及其制作方法示例

常规的G.654.E光纤采用纯硅芯，掺氟包层来消除因组分波动引起的瑞利散射损耗而得到低损耗的目的。但因纤芯/包层的高温粘度失配以及热膨胀系数的失配导致界面应力引起光纤的附加损耗，从而达不到纯硅芯的理想低损耗。本章探讨利用纤芯掺氯，包层掺氟以及掺氯梯度型折射率纤芯的结构以达到芯/包粘度匹配，从而降低光纤损耗的作用；并采用环沟形凹陷包层降低大有效面积光纤的弯曲损耗；以及利用PCVD，POVD制作光纤的示例。

本文所揭示的在纤芯区域中掺杂高水平的氯的技术对于制造低损耗光纤提供了明显优势。氯是通过起到降低密度波动作用、而不增加纤芯区域内的浓度波动从而导致低瑞利散射损耗的掺杂剂。

9.1　G.654.E光纤的进展

伴随着社会对通讯系统信息容量要求的大幅度增长，光纤发展的前期技术已经逐渐无法满足社会发展的需要。2010年实现了100G WDM PDM-QPSK调制、相干接收、DSP系统，传输距离为2000－2500km，开创了超100G新纪元。由于高阶调制方式、相干接收和DSP技术的发展，在这一相干传输系统中，光纤的波长色散和PMD的线性损害均可在DSP电域中得以解决，因而长期来困扰光纤应用系统性能提升的波长色散和偏振模色散将不再成为问题。在高速大容量长距离传输系统中，光纤性能中衰减和非线性效应逐渐凸显出来。

面对传输提出的高OSNR、高频谱效率、高FOM、低非线性效应的新的要求，决定了下一阶段光纤的性能应着重于光纤衰减系数的继续降低和光纤有效面积的合理增大这两个方面上。而针对这种新型的应用要求，G.654.E光纤逐渐登上历史的舞台，为此，ITU于2016年9月正式制定了G.654.E的标准规范。

由上述可见，G.654光纤已由初期主要适用于低速率、大长度的光纤通信线路，如海底光缆，发展到如今的G.654.E光纤，逐步成为高速率、大容量、大长度陆上或海底光缆干线的主要选项。

为了量化相干传输系统中光纤设计的性能，根据高斯噪声模式理论，提出了一个系统模型来分析非线性干扰的功率谱密度作为光纤参数的函数。将光纤的非线性干扰作为噪声的附加因素。可导出一个广义的 OSNR 公式来预言最佳信号功率,使 OSNR 最大化。根据这一模型,提出了一个光纤品质因素(FOM,fiber figure of merit)的参量作为比较不同的光纤设计和光纤性能的方法。为了量化大有效面积和低损耗给 OSNR 带来的好处,给出了一个简化的 FOM 公式,这里,FOM 是相对于参考光纤来定义的。

$$\mathrm{FOM(dB)}=\frac{2}{3}10\lg\left(\frac{A_{eff}n_{2,ref}}{A_{eff,ref}n_2}\right)-\frac{2}{3}(\alpha-\alpha_{ref})L-\frac{1}{3}10\lg\left(\frac{L_{eff}}{L_{eff,ref}}\right)+\frac{1}{3}10\lg\left(\frac{D}{D_{ref}}\right)$$

式中,A_{eff},α,n_2,L_{eff},D 分别为光纤的有效面积,衰减系数,非线性折射率,有效长度和波长色散;A_{eff},ref,α_{ref},$n_{2,ref}$,$L_{eff,ref}$,D_{ref} 为参考光纤的有效面积,衰减系数,非线性折射率,有效长度和波长色散;L 为传输距离。图 9-1 为 100km 传输长度时,FOM 对于不同衰减系数的光纤随着有效面积的变化。这里参考光纤为标准的 G. 652. D 光纤:其衰减系数为 0. 2dB/km,有效面积为 82μm^2。图中比较了两类光纤:一类是纤芯掺锗的光纤,其 1550nm 波长的衰减系数大于 0. 175dB/km,n_2 为 2.3×10^{-20} m^2/W。另一类是纯硅芯光纤,其 1550nm 波长的衰减系数小于 0. 175dB/km,n_2 为 2.1×10^{-20} m^2/W。从图可见:FOM 是随着有效面积增加或衰减系数减小而增大的。

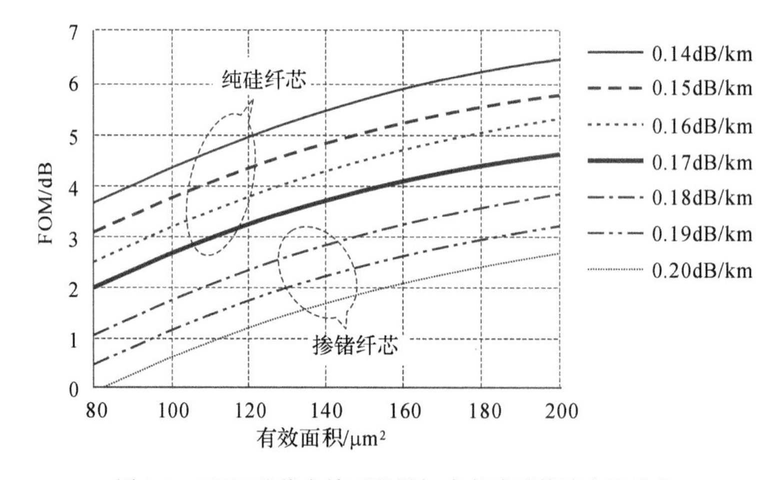

图 9-1　FOM 随着有效面积增加或衰减系数减小而增大

光纤的内禀损耗包括三个部分:瑞利散射、紫外吸收及红外吸收。(如图 9-2 所示)

瑞利散射包括分子密度起伏产生的散射损耗以及分子组份起伏产生的散射损耗。在常规的 G. 652. D 光纤中,纤芯掺杂二氧化锗,故瑞利散射包括密度起伏和组份起伏两部分产生的散射损耗;而在 G654. E 纯硅芯光纤中,瑞利散射只是由二氧化硅分子密度起伏产生的散射损耗,因而 G. 652. D 光纤在 1550nm 波长损耗为 0. 18－0. 20dB/km;而 G654. E 纯硅芯光纤在 1550nm 波长损耗为 0. 16－0. 17dB/km。

在 G. 652. D 光纤中,纤芯中的锗掺杂是光纤衰减增加的主要原因之一,在光纤进行锗掺杂的情况下,材料固有的损耗满足以下公式:

$$\alpha=\alpha_{UV}+\alpha_{RS}+\alpha_{IR}=1542\Delta/(446\Delta+6000)\times10^{-2}\times\exp(4.63/\lambda)+\lambda^{-4}(0.51\Delta+0.76)+7.81\times10^{11}\times\exp(-48.48/\lambda)$$

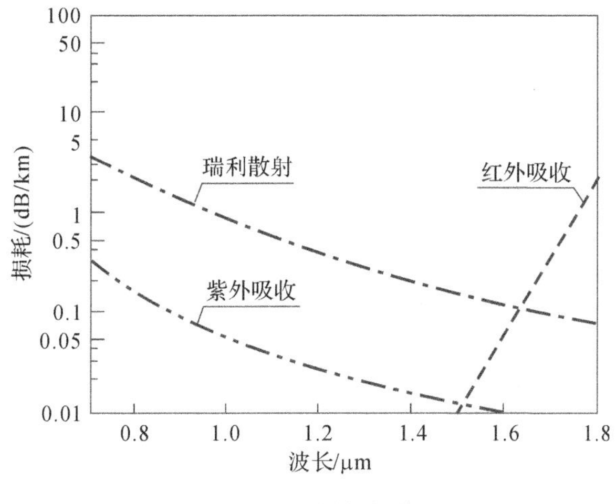

图 9-2　光纤损耗谱

上述公式中，λ 为工作波长，计算时单位以微米计；Δ 为锗掺杂带来的折射率变化，单位为%。其中 α_{IR} 为红外吸收损耗，与掺杂浓度无关，α_{UV} 为紫外吸收损耗，在低浓度掺杂的情况下，对损耗的影响也极小，主要对衰减产生影响的是与波长四次方成反比的瑞利散射 α_{RS} 部分。

根据上式，当不进行锗掺杂时，工作波段为 1550nm 时，光纤的理论损耗(排除应力影响)约为 0. 152dB/km。而当芯层进行掺杂后，每使得芯层的 Δ 变化 0. 1%，则造成瑞利散射加剧而使衰减增加的值为：0. 0135dB/km。常规的 G. 652. D 光纤纤芯掺锗，Δ 为 0. 32%时，光纤损耗为 0. 19 dB/km。

为了得到在 1550nm 波长上光纤的最低损耗，在传统的 G. 654. E 光纤中均采用纯二氧化硅纤芯以及掺氟包层以得到波导结构，从而避免因纤芯掺锗引起的分子组份起伏产生的瑞利散射损耗。但是，实际市场上 G. 654. E 商品光纤没有达到理论上的低衰减水平，其原因是因为波导缺陷损耗(waveguide imperfection loss)所产生的附加损耗。波导缺陷损耗是由于芯/包界面的几何波动引起的。界面的不规整性产生光的散射导致衰减的增大。界面的几何波动是在工艺过程中的残余应力所引起的，此残余应力源自纯硅芯纤芯和掺氟包层之间的高温粘度失配以及拉丝张力。另外，由于纯硅芯与掺氟包层的热胀系数的不同在纤芯包层界面的应力导致衰减的增大以及在光棒脱水烧结工艺中会引起开裂。

对于 Ge 掺杂的二氧化硅，热膨胀系数(CTE) (单位，1/℃)和 Δ% 与 GeO_2 浓度 [GeO_2](单位，重量%)相关，如下式所示：

$$CTE=(5.05+0.42075[GeO_2])\times 10-7$$

$$\Delta\%=0.055[GeO_2]$$

图 9-3 为 GeO_2 掺杂纤芯的热膨胀系数以及氟掺杂包层的热膨胀系数和掺杂量的函数关系。

由于氯的掺杂结构与氟相近，所以对石英热膨胀系数的影响也与氟类似。相对于锗掺杂，氯掺杂同样能够有效降低光纤各层结构间的热膨胀系数失配的问题。

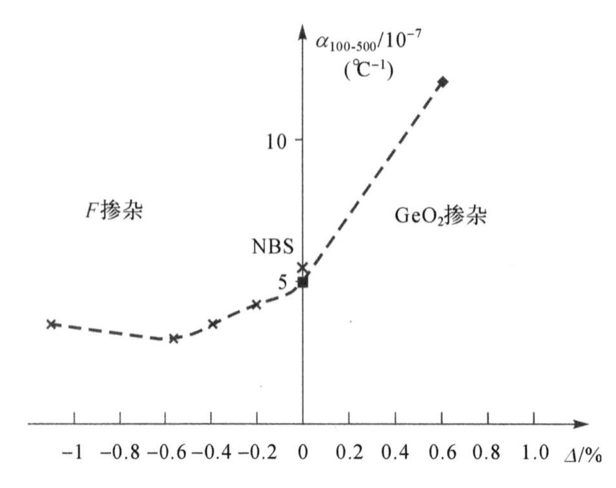

图 9-3 GeO_2 掺杂纤芯的热膨胀系数以及氟掺杂包层的热膨胀系数和掺杂量的函数关系

9.2 G.654.E 光纤的设计探讨

为了解决上述纯硅芯与掺氟包层界面之间高温粘度失配以及纯硅芯与掺氟包层的热胀系数的不同带来的问题，本章第一个设计方案是采用纤芯掺氯，包层掺氟来实现纤芯和包层的高温粘度匹配，从而消除芯/包界面因粘度失配产生的应力导致界面应变产生的附加损耗。第二个设计方案是采用纤芯掺氯的梯度型折射率分布，同样也能使纤芯包层界面因折射率相同而避免了粘度失配和热膨胀失配造成的附加损耗。现分别说明如下：

9.2.1 纤芯掺氯的粘度匹配光纤

9.2.1.1 纤芯掺氯的粘度匹配光纤的设计

针对粘度匹配问题，假设光纤的纤芯与二氧化硅的相对折射率差为 Δ_1，纤芯粘度为 η_1，匹配包层与二氧化硅的相对折射率差为 Δ_2，匹配包层粘度为 η_2，则可根据下式进行粘度匹配的计算：

设定：

$$\frac{\mathrm{dlg}\eta_1}{\mathrm{d}\Delta_1} = K_1 , \quad \frac{\mathrm{dlg}\eta_2}{\mathrm{d}\Delta_2} = K_2$$

则粘度匹配时，必需满足下列条件，

$$K_1\Delta_1 = K_2\Delta_2$$

最终可得到以下公式：

$$\Delta_1 = \frac{\Delta}{1-\left(\dfrac{K_1}{K_2}\right)} , \quad \Delta_2 = \frac{\Delta}{\left(\dfrac{K_2}{K_1}\right)-1}$$

式中，$\Delta = \Delta_1 - \Delta_2$ 为芯/包折射率差。

当进行氯、氟等材料掺杂时，在1650℃时，根据不同的掺杂浓度（wt%），石英玻璃的粘度可参见以下公式：

$$\eta = 10^{\wedge}\ [\lg(\eta_0) - 0.058^{*}\ \text{wt\%(氯)} - 0.4424^{*}\ \text{wt\%(氟)}]$$

式中，η_0（泊）为纯二氧化硅粘度，

$$\eta_0 = \text{Exp}\left[-13.738 + \left(\frac{60604.7}{T}\right)\right]$$

式中，T 为凯尔文度。

当进行氯、氟掺杂时，

$$K_1 = \frac{\mathrm{d}[\lg(\eta_0) - 0.058 * \Delta(\text{氯}) * 10]}{\mathrm{d}[\Delta(\text{氯})]} = -0.058 * 10$$

$$K_2 = \frac{\mathrm{d}[\lg(\eta_0) + 0.4424 * \Delta(\text{氟}) * 3]}{\mathrm{d}[\Delta(\text{氟})]} = 0.4424 * 3$$

根据计算设定的Δ值可分别得出 Δ_1，Δ_2。以此可得出氯、氟的掺杂浓度。具体的光纤参数，如纤芯直径，剖面各部分的折射率差可用模拟方法求得。光缆截止波长设定为1530nm。

值得关注的是，由于卤素的掺杂机理和锗的掺杂机理不同，卤素在石英晶格内仅能以[$SiO_{1.5}X$]的形式存在，且掺杂浓度较高时在高温下易富集并变为 SiX_4 逸散，所以如何提高卤素的掺杂浓度是目前光纤预制棒制备工艺中亟需解决的问题。但是通过在芯层中进行一定浓度的氯掺杂以降低芯/包的粘度失配和光纤衰减，仍是极有潜力的技术发展方向。

图9-4为粘度匹配型光纤的折射率分布剖面图。图中，Δ_1 为掺氯纤芯与纯二氧化硅的折射率差，Δ_2 为掺氟浅层下陷包层与纯二氧化硅的折射率差，两者形成光纤基模的主导光面。Δ_3 为掺氟环沟型深层凹陷包层与纯二氧化硅的折射率差，此为增强高斯场的集中度，减小光纤宏弯损耗的包层结构。

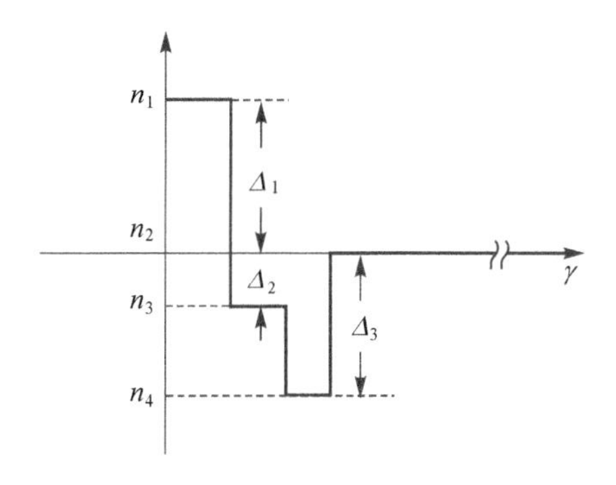

图9-4　粘度匹配型光纤的折射率分布剖面图。

9.2.1.2　掺杂对石英折射率的影响

石英玻璃中掺杂的锗、氟和氯的质量百分比对石英折射率的影响在相同温度下可认为是线性关系的，其具体影响可见图9-5。

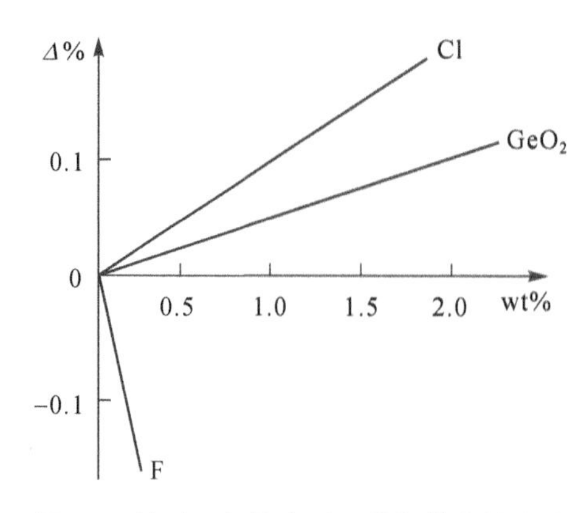

图 9-5　锗、氟、氯掺杂对石英折射率的影响

对比卤素原子掺杂引起的折射率变化:当掺杂剂为氯时,它打断石英玻璃的≡Si—O—Si≡键,替换为≡Si—Cl 键,导致石英玻璃网络结构的重排。氯离子的半径大于氧离子的半径(氯离子半径为 181pm,氧离子的半径为 140pm),所占用的体积较大,在石英玻璃中起到扩张网络结构的作用,导致结构紧密程度显著降低,因此降低了玻璃的粘度从而降低了其熔化温度。另一方面,被氯打断结构的石英玻璃最终结构更加开放,离子极化率增加,从而增加了石英玻璃的折射率。而氟离子半径为 133pm,与氧离子半径相差较小,对结构的影响较小,与氯相比,氟具有更小的极化率,且 Si—F 键的结合能远大于 Si—O 键的结合能,石英玻璃整体极化率降低,氟虽然改变石英玻璃的结构,但其造成离子极化率的降低,从而降低了石英玻璃的折射率。

9.2.1.3　掺杂对石英损耗的影响

瑞利散射损耗为密度起伏产生的瑞利散射损耗以及组分起伏产生的瑞利散射损耗之和,密度起伏的瑞利散射损耗如下式所示,

$$\alpha_\rho = \frac{8\pi^3}{3\lambda^4} n^8 p^2 \beta_T k_B T_f$$

式中,λ 为入射光波长,p 为光弹性系数,n 为折射率,k_B 为波兹曼常数,β_T 为等温压缩率,T_f 为假想温度,光纤的假想温度的定义是 SiO_2 液态结构凝固而转变为玻璃态时的温度。

因瑞利散射主要是由密度波动冻结所形成的,故其正比于假想温度。因而减小假想温度可减小瑞利散射系数,当二氧化硅玻璃掺氯时可以降低玻璃的粘度,从而降低其假想温度。所以,掺氯的石英玻璃有较小的密度波动引起的瑞利散射损耗。

再者,在芯层掺入降低玻璃粘度的掺杂剂可以减少光纤拉丝时玻璃的结构弛豫时间,有利于提高密度的均匀性,从而减小密度波动引起的瑞利损耗。氯比氟更有利于减小瑞利散射。氯几乎不引起浓度波动,但可减小拉丝退火弛豫时间,降低假想温度,故掺氯有利于降低光纤损耗。

掺杂剂浓度增加会引起因组分起伏形成的瑞利散射损耗的增加。因组分起伏形成的瑞利散射损耗如下式所示,

$$\alpha_c = \frac{32\pi^3 n^2}{3\lambda^4 \rho N_A} \sum_{j=1}^{m} \left[\left(\frac{\partial n}{\partial x_j} \right)_{T_f, x_i \neq x_j} + \left(\frac{\partial n}{\partial \rho} \right)_{T_f, x_i} \left(\frac{\partial \rho}{\partial x_j} \right)_{P, T_f, x_i \neq x_j} \right]^2 M_j x_j$$

式中，M_j 和 x_j 分别为第j个掺杂物质在二氧化硅晶格中掺杂形成的最小晶格的相对分子质量和掺杂量；N_A 为阿佛加德罗常数；折射率 n 和密度 ρ 的偏微分由实验数据确定。纤芯因组份起伏引起的瑞利散射损耗与掺杂形成最小晶格的分子质量以及掺杂量(wt%)成正比。

G.652.D光纤的常规掺杂物质为纤芯掺锗，内包层不进行掺杂或进行少量的氟掺杂。锗作为金属原子，以替代二氧化硅中硅的位置在石英玻璃内部进行掺杂。而卤素原子(氟和氯等)则以替代二氧化硅晶格中的氧原子的形式存在于石英玻璃之中。故在上述公式中，锗掺杂需使用二氧化锗作为最小晶格的分子质量进行计算，即为 $M(GeO_2)=104.6$。而氟和氯掺杂则应当使用[$SiO_{1.5}F$]和[$SiO_{1.5}Cl$]为最小晶格进行计算，即为 $M(SiO_{1.5}F)=71$；$M(SiO_{1.5}Cl)=87.45$。二氧化硅的分子质量为 $M(SiO_2)=60$。

纤芯因组份起伏引起的瑞利散射损耗与掺杂形成最小晶格的分子质量以及掺杂量(wt%)成正比。锗的分子质量为104.6，而氯的分子质量为87.45；相对于 SiO_2 折射率提高0.1%，需掺锗1.8wt%，而掺氯衹需1wt%，所以纤芯掺氯因组份起伏引起的瑞利散射损耗比掺锗小很多。

9.2.2　纤芯掺氯的梯度型折射率分布光纤

一种纤芯掺氯的梯度型折射率剖面分布，使纤芯包层界面两侧纤芯和包层的折射率相同，从而避免了界面的粘度失配，同时不会增加纤芯因组份起伏引起的瑞利散射损耗。梯度型折射率剖面分布的纤芯/包层界面减少了纯硅芯与掺氟包层界面高温粘度失配引起纤芯内应力增加而导致衰减的增大。纤芯掺氯所得到的低粘度水平导致光纤拉丝工艺期间玻璃松弛的增加导致更低的假想温度和对应的低光纤衰减水平。纤芯的梯度型折射率剖面中，中等至高度分级的折射率分布(例如，α 为2到12)还可降低纤芯与包层之间的热膨胀系数相关(CTE)的失配。从而能避免芯/包界面的应力引起纤芯内应力增加而导致衰减的增大以及在光棒脱水烧结工艺中引起的开裂。结合在一起，这些影响可以降低纤芯中的内应力，导致更好的衰减特性。再者，相比于其他掺杂剂选项(包括二氧化锗)，掺氯光纤有较低的成本。

纤芯的梯度型折射率剖面分布函数为：

$$n(r) = n_1 [1 - 2\Delta (r/a)^\alpha]^{1/2}$$

式中，n_1 为纤芯中心折射率，Δ 为掺有氯的纤芯和纯 SiO_2 的相对折射率差，a 为纤芯半径。本章中取参量 $\alpha=10$，通过单模光纤的等效阶跃光纤法 Equivalent Step Index (ESI)，可求得光纤的LP11模的归一化频率的截止值为：

$$V_c = V_e \left(\frac{\alpha + 2}{\alpha} \right)^{1/2} = 2.649$$

式中 $V_e=2.405$ 为等效阶跃光纤的LP11模的归一化频率的截止值。

光缆截止波长为1530nm，具体的光纤参数，如纤芯直径，剖面各部分的折射率差可用模拟方法求得。

图 9-6 为梯度分布纤芯光纤的折射率分布剖面图。图中，Δ_1 为掺氯梯度型纤芯中心与纯二氧化硅的折射率差，内包层为纯二氧化硅，在纤芯包层界面形成光纤基模的主导光界面。Δ_2 为掺氟环沟型凹陷包层与纯二氧化硅的折射率差，此为增强高斯场的集中度，提高光纤抗宏弯性能的包层结构。

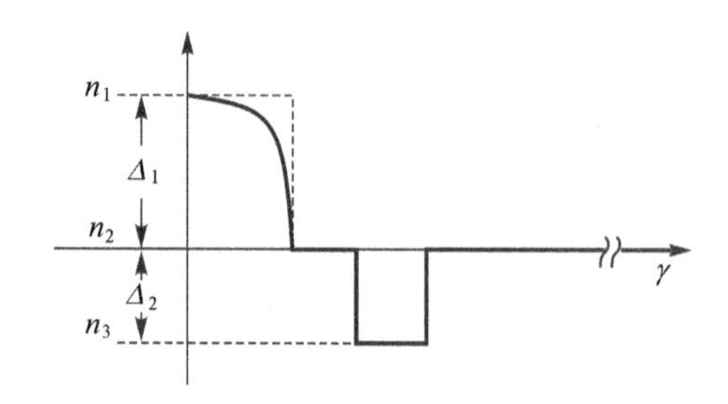

图 9-6　梯度分布纤芯光纤的折射率分布剖面图

9.3　折射率下陷包层的抗弯曲特性

9.3.1　G.654.E 光纤的抗弯曲特性

G.654.E 光纤为降低非线性效应的损害需有大有效面积，而由于光缆截止波长的限制，当有效面积增大时，光纤的宏弯损耗和微弯损耗会增大，研究表明，在包层中设置凹陷型或沟槽型折射率分布层可以在保证光缆截止波长小于 1530nm 的同时减小光纤的宏弯损耗。凹陷型包层可以使光场的集中度提高，从而在光纤弯曲时光纤尾场不溢出光纤。鉴于氟离子能显著降低石英玻璃的折射率而不致引起损耗增加的特性，因而通过掺氟来形成折射率下陷包层成为当今光纤设计和制作工艺的首选。

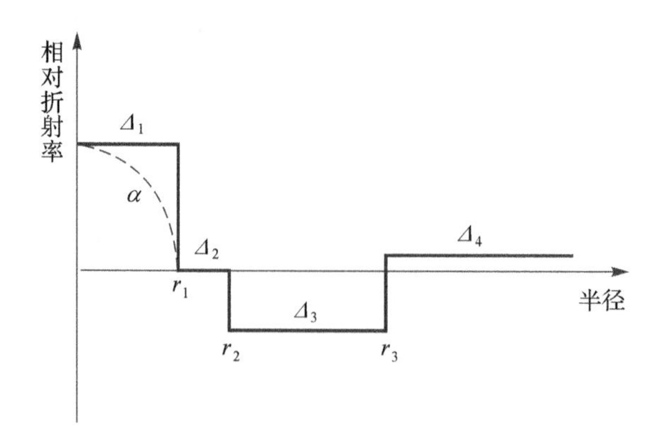

图 9-7　环沟形下陷包层折射率分布光纤

图 9-7 为环沟形下陷包层折射率分布光纤(Trench-assisted Fiber)：这类光纤在包层区设置的与包层折射率差较大的环沟形折射率下陷区，可以提高光场在纤芯的集中度

(confinement)。从其折射率剖面可见,这里有两个导光界面,一个是纤芯-包层界面,纤芯折射率大于包层折射率,构成可实现全内反射的导光界面,由于单模光纤中的基模光强呈高斯型分布,故而此界面为光纤的主要导光界面,将光场的绝大部分光功率限制在纤芯内。另一个是环沟形下陷包层与包层的内界面,这里,包层折射率大于掺氟的环沟形下陷包层折射率,构成了第二个可实现全内反射的导光界面。这个界面有效地限制单模光纤中 HE_{11} 基模的光场尾场,减小模场直径。尤其是在光纤弯曲时,环沟形下陷包层形成了一个阻碍尾场逸出光纤的壁垒它能有效地阻碍尾场逸出光纤包层,从而大大地减小弯曲损耗。另外,在环沟形下陷包层与包层的外界面,这里,环沟形下陷包层折射率小于包层折射率,从而构成了折光界面。在这一界面上,一部份光被反射回来,一部分光则被折射出去,造成损耗。但从图 9-8 中可见,到达这一界面的光功率祇有总功率的十万分之几,影响甚微。

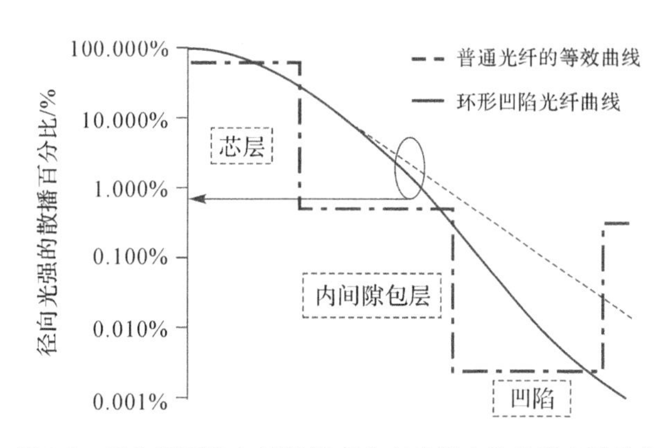

图 9-8 环沟形下陷包层折射率分布光纤中的基模光强分布

图 9-9 表示了凹陷型包层对于大有效面积光纤宏弯损耗的显著改善的情况。9-9A 表示一个匹配型光纤在 1550nm 波长下的模型弯曲损耗与有效面积的函数关系,光纤的弯曲直径分别为 20mm, 30mm 和 40mm。当弯曲直径为 40mm 时,有效面积在 $150\mu m^2$ 时,光纤仍能保持低弯曲损耗。当弯曲直径在 20mm 时,弯曲损耗随着有效面积的增大而快速增加:当有效面积为 $130\mu m^2$ 时,弯曲损耗为 1dB/圈;有效面积为 $150\mu m^2$ 时,弯曲损耗高达 6dB/圈。与匹配包层相比,凹陷型包层光纤的弯曲损耗显著改善,图 9B 表示一个环沟型折射率下陷包层光纤在 1550nm 波长下的模型弯曲损耗与有效面积的函数关系,图 9-9B 显示,当弯曲直径为 20mm,有效面积在 $150\mu m^2$ 时,弯曲损耗仍低于 0.5dB/圈。

9.3.2 G.654.E 光纤的抗微弯特性

微弯损耗是由于光纤在成缆工艺不当或敷设过程中产生的一系列非常小的弯曲半径引起纤芯的高频纵向扰动,从而使纤芯中的导模功率耦合成为包层中的高阶模式,然后为涂层所吸收。为了减小微弯损耗除了采用凹陷型包层外还需采用低模量的光纤内涂层。

Olshansky 提出一个唯象学模型,按此模型,光纤的微弯损耗可由下式表示:

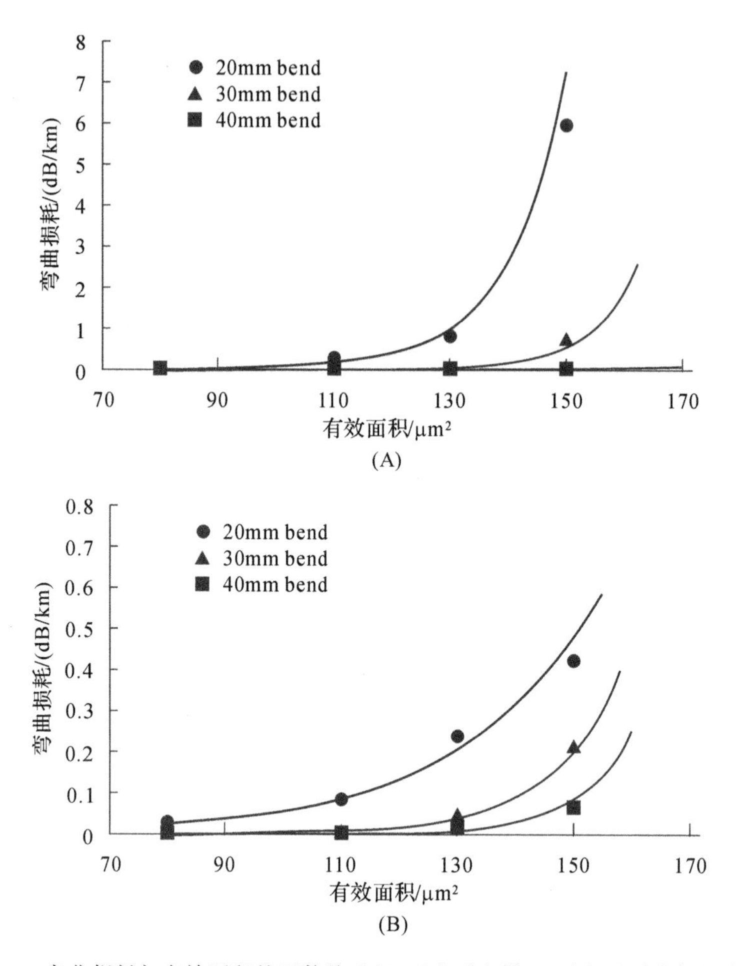

图 9-9　弯曲损耗与有效面积的函数关系(A 匹配型光纤,B 环沟型下陷包层光纤)

$$\gamma = \mathrm{N}\langle h^2 \rangle \frac{a^4}{b^6 \Delta^3} \left(\frac{E}{E_f} \right)^{3/2}$$

式中，N 为单位长度平均高度 h 的碰撞数，a 为纤芯半径，b 为包层半径，Δ 为纤芯/包层相对折射率差，E_f 为光纤杨氏模量，E 为光纤内涂层杨氏模量。由此可见，减小微弯损耗除了必须采用凹陷型包层以提高 Δ 值外，还必须采用低模量的光纤内涂层。光纤内涂层的低模量对于减小大有效面积光纤的微弯损耗是一个非常重要的因素。因为柔软的内涂层可以缓冲外力对光纤的扰动，从而有效改善光纤的抗微弯性能。

9.4　制造方法示例

G.654.E 光棒可用各种传统工艺制作，如 PCVD，VAD. OVD 等，掺杂工艺可在化学气相沉积中完成，也可在光棒疏松体脱水、烧结中完成。这里作为例示，采用 PCVD 工艺制作掺氯芯棒以及 POVD 工艺制作掺氟包层。并用 RIC 工艺完成在线拉丝工序。

9.4.1 用PCVD法制作梯度型折射率剖面分布纤芯及纯SiO_2内包层

9.4.1.1 PCVD掺氯芯棒制作工艺原理

在PCVD工艺中，热源是微波。其反应机理是：微波谐振腔中原料气体被微波能激发电离产生等离子体，等离子体含有大量的高能量电子，这些电子可以提供化学气相沉积过程中所需要的激活能，由于等离子体中的电子温度非常高，电子与气相分子的碰撞可以促进反应气体分子的化学键断裂和重新组合，形成气相反应生成物SiO_2，带电离子重新结合时释放出来的热能熔化气态反应生成物形成透明的石英玻璃沉积在基管内壁。

沉积过程借助低压等离子体使流进高纯度石英玻璃沉积管内的气态卤化物和氧气在1000℃以上的高温条件下直接沉积成设计要求的光纤芯中玻璃的组成成分。在PCVD工艺中，由于气体电离不受反应管的热容量限制，反应器可以沿反应管作快速往复沉积，每层厚度可小于1μm，因而可以制造出精确的折射率分布剖面的光纤，而且也适于制作各种折射率剖面复杂的单模光纤。

用PCVD工艺技术可制作掺氯纤芯折射率剖面分布，可用$SiCl_4$或Cl_2作掺杂剂的源前体。PCVD制备预制棒时氯气本来就是其产物，基础反应方程是四氯化硅和氧气反应生成二氧化硅和氯气：

$$SiCl_4 + O_2 \rightarrow SiO_2 + 2Cl_2$$

但是，其制备成的石英玻璃中仍会残留一定的氯掺杂。其原因是可以把反应方程视为氧气氧化四氯化硅的氧化还原反应，是氧原子逐渐替代四氯化硅周围氯原子的过程，若氧气含量不足时，则会产生不完全氧化的现象，不完全氧化能够稳定存在的产物即为$SiO_{1.5}Cl$，因为PCVD是管内反应，可通过增加原料气体中四氯化硅的分压比例或者增大氯气的分压比例以降低氧气的含量，从而形成类似不完全氧化的情况，制得氯掺杂浓度较高的石英玻璃。

氯掺杂玻璃与氟掺杂玻璃有近似的特性，即作为不完全氧化产物的$SiO_{1.5}Cl$结构的热稳定性并不好，高温下易分解为$SiCl_4$和SiO_2，从而降低掺杂浓度，管外法因为是火焰水解反应，一者反应温度高，二者空腔巨大，三者产物为疏松体，存在大量的悬挂键，极易使得掺杂的卤素聚集形成$SiCl_4$，所以不利于掺杂；而MCVD法加热温度过高，也不利于掺杂反应，只有PCVD法通过活化电子而提高能量，整体反应温度低，最宜作为氯掺杂的工艺，且由于PCVD工艺反应形成的直接是玻璃态，整体悬挂键数量少，卤素原子不易聚集，也更便于将掺杂的卤素保留下来。

因而PCVD工艺就是氯原子与氧原子争夺硅原子周边四个键位的过程，所以在等离子态下，硅原子晶面结构原子键的断裂和组合，是一个氧化还原反应中氧化物和被氧化物之间量（固态质量，气态压力体积）关系的一个转换守恒，氧和氯谁能够占据更大的分压比例决定了能进行多高的氯掺杂浓度。

所以四氯化硅和氯气都是可以视作掺杂剂的存在，其中四氯化硅既是掺杂剂又是原料，氯气则既是产物又是掺杂剂。

PCVD中的石英基管则构成纯SiO_2内包层。

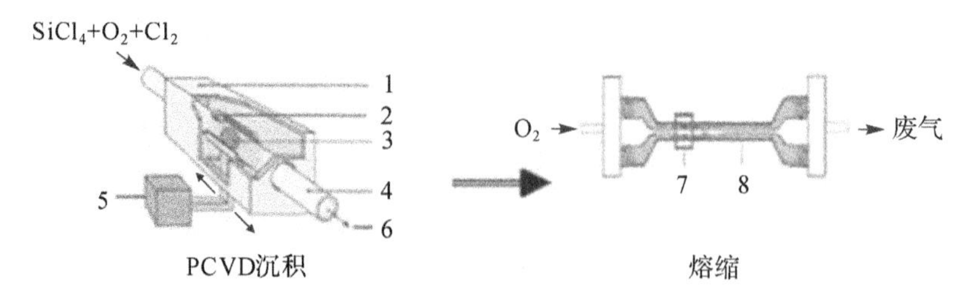

图 9-10　PCVD 工艺制作掺氯纤芯

9.4.1.2　用 PCVD 法制作梯度型折射率剖面分布纤芯:(如图 9-10 所示)

各种原料气体($SiCl_4$,Cl_2)和氧气通过质量流量控制器(MFC)进入反应器中的石英基管 4,石英基管 4 和环绕它的微波谐振腔体 2 以及保温炉 1 组成反应器。谐振腔体 2 连接到频率为 2.45 GHz、功率为几百或几千瓦的连续波磁控管振荡器 5,反应器中的压力维持在 1.3kPa 左右,吸气泵用分子筛吸附泵或负压抽取泵 6,保温炉 1 将石英基管在沉积过程中的温度保持在 900°C～1300°C 之间,随原料组分不同而不同,它的作用是为了保证石英基管 4 内壁与沉积层之间的温度匹配,以避免沉积层产生裂纹。反应器的运动速度为 3～8m/min 之间,往复速度相同,而且是连续沉积。往返移动的谐振腔体 2 包围着部分石英基管 4,通过波导将微波能量耦合至谐振腔体 2 中的气体混合物。微波在谐振腔体 2 内产生出一个局部非等温、低压的等离子体 3。等离子体 3 内气体相互作用,发生高效的化学反应,由离子直接结合形成的 SiO_2 玻璃体沉积在石英基管 4 内壁。由于反应和成玻是在极短的时间内完成的,谐振腔体 2 可以作高速往返运动,因而每层的沉积厚度可以很小,从而确保了波导结构和材料结构的精确控制,通过这种方法可灵活地改变光纤折射率,实现既定的光纤结构设计。纤芯梯度型折射率剖面的形成可通过进入气流的计算机程序控制来实现,氯气掺杂的重量有百分比产生与纯二氧化硅的折射率差呈线性关系,其比率为 1wt%:0.1%。

PCVD 属于管内法,沉积后得到的是中心带孔的沉积管,其下一道工序就是沿沉积管 8 方向用往返移动的加热炉 7 对不断旋转的管子加热到大约 2200℃,在表面张力的作用下,分阶段将沉积好的石英管熔缩成实心棒,即光纤预制棒的芯棒。在 PCVD 中的石英基管则形成纯 SiO_2 内包层,最终制造成掺氯梯度型折射率剖面纤芯和纯 SiO_2 内包层构成的玻璃体芯棒 9。

9.4.2　用 POVD 法制造掺氟折射率环沟型下陷包层及纯 SiO2 外包层玻璃管

9.4.2.1　掺氟包层工艺原理

G.654.E 光纤,包层由二氧化硅掺氟降低折射率而形成导波结构。掺氟的气态氟化物原料有 CCl_2F_2, SiF_4, SF_6,CF_4,C_2F_6 等。如以 CCl_2F_2(氟里昂)为原料,在化学气相反应中有下列反应式:

$$3CCl_2F_2+2SiCl_4+3O_2=2SiO_{1.5}F+7Cl_2\uparrow+3CO\uparrow+2F_2\uparrow$$

从上列反应式可见,氟在石英玻璃中是以[SiO_3F]的形式存在于二氧化硅的分子晶格阵列中的。但是,与该反应式同时也会产生以下的平衡反应:

$$4SiO_{1.5}F \leftrightarrow SiF_4 \uparrow + SiO_2$$

这也代表在掺杂氟的过程中，氟在石英内部是不稳定的情况，在高温情况下易损失或扩散。同时，这也说明效果较好的掺氟剂应当是 SiF_4。

目前常见的氟掺杂工艺主要存在两种：

其一是在气相沉积过程中同时进行氟原料气体的供给，生成掺杂氟的沉积疏松体后进行烧结。

其二是在沉积完成后，在疏松体脱水烧结环节中对其进行氟掺杂，从而得到掺氟的石英玻璃。

而在疏松体情况下掺氟的原理存在区别。由于沉积获得的疏松体石英中存在大量的缺陷，有些作为悬挂键存在，有些则和 OH 基团结合。正常脱水烧结过程可视为将悬挂键结合和 OH 基团脱水缩合的过程。而当存在氟掺杂剂时，其中氟会以氟离子的形式进入二氧化硅的网格中，与部分悬挂键结合，同时也会与 OH 基团中的氢原子结合生成氟化氢排出。此外，由于氟的掺入是以负离子形式进入石英结构中的。F 可以进入 SiO_2 网络内直接与 Si 相连，产生同形取代。而 F 进入 SiO_2 中，又能使硅氧双键产生断裂，断裂程度越大，石英玻璃熔体的粘稠度越小，流动性增加。石英玻璃中的氟与氧离子在大小、极化性上都相近，且同为等电子体，所以替代氧位置的氟离子并不会造成较大的晶格失配，亦是说不会产生大的内应力。

9.4.2.2 POVD 工艺制作掺氟包层：（如图 9-11 所示）

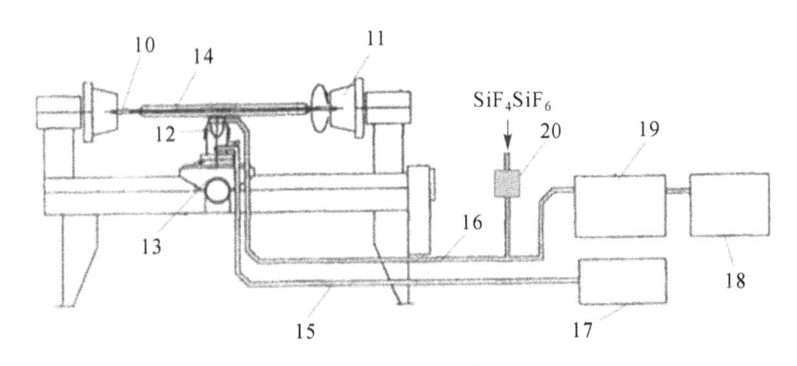

图 9-11 POVD 工艺制作掺氟包层

将石墨靶棒 10 固定在车床卡盘 11 上，石墨靶棒 10 由车床卡盘 11 带动旋转。一等离子火炬 12 固定在拖架 13 上，拖架 13 沿石墨靶棒 10 长度方向移动等离子火炬 12，导致材料在石墨靶棒 10 上沉积而形成所需管状外包层玻璃体 14。等离子气体（O_2，N_2）输送管 15 和源化学气体（$SiCl_4$，O_2）输送管 16 连接到等离子火炬 12 上，一高频发生器通过线圈（未标示）提供频率为 5.28+/−0.13MHz，功率为 60kW 的高频电场来激励等离子体，而源化学物质在等离子体中产生化学气相反应生成纯 SiO_2 或掺氟 SiO_2 的沉积体在等离子的高温能量下，直接形成玻璃体。等离子气体先经等离子气干燥器 17 除去水分，确保其羟基含量低于 2ppm；反应气体的载气（O_2）先经干燥器 18 除去水分，确保其羟基含量在 0.5ppm 以下，再经过鼓泡器 19 将源气体（$SiCl_4$）带出、输送至等离子火炬 12。掺氟的下陷包层的形成是通过 MFC20 处控制 SiF_4，SiF_6 流量来控制 F 掺杂量。沉积完成后可将石墨靶棒10分离从而得到所需的管状外包层玻璃体14。

9.4.3 在线拉丝

如图9-12所示,将上述玻璃体芯棒9插入管状外包层玻璃体14内在拉丝炉21内进行2200℃高温拉丝,其中在玻璃体芯棒9和管状外包层玻璃体14的顶端安装在线棒端盖23上,线棒端盖22通过气管24连接到负压泵22上,拉丝过程为保证没有空气进入玻璃体芯棒9和管状外包层玻璃体14之间的缝隙内必须使得负压泵22抽取真空度在−90～−100kPa。

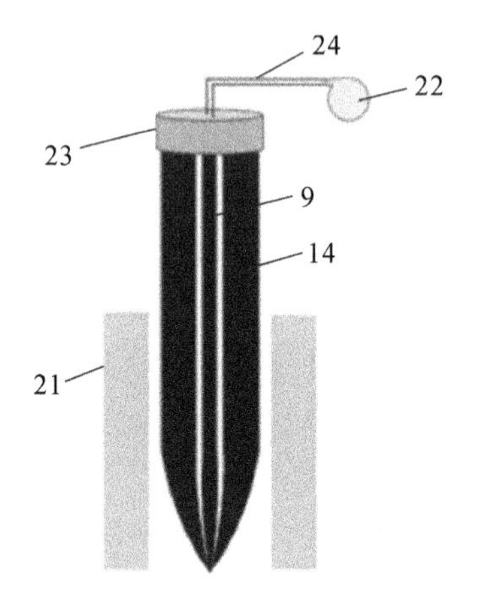

图9-12 在线拉丝

将上述组件在光纤拉丝塔上用在线预制棒工艺拉制成光纤。拉制张力设定为30−45g。这些加工参数形成的光纤较不容易受到拉制诱发的应力影响,该应力对于光纤的光学传输性质(包括波导传播性能)是不利的。光纤拉丝工艺中需进行光纤涂复,涂复直径为242±5μm,涂层分为内、外两层。内涂直径为180～190μm,内涂层需采用低杨氏模量的涂料以提高光纤的抗微弯性能,内涂层的扬氏模量为0.5～2MPa,外涂层采用较高杨氏模量的涂料以增加光纤的机械和环境保护性能。外层涂料的杨氏模量应大于600MPa。

参考文献

[1]Ming-Jun and Tetsuya Hayashi, Chapter 1: Advances in low-loss, Large-area, and multicore Fibers, Optical Fibers Telecommunications V11, 2020 Elsevier Inc.

[2]Y. Yamamoto, et al. Analytical OSNR formulation considering nonlinear compensation, in: OptoElectron. Commun. Conf./Photonics in Switching (OECC/PS), 2013, p. WR4-3

[3] V. Curri, et al., Fiber figure of merit based on maximum reach, in: Opt. Fiber Commun. Conf,(OFC) 2013, P, OTh3G.2.

[4] M. Tateda, M. Ohashi, K. Tajima, K. Shiraki, Design of viscosity-match ed optical fibers, IEEE Photon. Technol. Lett. 4(9)(1992) 1023−1025.

[5] W. B. Mattingly，Ⅲ，S. K. Mishra，L. Zhang，Low attenuation optical fiber，US7177090B2，Jan 30，2007.

[6] R. Olshansky，Distortion losses in cable optical fibers，Appl. Opt. 14(1)(1975) 20.

[7] D. A. Pinnow，T. C. Rich，F. W. Ostermayer，Jr.，and M. DiDomenico Jr.，Appl. Phys. Lett，. 22,527,1973

[8] D. C. 布克班德，M-J. 李，P. 坦登，具有氟和氯共掺杂芯区域的低损耗光纤，发明专利申请 201680034510.8(2018)

[9] M. I. 古斯塔夫，E,B,丹尼洛夫，M. A. 阿斯拉米，D. 吴，采用等离子外部气相沉积法制造用于光纤生产的管状件的方法，发明专利 ZL98804318.1 (2003)

[10] D. C. 伯克宾德，S. B. 道斯，R. M. 菲亚克，B. L. 哈珀，M-J. 李，P. 坦登，用于光纤预制件的卤素掺杂的二氧化硅，发明专利申请 201880070892.9(2020)

第3篇　光缆

第1章 光缆的拉伸性能及其测试方法

光缆的机械性能中最重要的莫过于拉伸性能，光缆在使用过程中所遇到的受力形式主要是拉伸力。通常将光缆所受的拉伸力归结为两种：一是光缆的长期受力，这是指光缆在敷设后，在长期使用过程中所受到的残余拉伸应力；二是指光缆的短期受力，这是指光缆在敷设过程中可能受到的拉伸力。光缆的有关标准均对这两个受力程度作了规定。例如 YD/T901—2018 等通信光缆的国家通信行业标准中对各类光缆的短期和长期允许拉伸力的最大值都作了规定，并规定了在适用温度范围内，光缆中的光纤在拉伸和弯曲共同作用下产生的最大应变应符合表 1-1 规定。

表 1-1 光缆中光纤的允许应变量

受力情况	最大允许应变/%
短暂受力（如安装期间）	0.15
长期受力（如运行期间）	0.05

因此，光缆在受力状态下的性能是光缆设计中的主要考虑因素之一。光缆设计和制造中的一个重要考虑因素是要保证光缆在承受上述拉伸应力情况下，光纤不产生附加损耗，光纤应变符合上述规定。

1.1 光纤的强度和使用寿命

要确定光缆在敷设过程中的短期受力以及在使用过程中长期受力时相应的光纤所允许的最大应变值，首先必须了解光纤强度及其使用寿命的基本概念，从而能够将光缆的机械性能的设计和试验与其使用寿命联系起来。

本节中先行介绍筛选试验的基本概念，再讨论光纤强度及其寿命的基本原理。

1.1.1 光纤的筛选强度

在以石英玻璃为介质的光纤中，不可避免地存在着大小不同的缺陷，特别是光纤表面的裂纹，这种缺陷的大小和形状均是随机分布的，为了保证实用光纤的强度，在光纤拉丝后必须进行在线或非在线的光纤强度筛选，以剔除强度低于规定值的光纤，保证出厂光纤能在筛选强度以下的受力状态下使用且光纤不会断裂。

Bellcore GR-20-CORE 标准规定光纤必须通过全长度 0.69GPa(100kpsi)的筛选强

度试验。

光纤筛选试验是将光纤全长度上每一点都通过应力为100kpsi的筛选试验,使那些经受不住这一应力(相当于有1μm以上尺寸的裂缝)的光纤在弱点处断裂,而通过筛选试验的光纤均能保证在低于筛选水平的应力下正常工作。

实际上,光纤的筛选过程本身就是一个动态疲劳的过程,在筛选过程中,光纤在筛选应力的作用下,裂缝也会增长,从而进一步降低光纤的强度,光纤在动态疲劳过程中强度的下降可以下式描述:

$$S_f^{n-2} - S_i^{n-2} = -\frac{1}{B}\int_0^t \sigma(t)^n \mathrm{d}t \tag{1-1}$$

式中,S_i 是光纤筛选前的强度;

S_f 是光纤筛选后的强度;

σ 是光纤筛选过程中施加的应力;

常数 n 和 B 是裂缝增长参数。

筛选时,光纤每一点上施加的应力有加荷、载荷和卸荷三个过程(如图1-1所示)。而光纤在筛选前后的强度变化如下式所示:

$$S_f^{n-2} = S_i^{n-2} - \frac{1}{B}\left[\frac{\sigma_p^{n+1}}{(n+1)\dot{\sigma}_1} + \sigma_p^n t_d + \frac{\sigma_p^{n+1}}{(n+1)\dot{\sigma}_2}\right] \tag{1-2}$$

式中,$\dot{\sigma}_1$ 为加荷区的应力增加速率,因而加荷时间为 $t_1 = \frac{\sigma_p}{\sigma_1}$;

$\dot{\sigma}_2$ 为卸荷区的应力减少速率,因而卸荷时间为 $t_2 = \frac{\sigma_p}{\sigma_2}$;

σ_p 为筛选应力;

t_d 为载荷持续时间。

从图1-1所示曲线可见,在加荷和载荷区,那些强度低于筛选应力 σ_p(包括在这一区域动态疲劳产生的强度下降)的光纤均断裂,如曲线 a 和 b 所示,但在卸荷区有两种情况出现:一是如曲线 c 所示,它在卸荷区因动态疲劳而使强度下降而断裂,但也有一种情况如曲线 d 所示,它在卸荷过程中因动态疲劳而使强度下降到低于筛选应力 σ_p,但仍能通过筛选而不断裂。这就产生这样的后果:通过筛选试验的光纤,强度在某些地方仍可能存在低于筛选应力的情况,从而造成筛选试验的局部失效。为了解决这一问题,可从两方面着手,一是尽量缩短光纤筛选试验的卸荷时间,这对于现代的光纤筛选设备是一个主要的技术指标。另一方面应根据不同的筛选水平和卸荷时间适当提高实际的筛选应力。例如,根据朗讯公司的经验,最小额定强度为0.70GPa的光纤应通过0.73GPa的筛选应力试验(高于额定值约4.3%,卸荷时间为75ms);最小额定强度为1.40GPa的光纤应通过1.50GPa的筛选应力试验(高于额定值约7%,卸荷时间为25ms)。

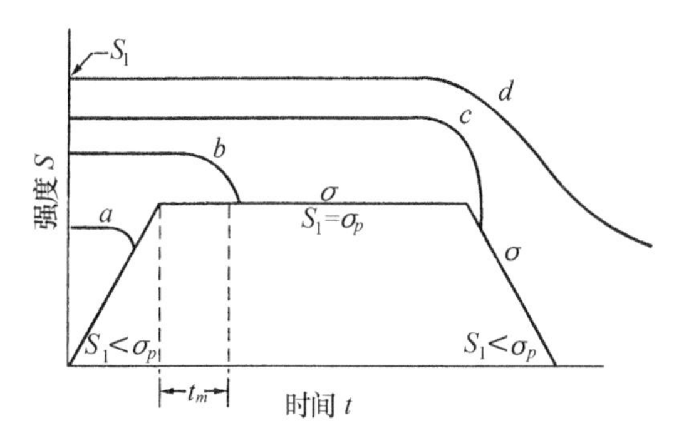

图 1-1　光纤在筛选试验过程中强度的变化

由于光纤的筛选试验本身会造成光纤强度的进一步降低，因此，除了光纤拉丝时必须为剔除随机分布的低强度光纤而进行筛选试验外，通常在成缆前不必再做光纤的筛选试验。

目前，国内外的光纤厂商提供的商用光纤均能达到 100kpsi 的筛选水平。对于用作海底光缆、军用特种光缆如野战光缆、光纤制导等场合的光纤需根据使用要求，通常采用 200kpsi 的高筛选强度的光纤。

1.1.2　光纤的强度和使用寿命

石英玻璃的理论断裂强度由原子间键能决定，可高达 1mpsi(7GPa)，但实际玻璃中的裂纹大大地降低了玻璃的强度，玻璃的强度仅约 7kpsi(50MPa)，而光纤的强度则在 100～800kpsi(0.7～5.6GPa)。光纤的强度之所以较高是由于光纤的几何尺寸限制了裂纹的尺寸和频度，现代光纤工艺技术(材料纯度和工艺净化条件)的改善，大大提高了光纤强度。

光纤中裂纹的分布是随机的，通常用韦伯统计分布来描述光纤的断裂特性：

$$F=1-\exp\left[(-L/L_0)(S/S_0)^m\right] \tag{1-3}$$

式中，F 为各样品累计断裂概率；

L 为样品长度；

L_0 为长度归一化因子；

S 为断裂应力；

S_0 为特征应力(表示裂纹群的相关值)。

韦伯曲线是一种 $\log\ln[1/(1-F)]$对 $\log S$ 的曲线，许多断裂应力的随机取向将形成一条直线，直线的斜率为 m，典型的韦伯曲线如图 1-2 所示。由图可见：

(1)光纤断裂的韦伯曲线，由不同斜率 m 的几段组成，说明有若干裂纹的机理。低强度的断裂是由于制造过程中材料和工艺原因所造成的裂纹，称非本征裂纹。密集分布的高度断裂归因于二氧化硅的结合力，称为本征裂纹。

(2)由于光纤表面的裂纹的非均匀分布，样品光纤愈长，存在较大裂纹的机会愈多，而使断裂强度愈低。

光纤制造过程中，在光纤全长度上进行筛选实验，除去小于筛选应力的低强度裂

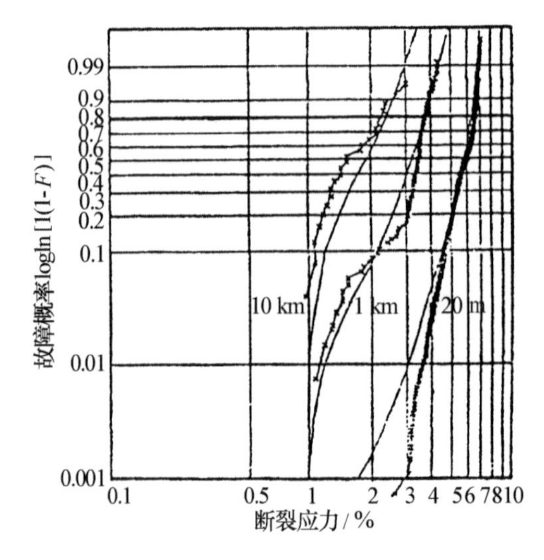

图 1-2 光纤断裂强度的统计分布

纹,使成品光纤的最低强度保证高于筛选强度水平。

光纤的裂纹端形成应力集中区,是最易引起光纤断裂的因素,通常用应力强度系数 K_{I} 来表示应力集中的程度。

$$K_{\mathrm{I}}=Y\sigma\sqrt{a} \tag{1-4}$$

式中,Y 是常数;

σ 是外加应力;

a 是裂纹深度。

在一定的裂纹处,随着应力的增加,最后 K_{I} 增加到其临界值 K_{IC} 时,光纤断裂。

光缆在敷设和使用过程中,光纤表面裂纹在应力和潮气作用下会继续扩展,从而使光纤强度下降,最后导致光纤断裂,这就是光纤的静态疲劳过程。

光纤的静态疲劳特性:

通常用来描述光纤疲劳特性可以下列指数函数表示

$$V=\mathrm{d}a/\mathrm{d}t=AK_{\mathrm{I}}^{n} \tag{1-5}$$

式中,a 为裂纹深度;

A 为归一化材料常数;

K_{I} 为应力强度因数,取决于裂纹的几何尺寸、深度和施加应力的大小;

n 称为应力侵蚀系数或抗疲劳参数。

A 和 K 都是石英玻璃的结构所决定的,对于一定的光纤结构,A 和 K 可视为常数。n 值除了取决于光纤结构外还与光纤应力的环境条件有关,它是直接影响光纤使用寿命的重要因子。n 值愈大,抗疲劳能力愈强。康宁公司光纤的 n 值为 22,而康宁的掺钛光纤 n 值为 29。

总之,光纤的使用寿命取决于下列三个因素:

(1)裂纹;

(2)应力和潮气;

(3)n 值。

光纤中尤其是光纤表面的裂纹是光纤断裂的内在因素，应力和潮气的存在促进了裂纹的扩展最后导致光纤断裂。

光纤静态疲劳特性的数字描述，实际上就是光纤寿命评估的模型。光纤裂缝的扩展与应力强度系数通常呈下列关系(见图 1-3)：曲线呈三个区域；静态疲劳的主要历程如Ⅰ区所描述：随着 K_{I} 值的不断增加，裂缝扩展速度加快，Ⅰ区曲线斜率即为抗疲劳系数 n 值。n 值愈大表示裂缝扩展过程中应力增加较小，光纤的静态疲劳过程愈缓慢，光纤寿命较长。Ⅱ区为应力扩散区，Ⅲ区为快速断裂区。

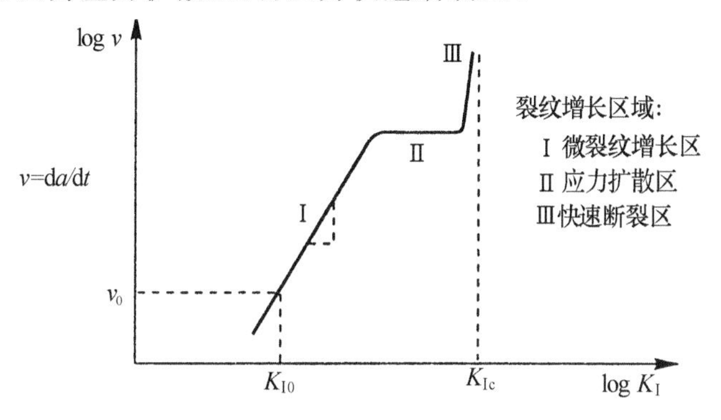

图 1-3　光纤的静态疲劳过程

将式(1-2)，式(1-3)联立，就能推导出光纤所受到的应力及其使用寿命之间的关系，在推导此关系时，美国康宁玻璃公司的 G. S. Glaesemann 假设的初始条件是将光纤的裂纹扩展到其原始裂纹深度的 1% 作为寿命终结，即 $a/a_0=1.01$，并以光纤的筛选应力作为光纤应力的参比量。由此得下式：

$$\sigma_0=0.7\sigma_p\left\{0.35\left[\frac{(n-2)v_0\sigma_p}{(n+2)a_0\dot{\sigma}}\right]\right\}^{1/n} \tag{1-6}$$

当 $\sigma_a=\sigma_0$，$a/a_0=1.01$ 时

$$\frac{v_0}{a_0}=\frac{[1-1.01^{-(n-2)/2}]}{[(n/2)-1]t}$$

式中，σ_0 为安全应力；

σ_p 为筛选应力；

σ_a 为外加应力；

$\dot{\sigma}$为应力速率；

v_0/a_0 为裂纹增长参数；

t 为时间；

n 为应力腐蚀参数；

a 为裂纹尺寸；

a_0 为初始裂纹尺寸。

将式(1-4)以筛选应力 σ_p 值为 100kpsi 作参数，可得出下列曲线(见图 1-4 曲线 A)，由曲线 A 可见，对于目前商用单模光纤 $\sigma_p=100$kpsi，长期使用应力 $\sigma=1/5\sigma_p$ 时，使用寿

命可达 30 年。而短期(敷设)应力可达 $\sigma=1/3\sigma_p$。

曲线 A 是以裂纹增长到其原始深度的 1%作为寿命终结的判据的,这种假设的寿命终结判据是相当保守的。在图 1-4 中同时给出了曲线 B,这是相当于 1 公里筛选应变为 1%的光纤的断裂概率为 1/100000 时的光纤残余应变和使用寿命之间的关系。由曲线 B 可见,相应于 25 年使用寿命的允许残余应变为 0.28%,这等效于直径为 46mm 的弯曲情况。从此曲线还可见,光纤中残余应变如意外地从 0.28%增加到 0.38%时(相当于弯曲直径为 33mm 时),光纤的使用寿命将从 25 年下降为 1 个月。

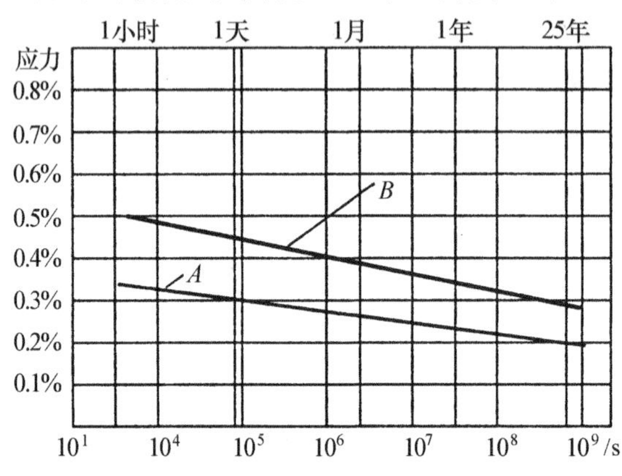

图 1-4 光纤的最小强度设计

由上述可见,光纤通过筛选保证最小强度,在长期使用中限制光纤应力,在 $1/5\sigma_p$ 以下时,能确保光纤的长期使用寿命。但是光纤在成缆、敷设和使用中,还可能受到不应有的损伤和附加应力。光纤若受到损伤,对光纤的寿命的影响就难以估计了。而光纤的附加应力也会进一步减小光纤的使用寿命,这种附加应力对寿命的影响可以下列公式表达:

$$t_{\min}=\frac{2\sigma_0^{-n}}{AY^2(n-2)}\left(\frac{\sigma_p}{K_{1c}}\right)-\sigma_0^{-n}\sum_{j=1}^{N}\sigma_j^n t_j \tag{1-7}$$

式中,$t_{\min}$ 为光纤寿命;

σ_0 为安全使用应力;

σ_j,t_j 为附加应力及其施加时间。

式中第一项为筛选后光纤寿命,第二项为光纤受到附加应力时寿命减小项。

光缆中的光纤在成缆、敷设和使用过程中所受到的应力主要有拉伸、弯曲和扭转三种形式。

当光纤受到拉力 F 时,光纤所受到的拉伸力可由下式表示:

$$\sigma_T=\frac{F\cdot E_f}{\sum EA}=\frac{F\cdot E_f}{[E_f\pi d_f^2+E_0\pi(d_c^2-d_f^2)]} \tag{1-8}$$

式中,E_0 为光纤一次涂覆层材料的杨氏模量;

E_f 为光纤的杨氏模量;

d_c 为光纤一次涂覆层的外径;

d_f 为光纤的外径。

当光纤弯曲时，光纤弯曲段外表面的应力可表示为

$$\sigma_b = E_f \frac{d_f}{2R} \tag{1-9}$$

式中，R 为弯曲半径。

光纤弯曲时上半段受拉伸力，下半段受压缩力，光纤所受的压缩力对光纤强度无不利影响。

当光纤受到扭转力时，在光纤表面有最大的切变应力，此切变应力可表示如下：

$$\tau = \left(G_f \frac{d_f}{2}\right)\frac{\theta}{L} \tag{1-10}$$

式中，θ 为扭转角；

L 为扭转光纤长度；

G_f 为光纤的刚度。

当光纤同时受到拉伸，弯曲和扭转力作用时，在光纤表面可达到的最大合成应力为

$$\sigma_{\max} = \frac{1}{2}(\sigma_T + \sigma_b) + \frac{1}{2}\sqrt{(\sigma_T + \sigma_b)^2 + 4\tau^2} \tag{1-11}$$

式中，右边第一项为同向的拉伸应力，第二项表示拉伸应力和切变应力相互垂直，取其矢量和。

光缆中的光纤的受力形式主要是拉伸应力，当光纤在光缆接头盒、终端盒等部位，主要的受力形式是弯曲，但仍可以其外表面的拉伸应力等效计算。

综上所述，关于光纤的强度和使用寿命的问题应从四个方面来理解：

(1)光纤的强度和寿命的理论和实验研究及其结论。通过光纤玻璃中结构缺陷处的应力集中及光纤在应力和潮气作用下的静态疲劳的研究来预测光纤的使用寿命。在美国康宁玻璃公司和朗讯公司等一些主要光纤制造厂商的实验室中进行的光纤强度的实验研究证实了这些理论研究结论的正确性。从20世纪70年代以来，40多年的光纤通信系统的实际使用结果，光纤性能和强度的稳定性也佐证了上述结论。从而使我们对光纤的强度和寿命规律有一个比较清晰的认识。

(2)鉴于光纤在制作中形成的光纤玻璃中的结构缺陷，特别是表面微裂纹分布的随机性，必须通过光纤的筛选试验来筛除低于筛选强度的光纤，保证成品光纤的最低强度不低于筛选应力，以确保光纤使用的可靠性。

(3)在光纤使用中应保证其在成缆、敷设过程中的短期受力不超过筛选应力的1/3；在长期使用中的残留应力不大于筛选应力的1/5。则可以保证光纤有30年以上的使用寿命。

对于1％的筛选应变，光纤的短期允许应变可达0.3％，光缆中光纤的允许残余应变为0.2％。

(4)在光纤成缆和敷设过程中不应使光纤受到太大的应力以免影响其使用寿命。特别是不能让光纤受到异常的机械损伤，例如光纤一次涂层的局部剥离、光纤弯折、光纤在束管内壁的粘连、光纤的机械刮伤等。这些异常损伤造成的将不单是光纤寿命的减小，而是容易断裂等灾难性后果。

1.1.3 光纤的动态疲劳参数 Nd

在一定的应力及潮气存在的条件下,光纤表面微裂纹生长扩大至光纤断裂的过程称为光纤的疲劳。按施加应力的模式,光纤疲劳可分为静态疲劳和动态疲劳,它们是两个用于实际衡量应力腐蚀敏感性的参数。光纤表面微裂纹增长越慢,光纤寿命时间越长。在静态疲劳试验法中,在光纤上加上恒定的应力,测量光纤断裂的时间。在动态疲劳试验法中,光纤的强度是作为外加应力速率的函数测量出来的。由于静态疲劳法试验非常花时间,因而产业实践中均采用相对简单的动态疲劳试验法。目前测试光纤动态疲劳参数 Nd 值比较常用的方法是按照 IEC 60791-1-33 Optical Fibers-Part 1-33 : Measurement methods and test Procedures-Stress corrosion susceptibility 规定的轴向张力拉伸法和两点弯曲法。在轴向张力拉伸法中,将光纤样品两端夹持,拉伸直至其断裂。在两点弯曲法中,光纤样品在两个夹板中弯曲,夹板在可控的速率下相对移动,直至光纤断裂。IEC 和 ITU-T 并没有规定光纤 Nd 的规范,Telecoredia GR-20-CORE 规定单模光纤的 Nd 应大于等于 18,而国家标准 GB/T 9771.1 规定 Nd 应大于等于 20。Nd 值是判断光纤寿命的重要参数。

光纤动态疲劳参数 Nd 是光纤拉丝生产中光纤质量检验项目中一个重要的力学指标。

在光纤拉丝生产中,为了达到高的 Nd 值,需从两个方面考虑:(一)是光纤拉制成型的质量,(二)是光纤涂层的质量。

在光纤拉制成型的加热炉中必须有稳定的气流场和温度场,在较小的牵引力下拉制光纤,并有适当的退火工艺,尽量减小光纤成型段的变形应力,减小光纤表面微裂纹的频度和深度,保持规整的光纤表面。另外,提高光纤表面假定温度(fictive temperature),也可使光纤有较高的机械强度和更好的抗疲劳特性。光纤表面假定温度较低时,水气较容易透过涂层进入玻璃,从而降低光纤的抗疲劳能力。光纤表面假定温度的定义是 SiO_2 液态结构凝固而转变成玻璃态的温度。

改善 Nd 另一个比较关键的影响因素是光纤涂料的选择和涂覆工艺。光纤高模量的外涂层由于其特殊的化学结构,能够阻止水分子进入光纤玻璃表面,因此在防止光纤强度的下降方面起着重要作用。但从保护光纤玻璃的微裂纹生长这一角度来分析,光纤的内涂层的特性和 Nd 无疑会有更大的关系,试验得出,光纤内涂层的固化度对于固化灯的能量强度要求有一个最佳范围。另外,随时间的变化可观察到拉制后的光纤成品 Nd 值的变化:光纤经过放置,Nd 值会增加。实验表明,将某型号涂料涂覆的光纤,拉丝后存放在温度为 25℃,相对湿度为 40%的环境中,经两周后 Nd 值会升高 1;若存放在温度为 60℃的环境试验箱内,经两周后 Nd 值会升高 3 左右。Nd 值随存放时间的增长而提高是因为通常在内层树脂中添加硅烷偶联剂,可使偶联剂中的化学键与光纤表面的 Si 原子结合,从而增强涂料与光纤的结合力,可对光纤表面的微裂纹起到封闭作用。但此种化学反应需经过一段时间才能充分完成,所以拉丝后,成品光纤放置一段时间后,光纤的动态疲劳参数 Nd 会有所提高。化学反应的速率随温度的提高而升高,故高温下存放同样时间，Nd值升高较大。

涂层与光纤的黏结力常常被认为是保障光纤强度的一个先决条件。与光纤玻璃表面直接接触的内层涂覆涂料需要包含某些种类的黏结促进耦合剂。烷氧基硅烷(Alkoxy Silane)是一种常用的偶联剂，用来充当黏结促进耦合剂这个角色。这种硅烷分子在分子的一端包含有三个烷氧基硅烷基团，而在另一端则有一个有机官能团，后者与涂料中的低聚物或其他经紫外光固化的成分以共价键的形式连接起来。而烷氧基硅烷基团则可通过水解和凝聚作用与玻璃表面键合。硅烷偶联剂使得涂层与光纤的黏结力无论在干燥还是湿润的环境下都得到了提升。

另一个解释在于玻璃本身的化学结构，光纤玻璃的主要成分是二氧化硅，在有水分子存在的环境中，由于两种分子结构中的化学键结合力的不同，水分子容易和二氧化硅分子发生反应，这样在光纤的湿热老化过程中玻璃的表面会覆盖一层SiOH保护层.从而在光纤的疲劳测试过程中有效地阻止了水分子对玻璃的进一步侵蚀，有助于光纤Nd值的提高。

在光纤表面同时存在外应力、微裂纹和潮气的情况下，光纤就会发生动态疲劳或应力腐蚀。为了防止光纤疲劳，我们必须设法消除这3个因素中的任何一个。

潮气的存在对Nd有很大影响。众所周知，水会在石英玻璃中引起应力腐蚀。在光纤的表面裂纹端口处，水与具有应变的Si-O-Si键之间发生的化学反应引起裂纹的扩展。在研究了强度和疲劳特性与试验环境的湿度和温度之间的依赖关系，了解了潮气对疲劳特性具有危害作用之后，人们进行了一些防止潮气与玻璃表面发生接触和改善光纤疲劳参数的研究。研究的结果是开发出了“密封”涂覆材料。“密封”涂覆材料的作用是将光纤表面与环境隔离。现在可供使用的“密封”涂覆材料有金属材料(铝，镍，锆)、无机材料(SiON，SiC，TiC等)和碳。研究表明，将这些“密封”涂覆材料涂覆到玻璃光纤的表面时，可以明显地改善光纤的抗疲劳参数。20世纪90年代，美国康宁公司曾开发出表面掺钛的光纤，光纤动态疲劳参数Nd值高达30。但掺钛光纤由于存在光纤熔接等方面的问题，并不实用，从而退出历史舞台。

为了防止潮气对光纤Nd的影响，在光纤拉丝工艺过程中、在检测环境以及光纤存放库房中均需保持规定的相对湿度。

1.2　光缆的结构设计

下面以几种常用的光缆结构为例来讨论光缆的结构设计如何保证其拉伸性能。

1.2.1　中心束管式光缆

中心束管式光缆的结构特点是，光缆和其中的束管在拉伸时同步伸长。因此，为了使束管中的光纤有一定的拉伸窗口(所谓拉伸窗口是指光纤不受应力下光缆所能承受的最大延伸)，唯一的方法是使光纤在束管中留有余长。余长的定义为

$$\varepsilon=\frac{(L_F-L_T)}{L_T}\times 100\% \tag{1-12}$$

式中,L_F 为束管中的光纤长度;

L_T 为束管长度。

由此可见,中心束管式光缆的拉伸性能取决于以下两方面因素:一是正确设计抗张强度元件,以限制光缆在受拉伸力时的延伸;二是通过光纤在束管中的余长来保证光缆延伸时光纤的拉伸应变仍能限制在标准规定的数值之下。

就改善光缆的拉伸性能而言,光纤在束管中的余长显然是较大为好,但余长太大会造成光缆低温损耗的增加。在实际设计中,通过限制束管中的光缆在极限低温(例如-40℃)时的最小曲率半径的方法,可求得允许的光纤最大余长值。

当光纤在束管中的余长不太大时,可以近似地假设光纤呈正弦分布,其最小曲率半径可表示为

$$R_{\min}=\frac{s^2}{4\pi^2 r} \tag{1-13}$$

允许的光纤余长最小值为

$$\varepsilon_{\min}=\{(1+K^2)^{1/2}\cdot[1-\xi^2/4-3\xi^4/64]-1\}\cdot 10^3‰ \tag{1-14}$$

式中,
$$K=\left(\frac{r}{R_{\min}}\right)^{1/2}; \tag{1-15}$$

$$\xi=\left[\frac{r}{R_{\min}+r}\right]^{1/2}; \tag{1-16}$$

s 为正弦节距;

r 为光纤在束管中的自由度。

通过实践可求得:$R_{\min}\geqslant 40$mm 时,光纤不会产生明显的附加损耗。

1.2.2 松套层绞式光缆

在层绞式光缆中,光缆束管以螺旋形式绞合在加强元件上,因而光纤有一个自然拉伸窗口。如光纤在束管中的余长为零时,在静态时,光纤位于束管中心位置,当光缆受拉力延伸时,光缆移向束管靠加强芯一侧的内壁,且不受应力,此时光纤的拉伸窗口可表示为

$$\varepsilon=-1+\left[1+\frac{4\pi^2 b^2}{h^2}\left(\frac{2r}{b}-\frac{r^2}{b^2}\right)\right]^{1/2} \tag{1-17}$$

式中,b 为光纤束管的绞合半径;

h 为绞合节距;

r 为光纤在束管中的自由度:

$$r=(d_{in}-d_f)/2 \tag{1-18}$$

式中,d_{in} 为光纤束管内径;d_f 为光纤束的等效直径:

$$d_f=1.16\sqrt{n}\cdot d_0 \tag{1-19}$$

式中,d_0 为单根光纤直径;n 为束管内的光纤芯数。

当光纤在束管中有正余长 ε' 时，在静态位置，光纤在束管中有一个预偏置 d，其表达式为

$$d=\frac{1}{2}\left[\frac{1}{\pi}\sqrt{(\pi^2D^2+h^2)(1+\varepsilon')^2-h^2}-D\right] \tag{1-20}$$

式中，D 为绞合直径；

h 为绞合节距。

有预偏置 d 时，层绞式光缆的拉伸窗口可以下式计算：

$$\varepsilon=-1+\left[1+\frac{4\pi^2b^2}{h^2}\left(\frac{2(r+d)}{b}-\frac{(r+d)^2}{b^2}\right)\right]^{1/2} \tag{1-21}$$

从上式可见，层绞式光缆的拉伸窗口主要受光纤束管绞合节距 h 的影响，通过调节 h 值，可在较大范围内调节光纤的拉伸窗口。当采用 SZ 绞合时，在 SZ 绞合反转处还有一个附加的拉伸窗口，其数值约为1‰。由于上述拉伸窗口的公式是按螺旋绞合的模型计算出来的，因而这一附加的拉伸窗口也可视为对上述公式的修正项。因此层绞式光缆采用 SZ 绞合，不仅有利于光缆中光纤的分叉，而且还有附加窗口的存在，进一步改善了光缆的拉伸性能，这是 SZ 绞合形式被广泛采用的原因。

如上所述，层绞式光缆的拉伸性能除了正确设计其强度元件以限制光缆在受力时的伸长外，由于其缆芯结构中拉伸窗口的存在，大大改善了光缆的拉伸性能。反过来，由于拉伸窗口的存在，也可以适当减轻拉伸元件的负担，减小强度元件，节约光缆制造成本。

对于一些在使用过程中光缆拉伸应变较大的光缆，如自承式非金属光缆（ADSS）、水底光缆、光纤架空复合地线（OPGW）等，均宜采用层绞式光缆结构，以改善其延伸特性。

1.2.3　光缆强度元件的设计计算

光缆的强度元件材料通常是用刚性材料如钢丝或 FRP 作为中心加强件，也可用纤维材料如芳纶纱或玻璃纱在缆芯外周绕包而成。光缆的强度元件的设计通常是根据光缆在短期受力时允许的应变，及其杨氏模量，计算出加强件的截面积，从而得到所需直径的刚性加强件或一定截面面积的纤维材料。

如图1-5所示，光缆强度元件的设计计算步骤如下：

（1）光缆在短期受力时允许的应变 ε_1

$$\varepsilon_1=\varepsilon_2+\varepsilon_3 \tag{1-22}$$

式中，ε_2 为光纤在光缆中的余长：对于中心束管式光缆，它等于光纤在束管中的余长；对于层绞式光缆，它等于光纤在束管中的余长与光缆拉伸窗口之和。

（2）强度元件截面计算

根据胡克定律：应力/应变＝杨氏模量，故有

$$S=F/\varepsilon_1E \tag{1-23}$$

式中，光缆应变 ε_1＝光缆中光纤余长 ε_2＋允许光纤应变 ε_3；

F 为短期拉力；

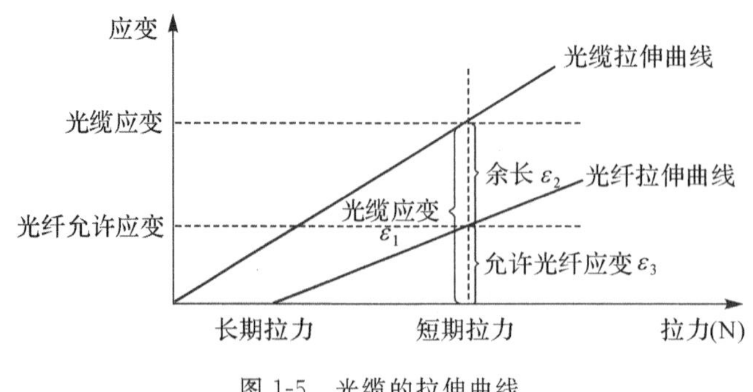

图 1-5　光缆的拉伸曲线

S 为强度元件截面(设计值)；

E 为杨氏模量。

(3)纤维纱的螺旋绞合

作为抗张元件的纤维纱通常是以螺旋绞合在缆芯上，如绞合半径为 R(mm)，绞合节距为 L_z(mm)，则绞合角为 θ，

$$\tan\theta = \frac{2\pi R}{L_z} \tag{1-24}$$

绞合长度为

$$L_f = \frac{L}{\cos\theta} \tag{1-25}$$

当光缆长度为 Lz 时，绞合纤维纱的长度应为：$\dfrac{L_z}{\cos\theta}$

纤维纱的轴向杨氏模量为：

$$E_z = E \cdot \cos^4\theta \tag{1-26}$$

式中，E 为纤维纱的杨氏模量 。

纤维纱的轴向等效截面为：

$$A_z = \frac{A}{\cos\theta} \tag{1-27}$$

式中，A 为纤维纱的截面积。

故在光缆伸长计算式中的杨氏模量 E 和抗张元件截面 A 应分别以 E_z 和 A_z 代替。纤维纱的绞合角太大则会产生抗张力下降和伸长的增加，而绞合角太小则会造成结构的不稳定和抗衡能力不足，通常绞合角以选在 10°～15°之间为宜。

(4)复合加强件的计算

例如需同时考虑 FRP 和芳纶纱作为抗张元件时，光缆应力将由两部分承担

$$F = F_a + F_f \tag{1-28}$$

式中，F_a 为芳纶纱所受的张力

$$F_a = \varepsilon \cdot E_a S_a \tag{1-29}$$

F_f 为 FRP 所受张力

$$F_f = \varepsilon \cdot E_f S_f \tag{1-30}$$

式中，E_a，E_f 分别为芳纶纱和 FRP 的杨氏模量；

S_a，S_f 分别为芳纶纱和 FRP 截面积

此时胡克定律变为：

$$\varepsilon = \frac{\sum F}{\sum E \cdot S} = \frac{F_a + F_f}{E_a \cdot S_a + E_f \cdot S_f} \tag{1-31}$$

芳纶纱的根数为

$$n = \frac{F_a}{\varepsilon \cdot E_a A} = \frac{F - \varepsilon \cdot E_f \cdot S_f}{\varepsilon \cdot E_a \cdot A} \tag{1-32}$$

式中，A 为每根芳纶纱的面积。

表 1-2 中列出几种抗强材料的设计参数。

表 1-2　几种抗强材料的设计参数

	钢丝	FRP	芳纶纱	玻璃纱
比重	7.85g/cm³	2.15g/cm³	1.44g/cm³	2.54g/cm³
杨氏模量	190GPa	50GPa	106GPa	76.5GPa

1.3　光缆实例及其拉伸性能

1.3.1　光缆实例及测试结果

下面给出三种光缆的实例及其测试结果，可由此看一看它们的拉伸性能。

1. 中心束管式光缆(架空敷设用)结构见图 1-6。

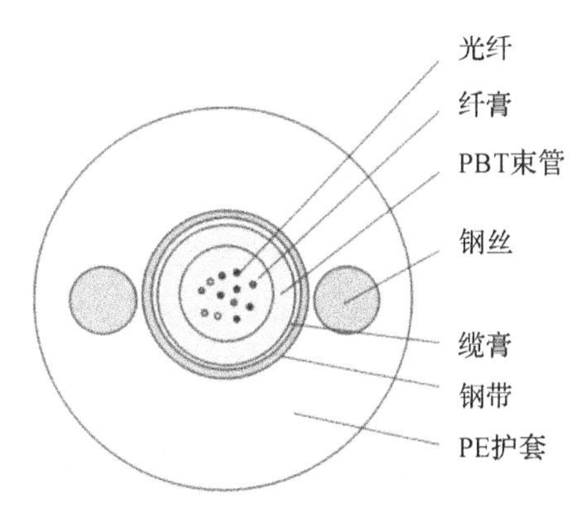

图 1-6　中心束管式光缆(架空敷设用)

缆芯结构：

中心束管	ϕ2.5mm
成缆后光纤在束管中的余长	0.1%
拉伸窗口	0.1%

2. SZ层绞式光缆(管道敷设用)结构见图1-7。

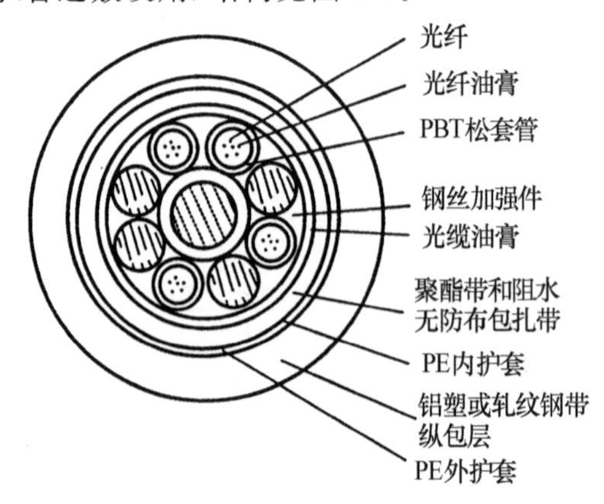

图1-7 SZ层绞式光缆(管道敷设用)

SZ层绞式光缆缆芯结构：

中心加强元件	7×0.83mm
加强元件护套	4.0mm
SZ绞合光纤束管	ϕ2.5mm(12芯)
绞合半径	3.25mm
节距	130mm
光纤在束管中的自由度	$r=0.407$
成缆后光纤在束管中的余长	$\varepsilon\approx 0$
拉伸窗口	0.25%
SZ绞合反转处的附加拉伸窗口	～0.1%

3. 自承式非金属光缆(ADSS)结构见图1-8。

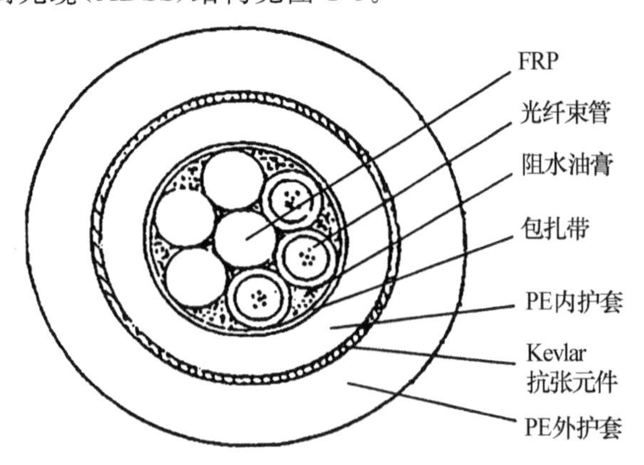

图1-8 自承式非金属光缆(ADSS)

自承式非金属光缆缆芯结构：

中心骨架	ϕ2.0mm
螺旋绞合光纤束管	ϕ2.0mm(6芯)
绞合节距	70mm

成缆后光纤在束管中的余长　　$\varepsilon'=0.1\%$

预偏置　　$d=0.058\text{mm}$

拉伸窗口　　$\varepsilon=0.69\%$

1.3.2 光缆实例的拉伸曲线

上述三种光缆实例的拉伸曲线分别如图1-9至图1-11所示。

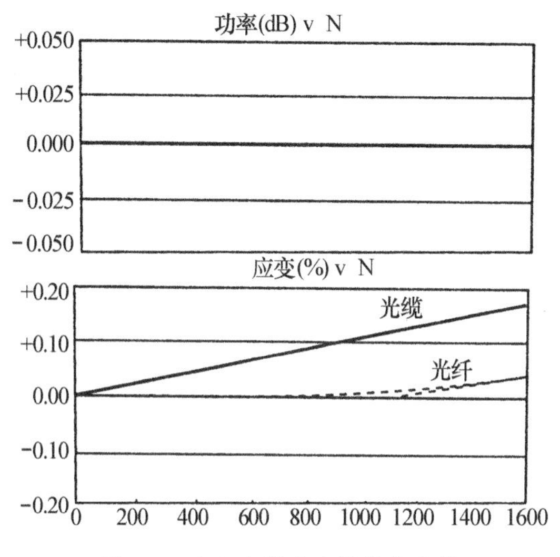

图1-9　中心束管式光缆拉伸曲线

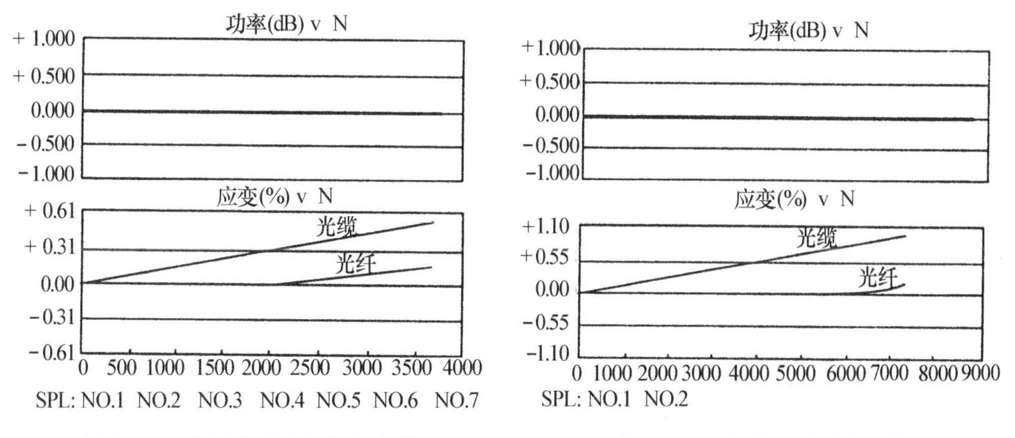

图1-10　SZ层绞式光缆拉伸曲线　　图1-11　ADSS光缆拉伸曲线

由图中曲线可见，三种光缆的拉伸—应变曲线与拉伸窗口的设计值相符，其抗拉强度则取决于强度元件的设计。

1.4　光缆的拉伸试验

光缆的拉伸试验按FOTP-33 "Fiber Optic Cable Tensile Loading and Bending

Test"及CCITT(ITU)1993年8月12日的No.159公函批准的L14建议系列"确定光缆在负载情况下拉伸性能的测量方法"进行。试验系统如图1-12所示。

该试验系统包括拉伸试验机和光纤应变仪两部分。拉伸试验机对光缆进行拉伸试验,通过拉力传感器(Load Cell)和位移传感器将光缆的拉力(X信号)和伸长应变(Y_1信号)传送到计算机中。光纤应变仪则通过测量光纤中光的相位变化求得光纤的伸长应变(Y_2信号),从而得到如图1-12所示在拉伸状态下的光缆和光纤的应变曲线。

用光纤应变仪测量光纤的应变原理阐释如下:

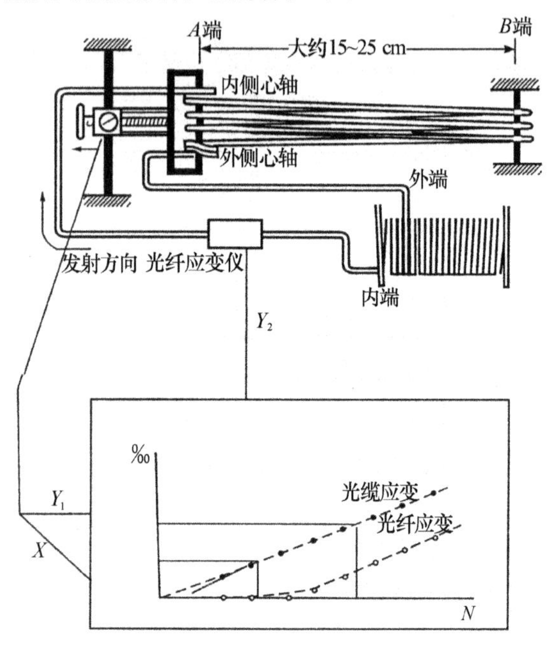

图1-12 试验系统

如图1-13所示的测量系统,用一个高频振荡器(50MHz)去调制一个LED光源,并以一个单色仪调整光波波长(1310nm或者1500nm),通过被测光纤经接收器解调后,经光纤的高频(50MHz)电信号与未经延时的原信号在相位计上进行比较,从而得到光纤的延时。通过下列计算,可得到光纤的应变和损耗变化。

在光波领域,光纤的延时为

$$t=\left[\frac{n(\lambda)}{c}\right]L \tag{1-33}$$

对于电信号(载波)有

$$t=\frac{\varphi}{2\pi f} \tag{1-34}$$

式中,L为光纤长度;

$n(\lambda)$为测量波长上的光纤群折射率;

c为光速;

f为载频频率(50MHz);

φ为相移。

比较两式可得

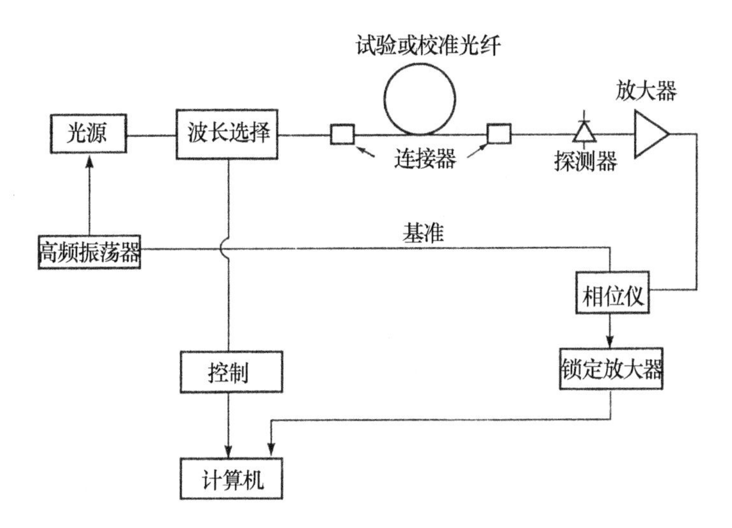

图1-13　测量系统

$$L=\frac{c}{2\pi fn(\lambda)}\varphi \tag{1-35}$$

长度的变化 ΔL 可从相位的变化(测量值)得到:

$$\Delta L=\frac{c}{2\pi fn(\lambda)}\Delta\varphi \tag{1-36}$$

光纤应变为

$$e=\frac{\Delta L}{L_0}=\frac{c}{2\pi fn(\lambda)L_0}\Delta\varphi \tag{1-37}$$

式中,L_0 为被测光纤长度。

相位仪上给出的是两个正交的电压值,即同相值 I 及正交值 Q。因而光纤的应变和功率变化可由下式计算:

$$e=\frac{\Delta L}{L_0}=\frac{c}{2\pi fn(\lambda)L_0}\left[\arctan\left(\frac{Q}{I}\right)-\varphi_0\right] \tag{1-38}$$

$$A=10\lg[(I^2+Q^2)^{1/2}-A_0] \tag{1-39}$$

式中,φ_0 及 A_0 为初始相位和功率。

在上述分析中,群折射率 $n(\lambda)$ 被视作常数,实际上,$n(\lambda)$ 值本身也是应力的函数。因此在拉伸试验中,在拉力作用下,$n(\lambda)$ 值的变化影响了光纤的应变值,因此必须引入一个校正因子。$n(\lambda)$ 值随应力的变化称为力光效应,所以这个校正因子即为力光效应的校正因子 K,光纤的延时变化现变成:

$$\Delta t=(n\Delta L+\Delta nL)/c \tag{1-40}$$

光纤的实际应变 e_0 应为

$$\frac{e_0}{e}=K_p=\frac{1}{1-\frac{n^2}{2}[p_{12}-\sigma(p_{11}+p_{12})]} \tag{1-41}$$

式中,p_{11} 和 p_{12} 为相对光弹性张量系数;

σ 为石英玻璃的泊松比;

K_p 为力光效应校正系数,其值在 1.17～1.4。

此外,光纤的延时还受温度变化的影响。

$$\frac{\Delta t}{\Delta T}=\frac{1}{c}\left[n(\lambda)\frac{\mathrm{d}L}{\mathrm{d}T}+L\frac{\mathrm{d}n(\lambda)}{\mathrm{d}T}\right] \tag{1-42}$$

右边第一项为热膨胀效应,第二项为热光效应,由热膨胀效应引起的延时变化为

$$\Delta t=\frac{n\alpha}{c}=2.68\mathrm{ps}\cdot(\mathrm{km})^{-1}\cdot(℃)^{-1} \tag{1-43}$$

式中,α 为石英玻璃膨胀系数,$\alpha=5.5\times10^{-7}(℃)^{-1}$。由热光效应引起的延时变化为

$$\Delta t=\frac{L\frac{\mathrm{d}n}{\mathrm{d}T}}{c}=33.3\mathrm{ps}\cdot(\mathrm{km})^{-1}\cdot(℃)^{-1} \tag{1-44}$$

现将单由长度变化引起的延时变化除以由长度和 n 共同引起的延时变化,则可得到热光效应的校正因子 K_T

$$\frac{e}{e_0}=K_T=\frac{1}{\left[1+\frac{1}{n}\frac{\mathrm{d}n}{\mathrm{d}T}/\alpha\right]} \tag{1-45}$$

K_T 约为 0.075。

从上述分析可见,由于力光效应的影响,光纤的光学长度小于机械长度,而由于热光效应的影响,光纤的光学长度比机械长度大得多。

在光纤通信系统中,随温度的变化,有时对光纤的延时提出严格的要求。由上述分析可见,光纤的延时温度系数中的主要因素是热光效应的作用。

1.5 光缆行业标准中光缆拉伸试验条款的探讨

光纤的使用寿命取决于其使用时所受到的拉伸应力与筛选应力的比值。当筛选应力固定时,使用应力愈小,寿命愈长,反之亦然。对用于室外通信的大长度光纤,应在一定的使用寿命期内,保证零断裂概率的原则来确定其允许的受力条件。这是因为各级长途通信干线的重要性是不言而喻的。一旦损坏,其影响大,后果严重。

YD/T 901－2018“通信用层绞填充式室外光缆”和 YD/T 769－2010“中心管式通信用室外光缆”行业标准中光缆拉伸条款规定如表 1-3 所示。

表 1-3 行业标准中光缆拉伸条款规定

受力情况		短暂	长期
光缆中光纤允许应变	层绞式光缆	≤0.15%	无明显应变(≤0.01%)
	中心管式光缆	≤0.15%	无明显应变(≤0.01%)
附加衰减		≤0.1dB	无明显附加衰减(≤0.03dB)
允许拉力		1500(3000)N	600(1000)N

关于行业标准中光缆的机械性能和拉伸试验条款的分析：

1. 关于机械性能试验中的光纤衰减变化的监测，行业标准中规定：在1550nm波长上进行监测，“在试验期间，监测结果的不确定度应小于0.03dB，试验中光纤衰减的变化量的绝对值不超过0.03dB时，可判为无明显附加衰减，允许衰减有数值变化时，应理解为该数值已包括不确定性在内”。

笔者查阅了相关国际标准，如IEC，Bellcore，等，均提到了光缆的机械性能试验中，在1550nm波长上测量光纤的附加衰减，由于测量系统的重复性最大可能达到±0.05dB，因而将光纤衰减测量值的不确定度(Uncertainty)定为±0.05dB，光缆制造厂商应当建立并定期验证这样的测量系统。所允许的光纤附加衰减值已包括测量的不确定度在内，因为目前的测量系统无法区分附加衰减是由于光纤的机械应力所致还是测量系统的不确定度所致。

目前国内光缆厂家大都使用EG&G公司的CD300或CD400，或是PK公司的S18或PK2800光纤色散(应变)仪来构成光缆机械试验系统，来进行光纤衰减和应变的测量。而国外的光缆厂家也使用基本相同的仪表。那么为什么我们的标准起草者无视国外同类条款(不确定度定为0.05dB)，而非要将监测结果的不确定度定为0.03dB，究竟有什么依据呢？笔者认为，测量系统的不确定度完全属于仪表本身的性能水平，与光纤光缆本身的性能毫不相干，因此，完全没有必要在国家行业标准中将此项订得比国际标准更为苛刻。

在美国Bellcore GR－20－CORE，“Generic Requirements for Optical Fiber and Optical Fiber Cable”(1998)文件中，规定了在光缆的机械性能试验中以及光缆在长期允许拉伸力下光纤的附加衰减的标准条款为：

“The measured attenuation increase shall be ≤0.05 dB for 90% of the test fibers and ≤0.15 dB for 100% of the test fibers.”

这就是说不仅将≤0.05dB的光纤判定为无明显附加衰减，同时还允许有十分之一的试验光纤有≤0.15 dB的附加衰减。虽然后者并不代表样本的典型值。

2. 关于光缆拉伸试验中允许的光纤应变要求。行业标准中规定：光缆拉伸试验的验收要求为：“在长期允许拉力下光纤应无明显的附加衰减和应变(即光纤应变不大于0.01%)；在短暂拉力下光纤附加衰减应不大于0.1dB和应变不大于0.15%，在此拉力去除后，光纤应无明显的残余附加衰减和应变，光缆的残余应变不大于0.08%；护套应无目力可见开裂”。

关于光纤在长期允许和短暂允许拉力下所产生的应变标准的规定，究竟应该遵循什么原则，笔者认为，其原则在于：限制光纤在拉力下的应变是为了保证光纤在光缆长期使用寿命期内，其机械与光学传输性能的稳定。而光纤在一定的寿命期内在拉力状态下允许的应变的大小是与光纤的筛选应变相联系的。一个有充分的理论和实验研究的结论是：在光纤使用中应保证其在成缆和敷设过程中的短期(持续时间为4小时)拉力产生的应变不超过筛选应变的1/3，在长期使用中的残余应变不超过筛选应变的1/5，则可保证光纤有25年以上的使用寿命(参见本书第2篇第2章，图2-10光纤在不同筛选应力下所允许承受的安全应力设计图)。目前，商用光纤的筛选应力为100kpsi，即筛选应变为1%。因而与之相联系的光纤在短暂允许拉力下的应变应为0.3%；在长期允许拉力下的应变应为0.2%。

笔者注意到，早在1992年制定的我国通信光缆的国家标准GB/T 13993.1～13993.2－92“通信光缆系列”中，规定光缆中光纤在短暂受力(例如安装期间)下允许最大应变为0.15%；在长期受力(例如运行期间)下允许最大应变为0.1%。当时，国际上商用光纤的筛选应力为50kpsi，即筛选应变为0.5%。那么上述0.15%的短暂允许应变和0.1%的长期允许应变的规定正好符合前述结论：短暂允许应变和长期允许应变分别为筛选应变的1/3和1/5。弹指间26年过去了，随着光纤制造工艺水平的提高，商用光纤的筛选应力和应变早已提高到100kpsi和1%，深圳住友公司的光纤筛选应力和应变更是高达120kpsi和1.2%。新版的标准中却规定在长期允许拉力下光纤应变不大于0.01%(无明显应变)，在短暂拉力下光纤应变不大于0.15%，这样的规定完全将光纤26年来的进展置若罔闻，在长期允许拉力下光纤应变甚至还远低于26年前的标准，实在令人费解。

这里笔者引用一下上述Bellcore GR－20－CORE文件中有关光缆拉伸试验的标准条款，以资参考：

R6－60　With the cable subjected to the rated installation load for one hour, the measured fiber tensile strain shall be ≤ 60% of the fiber proof strain.

R6－62　The cable residual load for long－term operation shall be 30% of the rated installation load and the fiber tensile strain at the cable's residual load shall be ≤ 20% of the fiber proof strain.

套用我们行业标准中的语言可翻译成：

R6－60　光缆在短暂(1小时)允许敷设拉力下，光纤拉伸应变应不大于光纤筛选应变的60%。

R6－62　光缆的长期允许拉力应为短暂允许拉力的30%。在光缆的长期允许拉力下光纤的拉伸应变应不大于光纤筛选应变的20%。

这里可看出Bellcore标准中拉伸试验条款的制定依据下列原则：(1)光缆的短暂和长期允许拉力分别模拟光缆敷设过程和长期运用期间所承受的拉伸力。而短暂拉力有明确的时间概念，时间越短，光纤可承受应变越大。(2)光纤在一定拉力状态下允许的应变的大小是“唯一地”与光纤的筛选应变相联系的。这里在长期允许拉力下的应变应不大于光纤筛选应变的20%，正好是光纤筛选应变的1/5。因此，光纤在一定拉力下允许的应变必然应随着光纤筛选应变(即光纤抗拉强度)的提高而成比例地提高。这也是我们制定有关标准应唯一遵循的原则。

相比之下，国家行业标准拉伸条款中，除了允许应变值极其保守外，规定的允许应变与光纤筛选应变无任何联系，短期受力也无受力持续时间的规定。这样的标准的制订是缺乏根据的。

光缆中光纤所允许的短暂和长期的应变数值对光缆的结构设计(强度元件的选用，

拉伸窗口的设计等）和工艺参数（光纤在松套管中的余长等）的控制有很大影响。遵循一个正确而合理的应变标准，有助于在保持光缆长期使用稳定性的前提下，可以减少光缆的制作材料用量和成本。

参考文献

[1] BellcoreGR-20-CORE 1998. Generic Requirements for Optical Fiber and Optical Fiber Cable.

[2] FOTP-33 EIA-455-33A-March,1988. Fiber Optic Cable Tensile Loading and BendingTest.

[3] GS Glaesemann. The Mechanical Behavior of Large Flaws in Optical Fiber and Their Role in Reliability Predictions. Proceedings of the 41st International Wire and Cable Symposium, Reno, NV, 1992:689-704.

[4] GS G1aesemann. Optical Fiber Failure Probability Predictions from Long-length Strength Distributions. IWCS Proceedings, 1991:819-825.

[5] G SG1aesemann. Design Methodology for the Mechanical Reliability of Optical Fiber. Optical Engineering, June 1991,30(6):709-715.

[6] KG Hodge,CS Pegge,GS Glaesemann,et al. Predictingthe Lifetime of Optical Fiber Cables Using Applied Stress Histories and Reliability Models. IWCS Proceeding, 1992:711-723.

[7] JHorsak. Design of Loose Tube Fiber Optic Cable with Adjusted Contraction and Strain Windows. IWCS Proceedings, 1995:50-58.

[8] TA Michalske,SW Freiman, A Molecular Interpretation of Stress Corrosion in Silica. *Nature*, 1982(2): 511-12,295.

[9]GS Glaesemann. DJ Walter. Method for Obtaining Long-Length Strength Distributions for Reliability Prediction. *Opt. Eng.* ,1991, 30(6): 746-748.

第2章　带状光纤的制造设备、工艺和质量控制

随着光纤用户接入网的迅速发展，要求光缆中的光纤芯数愈来愈多，因而为了不使光缆直径太大，必须提高光缆中光纤的密集度。在传统的光纤松套管层绞式光缆中，光纤被置于松套束管中，光缆中光纤的密集度很低，芯数无法做得很大。另外，光缆中光纤芯数增多，传统的单纤熔接接续方式耗工耗时，也不适应用户接入网大芯数光缆的接续要求。为了提高光缆中光纤的密集度以及提高光纤接续效率，带状光纤光缆无疑是一种理想的选择。

将涂覆成型的带状光纤叠放在松套管式光缆的束管中或骨架式光缆的槽芯中，所构成的带状光缆结构可使光纤的密集度达到很高，加上采用带状光纤熔接机，大大减少了光纤熔接的工作量。

带状光缆的核心单元是光纤带。光纤带是把着色后的一次涂覆光纤通过紫外固化的丙烯酸树脂涂覆相连，制成4芯、6芯、8芯、12芯直至24芯的带状光纤。光纤带根据涂覆的方式不同分为包覆式(Encapsulated)光纤带和边缘式(Edge-bonded)光纤带两类。

包覆式光纤带通过两次涂覆成型，内层涂料的模量较低，有较好的柔韧性和光纤接续时的可剥离性，外层涂料的模量较高，旨在增加光纤带的耐磨和抗拉强度。双层涂覆的目的与光纤一次涂覆时采用两次涂层一样，也有改善光纤带抗微弯性能的作用。边缘式光纤带仅采用一次涂覆。由于光化学材料的发展，用于光纤带一次涂覆的新型紫外固化硅酮丙烯酸酯涂料兼有可剥离性和良好的耐磨、抗拉强度。因此，采用一次涂覆的边缘式光纤带日益成为主流的光纤带结构形式。

光纤带的涂覆材料(Cabling Matrix Material)又称并带树脂，它的基料是紫外光固化的丙烯酸酯：包括聚氨酯丙烯酸酯、聚硅氧烷丙烯酸酯、环氧丙烯酸酯等。涂覆层的原料由丙烯酸酯低聚物(预聚物)、单体(稀释剂)、光引发剂(苯偶姻或其衍生物)以及添加剂组成。当并带树脂成型固化时，在紫外光固化反应中，预聚物(如多功能度单体)在光引发剂的作用下，通过打开 $>C=C<$ 双键功能团，形成体状分子交链网络。添加剂则用来改善涂层的性能，如加入聚二甲基硅氧烷作为释放剂可减小涂层表面的黏性。光纤带的涂覆和固化工艺与光纤着色相类似。

2.1 带状光纤制造设备及制造工艺

2.1.1 带状光纤制造设备

光纤并带机(Fiber Ribbon Machine)是将散纤由并带树脂进行涂覆、UV 固化、制造成密集度较高的光纤带的一种机械设备。其诞生大大推进了大芯数光缆制造工艺的提升和光缆行业的发展。根据光纤进入模座和固化炉的方向可以分为立式并带机和卧式并带机两种。立式并带机:光纤从上方进入模座然后再进入紫外固化炉,由于其上下占用空间大,不便于操作并且在有限空间内固化速度较低所以目前已经被淘汰。目前光缆厂家使用较多的是卧式并带机,其结构如图 2-1 所示,其解决了立式并带机所碰到的问题。目前卧式并带机生产线速度如下:4 芯带生产线速度可以达到 800m/min、6 芯带和 8 芯带生产线速度可以达到 700m/min、12 芯带生产线速度可以达到 600m/min。但实际的并带生产速度受限于喷码打印机。由于传统的喷码打印机存在高速时字迹模糊的限制,喷墨打机的工作速度在 400m/min 左右,这就大大限制了并带机的生产能力。

近年来,奥地利 M & S 公司开发了一种油墨凹板印字机(Gravure Printer),它采用滚轮式压印的印字原理,从而大大提高了印字速度。其中一款型号为 KS42 C－FM 的油墨凹版印字机的印字速度高达 1200m/min,有效地突破了光纤并带机印字速度上的瓶颈,从而使并带机的高速并带能力得以充分发挥。

带状光纤制造设备主要由光纤放线架、光纤带涂覆模座、紫外固化炉、喷墨印字机、牵引轮、收排线架及电控柜几部分组成。如图 2-1 为带状光纤生产线示意图。

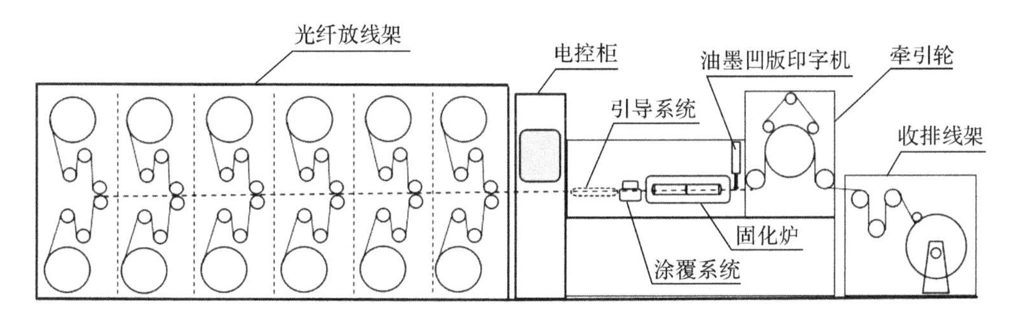

图 2-1 带状光纤生产线示意图

其中光纤放线架由 12 盘放线架组成,因而可制作 2、4、6、8 到 12 芯光纤带。制作 24 芯带则是将两盘 12 芯带放带,再在并带机上进行二次并带而成。光纤放线采用电机主动放线和气动控制舞导轮,此结构能够使得放线张力以及速度更加稳定。

在固化炉系统中,传统的采用微波中压汞灯光源。光纤带并带树脂的紫外固化的新工艺是使用 UV-LED 光源来替代传统的微波中压汞灯光源。UV-LED 固化工艺相比传统工艺,主要区别在两个方面。其一,是固化工艺中 UV 光源的改变,从传统的汞灯变更为 LED 光源;其二,是光纤并带树脂,需要针对 LED 光源调整光引发剂等配方,使得并带树脂能够适应 LED 光源,达成与传统工艺一致甚至更好的固化速度和质量。UV-LED 光源与目前大范围使用的传统微波中压汞灯相比,存在着多项明显的优势,如高效节能,降低成本;超长寿命,方便维护;瞬时开关,即开即用;热效应小,安全性高;半面出光,光利用高;无汞危害,绿色环保;设计灵活,结构可变。UV-LED 固化技术详见本书第二篇第五章 5.3.3 节。

得益于以上放线稳定、涂覆系统的优化、新颖节能固化系统、KS42C-FM 油墨凹版印字机的诞生使得我们带状光纤制造设备有了质的飞跃。

2.1.2 带状光纤制造工艺

光纤放线采用被动放线和主动牵引方式,即光纤从光纤盘上放出后,经一对微型牵引轮放线,牵引轮的速度由用作张力控制的舞蹈轮来调节,从而使放线张力维持恒定。由于光纤在光纤盘上的排列不可能十分整齐,因而光纤从光纤盘上放出时不可避免地存在不同程度的张力波动。光纤放线张力的波动会造成成型光纤带中每单位长度带纤的光纤长度的不均匀性,这将严重影响光纤带的质量。由于微型牵引轮的转速完全不受光纤在光纤盘上状态的影响,因此对光纤的放线起到张力波动的隔离作用,经牵引轮放出的光纤张力极为稳定,这对于高品质的光纤带是至关重要的工艺条件。另外,从光纤放线架到光纤带涂覆器之间的光纤导引系统的正确设计可以进一步形成一个有足够长度的调整空间,使光纤的排列更趋整齐和均匀。光纤导引系统中设有去静电装置,除去着色光纤上积累的静电,然后经过压缩空气吹气口,清除光纤表面的尘埃。

光纤带涂覆器是本设备的最关键部分,它是一个可以快速分解的组合涂覆模(Split Die System),是由三个模具组合而成的一个整体。第一模是光纤的入口模,也是涂覆器中空气的排出口;第二模是光纤的导引模,光纤在这里整齐地排列进入丙烯酸涂料的料流区;第三模是成型模,此模决定了光纤带的成型形状和尺寸。模具采用钨钢材料制成,耐磨性好,以保证模具的工作寿命。涂覆器中的丙烯酸涂料是将涂料贮存器中的涂料用氮气连续压送进来。

光纤从导引系统的最后一个导轮出来进入光纤带涂覆模时,每根光纤与涂覆模的轴线有一个倾角,以 6 芯带纤为例,如图 2-2 所示,外侧两根光纤的倾角 θ 最大,且因与模具直接接触,在光纤牵引的作用下受到横向压力 F,倾角 θ 的大小从图 2-2 所示的几何位置可求得为

$$\theta=\arctan\left[\frac{(W_g-W_d)/2+r_f-(1/2)(W_g/6)}{L}\right]$$

式中,W_g 为导轮宽度;

W_d 为涂覆模模宽;

r_f 为着色光纤半径;

L 为导轮与模口间距。

边缘光纤受到的横向力为

$$F=T\sin\theta$$

式中,T 为光纤牵引张力。

显然 θ 愈小，边缘光纤所受横向力愈小。

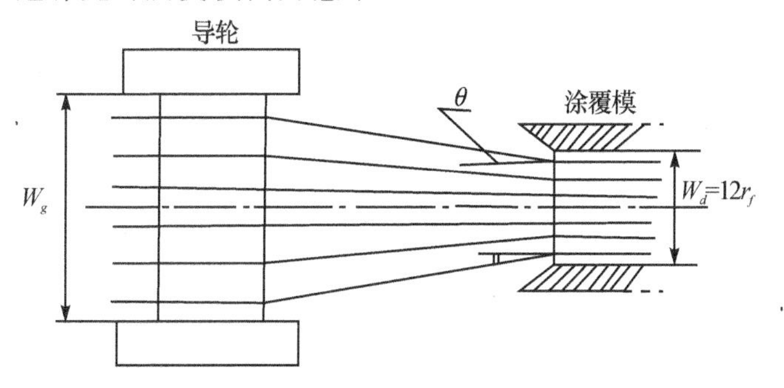

图 2-2　带纤中光纤的几何位置

内边的其他光纤则因静电和光纤间的摩擦而产生振动。但由于牵引张力的存在以及各光纤的进模位置的差异，每根光纤的振动周期和幅度是不同的，通过压力涂覆模的涂覆压力空间的合理调整可以在很大程度上抑制振动。我们在光纤导引系统中安装光纤静电消除系统(Electrostatic Discharging System)进一步减小了光纤振动强度。

为了使带纤涂层内不存在任何气泡，可以通过合理调节涂覆模进料孔的位置来实现。

我们通过反复试验，确定了合理的进料口位置，从而能使涂覆模中残留的空气完全从入口模处排出，而不致在带纤涂覆层中产生气泡。

为了保证光纤带涂层的均匀性，须保持涂覆器中的涂料温度和压力恒定。涂覆器和涂料贮存器要求恒温，使涂料处于最佳工艺的黏度状态。涂覆器采用电热恒温，涂料贮存器则采用恒温水浴加热器进行恒温，以保证贮存器中的涂料温度的均匀性。氮气的充气压力通过两级阀门调节，使涂覆器中的涂料保持恒定的压力。涂覆器中涂料的压力通过压力传感器进行数字显示，涂覆器装在 x，y 调节架上，可调整涂覆器的水平位置。涂覆器和 x，y 调节架一起装在独立的支架上，单独固定于地基之上，以隔离生产线各传动部分的机械振动对涂覆器的影响。

紫外固化炉采用美国 Fusion 公司的 F600s 紫外灯系统，紫外灯管为 10 英寸，功率为 6000W。光纤带涂层的固化程度可用丁酮擦拭法鉴别。丙烯酸树脂在紫外固化前可溶于丙酮和丁酮溶剂中，当树脂固化后，形成交联体就不会再溶解于丙酮或丁酮溶剂中，利用这一原理，可将成型带纤平直放在玻璃板上，用棉布蘸丁酮擦拭光纤带，若擦拭 150 次以上，带纤涂层不被擦掉，光纤不从光纤带中分离出来，则可认为固化质量良好。另外，在固化炉中，光纤带通过的石英管内应通纯度较高的氮气，以提高光纤带表层涂料的固化质量。因为光纤带表层涂料在氧气中不能很好地固化(氧气对紫外固化树脂有阻聚作用)，从而会使光纤带表层发黏。因而，通以纯度较高的氮气，赶走空气中的氧气，可以提高光纤带表层的固化质量。鉴于同一原因，用于成带的着色光纤，在着色时也需保证着色层的表层固化质量。如着色层表层因氧气的作用固化不好，表面发黏，那么在制成光纤带后，光纤带的涂料渗入光纤着色层表层内部，固化后，由于光纤着色层和光纤带涂层结合得太密切，会造成光纤带的各光纤不易剥离，光纤的分离性差，在测量和工程中会带来一定困难。

光纤带涂覆器的出模口与紫外固化炉之间应有一个合适的距离。从固化功效而言,两者应靠近些,但靠得太近时,在紫外固化炉进口处漏泄出来的紫外光直接作用在涂覆器的出模口,有可能使出模口的溢料固化而形成硬块,从而“刮伤”出模口的带纤涂层,使光纤带无法正常成型,造成质量事故。

牵引及计米装置。本设备采用皮带压轮牵引,牵引皮带为双面橡胶、中间尼龙的三明治结构,强度好,寿命长,并且无牵引滑移现象产生。

收排线架。采用横向收线装置(Traversing Take-up)能将光纤带平直而精确地绕到收线盘上,收排线换向采用数字直流伺服控制系统,收线及排线极为平稳。

光纤带的厚度和宽度的在线测量,采用BETA LASERMIKE公司的双维测径仪,在安装时,旋转90°,双维测量光束成X和Y两个方向,X方向测量光纤带的厚度,Y方向测量光纤带的宽度。测径仪的实时数字显示可以直接反映光纤带制作的尺寸精度。

从光纤放出到制成光纤带的整个过程中,为了不使光纤产生不应有的扭转应力,从光纤放线直到光纤带收线,整个流程应该在同一平面中进行,本设备基于这一原则来合理配置各部分的相对位置。本设备的操作均在电控柜上进行,所有工艺参数均在彩显触摸屏上设定和显示。工艺参数包括:牵引速度、带纤长度、涂覆器中的涂料压力、涂料贮存器和涂覆器的温度、固化炉氮气流量等。本设备的收排线采用计算机控制,排线节距、线盘宽度均在触摸式显示屏上任意设定。排线方式可采用等线盘宽度及变线盘宽度,当采用变线盘宽度时,宽度变化相应的绕线圈数需预先设定。绕线时,每增加一层,PLC会自动增加绕线圈数,保证排线到达线盘边缘。触摸屏上可实时显示收排线的多个参数。本设备还配置了依玛士小字符喷墨编码印字机,可在光纤带上喷印黑色字符。

比较传统的松套管光纤和带状光纤的特点,可以了解到带状光纤的工艺要求与其性能之间的关系。在传统的松套管光纤中,如光纤在松套管中的余长适中的话,光纤完全呈自由状态,从而能保持其最佳的传输性能。影响光纤传输性能的主要因素是光纤受到的微弯。所谓微弯是指光纤呈轴向波动为微米级、波动周期为毫米级的弯曲。光纤微弯时,光纤中正常传输的光场受到扰动而引起损耗增加。单模光纤在1310nm波长上模场直径较小,在1550nm波长上模场直径增大,也就是光场向包层区伸展较大,因而单模光纤在1550nm波长上的损耗受微弯影响特别敏感。如光纤在松套管中余长过大而使光纤紧贴松套管内壁,或光纤着色层不均匀,都会引起光纤微弯,导致1550nm波长上损耗的增加。在带状光纤中,单根光纤不再是处于自由状态,而是通过紫外固化涂料彼此结合在一起。因此,在带状光纤中,如果光纤在成带过程中受到扭曲、过度的拉力、侧压等均会产生微弯,从而导致传输损耗增加。因此在带状光纤的制造过程中,应正确选择工艺参数,以保证成型带纤的质量。在正常的工艺条件下,带纤成型后,光纤在1310nm和1550nm双波长上均不应有附加损耗产生。

在光纤带的光纤和多种树脂涂层之间有三个界面:一是光纤玻璃和光纤内层涂层之间的界面;二是光纤外层涂层和光纤着色油墨之间的界面;三是光纤着色油墨和光纤带涂料之间的界面。这三个界面之间的附着力都应当在适当的范围内,不然会影响最终产品的性能。首先,光纤玻璃和光纤涂层之间的附着力通常用光纤涂层的剥离力来衡量,按 Bellcore 规范,光纤在老化实验前后均须达到下列要求:试样长度为 30mm±3mm 的光纤涂层剥离力为小于或等于 9.0N,大于或等于 1.0N。剥离力太大,会影响光纤线路的施工;而剥离力太小,表示涂层的黏附力太小,可能造成光纤涂层的分离脱壳而使光纤玻璃暴露在环境之中,影响光纤的使用寿命。对于光纤带而言,在带状光缆的施工中,要求光纤带涂层容易剥离,因而着色油墨与光纤带涂层之间的黏附力不宜太大。而为了使光纤的颜色有良好的保留性能,光纤涂层与着色油墨间的黏附力应当高些为好。因此,在光纤带并带工艺中应从工艺上进行调节,例如使着色油墨的固化度提高,那么着色油墨和光纤带涂层之间的结合愈低,它们之间的黏附力就较小。反之,如前所述,如果着色表层因氧气的作用固化不好,表面发黏,那么在制作光纤带时,光纤带涂料会渗入光纤着色层表层内部,固化后,由于光纤着色层和光纤带涂层结合得太密切,会造成光纤带的各光纤不易剥离,光纤带的分离性差,在测量和工程中会带来一定困难。

紫外固化的光纤带涂料并不是溶剂性涂料,其固体含量为 100%,但在固化时,仍有一定的收缩率,在聚合物片上进行光纤带涂料的固化收缩试验,可测出其收缩率约在0.02%~0.12%。在光纤带并带工艺过程中,光纤带处于牵引及收线张力下,并带涂料的收缩力不会使光纤产生微弯,但会在成型光纤带中产生内应力。通常在光纤带制成约 24 小时以后,内应力会逐步消除。如对成型光纤带加温处理则可迅速消除内应力。

光纤带涂料采用美国 DSM Desotech 公司的 Cablelite TM 950-706 型和 Borden Chemical 公司的 Bonded Ribbon Matrix 372-71-1 型紫外固化涂料,两者均取得满意效果。Cablelite TM 950-706 紫外固化涂料的黏度—温度曲线如图 2-3 所示。从并带树脂的黏度—温度曲线可见,增加并带树脂的工艺温度可有效地降低其黏度。笔者曾在从 M&S 公司引进的并带机上试将并带树脂的工艺温度在有效黏度范围内提高 5℃,使其黏度减小,从而有效地降低了成型光纤带的内应力,消除了光纤并带过程中产生的附加损耗。

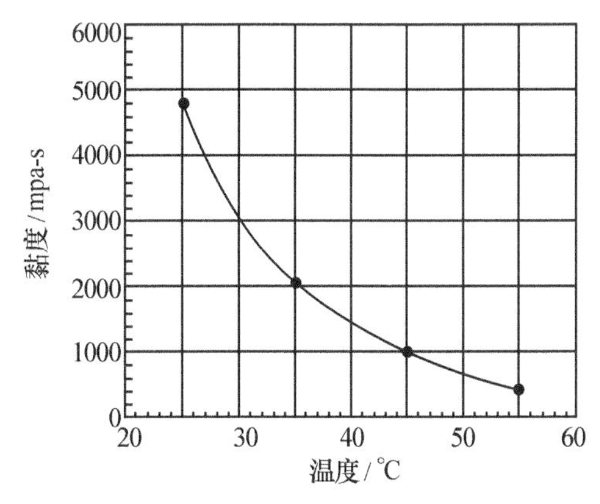

图 2-3　紫外固化涂料的黏度—温度曲线

2.2 带状光纤的质量控制项目

带状光纤的机械性能及环境性能测试项目,按 Bellcore GR-20-CORE 要求为下列诸项。

2.2.1 几何尺寸

带状光纤的几何尺寸见图 2-4。其中,w=带状宽度(μm);h=带纤厚度(μm);b=边缘光纤间距(μm);p=平整度(μm);d=相邻光纤间距(μm)。

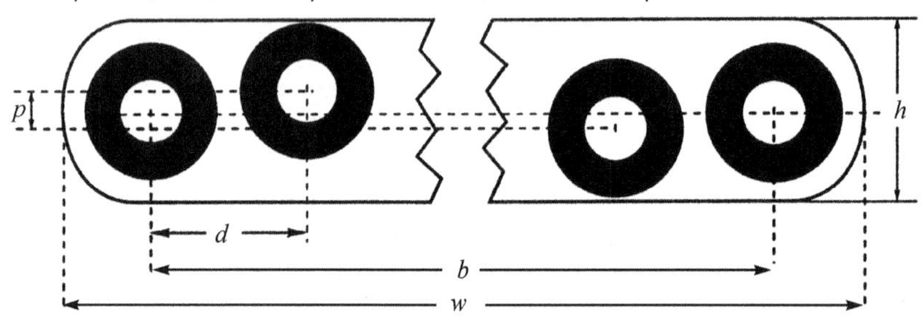

图 2-4 带状光纤的几何尺寸

具体的尺寸标准,列表如 2-1 所示。

表 2-1 光纤带尺寸的最大值

光纤数	带纤宽度 w/μm	带纤厚度 h/μm	边缘光纤间距 b/μm	平整度 p/μm
4	1220	400	835	35
6	1770	400	1385	35
8	2300	400	1920	35
12	3400	400	2980	50
24	6800	400	每单元值	75

关于光纤带厚度的讨论:现代光纤带的厚度通常在 300～360μm。在正常的工艺下,300μm 的厚度已足够。但在批量生产中为防止涂层厚度的波动而造成局部散纤的质量事故,故涂层宜适当加厚。我们采用 320μm 为光纤带的额定厚度。

2.2.2 抗扭转性能(FOTP-141)

1. 测试方法

a. 对以下光纤进行测试:

①未老化的带状光纤;

②经过持续 30 天的 85℃(不控制湿度)老化条件后的带状光纤。

b. 以每分钟 10～20 个周期的速率旋转上端夹具,正、反转各 180°为一周期。

c. 重复旋转 20 个周期。
d. 移去带纤。
e. 用 5 倍放大镜进行目检。
2. 要求
没有光纤从带纤中分离出来。
3. 测试装置
见图 2-5。

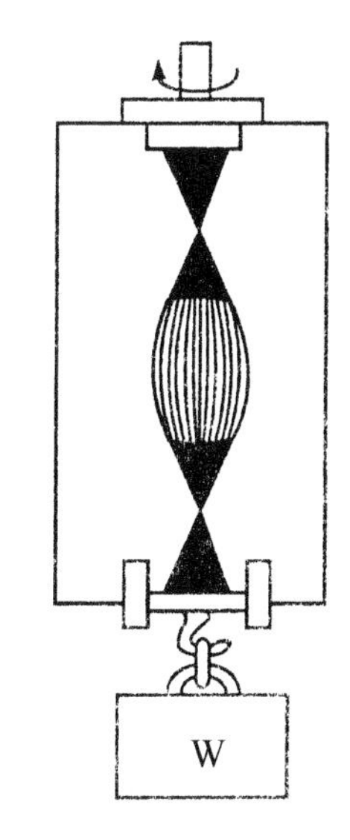

图 2-5　测试装置

2.2.3　带纤分离性

1. 末端分离
(1)测试方法
a. 对以下带纤进行测试：
①未老化的带状光纤；
②经过持续 30 天的 85℃(不控制湿度)老化条件后的带状光纤。
b. 使用带纤供应商建议的方法，将 6 芯或 12 芯光纤带的末端分离。
c. 分割的长度≤50mm。
d. 以每分钟大约 500mm 的速度分割一段长度不小于 0.3m 的光纤带。
e. 测量剥离力。
f. 用 5 倍放大镜进行目检。
(2)要求
a. 对光纤的涂层无破损或破坏。
b. 任意一段长度为 2.5cm 的光纤必须保留足够的颜色，以便被识别。
c. 剥离力≤4.4N。
2. 单根光纤的分离
(1)测试方法
a. 对以下带纤进行测试：
①未老化的带状光纤；
②经过持续 30 天的 85℃(不控制湿度)老化条件后的带状光纤。
b. 使用带纤供应商建议的方法，将每根光纤从光纤带中分离出来。
c. 分割的长度≥1m。
d. 用 5 倍放大镜进行目检。
(2)要求
a. 对光纤的涂层无破坏。
b. 任意一段长度为 2.5cm 的光纤必须保留足够的颜色，以便被识别。
c. 涂层无破裂或爆裂的隆起处。
3. 中间段分离
(1)测试方法

a. 对以下带纤进行测试：

①未老化的带状光纤；

②经过持续30天的85℃(不控制湿度)老化条件后的带状光纤。

b. 使用带纤供应商建议的方法，去除光纤带中间的带状光纤。

c. 在一根2m长的带纤样品中，在中间将最边缘的一根光纤分割出来，分割的长度≥0.5m。

d. 取另一根2m长的12芯带纤样品，在中间将带纤分成2组6芯光纤带，分割的长度≥0.5m。

e. 用5倍放大镜进行目检。

(2)要求

a. 对光纤的涂层无破坏。

b. 任意一段长度为2.5cm的光纤必须保留足够的颜色，以便被识别。

2.2.4 带纤平直度(测量带纤的残余扭转)

(FOTP-131)

1. 测试方法

a. 经过持续30天的85℃(不控制湿度)老化条件后的带状光纤；

b. 用夹具固定一段长度为50cm的光纤带，并在底端加一个100g的重物；

c. 测量光纤带扭转角 θ；

d. 通过用扭转角 θ 除以测试长度(大约50cm)来计算残余扭转。

2. 要求

至少每0.4m扭转不大于360°。

2.2.5 光纤带的可剥离性

1. 测试方法

a. 对以下带纤进行测试：

①未老化的带状光纤；

②经过持续30天的85℃温度和85%不结露的湿度老化后的带状光纤；

③经过持续14天的23℃浸水老化后的带状光纤。

b. 使用商用的剥离工具，将一段大于或等于30mm的带纤剥除其带纤涂层、着色层及光纤涂层。

2. 要求

a. 涂层剥离时无断纤；

b. 残余涂层可用蘸有乙醇的擦纸一次擦净。

另有六项质量控制项目，经多年的实践和研究表明，由于对光纤本身(包括光缆)的试验已经足够多，所以不必再把以下项目列为光纤带的质量控制项目。它们是：

(1)静态疲劳参数；

(2)宏弯衰减试验;
(3)带状光纤的动态抗张强度;
(4)动态疲劳参数;
(5)温度循环试验;
(6)老化试验。

参考文献

[1] Bellcore. GR-20-CORE 1998-7-2. Generic Requirements for Optical Fiber and Optical Fiber Cable.
[2] James JRefi. 光系统领域的发展(技术讲座). Bell Labs Innovations, 31 March 1998
[3] Seo G W, Jeon Y H, Kim S H, et al. Review on the Correlation of the Optical Loss with Ribbon Twist. IWCS Proceedings, 1998:411-419.
[4] Arvidson B, Bjorkmen J, Tanskanen J. The Ribbon Concept from the Manufacturing Process to the Field. IWCS Proceedings, 1998: 404-410.

第3章　光纤和带纤的二次套塑及其余长控制

束管型光缆是通信光缆最主要的结构形式之一，它包括层绞式光缆和中心束管式光缆两种形式。束管式光缆工艺中最关键的项目莫过于二次套塑工艺。光缆的主要性能，包括光纤的损耗，光缆拉伸和温度特性等在很大程度上取决于二次套塑的质量。而二次套塑工艺中最主要的控制参数是光纤或光纤带在束管中的余长。二次套塑工艺与其说是一种技术，不如说是一门艺术。我们所追求的不仅是其机械的严格性，而且是设备、工艺、材料三者统一的完美性。

本章就二次套塑工艺中的下列问题进行讨论：(1) 光纤二次套塑材料；(2)PBT 塑料的束管成型特性；(3)余长形成的机理；(4)影响余长的主要因素；(5)光纤油膏在二次套塑中的性状；(6)光纤余长的在线测量；(7)二次套塑生产线的放线和收线。

3.1　光纤二次套塑材料

3.1.1　聚对苯二甲酸丁二醇酯(PBT)

聚对苯二甲酸丁二醇酯(Polybutylene Terephthalate 简称 PBT 或者 PBTP)是一种半结晶性聚酯，分子式$(C_{12}H_8O_4)_n$。是由对苯二甲酸和丁二醇单体脱水缩聚而成。PBT 树脂是一种热塑性饱和聚酯，在常温下一般为乳白色、颗粒状固体。

PBT 密度 1.25～1.35。吸湿性小。耐化学品优良，抗冲击性、耐摩擦性、尺寸稳定性都好。通过改性后，力学性能和耐热性能显著提高。

PBT 一直是光纤二次套塑制作光纤松套管的首选材料。

3.1.1.1　材料性能与技术指标

PBT 的性质主要受材料形态的影响，即受在材料的无定形区和结晶区聚合物链排列方式的影响。PBT 属于半结晶聚合物，以其无定形区的玻璃化温度和结晶区的熔点为特征。在达到玻璃化温度(40℃～45℃)时，无定形区聚合物链的活动明显增加，开始结晶，分子链获得能量而重新排列，刚性开始降低。因此 PBT 的性质是受结晶度和晶体性质的影响。PBT 有比较高的结晶速率，因此一般不需要加成核剂。如果加入少量的非均相成核剂时，可以提高其结晶温度。PBT 的结晶度在 28%～36%之间，通过较长时间的退火处理可使结晶度提高到 40%～45%。

PBT 的聚合度(即分子量)对材料性能也有很大影响。高分子量的 PBT 树脂具有更高的抗冲击强度和弹性,光纤套塑用 PBT 必须要高分子量的,本征黏度在 1.25 以上才能满足要求。

PBT 能否在高温下长期应用受它在该温度下抗氧化稳定性的影响。使用热稳定剂可以提高 PBT 树脂的热氧化稳定性。热氧化降解可以引起树脂变色,长期暴露于热空气中的制件可能会变成黄色或棕色,虽然对于一些色深的制品,这种变色的影响不是很大,但降解还会降低树脂的平均分子量,使材料变脆,断裂延伸率降低,拉伸强度和抗冲击强度也降低。

PBT 的技术指标详见附录。

3.1.1.2　PBT 材料的抗水解性能

制作光纤束管的主要材料是 PBT,全名为聚对苯二甲酸丁二醇酯,它是由对苯二甲酸和丁二醇单体在高温和真空下酯化,脱水缩聚而成,然而这一反应是可逆的,PBT 在水的作用下,由水解反应使聚合物分解,分子链断裂,从而使 PBT 束管丧失了机械性能。水解反应方程为:

$$\mathrm{HO(\overset{O}{\overset{\|}{C}}-C_6H_4-\overset{O}{\overset{\|}{C}}\sim\sim\overset{O}{\overset{\|}{C}})_n H + H_2O}$$
$$\downarrow$$
$$\mathrm{PBT-C_6H_4-\overset{O}{\overset{\|}{C}}-OH + HO\cdot PBT}$$

通常 PBT 在其玻璃化温度(40～45℃之间)以下,具有很好的耐潮性,然而在高于玻璃化温度条件下,在水分的作用下会迅速降解,在光缆接头盒中暴露于湿热环境中的 PBT 束管就会发生这种水解作用,最后导致光纤束管脆化而开裂。PBT 是一种热塑性的工程塑料,由于其机械强度好,加工性能好,耐化学腐蚀,等优点,被广泛用作光纤束管的材料,对光纤有良好的保护作用,其使用寿命主要受水解作用所限制,因而 PBT 的抗水解性能自然地愈来愈受到关注,由水解反应所决定的 PBT 的寿命预测已有很多报导。美国 Bellcore 的 O. S. Gebizlioglu 和 I. M・Plitz 提出下列水解反应式来预测 PBT 的使用寿命。PBT 在 $t=t_L$(寿命)时的浓度和 $t=0$ 时的初始浓度的关系式为:

$$-\ln\frac{[\mathrm{PBT}]_{t_L}}{[\mathrm{PBT}]_0}=K[\mathrm{H_2O}]^n t_L \tag{3-1}$$

式中,[PBT],$[H_2O]$,K 分别为 PBT 的浓度、水的浓度和反应速率常数,指数 n 表示相对于水的水解反应级数。利用亨利定律和水解反应速率表示式:

$$K=K_0\exp\left(-\frac{NE}{RT}\right) \tag{3-2}$$

最后可得 PBT 的寿命表达式为:

$$\ln t_L=C-13.995\times n-n\times\ln H_R+\left[5.207\times10^3 n-\left(\frac{\Delta H\times n-\Delta E}{R}\right)\right]\left(\frac{1}{T}\right) \tag{3-3}$$

式中 H_R 为相对湿度,T 为绝对温度(K),通过多重回归可估计四个常数 C、n、ΔH 和 ΔE。利用上述分析在以 10%断裂伸长率作为寿命终结判据时,在 40℃温度和 60%相对湿度条件下使用时,一般 PBT 材料的寿命为 10 年,而抗水解材料的寿命为 20 年以上。

美国 Bellcore GR－20－CORE 1994 年标准规定的光缆中的 PBT 束管应通过 85℃

温度、85%相对湿度条件下的加速老化试验，45 天后，其断裂伸长仍在 10%以上时才能满足光缆的使用寿命要求。德国 CREANOVA(HULS)公司的 3013，美国 GE 公司 VALOX HR326，瑞士 EMS B24 和韩国的 LUPOX SV1120 等 PBT 材料均能通过 Bellcore 的试验要求。

关于 PBT 材料寿命终结的判据，除了 10%断裂伸长法以外，还可以用溶体黏度(Solution Viscosity)法作为寿命判据。这种方法是将 0.5%或 1.0%的 PBT 溶解于特定的溶剂中，如 1% PBT 溶于 M—甲酚中，或 0.5% PBT 溶于 50%酚 50%1,2-二氯化苯中，再将此溶液通过黏度计测试相对黏度(即溶有 PBT 的溶液和不含 PBT 的溶液的黏度之比)。由于 PBT 水解，分子量下降，从而使溶体黏度下降到一定值时作为 PBT 寿命终结的判据，两种判据的比较如图 3-1 所示。

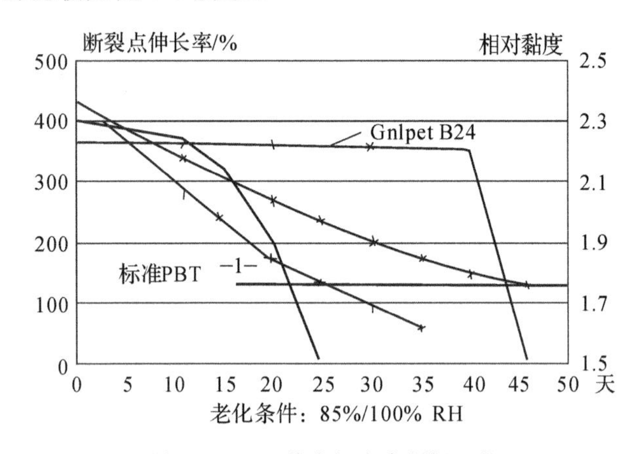

图 3-1　PBT 管水解寿命判据比较

根据两种测定方法的相关性比较，可以看出，在使用 M－甲酚为溶剂的 1% PBT 溶液时，测得溶体的相对黏度在 1.75～1.8 之间时，相当于 10%断裂伸长的寿命终结的判据。

研究发现，PBT 的水解老化的性能与聚合物分子中羧端基(COOH)的含量有关，羧端基含量愈高，水解反应愈快。而在水解老化过程中羧端基含量会进一步增加，当其含量达到 70 毫克当量/千克时，PBT 试样呈脆性开裂，意味着其寿命终结。与标准 PBT 相比，抗水解的 PBT 材料其羧端基含量及其在水解过程中的增长则远低于标准 PBT 中的相应数据，如图 3-2 所示。

由此可见，改进 PBT 材料的抗水解特性的技术和工艺关键也在于 PBT 的制造过程中设法减少羧端基的含量，甚至要使 PBT 在光缆使用过程的水解过程中，具有能继续减少羧端基含量的活动能力，这可以通过添加水解稳定剂等方法来实现。作为 PBT 水解寿命终结的判定方法中，断裂伸长法在实际的测量中测量值的分散性较大，即测量值的标准偏差较大，不易得到正确的测量值。而溶体黏度法的测量设备和操作也较复杂。再者，两者的测量值与 PBT 松套管在光缆中的实际使用情况很难直观地联系在一起。比如，光缆中光纤的应变通常不会超过 0.2%，因而在断裂伸长试验法中，PBT 管拉伸到 10%时，其中的光纤早已断裂。换句话说，10%的伸长远远超过在实际光缆中 PBT 管所

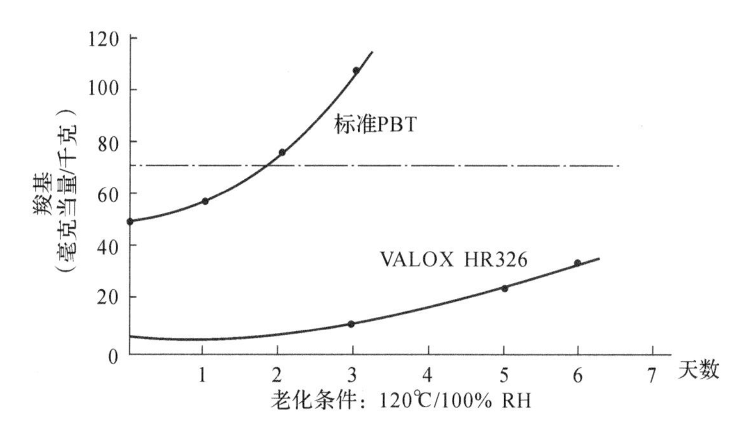

图 3-2　PBT 树脂老化试验时羧端基含量的变化

受到的应变。光缆的受力范围通常在低于弹性模量的范围(即应变线性比例于应力的范围)内。在实际的光缆结构中,PBT 松套管所受到的主要并不是拉伸力,而是弯曲应力,特别是在光缆接头盒和终端盒中,PBT 管是长期处于弯曲状态。因此,在 1998 年的 Bellcore GR－20－CORE 文件中将充以光纤油膏的 PBT 松套管的老化试验和测量方法改为:在经过 85℃温度及 85%的相对湿度,45 天老化试验后,在标准的环境条件下,稳定 24 小时,然后将 PBT 管擦干,在 75mm(或 20 倍管径)的直径的圆柱体上绕三圈,用 5 倍的放大镜观察其是否产生裂纹或断裂,以确定其寿命是否终结。这一测量方法就简单而直观得多了。

3.1.1.3　PBT 树脂的扩链、增黏改性

PBT 松套管作为光缆中保护光纤的关键构件之一,需要具备良好的抗拉伸、抗弯曲、抗冲击性能及抗水解性能,所以对材料的选用是相当重要的。PBT 材料由于本身具有良好的力学性能和良好的耐热性、尺寸稳定性、抗蠕变性能等,经常被选用作为松套管的材料。

PBT 是合成的高聚物材料,一般先通过熔融缩聚过程获得基础的 PBT 树脂,但 PBT 基料的平均分子量较低,此时 PBT 的本征黏度只达到 0.8 左右,其机械性能还不能满足光纤束管制作的要求。故必须在此基础上对 PBT 基料进行扩链、增黏改性,以提高其平均分子量,使其本征黏度在 1.25 以上,从而得到有良好力学性能、适合光纤束管制作的 PBT 塑料。

PBT 树脂的扩链增韧改性可在 PBT 基料中加入专用高效相溶剂如 SAG－系列,它是一种苯乙烯类反应型增容剂,其特殊的分子设计及分子量的调控,保证了该产品在树脂中具有极佳的化学反应活性、良好的分散性和热稳定性。是适用于工程塑料类 PBT 的相容剂、扩链剂、消光剂及水解稳定剂。SAG－05,主要应用在抗水解稳定方面,其具有高效的封端及链修补能力,可在高温高湿等恶劣条件下,显著提高聚酯树脂抗水解稳定性并抑制因水解而引起的力学性能下降。SAG－008,对 PBT 有显著的扩链功效,通过环氧基团与已降解聚合物的端基反应,恢复缩聚树脂的分子量和特性黏度,增大熔体黏度,提高熔体强度。

PBT 树脂的扩链增韧改性可在反应釜中进行，反应釜扩链增韧反应温度约为 200～230℃，相当于 PBT 的软化温度 225℃。根据反应釜容积的大小，扩链增黏反应时间为 15～24 小时。

3.1.2 改性聚丙烯(PP)

详见第三篇第四章

3.1.3 改性聚碳酸酯(PC)

聚碳酸酯(Polycarbonate)，简称 PC。它是一种强韧的热塑性树脂，其名称来源于其内部的 CO_3 基团，可由双酚 A 和氧氯化碳($COCl_2$)合成，现较广泛使用的方法是熔融酯交换法，即由双酚 A 和碳酸二苯酯通过酯交换和缩聚反应合成。双酚 A 型的聚碳酸酯学名：2,2′－双(4－羟基苯基)丙烷聚碳酸酯。通常没有特别加以说明的情况下，所说的聚碳酸酯都是指双酚 A 型聚碳酸酯及其改性品种。聚碳酸酯的综合性能优异，尤其具有突出的抗冲击性、透明性和尺寸稳定性，优良的机械强度和电绝缘性，较宽的使用温度范围(－60～120℃)等，是其他工程塑料无法比拟的。自工业化生产以来，在工程塑料中，聚碳酸酯产量仅次于聚酰胺(PA)，基本保持平均年增长率 9％的水平。

聚碳酸酯是性能非常优良的光纤二次被覆材料，尤其是耐高温，高强度，低线胀系数，对于非金属气吹微缆，耐高温光缆等，都得到广泛应用。在 YD/T 901－2018“通信用层绞填充式室外光缆”行业标准中首次将改性聚碳酸酯(PC)与 PBT 以及改性聚丙烯(PP)共同列为光纤二次被覆材料。

3.1.3.1 改性聚碳酸酯的机械物理性能

①拉伸特性：聚碳酸酯在很宽的温度范围内保持稳定的拉伸强度。即使在高温(80℃以上)时也不发生大的强度变化。

②弯曲特性：聚碳酸酯在很宽的温度范围内保持稳定的弯曲强度特性。

③抗冲击特性：聚碳酸酯具有塑料中的最高抗冲击强度值。厚 3.2mm 的带缺口艾氏冲击试验片在常温下具有高达 780～980J/m 的冲击强度值。从－30～－20℃以下的温度开始其破坏断裂状态由延性断裂向脆性断裂转变。即使在此温度条件下，其冲击强度也比其他树脂要高。此外，厚 6.4mm 的试片在很宽的区域内保持 140～200J/m 的稳定的冲击强度。而且，如能在制品设计上避免缺口、尖角等形态，在很宽的低温领域内可消除脆性断裂保持良好的抗冲击性能。

聚碳酸酯的二次相变温度是 140～150℃，负荷热变形温度是 132～136℃，在热塑性塑料中属于耐热性很高的类别。其低温脆化温度很低，脆化点在－100℃以下。其特长之一是在很宽的温度范围内保持稳定的机械性能和电学性能。

在热塑性塑料中，聚碳酸酯属于抗燃烧性能很优良的类别，其燃点温度是 480℃，自燃温度是 580℃，通过了 UL94V－2 级的抗燃烧试验鉴定。另外，它的氧指数非常高，在 25 以上，属于难燃材料(ASTM D2863)。

聚碳酸酯对一般水、醇、油、盐类和弱酸类保持稳定的性能，但在碱性物质、芳香烃化合物、卤代烃化合物等中会发生发白、溶胀和溶解。

由于聚碳酸酯树脂的分子中有酯链存在，在80℃以上的热水中长期浸泡时会发生酯链的水解，从而引起其物性的逐渐劣化。

3.1.3.2　聚碳酸酯的改性

聚碳酸酯的综合性能优异，但对于不同的应用场合性能上还有不足之处：例如聚碳酸酯的抗疲劳强度差，故容易产生应力开裂；强度对缺口敏感，化学稳定性差，因而耐候性，耐水解性较差。故而须对聚碳酸酯进行改性以适应各种场合的使用要求。聚碳酸酯改性分为物理改性和化学改性两类。物理改性通常有三种方法：一是用玻璃纤维或碳纤维增强；二是聚碳酸酯与其他聚合物共混；三是添加各种助剂改性。用于光纤二套的聚碳酸酯通常用第三种方式进行改性，例如在PC树脂中添加增韧剂，增强剂，提高PC的韧性和强度，可以改善其后期开裂性能及流动性不佳的缺点；添加阻燃剂可进一步提高其阻燃性等。

3.2　PBT塑料的束管成形特性

PBT塑料是一种可以热成型的热塑性材料。它在不同温度下的力学聚集态如图3-3所示。

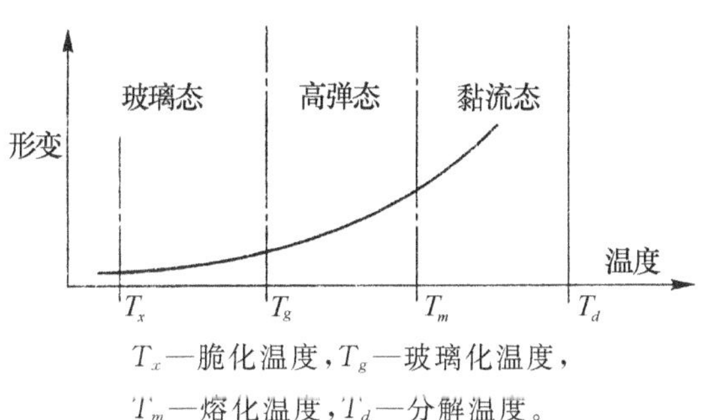

T_x—脆化温度，T_g—玻璃化温度，

T_m—熔化温度，T_d—分解温度。

图3-3　PBT塑料在不同温度下的力学聚集态

这里以标准的二次套塑生产线为例（见图3-4），PBT塑料的束管成型分三个区域：(1)挤塑机内的熔融挤出区，(2)从出模口到余长牵引之间束管成形区，(3)进入冷水槽到主牵引直到收线之间光纤或带纤的余长形成区。三个区域中PBT塑料处于不同的力学聚集态，呈现不同的物理性状，分别分析如下。

3.2.1　PBT塑料在挤塑机内熔融挤出的性状

PBT塑料的熔化温度在230℃左右，挤塑机中PBT的熔融加工温度为250～270℃。聚合物处于黏流态，大分子链活动能力增加，链段同时或相继朝同一方向运动。在外力作用下，整个大分子链间互相滑动而产生形变，外力除去后不能恢复原状，此谓不可逆的塑性形变。塑料的挤压性主要取决于熔体的流变性，亦即熔体黏度的性状。通常，熔体黏度随着剪切速率的增加以及温度的增高而降低。图3-5给出一个典型的PBT的流

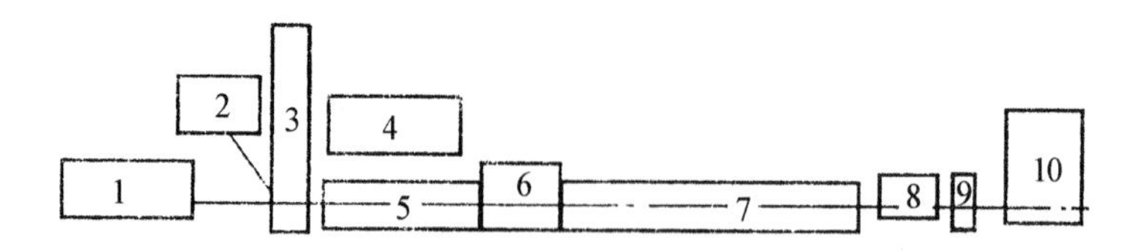

1. 放线架;2. 油膏充填装置;3. 挤塑机;4. 电控柜;5. 热水槽;
6. 余长牵引轮;7. 冷水槽;8. 主牵引;9. 测径仪;10. 收线架

图 3-4　标准二次套塑生产线

变曲线。对于 PBT 塑料而言,希望熔体黏度高一点,有利于挤出成型的稳定性。如熔体黏度太低,虽然流动性较好,但保持形状的能力较差,容易造成挤出的不稳定性。通常,PBT 塑料的制造商通过提高 PBT 树脂的本征黏度(Intrinsic viscosity)来提高其熔体黏度。我们从表 3-1 给出几种常用牌号的 PBT 塑料的流变性能来进行讨论。

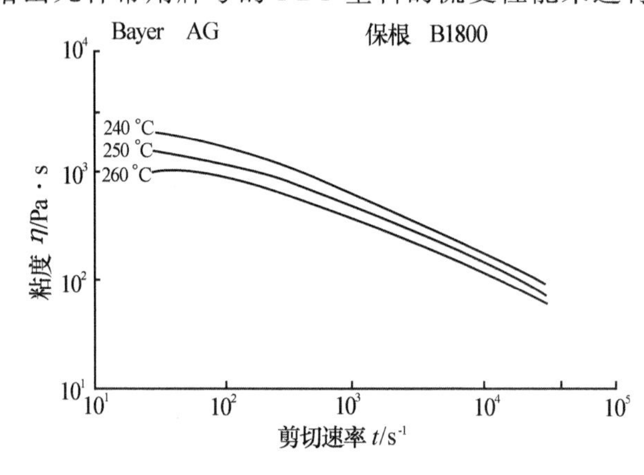

图 3-5　PBT 的流变曲线

表 3-1　几种常用牌号的 PBT 塑料流变性能

	HVLS 3001/303	EMS B24	L.G SV1120	Baye POCAN1800	GE HR336	GE HR326	
						C9	C1
熔体流动速率 MFI 250℃,g/10min	9	13	9	10	9	40	11
熔体黏度 MV 250℃,泊	12200	9560	12000		13000	4200	9500
本征黏度 IV	1.32	1.25	1.31	1.35			

从表 3-1 可见,PBT 塑料的本征黏度(Intrinsic viscosity)愈大,其熔体黏度(Melt viscosity)愈大,而其熔体流动速率(Melt flow index)愈小,反之亦然。用于二次套塑的 PBT 塑料 250℃时的熔体黏度范围在 9000～12000 之间为宜。美国 GE 公司的 HR 326 从 1995 年进入中国市场以来,因其抗水解的优良性能,得到了推广应用,但其熔体黏度太低,用普通的单螺杆挤塑机能稳定地挤出成型,但若采用销钉式(PIN)螺杆,因剪切速率大,而难以得到稳定地挤出成型。有鉴于此,美国 GE 公司在 1998 年下半年度推出改

进的 HR 326 PBT 塑料，将原来的熔体黏度为 4300 泊（编号为 C9）的 PBT 料，改进为熔体黏度为 9500 泊（编号为 C1）的 PBT 料，型号仍为 HR 326 不变，从而使挤出成型稳定性得到提高，它和其他型号的 PBT 塑料一样适用于多种形式的螺杆。但作为 PBT 塑料的二次套塑挤塑机，通常应使用高效均匀又不产生过度剪切效应的螺杆为宜。挤塑机螺杆的长径比从 24∶1 到 30∶1。长径比太大，在高温下的 PBT 料滞留时间太长，会产生分子链断裂的降解现象，严重的可能导致挤出的束管变成脆性物体。

3.2.2　PBT 塑料在出模口到余长牵引之间的束管成形区的性状

在这一区间，PBT 塑料从熔融状态温度迅速下降，进入热水槽，到达余长牵引轮。热水槽水温通常在 45～75℃，高于 PBT 塑料的玻璃化温度（40～45℃）。此时，聚合物的大分子链已不能运动，但链段尚有活动能力，在外力作用下能产生较大形变，此谓高弹形变，这是 PBT 束管成型过程中的一个重要区域。这一区段形成了束管的拉伸比（Draw Down Rate）；这一区域的温度和经历时间也决定了 PBT 束管的结晶程度。PBT 塑料是一种半结晶材料，通常在束管制成时，还不能充分结晶而达到其结晶平衡度。因而在二次套塑束管制成后一段时间内，PBT 束管还会继续缓慢地结晶，以期达到其结晶平衡度，这就造成 PBT 束管的挤塑后的收缩（Post Extrusion Shrinkage），从而使束管在长度方向进一步缩短，光纤或带纤在束管中的余长增加。为了减小 PBT 束管的挤塑后收缩，必须提高 PBT 塑料在束管成型过程中的结晶度。由于 PBT 塑料的结晶主要发生在高于玻璃化温度的热水槽区域，因而适当提高热水槽的温度可以加速结晶，而适当增加热水槽长度，在牵引速度不变时则可以增长结晶时间。两者均有利于加速结晶，减小挤塑后收缩。下面给出一组实验结果，可证实上述道理。

热水槽水温对 PBT 束管挤出后收缩的影响

（引自 Hoechst 公司技术资料）

试样：材料　Celanex 2001 PBT

束管　φ2.5/ϕ1.7

长度　L＝30cm　样数 n

试验条件一，试样放在烘箱内 85℃，24 小时；

试验条件二，试样放在烘箱内 135℃，24 小时；

试验结果：挤塑后收缩比例（%）；

热水槽水温	30℃	45℃	60℃
试验条件一	0.33	0.31	0.29
试验条件二	0.45	0.41	0.39

结果说明：热水槽水温愈高，PBT 束管成型过程中结晶度愈高，挤塑后收缩愈小。

PBT 束管挤塑后的收缩，在束管挤出后 24 小时以内，高于玻璃化温度的环境中，束管呈自由状态时，可高达 0.4%～0.5%。但通常在二次套塑生产环境中，光纤或带纤束管存放在室温下，低于玻璃化温度，后结晶很小，同时，束管是以一定收线张力绕在盘上，限制了束管的进一步收缩,因此,挤塑后的收缩比上列实验数据低得多。但当束管式光缆在挤制护套时,将遇到 200℃以上的高温,护套挤出后,尽管护套经冷水槽冷却,但据实验资料表明,光缆内 60～70℃的温度可持续 1～2 天,才能与环境温度达到平衡,此期间束管会产生较大后结晶,由于光缆其他元件的限制,不可能产生较大后收缩,但能转换为较大的 PBT 束管的内应力,造成结构的不稳定性。因此,要在工艺上尽量减小束管的挤塑后收缩,以保证光缆的质量。

关于拉伸比的问题说明如下。当 PBT 从出模口挤出后遇空气迅速冷却,然后进入热水槽。PBT 塑料从没有取向的熔融状态,在熔化温度到玻璃化温度之间,沿牵引方向拉伸到原来长度的若干倍,这是一种高弹形变,由于分子取向以及因取向而使分子链之间的吸力增加的结果,PBT 束管在拉伸方向的拉伸强度、冲击强度、杨氏模量的恢复,均有明显提高。在给定的拉伸速度和温度下,拉伸比越大,取向程度越高。通常 PBT 塑料的最佳拉伸比范围为 9～11。拉伸比的计算公式为

$$\mathrm{DDR} = (D_D^2 - D_T^2)/(D_O^2 - D_i^2) \tag{3-4}$$

式中,D_D 为模套内径;

D_O 为束管外径;

D_T 为模芯外径;

D_i 为束管内径。

3.2.3 PBT 塑料在进入冷水槽后的性状

通常二次套塑的冷水槽水温在 14～20℃,PBT 束管从余长牵引进入冷水槽后,塑料处于低于玻璃化温度 T_g,呈玻璃态。聚合物的大分子链和链段均被冻结。在外力作用下,只是链段作瞬间形变,外力去除后遂恢复原状,此即弹性形变。利用 PBT 管的弹性形变是获得光纤或带纤在束管中余长的方法之一,PBT 束管进入冷水槽后,通过冷收缩,形成光纤或带纤在束管中的余长也是在这一区间发生。当塑料低于脆化温度 T_x 时,大分子链和链段完全冻结,将出现不能拉伸和压缩的脆性。显然,包含 PBT 束管的光缆的使用温度不能低于脆化温度。

3.2.4 光纤二次套塑生产线

如前所述,我们总是希望 PBT 管在二次套塑工艺中尽量结晶得充分些,以减小挤塑后收缩,这可通过适当提高热水区温度及增长束管通过热水区的时间来实现。在介绍一种改进的二次套塑制作方法前,让我们再深入了解有关塑料结晶与温度之间的关系。塑料的结晶温度范围都在其玻璃化温度 T_g 和熔点 T_m 之间,在熔点以上晶体将被熔融,而在玻璃化温度以下,链段被冻结。因此,通常只有在玻璃化温度和熔点之间,高聚物的本体结晶才能发生。高聚物的本体结晶一温度曲线均呈单峰形。在某一温度下,结晶速度将出现最大值。结晶速度出现最大值的温度 T_{max} 与熔点之间有下列经验关系:$T_{max} \approx 0.85T_m$,PBT 的熔点为 230℃,故其 T_{max} 在 180℃左右。PBT 在挤出时,出模口温度约 255℃,在进入热水槽及余长牵引轮时束管的本体温度从 255℃下降到热水槽温

度。这期间PBT束管有一短时段处于快速结晶区，但因经过热水槽及在余长牵引轮上停留时间太短，故而结晶不够充分。下面就介绍一种改进的，用于散纤的二次套塑(俗称小二套)制作方法与装置，如图3-6所示，它能够使作为光纤松套管材料的PBT在加工过程中得到充分结晶从而避免光纤PBT束管的挤塑后收缩，保持束管中光纤余长的稳定，又能大大提高光纤二次套塑的加工速度。

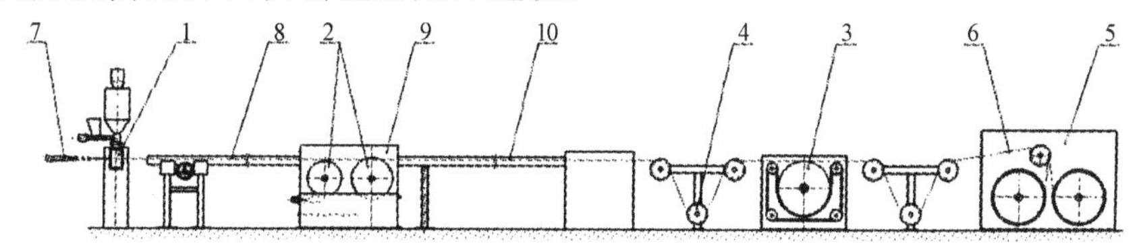

图3-6 改进的高速光纤二次套塑生产线

图3-6中1为挤塑机机头；2为ϕ600mm双盘式余长牵引轮，分别为驱动主余长牵引轮和被动分线轮；3为ϕ600mm压带式轮式主牵引；4为主牵引张力控制器；5为ϕ800mm双盘自动切换收线盘；6为PBT束管；7为从光纤放线架上放出的多根光纤；8为独立温控的热水槽；9为独立温控的余长牵引轮热水水浴箱；10为恒温冷水槽。

工艺过程如下：光纤从放线盘以一定张力放出，通过挤塑机机头，挤上PBT塑料束管，并在束管中充以油膏，经温度为30～35℃独立温控的热水槽成型后，由双轮式余长牵引轮牵引，束管在双轮余长牵引轮上绕10圈左右，使光纤束管在双轮牵引轮上的缠绕长度为30～40m，独立温控的余长牵引轮(如图3-6所示)水浴温度为50～60℃。如前所述，在余长牵引轮上，光纤长度小于PBT管长度，光纤束管为负余长。进入冷水槽后(温度通常设置为14～20℃)，PBT管产生冷收缩，不仅补偿了其在余长牵引轮上的负余长而且产生了正余长。光纤在束管中的余长大小则可通过调节光纤放线张力、冷热水槽的水温差以及主牵引的牵引张力等工艺参数来调节。在光纤二次套塑的上述系统中，PBT束管可以得到充分结晶，从而大大减小或避免了挤塑后收缩现象；生产速度可从通常的160～180m/min提高到280～300m/min，从而达到二次套塑高速生产的效果。其理由解释如下：(1)在本装置中，将热水槽温度设置较低(30～35℃)，水槽长度较长，是为了在高速挤出时，能使PBT束管在通过热水槽的短时间内定型。(2)采用双轮余长牵引并多圈缠绕，设置温度为50～60℃，使PBT束管在独立温控的余长牵引轮热水水浴箱内，在高于PBT的玻璃化温度(40～45℃)下并有较长停留时间，从而能加速结晶速度，增长结晶时间，提高结晶度。(3)由于余长牵引轮水浴与冷水槽的温差较大，PBT束管进入冷水槽后的冷收缩较大，可能会造成光纤束管余长过大，这时需通过增大主牵引的张力来制约PBT的冷收缩量，以调节光纤在束管中的余长。由此可见，采用改进的二次套塑的方法和装置后，使从出模口处于255℃高温的PBT束管有较长的时间经过热水槽及在余长牵引轮上停留，从而使其有充分的结晶过程，因而可大大加速光纤二次套塑的加工速度，并能得到结晶好、挤塑后收缩小的光纤束管。

3.2.5 PBT色母料

在松套层绞式光缆中，以SZ方式绞合的若干根PBT光纤束管需以全色谱或领示色作为标识。因而PBT管在二次套塑工艺中需加入色母料染色。PBT色母料添加的重量比约1%。在使用PBT色母料时，极须注意两个问题：

(1)不同PBT色母料生产厂商提供的色母料，其基料不尽相同，正如上述不同PBT母料的熔体黏度等性状会有差异。因此，在选料时，应采用与使用的PBT料相同或相似基料生产的PBT色母料。不然的话，尽管色母料含量很小，但熔体不均匀会造成挤出的PBT管外径波动。

(2)由于色母料用量小，PBT色母料有时以散装方式供货。通常用普通塑料袋包装，加上周转，贮存时间可能较长，PBT色母料就容易吸潮。而在二次套塑生产线上，PBT色母料添加器上没有专门的干燥装置。当色母料水分含量超过0.05%时，即使色母料在PBT中含量仅1%左右，也会造成PBT管无法正常成型的严重后果。所以必须将PBT色母料在专用的干燥机中进行加热干燥后备用。

3.3 余长形成的机理

二次套塑工艺中的一个关键是余长的设计值，不同的光缆结构中，要求有不同的光纤或带纤在束管中的余长值。余长定义如下：

$$\varepsilon=(L_f-L_T)/L_T\cdot 100\% \tag{3-5}$$

式中，L_f 为光纤(或带纤轴线)的长度；

L_T 为束管长度。

在二次套塑工艺中，余长的形成主要有两种方法：热松弛(Thermal Relaxation)和弹性拉伸(Controlled Stretching)。分别说明如下：

3.3.1 热松弛法

如图3-7所示，光纤(或带纤)从放线盘放出，通过挤塑机机头，挤上PBT塑料束管，并在束管中充以油膏，由余长牵引轮进行牵引，光纤(或带纤)和束管在轮式余长牵引轮上得到锁定。光纤(或带纤)在余长牵引轮上会形成一定的负余长(详见后述)。束管在热水槽和余长牵引轮区域，PBT束管温度在45～75℃，高于其玻璃化温度(PBT塑料的玻璃化温度 T_g 在40～45℃)。进入冷水槽后(温度通常设置在14～20℃)，PBT产生冷收缩，不仅补偿了其在余长牵引轮上的负余长，而且得到了所需的正余长。此时，主牵引的牵引张力很低，使束管得到充分的热松弛。主牵引的线速度低于余长牵引的线速度，速度差应按所得到的余长值进行调节。这样得到的具有光纤(或带纤)正余长的束管在离开主牵引到收线盘时，基本上没有内应力，从而得到一个稳定的光纤(或带纤)束管。

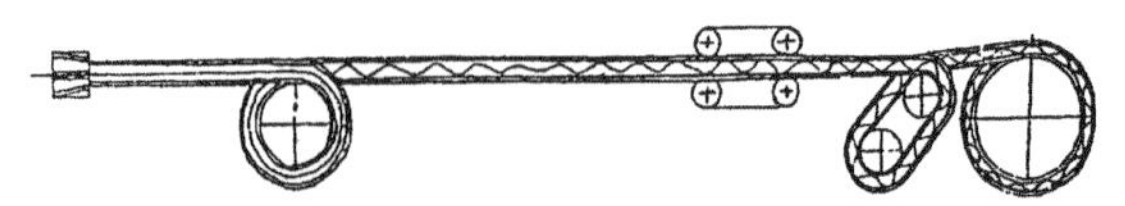

图3-7 热松弛法产生余长

3.3.2　弹性拉伸法

如图3-8所示，光纤(或带纤)经挤塑机头，挤上PBT束管并充以油膏，束管经热水槽成型后，通过履带式余长牵引轮进入冷水槽，在双轮式主牵引轮上，光纤(或带纤)和束管锁定，主牵引的牵引张力足够大，使PBT束管在冷水槽中，不仅产生不了冷收缩，反而受到拉伸(在PBT的玻璃化温度以下的弹性形变)而伸长。这时，在束管中积聚更长的光纤(或带纤)，因为在履带式余长牵引上，束管中的光纤(或带纤)未锁定，光纤(或带纤)可在束管中滑行。当PBT束管离开主牵引轮后，高张力消失，PBT束管弹性恢复，长度缩短，从而使管内的光纤(或带纤)得到所需的余长。此时，收线盘的张力应适当选定，并保持稳定，使束管在收线盘上不致残留较大的内应力，从而得到稳定的束管成品。

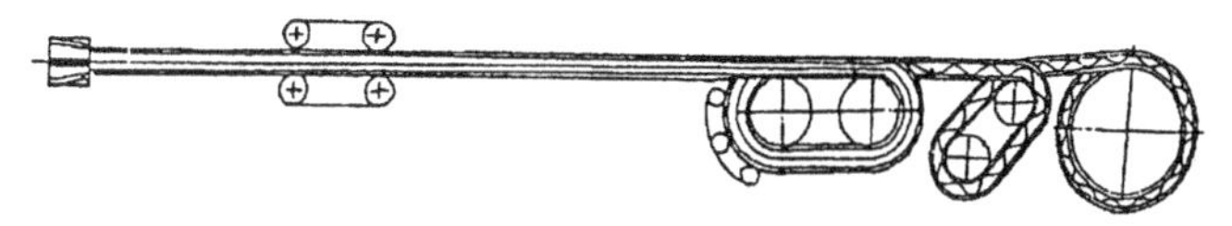

图3-8　弹性拉伸法产生余长

从上述分析可见：当采用以热松弛为主要机理来形成余长的二次套塑生产线时，最佳配置为轮式余长牵引与履带式主牵引的组合；当采用以弹性拉伸为主要机理来形成余长的二次套塑生产线时，最佳配置为履带式余长牵引与双轮主牵引的组合。后者的余长值可做得比前者大。

3.4　影响余长的主要因素

在二次套塑工艺中，影响余长的因素较多，其中有些因素可用作调节余长的工艺手段，有的因素虽能影响余长值，但不宜作为余长的调节手段。现以标准二次套塑生产线为例来加以说明(见图3-4)。

3.4.1　光纤放线张力对余长的影响

光纤在一定的张力下放出，经挤塑机机头，挤上PBT束管，管内充以油膏。经热水槽成型后，由轮式余长牵引轮牵引至所需束管外径，束管在轮上绕若干圈，使光纤与束管锁定，然后进入冷水槽。由于光纤有一定的张力，因此在余长牵引轮上，束管中的光纤会靠向轮的内缘，因而光纤的缠绕直径φ_f必然小于束管的缠绕直径φ_T(见图3-9)。

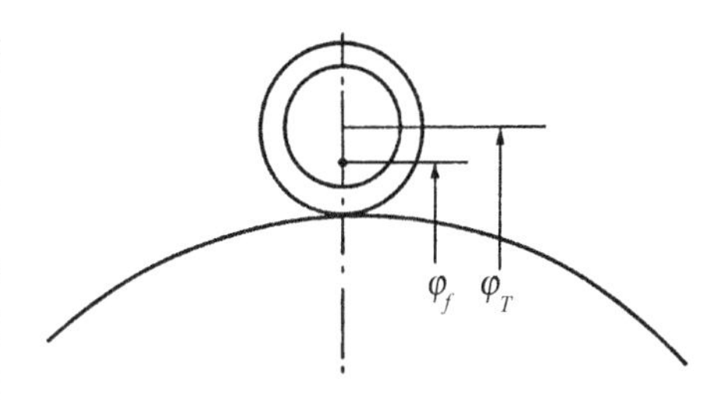

图3-9　在余长牵引轮上光纤在束管中的位置

所以在余长牵引轮上，光纤长度小于束管长度，负余长为

$$\Delta\varepsilon=(\varphi_f-\varphi_T)/\varphi_T \tag{3-6}$$

在上式中,显然,φ_T 为常数,它是由牵引轮轮径和束管外径所决定。而 φ_f 不是常数,φ_f 的大小,亦即光纤向束管内侧靠近的程度,取决于光纤的放线张力 F 以及充在管内的光纤油膏的黏度。光纤放线张力 F 愈大,光纤拉得愈紧,则光纤在管内靠向内侧愈甚,负余长愈大,反之亦然。因此,光纤放线张力愈大,束管成品的正余长愈小,张力愈小,正余长愈大。由此可见,光纤的放线张力是调节余长的有效工艺参数之一。

3.4.2 冷热水温差对余长的影响

光纤束管在热水槽和余长牵引轮区的温度在 45～75℃,进入冷水槽后,水温在 14～20℃,光纤束管冷收缩,从而产生正余长,这不仅补偿了在余长牵引轮上的负余长,并得到所需的正余长。可见,这里束管的冷收缩是得到正余长的主要因素。冷收缩得到的正余长值取决于冷热水温差和 PBT 塑料及光纤的热胀系数。其数学表达式为

$$\Delta\varepsilon_f=(T_W-T_C)[\alpha_T(t^0)-\alpha_f] \tag{3-7}$$

式中,T_W 为热水槽水温;

T_C 为冷水槽水温;

α_f 为光纤的热胀系数;

α_T 为 PBT 的热胀系数。

由于 PBT 塑料的热胀系数是温度的函数 $\alpha_T=\alpha_T(t^0)$,在几十度的冷热水温差的范围中,PBT 塑料的热胀系数有较大的变化,以 HULS 的 3001/3013 为例,其热胀系数与温度的关系曲线如图 3-10 所示。

因此,通常只能以一个平均的热胀系数来做定性的估计,用以作为冷热水温设定的依据。例如 HULS 3001/3013 在 23～80℃的范围内取其平均值为 1.3×10^{-4}℃。从数值计算可见,冷热水温的调节是余长控制的最主要因素。水温差愈大,正余长愈大,反之亦然。

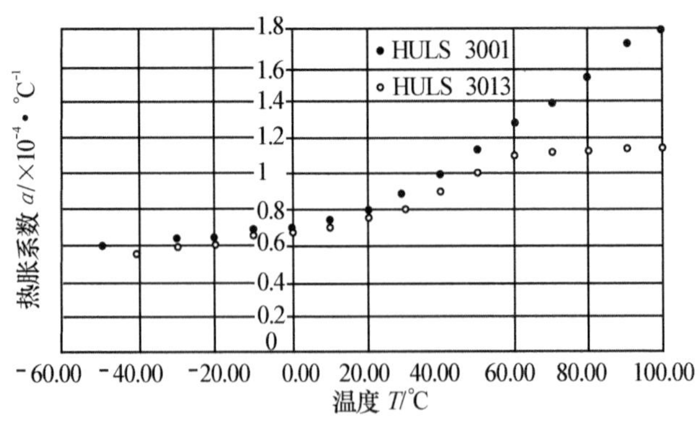

图 3-10 HULS 的 3001/3013 的热胀系数与温度的关系

3.4.3 主牵引张力对余长的影响

主牵引张力是施加在从余长牵引到主牵引之间的光纤束管上,这一段正是束管处于冷水槽经受冷收缩的区间。因而牵引张力对束管的弹性拉伸作用是对束管的冷收缩

起抵制作用，在标准的二次套塑生产线中，正余长主要是由束管的冷收缩程度来决定的，因而，此时主牵引张力对光纤余长起到局部的调节作用：牵引张力愈大，对冷收缩的牵制愈甚，正余长愈小；牵引张力愈小，冷收缩愈自由，正余长就愈大。

3.5　光纤油膏在二次套塑中的性状

通常在光纤油膏的制作中需加入触变增稠剂使油膏具有一定的触变性（Thixotropy）。光纤油膏在二次套塑工艺中的性状以及其成缆后对束管中光纤或带纤的机械保护作用在很大程度上与其触变性有关。加入触变增稠剂使光纤油膏分子中的硅原子上的表面羟基（OH基）之间有弱氢键将相邻质点相互结合，使油膏形成具有固态性状的网状结构（如图3-11所示）。从而使光纤油膏在静止状态下，呈一种稳定的、非流动性的稠黏胶体。当油膏受到扰动时，如在二次套塑工艺中，将光纤油膏泵入挤塑机机头，注入光纤束管过程中，在剪切力的作用下，弱氢键断裂，油膏分子由网状变成线状，油膏从稠黏体变成流体，从而能将油膏均匀地充入束管内。当加在油膏上的扰动力消除后，弱氢键又将相邻质点连结起来，光纤油膏又回到稠黏胶态，从而防止束管中油膏的滴流产生。光纤油膏的扰动力消除后，油膏不可能完全回到扰动前的分子结构，而且回复需要一定的时间，这段时间称为工艺窗口（Process Window）。通过调节光纤油膏的配方和工艺，可以改变工艺窗口的时间长短。在二次套塑中，光纤油膏在出模口充入束管后直到离开主牵引这段过程中，是束管中光纤余长形成的过程，不论是由于PBT束管的热松弛或是通过PBT束管的弹性拉伸形成余长，光纤或光纤带在束管内必须产生相对滑动，因此，在这一过程中，光纤油膏必须有足够的流动性，亦即较低的黏度，不致限制光纤或带纤的滑动。因此，光纤油膏的稠性恢复时间即工艺窗口，应当大于二次套塑中余长最终形成的时间。

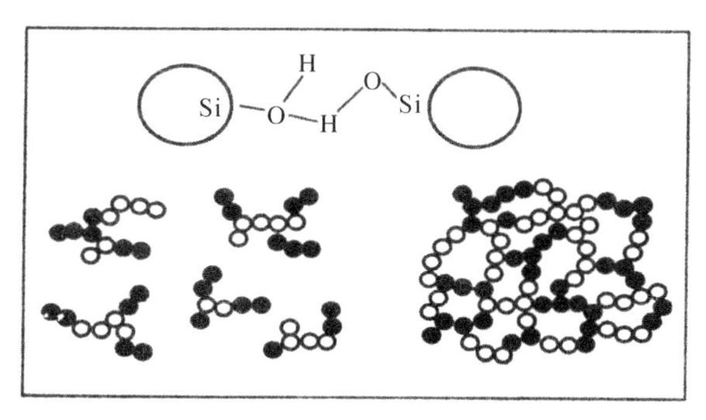

图3-11　油膏的触变性
（引自UNIGEL公司技术资料）

光纤油膏的触变性可从下列两个流变特性曲线加以阐明（见图3-12和图3-13）。图3-12是光纤油膏的黏度—剪切速率曲线，当剪切速率增大时，弱氢键逐步断裂，黏度下降，当剪切速率逐渐减小时，光纤油膏逐步恢复其黏稠度，但不可能完全回复到原始状态,所以在同一剪切速率时,回复曲线的黏度要低于原始黏度。图 3-13 是剪切应力与剪切速率的关系曲线,当剪切速率增大,剪切应力增大;当剪切速率减小时,剪切应力也下降,但如黏度曲线一样,上升和下降曲线不会重合,上升和下降曲线所构成的滞后回线的面积的大小反映了使弱氢键断裂所需要的能量的大小,因而滞后回线的面积即为触变性的度量。图 3-13 上的屈服应力(Yield Point)是指油膏离子间的引力开始断裂、油膏开始流动时的剪切应力,流变曲线上的屈服应力应控制在 10～50N/m^2(Pa),屈服应力太小,油膏甚至在重力作用下就会滴流,屈服应力太大,光纤受机械应力时,油膏不能起到缓冲保护作用。由此可见,光纤油膏在束管中的滴流性能,虽与油膏的黏度大小有一定关系,但在很大程度上取决于其屈服应力。屈服应力愈大,愈不易滴流,光纤油膏的滴流性能与其针入度大小并无直接关系。

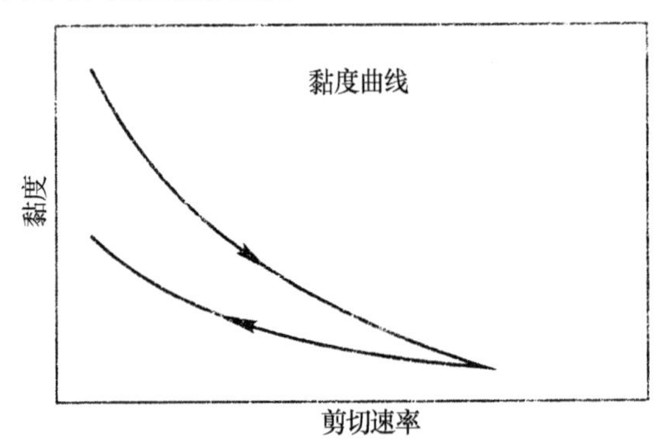

图 3-12　黏度一剪切速度率曲线

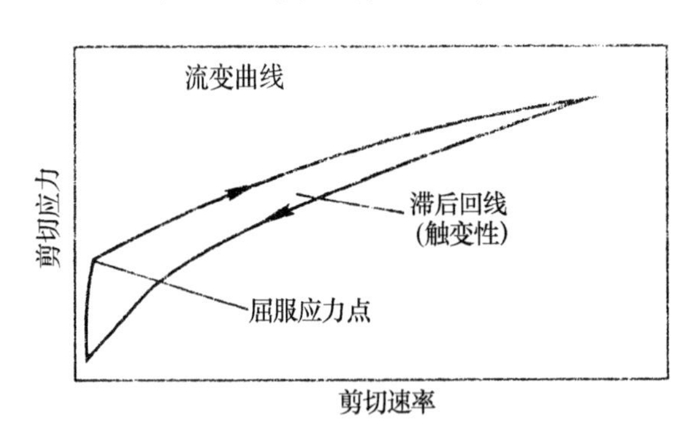

图 3-13　剪切应力一剪切速率曲线

光纤油膏的黏度还随着温度的升高而下降。因而也可以在二次套塑工艺中对光纤油膏加热降低其黏度,更有利于油膏的充填。

挤塑机机头中充膏模具的设计和选用,必须保证油膏通路爽畅,充膏均匀平稳,充膏压力不能太大。如果充膏压力过大,加上采用的油膏黏度也较大时,在出模口,油膏会对进入束管的光纤产生牵引作用,使余长不可控地增大。这是极须避免的。

3.6　光纤余长的在线测量

光纤在束管中的余长的测量通常有两种方法：一是用手工截取一定基准长度 L_T 的束管，随后，将束管中的光纤拉出，测量光纤的实际长度 L_f。按式(3-5)即可计算出余长值。对于叠带式带纤束管，由于带纤在束管中是以一定节距螺旋绞合而成，当手工测量余长时，带纤从束管中抽出，放平后测其长度，再按原螺旋节距值折算带纤在束管中的长度 L_f。第二种方法是将成品光缆进行拉伸试验，测出光缆和光纤的应变—拉力负载曲线，如图 3-14 所示。比较图中的光缆和光纤的应变曲线，在光纤开始出现应变负载下的光缆应变(%)，即为成品光缆中的光纤余长。但须注意：如样品为中心束管式光缆，上述余长测量值为光纤或带纤在束管中的余长。如样品为层绞式光缆，上述余长测量值，并非光纤或带纤在束管中的余长，而是光缆中光纤或带纤的拉伸应变窗口，它既与光纤在束管中的余长有关，还与束管尺寸、SZ 绞式节距等参数有关。这是光缆质量的最重要的参数之一。

为了将光缆余长的实测值与二次套塑的工艺参数联系起来，以便二次套塑的工艺控制，最佳的方法是在二次套塑生产线上装有余长在线测量和指示装置。这对于叠带式束管的生产尤为重要。

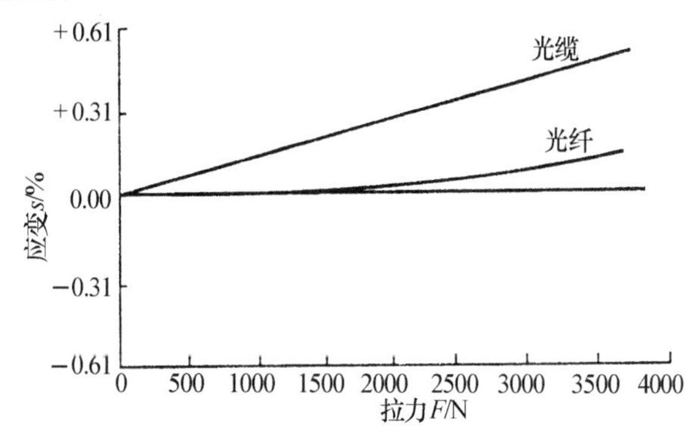

图 3-14　光纤和光缆的应变—拉力负载曲线

美国 TSI 公司推出一种 CB100 非接触式光纤在线余长测量系统。该系统是利用激光多普勒测速原理(Laser Doppler Velocimetry)：当一个物体以一定速度通过激光光束时，其散射光会产生多普勒频移，多普勒频移的大小比例于物体通过激光束的速度，从而能够从检测到的多普勒频移来求得物体移动的速度。

CB 100 的原理图如图 3-15 所示，从图可见：从光源发出的激光束经准直后，分成两个强度相等的光束，然后交会在空间一点，形成长 20mm、宽 1.5mm 的测量区。被测的光纤(或束管)通过测量区，LDV 技术测量的是光纤(或束管)移动在垂直于光束两等分线方向的速度分量(见图 3-16)。该速度分量 V 则可从多普勒频移的测量值按下式求出：

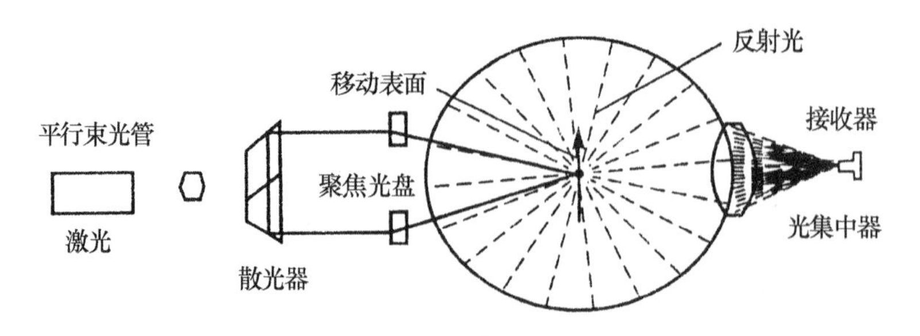

图 3-15　LDV 原理

$$V=(f_D\lambda)/2\sin\theta \tag{3-8}$$

式中，f_D 为多普勒频率；

λ 为激光波长；

θ 为两个激光光束的半角。

因为激光波长 λ 和半角 θ 是常数，所以可以直接从光检测所测得的频率 f_D，计算出光纤(或束管)移动的速度，而光纤(或束管)的长度可通过对一定(取样)时间内的速度进行积分求得

$$L=\int_0^T V\mathrm{d}t \tag{3-9}$$

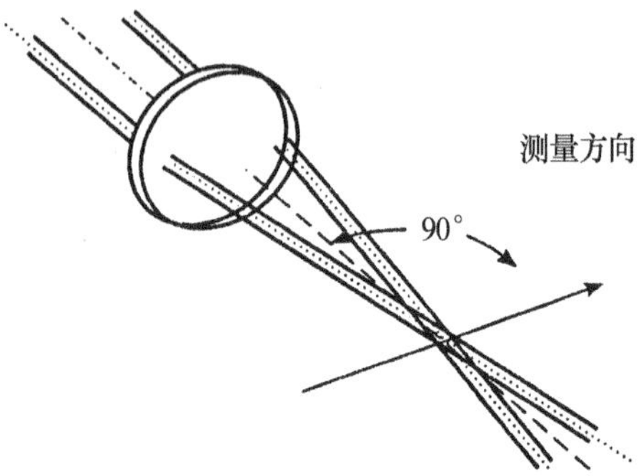

图 3-16　LDV 测量方向

该系统应用在二次套塑生产线上，如图3-17所示，需用两个 CB100 测量装置，一个装在挤塑机机头前测量光纤或带纤的长度 ΔL_f，另一个装在主牵引后测量束管的长度 ΔL_T，将两个测量数据处理后得到在线余长：

$$\varepsilon=(\Delta L_f-\Delta L_T)/\Delta L_T\cdot 100\% \tag{3-10}$$

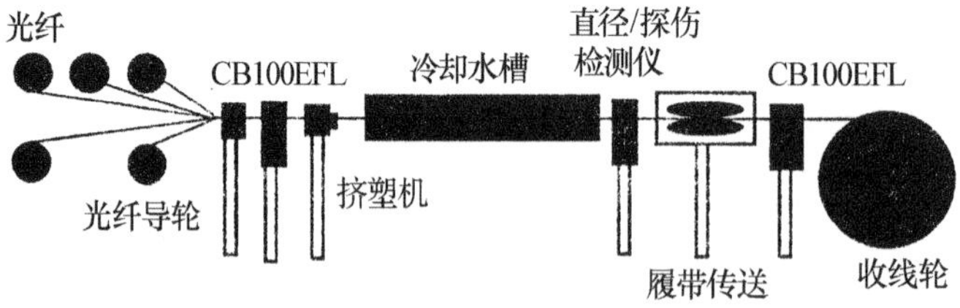

图 3-17　CB100 的测量系统

从上述原理分析可见：CB100 的基本测量功能是测量移动物体的速度，并通过内置处理器对所求得的速度进行积分来求得长度。该系统使用的要点是两个分离的 CB100 测量仪之间的积分必须同步进行，方可获得精确的余长值。在具体的算法处理中，一个 CB100 测量仪被设定为主测量单元(Master Unit)，另一个被设定为从测量单元(Slave Unit)。测量即积分时间在同一时间点开始，而当每一次规定的取样长度段(如 2.5m)通过时，在两个 CB100 测量仪中，积分周期应在同一瞬间结束。从而求得光纤余长值为

$$\varepsilon=(\Delta L_f-\Delta L_T)/\Delta L_T\cdot 100\%=\left[\left(\int_0^T V_M\mathrm{d}t-\int_0^T V_S\mathrm{d}t\right)\Big/\int_0^T V_S\mathrm{d}t\right]\cdot 100\% \tag{3-11}$$

因而能在显示屏上连续显示在线余长的测量曲线。

笔者通过在 ROSENDAHL 公司的光纤及带纤二次套塑生产线上安装 TSI 公司的 CB100 光纤余长在线检测系统的使用实践体会到：该系统的应用与光纤测径仪之类的设备有很大不同，后者的使用十分简单，效果也一目了然。但 CB100 光纤余长检测系统在使用上还有很多技术问题需掌握，不然可能难以获得满意的效果。举例来说，如图 3-15 所示，CB100 测量仪的轴线相当于光束两等分线的方向，LDV 技术测量的则是与此等分线垂直方向的物体移动速度。因此，光纤或束管的行进方向必须严格与 CB100 测量仪的轴线相垂直，且对主、从两个测量单元均有同样要求，稍有偏移就会产生与角度的余弦成比例的误差，而此误差很可能超过被测的余长值，从而导致无法得到测量数据。单从这一个设备的安装、准直要求而言，二次套塑生产线是一种一般精度的生产线，而 CB100 系统则是高精度的系统。要使装置在二次套塑生产线上的 CB100 系统正确发挥作用，必须大大提高二次套塑生产线的安装、准直精度，使之与 CB100 的精度要求相适应，达不到这种精度匹配，正确的测量就无从谈起。

应当指出的是，上述在线测量的余长值并不等于真正的束管中光纤或带纤的余长值，更不反映成品光缆中光纤或带纤的拉伸窗口。这是因为在线测得的余长值是在光纤或带纤以及束管均处于张力的状态下的余长值。而在成品束管中，当用手工测量光纤余长时，束管和光纤均处于自由状态。因此，在线余长值和人工实测余长值不仅其绝对数值不相等，而且余长随着其调节因素（如光纤放线张力、束管在线张力、生产线速度及油膏的黏度等）的变化规律也不尽相同。例如，成品束管中光纤的余长如前所述随光纤放线张力的增大而减小，但在线测得的余长却随放线张力的增大而增大，其原因如下：在线余长测量中，测得的是挤塑机机头前的光纤长度，该位置的光纤处于放线张力下，光纤在张力作用下弹性伸张，长度变长，而当光纤在束管中形成正余长时，在束管内的光纤已不受任何张力，因而光纤弹性恢复到原始非伸展状态，长度变短，当人工测量余长时，将光纤从束管段中抽出，清除油膏，测得的是零张力的光纤长度。因而在线测量的光纤长度大于人工测量的光纤长度。光纤放线张力愈大，其差值愈大，从而造成在线测量余长随放线张力增大而增大，但实测成品束管中光纤余长随放线张力的增大而减小的现象。

通过光纤或带纤在线余长测量值和成品束管的测量值或通过拉伸应变测量所得到的光纤或带纤的拉伸窗口之间的相互关系和变化规律的分析和研究，可以对在线余长值进行校准，将这种校准值编入控制的程序中去，使之直接反映真实的余长值，但只能针对某些特定的产品来实施，要找出普遍适用的校准规律是相当困难的。再者，迄今为止其测量精度还不能完全令人满意。但无论如何，余长的在线测量和指示用以作为一种相对指示以反映二次套塑工艺稳定的情况还是相当有价值的。

图 3-18 表示叠带式光纤带束管制作时，CB100 系统的在线余长测量值，在升速和降速时余长较大，正常生产速度时，余长指示值为 0.15%。

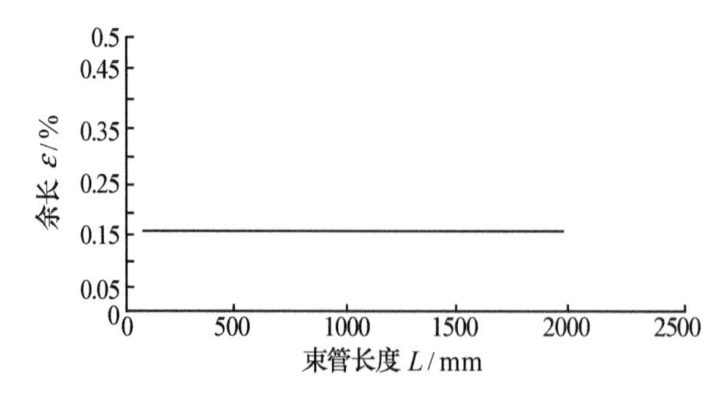

图 3-18 在线余长测量指示

3.7 二次套塑生产线中的收线和放线

1. 二次套塑生产线中的收线

通常采用转盘式收线,有单盘收线,也有双盘收线。双盘收线分储线式人工切换的方式和可自动切换的方式两种。现在,国产二次套塑生产线上的可自动切换的双盘收线已相当成熟。大多数光缆厂家已用自动切换的双盘收线来取代储线式人工切换的双盘收线方式。某些光缆制造厂家采用托盘式收线,即将成型束管自由地盘绕在托盘上。这种收线方式有利于生产流水线的调度和管理,也是线缆行业中传统的收线方式之一。但是对于束管式光缆,这种收线方式似乎并不可取。如前所述,光纤束管有挤塑后收缩的性状,当采用转盘式收线时,光纤束管以一定张力绕在中转盘上,束管的卷绕直径受到限制,从而对后收缩起了制约作用,成缆工艺进程受后收缩的影响较小,而在托盘式收线时,由于束管自由盘绕在托盘上,对挤塑后收缩没有限制作用,由于后收缩导致光纤或光纤带在束管中的余长变化较大。再者由于生产流程的安排,同一光缆中的若干根束管从二次套塑制成到下道工序 SZ 绞合成缆,历经的时间有所不同,造成不同束管的余长参差不齐,从而影响光缆的性能。

2. 二次套塑生产线的放线

早期的二次套塑设备中,大都采用主动放线,即光纤盘由伺服电机驱动放出,并以舞蹈轮进行放线张力控制。由于光纤在光纤盘上的排列不可能完全整齐,因而光纤从光纤盘上放出时不可避免地有不同程度的张力波动,从而造成光纤在束管中余长的不均匀性(因为光纤的余长与放线张力有关)。为了解决这一问题,应当采用光纤盘放出光纤(不管是主动或被动放线)后,再通过一对微型牵引轮放线,牵引轮的速度由舞蹈轮通过设定的张力来调节,由于微型牵引轮的转速完全不受光纤在光纤盘上排列状态的影响,因此对光纤的放线起到张力波动的隔离作用。经微型牵引轮放出的光纤张力极为稳定,从而可以确保光纤余长的均匀性。

对于带状光纤束管,光纤带有两种放线方式,一是叠带平行进入束管,二是叠带螺旋绞合进束管。前者适用于小芯数带纤和少带叠合的情况,后者适用于大芯数带纤和多带叠合的场合,可保证束管中每一截面上,光纤带相对位置的稳定。

光纤带进入束管与光纤进入束管有一个很大的不同点。光纤进入束管时，由于光纤之间有足够的空隙并充以油膏，所以，各单根光纤是完全"独立"的，它不会受相邻光纤对它施加的任何机械力。当余长控制合适时，光纤既不受周围光纤的影响，也不受束管内壁对它的影响，因而单根光纤是完全"独立"的，光纤在束管中以至成缆后，不会产生附加损耗。但对于光纤带而言，单根光纤带很难在束管中保持这种"独立"性。不管是平行或螺旋进入束管的光纤带，彼此是叠合进入束管的，而光纤带放线的张力控制，尤其是螺旋进入束管的光纤带，在放带绞笼旋转的情况下，要保证每根光纤带放线的张力完全一致是相当困难的。因此，在每一点各光纤带的瞬时速度是不完全一致的，从而造成相邻光纤带之间的切向阻力。带状光纤在切向应力的作用下易产生微弯，从而造成不可控的附加损耗，在1550nm波长上的损耗增加尤为严重。为此，在光纤带相互叠合前，每根光纤带上应用适当黏度的油膏充分浸润，以减小叠合光纤带之间的摩擦阻力。这样，再加上适当控制带纤在束管中的余长，在束管中的光纤带能形成一定程度的"独立"状态，从而保证光纤带束管直至成缆后，光纤的附加损耗减到最小。

附录：光纤用二次被覆材料的国家标准

PBT的国家标准为GB/T 20186.1—2006 光纤用二次被覆材料 第1部分：聚对苯二甲酸丁二醇酯；改性PP的国家标准为GB/T 20186.2—2008 光纤用二次被覆材料 第2部分：改性聚丙烯；改性PC的行业标准YD/T 1118.3—2018 光纤用二次被覆材料 ：改性聚碳酸酯。

标准规定的PBT、改性PP和改性PC材料的物理机械性能及电性能对比，如表3-3所示，PBT、改性PP和改性PC松套管的物理机械性能对比，如表3-4所示。

表3-3 PBT、改性PP和改性PC材料的物理机械性能及电性能对比

序号	项目名称	单位	PBT指标	改性PP指标	改性PC指标
1	密度	g/cm³	1.25～1.35	0.8～1.0	1.10～1.30
2	熔融指数(230℃、2160g)	g/10min	7.0～15.0	1.30～2.0	5.0～20.0
3	含水量	%	≤0.05	≤0.05	≤0.1
4	饱和吸水率	%	≤0.5	≤0.1	≤0.5
5	屈服强度	MPa	≥50	≥20	≥50
	屈服伸长率	%	4.0～10	4.0～10	5.0～10
	断裂伸长率	%	≥50	≥100	≥75
	拉伸弹性模量	MPa	≥2100	≥1000	≥2200

续表

序号	项目名称	单位	PBT 指标	改性 PP 指标	改性 PC 指标
6	弯曲弹性模量	MPa	≥2200	≥1100	≥2200
	弯曲强度	MPa	≥60	≥25	≥60
7	熔点	℃	210～240	≥155	
8	邵氏硬度 HD	—	≥70	≥65	≥70
9	悬臂梁冲击强度				
	23℃	kJ/m^2	≥5.0	≥不断	≥10.0
	−40℃		≥4.0	≥6.0	≥6.0
10	线膨胀系数(23～80℃)	$10^{-4}K^{-1}$	≤1.5	≤2.0	≤0.75
11	体积电阻系数	Ω·cm	≥1×1014	≥1×1015	≥1×1015
12	热变形温度				
	1.81MPa	℃	≥55	≥55	≥80
	0.45MPa		≥170	≥120	≥125
13	特性粘度	cm^3/g	155 5		
14	热水解				
	1. 强度法				
	屈服强度	MPa	≥50		
	断裂伸长率	%	≥10		
	2. 特性粘度	cm^3/g	≥65±5		
15	材料与填充物相容性				
	屈服强度	MPa	≥50	≥20	
	断裂伸长率	%	≥50	≥100	
16	模塑收缩率				
	平行流动方向	%			≤1.0
	垂直流动方向	%			≤1.0

表 3-4 PBT、改性 PP 和改性 PC 松套管的物理机械性能对比

序号	项目名称	单 位	PBT 指标	改性 PP 指标	改性 PC 指标
1	松套管的力学性能				
	屈服强度	MPa	≥35	≥15	≥45
	屈服伸长率	%	3.0～5.0	4.0～8.0	≥4.0
	断裂伸长率	%	≥200	≥100	≥80
2	松套管的轴向后收缩	%	−0.5～+0.5	−0.5～+0.5	≤0.3

续表

序号	项目名称	单 位	PBT 指标	改性 PP 指标	改性 PC 指标
3	松套管的热水解稳定性				
	屈服伸长率保留率	%			≥80
	屈服强度保留率	%			≥60
	屈服强度	MPa	≥35		
	断裂伸长率	%	≥10		≥10
4	松套管的抗热老化性	—	无裂纹、无裂口	无裂纹、无裂口	无裂纹、无裂口
5	松套管的抗侧压力性	N	≥800	≥550	≥800
6	松套管的抗弯折性	—	无发白、无裂纹	无发白、无裂纹	无发白、无裂纹
7	松套管与填充物的相容性				
	1. 耐缠绕	—	无裂纹、无裂口	无裂纹、无裂口	无裂纹、无裂口
	2. 强度法				
	屈服强度	MPa	≥35	≥15	
	断裂伸长率	%	≥200	≥200	

参考文献

[1] Bellcore. GR-20-CORE 1998-7-2. Generic Requirements for Optical Fiber and Optical Fiber Cable.

[2] VALOX HR326 Resin for fiber optic buffer tube extrusions. Technical Documentation, GE Plastics

[3] JrRGallucc. B ADellacolett. DGHamilton. Hydrolysis-Resistant Thermoplastic Polyesters. Plastics Engineering, Nov. 1994:51-53.

[4] Quality gels for Optical cable Protection. Technical Documentation, UNIGEL Telecommunication Co. Ltd.

[5] Excess Fiber Length(EFL)Measurements in Fiber Optic Ribbon Cables. Technical Documentation, TSI Incorporated.

第4章 用于制作光纤松套管的改性聚丙烯塑料

在通信光缆中，不管是层绞式光缆还是中心束管式光缆，其基本单元均为光纤松套管(buffer tube)，松套管内充填油膏，使松套管内的光纤得到机械保护且不受潮气侵蚀。作为通信光缆中光纤松套管的制作材料主要有PBT(聚对苯二甲酸丁二醇酯)和改性PP(聚丙烯)两大类。PBT料因具有高杨氏模量和低膨胀系数等优点而被广泛采用。但PBT价格高，且有抗水解性差、抗弯折性差等缺点。聚丙烯是一种常用的塑料，其价格低廉、挤出速度快、结晶度高、结构规整，因而具有良好的力学性能、良好的耐热性能和化学稳定性。但因其本身分子结构的规整度高，冲击强度较差。所以要将PP料用于光纤松套管的制作，必须对PP料进行改性。

国内光缆企业主要采用PBT料来制作光纤松套管，而欧美等国则较多采用改性PP料来制作光纤松套管。

本章介绍用以制作光纤松套管的改性PP的特性和制作工艺。

4.1 改性聚丙烯塑料的性能和制作

改性聚丙烯的基料采用聚丙烯－聚乙烯共聚物。聚丙烯－聚乙烯共聚物是在丙烯聚合过程中添加适量乙烯单体，通过改变PP分子结构的规整性而提高其抗冲击性。PP和PE有极好的相容性。聚丙烯－聚乙烯共聚物是复杂的共混体系，它包括少量乙烯链段的等规聚丙烯分子链和乙烯－丙烯的无规共聚物。改性聚丙烯还需通过添加其他助剂进行改性使其具备光纤松套管应有的机械和加工性能。

用以制作光纤松套管的改性聚丙烯必须添加成核剂来改性，成为高耐冲共聚非极性聚丙烯，在PP结晶成核过程中，高分子链段通过在成核剂表面吸附PP分子形成更多的、热力学上稳定的微型晶核，这种微晶结构使得PP材料的结晶度更大，从而使制品具有较好的抗冲击特性。成核剂增加了聚合物的杨氏模量、屈服应力、抗张强度、抗压强度和制品的尺寸稳定性，同时也减小了热胀系数。成核剂应以细微的粒径(平均粒径在1到10微米之间)均匀地分散到聚合物熔体中，其含量不应超过0.5%重量比，含量过高并不能进一步改善聚合物的上述物理性能。改性聚丙烯添加的成核剂包括无机和有机两类物质：无机成核剂有滑石粉、高岭土、云母、二氧化硅、炭黑等。有机成核剂有一元或二元脂族酸或芳烷基酸盐，例如，丁二酸钠、戊二酸钠、己酸钠、苯乙酸铝等；芳香或脂环族羧酸盐，例如，苯甲酸钠、苯甲酸钾、苯甲酸铝等。聚乙烯也是有机成核剂之一。

一种示例性的光纤松套管用 PP 料的配方由下列组分组成，如表 4-1 所示。

(1) 基料为 PP－PE 共聚物，(2) 成核剂，(3) 偶联剂，(4) 抗氧剂，(5) 含氟流变剂。

表 4-1　光纤松套管用 PP 料的配方

组分	材料	重量比例(%)
1. 基料	聚丙烯－聚乙烯共聚物(聚乙烯含量 15%)	100
2. 成核剂	高岭土	0.4
3. 偶联剂	γ-环氧丙氧基三甲基硅烷 GPMS	高岭土的 2%
4. 抗氧剂	1010	0.5
	168	0.5
5. 含氟流变剂	含氟流变剂 PPA 母料 (3M)	0.04 (4%含量，1%用量)

各组分作用分别说明如下：

(1)PP－PE 共聚物基料，聚丙烯－聚乙烯共聚物是在丙烯聚合过程中添加适量乙烯单体制成。共聚物树脂中 PE 的含量可为重量百分比 2%～30%。

(2) 作为无机成核剂的高岭土，也称水合硅酸铝，分子式为 $Al_2O_3 \cdot 2SiO_2 \cdot 2H_2O$，化学稳定性好，在塑料中极易分散。成核剂均匀地加到 PP－PE 共聚物中，成为共聚物熔体晶体生长的核心，从而提高共聚物树脂的结晶度。其结果是提高了共聚物的杨氏模量、抗压能力和产品尺寸的均匀性，同时也降低了热膨胀系数。可用干式粉碎机制得平均粒径为 3 微米的高岭土粒子备用。

(3) 偶联剂，高岭土需用环氧硅烷偶联剂(如 γ-环氧丙氧基三甲基硅烷)进行表面处理，以保证其与有机共聚物的相容性。偶联剂的用量为高岭土的 2%重量百分比。

(4)抗氧剂，用以抗热氧老化。采用 1010 酚类抗氧剂作为主抗氧剂，168 亚磷酸酯类抗氧剂作为协同抗氧剂。前者可吸收氧化反应产生的自由基，后者则可阻断连锁反应，抑制氧化过程的进行。抗氧剂的质量比在 1%以下。

(5)加工助剂采用含氟流变剂。这是由美国 3M 公司开发的加工助剂 PPA 。它有改善聚烯烃的流变性能、熔体黏度调节、表面改性等功效。PPA 是一种超细的微粒，在塑料体中具有极佳的滑动性。加工时可用共聚物基料和 PPA 粉料制成母粒，再加到基料中去。含氟流变剂的功效可归结如下：(a)含氟流变剂可迁移到机头/熔体界面形成一层薄膜，作为机头的润滑剂，从而减小挤出压力；(b) 在一定的温度下，加入 PPA 的共聚物开始发生连续熔体破裂的剪切速率值远高于未加 PPA 的共聚物开始发生连续熔体破裂的剪切速率值。因而可有效地消除熔体破裂现象，降低熔体温度，提高挤出效率；(c) 避免挤出的松套管表面出现斑纹，使表面光亮滑爽。对一定的聚合物及加工条件，PPA 的含量有一个最佳值，含量过大不仅增加生产成本还会影响护套的挤出性能。通常含量应小于 1%。

用作光纤松套管的改性聚丙烯料，与传统的 PBT 相比，具有价格低廉、无水解降解问题、抗弯折性好、挤出工艺性好、速度快等优点。但在高的杨氏模量和低膨胀系数等方面性能稍逊于 PBT。

4.2 专用于改性PP松套管的纤膏

光纤松套管中都需填充光纤油膏(俗称纤膏)。纤膏的填充既可以保证松套管的圆整度,同时还能满足松套管的阻水要求。必须注意的是,PBT松套管和改性PP松套管内充填的纤膏是不同的。PBT树脂与纤膏的相容性极好,而PP树脂与纤膏中的基础油(矿物油或合成油)同为碳氢化合物。故而PP树脂对碳氢化合物有高的渗透性,在高温下会吸收纤膏中基础油中的低分子成分,从而降低其机械性能。因此,PP松套管内充填的纤膏应由高分子量的合成油作为基础油,并应适当提高黏度,改善与PP料的相容性。

光纤油膏是将一种(或几种)增稠剂分散到一种(或几种)基础油中,从而形成一种黏稠性的半固体物质,为了改善有关性能,还需加入少量的抗氧剂或其他添加剂(如防腐剂、表面活性剂、氢气清除剂等)。因而,光纤油膏有三个主要组成部分:基础油、触变性胶凝剂及抗氧剂。

(1)基础油是光纤油膏的基材,其重量比占油膏的70%~90%。光纤油膏的一些重要性能如低温柔软性、挥发度等主要由基础油的性能所决定。基础油通常采用矿物油、合成油、硅油三大类。

(2)增稠剂是一类增稠触变剂,其重量比占光纤油膏的5%~20%。增稠触变剂的作用是将流动的基础油增稠成黏稠的不流动的半固体状态。它同基础油一起决定着光纤油膏的一系列性能。增稠剂分无机物和有机物两类。常用的光纤油膏的无机增稠剂有脂肪酸盐、有机膨土、气相二氧化硅、石蜡等,其中以气相二氧化硅(俗称白炭黑)应用最为广泛。有机的增稠剂有苯乙烯－乙丙橡胶双嵌段共聚物(SEP),苯乙烯－乙丙橡胶－苯乙烯三嵌段共聚物(SEPS),苯乙烯－乙丁橡胶双嵌段共聚物(SEB),苯乙烯－乙丁橡胶－苯乙烯三嵌段共聚物(SEBS)以及它们的混合物等。与无机增稠剂相比,聚合物增稠剂与基础油的混溶性更好,在高的混溶温度下,性能更能保持稳定。

(3)各类碳氢化合物在与空气接触时,都有与其中的氧分子发生自动氧化反应的倾向,而一旦生成自由基,就会发生连锁反应,烃类的氧化逐渐加速,从而生成大量的醇、醛、酸等。后者进一步反应形成聚合物,使整个体系的黏度增加,油膏性能恶化即出现"老化"现象。伴随氧化过程还有析氢作用,进一步影响光纤性能,因而光纤油膏中必须加入抗氧剂,以阻止自由基的连锁反应,例如可采用受阻酚主抗氧剂1010作为主抗氧剂,168亚磷酸酯类抗氧剂作为协同抗氧剂。前者可吸收氧化反应产生的自由基,后者则可阻断连锁反应,抑制氧化过程的进行。抗氧剂含量很小,通常小于1%。

用于改性PP松套管的纤膏也是由上述三种组分组成,与常规纤膏所不同的是基础油必须采用高分子量的合成油,其分子量需大于2000。在常规纤膏中所采用的合成油,通常为分子量小于1000的聚烯烃油,它会被同为聚烯烃的PP松套管材料所强烈吸收,造成PP松套管溶胀,从而导致松套管机械性能的下降。如采用分子量大于2000的高分子量的合成油制成的高黏度纤膏,就不会与PP松套管材料产生强烈的相互作用,因而可防止PP松套管的溶胀现象出现。分子量大于2000的高分子量的合成油有聚异丁烯油、聚n癸烯油、聚n戊烯油、聚n己烯油、聚n辛烯油等。

用于改性PP松套管的纤膏中的合成油至少应有97%分子量大于2000的高分子量的合成油，但可允许有3%以下的少量分子量小于2000的合成油，如聚α烯烃存在。

用于改性PP松套管的高黏度纤膏的示例性配方如：重量百分比为88%～95%的聚异丁烯油，重量百分比为5%～10%的气相二氧化硅，以及重量百分比为0.1%～2%的阻酚抗氧剂。也可采用重量百分比为5%～20%的高分子量（大于20000）的高聚物假塑性改性剂，如Krayton橡胶代替上例配方中的气相二氧化硅来制作用于改性PP松套管的高黏度纤膏。

4.3　制作改性PP光纤松套管的生产线

（1）改性PP光纤松套管的工艺参数。改性PP光纤松套管的制作可在常规的光纤二次套塑生产线上进行，挤塑机为ϕ45或ϕ60；机身温度为215～230℃；机头温度为230～240℃；热水槽温度为20～30℃；冷水槽温度为14～17℃；改性PP光纤松套管挤出的拉伸比应≤6；挤出速度可高达400～500m/min。

（2）光纤松套管的挤塑后收缩。PBT和PP塑料均为半结晶材料，通常在松套管制成时还不能充分达到结晶平衡度。因而在经二次套塑工序制成松套管后一段时间内，松套管材料还会继续缓慢地结晶，以期达到其结晶平衡度，这就造成松套管的挤塑后收缩（Post Extrusion Shrinkage），当聚合物结晶时，一些非晶相组织变成为排列整齐的高密度晶相组织，其体积会减少。对于松套管来说，长度会缩短，即套管会收缩，光纤在松套管中的余长就会增加。为了减小松套管的挤塑后收缩，必须尽量提高松套管材料在松套管成型过程中的结晶度。塑料的结晶通常在高于其玻璃化转化温度的热水槽中进行，因而适当提高热水槽的温度及松套管在热水槽中行进的时间，有利于加速结晶。PBT的玻璃化转化温度为20～40℃；PP的玻璃化转化温度为－10℃。

挤塑后收缩是光纤松套管生产过程中不可避免的问题。对于PBT和PP材料而言，主要区别是挤出后的后收缩的表现，这源于两种材料不同的结晶过程。对PBT材料而言，其结晶速度较快，并且材料一旦在高于聚合体的玻璃化转化温度时就开始结晶。这导致套管在离开中置余长牵引轮，进入冷水槽时结晶就接近完成。PBT套管离开中置余长牵引轮后，进入冷却水槽，由于冷却的作用套管还会有冷收缩。冷收缩与结晶收缩是两种完全不同的物理机理，冷收缩是可逆的，该收缩用于产生和控制光纤余长，并由各段水槽的不同温度所控制。

对于PP材料而言，其结晶过程要缓慢得多，在二次套塑生产流程中，始终未能达到饱和结晶度，当套管离开主牵引轮时材料还处在结晶过程中。这就导致套管会有较大的挤塑后收缩。另一个现象是PP工艺中在套管到达牵引轮之前光纤会被油膏“俘获”，这就又一次产生了不可控的光纤余长。这就是与PBT相比在第一段水槽结束时PP套管的光纤余长更大原因。通过选择油膏填充参数可以克服这个缺点。

PP结晶过程的表现将随材料级别的不同而变化巨大,并且还取决于材料的化学结构和材料内成核剂的含量。

在传统的PBT松套管生产过程中,挤出机的速度与中置余长牵引机同步,以控制松套管的直径壁厚等参数,但在中置余长牵引机牵引套管时,对套管进行了拉伸,由于PP材料的结晶过程缓慢,时间较长,套管进入及离开中置余长牵引机牵引轮时,结晶过程仍在继续,导致套管后收缩大而使光纤余长过大,不能满足产品性能的要求。

为此,瑞士麦拉菲尔公司提出了在挤塑机机头和中置余长牵引机之间,在热水槽中,增加一台紧压式履带牵引机来解决PP松套管后收缩的方案。该方案介绍如下:套管的直径和壁厚仍通过挤出机和中置余长牵引机同步控制来确定,但套管在进入到中置余长牵引机之前,在热水槽中受到紧压式履带牵引机的紧压作用。它的原理是:套管在紧压式履带牵引机前被拉伸,但在紧压式履带牵引机后由于紧压式履带牵引速度高于中置余长牵引速度,套管被压缩,PP材料内部的晶格趋向被很好地补偿。我们知道,塑料在挤塑机出模口到中置余长牵引之间的松套管成型区的性状:在这一区间,PP塑料从熔融状态温度迅速下降,进入热水槽,到达余长牵引轮。热水槽水温通常为20~30℃,此时,聚合物的大分子链已不能运动,但链段尚有活动能力,在外力作用下能产生较大形变,此谓高弹形变,这是PP管成型过程中的一个重要区域。这一区段形成了PP管的拉伸比(Draw Down Rate);这一区域的温度和经历时间也决定了PP管的结晶程度。而在本方案中,套管在紧压式履带牵引机和中置余长牵引机之间,PP管被压缩过程中,由外界施加的机械力强迫PP材料内部的晶格排列,从而加速了PP管的结晶。

因此,在套管成型和冷却后,所存在的“后收缩”现象被大大缩小,甚至接近于“零收缩”。当套管离开中置余长牵引机,进入冷水槽前,其结晶过程已基本完成。紧压式履带牵引的原理如图4-1所示。

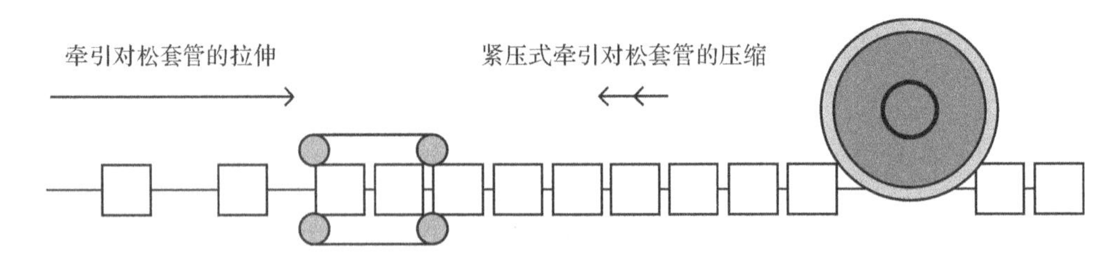

图4-1 紧压式履带牵引的原理

这样通过紧压式履带牵引机的效果,我们可以很好地补偿光纤套管的后收缩,以弥补后收缩现象所带来的光纤余长过大及光纤余长的不可控。光纤余长(EFL)和松套管后收缩随着紧压率的增加(紧压率是以紧压式牵引机高于余长牵引速度的多少来确定的)而降低在比较合适的范围内,紧压率越大,其所起的作用也越大,甚至可以达到光纤余长(EFL)非常平稳以及松套管后收缩几乎接近零的效果。实验表明,采用紧压率在0.5%~1.5%范围时紧压式履带牵引机的效果最明显。这样可以通过调节合适的紧压率，就能够控制光纤余长，使之控制在较小的波动范围内，并且这样的光纤松套管几乎不存在后收缩，从而保证余长的稳定并符合高质量光缆松套管的要求。

这种改性PP材料二次套塑专用生产线已由中国电子科技集团第23研究所所属上海科辰光电线缆设备有限公司开发成功。

该公司生产线在热水槽中设置的紧压式履带牵引机的配置，如图4-2和图4-3所示。

图4-2　紧压式履带牵引机的配置

图4-3　用于改性PP松套管挤出的三牵引二次套塑生产

参考文献

[1] GB/T 20186.1—2006 光纤用二次被覆材料 第一部分：聚对苯二甲酸丁二醇酯.

[2] GB/T 20186.2—2008 光纤用二次被覆材料 第二部分：改性聚丙烯.

[3] 麦拉菲尔公司.一种新型的采用PP材料生产光纤松套管的生产线——高速光纤二次套塑生产线.现代传输 (Modern Transmission)，2009(4).

第5章　光纤油膏的配制、性能和选用

以光纤松套管为基本光纤单元的光缆，包括SZ层绞式光缆和中心束管式光缆，以及骨架光缆，都是经典的光缆结构型式。在松套管或骨架中直接与光纤或光纤带接触的填充油膏为光纤填充膏，简称为纤膏。在光缆中除光纤以外的结构材料中，对光纤性能影响最大的材料莫过于纤膏了，纤膏质量直接影响到光纤的传输性能。

在光缆发展的早期，在光纤松套管中采用填充纤膏的结构形式，除了为防止松套管纵向渗水外，还有两个非常重要的初衷：一是用纤膏对松套管内的光纤进行机械缓冲保护，使光纤在松套管内可随光缆状态变化而自动调节到低能量位置（应力释放），免受外界机械力带来的光纤应力损伤。随着触变性纤膏的发展和采用，纤膏对光纤的这一缓冲保护作用发挥到了极致。例如，在光缆敷设、使用过程中，当光缆受到弯曲、振动、冲击等外力作用，导致松套管内光纤在平衡位置附近做振幅和周期极小的晃动，此晃动力作用到周围的纤膏时，纤膏的触变性导致纤膏的黏度下降，从而对光纤起到有效的缓冲保护，而不致使光纤受到僵硬的反作用力而造成微弯应力和损耗。二是对光纤进行密封保护，使其免受（无纤膏时）松套管空气中潮气的侵蚀，以防止光纤产生附加的OH基吸收损耗。

更为重要的是，纤膏对松套管中光纤的应力和潮气的防护，实际上是保证了光纤的使用寿命：我们知道，光纤中随机分布的裂纹，特别是在制棒和拉丝过程中形成的表面微裂纹是影响其强度的根本原因。光缆在敷设和使用过程中，光纤表面裂纹在应力和潮气作用下会继续扩展，从而使光纤强度下降，最后导致断裂，这就是光纤的静态疲劳过程。因此，光纤中尤其是光纤表面的裂纹是光纤断裂的内在因素，而应力和潮气是促进裂纹扩展最后导致光纤断裂的外因。由此可见，松套管中纤膏对光纤的防护，基本上抑制了应力和潮气对光纤的侵袭，大大减轻了光纤的静态疲劳，从而有效地保证了光纤的使用寿命。

在光缆的生产和使用实践中，人们对光纤油膏对光缆特性的影响的认识，远不如对光纤等其他材料的认识来得深刻和具体。但事实上，光纤油膏又恰恰是光缆性能长期稳定性的决定性要素之一。本文试就对光纤油膏的分类、组成、性能和选用等有关问题进行分析和探讨。

5.1　光纤油膏的分类

5.1.1　按用途分类

纤膏可根据用途按表 5-1 分类。

表 5-1　纤膏名称和用途

序号	纤膏名称	应用范围
1	普通光纤填充膏	应用于普通型光缆光纤周围填充
2	光纤带填充膏	应用于带状光缆光纤带周围填充
3	吸氢光纤填充膏	应用于 OPGW 及海缆光缆金属套管内填充
4	PP 光纤填充膏	应用于 PP 光缆套管内光纤周围填充
5	阻燃光纤填充膏	应用于特种光缆光纤周围填充

5.1.2　按材料分类

根据材料定义，纤膏可按表 5-2 分类为以下几种。

表 5-2　纤膏名称和定义

序号	纤膏名称	材料定义
1	含硅型纤膏	以气相二氧化硅（白炭黑）无机材料作为主要增稠剂而制得的纤膏
2	无硅型纤膏	以高分子聚合物（合成橡胶）有机材料作为主要增稠剂而制得的纤膏
3	复合型纤膏	以其他材料为增稠剂复合而成的纤膏

5.2　光纤油膏的基本组成

纤膏是将一种（或几种）胶凝剂和增稠剂分散到一种（或几种）基础油中，从而形成一种黏稠性的触变性膏体。为了提高和改善其有关性能，还需要加入一定量的添加剂（如：抗氧剂、防腐剂、分散剂、降凝剂、黏度指数改进剂、吸氢剂、阻燃剂等）。当增稠剂是无机物时，光纤油膏是一种化学混溶体；当增稠剂是有机物时，光纤油膏是一种高聚物分散体；当增稠剂是无机和有机混合物时，光纤油膏是一种化学复合混溶分散体。

因此，纤膏主要由基础油、胶凝剂和增稠剂、抗氧剂和添加剂三大部分组成。

5.2.1 基础油

基础油是光纤油膏的基材,其重量比占油膏的70%～95%,光纤油膏的一些重要性能如低温柔软性、挥发度等主要由基础油的性能所决定。基础油通常采用矿物油、合成油、硅油三大类。矿物油能满足油膏的基本使用要求,价廉,但低温性较差,易氧化。合成油有聚烯烃、聚α—烯烃、聚乙二醇、聚异丁烯、聚n—癸烯、聚n—戊烯等,其中最常用的是聚α—烯烃。合成油的高低温性能均优于矿物油,但价格较高,因其与矿物油同为碳氢化合物,可以无限混溶,因而可将两者混合使用。硅油的粘温特性优于其他基础油,如二甲基硅油在−70～200℃之间,物理性能基本不变,适用于作为超低温使用的光纤油膏的基础油,但其价格高,且与矿物油、合成烃不相混溶。纤膏产品质量优劣很大程度上取决于基础油的质量,如纤膏的高低温性能、闪点、挥发度、氧化性能、胶体安定性等皆由基础油的性能所决定。基础油的规格通常分为五类:Ⅰ类、Ⅱ类、Ⅲ类、Ⅳ类、Ⅴ类,见表5-3。

表5-3 API基础油分类标准

分类	饱和烃(wt%)	硫含量(wt%)	黏度指数(VI)
Ⅰ	<90	>0.03	80≤VI<120
Ⅱ	≥90	≤0.03	80≤VI<120
Ⅲ	≥90	≤0.03	>120
Ⅳ	聚α—烯烃(PAO)合成油		
Ⅴ	除Ⅰ、Ⅱ、Ⅲ、Ⅳ类以外的各种基础油		

注:API是美国石油学会(American Petroleum Institute)的英文缩写。

①Ⅰ类基础油

Ⅰ类基础油为溶剂精制基础油,有较高的硫含量和不饱和烃(主要是芳烃)含量。从生产工艺来看,Ⅰ类基础油的生产过程基本以物理过程为主,不改变烃类结构,生产的基础油质量取决于原料中理想组分的含量和性质。因此,该类基础油在性能上受到限制。Ⅰ基础油可用于要求不高的普通缆膏产品。

②Ⅱ类基础油

Ⅱ类基础油主要为加氢处理基础油,其硫氮含量和芳烃含量较低。Ⅱ类基础油是通过组合工艺(溶剂工艺和加氢工艺结合)制得,工艺主要以化学过程为主,不受原料限制,可以改变原来的烃类结构。因而Ⅱ类基础油杂质少(芳烃含量小于10%),饱和烃含量高,热安定性和抗氧性好,低温和烟炱分散性能均优于Ⅰ类基础油。Ⅱ类基础油适用于缆膏产品,满足一般缆膏产品的技术规范要求。Ⅱ类基础油也可以应用于普通含硅型纤膏,但不适用于无硅型纤膏。

③Ⅲ类基础油

Ⅲ类基础油主要是加氢异构化基础油,不仅硫、芳烃含量低,而且黏度指数很高。Ⅲ类基础油是用全加氢工艺制得,与Ⅱ类基础油相比,属高黏度指数的加氢基础油,又称作非常规基础油(UCBO)。在性能上远远超过Ⅰ类基础油和Ⅱ类基础油,尤其是具有很高的黏度指数和很低的挥发性,高低温性能优良。某些Ⅲ类油的性能(如壳牌的GTL工艺油)可与聚α一烯烃(PAO)相媲美,其价格却比合成油便宜得多。而Ⅲ类基础油由于各项性能指标接近于Ⅳ类基础油,所调和的润滑油的使用性能又远高于Ⅰ、Ⅱ类基础油调和的润滑油,深受人们青睐。Ⅲ类基础油适用于纤膏、缆膏产品,其技术性能指标能满足纤膏、缆膏产品的技术规范要求。

④Ⅳ类基础油

Ⅳ类基础油为聚α一烯烃(PAO)合成油基础油,合成油的高低温性能均优于Ⅰ、Ⅱ、Ⅲ基础油,但价格较高,一般应用于特种气候环境中的光缆产品。

⑤Ⅴ类基础油

Ⅴ类基础油则是除Ⅰ、Ⅱ、Ⅲ、Ⅳ类以外的各种基础油,如植物性基础油、合成酯、聚醚、硅油、含氟油、磷酸酯,以及再生基础油等。Ⅴ类基础油的黏温特性优于其他基础油,如二甲基硅油可在-70~+300℃的气候环境中使用,物理性能基本不变,适用于超高、低温环境中的光缆使用,也可应用于阻燃纤膏,但其价格昂贵,且与矿物油、合成烃不相容。

5.2.2 胶凝剂和增稠剂

胶凝剂和增稠剂是纤膏产品的基本骨架。其重量比占纤膏产品的5%~20%,胶凝剂在纤膏产品中主要起到黏度调节,同时也起到增稠作用,根据不同规格型号的纤膏可采用各种分子量的聚丁烯、聚异丁烯、硅橡胶等;而增稠剂的作用则是将流动的基础油增稠成黏稠的不流动的半固态状态。它同基础油、胶凝剂一起决定着纤膏的一系列性能。

增稠剂是一类增稠触变剂,增稠触变剂的作用是将流动的基础油增稠成黏稠的不流动的半固体状态。它同基础油一起决定着光纤油膏的一系列性能。增稠剂分无机物和有机物两类。常用的光纤油膏的无机增稠剂有脂肪酸盐、有机膨土、气相二氧化硅、石蜡等,其中以气相二氧化硅(俗称气相白炭黑)应用最为广泛。有机的增稠剂有苯乙烯-乙丙橡胶双嵌段共聚物(SEP),苯乙烯-乙丙橡胶-苯乙烯三嵌段共聚物(SEPS),苯乙烯-乙丁橡胶双嵌段共聚物(SEB),苯乙烯-乙丁橡胶-苯乙烯三嵌段共聚物(SEBS)以及它们的混合物等。与无机增稠剂相比,聚合物增稠剂与基础油的混溶性更好,在高的混溶温度下,性能更能保持稳定。

在光纤油膏的制备中,增稠剂的选用和配制对油膏的性能起着举足轻重的作用。例如光纤油膏的一个基本物理性能要求是在一定温度条件下不应出现析油和脱水收缩(Syneresis),亦即光纤油膏在使用的温度范围内和寿命期中,光纤油膏应保持均匀分散体的能力。如果在光缆使用过程中,出现析油及脱水收缩,油膏出现凝胶现象,固液分相,光纤松套管中有的地方将没有油膏,有的地方油膏结块,松套管中的光纤将受到不均匀的应力而导致微弯损耗的急剧增加。为了防止析油和脱水收缩,关键在于增稠剂在基础油中必须能长期保持其完全分散性状。应当通过正确选用和配制增稠剂,使基础油分子均匀而牢固地混溶在胶凝剂分子链构成的网架之中，形成一种稳定的多相分散体。将无机增稠剂和有机增稠剂配合使用可取得相辅相成的功效，无机增稠剂可提高材料的屈服应力和黏度，而有机的增稠剂能赋予材料更好的流变性，因而将基础油、无机增稠剂和有机增稠剂适当配制，可取得纤膏在析油和流变性之间的平衡。

光纤油膏既然是以阻水为目的，其组分材料当然不应含有任何亲水性较强的物质。通常用 HLB 值(Hydrophile-Lipophile Balance Value)，即亲憎平衡度来衡量物质的亲水性。将非离子型化合物(离子型物质一般亲水性强，不在考虑之列)的 HLB 分为 0 ～20，如完全疏水的主要含直链烷烃的石蜡(Paraffine)和非极性高聚物的聚异丁烯(Polybutene)的 HLB 值均为零。因此所有组分材料的选用需考虑 HLB 值低的物质。

5.2.3 抗氧剂和添加剂

基础油的主要成分是碳氢化合物，当它暴露在空气中，特别是在高温环境下，具有与空气中的氧分子发生氧化反应的倾向，而一旦生成自由基，就会发生连锁反应，烃类的氧化就会逐渐加速，从而生成大量的醇、醛、酸等。后者进一步反应形成聚合物，使整个体系的结构发生变化，从而出现“老化”现象。伴随氧化过程还有析氢作用，影响光纤性能，因而光纤油膏中必须加入抗氧剂(特别是质量劣的基础油)，以阻止自由基的连锁反应。

常用的抗氧剂有芳香胺类和受阻酚类。芳香胺类抗氧剂又称为橡胶防老剂，主要用在橡胶制品中，这类抗氧剂价格低廉，抗氧效果显著，但由于使制品变色，限制了它们在浅色、白色和透明制品方面的应用。受阻酚类抗氧剂是一些具有空间阻碍的酚类化合物，它们的抗热氧化效果显著，不污染制品，适用范围较广，是纤膏产品中常用的抗氧剂，有时也加入一些辅助抗氧剂。抗氧剂在纤膏中的添加量很小，通常在 0.1%～1%之间。

基础油的黏度一般皆随周围环境温度的降低而升高变稠，为使纤膏不至于在低温下过稠、在高温下过稀而影响使用，必须在纤膏中加入黏度指数改进剂，调节其黏度指数。所谓黏度指数是用来表示黏度随温度变化的比率。黏度指数改进剂均为高分子化合物，在低温时高聚物的分子卷曲凝聚起来，绝大多数形成胶体微粒，对基础油的黏度几乎没有影响，但在高温或加热后，由于高分子化合物的溶胀，凝聚力减小，分子伸展，流体力学体积增大，伸展的高分子链相互纠缠，油液内摩擦增大，导致基础油的黏度增加。黏度指数改进剂正是基于在不同的温度下，呈现不同的分子形态来影响基础油的黏度，从而达到改善基础油黏温特性的目的。

添加剂在纤膏中所占的比例虽然不高，但它是必不可少的，如抗氧剂、分散剂、黏度指数改进剂、OPGW 纤膏中的吸氢剂、PP 纤膏中的降溶胀剂、阻燃纤膏中的阻燃剂等。

5.3 光纤油膏的触变性

光纤油膏的组成和结构决定了其一系列性状。光纤油膏所具有的最基本特性就是触变性(Thixotropy)。所谓触变性是指：当施加一个外力时，光纤油膏在剪切力的作用下，黏度下降，呈现流动性，但当外力去除后，处于静止状态时，经过一段时间，黏度恢复，又回到会流动的黏稠态，但不一定恢复到原来的黏度和稠度。

光纤油膏的触变性对二次套塑工艺和光缆成缆后对松套管中的光纤的机械保护有很大的作用。在二次套塑工艺中，光纤油膏被泵入挤塑机机头并注入光纤松套管的过程中，在机械泵的作用下，光纤油膏在一定的剪切速率下，黏度迅速下降，油膏变成流动性良好的流体，可以均匀而稳定地充入松套管。当松套管成形后，作用在油膏上的外力消失，油膏逐渐恢复到黏稠状态，不会流动，形成稳定的光纤松套管。另外，在光缆敷设使用中，光缆受到弯曲、振动、冲击等外力作用，导致光纤在平衡位置附近做振幅和周期极小的晃动。其晃动力作用到周围的光纤油膏时，油膏黏度下降，从而对光纤起到缓冲保护，而不致使光纤受到僵硬的反作用力而造成微弯损耗。

光纤油膏的触变性是由增稠剂的增稠触变作用所形成的。以气相二氧化硅作为增稠剂与基础油构成的油膏分子结构为例来解释如下：气相二氧化硅是由四氯化硅蒸气在1800℃的氢氧焰中水解而制成，其反应式为

$$SiCl_4 + 2H_2 + O_2 \longrightarrow SiO_2 \downarrow + 4HCl \uparrow$$

上述燃烧过程所产生的二氧化硅分子随后凝集形成颗粒，这些颗粒互相碰撞熔结成为一体形成三维和有分支的链状聚集体。当这些聚集体的温度低于二氧化硅的熔点(1710℃)时进一步碰撞而引起链的机械缠结形成附聚物，从而制得细微蓬松的二氧化硅白色粉末。气相二氧化硅是一种常用的增稠剂，其BET比表面积在70～300m^2/g(BET即Brunauer Emmett Teller Procedure，是一种测定表面积的方法)。

因为二氧化硅表面有许多OH基团，因而是亲水性的，所以在制备二氧化硅时必须对其表面进行改质，使其变成亲油的。一般表面覆盖剂有氯硅烷、硅氧烷低聚物、丁醇、季戊四醇等。通常用二甲基二氯硅烷进行表面覆盖处理：二甲基二氯硅烷处理剂与二氧化硅表面的羟基发生作用，以甲基取代羟基从而使二氧化硅具备了疏水性。当二氧化硅与基础油混溶后，二氧化硅质点表面上残留的OH基之间形成弱氢键将相邻质点相互结合，形成三维的网架结构，而基础油分子即陷落在网架之间，从而使油膏形成一种稳定的、非流动的稠黏胶体，如图5-1所示。氢键的形成是指：当一个链上的氧原子接近另一个链上的O－H时，后者的H原子能分出一部分电子云与前者O原子的电子云相互交盖而产生的—O…H—O—型次价键，这种键没有固定的键角或键长，氢键的键能在10千卡/克分子以下，远小于主价键键能，但分子之间可以通过氢键构成立体交联结构。当光纤油膏受到外力扰动时，在剪切力的作用下，弱氢键断裂，油膏分子从网状结构变成线状结构，油膏从稠黏体变成流体。当外力去除后，弱氢键又将相邻质点联结起来，光纤油膏又回到稠黏状态。这就是触变性的形成机理。

在上述以基础油、二氧化硅、抗氧剂为主体构成的光纤油膏结构中，二氧化硅的表面改性剂，如二甲基二氯硅烷，本质上还是一种偶联剂。化学键理论认为：这类化合物中含有一种亲无机物的基团X，它能与二氧化硅表面上的Si—OH起化学反应形成化学键，另一种是亲有机物的基团Y，它能与基础油中的有机分子反应形成化学键，从而将无

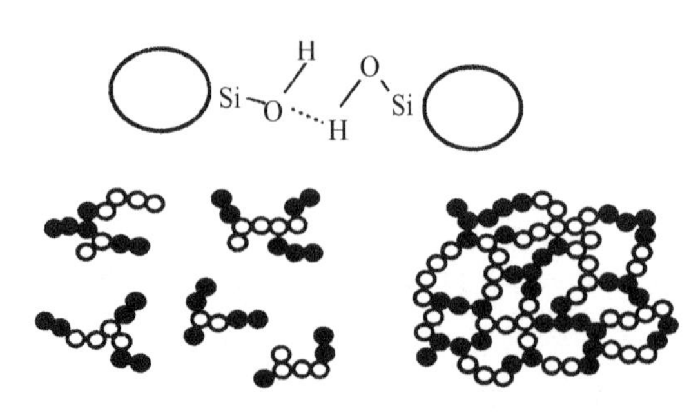

图 5-1　油膏的触变性

机的二氧化硅和有机的基础油这样两种反差很大的材料,通过化学键"耦联"起来,获得了良好的结合。在这个油膏组成中,为了进一步提高体系的稳定性,减小油分离,还可在二氧化硅的基础上,加入有机增稠剂,如苯乙烯—乙烯—丙烯共聚物。另外,不同的基础油在油膏网架结构中的油分离程度也不一样,如采用相同分子量的合成油聚 n—癸烯和聚异丁烯相比较,后者油分离程度小于前者,这是由两者不同的分子结构所造成的。

近年来高聚物的增稠剂得到了很大的发展,例如采用苯乙烯和橡胶的加氢共聚物作为增稠剂,该体系中存在两类共聚物结构,二嵌段共聚物和三嵌段共聚物,在二嵌段共聚物中,苯乙烯链节接在橡胶链节的一端;在三嵌段共聚物中,苯乙烯链节接在橡胶链节的两端。

如图 5-2 所示,后者的交叉分子网络,形成了膏体的弹性成分,前者无法形成交叉分子网络,提供了膏体的触变成分。增稠作用则由橡胶分子的缠绕所造成。

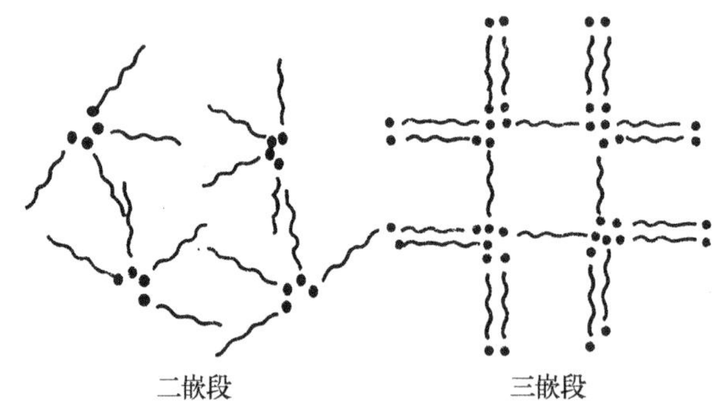

图 5-2　苯乙烯—橡胶共聚物分子结构

光纤油膏的触变性还可从下列两个流变特性曲线加以阐明。图 5-3 是光纤油膏的表观黏度—剪切速率曲线,当剪切速率增大时,弱氢键逐步断裂,黏度下降。而当剪切速率逐渐减小时,弱氢键又逐步形成,光纤油膏又逐步恢复其黏稠度,但不可能完全恢复到原始状态,所以回复曲线的黏度通常要低于原始黏度。图 5-4 是光纤油膏的剪切应力—剪切速率曲线,当剪切速率增大时,油膏的剪切应力增大,当剪切速率减小时,油膏的剪切应力也下降,但如黏度曲线一样,上升和下降曲线不会重合,上升和下降曲线所构成的滞后回线的面积大小反映了使弱氢键断裂所需要的能量的大小,因而滞后回线的面积,即为触变性的度量。

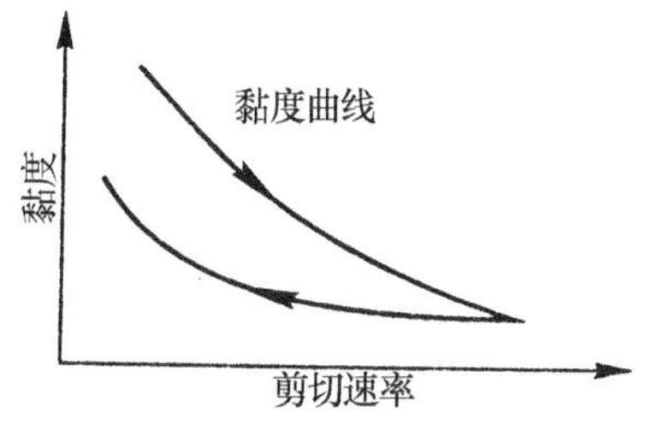

图 5-3　黏度—剪切速率曲线

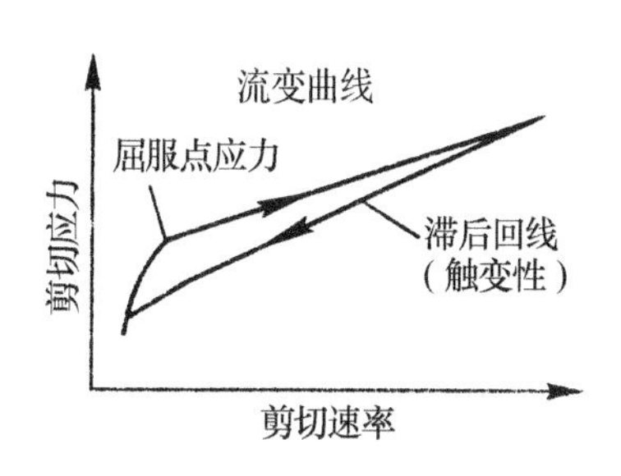

图5-4　剪切应力—剪切速率曲线

图 5-4 上的屈服点应力(Yield Point Stress)是指油膏分子间的引力开始断裂，油膏开始流动时的剪切应力。流变曲线上的屈服应力应控制在 10～50N/m²(Pa)，屈服应力太小，油膏甚至在重力作用下就会滴流。屈服应力太大，光纤受机械应力时，油膏不能起到缓冲保护作用。屈服应力的大小，取决于上述二氧化硅表面残余 OH 基的氢键架桥程度的大小，因此必须通过控制氢架桥的大小，换句话说，须通过控制残余 OH 基的数量来调节。研究表明，光纤油膏组分中的抗氧剂，尽管其占的重量比很小，但抗氧剂分子上的 OH 基也可能参与氢键架桥，因此，选用的抗氧剂应当是不参与氢键架桥，或是官能度小于 1 的材料。否则的话，当抗氧剂分子中的 OH 参与二氧化硅的氢键架桥时，光纤油膏的黏度和屈服点会显著增加，室温下的屈服应力会大大超过 50N/m²(Pa)。

按光纤油膏的流变特性，它是一种非牛顿流体，从对其在不同剪切速率下的表观黏度的实际测量，可得到光纤油膏触变性的几个定量指标。通常用旋转式黏度计，如 Brookfield 黏度计，在不同转速(r/mp)下测量油膏的表观黏度，按照 ASTM D2196 (Standard Test Methods for Rheological Properties of Non-Newtonian Materials by Rotational(Brookfield) Viscometer) 推荐的定义如下：

1. 切薄指数(Shear Thinning Index)

流体在低旋转速度下的表观黏度与在其 10 倍旋转速度下的表观黏度之比值称为切薄指数，如在转速为 2 和 20 r/mp，5 和 50 r/mp，或 6 和 60 r/mp 各种组合下测量。切薄指数表示在高剪切速率下与低剪切速率下，流体变稀薄的程度。显然，对光纤油膏而言，切薄指数愈大，其可泵性(Pumpability)愈好，在光纤二次套塑工艺中愈容易被齿轮泵泵入挤塑机机头。

2. 触变度(Degree of Thixotropy)

分两种量度方法：

(1)在最低旋转速度下(2r/mp)，分别测量当转速增加时的表观黏度与转速下降时的表观黏度之比值，显然这两者之差，正是上述滞后回线的反映。此比值即触变度愈大，油膏的触变性愈甚。

(2)在恒定的最低转速(2r/mp)下，保持 30 分钟，分别测量在 30 分钟后的油膏的表观黏度和起始时的表观黏度，两者之比值即为触变度。触变性流体，在恒温下，在恒定的剪切速率下，其剪切应力随时间而递减，相应的表观黏度也随时间下降。表观黏度下降到一定值时即停止，这表明系统已达平衡。这种变化是可逆的。

5.4 光纤油膏吸氢性能

OPGW 光缆和海底光缆中不锈钢管光纤松套管中充填的油膏比常规光缆中的纤膏有更高的要求:纤膏需有良好的吸氢性能,以消除由于纤膏和不锈钢不相容性及焊接工艺中产生的氢气。存在的氢气会吸附到光纤表面,也会在光纤中反应生成 OH 基,或使光纤晶格中形成缺陷,从而导致光纤损耗的增加,影响光纤的传输性能。

吸氢纤膏是在纤膏中加入吸氢剂使其具有吸氢功能。吸氢剂是归属于吸气剂类的一种用于吸收或消除氢气的特殊物质,也称消氢剂。在光纤油膏的应用中,现已开发出多种效果不同的吸氢技术和产品。

(1)一种有效的吸氢剂是由催化剂和不饱和聚合物组成:催化剂是将钯(Pd)分散在活性炭载体上而形成的(Pd 的重量比为 5%);不饱和聚合物可选用 1,4 双(苯乙炔基)苯(1,4-bis(phenylethynyl)benzene, DEB)。首先将钯催化剂(重量比为 25%)和不饱和聚合物 DEB(重量比为 75%)混合几小时,然后再将上述配比构成的吸氢剂(重量比为 5%)以机械混合方式加入到纤膏(重量比为 95%)中去。吸氢剂的吸氢原理在于:DEB 分子中含有乙炔基的三价键 HC≡C-,因而在催化剂的作用下,DEB 会与氢气发生作用,一个 DEB 分子可和四个氢原子发生化学反应,氢原子会跨接到三价键上去。这类吸氢剂的物质结构能与纤膏基体有很好的相容性。

(2)碳纳米管(Carbon Nanotubes)有优良的吸氢性能。碳纳米管的吸氢机理在于可以在纳米结构的间隙中通过化学吸附氢分子来贮存氢气,这属于一种非离解型吸附机理。与之相反,钯的吸氢机理是氢分子分裂成氢离子后依附在钯上,则是属于一种离解型化学吸附机理。碳纳米管的横截面是由 2 个或多个同轴管层组成,层与层相距0.343 nm,此距离稍大于石墨中碳原子层之间的距离(0.335nm)。通过 X 射线衍射及计算证明,碳纳米管的晶体结构为密排六方(h. c. p.),$a=0.24568$nm,$c=0.6852$nm,$c/a=2.786$,与石墨相比,a 值稍小而 c 值稍大,预示着同一层碳管内原子间有更强的键合力,同时也预示着碳纳米管有极高的轴向强度。由于纳米碳中独特晶格排列结构,其储氢数量大大地高过了传统的储氢系统。碳纳米管产生一些带有斜口形状的层板,层间距为 0.337nm,而分子氢气的动力学直径为 0.289nm,所以,碳纳米管能用来吸附氢气。单壁的碳纳米管具有更强的吸氢功能。单壁纳米碳管对氢的吸附量比活性炭大得多。将碳纳米管重量比为 0.25%~5%加入到纤膏基体中去,制成吸氢型光纤油膏,碳纳米管与钯粉或其他金属混合组分相结合,可实现更有效的吸氢功能。多种吸氢技术的结合形成的复合型吸氢剂将在不同的使用条件下,完成有效的吸氢功能。

(3)另一类吸氢剂是将钠硅铝酸盐沸石(zeolite)中 30%~90%的钠离子被银离子所取代后,将其粉碎磨细的粉末加入到纤膏基体中去,重量比为 0.2%~15%(典型值为 2%)。此吸氢剂的制备方法为将 15 克干燥的沸石与 1 升硝酸银水溶液混搅拌,进行离子交换,为防止光化学作用使银离子退化为金属银,故反应需在避光的环境中进行。经离子交换后的沸石的组分为：$(Ag_n, Na_{54}.7-n)Al_{54}\cdot 7Si_{137}\cdot 3O_{384}$。

5.5　光纤油膏的主要性能要求

光纤油膏的通常使用温度在－40～＋80℃范围内，最基本的使用要求是光纤油膏有较低的屈服应力，在低温下有足够的柔软性，同时要有低的油分离，保证在 80℃高温时油膏不能从光缆中滴出。这两方面性能要求往往是矛盾的，但却是必要的，例如为了减小油分离，提高高温不滴流性能，就要求油膏的黏度大一点，屈服应力高一点。但为了改善光纤油膏的工艺性能，保证在低温下足够的锥入度，以减小光纤的附加损耗，就要求油膏的黏度小一点，屈服应力也相应低一些。因而在光纤油膏的制作时必须兼顾两个方面的性能。光纤油膏制作的难点就在于正确选用配方、材料、工艺以满足各种使用要求。

下面分几方面的使用要求来对光纤油膏的性能加以分析和探讨。

5.5.1　光纤油膏必须保证在长期使用(寿命期)中性能的稳定

在 Bellcore 文件 GR-20-CORE 1998 年版“Generic Requirements for Optical Fiber and Optical Fiber Cable”中就此对光纤油膏提出两个要求：

一是光纤油膏的氧化诱导期(Oxygen Induction Time，OIT)不小于 20min；

二是光纤油膏在(70±2)℃下不滴流。

光纤油膏氧化诱导期的测量，实际上是一种加速老化试验。从光纤油膏在高温下((190±0.5)℃)测得的氧化诱导时间，可推算其在常温下的使用寿命。按Bellcore标准，光纤油膏氧化诱导期应不小于 20min，才能保证在常温下的正常使用寿命。光纤油膏氧化诱导期的大小取决于抗氧剂的含量，从表 5-4 中可以看出光纤油膏中抗氧剂的含量对 OIT 的影响。从表 5-4 中也可见析氢与氧化反应之间的关系，加入适量的抗氧剂，不仅大大增加氧化诱导期，也大大减小了析氢值。

表 5-4　OIT 与抗氧剂含量的关系

(摘自英国 UNIGEL 资料)

抗氧剂含量	析氢 H_2/(cm^3/kg)(24 天，40℃)	OIT/min
0	34	7
0.2%	< 0.5	>20

氧化诱导期的测量方法可按 ASTMD3895 进行，笔者在差热分析仪上测量光纤油膏样品的 DSC 曲线(差示扫描量热法，Differential Scanning Calorimetry)，来得到其 OIT 值。具体方法如下：取油膏样品 3～5mg，放入铝碟，装进差热分析仪的炉内，通以流量为(60±5)ml/min 的氮气，以每分钟 10℃的速率升温至(190±0.5)℃，恒温几分钟后，切换氮气为氧气，流量不变，读出开始通氧气时起到油膏发生氧化反应时的时间，即为氧化诱导期，如图 5-5 所示。

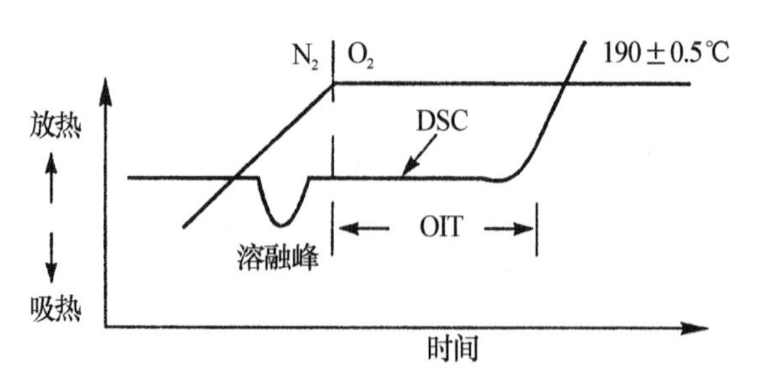

图 5-5 光纤油膏的 OIT 测量曲线

图 5-5 中 DSC 曲线是一根吸热一放热曲线,当温度从室温开始上升时,油膏样品在熔融温度下发生吸热熔化,因油膏是个多组分材料,各组分熔点不尽相同,因而熔融峰的温度范围较宽。当油膏样品开始氧化时会产生放热反应,从而很方便在 DSC 曲线上读出 OIT 值。

光纤油膏的滴流性能并不是油膏的内禀性能,它除了与油膏的有关性能相关外,还与光缆的结构有关。在光缆使用中为保持其性能的长期稳定,光缆油膏的滴流性能是一个十分重要的指标。油膏滴流性能主要取决于其屈服应力和油分离。为保证油膏在高温下不滴流,需适当提高屈服应力,减小油分离。此外,适当提高油膏的黏度也有助于改善滴流性能。正因为光纤油膏的滴流是一个二次性能参数,其试验条件和方法需根据光缆的使用环境和结构而定。通用的试验方法可按 FOTP－81(Compound Flow Drip Test for Filled Fiber Optic Cable)进行。商用光缆的滴流试验温度在 65～80℃ (24 小时),军用光缆可高达 150℃ (6 小时)。具体的试验条件,包括光缆试样的制备、端部处理,应当根据光缆实际使用条件,由用户和光缆制造商商定。

5.5.2 光纤油膏必须适应光缆工艺要求

为适应于光纤二次套塑工艺中油膏的充填,油膏必须有良好的触变性,具体来说,应当对选用的油膏切薄指数(Shear Thinning Index)有一个适量的指标。笔者建议,应当根据光纤二次套塑工艺中,光纤油膏在充填系统中实际受到的平均剪切速率(1/s),换算到 Brookfield 黏度计的相应转速(rpm),按 ASTMD2196 的相关规定来测定油膏的有效切薄指数(Effective Shear Thinning Index),比较各种品牌的光纤油膏的有效切薄指数,以对其可泵性进行量化判定。

光纤油膏的另一个重要指标是锥入度(Cone Penetration),它是油膏稠度(即软硬程度)的度量。其测量方法为:在规定的温度和载荷下,锥入度计的标准圆锥体(重 150g)在 5 秒内垂直沉入油膏试样的深度,称锥入度,以 1/10mm 为单位。具体测量方法可按 GB/T 269—91进行。锥入度愈大,稠度愈小,反之亦然。与光纤油膏的黏度相比,锥入度是一个更直观而容易检测的指标。在二次套塑中,不同外径的光纤松套管需采用不同锥入度(在 25℃时)的光纤油膏。按笔者经验,对于外径小于 3mm 的光纤松套管,光纤油膏的锥入度应在 410 1/10mm 左右为宜,对于外径在 10mm 左右的带纤松套管锥入度应减小到 330 1/10mm 左右。应当指出:光纤油膏的锥入度和黏度是两个不同的性能参数,两者之间没有一定的相关性。例如光纤油膏的高温滴流的改善是通过减小油分离，提高屈服应力，以及适当提高黏度，但不等于要减小锥度(即提高稠度)。

5.5.3 光缆在低温使用时对光纤油膏的要求

通信光缆的最低使用温度取决于光缆的使用环境和敷设方式。商用光缆的极限低温通常为−40℃，特殊场合可能更低，如我国北方大兴安岭林区的架空光缆的极限低温可达−55℃。军用光缆的极限低温也为−55℃。在低温下使用的光缆，要求光纤油膏在极低温时仍能保持足够的柔软性，从而使光纤能得到良好的机械缓冲保护作用，不然的话，光纤在僵硬的油膏中将产生严重的微弯损耗。因此，光纤油膏在极限低温下应能保持一定的锥入度。据报道：对于极限低温为−40℃的商用光缆，为使其光纤损耗不致明显增加，−40℃时的光纤油膏的锥入度不应小于200 1/10mm。

光纤油膏的低温锥入度几乎完全取决于基础油的性状。如前所述，矿物油的低温性能较差，合成油较好，硅油最好。通常考虑到材料成本，极限温度为−30℃者，采用矿物油；−40℃者，可采用矿物油和合成油混合使用；−50℃者需用合成油，−60℃者非硅油不可了。对于低温使用的油膏，必须采用低倾点、低凝点的基础油。采用合成油时其玻璃化转变温度及结晶温度均需低于极限低温。

在低温下光纤油膏的屈服应力对于缓冲光纤在松套管中的机械晃动有很大意义，屈服应力从常温到低温时的变化情况，可从某品牌的屈服应力实测数据来加以说明：该品牌光纤油膏在常温(25℃)时的屈服应力为11Pa，而在−40℃时为66.2Pa。应当说这是一个比较合理的数值。

5.5.4 光纤油膏对光缆结构材料的相容性(compatibility)

优质的光纤油膏必须对有关的光缆结构材料有良好的相容性。这些材料包括：光纤、松套管材料如PBT，PP，PC等。光纤油膏的相容性的测量方法是将有关材料制成一定的试样，按规定的时间和温度浸润在光纤油膏中，然后测量该材料浸润前后的参数变化。各种材料的相容性试验参数为：

(1) 松套管材料：PBT，PP，PC

试验参数包括：

Ⅰ　重量变化

Ⅱ　拉伸性能(包括屈服强度、断裂强度、断裂伸长)变化

Ⅲ　氧化诱导期变化

(2) 光纤

试验参数包括：

Ⅰ　光纤涂层材料的重量变化

Ⅱ　光纤涂层的弹性模量的变化

Ⅲ　光纤涂层的玻璃化转变温度的变化

Ⅳ　光纤涂层的固化度的变化

Ⅴ　光纤涂层剥离强度的变化

光纤油膏的相容性主要取决于基础油的性状,实际表明,矿物油和合成油都能满足通常相容性的要求,聚丙烯由于和矿物油、合成油均为碳氢化合物,因而容易吸油溶胀。因此在用PP作为光纤松套管材料时,需用专用的光纤油膏。例如采用高黏度的聚α一烯烃作为基础油,可以大大提高其对PP的相容性。聚α一烯烃对光纤涂层的相容性也优于矿物油。

下面着重讨论光纤油膏对光纤涂层的相容性。

在光纤松套管中,光纤是直接浸润在光纤油膏之中的,显而易见,光纤油膏对光纤涂层的相容性当在首要考虑之列。在光纤松套管中与光纤油膏直接接触的可能有光纤复合涂层、光纤着色层和带纤涂层(Ribbon Matrix Materials)三种。通常这三种涂层均为同类基料所组成,即紫外光固化的丙烯酸酯:包括聚氨酯丙烯酸酯、环氧丙烯酸酯或两者的混合物、聚丁二烯丙烯酸酯等。涂层原料由丙烯酸酯低聚物(预聚物)单体(稀释剂)和光引发剂(如苯偶姻或其衍生物)组成。光纤着色剂还包括颜料添加剂。当涂料成形固化时,在紫外光固化反应中,预聚物(或多官能单体)通过打开双键形成体状分子交联网络。表征这种交联程度的高低有两个参数:两个交联点之间分子链段的平均分子量M_c和交联密度ν(即单位体积中交联单元的数目)。显然,这两者是成反比的,即$\nu\propto 1/M_c$。交联程度愈高,M_c愈小,ν愈大,反之亦然。这两个交联网络参数可以决定涂层的机械性能,如硬度和弹性模量,以及涂层与油液(溶剂)的相互作用等。例如,在光纤复合涂层中,一次(内)涂层交联程度较低,M_c大,ν小,故涂层较软,弹性模量较低,用以缓冲光纤微弯。而二次(外)涂层交联程度较高,M_c小,ν大,因而涂层有足够的机械强度,对光纤起机械保护作用,并能抵抗光纤油膏中的油液对其的溶胀作用。

光纤涂层(包括光纤复合涂层、着色层和带纤涂层)与光纤油膏中基础油的相互作用程度取决于涂层的化学组成和固化程度(交联密度)、基础油的化学组成和分子体积、浸润的时间和温度。

当光纤涂层的化学组成确定后,其成形时的紫外固化程度对其与光纤油膏的相容性将起关键作用。光纤涂层固化愈好,愈不易受油液的侵蚀,相容性愈好。特别是光纤着色层,如固化不好,着色层很容易被油液侵蚀,时间一长,颜色消退,最后,光纤表面的着色层将不复存在。对光纤带而言,带纤涂层是光纤的第一层屏障,必须有良好的固化才能保持其长期使用的性能。光纤涂层的固化度可用红外富里埃分析法或差热分析法进行测定,在光缆厂中,通常可用丁酮擦拭法进行定性检测。

光纤涂层之类的交联网状聚合物可通过直接接触吸收一定量的油液,这种油液的吸收称为溶胀(Swelling)。这种溶胀过程本质上类似于油液与线性聚合物混合,而形成聚合物溶液的过程。聚合物与油液的混合的倾向(通常用混合熵表示)受制于混合热(焓)对它的促进或抑制作用。

混合热(焓)是聚合物/油液相互作用能量的一种度量,通常用一个无量纲的参数χ(chi)来表示。χ为负值时,表示聚合物/油液的相互作用有利于两者的混合,而χ为正值时表示聚合物/油液的相互作用抑制两者的混合。当聚合物网络吸收油液溶胀时,聚合物交联链段伸展而产生一种弹性收缩力(相当于橡胶弹性体中的收缩力),当这种收缩力与油液吸收的驱动力相平衡时，就达到溶胀平衡态，聚合物的油液吸收即达到饱和。

因此，在光纤油膏的配制中，应当对基础油与光纤涂层的相互作用参数 χ 进行测定，用以判断光纤油膏对光纤涂层的相容性，据此可以选择合适的化学组分来配制高质量的光纤油膏。关于 χ 参数的原理，详见本章附录。

5.5.5　光纤油膏的滴点(Dropping Point)

滴点是反映光纤油膏热性能的一个指标，油膏在规定的条件下加热，油膏随温度升高而变软，从脂杯口滴下第一滴时的温度称为滴点。油膏熔化成液体后即失去功能。滴点的高低表示油膏在使用时所能受热的程度。光纤油膏的滴点一般高于光缆使用温度15～20℃即可。滴点测定可按国家标准(GB 4929—85)进行。

应当指出，光纤油膏的滴点(Dropping Point)和光缆的滴流性能(Drip Test)是完全不同的概念，两者无任何相关性。不能认为油膏滴点愈高，光缆愈不容易滴流。滴点的大小究应几何？笔者注意到各种品牌的光纤油膏的滴点大小不等，如表 5-5 所示。

表 5-5　不同牌号光纤油膏的滴点指标例示

光纤油膏牌号	滴点/℃
LA444，DAEWON OP100-400	≥150
BUIL OS777	≥170
SYNCOFOX 415	≥200
UNIGEL　400N	≥220
RHEOGEL220PRC NAPTEL OP103，OP303	≥250
BUFFERITE 117 Series	>343

实际上，光纤油膏的厂商根据自身的技术特点，通过原材料、配方和工艺的选择，研制出不同品牌的油膏产品，除了满足一般的基本性能要求外，都有所侧重，以突出其品牌的优势。因而，不同品牌的光纤油膏产品，不仅是滴点，还有其他性能指标都不尽相同，以满足不同用户的要求。作为光缆制造厂商，在选用光纤油膏时，当然也是根据自身光缆产品的使用要求，结合价格因素来选定某种品牌的油膏。以滴点指标为例，普通的商用光缆，最高使用温度在 60～80℃。光纤油膏在二次套塑工艺、充填松套管的过程中也不会长期处于 100℃以上，因此，滴点高于 150℃的光纤油膏完全可以使用。而在军用光缆中，使用温度就可能高达 150℃，当然要选用更高滴点的光纤油膏。由此可见，光缆使用条件的多样性决定了油膏性能的多样性。奇怪的是，多种国际品牌的光纤油膏为了进入中国市场，必须通过样品测试，要符合中国的试验标准，不然有可能被认定为产品不合格。例如中国的试验标准中，滴点要大于或等于 220℃，有些品牌的油膏为了将滴点提高到 220℃以上，不惜付出降低低温性能、提高酸值、提高比重、降低锥入度等代价，弄得面目全非。这样一来，国际上五花八门的油膏品牌到了中国不得不变得整齐划一的了。据笔者所知，除了光纤以外，没有任何国际标准对一种光缆结构材料规定过一个统一的指标。笔者并不反对光纤油膏产品应当有权威测量机构的实测数据，但这种

测量数据应该用以验证该品牌油膏的技术规范是否属实,而不是用一个绝对的标准去判其合格与否。

5.5.6 光纤油膏的其他性能

1. 挥发度(Volatility)

光纤油膏的挥发度是衡量油膏在使用和贮存期内,由于基础油的挥发导致油膏变干的倾向。因而挥发度的大小主要取决于基础油的性质。油膏的挥发度会限制油膏的充填温度及影响油膏与松套管材料的相容性。光纤油膏经长期挥发后,将引起稠度变高,滴点降低,酸值增大,油分减小,从而影响其使用寿命,故要求光纤油膏的挥发度愈小愈好。合成油聚 α-烯烃、聚异丁烯的挥发度比矿物油低。

测量光纤油膏的挥发度可按国标 GB/T 7323—92 进行。

此法是将光纤油膏试样装在专门的蒸发器中,置于规定的恒温浴中,以热空气通过试样表面,经 24 小时,根据试样的失重计算挥发损失,以质量分数表示。

2. 闪点(Flash Point)

闪点是表示可燃性液体性质的指标之一。在规定的条件下加热油膏,当油膏达到某温度时,油膏的蒸气和周围空气的混合气体与火焰接触,即会发生闪火现象,最低的闪火温度谓之闪点。通常用开杯闪点法,按国标 GB/T 287—88 来测量光纤油膏的闪点。油膏闪点的高低取决于基础油质量的轻重,或基础油中是否混入低质量的组分及其含量大小。轻质油或含轻质组分多的基础油,其闪点就低,反之亦然。光纤油膏的闪点与其挥发度也有一定联系,闪点低,挥发度就大,将影响油膏的长期使用性能。光纤油膏的闪点应不低于 200℃。

3. 酸值(Acidity)

酸值又称总酸值(Total Acid Value)。光纤油膏的酸值是表示油膏中游离酸的含量。中和 1g 油膏所需的氢氧化钾的毫克数即为酸值,单位是 mgKOH/g。

酸值的测量方法可按 GB/T 264－83 或 GB/T 7304－87 进行。光纤油膏组分中,有一定的酸性添加剂时,有一定的酸值是正常的。但酸值太大,表示游离酸含量过大,有可能对光纤涂层和松套管材料产生腐蚀作用。光纤油膏在长期的贮存和使用过程中氧化变质时,酸值也会增大,因此酸值大小的变化也可作为油膏氧化安定性的衡量依据。

4. 析氢(Hydrogen Generation)

氢气对光纤损耗的影响是一个传统课题,早在 20 世纪 80 年代初就发现,当氢分子侵入光纤会使光纤引起可逆性或永久的损耗的增加;当氢分子侵入光纤达到一定的分压时,光纤损耗增加,分压下降氢分子逸去后,损耗下降;当氢分子陷落到光纤玻璃的缺陷部分,会发生化学反应生成 OH 离子,使 OH 吸收峰及谐波长上损耗增加,导致工作波长上光纤损耗的相应增加,这种氢损是永久性的。对氢损机理的研究,促进了光纤掺杂材料及光纤涂层的改善。现代的单模光纤受氢气的影响已得到很大的改进。在光缆结构中,由于金属材料的电化腐蚀以及聚合物的降解均会产生氢气,氢气通过渗透和扩散侵入光纤。在松套管式光缆中,显然光纤油膏差不多是最后一道屏障了。光纤油膏在其20～30年的寿命期内的氧化析氢，加上光缆其他部分产生的氢气，聚集在光纤的周围将对光纤的氢损造成潜在的威胁。所以析氢是光缆制造技术中的一个综合性课题，例如为了减小金属物件的电化腐蚀，采用磷化钢丝代替镀锌钢丝；提高聚合物材料的氧化安定性；采用优质阻水材料提高光缆的抗渗水能力。对于光纤油膏本身则要降低析氢值，降低酸值，提高氧化诱导期，加强氧化安定性。有的品牌的光纤油膏在配方中还增加俘氢添加剂(Hydrogen Trapping Additives)作为氢气清除剂去吸收光纤油膏中游离的氢根。通常作为测定标准，在80℃，24小时的测量条件下析氢值拟应小于0.1 μL/g。

光纤油膏采用的均为憎水材料，加上合适的工艺控制，其含水量及抗水性指标均易得到保证。光纤油膏的组分材料均为介质材料，因而其介电性能如：介电常数、介质损耗因子、体积电阻率均易满足使用要求。光纤油膏的比重主要取决于基础油的选用，它有经济上的意义，但不是一个主要的质量指标。

附录：关于聚合物/油液相互作用参数χ(chi)的原理

(Ⅰ)溶胀理论

当溶剂(油液)与(无定性和各向同性的)聚合物网络混合时，其自由能的变化由两部分组成：混合自由能 ΔF_M 和由于聚合物网络膨胀产生的弹性自由能 ΔF_E，因此油液和聚合物混合时总的自由能变化可表示为

$$\Delta F_T = \Delta F_M + \Delta F_E \tag{1}$$

从聚合物溶液的统计热动力学理论可得混合自由能为

$$\Delta F_M = kT(N_1 \ln\varphi_1 + \chi_1 N_1 \varphi_2) \tag{2}$$

式中，k 为玻兹曼常数($k=1.380662\times10^{-23}$)；

T 为绝对温度(K)；

N_1 为液体分子数；

φ_1 和 φ_2 分别为液休和聚合物的体积分数。

弹性自由能可从橡胶弹性理论(假设在各向同性形变条件下)得到为

$$\Delta F_E = \left(kT\frac{v_e}{2}\right)(3\alpha_s^2 + 3 - \ln\alpha_s^3) \tag{3}$$

式中，v_e 为聚合物网络的有效链段数；

$\alpha_s(\alpha_x=\alpha_y=\alpha_z)$ 是线性形变因子。

在溶胀平衡时，总的混合自由能的变化相对于液体分子数有最小值：

$$\left(\frac{\partial \Delta F_T}{\partial N_1}\right)_{T\cdot P} = 0 \tag{4}$$

此表示式定义了一个溶剂(或聚合物)在溶胀平衡时的组成。

将式(2)，(3)代入式(4)，可得

$$-[\ln(1-\varphi_{2m}) + \varphi_{2m} + \chi_1(\varphi_{2M}{}^2)] = V_M\left(\frac{v_e}{V_0}\right)\left(\varphi_{2m}^{1/3} - \frac{\varphi_{2m}}{2}\right) \tag{5}$$

式中，φ_{2m} 为溶胀平衡时，聚合物的组分；

V_M 为油液的摩尔体积;

V_0 为溶胀聚合物的网络体积。为了方便起见,这里定义一个溶胀率 q,它表示溶胀后和溶胀前聚合物的体积比值V/V_0或$1/\varphi_2$,由此,在溶胀平衡时,溶胀率为

$$q_m = 1/\varphi_{2m} \tag{6}$$

将式(6)代入式(5),并略去高阶项,可得溶胀率与油液和聚合物参数间的近似关系:

$$(q_{2m}^{5/3}) = \frac{V_0}{v_e} \cdot \frac{\left(\frac{1}{2} - \chi_1\right)}{V_M} \tag{7}$$

此式表示溶胀平衡率取决于溶剂(油液)的质量(以聚合物/油液相互作用参数 χ_1 表示);溶剂的摩尔体积 V_M;以及聚合物交联密度 v_e。

(Ⅱ)聚合物/油液相互作用参数 χ

高分子溶液的自由能可表示为

$$\Delta F_M = \Delta H_M - T\Delta S_M \tag{8}$$

式中,ΔH_M,ΔS_M 分别为高分子溶液的混合热(焓)和混合熵。

Flory-Huggins 借助于似晶格模型,运用统计热力学方法推导出高分子溶液的混合熵和混合热(焓)等热力学性质的表示式:

(1) 混合熵:

$$\Delta S_M = S_{溶液} - (S_{溶剂} + S_{聚合物}) = -k[N_1 \ln\varphi_1 + N_2 \ln\varphi_2] \tag{9}$$

式中,φ_1 和 φ_2 分别表示液体和聚合物在溶液中的体积分数;

N_1 和 N_2 分别为液体和聚合物的分子数。

如果用摩尔数 n_1,n_2 替分子数,上式可化为

$$\Delta S_M = -R(n_1 \ln\varphi_1 + n_2 \ln\varphi_2) \tag{10}$$

式中,R 为万有气体常数,$R = kN_A$;N_A 为阿佛伽德罗常数。

$N_A = 6.022045 \times 10^{23}\,\text{mol}^{-1}$, $R = 8.31441\,\text{J/(mol} \cdot \text{K)}$

(2)混合热(焓):

$$\Delta H_M = kT\chi_1 N_1 \varphi_2 = RT\chi_1 n_1 \varphi_2 \tag{11}$$

聚合物/溶剂的相互作用参数 χ,又称 Huggins 参数,它反映高分子与溶剂混合时相互作用能的变化。$\chi_1 kT$ 的物理意义表示:当一个溶剂分子放在高聚物中去时,可引起的能量变化;或者可以说 χ_1 表示一个溶剂分子引起的相互作用热(焓)除以 RT。

在 Flory-Huggins 模型中混合热(焓)有一个理想值,即 $\Delta H_M = 0$,这时,总的混合自由能将完全由混合熵来决定。这样,相互作用参数 χ(chi)就可以定义为:实际系统与理想模型($\Delta H_M = 0$)的偏差,即表示非零混合热(焓)的大小。χ 提供了一个对特定的聚合物/油液系统的相互作用的一个经验测量值。将式(10)对 φ 求导,可得到 χ 的最大理论值 χ_c;当 $\chi < \chi_c$,聚合物和溶剂在整个浓度范围内均可混合。

$$\chi_c = \frac{1}{2}\left(1 + \frac{1}{r^{1/2}}\right)^{1/2} \tag{12}$$

式中,r 是聚合物摩尔数对油液摩尔数的平均数的比值。

由上式可见，对于高分子量的聚合物($r\gg1$)，χ_c 为 0.5。

在 Flory-Huggins 似晶格模型的推导中，有几个假设性前提，因此，大多数聚合物/油液系统呈现与 Flory-Huggins 模型的偏差。但是，参数 χ 的实验值和它们的分子量，温度和组分关系对于聚合物/溶剂相互作用的本质和程度仍不失是有一种有用的指示。

相互作用参数 χ，可进一步考虑为：由两部分组成，它们分别表示实际系统与理想模型的热焓和过量熵相互作用的偏差：

$$\chi=\chi_H+\chi_S \tag{13}$$

为了方便起见，Flory 引进一个参数 θ，其定义为

$$\theta=\frac{kT}{\psi} \tag{14}$$

θ 是温度，又称“Flory 温度”，这是一个临界温度，在此温度下，无限大分子量的聚合物可以完全溶解在溶体中，这里有关系式：

$$\chi_H=k$$

$$\chi_S=\frac{1}{2}-\psi \tag{15}$$

式中，k 为热参数；ψ 为熵参数。

在温度 θ 时，$\chi=0.5$，对于某些聚合物/液体系统，温度 θ 相当于一个上限温度，在这类聚合物/液体组合中，χ 参数因吸热溶解过程随温度而减小。χ 的熵参数 χ_S 通常是一个数值约为 0.3 的常数，如 χ_S 大于 0.5，χ_H 对于完全溶解必须是负值。因此，χ_H 的正值表示可溶性差，χ_H 为零或大的负值则表示聚合物/液体的相互作用有利于溶解。

当高分子溶液的温度达到温度 θ 时，其热力学性质与理想溶液没有区别。这时，可用有关理想溶液的定律来处理高分子溶液。但是，真正的理想溶液在任何温度下都呈现理想行为，而为温度 θ 的高分子溶液，只是热和熵两者效应刚巧相抵消($k=\psi\neq0$，故有 $\chi-\chi_H+\chi_S=\frac{1}{2}-\psi+k$，$\chi=0.5$)，所以温度 θ 相当于实际气体的 Boyle 温度，在高分子科学中，θ 溶液是一种假设的理想溶液。

(Ⅲ)χ 参数的测量

聚合物/油液相互作用参数，可通过聚合物/油液系统的某些性能来实验确定之，这些性能参数如液体蒸气压的下降；凝固点的下降；沸点的升高；渗透压；光的散射和溶体黏度等。对于在溶胀平衡条件下的交联聚合物，χ 可利用 Frekel-Flory-Rehner 方程，从聚合物的体积分数 φ_2 求得

$$\ln(1-\varphi_2)+\varphi_2+\chi(\varphi_2)^2=\frac{V_1\rho_2}{M_C}\left(\frac{\varphi_2}{2}-(\varphi_2)^{1/3}\right) \tag{16}$$

式中，V_1 为液体的摩尔体积；ρ_2 为聚合物密度；M_C 为聚合物交链段平均分子量。

参考文献

[1] Costello M, Debska A, Eckard A, et al. Polymeric Optical Cable Filling Compounds. 7th

International Wire and Cable Machinery Exhibition and Conference, 1996.

[2] Alvin C Levy, et al. Filling Compositions for Optical Fiber Cable and Cable Containing the Same. US Patent 527657. 1994.

[3] StenleyKanfaman, et al. Optical Fiber Cable Provided with Stabilized Water-blocking Material. US Patent 5285513. 1994.

[4] ASTM D2196—86 1991, Standard Test Methods for Rheological Properties of Non-Newtonian Materials by Rotational (B)rookfieldViscometer.

[5] O S Gebizlioglu. L M Plitz. Self-stripping of Optical Fiber Coating in Hydrocarbon Liquids and Cable Filling Compounds. Optical Engineering,1991,30(6): 749-762.

[6] Bellcore GR-20-core 1998, Generic Requirements for Optical Fiber and Optical Fiber Cable.

[7] Quality Gel for Optical Cable Protection . UNIGEL Telecommunication Co. LTD.

[8] A New Generation of Filling Compounds for Metallic Tubes . Technical Documentation ,Seppi.

第6章　干式光缆及其结构材料

干式光缆是采用干式阻水材料，如阻水带、阻水涂覆层，来代替传统的光缆油膏以达到光缆阻水的目的的一种光缆。这种干式光缆在近年来得到很大发展，本章讨论干式光缆的结构形式及其构成材料。

6.1　光缆的渗水保护

光缆的设计和制造中如何防止光缆的渗水一直是一个重要课题。光缆的渗水保护分为两部分：一是横向渗水保护。由于光缆内外的蒸气压梯度，在潮湿的环境中，光缆外的潮气或水分会向光缆内渗透和迁移。光缆的塑料护套，严格地讲，无法长期阻止潮气的侵入。潮气一旦侵入光缆，会引起金属附件的锈蚀，进而电化析氢，不仅会使金属部件腐蚀，也将引起光纤损耗增加，影响光纤长期传输性能的稳定性。为了防止光纤的横向渗水，通常采用纵包铝带或钢带结构，铝带主要是用来防止横向渗水，钢带因有一定机械强度，所以除了用以防止横向渗水外，还可提高光缆的机械强度，特别是提高光缆的抗压强度，有时还可以作为光缆防鼠咬的机械屏障。二是纵向渗水保护。光缆在敷设使用中，由于光缆保护层的局部破损，或光缆连接处的意外渗水等原因，水分侵入光缆，会沿着纵向渗透，不仅会影响光缆性能，累积的水还会进入接头盒、终端设备，破坏整个通信线路的工作。光缆的纵向渗水保护，传统的方法是采用充填光缆油膏(Flooding Compound)(光纤松套管内的充填油膏俗称光纤油膏以资区别)来堵塞光缆结构中的空隙，以阻止水在光缆中的流通，在ADSS光缆或其他非金属光缆结构中，由于不能采用铝带或钢带保护结构，实际上，阻水光缆油膏起到了纵向及横向阻水的双重作用。光缆油膏通常是由基础油、增稠剂、抗氧剂配制而成，也可加入吸水树脂构成遇水膨胀型阻水油膏。此外，还有遇热膨胀型光缆油膏以及微珠(发泡型)油膏等，适用于各种结构部分的阻水要求。光缆油膏在我国已有十多年的应用历史，工艺设备均已成熟，阻水效果也很好。但是在光缆的制造过程中，以及在光缆敷设工程中的剥头、连接、分支的操作中，由于光缆油膏的强黏性，仍十分不便。近年来，采用阻水带、阻水纱、阻水涂层等干式阻水材料代替光缆油膏来制成的干式光缆(Dry Cable)，或称干芯光缆(Dry Core Cable)，在国内外得到了很快的发展。由于干式光缆中没有黏性的光缆油膏的存在，为光缆制造，特别是光缆敷设工程，带来了很大的方便，也节省了操作时间，光缆本身也减轻了重量。充填光缆油膏阻水及干式阻水两种阻水方式的比较，如表6-1所示。

表 6-1 两种阻水方式的比较

项 目	充填光缆油膏型光缆	干式光缆阻水型光缆
生产环境清洁情况	差	好
材料搬运	重桶	轻包装
工艺准备	慢	快
生产设备需求	复杂	简单
阻水性能	好	好
长期可靠性	好	好
氧化影响	有	无
阻水机理	被动	主动
光缆重量	重	轻
生产成本	视结构而定,可比拟	
光缆接续工程处理	不方便	方便

国内已有愈来愈多的光缆生产商采用了干式光缆的结构,光缆的行业标准 YD/T 901—2009"层绞式通信用室外光缆"对光缆的干式阻水结构已做了明确规定。本章拟对阻水材料的形式、干式光缆的结构、吸水树脂的原理以及干式光缆阻水的物理模型进行分析和讨论。

6.2 干式光缆阻水的结构材料

干式光缆中用作阻水的结构材料大概分为三类:阻水带、阻水纱和阻水涂层。阻水纱和阻水带是最为常用的材料。阻水结构材料通常由三部分组成:吸水树脂、基带和黏合剂。

吸水树脂常用的有聚丙烯酸酯、聚丙烯酰胺、聚乙烯醇、聚丙烯酸酯的共聚物、聚丙烯酸酯和聚乙烯醇的共聚物等。

基带材料则有无纺布、聚酯薄膜、铝带等。

常用的阻水带有双面绝缘阻水带、单面绝缘阻水带、覆膜阻水带等。双面绝缘阻水带是由两层无纺布中间充填以由聚丙烯酸钠和聚乙烯醇组成的吸水树脂层所构成。聚乙烯醇本身也是水溶性高分子树脂,它有优越的黏接和成膜性,通常也可作为聚酯纤维无纺布的黏合剂。其用量为纤维质量 3%~5%时,就可以生出高强度的无纺布。聚乙烯醇与多种高吸水性树脂有很好的相溶性,因此,在阻水带中作为黏合剂可形成高质量的吸水树脂层,并可防止粉尘的脱离现象。交联聚丙烯酸钠是在阻水带中最常用的吸水树脂,聚丙烯酸钠的聚合度在 105~106 时,有最好的形成水凝胶的水膨胀性。覆膜阻水带是双面绝缘阻水带的一面的无纺布被聚酯薄膜或铝带等基材所代替而构成的,但基带中至少应有一面是无纺布这类多孔性材料,以便渗入光缆的水容易透过无纺布与吸水树脂接触，而形成的水凝胶与纤维状的基材有较大的黏附力，从而提高阻水效能。阻水纱则是用聚酯纤维、聚丙烯纤维（有时还用尼龙纤维增强）等合成纤维以浸渍的方式与高吸水树脂相结合而组成的干式阻水材料。

阻水带可用纵包或绕包的方式，阻水纱可用平行放置或螺旋绕扎方式，置于光缆截面不同位置达到阻水目的。阻水涂层是指将吸水树脂粉，通过各类黏合剂加在金属或非金属基材上，或加到各种构成光缆部件的型材表面形成阻水层。

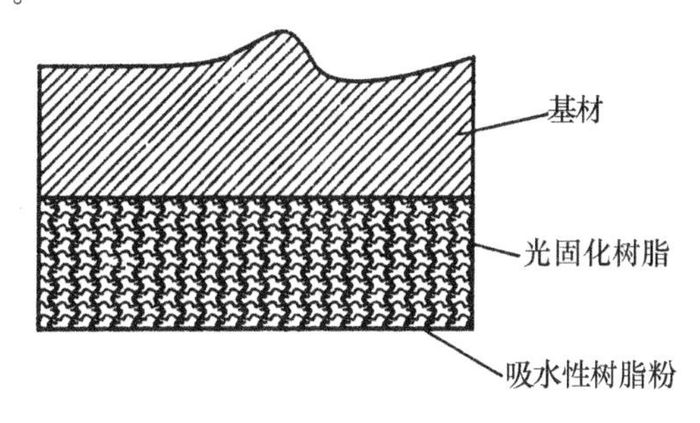

图 6-1　光固化阻水层

一种用光固化树脂作为黏合剂的阻水涂层的结构如图 6-1 所示。其中，基材可能是金属或非金属带或其他型材。光固化树脂可用氨基甲酸丙烯酸酯等作为紫外光固化材料。为了便于水的渗透，光固化树脂中应混以非相容性的固体填料、粉末或纤维材料，也可混以玻璃聚合物和微珠。此外，也可采用化学和物理发泡剂使光固化树脂形成多孔泡沫材料，还可以加入液态润滑剂（如聚氧硅烷，石蜡等）或固态润滑剂（如 Teflon）。润滑剂会渗到涂层表面，以减少光缆在弯曲和扭绞时，阻水涂层与相邻材料之间的摩擦力。

当阻水层与铝带相结合时，金属带的纵包层具有横向和纵向阻水的双重作用以及金属带自身的机械保护作用。阻水涂层与聚酯薄膜相结合，即被赋予阻水、隔热、高强度包扎等综合功能。阻水涂层与各种型材相结合便能实现阻水带和阻水纱所无法替代的阻水功能。详见下节图 6-2(f)。

通常，在阻水带和阻水纱制品中，吸水树脂的重量比不应小于 50%，以确保阻水效果。阻水粉的颗粒尺寸应均匀，通常在 100～300μm 的范围内。

在非金属光缆及 ADSS 光缆中作为抗张元件的芳纶纱和玻璃纱，也可制成阻水型材料，制作工艺与普通阻水纱相似，将芳纶纱或玻璃纱以浸渍方式与吸水树脂相结合，从而使这类材料兼有抗张增强又有阻水的双重功能。

6.3　干式光缆结构示例

各种结构形式的光缆均可制作成干式光缆（松套管内仍需要填充光纤油膏）。示例图 6-2，分别说明如下：

(a)GY(D)TA/GY(D)TS 松套层绞式光缆：

在加强芯和松套管之间的空隙内，置放两根阻水纱，在松套管和铝带/钢带纵包层之间，置放阻水带，阻水带可以绕包或纵包方式制作。

(b)GY(D)TA53 加强护层型层绞式光缆：

在加强芯和松套管之间的空隙内，置放两根阻水纱。在松套和铝带纵包层之间，置放阻水带（纵包或绕包），在内护套与皱纹钢带纵包层之间置放两根阻水纱（也可代之以纵包层阻水带)。

(c)GYXS中心束管式光缆:

在中心束管和钢丝加强件之间空隙中置放两根阻水纱,在钢丝加强件与铝带/钢带纵包之间置放阻水带(纵包或绕包)。

(d)GY(D)XW平行钢丝加强中心束管式光缆:

在中心束管与皱纹钢带层之间置放一阻水带纵包层。

(e)GYDGA骨架式带状光缆:

在骨架与铝带纵包之间置放一层阻水带。

(f)GYDGS骨架式带状光缆:

骨架式的外缘加上阻水涂覆层。

(g)GYFCY ADSS光缆:

在FRP中心加强件与松套管之间的空隙内,置放两根阻水纱。在松套管与内护套之间置放阻水带(纵包或绕包)。

(h)GYDA松管层绞式带状光缆:

在加强芯和松套管之间置放两根(或多根)阻水纱。在松套管和铝带纵包层之间置放阻水带,在松套管和阻水带之间的较大空隙中,置放有阻水涂覆层的填充棒。

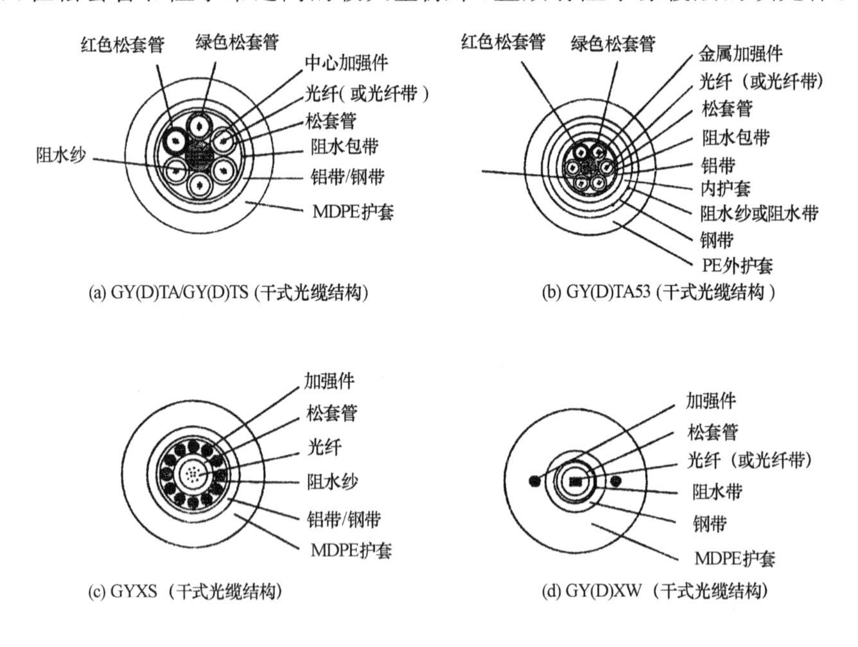

图6-2 干式光缆结构

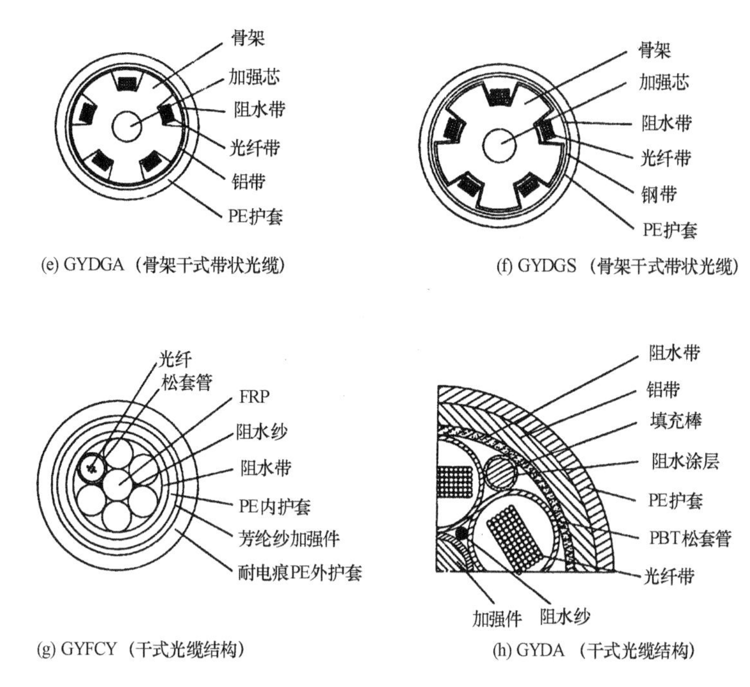

图 6-2　干式光缆结构(续)

6.4　光缆渗水的物理模型

从光缆截面来看，主要的渗水通道有两类：一是光缆加强芯与松套管之间的渗水通道(标称有效水力学半径约为 0.25mm)，二是光纤松套管和外包阻水带之间的渗水通道(标称有效水力学半径约为 0.5mm)。参见图 6-3。

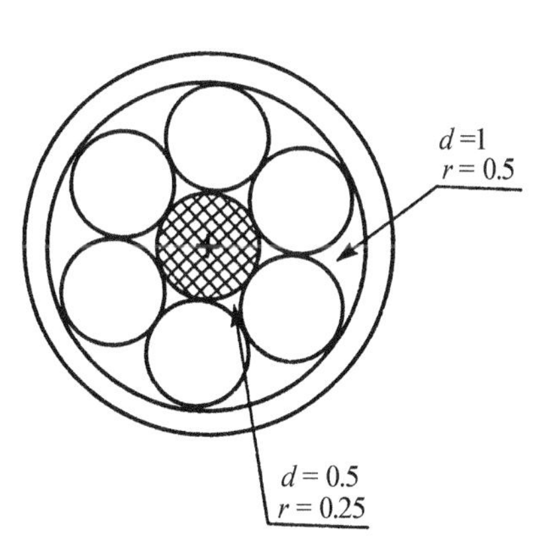

图 6-3　光缆渗水通道

6.4.1　短时阻水

按 Bellcore GR-20-CORE 要求，一米长的光缆样品在其一端加上一米高水柱的水头。要求 24 小时后，光缆的另一端无水渗出。见图 6-4。

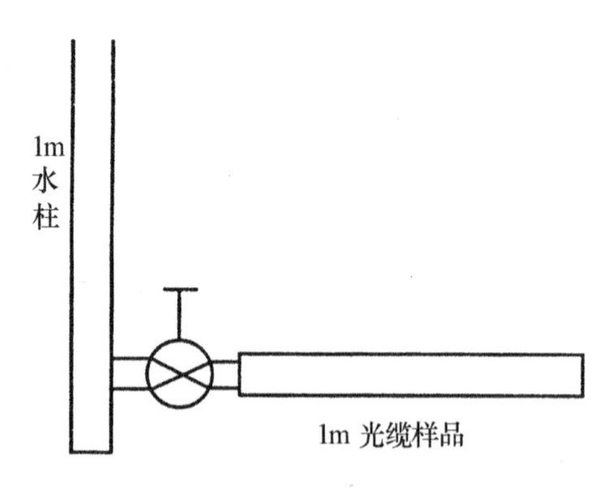

图 6-4　光缆的渗水试验

光缆中上述渗水通道的截面近似于一个曲边三角形，可以将其作为等效的圆形通道来处理，其半径 r_e 称为等效水力学半径。

这样，光缆中渗水的问题就简化为流体在圆形管道中的流动行为。如图 6-5 所示，取一长度为 L，半径为 r 的圆柱流体单元，在水头压力 P 作用下在管内流动，由于层流产生的流体层间的摩擦力，水柱两头的压力差(p_1-p_2)与圆柱体截面的乘积等于剪切应力 τ 与流体接触面积的乘积，故有

$$(p_1-p_2)(\pi r^2)=\tau(2\pi rL) \tag{6-1}$$

$$\tau=\frac{r(p_1-p_2)}{2L} \tag{6-2}$$

式中，τ 实际上是流体在管壁处的剪切应力。

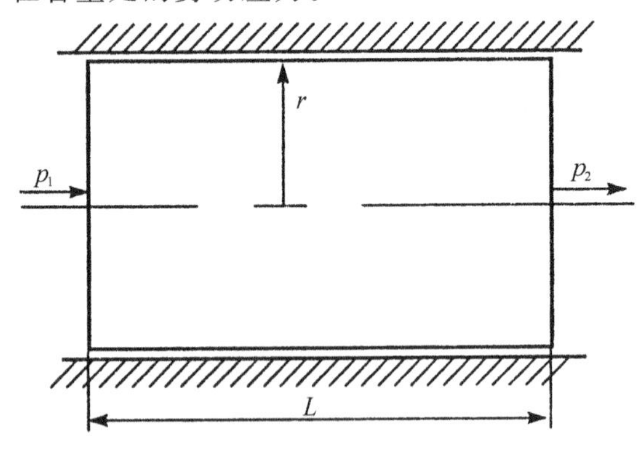

图 6-5　流体流动模型

再利用牛顿黏性定律

$$\tau=\mu\frac{\mathrm{d}u}{\mathrm{d}z} \tag{6-3}$$

式中，τ 为剪切应力(MPa)；

μ 为黏度(Pa · s)；

$\frac{\mathrm{d}u}{\mathrm{d}z}$ 为与平面流动方向垂直的速度梯度(s^{-1})。

经过简单的运算，可求得流体在圆形管道内做稳定层流的流量表示式，又称哈根一泊苏叶(Hagen-Poiseuille)方程：

$$Q=\frac{\pi r^4(p_1-p_2)}{8\mu L} \tag{6-4}$$

当光缆样品进行渗水试验时，一米水柱的水头加在光缆端部，水从渗水通道中流入，与此同时，光缆中的阻水带或阻水纱遇水膨胀，阻水材料的体积膨胀按指数规律进行：

$$V_{gel}=V_{max}(1-e^{-t/t_s}) \tag{6-5}$$

式中，V_{max}为最大膨胀体积，商用阻水材料的膨胀率在几十到几百之间。

t_s为阻水材料的膨胀时间系数，此系数应由阻水材料生产商给出。

当渗水通道中的阻水材料遇水膨胀时，渗水通道的有效水力学半径将逐步缩小，直到阻水材料膨胀形成的水凝胶将通道全部阻塞。此时，有效水力学半径r_e变为零，于是通道阻塞，渗水停止，这一过程可以下式描述：

$$r_e=r_{ini}\left[1-\frac{2V_{max}(1-e^{-t/t_s})}{V_{ini}}\right]^{1/2} \tag{6-6}$$

式中，r_{ini}为渗水前的有效水力学半径。

V_{ini}为渗水前的单元长度渗水通道体积：

$$V_{ini}=\pi r_{ini}^2$$

式(6-6)系数2是考虑到阻水材料遇水膨胀时沿着光缆长度方向的滞后效应。

当$t=t_1$时，$2V_{max}(1-e^{-t/t_s})=\pi r_{ini}^2$时渗水阻断。

由此可见，阻水材料的阻水能力，在一定渗水通道r_{ini}的情况下，取决于其最大膨胀率及膨胀速率。

6.4.2　长期阻水

我们将阻水材料遇水膨胀后形成的水凝胶阻水层视为一种高黏性的流体。那么，在光缆的使用寿命期(设为40年)内，从(6-4)式可见，在一米水柱的水头的持续作用下，小于一米的渗透长度的阻水层要达到长期阻水目的，则渗水通道愈大，要求阻水层的黏度也愈大。在式(6-4)中光缆长度L是时间的函数，将其在时间域上积分可求得渗水长度的表示式：

$$L(t)=\frac{r}{2}\left(\frac{p}{\mu}\right)^{\frac{1}{2}}t^{\frac{1}{2}} \tag{6-7}$$

由此式可求得，一米渗水长度的光缆段，在一米水柱的水头压力(9807Pa)下，阻水40年所需的阻水层黏度为：

0.77×10^6 Pa·s　　(当渗水通道$r_e=0.5$mm时)

1.9×10^5 Pa·s　　(当渗水通道$r_e=0.25$mm时)

阻水凝胶是一种半固体物质，属于一种非牛顿黏性流体，称为宾汉塑性流体(Bingham-Plastic Fluids)，其流动行为和牛顿流体有相似之处，即剪切应力与剪切速率呈线性关系。不同之处在于阻水凝胶具有屈服应力，即只有当剪切应力达一定值($r>\tau_P$)后，才开始流动。即有

$$\tau=\tau_p+\mu_p\frac{du}{dz} \tag{6-8}$$

式中，τ_p 即为阻水凝胶的屈服强度。当外加剪切应力 τ 小于 τ_p 时，它形如固体而无流动；当 τ 大于 τ_p 时，即外加剪切力破坏了水凝胶的分子内聚力，才能流动。外加剪切力 τ 可从式(6-2)中求得

$$\tau=\frac{rp}{2L} \tag{6-9}$$

式中，p 为外加水头压力；r 为阻水层半径；L 为阻水层长度。

阻水层在渗水通道中的长期阻水作用是靠两方面因素来实现的，一是阻水层的内聚力，即阻水凝胶的屈服强度 τ_p，二是阻水层与相邻光缆结构材料的黏结强度，即阻水凝胶与渗水通道管壁材料的黏接强度 τ_W。这里阻水凝胶通常是充填在光纤松套管(PBT 管)和阻水带基材之间的。显然阻水凝胶与 PBT 管壁的黏附力较低，所以必须要以阻水凝胶与阻水带基带材料之间的强的黏附力来增大 τ_W。实验表明，无纺布基材由于其多孔性和纤维网络结构，它与阻水凝胶的机械黏附力 τ_W 大于阻水凝胶本身的屈服强度 τ_p。因此，商用阻水带，至少有一面采用无纺布为基带材料制成，以达到足够的阻水凝胶与结构材料之间的黏结强度 τ_W。

因此，在下列条件下，阻水层可以达到理想的长期阻水目的：

$$\tau<\tau_P \tag{6-10}$$

$$\tau<\tau_W \tag{6-11}$$

式(6-10)表示，阻水凝胶有足够的强度抵御外加水压的侵袭；式(6-11)表示，阻水凝胶与管壁材料有足够的黏结强度抵挡外加水压的侵袭，不致形成阻水凝胶在通道中的中心平推流动。

应用式(6-9)可计算得到，渗水长度为 0.2 米时(这是通常光缆结构中短时渗水试验得到的渗水长度典型值)，在 1 米水柱的水压下，为达到长期阻水目的，阻水层必须具有的最小屈服强度 τ_p 和最小与管壁黏结强度 τ_W 都应大于下列数值：

13Pa (当渗水通道＝0.5mm 时)

6.5Pa (当渗水通道＝0.25mm 时)

由上述讨论可见：

(1)光缆的短时阻水(即 1 米水头试验)性能，主要取决于阻水材料的体积最大膨胀率和膨胀速率。

(2)光缆在使用寿命期内的长期阻水性能，主要取决于阻水凝胶的强度及其与管壁材料(基材)的黏结强度。

阻水材料(阻水带、阻水纱、阻水涂层)的上列主要性能，如最大膨胀率、膨胀速率、凝胶强度和基材黏结强度均需在材料规范中规定，并需规定相应的标准测量方法。阻水材料的这些性能还会随着水质和温度的变化而变化，这将在下面进一步分析。

6.5 吸水树脂的吸水原理

吸水树脂实际上就是交联的水溶性高分子化合物，最主要的水溶性高分子化合物有聚丙烯酸、聚丙烯酰胺、聚乙烯醇等。目前最普遍使用的高吸水性树脂就是由水溶性

的聚丙烯酸交联而成，因此高吸水性树脂的研究、制备都是在水溶性高分子基础上，把重点放在交联剂的选择、用量和交联反应的条件上。例如聚丙烯酸的交联剂有两类：一类是能与羧基反应的多官能化合物，如多元醇、不饱和聚醚、脲酯类、双酰胺类等；另一类为多价金属阳离子，如氢氧化物、氧化物、无机盐、有机金属盐等。

下面以常用的吸水树脂聚丙烯酸钠作为例子来说明吸水树脂的吸水原理。

聚丙烯酸钠是以甘油丙三醇作为交联剂形成的树脂，其结构式为

```
—CH2—CH—CH2—CH—CH2—CH—CH2—CH—CH2—CH—
      |       |       |       |       |
      C=O    COOH   COONa    C=O     COOH
      |                       |
      O                       O
      |                       |
      CH2                     CH2
      |                       |
      CHOH                    CHOH
      |                       |
      CH2                     CH2
      |                       |
      O                       O
      |                       |
      C=O    COONa   COOH     C=O    COONa
      |       |       |       |       |
—CH2—CH—CH2—CH—CH2—CH—CH2—CH—CH2—CH—
```

聚丙烯酸钠是一种聚合物电解质(Polyelectrolyte)，它在水溶液中电离出正负离子，这种正负离子分布是不均匀的，这里负离子 O^- 仍与聚合物链相连，而正离子 Na^+ 则在溶液中扩散。这时聚合物链上带负电的高分子离子 O^- 相互之间的排斥力，使高分子链伸展(溶胀)开来，使高分子的流体力学体积(Hydrodynamic Volume)迅速增大(见图6-6)，可达高分子体积的1000倍以上，即凝胶中的高分子浓度低于0.1%(体积分数)。同时，高分子链与水通过氢键的结合，使水分子被牢固地吸附在高分子的网状结构中，加上高分子网状结构的弹性，使其能膨胀吸附大量的水分子，形成水凝胶。同时，因为凝胶必须是电中性的，所以凝胶中的正离子(Na^+)不能自由地迁移到凝胶以外的溶剂中去，凝胶对反离子起到半透膜的作用。凝胶是高分子链之间以化学键形成交联结构的溶胀体，加热不能溶解，也不能熔融。它既是高分子的浓溶液，又是高弹性的固体。交联结构的高聚物不能为溶剂(这里是水)所溶解，却能吸收一定量溶剂(水)而溶胀，形成(水)凝胶。在溶胀过程中，一方面溶剂力图渗入高聚物内使其体积膨胀，另一方面，由于交联高聚物的体积膨胀导致网状分子链向三维空间伸展，使分子受到应力而产生弹性收缩能，力图使分子网收缩。当这两种相反的倾向相互抵消时，达到了溶胀平衡。高聚物在溶胀平衡时的体积与溶胀前的体积之比称为溶胀比。溶胀比除了与温度、压力有关外，很大程度上取决于高聚物的交联度。对优良吸水树脂而言，需有一个适当的交联度以获得最佳吸水能力(最大溶胀比)，交联度太大，吸水能力反而下降，交联度

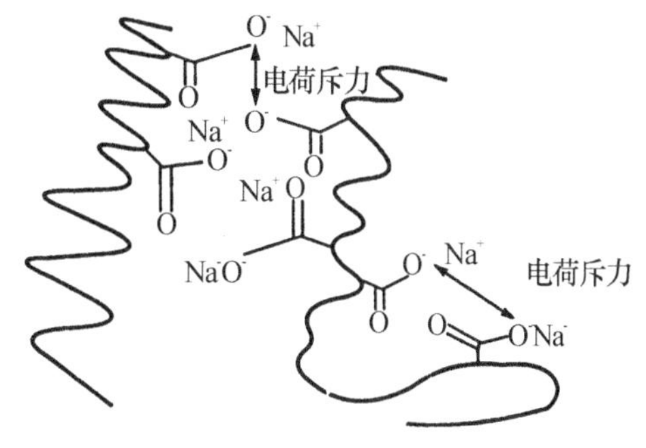

图6-6　交联聚丙烯酸钠吸水树脂的溶胀机理

太小,吸水树脂会被溶解。

吸水树脂的吸水机理,可以从物理和化学两个方面来描述。在物理层面上,通过物理吸附,水被吸附到聚合物的网络结构中去。在化学层面上,则在分子水平上进行聚合物链相互作用,羧基通过与氢键的结合吸附水分。

上述的羧基功能团的吸水树脂对纯水有很好的吸水作用,但对于海水,其吸水作用将大为减弱,这是因为羧基对 NaCl 或其他电解质很敏感。这可用渗透压(Osmotic pressure)来解释,因为吸水树脂是一种聚合物电解质,在吸水树脂网络和周围水液之间的渗透压梯度的大小决定了树脂吸水程度。正是树脂网络和水液之间的渗透压梯度驱使水分进入网络。现以下例物理现象来说明这一点:

如图 6-7 所示,将盛有糖溶液的胶棉袋悬挂至装有纯水的容器中,袋中的糖液的溶质浓度高,而袋外的水的溶质浓度低,从而造成了袋内外的浓度梯度,此浓度梯度产生了渗透压梯度从而驱使袋外的水分渗透进入袋内。这与吸水树脂内外的渗透压情景是一样的,当吸水树脂网络外的水换成海水后,网络内外的浓度梯度减小造成网络内外的浓度梯度减小,树脂的吸水能力下降。

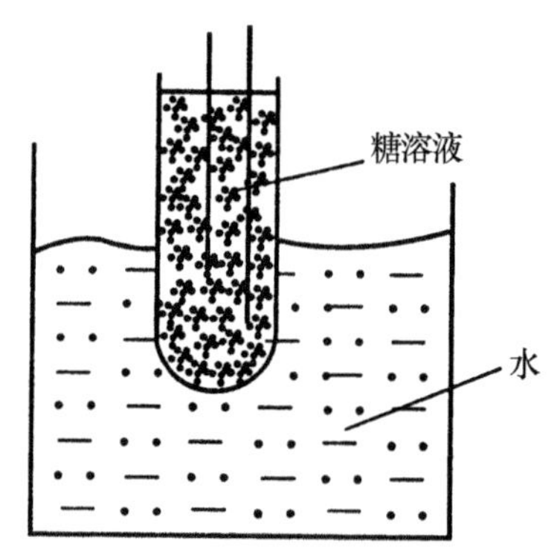

图 6-7 渗水的物理解释

凝胶之所以溶胀是内外存在渗透压的结果,溶胀平衡时渗透压为零。

吸水树脂对海水的吸收能力的减小的另一个原因是,海水中多价阳离子的络合作用。在多价离子的环境中,多价离子将同羧基形成配位化合物(络合作用),从而限制了聚合物链的扩展和羧基离子间的电荷排斥力,从而减小了水的吸收。

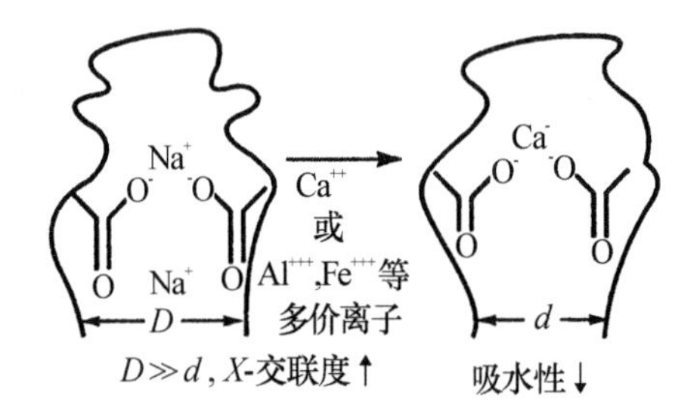

图 6-8 海水使吸收树脂的吸水能力下降

海水中可能存在少量的钙和其他多价阳离子,如图 6-8 所示,这些多价阳离子的正电荷与羧基上的负电荷相互吸引,并与羧基络合,这就大大地增加了吸水树脂分子链上的交联度,使其流体力学体积大为减小,破坏了最佳吸水相应的交联度,从而降低树脂的吸水能力。

为了改善对海水的吸收作用,就不能采用常规的以羧基为主导的吸水树脂。这方面已有大量研究工作的报道,这里介绍有关原理。

在对海水起阻挡作用的吸水树脂中,通常应包含某种离子基团或其衍生物,离子基团中包含的离子组分的溶度积比羧基的溶度积大得多,这种离子基团可选自磺酸盐、硫酸盐或磷酸盐。所谓溶度积是指在一定温度下,难溶电解质的饱和溶液中,各离子浓度幂的乘积,用 K_{sp} 表示,它是电解质沉淀—溶解平衡的平衡常数。溶度积愈小,其组分愈容易从溶液中析出并沉淀下来。在通常的阻水材料中,若以羧基为主,遇到钙、镁离子时(在海水中),由于羧基的络合,以及因为聚丙烯酸钙、聚丙烯酸镁(羧基)的低溶度积,钙、镁离子较容易存留在高聚物中;而在以磺酸盐、硫酸盐、磷酸盐中为主的吸水聚合物中,因其溶液度积高，钙、镁离子就不易留存。

为了减小对盐的敏感度，增加吸水功能，在吸水聚合物中还可加入反离子（平衡离子），反离子的作用是用来抵消原离子的负电荷。反离子通常选用铵、钾、铯，但不能用钠作为反离子，以避免在海水中的同离子效应（溶液中加入相同的离子导致降低原化合物的电离度）。

在改善对海水吸收特性的吸水聚合物中，除了采用上述离子基团及反离子外，还可辅助性地加入非离子组分，如羧基、酰胺、腈及它们的衍生物。这些组分是非离子性的，所以可以减小对盐浓度的敏感性。甚至还可加入一定量的羧基，虽然羧基对盐液是敏感的，但鉴于其很高的氢键形成能力，仍可以此增加吸水能力。

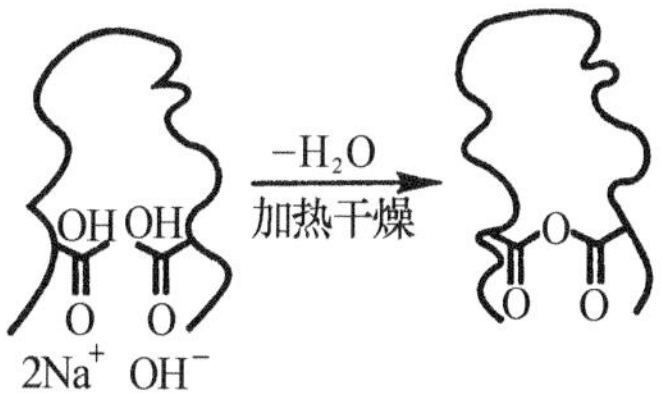

吸水树脂长期稳定除了上述水凝胶的强度 τ_p 外，还应具有热稳定性。水凝胶在热能的反复作用下，其羧基会脱水形成酸酐（见图 6-9）。由两个羧基形成的酸酐造成了聚合物链的交联，从而减小了吸水能力。在某种场合下，高温或高湿度还会破坏聚合物链的交联，两种情况均会破坏吸水树脂的最佳交联密度，从而使吸水性能减弱。为了提高吸水树脂的热稳定性，同样应尽量减少羧基，让羧基被磺酸盐一类的基团代替，后者在受热条件下形成了磺酸酸酐的可能性比前者小得多，这是因为磺酸的解离常数较高，从而使吸水树脂在受热环境中能维持最佳交联水平，其吸水能力也就不会受热量影响。

图 6-9　羧基脱水成酸酐

附议：关于全干式光缆的讨论：

在 2009 年行业标准 YD/T 901－2009“层绞式通信用室外光缆”中，对光缆的干式阻水结构已做了下列规定：在标准 4.1.1.2 款提出填充式，半干式和全干式两种光缆阻水结构型式。填充式和半干式结构的光纤松套管内均填充纤膏，光缆中其他间隙，前者填充阻水缆膏，后者放置阻水带、阻水纱等固态阻水材料。全干式结构除了在光缆中其他间隙放置固态阻水材料外，光纤松套管内也不填充纤膏，而放置阻水纱一类的固态阻水材料。因此本文探讨的干式光缆相当于标准中定义的半干式光缆。而笔者对标准中的全干式结构并不认同。

室外应用的光缆中，采用全干式阻水结构，对于使用者而言，确实能够带来很多的好处。干式阻水技术提供了更加高效且更为友好的工艺，而相比之下，如果需要对填充油膏的光缆进行清理，则必须使用清洁剂对光缆芯及光纤进行清洗，而该过程相当耗费时间。和清除凝胶过程完全不同的是，对于干式阻水材料而言，使用者只需要用剪刀就可以很快并且很简便地将其取出。干式阻水技术更利于简化熔接工艺，同时也利于使用扇出套件的端接。对于熔接和端接而言，安装准备、光纤光缆的准备工作及清理工作所需的时间都会得到显著缩短。但是这只是提供了在光缆安装施工短期内的方便，却影响了光缆将在几十年工作寿命期内，传输和机械性能的稳定性。

在 20 世纪 80 年代初，光缆发展的早期，国内外业者在光纤松套管中采用填充纤膏的结构形式，除了为防止松套管纵向渗水外，还有两个非常重要的初衷：一是用纤膏对松套管内的光纤进行机械缓冲保护，使光纤在松套管内可随光缆状态变化而自动调节到低能量位置(应力释放),免受外界机械力带来的光纤应力损伤。随着触变性纤膏的发展和采用,纤膏对光纤的这一缓冲保护作用发挥到了极致。例如,在光缆敷设、使用过程中,当光缆受到弯曲、振动、冲击等外力作用时,导致松套管内光纤在平衡位置附近做振幅和周期极小的晃动,此晃动力作用到周围的纤膏时,纤膏的触变性导致纤膏的黏度下降,从而对光纤起到有效的缓冲保护,而不致使光纤受到僵硬的反作用力而造成微弯应力和损耗。二是对光纤进行密封保护,使其免受(无纤膏时)松套管空气中潮气的侵蚀,以防止光纤产生附加的 OH 基吸收损耗。

更为重要的是,纤膏对松套管中光纤的应力和潮气的防护,实际上是保证了光纤的使用寿命:我们知道,光纤中随机分布的裂纹,特别是在制棒和拉丝过程中形成的表面微裂纹是影响其强度的根本原因。光缆在敷设和使用过程中,光纤表面裂纹在应力和潮气作用下会继续扩展,从而使光纤强度下降,最后导致断裂,这就是光纤的静态疲劳过程。因此,光纤中尤其是光纤表面的裂纹是光纤断裂的内在因素,而应力和潮气是促进裂纹扩展最后导致光纤断裂的外因。由此可见,松套管中纤膏对光纤的防护,基本上抑制了应力和潮气对光纤的侵袭,大大减轻了光纤的静态疲劳,从而有效地保证了光纤的使用寿命。

三十多年来,光缆生产和使用的实践证明了上述考虑的正确性,它对光缆的长期稳定地运行提供了基本保证。倘若采用新标准中的全干式阻水结构形式,除了能纵向阻水外,松套管内的光纤将失去其机械缓冲和横向阻水的可靠屏障,将无法保障其长期运行的稳定性,也无法保证光纤的使用寿命。全干式阻水结构形式的光缆用于层绞式通信用室外光缆目前尚无任何长期使用实例而足以说明其有保证光纤的使用寿命能力的数据。而国内外有关单位研制的全干式光缆通过的样品形式试验并不能代表其长期寿命期内性能的变化。所以,笔者认为近年来出现的此种全干式阻水结构形式固然有其存在的理由,或者在可靠性要求较低的室内光缆中有其一定的使用价值。但绝对不宜轻率地将其列为层绞式通信用室外光缆标准形式之一。

后　记

在 2018 年新版行业标准 YD/T 901—2018“通信用层绞填充式室外光缆”中,对光缆的干式阻水结构已做了下列规定:在标准 4.1.1.2 款明确提出删除全干式光缆的相关内容。由此更加证实了笔者在上述“附议:关于全干式光缆的讨论”中观点的正确性。

参考文献

[1] Larry W Field. Naren I Pater. Fiber Optical Cable Having a Component With an Absorptive Polymer Coating and Method of Making the Cable. Patent US 61954868B1. 2001-2-27.

[2] Joel DGruhn. Charactering and Selecting Super-absorbing Cable Components. IWCS

proceedings,1998:126.

[3] Nalan IPatel. Functional Performance of Ocean Water Blocking Tape. IWCS Proceedings,1998:136.

[4] Jim J Sheu. Cable such as Optical Fiber Cable Including Super-absorbent Polymeric Material which are Temperature and Salt Tolerant. USP 5163115. 1992-11-10.

[5] Wayne M Newton. Jim J Sheu. Carla G Wilson. et al. Cable with Water-Blocking and Flame-Retarding. USP 6173100B1. 2001-1-9.

第7章　光缆护套的制造工艺

光缆护套是光缆中最重要的结构部件之一，它关系到光缆在各种敷设条件下对环境的适应性及其使用寿命期内光缆传输性能的长期稳定性。本章分析和讨论光缆护套的制造工艺及其材料的选用。

7.1　护套的挤出工艺

7.1.1　光缆护套的挤出工艺

光缆护套的材料按Bellcore的要求分为中密度或高密度聚乙烯护套料。护套的制作可采用通用塑料挤出机。挤出机的螺杆的长径比至少应为25∶1，以保证塑料的充分塑化，压缩比可根据所用的塑料选定。通用塑料挤出机常用的全螺纹螺杆如图7-1所示。

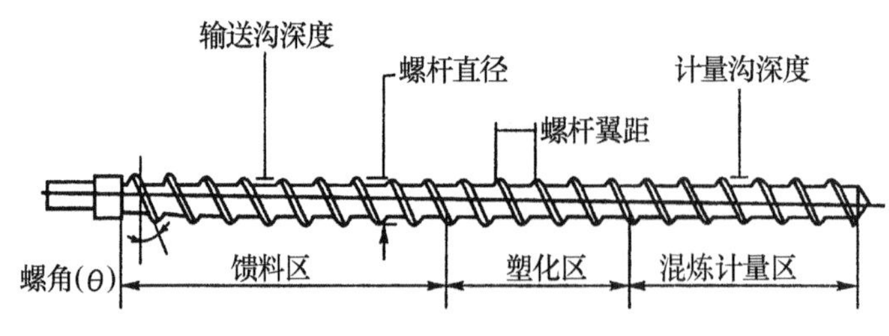

图7-1　全螺纹螺杆

螺杆分三个区段：馈料区、塑化区及混炼计量区。

在料斗口到馈料区一段的料筒内有纵向沟槽，因而从料斗进馈料区的塑料被螺杆轴向推进，而无切向摩擦。在馈料区的塑料基本上应是固体粒状塑料，但为了进入压缩塑化区时能及时塑化，因此需受热而处于熔化初期的状态。所以馈料区的温度控制是相当重要的工艺条件。通常为了除去塑料粒子可能因受潮而凝结在料粒表面的水分，在加热干燥料斗中加温鼓风而使这些水分和料粒周围的空气一起通过加热漏斗被排出。料粒干燥加热的温度必须严格控制。温度太低，干燥效果差，料温过高，塑料软化，影响料粒在馈料区的推进。鉴于同理由，为保证入料通畅，加料口部的温度不能太高。为防止从料筒传过来的热量的影响，加料口需通冷水冷却，以保证入料通畅。

在塑化压缩段，料粒从固体向熔融态过渡，螺杆的螺纹深度逐渐减小，以增加对塑料的挤压剪切力，加热温度也相应提高。常用的全螺线螺杆对塑化的均匀熔化能力有先天的不足，其原因可做如下说明：料粒的熔化起始于塑料与金属的交界面处，如图 7-2 所示，通过料筒传送的热量，使与料筒邻接的固体料粒的表面熔融，形成薄的熔融膜。

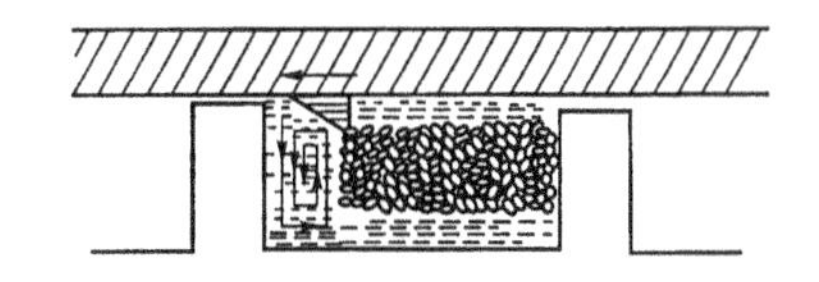

图 7-2　塑化区螺槽中塑料熔融的性状

另外通过料粒与料筒的剪切发热，固体料粒继续熔融，使沟内底和侧部形成熔融塑料池。熔融的塑料部分不再受到摩擦和剪切，并继续被加热。而被熔融部分包围的固体料粒既不能与料筒剪切，又因塑料本身是不良热导体的特性，在高出料粒的情况下不可能通过热传导而熔化均匀。随着熔融的继续进行，图 7-2 中固体料粒的集束变小直至破坏。最后使未熔化的固体料粒分散漂浮在熔融塑料中，依靠熔融塑料的传热逐步融化。这就造成了塑化不均，分散不匀的结果。为了克服这一缺点，国内外发展了多种混炼型螺杆来改善塑化和挤出能力。典型的方法为屏障式螺杆，如图 7-3 所示的第二个螺纹开始有两个槽，一个槽的槽深较小，另一个槽深较大，分割两个槽区的螺翼称为屏障翼。在推力螺纹继续产生并积累塑料中的熔融部分时，螺纹槽中的熔化部分的塑料被分离出来，通过屏障翼进入熔融槽内，而在主槽中的固体料粒因无熔融层的包围，可通过与料筒的剪切摩擦而快速熔化，从而大大地改善了塑化的均匀性。

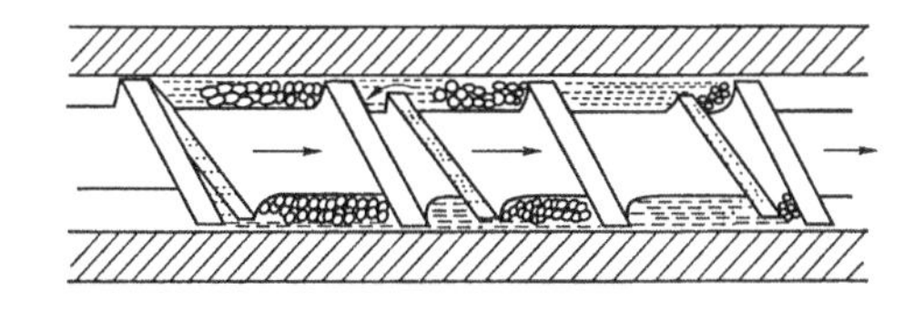

图 7-3　屏障式螺杆的工作原理

在混炼计量区，螺纹深度进一步减小(压缩比增大)，塑料在此段中处于完全的熔融状态，受到进一步的混炼和压缩以足够的压力通过滤孔进入机头，出模成型。在这一区段的加热温度需达到正常的挤出温度。

塑料挤出中的关键工艺因素之一是挤出模具的设计。挤出模具分三种形式：挤压式、半挤压式和挤管式，三种类型模具的典型结构如图 7-4 所示。通常护套的挤出采用半挤压式或挤压式。在高密度聚乙烯护套挤出时，因高密度聚乙烯的热熔较大(为低密度聚乙烯的 1.3 倍)，因而需要的挤出机的热功率较大，挤出模的压力不宜太大，挤出压力太大时，挤出压力可能产生波动而造成成型护套外径的竹节形波动。因此宜采用半挤压式方式以减小挤出压力。用平行钢丝加强的中心束管式光缆(如 AT&T 公司 Light Pack 的光缆结构)需采用挤压式成型。

模具尺寸的计算如前文所述，根据塑料的拉伸比(DDR)按下式计算模套内径尺寸，模芯孔径则选用比缆芯大 0.5mm 左右。

$$D_D=[(D_O^2-D_i^2)(DDR)+D_T^2]^{1/2}$$

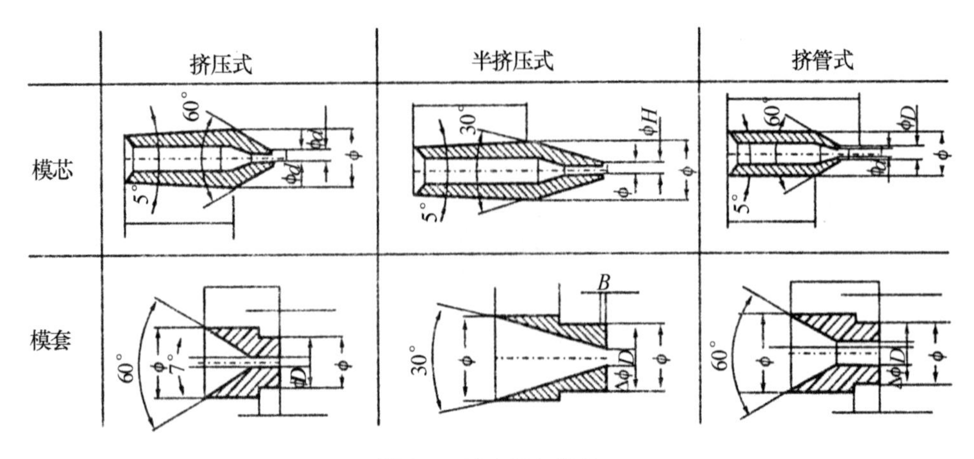

图 7-4　挤出模具例示

式中，D_D 为模套内径；

D_T 为模芯外径；

D_O 为光缆护套外径；

D_i 为缆护套内径。

拉伸平衡度：

$$DRB=(D_D/D_O)/(D_T/D_i)$$

其范围定在 0.95～1.05。

7.1.2　低烟无卤阻燃护套的挤出工艺

在需采用阻燃护套的光缆，尤其是快速发展的皮线光缆(接入网用蝶形光缆)中，需采用低烟无卤阻燃(LSZH)护套料，其挤出工艺与普通护套的挤出工艺有较大差异。本节从以下几个方面对低烟无卤电缆材料的挤出工艺进行探讨。

1. 挤出设备

护套挤出设备的主要部件是螺杆，它关系到挤出机的应用范围和生产效率，为适应不同塑料加工的需要，有多种螺杆形式。由于低烟无卤(LSZH)阻燃护套料中含有高填充的氢氧化镁或氢氧化铝，故熔体的黏度较大，当挤出螺杆的压缩比较大时，很容易造成聚合物的化学键断裂，使成品的抗张强度和断裂伸长率等机械特性下降。同时螺杆压缩比较大，挤出机速度无法达到正常水平，致使物料在机筒和螺杆间滞留时间过长，且挤出过程中熔融物料与机筒内壁将产生较大的摩擦，大量摩擦热将使熔融物料在机筒内处于失控的高温状态，从而引发阻燃剂的提前分解，在材料内部产生气泡，最终造成材料的失效。所以对于螺杆的选用来说一般应选用普通型的螺杆，但它的压缩比不能过大，通常在 1∶1～1∶2.5 比较适宜。光缆生产厂家在加工 LSZH 光缆产品时，若能采用专用 LSZH 螺杆，则易于保持护套料的机械、阻燃特性。

2. 挤出温度控制

由于 LSZH 阻燃护套料的阻燃剂多采用水合氧化物(金属氢氧化物)，这类阻燃剂在高温下容易分解。因此在生产过程中应严格控制挤出机的温度，以免因生产时的高温而引发阻燃剂提前分解，最终造成阻燃特性的失效。一般情况下，LSZH 护套料的挤出温度不高于 170℃。生产时实际挤出温度主要取决于挤出机的压缩比、长径比及螺杆结构等因素，因此需根据具体的挤出设备设定挤出机的各段温度，并应遵循温度慢慢提高的原则，以免由于快速升温而导致料筒温度不均引起的塑化不良。以下是某品牌 LSZH 料用于皮线护套挤出时，推荐的挤出机各区段挤出温度：

加热区	1 区	2 区	3 区	4 区	5 区	机头	模口
温度/℃	100	125	145	150	155	160	160～165

还有一个影响低烟无卤护套料挤出的重要因素，那就是挤出机的冷却装置。因为低烟无卤材料的特殊性，在挤出过程中会因摩擦而产生大量热量，这就要求挤出设备要有良好的冷却装置，才能控制工艺温度。如果温度过高将使光缆的表面产生气孔，温度过低又会使设备的驱动电机电流加大，容易损伤设备。

3. 螺杆转速控制

由于 LSZH 料的黏度较大(流动性差)，熔体从模口(即出料口)包覆到缆芯上比较困难，当螺杆转速较快时，随螺杆输送的大量熔体在模具出料口迂回，对模具产生非常大的压力。因此在挤出 LSZH 护套料时，宜设定较低的螺杆转速进行生产。一般在同种条件下，LSZH 料的螺杆转速设定为 PVC 料的 50%左右为宜。因而 LSZH 护套料的生产速度较普通护套料要低很多。

目前专用的低烟无卤阻燃挤出设备已经克服了普通挤出机的这些缺点，可使生产速度大幅提高。

4. 挤出模具

由于低烟无卤料在熔融状态下熔体的强度、拉伸比和黏度与常规护套材料存在着较大的差异，所以对模具的选配也有所不同。首先是模具的挤出方式的选择，对于低烟无卤护套的挤出，应选用半挤压式，这样才能充分保证材料的抗拉强度和伸长率以及表面光洁度。低烟无卤料的机械性能没有普通料优越，其拉伸比小，只有 2.5～3.2。所以在选择模具的时候也要充分考虑它的拉伸性能，拉伸比过大，光缆的表面不致密，而且挤包也比较松。另外，挤出模具的承线也不宜太长(通常<1mm)，太长的承线将增加熔体受到的剪切力。过大的剪切力可能导致熔体化学键的断裂，从而影响光缆成品的机械性能。

5. 冷却方式

与传统的护套料相比较，LSZH 护套在挤出时收缩更急剧，导致护套外层已经冷却定型，而内层电缆料还处于高温未定型状态，进而埋下应力集中的隐患，甚至最终导致光缆外护的应力开裂。为减少生产过程中引起应力集中，建议在护套挤出过程中，采用分段冷却的方式对光缆进行冷却。如：热水冷却(循环水)→温水冷却→冷水冷却等。在光缆冷却过程中，要注意的是：从模口出来后进入水槽的光缆，必须完全浸泡在冷却水中，否则除应力集中问题外，还可能导致在电缆的表面出现一系列的小圆点，使外护套的表面毛糙，影响光缆外观。

7.2 聚合物熔体的流变性状

为了进一步分析光缆护套的挤出过程,必须深入了解聚乙烯这类聚合物熔体的流变性能,以便正确掌握塑料挤出的工艺和模具设计原理。

7.2.1 聚合物熔体的本构关系

绝大多数聚合物熔体的流变性能均属拟(假)塑性流体。其本构关系可用幂函数形式表示:

$$\tau=K\left(\frac{\mathrm{d}v}{\mathrm{d}r}\right)^{n} \quad (n<1) \tag{7-1}$$

式中,τ 为剪切应力;$\mathrm{d}v/\mathrm{d}r$ 为速度梯度;K,n 均为常数,K 称为流体的稠黏度,流体的稠黏度愈大,K 值愈大;n 为流体流动的行为指数,是判断流体与牛顿流体差别程度的参数,当 $n=1$ 时,即视为牛顿流体。

上式可改写为

$$\tau=\left[K\left(\frac{\mathrm{d}v}{\mathrm{d}r}\right)^{n-1}\right]\frac{\mathrm{d}v}{\mathrm{d}r}=(K\dot{\gamma}^{n-1})\dot{\gamma} \tag{7-2}$$

令

$$\eta_a=K\left(\frac{\mathrm{d}v}{\mathrm{d}r}\right)^{n-1}=K\dot{\gamma}^{n-1} \tag{7-3}$$

则有

$$\tau=\eta_a\dot{\gamma} \tag{7-4}$$

式中,$\dot{\gamma}$为剪切速度(速度梯度);η_a 为非牛顿流体的表现黏度($\mathrm{N\cdot s/cm^3}$)。η_a 与$\dot{\gamma}$有关,当 η_a 是常量时,则变成牛顿流体的绝对黏度 μ 。此时流变方程变成:

$$\tau=\mu\dot{\gamma} \tag{7-5}$$

7.2.2 聚合物熔体流动性的表征参数

1. 熔融指数

熔融指数定义为:在一定温度下,熔融状态的高聚物在一定负荷下,十分钟内从规定直径和长度的标准毛细管中流出的重量(g)。熔融指数愈大,则流动性愈好。熔融指数用标准的熔融指数仪进行测定。对于具体高聚物,统一规定了若干个适当的温度和负荷条件下测得的熔融指数,可以通过经验公式进行换算。但是不同高聚物,由于测试时控制的条件不同,因而笼统地比较它们的流动性好坏是没有意义的。

熔融指数测定仪是一种毛细管黏度计。通常对熔融指数并不深究其含义,而只是把它作为一种流动性好坏的指标。由于概念和测量方法很简单,在工业上已被普遍用来作为高聚物树脂产品的一种质量指标。应用时可根据所用加工方法和制作的要求,选择熔融指数值适用的牌号,或者根据原料的熔融指数,选定加工条件。

从熔融指数的定义可知，它实际上测定的是给定剪切速率下的流度（即黏度的倒数$1/\eta$）。一般仪器的载荷为2.16kg，从毛细管直径计算，剪切应力200kPa，剪切速度值在$10^{-2}\sim10^{-1}$s范围。因此，熔融指数反映的是低剪切速度区的流度。对于同一种塑料，其熔融指数越大越有利于挤出层表面质量的提高。

2. 剪切黏度

聚合物熔体的剪切表观黏度的定义从式(7-4)可得

$$\eta_a=\frac{\tau}{\dot{\gamma}} \tag{7-6}$$

另一种方法是定义稠度：

$$\eta_c=\frac{\mathrm{d}\tau}{\mathrm{d}\dot{\gamma}} \tag{7-7}$$

式中，η_c又称微分黏度。两者的定义可从剪切力τ对剪切速率$\dot{\gamma}$函数上求出，如图7-5所示。如剪切率不是常数，而是以正弦函数方式变化时，则得到的复数黏度η^*：

$$\eta^*=\eta'-i\eta'' \tag{7-8}$$

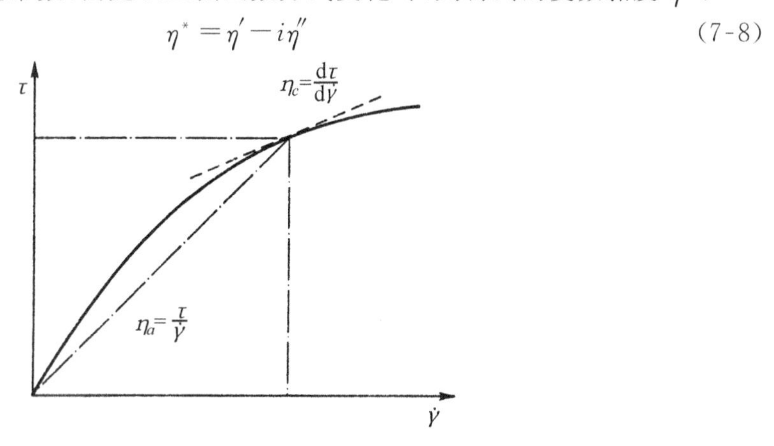

图7-5　剪切黏度的定义

实部η'是动态黏度，和稳态黏度有关，代表能量的耗散速率。而虚数黏度η''是弹性或储能的量度。它们与剪切模量G'和G''有下列关系：

$$\eta'=\frac{G'}{\omega}$$

$$\eta''=\frac{G''}{\omega}$$

式中，ω是振动角频率，绝对复数黏度为

$$|\eta^*|=(\eta'^2+\eta''^2)^{1/2}=(G'^2+G''^2)^{1/2}/\omega \tag{7-9}$$

3. 拉伸黏度

上述剪切黏度是对应于聚合物熔体的剪切流动，这种流动的速度场是横向速度梯度场，即速度梯度的方向与流动方向相垂直。如聚合物熔体在挤出机机身和机头中的流动即属于此。另一类情况下，聚合物熔体的流动可产生纵向速度梯度，其速度梯度方向与流动方向一致，这种流动称为拉伸流动，例如聚合物熔体在挤出机模的锥形流道中，为了保持恒定流率，流体在流道截面变小时，必然增大流速。另外在挤出时，聚合物

熔体出口模一段拉伸形变中也有纵向速度梯度场,在拉伸形变中聚合物的大分子产生伸展和取向。用拉伸应力 σ 及其应变速率 $\dot{\varepsilon}$ 描述的黏度称为拉伸黏度 λ,表示为

$$\lambda=\frac{\sigma}{\dot{\varepsilon}}=\frac{F/A}{\mathrm{d}[\ln(L/L_0)]/\mathrm{d}t} \tag{7-10}$$

式中,$\dot{\varepsilon}$ 为拉伸应变速率(速度梯度);

σ 为在某一时刻熔体截面 A 上所受拉力 F 时的拉伸应力。

拉伸应变为 $\varepsilon=\ln(L/L_0)$,L_0 和 L 分别为拉伸起始点和 t 时间的长度,因而有

$$\dot{\varepsilon}=\frac{\mathrm{d}\varepsilon}{\mathrm{d}t}=\frac{\mathrm{d}[\ln(L/L_0)]}{\mathrm{d}t} \tag{7-11}$$

从式(7-10)可得

$$\sigma=\lambda\varepsilon'=\frac{\lambda}{L}\frac{\mathrm{d}L}{\mathrm{d}t} \tag{7-12}$$

拉伸应变速率也可用熔体流动方向上单位距离 $\mathrm{d}z$ 上的速度变化 $\mathrm{d}v_z$ 来表示:

$$\dot{\varepsilon}=\frac{\mathrm{d}v_z}{\mathrm{d}z} \tag{7-13}$$

因而式(7-10)又可写成

$$\sigma=\lambda\dot{\varepsilon}=\lambda\frac{\mathrm{d}v_z}{\mathrm{d}z} \tag{7-14}$$

7.2.3 影响聚合物熔体黏性流动的因素

1. 温度的影响

由于黏性流动是一种速率过程,因此黏性流动对温度的依赖可用 Arrhenius 方程来表示,根据剪切速率恒定或剪切应力恒定的活化能不同,可分别表示为

$$\eta=A\exp[E(\dot{\gamma})/RT] \tag{7-15a}$$

和

$$\eta=A\exp[E(\tau)/RT] \tag{7-15b}$$

取偏微分得

$$\left(\frac{\partial\eta}{\partial T}\right)_{\dot{\gamma}}=-\eta\frac{E(\dot{\gamma})}{RT^2} \tag{7-16a}$$

和

$$\left(\frac{\partial\eta}{\partial T}\right)_{\tau}=-\eta\frac{E(\tau)}{RT^2} \tag{7-16b}$$

下面讨论当温度变化 $\Delta T=(T_2-T_1)$ 时所引起的黏度变化,选择一个圆筒形坐标体系,当其中的黏性流体受到恒定剪切速率时,黏度随温度的变化关系为

$$\mathrm{d}\eta=\left(\frac{\partial\eta}{\partial T}\right)_{\dot{\gamma}}\mathrm{d}T \tag{7-17}$$

将式(7-16)代入式(7-17)得

$$\mathrm{d}\eta=-\eta\frac{E(\dot{\gamma})}{RT^2}\mathrm{d}T \tag{7-18}$$

两边除 η,积分并取上、下限得

$$\int_{\eta_1}^{\eta_2}\frac{\mathrm{d}\eta}{\eta}=-\int_{T_1}^{T_2}\frac{E(\dot{\gamma})}{RT^2}\mathrm{d}T \tag{7-19}$$

$$\ln\frac{\eta_2}{\eta_1}=-\frac{E(\dot{\gamma})\Delta T}{RT_1T_2}\quad(\Delta T=T_2-T_1) \tag{7-20}$$

同理，当假定在剪切应力不变的情况下，圆筒内液体的黏度随温度变化的关系就应为

$$\mathrm{d}\eta=\left(\frac{\partial\eta}{\partial T}\right)_\tau\mathrm{d}T \tag{7-21}$$

通过与上述同样推导，可得

$$\ln\frac{\eta_2}{\eta_1}=-\frac{E(\tau)\Delta T}{RT_1T_2} \tag{7-22}$$

上式中，R 为气体常数[8.32J/(mol·K)]；E 为活化能[kJ/mol]；T 为热力学温度(T)。若以下标“0”作为标准状态，则可得到任意温度下聚合物的黏度表示式：

$$\ln\eta=\ln\eta_0-\frac{E(\dot{\gamma})(T-T_0)}{RT_0T} \tag{7-23a}$$

和

$$\ln\eta=\ln\eta_0-\frac{E(\tau)(T-T_0)}{RT_0T} \tag{7-23b}$$

2.剪切速率的影响

聚合物熔体具有非牛顿性，表观黏度随剪切速度或剪切应力的增大而减小。在很低的速率下，聚合物熔体有很大的黏度，正如式(7-3)所描述的那样

$$\eta=K\dot{\gamma}^{n-1}\quad(n<1)$$

表观黏度随剪切速率或剪切应力的增大而呈指数函数降低，在双对数坐标上直线斜率为

$$\eta-1=\mathrm{dlg}\eta/\mathrm{dlg}\dot{\gamma} \tag{7-24}$$

对模具设计来说，聚合物熔体的黏度在很宽的剪切速率范围内都是可用的话，那么选择在黏度对$\dot{\gamma}$不大敏感的区段内操作更为合适，因为此时剪切速率的波动，不会造成塑料挤出制品质量上的变化。

为确保护套表面质量，模壁的剪切速率必须控制在某一临界值内，此临界值通常与树脂性能有关。工业用聚合物熔体的临界剪切速率可从有关文献中查到。

3.压力的影响

塑料作为聚合物，其聚集态实际上存在很多微小空穴，即“自由体积”，从而使其熔体有一定压缩性。

因此，当压力作用使其自由体积减小时，大分子间的距离缩短，链段跃动范围减小，分子间作用力增大，导致黏度增大。多种塑料熔体有不同压缩率，例如当压力从13.8MPa提高到17.3MPa时，高密度聚乙烯黏度增加2～7倍。增加压力引起黏度增大这一事实说明，单纯通过增大压力去提高聚合物熔体的流量是不合适的。增加压力相当于降低熔体温度而使黏度增高，这会造成功耗增大和设备的磨损。

7.2.4 熔体黏度的幂律模型

绝大部分聚合物熔体的流变性能可用幂律模型来表征,其黏度如式(7-3)所示为

$$\eta = K\dot{\gamma}^{n-1} \quad (n < 1)$$

当幂律参数 K 和 n 分别满足下列关系时,即

$$\ln K = a_0 + a_2 T + a_{22} T^2 \tag{7-25}$$

$$n - 1 = a_1 + a_{11}\lg\dot{\gamma} + a_{12} T \tag{7-26}$$

将式(7-25)代入式(7-26)可得

$$\lg\eta = a_0 + a_1\lg\dot{\gamma} + a_2 T + a_{11}(\lg\dot{\gamma})^2 + a_{12} T\lg\dot{\gamma} + a_{22} T^2 \tag{7-27}$$

式中,a_0,a_1,…,a_{22} 为回归方程系数。当用毛细管流变仪测出聚合物熔体若干组数据 T_k,$\dot{\gamma}_k$,η_k($k = 1,2,3,\cdots,N$)后,可用回归分析方法来确定该聚合物在式(7-27)中的 a_0,a_1,…,a_{22}。式(7-27)表示在任意加工条件下,聚合物熔体的黏度随温度 T 和剪切速率 $\dot{\gamma}$ 的变化情况。

7.2.5 状态方程

在挤塑模具的设计中,常要用到聚合物熔体的密度,它是温度和压力的函数,它可用由表示压力、温度和容积相互关系的状态方程来求得。

Spencer 和 Gilmore 推荐的状态方程为

$$(p + \pi)(V_m - \omega) = R'T \tag{7-28}$$

式中,p 为外加压力(N/cm^2);

π 为内压力(N/cm^2);

V_m 为比体积(cm^3/g);

ω 为绝对温度为零时的比体积(cm^3/g);

R' 为修正的气体常数 $N \cdot cm^3/(cm^2 \cdot g \cdot K)$;

T 为绝对温度(K)。

高密度和低密度 PE 的 π,ω 和 R' 的值如下所示:

聚合物	$\pi/(N \cdot cm^{-2})$	$\omega/(cm^3\ g^{-1})$	$R'/[N \cdot cm^3(cm^2 \cdot g \cdot K)^{-1}]$
LDPE	22520	0.875	30.28
HDPE	34770	0.956	27.10

7.2.6 聚合物熔体的弹性效应

黏弹性聚合物熔体的黏度可根据流变曲线计算出来,但与加工性能密切相关的弹性,迄今尚不能定量分析。关于聚合物熔体的弹性在挤出加工中与下列现象相关。

1. 出模膨胀

当聚合物从口模中挤出时,挤出物的直径或厚度会明显大于模口的尺寸,这种现象叫作挤出物胀大,或称出模膨胀,也称为 Barus 效应。通常定义挤出物的最大直径与模口

直径之比值来表征胀大比 $B=D/D_0$，HDPE 的 B 值可高达 3.0～4.5。高聚物熔体的挤出物胀大是熔体弹性的一种表现。一方面，当熔体进入模孔时，由于流线收缩，在流动方向上产生纵向速度梯度，即流动含有拉伸流动成分，熔体沿流动方向受到拉伸，发生弹性变形，而在口模中停留的时间又较短，来不及完全松弛掉，出模口后继续发生回缩；另一方面，熔体在模孔内流动时，由于剪切应力和法向应力的作用（沿流动方向对流体产生拉力），也会生弹性变形，出模口后会回复。当模孔的长径比 L/R 很小时，前一效应是主要的，胀大主要由拉伸流动引起，随着 L/R 增大，B 减小，至 $L/R=16$ 时，由拉伸流动引起的变形在模孔内已得到充分的松弛回复，因而挤出物胀大主要由剪切流动引起。

出模膨胀与高聚物的性质和流动条件有关，一般来说，分子量愈大，流速愈快，挤出机机头愈短，温度愈低，则膨胀程度愈大。

2. 流动的不稳定性和熔体破裂

当剪切速率不大时，聚合物熔体挤出物表面光滑。然而，剪切速率超过某一临界值后，随着剪切速率的继续增大，挤出物的外观依次出现表面粗糙（如鲨鱼皮状）、尺寸周期性起伏（如波纹状、竹节状），直至破裂成碎块等种种畸变现象，这些现象一般统称为不稳定流动或弹性湍流，熔体破裂则指其中最严重的情况。

对于这些现象已经提出了许多流动机理进行解释，一般都认为它们与熔体的弹性效应有关。引起缺陷的原因大致可归纳为两种。一种是所谓滑黏现象，就是在高剪切速率条件下，在聚合物熔体与模孔壁间的滑移现象。其原因是聚合物熔体在剪切速率最大的毛细管壁处的表观黏度最低，结果是熔体沿管壁发生整体滑移，从而导致不稳定流动，流速不再均匀，而是出现脉动，因此表现为挤出物表面粗糙或横截面积的脉动变化。另一种是熔体破裂，就是熔体受到过大的应力作用时，发生类似于橡胶断裂方式的破裂。熔体发生破裂时，取向的分子链急速回缩解取向，随后熔体流动又逐渐重新建立起这种取向，直至发生下一次破裂，从而使挤出物外观发生周期性的变化，甚至发生不规则的扭曲或破裂成碎块。一般认为熔体破裂是拉伸应力造成的，而不是剪切应力造成的，因此这种过程往往发生在靠近模孔入口处，那里由于管道的截面积有较大的变化，流线收敛，熔体流动受到很大的拉伸应力。而滑黏现象则往往出现在模孔内或出口端附近。上述两种原因也可能同时存在，视具体情况而定。

关于不稳定流动起因的分析，还可说明一些其他因素的影响。例如，温度升高会提高发生熔体的临界剪切速率，这与温度升高分子链松弛速度加快有关。又如减小模孔入口角能使剪切速率达到更高值时才出现熔体破裂，这是减小熔体破裂所受拉伸应力的结果，诸如此类可进一步分析工艺参数对挤出物质量的影响。

7.2.7 聚合物熔体在挤出模中的流变行为

这里以挤塑机的挤出模为例，来定性地分析聚合物熔体在挤出过程中的流变行为。图 7-6 表示一个挤压式模具挤制光缆护套的示意图。

聚合物熔体在挤出模中同时存在两种流动形式，剪切流动和拉伸流动。剪切流动在锥形流道和出模口的速度分布上是不一样的，在模芯和模套之间的锥形流道中，由于两边壁道的阻力，因此最大流速不在流道中间，而在出模口。由于缆芯的牵引作用，最大流速在缆芯壁上，最大流速 V_m 与缆芯牵引速度 V_0 相等。这两类不同速度分布的剪切流动均已有相当成熟的数学模型可做定量分析。

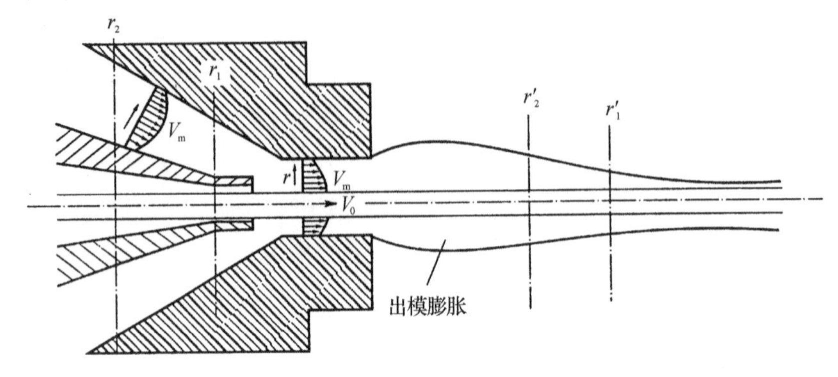

图 7-6　挤出模中的聚合物熔体的流变行为

在锥形流道中，由于流道截面逐步缩小，在塑料恒定流率挤出的条件下，流道截面变小时，熔体的流速必然增大，单元流体产生拉伸变形，即为拉伸流动。由于流道截面的突然缩小，会使流动的熔体速度发生很大的变化，导致熔体产生很大的扰动和压力降，增大挤出机的功率消耗，并可能影响塑料挤出层的质量。因而必须设计合理的锥角的流道，来实现大尺寸流道向小尺寸流道的过渡。当聚合物熔体从模口挤出受到缆芯拉伸，熔体截面变细，最后形成一定外径(厚度)的护套层。此时熔体被拉长变细，这也是熔体的拉伸流动，这与挤出模中锥形流道中的拉伸流动的性质是一样的。

F. N. Cogswell 推导出拉伸应力 σ，剪切速率 $\dot{\gamma}$，拉伸黏度 λ 和拉伸压力降 Δp(在拉伸流动中)之间相互关系的表达式为

$$\sigma = \lambda\left(\frac{\dot{\gamma}}{2}\tan\theta\right) \tag{7-29}$$

$$\Delta p = \frac{2}{3}\sigma\left[1-\left(\frac{r_2}{r_1}\right)^3\right] \tag{7-30}$$

并导出拉伸黏度和圆锥圆筒流道的收敛角之间的关系：

$$\theta = \arctan[(2\eta/\lambda)^{1/2}] \tag{7-31}$$

式中，r_1，r_2 为大小流道半径；

η 为对应于流道入口处，在 $\dot{\gamma}$ 下的表观剪切黏度。

从式(7-29)、式(7-30)可见，当拉伸黏度已知时，则在流道中因拉伸所产生的压力降是可以计算出来的。应当注意的是，按式(7-29)计算所得的拉伸应力 σ 大于 200N/cm^2 时，必将产生熔体破裂，这是极需避免的。

为了防止塑料挤出的不稳定性，甚至熔体破裂，对拉伸应力 σ 的制约因素，按式(7-29)可见，实际上是 $\dot{\gamma}$ 值，即剪切速率不宜过大。从图 7-6 还可见，除了锥形流道的收敛角应有适当值外，还需限制缆芯的牵引速度 V_0，以限制 $\dot{\gamma}$ 值，有时为了增大挤出压力，可适当增加锥形角 θ，此时缆芯的牵引速度必须相应减小。

适当提高塑料的熔融指数，即增加熔体的流动性，有助于减小剪切速率，降低拉伸

应力，既可提高生产速度，又可改善被覆体表面质量。

7.2.8　聚合物熔体在挤出模中流动的模拟分析

线缆被覆挤出模的理论计算已有成熟的数学模型，现以7.2.7节的光缆护套挤出模为例，用平行板模型来进行分析，求取聚合物熔体的速度分布及流量。所谓平行板模型就是将挤出模的环隙展开，以缆芯壁为动板，以模套内壁为定板，板间间隙为 $H = R_0 - R_i$，平板宽度用平均周长 $W = \pi(R_0 + R_i)$ 表示的一种数学模型，如图7-7所示。

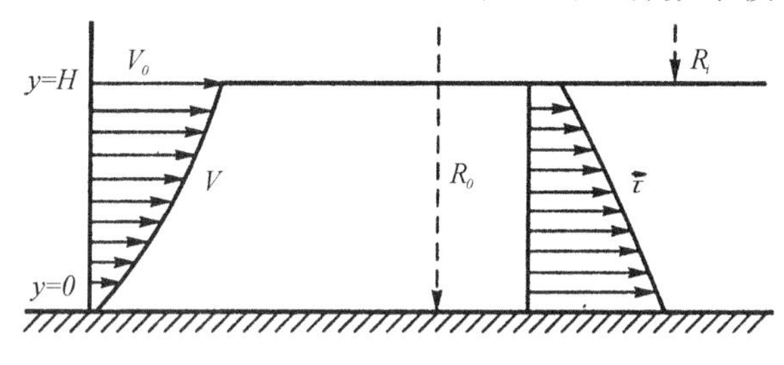

图7-7　平行板模型的数学模型

缆芯以速度 V_0 平行于定板移动。聚合物熔体在两平行板之间移动。熔体在缆芯壁上有最大流动速度 V_0，根据物理条件有

当 $y = 0$ 时，$v = 0$；$y = H$ 时，$v = V_0$。

且有 $\frac{\mathrm{d}v}{\mathrm{d}y} > 0$。

由式(7-1)，$\tau = K\left(\frac{\mathrm{d}v}{\mathrm{d}y}\right)^n$

利用黏性流体的运动微分方程，即Navier-stokes方程：

$$\rho \frac{\mathrm{d}v}{\mathrm{d}t} = -\operatorname{grad} p + \operatorname{div}\vec{\tau} + \rho\vec{g} \tag{7-32}$$

式中，ρ 为流体密度；v 为速度；p 为压力；$\vec{\tau}$ 为剪切应力；$\rho\vec{g}$ 为重力，略去重力 $\rho\vec{g}$ 的影响，取式(7-32)在直角坐标表示式中的 z 向分量，化简后得

$$\frac{\mathrm{d}p}{\mathrm{d}z} = \frac{\mathrm{d}\tau}{\mathrm{d}z} \tag{7-33}$$

联立式(7-1)及式(7-33)，可得

$$\frac{\mathrm{d}p}{\mathrm{d}z} - K\frac{\mathrm{d}}{\mathrm{d}y}\left(\frac{\mathrm{d}v}{\mathrm{d}y}\right)^n = 0 \tag{7-34}$$

将上式进行积分运算，并经整理后可得速度分布函数式：

$$v = \Gamma v_0 \frac{n}{n+1}\left[-\left(C - \frac{y}{H}\right)^{\frac{n+1}{n}} + C^{\frac{n+1}{n}}\right] \tag{7-35}$$

式中，Γ 为无量纲压力梯度，即

$$\Gamma = \frac{H}{v_0}\left(-\frac{H}{K}\frac{\mathrm{d}p}{\mathrm{d}y}\right)^{\frac{1}{n}} \tag{7-36}$$

C 为积分常数。

根据上述速度分布函数,可求出流量关系式。

$$Q=WHv_0\frac{n\Gamma}{n+1}\int_0^1\left[-\left(C-\frac{y}{H}\right)^{\frac{n+1}{n}}+C^{\frac{n+1}{n}}\right]\mathrm{d}\left(\frac{y}{H}\right)$$

$$=WHv_0\Gamma\frac{n^2}{(n+1)(2n+1)}\left[\left(\frac{2n+1}{n}\right)C^{\frac{n+1}{n}}+(C-1)^{\frac{2n+1}{n}}-C^{\frac{2n+1}{n}}\right] \quad (7\text{-}37)$$

积分常数 C 可从式(7-36)求得,即以 n 为参数可得 Γ 与 C 的函数关系。

7.3 光缆护层中的铠装工艺

光缆的内、外护套在塑料挤出机上制作。护套的挤出与涂塑铝带(LAP)或皱纹钢带纵包成型在同一条生产线上完成,铝带纵包装置通常由定位导轮、成型模及定径模等几部分组成。成型模等通常采用以弹性铜带或不锈钢带制成的锥形成型模,锥体的成型模曲面应尽量接近自然卷曲曲面,以减小成型铝带的内应力。铝带纵包工艺的关键是务必使成型模、定径模和挤出机模芯的轴线准直,以免荷叶边的出现。纵包搭盖面积约为总面积的20%。铝带厚度常用0.15mm和0.20mm,铝带两面各涂覆0.05mm的PE或EAA(乙烯—丙烯酸共聚物)塑料层。铝带若需接续时,应采用除去涂覆层并叠合点焊或对接的激光缝焊。整根光缆的铝带必须在电气上连续。

钢带轧纹纵包装置由轧纹机和纵包机两部分组成,轧纹机由滚筒、润滑装置、定位装置、轧纹装置、张力控制装置和机架构成。一对滚轮轧轮的间距(即轧纹深度)可以调节。通常是一个主动轮,一个被动轮。但若采用两个主动轧轮的结构可使钢带的齿轮形状更为均匀和精确。

皱纹钢带的纵包成型方法通常有两类:一种是滚轮成型,它是由一组垂直和水平的成型滚轮使皱纹钢带从平直开始,逐步纵包成型。整个钢带的成型过程在滚轮上滚动摩擦,因此钢带的齿纹不会被压平(齿纹的深度变化小于5%),从而保证工艺质量。另一种是与铝带成型类似的锥型模成型,由于皱纹钢带在锥型模内拉伸成型,钢带的齿纹会被拉得平坦。但由于前者的滚轮尺寸适应性差且价格昂贵,因此可以采用一个折中的方式,即先用滚轮将平直的皱纹钢带两边翻边,使皱纹钢带形成碗碟状截面,然后再用锥型模成型,最后再用滚轮定径。这就取两者之长,能收价廉物美之利。钢带的尺寸、钢带的接续及全长度上电气连续的要求均与铝带相同。钢带纵包成型的操作要点是需保持整个成型轴线的准直,以免荷叶边的出现。

钢(铝)带两面的涂覆层通常采用PE或EAA。在通信电缆的制作中,铝带纵包搭接前,一般有加热工序,使PE涂覆层容易黏合。但在光缆制作中,钢(铝)带纵包搭接时,无加热工序,涂覆层的搭接黏合是在挤塑机机头的高温下实现的,PE的熔点较高,有时黏合不好会造成光缆在钢(铝)带搭接处纵向渗水。因此用于光缆的钢(铝)带两面的涂覆层通常采用EAA。EAA是乙烯－丙烯酸共聚物(Ethylene Acrylic Acid,简称EAA)是一种具有热塑性和极高黏接性的聚合物。由于羧基团的存在以及氢键的作用,聚合物的结晶化被抑制,主链的线性被破坏,因此提高了EAA的透明性和韧性,降低了其熔点和软化点。因而EAA涂覆层与PE相比，能在较低的温度下有良好的黏合性能。

7.4　光缆缆膏的喷涂工艺

1. 光缆缆膏的喷涂工艺

通信光缆的典型截面如图7-8所示：其中1为加强芯，通常由钢丝或FRP组成；2为光纤松套管或填充绳；3为光纤；4为纤膏；5为钢(铝)带纵包层；6为PE护套。光缆缆芯中会造成纵向渗水的区域主要有三个：(Ⅰ)在加强芯和光纤松套管(或填充绳)之间的间隙；(Ⅱ)是钢(铝)带和光纤松套管(或填充绳)之间的间隙；(Ⅲ)是钢(铝)带搭盖间隙。在填充式阻水结构中采用压力式浸涂方法将缆膏填充到上述(Ⅰ)和(Ⅱ)区域，来防止纵向渗水。在干式光缆中分别用阻水纱和阻水带分别放置在光缆缆芯的上述(Ⅰ)和(Ⅱ)区域，来防止纵向渗水。但在填充式和干式光缆结构中，均无法彻底解决钢带搭接处，即上述(Ⅲ)区域的纵向渗水的难题。

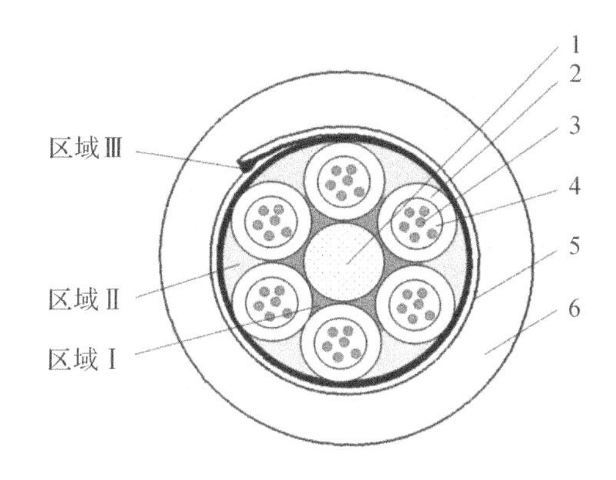

图7-8　通信光缆的典型截面

本节提出一种在通信光缆的钢带上喷涂特种缆膏来防止纵向渗水的光缆结构形式，与传统的光缆阻水结构相比，它能完全解决钢带搭盖处渗水的老大难问题。这种喷涂式阻水光缆的设备及工艺如图7-9所示：首先，在光缆SZ成缆工序中，在加强芯表面压力涂敷一层缆膏，或用阻水纱解决上述(Ⅰ)区域的渗水问题。然后在护套工序中，在皱纹钢带纵包前，在其靠近缆芯的一面喷涂阻水缆膏，在钢带纵包后，在其靠缆芯的内侧形成一层喷涂而成的阻水缆膏层。当光缆渗水时，此缆膏遇水膨胀，会迅速将上述(Ⅱ)区域填满，从而防止(Ⅱ)区域的纵向渗水。与此同时，因为此喷涂缆膏也进入了钢带搭盖的间隙，从而有效地防止了钢带搭盖处(Ⅲ)区域的渗水。本文提出的喷涂方法也可采取间歇喷涂方式，这相当于缆芯中的阻水环结构，它既可实现纵向阻水，还可节约缆膏用量，降低光缆制造成本。

由此可见，本方法能很好地解决传统光缆填充工艺易发生渗水的问题，其工艺原理是将气压式喷涂技术应用在光缆的缆膏填充上，首先把喷涂缆膏吸入气动增压泵处的容器内，通过气动增压泵给喷涂缆膏一定的喷涂压力，有控制器来控制喷油嘴处喷涂的时间间隔以及喷涂用量。在光缆生产过程喷涂缆膏经由喷油嘴对经过压纹后的皱纹金属带进行喷涂,在金属带经过金属带纵包模后形成搭接金属带最终使得金属带搭接处有良好的阻水性。

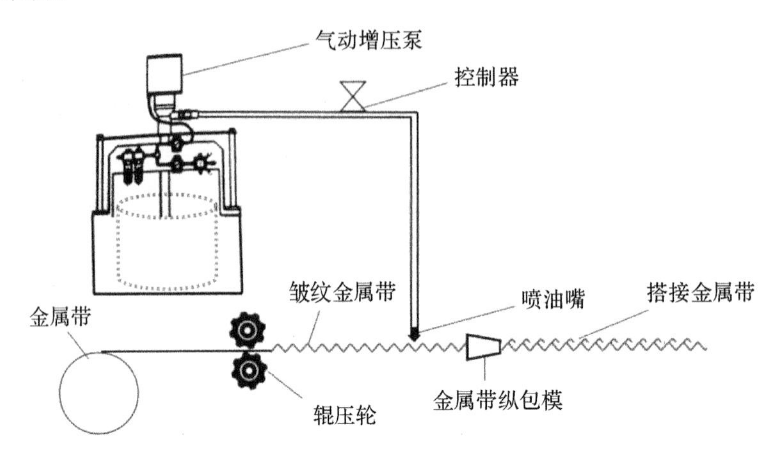

图 7-9　喷涂缆膏的设备和工艺

本结构的缆膏填充和工艺完全符合行业标准的相关规定:在行业标准 YD/T901—2018 中 4.1.2.10.1 规定:光缆护套以内的所有间隙应有有效的阻水措施。包带(或内衬套)及以内的缆芯间隙,在填充式光缆中,用膏状复合物连续填充,在半干式光缆中连续放置阻水带或阻水纱,也可间隔设置阻水环。在 4.3.2.2 中规定:粘接护套(含 53 型外护套)的铝(或钢)带与聚乙烯之间的剥离强度和搭接重叠处铝(或钢)带之间的剥离强度都应不小于 1.4N/mm,但在铝(或钢)带下面采用填充或涂覆复合物阻水时,铝(或钢)带搭接处可不作数值要求。本节提出的设备工艺可采用连续喷涂和间歇喷涂,采用连续喷涂填充相当于在金属带表面复合了一层阻水带,符合标准中光缆护套以内的所有间隙应有有效的阻水措施,包带(或内衬套)及以内的缆芯间隙宜用填充复合物连续充满的规定,也可以采用间歇喷涂填充,它符合标准中也可间隔设置阻水环的规定,最关键的是在采用该喷涂阻水缆膏正常生产工艺的情况下,保证在任何点截取的光缆都能100%通过光缆渗水试验的要求。金属带搭接处的剥离强度也符合标准中采用复合物阻水时铝(或钢)带搭接处不作数值要求的规定。

本方法的另一种应用是可像在钢带的搭接处涂覆熔胶来保证该部分的阻水一样,仅在钢带的搭接处喷涂阻水缆膏来保证(Ⅲ)区域的阻水。而(Ⅰ)和(Ⅱ)区域仍用传统的压力填充或阻水纱和阻水带来解决纵向渗水问题。

2. 喷涂阻水缆膏的特性

用于本结构的喷涂阻水缆膏与传统阻水缆膏不同,其突出性能在于:为了适应喷涂工艺,它必须具有很大的锥入度和很小的黏度,吸水速度快且吸水后具有一定的膨胀高度和凝胶性能。众所周知,阻水膨胀缆膏的锥入度、吸水时间、膨胀高度、析油以及凝胶性能是考核阻水缆膏质量的几项重要指标。为适合喷涂工艺,喷涂缆膏的锥入度越大(即稠度越小)和黏度越小越好,但缆膏的锥入度越大,就越容易析油,且吸水时间慢而且膨胀度小,吸水后凝胶性能也不好;相反,如果缆膏的析油好,吸水时间快且膨胀倍率高,油膏的锥入度就比较小且黏度较大，而且凝胶性能也不好；它们之间是相互矛盾的，两者往往不可兼得。然而，喷绘阻水缆膏兼得上述两者性能，即必须兼有大的锥入度和小的黏度，以及吸水速度快且吸水后具有一定的膨胀高度和凝胶性能。喷涂缆膏与普通阻水缆膏技术参数主要区别如表 7-1 所示。

表 7-1 喷涂缆膏和普通阻水缆膏技术参数主要区别

技术指标	锥入度 25℃，1/10mm	黏度 25℃，D=50S−1	吸水时间 min(15g 样+10g 水)	密度 20℃	膨胀高度 mm(20g 样+30g 水)
普通阻水缆膏	350	15000	3	0.950	
喷涂阻水缆膏	430	8000	0.5	0.91	≥15

7.5 护套的完整性检验

光缆护套是光缆的第一道屏障，护套应均匀、光滑、平整，特别是不允许有空洞、气泡和裂纹等缺陷。制成的光缆成品难以检验上述缺陷，因而在护套挤出线上，冷却水槽之后，牵引轮之前，应安装一个高压火花检验器。在光缆护套挤出时，需全长度上在线检验护套的完整性，即在护套外表面和护套内的钢带或铝带的金属部分之间加上直流 1 万～1.5 万伏的高压。护套如有裂缝、杂质孔隙等缺陷时，高压会击穿报警，以便对护套进行检查修复。对于任何光缆的护套的生产线，这是必不可少的在线检验装置。

7.6 光缆护套的回缩

光缆护套通常采用聚乙烯制作，聚乙烯塑料是结晶性材料，它从熔融状态到冷却凝固时会形成不同程度的结晶性物质。聚乙烯鉴于其分子结构的简单而对称的特性，结晶度很高，高密度聚乙烯的结晶度可高达 90%。护套挤塑成形，是一种动态结晶过程，结晶度受到料筒温度、挤出压力、冷却速度等工艺参数的影响。通常在护套挤出成形时，不会达到结晶平衡，因此也有一个挤出后再结晶的过程，特别是当光缆置于较高温度下分子松弛，再结晶速度明显加快，引起护套在长度方向的收缩。在光缆架空敷设的场合，上述高温时的结晶收缩，加上在低温时，由于热胀冷缩的作用使护套在长度方向继续冷却收缩。两个因素的综合，再加上钢带或铝带在缆芯上包得太松时，有可能使光缆的 PE 护套连同与其相粘连的涂塑皱纹钢带或铝带一起收缩。在光缆接头盒处的光缆端部，由于护套的回缩，护套脱开接头盒的夹持，而使缆芯暴露，长度可达数米而得不到护层的保护，以致影响光缆的使用寿命。因此，改善护套挤出工艺，减小护套的回缩是光缆的重要的要求之一。鉴于 PE 的结晶受冷却速度的影响较大，从熔体状态冷却得愈快，结晶度愈低，反之亦然。因此，采用冷却水槽从热水、温水到冷水的逐步冷却，可提高 PE

塑料的结晶度,从而有效地缓解护套的回缩问题。

在模具选用上,采用半挤压式可比挤管式得到更小的挤出过程中的回缩。熔融温度较高者也有利于挤出过程中,护套中的应力较快得到松弛以减小回缩。

减小光缆护套回缩的一个重要方法是应当选用弹性模量 E 较低的材料。因为聚合物的弹性模量愈高,其收缩能力就愈大,反之亦然。有鉴于此,采用线性低密度聚乙烯(LLDPE)护套料,在对于改善护套回缩性能来说,也是非常可取的。

参考文献

[1]Bellcore GR—20—CORE, 1998—7—2 "Generic Requirements for Optical Fiber and Optical Fiber Cable.". 子

[2]Ke . B New methods of polymer characterization. John Wiley and Sons, Inc, New York. 1964

[3]Samuels R. J. Structured polymer properties. John Wiley and Sons, Inc, New York. 1974

第8章　光缆护套料的性能和配制

8.1　聚乙烯护套料

光缆外护套是光缆承受环境条件(温度变化、化学腐蚀、日晒雨淋等)的第一道屏障。目前,20世纪80年代初国内外一些试验光缆线路,虽然,光纤完好,但护套开裂损坏,完全不能使用了。因此光缆护套必须严格选料,通常护套料选用黑色聚乙烯护套料。按美国Bellcore标准规定应采用高密度或中密度聚乙烯护套料。高密度和中密度聚乙烯的机械特性,如拉伸强度、弯曲强度、压缩强度、剪切强度、硬度、耐磨性均优于低密度聚乙烯,并有良好的化学稳定性,在常温下几乎不溶于任何有机溶剂,耐多种酸、碱及盐类溶液的腐蚀,水密性好,水蒸气渗透性很低,加工性能良好,是适合作为光缆护套的首选材料。低密度聚乙烯各项性能均不及中、高密度聚乙烯,但其电性能较好,因而更适用于高频电缆的绝缘材料。

从聚合物的分子结构来比较低密度聚乙烯和高密度聚乙烯可以看出:低密度聚乙烯(LDPE)是通过将单体乙烯按游离基加聚反应在高压下合成的聚乙烯。低密度聚乙烯的合成工艺决定了在聚乙烯的分子结构中有很多长短不等的支链,聚合物支链愈多,大分子之间的聚集态愈不规整,其结晶度愈低,密度也愈小。LDPE的结晶度为55%～65%,其密度为0.910～0.925。高密度聚乙烯(HDPE)是在相对的低压上,通过配位聚合而形成的聚合物,其大分子支链极少,故而其分子聚集态比较规整,结晶度较高,密度也较大。HDPE的结晶度为85%～90%,其密度为0.935～0.950。HDPE因其结晶度和密度较大,因而其弹性模量E值较大。而弹性模量较大者,其机械强度必佳:其硬度、拉伸强度、抗压强度、软化点均较高,但抗冲强度较小。所以,在Bellcore光纤光缆技术规范中,将光缆护套料选为高密度聚乙烯以及与之相近性能的中密度聚乙烯(MDPE)是理所当然的了。

但是根据笔者的实践经验,线性低密度聚乙烯(LLDPE)用作光缆护套料也不失是一种很好的选择。线性低密度聚乙烯的发展,始于1977年美国联碳公司(Union Carbide)利用气相低压聚合技术制成线性低密度聚乙烯。其后,LLDPE的应用得到迅速推广。由于采用了高效改性催化剂和低压聚合工艺,而且加入了共聚单体,从而改变了产品的结构和密度,得到的LLDPE是线性分子结构,支链规整,其长度由共聚的α-烯烃的分子链长所决定。从分子结构而言,LLDPE和LDPE的差异较大,而与HDPE恰颇为接近。所以 LLDPE 的机械性能和耐热性均优于 LDPE,而其抗环境应力开裂、抗冲击等性能又优于 HDPE。另外,LLDPE 本身的抗光、热氧化性能也优于 LDPE 和 HDPE 。前面说过,在 LDPE 的大分子链上有很多不规整的长、短支链。在 LDPE 中,每 1000 个碳原子含有的支链平均数约为 21 个,支链中有含甲基的、含乙基的和双键以及少量羰基的链段。聚乙烯的光、热氧化首先发生在大分子链的弱键上,而这类弱键就位于支链上含有甲基的叔碳原子上的 C—H 键,和含有双键的 α-碳原子上的 C—H 键。这两种 C—H 键的键能均比饱和的—CH_2—碳链上的 C—H 键的键能要小,三者键能的数值如图 8-1 所示。

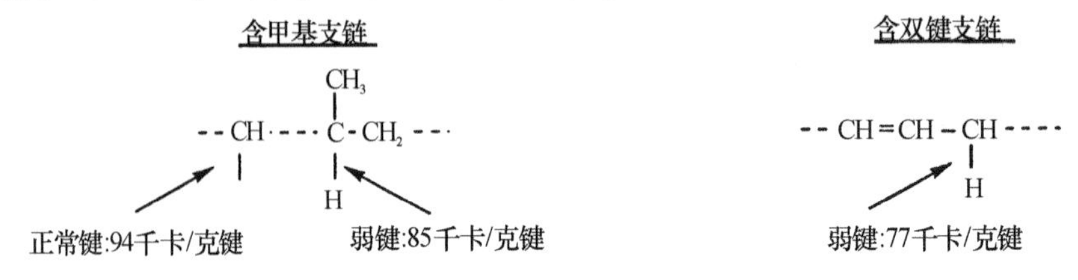

图 8-1　键能图

因而,光、热降解首先在这两种弱碳氢键上发生,且为氧所加速。光、热氧化的机理是游离基的反应历程。由于分子结构的特点,各类聚乙烯的光、热氧老化性能都较差,需用抗光、热氧化的添加剂来改性。相比之下,线性低密度聚乙烯的分子链呈线型结构,分子链上所含上述弱链较少,因而有较好的抗光、热氧老化性能。美国联碳公司的线性低密度聚乙烯黑色护套料(DFDG 6059 BK)的氧化诱导期笔者的实测值为 135 分钟。

更有甚者,在光缆护套挤出成型工艺中,LLDPE 比中密度和高密度聚乙烯有更好的工艺性和抗回缩性能。因而,除了用于直埋敷设的光缆,护套要求有相当的硬度和耐磨性要求的场合外,LLDPE 完全可以用作光缆护套材料,能满足各种使用要求,其综合特性比其他聚乙烯更好。有鉴于此,笔者愚见应将 LLDPE、MDPE 和 HDPE 三者并立为光缆护套的首选材料。令人欣慰的是,在新版的行业标准 YD/T 901－2009"层绞式通信用室外光缆"中,新增了 LLDPE,与原有的 HDPE 和 MDPE 三者并列为光缆护套的首选材料。

在表 8-1 中列出美国联碳公司(Union Carbide)的黑色聚乙烯护套料的产品规范,旨在对各类聚乙烯护套料进行比较,可以特别关注下 LLDPE(DFDG6059 BK)的特点。

表 8-1　各种 PE 护套料的性能比较特性

特性(平均值)	测试方法	单　位	DFDD 0588 BK(LDPE)	DFDG 6059 BK(LLDPE)	DHDA 8864 BK(LMDPE)	DGDJ 3479 BK(HDPE)
熔融指数	D1238	g/10min	0.21	0.55	0.60	0.15
在 23℃的密度	D1505	g/cm³	0.931	0.932	0.941	0.958
抗拉强度	D638	MPa	17.6	16.2	28.2	28.5
拉伸屈服	D638	MPa	9.3	11.3	14.4	23.7
断裂伸长率	D638	%	800	700	800	800
弹性模量	D638	MPa	207	290	310	759

续表

特性（平均值）	测试方法	单　位	DFDD 0588 BK(LDPE)	DFDG 6059 BK(LLDPE)	DHDA 8864 BK(LMDPE)	DGDJ 3479 BK(HDPE)
弯曲模量	D790	MPa	262	329	517	1000
脆化温度	D746	℃	<−90	<−100	<−100	<−100
切口脆化温度	D746	℃	−35	−60	−65	−60
ESCR,10% IGEPAL,试剂 FO	D1693	天	>7	>7	>7	>7
OIT 200℃	ICEA S−84−608	min	50	120	55	55
耐磨性能	UCC	mg/100 个循环	30	23	17	14
肖氏 D 级硬度	D2244O		54	56	59	68
23℃时线性膨胀系数	UCC	1/℃	2.2×10^{-4}	2.0×10^{-4}	2.0×10^{-4}	1.5×10^{-4}
熔点	UCC	℃	110	119	125	130
碳黑分散吸收系数	D3349		440	440	440	440
介电常数 1MHz	D1531		2.48	2.48	2.50	2.55
介质损耗角正切 1MHz	D1531	弧度	0.00030	0.00030	0.00030	0.00030
介电强度(S/T)	D149	V/mil	500	500	500	500

8.2. 聚乙烯护套的性能和检测

8.2.1　聚乙烯护套的抗光氧化性能

各类聚乙烯固有的缺点是其耐老化性能较差，光氧老化和热氧化作用常使其性能变差，因而作为护套料用的聚乙烯必须加入抗氧剂和紫外线吸收剂等来改善其抗氧化性能。护套料一般通过加入炭黑作为紫外线吸收剂，以防止紫外光对聚乙烯分子链的破坏而造成聚合物的降解老化。

炭黑是一种有效的光氧老化稳定剂，炭黑的正确使用应该注意下列诸项：

①炭黑粒子愈小，防护效果愈好，以粒径为 15～20nm 的槽法炭黑为最佳；

②炭黑的含量以 2.5%左右为宜，含量过大，塑料的耐寒性下降；

③炭黑在聚合物中以胶体状分散为最好，炭黑在聚合物中分散得愈均匀其抗紫外光老化效果愈好；

④炭黑与其他抗氧化剂有不同的相互影响，一般来说，炭黑与含硫稳定剂（如 2246−S）联用，有良好的协同作用，但炭黑与胺类、酚类抗氧剂联用，则有对抗作用。

按 Bellcore 标准规定中，高密度聚乙烯护套料应加入平均颗料尺寸为 20nm，含量为

(2.60±0.25)%的炭黑作为紫外线吸收剂。炭黑在护套料中必须均匀分散，分散度愈好，其对紫外光的屏蔽作用愈好。炭黑对紫外光的屏蔽作用可通过测量护套料紫外光吸收系数来判定。在测量波长为375nm时的吸收系数应不小于400。但吸收系数的设备使用和测量方法比较复杂。在工业单位中，通常采用另一替代性的测量方法，即测量炭黑在聚乙烯中的分散度，这就简便得多。方法描述如下：将聚乙烯黑色护套料试样若干份，每份仅0.2～0.4mg，夹在玻璃试片之间，放在200℃的烘箱内，试样熔化成半透明薄膜后，放在倍率为100的显微镜下，观察试样图形中炭黑的分散情况。英国BS标准有专门的样本图形，可以作对比，以判别炭黑的分散度优劣。如图8-2所示，在样本图中，炭黑的分散性愈好，其评分愈小，以五个试样的平均分数在5分以下者，视为合格。

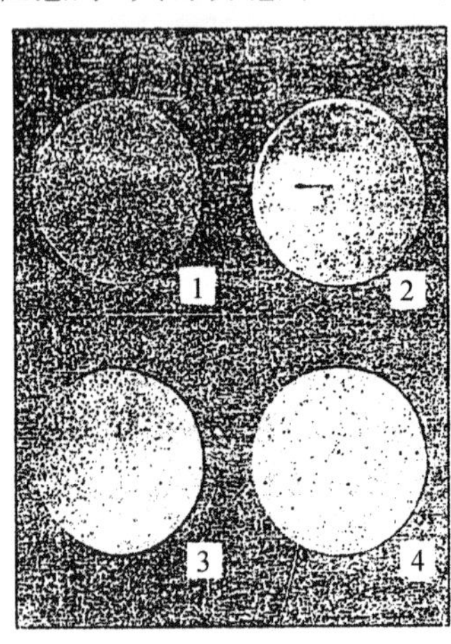

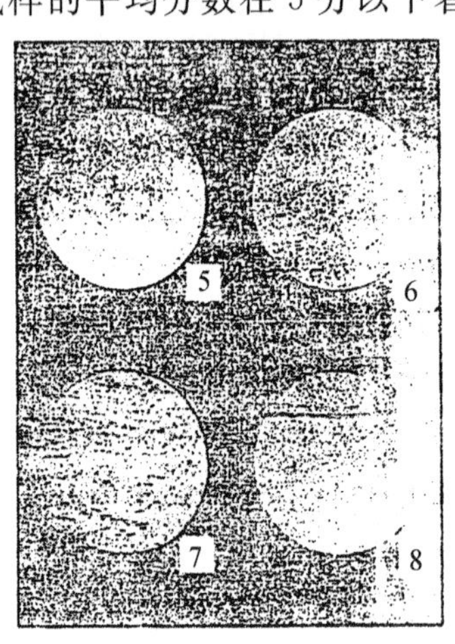

图8-2　炭黑分散度的标准样本

8.2.2　聚乙烯护套的抗热氧老化性能

护套料应有优良的抗热氧老化性能：光缆的PE护套不同，老化种类有不同的机理，有的老化性能主要取决于PE料本身的分子结构和组成，有的老化性能则可通过添加助剂来改善。热氧老化又包括两部分：热老化反映护套料的耐热性能，它取决于材料本身的分子结构和组成；氧老化是指碳氢化合物有与空气中的氧分子发生自动氧化反应的倾向，而一旦生成自由基，就会产生连锁反应，加速氧化，最终导致聚合物分子断链和氧化交联现象，从而使材料逐渐变硬变脆并开始龟裂，使光缆很快失去保护能力。通常需协配加入足量的抗氧剂以保证材料具有优良的抗氧化能力。例如可采用1010酚类抗氧剂作为主抗氧剂，168亚磷酸酯类抗氧剂作为协同抗氧剂。前者可吸收氧化反应产生的自由基，后者则可阻断连锁反应，抑制氧化过程的进行。护套料的热老化性能，可按标准YD/T837.3－1996中4.10和4.11规定的热老化试验方法来检验。护套料的氧老化性能需通过测量其氧化诱导期(OIT)来检验。护套的热老化性能和氧化诱导期两个指标均是护套由热氧老化决定的使用寿命的考量因素，但护套料的热老化和氧老化的机理不同，两者没有一定的相关性。所以光缆护套必须同时通过热老化和氧化诱导期两项试验，方能保证其热氧化寿命。笔者曾专门做过下列试验：将未加抗氧剂的PE护套料制成光缆样品。在样品光缆护套上取样分别进行热老化试验和 OIT 测试。结果如所预见，OIT 测量值仅为 2～3 分钟，与规定指标相去甚远，但热老化试验却完全合格。

护套料的氧化诱导期应不小于 30 分钟。测量方法同前文所述，但试验温度为(199±1)℃。护套料的抗氧化性能是通过掺加抗氧剂来改善的。由于其掺入量很小，一般为千分之几，因而在护套料生产工艺中也要解决分散均匀性问题。通常是先制成母料，然后混熔到批料中去。如果抗氧剂分散不均匀，不同试样的氧化诱导期测量值的偏差会很大，以致无法正确判定其氧化诱导期。护套料的氧化诱导期与温度的关系在对数坐标中是线性关系，因此通过在标准测量温度下的测量值可以外推其在使用温度上的热氧化寿命。

如图 8-3 所示，从该图的直线函数关系可见：199℃，聚乙烯的氧化诱导期大于 30 分钟时，外推到使用温度(25℃)的热氧化寿命可达 30 年以上。

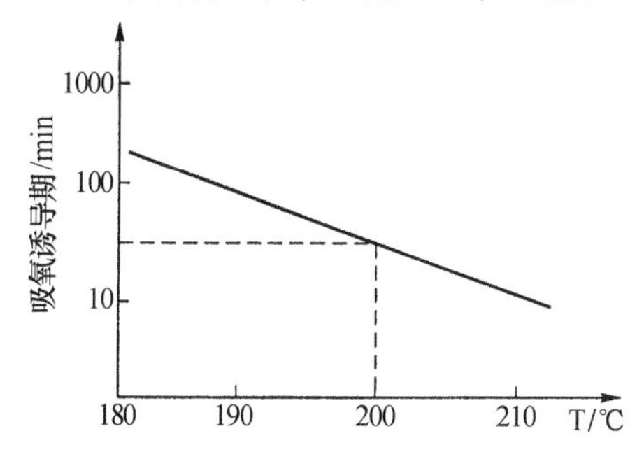

图 8-3　温度与氧化诱导期的函数关系

8.2.3　聚乙烯护套的耐环境应力开裂性能

耐环境应力开裂的试验方法可按有关标准，将试片先进行退火处理，即将试片在 145℃温度下恒温 1 小时，然后以 5 ℃/h 的速率降至 30℃，再在标准的介质 10％Igepal CO－630 或 20％TX－10(仲辛基苯聚氧乙烯醚)水溶液中进行耐环境应力开裂试验，试样不开裂时间应大于 96 小时。聚乙烯的耐环境应力开裂性能主要取决于聚乙烯树脂原料本身，当然也可通过工艺、配方来改善。因此护套料生产厂商首先应将聚乙烯树脂(白料)进行耐环境应力开裂试验作为原材料选料的一个试验项目。美国西方电气公司为了考核聚乙烯护套料的耐加工老化性能提出一种方法：将 40 克样品放入 Brabender 流变仪 5 号混炼室内，在 145 ℃温度下，以 125r/mp 的转速混炼 1 小时，然后将混炼过的试样在 10％Igepal CO－630 溶度中进行耐环境应力开裂试验，要求试片在 24 小时内开裂数不大于 2 片，该方法已被广泛接受。这一方法是对聚乙烯护套料在光缆护套挤出工艺过程中聚合物降解老化的模拟。如能通过上述试验，可保证聚乙烯护套料在成型后的长期性能稳定。

聚乙烯是一种结晶性材料。在挤塑成形过程中，从熔融态冷却下来时，其结晶单元呈球状，夹混在无定形区中，因而称之为球晶。在球晶与球晶之间应力比较集中，是聚合物中的薄弱环节，在护套料受到弯曲应力时，加上环境因素，如污水中的表面活性基的侵蚀下,聚合物就可能这里开裂,这就称为聚乙烯的环境应力开裂。从挤出机挤出成型的聚乙烯护套,特别是冷水成型时结晶度较低,在光缆的长期使用中结晶度会不断提高。结晶度愈高,抗环境开裂能力愈低。在将护套原料压片、刻痕制成试样进行抗环境应力开裂试验时,同样道理,因结晶度不高,无定形聚乙烯分子比较不易开裂。因此需先将试样进行退火处理。在145℃温度下加速结晶,缓慢降温,保持高的结晶度。因而通过退火处理的样片比不退火的样片抗环境应力开裂的能力差得多,试验时间也短得多,因此,试样的退火处理可以看成是抗环境应力开裂性的加速老化处理。

从光缆的长期性能的稳定性以及保证光缆的使用寿命角度来考虑,必须十分强调光缆护套材料的抗紫外老化、热氧化以及抗环境应力开裂等性能。

8.3 光缆护套料的配制

光缆护套料通常由四部分配制而成:一是聚烯烃基料;二是炭黑;三是抗氧剂;四是助剂。分别说明如下:(1)聚烯烃基料是聚乙烯(HDPE, LLDPE 或 LDPE),MDPE 则是由 HDPE 和 LLDPE 或 LDPE 配成。通常可用少量(约 10%)EVA 或 CPE 改性,特别是可以增加护套料的韧性。质量比在 90%以上。(2)炭黑,护套料是使用炭黑作为紫外线吸收剂,以防止紫外线对聚乙烯分子链的破坏而造成聚合物的降解老化。聚乙烯护套料应加入平均颗料尺寸为 20nm,含量为(2.60±0.25)%的炭黑作为紫外线吸收剂。炭黑在护套料中必须均匀分散,通常需预先制成炭黑母料,再混入基料中去。(3)抗氧剂,采用 1010 酚类抗氧剂作为主抗氧剂,168 亚磷酸酯类抗氧剂作为协同抗氧剂。前者可吸收氧化反应产生的自由基,后者则可阻断连锁反应,抑制氧化过程的进行。常用的辅助抗氧剂还有 DSTP[硫代二丙酸二(十八酯)],DLTP(硫代二丙酸二月桂酯)等。抗氧剂的质量比在 1%以下。(4)助剂,在护套料中加入不同的加工助剂,会对护套料的加工性能乃至改善护套性能均有很大影响。助剂有润滑剂、表面改性剂、熔体黏度调节剂、软化剂等。这里着重介绍润滑剂和含氟流变剂两类助剂,它们是在光缆 PE 护套中非常重要的助剂。①润滑剂:高聚物在熔融之后通常具有较高的黏度,在加工过程中,熔融的高聚物被挤出,通过螺膛和模具流道时,聚合物熔体必定要与加工机械表面产生摩擦,有些摩擦对聚合物的加工是很不利的,这些摩擦使熔体流动性降低,同时严重时会使护套表面变得粗糙,缺乏光泽或出现流纹。为此,需要加入以提高润滑性、减少摩擦、降低界面黏附性能为目的的助剂,这就是润滑剂。润滑剂除了改进流动性外,还可以起熔融促进剂、防粘连、防静电剂、爽滑剂等作用。润滑剂可分为外润滑剂和内润滑剂两种,外润滑剂的作用主要是改善聚合物熔体与加工设备的热金属表面的摩擦。它与聚合物相容性较差,容易从熔体内往外迁移,所以能在塑料熔体与金属的交界面形成润滑的薄层。内润滑剂与聚合物有良好的相容性,它在聚合物内部起到降低聚合物分子间内聚力的作用,从而改善塑料熔体的内摩擦生热和熔体的流动性。常用的外润滑剂是硬脂酸及其盐类;内润滑剂是低分子量的聚合物。聚烯烃类常用的润滑剂有 HSt、

CaSt、ZnSt、芥酸酰胺、高沸点石蜡、微晶右蜡、PE蜡等。②含氟流变剂：这是由美国3M公司开发的加工助剂(PPA)。它有改善聚烯烃的流变性能，熔体黏度调节，表面改性等功效。PPA是一种超细的微粒，在塑料体中具有极佳的滑动性。加工时可用PE基料和PPA粉料制成母粒，再加到基料中去。含氟流变剂的功效可归结如下：①含氟流变剂可迁移到机头/熔体界面形成一层薄膜，作为机头的润滑剂，从而减小挤出压力。②在一定的温度下，加入PPA的PE开始发生连续熔体破裂的剪切速率值远高于未加PPA的PE开始发生连续熔体破裂的剪切速率值。因而可有效地消除熔体破裂现象，降低熔体温度，提高挤出效率。③避免挤出的护套表面出现鲨皮斑，使表面光亮滑爽。对一定的聚合物及加工条件，PPA的含量有一个最佳值，含量过大不仅增加生产成本还会影响护套的挤出性能。通常含量应小于1%。

8.4　阻燃护套料

8.4.1　阻燃护套料概论

在某些环境中敷设使用的光缆，要求具有阻燃特性，例如在地铁、隧道、石油、煤矿以及大楼、计算机房、公共建筑等场合使用的光缆。这时应采用阻燃材料制作光缆护套，特别是随着光纤到户(FTTH)的迅速发展，室内光缆尤其是皮线(接入网蝶形光缆)光缆中，必须采用阻燃护套料。阻燃护套料通常分两大类，一是阻燃聚氯乙烯(PVC)护套料，一是阻燃聚烯烃(如EVA,PE)护套料。

聚氯乙烯分子中有氯原子(卤素原子)，比起聚乙烯这类纯碳氢化合物有可燃性较低的优点，聚氯乙烯护套还具有良好机械性能、抗化学反应，以及良好的环境性能，被广泛用作电缆护套料。抗氧化剂制成的阻燃料具有良好的阻燃性能，但是当阻燃PVC燃烧时产生的游离氯与空气中水分会反应生成具有强烈腐蚀性的HCL，还会产生浓重的黑烟。因此，即使是低烟、低卤的阻燃PVC在燃烧时生成的黑烟和腐蚀性HCL也会带来灭火的困难和对建筑物的损害。因而最好采用低烟、无卤的阻燃聚烯烃材料作为护套料，但聚烯烃本身是易燃且延燃的物质。为了降低其可燃性，要在混合物中填充无机物，如氢氧化铝、氢氧化镁等。这些无机填料在一定温度下会熔融，其分解温度略高于护套挤出温度。在聚合物中加入无机填料后，势必降低其机械性能和挤出性能，因而可通过加入偶联剂以改善混合物的机械和挤出性能，再加上适量的抗氧剂和炭黑，即制成低烟无卤的阻燃护套料。这种护套料在燃烧时不会产生腐蚀性气体且仅有低浓度的白烟。护套料在燃烧时产生的毒性物质包括两个方面，一是盐酸、硫酸、砷酸等，二是一氧化碳、二氧化碳。其中一氧化碳是有机物燃烧时都会产生的物质，其含量由火势决定。无卤化合物不含有氯、硫和氰，所以没有盐酸、硫酸和砷酸产生，因而毒性很低。综上所述，阻燃护套料应从氧指数高、不延燃、烟气透明度高、无腐蚀性和毒性低等角度考核其性能。

氧指数(Oxygen Index)是阻燃料的一个重要参数。氧指数是指在规定条件下,试样在氧、氮混合气流中,维持平稳燃烧所需的最低的氧气浓度。以氧所占的体积百分数(%)表示。它是评价聚合物材料相对燃烧性的一种表示方法,以此判断材料在空气中与火焰接触时燃烧的难易程度。显而易见,氧指数愈大者,其阻燃性愈好。氧指数的国家标准为GB 2406—80。

8.4.2 低烟无卤(Low Smoke Zero Halogen,LSZH)阻燃护套料

高分子材料的燃烧是一个包括热、氧、可燃材料三个要素的复杂过程。从原理上讲,只要减缓或阻止其中一个或几个要素,就可达到阻燃的目的。无卤阻燃剂不但可以起到稀释可燃材料浓度的作用,更重要的是,可以通过自身吸热脱水或促使材料脱水,吸收燃烧产生的热量,降低燃烧材料表面温度,达到阻止材料燃烧的目的。有些阻燃剂在自身脱水后形成一种不燃的隔氧层或使可燃表面碳化,隔离与空气的接触,从而起到阻燃的目的。

金属氢氧化物(水合金属氧化剂)阻燃剂主要是指氢氧化铝和氢氧化镁。氢氧化铝即三水合氧化铝(简称ATH),是主要的无机金属氢氧化物阻燃剂,占无机阻燃剂用量的80%以上,ATH受热后,三个结晶水会在三个不同的温度下释放。ATH的阻燃机理可以归纳为:①填充ATH可以使可燃性高聚物的浓度下降;②ATH吸热后脱水,水化为水蒸气吸收聚合物燃烧所放出的热量,抑制聚合物的温度升高,稀释可燃性气体和氧的浓度,阻止燃烧反应继续进行;③ATH脱水后可在可燃物表面生成Al_2O_3隔热层,阻止聚合物与氧接触,起到阻燃作用。ATH的阻燃效果与其添加量有很大的关系,一般需要50%以上才能有明显的效果。如此大的添加量会使塑料的黏度增大,塑性降低,断裂伸长率下降。为了解决这个问题,一般采用偶联剂处理ATH,可取得较好的效果。ATH的粒度对聚合物阻燃性能以及力学性能有很大的影响,研究表明,等量的阻燃剂,粒度越小,比表面积越大,阻燃效果越好,超细粒度的ATH,可增强界面的相互作用,有效地改善共聚物的力学性能。高纯化的ATH会使材料的电气性能得以提高。高纯化是指氢氧化铝的含量大于99%,氧化钠的含量低于0.2%的质量分数。金属氢氧化镁(MH)也是一种有效的无卤阻燃剂,其原理和氢氧化铝相似。据研究表明,采用氢氧化镁阻燃聚烯烃氧指数可达到41。以氢氧化镁为无卤阻燃剂的研究很多,均取得较好的效果,氢氧化镁阻燃剂和氢氧化铝类似,也叫高添加型阻燃剂,为此,对氢氧化镁进行各种表面处理是必要的。单独使用一种阻燃剂一般很难满足无卤阻燃电缆料的使用要求,因此,常常选用两种或两种以上的阻燃剂配合使用。

将ATH与氢氧化镁配合使用,可以起到协同作用,虽然氢氧化镁分解吸收的热量比氢氧化铝小,但是分解温度较高,可以达到340℃。氢氧化镁有促进聚合物表面成炭作用。两者结合使用使阻燃效果更好。有日本专利提到,采用氢氧化铝和氢氧化镁共混物阻燃PE,可使氧指数达到30,断裂伸长率达到425%。

采用纳米氢氧化镁低填充与红磷协效阻燃的新方法以及两种不同表面处理状态的微米氢氧化镁并用技术,使材料具有高强度、高阻燃、流动性好、耐热性好等优良的综合

性能。两种不同表面处理状态的微米氢氧化镁并用的方法具有创新性,使其在保证无卤、高阻燃、耐热性好的同时,又确保了材料强度高、加工流动性好,使两者之间难以平衡的矛盾得以解决。

8.4.3 阻燃护套料的抗弯曲热应力开裂性能

在大多数的低烟无卤阻燃护套料的商业产品中均存在抗开裂性差的问题。有的低烟无卤阻燃光缆,甚至还在光缆盘上即发生开裂现象,通常是线盘的最外层向阳面的光缆护套发生开裂,往往是在夏季太阳暴晒下,在光缆弯曲受力和热应力的作用下产生的开裂现象。关于光缆阻燃护套料抗弯曲热应力开裂性的性能,在有关行业标准中均未列入质量控制指标,光缆生产厂商也无法判别护套料抗弯曲热应力开裂性的性能,因而在实际光缆生产中造成严重问题。

经分析,低烟无卤阻燃护套料开裂主要是由于塑料基料的耐热性较差以及塑料基料与无机填料的界面结合力较差所致。因而为提高低烟无卤阻燃护套料的抗开裂性能需从下列几个方面着手:一是选用耐热性好的塑料基料,以提高其在热态时的抗开裂性能;二是选用高效偶联剂增强塑料基料与无机填料的界面结合力;三是采用粒径细微化的无机填料以提高与塑料基料的相容性;四是改进加工工艺,使各种组分充分混合均匀,保持良好以塑化状态,从而提高材料的抗开裂性能。基料可以耐热性好的塑料基料 HDPE 为主,并辅以 EVA,聚烯烃弹性体作为改性剂。偶联剂如采用单烷氧基型钛酸酯类偶联剂较为有效,如磷酸型单烷氧基型钛酸酯 TC－2 等。相容剂如 MC218"是由化学接枝改性乙烯－醋酸乙烯(EVA)制得,在保持乙烯－醋酸乙烯物理性能的同时,呈现出高的极性和反应性。特别适合于低烟无卤阻燃护套料生产,适用于氢氧化铝填充护套料,显著提高材料的力学性能和热性能指标。

现从笔者的发明专利:CN 201410115076.9(一种抗开裂低烟无卤阻燃护套料),以及 CN 201410114656.6(一种抗开裂低烟无卤阻燃护套料的制备方法),引述有关内容作为示例:

本发明所采用的技术方案为:一种抗开裂低烟无卤光缆阻燃护套料,其特征在于,包括下列重量份数的组分:聚合物基料 40～50 份、阻燃剂 30～45 份、阻燃剂填料 1～10 份、偶联剂 0.5～1.5 份、相容剂 1～5 份、润滑剂 1～3 份、抗氧剂 0.5～1.5 份、抗紫外线剂和助剂 1.5 份以及 0.5～1.5 份;

所述的聚合物基料包括高密度聚乙烯 HDPE5000S、乙烯－醋酸乙烯共聚物 EVA7470M 和 POE 聚烯烃弹性体 8201,重量份数比为 30 : 10 : 5;

所述的阻燃剂为氢氧化铝 H－WF－1、硼酸锌 ZB－2335、有机蒙脱土 DK－4 组成,重量份数比为 35 : 3 : 1.2;

所述的阻燃剂填料为活性碳酸钙;

所述的偶联剂为单烷氧基型钛酸酯 TC－2;

所述的相容剂为相容剂 MC218;

所述的润滑剂由 PE 蜡和硬脂酸组成重量份数比为 1.2 : 0.3;

所述的抗氧剂由重量份数比为1∶1的抗氧剂1010和抗氧剂168组成；

所述的抗紫外线剂为PE碳黑母料，碳黑母料中的碳黑含量为35%～45%；

所述的抗紫外线助剂为硅酮母粒PW1050。

一种抗开裂低烟无卤光缆阻燃护套料的制备方法，包括以下步骤：

(1)阻燃剂的预处理：将配方量的阻燃剂和偶联剂加入混合机，在80～90℃温度下以200～300转/分的速度混合8～10分钟，随后向其中投入配方量的阻燃剂填料、润滑剂和抗氧剂，在80～90℃温度下以220～280转/分的速度混合10～12分钟；

(2)向步骤(1)得到的物料中加入聚合物基料、抗紫外线剂、相容剂和助剂以250～320转/分的速度混合3～5分钟；

(3)将步骤(2)得到的物料首先送入双螺杆挤出机进行一次塑化，之后送入单螺杆挤出机二次塑化，最后风冷模面切粒。

本发明对前述的三个步骤并没有明确的限定，采用现有技术均可实施，进一步一次塑化阶段双螺杆挤出机的温度范围为120～150℃，优选125～140℃；在二次塑化阶段单螺杆挤出机温度范围为120～150℃，优选125～140℃，料压为20～30MPa。

上述技术方案运用与现有技术相比具有下列优点：一方面通过使用包含高密度聚乙烯、乙烯－醋酸乙烯共聚物和茂金属合剂的聚合物基料，提高了聚合物基料的耐热性，从而提高了其在热态时的抗开裂性能；另一方面选用单烷氧基型钛酸酯类高效偶联剂和平均粒径≤3um的阻燃剂，能够增强聚合物基料与阻燃剂的界面结合力；通过采用粒径细微化的无机填料进一步提高了与塑料基料的相容性；通过改进加工工艺，使各种组分充分混合均匀，保持良好以塑化状态，从而提高材料的抗开裂性能。

在本发明中，在阻燃剂中添加如活性碳酸钙、钛白粉等小颗粒成分，能够提高阻燃剂在聚合物基料中的分散性。阻燃护套料的原料配方中还包括相容剂，用于降低聚合物基料中高密度聚乙烯、乙烯－醋酸乙烯共聚物和茂金属合剂间的界面张力，从而改善聚合物之间的相容性；例如，相容剂MC218是由化学接枝改性乙烯－醋酸乙烯(EVA)制得，在保持乙烯－醋酸乙烯物理性能的同时，呈现出高的极性和反应性，能够提高氢氧化铝的分散性及相容性，从而最大限度地提高护套料的阻燃性，降低烟指数、发烟量、发热量和一氧化碳的产生量，提升氧指数，改善滴落性能等。阻燃护套料的原料配方中还包括适量碳黑，用以抗紫外光老化，优选为采用槽法碳黑，粒度为15～30nm或者以碳黑母料形式加入混合。在本发明中，润滑剂可以选用常规的如聚乙烯蜡、硅油、硬脂酸盐中的一种或及几种组成的混合物，抗氧剂可以选用常规的如[β－(3,5－二叔丁基－4－羟基苯基)丙酸]季戊四醇酯、三(2.4－二叔丁基苯基)亚磷酸酯、双酚A中的一种或及几种组成的混合物。

8.4.4 偶联剂

偶联剂是一类具有两性结构的物质，它们分子中的一部分基团可与无机物表面的化学基团反应，形成强固的化学键合；另一部分基团则有亲有机物的性质，可与有机分子反应或物理缠绕，从而把两种性质大不相同的材料牢固结合起来。工业上使用的偶联剂可分为硅烷类、钛酸酯类、锆类和有机铬络合物四大类。现以硅烷偶联剂为例加以说明：硅烷偶联剂是由硅氯仿($HSiCl_3$)和带有反应性基团的不饱和烯烃在铂氯酸催化下加成，再经醇解而得。硅烷偶联剂实质上是一类具有有机官能团的硅烷，在其分子中同时具有能和无机质材料(如玻璃、硅砂、金属等)化学结合的反应基团及与有机质材料(合成树脂等)化学结合的反应基团。硅烷偶联剂通式为

$$Y(CH_2)nSiX_3$$

此处，$n=0\sim3$；X为可水解的基团，能与无机物质结合；Y为有机官能团，能与有机物质起反应。X通常是氯基、甲氧基、乙氧基、甲氧基乙氧基、乙酰氧基等，这些基团水解时即生成硅醇($Si(OH)_3$)，而与无机物质结合，形成硅氧烷。Y是乙烯基、氨基、环氧基、甲基丙烯酰氧基、巯基或脲基，这些反应基可与有机物质反应而结合。因此，通过使用硅烷偶联剂，可在无机物质和有机物质的界面之间架起"分子桥"，把两种性质悬殊的材料连接在一起，提高复合材料的性能和增加黏接强度。在硅烷偶联剂这两类性能互异的基团中，以Y基团最为重要。它对制品性能影响很大，起决定偶联剂的作用。只有当Y基团能和对应的树脂起反应，才能使复合材料的强度提高。一般要求Y基团要与树脂相容并能起偶联反应。

在以PE,EVA等聚烯烃为基料，以水合氧化铝等不含游离水的干燥阻燃填充剂的护套料中，采用单烷氧基型钛酸酯类偶联剂较为有效，如三异硬脂酰基钛酸异丙酯OL－T999(简称TTS)，磷酸型单烷氧基型钛酸酯TC－2等。硅烷偶联剂则可采用乙烯基三乙氧基硅烷A－151等。商品化的偶联剂通常均为液体。

在用于无机填料填充塑料的应用中，有两种方法加入偶联剂：

(1)偶联剂可预先对填料进行表面处理，然后加入到树脂中。它能改善填料在树脂中的分散性及黏合力，改善工艺性能和提高填充塑料的机械、电学和耐气候等性能。

(2)偶联剂也可直接加入填料/树脂的混合物中，在树脂及填料混合时，偶联剂可直接喷洒在混料中。偶联剂的用量一般为填料用量的0.1%～2%(根据填料直径尺寸决定)，然后将加有偶联剂的树脂/填料进行挤出。

8.5　耐电痕护套料

用于ADSS光缆的抗电痕护套料详见第三篇第十章《全介质自承式〈ADSS〉光缆的设计计算》一文。

8.6　光缆的防鼠咬护层结构

直埋敷设的光缆以及敷设在隧道、地下工程设施环境中的光缆，防鼠咬是一个难度颇高的课题，在电缆行业中也是一个久为困扰的问题。光缆的防鼠咬护套可分为三种

类型:化学防护、机械防护(又分金属防护和非金属防护)。

化学防护是指光缆外护套材料中掺放老鼠咬后致命的化学毒性物质。这种方法在一般情形下不予采用。其原因是:一则这种护套材料的生产和护套加工存在严重的安全问题。二则这种护套在使用时,即使老鼠咬后致命死亡,但光缆也就被破坏了,玉石俱焚不足以对光缆起进一步保护作用。

比较安全有效的方法则是机械保护,即用硬质材料使老鼠无法咬伤从而使光缆得到保护。机械防护分金属防护和非金属防护两类:金属防护是指用金属材料例如钢绞防护套,或在一般的光缆中采用皱纹钢带纵包层,适当增加钢带厚度。因此金属防护层实质是通过光缆的金属外铠装来防止鼠咬的破坏。

非金属防护层是指用硬度很高的介质护套使老鼠难以啃动。例如瑞士 EMS 公司的尼龙类护套材料 Grilmid TR 55 等,其肖氏硬度为 83,由此挤出成型的护套光滑坚硬,有助于对鼠咬的防护。

近来有资料表明:在非金属光缆中用作增强材料的玻璃纱有一种附加的功能:它赋予光缆防啮齿动物破坏的功能,在阻挡老鼠、野兔(对管道和埋地光缆)和大鸟(对架空光缆)对光缆的损害方面与钢丝层具有相同的功能。

在光缆中作为非金属加强件使用的 FRP 棒就是一种玻璃纤维增强塑料棒。它是以玻璃纤维无捻粗纱为增强材料,以热固化环氧树脂体系为基料,在特定温度下固化拉挤出的制品。近年来开发出来作为光缆防鼠咬护层材料的玻璃纤维带(或称扁平 FRP)是以玻璃纤维无捻粗纱为增强材料,以热塑性树脂为基料组成的玻璃纤维带,热塑性树脂可采用 PE,EVA,EAA 等材料。玻璃纤维带可用两种工艺在光缆上形成防鼠咬护层结构:一种是以多根玻纤带用钢绞设备绞合在光缆缆芯上(通常在外护套内);另一种是纵包在光缆缆芯上(通常在外护套内),考虑到光缆的弯曲性能,纵包的玻纤带厚度不宜大于 0.5mm。这种防鼠咬铠装结构还增加了光缆的抗压性能。示例的玻纤带技术规范如表 8-2 所示。

表 8-2 玻纤带技术规范

编号	项目	单位	指标	
1	厚度	mm	A±0.05	
2	宽度	mm	B≤20mm	B>20
3	宽度公差		±0.15	±0.50
4	抗张强度	MPa	≥850	
5	拉伸模量	GPa	≥50	
6	断裂伸长率	%	<3.0	
7	弯折性能	/	弯折 180°两侧纤维不断	
8	高温性能(100℃,120h)	/	抗张强度不变,表面无裂纹或毛刺,不解体,手感光滑	
注:A 和 B 都是标称值				

另一类是有热塑性树脂浸涂的玻璃纱,将这种玻璃纱用 24/48 盘绞笼绞合在光缆缆芯

上(通常在外护套内),在挤外护套时,利用护套挤出的热量将有热涂层的玻璃纱熔成一体,形成防鼠咬铠装结构。示例的 2400 TX 热涂层抗鼠咬玻璃纱的技术规范如表 8-3 所示。

表 8-3　2400TX 热涂层抗鼠咬玻璃纱的技术规范

尺寸(mm)	每米重量(G)	断裂强度(N)	断裂伸长(%)	抗张强度(MPa)	杨氏模量(GPa)
0.48×3.5	2.968～3.042	1608	3.00	1692	68

美国 Bellcore 规范提出了鼠咬的防护标准,试验方法是由美国 Denver 野生动物研究中心提出的。将被测光缆水平放在一个尺寸为 51mm×51mm 的中空铁片上,将此铁片垂直放在一个尺寸为 178mm×178mm×279mm 的鼠笼的中间。鼠笼隔成两部分,一部分放老鼠和食物,另一半空置。试验光缆的纵向铠装层的接缝面朝装有老鼠方向并与中空铁片垂直,以便使老鼠能啃到纵包层接缝,试验周期为七天。光缆被咬坏的程度分为下列六个等级并定义相应的损坏指数为 0,1,2,3,4,5 ,如表 8-4 所示。

表 8-4　光缆损坏指数

指　数	光缆损坏程度
0	无损坏
1	外护套有刮痕
2	外护套被穿透
3	铠装层被穿透
4	光纤被拉出
5	光缆严重损坏

Bellcore 的防鼠咬标准是:10 片试片中有 8 片损坏指数是 2 或低于 2 则为通过。

参考文献

[1]Technical Documentation. UNION CARBIDE.

[2]Technical Documentation. BOREALIS

[3]Technical Documentation. KOBELCO.

[4]Technical Documentation. BASF

[5]T/CAICI 7－2018 光缆用黑色聚乙烯护套料标准

[6]YD/T 1485－2006(2012) 光缆用中密度聚乙烯护套料

[7]YD/T 1113－2001 光缆护套用低烟无卤阻燃材料特性

第9章　带状光缆的设计和分析

城域网及接入网的高速发展将增加对光纤的需求，带状光缆由于其光纤集成度高且敷设费用低而得到广泛使用。目前光纤网络的建设逐渐由国家骨干网转向区域网及城域接入网。在光纤城域网及接入网中，由于连接的节点较多，往往需要铺设大芯数的光缆。而采用带状光缆有很多优点：带状光缆其光纤的集成度高，即相同的光纤芯可以将光缆结构做得较小，占用路由资源较少，采用带状光纤熔接机，可提高熔接功效，降低光缆熔接费用，提高敷设安装效率。由于光纤带及光缆制造技术的进步，使得带状光缆与普通的散纤光缆的光纤损耗基本相近，且光纤带比散纤具有更好的机械性能。

在国外，光缆长途干线上亦大量采用带状光缆，而在国内大中城市的城域网中多采用带状光缆。带状光缆主要根据光纤带芯数的多少及应用环境特点来进行光缆结构设计及材料选择，使光缆在生命周期内具有良好的机械性能及环境性能，保证光纤的传输性能在其敷设及运营过程中保持不变。光缆设计包括光纤缆芯设计、光缆加强单元设计、光缆结构设计及光缆材料选择。由于带状光缆多应用于城域网及接入网，因此应尽可能缩小光缆尺寸来弥补城市光缆路由资源（管道或架空）的限制，即优化的光缆设计应使光缆单位截面积的光纤芯数最大但同时又能保证光缆具有良好的光学、机械及环境性能。

带状光缆主要分松套管式和骨架式光缆两大类。其中松套管式带状光缆又分为中心束管式和层绞式两类。

中心束管式带状光缆由于其具有良好的抗侧压及弯曲性能，单位面积内光纤芯数最大（即相同大小的外形尺寸其光纤芯数最大），开剥及接入效率高等特点在国内外得到广泛使用。中心束管式带状光缆通常采用12芯或24芯带纤叠合成12×12F或12×24F等光纤带矩阵，即可构成144芯或288芯光缆等组合。成缆则采用在束管外以皱型钢带纵包，再用平行钢丝加强的护套形式。中心束管式带状光缆由于其光纤密度最高而受到关注。目前研究的焦点是进一步提高光纤芯数，有的已开始研究36芯带。为了能够与现有12芯带熔接机兼容，24芯带和36芯带必须能分成两个或三个12芯子带。通常是用第二层树脂将两个或三个12芯带封装成一个24或36带，用这种方法在分带时可以完整地保护子带。18个24芯带可构成432芯光缆。

层绞式带状光缆由光纤带松套管在抗张元件上以SZ方式绞合成缆芯，通常采用1+4结构的缆芯，每根束管内多采用6芯或12芯带纤，以不同带纤数叠合，如6×6F到6×12F等等。由于层绞式结构的多管绞合形式，故光缆芯数可做得很大。其成缆形式与常规层绞式光缆相同。

骨架式带状光缆是将光纤带叠放在螺旋骨架槽或 SZ 骨架槽中制成缆芯，并用阻水带绕包骨架，再在缆芯外加防护材料制成骨架式带状光缆。骨架式带状光缆由于缆径小、重量轻、弯曲性好及抗侧压能力强，适合长距离安装。采用 SZ 骨架槽型式可允许使用中途分支技术取出光纤。骨架式带状光缆结构使用骨架和中心加强件为支撑单元。骨架采用高密度聚乙烯材料，抗侧压性能好，对光纤带有非常好的保护，同时能防止开剥光缆时损伤光纤。中心加强件是单根钢丝或多根绞合钢丝、骨架和钢丝黏结在一起形成整体，确保光缆的机械性能和温度特性。骨架槽内放入光纤带，400 芯以上的光缆通常使用 8 芯光纤带，制作工艺是先将两个 4 芯光纤带做一次涂覆，然后将两个 4 芯光纤带再做二次涂覆形成一体 8 芯带。使用时可将两个 4 芯光纤带分开，各自进行熔接。骨架外层包绕阻水带，阻水带特性是：当水分和阻水带接触，阻水粉能形成凝胶，迅速填充所有空间，达到阻水效果。根据不同的使用场合，再在阻水带外层加钢带或铝带铠装，以保护光缆。最外层是 PE 护套。骨架式光缆在同样芯数结构时，比层绞式光缆重量要轻，而且芯数越大，表现越明显。骨架式光纤带光缆的外径较小，其中单向骨架式光缆尤为明显。

在骨架式带状光缆中，由于采用可分离的 4 芯带、8 芯带、12 芯带结构，给光纤带分支带来许多方便。在工程接续中，分离成两根 4 芯带的 8 芯光纤带，可根据光纤的色标进行分带熔接。骨架式带状光缆也能使用 6 芯光纤带和传统的大芯数光纤带光缆相匹配。

自 20 世纪 90 年代初以来，日本大量使用骨架式带状光缆。由于日本管道拥挤，骨架式带状光缆的高光纤密度成为一个重要优势。同时骨架式带状光缆是全干式结构，接续十分方便。在将螺旋式骨架带状结构的芯数发展到 1000 芯以上后，从 1989 年开始，日本 NTT 和几大厂家纷纷推出了芯数高达 2000 的 SZ 绞带状光缆。这种光缆是双层绞合结构，内层为 SZ 骨架槽，外层为 SZ 绞 U 形槽。该结构采用 8 芯光纤带，经测试其光学、机械和环境性能良好。由于内外层均为 SZ 绞，下纤较方便。光缆外径为 40mm。同时推出的还有采用 8 芯带的 1000 芯 SZ 骨架带状光缆，直径为 32mm，比同芯螺旋绞光缆大 2mm。这些大芯数光缆主要用于 FTTH 系统的主环路中。

1999 年后，骨架带状光缆方面有以下动态：(1)将 G.655 光纤用于骨架式带状光缆成缆，实验证明衰减及偏振模色散均控制得较好。(2)减轻骨架式带状光缆的重量，减少敷设困难。主要方法有：使用非金属加强芯或小直径绞合钢丝；将骨架部分发泡以及减少骨架尺寸等。(3)改进骨架槽的柔软性。通过将骨架槽横向切槽，光缆的曲挠刚性可减低 30%。(4)古河公司推出一种特殊的双层骨架式光缆，内层为螺旋骨架，采用 4 芯带，共 100 芯，用于长途；外层挤上 SZ 骨架槽，用 2 芯带，共 128 芯，主要用于接入。该光缆外径为 20mm。

9.1　光纤带的几何尺寸规范

光纤带的几何尺寸的定义参见图 9-1。

图中，W 和 t 分别为光纤带宽度和厚度，相邻两光纤的水平间距为 d，两侧光纤的

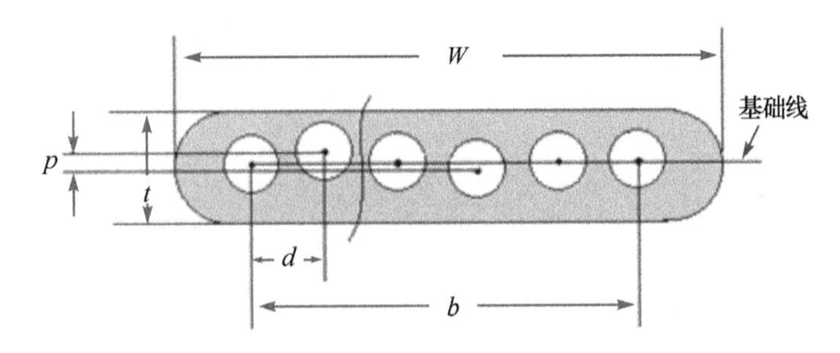

图 9-1　光纤带的几何结构的横截面

水平间距为 b,将通过第一根光纤中心和最后一根光纤中心的直线定义为基线,那么,将光纤垂直位置最大正偏差和最大负偏差绝对值之和定义为光纤带的平整度 p(planarity)。

光纤带的最大几何尺寸规范如表 9-1 所示。

表 9-1　光纤带的最大几何尺寸　　单位(μm)

带中光纤芯数(n)	宽度(W)	厚度(t)	相邻光纤水平间距(d)	两侧光纤水平间距(b)	平整度(p)
2	700	400	280	280	—
4	1220	400	280	835	35
6	1770	400	280	1385	35
8	2300	400	300	1920	35
12	3400	400	300	2980	50
24	6800	400	300	每单元值	75^b

注:1. 每单元值是指将光纤带分离成原有的子带的测量值

2. ^{b}暂定值

9.2　带状光缆的设计与分析

9.2.1　松套管内光纤带的余长及弯曲半径

通常将若干条光纤带叠合后,以螺旋绞合形式进入松套管内,松套管内光纤带的余长由两部分组成。一是光纤带螺旋绞合时,绞合体中不同位置的光纤相对于松套管轴线有不同的余长,显然其中以光纤带叠合体四角上的光纤余长最大。二是在松套管挤出过程中,束管材料(通常为 PBT 或 PP)收缩形成光纤带叠合体对于松套管轴线有不同的余长。后者对光缆在敷设、使用中的受力和温度变化起保护作用。现分别分析如下:

1. 光纤带叠合体对于松套管轴线的余长

束管材料收缩形成光纤带叠合体在松套管的分布为准正弦分布,如图 9-2 所示:

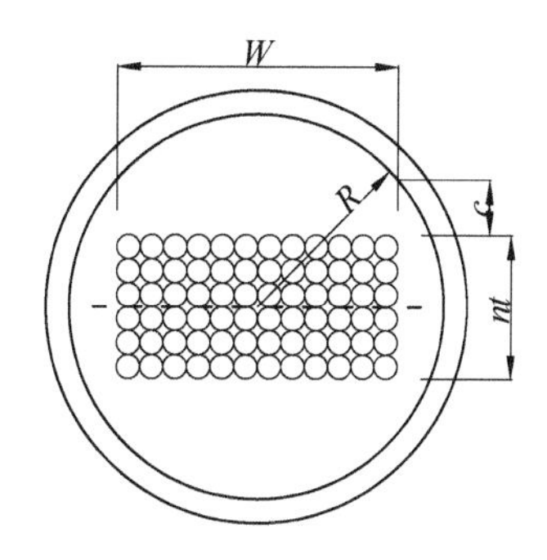

图 9-2　光纤带束管

束管内径为 R，光纤带宽度为 W，光纤带厚度为 t，叠合条数为 n，光纤带叠合体在束管内的自由度为 $2c$。如光纤带叠合体正弦分布的节距为 P_S，在一个节距内的平均弧长为 L_S，则有

$$L_S = \int_0^{P_s} \sqrt{1+[X'(z)]^2}\mathrm{d}z \tag{9-1}$$

因有
$$X(z) = c\sin(2\pi z/P_S)$$
可得

$$L_S = \int_0^{P_s} \sqrt{1+(2\pi c/P_S)^2\cos^2(2\pi z/P_S)}\mathrm{d}z = P_S\sqrt{1+K^2}\left[1-\frac{\xi^2}{4}-\frac{3}{64}\xi^4-\cdots\right] \tag{9-2}$$

式中，$K = 2\pi c/P_S$，$\xi = K^2/(1+K^2)$。

因为 $P_S \gg 2\pi c$，故有 $K \ll 1$，则式(9-2)可简化为

$$L_S = P_S\sqrt{1+K^2}\left[1-\frac{1}{4}\left(\frac{K^2}{1+K^2}\right)\right] \tag{9-3}$$

光纤带叠合体在束管内的余长为

$$\varepsilon_S = \frac{L_S-P_S}{P_S}\cdot 100\% = \left\{\sqrt{1+K^2}\left[1-\frac{1}{4}\left(\frac{K^2}{1+K^2}\right)\right]-1\right\}\cdot 100\% \tag{9-4}$$

光纤带叠合体在束管内的最小弯曲半径为

$$R_S = \frac{{P_S}^2}{4\pi^2 c} \tag{9-5}$$

因 $K \ll 1$，式(9-4)，(9-5)可分别简化为

$$K^2 = 4\varepsilon_S \tag{9-6}$$

$$R_S = \frac{c}{4\varepsilon_S} \tag{9-7}$$

从图 9-1 的几何关系可得

自由度

$$2c = 2\sqrt{R^2-W^2/4}-nt \tag{9-8}$$

松套管内径

$$R = \sqrt{(4\varepsilon_S R_S+nt/2)^2+W^2/4} \tag{9-9}$$

9.2.2 光纤带叠合体四角上的光纤余长

光纤带叠合体一个螺旋节距 P_h 上四角上的光纤长度 L_h：

$$L_h=\sqrt{\pi^2(W^2+(nt)^2)+P_h^2} \tag{9-10}$$

光纤余长为

$$\varepsilon_h=\frac{L_h-P_h}{P_h}=\sqrt{1+\frac{\pi^2(W^2+(nt)^2)}{P_h{}^2}}-1 \tag{9-11}$$

因 $P_h \gg \pi^2(W^2+(nt)^2)$

式(9-11)可简化为

$$\varepsilon_h=\frac{\pi^2(W^2+(nt)^2)}{2P_h^2} \tag{9-12}$$

光纤带叠合体四角上的光纤螺旋绞合的弯曲半径为

$$R_h=R_r[1+(P_h/2\pi R_r)^2] \tag{9-13}$$

式中，螺旋绞合半径为

$$R_r=\sqrt{(W/2)^2+(nt/2)^2}$$

9.2.3 光纤带束管的SZ绞合

光纤带束管以SZ方式绞合在加强芯上，SZ绞合曲线的参数表达式为

$$r(t)=[x(t),y(t),z(t)] \tag{9-14}$$

式中，$x(t)=a\cos t$；

$y(t)=a\sin t$。

SZ绞合曲线的长度为

$$\begin{aligned} L &= \left|\int_0^{2n\pi}[\alpha^2\sin^2 t+\alpha^2\cos^2 t+(3bt^2+2ct+d)]^{1/2}\mathrm{d}t\right| \\ &= \left|\int_0^{2n\pi}[\alpha^2+(3bt^2+2ct+d)]^{1/2}\mathrm{d}t\right| \end{aligned} \tag{9-15}$$

式中，α 为绞合半径，系数 b,c,d 可用插入法由实验数据确定。积分式(9-15)可通过数值积分法求得。计算SZ绞合曲线的曲率再求导，可求得最大曲率，即最小弯曲半径 R_{SZ}。但实际上显而易见，正规SZ绞合曲线的最小弯曲半径即为 S 或 Z 方向的螺旋线的曲率半径，而在SZ转折点则有最大曲率半径。因此 R_{SZ} 可简单地通过螺旋线的曲率半径公式计算：

$$R_{SZ}=a[1+(h/2\pi a)^2] \tag{9-16}$$

式中，h 为SZ绞合节距。

SZ绞带状光缆中光纤的弯曲由三部分组成：

(1)光纤带叠合体在束管内的最小弯曲半径 R_s；

(2)光纤带叠合体四角上的光纤螺旋绞合的弯曲半径 R_h；

(3)SZ绞合曲线的最小弯曲半径 R_{SZ}。

光缆中光纤的曲率 C 为

$$C=\mathrm{d}^2 r/(\mathrm{d}s)^2 \tag{9-17}$$

式中，r 为位置矢量；s 为前进方向的路径长度。

曲率半径为

$$R_k = 1/C = 1/(1/R_s + 1/R_h + 1/R_{SZ}) \tag{9-18}$$

松套层绞式带状光缆中光纤最小弯曲半径的考虑：

(1)大长度室外通信光纤通常采用经 100kpsi 筛选后的商用光纤，可安全地承受1/5 的筛选应力，即 20kpsi，或 0.2%应变下，工作寿命为 25 到 40 年。0.2%的应变相对应的弯曲半径为 32mm。

(2)考虑到光纤弯曲引起的附加损耗，光纤的弯曲概分宏弯与微弯两类。所谓微弯是指呈轴向微米级波动，波动周期为毫米级的弯曲。迄今为止，还难以对微弯的试验方法给出标准化的定义。而宏弯则可以与光纤在光缆接头盒中的实际弯曲状态相联系，易于明确定义及试验方法。光纤的弯曲损耗性能与光纤参数有关，通常模场直径愈大，截止波长愈小，光纤的弯曲损耗愈大。ITU G.652 光纤，在 1550nm 波长上有较低的损耗，但在此波长上的弯曲损耗，比在 1310nm 波长上更敏感。ITU G.652 文件规定的光纤宏弯损耗为，在 100 圈半径为 37.5mm 状态下，1550nm 波长的附加损耗应小于 1 dB，但实际上，各光纤厂商的宏弯损耗的技术规范中，此条件下的附加损耗为小于 0.05 dB，规范中的 100 圈是模拟在典型的光缆中继段包括全部熔接点的光纤弯曲数；37.5mm 的弯曲半径则是在保证不产生静态疲劳条件下，实际光缆系统中可接受的最小弯曲半径。实验数据表明：当光纤的弯曲半径大于 70mm 时，1550nm 波长上的平均附加损耗可忽略不计。

(3)考虑到光缆成缆和敷设中，光纤几何状态的随机性，以及环境温度变化等因素，在带状光缆的设计中，要求光缆中光纤的最小弯曲半径 $R \geqslant 100$mm。松套管式带状光缆中松套管的内径可由经验公式求得：

$$D_{in} = 2R_{in} = \frac{\sqrt{W^2 + (nt)^2}}{k} \tag{9-19}$$

式中，$k = 0.6 \sim 0.8$，具体数值可根据带状光缆结构形式、松套管材料性能及光缆制作的工艺水平而定。

9.2.4　光纤带束管的壁厚

束管壁厚的设计，需兼顾束管的耐压扁性能、耐扭转性能和曲折性能。这些性能的测试结果与在加工过程中套管所需承受的侧压力、弯曲和扭转情况相关。行业标准已规定了相应的试验方法。为了方便设计，束管的壁厚与侧压强度及弯曲强度的关系可以通过套管的结构强度因子和材料强度因子进行理论预估。其中束管的结构强度因子和束管的内径、壁厚相关，不同材料有不同的材料强度因子，材料强度因子和材料的压缩模量、弯曲模量呈线性关系。束管的抗侧压强度 F_c 可以通过以下公式进行定性估算：

$$F_c = \delta_s \times \Phi_m \tag{9-20}$$

式中，束管的结构强度因子

$$\delta_s = \Delta^2 / (2D_{in} + 2\Delta) \tag{9-21}$$

其中 D_{in} 为束管内径，Δ 为壁厚。

束管的材料强度因子 $\Phi_m = k \cdot \sigma_c$ (9-22)

其中，k 为比例系数，σ_c 为束管材料的压缩模量。

实际生产过程中束管壁厚一般控制在外径的 5%～10%。例如当束管外径为 4.5～12.6mm 时，壁厚则为 0.45～0.8mm。具体数值可根据带状光缆结构形式、松套管材料性能及光缆制作的工艺水平而定。但光纤带束管应有适当的壁厚来保证其通过束管的抗弯折和压扁试验。

(1)光缆中的松套管的抗弯折能力，应能通过 GB/T 7424.2—2008 规定的测试方法 G7《套管弯折》：

试验条件：夹头移动速率为 10mm/s；循环次数为 5 次；其余条件见表 9-2。

表 9-2　松套管弯折试验条件

松套管直径范围	L	L_1	L_2
$D \leqslant 2.8$	70	350	100
$2.8 < D \leqslant 4.0$	150	600	150
$4.0 < D \leqslant 6.0$	170	850	230
$6.0 < D \leqslant 8.0$	230	1200	360
$8.0 < D \leqslant 10.0$	250	1400	400
$10.0 < D$	$10\pi D$	$50\pi D$	$50D$

注：D 为松套管直径。

验收要求：试验期间，松套管不发生弯折。

(2)松套管侧压力试验条件和方法：

试样长度为 150mm；数量为 5 根；

以 5mm/min 的速度压试样至内径应变 50%。

验收要求：压扁力不小于 800N。

9.2.5　骨架型光纤带的参数计算

骨架型光纤带的参数计算参见图 9-3 所示几何结构。

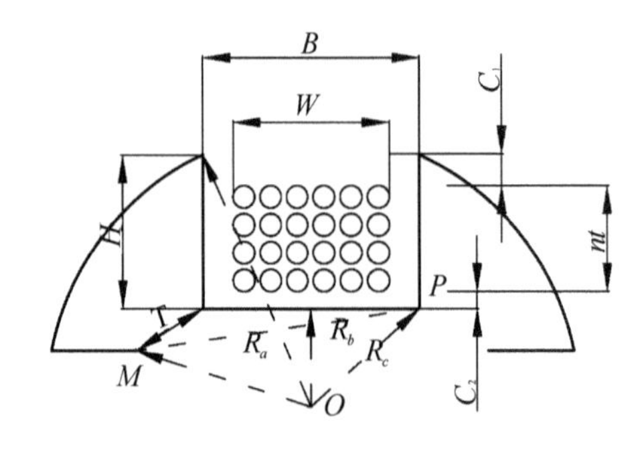

图 9-3　骨架型带状光缆部分截面

图中，W 和 t 分别为光纤带宽度和厚度，n 为光纤带条数，B 和 H 分别为槽宽和槽深，R_a 为骨架半径，槽道绞绕节距为 P，其余尺寸如图 9-3 所示。由图可知，$\angle MOP=2\pi/N$，N 为骨架槽数，故有

$$MP=\sqrt{T^2+B^2-2T\cdot B\cos(\pi-\pi/N)}=\sqrt{T^2+B^2+2T\cdot B\cos(\pi/N)} \quad (9\text{-}23)$$

因为　$MP/2=R_c\sin(\pi/N)$，所以

$$R_c=\frac{\sqrt{T^2+B^2+2T\cdot B\cos(\pi/N)}}{2\sin(\pi/N)} \quad (9\text{-}24)$$

骨架半径为

$$R_a=\sqrt{\left[\sqrt{R_c^2-(B/2)^2}+H\right]^2+(B/2)^2} \quad (9\text{-}25)$$

$$R_b=\sqrt{R_c^2-(B/2)^2} \quad (9\text{-}26)$$

由此可分别求得光纤带矩阵中顶部光纤带相对于中部光纤带的正余长 ε_+ 及底部光纤带相对于中部光纤带的负余长 ε_-：

$$\varepsilon_+=\left\{\frac{\sqrt{[2\pi(R_b+C_2+nt)]^2+P^2}}{\sqrt{[2\pi(R_b+C_2+nt/2)]^2+P^2}}-1\right\}\times100\% \quad (9\text{-}27)$$

$$\varepsilon_-=\left\{\frac{\sqrt{[2\pi(R_b+C_2)]^2+P^2}}{\sqrt{[2\pi(R_b+C_2+nt/2)]^2+P^2}}-1\right\}\times100\% \quad (9\text{-}28)$$

9.3　带状光缆的工艺要点

9.3.1　光纤并带

光纤带在光纤并带机上制作。通常可制作 2、4、6、8、12 芯光纤带，24 芯光纤带需用两根 12 芯带纤二次并带成型。早在 20 世纪 90 年代前期，光纤带有两大类型，分别是边缘式(edge-bounded)光纤带和包覆式(encapsulated)光纤带，前者以一次涂覆形成，光纤带厚度为 280～300μm，后者以二次涂覆形成，内层带纤涂料模量较低，用以抗微弯，外层材料模量较高，用以增加机械强度，光纤带厚度为 380～400μm。现在鉴于标准化、技术和经济原因，两者逐渐合而为一，通常采用一次涂覆方式。光纤带的厚度为 300～350μm。光纤带规范中规定的最大厚度为 400μm。实际生产中光纤带的厚度控制在 280～300μm。

光纤带需通过抗扭转、分离性、残余扭转和可剥离性多项机械性能的试验。根据美国 Bellcore 的建议下列六项光纤带质量控制项目可在试验程序中予以剔除。它们是：

1. 静态疲劳参数；
2. 宏弯衰减试验；
3. 带状光纤的动态抗张强度；
4. 动态疲劳参数；

5. 温度循环试验;

6. 老化试验。

因为经多年的实践和研究表明,由于对光纤本身(包括光缆)的试验已足够多,所以上列项目不再列入光纤带的试验项目。

9.3.2 二次套塑

带状光缆松套管在光纤带二次套塑生产线(俗称大二套)上进行挤出加工。光纤带装在绞笼放带机上,加工时绞笼旋转,使光纤带矩阵以螺旋绞合方式进入 PBT 束管。光纤带在叠合进入挤塑机机头前,需充填油膏,使每根光纤带叠合面上有油膏润滑,以防止叠合光纤带之间的应力传递。光纤带矩阵的绞合节距:当束管外径在 4.5~12.6mm 时,节距为 500~800mm。在束管中的光纤带余长可通过带纤放线张力、油膏充填压力、冷却水温、牵引张力等传统手段来加以调节。由于余长数值较小需加以精确控制,因而应尽量减小 PBT 束管的挤塑后收缩。这可通过适当提高热水槽温度、使用较大的成型拉伸比,来提高 PBT 束管的结晶度,以及采用较大的收线张力来限制后收缩等措施来实现。光纤带束管中都需填充纤膏。纤膏的填充既可以保证束管内径的圆整度,同时还能满足束管的阻水要求。非极性填充纤膏用于极性聚合物束管材料,极性填充纤膏用于非极性聚合物束管材料,以保障套塑材料与填充纤膏之间良好的相容性。目前,常用的光纤带束管材料为改型聚丙烯(PP)和聚对苯二甲酸丁二酯(PBT)两种,欧美主要光缆制造厂商选用 PP 材料,国内光缆制造厂商多选用 PBT 材料。

光纤带松套管内光纤带的余长控制:

1. 松套中心束管式光缆的余长 ε_s 控制建议为:$(0.1\pm0.03)\%$;

2. 松套层绞式光缆的余长 ε_s 控制建议为:$(0.04\pm0.02)\%$。

9.3.3 SZ 绞合

SZ 层绞式带状光缆可在标准的 SZ 绞合成缆机上进行绞合成缆,绞合节距可从上述允许的光纤的弯曲半径以及光缆的拉伸窗口计算求得。绞合角则可从光缆的弯曲性能求得如下:当光缆弯曲时,弯曲部分的外侧光纤带受到拉伸,内侧的光纤带受到压缩,通过 SZ 绞合角的调节可以使这种拉伸和压缩应力得到均衡补偿。设 SZ 绞合半径为 a,绞合角为 ϕ,当光缆以半径 R 弯曲时,光纤带经过 SZ 绞的半个节距的延伸率可由下式表示:

$$\Delta I_{SZ} = P_h a/2\pi R\int_{-\pi/2}^{\pi/2} \cos[(\phi/2)\sin k]\mathrm{d}k = (P_h a/2R)J_0(\phi/2) \tag{9-29}$$

式中,J_0 为零阶贝塞尔函数。我们选取宗量 $\phi/2=5.52$ 或 8.417 时,$J_0(\phi/2)$ 为第二或第三个零值点,因而 ΔI_{SZ} 为零,即达到拉伸和压缩应力的均衡补偿,光纤带将不受任何弯曲应力。由此可得 SZ 的绞合角为 3.5π 或 5.36π,进而可求得 SZ 绞的左右换向点之间的距离与光缆分叉点的剥离长度相适应。

9.3.4 骨架型带状光缆的骨架制作

骨架型带状光缆的骨架制作在挤塑机上进行。骨架材料为作为加强芯的钢丝和作为骨架的高密度聚乙烯。骨架挤出通常分两步进行:第一步是在钢丝上挤一层黏性聚乙烯,它是一种在高密度聚乙烯中混有黏性物质的材料,以保证聚乙烯层与钢丝有良好的结合。第二步则在包覆钢丝的聚乙烯芯棒上挤上螺旋或SZ型骨架槽。螺旋或SZ型骨架槽是挤出时利用旋转机头的挤出方式来实现的。对于大尺寸的骨架,有时还需在上述两步之间挤上一层中间层以增大芯棒尺寸。

9.3.5 骨架型带状光缆的成缆

骨架型带状光缆的成缆是采用将平叠的光纤带矩阵嵌入骨架槽中的工艺制作。骨架型带状光缆的成缆有螺旋型骨架及SZ型骨架两种成缆方式。(1)螺旋型骨架的成缆方式是:光纤带放线架和缆芯收线架在放、收线的过程中同步横向旋转,从而将光纤带矩阵嵌入行进中不旋转的螺旋骨架槽中去,这相当于电缆行业中的绞盘式成缆装置。(2)SZ型骨架的成缆方式是:光纤带放线架和缆芯收线架在放、收线的过程中不做横向旋转,而是使SZ型槽型骨架在行进中做SZ扭绞,从而将光纤带矩阵嵌入SZ型骨架槽中去。然后用阻水带绕包骨架,再在缆芯外加铠装和防护材料制成骨架式带状光缆。

松套管式带状光缆和骨架型带状光缆是带状光缆的两大类结构形式,各有其优缺点。多年来一直平行发展,无法相互取代。骨架型带状光缆早期在日本、韩国等国发展较快,国内一直采用松套管式带状光缆,近年来也开始了骨架型带状光缆的生产和使用,并进入了快速发展阶段。

参考文献

[1] YD/T 979—2009 光纤带技术要求和检验方法.
[2] YD/T 981.1—2009 接入网用光纤带光缆第1部分:骨架式.
[3] YD/T 981.2—2009 接入网用光纤带光缆第2部分:中心管式.
[4] YD/T 981.3—2009 接入网用光纤带光缆第3部分:松套层绞式.
[5] 邹林森.光纤和光缆——设计、制造、测试、应用.武汉:武汉工业大学出版社,2000.

第 10 章　全介质自承式(ADSS)光缆的设计计算

在电力系统中,敷设在高压架空输电线路上的光缆主要有两种形式:一是光纤架空复合地线(OPGW),二是全介质自承式 ADSS(All Dielectric Self-Supporting)光缆。在已有架空地线的现存高压输电线路上,或不需要安装架空地线的新建高压输电线路上适用 ADSS 光缆来进行通信传输。由于 ADSS 光缆具有重量轻、外径小、安装跨距长、抗雷击、不受电磁干扰、易于敷设施工等优点,近年来在电力系统及其他相关系统中得到日益广泛的使用。

本文主要分析 ADSS 光缆的结构设计计算,并对材料的选用进行讨论。

10.1　ADSS 光缆的张力与应变计算

ADSS 光缆通常跨接在高压输电线路的铁塔上,跨接点有等高和不等高两种情况,我们以不等高跨接的普遍情况推导 ADSS 光缆的张力和应变计算公式,然后简化出等高跨接情况下的相应计算公式。

假设 ADSS 光缆为完全的柔索,则其能承受张力的情况如图 10-1 所示。光缆架设在 A,C 点之间,而取 B 点为坐标原点。图中 A,B,C,D 各点的坐标分别为 $A[-(l-L),(F-f)]$;$B(0,0)$;$C(l,0)$和 $D(l/2,-f)$。其中,L 为不等高架设跨距,l 为等高敷设跨距,F 为不等高架设垂度,f 为等高敷设垂度。

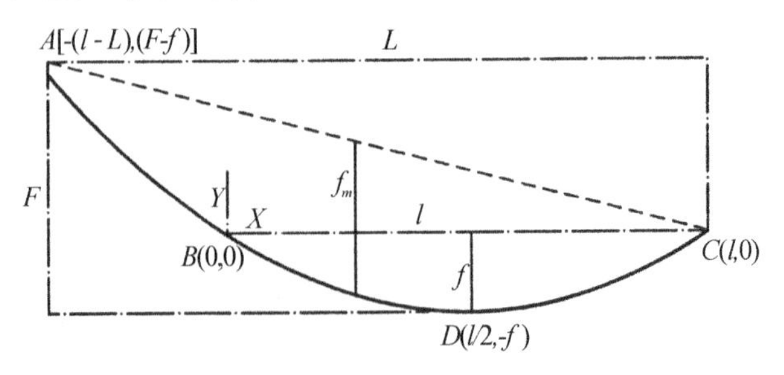

图 10-1　ADSS 光缆架设

不等高敷设时,铁塔支点在 A,C 之间,敷设曲线中取一微段 ds,微段上的力平衡条件如图 10-2 所示。

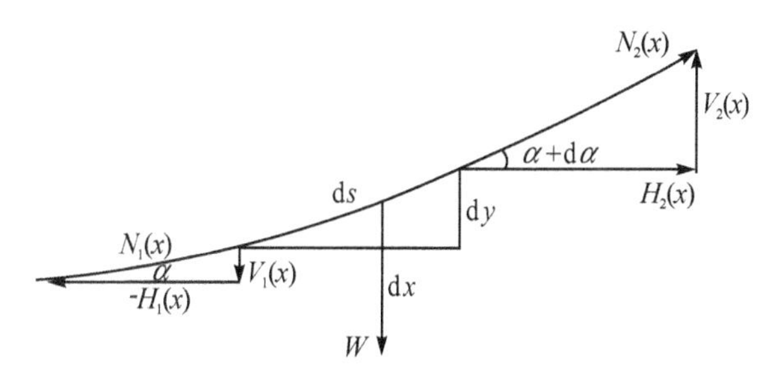

图 10-2　光缆段受力分析

图 10-2 中，微段 ds 的斜率为 $\tan\alpha$，而 $N(x)$，$H(x)$，$V(x)$分别为光缆某点上的内力及其水平和垂直分量，W 为光缆单位长度的重量。从光缆微段 ds 的力平衡条件可得到在 x，y 方向的下列力平衡方程：

$$\sum H(x) = 0$$

$$H_2(x) - H_1(x) = 0 \tag{10-1}$$

$$\sum V(x) = 0$$

$$H_2(x)\tan(\alpha + \Delta\alpha) - H_1(x)\tan\alpha - W\mathrm{d}s = 0 \tag{10-2}$$

从式(10-1) 可得

$$H_1(x) = H_2(x) = H(x) = \text{const} \tag{10-3}$$

即光缆上各点的水平张力是常数，从式(10-2) 可得

$$H(x)\mathrm{d}(\tan\alpha) = W\mathrm{d}s \tag{10-4}$$

因 α 很小，故有 $\cos\alpha = \mathrm{d}x/\mathrm{d}s \approx 1$，或可化为

$$\mathrm{d}s \approx \mathrm{d}x$$

将此简化关系代入式(10-4) 可得

$$H(x)\frac{\mathrm{d}^2 y}{\mathrm{d}x^2} = W \tag{10-5}$$

求解式(10-5)，得到光缆的悬线方程式

$$y = \frac{W}{H}\cdot\frac{x^2}{2} + c_1 x + c_2 \tag{10-6}$$

利用 B 点边界条件：$x = 0$，$y = 0$，可得

$$c_2 = 0$$

利用 C 点边界条件：$x = l$，$y = 0$，可得

$$c_1 = -\frac{W}{H}\cdot\frac{l}{2}$$

所以，光缆悬挂曲线方程为

$$y = \frac{W}{H}\cdot\frac{x^2}{2} - \frac{W}{H}\cdot\frac{l}{2}x \tag{10-7}$$

利用 D 点边界条件：$x = l/2$，$y = -f$，从式(10-7) 可得

$$f = \frac{Wl^2}{8H} \tag{10-8}$$

利用 A 点边界条件：$x=l-L$，$y=F-f$

从式(10-7)得到 F 与 f，L 与 l 之间的关系式：

$$F=f+\frac{W}{H}\cdot\frac{L}{2}(L-l) \tag{10-9}$$

或
$$\frac{F-f}{L-l}=\frac{W}{H}\cdot\frac{l}{2}$$

将式(10-8)代入式(10-9)可求得

$$F=f\frac{(l-2L)^2}{l^2} \tag{10-10}$$

下面我们来求取光缆悬挂曲线上各点的内力及其水平和垂直分量的表示式，如图10-2所示，光缆悬挂曲线上某点的内力及其水平和垂直分量分别为 $N(x)$，$H(x)$ 及 $V(x)$。从式(10-8)已知，光缆各点的水平张力 $H(x)$ 为常数

$$H=\frac{Wl^2}{8f} \tag{10-11}$$

将悬线方程式(10-7)求导，可得

$$\frac{\mathrm{d}y}{\mathrm{d}x}=\frac{W}{H}(x-\frac{l}{2})=\frac{V(x)}{H(x)} \tag{10-12}$$

遂有

$$V(x)=W(x-\frac{l}{2}) \tag{10-13}$$

从而可得内力：

$$N(x)=[V^2(x)+H^2(x)]^{1/2}=\frac{W}{2f}\left[\left(\frac{l}{2}\right)^4+4\left(x-\frac{l}{2}\right)^2f^2\right]^{1/2} \tag{10-14}$$

悬线上各点的内力分别计算可得：在 A 点张力最大

$$P_A=N(A)=\frac{Wl^2}{8f}+WF \tag{10-15}$$

C 点张力为

$$P_C=N(C)=\frac{Wl^2}{8f}+Wf \tag{10-16}$$

D 点张力为

$$P_D=N(D)=H=\frac{Wl^2}{8f} \tag{10-17}$$

悬挂光缆长度计算：

$$\widehat{AC}=\int_{l-L}^{l}\mathrm{d}s=\int_{l-L}^{l}[(1+y'^2)]^{1/2}\mathrm{d}x \tag{10-18}$$

因为光缆悬线的斜率很小，故有 $y'^2\ll 1$，上式可简化为

$$\widehat{AC}=\int_{l-L}^{l}\left(1+\frac{1}{2}y'^2\right)\mathrm{d}x \tag{10-19}$$

将式(10-12)代入上式，得到

$$\widehat{AC}=L+\frac{1}{2}\int_{l-L}^{l}\frac{W^2}{H^2}\left(x-\frac{l}{2}\right)^2\mathrm{d}x=L\left[1+\frac{1}{2}(\frac{8f}{l^2})^2\,\frac{3l^2-6lL+4L^2}{12}\right] \tag{10-20}$$

悬挂光缆各点应变的计算

$$\varepsilon(x)=\frac{N(x)}{ES} \tag{10-21}$$

式中,E 为光缆抗张元件的杨氏模量;

S 为抗张元件的截面积。

光缆在拉伸应力作用下的伸长为

$$\sum\varepsilon=\int_{l-L}^{l}\varepsilon(x)\frac{\mathrm{d}s}{\mathrm{d}x}\mathrm{d}x \tag{10-22}$$

将式(10-14)代入式(10-22),并利用关系式:

$$\frac{\mathrm{d}s}{\mathrm{d}x}=\sec\alpha=(1+\tan^2\alpha)^{1/2}=\left[1+\frac{W^2}{H^2}(x-\frac{l}{2})^2\right]^{1/2}$$

经运算后,可得

$$\sum\varepsilon=\frac{Wl}{ES}\left[\frac{l^2}{8f}+\frac{8f}{l^2}\frac{3l^2-6lL+4L^2}{12}\right] \tag{10-23}$$

光缆的初始长度为 $L_0=\widehat{AC}-\sum\varepsilon$

下面再求最大弧垂 f_m 的表达式:

AC 直线方程为

$$y_1=\frac{f-F}{L}x-(f-F)\frac{(l-L)}{L}+(F-f) \tag{10-24}$$

AC 悬挂方程为

$$y_2=\frac{8f}{l^2}\frac{x^2}{2}-\frac{8f}{l^2}\frac{l}{2}x \tag{10-25}$$

弧垂

$$\Delta y=y_1-y_2=\frac{f-F}{L}x-(f-F)\frac{l-L}{L}+(F-f)-\frac{4fx^2}{l^2}+\frac{4f}{l}x \tag{10-26}$$

求最大弧垂

$$\frac{\mathrm{d}(\Delta y)}{\mathrm{d}x}=\frac{f-F}{L}-\frac{8f}{l^2}x+\frac{4f}{l}=0 \tag{10-27}$$

$$x_m=\frac{l^2(f-F)}{8FL}+\frac{l}{2} \tag{10-28}$$

$$(\Delta y)_m=f_m=\left[\frac{l^2(f-F)}{8fL}+\frac{l}{2}\right]\left[\frac{f-F}{L}-\frac{f-F}{2f}+\frac{2f}{l}\right]-(f-F)\frac{(l-L)}{L}+(F-f) \tag{10-29}$$

等高敷设的情况,如前所述,光缆各点的内力及其分量分别为

$$N(x)=\frac{W}{2f}\left[\left(\frac{1}{2}\right)^4+4\left(x-\frac{l}{2}\right)^2f^2\right]^{1/2} \tag{10-30}$$

$$V(x)=W(x-\frac{l}{2}) \tag{10-31}$$

$$H(x)=\frac{Wl^2}{8f} \tag{10-32}$$

此时，B 点和 C 点为光缆在铁塔上的悬挂点，B,C,D 各点内力分别为：

$$P_B = N(B) = \frac{Wl^2}{8f} + Wf \tag{10-33}$$

$$P_C = N(C) = \frac{Wl^2}{8f} + Wf \tag{10-34}$$

$$P_D = N(D) = H = \frac{Wl^2}{8f} \tag{10-35}$$

可见，此时最大张力在 B,C 两点。

B,C 两点间光缆悬线长度，可从式(10-20) 求得，设 $L = l$，则式(10-20) 可简化为

$$\widehat{AC} = \widehat{BC} = l\left[1 + \frac{8}{3}(\frac{f}{l})^2\right] \tag{10-36}$$

等高悬挂时光缆在内应力作用下的伸长，可从式(10-23) 求得。

设 $L = l$，则式(10-23) 可简化为

$$\sum\varepsilon = \frac{Wl^2}{ES}(\frac{l}{8f} + \frac{2f}{3l}) \tag{10-37}$$

光缆的初始长度则为

$$l_0 = \widehat{BC} - \sum\varepsilon$$

设 $L = l$，$f = F$，从式(10-28)、(10-29) 最大弧垂可简化为

$$x_m = l/2 \tag{10-38}$$

$$y_m = f_m = \frac{l}{2} \cdot \frac{2f}{l} = f \tag{10-39}$$

10.2 ADSS光缆设计计算中应考虑的环境条件

上节推导的计算公式中的主要参数之一是光缆质量 W(kg/m)，实际上它们是由三个荷载所组成：一是光缆本身的垂直质量 W_1，二是光缆上覆冰层的垂直荷载 W_2，三是水平方向的风力荷载 W_3。因此有总荷载

$$W = [(W_1 + W_2)^2 + W_3^2]^{1/2} \tag{10-40}$$

式中，W_1 为光缆单位长度质量(kg/m)；

W_2 为光缆上覆冰层质量(kg/m)；

如冰层厚度为 t(mm)，光缆外径为 D(mm)，则

$$W_2 = 0.00283 \times t \times (t + D) \tag{10-41}$$

W_3 为水平风力负载(kg/m)。

通常由两种方法来求得此值：

(1)已知风速 v(m/s)，可由下式求得 W_3：

$$W_3 = [C_1 \times (D + 2t) \times v^2 \times \alpha]/16000 \tag{10-42}$$

式中，C_1 为风荷载体型系数，它们是光缆直径受风面形状的函数。当光缆直径小于

17mm 时,C_1 可取 1.2;当光缆直径大于或等于 17mm 时,C_1 可取 1.1;当光缆覆冰时,不论直径大小,C_1 值均可取为 1.2。α 为风速不均匀系数,不同风速级别时的 α 值如表 10-1 所示。

表 10-1　不同风速级别时的 α 值

最大风速/(m/s)	<20	20～30	30～35	>35
α	1.0	0.85	0.75	0.70

若已知某地区的风级(蒲福风级),可按式(10-43)计算出相应的风速 v(m/s)。

$$v=\tan(5.7\times 蒲福风级)/0.060 \tag{10-43}$$

蒲福风级的范围为 0～12,式(10-43)中风级单位为度。

(2)已知风压 P(N/m²)时,可按式(10-44)计算出风速 v(m/s),再由式(10-42)式计算出风力荷载 W_3。

$$P=\alpha\times 0.613\times v^2 \tag{10-44}$$

对于圆截面光缆,式中 α 取值为 1.15。

ADSS 光缆的环境条件,通常根据敷设区域的气象条件而定,如美国国家电气安全法规(National Electrical Safety Code)中,规定了不同气象条件下的架空线荷载条件,如表 10-2 所示。

表 10-2　NESC 载荷情况

NESC 载荷情况	轻	中	重
冰雪厚度/mm	0.0	6.5	12.7
风压/(N/m²)	430.0	191.5	191.5

国内也有类似数据,分三种气象条件:一是相应于南方沿海地区的气象条件,风速为 40m/s(12 级风),冰厚为 0;二是相应于华北地区的气象条件,风速为 17m/s(8 级风),冰厚为 5mm;三是相应于东北地区的气象条件,风速为 7m/s(4 级风),冰厚为 12.7mm。

由此可见,在 ADSS 光缆设计计算中,各种荷载条件应由光缆使用部门根据当地的气象条件提出并作为设计依据之一。

关于温度条件,通常 ADSS 光缆的使用温度范围在 $-40\sim+70$℃。在高低极端温度下,可对计算公式进行修正,此时光缆的长度和垂度等均有所变化。但实际计算表明,对 ADSS 光缆来说,温度的影响甚小。这是因为作为骨架材料的 FRP 及抗张材料芳纶纤维均有很小的线胀系数:FRP 的线胀系数为 6×10^{-6}/℃;芳纶纤维的线胀系数为 -5×10^{-6}/℃。

现在讨论一下 ADSS 光缆的垂度换算。

ADSS 光缆在架设时不考虑气象条件的影响,即有 $W=W_1$,此时的垂度 f_0 称为架设垂度,或称空载垂度。而在工作负载,即在计算气象条件下,$W=[(W_1+W_2)^2+W_3^2]^{1/2}$,相应的垂度 f 称为负载垂度。架设垂度 f_0 和负载垂度 f 之间可相互换算。

ADSS 光缆的悬线弧长和跨距之间的关系,从式(10-36)可知为

$$\widehat{BC}-l=\frac{8f^2}{3l} \tag{10-45}$$

负载和空载时悬线弧长差是由气象负载引起的光缆附加应变所造成的结果,故有

$$\frac{8f^2}{3l}-\frac{8f_0^2}{3l}=\frac{(H-H_0)l}{E\cdot S} \tag{10-46}$$

将式(10-35)代入式(10-46)可得

$$\frac{8f^2}{3l}-\frac{8f_0^2}{3l}=\frac{l^3}{8ES}\left(\frac{W}{f}-\frac{W_1}{f_0}\right) \tag{10-47}$$

由此可简单地推出下列两个 f_0 和 f 相互换算的公式:

$$f_0^3+\left(\frac{3l^4W}{64E\cdot S\cdot f}-f^2\right)f_0-\frac{3l^4W_1}{64E\cdot S}=0 \tag{10-48}$$

$$f^3+\left(\frac{3l^4W_1}{64E\cdot S\cdot f_0}-f_0^2\right)f-\frac{3l^4W}{64E\cdot S}=0 \tag{10-49}$$

10.3 ADSS 光缆的结构选择

因为大跨距的悬挂敷设,ADSS 光缆的特点之一是其拉伸应变远大于其他光缆,通常拉伸应变可达 0.6%~0.8%。因此,ADSS 光缆的缆芯的结构形式以松管层绞式光缆为宜。因为在层绞式光缆中,光纤束管以螺旋形式绞合在骨架上,因而在束管中的光纤有一个自然拉伸窗口。如光纤在束管中的余长为零时,在静态下,光纤位于束管中心位置,当光缆受力延伸时,光纤移向束管靠骨架一侧的内壁,且不受应力,此时光纤的拉伸窗口可表示为

$$\varepsilon_1=-1+\left[1+\frac{4\pi^2b^2}{h^2}\left(\frac{2r}{b}-\frac{r^2}{b^2}\right)\right]^{1/2} \tag{10-50}$$

式中,b 为光纤束管的绞合半径;

r 为光纤在束管中的自由度;

h 为束管绞合节距。

当光纤在束管中有正余长 ε' 时,在静态位置,光纤在束管中有一个预偏置 d,其表达式为

$$d=\frac{1}{2}\left\{\frac{1}{\pi}\left[(\pi^2D^2+h^2)(1+\varepsilon')^2-h^2\right]^{1/2}-D\right\} \tag{10-51}$$

式中,D 为束管的绞合直径。

有预偏置时,进一步增大了光纤的拉伸窗口,其值可以下式计算:

$$\varepsilon_2=-1+\left\{1+\frac{4\pi^2b^2}{h^2}\left[2\frac{(r+d)}{b}-\frac{(r+d)^2}{b^2}\right]\right\}^{1/2} \tag{10-52}$$

从式(10-52)还可见:层绞式光缆的拉伸窗口主要受光纤束管的绞合节距 h 的影响,通过调节 h 值,可在较大范围内调节光纤的拉伸窗口,适当减小 h 值,拉伸窗口会有较大的增加。当采用 SZ 绞合时,在 SZ 绞合的反转点还有一个附加的拉伸窗口,其数值约为

1‰。ADSS 光缆的结构形式选定后，就可根据敷设的受力条件，计算出抗张元件的各种参数。与拉伸窗口同理，在层绞式光缆中还有一个收缩窗口，即当光缆在低温下收缩时，束管中的光纤移向远离骨架的外侧，而不会产生附加损耗。收缩窗口的计算值为：

$$\varepsilon_3 = -1 + \left[1 + \frac{4\pi^2 b^2}{h^2}\left(\frac{2r}{b} + \frac{r^2}{b^2}\right)\right]^{1/2} \tag{10-53}$$

对于 ADSS 光缆，根据不同的设计参数，螺旋绞合节距 h 通常选择在 50～100mm 的范围内，较小的绞合节距 h 相应于较大的拉伸和收缩窗口，这就意味着：光缆在低温收缩时，束管有较大的“积累”光纤余长的能力，而当光缆处于拉伸伸长状态时，束管又有较大的“释放”光纤余长的能力，使光纤的传输性能在较大的动态范围内得到保证。反过来，在束管加工中对余长控制的精度也可在一定程度上得到缓解。

典型的 ADSS 光缆的结构形式及其拉伸性能如图 10-3 所示。

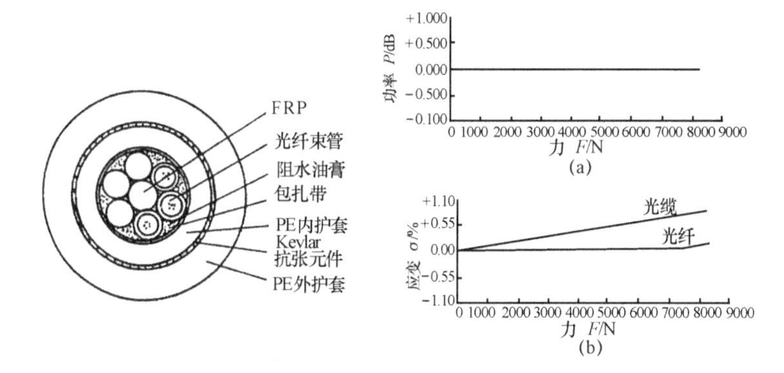

图 10-3　ADSS 光缆的结构形式及其拉伸性能

10.4　ADSS 光缆抗张元件的选用和计算

ADSS 光缆的骨架材料通常采用玻璃纤维增强塑料(FRP)，由于 FRP 的拉伸模量为 50GPa，小于常规光缆中作为抗张元件的钢丝的拉伸模量 200GPa，加上 ADSS 光缆所承受的拉伸力远大于常规光缆，因而不能仅依靠 FRP 骨架来作为抗张元件。主要的抗张元件为绞合在护套层中的芳纶纤维。

芳纶纤维(聚对苯甲酰胺)(Poly-paraphenylene terephthalamide)是一种芳香族聚酰胺纤维，它是由对苯二胺(PPD)和对苯二甲酰氯(TDC)单体在 NMP、$CaCl_2$ 溶剂中聚合而成。芳纶纤维中，分子链纵向定向黏度极高，并且为 100%的母晶结构，因而具有很高的拉伸强度和模量。由于此类纤维的独特的化学结构和性能，1974 年美国联邦贸易委员会对此类纤维专门命名为 Aramid，以区别于任何其他人造纤维。Aramid 的美国杜邦公司的商品名为 Kevlar；荷兰 AKZONOBEL 公司的商品名为 Twaron。

Kevlar 49(聚对苯甲酰胺)是芳纶纤维中强度最高、热胀系数最小的一种材料，适用作光缆的强度材料，其单丝抗张模量为 120GPa。在 ADSS 光缆的设计计算中，通常仅计及芳纶纤维作为强度元件。亦即以光缆结构中芳纶纤维的抗张模量 E 及其截面积 S 来计算光缆应变。而在计算中不计及作为骨架的 FRP 对光缆抗张的贡献。这样可以将 FRP 的抗张因素作为 ADSS 光缆设计中的强度安全系数来考虑。

下面给出芳纶纤维计算中的几个单位的定义:

10.4.1 芳纶纱的线密度 LD

线密度是指单位长度纱支的质量,通常有两种单位制。

(1)tex(特克斯)定义为每 1000m 长的纱支的质量(g),即 tex=g/1000m,dtex(分特克斯)=decitex=0.1tex=g/10000m。

(2)den(但尼尔)=denier=g/9000m,因而有 1dtex=0.9denier。

已知每支纱的线密度及芳纶纱的密度 ρ 时,可计算每支纱的截面积:

$$A=\frac{LD}{\rho}\times 10^{-4} \tag{10-54}$$

式中,A 为纱支截面积(mm^2);

ρ 为纱支密度(g/cm^3);

LD 为线密度(dtex)。

例如,AKZONOBEL 公司的 Twaron 1055,(8050 dtex)芳纶纱支的线密度为 8350dtex,密度为 1.45(g/cm^3),用式(10-54)可计算其每支纱的截面积为

$$\frac{8350\times 10^{-4}}{1.45}\cong 0.6(mm^2)$$

当已知 ADSS 光缆承受拉力所需芳纶纤维的截面 S 后,可计算光缆所需芳纶纱的支数 $n=\frac{S}{A}$。

10.4.2 芳纶纱的拉伸强度和拉伸模量

芳纶纱的拉伸强度和拉伸模量是 ADSS 光缆设计中最重要的材料参数之一,常用的单位有:GPa(kN/mm^2),Psi,g/denier(gpd),N/tex(mN/tex)等。其换算关系如下:

$$拉断强度\left(\frac{mN}{tex}\right)=\frac{拉断力(N)}{线密度(dtex)}\times 10^4 \tag{10-55}$$

拉伸强度和拉伸模量:

$$GPa=\frac{1000N}{mm^2}=\frac{N}{tex}\times\frac{g}{cm^3} \tag{10-56}$$

或

$$GPa=\frac{1000N}{mm^2}=0.09\,\frac{g}{denier}\times\frac{g}{cm^3} \tag{10-57}$$

即线密度计量的拉伸强度和拉伸模量的单位$\frac{N}{tex}$或$\frac{8}{denier}$均需乘以比重$\left(\frac{g}{cm^3}\right)$才能换算为 GPa。

例一 Twaron(IM)2200 拉伸模量为 78 $\frac{N}{tex}$,比重为 1.45 $\frac{g}{cm^3}$,换算为拉伸模量是:

$78 \times 1.45 = 113(\text{GPa}) = 1.13 \times 10^5 \left(\frac{\text{N}}{\text{mm}^2}\right)$。

例二　Kevlar 49 的拉伸模量为 780 $\frac{\text{g}}{\text{denier}}$，比重为 1.45 $\frac{\text{g}}{\text{cm}^3}$，换算为拉伸模量是：$780 \times 1.45 \times 0.09 = 101.79(\text{GPa}) = 1.02 \times 10^5 \left(\frac{\text{N}}{\text{mm}^2}\right)$。

10.4.3　芳纶纱的螺旋绞合

作为抗张元件的芳纶纱通常是以螺旋绞合在缆芯上，如绞合半径为 R(mm)、绞合节距为 L_Z(mm)，则绞合角为 θ

$$\tan\theta = \frac{2\pi R}{L_Z} \tag{10-58}$$

绞合长度为

$$L_f = \frac{L}{\cos\theta} \tag{10-59}$$

当光缆长度为 L_Z 时，绞合芳纶纱的长度应为

$$\frac{L_Z}{\cos\theta}$$

芳纶纱的轴向抗张模量为

$$E_Z = E\cos^4\theta \tag{10-60}$$

式中，E 为芳纶纱的抗张模量。

芳纶纱的轴向等效截面为

$$A_Z = \frac{A}{\cos\theta} \tag{10-61}$$

式中，A 为芳纶纱的截面积。

故在式(10-23)和式(10-37)光缆伸长计算式中的抗张模量 E 和抗张元件截面 A 应分别以 E_Z 和 A_Z 代替。芳纶纱的绞合角太大则会产生抗张力下降和伸长的增加，而绞合角太小则会造成结构的不稳定和抗衡能力不足，通常绞合角选在 10°～15°为宜。

10.4.4　芳纶纱绞合层厚度

在 ADSS 光缆结构尺寸计算中，需知道芳纶绞合层的厚度 t 的数值，这可通过下列简单的几何关系求得。

因为

$$\pi\left(\frac{d+2t}{2}\right)^2 - \pi\left(\frac{d}{2}\right)^2 = S' \tag{10-62}$$

式中，S' 为芳纶纱绞合层的有效截面；d 为绞合层内径(内护套外径)。即

$$S' = \frac{LD}{\rho} n(1+\beta) \times 10^{-4} \tag{10-63}$$

式中，n 为芳纶纱根数；β 为芳纶纱绞合层松散度，通常可取 0.2～0.4。故有

$$t=\frac{\sqrt{d^2+\frac{4S'}{\pi}}}{2}-\frac{d}{2} \tag{10-64}$$

10.4.5 芳纶纱的蠕变性能

在高张力敷设状态下的 ADSS 光缆，其抗张元件的蠕变性能引人关注，因为它会造成 ADSS 光缆在长期工作下的光缆伸长，影响光缆性能的稳定。据有关资料报告：取 20mm 光缆样品进行蠕变试验，样品受力为断裂负载的 25%，持续 1000 小时，被测光缆的蠕变伸长数据外推到 10 年，光缆蠕变从 1 小时到 1 年，计算值为 0.785×10^{-3}；光缆蠕变从 1 小时到 10 年，计算值为 1.28×10^{-3}。由于该试验负载高于实际光缆的受力程度，因而芳纶纱的蠕变值在 ADSS 光缆的实际运行条件下，通常可以略而不计。

作为 ADSS 光缆非金属抗张材料的另一种选择，可以采用玻璃纤维。一种用聚氨酯为基料的涂料浸渍涂覆的玻璃纤维业已商品化，可作为 ADSS 光缆的抗张元件使用，其成缆工艺与芳纶纤维相同。玻璃纤维与芳纶纤维相比，其拉伸模量较低、比重较大，因而在单位长度的 ADSS 光缆中，在满足同样的抗拉要求下，材料的耗用量较大，但其主要优点是价廉。单位重量的玻璃纤维的价格约为芳纶纤维的 1/6。在满足相同拉伸要求的 ADSS 光缆中，每公里光缆的玻璃纤维的材料成本不到芳纶纤维的一半。因而采用玻璃纱作为光缆的增强材料，在小跨距(例如 100m 以下)的 ADSS 光缆，一般非金属光缆及室内光缆等产品中有着广阔的应用前景。实验表明，用玻璃纱作为光缆的增强材料时，有一种附加的功能：防啮齿动物破坏。其在阻挡老鼠、野兔(对管道和埋地光缆)和大鸟(对架空光缆)对光缆的损害方面与钢丝层具有相同的功能。这里给出一个 144 芯埋地非金属光缆的结构和性能，如表 10-3 所示。在内、外护套之间的玻璃纱绞合层兼有增强及防鼠咬的双重功能。近年来又有一种新开发的高模量的合成纤维可代替芳纶作为 ADSS 光缆的抗张材料，这种新材料称为聚对苯并苯双恶唑(Poly Paraphenylene Benzobis-oxazole，简称 PBO)。

表 10-3 144 芯埋地非金属(防鼠型)光缆的结构和性能

光缆结构		光缆性能	
FRP/PE 套塑/mm	ϕ3.0/7.5	光缆外径/mm	20
PBT/mm	12×ϕ2.6	最小弯曲半径/mm	380
光纤芯数	12×12	光缆重量/(kg/km)	260
阻水结构	阻水纱阻水带	最大工作应力/N	2700
内护套/mm	PE 厚 1.0	玻璃纱最小总强度/dtex	≥300000
增强元件	玻璃纱	光缆模量/N	1194500
外护套/mm	PE 厚 2.0	工作温度/℃	−30～+60

与传统的芳纶纱相比，PBO 纤维的抗张强度和抗张模量更高，其抗张模量是芳纶纱的两倍以上，这对于 ADSS 光缆的设计来说，无疑是最重要的性能。几种光缆用抗张材料的性能比较，如表 10-4 所示。

表 10-4　几种抗张材料的性能比较

项目	单位	芳纶纱 Kevlar 49	玻璃纱 CR785G	PBO(HM)	钢丝
密度	g/cm^3	1.44	2.54	1.56	7.85
拉伸强度	MPa	2800	1866	5500	1770
断裂伸长	%	2.55	3.2	2.5	5～6
拉伸模量	GPa	106	76.5	260	190
线胀系数	$\times 10^{-6}$ 1/℃	−2	4.8	−6	13

由表10-4可见，鉴于PBO的优越的抗张性能，它将成为新一代ADSS光缆的强度元件。在同样的工作负载下，光缆的外径得以减小，重量得以减轻。与芳纶纱相比，PBO的绞合层的厚度减小，也有利于成缆工艺和光缆结构的稳定性的提高。

10.5　ADSS光缆的外护套

10.5.1　ADSS光缆的外护套挤出工艺

ADSS光缆的外护套挤出工艺与常规通信光缆有所不同。ADSS光缆在架设使用时，金具夹持在护套上，而光缆拉力需由芳纶来承受，这就要求光缆满足两个条件：(1)芳纶必须在缆芯上张紧，不能松垂，这就要使芳纶的放线张力均匀一致，使其能均匀受力。芳纶应分为双层双向绞制，避免缆芯出现蛇形弯曲。(2)光缆外护套必须紧包压在芳纶层上，使外护套上施加的拉力能完全传递到芳纶上去。否则的话，施加在外护套上的拉力无法传递到芳纶上去，外护套很容易被拉坏，甚至断裂。而因为芳纶纱表面非常光滑，PE护套无法与芳纶层黏合，故采用挤压式模具也不管用。为了将ADSS光缆护套紧包在绕有芳纶的缆芯上，必须采用机头抽真空的工艺，选用3～5kW的高真空类的水循环真空泵，调节真空度直到挤出的护套紧压在缆芯上，截取短段光缆，护套无法从缆芯上拉出为止。挤出模采用半挤压式即可。

10.5.2　ADSS光缆的外护套材料

ADSS光缆的外护套，通常采用黑色聚乙烯护套料。由于ADSS光缆是处于高压输电线附近的高电场环境下，当光缆受潮时，外护套表面因电痕漏电和滑闪会使护套材料降解，最终导致侵蚀破坏。这一问题成为ADSS光缆使用在超高压输电线路中的主要限制因素。因而通常ADSS光缆适用于150kV以下的高压输电线路。为使ADSS光缆能适用于更高电压的输电线路中，应从两方面着手：一是用计算机计算出输电线铁塔区域的电场分布，将ADSS光缆敷设在低电场的区域内；二是采用特种抗电痕腐蚀的外护套材料。

目前国际上关于抗电痕护套材料的唯一试验标准是IEEE P1222(1995)中的第

4.1.1.3节,其内容摘录如下:

"Tracking on the outside of the sheath resulting in erosion at any point that exceeds more than 50% of the wall thickness shall constitute a failure."

此条款表明:在电痕腐蚀试验中,如外护套受到电痕侵蚀导致护套厚度50%以上的损坏,即判为此护套材料不合格。

抗电痕护套料在具有良好的抗电痕性能的同时,也必须有良好的抗紫外老化、抗环境应力开裂,以及良好的机械性能和护套挤出的工艺性能。通常是将黑色聚乙烯护套料通过增加添合剂进行改性来达到上述目的。一般说来,无卤阻燃的聚乙烯护套料具有良好的抗电痕性能,但由于阻燃料组分中的填料的存在,它的机械和工艺性能较差,因而不是ADSS光缆护套料的理想选择。北欧化工(BOREALIS)通过选用合适的添加剂改性,并以中密度聚乙烯为基料成功地推出了可用于400kV高压输电线路上的ADSS光缆抗电痕护套料。

黑色聚乙烯护套料提高耐电痕腐蚀的基本原理如下:通常用作架空光缆的聚乙烯护套料,通过加入炭黑作为紫外线吸收剂,以防止紫外线对聚乙烯分子链的破坏而造成聚合物的降解老化,按美国Bellcore GR-20-CORE文件的规定,炭黑添加的重量比应为(2.6±0.25)%,炭黑的平均颗粒尺寸为20nm。炭黑在护套中必须分散均匀,其分散度愈好,对紫外线的屏蔽作用愈好。但是正由于聚乙烯护套料中炭黑添加剂的存在,在上述含量下,分散在聚合物中的炭黑分子之间的平均距离较近,炭黑分子在聚合物中造成了导电通道,当光缆处于高电场下,会造成护套表面的电痕腐蚀。为了改善护套的抗电痕能力,可以适当减少炭黑的含量,增大分散在聚合物中炭黑分子之间的平均距离,从而减小其导电能力,以减小其在高电场下的电痕腐蚀,为了补偿炭黑含量减少而导致抗紫外老化能力的下降,必须同时添加其他类型的抗紫外线添加剂。这种采用混合型抗紫外线添加剂的方法,既能保持护套的抗紫外老化的能力,又由于炭黑含量的减少而达到抗电痕能力的提高,特别适于用作ADSS光缆的护套料。

由此可见,开发有良好耐电痕性能的护套材料将有助于进一步拓宽ADSS光缆的使用范围。

10.6 ADSS光缆的工程设计

10.6.1 代表跨距

在ADSS光缆架设的线路中,相邻两个耐张塔之间的跨距称为耐张段长,一个耐张段内可以有若干根直线杆塔,各直线杆塔通常有不同的跨距和高度差,但在一个耐张段内的ADSS光缆其水平应力是一致的。ADSS光缆结构设计时,以一个耐张段之间的代表跨距为设计依据。如忽略挂点的高度差,代表跨距可按下式计算:

$$L=\sqrt{\frac{L_1^3+L_2^3+L_3^3+\cdots+L_n^3}{L_1+L_2+L_3+L_4+\cdots+L_n}}=\sqrt{\frac{\sum^n L^3}{\sum^n L}} \tag{10-65}$$

式中，$L_1, L_2, \cdots, L_n$ 为耐张段内各线杆之间的跨距；

n 为跨距总数。

在 ADSS 光缆敷设后，相应于代表跨距的是设计垂度，在同一耐张段中，大于代表跨距者其垂度大于设计垂度，小于代表跨距者其垂度则小于设计垂度，以达到各段之水平张力的一致。

10.6.2　ADSS 光缆的安全运行条件

ADSS 光缆在架设使用中所受到的张力随气象条件的变化很大，ADSS 光缆在不同受力状态下的安全性是这类光缆的首要考虑之一。首先介绍一下 ADSS 光缆所受拉伸力的几个定义。

(1)极限抗拉强度 UTS(Ultimate Tensile Strength)

光缆(主要是指抗拉元件如芳纶纱)的计算拉断力，即破坏强度，其值为芳纶纱的拉断应力乘以其截面积。

(2)标称抗拉强度 RTS(Rated Tensile Strength)

ADSS 光缆中，考虑到芳纶拉断强度的离散性，以及芳纶纱绞合时放线张力的不一致造成光缆拉伸强度的下降，因而工程上以 RTS(90%UTS)来代替 UTS 作为光缆拉断力的设计值。

(3)最大允许抗拉强度 MOTS(Maximum Operating Tensile Strength)

也可称最大允许工作应力 MWS(Maximum Working Stress)。这是 ADSS 光缆在相应的常年极端气象条件下($W=\sqrt{(W_1+W_2)^2+W_3^2}$)的拉伸应力($H$)。考虑到安全系数，MOTS 应不大于 RTS 的 35%～40%。当 ADSS 光缆在 MOTS 下工作时，光缆应变接近最大允许应变，即接近光纤的拉伸应变窗口值。

(4)每日平均应力 EDS(Everyday Stress)

这相当于 ADSS 光缆在无气象外负载及年平均气温下，相应于耐张段的代表跨距与垂度下的安装应力(Installation Stress)。EDS 应不大于 RTS 的 20%～25%。

(5)极限极端应力 UES(Ultimate Exception Stress)

这是 ADSS 光缆在遇到超过设计的常年极端气象条件的气象负载时，光纤所受到的超过 MOTS 的拉伸应力，此时，光缆中的光纤会受到拉伸应变，但必须保证在 UES 解除后，光缆仍能恢复正常运行，且不能影响光缆的使用寿命。

假设设计气象条件(W_2, W_3)为十年一遇的极端负载，以 MOTS 计算垂度和应力，那么 UES 可认为是对应于几十年一遇的极端气象负载。UES 应不大于 RTS 的 50%。

根据上述光缆应力的定义，可以在 ADSS 光缆的拉伸—应变曲线(见图 10-4)中，它们所占的位置来进一步明确它们的意义。

根据上述分析，ADSS 光缆的拉伸应变性能试验，应有下列规范。在长期拉力(即 MOTS 不大于 RTS 的 35%～40%)下光纤应无明显的附加衰减和应变，在短期拉力(即

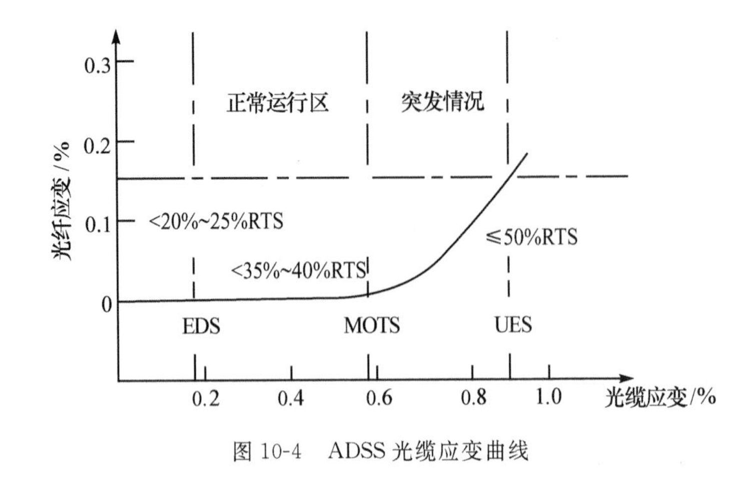

图 10-4　ADSS 光缆应变曲线

UES≤50%RTS)下光纤附加衰减应小于 0.1dB,应变小于 0.15%～0.2%,在此拉力去除后,光纤应无明显的残余附加衰减和应变,光缆也应无明显的残余应变。

10.6.3　ADSS 光缆的抗张元件的计算

ADSS 光缆的设计原则是:在满足所有的运行条件并有足够强度安全保证的前提下,尽量减小光缆的外径和重量。芳纶纱的受力大小与垂度无关,只与光缆允许应变有关,伸长应变愈大,芳纶纱的受力愈大;在芳纶纱的模量和线密度确定时,垂度愈大,芳纶纱的根数愈少。

抗张强度计算中两个基本公式为

光缆应力

$$H=\frac{WL^2}{8f} \tag{10-66}$$

光缆应变

$$\sum\varepsilon=\frac{H}{ES} \tag{10-67}$$

式中,ES 为光缆模量。式(10-67)从式(10-37)简化而得。

根据工程要求及光缆结构设计,确定下列各项参数。

(1)敷设条件:(跨距 L,垂度 f);

(2)气象条件:(W_2,W_3);

(3)光缆结构参数:(W_1,光缆允许最大应变即光纤拉伸窗口);

(4)芳纶纱参数(拉伸模量 E,线密度)。

从而可计算光缆的水平张力为 H,最后得到芳纶根数。

如前所述,上例计算是仅考虑芳纶纱作为抗张元件,而将 FRP 的抗张因素作为强度安全系数来考虑。若需同时考虑 FRP 和芳纶纱作为抗张元件时(特别是在小跨距的情况下),光缆应力将由两部分承担:

$$H=F_a+F_f \tag{10-68}$$

式中,F_a 为芳纶所受的张力:

$$F_a = \varepsilon \cdot E_a \cdot S_a \tag{10-69}$$

F_f 为FRP所受张力：

$$F_f = \varepsilon \cdot E_f S_f \tag{10-70}$$

式中，E_a，E_f 分别为芳纶纱和FRP的抗张模量；

S_a，S_f 分别为芳纶纱和FRP截面积。

此时式(10-67)变为

$$\varepsilon = \frac{\sum F}{\sum E \cdot S} = \frac{F_a + F_f}{E_a \cdot S_a + E_f \cdot S_f} \tag{10-71}$$

芳纶纱的根数即为

$$n = \frac{F_a}{\varepsilon \cdot E_a \cdot A} = \frac{H - \varepsilon \cdot E_f \cdot S_f}{\varepsilon \cdot E_a \cdot A} \tag{10-72}$$

式中，A 为每根芳纶纱的面积。

下面给出一个72芯ADSS光缆的设计实例，如表10-5所示。

表10-5　72芯ADSS光缆结构及性能

光缆结构		光缆性能	
FRP/mm	ϕ3.0	光缆外径/mm	17.7
PBT/mm	6×ϕ3.0	光缆重量/(kg/km)	278
光纤芯数	6 ×12	最大工作应力/N	27000
阻水结构	阻水纱，阻水带	光缆模量/N	4442860
内护套/mm	PE，厚1.0	光缆允许最大应变	0.7%
强度元件	芳纶纱	运行温度/℃	−40～+60
外护套/mm	耐电痕护套料厚2.0	线膨胀系数/($\times 10^{-6}$/℃)	−3.5

上述72芯ADSS光缆在NESC轻负载的气象条件下，可在跨距为1500m条件下运行；在NESC重负载的气象条件下，则可在跨距为650m条件下运行。并可按式(10-48)求出相应的架设垂度 f 分别为3.5%及2.5%。当ADSS光缆的抗张元件参数确定以后，需要按上节的要求来验证其是否符合安全运行条件，从而完成ADSS光缆的最终设计。对于此例中的ADSS光缆，当跨距为1500m(轻载)时，计算可得：EDS=14%RTS，MOTS=25%RTS；当跨距为650m(重载)时，EDS=8.6%RTS，MOTS=25%RTS，均符合安全运行条件。

参考文献

[1] 陈炳炎．光缆的拉伸性能及其测试方法．光纤光缆传输技术(1)，1998.

[2] JamesJRefi. Fiber Optic Cable A Light Guide. AT&T Bell Laboratories. 31 March 1998.

[3] Dan Shelander. Randy Sohneider. Fiber Optic Cable in North America. Mantreal, Canada: Tensor Machinery LTD. 1983.

[4] Marcello Valente Giacaglia. Novel ADSS Cable Design Technique for a Reduced Weight and Reduced Cable Diameter. IWCS Proceedings, 1998:49-52.

[5] 黄俊华. ADSS 光缆的机械特性. 光通信论坛论文集, 2000:155-60.

[6] 邹林森. 光纤与光缆. 武汉:武汉工业大学出版社,2000.

[7] Twaron in optical Fiber Cables. Technical Documentation, AKZO NOBEL.

[8] Kevlar for Telecommunications Cables . Technical Documentation, Du Pont de'Nemours.

[9] Petrothene KR 92717 for Fiber Optic and Other Cable. Technical Documentation, EQUISTAR.

[10] Track Resistant Jacketing Material for Optical Cable. Technical Documentation, Borealis.

[11] All Dielectric Self-Supporting Optical Fiber Cable. Technical Documentation, ABERDARE CABLES.

[12] P1222, IEEE Standard for All-Dielectric self-supporting Fiber Optic cable(ADSS) for Use on Overhead Utility Lines. March, 1997.

第11章 OPGW光缆的设计和制造

OPGW (Optical Ground Wire，光纤复合架空地线)按IEEE标准的定义是:将光纤与架空地线结合在一起的一种光缆结构形式,它用于高压输配电线路上。这种光缆将接地和通信两种功能结合在一起,它架设在高压电杆顶端,其外形与ACSR电缆相似,采用同心绞合式结构。OPGW光缆由三个部分组成:一是由铝合金线外绞层构成的导电部分,通过连接邻近电杆而接地,用以防止雷电对架设在其下方的高压输电线的伤害;二是由铝包钢线内绞层构成的强度元件,用来承受OPGW光缆的悬挂张力,并保证其在极端气象条件时的风雪负载下仍能安全运行;三是光纤单元,处于光缆的中心位置或内绞层中,用作通信,传输数据、语音或视频。它既可作为电力运营部门自身管理和控制高压输配电线路之用,又可租让给电信运营部门作为城市间的通信。

光纤通信的特性决定了在OPGW光纤单元中的信息传输完全不受高压电磁感应的影响。OPGW作为通信媒质与直埋光缆相比有很多优点:其架设成本较低,OPGW架设在现有的电力线路路由上,不占用土地,故不受道路拓宽及地下工程施工等的影响;也不像直埋光缆敷设需掘土、挖沟、掩埋等施工过程,这一优点在山区、沼泽地、多岩石地区建设通信线路时尤为突出;OPGW架设于高空,人和动物均无法触及,因而不会受到人类和动物活动的损害。OPGW的出现使电力部门可利用现有的塔杆在进行高压电力传输的同时,只需少量的投资,便可实现大容量信息传输。OPGW设计时,可安排一定数量的光纤,通信容量需增加时,则可通过系统和设备的升级来实现,从而使OPGW一旦架设后,可保证有40年的使用寿命。因而,随着电力通信的不断发展,作为电力通信的最佳载体OPGW光缆的应用,已在国内外电力通信系统中被人们所接受,并得到迅速发展。OPGW运行的电压等级也在不断提高,从110kV, 220kV到500kV, 750kV的超高压线路,乃至更高的电压线路也在研究采用OPGW光缆。OPGW光缆是一种特种光缆,它集光缆和地线于一体,从20世纪70年代后期到21世纪初期,OPGW光缆的结构发生了很大的变化,由于架空地线结构基本定型,其结构的变化主要是光纤单元的改进,在OPGW光缆发展的早期,光纤单元有“层绞缆芯+铝管”和“铝骨架+铝管”等形式,目前不锈钢管光纤单元被人们认为是最佳的OPGW光缆的光纤单元。

11.1 OPGW光纤单元结构的发展

11.1.1 “层绞缆芯+铝管”的光纤单元

该结构的光纤单元是利用普通光缆的缆芯,在外层增加铝管而形成的OPGW光缆的光纤单元。该光纤单元的制造过程中,采用普通光缆的缆芯,因此光纤单元的制造成本低,但其结构本身存在不足之处。由于外层的铝管为良导体,在OPGW光缆受到短路电流冲击时,在其铝管上产生很大的电流,并由此产生高温,又由于缆芯被密封在铝管内,而铝管所产生的高温很大部分向内传递,使缆芯直接受热,严重时可使缆芯受热变形,最终影响光纤传输性能。

11.1.2 "铝骨架+铝管"的光纤单元

该光纤单元结构是将经耐温材料涂敷的光纤直接绞合在铝骨架槽内+铝管而形成的,而光纤一般多采用紧包结构的光纤。该结构的光纤单元具有较强的抗侧压能力,与"层绞缆芯+铝管"的光纤单元相比较,由于采用了耐温材料涂敷光纤,在铝材产生高温时,光纤受热现象有了较大的改善。但由于光纤单元基本由铝材组成,在OPGW光缆受到短路电流冲击时,铝材所产生的高温仍密封在铝管内,高温对光纤的影响始终存在隐患。在短路电流的冲击下,会对光纤的传输稳定性产生影响。

11.1.3 "不锈钢管"的光纤单元

不锈钢管用于作为光纤单元的松套管,是充分运用了不锈钢的物理性能,即不锈钢材料具有不良导体性和抗腐蚀性的特点,而这些特点,也正是光纤单元所希望的。因此,以不锈钢管光纤单元为主体的OPGW光缆结构中,其光缆结构主要材料为:不锈钢管光纤单元、AS线(铝包钢线)和AA线(铝合金线)三种材料,并且充分运用了这三种材料的物理性能。在光缆结构中,将导电性能最佳的AA线安置在光缆结构的最外层,在光缆受到短路电流冲击时,AA线将承担大部分的短路电流并散发出热量,充分保护了光纤单元免受热量的影响。实践证明,以不锈钢管光纤单元为主体的OPGW光缆,在受到短路电流冲击时,热量对光纤单元的影响远远小于以上两种光纤单元,这就有效地保证了OPGW光缆的光纤传输性能的稳定性。以不锈钢管光纤单元为主体的OPGW光缆已经成为世界各地电力通信的主流产品。其结构如图11-1所示。

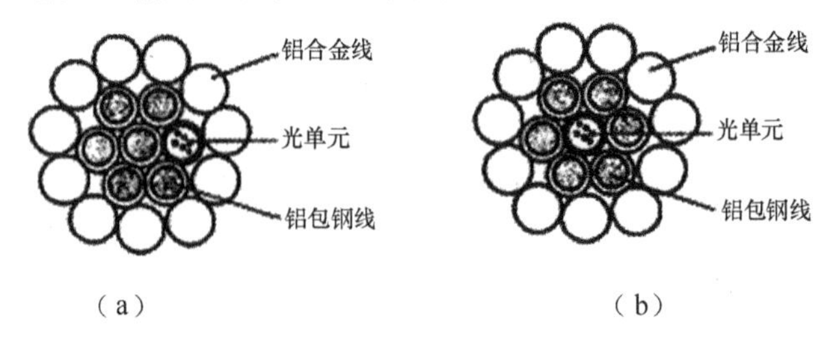

图11-1 以不锈钢管光纤单元为主体的OPGW光缆结构

图中,(a)为光纤单元在绞合层中的结构;(b)为光纤单元在光缆中心的结构。

不锈钢管光纤单元又分为:单层不锈钢管光纤单元和复合不锈钢管光纤单元两种结构。

1. 单层不锈钢管的光纤单元

该结构的OPGW具有尺寸小,重量轻,与传统的地线如GJ35、GJ50、GJ80、GJ100、

GJ125 等尺寸相近，其每公里自重与传统的地线接近，机械性能与传统地线接近，光单元具有阻水性能优异，耐温性能好等显著特点和优势。由于光纤相对于钢管和缆体长度具有一定的余长（如中心管式余长在 5‰以上，层绞式可以做到在 7‰以上），因此，当光缆在几十年一遇的最恶劣气象条件下（相当于承受 70%破断力时），仍可保证光纤的安全运行，在波长 1550nm 窗口损耗不增加。单层绞线的中心管式结构紧凑，常用于小规格尺寸地线的更换，如 GJ35、GJ50 等。由于在（1+6）绞线结构中，用钢管替代了处于中心的金属线，钢管不计入机械强度，故要想获得与地线一样的抗拉强度，需适当增加外径。钢管不处于中心位置的多层绞线结构，常用于替代 GJ80（及以上）地线。可以通过调节金属截面积中的铝/钢比率、权衡直径、抗拉强度、载流量等参量，来确定 OPGW 的最佳结构，它比单层绞线中心管式结构有较大的设计空间。

单层不锈钢管光纤单元也有不足之处：由于单层不锈钢管内仅有纤膏保护光纤，当不锈钢管表面受到细微的损伤时，将直接影响到光纤，对光纤的传输稳定性带来直接的危害。对单层不锈钢管而言，由于不锈钢管还需经过冷拔工序，其内应力较大。特别是当管壁上有微量缺陷时（如不锈钢带表面有污迹造成焊接不充分等各种因素），在经过冷拔工序时由于内应力的作用，该微量缺陷有所扩展，有时目视也很难发觉。在形成光缆以后，存在质量隐患。

2. 复合不锈钢管的光纤单元

由于复合层不锈钢管内有内衬管和纤膏双重保护光纤，所以当不钢管表面受到细微的损伤时，将受到内衬管对光纤的保护，保证光纤的传输稳定性。在复合不锈钢管光纤单元中，光纤的余长容易控制。在单层不锈钢管光纤单元中，光纤的余长较难控制。其原因是不锈钢管在冷拔过程中将消耗光纤余长使光纤的余长较难控制达到设计的范围。而复合层不锈钢管无需进行冷拔，内衬管就采用二次被覆的成熟技术，使内衬管与不锈钢管相结合而形成复合不锈钢管，在管内的光纤余长不发生变化。在生产复合不锈钢管光纤单元的过程中，由于内衬管的存在，其光纤余长是不变的。复合不锈钢管光纤单元的工艺是将成熟的二次被覆技术与不锈钢管焊接技术相结合的产物，它充分发挥了二次被覆技术对光纤余长控制的成熟性。对于管壁对光纤的摩擦力而言，管壁内的光滑度对光纤也有不同程度影响。光滑度越好对光纤的摩擦力影响越小，因为光纤在管内自由滑动时会与内壁产生一定的摩擦。单层不锈钢管的管内壁，由于不锈钢带焊接成型时，内壁上存在着微量的凹凸不平焊接点，光纤在滑动时与凹凸不平焊接点的摩擦对光纤会有所伤害，故存在隐患。复合不锈钢管的管内壁是内衬管的内壁，内壁光滑圆整有利于光纤在管内的自由滑动。

复合不锈钢管是在不锈钢管内衬以 PBT 管，两者之间用热固性树脂黏合。虽然不锈钢管和 PBT 管，两者的热胀系数相差有一个数量级，但因不锈钢管的杨氏模量远大于 PBT 的杨氏模量，因此复合管的热胀系数基本上与不锈钢管的热胀系数一致。现以计算数据来加以说明：假设复合不锈钢管外径为 3mm，不锈钢管壁厚为 0.2mm，内衬 PBT 管壁厚为 0.15mm，不锈钢管的热胀系数为 1.3×10^{-5}，杨氏模量为 1.9×10^{5} N/mm^2；PBT 的热胀系数为 1.3×10^{-4}，杨氏模量为 $2300N/mm^2$。则可利用（11-14）

式,求得复合不锈钢管的热胀系数为 1.39×10^{-5}。这与不锈钢管的热胀系数基本一致,因而在 OPGW 光缆使用的温度变化范围内,不锈钢管不会受到任何因不同热胀系数所引起的内应力。

11.2 OPGW 光缆的设计

本节仅对不锈钢管式光纤单元进行设计和分析。光纤复合架空地线的设计必须满足两个基本条件:一是光纤通信的要求,二是架空地线的机械与电气性能要求。

11.2.1 光纤通信设计的基本要素

在设计 OPGW 光缆的光纤通信要求时,需要考虑该光缆中的光纤的数量、应用波长及光性能指标。

OPGW 通常采用 G.652 类和 G.655 类单模光纤。

在设计光通信传输性能时,还需要兼顾不锈钢管中的光纤的余长以及成缆后的光纤的余长。光纤的余长是保证光缆可靠性的关键因素。光纤的余长需通过光缆的尺寸、不锈钢管的尺寸、光纤芯数与绞合节距来综合考虑。

1. 中心管式光纤的余长

光纤在松套管的分布为准正弦分布,光纤松套管内径为 d_{in},光纤在松套管内的自由度为 r。如光纤正弦分布的节距为 P_s,在一个节距内的平均弧长为 L_s,则有

$$L_s = \int_0^{P_s} \sqrt{1 + [X'(z)]^2}\,\mathrm{d}z \tag{11-1}$$

因有
$$X(z) = r\sin(2\pi z/P_s)$$

式中,r 为光纤在束管内的自由度:$r = (d_{\text{in}} - d_f)/2$;

d_f 为光纤等效直径:$d_f = 1.16\sqrt{n}\cdot d_0$;

d_0 为单根光纤直径,n 为管内光纤芯数。

可得

$$L_s = \int_0^{P_s} \sqrt{1 + (2\pi r/P_s)^2\cos^2(2\pi z/P_s)}\,\mathrm{d}z = P_s\sqrt{1+K^2}\left[1 - \frac{\xi^2}{4} - \frac{3}{64}\xi^4 - \cdots\right] \tag{11-2}$$

式中,$K = 2\pi c/P_s$;$\xi = K^2/(1+K^2)$。

因为 $P_s \gg 2\pi r$,故有 $K \ll 1$,则式(11-2)可简化为

$$L_s = P_s\sqrt{1+K^2}\left[1 - \frac{1}{4}\left(\frac{K^2}{1+K^2}\right)\right] \tag{11-3}$$

光纤在束管内的余长为

$$\varepsilon_s = \frac{L_s - P_s}{P_s}\cdot 100\% = \left\{\sqrt{1+K^2}\left[1 - \frac{1}{4}\left(\frac{K^2}{1+K^2}\right)\right] - 1\right\}\cdot 100\% \tag{11-4}$$

光纤在束管内的最小弯曲半径为

$$R_S = \frac{P_S{}^2}{4\pi^2 r} \tag{11-5}$$

因 $K \ll 1$，式(11-4)，(11-5) 可分别简化为

$$K^2 = 4\varepsilon_S \tag{11-6}$$

$$R_S = \frac{r}{4\varepsilon_S} \tag{11-7}$$

2. 层绞式束管的光纤余长

在层绞式 OPGW 光缆中，不锈钢光纤束管以螺旋形式绞合在中心元件上，因而光纤有一个自然拉伸窗口。如光纤在管中的余长为零时，在静态时，光纤处于管的中心位置，当光缆受力拉伸时，光纤移向管的靠中心元件一侧的内壁，且不受应力，此时光纤的拉伸窗口可表示为

$$\varepsilon = -1 + \left[1 + \frac{4\pi^2 b^2}{h^2}\left(\frac{2r}{b} - \frac{r^2}{b^2}\right)\right]^{1/2} \tag{11-8}$$

式中，b 为光纤束管的绞合半径；

h 为绞合节距；

r 为光纤在束管内的自由度。

当光纤在管内有正余长 ε' 时，在静态位置，光纤在束管内有一个预偏置 d，其表达式为

$$d = \frac{1}{2}\left[\frac{1}{\pi}\sqrt{(\pi^2 D^2 + h^2)(1+\varepsilon')^2 - h^2} - D\right] \tag{11-9}$$

式中，D 为绞合直径。

有预偏置时，光纤的拉伸窗口可表示为

$$\varepsilon = -1 + \left[1 + \frac{4\pi^2 b^2}{h^2}\left(2\,\frac{r+d}{b} - \frac{(r+d)^2}{b^2}\right)\right]^{1/2} \tag{11-10}$$

从以上分析可见，层绞式 OPGW 光缆的拉伸窗口主要受光纤单元的绞合节距的影响，通过调节 h 值，可在较大范围内调节光缆的拉伸窗口。

11.2.2　架空地线设计的基本要求

OPGW 光缆的机械和电气设计与 ADSS 光缆不同，ADSS 光缆是架设在高压输电线下方、低电场区域的独立通信线路，因此需根据其架设跨距、垂度及气象条件(风雪负载)等来进行机械设计。而 OPGW 光缆是在原有的架空地线中加入光纤单元，因此 OPGW 光缆的机械和电气设计是沿袭了电力部门的架空地线的设计原则。光缆制造商只需根据电力部门提出的光缆中光纤的类型和芯数、光缆外径、重量、标称抗拉强度等机械指标以及短路电流容量等技术要求即可进行 OPGW 光缆的结构设计。

OPGW 光缆必须满足地线的机械与电气两个方面的性能要求。在设计地线部分时主要是选择合适的铝包钢线和铝合金线及它们的配比。在地线设计中需考虑到的主要参量有最大直径、自重、抗拉强度、直流电阻、最高温度及短路电流容量。总之，OPGW 的外径重量、抗拉强度等机械特性应与杆塔负荷相匹配，保证 OPGW 在该安装区最不利气

象条件下能够安全运行。

OPGW 光缆各项参数的计算方法列示如下:

当杆塔只设单地线时,即采用 OPGW;当杆塔设双地线时,一根采用 OPGW,一根采用普通地线,此时 OPGW 的选择要尽量与普通地线相近,以便于杆塔结构设计。荷载计算采用传统的计算方式即可。

1. 外径

OPGW 的外径与它的所有性能都有密切的关系。外径的增大可能意味着重量的增加,而且还会增加 OPGW 的风荷载和冰荷载,从而引起杆塔负荷的增加。

OPGW 的外直径是绞合单线标称直径之和的计算值。

2. OPGW 光缆的机械强度

(1) 极限抗拉强度 UTS (Ultimate Tensile Strength)

此即光缆强度元件的计算拉断力,即破坏强度。

$$\mathrm{UTS} = T_{\mathrm{AA}} \times A_{\mathrm{AA}} + T_{\mathrm{AS}} \times A_{\mathrm{AS}} \tag{11-11}$$

式中,T_{AA},T_{AS} 分别为铝合金线、铝包钢线的抗拉强度($\mathrm{N/mm^2}$);

A_{AA},A_{AS} 分别为铝合金线、铝包钢线截面积($\mathrm{mm^2}$)。

(2) 标称抗拉强度 RTS(Rated Tensile Strength)

OPGW 所有承载截面强度之和的计算值,单位为 kN。该参数与杆塔强度等相关,是配置耐张金具、光纤应变域、安全系数计算控制的重要依据。

RTS(kN) 为 90% ~ 95% 的极限抗拉强度 UTS。

(3) 最大运行张力 MAT(Maximum Applied Tension)

MAT 是弧垂、张力、档距和安全系数计算控制的重要依据,是指在设计气象条件下理论计算时 OPGW 受到的最大张力。在此张力下,光纤的余长应保证光纤无应力和无附加衰减。在工程设计中,导线的安全系数 σ 一般不小于 2.5。

因而有:标称抗拉强度(RTS) $\geqslant \sigma \times$ 最大运行张力(MAT),

或 MAT $\leqslant$ 40%RTS。

(4) 每日张力 EDS(Everyday Stress)

此即日平均运行张力又称为年平均运行张力,指 OPGW 在长期运行时受到的平均张力,对应于在无风、无冰及年平均气温的气象条件下理论计算时受到的张力。在此工作点上,光纤无应变和无附加衰减。EDS 也是一个疲劳老化参数,OPGW 的绞线和缆内光纤及金具在 EDS 下按规范要求做振动试验后应无损伤。

EDS(kN) 为 16% ~ 25% 的最大运行张力 RTS。

3. 重量

OPGW 光缆组成元件,即光单元、AA 和 AS 绞合层重量之和。

$$W_{\mathrm{OPGW}} = \rho_0 \times A_0 + k_1 \times \rho_1 \times A_1 + \cdots + k_n \times \rho_n \times A_n \tag{11-12}$$

式中,ρ_0 为中心线材的导线密度;

A_0 为中心线材的导线截面积;

k_1 为第 1 层线材的绞合系数;

ρ_1 为第 1 层线材的导线密度；

A_1 为第 1 层线材的导线截面积；

k_n 为第 n 层线材的绞合系数；

ρ_n 为第 n 层线材的导线密度；

A_n 为第 n 层线材的导线截面积。

4. 弹性模量(E-Modulus)

最终弹性模量(E) 的计算式：

$$E=\frac{\sum(E_n \times A_n)}{\sum A_n} \tag{11-13}$$

式中，E_n 为每种材料的弹性模量值(kN/mm^2)；

A_n 为对应材料的横截面积(mm^2)；

n 为第 n 种材料。

5. 热膨胀系数

热膨胀系数(β)的计算式：

$$\beta=\frac{\sum(\beta_n \times E_n \times A_n)}{\sum(E_n \times A_n)} \tag{11-14}$$

式中，E_n 为每种材料的模量值(kN/mm^2)；

A_n 为对应材料的截面积(mm^2)；

β_n 为每种材料的热膨胀系数值；

n 为第 n 种材料。

6. 短路电流容量

由于 OPGW 使用的特殊性，它不仅需承受与普通光缆同样的恶劣条件下的环境温度，而且在大电流高电压的感应下，会使 OPGW 产生感应电流，从而使光纤的温度升高。特别是在出现短路故障或雷击时，OPGW 的温度会急剧上升，温度的升高对光纤的传输性能是不利的。

短路电流容量 $=I^2 t$

式中，I 为短路电流值(kA)；

t 为短路时间(s)。

7. 短路电流

短路电流的计算以 IEC 865 为依据，其计算方法：

$$I_S=S_{thrSt} \times A_{St}+S_{thrAL} \times A_{AL} \tag{11-15}$$

$$S_{thrSt}=\frac{K_{St}}{\sqrt{T_{Kr}}} \tag{11-16}$$

$$S_{thrAL}=\frac{K_{AL}}{\sqrt{T_{Kr}}} \tag{11-17}$$

$$A_{St}=0.25 \times A_{AS}$$

$$A_{AL}=A_{AA}+0.75 \times A_{AS}$$

$$K_{St}=\sqrt{\frac{k_{St(20)}\times c_{St}\times\rho_{St}}{\alpha_{St(20)}}\times In\frac{1+\alpha_{St(20)}(\theta_e-20)}{1+\alpha_{St(20)}(\theta_b-20)}} \tag{11-18}$$

$$K_{AL}=\sqrt{\frac{k_{AL(20)}\times c_{AL}\times\rho_{AL}}{\alpha_{AL(20)}}\times \ln\frac{1+\alpha_{AL(20)}(\theta_e-20)}{1+\alpha_{AL(20)}(\theta_b-20)}} \tag{11-19}$$

式中,I_S 为 OPGW 光缆的短路电流(kA);

K_{St} 和 K_{AL} 分别为钢和铝的短路特性系数;

T_{Kr} 为额定短路时间(s);

S_{thrSt} 和 S_{thrAL} 分别为钢和铝的 1s 额定短时承载的电流密度(A/m^2);

A_{St} 和 A_{AL} 分别为钢和铝的截面积(m^2);

A_{AA} 和 A_{AS} 分别为 AA 线和 AS 线的截面积(m^2);

$k_{St(20)}$ 和 $k_{AL(20)}$ 分别为钢和铝在 20℃时的导电率[1/(Ω · m)];

c_{St} 和 c_{AL} 分别为钢和铝的比热容[J/(kg · ℃)];

ρ_{St} 和 ρ_{AL} 分别为钢和铝的密度(kg/m^3);

θ_b 和 θ_e 分别为短路初始和终止温度(℃);

$\alpha_{St(20)}$ 和 $\alpha_{AL(20)}$ 分别为钢和铝的温度系数(1/℃)。

相关材料的技术数据如表 11-1 所示。

表 11-1　相关材料技术数据

符号	单位	铝合金线，铝导线，铝包钢线(ACSR)	钢
c	J/(kg · ℃)	910	480
ρ	kg/m^3	2700	7850
k_{20}	1/Ω · m	34.8×10^6	7.25×10^6
α_{20}	1/℃	0.004	0.0045

如果基准温度不是 20℃，K 的表示式必须修正。

根据 IEC 60865－1,短路时承受机械应力的导线的最高允许温度:

对铜、铝、铝合金的实心或绞合裸导线,为 200℃;

对钢和铝包钢线的实心或绞合裸导线,为 300℃;

对绞合铝/钢、铝/铝包钢导线及分别对应的铝合金/钢、铝合金/铝包钢导线,公式中 K 应使用铝/铝合金的最高允许使用温度 200℃。

导线的热短路强度考量:

裸导线的短路电流密度 S_{th} 在整个 T_K 期间若都能满足下列关系式，即可认为该导线具有足够的热短路强度:

$$S_{th}\leqslant S_{thr}\sqrt{\frac{T_{Kr}}{T_K}} \tag{11-20}$$

式中,S_{th} 为热等效短时电流密度(A/m^2);

S_{thr} 为 1s 额定短时承载的电流密度(A/m^2);

T_{Kr} 为额定短路时间(s);

T_K 为短路电流持续时间(s)。

8. 直流电阻(Ω/km)

OPGW 应具有良好的热稳定容量。影响热稳定容量的因素有短路电流、OPGW 及另一根地线的直流电阻、短路电流持续时间等。OPGW 中所有导电元件在 20℃时的并联电阻应尽量与另一根地线接近。如果 OPGW 直流电阻过大,会劣化机械特性。增大 OPGW 的截面(特别是铝合金的截面)能够降低直流电阻，提高其热稳定容量。

OPGW 直流电阻的计算：

$$R = \frac{1}{\sum_n \frac{1}{R_{mn}}} \tag{11-21}$$

式中,R 为整个 OPGW 的线性直流电阻(Ω/km)；

n 为第 n 种材料；

R_{mn} 为每种材料的线性直流电阻(Ω/km)；

$$R_{mn} = \frac{\rho_m}{\sum (A_{mi}/F_i)} \tag{11-22}$$

式中,ρ_m 为材料的电阻率(Ωmm^2/km)；

A_{mi} 为第 i 层中材料的面积(mm^2)；

F_i 为第 i 层的绞合系数；

i 为绞合层数。

9. 抗雷击性能的考虑

在 OPGW 的抗雷击方面,应考虑增大外层股线的直径,制造外层股线和内层股线之间的空气间隙,防止热量从外层股线传导到内层和光纤,加厚外层铝包钢的铝包厚度,以便铝吸收更多的热量,保护内部铝包钢线和光单元,维持 OPGW 所需的抗拉强度。在相同的材料下,采用直径更粗的外层股线是一种很有效的办法,但应顾及整个 OPGW 的外径符合要求。另外,OPGW 的弧垂宜稍小于另一地线,以保证对导线的安全距离和防雷保护角要求。

11.3　OPGW 光缆的制造

11.3.1　不锈钢光单元的制造

不锈钢管制造中应考虑的主要问题有光纤的余长、光纤油膏的填充和钢管焊接工艺。

1. 钢管中光纤余长的控制

在电力行业标准 DL/T 832－2003 中,规定的 OPGW 的应力—应变性能要求如表 11-2 所示。

表 11-2　OPGW 的应力—应变性能要求

拉伸力	光纤应变/%	光纤附加衰减/dB
40%RTS	无	无
60%RTS	≤0.25	≤0.05

据此，(1)计算出在 40%RTS 拉力下，OPGW 光缆的伸长应变为 ε_1，若光缆的拉伸窗口(对于中心管式的 OPGW，即为光纤在管内的余长) $\varepsilon' \geqslant \varepsilon_1$ 时，那么在 40%RTS 拉力下，OPGW 光缆中光纤应变为零；(2)计算出在 60%RTS 拉力下，OPGW 光缆的伸长应变为 ε_2，若光缆的拉伸窗口(对于中心管式的 OPGW，即为光纤在管内长) $\varepsilon'' \geqslant \varepsilon_2 -$ 0.25% 时，即可满足上列规定。现取 ε' 和 ε'' 中数值较大者作为 OPGW 光缆中光纤单元的光纤余长设计值，则可同时满足上列规范中的两项规定。

2. 管中油膏的填充

在光纤松套管中采用填充纤膏的结构形式，除了为防止松套管纵向渗水外，还有两个非常重要的作用：一是用纤膏对松套管内的光纤进行机械缓冲保护，使光纤在松套管内可随光缆状态变化而自动调节到低能量位置(应力释放)，免受外界机械力带来的光纤应力损伤。随着触变性纤膏的发展和采用，纤膏对光纤的这一缓冲保护作用发挥到了极致。例如，在光缆敷设、使用过程中，当光缆受到弯曲、振动、冲击等外力作用时，导致松套管内光纤在平衡位置附近做振幅和周期极小的晃动，此晃动力作用到周围的纤膏时，纤膏的触变性导致纤膏的黏度下降，从而对光纤起到有效的缓冲保护，而不致使光纤受到僵硬的反作用力而造成微弯应力和损耗。二是对光纤进行密封保护，使其免受(无纤膏时)松套管空气中潮气的侵蚀，以防止光纤产生附加的 OH 基吸收损耗。

更为重要的是，纤膏对松套管中光纤的应力和潮气的防护，实际上是保证了光纤的使用寿命：我们知道，光纤中随机分布的裂纹，特别是在制棒和拉丝过程中形成的表面微裂纹是影响其强度的根本原因。光缆在敷设和使用过程中，光纤表面裂纹在应力和潮气作用下会继续扩展，从而使光纤强度下降，最后导致断裂，这就是光纤的静态疲劳过程。因此，光纤中尤其是光纤表面的裂纹是光纤断裂的内在因素，而应力和潮气是促进裂纹扩展最后导致光纤断裂的外因。由此可见，松套管中纤膏对光纤的防护，基本上抑制了应力和潮气对光纤的侵袭，大大减轻了光纤的静态疲劳，从而有效地保证了光纤的使用寿命。对于 OPGW 光缆，由于带有一定弧垂(包括安装和运行)的 OPGW 在高温、低温、微风振动和舞动时，缆内的光纤受到的机械扰动而对性能造成的不良影响比其他通信光缆更为严重，因而光纤油膏对钢管中的光纤的机械缓冲保护尤为重要。

OPGW 光缆中不锈钢管光纤松套管中充填的油膏比常规光缆中的纤膏有更高的要求：

(1)良好的高低温性能，因而需采用高质量的合成油作为基础油。

(2)因为不锈钢带焊接时有瞬间高温产生，故纤膏应有更高的滴点和闪点，通常闪点需大于或等于 230℃。

(3)为提高胶体的稳定性，通带可在无硅(有机)胶体中加适量的含硅(无机)胶体。

(4)纤膏需有良好的吸氢性能，以消除由于纤膏和不锈钢不相容性及焊接工艺中产生的氢气。存在的氢气会吸附到光纤表面，也会在光纤中反应生成OH基，或使光纤晶格中形成缺陷，从而导致光纤损耗的增加，影响光纤的传输性能。纤膏的吸氢可通过在纤膏中加入高效的吸氢剂，有效地吸附游离的氢气，防止其对光纤的危害。

吸氢纤膏是在纤膏中加入吸氢剂使其具有吸氢功能。吸氢剂是归属于吸气剂类的一种用于吸收或消除氢气的特殊物质，也称消氢剂。在光纤油膏的应用中，现已开发出多种效果不同的吸氢技术和产品。这里仅举一例加以说明，一种有效的吸氢剂是由催化剂和有机吸氢组分组成：催化剂是将钯(Pd)分散在活性炭载体上而形成(Pd的重量比为5%)；有机吸氢组分为1,4双(苯乙炔基)苯(1,4-bis(phenylethynyl)benzene, DEB)。首先将催化剂(重量比为25%)和有机吸氢组分(重量比为75%)混合几小时，然后再将吸氢剂(重量比为5%)以机械混合方式加入到纤膏(重量比为95%)中去。吸氢剂的吸氢原理在于：DEB分子中含有乙炔基的三价键HC≡C－，因而在催化剂的作用下，DEB会与氢气发生起作用，一个DEB分子可和四个氢原子发生化学反应，氢原子会跨接到三价键上去。这类吸氢剂的物质结构能与纤膏基体有很好的相容性。纤膏母体则是由基础油(合成油)、胶凝剂(有机或无机)、黏度一温度指数调节剂、抗氧剂，防腐剂、表面活性剂等组分组成。研究还发现，碳纳米管(carbon nanotubes)也有优良的吸氢性能。碳纳米管的吸氢机理在于可以在纳米结构的间隙中通过化学吸附氢分子来贮存氢气，这属于一种非离解型吸附机理。与之相反，钯的吸氢机理是氢分子分裂成氢离子后依附在钯上，属于一种离解型化学吸附机理。更有甚者，碳纳米管与钯粉或其他金属混合组分相结合，可实现更有效的吸氢功能。多种吸氢技术的结合形成的复合型吸氢剂将在不同的使用条件下，完成有效的吸氢功能。

3.钢管焊接的质量控制

不锈钢管是通过钢带纵包对接，用激光焊接工艺成型的。钢管焊接工艺不可能保证100%的成功率，有时难免会产生一些虚焊点，对单层不锈钢管而言，由于不锈钢管成型后需再经冷拔工序，会产生较大内应力。当管壁上有微量缺陷时(如不锈钢带表面有污迹造成焊接不充分等各种因素)，在经过冷拔工序时由于内应力的作用，这些微量缺陷有所扩展，但有时靠目视很难发觉，在形成光缆以后，将存在质量隐患。通常可用涡流探伤仪自动实时记录缺陷所在点位置，然后加以处置。这种方法可有效地避免有缺陷隐患的OPGW光缆的成品出厂。

复合不锈钢管是利用常规的光纤二次套塑工艺制成光纤PBT束管，再将PBT管和不锈钢带同时进入成型装置，用高强度黏合剂将PBT内衬管和不锈钢带黏合成一体，再用激光焊接形成复合不锈钢管光纤单元。复合不锈钢管是在不锈钢管内复合一层塑料内衬管，因而不锈钢管焊接时可能存在的缺陷，如毛刺、锐边等也就不会直接损伤到光纤。复合不锈钢管也无需冷拔工序，也就避免了冷拔而产生的内应力，可能存在的焊接缺陷也不会扩大。

但在复合不锈钢管的制作中，控制PBT内衬管的外径是个关键工艺要点，因为纵包对接的不锈钢带的宽度是固定的，若PBT管外径超差，钢带将无法焊接。因此通常需在二次套塑工艺中，将PBT管的外径设置为负公差，并需严格控制其外径的均匀性。

在 PBT 管的套塑工艺中，PBT 管外径的均匀性，在很大程度上与纤膏的充膏压力有关，故需采用性能优良的充膏装置，维持稳定的充膏压力，以保证 PBT 内衬管的外径均匀性。

11.3.2 OPGW 光缆的绞制

OPGW 光缆通常采用同心式绞合结构，相邻层绞合方向相反，最外层绞合方向应为“右”向。对于采用两种不同金属绞合的 OPGW，为了有效减少不同金属间电化腐蚀的危险性，OPGW 的绞线层间可以涂覆防腐油膏。绞合节距与 OPGW 的拉伸性能相关，钢管不处于中心的多层绞 OPGW 结构通过绞合获得额外的绞合余长。绞合余长的大小与绞合节距 P 的平方成反比，即 P 值越小，余长越大，根据相关标准规定，P 值取值一般在绞层直径的 10～14 倍，实践表明，P 值小于 12，工艺难度很大，钢管很容易被扭坏，P 值接近 14 时，余长又太小，根据有关光缆企业的实际经验，P 值取 12～12.5 倍的绞层直径较为合适。因此，一根品质优良的 OPGW 光缆首先是结构设计合理，其次是保证好的材料和高性能的先进设备，工艺应当根据理论指导来决定。OPGW 光缆的绞制工艺中需考虑下列质量控制事项：(1)根据余长计算来控制节距范围；(2)调整放线张力，使各种线材在受力状态下应变同步；(3)调整三种线材(铝包钢线、铝合金铝线、不锈钢管)的预变形量。

11.4 OPGW 光缆的试验项目

OPGW 光缆鉴于其严酷的架设和使用条件，因此对成品光缆的测量和试验项目比常规光缆更为严格。其规定的测试项目列示如下：

1. OPGW 光缆的光纤性能

OPGW 光缆中主要采用 G.652 及 G.655 单模光纤或光纤带。其性能测量项目及方法同常规光缆。

2. OPGW 光缆的机械性能

(1)抗拉性能

OPGW 光缆应经得起不小于 95%RTS 的拉力而无任何单线断裂。

(2)应力—应变性能

在标准 DL/T 832—2003 中，规定的 OPGW 的应力—应变性能要求如下：

在 40%RTS(即最大工作张力 MAT)的拉伸力下，光纤应变为零；在 60%RTS 的拉伸力下，光纤应变≤0.25%。

(3)过滑轮性能

通过过滑轮性能试验用以证明 OPGW 在安装架设时，不会受到损害或降低性能。

(4)风激振动性能

风激振动性能用以评定 OPGW 的抗疲劳性能以及在典型的微风激振动下的光学性能。

(5)舞动性能

舞动性能用以评定 OPGW 的抗疲劳性能以及在典型的舞动下的光学性能。

(6)蠕变性能

蠕变试验是用来评定 OPGW 在恒定温度和受力情况下的长期伸长量。

3. OPGW 光缆的电气性能

OPGW 光缆的电气性能主要包括承受短路电流的性能和耐受雷击的性能，以确保线路运行时通信和电力输送均可靠安全。

(1)短路电流性能

用以评定在典型短路条件下 OPGW 的性能和光纤的光学性能。

(2)雷击性能

用以评定在雷击冲击时 OPGW 的性能和光纤的光学性能。

4. OPGW 光缆的环境性能

(1)温度衰减特性

温度循环试验用于评定 OPGW 中光单元的适用温变范围及其温度附加衰减特性。

(2)滴流性能(松套管)

滴流试验用于评定 OPGW 光单元中填充复合物和涂覆复合物的滴流性能。

(3)渗水性能

渗水试验用于评定 OPGW 光单元(含有阻水材料)的阻水性能。

上列各项性能的试验方法详见中华人民共和国电力行业标准 DL/T 832－2003。

参考文献

[1] 国电通信中心光纤复合地线:DL/T 832－2003.北京:中国电力出版社,2003.

[2] 黄俊华.OPGW 的主要特性和工程配置. 网络电信,2002(2):40-44.

[3] 张忠,李万盟,徐军.不锈钢松套管 OPGW 光缆的余长设计.电力系统通信,2003(1):55-56.

[4] 徐军,黄俊华.OPGW 光缆的设计和制造技术.网络电信,2003(7):53-56.

[5] 张建明.OPGW 光缆与地线的问题探讨. OPGW 应用技术研讨会,2001,11:51-53.

[6] 谢淑鸿,金海峰.从原材料性能看复合不锈钢管型 OPGW 技术特点.网络电信,2003(7):32-35.

第 12 章　海底光缆的设计和制造

海底光缆以其高速率、大容量、高可靠性、抗干扰、传输质量优越、保密性好等优点，在通信领域，尤其是跨洋国际通信中起到重要的作用。海底光缆的设计寿命为持续工作 25 年，而通信卫星一般在 10 到 15 年内就会燃料用尽。

世界上第一条海底光缆于 1985 年在加那利群岛的两个岛屿之间建成。世界上第一条跨洋海底光缆系统是 1988 年跨大西洋的 TAT－8，随着在 1989 年开通了的跨太平洋的海缆系统 TPC－3 和 HAW－4，采用的是常规 G.652 光纤和 PDH 传输设备，工作波长为 1310nm，系统传输速率为 280Mbit/s，中继距离约为 70 公里。1991 年起建设和开通的 TAT－9 和 TPC－4 等海缆系统使用了工作波长 1550nm 的 G.654 截止波长位移单模光纤，系统传输速率也上升至 560Mbit/s。以它们为代表、以采用中继器和 PDH 终端设备为标志，可称为第一代海底光缆系统。

在 20 世纪 90 年代中期，以应用同步数字传输(SDH)系统，用掺铒光纤放大器(EDFA)取代传统的电中继器为标志，出现了第二代海底光缆系统。

至 1997 年，随着波分复用技术(WDM)和拉曼光纤放大技术的出现及应用，基于密集波分复用(DWDM)技术的海底光缆系统应运而生。从 20 世纪 90 年代末至今的可称为第三代海底光缆系统。

我国的海底光缆研发始于 20 世纪 80 年代中期，虽然与国际上基本是同步的，但没有形成产业。最近几年，我国的海底光缆产业有了长足的进步和发展，所出产品已赶上国际先进水平，某些关键指标还有所突破。我国海域辽阔，是一个海洋大国，拥有 300 万平方公里的海域和 18000 公里长的海岸线，沿海分布有 6000 多个岛屿。岛屿与陆地之间，环沿海城市、海上钻井平台与陆地以及海上风能发电与陆地，沿海岛屿之间均可采用海底光缆及光电缆实现信息传输和电力传输。因而我国的海底光缆事业的发展前景广阔，任重道远。

“海底光缆系统”定义为：一组设备，设计上允许将两个或多个终端站互相连结在一起。

典型的海光缆通信系统至少包括两个陆上部分和一个海底部分，如图 12-1 所示。

从图 12-1 可见：海底光缆系统由处于岸基的“干端”设备和处于水下的“湿端”设备两大部分组成。

干端设备主要包括各类终端设备和设施，如对无中继和有中继系统都必须有的光缆终端(CTE)、传输终端(TTE)、海陆接头(LJ)；对有中继系统必须有的馈电设备(PFE)、维护控制器(MC)、海洋电极(OGB)等。

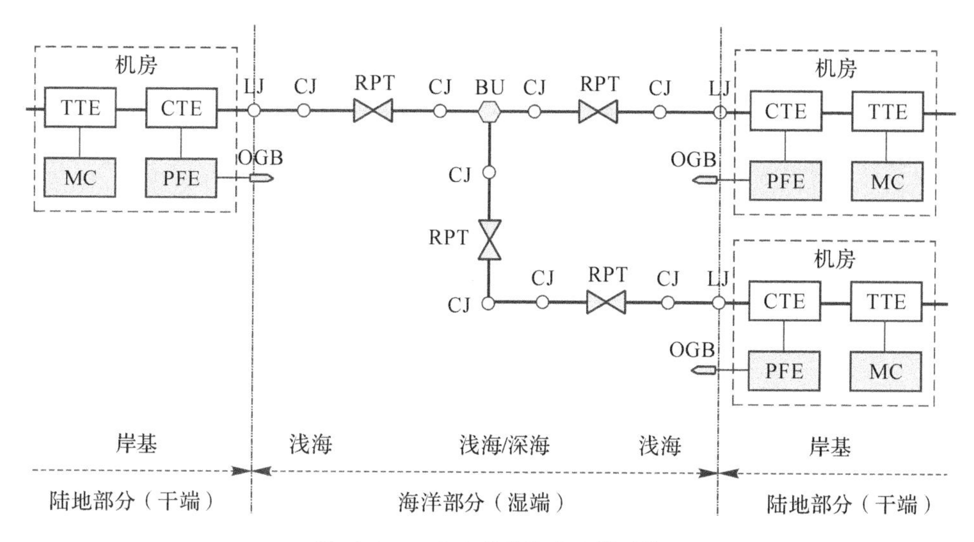

图 12-1　一个完整的海底光缆系统

湿端设备主要包括各类水下设备和设施，如对无中继和有中继系统都必须有的海底光缆、接头盒(CJ)；对有中继系统必须有的有源中继器(RPT)/分支器(BU)等。

12.1　海底光缆规范

海底光缆的国内标准和国际标准如表 12-1、表 12-2 所示。

表 12-1　海底光缆国内标准

标准编号	标准名称	归口单位
GJB 4489—2002	海底光缆通用规范	总参第六十一研究所
GB/T 18480—2001	海底光缆规范	中国电子技术标准化研究所
YD/T 2283—2011	深海光缆	中国通信标准化协会

表 12-2　海底光缆国际标准

标准编号	标准名称	归口单位
ITU—T　G.971	海底光缆系统一般特性	SG 15 Q8 课题组
ITU—T　G.972	海底光缆系统术语定义	SG 15 Q8 课题组
ITU—T　G.973	无中继海底光缆系统特性	SG 15 Q8 课题组
ITU—T　G.974	有中继海底光缆系统特性	SG 15 Q8 课题组
ITU—T　G.976	海底光缆系统特性的测试方法	SG 15 Q8 课题组
ITU—T　G.978	海底光缆特性	SG 15 Q8 课题组

12.2　海底光缆分类

海底光缆国际标准按通信系统分为“有中继海缆”和“无中继海缆”两大类；国内现行相

关标准按工作水深,有“浅海光缆”和“深海光缆”之分。海光缆的分类如表12-3所示。

表12-3 海光缆的分类

按系统	按缆芯结构	按光单元结构	按外铠装结构	按水深	安装方式
有中继	中心管无内铠	不锈钢管	陆芯缆—MTC	浅海缆	管道/埋设
			重铠缆—HA/RA		埋设
	中心管单内铠	铜管	双铠缆—DA		埋设
无中继	中心管双内铠		单铠缆—SA	深海缆	埋设/抛设
	层绞	分裂钢管	轻型保护缆—LWP		抛设
			轻型缆—LW		抛设

12.2.1 有中继和无中缆海缆

“有中继海缆”定义:一种结构中带有供电元件的水下光缆,为有中继系统应用而设计,适合浅水和深水等一切水下的应用。

由于有中继海缆系统中有水下有源中继器,考虑到供电功耗、中继器成本等因素,缆内光纤芯数较少,通常不大于6对(12芯)。

“无中继海缆”定义:一种结构中无供电元件但可含有检测导体的水下光缆,为无中继系统应用而设计,适合浅水和深水应用。

采用光放大等技术,目前无中继海底光缆的最长距离可达450~500千米。

12.2.2 浅海光缆和深海光缆

按海缆的敷设和工作的水下深度,通常分为“浅海”和“深海”两档。浅海和深海是相对的,国际标准以1000m、国内标准以500m为界限。

“浅海”或“浅海区”与岸线相连结,海底光缆将主要受到航道运输、捕捞、养殖等人为引起的锚泊、渔具钩牵、偷盗等外力破坏及影响,还要受到人为的污染和海水的腐蚀(包括海洋沉积物、微生物、寄生生物的自然因素的侵袭)。由于敷设区域的海底地貌、地质和环境极其复杂,不管是有中继还是无中继,用于浅海的海光缆保护结构是最复杂的。

“深海”或“深海区”相对较平静,海光缆受外力破坏的概率较低,但承受的水压也较大(每增加10m水深相当于增加一个大气压)。因而深海光缆结构虽然相对简单,却对缆的机械强度和横向及纵向水密性要求很高,海底接头盒、中继器的水密性要与之相匹配。目前深海光缆最深可达8000米。

12.3 海底光缆结构

海底光缆的结构主要由缆芯和铠装保护层两部分组成,缆的光电性能主要由缆芯决定,缆的机械性能和适用环境(包括水深)主要取决于外铠装。在所有结构中,外铠装层几乎是相同的:用于浅海的外铠装常采用沥青涂覆的轻铠或重铠和被覆合适的材料,以抵御船锚、渔具钩挂外力和化学或电化学腐蚀(如淤泥中的硫化氢或潮流引起的电腐蚀)；用于深海的外铠装多为轻型铠装和塑料护套，从而获得较小的缆径以减小水压。

海底光缆结构主要区别在缆芯部分。

“缆芯(cable core)”的定义：海缆内护层(绝缘层)及其以内的部分，包括一个或多个光单元以及加强件或导体。

“光单元”的定义：与光纤直接接触并提供保护的单元，如含有光纤的金属管或塑料(复合)管。

12.3.1　缆芯

缆芯包括：内置光纤和阻水材料的光纤单元保护管、可能有的馈电部件、可能有的内铠装加强部件和阻水材料及绝缘护层。

目前主要流行三种代表光单元结构：三分裂钢管光单元、铜管光单元以及不锈钢管光单元。

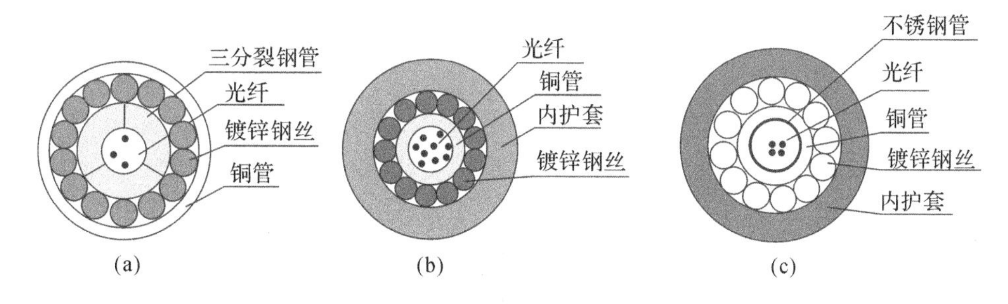

图 12-2　三种代表光单元结构

图 12-2(a) 是三分裂钢管光单元示意图：光纤处于充满阻水油膏的三分裂厚壁钢管中。钢管外绞合一层或两层高强度镀锌钢丝后纵包铜带经氩弧焊、冷压形成铜管。

在该结构中，三分裂钢管具有“差动”特性，可改善厚壁管的弯曲性能，随着水压增高，接缝会越压越小。针对光纤而言，这种设计具有最好的抗机械压力，然而并不是良好的耐水压性能，因为事实上它对水是不密封的。在需要直流电阻较小的场合，由于钢管、镀锌钢丝和紧密结合的铜管组成了复合导体，可以用厚度相对较小的铜带来满足要求。该结构的光纤余长主要由光纤绞合决定，所以光纤余长相对较小。

图 12-2(b) 是铜管光单元示意图：光纤处于充满阻水油膏的铜管中，该铜管通常由铜带纵包经氩弧焊拉拔而成。铜管外绞合一层或两层高强度镀锌钢丝后包覆内护套。该结构中，理论上由光纤绞合余长和铜管拉拔产生的二次余长共同组成了光纤余长，但铜的延伸率很大、弹性很小，所以并不能得到足够的二次余长。铜管的壁厚相对较大，因而具有良好的导电性能。在强大的水压下，铜管的焊接质量将决定抵抗径向水压性能，要确保铜管在大长度内焊接，经过拉拔后无漏焊、虚焊或砂眼是困难的，可能需要用适当的修补来弥补。

图 12-2(c)是不锈钢管光单元的示意图：光纤处于充满阻水油膏的不锈钢管中，该钢管由不锈钢带纵包经激光焊接拉拔而成。如果光缆内的导体仅用检测，则在钢管纵向包覆铜带；如果用于供电，铜带可包覆在沿钢管绞合的一层或两层高强度细钢丝外，然

后包覆内护套。在该结构中,光纤余长由不锈钢管焊接时拉拔决定,钢的延伸率较小而弹性较大,可以获得海底光缆所需的安全余长。拉拔过程又是一次苛刻的筛选过程,可确保经拉拔后的钢管无缺陷,从而保证径向水密性,钢管的几何尺寸很小因而弯曲性能优良。在钢管外或沿钢管绞合的高强度细钢丝外包覆铜带可在保证光纤余长前提下获得优良的导电性能。

在国内,主要采用不锈钢管光单元。对光纤单元为不锈钢中心管结构的海光缆,大致上有图 12-3 所示的几种缆芯结构,在图中标注了用于向中继器馈电的铜丝或铜带(管),如无馈电要求(如无中继)可不用。

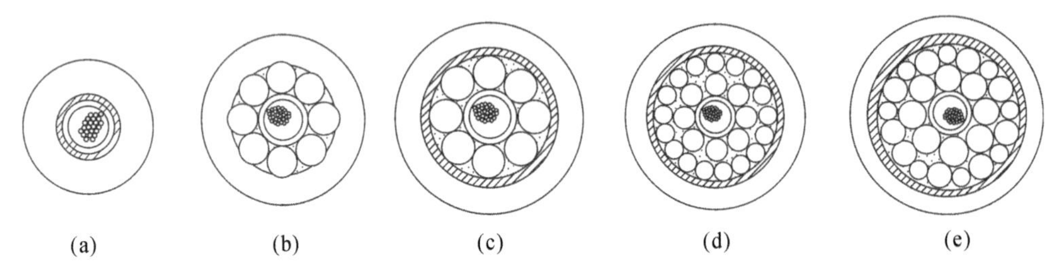

图 12-3　几种常见的中心管式缆芯结构示意图

图 12-3(a)常被称为基本结构,是在不锈钢管光纤单元外直接挤制绝缘层而成,因钢管的直流电阻较大故不能用于长途馈电,主要用于短距离的无中继海缆系统。如果无中继距离较大,则可在钢管外纵包用于故障检测的铜带,其直流电阻一般为 6～8Ω/km。

图 12-3(b)常被称为单内铠结构,是在钢管外绞制一层若干根镀锌钢线或铜线或它们之间的混合,再在外面挤制绝缘护层。根据线材搭配,其直流电阻可小于 6Ω/km。

图 12-3(c)常被称为单内铠钢管结构,是在镀锌钢线绞层结构中增加了铜带(管),根据线材搭配和铜截面积,其直流电阻可为 2～6Ω/km。

图 12-3(d)常被称为双内铠结构,用于无中继系统时可在光纤单元外同向绞制两层若干根镀锌钢线后挤制绝缘护层,用于有中继系统则在内铠钢丝外包覆铜管(带)再挤制绝缘护层,这时的直流电阻可达 1Ω/km。

图 12-3(e)常被称为"拱型"双内铠或外层不等径双内铠结构,与图 12-3(d)不同之处是外层绞线有两种直径,直径较小的绞线"嵌入"直径较大的单线间,用于无中继系统时可直接在外挤制绝缘护层,用于有中继系统则在内铠钢丝外包覆铜管(带)再挤制绝缘护层,这时的直流电阻可小于 1Ω/km。

除了上述的中心不锈钢管结构,缆芯也可采用层绞缆芯,有多种层绞结构可选择。

12.3.2　铠装保护层

海底光缆对外铠装的要求是:光缆应在对其工作深度下的恶劣环境提供良好的保护,防止海洋生物、鱼咬和摩擦,以装铠对外力和船舶活动提供保护。

海底光缆的保护层或铠装的功能是对缆芯提供保护,主要与水深、施工、工作环境和维修相关。ITU－T G.972 对海光缆的保护类型有如下明确定义。

- 陆芯海缆或称浅水光缆(MTC,marinized terrestrial cable):为无中继应用设计的一种水下光缆结构，其结构是在常规的多芯陆地光缆缆芯的基础上加上耐海洋环境的保护层，适用于环境条件不苛刻的浅水，可以进行各种维修。MTC 在欧洲有时被称为“水下缆(underwatercable)”。

● 轻型缆(LW，lightweight cable)：在布放、回收和操作中不需要特殊保护的缆。

● 轻型保护缆(LWP，lightweight protected cable)：具有附加保护层的轻型缆。(注：这种缆适合于腐蚀和鱼咬危险严重的区域布放、回收和操作。)

● 单铠缆(SA，single armoured cable)：具有单层铠装保护的缆。(注：这种缆具有适当的保护，适合浅水的特定区域布放、回收和操作。)

● 双铠缆(DA，double armoured cable)：具有双层铠装保护的缆。(注：这种缆具有适当的保护，适合浅水的特定区域布放、回收和操作。)

● 重铠缆(RA，rock armoured cable)：具有多层铠装保护(通常为两层)的缆，其外层以小节距绕包。(注：这种缆具有适当的保护，适合浅水的特定区域布放、回收和操作。)RA 缆主要用于不能埋设(如底质为礁石)的浅水区抛设，故有时被称为“岩石铠装”。

如果机械强度等性能满足要求，则图 12-3 中的(d)和(e)结构可以直接作为 LW 缆。与此同时，该 LW 缆又可作为其他几种缆的缆芯，LWP、SA、DA 和 RA 的典型铠装结构示于图 12-4，图中标注灰色部分可以是任何结构的缆芯。

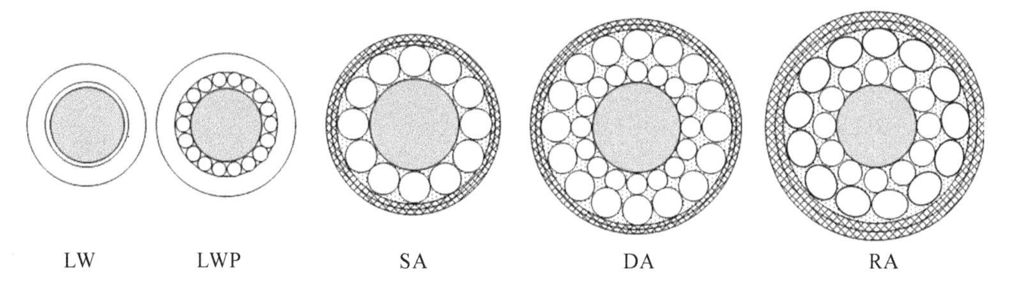

图 12-4　海底光缆除 LW 缆外的四种铠装保护结构

图 12-4 中的 LWP 缆有钢带和细钢丝铠装两种，SA、DA 和 RA 外铠装保护层主要包括镀锌钢线、线间和层间的防腐沥青及外被层(常为 PP 绳)。

通常，LW 缆可适用于水深 5000～8000m 的抛设；LWP 缆可适用于水深 3000～5000m 抛设和 700m 水下的浅埋；SA 缆可适用于水深 2000m 的抛设和 1000m 水下的埋设；DA 缆可适用于水深 1000m 的抛设和 500m 水下的埋设；RA 缆可适用于水深 500m 的抛设和 50m 水下的埋设。

表 12-4 是 ITU－T G.978 推荐的适用水深。

表 12-4　ITU－T. G. 978 建议的海底光缆典型使用深度

	LW/LWP 缆	SA 缆	DA 缆	RA 缆
深度(m)	＞1000	＞20～1500	0～20	0～20

12.4 海底光缆的主要技术性能

除了传输(光学)性能,海底光缆的主要性能参数和表述如表 12-5 所示。

表 12-6 是几种海底光缆的机械性能典型值(供参考)。

表 12-5 海底光缆的主要性能参数和表述

性能	项　目	单位	表　述
机械性能	断裂拉伸负荷 CBL/UTS	kN	固定海缆两端头时的最小保证断裂负荷
	光纤断裂负载 FBL	kN	固定缆两头施加纵向张力使光纤瞬间断裂的负荷
	短暂拉伸负荷 NTTS	kN	累计约 1h 缆可以施加的最大短期负荷
	工作拉伸负荷 NOTS	kN	连续 48h 缆可以施加的最大平均工作负荷
	永久拉伸负荷 NPTS	kN	缆可承受的最大永久负荷
	反复弯曲	次	缆可以允许的弯曲次数
	最小弯曲半径(有张力)	m	缆可以允许的最小弯曲半径
	冲击	N·m	缆可以承受的冲击强度
	抗压强度(短期)	kN/100mm	缆可以承受的压扁负荷
物理性能	外径	mm	结构中所有组成元件的标称直径之和
	空气中重量	kg/km	结构中所有组成元件在空气中重量之和
	海水中重量	kg/km	结构中所有组成元件在水中重量之和
电气电能	绝缘电阻	MΩ·km	导电体和不锈钢松套管对地的绝缘电阻
	耐电压	V－DC	导电体和不锈钢管对地耐电压
	直流电阻	Ω/km	缆内导体(若有)的直流电阻
环境性能	工作温度范围	℃	可长期正常工作的温度区间
	储存温度范围	℃	可长期储存的温度区间
施工运维性能	渗水长度	m	缆在指定水压或水深下的单向纵水长度
	水动力常数	m/s	海缆自由沉降速度
	非埋设位置稳定因子	kg/(mm·km)	非埋设缆在海床上的位置变化

表 12-6 几种海底光缆的机械性能典型值

项目名称	单位	LW	LWP	SA	DA	RA
永久拉伸强度(NPTS)	kN	20	20	75	100	100
工作拉伸强度(NOTS)	kN	30	30	120	160	160
短暂拉伸强度(NTTS)	kN	45	45	180	240	240
断裂拉伸负荷(CBL)	kN	75	75	300	400	400
光纤断裂负载(FBL)	kN	75	75	300	400	400
反复弯曲	次	50	50	30	30	30
压扁	kN/100mm	10	10	20	30	40
冲击	N·m	100	100	200	300	400

12.5　国标推荐的典型结构和性能

国标推荐了六个典型结构，没有具体规定光单元结构形式。

国标把海底光缆分为四个缆型并规定了机械性能要求，摘录于表12-7。

表12-7　国标规定的机械性能要求

检验项目	深海光缆 外径≤20mm	浅海光缆		
		单铠		双铠 外径≤50mm
		外径≤35mm	外径≤25mm	
断裂拉伸负荷(规定时)KN	50	180	100	400
短暂拉伸负荷 KN	30	110	70	240
工作拉伸负荷 KN	20	60	40	120
压扁 KN/100mm	10	20	15	40
冲击落锤质量(落锤高度 150mm)kg	65	160	130	260
反复弯曲次	50	50	50	30
最小弯曲半径 m	0.5	0.8	0.8	1.0

12.6　海底光缆的力学性能与应力应变性能

12.6.1　海底光缆的力学性能

(1) 断裂拉伸负荷(UTS, Ultimate Tensile Strength 或 CBL,Cable Breaking Load)

UTS 指海底光缆被拉断的最大张力;CBL 指海底光缆断裂强度的最小保证值。“被拉断”和“断裂”的含义应是:缆内任意一个组件的断裂就意味着缆的断裂。

该参数可有两种理解。其一:UTS 或 CBL 是按光缆结构计算出来的最小保证断裂负荷。其二:UTS 或 CBL 是在进行拉伸试验时被拉断的实测值。

UTS 或 CBL 是一个重要参数,是以下几项力学参数的参照值,但是在施工或正常运行时均不会出现该值。因此,UTS 或 CBL 应该偏重于是一个计算值。

(2)光纤断裂负载(FBL,Fiber Breaking Load)

FBL 指缆内光纤断裂的负载力值,“断裂”的含义是光信号传输中断。

FBL 通常应是 UTS/CBL 实测值的 100%,即在光缆其他部件断裂前,光纤衰减可以变化却不允许断裂。

FBL 可以理解成对通信系统的保障程度:万一海光缆被船锚勾拉,在缆体断裂前不希望任何一根光纤断裂。因此,FBL 在海缆系统运行时是有实际意义的,对缆来说则要求缆内光纤必须有足够的余长,但“足够”并不意味着余长越大越好。过大的光纤余长不但无必要甚至是有害的。通信海缆内光纤的余长首先在“合适”的同时应“足够”,还要求缆内光纤的余长应该尽量一致。

(3)标称永久拉伸强度(NPTS,Nominal Permanent Tensile Strength)

NPTS 指光缆敷设到海底后可以持久施加到缆上的最大残余张力。在其他场合,NPTS 也被认为是最大持久光缆负荷。

NPTS 还可解释为:光缆寿命期内保证光纤生存率大于 99.9%、对其他部件不造成过度疲劳条件下允许残留的持久张力。

"持久的残留张力"负荷主要包括了光缆在制造过程中引入的残余应力、在施工过程中引入的残余应力和在工作环境导致的张力负荷。

可见,NPTS 表征的是光缆本体的基本参数,反映了光缆的设计和工艺水平,是光缆在"设计寿命"内正常工作应该能够承受的永久张力负荷。

影响光缆寿命的关键是光纤寿命,光纤寿命取决于光纤的应变,与光纤余长相关。在光纤余长满足要求的前提下,用 NPTS 与 UTS 的比值可判别缆的设计和工艺水平。

NPTS 与光缆结构和材料及工艺是有关的(如光单元尺寸、光纤芯数和光纤余长、铠装钢丝的物性和绞合节距等),根据不同的结构,NPTS 通常相当于 15%～25% UTS/CBL。

(4)标称工作抗张强度(NOTS,Nominal Operating Tensile Strength)

NOTS 指在海上作业所需的时段内(典型值为 48 小时),不明显降低系统性能、寿命和可靠性的最大平均光缆工作张力。NOTS 表示在缆敷设或修理时的最大平均光缆工作张力。在其他场合,NOTS 也被认为是光缆的工作负荷。

NOTS 还可解释为:缆在船上挂 48 小时,不明显劣化 NPTS 值即保证光纤生存率大于 95%时可以施加的张力。

"不明显劣化光缆 NPTS 值"条件可理解成:当达到 NOTS 值并维持一定时间(48 小时)的力在解除后,该力应能够释放,光缆可以恢复到 NPTS 的正常工作状态,也即不明显影响光缆寿命。

可见,NOTS 表征的是缆的可施工性能,表现形式是光缆在承受 NOTS 时,缆内光纤余长耗尽,开始产生应变和附加损耗。可理解为是海底光缆在海上接续作业内可以承受并能恢复且不影响工作寿命的短期张力。

NOTS 值仍取决于光纤的应变,与光缆结构和材料及工艺有关。在光纤余长满足要求的前提下,用 NOTS 与 UTS/CBL 的比值可判别缆的施工性能。根据不同的结构,NOTS 通常相当于 25%～45%UTS/CBL。

(5)标称瞬时抗张强度(NTTS,Nominal Transcient Tensile Strength)

NTTS 指在海上回收作业的累计时段内(约 1 小时),不明显降低系统性能、寿命和可靠性的最大光缆短期张力。NTTS 表示光缆可以施加的最大瞬间和突发张力,从机械安全观点看,通常它被限制到 CBL 的某个百分比。在其他场合,NTTS 也被认为是光缆的短暂负荷。

NTTS 还可解释为:在施工或修复时间内光缆可以承受且释放后不显著劣化光缆 NPTS/NOTS 值条件下的张力。如不特别注明,光缆修复时间通常指累计 1 小时。

“可以承受且不显著影响NPTS和/或NOTS值”是指：光缆可以承受的短暂、在一定范围内过度的张力，但在解除后能缓慢释放至接近恢复NPTS/NOTS的状态。表现形式是达到NTTS值并维持一定时间（约1小时）的力后，缆内光纤受力而产生应变并产生附加损耗，在该力解除后应能释放至无明显残余附加损耗。

可见，NTTS表征的是缆的可维护性能，可理解为海光缆在打捞时可以承受的最大瞬时张力，该力带有一定的破坏性，多次打捞会影响工作寿命。根据不同的结构，NTTS通常相当于40%～65%UTS/CBL。

12.6.2　海底光缆的应力应变性能

海底光缆的主要力学性能与光学性能直接相关，可以用光缆的应力应变性能来描述。为举例说明，表12-8给出某型号海底光缆的主要力学性能，图12-5是该光缆应力应变性能的实测曲线。从图12-5可知：在NPTS时，光纤无应变、衰耗无变化；在NOTS（保持48小时）时，光纤无应变、衰耗无变化；在NTTS（保持1小时）时，光纤应变≤0.15%、衰耗变化≤0.05dB。

表12-8　某型号海底通信光缆的主要力学性能

名称	单位	数值
断裂拉伸负荷　UTS/CBL	kN	460
光纤断裂负载　FBL（100%UTS/CBL）	kN	460
标称永久抗张强度　NPTS(20%UTS/CBL)	kN	90
标称工作抗张强度　NOTS(35% UTS/CBL)	kN	160(48h)
标称瞬时抗张强度　NTTS(61% UTS/CBL)	kN	280(1h)

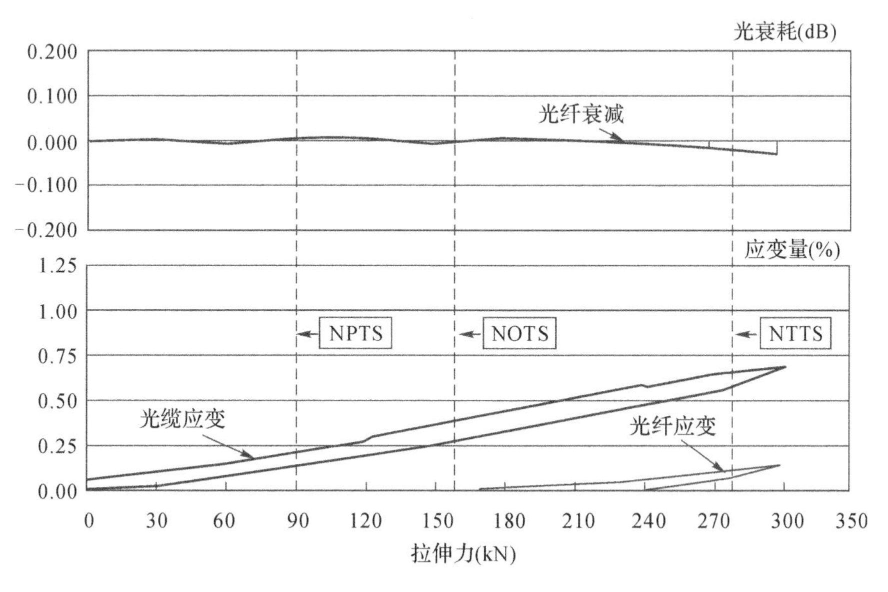

图12-5　某型号海底光缆的应力应变性能

12.7 海底光缆设计要素

海底光缆设计和制造中最应关注的两个要素是析氢和光纤的强度。

12.7.1 海底光缆的析氢

海底光缆敷设在极其复杂的海洋环境中,其所处的环境可能是光缆所面对的最恶劣环境之一。要求海底光缆除了具有优异的抗张强度、耐水压、耐腐蚀性等,特别要关注海底光缆的析氢问题:游离在光缆中的氢分子会扩散到光纤的玻璃材料中,氢分子与光纤玻璃中的缺陷反应生成 OH, OH 的吸收峰使光纤在 1385nm 波长的损耗变大,也会抬高工作波长的损耗,影响光纤的传输性能。首先光纤应置入密封的不锈钢管中,并填充阻水吸氢纤膏,可有效阻止外界氢气扩散至光纤周围。海底光缆的结构要求坚固、材料轻,但不能用轻金属铝,因为铝和海水会发生电化学反应而产生氢气。海底光缆既要防止内部产生氢气,同时还要防止氢气从外部渗入光缆。铠装钢丝设计为海底光缆提供大的抗张强度,外披层中应包含大量沥青以对钢丝缝隙进行填充,使钢丝不与海水接触。防止海水入侵光缆,从而提高钢丝在海水中的抗腐寿命。沥青要求在高温时不过分软化或滴流,在低温时不发脆。

12.7.2 海底光缆中光纤的强度设计和寿命

商用光纤的筛选应力为 100kpsi(应变为 1%)。对于用于海底光缆中的光纤,任何非零断裂概率的设计是绝对不允许的。因为海底光缆中,每根光纤的通信容量极大,每根光纤联系的用户数量巨大,光缆造价昂贵,敷设工程复杂,维护和修理极为困难,因此光纤断裂成本不堪承受。为此,需将此类光纤的筛选应力提高到 200kpsi,这样的光纤短期及长期受力均可提高一倍,大大提高了海底光缆运行的机械可靠性。在海底光缆设计中还应从光缆结构上考虑减小光纤的受力,其途径有两条:一是提高光缆的总强度,二是采用应力消除的设计方法,使光缆受到拉紧状态时,光纤的应变小于光缆应变,这就是光纤在光单元中的余长设计,通常在海底光缆中光纤在光单元中的余长取为 0.5%;海底光缆通常采用中心管式结构,光纤处于光缆中心位置,这样即使光纤余长为零,当光缆弯曲时,上凸部受拉伸应力,下凹部受压缩应力,处于中心位置的光纤可不受应力影响。光纤的使用寿命取决于其使用时所受到的拉伸应力与筛选应力的比值。当筛选应力固定时,使用应力愈小,寿命愈长,反之亦然。光纤使用时所受到的拉伸应变与筛选应变的比值和寿命关系如表 12-9 所示。

表 12-9　光纤使用时所受到的拉伸应变与筛选应变的比值和寿命关系

使用应变/筛选应变	寿命
0.25%	25 年
0.35%	11 天
0.45%	1.7 小时
0.55%	111 秒

为保证 25 年的光缆使用寿命，缆内光纤的应变应小于 0.25%。

上述计算中是以 100kpsi 的筛选强度来考虑的，制造商往往会把筛选强度值定为 25 年使用寿命的两倍，以满足最严酷的海底打捞作业的要求，这个 2∶1 的比例是根据实验室试验所得的经验数据来确定的。所以，国际上对专用于海底光缆的“海洋光纤(Ocean Fibres)”将筛选强度提高到 200kpsi，包括可能存在的光纤接头。

光纤寿命计算公式为：

$$t_s = t_p\left\{\left[1-\frac{\ln(1-F_s)}{N_P L}\right]^{\frac{n-2}{m}}-1\right\}\left(\frac{\varepsilon_p}{\varepsilon_s}\right)^n$$

式中，t_s：在应力 σ_s 作用下光纤的寿命；

t_p：筛选试验中光纤受力时间；

F_s：在应力 σ_s 时光纤断裂概率；

N_p：筛选试验中，每千米光纤的断裂数；

m：静态疲劳试验得到的威泊尔分布斜率；

n：光纤动态疲劳参数 Nd；

L：光纤总长度；

ε_p 和 ε_s：分别为筛选应变和 σ_s 作用下的光纤应变。

12.8　海底光缆中光纤的选用和余长设计

12.8.1　海底光缆中光纤的选用

当前，国内应用的海底光缆中主要采用 G.652D 单模光纤，伴随着对通信系统信息容量要求的大幅度增长，在高速率、大容量、大长度光通信系统中由于高阶调制、相干接收、DSP 技术的发展，在这一相干传输系统中，光纤的波长色散和 PMD 的线性损害均可在 DSP 电域中得以解决，因而长期来困扰光纤应用系统性能提升的波长色散和偏振模色散将不再成为问题。在高速大容量、长距离海底光缆传输系统中，提出的高 OSNR、高频谱效率、高 FOM、低非线性效应的新的要求，决定了光纤的性能应着重于光纤衰减系数的继续降低和光纤有效面积的合理增大这两个方面上，因而与陆上干线一样，G.654.E 单模光纤也已成为高速大容量、大长度海底光缆的主要选项。下面引述 OFS 公司的用于海底光缆，传输速率大于 100Gb/s 的相干通信系统的 G.654.E 单模光纤 TeraWave™ ULA 型海底光纤作为典型示例，其主要性能如表 12-10 所示。与早期海底光纤相比，TeraWave™ ULA型海底光纤由于有很低的损耗以及相当大的有效面积，因而减小了由光纤非线性和放大器噪声造成的性能限制，从而能支持更高的频谱效率和更长的中继距离。

表 12-10 OFS公司 TeraWave™ ULA型海洋光纤规范

传输性能	
衰减 1550nm(额定值)	0.176 dB/km
相对色散斜率 1550nm(额定值)	0.0031 /nm
色散 1550nm (额定值)	21 ps/(nm·km)
MFD 1550nm (额定值)	13.8 μm
有效面积 (额定值)	153 μm^2
光缆截止波长 (最大值)	1530 nm
PMD 1550nm (额定值)	0.02 $ps/km^{1/2}$
有效群折射率	1.466 (1550nm)
点不连续 1550nm	< 0.10dB
几何性能	
包层直径	(125 ±0.7)μm
芯/包同心度误差 (最大值)	0.5 μm
包层不圆度 (最大值)	1.00%
涂层直径 (未着色) (额定值)	255 μm
涂层/包层同心度误差 (最大值)	12μm
机械性能	
动态疲劳参数 Nd	≥ 20
涂层剥离力	102—918 g
筛选应力(最小值)	200 kpsi

12.8.2 海底光缆中光纤的余长设计

光纤余长是保证光缆可靠性的关键因素，光纤余长需通过光缆的尺寸、不锈钢管的尺寸、光纤芯数以及绞合节距来综合考虑。光纤余长的计算详见第三篇第三章。

12.9 海底光缆制造技术

12.9.1 原材料选用

海底光缆的主要结构单元包括不锈钢管光纤单元、内铠钢丝、铜导体、绝缘层、外铠装及外被层等。

不锈钢管光纤单元：不锈钢管光纤单元由不锈钢带纵包焊接而成，为了保证海底光缆在工作水深的水压下具有良好的阻水性能，不锈钢管的焊接质量至关重要，目前基本采用气体保护的激光焊接技术，对其进行连续拉拔，使光纤在不锈钢管内形成设计要求的余长。不锈钢管焊接的同时填充海缆专用吸氢阻水纤膏，填充率要求在90%以上。

为了保证其防海水腐蚀性能，海底光缆用的不锈钢带一般采用316L牌号。

内铠钢丝：指不锈钢光纤单元外的钢丝保护层。第一个作用是保护不锈钢管光单元；第二个作用为轻型缆提供抗拉强度。为了提升轻型缆本身的抗拉强度，内铠钢丝通常选用高强度钢丝，同时为了保证缆的纵向阻水性能，内铠钢丝绞合过程中间隙需填充阻水材料。

铜导体：作为导电或馈电的传输介质。其材质一般为高纯度铜，第一个作用为导电，第二个作用是锁紧内铠钢丝。

绝缘层：指铜导体与外界的隔离层，一般采用聚乙烯材料。为了使铜导体与绝缘层黏结牢固，可以采取两个措施：一是对铜导体进行预热；二是在绝缘层与铜导体间增加一层黏结层。

外铠装及外被层：海底光缆的外铠装有两个作用，第一个是提供抗拉强度；第二个是径向防护。为了获得高的机械强度和工艺操作，铠装钢丝通常选用中碳钢丝；同时为了防止钢丝在海水中腐蚀而选用由锌、铝、镁合金镀层钢丝。外被层通常采用聚丙烯绳缠绕，达到紧固钢丝和耐磨损的目的，外被层中包含沥青以对钢丝缝隙进行填充，从而阻止钢丝与海水接触，提高钢丝在海水中的寿命。

12.9.2 典型制造工艺

以典型的中心不锈钢的轻型(LW)、单铠(SA)和双铠(DA)海底光缆为例，其典型制造工艺流程如图12-6所示。

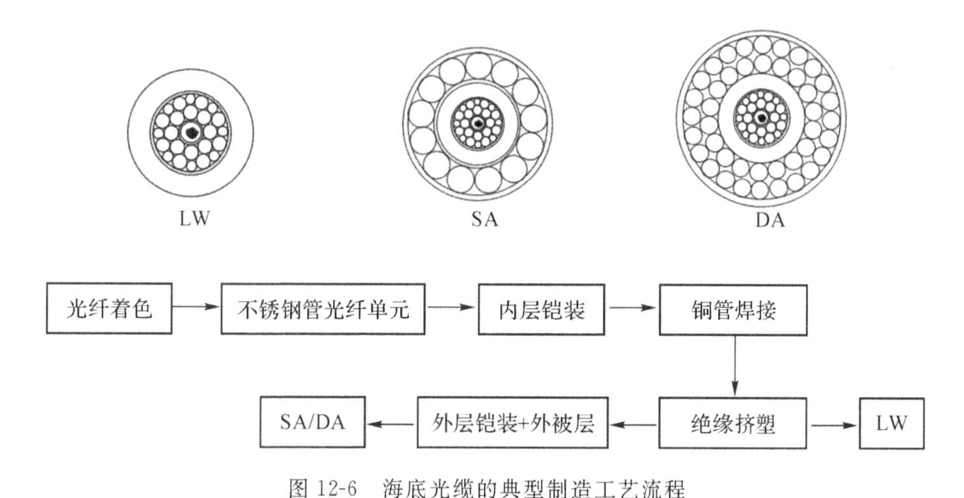

图12-6 海底光缆的典型制造工艺流程

1. 光纤着色

在海底光缆生产、安装、使用和维护过程中为了有效地辨识光纤，需要对一次涂覆的本色光纤进行着色处理。按国内相关规范，光纤着色选用的12种颜色(全色谱)和顺序如表12-11所示。当光纤芯数大于12时，可以将等距的单色环或双色环印在光纤上，作为光纤序号的标志。国际上的海纤可有16～18种颜色。

表 12-11　光纤全色谱

序号	1	2	3	4	5	6	7	8	9	10	11	12
颜色	蓝	橙	绿	棕	灰	白	红	黑	黄	紫	粉红	青绿

2. 激光焊接不锈钢管光纤单元

海底光缆中的光纤必须采用金属层来隔离外界环境，如水汽、潮气和氢气等。国内常用的结构是将光纤置于不锈钢管内，提高海底光缆的阻水、耐压、耐腐蚀等性能，以保证海底光缆的使用寿命和可靠性。

不锈钢管一般采用气体保护激光焊接工艺。光纤自放纤架放出后通过导纤模具与阻水纤膏一起进入成型后的钢管内，钢带自放带架放出后经纵包成型模具成型后进入激光焊接程序，焊接完的钢管与其所包含的光纤一起通过整形拉拔产生光纤余长，经清洗打磨及吹干处理后上盘收线，不锈钢管光纤单元。形成不锈钢管钢带厚度通常为 0.2mm。

海底光缆中不锈钢管光纤松套管中充填的油膏比常规光缆中的纤膏有更高的要求：

(1)良好的高低温性能；因而需采用高质量的合成油作为基础油。

(2)因为不锈钢带焊接时有瞬间高温产生，故纤膏应有更高的滴点和闪点，通常闪点需≥230℃。

(3)纤膏需有良好的吸氢性能，以消除由于纤膏和不锈钢不相容性及焊接工艺中产生的氢气。氢气的存在会吸附到光纤表面，也会在光纤中反应生成 OH 基，或使光纤晶格中形成缺陷，从而导致光纤损耗的增加，影响光纤的传输性能。纤膏的吸氢性能可通过在纤膏中加入高效的吸氢剂，有效地吸附游离的氢气，防止其对光纤的危害。

3. 内铠装

内铠装可有单层、双层和拱形等几种形式，单层和双层均属正规绞。

拱形双内铠同向绞对单线直径和工艺要求较高，其基本原理以图 12-7 示意。

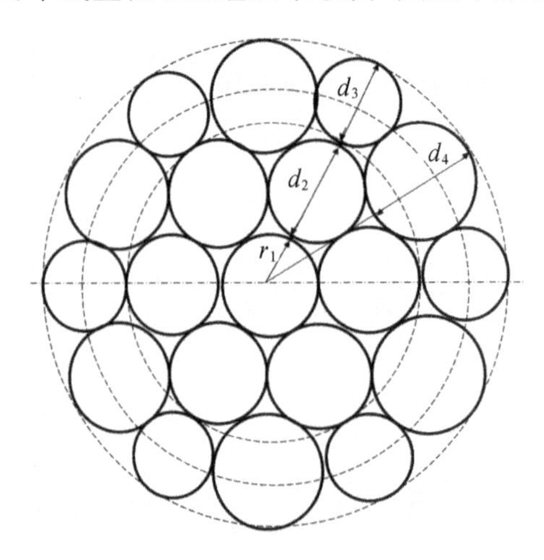

图 12-7　拱形双内铠同向绞原理

中心线(管)的半径 r_1 和第一层绞线的直径 d_2 及第二层绞线的直径 d_3 组成绞线的

半径；令第二层嵌入线的圆与相邻线的圆相切且与绞线半径相同并计算出 d_4。

第二层绞线是数量比第一层多一倍的不等径钢丝，由于嵌入线与第一层和第二层绞线直接相关，利用中国经典“拱形桥”的“镶嵌”原理，当受到侧压力时，沿着两个拱的方向均匀地传递，减小了对不锈钢管光单元可能造成的压迫，而且使整体结构像“拱形桥”那样非常稳定。不锈钢松管处于结构中心，光纤在管中有一定的余长，引入的“嵌入”线使所有的钢丝结合为一个整体，在任何受力状态下每根线均不会发生位移，此举明显提高了缆芯的抗侧压和弯曲性能。

因“嵌入线”的引入减小了绞层间的空隙，即提高了绞线的有效截面积，并使镀铜钢线或铜包钢线在保证机械性能的前提下提高了电气性能。

4. 铜管焊接

随着有中继深海底光缆及海底观测网的市场需求增加，带铜管馈电导体的海底光缆将成为主要市场需求，馈电铜导体焊接是海底光缆的关键工序。馈电铜导体焊接工艺具有焊接带材厚、接带强度高、需焊缝满焊和承受较大拉拔力的特点。

(1)氩弧焊接铜管

氩弧焊焊接是使用氩气作为保护气体的一种焊接技术，又称氩气体保护焊。在光、电缆的铜和铝护套的氩弧焊接中，常采用钨针作电极加上氩气进行保护的焊接方法。电弧在钨针和铜之间燃烧，在焊接电弧周围填充氩气，形成一个保护气罩，使钨极端部、电弧和熔池及邻近热影响区的高温金属不与空气接触，能防止其氧化和吸收有害气体，从而形成致密的焊接接头，确保焊缝质量。

氩弧焊接铜管是一种传统成熟的工艺技术，将洁净的符合要求的铜带经导轮定位机构进入精切刀架，使经精切的铜带成形后在氩气保护下进行可靠的焊接。设备整个工艺过程的自动连续性是实现连续焊接的根本保证。

氩弧焊接铜带的起弧点发生缺陷的概率较高，铜导体表面的杂质易黏附在钨针表面，使焊接产生漏焊或虚焊，在生产过程中需要停机对焊接缺陷进行补焊。由于氩弧焊是使用高电流焊接，因此产生的热影响区域大，补焊常常会造成铜管补焊区域变形、硬度降低、砂眼、局部退火、开裂、针孔、磨损、划伤、咬边，或者是结合力不够及内应力损伤等缺点。同时，由于氩弧焊接产生的热量高，铜表面的传热速度较快，因此导体修补时的高温容易损伤缆芯内的光纤。另外，钨针的使用寿命有限，在生产过程中需要多次停机更换影响生产效率。

(2)激光焊接铜管

激光焊接具有焊缝深宽比大(可达 10 ∶ 1)、热影响区窄、焊接速度快、焊接线能量低、焊接变形小、聚焦后的光斑直径小(0.2～0.6 mm)和能量密度高(106 W/cm^2)的特点。

在光缆制造中，激光焊接已成功应用于不锈钢管光纤单元的焊接，但由于激光功率的限制，铜护套的焊接多使用传统的氩弧焊焊接。近年来，由于大功率激光器的相继商用，以及激光焊接较多的便利性、稳定性、可靠性、不停机大长度连续焊接，国内外光缆厂商已逐步使用激光焊接铜管工艺替代氩弧焊铜管。

激光焊接铜管生产线主要由放线架、铜带放带、铜带切带及切边回收、铜管成型、激光焊接系统、冷却水槽、铜管拉拔、牵引装置及收线架组成。激光焊接系统主要包括1)固体激光器,用于光功率输出;2)激光操作面板,用于设置激光焊接参数及生产速度;3)焊接影像,用于焊接区域观察,操作人员可依据焊火情况判断焊接质量;4)涡流探伤仪,用于焊接缺陷检测。

5.缆芯绞合(用于层绞式缆芯)

海底光缆常见结构是松套中心管式结构和松套层绞式结构。目前,我国较少使用松套层绞式结构海底光缆。

将多根单芯或多芯中心管松套管围绕一个中心加强件绞合成一层或多层的工艺过程即构成层绞式缆芯,包括绞合过程中间隙的填充和在绞合后的绕包过程。绞合的目的是增加海底光缆中光纤的芯数。采用成缆机用于层绞式缆芯绞合。

6.绝缘层(护层)挤制

海底光缆缆芯制造完成后,在缆芯外需挤制一层绝缘层(护层),主要作用是作为铜管馈电导体的绝缘,并保护缆芯避免外界潮气的侵入,以及抗机械、化学和热作用。海底光缆一般采用聚乙烯作为绝缘层(护层)。为了确保海底光缆在长期使用环境下安全可靠,不同用途的海底光缆可以根据其实际使用环境选择相应的绝缘(护层)材料。

绝缘层(护层)是采用连续热挤压方式进行的,挤出设备一般是单螺杆挤塑机。挤出工艺与普缆相同(详见第7章)。

7.钢丝铠装及外被层

海底光缆应用于海底复杂、恶劣的环境,施工布放、打捞回收时需要防止轴向拉伸以及径向侧压损伤海底光缆,铠装能够提供良好的机械性能保护,一般采用镀锌钢丝绞合而成,钢丝铠装层或间隙填充防海水腐蚀材料,外加聚丙烯绳外被层保护。绞合钢丝应有预成型,双层或多层钢丝绞合应同向。

钢丝铠装及外被层生产线主要由放线架、放线张力控制器、绞体、沥青涂覆机、PP绳缠绕机、计米器、牵引装置、收排线架、电气控制系统等组成。

8.贮存及运输

(1)海底光缆在出厂前一般贮存在工厂的储缆池内。

(2)海底光缆的运输方式一般分为缆盘、托盘和船舶运输。

小段长海底光缆可直接采用盘具收线,也可以采用托盘储存,盘具和托盘都可以采取陆路或水路的运输方式。大段长海底光缆也可以采用托盘储存,采取水路运输的方式。超大段长海底光缆一般采用船舶水路运输,船舶可以是业主施工船或运输船。

参考文献

1. GB/T 18400－2001 中华人民共和国国家标准《海底光缆规范》
2. GJB 4489－2002 中华人民共和国国家军用标准《海底光缆通用规范》
3. ITU-T G.971 General features of optical fibre submarine cable systems
4. ITU-T G.972 Definition of terms relevant to optical fibre Submarine cable systems

5. ITU-T G. 973 Characteristics of repeaterless optical fibre submarine cable systems
6. ITU-T G. 974 Characteristics of regenerative optical fibre submarine cable systems
7. ITU-T G. 975 Forward error correction for submarine cable systems
8. ITU-T G. 976 Test methods applicable to optical fibre submarine cable systems
9. ITU-T G. 977 Characteristics of optically amplified optical fibre submarine cable systems
10. ITU-T G. 978 Characteristics of optical fibre submarine cable
11. YD 5018－2005 中华人民共和国通信行业标准《海底光缆数字传输系统工程设计规范》
12. YD 5056－2006 中华人民共和国通信行业标准《海底光缆数字传输系统工程验收规范》
13. 赵梓森等，光纤通信工程(修订本)，北京：人民邮电出版社，1999.9
14. 黄俊华等，海底通信光缆的典型结构和主要力学性能：首届海缆技术论文集，2006.12，武汉
15. 黄俊华等，海光缆的应力应变和张力扭矩性能：首届全国海缆技术研讨会论文集，2006.12，武汉
16. 黄俊华等，海光缆缆芯抗外力能力的初步研究：第二届全国海缆技术研讨会论文集，2009.9，武汉
17. 黄俊华等，海光缆的模量参数及其应用：第二届全国海缆技术研讨会论文集，2009.9，武汉
18. 黄俊华等，海洋信息系统中水下三网融合的探讨：第三届全国海底光缆技术研讨会论文集，2013，武汉

第13章　金属镍光纤插芯的进展

13.1　前言

光纤连接器是光通信网络系统中用量最大的光无源器件，随着光纤接入网和密集波分复用技术的发展，两个光纤连接器之间的平均光纤长度将变得很短。估计今后十年内，世界上光纤连接器的年需求量将以两位数的比例增长。而光纤插芯无疑是光纤连接器中最重要、技术含量最高的零件，光纤之间的连接性能完全是由插芯和套筒的几何精度来保证的。光纤插芯结构经早期的调中型、定中车削型、双偏心型、四棒型等结构形式，最终氧化锆陶瓷插芯以其高精度、温度特性好、刚性强、易于大量生产等优点脱颖而出，成为光纤插芯中几乎是一统天下的产品结构。单芯光纤连接器采用的陶瓷插芯主要有用于FC型(螺口式)、SC型(插口式)和ST(插入旋转式)系列连接器中、外径为2.5mm的插芯，以及用于近年来发展起来的，美国朗讯公司开发的LC型，日本NTT公司开发的MU型小型连接器中的、外径为1.25mm的插芯，以及与之配套的适配器中的套筒。

13.2　陶瓷插芯制作工艺

氧化锆陶瓷插芯源于日本，主要开发商有Adamant Kogyo，TOTO，Kyocera，Seiko Instruments，YKK等公司。陶瓷插芯的工艺流程如图13-1所示：

陶瓷插芯制作工艺分两部分，即毛坯制作和精密机械加工，首先用经过特殊处理的高纯二氧化锆粉末原料和黏结剂混炼后造粒，然后在专用的模具中注射成型，最后经高温烧结成毛坯。黏结剂有两个功能：首先是在注射成型时能和粉末均匀混合，降低粉末黏度使其有良好流动性，成为适于注射的喂料；其次，黏结剂能在注射成型后和脱脂期间维持坯体形状，使产品在烧结前具有完整适合的形状。常用的黏结剂有PW＋PP＋SA。第二部分则是将毛坯经一系列精密研磨加工，达到亚微米级的加工精度，从而得到刚性好、精度高的陶瓷插芯产品：不同轴度为0.001，不圆柱度为0.0005，不圆度为0.0005，外圆精度为±0.0005mm。

随着光纤连接器向小型化、多芯化、异型化等方面的发展，陶瓷插芯因其工艺和结

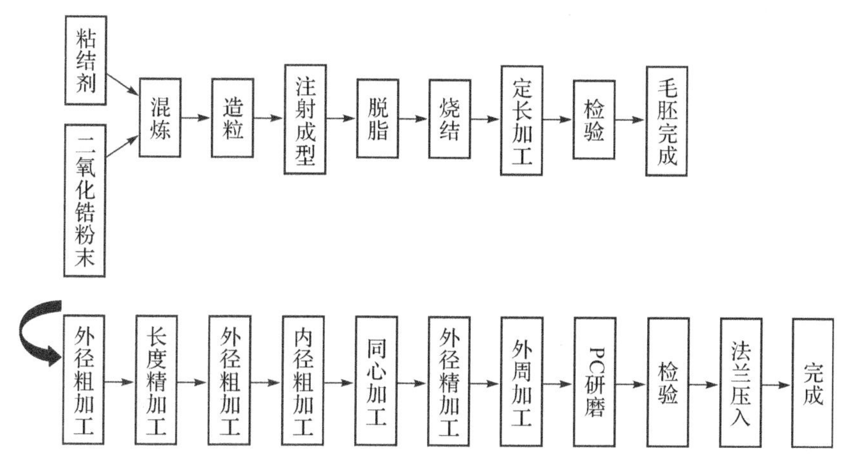

图13-1　陶瓷插芯工艺流程

构特点，受到了很大限制。例如，目前的单芯光纤插芯两种规格的外/内径分别是2.5mm/0.125mm和1.25mm/0.125mm。内径0.125mm即为常规光纤的直径。陶瓷插芯是通过注模及烧结成型的，尺寸愈小则成品率愈低。随着光纤连接器的小型化及光纤用户网中耐弯曲光纤(Bending Resistant Fiber)的发展，光纤插芯势必向细径化发展：插芯外径可能从1.25mm发展到0.8mm以下；插芯内径将从0.125mm发展到0.08mm以下。这样的要求对于陶瓷插芯来说，实在是勉为其难的了。又如，与陶瓷插芯配套的陶瓷套筒，按光纤连接器多次插拔的要求(500到1000次)，陶瓷套筒必须有相应的插拔寿命，开槽陶瓷套筒的磨损可忽略不计，但其破损则是影响寿命的主要因素。由于陶瓷套筒的强度较低，经受不住插芯插入时所产生的应力，而人为非正常插拔时，套筒将受到局部集中负载，由于陶瓷为脆性材料，无法产生塑性变形来抵消所产生的应力集中，从而导致陶瓷套筒的破损。对于与LC、MU型光纤连接器的配套的内径为1.25mm的陶瓷套筒，更因为套筒壁太薄而极易破损，在环境试验的动态项目(振动、冲击等)中会受到严重威胁。此外，对于多芯插芯和异型(如1.25mm/2.5mm插芯转换套筒)插芯元件，陶瓷材料及其制作工艺更是无能为力的了。

13.3　用电铸法制作金属镍光纤插芯

有鉴于此，近年来日本开发了一种用电铸法来制作金属镍光纤插芯的技术，它是光纤插芯领域中又一异军突起的系列产品。由于其原料易得、工艺简单、成本低廉等优点，又特别适用于插芯的小型化、多芯化和异型化的发展要求，因此，随着金属镍插芯的产业化生产的发展，必将冲击目前大量使用的陶瓷插芯的传统市场，陶瓷插芯独占鳌头的地位将会受到挑战。

电铸法制作的金属插芯的工艺原理如图13-2所示。

电铸工艺原理说明如下：首先在夹具框架上装上直径为0.125mm(即光纤直径)

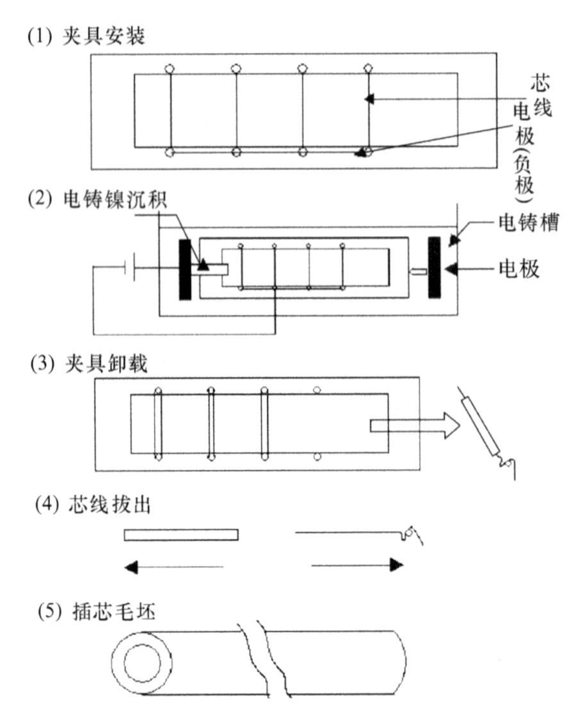

图 13-2 电铸法制作金属镍插芯毛坯工艺原理

的不锈钢丝作为芯线，芯线与电源阴极相连。然后将框架放入电铸槽中，以镍板为阳极。当电铸液加热到适当温度(40～50℃)后通电，镍就被电镀到不锈钢芯线上去，形成插芯毛坯。其直径由电铸时间、电流大小及电铸液浓度等参数来调节。电铸过程中，框架及芯线均需独立转动，以保证芯线周围有一个均匀的电铸液浓度场，从而确保形成均匀的沉积体。金属镍与其他金属相比，有低的线膨胀系数，良好的电化性能，不易生锈，价格低廉等优点，故最适用于插芯的制作。其缺点是硬度较低，因而在电铸工艺中需添加硬化剂，使其硬度从洛氏硬度 HRC15°～18°提高到 50°～60°，能完全满足插芯刚度的要求。电铸完成后，从框架上卸下镍棒，然后拔出不锈钢芯线，即得到长度为 400mm 的镍插芯坯管，以备进行后续机械加工。从上述电铸工艺原理可见，不同规格的金属镍插芯可用同一设备制作，无须专用模具，而陶瓷插芯的毛坯制作中，每种规格均需专用模具。另外，金属镍插芯的内径精度是由不锈钢芯线的精度来保证的，毛坯的内径无须进一步加工。相比之下，陶瓷插芯的毛坯经烧结有所变形，内径需经精加工成型。

金属镍插芯的制作工艺流程如图 13-3 所示。

从上列工艺流程可见，金属镍插芯制成毛坯后的精加工设备与工艺基本上与陶瓷插芯通用，但因金属镍不像陶瓷那样坚硬，因而其研磨和对接面抛光的工作量仅为陶瓷插芯的三分之一。在上述电铸技术原理的基础上，不同单位开发了不同的工艺方法来制作金属镍插芯，几种方法各有所长，其中值得一提的是用连续电铸技术来制作金属镍插芯毛坯的方法。连续电铸法的原理如图 13-4 所示。

在电铸槽中，在镍电极和芯线之间通电，当镍沉积到芯线上去后，沉积体一面旋转，

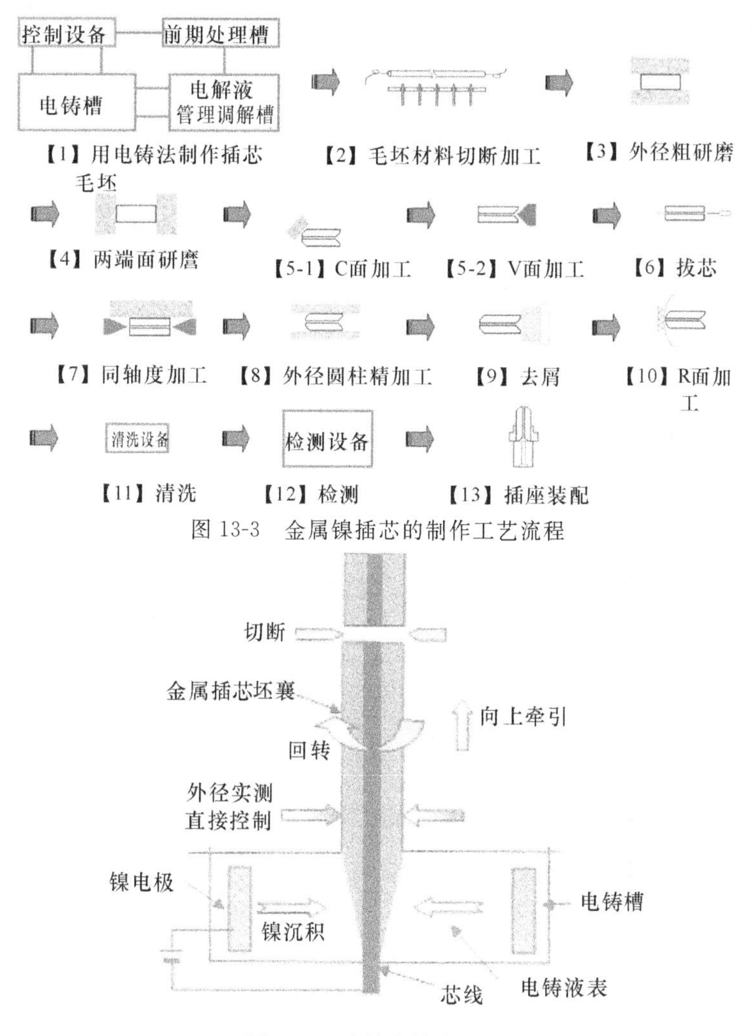

图 13-3　金属镍插芯的制作工艺流程

图 13-4　连续电铸法原理

一面向上牵引，达到连续铸造的目的。沉积棒的外径大小由电铸电流、溶液浓度及牵引速度等参数来控制。沉积棒出液面后即可按所需长度要求截断。此法的制作效率较高，毛坯尺寸可以做得更为精确从而可以减少后道的机械加工量。金属镍插芯经有关公司制成光纤连接器试验和试用，其光学性能、工艺一致性、工艺适应性，以及环境性能等方面，完全符合使用要求。

在金属镍插芯的电铸工艺中，电铸液的组分为：主盐是氨基磺酸镍，该镍盐主要是提供镀镍所需的镍金属离子并兼起着导电盐的作用；阳极活化剂为氯化镍；pH 缓冲剂为硼酸；脱模剂为烯烃磺酸盐。再可根据需要增加适量其他添加剂。当电铸液加热到适当温度（40～50℃），通电后，电铸槽中的电极反应为：在阳极发生氧化反应 $Ni-2e$ ══ Ni^{2+}，在阴极发生还原反应 $Ni^{2+}+2e$ ══ Ni，镍就被电镀到不锈钢芯线上去，形成插芯毛坯。电铸过程中，阳极镍板参加了反应，被逐渐腐蚀，电铸液主盐浓度不变。镍镀层的厚度则是由通电时间和电流大小决定。通电的电流密度可为 4 ～20A/dm²。电铸液需进行过滤和循环，它可使电铸液得到搅拌作用，从而有利于电铸液的均匀性，并能提高其导电性。

电铸液的参考配方如表 13-1 所示。

表 13-1 电铸液参考配方

序号	名称	成分	含量
1	主盐,导电盐	氨基磺酸镍	700g/L
2	阳极活化剂	氯化镍	15g/L
3	pH 缓冲剂	硼酸	45g/L
4	脱模剂	烯烃磺酸盐	15cc/L
5	硬化剂	锑或锑化合物	适量

电铸液各组分的作用分析如下:

主盐——氨基磺酸镍为镍液中的主盐,镍盐主要提供镀镍所需的镍金属离子并兼起着导电盐的作用。氨基磺酸镍的沉积速率高,分散性好,应力小,最适于用作电铸镍液的主盐。镍盐含量高,可以使用较高的阴极电流密度,沉积速度快,常用作高速镀厚镍。但是浓度过高将降低阴极极化,分散能力差,而且镀液的带出损失大。镍盐含量低,沉积速度低,但是分散能力很好,能获得结晶细致光亮镀层。

阳极活化剂——镍阳极在通电过程中极易钝化,为了保证阳极的正常溶解,需在镀液中加入一定量的阳极活化剂。氯离子是最好的镍阳极活化剂,因而采用氯化镍作为阳极活化剂。

缓冲剂——硼酸用来作为缓冲剂,使镀镍液的 pH 维持在一定的范围内。当镀镍液的 pH 过低,将使阴极电流效率下降;而 pH 过高时,由于 H_2 的不断析出,使紧靠阴极表面附近液层的 pH 迅速升高,导致 $Ni(OH)_2$ 胶体的生成,而 $Ni(OH)_2$ 在镀层中的夹杂,使镀层脆性增加,同时 $Ni(OH)_2$ 胶体在电极表面的吸附,还会造成氢气泡在电极表面的滞留,使镀层孔隙率增加。硼酸不仅有 pH 缓冲作用,而且也可提高阴极极化,从而改善镀液性能。硼酸的存在还有利于改善镀层的机械性能。

脱模剂——电镀技术和电铸技术有一个很大的不同点:电镀时,镀层应紧紧地附在镀件上,起到对镀件的保护或装饰作用。而在电铸中,电铸体电镀在模具上成型,然后需将模具从电铸体上除去。因而电铸体与模具不能结合得太紧,以免阻碍电铸体的脱模工序。在本项目中,在电铸槽内添加一定量的含盐的有机硫化物,它能被吸附在电铸体的芯线(即电铸模具)的表面,形成一层便于电铸体从模具上剥离的钝化膜,使不锈钢芯线和电铸物之间的结合强度大为降低。这样,通过电子化学产生的钝化膜和不同金属的压缩内应力之间产生相辅相成的效果,可以在从电铸体中抽出或者推压出芯线时达到简单地去除芯线的效果。

硬化剂——由于金属镍的硬度不够大,达不到光纤插芯对硬度的要求,故在电铸液中应加入硬化剂使金属镍插芯的硬度提高到维氏硬度 500 左右,以满足使用要求。硬化剂可采用锑或锑化合物。

13.4　金属镍插芯施加在光纤上的热应力影响的数值分析

陶瓷插芯材料二氧化锆与光纤材料熔石英物理性能较接近，而金属镍与熔石英的物理性能有一定的差距，因而有必要对镍插芯施加在光纤上的热应力加以分析并与陶瓷插芯相比较。

13.4.1　插芯内光纤的应力的分析

在下述应力分析时做如下假定：

(1)插芯与光纤紧密接触；

(2)插芯材料为镍单体，光纤材料为熔石英；

(3)应力的产生是由于光纤和插芯的热膨胀系数的差值所造成的；

(4)径向和轴向的位移视为相互独立。

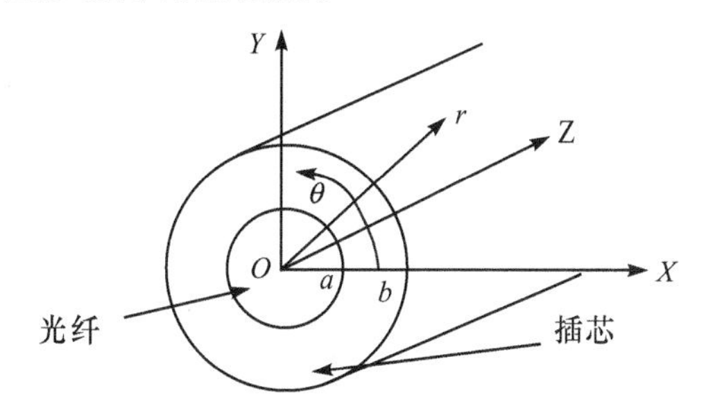

图13-5　应力计算三维坐标系

在图13-5所示图标中，应力分量($i=1$表示光纤，$i=2$表示插芯)表示如下：

$$\begin{aligned}\sigma_{ri}&=A_i+B_i/r^2\\ \sigma_{\theta i}&=A_i-B_i/r^2\\ \sigma_{zi}&=C_i\end{aligned}\tag{13-1}$$

A，B是由边界条件决定的常数。

另一方面，应变分量($i=1,2$)表示如下：

$$\begin{aligned}e_{ri}&=\frac{\sigma_{ri}}{E_i}-\frac{\gamma_i}{E_i}(\sigma_{\theta i}+\sigma_{zi})+\alpha_i\Delta T_i\\ e_{\theta i}&=\frac{\sigma_{\theta i}}{E_i}-\frac{\gamma_i}{E_i}(\sigma_{ri}+\sigma_{zi})+\alpha_i\Delta T_i\\ e_{zi}&=\frac{\sigma_{zi}}{E_i}-\frac{\gamma_i}{E_i}(\sigma_{ri}+\sigma_{\theta i})+\alpha_i\Delta T_i\end{aligned}\tag{13-2}$$

式中，E_i为杨氏模量；γ_i为泊松比；α_i为线膨胀系数；ΔT_i为温度差。

这里，应力和应变分量满足下列边界条件：

①$r=0$，应力为有限值，$B_1=0$；

②$r=b$，径向应力为零，$\sigma_{r2}=0$；

③光纤和插芯的界面上($r=a$),径向应力相等,$\sigma_{r1}=\sigma_{r2}$;

④光纤和插芯的界面上($r=a$),周向应变相等,$\sigma_{\theta 1}=e_{\theta 2}$;

⑤光纤和插芯的界面上($r=a$),轴向应变相等,$e_{z1}=e_{z2}$;

⑥轴向全应力为零。

$$\int_0^b \sigma_z r\,\mathrm{d}r=0$$

表 13-2 列出镍、熔石英、二氧化锆(作为比较)的材料参数。

表 13-2 材料参数

材料	线膨胀系数(℃$^{-1}$)	杨氏模量(Pa)	泊松比
镍	13.4×10^{-6} (20℃)	19.95×10^{10}(软 Ni) 21.92×10^{10}(硬 Ni)	0.312(软 Ni) 0.306(硬 Ni)
二氧化锆	11.4×10^{-6} (20~1000℃)	20.0×10^{10}	0.31
熔石英	$(0.4\sim0.55)\times10^{-6}$ (20℃)	7.31×10^{10}	0.17

计算中,除取上述数值外,取光纤直径为 125μm,插芯外径为 2.5mm,以线膨胀系数作为参数变量,应力计算量为

$$\begin{cases}\sigma_{r1}=6.8\times10^{10}(\alpha_2-\alpha_1)\Delta T\\ \sigma_{\theta 1}=6.8\times10^{10}(\alpha_2-\alpha_1)\Delta T\\ \sigma_{z1}=6.8\times10^{10}(\alpha_2-\alpha_1)\Delta T\end{cases}\tag{13-3}$$

$$\begin{cases}\sigma_{r2}=\left(-1.78\times10^{8}+\dfrac{2.7\times10^{2}}{r^{2}}\right)(\alpha_2-\alpha_1)\Delta T\\ \sigma_{\theta 2}=\left(-1.78\times10^{8}+\dfrac{2.7\times10^{2}}{r^{2}}\right)(\alpha_2-\alpha_1)\Delta T\\ \sigma_{z2}=-2.4\times10^{8}(\alpha_2-\alpha_1)\Delta T\end{cases}\tag{13-4}$$

单位为 Pa(N/m^2)。

13.4.2 数值分析

(1)应力大小

插芯使用的温度范围设定在$-30\sim+70$℃,以 20℃为中心,变化为±50℃,当取50℃时,光纤应力可以从式(13-3)求得,例如径向应力:

$$\sigma_{r1}=4.3\times10^{7}\,\mathrm{Pa}$$

此值与熔石英的断裂模量(1.1×10^{7}Pa)为同一数量级,可视为相等的应力,此应力不可能对光纤造成破损。另外,插芯内径随温度的变化,可以从线膨胀系数近似计算出来,对于50℃的温度变化,可推定有 0.08μm 程度的变化。因而,当光纤和插芯完全紧密接触时,此内径的变化将造成上述应力的产生。在实际的连接器装配工艺中,光纤和插芯之间总有一定的间隙,此间隙大约为 0.08μm 时,光纤则完全不受应力的作用。因此,上述应力的大小乃是所考虑范围中的最大值。

(2)与二氧化锆材料的比较

从表13-2可知,镍和二氧化锆的杨氏模量、泊松比几乎相等,线膨胀系数相差不大。因此,在相同的结构中,应力分量仅是由线膨胀系数的差值而有所差异。在图13-5所示的结构中,应力分量的差值不会超过15%,所以镍材料和二氧化锆材料相比,可推定两者的插芯的应力特性无多大差异。

从上述数值分析可见,镍插芯施加在光纤上的热应力影响很小,与陶瓷插芯相比,几乎相同。

13.5 金属镍插芯在光纤连接器小型化方面的应用前景

随着光纤接入网和FTTH的发展,在用户网光缆工程中需要一种弯曲半径很小的光纤用来制作光纤跳线和室内光缆,这在国际上日益得到了共识。常规的G.652光纤受制于弯曲损耗及机械应力,其弯曲半径大于30mm,显然不能满足上述要求。日本住友电气公司开发了一种超耐弯曲光纤(Ultra-High Bending Resistant Fiber),其弯曲半径可达7.5mm。但它是在常规光纤上,通过提高纤芯/包层折射率差,以及减小纤芯直径的途径,使模场直径减小到6.3μm(波长为1310nm时),常规的G.652光纤的模场直径为9.2μm。由于模场直径的减小,大大降低了弯曲损耗,以致使其弯曲半径可减小到7.5mm。但是模场直径的减小带来了一系列不良后果,首先是增大了连接损耗,特别是与常规光纤连接时,仅因模场直径失配一项,将产生高达0.6dB的附加损耗。更有甚者,因为弯曲半径的减小,增大了光纤的应变,从而将大大降低光纤的使用寿命。从本书第3章的叙述可见:在相当于1公里筛选应变为1%的光纤的断裂概率为1/100000的光纤残余应变和使用寿命之间的关系曲线上可见,相当于25年的使用寿命的光纤允许残余应变为0.28%,这等效于光纤的弯曲半径为23mm时的情况。而当光纤的弯曲半径减小到16mm时,光纤的残余应变增加到0.38%,此时,光纤的寿命将下降为1个月。因此常规结构光纤的允许弯曲半径要减小到7.5mm的话,必须大大提高筛选应力,才能勉为其难地使光纤保持有一定的使用寿命。所以,用常规光纤来实现耐弯曲光纤的做法是十分勉强,似乎是不足取的。与之相比,近年来得到快速发展的光子晶体光纤(Photonic Crystal Fiber)PCF在制作耐弯曲光纤方面具有独特的优势。例如日本三菱电线公司开发了一种型号为DIAGUIDE的PCF光纤,可用来制作光纤跳线的软线。其弯曲半径为7.5mm,光纤直径为80μm,但其模场直径与常规光纤相当。特别是由于此种光纤的直径细,加上PCF的包层有周期性空洞阵列结构,因而当弯曲半径很小时,光纤并未受到超额的机械应力,所以对使用寿命并无影响。但是PCF制作工艺复杂,不利于批量生产。解决问题根本的途径还得在常规光纤中通过光纤结构和制造工艺的创新来制作出小弯曲半径的光纤。所以在2006年的12月,ITU推出了新的G.657弯曲损耗不敏感单模光纤(Bending Loss Insensitive Single Mode Optical Fiber)的标准,G.657光纤分为G.657.A和G.657.B两类。G.657.A需与常规的G.652.D光纤完全兼容,弯曲半径可以小到10mm;G.657.B光纤并不强求和G.652.D光纤完全兼容,但在弯曲性能上有更高的要求。弯曲半径可以小到7.5mm。

随着G.657光纤应用的不断发展,对弯曲损耗的指标提出越来越高的要求,特别是在FTTH的多住户单元(Multi-Dwelling Unit,MDU)和室内布线(In-Home Wiring)系统中,制造商和客户已经考虑到了弯曲半径需要降到5mm的要求。为了适应新的市场发展,2009年10月,ITU在G.657标准中增加了用于弯曲半径为5mm的新规范,这样,G.657光纤包含了三种最小弯曲半径的品种,如表13-3所示:

表13-3 G.657光纤中三种最小弯曲半径的品种

A类:(需与G.652兼容)

弯曲半径	G.657.A1	G.657.A2
10mm	0.75dB/圈	
7.5mm		0.5dB/圈

B类:(毋需与G.652兼容)

弯曲半径	G.657.B2	G.657. B3
7.5mm	0.5dB/圈	
5mm		0.15dB/圈

G.657光纤的结构及其性能详见本书第2章内容。小弯曲半径光纤的发展也进一步促进光纤连接器的小型化发展。笔者认为,从光纤连接器的小型化发展意义上来说,如果将采用外/内径为2.5mm/0.125mm插芯的FC,SC,ST称为第一代单芯连接器,而采用外/内径为1.25mm/0.125mm插芯的MU,LC为第二代连接器的话,那么与上述G.657光纤相匹配的采用外/内径为0.8mm/0.08mm插芯的第三代,甚至更小的第四代、第五代连接器的出现,想必也是指日可待的了。而这样的小型化插芯显然将是金属镍插芯的天下了。传统的光纤跳线是在紧包光纤外以芳纶纱作为抗张元件,再包上护套组成的单芯光缆。随着G.657光纤的发展,利用G.657光纤和高性能的塑料,如聚氟乙烯、碳纤维增强尼龙66等用作紧包光纤的被覆材料,制成的直径为0.9mm的紧包光纤可直接用作光纤跳线,与MU或LC及更小型化连接器相配用,可实现室内及机房光纤配线架的高密度和小型化结构。在传统的紧包光纤中,用软PVC或低烟无卤阻燃聚烯烃作为紧包层,因为这类塑料无足够机械强度,故只能作为缓冲层,还需外加芳纶纱作为抗张元件。而如聚氟乙烯、碳纤维增强尼龙66诸类塑料本身就有良好的机械性能,用来作为光纤紧包层时可直接对光纤进行机械和环境保护而无需再外加增强材料。直径为0.9mm的紧包光纤直接与MU小型连接器相配制成光纤跳线如图13-6所示,MU连接器采用1.25mm的金属镍插芯。

金属镍插芯由于其工艺的灵活性,不仅在制作小型化插芯时显得游刃有余,而且在制作多芯及异型插芯元件方面也有所建树。它不仅适于制作常规的 ϕ2.5mm 和ϕ1.25 mm 插芯的转换套筒(如图 13-7 所示),还可制作单列多芯及多列多芯的金属镍插芯(如图 13-8 所示)。

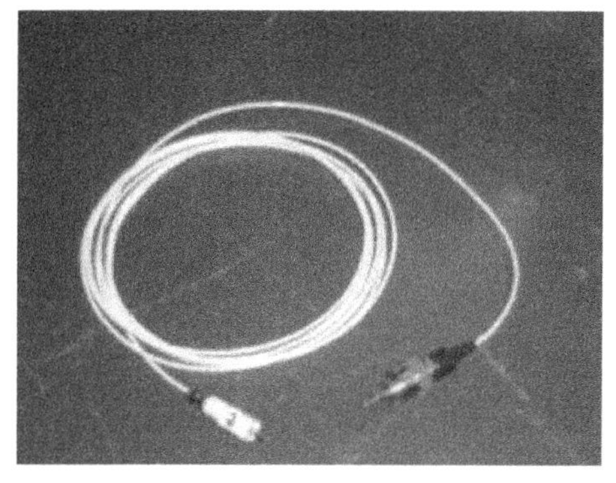

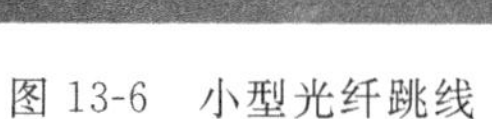

图 13-6　小型光纤跳线

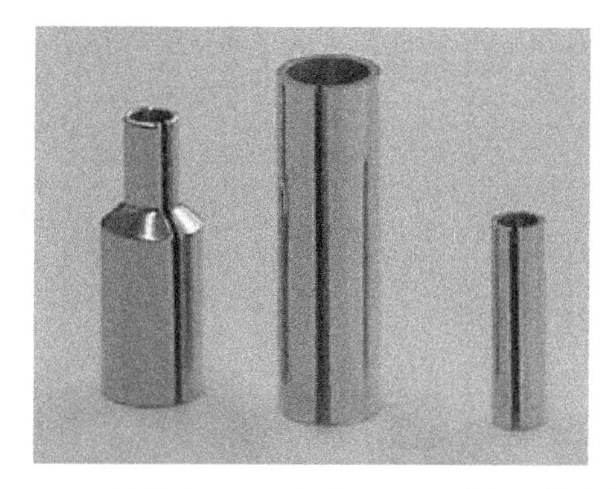

图 13-7　金属镍 ϕ2.5mm 和 ϕ1.25mm 套筒及转换套筒

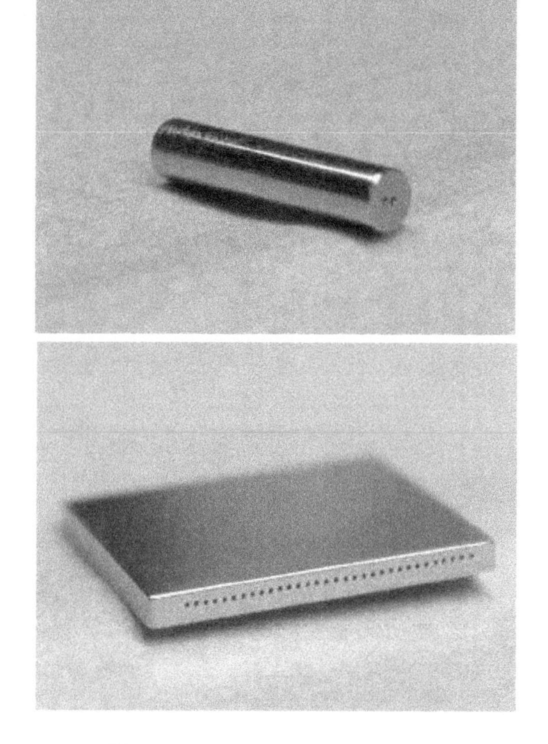

图 13-8　2 芯和 32 芯金属镍插芯

金属插芯的另一个重要应用场合是用来制作模块跳线 MD (如图 13-9 所示),模块跳线的一端是将光纤插芯与光器件模块的金属壳体相连,这时金属镍插芯可直接通过焊接连接到壳体上去。而现行使用中的陶瓷插芯,为达到与金属模块相连接的目的,一般采用在陶瓷插芯外,嵌套上与其外径尺寸相当的金属材质的管状体,再行与金属模块壳体焊接加工。可见,应用于此类连接光器件模块的陶瓷插芯连接器加工比较复杂,制作成本也相对较高,而镍金属插芯却能表现出无与伦比的适用性。

图 13-9 金属镍模块插芯及其跳线(MU－MD)

由于陶瓷插芯的性价比较低和使用的局限性,金属镍插芯不仅将以相当快的速度冲击目前陶瓷插芯的传统市场,更将在新兴的插芯市场中独领风骚,这是市场竞争和技术发展的必然结果。

参考文献

[1] 田中铁男.管状物的电铸加工法.日本专利,第 1768682 号(1999 年 11 月 18 日).

[2] 田中铁男,田村智.光纤连接器用插芯及其制作方法.美国专利 MP/NF3700-US (2000 年 5 月 25 日).

[3] 田村智,小川谦二,菊原得仁.插芯的制作方法及其制作装置.日本专利 02403P1162 (2002 年 7 月 22 日).

[4] 電鋳法による高精度な金属微細管の製造方法。特许公开 2006－63434 (2006 年 3 月 9 日).

[5] 電鋳による高精度管状部品の製造方法特许公开 2002－332588 (2002 年 11 月 22 日).

[6] 田村智,熊野克树.光纤插芯的制作方法及其制作装置.日本专利 PFRR0201 (2002 年 4 月 3 日).

[7] 道上修,田村智.应用于通信光纤的金属插芯的制造方法. 日本插芯公司技术资料.